全国科学技术名词审定委员会

公　布

冶　金　学　名　词

（第二版）

CHINESE TERMS IN METALLURGY

(Second Edition)

2019

冶金学名词审定委员会

国家自然科学基金资助项目

科学出版社

北　京

内 容 简 介

本书是全国科学技术名词审定委员会审定公布的第二版《冶金学名词》，内容包括总论、采矿、选矿、冶金物理化学、钢铁冶金、有色金属冶金、金属学、金属材料和金属加工 9 个部分，共 8647 条。本书对第一版公布的《冶金学名词》做了少量修改，增加了一些新词，每条名词均给出了定义或注释。这些名词是科研、教学、生产、经营以及新闻出版等部门应遵照使用的冶金学规范名词。

图书在版编目(CIP)数据

冶金学名词/冶金学名词审定委员会编. —2 版. —北京：科学出版社，2019.3
ISBN 978-7-03-060645-7

I. ①冶⋯ II. ①冶⋯ III. ①冶金–名词术语 IV. ①TF-61

中国版本图书馆 CIP 数据核字(2019)第 037317 号

责任编辑：史金鹏 杨 震 张淑晓/责任校对：杜子昂
责任印制：肖 兴/封面设计：槐寿明

科 学 出 版 社 出版
北京东黄城根北街 16 号
邮政编码：100717
http://www.sciencep.com

北京通州皇家印刷厂 印刷
科学出版社发行 各地新华书店经销

*

2001 年 2 月第 一 版 开本：787×1092 1/16
2019 年 3 月第 二 版 印张：51
2019 年 3 月第一次印刷 字数：1 210 000
定价：238.00 元
（如有印装质量问题，我社负责调换）

全国科学技术名词审定委员会
第七届委员会委员名单

特邀顾问：路甬祥　许嘉璐　韩启德

主　　任：白春礼

副 主 任：黄　卫　杜占元　孙寿山　李培林　刘　旭　何　雷　何鸣鸿
　　　　　裴亚军

常　　委（以姓名笔画为序）：

戈　晨　田立新　曲爱国　沈家煊　宋　军　张　军　张伯礼
林　鹏　袁亚湘　高　松　黄向阳　崔　拓　康　乐　韩　毅
雷筱云

委　　员（以姓名笔画为序）：

卜宪群　王　军　王子豪　王同军　王建军　王建朗　王家臣
王清印　王德华　尹虎彬　邓初夏　石　楠　叶玉如　田　森
田胜立　白殿一　包为民　冯大斌　冯惠玲　毕健康　朱　星
朱士恩　朱立新　朱建平　任　海　任南琪　刘　青　刘正江
刘连安　刘国权　刘晓明　许毅达　那伊力江·吐尔干　孙宝国
孙瑞哲　李一军　李小娟　李志江　李伯良　李学军　李承森
李晓东　杨　鲁　杨　群　杨汉春　杨安钢　杨焕明　汪正平
汪雄海　宋　彤　宋晓霞　张人禾　张玉森　张守攻　张社卿
张建新　张绍祥　张洪华　张继贤　陆雅海　陈　杰　陈光金
陈众议　陈言放　陈映秋　陈星灿　陈超志　陈新滋　尚智丛
易　静　罗　玲　周　畅　周少来　周洪波　郑宝森　郑筱筠
封志明　赵永恒　胡秀莲　胡家勇　南志标　柳卫平　闻映红
姜志宏　洪定一　莫纪宏　贾承造　原遵东　徐立之　高　怀
高　福　高培勇　唐志敏　唐绪军　益西桑布　黄清华　黄璐琦
萨楚日勒图　龚旗煌　阎志坚　梁曦东　董　鸣　蒋　颖
韩振海　程晓陶　程恩富　傅伯杰　曾明荣　谢地坤　赫荣乔
蔡　怡　谭华荣

冶金学名词审定委员会委员名单

第一届委员（1992—1999）

顾　问：王之玺　王淀佐　师昌绪　徐采栋

主　任：魏寿昆

副主任：仲增墉　余兴远　吕其春

委　员：（以姓名笔画为序）

王先进	王维兴	王爵鹤	韦函光	丛建敏	吕雪山
朱祖芳	刘广泌	刘嘉禾	齐金铎	孙倬	牟邦立
纪贵	苏宏志	李文超	李修觉	杨开棣	肖纪美
吴伯群	余宗森	邹志强	汪有明	沈华生	张卯均
张新民	陈岱	陈瑛	陈子鸣	陈家镛	邵象华
周取定	郑安忠	桂竞先	徐光宪	郭硕朋	黄务涤
曹蓉江	崔峰	崔荫宇	康文德	程肃之	童光煦
曾宪斌	赖和怡				

秘　书：王维兴（兼）　丛建敏（兼）

第二届委员（2006—2015）

顾　问：（以姓名笔画为序）

王淀佐　师昌绪　邱定蕃　魏寿昆

主　任：翁宇庆

副主任：仲增墉　杨焕文　赵沛　钮因健　洪及鄙　褚幼义

委　员：（以姓名笔画为序）

丁伟中	王金相	王维兴	王新华	方兆珩	孔令坛
孔令航	曲英	曲选辉	任晓燕	刘斌	许彬
孙启明	李长根	李文超	李光赢	李红霞	李旺兴
吴伯群	邹介斧	邹志强	张传福	张泾生	张家芸
张新明	陈瑛	陈雯	陈登文	陈勤树	林勤
林乐耘	周爱民	郑文华	赵栋梁	施东成	贺信莱
贺毓辛	殷为宏	高怀	高兆祖	黄务涤	尉克俭
董元篪	董守安	蒋继穆	谢水生	蔡美峰	熊炳昆
戴维					

秘　书：王维兴（兼）　任晓燕（兼）

第二届冶金学名词审定委员会编写专家名单

总论成员：丁伟中

采矿负责人：蔡美峰　周爱民
成员：陈勤树　明世祥　徐九华　璩世杰

选矿负责人：张泾生　陈　雯
成员：李长根　邹介斧　陈登文

冶金物理化学负责人：张家芸　李文超
成员：方兆珩

钢铁冶金负责人：黄务涤　曲　英
成员：郑文华　陈　瑜　李红霞　石　干　王金相
　　　黄卫国　许　斌　戴　维　孔令坛　王新华
　　　董元篪　孔祥茂　张春霞　陈登福

有色金属冶金负责人：褚幼义
成员：尉克俭　蒋继穆　李旺兴　刘　彬　董守安
　　　殷为宏　熊炳昆　张传福　林乐耘　林　勤
　　　马福康　邹家炎　张启修　蒋东民　邓国珠
　　　古伟良　郭青蔚　黄其兴　王忠实　顾凌霄
　　　卢忠效　应娓娟　龙仕奇

金属学负责人：吴伯群
成员：刘国权

金属材料负责人：吴伯群
成员：赵栋梁　贺信莱　邹志强　李光赢　高兆祖
　　　曲选辉　张新明

金属加工负责人：贺毓辛
成员：孙启明　施东成　谢水生　陈　瑛　康永林

白春礼序

科技名词伴随科技发展而生，是概念的名称，承载着知识和信息。如果说语言是记录文明的符号，那么科技名词就是记录科技概念的符号，是科技知识得以传承的载体。我国古代科技成果的传承，即得益于此。《山海经》记录了山、川、陵、台及几十种矿物名；《尔雅》19 篇中，有 16 篇解释名物词，可谓是我国最早的术语词典；《梦溪笔谈》第一次给"石油"命名并一直沿用至今；《农政全书》创造了大量农业、土壤及水利工程名词；《本草纲目》使用了数百种植物和矿物岩石名称。延传至今的古代科技术语，体现着圣哲们对科技概念定名的深入思考，在文化传承、科技交流的历史长河中作出了不可磨灭的贡献。

科技名词规范工作是一项基础性工作。我们知道，一个学科的概念体系是由若干个科技名词搭建起来的，所有学科概念体系整合起来，就构成了人类完整的科学知识架构。如果说概念体系构成了一个学科的"大厦"，那么科技名词就是其中的"砖瓦"。科技名词审定和公布，就是为了生产出标准、优质的"砖瓦"。

科技名词规范工作是一项需要重视的基础性工作。科技名词的审定就是依照一定的程序、原则、方法对科技名词进行规范化、标准化，在厘清概念的基础上恰当定名。其中，对概念的把握和厘清至关重要，因为如果概念不清晰、名称不规范，势必会影响科学研究工作的顺利开展，甚至会影响对事物的认知和决策。举个例子，我们在讨论科技成果转化问题时，经常会有"科技与经济'两张皮'""科技对经济发展贡献太少"等说法，尽管在通常的语境中，把科学和技术连在一起表述，但严格说起来，会导致在认知上没有厘清科学与技术之间的差异，而简单把技术研发和生产实际之间脱节的问题理解为科学研究与生产实际之间的脱节。一般认为，科学主要揭示自然的本质和内在规律，回答"是什么"和"为什么"的问题，技术以改造自然为目的，回答"做什么"和"怎么做"的问题。科学主要表现为知识形态，是创造知识的研究，技术则具有物化形态，是综合利用知识于需求的研究。科学、技术是不同类型的创新活动，有着不同的发展规律，体现不同的价值，需要形成对不同性质的研发活动进行分类支持、分类评价的科学管理体系。从这个角度来看，科技名词规范工作是一项必不可少的基础性工作。我非常同意老一辈专家叶笃正的观点，他认为："科技名词规范化工作的作用比我们想象的还要大，是一项事关我国科技事业发展的基础设施建设工作！"

科技名词规范工作是一项需要长期坚持的基础性工作。我国科技名词规范工作已经有110年的历史。1909年清政府成立科学名词编订馆，1932年南京国民政府成立国立编译馆，是为了学习、引进、吸收西方科学技术，对译名和学术名词进行规范统一。中华人民共和国成立后，随即成立了"学术名词统一工作委员会"。1985年，为了更好地促进我国科学技术的发展，推动我国从科技弱国向科技大国迈进，国家成立了"全国自然科学名词审定委员会"，主要对自然科学领域的名词进行规范统一。1996年，国家批准将"全国自然科学名词审定委员会"改为"全国科学技术名词审定委员会"，是为了响应科教兴国战略，促进我国由科技大国向科技强国迈进，而将工作范围由自然科学技术领域扩展到工程技术、人文社会科学等领域。科学技术发展到今天，信息技术和互联网技术在不断突进，前沿科技在不断取得突破，新的科学领域在不断产生，新概念、新名词在不断涌现，科技名词规范工作仍然任重道远。

110年的科技名词规范工作，在推动我国科技发展的同时，也在促进我国科学文化的传承。科技名词承载着科学和文化，一个学科的名词，能够勾勒出学科的面貌、历史、现状和发展趋势。我们不断地对学科名词进行审定、公布、入库，形成规模并提供使用，从这个角度来看，这项工作又有几分盛世修典的意味，可谓"功在当代，利在千秋"。

在党和国家重视下，我们依靠数千位专家学者，已经审定公布了65个学科领域的近50万条科技名词，基本建成了科技名词体系，推动了科技名词规范化事业协调可持续发展。同时，在全国科学技术名词审定委员会的组织和推动下，海峡两岸科技名词的交流对照统一工作也取得了显著成果。两岸专家已在30多个学科领域开展了名词交流对照活动，出版了20多种两岸科学名词对照本和多部工具书，为两岸和平发展作出了贡献。

作为全国科学技术名词审定委员会现任主任委员，我要感谢历届委员会所付出的努力。同时，我也深感责任重大。

十九大的胜利召开具有划时代意义，标志着我们进入了新时代。新时代，创新成为引领发展的第一动力。习近平总书记在十九大报告中，从战略高度强调了创新，指出创新是建设现代化经济体系的战略支撑，创新处于国家发展全局的核心位置。在深入实施创新驱动发展战略中，科技名词规范工作是其基本组成部分，因为科技的交流与传播、知识的协同与管理、信息的传输与共享，都需要一个基于科学的、规范统一的科技名词体系和科技名词服务平台作为支撑。

我们要把握好新时代的战略定位，适应新时代新形势的要求，加强与科技的协同发展。一方面，要继续发扬科学民主、严谨求实的精神，保证审定公布成果的权威性和规范性。科技名词审定是一项既具规范性又有研究性，既具协调性又有长期性的综合性工作。在长期的科技名词审定工作实践中，全国科学技术名词审定委员会积累了丰富的经验，形成了一套完整的组织和审定流程。这一流程，有利于确立公布名词的权威性，有利于保证公布名词的规范性。但是，我们仍然要创新审定机制，高质高效地完成科技名词审定公布任务。另一方面，在做好科技名词审定公布工作的同时，我们要瞄准世界科技前沿，服务于前瞻性基础研究。习总书记在报告中特别提到"中国天眼"、"悟空号"暗物质粒子探测卫星、"墨子号"量子科学实验卫星、天宫二号和"蛟龙号"载人潜水器等重大科技成果，这些都是随着我国科技发展诞生的新概念、新名词，是科技名词规范工作需要关注的热点。围绕新时代中国特色社会主义发展的重大课题，服务于前瞻性基础研究、新的科学领域、新的科学理论体系，应该是新时代科技名词规范工作所关注的重点。

　　未来，我们要大力提升服务能力，为科技创新提供坚强有力的基础保障。全国科学技术名词审定委员会第七届委员会成立以来，在创新科学传播模式、推动成果转化应用等方面作了很多努力。例如，及时为 113 号、115 号、117 号、118 号元素确定中文名称，联合中国科学院、国家语言文字工作委员会召开四个新元素中文名称发布会，与媒体合作开展推广普及，引起社会关注。利用大数据统计、机器学习、自然语言处理等技术，开发面向全球华语圈的术语知识服务平台和基于用户实际需求的应用软件，受到使用者的好评。今后，全国科学技术名词审定委员会还要进一步加强战略前瞻，积极应对信息技术与经济社会交汇融合的趋势，探索知识服务、成果转化的新模式、新手段，从支撑创新发展战略的高度，提升服务能力，切实发挥科技名词规范工作的价值和作用。

　　使命呼唤担当，使命引领未来，新时代赋予我们新使命。全国科学技术名词审定委员会只有准确把握科技名词规范工作的战略定位，创新思路，扎实推进，才能在新时代有所作为。

　　是为序。

白春礼

2018 年春

路甬祥序

  我国是一个人口众多、历史悠久的文明古国，自古以来就十分重视语言文字的统一，主张"书同文、车同轨"，把语言文字的统一作为民族团结、国家统一和强盛的重要基础和象征。我国古代科学技术十分发达，以四大发明为代表的古代文明，曾使我国居于世界之巅，成为世界科技发展史上的光辉篇章。而伴随科学技术产生、传播的科技名词，从古代起就已成为中华文化的重要组成部分，在促进国家科技进步、社会发展和维护国家统一方面发挥着重要作用。

  我国的科技名词规范统一活动有着十分悠久的历史。古代科学著作记载的大量科技名词术语，标志着我国古代科技之发达及科技名词之活跃与丰富。然而，建立正式的名词审定组织机构则是在清朝末年。1909 年，我国成立了科学名词编订馆，专门从事科学名词的审定、规范工作。到了新中国成立之后，由于国家的高度重视，这项工作得以更加系统地、大规模地开展。1950 年政务院设立的学术名词统一工作委员会，以及 1985 年国务院批准成立的全国自然科学名词审定委员会(现更名为全国科学技术名词审定委员会，简称全国科技名词委)，都是政府授权代表国家审定和公布规范科技名词的权威性机构和专业队伍。他们肩负着国家和民族赋予的光荣使命，秉承着振兴中华的神圣职责，为科技名词规范统一事业默默耕耘，为我国科学技术的发展做出了基础性的贡献。

  规范和统一科技名词，不仅在消除社会上的名词混乱现象，保障民族语言的纯洁与健康发展等方面极为重要，而且在保障和促进科技进步，支撑学科发展方面也具有重要意义。一个学科的名词术语的准确定名及推广，对这个学科的建立与发展极为重要。任何一门科学(或学科)，都必须有自己的一套系统完善的名词来支撑，否则这门学科就立不起来，就不能成为独立的学科。郭沫若先生曾将科技名词的规范与统一称为"乃是一个独立自主国家在学术工作上所必须具备的条件，也是实现学术中国化的最起码的条件"，精辟地指出了这项基础性、支撑性工作的本质。

  在长期的社会实践中，人们认识到科技名词的规范和统一工作对于一个国家的科技发展和文化传承非常重要，是实现科技现代化的一项支撑性的系统工程。没有这样一个系统的规范化的支撑条件，不仅现代科技的协调发展将遇到极大困难，而且在科技日益渗透人们生活各方面、各环节的今天，还将给教育、传播、交流、经贸等多方面带来困难和损害。

全国科技名词委自成立以来，已走过近 20 年的历程，前两任主任钱三强院士和卢嘉锡院士为我国的科技名词统一事业倾注了大量的心血和精力，在他们的正确领导和广大专家的共同努力下，取得了卓著的成就。2002 年，我接任此工作，时逢国家科技、经济飞速发展之际，因而倍感责任的重大；及至今日，全国科技名词委已组建了 60 个学科名词审定分委员会，公布了 50 多个学科的 63 种科技名词，在自然科学、工程技术与社会科学方面均取得了协调发展，科技名词蔚成体系。而且，海峡两岸科技名词对照统一工作也取得了可喜的成绩。对此，我实感欣慰。这些成就无不凝聚着专家学者们的心血与汗水，无不闪烁着专家学者们的集体智慧。历史将会永远铭刻着广大专家学者孜孜以求、精益求精的艰辛劳作和为祖国科技发展做出的奠基性贡献。宋健院士曾在 1990 年全国科技名词委的大会上说过："历史将表明，这个委员会的工作将对中华民族的进步起到奠基性的推动作用。"这个预见性的评价是毫不为过的。

科技名词的规范和统一工作不仅仅是科技发展的基础，也是现代社会信息交流、教育和科学普及的基础，因此，它是一项具有广泛社会意义的建设工作。当今，我国的科学技术已取得突飞猛进的发展，许多学科领域已接近或达到国际前沿水平。与此同时，自然科学、工程技术与社会科学之间交叉融合的趋势越来越显著，科学技术迅速普及到了社会各个层面，科学技术同社会进步、经济发展已紧密地融为一体，并带动着各项事业的发展。所以，不仅科学技术发展本身产生的许多新概念、新名词需要规范和统一，而且由于科学技术的社会化，社会各领域也需要科技名词有一个更好的规范。另一方面，随着香港、澳门的回归，海峡两岸科技、文化、经贸交流不断扩大，祖国实现完全统一更加迫近，两岸科技名词对照统一任务也十分迫切。因而，我们的名词工作不仅对科技发展具有重要的价值和意义，而且在经济发展、社会进步、政治稳定、民族团结、国家统一和繁荣等方面都具有不可替代的特殊价值和意义。

最近，中央提出树立和落实科学发展观，这对科技名词工作提出了更高的要求。我们要按照科学发展观的要求，求真务实，开拓创新。科学发展观的本质与核心是以人为本，我们要建设一支优秀的名词工作队伍，既要保持和发扬老一辈科技名词工作者的优良传统，坚持真理、实事求是、甘于寂寞、淡泊名利，又要根据新形势的要求，面向未来、协调发展、与时俱进、锐意创新。此外，我们要充分利用网络等现代科技手段，使规范科技名词得到更好的传播和应用，为迅速提高全民文化素质做出更大贡献。科学发展观的基本要求是坚持以人为本，全面、协调、可持续发展，因此，科技名词工作既要紧密围绕当前国民经济建设形势，着重开展好科技领域的学科名词审定工作，同时又要在强调经济社会以及人与自然协调发展的思想指导下，开展好社会科学、文化教育和资源、生态、环境领域的科学名词审定工作，促进各个学科领域的相互融合和共同繁荣。科学发展观非常注重可持续发展的理念，因此，我们在不断丰富和发展已建立的科技名词体系的同时，还要进一步研究具有中国特色的术语学理论，以创建中国的术语学派。研究和建立中国特色的术语学理论，也是一种知识创新，是实现科技名词工作可持续发展的必由之路，我们应当为此付出更大的努力。

当前国际社会已处于以知识经济为走向的全球经济时代，科学技术发展的步伐将会越来越快。我国已加入世贸组织，我国的经济也正在迅速融入世界经济主流，因而国内外科技、文化、经贸的交流将越来越广泛和深入。可以预言，21世纪中国的经济和中国的语言文字都将对国际社会产生空前的影响。因此，在今后10到20年之间，科技名词工作就变得更具现实意义，也更加迫切。"路漫漫其修远兮，吾今上下而求索"，我们应当在今后的工作中，进一步解放思想，务实创新、不断前进。不仅要及时地总结这些年来取得的工作经验，更要从本质上认识这项工作的内在规律，不断地开创科技名词统一工作新局面，做出我们这代人应当做出的历史性贡献。

2004 年深秋

卢嘉锡序

科技名词伴随科学技术而生，犹如人之诞生其名也随之产生一样。科技名词反映着科学研究的成果，带有时代的信息，铭刻着文化观念，是人类科学知识在语言中的结晶。作为科技交流和知识传播的载体，科技名词在科技发展和社会进步中起着重要作用。

在长期的社会实践中，人们认识到科技名词的统一和规范化是一个国家和民族发展科学技术的重要的基础性工作，是实现科技现代化的一项支撑性的系统工程。没有这样一个系统的规范化的支撑条件，科学技术的协调发展将遇到极大的困难。试想，假如在天文学领域没有关于各类天体的统一命名，那么，人们在浩瀚的宇宙当中，看到的只能是无序的混乱，很难找到科学的规律。如是，天文学就很难发展。其他学科也是这样。

古往今来，名词工作一直受到人们的重视。严济慈先生 60 多年前说过，"凡百工作，首复位名；每举其名，即知其事"。这句话反映了我国学术界长期以来对名词统一工作的认识和做法。古代的孔子曾说"名不正则言不顺"，指出了名实相副的必要性。荀子也曾说"名有固善，径易而不拂，谓之善名"，意为名有完善之名，平易好懂而不被人误解之名，可以说是好名。他的"正名篇"即是专门论述名词术语命名问题的。近代的严复则有"一名之立，旬月踟蹰"之说。可见在这些有学问的人眼里，"定名"不是一件随便的事情。任何一门科学都包含很多事实、思想和专业名词，科学思想是由科学事实和专业名词构成的。如果表达科学思想的专业名词不正确，那么科学事实也就难以令人相信了。

科技名词的统一和规范化标志着一个国家科技发展的水平。我国历来重视名词的统一与规范工作。从清朝末年的科学名词编订馆，到 1932 年成立的国立编译馆，以及新中国成立之初的学术名词统一工作委员会，直至 1985 年成立的全国自然科学名词审定委员会(现已改名为全国科学技术名词审定委员会，简称全国名词委)，其使命和职责都是相同的，都是审定和公布规范名词的权威性机构。现在，参与全国名词委领导工作的单位有中国科学院、科学技术部、教育部、中国科学技术协会、国家自然科学基金委员会、新闻出版署、国家质量技术监督局、国家广播电影电视总局、国家知识产权局和国家语言文字工作委员会,这些部委各自选派了有关领导干部担任全国名词委的领导,有力地推动科技名词的统一和推广应用工作。

全国名词委成立以后,我国的科技名词统一工作进入了一个新的阶段。在第一任主任委员钱三强同志的组织带领下,经过广大专家的艰苦努力,名词规范和统一工作取得了显著的成绩。1992 年三强同志不幸谢世。我接任后,继续推动和开展这项工作。在国家和有关部门的支持及广大专家学者的努力下,全国名词委 15 年来按学科共组建了 50 多个学科的名词审定分委员会,有 1800 多位专家、学者参加名词审定工作,还有更多的专家、学者参加书面审查和座谈讨论等,形成的科技名词工作队伍规模之大、水平层次之高前所未有。15 年间共审定公布了包括理、工、农、医及交叉学科等各学科领域的名词共计 50 多种。而且,对名词加注定义的工作经试点后业已逐渐展开。另外,遵照术语学理论,根据汉语汉字特点,结合科技名词审定工作实践,全国名词委制定并逐步完善了一套名词审定工作的原则与方法。可以说,在 20 世纪的最后 15 年中,我国基本上建立起了比较完整的科技名词体系,为我国科技名词的规范和统一奠定了良好的基础,对我国科研、教学和学术交流起到了很好的作用。

在科技名词审定工作中,全国名词委密切结合科技发展和国民经济建设的需要,及时调整工作方针和任务,拓展新的学科领域开展名词审定工作,以更好地为社会服务、为国民经济建设服务。近些年来,又对科技新词的定名和海峡两岸科技名词对照统一工作给予了特别的重视。科技新词的审定和发布试用工作已取得了初步成效,显示了名词统一工作的活力,跟上了科技发展的步伐,起到了引导社会的作用。两岸科技名词对照统一工作是一项有利于祖国统一大业的基础性工作。全国名词委作为我国专门从事科技名词统一的机构,始终把此项工作视为自己责无旁贷的历史性任务。通过这些年的积极努力,我们已经取得了可喜的成绩。做好这项工作,必将对弘扬民族文化,促进两岸科教、文化、经贸的交流与发展做出历史性的贡献。

科技名词浩如烟海,门类繁多,规范和统一科技名词是一项相当繁重而复杂的长期工作。在科技名词审定工作中既要注意同国际上的名词命名原则与方法相衔接,又要依据和发挥博大精深的汉语文化,按照科技的概念和内涵,创造和规范出符合科技规律和汉语文字结构特点的科技名词。因而,这又是一项艰苦细致的工作。广大专家学者字斟句酌,精益求精,以高度的社会责任感和敬业精神投身于这项事业。可以说,全国名词委公布的名词是广大专家学者心血的结晶。这里,我代表全国名词委,向所有参与这项工作的专家学者们致以崇高的敬意和衷心的感谢!

审定和统一科技名词是为了推广应用。要使全国名词委众多专家多年的劳动成果——规范名词,成为社会各界及每位公民自觉遵守的规范,需要全社会的理解和支持。国务院和4个有关部委[国家科委(今科学技术部)、中国科学院、国家教委(今教育部)和新闻出版署]已分别于1987年和1990年行文全国,要求全国各科研、教学、生产、经营以及新闻出版等单位遵照使用全国名词委审定公布的名词。希望社会各界自觉认真地执行,共同做好这项对于科技发展、社会进步和国家统一极为重要的基础工作,为振兴中华而努力。

值此全国名词委成立15周年、科技名词书改装之际,写了以上这些话。是为序。

卢嘉锡

2000年夏

钱 三 强 序

科技名词术语是科学概念的语言符号。人类在推动科学技术向前发展的历史长河中，同时产生和发展了各种科技名词术语，作为思想和认识交流的工具，进而推动科学技术的发展。

我国是一个历史悠久的文明古国，在科技史上谱写过光辉篇章。中国科技名词术语，以汉语为主导，经过了几千年的演化和发展，在语言形式和结构上体现了我国语言文字的特点和规律，简明扼要，蓄意深切。我国古代的科学著作，如已被译为英、德、法、俄、日等文字的《本草纲目》《天工开物》等，包含大量科技名词术语。从元、明以后，开始翻译西方科技著作，创译了大批科技名词术语，为传播科学知识，发展我国的科学技术起到了积极作用。

统一科技名词术语是一个国家发展科学技术所必须具备的基础条件之一。世界经济发达国家都十分关心和重视科技名词术语的统一。我国早在 1909 年就成立了科学名词编订馆，后又于 1919 年中国科学社成立了科学名词审定委员会，1928 年大学院成立了译名统一委员会。1932 年成立了国立编译馆，在当时教育部主持下先后拟订和审查了各学科的名词草案。

新中国成立后，国家决定在政务院文化教育委员会下，设立学术名词统一工作委员会，郭沫若任主任委员。委员会分设自然科学、社会科学、医药卫生、艺术科学和时事名词五大组，聘请了各专业著名科学家、专家，审定和出版了一批科学名词，为新中国成立后的科学技术的交流和发展起到了重要作用。后来，由于历史的原因，这一重要工作陷于停顿。

当今，世界科学技术迅速发展，新学科、新概念、新理论、新方法不断涌现，相应地出现了大批新的科技名词术语。统一科技名词术语，对科学知识的传播，新学科的开拓，新理论的建立，国内外科技交流，学科和行业之间的沟通，科技成果的推广、应用和生产技术的发展，科技图书文献的编纂、出版和检索，科技情报的传递等方面，都是不可缺少的。特别是计算机技术的推广使用，对统一科技名词术语提出了更紧迫的要求。

为适应这种新形势的需要，经国务院批准，1985 年 4 月正式成立了全国自然科学名词审定委员会。委员会的任务是确定工作方针，拟定科技名词术语审定工作计划、实施方案和步骤，组织审定自然科学各学科名词术语，并予以公布。根据国务院授权，委员会审定公布的名词术语，科研、教学、生产、经营以及新闻出版等各部门，均应遵照使用。

全国自然科学名词审定委员会由中国科学院、国家科学技术委员会、国家教育委员会、中国科学技术协会、国家技术监督局、国家新闻出版署、国家自然科学基金委员会分别委派了正、副主任担任领导工作。在中国科协各专业学会密切配合下，逐步建立各专业审定分委员会，并已建立起一支由各学科著名专家、学者组成的近千人的审定队伍，负责审定本学科的名词术语。我国的名词审定工作进入了一个新的阶段。

这次名词术语审定工作是对科学概念进行汉语订名，同时附以相应的英文名称，既有我国语言特色，又方便国内外科技交流。通过实践，初步摸索了具有我国特色的科技名词术语审定的原则与方法，以及名词术语的学科分类、相关概念等问题，并开始探讨当代术语学的理论和方法，以期逐步建立起符合我国语言规律的自然科学名词术语体系。

统一我国的科技名词术语，是一项繁重的任务，它既是一项专业性很强的学术性工作，又涉及亿万人使用习惯的问题。审定工作中我们要认真处理好科学性、系统性和通俗性之间的关系；主科与副科间的关系；学科间交叉名词术语的协调一致；专家集中审定与广泛听取意见等问题。

汉语是世界五分之一人口使用的语言，也是联合国的工作语言之一。除我国外，世界上还有一些国家和地区使用汉语，或使用与汉语关系密切的语言。做好我国的科技名词术语统一工作，为今后对外科技交流创造了更好的条件，使我炎黄子孙，在世界科技进步中发挥更大的作用，做出重要的贡献。

统一我国科技名词术语需要较长的时间和过程，随着科学技术的不断发展，科技名词术语的审定工作，需要不断地发展、补充和完善。我们将本着实事求是的原则，严谨的科学态度做好审定工作，成熟一批公布一批，提供各界使用。我们特别希望得到科技界、教育界、经济界、文化界、新闻出版界等各方面同志的关心、支持和帮助，共同为早日实现我国科技名词术语的统一和规范化而努力。

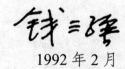

1992 年 2 月

第二版前言

《冶金学名词》第一版于 2001 年 2 月出版，受到冶金界的广泛关注，起到了促进冶金学名词规范化应用的效果。随着冶金科学技术不断进步、生产和建设的不断发展，《冶金学名词》第一版的内容已不能完全满足冶金界的需求。在全国科学技术名词审定委员会（以下简称"全国名词委"）的领导下，中国金属学会和中国有色金属学会共同组织的冶金学名词审定委员会，于 2006 年开始进行《冶金学名词》第二版的审定工作。《冶金学名词》第二版的审定工作是在《冶金学名词》第一版的基础上继续遵循全国名词委制定的"科学技术名词审定的原则及方法"进行的，学科框架的设置与第一版相同，收词的条目由第一版的 4917 条增加到 8647 条，第二版较之第一版，最明显的不同是，对每个词条增加了名词的注释。

在九年多时间内，本委员会召开了三次全体委员参加的审定会和多次由主任、副主任、各专业组长和秘书参加的工作会议。从确定《冶金学名词》第二版的学科框架、名词收录的范围和条目入手，再落实各专业名词的撰稿人、工作计划，以及确定名词收录的原则等。为了确保名词审定的质量，《冶金学名词》第二版的审定初稿完成后，还向全国与冶金有关的科研、教育、设计、信息和出版等方面的单位和专家广泛征求意见，并与全国名词委已公布出版的名词进行了协调。全国名词委外国科学家译名委员会审定协调了冶金学中以外国科学家姓名命名的名词。在整个审定过程中，本委员会数次对初稿进行了较大的修改（个别专业达十五次），对有些词还进行了深入研讨和协调。2014 年，冶金学名词审定委员会特请师昌绪、王淀佐、邱定蕃等院士对《冶金学名词》第二版的初稿进行了复审，并经全国名词委批准公布。

本委员会对公布的《冶金学名词》第二版作如下说明：

1. 本次公布的《冶金学名词》第二版共分 9 个部分，即：总论、采矿、选矿、冶金物理化学、钢铁冶金、有色金属冶金、金属学、金属材料和金属加工。这是按冶金学科概念体系分类，不是严谨的学科分类。

2. 所收录的名词是冶金学的基本词、常用词和重要词，也有一定量的派生词和组合词，表示一种新的概念和含义。与第一版相比，第二版收词数量有较大的增加。收词范围不但包括该学科所属基础性名词，也适量收录了一些与该学科密切相关的其他学科的名词。名词的注释是尽量通过精练的词句，阐明该名词的基本含义。

3. 各专业相同的名词在本书中一般不重复出现，一个名词原则上只出现一次。所采取的原则一是：考虑学科系统性和重要性，如有关固态相变的词条放在金属学，而有关液态反应的词条放在冶金物理化学专业；各专业的矿物名词，统一放在选矿专业，但一些非金属名词放在耐火材料专业、有关稀土部分矿物名词放在稀土专业；各专业的最终产品名词，放在相应的专业内；二是：考虑专业顺序，不同专业相同的通用一般性名词，放在最先出现的专业部分。此外，有些名词虽是相同，但含义不同，如"烧结"在"钢铁冶金""有色金属冶金""粉末冶金"等专业都有应用，经协商将其分别放在相关专业中，并给出不同的注释。

4. 一些有多专业共性的技术经济指标名词，放在总论中。如"工序能耗""作业率""标准煤"

和"劳动生产率"等。

5. 《冶金学名词》第二版中采矿部分名词，以收录金属矿名词为主，对非金属矿、煤炭方面的名词不进行收录。

6. 本书附录中刊出化学元素表，供读者使用。

在九年多的审定过程中，冶金界以及各学科的专家、学者们作出了积极的努力，给予了热情的支持和帮助。此外还有一批非冶金学名词审定委员会委员的专家们，也进行了大量的审定和修改工作。在此，本委员会向所有帮助完成这项工作的单位和科技工作者表示衷心感谢。同时，恳请本书的使用者在使用过程中对书中的错误或问题继续提出宝贵意见，以便今后进一步改正。

冶金学名词审定委员会

2015 年 10 月

第一版前言

冶金学是一门古老的学科,在我国有着悠久的历史。当今在材料科学领域仍占有重要地位,是一门应用最广泛的技术学科之一。

在全国科学技术名词审定委员会(以下简称"全国名词委")的领导下,中国金属学会和中国有色金属学会共同筹备了冶金学名词审定委员会(以下简称"本委员会"),于1992年3月2日在北京正式成立。由魏寿昆任主任,仲增墉、余兴远和吕其春任副主任,委员有44位专家,并聘请王之玺、王淀佐、师昌绪、徐采栋为顾问。本委员会根据全国名词委的部署并遵循全国名词委制定的"科学技术名词审定的原则及方法",负责审定我国冶金学汉语名词,使其达到规范化要求。

在七年多时间内,本委员会召开了两次全体委员参加的审定会和多次由主任、副主任、各大组长和秘书参加的工作会议。从确定冶金学名词的学科框架入手,进而对收录的名词进行认真细致的审定。为了确保名词审定的质量,还向全国与冶金学有关的科研、教学、设计、情报和出版等方面的单位和专家广泛征求意见,并与全国名词委已公布出版的名词进行了协调。全国名词委外国科学家译名协调委员会审定协调了冶金学名词中以外国科学家姓名命名的名词。在整个审定过程中,本委员会四易其稿,对某些部分作了较大修改。1997年全国名词委委托王之玺、王淀佐和师昌绪对冶金学名词进行了复审,现经全国名词委批准公布。

本委员会对公布的冶金学名词作如下说明:

1. 本次公布的名词共分9部分,即:总论、采矿、选矿、冶金过程物理化学、钢铁冶金、有色金属冶金、金属学、金属材料和金属加工。这样划分主要是为了便于按学科概念体系进行审定,并非严谨的学科分类。

2. 所收词目为冶金学的基本词、常用词和重要词。为照顾学科的系统性,适量收集了一些跨学科的与冶金学密切相关的基础词。

3. 各部分的名词在本书内不交叉重复,一个名词只出现一次。采取的原则其一是:服从重要性,如"破碎"、"筛分"等名词是"选矿"最重要的内容之一,所以这方面的名词就收录在"选矿"中,"耐火材料"、"粉末冶金"等部分就不再收录;其二是服从先后顺序,如"烧结"部分的名词既可放在"钢铁冶金"又可放在"有色金属冶金",因"钢铁冶金"部分编排在前,故"烧结"部分的名词就收录在"钢铁冶金"部分。为便于查阅,本书附有英汉索引和汉英索引。

4. 本书公布的"采矿"名词主要包括金属矿开采的部分。对非金属矿开采,特别是煤炭开采,则另有专册。核工业、硅酸盐工业及建筑业所用的"采矿"名词。可从本书中选用。

5. 冶金学与元素的关系密切,在附录中特附上元素表,供读者使用。其中101—109号元素的汉文名已于1998年7月8日由全国名词委正式公布。

6. 对一些目前使用较混乱的词,在本次审定中进行了规范,例如:

(1)鉴于欧洲大陆与英美二学派对"自由焓"与"自由能"二词的用法存有分歧,本书对恒压恒温的"吉布斯自由能"采用国际纯粹与应用化学联合会(IUPAC)规定的"吉布斯能",简称"吉氏能"。

（2）对二元系相图中溶液的三种相变反应，本书采用共晶（eutectic，即溶液=晶体$_{(1)}$+晶体$_{(2)}$）、包晶（peritectic，即溶液+晶体$_{(1)}$=晶体$_{(2)}$）及独晶（monotectic，即溶液$_{(1)}$=溶液$_{(2)}$+晶体）。这样，汉文"共"、"包"及"独"和英文字首"eu"，"peri"及"mono"一致。同时，对固熔体类似的相变反应采用"共析"（eutectoid）、"包析"（peritectoid）及"独析"（monotectoid）。溶液和固熔体两类相似的相变反应也相互协调。

（3）对"碳"、"炭"二词的用法，本书采用下列原则：凡涉及化学元素或化学组成有关C（碳）的名词均用"碳"，例如："脱碳"、"碳素钢"、"碳化硅"等。含纯C（碳）的物质也用"碳"，例如："无定形碳"等。有不恒定量及不恒定化学组成的不纯含C（碳）物质，则按我国惯例均用"炭"，例如："木炭"、"焦炭"、"炭砖"、"炭纤维"等。后者都有不恒定的物理及化学性质。

在七年多的审定过程中，冶金学界以及相关学科的专家、学者给予了热情支持，特别是主任委员魏寿昆做了大量认真细致的工作，为冶金学名词最终定稿做出了很大贡献。在此，本委员会向所有帮助完成这项基础性工作的科技工作者表示衷心的感谢。同时恳请使用者继续提出宝贵意见，以便进一步修订，使之日臻完善。

冶金学名词审定委员会

1999 年 9 月

编 排 说 明

一、本批公布的是冶金学名词，共 8647 条，每条名词均给出了定义或注释。

二、全书分 9 部分：总论、采矿、选矿、冶金物理化学、钢铁冶金、有色金属冶金、金属学、金属材料和金属加工。

三、正文按汉文名所属学科的相关概念体系排列。汉文名后给出了与该词概念相对应的英文名。

四、每个汉文名都附有相应的定义或注释。定义一般只给出其基本内涵，注释则扼要说明其特点。当一个汉文名有不同的概念时，则用(1)、(2)……表示。

五、一个汉文名对应几个英文同义词时，英文词之间用","分开。

六、凡英文词的首字母大、小写均可时，一律小写；英文除必须用复数者，一般用单数形式。

七、"[ ]"中的字为可省略的部分。

八、主要异名和释文中的条目用楷体表示。"全称""简称"是与正名等效使用的名词；"又称"为非推荐名，只在一定范围内使用；"俗称"为非学术用语；"曾称"为被淘汰的旧名。

九、正文后所附的英汉索引按英文字母顺序排列；汉英索引按汉语拼音顺序排列。所示号码为该词在正文中的序码。索引中带"*"者为规范名的异名或在释文中出现的条目。

目　录

01 总　　论

01.0001　冶金[学]　metallurgy
研究从自然界矿产资源或社会返回的二次资源中提取有价金属，并且制造成成分、组织、性能符合需要的金属材料及合金的工程学科。

01.0002　采矿学　mining engineering
研究矿产资源开采的基本理论、生产工艺和技术、装备、经济评价及管理的学科。

01.0003　地下采矿[学]　underground mining
对于埋藏地下的矿床，通过掘进通道到达矿体，并将矿体开挖、运出的采矿学科。

01.0004　露天采矿[学]　open pit mining
对于埋藏地下的矿床，通过剥离表土或岩石，将矿体开挖、运出的采矿学科。

01.0005　海洋采矿[学]　seabed nodule mining
对深海底矿床经收集金属结核或破碎海底矿体后，通过管道输送至海面采矿船的采矿学科。

01.0006　选矿学　mineral dressing, ore benefi-ciation, mineral processing
研究利用矿物性质的差别，采用重力、电磁场、表面化学等方法，经济有效地富集一种或多种有价矿物成为精矿的学科。

01.0007　矿物工程学　mineral engineering
研究合理运用选矿和提取冶金方法，使矿物资源转化成为有用金属的综合性工程学科。

01.0008　矿物资源综合利用　comprehensive utilization of mineral resources
对共生、伴生矿物资源利用选矿、湿法冶金、还原或氧化熔炼等工艺方法构建合理流程，以分别提取多种有用金属的工艺技术。

01.0009　矿物学　mineralogy
研究矿物化学成分、晶体结构、形态、性质、形成及演化的历史等的学科。

01.0010　岩石学　petrology
研究岩石的矿物组成和赋存状态、生成条件、演化历史、在地壳的分布等规律的学科。

01.0011　岩相学　petrography
观察研究矿物和岩石的结构形态、数量关系、粒度分布及晶体发育特点的学科。

01.0012　矿物　mineral
自然生成的，具有规定的化学成分和结晶构造，有专门名称的固体自然单质或化合物。矿物是组成岩石和矿石的基本单元。

01.0013　矿石　ore
经由地质活动富集，含有有用矿物为主体成分，并混杂有一定量脉石、具有工业开采价值的岩石物质。

01.0014　矿床　mineral deposit
在地壳中经由地质活动形成的、富集有某种矿石而且成集中分布形式存在的矿物资源。

01.0015　提取冶金[学]　extraction metallurgy
研究矿物的分解、还原以及进一步的精炼金属的过程的原理和方法的学科。

01.0016　过程冶金[学]　process metallurgy

研究金属提取和精炼中各种单元过程的原理、方法、控制以及相互配合的学科。

01.0017　化学冶金[学]　chemical metallurgy
研究金属提取和精炼过程中的化学反应和物理化学原理以及冶金体系的物理化学性质，旨在提高冶金过程效能和效率的学科。

01.0018　物理冶金[学]　physical metallurgy
研究金属的成形、塑性加工以及应用金属材料时发生于金属表面和内部的各种物理变化和对其性能的影响的学科。

01.0019　金属学　Metallkunde(德)
研究金属和合金的成分、组织和性能之间相互关系的学科。

01.0020　金相学　metallography
观察研究金属材料的显微组织形态、数量关系、断口形貌特征以及对金属材料品质影响等方面的学科。

01.0021　金属物理[学]　metal physics
从原子结构尺度研究金属和合金的力学和物理性能的形成原因、材料损耗和失效的预测等基础理论学科。

01.0022　金属塑性加工[学]　metal forming
研究固体金属经由塑性形变制造成所需形状和性能的材料的加工过程及工艺设备的学科。

01.0023　力学冶金[学]　mechanical metallurgy
研究金属材料在加工和应用过程中发生的弹性和塑性形变、晶体缺陷的形成及对性能之影响的学科。

01.0024　冶金物理化学　physical chemistry of process metallurgy
研究冶金反应和相变过程的方向和限度问题，涉及外界条件对过程的影响与能量变化关系的学科。冶金物理化学还研究过程的速度和历程问题以及物质结构和性能的关系。它是冶金学的理论基础。

01.0025　冶金反应工程学　reaction engineering in metallurgy
以冶金单元操作过程中的时空尺度问题为对象，应用流体流动、热量和物质传递及反应器理论研究，解决单元操作或装置的合理性和有效性的学科。属于冶金研究中介观层次的技术科学。

01.0026　冶金流程工程学　metallurgical process engineering
从冶金生产制造过程整体的工程上宏观时空尺度出发，应用非平衡热力学耗散结构理论和流程网络方法等研究解决工程科学中的物质和能量转化复杂过程的学科。它是冶金流程层次的整体集成性理论。

01.0027　钢铁冶金[学]　ferrous metallurgy
研究从铁矿石和返回利用的铁资源经过还原熔炼、氧化精炼及二次精炼、凝固成形等工序，制造成质量符合要求的钢铁产品的过程，以及相关联的能源构成和合理利用等工程问题的学科。

01.0028　有色金属冶金[学]　nonferrous metallurgy
研究有色金属精矿或其他含有色金属的资源中，通过利用火法冶金、湿法冶金及电解沉淀与精炼等方法组成合理的生产流程，以提取纯度符合要求的有色金属，并且有效利用能源和金属资源的综合性工程学科。

01.0029　真空冶金[学]　vacuum metallurgy
利用真空系统中低气体分压气氛，使金属熔体实现选择性熔炼、精炼、自耗重熔、蒸馏分离或提纯等过程的特种冶金技术和相关理论。

01.0030 等离子冶金[学] plasma metallurgy
利用等离子炬的高能量密度所创造的特高温度（10^4K）和特殊的可控气氛，进行常规条件下不能实现的冶金反应过程，以增强提纯效果及更有效利用电能等方面的工程技术和相关理论。

01.0031 喷射冶金[学] injection metallurgy
研究弥散系统基本规律及射流冲击搅拌作用对混合的影响等有关的冶金学理论和方法。将惰性气体或含有固体微粒的气粉混合流喷射到金属熔池内，充分利用气泡–液滴–微粒组成的弥散系统的动力学特性，使精炼反应高效进行。

01.0032 铸造学 foundry
研究将熔融金属浇注、压射或吸入铸型型腔进而成型的学科。

01.0033 焊接冶金[学] welding metallurgy
研究焊接操作时焊缝及相邻区域的金属熔化和凝固、气相–焊渣–金属间的物理化学反应以及金属组织的变化等冶金方面规律和对焊接品质的影响的学科。

01.0034 粉末冶金[学] powder metallurgy
研究采用压制成型和烧结工艺将金属粉末制成金属材料或制品的有关理论和方法的学科。

01.0035 火法冶金[学] pyrometallurgy
在炉料高温熔化状态下，将有价金属和矿石中的脉石分离，并提炼成金属或合金的技术学科。

01.0036 湿法冶金[学] hydrometallurgy
矿石原料在酸、碱、盐或细菌等水溶液中进行化学或生物浸出处理，或用溶液萃取、离子交换等方法进行元素分离，再用置换、还原、电积等方法从溶液中将金属或化合物提取出来的技术学科。

01.0037 电冶金[学] electrometallurgy
利用电能熔化、熔炼或提取金属以及改进材料性能的学科。可分为电热冶金和电化学冶金。

01.0038 电热冶金 electrothermal metallurgy
利用电阻或电弧等有关工艺技术过程使电能转化为热能，在气氛可控的有利条件下熔炼钢铁或有色金属的冶金方法。

01.0039 电化学冶金 electrochemical metallurgy
利用直流电在电极上引起的电化学反应，从水溶液中或从熔盐中析出金属的冶金方法。

01.0040 电磁冶金 electromagnetic metallurgy
又称"材料电磁处理"。利用电磁场的对流体的作用和感应加热等功能，实现金属熔炼、净化和凝固组织控制，是优化材料制备过程的冶金方法。

01.0041 碳冶金 carbon metallurgy
以碳作为基本能源和还原剂提取金属的冶金方法。是传统的冶金工业生产过程。

01.0042 碳氢冶金 carbon-hydrogen metallurgy
为减少冶金工业的温室气体排放，用氢（或烷烃类气体）取代部分碳或全部碳的还原作用的冶金方法。

01.0043 氯化冶金 chlorine metallurgy
以氯化焙烧等方法冶炼金属的方法。某些元

素如铀、锆、铌、钛等的氧化物很难还原且容易生成碳化物，为此可用氯化焙烧等方法使它们的氧化物或硫化物矿转化成为氯化物。焙烧时通过挥发、溶解等措施使有价元素和脉石分离，然后进一步提炼成金属。氯化冶金也可以用作金属的纯化。

01.0044 生铁 pig iron

含碳量超过 2.11% 并有一定数量非铁杂质的铁碳合金。生铁质硬且脆、缺乏韧性。汉语命名源于铁杆炉后未经炒制，故名为生铁。

01.0045 熟铁 wrought iron

含碳量低于 0.1% 并混杂有氧化铁渣的铁碳合金。熟铁质软、延展性、韧性好。由生铁在氧化气氛下加热熔化后炒炼制得，故名为熟铁。

01.0046 钢 steel

以 Fe-C 为主的(一般碳含量低于 2.0%)并根据服役要求添加某些合金元素的铁基合金。

01.0047 合金钢 alloy steel

通过向钢中添加不同的合金元素，使铁、碳和合金元素形成新的合金相组织，改进钢的性能或获得其他的特性，以达到各种服役性能要求的结构用钢。

01.0048 低合金钢 low alloy steel

钢中合金元素含量一般不超过5.0%，屈服强度一般达到 300~400MPa 或更高，并且具有优良焊接性能的工程结构用钢。

01.0049 微合金钢 micro alloy steel

低碳或超低碳钢中加入总量不超过0.2%的微合金化元素——对碳、氮亲和力强的钒、钛、铌、硼等，以达到良好弥散强化效果的结构用钢。

01.0050 高温合金 superalloy

在 600℃ 以上的工作温度下有足够的高温强度和抗腐蚀能力，而且能在持久受力情况下工作的结构合金材料。

01.0051 功能材料 functional materials

曾称"精密合金"。在电、磁、声、光、热等方面具有特殊性能，或者在其作用下表现出特殊性能的材料。如磁性材料、电子材料及催化材料等。

01.0052 结构材料 structural materials

一类以强度、硬度、塑性、韧性等力学性质为主要性能指标的工程材料的统称。

01.0053 钢铁制造流程 steel manufacturing process

以铁矿石或废钢为主要原料，在巨大能量流和信息流的作用和支持下，通过冶炼，去除无益的杂质，吸收有益的合金元素，再经过相变和形变加工，制造成各种性能和形状的钢材的生产流程。

01.0054 钢铁生产长流程 integrated iron and steel plant, BF-BOF conventional route

以铁矿石为铁素源，经过还原熔炼、氧化精炼及二次精炼，再把钢水凝固成连铸坯(有时成钢锭)后轧制成钢材的生产过程。属消耗资源型的"动脉系"流程。

01.0055 钢铁生产短流程 mini-mill, EAF compact route

以废钢包括各种社会返回废钢作为主要铁素源，熔化成为钢水，再经过凝固和轧制加工成钢材的生产过程。属资源再循环型的"静脉系"流程。

01.0056 工业生态学 industrial ecology

从生态系统可持续发展出发，根据整体、协同、循环、自生的控制原理，分析研究人类的生产与消费活动和自然、经济、社会环境之间关系的学科。

01.0057　环境负荷　environmental burden
人类生产活动所加给地球生态环境的负担。冶金工业消耗的能源和排放的气体、固体及液体废弃物是很大的环境负荷。

01.0058　工业生态链　eco-industrial chain
一个工业部门排放的废弃物成为另一工业部门的原料或可利用之物，使资源的再循环能在更广的范围内进行而形成的链接。

01.0059　环境友好钢材　environment-friendly steel product
设计和制造钢材产品时充分考虑下游的装备制造业和社会应用中的环境负荷，而且不含或少量含有各类有害元素，便于装备报废后再循环的铁碳合金材料。如超轻汽车车体钢材、高磁性能电机材料、免润滑涂层钢板和耐腐蚀涂层钢材。

01.0060　冶金能源转化功能　function of energy conversion in metallurgy
在冶金过程中实现将部分初级能源（主要指煤炭）转化为气体燃料或电力的功能。

01.0061　有色金属　non-ferrous metal
除铁（有时也除铬和锰）以外所有金属的总称。一般分为：重金属、轻金属、贵金属、稀有金属和稀土金属五大类。

01.0062　钢铁　iron and steel
又称"黑色金属"。通常指以铁为基的合金。

01.0063　金属料消耗　consumption of metallic materials
生产单位产品所消耗的金属（铁矿石、生铁、钢、废钢、海绵铁、直接还原铁、铁合金等）量。

01.0064　金属平衡表　balance sheet of metal
为分析生产过程中金属损失的途径、大小（多少）及原因所编制的表格。如烧损多少，丢失多少，轧废多少等。

01.0065　日历作业率　operating rate of calendar working
设备实际作业时间占扣除外因停机时间的日历时间的百分比。

01.0066　生产率　productivity
生产设备在生产过程中的效率。通常指单位时间内的产量。

01.0067　利用系数　productivity coefficient
（1）单位时间内，设备的单位面积或容积的产品产量；（2）设备实际产量与设计值的比例。是评价生产设备的生产效率的指标。

01.0068　燃料消耗　fuel consumption
生产单位产品的燃料消耗。燃料包括焦炭、煤粉、天然气等。

01.0069　一次能源　primary energy
从自然界直接取得，并且不改变其基本形态和品位的能源。如煤炭、石油、天然气、水能、风能、核燃料、生物能、太阳能、潮汐能等。

01.0070　二次能源　secondary energy
由一次能源经过加工转换成为另一种形态和品位的能源。如电力、汽油、煤油、柴油、焦炭、煤气、沼气、余热、余压、氢能等。

01.0071　工序能耗　process energy ratio
在本工序内生产单位产品的总能量消耗。包括煤炭、焦炭、电力、石油类产品和各有关能源介质的消耗。

01.0072 作业率 operation rate
生产运行时间占总时间的比例。

01.0073 产品合格率 qualified product rate
各类产品或阶段产品检验合格的量占产量的比例。

01.0074 标准煤 coal equivalent
能量的一种形象表示方法。按照燃烧一公斤煤可产生 7000kcal(29.3MJ)热量的概念，规定一吨标准煤相当于 29.3GJ 的能量。

01.0075 劳动生产率 labour productivity
劳动者在一定时间里平均每人生产合格产品的数量。

02 采 矿

02.01 一般术语

02.0001 采矿工艺 mining technology
采矿生产所采用的方式方法、作业工序和技术措施的总称。

02.0002 有用矿物 valuable mineral
在目前科学技术条件下具有开采价值、富集起来能够被工业开采利用的矿物。

02.0003 冶金矿产原料 metallurgical mineral raw materials
冶金工业生产用的天然矿物原料。一般分基本金属矿物原料和辅助矿物原料两大类。

02.0004 矿田 ore field
由一系列矿床组合而成的含矿地区或矿化点、物化探异常最集中的地区。

02.0005 矿块 ore block
为了便于回采，用平巷或天溜井等把矿体分割成的一个个独立出矿的块段。

02.0006 矿区 mine area
曾经开采、正在开采或准备开采的含矿区域。

02.0007 矿山 mine
在一定开采境界内，能形成一定采掘规模的矿石生产经营单位。

02.0008 矿井 mine shaft
地表与地下矿体联通的通道。如竖井、斜井、斜坡道和平硐。

02.0009 采矿方法 mining method
实施矿体开采的方式方法。可大致分为露天采矿和地下采矿方式，地下采矿又分为空场、崩落和充填三类采矿方法。

02.0010 露天采矿 surface mining, open pit mining
在敞露的条件下，以山坡露天或凹陷露天的方式、由上至下逐阶段地向下剥离岩石和采出有用矿物的采矿方法。

02.0011 地下采矿 underground mining
采用井巷工程将埋藏较深的矿石采出并搬运到地表的采矿方法。

02.0012 特殊采矿 specialized mining
采用化学和生物溶浸液将矿床中的有用矿物溶解并输送到地表等方式开采矿物的采矿方法。

02.0013 硬岩采矿 mining of metal and non-metallic ore deposit
针对以硬度较大的岩体形态存在的金属和非金属矿床的采矿方法。

02.0014 无人采矿 unmanned mining
全面采用遥控或无人操作的智能设备进行的采矿方法。使采矿工作面实现"无人化"。

02.0015 矿床勘探 mineral deposit exploration
矿产勘查工作和矿山地质工作时期的勘探的统称。

02.0016 矿床模型 deposit model
根据已知矿床的矿体特征、矿石品位、围岩环境等参数形成的三维矿床地质模型。

02.0017 矿山场地布置 mine yard layout
在工业场地总体规划的基础上，合理确定出矿山地面所有设备布置建筑物、构筑物、井筒、露天采掘场地、铁路、道路和其他运输线路、工程管线位置的过程。

02.0018 矿山可行性研究 mine feasibility study
在资源正式设计开采前，对所控制矿石资源的开采和利用方案在经济上和技术上是否可行的调研分析。

02.0019 矿山环境评价 mine environment assessment
新建矿山设计开发前，对矿山生产可能对所在地区环境带来的影响程度进行的调查论证工作，通过环评提出相应的预防治理措施。

02.0020 矿山安全评价 mine safety assessment
以实现安全为目的，预测矿山生产过程中发生事故或造成职业危害的可能性及其严重程度，提出科学、合理、可行的安全对策措施建议，并做出评价结论的活动。

02.0021 矿山生产能力 mine production capacity
矿山年生产矿石量能力。一般用矿山年产量或矿山日产量表示。

02.0022 矿山规模 mine capacity
矿山具有的矿石生产能力和选矿处理能力。通常用矿山年产量或矿山日产量来描述。

02.0023 矿山年产量 annual mine output
矿山一年内能开采出来的矿石的总量。

02.0024 清洁开采 clean mining
又称"绿色开采"。对矿区生态和环境的损害和污染少、能耗低的矿床开采方式。

02.0025 无废开采 waste-less mining
所采出的矿石与岩石全部被利用，不产生废弃物的开采方式。

02.0026 数字矿山 digital mine
管理和生产过程高度信息化、自动化的矿山。该类矿山生产信息可实时积存、处理和调用并具有自动判断分析和及时反馈指导生产功能。

02.0027 绿色矿山 green mine
矿产资源开采与生态环境保护相协调的矿山。

02.0028 采矿权 mining right
具有相应资质条件的法人、公民或其他组织在法律允许的范围内，对国家所有的矿产资源享有的占有、开采和收益的一种特别法定物权。

02.0029 分期开采 phased mining
在矿山储量较大，开采年限较长时，对矿床实施分期建设和开采的一种优化技术经济指标的开采方式。

02.0030 富矿 rich ore
矿物含量较高的高品位矿石。

02.0031 贫矿 lean ore
有用矿物品位低、必须经过选矿过程来提纯，且选比较高的矿石。

02.0032 矿井服务年限 mine life
矿山维持正常生产设计能力所存在服务的时间。

02.0033 矿山基本建设 mine construction
按批准的矿山总体设计所规定的主要工程量和系统建设的要求所进行的工程建设。该工程完成标志着矿山已具备了投产条件。

02.0034 矿山建设期限 mine construction period
从基建开工到矿山达到投产要求所需的建设时间。

02.0035 矿山投产 start-up of mine production
基建工程完成后，矿山正式进入矿石生产阶段。

02.0036 矿山达产 arrival at mine full capacity
矿山的开采能力达到其设计的规模。

02.0037 矿山装备水平 mine equipment level
矿山开采所采用的主要采掘设备和提升运输设备的性能和生产能力水平。

02.0038 开采顺序 mining sequence
矿床开采在空间和平面的开挖先后次序。

02.0039 开采步骤 stage of mining
矿山生产作业阶段的衔接顺序。如地下矿山生产一般由开拓、采准切割和回采和运输提升三五步骤组成。

02.0040 采掘计划 schedule of extraction and development
根据矿山年产量，按阶段按矿段编制出的巷道掘进和回采工程量计划。用于组织生产和指导全年生产任务的完成。

02.0041 开采强度 mining intensity
单位矿块生产能力，或用年下降速度来表示反映矿山的整体开采能力。

02.0042 强化开采 strengthening mining
通过"强掘、强采、强出"缩短采矿周期，加快生产节奏，以提高矿块开采强度的开采方式。

02.0043 采掘比 development mining
采用地下开采的矿山，每采一千吨矿石所需开掘的巷道工程量。一般用 m/kt 或 m^3/kt 来表示。

02.0044 剥采比 stripping ratio
矿床露天开采时，剥离的废石体积与采出每单位(吨)质量矿石的比值。即剥离量与矿量的比值，常以 m^3(废石)/t(矿石)表示。

02.0045 剥采总量 overall output of ore and waste
一个年度期限内，所有矿石采出量和岩石剥离量的总和。

02.0046 矿山维简工程 mine engineering of

maintaining simple reproduction

为保持矿山正常开采和既有的生产能力，延续矿山寿命期，所进行的用于补偿资源耗竭、维持正常生产规模所需的井巷延伸等准备工程。

02.0047 矿石回收率　ore recovery ratio
在开采过程中，采出工业矿石量与工业矿石储量的比值。一般用质量的百分数表示。

02.0048 矿石损失率　ore loss ratio
又称"实际损失率"。工业矿石(或金属含量)丢失的程度。即损失矿石量或金属量占该开采区段内工业矿石储量或金属量的百分比。

02.0049 矿石贫化率　ore dilution ratio
在开采过程中，因废石混入导致工业矿石品位降低的程度。以百分数表示。

02.0050 工业矿石　industrial ore
可以工业化批量开发的矿石。只有工业矿石才能产生经济效益。

02.0051 采出矿石　extracted ore
采出的纯矿石与混入废石的混合体。

02.0052 商品矿石　commodity ore
直接作为商品出售的矿石。

02.0053 矿产资源保护　conservation of mineral resources
在矿产资源开发中，对资源采取一定程度保护，适度和有计划开采，以保证资源合理开发利用和矿业可持续发展的措施。

02.0054 矿山复垦　mine reclamation
对已过采或因开采植被破坏的区域，采用的填埋、封盖、覆土、植被恢复等措施。使破坏地表恢复垦种功能。

02.0055 矿井报废　mine abandonment
当矿井因资源枯竭或开采成本高而无利润终止时，所采取的一种关闭矿井的措施。

02.0056 露天地下联合开采　combined surface and underground mining
针对一个矿床同时进行露天开采和地下开采，并且统筹设计露天开采工程和地下开采工程，统筹安排工程施工和生产作业的开采方法。

02.0057 露天转地下开采　open pit into underground mining
当矿体继续采用露天开采较困难时，其深部矿体则转用地下开采方法。

02.0058 矿体　orebody
矿床的基本组成单位。是按最低工业品位圈定的含矿地质体，是矿山开采的直接对象。

02.0059 矿体几何形状　geometric configuration of orebody
具体描述矿体形态的三维空间几何外形轮廓。按几何形态可分为等轴状矿体、柱状矿体和板状矿体。

02.0060 厚大矿体　thick orebody
厚度在15~40m的矿体。

02.0061 薄矿体　thin orebody
厚度在0.8~4m之间的矿体。

02.0062 中厚矿体　medium thick orebody
厚度在4~15m之间的矿体。

02.0063 缓倾斜矿体　gently pitching orebody
倾角为5°~30°的矿体。

02.0064 倾斜矿体 pitching orebody
倾角在 30°~55°的矿体。

02.0065 急倾斜矿体 steeply pitching orebody
倾角大于 55°的矿体。

02.0066 盲矿体 blind orebody
未出露地表的矿体。

02.0067 板状矿体 tabular orebody
走向长度和延伸大且厚度变化较小的矿体。
如矿层和矿脉。

02.0068 矿脉 vein
充填在岩石裂隙中热液成因的板状矿体。

02.0069 冲积矿床 alluvial deposit
河流的冲积作用形成的矿床。

02.0070 冲积砂金 alluvial gold placer
河流的冲积作用形成的产于砾石岩层中的，
呈颗粒状的砂金矿床。

02.0071 海洋矿产资源 oceanic mineral resources
包括海滨、大陆架浅海、深海、大洋盆地和
洋中脊底部的各类矿产资源。

02.0072 出矿品位 grade of withdrawal of ore
采出矿石中有用组分所占比例。以百分数表示。

02.0073 视在损失率 apparent loss rate
又称"金属损失率"。采出的矿石所含金属
量和原工业矿石金属储量之差与原工业矿
石金属储量之比。用百分数表示。

02.0074 矿石一次贫化率 primary ore dilution ratio
回采落矿过程中，因部分围岩和夹石不能剔
除而随矿石采出，引起的矿石品位降低，采
出矿石(含废石)的品位与原矿石品位之差，
与原矿石品位之比。

02.0075 矿石二次贫化率 secondary ore dilution ratio
回采放矿过程中，因覆岩或围岩片帮、垮塌
废石混入放出矿石，引起放出矿石品位的下
降值与原矿石品位之比。

02.0076 废石混入率 waste in-ore rate
采出总矿量中废石所占比例。

02.0077 覆盖岩层 overburden rock stratum
采用崩落开采时，保证正常的放矿和开采的
安全，在待放出矿石上需覆盖一定厚度的岩
石层。

02.0078 废石 waste rock
在采矿过程中伴随采出的无工业价值的
岩石。

02.02 矿 山 地 质

02.0079 矿石构造 ore structure
矿物集合体的形态、相对大小及其空间相互
的结合关系等所反映的形态特征。

02.0080 矿石品位 ore grade
矿石中的有用元素、组分和矿物的含量。金、
银、铂等贵金属矿石用 g/t 表示，其他矿石
常用百分数表示。

02.0081 矿床品位 deposit grade
整个矿床中所有矿体按矿石质量的加权平
均品位。

02.0082 可采品位 payable grade, workable grade

可供开采的矿床品位。

02.0083 矿床工业指标 industrial index of deposit

衡量矿石质量和矿床开采技术条件达到当前工业水平要求的最低界限。

02.0084 边界品位 marginal grade, cut-off grade

在储量计算圈定矿体时，单个样品有用组分的最低含量。是矿石与围岩（或夹石）的分界品位。有用组分品位低于边界品位时，即作为岩石处理。

02.0085 边际品位 cut-off grade

采矿中可分采的最小单元的最低可采品位。这种情况下，不再使用最小可采厚度和夹石剔除厚度。

02.0086 工业品位 economic ore grade

全称"最低工业品位"，又称"最低可采品位"。在当前工业技术水平和经济条件下，工业上可被利用的矿体或矿块的有用组分最低平均品位。只有当矿体或矿块的平均品位达到或超过该指标时，方可划为工业矿体。

02.0087 最低可采厚度 minimum workable thickness

在当前开采技术和经济条件下，有开采价值的单层矿体的最小厚度。在储量计算圈定工业矿体时，区分能利用（表内）储量和暂不能利用（表外）储量的标准之一。

02.0088 最大允许夹石厚度 minimum allowable thickness of barren rock

在储量计算时，允许夹在矿体中间非工业矿石（夹石）的最大厚度。当夹石厚度大于或等于该指标时，必须将其剔除；当夹石厚度小于该指标时，则当作矿石一起参加储量计算。

02.0089 最低米百分值 minimum meterpercentage

工业部门对贵金属和稀有金属等工业利用价值较高的矿产提出的一项关于矿体厚度和矿石品位的综合指标。主要用于圈定厚度小于可采厚度，但品位显著高于工业品位的矿体。

02.0090 最低米克吨 minimum metergramtonnage

最低可采厚度与最低工业品位的乘积值。仅用于圈定厚度小于最小可采厚度而品位大于最低工业品位的矿体。当矿体厚度与矿石品位的乘积大于或等于该指标时便可将其圈入矿体。

02.0091 围岩蚀变 wall rock alteration

气水溶液在沉淀成矿的同时，也与围岩发生交代反应，使围岩发生化学变化的现象。蚀变后的围岩为蚀变围岩。围岩蚀变的强度、范围决定于气水溶液组分、温度和围岩的性质。

02.0092 断层泥 fault gouge

断层两侧岩石因断裂摩擦粉碎而形成的泥状物质。常与断层角砾岩共生。

02.0093 断层角砾岩 fault breccia

断层两侧的岩石在断裂时被破碎，碎块经胶结而成的岩石。

02.0094 弱面 weakness plane

使岩石结构的力学效应减弱或消失的岩石构造面。如裂隙等。

02.0095 裂隙间距 fracture spacing
两个裂隙的垂直距离。

02.0096 露头 outcrop
岩层、岩体、矿体、地下水、天然气等出露于地表的部分。

02.0097 铁帽 gossan
硫化物矿床风化带上出现的褐铁矿表生铁质覆盖物。

02.0098 上盘 hanging wall
倾斜的断层面、岩脉、矿脉或矿层等的上覆侧岩块。

02.0099 下盘 foot wall
倾斜的断层面、岩脉、矿脉或矿层等的下覆侧岩块。

02.0100 节理玫瑰图 joint rose
统计节理的一种较常见的图式。编制较容易，反映出节理的产状和分布也较明显，分走向玫瑰花图和倾斜玫瑰花图两类。

02.0101 极射赤面投影法 stereography
表示线和面的方向、相互间的角距关系及其运动轨迹，把物体三维空间的几何要素(线、面)反映在投影平面上进行研究处理的一种方法。

02.0102 极射赤面投影图 stereogram
从极射点向平面(直线)与投影球面的交线(点)发射射线，而在赤平面得到的投影图。

02.0103 区域评价 regional appraisal
对评价地区的找矿地质条件及成矿规律的研究，有效地进行矿产预测，以及对矿产远景的评价。

02.0104 预查 primary reconnaissance
通过对区内资料的综合研究、类比及初步野外观测、极少量的工程验证。初步了解预查区内矿产资源远景，提出可供普查的矿化潜力较大地区，并为发展地区经济提供参考资料。

02.0105 普查 reconnaissance
通过对矿化潜力较大地区开展地质、物探、化探工作和取样工程，以及可行性评价的概略研究。对已知矿化区做出初步评价，对有详查价值地段圈出详查区范围，为发展地区经济提供基础资料。

02.0106 详查 detailed reconnaissance
对详查区采用各种勘查方法和手段，进行系统的工作和取样，并通过预可行性研究，作出是否具有工业价值的评价，圈出勘探区范围，为勘探提供依据，并为制定矿山总体规划、项目建议书提供资料。

02.0107 勘探 exploration
对已知具有工业价值的矿区或经详查圈出的勘探区，通过应用各种勘查手段和有效方法，加密各种采样工程以及可行性研究，为矿山建设在确定矿山生产规模、产品方案、开采方式、开拓方案、矿石加工选冶工艺、矿山总体布置、矿山建设设计等方面提供依据。

02.0108 生产勘探 productive exploration
根据已有地质勘探资料，对尚未满足开采设计要求的首期投产地段，进行进一步的勘探，以满足开采设计的需要。在上一中段开拓或开采时间，对下一开拓中段作进一步勘探，为采准设计及采场准备施工提供更可靠的地质资料。

02.0109 勘查类型 exploration type
按勘探的难易程度对矿床所划分的类型。如

铁矿床分成Ⅰ，Ⅱ，Ⅲ，Ⅳ类。

02.0110 勘查工程 exploration engineering
追索和圈定矿体及矿床的过程中所应用的地质工程。

02.0111 槽探 trench prospecting
一种比较重要的轻型山地工程。广泛地用来揭露 2~2.5m 浮土下的岩石或矿体，探槽的宽度一般为 0.7~1.0m，深度一般不超过 3m，长度决定于用途，可由数米到数百米，探槽的布置方向一般是垂直矿体或岩层的走向。

02.0112 坑探 drift exploration
在勘探后期，用来追索圈定深部矿体，了解矿床深部地质构造的平窿、石门、沿脉、穿脉、竖井和斜井等工程。

02.0113 钻探 drilling
利用钻机按一定的设计方位和倾角向地下钻孔，通过取出孔内不同深度的岩芯、岩屑和岩粉，或在孔内下入测试的仪器的方法。用以了解地下岩层、矿石质量、围岩及其蚀变等情况，也可了解地质构造、水文地质、工程地质等情况。是矿床勘探工作中的重要手段。

02.0114 勘探线 exploration line
勘探工程从地表到地下按一定间距，布置在一定方向彼此平行的垂直面上的总体布置形式。

02.0115 勘探网 exploration grid
勘探工程有规律地布置在两组互相交叉的勘探线交点上，组成的网状系统。其网形有：正方形、长方形、菱形等。最常用的是正方形和长方形。

02.0116 水平勘探 horizontal exploration
勘探工程布置在不同标高水平面上的方式。

02.0117 勘探工程网度 spacing of exploration engineering
每个穿透矿体的勘探工程所控制的矿体面积。常以工程沿矿体走向的距离与沿倾向的距离来表示。

02.0118 地质测量 geological mapping
按一定的比例尺，将各种地质体及有关地质现象填绘于地形底图上而构成地质图的工作过程。

02.0119 化探 geochemical prospecting
全称"地球化学勘探"。以地球化学和矿床学为基础，以地球化学分散晕(流)为研究对象，从而发现矿床或矿体的方法。

02.0120 物探 geophysical prospecting
全称"地球物理勘探"。以物理学或地球物理学为基础，把物理学的理论(地电、地磁等)应用于地质找矿的方法。

02.0121 矿床评价 ore deposit evaluation
为了确定矿床的工业利用价值而进行的地质与技术经济的综合分析工作。是矿产普查和勘探的一项重要内容。

02.0122 地质储量 geological reserves
根据区域地质调查、矿床分布规律，或根据区域构造单元，结合已知矿产的成矿地质条件所预测的储量。

02.0123 工业储量 recoverable reserves, workable reserves
经过地质勘探后所确定的可以进行工业开采的矿产储量。

02.0124 资源量 resources

查明矿产资源的一部分和潜在矿产资源。

02.0125　可采储量　workable reserves
经可行性研究，在对矿床的开采、选冶、经济、市场、法律、环境、社会和政府因素的研究，并扣除了受这些因素影响而不能开采的部分后，被证实为在当时开采是经济的那部分矿产资源储量。

02.0126　基础储量　basic reserves
经过详查或勘探，达到控制的和探明的程度，在进行了预可行性或可行性研究后，经济意义属于经济的或边际经济的那部分矿产资源储量。

02.0127　生产矿量　productive ore reserves
矿山生产中开拓、采准和备采三个级别矿量的总称。

02.0128　开拓矿量　developed ore reserves
生产矿量之一。采矿过程中开拓阶段处于开拓水平上的矿量。

02.0129　采准矿量　prepared ore reserves
已经开拓的矿体范围内，采准巷道已经开掘完毕，采区已经形成，分布在这些采区的矿量。

02.0130　备采矿量　blocked-out ore reserves
分布在已经做好采矿准备并完成切割工程的采区内，可以立即进行回采的矿量。

02.0131　探明储量　proved reserves
经过一定的地质勘探工作而了解、掌握的矿产储量。

02.0132　保有储量　retained reserves
地质勘探中探明的矿产储量。由于后来的勘探及开采而发生变动，截至国家要求统一上报时间，矿山实际还拥有的各级储量。

02.0133　远景储量　prospective reserves
(1)由 C_1 级以上的储量地段向外推算的储量。(2)由稀疏的钻孔和少量的坑探工程控制，研究程度和可靠程度达不到 C_1 要求的储量。(3)用物探、化探配合个别钻孔所验证、推算的储量。

02.0134　储量估算　reserves estimation
估算矿产在地下埋藏数量的工作。

02.0135　断面法　sectional method
利用勘探剖面将把矿体分为不同的块段，计算各个块段的储量总和的方法。

02.0136　克里金法　Kriging method
曾称"克立格法"。在考虑了信息样品的形状、大小及其与待估块段相互间的空间分布位置等几何特征以及品位的空间结构之后，为了达到线性、无偏和最小估计方差的估计，而对每一样品值分别赋予一定的权系数，最后进行加权平均来估计块段品位的方法。

02.0137　地质统计学法　geostatistics
以区域化变量理论为基础，以变异函数为基本工具，研究那些分布于空间并呈现一定的结构性和随机性的变量空间分布规律的方法。

02.0138　矿产取样　ore sampling
在矿体的一定部位，按一定的规格和要求，采取一小部分具有代表性的矿石或近矿围岩，作为样品，用以确定矿产质量、某些性质和矿体界线的地质工作。

02.0139　化学取样　chemical sampling
对采集的样品进行化学分析，确定其有用及

有害组分含量的方法。

02.0140　岩矿取样　ore and rock sampling
在矿体中系统地或有选择性地采取部分矿石(有时也包括近矿围岩)的块状标本，进行矿物学、矿相学及岩石学方面研究的方法。

02.0141　技术取样　physical sampling
又称"物理取样"。为研究矿石或近矿围岩的各种物理机械性质和技术性质而进行取样的方法。对于一般矿产来说，是为了确定矿石(包括部分近矿围岩)的体重、湿度、松散系数、强度、块度等性质；对于某些非金属矿产来说，是确定矿产质量的主要方法。如确定云母片的大小、透明度、导电系数、耐热强度。

02.0142　技术加工取样　processing sampling
通过对相当质量的样品进行选矿、烧结、冶炼等性能试验的方法，了解矿石的加工工艺和可选性质，从而确定选矿、烧结、冶炼的生产流程和技术措施，对矿床做出正确的经济评价。

02.0143　矿体二次圈定　secondary delimitation of orebody
当矿块进入采准或矿房进入回采阶段，回采设计要求更准确地圈定矿体边界时所进行的一种生产勘探。

02.0144　地质编录　geological logging
地质人员到现场对各种探、采工程所揭露的矿体及各种地质现象进行仔细观察，并用图表和文字将矿体特征和各种地质现象如实素描和记录下来的整套工作。

02.0145　露头填图　outcrop mapping
将岩层、岩体、矿体、地下水、天然气等出露于地表的部分的地质现象按一定比例尺绘在地形底图上的过程。

02.0146　地形地质图　topographic-geological map
反映一定地区(矿区)的地形、地层、岩浆岩、地质构造、矿体和矿化带等基本地质特征及相互关系的综合图件。

02.0147　勘探线剖面图　exploratory cross section
根据同一个勘探线上的工程资料和地表地质的研究成果，说明矿体在剖面上的赋存条件及变化情况的图件。

02.0148　水文地质图　hydrogeological map
反映一个地区地下水分布和特征的地质图件。

02.0149　地质平面图　geological map
按一定的比例尺和图式，将一定地区内的各种地质体及地质现象的分布及其相互关系，垂直投影到同一个水平面上，反映地区地壳层的地质构造特征的图件。

02.0150　地质剖面图　geological profile
按一定的比例尺，表示地质剖面上的地质现象及其相互关系的图件。

02.0151　地质柱状图　geologic column
将工作区内有关地质资料加以综合，用柱状图的形式按一定的比例尺和图例并附以描述文字编制而成，反映区内地质发展史、地质条件和地质特征的图件。

02.0152　钻孔布置图　drilling pattern
表示矿床或勘探区钻孔分布位置的图件。

02.0153　钻孔柱状图　drill columnar section
采用各种符号将不同的岩性或矿体，以一定的比例尺，缩绘成一个柱状记录钻孔所揭露的地质现象的图件。

02.0154 中段地质平面图 level geological map

以测好的坑道平面图为基础，根据同一中段标高的水平坑道及其他工程揭露的地质和矿产现象(坑道原始地质编录资料)，结合勘探线剖面图资料绘制而成的水平断面图。

02.0155 平台地质图 open bench geologic map

露天矿山中，用同一个平台上的各种地质工程所揭露的地质和矿产现象编制的水平断面图。

02.0156 垂直纵投影图 vertical longitudinal projected profile

用正投影的方法把矿体及其他所要表示的内容，投影在和矿体平均走向平行并且放置在矿体下盘的垂直投影面上得到的图件。常用于倾角大于 45°的急倾斜矿体。它是矿山

设计和生产中经常要用到的图纸。

02.0157 水平投影图 horizontal projected profile

用正投影的方法把矿体和其他地质界线及探采工程等投影在一个水平面上得到的图件。常用于倾角小于 45°的缓倾斜矿体。

02.0158 矿体顶底板等高线图 contour map of roof and floor

反映矿体产状、构造和(顶)底板起伏情况的图件。表示同一矿层的顶板或底板在矿区不同部位的埋藏深度和变化趋势。对于某些沉积的层状矿体来说，常常是储量计算的主要图件；底板等高线图又是进行开拓设计、指导坑道掘进和回采的重要图件。

02.0159 品位等值线图 isoline map of grade

在一定的含矿区域内，将矿石品位相等的点连接起来而形成的图件。用于表示矿体中矿石品位变化规律。

02.03 矿 山 测 量

02.0160 大地水准面 geoid

由静止海水面并向大陆岛屿延伸所形成的不规则的封闭曲面。大地水准面是重力等位面，是"海拔高"的基准面。

02.0161 地球椭球体 ellipsoid

代表地球大小和形状的数学曲面。以长半径和扁率表示。因其十分接近于椭球体，故通常以参考椭球体表示地球椭球体的形状和大小。

02.0162 子午线收敛角 convergence of meridian

地面某点的正北方向和坐标北方向之间的夹角。

02.0163 方位角 azimuth

从标准方向的北端起，顺时针方向到直线的水平角。方位角的取值范围为 0°~360°。标准方向通常有三种，真北方向、坐标北方向和磁北方向。方位角根据采用标准方向的不同，有真方位角、坐标方位角和磁方位角之分。

02.0164 地理坐标 geographical coordinates

用天文经纬度确定地面投影点在大地水准面上位置的坐标系统。

02.0165 平面直角坐标系 rectangular plane coordinates system

用直角坐标原理在投影面上确定地面点平

面位置的坐标系统。与数学上的直角坐标系不同的是，它的纵轴为 X 轴，横轴为 Y 轴。通常采用高斯投影，由投影带中央经线的投影为纵轴（X 轴）、赤道投影为横轴（Y 轴）以及它们的交点为原点。

02.0166　矿山测量　mine surveying
矿山建设时期和生产时期的全部测量工作。

02.0167　矿区控制测量　control survey of mine district
建立矿区精密平面和高程控制网的工作。矿区控制测量是矿区一切测绘工作的基础和框架，是矿区等级精度最高的测量工作。

02.0168　矿井联系测量　shaft connection survey
为了满足矿山日常生产、管理和安全等需要，将矿井地面测量和井下测量联系起来，建立的统一坐标系统的测量工作。矿井联系测量可分为矿井定向测量（矿井平面联系测量）和高程联系测量（导入标高）。

02.0169　矿井定向测量　shaft orientation survey
又称"矿井平面联系测量"。把地面的平面坐标及方位角传递到井下巷道中经纬仪导线起始边上所进行的测量工作。矿井定向可通过几何定向或物理定向进行。

02.0170　竖井定向　shaft plumbing
通过竖井将地面点的平面坐标及方位传递到井下起算点上的工作。主要有一井定向和两井定向等方式。

02.0171　一井定向　one shaft orientation
通过一个竖井来进行矿井平面联系测量的工作。

02.0172　两井定向　two shaft orientation
通过两个竖井来进行矿井平面联系测量的工作。

02.0173　近井点测量　nearby shaft point survey
为方便矿井联系测量而设立近井点所进行的测量工作。

02.0174　井下测量　underground survey
工作场所为矿山井下所进行的测量工作。井下测量一般可分为井下平面测量和井下高程测量。

02.0175　竖井施工测量　shaft sinking survey
竖井施工过程中的测量工作。主要是给定竖井掘进中线和高度。

02.0176　巷道施工测量　drifting survey
巷道施工过程中所进行的测量工作。主要是给定巷道掘进中腰线。

02.0177　井巷贯通测量　mine workings link-up survey
为保证井巷按设计要求掘进到指定地点和另一巷道相通所做的测量工作。井巷贯通测量主要有平巷贯通测量、斜巷贯通测量和竖井贯通测量。

02.0178　贯通偏差　link-up warp
贯通工程两端的中线和腰线在贯通面上的差距。分为贯通允许偏差和贯通后实测偏差。

02.0179　采场测量　stope survey
为配合各种采矿方法在采场所进行的测量工作。主要是采场边界测定、钻孔位置标定、炮眼验收等工作。

02.0180 深孔测量 long-hole survey

对深孔钻探钻孔的空间形态所做的测量工作。主要采用深孔测斜仪进行。

02.0181 采场空硐测量 stope space survey

测定采场空硐的边界范围并标绘到图纸上的测量工作。

02.0182 天井联系测量 raise connecting survey

通过采区间的天井进行平面和高程的联系测量工作。类似于一井、两井定向及导入标高。

02.0183 矿井延伸测量 shaft deepening survey

矿井在延伸过程中所进行的测量工作。主要是给定矿井掘进中线和高度。对于采用贯通法进行的竖井延伸还需进行竖井贯通测量工作。

02.0184 巷道验收测量 drift footage survey

为检查巷道掘进质量以及掘进进度所做的测量工作。主要内容包括测定巷道的方向、坡度、横断面以及进尺。

02.0185 矿山测量图 mine survey map

简称"矿图"。矿山根据地面、井下测量资料填绘而成的生产过程中所需要的各种图纸的总称。

02.0186 采掘工程图 mining engineering map

全面反映采掘工程部署与工作面生产进展情况以及矿体赋存状态的一种图纸。是矿山最重要的矿图之一。

02.0187 分层平面图 layer horizontal map

对于采用分层(分中段)开采的矿山,每一个开采分层的采掘工程平面图。

02.0188 巷道系统立体图 stereographical view of development system

采用数学投影(轴侧投影、单点透视投影等)的方法绘制的具有立体视觉效果的矿山巷道系统图。

02.0189 露天矿测量 surface mine survey

为配合露天采矿所进行的测量工作。其主要内容有:建立露天矿山测量控制网、露天矿山生产测量、露天矿山线路测量、露天矿图绘制等。

02.0190 采剥验收测量 check and acceptance by survey on mining and stripping

定期测量并计算露天矿开采过程中采剥矿岩石体积的工作。

02.0191 采剥剖面图 cross section view of mining and stripping

沿垂直于矿体走向的,根据台阶采剥工程平面图转绘而成一种图纸。主要用于采剥量、损失量的计算及储量管理。

02.0192 露天矿爆破测量 blasting survey of surface mine

为配合深孔爆破或硐室爆破所进行的测量工作。其主要任务是复制或测绘爆破地区平面图、实地标定爆破空位、钻孔后爆破区的测绘以及爆破后的爆堆测量。

02.0193 露天矿境界圈定 boundary demarcation of surface mine

根据矿业技术经济的原则来确定露天矿的开采境界的工作。其本质是确定最合理的剥采比。

02.0194 露天矿线路测量 route survey of surface mine

为修建露天矿运输系统中的铁路、公路等工

程而进行的测量工作。主要工作有定线测量、线路中线测量、线路水准测量及线路纵横断面图绘制等。

02.0195 排土场平面图 plan view of waste disposal site
露天矿开辟的专门用于堆放岩土场所的一种地形平面图。

02.0196 防排水系统图 waterproof and drainage system map
表示露天矿排防水工程的一种平面图纸。主要表示有干支渠道、水泵、管路、储水池、堤坝等。

02.0197 地表移动曲线 curve line of surface displacement
用于描述地表某一剖面线上各点沿一定方向移动量的曲线。

02.0198 开采沉陷 mining subsidence
矿石被采出后，开采区周围的岩体原始应力平衡状态受到破坏，应力重新分布，达到新的平衡，在此过程中，使岩层和地表产生连续的移动、变形和非连续的破坏（开裂、冒落等）。

02.0199 冒落带 caving zone
矿体上覆岩层因破坏而塌落的区域。

02.0200 裂隙带 fissured zone
在冒落带上方，由于受弯曲变形较大，冒落带上部的岩层出现大量裂隙，整体性遭到严重破坏的区域。

02.0201 弯曲带 bend zone, sagging zone
裂隙带以上，岩层向下弯曲，但裂隙不发育，有时直至地面的区域。

02.0202 下沉系数 subsidence factor
(1)在充分采动条件下，开采近水平矿体时地表最大下沉值与开采厚度之比。(2)充分采动时，地表最大下沉值与矿体法线采厚在铅垂方向投影长度的比值。

02.0203 地表临界变形值 critical value of surface deformation
保证地表或地表上工程对象不产生破坏的地表变形最大容许值。

02.0204 陷落角 caved angle
采空区底部与地表陷落带边界的连线与水平面的夹角。

02.0205 移动角 displacement angle
采空区底部与地表移动带边界的连线与水平面的夹角。

02.0206 裂隙角 fractured angle
在充分采动或接近充分采动条件下，地表移动盆地内最外侧的地表裂缝至采空区边界的连线与水平线在煤柱一侧的夹角。

02.0207 巷道腰线 half height line of drift
巷道在竖直面内的方向线。亦即巷道的坡度。

02.0208 矿用经纬仪 mine theodolite, mine transit
适用于矿山环境条件的一种经纬仪。主要特点是防爆、防潮，可在急倾斜矿床条件下使用等。

02.0209 陀螺经纬仪 gyroscope theodolite
将陀螺仪和经纬仪组合在一起的一种定向仪器。陀螺仪是利用高速旋转体的旋转轴具有定轴特性而制作的。

02.0210 逆转点法 reverse point method
陀螺经纬仪定向操作的一种主要方法。其本质是跟踪记录陀螺仪悬挂带的逆转位置,取多个(通常取 5 个)逆转点位置的平均值作为北方向值。

02.0211 矿用挂罗盘 hanging compass

便于悬挂的用于矿山低等级测量的一种罗盘仪。

02.0212 激光导向仪 guiding laser
利用氦氖气体激光器或半导体激光器发射的一束红色可见激光经聚焦射出后以指示巷道掘进方向的一种仪器。

02.04 岩 石 力 学

02.0213 岩石力学 rock mechanics
一门认识和控制岩石系统的力学行为和工程功能的学科。是采矿、土木建筑、铁道、公路、水利、水电等与岩石工程相关的工程领域的应用基础学科。

02.0214 岩体力学 rock mass mechanics
研究岩体的物理力学性质和工程功能的学科。岩石力学的研究对象就是岩体,如果将岩体统称为岩石,则岩体力学和岩石力学就具有相同的内涵。

02.0215 岩石物理力学性质 physical and
　　　　 mechanical properties of rock
岩石的物理性质与力学性质的统称。物理性质是岩石固有的属性,包括密度、孔隙性、水理性、渗透性、热涨性和磁性等。力学性质是岩石在外力作用下表现出来的特性,包括硬度、强度、弹性和研磨性等。

02.0216 岩石容重 weight density of rock
单位体积(包括岩石内空隙体积)的岩石质量。

02.0217 岩石密度 mass density of rock
单位体积的岩石质量。

02.0218 岩石孔隙性 porosity of rock
天然岩石中包含空隙和裂隙的程度和状态

的特性。

02.0219 岩石水理性 hydro-physical proper-
　　　　 ties of rock
岩石与水相互作用时所表现的性质。

02.0220 岩石渗透性 permeability of rock
岩石允许透过流体(液体和气体)的能力。其定量指标可用渗透率、渗透系数、渗透率张量和渗透系数张量表示。

02.0221 达西定律 Darcy law
达西(H. Darcy)经过大量的试验研究,总结得出单位时间透过岩石的流体量与流体压力、黏度和岩石渗透系数之间的相互关系。

02.0222 岩石弹性模量 elastic modulus of
　　　　 rock
岩石在单轴压缩条件下产生变形时,应力(σ)与应变(ε)的比率。符号为 E。

02.0223 岩石泊松比 Poisson's ratio of rock
岩石在纵向荷载作用下产生的横向应变ε_x与纵向应变ε_y的比值。

02.0224 岩石黏结力 cohesion of rock
与岩石强度指标相关的一个力学参数。其值等于纯剪荷载条件下岩石的剪切强度,也即直线型莫尔强度包络线与剪应力轴(τ 轴)的截距。符号为 c，单位 MPa。

02.0225 岩石内摩擦角 internal frictional angle of rock

直线型莫尔强度包络线与最大主应力 σ_1 轴的夹角。符号为 ϕ。

02.0226 岩石软化系数 softening coefficient of rock

岩样饱水状态的抗压强度与自然风干状态抗压强度的比值。

02.0227 岩石非连续性 discontinuity of rock

岩石存在各种不连续面所表现出来的特性。

02.0228 岩石各向异性 anisotropy of rock

岩石的全部或部分物理、力学性质随方向不同而表现出差异的现象。

02.0229 岩石各向同性 isotropy of rock

岩石性质不随量度方向变化的特性。

02.0230 正交各向异性 orthogonal anisotropy

在弹性物体中存在三个互相正交的弹性对称面，在各个面两边的对称方向上，弹性相同的特性。

02.0231 横观各向同性 transversely isotropy

在弹性物体内存在一个弹性对称面和一个旋转轴，在平行于弹性对称面的各方向（即横向）都具有相同力学性质的特性。

02.0232 岩石不均质性 non-homogeneity of rock

岩石物理性质随量度的方向而变化的特性。

02.0233 岩石本构关系 constitutive relation of rock

岩石的应力或应力速率与其应变或应变速率的关系。若只考虑静力问题，则本构关系是指应力与应变，或者应力增量与应变增量之间的关系。

02.0234 弹性本构关系 elastic constitutive relation

岩石在弹性阶段的本构关系。

02.0235 塑性本构关系 plastic constitutive relation

岩石在塑性阶段的本构关系。

02.0236 岩石强度理论 theory of rock strength

研究岩石在各种应力状态下的强度准则的理论。它表征岩石在极限应力状态下（破坏条件）的应力状态和岩石强度参数之间的关系。

02.0237 莫尔–库仑强度准则 Mohr-Coulomb criterion of rock failure

又称“破坏准则”。莫尔和库仑提出“摩擦”准则，认为岩石的破坏主要是剪切破坏，岩石抗剪切的强度等于岩石的黏聚力与剪切面上正应力产生的摩擦力之和。

02.0238 莫尔强度包络线 Mohr envelope of rock strength

对应于各种应力状态（单轴拉伸、单轴压缩及三轴压缩）下的破坏应力莫尔圆外公切线。

02.0239 格里菲斯强度准则 Griffith criterion of rock failure

脆性材料断裂的起因是分布在材料中的微小裂纹尖端有拉应力集中所致。当材料所受拉应力足够大时，便导致裂纹不稳定扩展而使材料产生脆性断裂。

02.0240 经验强度准则 empirical criterion of

rock failure

根据岩石力学试验获得的非直线型莫尔强度包络线，通过拟合分析确定的岩石破坏应力条件(破坏判据)。

02.0241 岩石流变性 rheological properties of rock

岩石的应力和变形与时间有关的岩石的性质。

02.0242 岩石流变模型 rheological model of rock

用于描述岩石流变性质的物理和数学模型。由弹簧(理想弹性体)、摩擦片或滑块(理想塑性体)、阻尼筒(理想黏性体)三个原件组合而成。

02.0243 岩石长期强度 long-term strength of rock

岩石的强度是随外载作用时间的延长而降低，通常把作用时间趋于无穷大时的岩石强度(最低值)。

02.0244 岩石强度尺寸效应 size effect of rock strength

岩石的强度指标与试件的大小、形状和三维尺寸比例有关的效应。

02.0245 岩体结构 structure of rock mass

岩体被各种结构面切割形成单元块体的形状及其空间结构组成。

02.0246 岩体结构面 structural plane of rock mass

在岩体内存在各种地质界面。包括物质分界面和不连续面，如假整合、不整合、褶皱、断层、层理、节理和片理等。

02.0247 节理 joint

岩石在自然条件下形成的裂纹或裂缝。

02.0248 层理 stratification

又称"层面"。岩石沉积过程中的原生成层构造。

02.0249 岩体变形 deformation of rock mass

岩体赋存的环境改变时，岩体产生体积、形状变化和结构体相对移动等现象的总称。

02.0250 岩体强度 strength of rock mass

岩体抵抗外力破坏的能力。

02.0251 非限制性压缩强度 unconfined compressive strength, UCS

在单轴压缩荷载作用下所能承受的最大压应力。

02.0252 限制性压缩强度 confined compressive strength

岩石在三向压缩荷载作用下，达到破坏时所能承受的最大压应力。

02.0253 围压 confining pressure

限制岩体(岩石试件)横向变形的压力。

02.0254 点荷载强度 point load strength

对标准圆柱状试件施加一对垂直于圆柱轴线且径向相对的点荷载，直至试件断裂破坏。通过此试验测得的岩石强度。

02.0255 巴西拉伸强度试验 Brazilian tensile strength test

又称"劈裂试验法"。一种间接拉伸试验。

02.0256 限制性剪切强度 confined shear strength

在剪切面上除了存在剪应力外，还存在正应力的荷载作用下达到破坏前所能承受的最大剪应力。

02.0257 非限制性剪切强度 unconfined shear strength

在剪切面上只有剪应力，没有正应力的荷载作用下达到破坏前所能承受的最大剪应力。

02.0258 弱面剪切强度 shear strength of weakness

岩石的软弱面在剪荷载作用下达到破坏前所能承受的最大剪应力。

02.0259 岩石残余强度 residual strength of rock

岩石破坏后的抗剪强度将随着剪切变形的增加而逐渐降低，最后趋近于一稳定值，这一稳定的强度值。

02.0260 岩石饱水强度 water saturated strength of rock

岩石在饱水状态下的强度。

02.0261 岩石风化强度 weathering strength of rock

岩石经过风化后的强度。风化是太阳热辐射、大气、水和生物活动等因素，对岩石进行长期的物理、化学及生物作用导致强度下降的过程。

02.0262 岩石扩容 dilatancy of rock

岩石具有的一种普遍性质，是岩石在荷载作用下，在其破坏之前产生的一种明显的非弹性体积变形。

02.0263 全应力–应变曲线 whole stress-strain curve

全面显示岩石在压缩荷载作用下产生变形的全过程的应力–应变曲线。包括超过岩石峰值强度以后的那一半应力–应变曲线。

02.0264 岩石刚性材料试验机 stiff materials test machine

具有较大的刚度(必须远远大于岩石试件的刚度)的试验机，以获得真实的岩石全应力–应变曲线，减少在压缩实验过程中试验机的弹性变形及储存在其中的变形能。

02.0265 岩石疲劳破坏 fatigue failure of rock

岩石在交变应力作用时的破坏。

02.0266 岩体承载能力 load-bearing capacity

岩体结构抵抗荷载的能力。

02.0267 岩石分类 classification of rock

对各种岩石按某种标准进行的类型、性质或质量的分类。

02.0268 岩石质量指标 rock quality designation, RQD

按长度在 10cm(含 10cm)以上的岩芯累计长度占钻孔总长的百分比进行岩体质量分级的指标。

02.0269 岩体质量分级 rock mass rating, RMR

1973年南非科学和工业研究委员会提出的一种岩体质量评价与分级体系。该分级体系包含岩石单轴抗压强度、岩石质量指标、节理间距、节理状况、地下水、节理走向与倾向等 6 个评价指标。

02.0270 地应力 in-situ stress

又称"岩体初始应力""原岩应力"。存在于地层中的未受工程扰动的天然应力。

02.0271 自重应力 gravity stress

岩体、土体自身重力所引起的应力。

02.0272 构造应力 tectonic stress

在各种地壳构造运动作用力的影响下，地壳

中所产生的应力。

02.0273　地应力测量　*in-situ* stress measure-ment
确定存在于拟开挖岩体及其周围区域的未受扰动的原岩应力状态的原位测量方法。

02.0274　直接测量法　direct measurement technique
由测量仪器直接测量和记录各种应力量，如补偿应力、恢复应力、平衡应力，并由这些应力量和原岩应力的相互关系，通过计算获得原岩应力值的方法。

02.0275　水压致裂法　hydraulic fracturing technique
通过在钻孔中注入高压水，导致钻孔围岩产生一组通过钻孔轴线的纵向裂隙，根据注水致裂过程中的水压力值和原岩应力之间的关系，可以确定地应力的大小和方向。

02.0276　声发射法　acoustic emission technique
利用声发射进行地应力测量的方法。当材料发生破裂或破坏时，会释放弹性能，同时发射出弹性波（一种超声波，频率范围为20kHz到2MHz）。

02.0277　间接测量法　indirect measurement technique
不直接测量应力量，而是测量和记录岩体中某些与应力有关的间接物理量的变化，然后由测得的间接物理量的变化，通过已知的公式计算岩体中应力值。

02.0278　应力解除法　stress relief technique
通过测量岩体脱离地应力作用过程中岩体中某些间接物理量的变化计算地应力的方法。

02.0279　套孔应力解除法　stress relief by overcoring technique
采用套钻的方法实现套孔岩芯的完全应力解除进行地应力测量的方法。

02.0280　孔径变形测量　diametral deformation measurement
通过测量应力解除过程中钻孔直径的变化而计算出垂直于钻孔轴线的平面内的应力状态，并可通过三个互不平行钻孔的测量确定一点的三维应力状态的方法。代表性测量仪器为美国矿山局孔径变形计。

02.0281　孔壁应变测量　strain measurement at borehole wall
通过测量应力解除过程中钻孔孔壁应变值计算出钻孔周围岩体中三维应力状态的方法。代表性测量仪器为南非CSIR三轴孔壁应变计。

02.0282　空心包体应变测量　strain measurement at hollow inclusion
通过测量应力解除过程中粘贴于孔壁的空心包体中的应变值，计算出钻孔周围岩体中三维应力状态的方法。

02.0283　地压　ground pressure
（1）狭义：围岩作用在支架上的压力。（2）广义：岩体内部原岩作用于围岩和支架上的压力。

02.0284　散体地压　ground pressure of discrete materials
破裂松散岩石作用在支架上的压力。

02.0285　变形地压　ground pressure of deformation
围岩在不失整体性状况下由位移引起的地压。

02.0286 冲击地压 ground pressure of shock bump

井巷或工作面周围岩体,由于弹性变形能的瞬时释放或断层错动而产生突然剧烈破坏的压力。

02.0287 膨胀地压 ground pressure of dilatancy

由于岩石膨胀而产生的压力。膨胀地压的大小主要取决于岩体的物理力学性质和地下水的活动特征。

02.0288 巷道坍塌 roadway collapse

巷道围岩的突然失稳塌落的现象。

02.0289 冒顶 roof falling

地下开采中,顶板塌落的现象。

02.0290 片帮 slab off

采矿时矿壁或巷道两侧的岩石大片剥落的现象。

02.0291 底臌 floor heave

巷道底板向上隆起的现象。

02.0292 岩爆 rock burst

岩体中聚积的弹性变形能在地下工程开挖中突然猛烈释放,使岩石爆裂并弹射出来的现象。

02.0293 地压控制 control of ground pressure

地下开采中,为保持巷道和采场的稳定,控制地压显现及其产生的破坏作用所采取的措施。

02.0294 围岩 surrounding rock, wall rock

矿体或采场、巷道周围的岩体。

02.0295 围岩加固 reinforcement of surrounding rock mass

围岩质量较差时,为加固岩体,提高岩体的强度及其承载能力所采取的各种手段。

02.0296 巷道支护 roadway support

为维护巷道的稳定性,以保证开采的安全所采取的支撑和加强措施。

02.0297 巷道衬砌 roadway lining

用混凝土或砖石材料砌筑而成的拱形结构,用来维护巷道的稳定性的方法。

02.0298 喷锚支护 bolting and shotcrete lining

喷射混凝土与锚杆联合支护、维护巷道和采场稳定的统称。

02.0299 喷射混凝土 shotcrete

采用喷射法将混凝土覆盖岩表面和胶结表层裂隙以加固围岩的技术。

02.0300 锚杆 rock bolt, anchor bolt

置入岩体内与岩体牢固锚结,维护岩体稳定的杆体。

02.0301 锚索 cable anchor

锚固岩体、维护围岩稳定的预应力高强度钢丝绳。

02.0302 新奥法 new Austrian tunneling method, NATM

以控制爆破或机械开挖为主要掘进手段,以锚杆、喷射混凝土为主要支护方法,理论计算、现场监测和工程经验相结合的一种施工方法。

02.0303 共同作用理论 interaction theory

围岩与支护形成一种共同承载体,维持岩石开挖工程稳定的理论。

02.0304 采空区处理 handling of mined-out areas

为消除矿体中因开采而形成空区的事故隐患所采取的处理措施。

02.0305 卸压爆破 pressure-relief blasting

当预测有严重冲击地压危险时，为解危卸压、减缓应力集中程度而进行的爆破活动。

02.0306 普氏岩石强度系数 Protogyakonov's coefficient of rock strength

衡量岩石强度的系数。用 f 表示，其值等于以 kg/cm^2 为单位的岩石单轴抗压强度除以100。1909 年由俄国采矿学家普罗托季亚科诺夫（Михаил Михайлович Протодьяконов）提出。

02.0307 地压监测 monitoring of ground pressure

对岩石地下工程地压活动进行监测。

02.0308 岩体应力监测 monitoring of stress in rock mass

对岩体中的应力进行监测。

02.0309 岩体位移监测 monitoring of displacement in rock mass

对岩体内部位移和表面位移进行监测。

02.0310 岩层移动 strata movement

地下开挖引起岩层的位移和变形的现象。

02.0311 岩层控制 strata control

为维护岩石工程稳定对岩层移动、破坏采取的防控措施。

02.0312 地表沉陷 surface subsidence

由于地下开挖形成空区，导致其上方地面的下沉和陷落的现象。

02.0313 收敛测量 convergence measurement

用收敛计对围岩表面位移进行的测量。

02.0314 钻孔应力计 borehole stress-meter

埋置于钻孔中，用于测量岩体应力的变化的仪器。

02.0315 钻孔应变计 borehole strain-meter

埋置于钻孔中，用于测量岩体应变的仪器。

02.0316 钢弦应力计 wire stress-meter

一种通过测量钢弦频率变化监测岩体应力的仪器。由永磁铁、电磁线圈和钢弦等组成。

02.0317 液压枕 flat jack

埋入岩体中的由两块厚约 1.5mm 的薄钢板对焊而成的枕体。密封枕体内充液压油，通过测量油压变化监测岩体应力。

02.0318 多点位移计 multipoint displacement meter

用于测量岩体中多点位移变化的仪器。主要由在孔中固定测点的锚固器、传递位移量的连接件和孔口测量头与量测仪器组成。

02.0319 地音仪 geophone

监测岩体受力变形和破坏后发射出的声波，用以判断岩体稳定性的仪器。

02.0320 钻孔倾斜仪 borehole inclinometer

置于倾斜钻孔中，用于测量岩土体深部位移变形的仪器。一般由地下部分和地表部分组成，包括倾斜探管，钢丝绳和计数器。

02.0321 钻孔伸长仪 borehole extensometer

安装于钻孔中的用于监测岩体位移的仪器，即多点位移计。

02.0322 光弹应力计 photoelastic stress-meter

采用光测弹性力学原理测量岩体应力的
仪器。

02.0323 光弹应变计 photoelastic strain-meter
采用光测弹性力学原理测量岩体应变的
仪器。

02.0324 微震监测 micro-seismic monitoring
用微震仪或拾震器连续或间断地监测岩体
的声发射现象，根据测得的声发射或微震波
的变化规律判断岩体的稳定性及其损伤和
破坏程度的方法。

02.0325 耦合分析 coupling analysis
考虑两种或者多种影响因素的交叉作用和
相互影响的工程分析方法。

02.0326 岩石断裂力学 fracture mechanics of
rock
用断裂力学的方法研究岩石力学问题的
学科。

02.0327 岩石损伤力学 damage mechanics of
rock
研究岩石损伤并导致破坏的力学机理和过
程的学科。

02.0328 自然边坡 natural slope
在地壳隆起或下陷过程中逐渐形成的天然
的山坡和谷坡。

02.0329 人工边坡 man-made slope
由于人类开挖形成的边坡。

02.0330 平面形滑坡 plane-shaped landslide
滑面呈平面形的滑坡。

02.0331 圆弧形滑坡 circular-shaped land-
slide
滑面呈圆弧形的滑坡。

02.0332 楔形滑坡 wedge-shaped landslide
因两组结构面相互交割，滑体为楔体形的
滑坡。

02.0333 倾倒破坏 toppling failure
受偏心倾斜荷载造成的破坏。

02.0334 崩塌 burst landslide
边坡前缘的部分岩体被陡倾结构面分割，并
以突然的方式脱离母体，翻滚而下，岩块互
相冲撞、破坏，最后堆积于坡脚而形成岩堆
的现象。

02.0335 滑塌 sliding collapse
又称"崩滑"。斜坡松散岩土的坡角 β 大于其
内摩擦角 ϕ 时，因表层蠕动进一步发展，使
其沿着剪变带表现为以顺坡滑移、滚动与坐
塌方式，重新达到稳定坡脚的斜坡破坏过程
与现象。

02.0336 极限平衡分析 limit equilibrium
analysis
采用静力平衡原理，根据边坡滑移面上的抗
滑力和下滑力之间的关系来评价边坡的稳
定性，当下滑力大于抗滑力时，边坡滑体失
去平衡，发生滑移破坏。

02.05 凿 岩 爆 破

02.0337 凿岩 rock drilling
又称"钻孔"。在岩石中钻凿出特定要求炮
孔的工程技术。

02.0338 凿岩工具 drilling tool
凿岩用钎头、钎杆和钎尾的总称。

02.0339 凿岩台车 jumbo
支承、推进和移动一台或多台凿岩机的车辆。

02.0340 钎头 drill pipe, drill bit
安装在凿岩机钎杆头部,在钎杆轴向压力作用下与岩石接触,并在钻杆旋转作用下切削岩石的部件。

02.0341 钎杆 drill stem, drill rod
向钎头传递动力,随同钎头进入钻孔的杆状或管状零件。

02.0342 钎尾 drill shank
插入凿岩机内的钎杆的尾端。

02.0343 十字钎头 cruciform bit, cross bit
硬质合金片之间成 90°的钎头。其制造和修磨比一字形钎头复杂,合金的用量也多。

02.0344 旋转导向钻头 detachable bit
又称"活动钻头"。旋转导向钻进系统使用的钻头。旋转导向钻进系统是随钻进机构的旋转实时完成钻进方向控制功能的一种钻井系统。

02.0345 炮孔 blast hole, drill-hole, borehole
钻进岩石或其他材料用于装填炸药的圆柱形洞穴。

02.0346 炮孔布置 drill pattern, hole pattern
台阶顶面或井筒或巷道工作面炮孔布置的形状。包括抵抗线、间距和相互间的关系。

02.0347 掏槽孔 cut hole
为了掏槽而钻凿的炮孔。

02.0348 平行孔掏槽 parallel hole cut
所有掏槽孔均垂直于工作面,且互相平行的掏槽方式。

02.0349 密集平行孔掏槽 burn cut
又称"平行空眼掏槽"。掏槽眼均垂直于掘进工作面,孔深一般大于设计进尺,孔间距较小,且有时部分炮眼不装药的一种掏槽方式。

02.0350 周边孔 periphery hole
地下爆破时,在开挖断面周边上钻凿的炮孔。为了使爆破的轮廓形状完整,近来大多采用控制爆破的方法布置和装填周边炮孔。

02.0351 辅助孔 satellite hole, reliever
又称"扩槽眼"。在掏槽眼与周边眼之间钻凿的炮眼。

02.0352 底眼 bottom hole, lifter
在采掘工作面底部钻凿的炮眼。

02.0353 顶眼 top hole, back hole
在采掘工作面顶部钻凿的炮眼。

02.0354 平行炮孔 parallel hole
相邻炮孔的轴线相互平行的炮孔。

02.0355 环形炮孔 ring hole
为开掘的平巷(分段平巷),由一中心处径向钻出的炮孔。

02.0356 三角形布孔 staggered drill pattern
地表面相邻炮孔口的相互关系呈三角形的炮孔布置方法。

02.0357 扇形炮孔 fan-pattern hole
以凿岩巷道内一点为中心沿径向钻凿的炮孔,且理论上这些炮孔的轴线在一扇形平面内。

02.0358 束状炮孔 bunch hole
一组相互平行的密集深孔布孔方式。束与束之间距离较大,束中孔间距较小。

02.0359 炮孔深度 drill-hole depth
从孔口中心到孔底垂直于自由面的距离。

02.0360 孔距 hole spacing
同一排深孔中相邻两钻孔中心线间的距离。

02.0361 最小抵抗线 minimum burden
炮孔至最近自由面的有效(最短)距离。

02.0362 底盘抵抗线 toe burden
自炮孔中心至坡底线的最短距离。

02.0363 自由面 free face, free surface
不受约束的几乎是不受力的面。在采矿工程中，岩(矿)体暴露在空气或水中的表面。

02.0364 岩石破碎 rock breaking, rock frag-mentation
岩石在爆破作用下产生破坏、破裂，成为具有一定块度的松散体的过程。

02.0365 岩石坚固性 firmness of rock
岩石抵抗外力的性能。可以笼统地表征岩石的性质、凿岩的难易程度和地压的大小。工程中常用普氏方法来测定和描述岩石的坚固性。

02.0366 岩石可钻性 drillability of rock
表示钻凿炮孔难易程度的一种岩石坚固性指标。国外有用岩石抗压强度、普氏岩石强度系数、点载荷强度、岩石的侵入硬度等作为可钻性指标。

02.0367 岩石磨蚀性 abrasiveness of rock
岩石对工具的磨蚀能力。主要影响因素有岩石成分、结构、硬度和其中的石英含量。

02.0368 岩石可爆性 rock blastability
表示岩石在炸药爆炸作用下发生破碎的难易程度。是动载作用下岩石物理力学性质的综合体现。

02.0369 岩石破碎比能 specific energy for rock breaking
破碎单位岩石所消耗的能量。即破碎岩石所消耗的总能量与破碎的岩石体积之比。

02.0370 岩石动态弹模 dynamic elasticity modulus of rock
岩石在动载荷下，显示出的弹性模量。它是岩石重要的力学性质之一。测定岩石动态弹性模量通常用共振法、声脉冲法和霍普金森杆法。

02.0371 岩石动态强度 dynamic strength of rock
当荷载的加载速率大于 $3\sim5\text{kg}/(\text{cm}\cdot\text{s})$ 时，岩石所呈现的强度。

02.0372 岩石波阻抗 wave impedance of rock
岩石密度同岩石纵波速度的乘积。

02.0373 覆岩 overburden
又称"覆土"。覆盖在矿层之上且不具工业价值的岩体或土体。如覆盖在铁矿石矿层上的砂岩、表土层。

02.0374 发射药 propellant explosive
又称"火药"。对火焰敏感，化学反应呈燃烧形式，但在密闭条件下可转变为爆炸的炸药。在工业上主要用黑火药制作导火索药芯，也有用作延期药的。

02.0375 高威力炸药 high strength explosive
反应速度很快、压力很高的炸药。使用雷管就能引爆的高能炸药。这种炸药有硝化甘油炸药、梯恩梯(TNT)、黑索金(RDX)及太安(PETN)炸药等。

02.0376 含水炸药 water-bearing explosive

含有氧化剂、可燃剂、敏化剂及其他添加剂，其中的固体组分均匀地分散于可溶性组分水溶液中的炸药。含水炸药包括浆状炸药、水胶炸药和乳化炸药。

02.0377 黑火药 black powder

由硝酸钾、木炭和硫磺组成的混合物。

02.0378 起爆药 primary explosive

全称"正起爆药"。在较弱的初始冲能作用下即能发生爆炸，且爆炸速度在很短时间内能增至最大，易于由燃烧转爆轰的炸药。

02.0379 加强药 base charge

又称"副起爆药"。在正起爆药的爆轰作用下起爆，进一步加强正起爆药爆炸威力的炸药。一般比正起爆药感度低，但爆炸威力大，通常由黑索金、特屈儿或黑索金—梯恩梯药柱制成。

02.0380 猛炸药 high explosive

起爆感度相对较低，但爆炸威力较大的炸药。

02.0381 乳化炸药 emulsion explosive

以油为连续相的油包水型的乳胶体炸药。既不含爆炸性的敏化剂，也不含凝胶剂。这种炸药的乳化剂使氧化剂水溶液（水相或内相）微细的液滴均匀地分散在含有气泡的近似油状物质的连续介质中，使炸药形成一种灰白色或浅黄色的油包水型的特殊内部结构的乳胶体。

02.0382 水胶炸药 water gel explosive

由氧化剂、水溶性敏化剂和黏胶剂组成的炸药。是浆状炸药改进后的新品种，由于采用了水溶性敏化剂，使氧化剂的偶合状况大为改善，从而获得更好的爆炸性能。

02.0383 硝铵炸药 ammonium nitrate explosive

以硝酸铵为主要成分的炸药。

02.0384 硝化甘油炸药 nitroglycerine explosive

含有硝化甘油的炸药。硝化甘油被硝化棉吸收后，与氧化剂和可燃物混合而成的炸药。有粉状和胶质两种。

02.0385 浆状炸药 slurry explosive

由氧化剂、敏化剂和胶凝剂3种基本成分混合而成的悬浮状的饱和水胶混合物构成的炸药。其外观呈半流动胶浆体。

02.0386 胶质炸药 gelatine explosive

主要成分是硝化甘油的炸药。

02.0387 耐冻炸药 anti-freezing explosive

由低冰点的混合物制成，用于寒冷条件下爆破作业的炸药。

02.0388 液体炸药 liquid explosive

常温下呈液体状态的炸药。如硝化甘油、硝酸–硝基苯等混合炸药。液体炸药可分为单质液体炸药和混合液体炸药两种。

02.0389 抗水炸药 water-resistant explosive

置于水中一定时间后，其爆炸性能不会发生明显变化的一类炸药。

02.0390 矿用炸药 explosive product for mining

爆破矿岩的各种炸药。采矿工业广泛应用硝铵类炸药。

02.0391 静态破碎剂 static breaking agent

又称"膨胀破碎剂"。简称"破碎剂"。以氧化钙为主体且具有高膨胀性能的非爆破性粉末状材料，一般用于破碎或切割岩石、素混凝土。

02.0392 敏化剂 sensitizer
用来提高混合炸药的起爆或爆轰感度的物质。

02.0393 氧化剂 oxidizer
含氧类化合物。在氧化还原反应中起氧化作用的物质。

02.0394 药卷 cartridge
采用纸筒、包装纸或聚乙烯等材料包装成卷状使用的炸药包。但有时也把药卷的包装弄破，直接倒入炮孔中使用，以提高装药的密度。

02.0395 炸药库 explosive magazine
在使用炸药的工地，为了保管炸药和做好爆破准备工作，根据需要所设置一定规格储存炸药的场所。其位置、结构、定员和炸药存放数量应符合法规的规定。

02.0396 起爆感度 sensitivity
炸药和火工品受爆轰波作用发生爆轰的难易程度。

02.0397 爆速 detonation velocity
爆轰波的传播速度。

02.0398 临界直径 critical diameter
在一定的装药密度条件下，爆轰能稳定传播的最小装药直径。

02.0399 孔壁压力 borehole pressure
爆炸产生的气体产物施加于孔壁的压力。是爆炸物密度和爆炸热共同作用的结果。

02.0400 猛度 brisance
爆炸瞬间爆轰波和爆轰产物对邻近的局部固体介质的冲击、碰撞、击穿和破碎能力。它表征了炸药的动作用，是用一定规格铅柱被压缩的程度来表示的。

02.0401 殉爆 sympathetic detonation
炸药(主发药包)发生爆炸时引起与它不相接触的邻近炸药(被发药包)爆炸的现象。殉爆在一定程度上反映了炸药的起爆感度。

02.0402 殉爆距离 gap distance of sympathetic detonation
主发药包爆炸时一定引爆被发药包的两药包间的最大距离。炸药的殉爆能力用殉爆距离表示，单位一般为厘米。

02.0403 氧平衡 oxygen balance
炸药内含氧量与所含可燃元素充分氧化所需氧量相比之间的差值。氧平衡值用每克炸药中剩余或不足氧量的克数或质量分数来表示。

02.0404 聚能效应 cavity effect
利用爆炸产物运动方向与装药表面垂直或大致垂直的规律，做成特殊形状的装药，能使爆炸产物聚集起来，提高能流密度，增强爆炸作用的现象。

02.0405 管道效应 channel effect
又称"沟槽效应"。当药卷与炮孔壁之间有缝形空间时，炸药爆炸反应所出现的自抑制现象——爆炸能量随爆炸反应的进行而逐渐衰减直至拒(熄)爆。

02.0406 体积威力 bulk strength
单位体积炸药的做功能力。单位为 MJ/m^3。

02.0407 质量威力 weight strength
按炸药的质量，衡量比较炸药爆炸威力的指标。

02.0408 炸药抗冻性 anti-freezing property of explosive

炸药在低温下不发生冻结或结构变形的性能。

02.0409 炸药抗水性 water resistance of explosive

炸药承受水渗透而产生的钝化效应的能力。一种炸药的抗水性取决于该炸药的密度、暴露于水的时间和水的压力。炸药的抗水性可用代表该炸药（与水接触后）仍能起爆的时间的抗水性数来量化。

02.0410 有效储存期 shelf life

炸药的爆炸性能仍能符合质量指标要求的储存时间。

02.0411 导火索 safety fuse

以具有一定密度的粉状或粒状黑火药为索芯，外面用棉纱线、塑料或纸条、沥青等材料包缠而成的圆形索状起爆材料。

02.0412 雷管 cap, blasting cap, detonator

管壳中装有起爆药，通过点火装置使其爆炸而引爆炸药的装置。

02.0413 雷管感度 cap sensitivity

雷管受到外部影响而发生爆炸的难易程度。

02.0414 电雷管 electric cap, electric detonator

以电能引爆的一种起爆器材。电雷管的起爆炸药部分与火雷管相同，区别仅在它采用了电力引火装置，并引出两根绝缘导电线。

02.0415 电雷管脚线 leg wire of electric detonator

用来给电雷管内的桥丝输送电流的导线。脚线要求具有一定的绝缘性和抗拉、抗挠曲和抗折断的能力。

02.0416 电雷管点火组件 firing element of electric detonator

用于电雷管点火的组件。引火头式电雷管的电点火组件一般由聚氯乙烯绝缘镀锌铁脚线、桥丝（直径 40μm 的镍铬合金丝）、引火药头和塑料塞组成，通过铁箍将塑料塞卡紧固定在雷管的开口端。直插式电雷管的电点火组件没有引火头，而是将桥丝直接插入雷管中的起爆药。

02.0417 电雷管桥丝 bridge wire of electric detonator

通电时能产生灼热，以点燃引火药或引火头的电阻丝。一般采用康铜或镍铬电阻丝，焊接在两根脚线的端线芯上，直径 0.03~0.05mm，长度 4~6mm。

02.0418 电雷管电阻 resistance of electric detonator

又称"全电阻"。电雷管的桥丝电阻与脚线电阻之和。是进行电爆网路计算的基本参数。

02.0419 火雷管 cap, blasting cap

由导火索的火焰冲能激发而引起爆炸的工业雷管。组成部分有管壳、加强帽、装药（装药又分为主发装药和次发装药两种）部分。

02.0420 继爆管 detonation relay tube

专门与导爆索配合使用，具有毫秒延期作用的起爆器材。

02.0421 非电导爆管 nonel tube

利用冲击波进行传爆的新型起爆器材。具有抗电、耐火、防水性能；同时具有使用安全可靠，可改善作业条件，减少爆破事故等优点。

02.0422 延期电雷管 electric delay detonator

通足够电流之后，还要经过一定时间才能爆炸的电雷管。即是装有延期组件或延期药的工业雷管。延期电雷管按时间间隔的长短可分为秒延期电雷管、半秒延期电雷管和毫秒延期电雷管。

02.0423 毫秒延期电雷管 millisecond electric delay detonator

通电后，经过毫秒量级的延迟后爆炸的电雷管。其延期时间短，精度要求高，因此不能用导火索，而是用氧化剂、可燃剂和缓燃剂的混合物做延期药，并通过调整其配比达到不同的时间间隔。

02.0424 抗杂散电流电雷管 anti-stray-current electric detonator

无桥丝抗杂电毫秒延期电雷管、低阻桥丝式抗杂电电雷管和电磁雷管三种形式电雷管的总称。

02.0425 瞬发电雷管 instantaneous electric detonator

通电即刻爆炸的电雷管。由火雷管与脚线、桥丝和引火药组成的装置构成。

02.0426 瞬发雷管 instantaneous detonator

不装延期组件或延期药、名义延期时间为零的工业雷管。

02.0427 无起爆药雷管 no-primary-explosive detonator

不含常规起爆药装药的工业雷管。

02.0428 连接器 connector, MS connector

导爆索延迟电路中两孔或两排孔之间的连接装置。

02.0429 电爆网络 electric initiation circuit

给成组的电雷管输送起爆电能的网路。通常由起爆电源、爆破母线、连接线和电雷管脚线连接组成。连接的方式有串联、并联、混联等。

02.0430 起爆 fire, firing, initiation

用外界能量激发炸药使其发生爆轰的过程。根据激发能量的不同可以分为热起爆、针刺起爆、撞击起爆、摩擦起爆、电起爆、激光起爆和冲击波起爆等。

02.0431 起爆药包 primer

起爆主体炸药的中继炸药。像铵油炸药一类不能用雷管直接起爆的炸药，应在雷管与主体炸药之间加入一种感度较高、威力较大的炸药，用雷管起爆它，再通过它起爆主体炸药。

02.0432 压铸成型起爆药包 cast primer

用于起爆低感度炸药材料的压铸固体高能炸药包。

02.0433 起爆器 blasting machine

(1)可移动的激发引爆雷管能量的装置。主要在现场使用。(2)安装在火药药包或其他炸药中、用电流或导火索引爆的雷管、起爆火帽或雷汞爆管。

02.0434 起爆能力 power for initiation

火工药剂或火工品，爆炸时引爆其他火工品或装药的能力。

02.0435 生产爆破 primary blasting

目的与生产某种商品直接相关的一种爆破。是矿山、采石场或建设工地的主要活动。有别于其他类型的爆破，如二次爆破或地震勘察爆破，后一类作业并非与生产某种商品特别相关。

02.0436 柱状药包爆破 column charge blasting

用长度与直径之比大于 6 的药包进行的爆破作业。如浅孔爆破、中深孔爆破和深孔爆破均为柱状药包爆破，条形硐室爆破也属此类。

02.0437 自由空间爆破　free space blasting
爆破范围邻接大气，即有自由面的爆破。

02.0438 台阶爆破　bench blasting
工作面以台阶形式推进的爆破。

02.0439 压渣爆破　buffer blasting
对爆区前方爆破形成的尚未被运走的整个或部分爆堆实施的本爆区爆破。

02.0440 药壶爆破　sprung blasting
利用集中药包爆破的一种特殊形式。将已钻凿好的深孔或浅眼，在其底部先用少量装药多次爆破，将炮孔底部扩大成葫芦形药室，再利用这种药室装入更多的炸药形成一个集中药包，然后与深孔或浅眼部位的柱状装药同时起爆，以改善爆破效果，提高爆破效率。

02.0441 全断面爆破　full face blasting
井巷整个工作面上一个掘进循环的全部炮眼的装药一次起爆的爆破。

02.0442 控制爆破　controlled blasting
对工程爆破过程中产生的飞石、地震、空气冲击波等公害，及被爆破矿岩体的破坏程度，通过一定的技术手段加以控制的一种新的爆破。

02.0443 毫秒爆破　millisecond blasting
又称"微差爆破"。一种延期爆破。延期间隔时间是几毫秒到几十毫秒。

02.0444 定向爆破　directional blasting
在岩土或建筑构件内布置药包，将爆破破碎介质按预定方向和地点抛落堆积的控制爆破。

02.0445 光面爆破　smooth blasting
沿开挖边界布置密集炮孔，采取不耦合装药或装填低威力炸药，在主爆区之后起爆，以形成平整轮廓面的爆破。

02.0446 预裂爆破　pre-split blasting
在正式爆破开挖之前，预先沿着设计的轮廓线爆破出一条一定宽度的裂缝，以达到保护保留区岩体的目的的爆破。

02.0447 周边爆破　contour blasting, perimeter blasting
布置在设计断面周边的炮孔爆破。如采用控制方法爆破周边炮孔，则可减少超挖使开挖断面外形齐整。地下开挖以光面爆破为主，露天开挖以预裂爆破为主。

02.0448 缓冲爆破　cushion blasting
在开挖边界上钻平行炮孔，装药直径小于孔径，间隔装药，且在药包与孔壁间充填惰性物的爆破。曾作为预裂爆破方法使用，可大为降低对孔壁和应力波传播的作用。

02.0449 挤压爆破　squeeze blasting
在爆破自由面前面覆盖有松散岩石条件下进行的爆破。它完全借助于爆破作用挤压自由面前面的松散岩石，以取得岩石碎胀时所必需的补偿空间。

02.0450 硐室爆破　chamber blasting
将大量炸药集中装填于按设计开挖成的药室中，达到一次起爆完成大量土石方开挖、抛填任务的爆破。

02.0451 球状药包爆破　spherical charge blasting

用球形或近似球形的药包进行的爆破。按装药空间的形状和大小，球状药包爆破分为：药壶爆破、硐室爆破(条形硐室除外)、下向深孔球状药包爆破。

02.0452 抛掷爆破 throw blasting
能将大量岩土按预定方向抛掷到要求位置，并堆积成一定形状的爆破。

02.0453 水封爆破 water infusion blasting
以水填塞炮孔用以降低粉尘的爆破。

02.0454 裸露爆破 adobe blasting
将扁平形药包，放在被爆物体表面进行的爆破。实质上是利用炸药的猛度，对被爆物体的局部(炸药所接触的表面附近)产生压缩、粉碎或击穿作用。

02.0455 二次爆破 secondary blasting, boulder blasting
破碎和清除前次爆破遗留的大块岩石和根底的爆破。

02.0456 糊炮 adobe charge, mud capped charge
爆破地点不打炮眼，直接将炸药放置在待爆物体上进行爆破的方法。

02.0457 装药 charging, loading
在爆破位置放置炸药的行为。

02.0458 人工装药 manual charging
以手工方式将炸药装填到炮孔中的装药方式。

02.0459 装药车装药 truck charging
用装药车将炸药装填到炮孔的装药方式。

02.0460 压气装药器 pneumatic loader
通过给密闭药箱内的炸药施加压力，将炸药沿装药软管压入炮孔的装置。

02.0461 预装药 pre-charging
大量深孔爆破时，在全部炮孔钻完之前，预先在验收合格的炮孔中装药或炸药在孔内放置时间超过24h的装药作业。

02.0462 集中装药 concentrated charging
长度与直径之比小于4的装药方式。

02.0463 柱状装药 column charging
钻孔中连续药包的装填过程。

02.0464 线形装药 string loading
炸药按线延伸状进行装载的装药方式。多用于控制边界爆破或拆除爆破。

02.0465 连续装药 continuous charging
炸药在炮孔内连续装填，不留间隔的装药方式。

02.0466 耦合装药 coupling charging
药包直径与炮孔直径相同，药包与炮孔壁之间不留间隙的装药方式。

02.0467 间隔装药 deck charging
炸药在炮孔内分段装填，装药之间由炮泥、木垫或空气柱隔开的装药方式。

02.0468 气体间隔器 gas deck
间隔部分充填有气体物质的间隔器。一般用于炮孔爆破。

02.0469 加强药包 booster
使用时置于主药包(药柱)中，用于维持或加强主药包(药柱)中炸药的爆炸反应的一类专用炸药包。其特点有二：一是其中的炸药具有雷管感度；二是炸药包内不包含雷管。

02.0470 炮孔填塞 stemming
往炮孔中填入充填料的作业。深孔爆破的填塞应达到设计要求的长度，除深孔扩壶爆破外，严禁不填塞而进行爆破。

02.0471 水封填塞 water stemming
通过装满水的塑料袋将药柱四周封住的方法。

02.0472 填塞长度 collar distance
装在炮孔上部为防止炸药气化的非炸药物质的长度。

02.0473 装药系数 charging factor
装药长度与炮孔长度之比。

02.0474 装药密度 charging density
炸药质量与炮孔体积之比。即炮孔单位体积所含的炸药质量。

02.0475 装药不耦合系数 decoupling ratio
炮孔的总长度或总体积与装药部分长度或体积的比值。

02.0476 炸药单耗 powder factor
爆破单位矿岩平均所用的炸药量。炸药单耗不仅影响爆破效果，还直接关系到矿石的生产成本和作业安全。

02.0477 起爆顺序 initiation sequence
又称"起爆计划"。为实现连续爆破而制定的起爆时间和间隔的技术方案。

02.0478 撬毛 scaling
用撬棍等杆状工具撬落巷道顶板或采场顶板的松动岩块。

02.0479 炮根 bootleg
炮孔爆破后残留的部分。即使采用标准装药，爆破产生的漏斗也达不到炮孔的底部。

02.0480 根底 toe, tight bottom
爆破后，台阶底部残留的未炸掉的岩体。

02.0481 后冲 back break
爆破后，台阶后壁上部岩体新形成的裂缝现象。

02.0482 进尺 length of a pull
一次爆破所开的长度。

02.0483 膨胀系数 swell factor
碎岩总体积与爆破前原岩体体积之比。在岩石爆破中，膨胀系数波动于 1.0 至 1.7 之间。

02.0484 欠挖 under-break
爆破后，井巷断面周界小于设计尺寸的现象。

02.0485 早爆 premature
由于闪雷、矿物析出的热量或者由于操作失误而在预定时间之前发生的事故起爆。

02.0486 拒爆 misfire
俗称"瞎炮""哑炮""盲炮"。起爆后，爆炸材料未发生爆炸的现象。

02.0487 自爆 spontaneous explosion
爆破器材所含成分不兼容或爆破器材与环境不兼容而发生的意外爆炸。

02.0488 迟爆 delayed explosion
实施爆破后延迟发生的意外爆炸。

02.0489 熄爆 incomplete detonation
传爆过程中止的现象。

02.0490 空气冲击波 air blast

在介质中以超音速传播的并具有压力突然跃升然后慢慢下降特征的一种高强度压缩波。

02.0491 最大安全电流 maximum safety current
电雷管在规定的通电时间内达到规定的不发火概率所能施加的最大电流。

02.0492 最小准爆电流 minimum firing current
电雷管在规定的通电时间内达到规定的发火概率所需施加的最小电流。

02.0493 杂散电流 stray current
流散在大地中的电流统称。其大小和方向随时都可能发生变化。

02.0494 爆破公害 public nuisance from blasting
矿山爆破所造成的地表振动、空气冲击波、飞石和噪声等对社会形成的公害。

02.0495 爆破飞石 blasting flyrock
爆破时从岩体表面射出且飞越很远的个别碎块。

02.0496 爆破安全距离 safety distance for blasting
矿山爆破的爆源与保护对象之间的最小安全间距。

02.0497 爆破地震防治 control of ground vibration from blasting
为防止、减轻因矿山爆破引起地表振动所产生的破坏与危害而采取的爆破降振措施和建(构)筑物抗振措施。

02.06 井巷工程

02.0498 巷道 roadway
地下采矿时,为采矿提升、运输、通风、排水、动力供应和采矿工艺实施等掘进的通道。

02.0499 硐室 chamber
空间三个轴线长度相差不大且又不直通地面的地下巷道。如卷扬机房、变电所、水泵房、炸药库、修理硐室等。

02.0500 矿山构筑物 mine structure
为矿物开采、加工、运输等工艺要求而设置的专用设施。矿岩提升的井架、井塔楼,运输用的栈桥和通廊,转载或储存矿物的矿仓等。

02.0501 井架 headgear
建在竖井或斜井井口上的高架矿山构筑物。用于安装矿井提升天轮和导向轮,箕斗或翻转罐笼和罐道以及卸料弯道。分开采井架、掘进井架和开采掘进兼用井架3种。

02.0502 井塔 hoist tower
建在竖井井口上的高耸塔形矿山构筑物。是垂直运输的工程设施之一。

02.0503 矿仓 ore bin
选矿厂中配有相应进料、排料设备的贮矿设施。矿仓通常由进料设备、贮料仓体、排料与输出设备及相应的建筑物或构筑物组成。

02.0504 栈桥 loading bridge
为运输材料、设备、人员而修建的临时桥梁设施。

02.0505 废石场 waste rock pile

容纳采掘废石及不含工业价值的脉石的场所。

02.0506 竖井 vertical shaft
洞壁直立的井状通道。

02.0507 主井 main shaft
为担负矿山(坑口)主要提升矿石任务的竖井、斜井。

02.0508 斜井 inclined shaft
与地面直接相通的倾斜巷道。其作用与竖井和平硐相同。

02.0509 胶带运输斜井 belt transportation inclined shaft
采用胶带或输送带运输矿石的斜井。

02.0510 副井 auxiliary shaft
以提升人员、材料、废石为主的竖井或斜井。

02.0511 措施井 service shaft
为增加开拓巷道的掘进工作面数或为反掘井筒而设置的小井或斜道。

02.0512 充填井 filling raise
用于溜放充填材料的竖井或斜井。也可用于储存干式充填材料。

02.0513 箕斗井 skip shaft
安装有箕斗提升的竖井或斜井。

02.0514 罐笼井 cage shaft
采用罐笼提升的竖井或斜井。

02.0515 混合井 combined shaft
兼具主井和副井功能的竖井或斜井。

02.0516 风井 ventilation shaft
专作通风的竖井或斜井。

02.0517 盲井 sub-shaft
与地面不直接相通的竖井或斜井。

02.0518 井筒 shaft body
联系地面和地下巷道的通道。

02.0519 井筒马头门 shaft inset
竖井井筒与井底车场的连接处。形状似马头,其高度取决于通过竖井下放的材料的最大长度。

02.0520 井筒位置 shaft location
矿山井筒所处平面的位置。

02.0521 井筒装备 shaft installation
安设在整个井筒空间内的构筑物。是保证提升容器,(箕斗、罐笼)能高速、安全运行的重要结构物。

02.0522 特殊掘井法 special shaft sinking
在不稳定的含水地层或在第四系沉积土地层中,为加固井筒围岩或隔绝水流等而采用的掘井法。包括冻结掘井法、预制井壁法、注浆掘井法、沉井掘井法等。

02.0523 冻结掘井法 freezing shaft sinking
在井筒掘进前,用人工制冷技术,暂时将井筒周围的含水地层冻结成封闭的圆筒形冻结壁,以抵抗地压并隔绝地下水与井筒的联系,然后在其保护下进行井筒掘砌作业的一种竖井特殊法掘进。

02.0524 注浆掘井法 grouting shaft sinking
在裂隙含水岩层或较薄含水砂砾层中,用注浆机通过钻孔注入一种或几种胶结性浆液,堵塞裂隙或固结砂层,在井筒周围形成一个隔水的和有足够强度的帷幕,在其保护下进行井筒掘进的施工方法。

02.0525 沉井掘井法 caisson shaft sinking
在地面下沉预制井筒的掘进方法。井口位置预制沉井刃脚和一段井壁，边掘边沉，再在地面浇注，接长井壁，继续下沉。

02.0526 井筒反掘法 raising method of shafting
竖井掘进，自下而上的掘进的方法。

02.0527 钻井掘井法 boring shaft sinking
根据矿井设计的要求，用钻井设备在确定的位置上，钻一个适当直径和深度的井眼并进行永久支护，使之成为符合设计要求的矿井井筒的方法。

02.0528 超前小井掘井法 pilot shaft sinking
先行开掘一小断面井，然后再将小井自上而下扩大到设计断面的掘井方法。

02.0529 掘进循环 drifting cycle
在掘进作业中，完成钻孔、装药、爆破、通风和出渣作业的过程。

02.0530 井筒延深 shaft deepening
在多水平开拓的矿井，为保证矿井持续生产，生产井筒不断向下凿通到达更深的开采水平的过程。

02.0531 井筒衬砌 shaft lining
采用混凝土输送管路进行井筒周边支护浇注的作业。

02.0532 井壁 shaft wall
在井筒周边所形成的具有一定厚度的圆形混凝土支护圈。

02.0533 井筒壁座 shaft curbing
控制地层压力，维护井筒围岩稳定，防止井筒开裂漏水，沿竖井井帮构筑的地下结构物。

02.0534 井筒布置 shaft layout
地下矿开拓中，主井和副井在平面布置上与矿体的相对位置。

02.0535 罐道 cage guide, shaft conductor
提升容器升降时，沿其滑行(或滚动)而控制提升容器运行方向的导向设施。是一种竖向连续的结构物。

02.0536 罐道梁 shaft bunton
沿井筒竖向，按一定距离固定罐道所设的水平分层结构物。

02.0537 柔性罐道 soft cage guide
采用钢丝绳作为导向的罐道。

02.0538 刚性罐道 rigid cage guide
采用刚性材料作为导向的罐道。如木罐道和钢罐道。

02.0539 梯子间 ladder compartment, ladderway
为保证检修井筒装备、提升设备和容器等的人员安全达到地面，在提升检修人员井筒内必须安装的由梯子、梯子梁和梯子平台组成的结构物。

02.0540 安全间隙 safety clearance
矿山为保障井巷中运动设备之间或与固定设施之间的安全而设置的最小距离。

02.0541 井格 shaft compartment
在竖井井筒中间按一定距离设置的井字形托梁。用于固定各种管道、梯子间和罐道。

02.0542 井框 wall crib
为控制地层压力，维护井筒围岩稳定，防止井筒开裂漏水，沿立井井帮构筑的加固结构物。按支护材料和结构分为木井框，料石、弧形板井壁，混凝土、钢筋混凝土井壁，锚杆和喷射混凝土支护等。

02.0543 吊盘 sinking platform
悬吊在竖井筒中可以升降的施工工作台。

02.0544 吊桶 sinking bucket
掘井过程中，用于下放人员、材料、设备和提升渣石的类似桶状的提升容器。

02.0545 井筒锁口盘 shaft collar
在竖井井口部位专门浇注的混凝土井圈。

02.0546 井底水窝 shaft sump
在竖井井底专门用于集水的区段。

02.0547 卸载硐室 unloading chamber
用于矿石翻车卸载装备的硐室。

02.0548 振动放矿闸门 vibrating drawing lock
安装有振动放矿机，通过振动促使矿石从溜井闸门放出的装置。

02.0549 溜井 draw raise, ore pass
连接两个或几个阶段作为溜放矿岩的垂直或倾斜的井筒。

02.0550 装矿硐室 ore loading chamber
安装有装载计量装置，进行矿石箕斗装载的硐室。

02.0551 卸矿硐室 ore dumping chamber
专门用来卸矿的硐室。在硐室中，将矿车中的矿石卸入与其相连的溜井或矿仓。

02.0552 井下破碎站 underground crusher station
安设破碎设备的井下硐室。

02.0553 出车台 shaft landing
井口用于吊桶停放的平台。

02.0554 托台 cage keps
又称"罐托"。罐笼在井底、井口装卸车时的托罐装置。

02.0555 罐笼摇台 cage junction platform
矿车进出罐笼时的过渡活动平台。其作用用于稳定罐笼，防止其摆动。是钢丝绳罐道提升设备的重要辅助装置。

02.0556 罐笼平台 cage platform
用于人员上下罐笼的平台。

02.0557 井底车场 shaft station
在矿井的某一水平或阶段上，位于井筒附近，连接井筒和水平主要巷道，用于调车避车的一组巷道和硐室的总称。

02.0558 环行式井底车场 loop-type shaft station
主井矿石运输线路呈环形延伸，并与罐笼井的出车线路连结成一环状闭路的井底车场。

02.0559 折返式井底车场 switch-back shaft station
重车在直线形线路上运行，卸载后的空车在储车线旁侧线路上折返返回的井底车场。

02.0560 尽头式井底车场 end on shaft station
重车线和空车线在井筒一侧的同一条巷道内，井筒的另一侧无马头门的井底车场。因此重车和空车的进罐和出罐均在井筒同一侧。

02.0561 主斜坡道 main ramp
主要用于运输矿岩(用无轨车辆)，并兼做无轨设备出入、通风和运送设备材料之用的连接地表的斜坡道。

02.0562 井下斜坡道 underground ramp
承担着井下大型无轨采掘设备的转移、生产材料、矿石、废石的运输任务的斜坡道。

02.0563 采区斜坡道 mining area ramp
连通各个分段回采水平的小坡度（小于17.0%坡度）的斜坡道。用于无轨采装设备的段与段间转移。

02.0564 平巷 horizontal workings drift
与地面不直接相通的水平巷道。

02.0565 隧道 tunnel
挖筑在山体内或地面以下的长条形的通道。

02.0566 平硐 adit
矿山内部与地面相通的水平通道。

02.0567 掘进 drifting
在岩(土)层或矿层中，开掘各种形状、断面的井、巷和硐室的作业施工。

02.0568 平巷掘进机掘进 drifting by tunneling machine
采用联合掘进机连续破碎岩石和出碴，一次形成巷道的机械化平巷特殊法掘进作业。

02.0569 天井 raise
连接上，下两个水平的垂直或倾斜的通道。用于下放矿石或废石，提升和下放设备、工具、材料，通风，行人以及用于充填等。

02.0570 天井吊罐法掘进 cage raising
沿天井全高先钻一个孔径为 100~110mm 的中心孔，在上一水平安装卷扬设备，钢绳穿过中心孔与吊罐挂接，在吊罐上完成凿岩装

药作业后，下放吊罐，再进行爆破；在下水平一般出渣的掘进方法。

02.0571 天井爬罐法掘进 climber raising
采用沿帮壁导轨升降的爬罐平台进行上向钻眼、爆破的天井掘进方法，其爬罐带有爬升发动机，可沿齿条导轨上下移动。人员爬罐内作业。这种方法施工安全可靠。

02.0572 分支天井 branch raise
在不同分段水平与主溜井相连通的分支斜溜井。

02.0573 超前支护 advanced support
保证巷道工程开挖作业安全而采取的一种超前于开挖工作面支护措施。主要采用支护形式有：超前锚杆或超前小钢管、超前管棚和注浆加固等。

02.0574 预支护 pre-support
在自稳性差、一掘即冒的岩体中施工时，为保证施工作业安全，预先在要开挖的岩体内沿巷道的轮廓线超前安装锚杆、注浆或插入管棚对岩体预加固，以提高围岩的稳定性，达到安全开挖目的的措施。

02.0575 加固 reinforcement
通过在围岩体内部施加各种主动保护措施，使围岩受力状态和力学性质发生改变，自身承载强度提高的行为手段。

02.0576 支架 support
为维护围岩稳定和保障工作安全采用的杆件式结构物或整体式构筑物。

02.0577 临时支护 temporary support
在地下开挖施工过程中，为了防止岩石的垮落和顶板的冒落，保证施工作业安全，实施的一种暂时的支护方式。如安装锚杆，喷射

混凝土或架设钢支架和木支柱等。

02.0578 永久支护 permanent support
服务年限较长且支护强度要求高的支护。永久支护可以采用浇灌混凝土、锚网喷联合支护、料石支护和钢筋混凝土支护等。

02.0579 拱形支架 arch support
顶部结构呈拱形的完全或不完全支架。其受力状态较好。

02.0580 圆形支架 circular support
整体呈圆形的完全支架。一般用于竖井井筒支护。

02.0581 马蹄形支架 U-shaped support
用于偏压巷道中，其形状与呈马蹄形的完全或不完全支架。主要用于偏压巷道中，具有较好的稳定性。

02.0582 刚性支架 rigid support
具有足够大的刚性用来承受强大的松动地压的支护结构。

02.0583 柔性支架 yielding support
是具有可缩特性支架的统称。使用可缩性材料或(和)结构，在地压作用下能够适当收缩而不失去支承能力的支架。

02.0584 背板 lagging plank
安设在支架(井圈)外围，使地压均匀传递给支架并防止碎石掉落的构件。

02.0585 木支架 wooden support
用木材做成的杆件式支架。

02.0586 金属支架 metal support
用金属材料做成的杆件式支架。

02.0587 液压支架 hydraulic support
由液压驱动的支护结构。带有密封缸体和活塞装置，通过注入有压液体而升降承载。

02.0588 立柱 post
为保持巷道的稳定性，减小空间跨度，在巷道中间安设的垂直支柱结构。

02.0589 底拱 inverted arch
为防止巷道底臌变形，在对巷道帮壁和顶板支护的同时，在巷道底板设置的、连接两侧墙体或岩体的、拱矢向下的拱碹。

02.0590 浇灌混凝土支架 monolithic concrete support
按一定配比将水泥、石子和砂子加水搅拌为混合料后，通过浇灌模具浇筑在井巷围岩表面，形成的一定厚度混凝土支架层。该支架整体性好，强度大，但不能主动受力，属被动支架形式。

02.0591 喷射混凝土支护 shotcrete lining
采用喷射机具将混凝土混合物料以一定压力喷射在岩石表面上凝固硬化形成的混凝土加固层。该支护具有速效、封闭性好，施工快速方便等优点。

02.0592 锚杆支护 rock bolting support
将金属杆体或其他材质的杆体，通过胶结和机械锚固方法固定在围岩体内的一种加固形式。通过锚杆可视节理岩体锚固为一整体，提高了岩体抗拉抗剪强度，带有预应力的锚杆可主动对围岩表面施加约束反力，改变围岩受力状态，同时锚杆还具有悬吊和挤压加固作用，能明显提高围岩的稳定性。

02.0593 锚索支护 cable bolting support
通过预先钻出的钻孔以一定的方式将具有一定弯曲柔性度的钢绞线制作的锚索固在围岩深部，外露端由工作锚具通过压紧托盘对围岩施加预应力来约束加固围岩的一种支护方法。

02.0594 锚喷网支护 shotcrete-rock bolt-wine mesh support

锚杆、筋网、喷射混凝土与围岩四位一体的联合支护形式。

02.0595 速效支护 available support

支护实施后能立即对岩体起到加固和约束作用的支护形式。

02.0596 摩擦式锚杆 frictional rock bolt

采用机械方法，使带有开口缝隙的管状锚杆体压入比管径小的锚杆孔内，通过杆体和围岩间产生摩擦力来实现对岩体的锚固作用的锚杆。其具有速效性。

02.0597 树脂胶结锚杆 resin rock bolt

以合成树脂作黏合剂，能将杆体与围岩快速黏结在一起，并能在几分钟之内达到100kN以上锚固力的锚杆。

02.0598 砂浆锚杆 grouting rock bolt

先在锚杆孔内注满砂浆，然后插入直径为16~20mm的螺纹钢筋而生成的锚杆形式。其结构简单，加工方便，成本低廉，锚固力大且持久性强。

02.0599 胀壳式锚杆 expansion shell bolt

由固定在杆体上端的内锥体、外锥体、壳体和垫板等组成的用于井巷工程支护加固的

一种锚杆类型。其工作原理是使用外力使外锥体在杆体上滑动，上下壳体位移胀开与岩石孔壁产生摩擦阻力，在摩擦力阻力作用产生锚固力。

02.0600 注浆 grouting

通过外界压力将加固浆液压入到土体或围岩的裂隙中的作业。其特点是将散状土粒和碎裂岩体胶结为一个整体，使加固体改性，从而提高土体或围岩整体性和自承能力，并降低地层的渗透性，阻断地下水渗透的通路，改善地层稳定条件。

02.0601 金属网 metal net

配合锚杆和喷射混凝土支护的一种加固结构。可显著提高喷层的抗拉强度，并使单根锚杆变为群锚系统，增强了支护层对岩壁的约束力。金属网分预制金属网和现场编制金属网。

02.0602 钢纤维混凝土 steel fiber reinforced concrete

在普通混凝土中掺入短的钢纤维，形成的一种新型的耐磨混凝土材料。钢纤维能够有效地阻碍混凝土内部微裂缝的扩展及宏观裂缝的产生，并能改善混凝土的抗拉、抗弯、抗冲击及抗疲劳性能。

02.0603 锚杆垫板 tie plate, backing plate

位于锚杆端部，可改善端部受力，增强对岩壁支撑效果的支撑结构。通过该结构可方便地对锚杆施加预应力。

02.07 露天采矿

02.0604 露天采矿场构成要素 construction element of open pit

构成露天采场的几何要素，含最终境界线、底部境界线、开采深度、非工作帮、最终边坡、最终边坡角、工作帮坡角、台阶高度、

工作平盘、台阶坡面角等。

02.0605 山坡露天矿 hillside open pit

位于露天采矿场地表最终境界封闭圈以上的露天矿。

02.0606 凹陷露天矿 deep-trough open pit

位于露天采场地表最终境界封闭圈以下的露天矿。

02.0607 深部露天矿 deep open pit

开采深度超过一定值(一般认为深达 150m 以上)的凹陷露天矿。

02.0608 封闭圈 closed loop

露天采矿场地表最终境界的平面闭合曲线。

02.0609 露天采石 quarrying

从敞露地表的自然界岩层中开采工业石料。

02.0610 采石场 quarry

用机械锯、劈楔和爆破等手段,将岩石切割成一定形状和块度,并从岩体上分离下来的场所。

02.0611 剥离 stripping

露天矿为采出矿石而剥去露天开采境界内覆盖在矿体上部和周围的岩、土的工作。

02.0612 经济合理剥采比 break-even stripping ratio

又称"极限剥采比"。露天开采单位矿石经济上允许分摊的最大剥离。

02.0613 境界剥采比 pit limit stripping ratio

露天开采境界增加单位深度后,采出的废石量与矿石量之比。

02.0614 生产剥采比 production stripping ratio

露天矿某一生产时期内剥离的废石量与采出的矿石量之比。

02.0615 平均剥采比 average stripping ratio

露天开采境界内总的废石量与矿石量之比。

02.0616 分层剥采比 bench stripping ratio

露天开采境界内某一水平分层的废石量与矿石量之比。

02.0617 储量剥采比 stripping to reserve ratio

露天开采境界内依据地质勘探报告计算的废石量与矿石工业储量之比。

02.0618 原矿剥采比 stripping to crude ore ratio

露天开采境界内实际采出的废石量(含损失的矿石)与采出的矿石量(含混入的废石)之比。

02.0619 露天开采境界 open pit boundary

由露天矿的底平面和坡面限定的可采空间的边界。

02.0620 露天采场 open pit

露天采矿和剥离岩土作业的场地。由露天坑底、边帮和沟道组成,形态依矿床产状而异。

02.0621 露天采场边帮 open pit slope

又称"边坡"。露天采矿场四周由台阶和运输坑线等构成的倾向采场的坡面。

02.0622 露天采场最终边帮 ultimate pit slope

露天矿中阶段高度、阶段坡面角、清扫平台、安全平台、运输平台等要素的总称。

02.0623 露天矿延伸 open pit deepening

露天矿开采中自上而下不断开辟新台阶直至最终底盘的作业。

02.0624 露天采场扩帮 pen pit slope enlarging

在露天矿的新台阶完成开拓、采准工作后,在开段沟的一侧进行剥岩或采矿工作,并一直推进到该水平的最终境界为止的作业。

02.0625 露天采场底盘 open pit footwall
露天采矿场底部平面。

02.0626 地表境界线 surface boundary line
又称"最终境界线"。露天矿最终帮坡面与
地面的交线。

02.0627 底部境界线 floor boundary line
露天矿最终帮坡面与露天矿场底平面的交线。

02.0628 最终边坡角 ultimate pit slope angle
露天矿非工作帮最上一个台阶坡顶线与最
下一个台阶坡底线所构成的假想斜面，同水
平面的夹角。

02.0629 工作帮坡角 working slope angle
露天矿工作帮最上一个台阶坡底线和最下
一个台阶坡底线所构成的假想坡面，同水平
面的夹角。

02.0630 出入沟 main access
用以建立从地面至露天采矿场及采矿场内
各工作水平间运输通路的倾斜沟道。

02.0631 开段沟 pioneer cut
露天矿为建立台阶或台阶初始工作线而掘
进的水平堑沟。

02.0632 分期开采 mining by stages
在露天开采的最终境界内，在平面上或深度
上划分若干中间境界，依次进行开采的露天
矿采剥方法。

02.0633 陡帮开采 steep-wall mining
加陡露天矿剥岩工作帮所采用的工艺方法、
技术措施和采剥程序的总称。

02.0634 组合台阶开采 composite-bench
mining
将露天矿剥岩帮上若干个生产台阶组合在
一起作为一个开采单元，进行轮流开采的开
采方法。

02.0635 露天矿采矿方法 surface mining
method
露天开采中，采矿工作与剥离工作在时间、
空间上协调发展的相互关系。

02.0636 横向工作线采矿法 transverse cut
mining method
采掘带垂直于矿体走向布置的露天矿采矿
方法。

02.0637 纵向工作线采矿法 longitudinal cut
mining method
采掘带沿露天矿矿体走向布置的露天矿采
矿方法。

02.0638 扇形工作线采矿法 fan-shaped
advancing cut mining method
露天矿台阶的初始工作线沿最终境界线挖
掘一定距离后，以开段沟的起点为中心，向
台阶对侧回转推进的露天矿采矿方法。

02.0639 环形工作线采矿法 annular cut
mining method
台阶工作线呈环形布置，工作线向四周扩散
推进或向中心收缩推进的露天矿采矿方法。

02.0640 倒推采矿法 over casting mining
method
应用大型单斗长臂挖掘机或索斗挖掘机，把
覆盖岩层剥离并直接倒入采场的采空区内，
揭露矿体加以开采的露天矿采矿方法。

02.0641 选别开采 selective mining system
从工作面上分别采出不同品级和种类的矿

石的露天采矿方法。

02.0642 车铲比 truck to shovel ratio
每台挖掘机配备车辆的平均数。

02.0643 台阶 bench
露天矿中进行剥离和采矿作业的矿岩水平层。

02.0644 平台 berm
露天矿非工作台阶上的平盘。含运输平台、安全平台、清扫平台。

02.0645 安全平台 safety berm
露天矿最终边帮上为保持边帮稳定和阻截滚石下落的平台。

02.0646 清扫平台 cleaning berm
露天矿最终边帮上用于阻截滑落的岩石并用清扫设备进行清理作业的平台。

02.0647 运输平台 haulage berm
露天矿非工作帮上通过运输设备的平台。

02.0648 平盘 bench floor
全称"工作平盘"。露天矿在开采台阶上进行采掘运输作业的平台。

02.0649 台阶坡面 bench face
进行剥离和采矿作业的上下两个矿岩水平层之间的倾斜坡面。

02.0650 台阶坡面角 bench slope angle
露天矿中，台阶坡面与水平面之间的夹角。

02.0651 坡顶线 bench crest
台阶坡面与上部平盘的交线。

02.0652 坡底线 bench toe rim
台阶坡面与下部平盘的交线。

02.0653 台阶高度 bench height
台阶上部平盘至下部平盘的垂直高度。

02.0654 工作帮 working slope
由正在进行和将要进行开采的台阶所组成的边帮。

02.0655 露天矿工作线 pit working line
露天矿正在进行开采或具备开采条件的工作台阶的长度。

02.0656 露天矿工作面 working face of open-pit
露天矿中采掘矿岩体或爆堆装运的工作场所。

02.0657 露天矿挖掘带 cutting zone of open pit
露天矿在工作台阶上装载设备一次挖掘的宽度。

02.0658 露天矿开拓方法 development method of surface mine
建立地面与露天矿场内各工作水平之间的矿岩运输通道的工作。

02.0659 露天矿生产工艺 production technology of open pit
露天开采中各生产环节按作业程序形成的生产体系。

02.0660 螺旋坑线 spiral ramp
呈螺旋式展线形式的通行运输容器的露天堑沟。

02.0661 移动坑线 movable ramp
各开采水平至地面的运输通道而设在工作帮上、随工作台阶开采而移动的露天堑沟。

02.0662 固定坑线 permanent ramp
露天矿采场工作水平与地面之间的运输通道而设置在露天矿最终边帮上的固定堑沟。

02.0663 折返坑线 zigzag ramp, switch back ramp
露天矿场内外的连接形态为折返式的露天矿堑沟。

02.0664 直进坑线 straight forward ramp
通行运输容器的堑沟。在露天矿场内外的连接形态为直进式的展线形式。

02.0665 回返坑线 run-around ramp
开拓露天矿时，通行运输容器的堑沟。在矿场内外成回返式连接形态的展线方式。

02.0666 采矿穿孔 drilling, gadding
露天开采中钻凿钻孔为爆破工作提供装药孔穴的工序。

02.0667 铁路开拓 railway development
铁路运输坑线和堑沟建立地面矿岩卸载点与各开采水平之间的矿岩运输通道的露天矿开拓方法。

02.0668 公路开拓 highway development
公路坑线建立地面工业场区、排土场与露天采场各开采水平之间的矿岩运输通路的露天矿开拓方法。

02.0669 胶带运输机开拓 belt conveyor development
胶带运输机道建立矿岩卸载点或转载点与采场各开采水平之间的运输通道的露天矿开拓方法。

02.0670 提升机开拓 hoisting way development
提升机道作为地面与各开采水平之间的矿岩运输通道的露天矿开拓方法。

02.0671 平硐溜井开拓 tunnel and ore pass development
溜井和平硐作为露天采场与地面之间矿岩运输通道的露天矿开拓方法。

02.0672 联合开拓 combined development
以多种运输方式的坑线、道路或地下井巷开拓矿床的露天矿开拓方法。

02.0673 露天矿运输 open pit transportation
露天开采中将采场的矿石、废石用运输工具分别运往地表卸矿点和废石场的作业。

02.0674 露天矿铁路运输 open pit transportation by railroad
将露天采场的矿岩由铁路运输设备分别运往地表卸矿点和废石场的作业。

02.0675 露天矿公路运输 open pit transportation by haulage road
用汽车将露天采场的矿岩运往卸矿点或废石场的作业。

02.0676 露天矿带式输送机运输 open pit transportation by belt conveyor
由带式输送机和各种转载设备将露天采场的矿岩运送到选厂，贮矿仓或废石场的作业。

02.0677 露天矿提升机运输 open pit hoisting
将露天采场的矿石和废石经提升机运至地表的作业。

02.0678 露天矿联合运输 combined transportation of open-pit
同一露天矿串联两种或两种以上运输方式进行运输的作业。

02.0679 溜井运输 orepass transportation
矿岩经专设的溜井靠自重溜放到下部的平
硐或斜井的露天矿运输方式。

02.0680 运输溜槽 trough
露天矿中利用地形开凿的矿岩自溜运输用
的敞露式沟道。

02.0681 转载平台 transfer platform
在露天矿联合运输中，由汽车向铁路车厢或
带式输送机转载矿岩的场地。

02.0682 挖掘机装载 excavator loading
用挖掘机将矿岩从实体或经爆破破碎的矿
岩堆中挖出并装入运输设备或堆卸到预定
设施和地点的作业。

02.0683 液压挖掘机装载 hydraulic excavator
loading
用液压挖掘机进行露天矿采装的作业。

02.0684 索斗挖掘机装载 dragline loading
应用索斗挖掘机采装露天矿松软土岩和破
碎均匀的岩石的作业。

02.0685 轮斗挖掘机装载 bucket-wheel ex-
cavator loading
用轮斗挖掘机采装露天矿土岩和矿石的作业。

02.0686 前端装载机装载 front-end-loader
loading
用前装前卸式铲斗装载机采装露天矿土岩、
矿石的作业。用于中小型露天矿。

02.0687 露天铲运机装载 scraper loading
用露天铲运机分层下切土岩进行铲装并完
成运输的露天矿采装作业。

02.0688 推土机装载 bulldozer loading

应用推土机进行采掘、移运、推装的露天矿
采装作业。

02.0689 排土 waste disposal
露天矿剥离表土、废石的堆置过程。

02.0690 排土场 waste disposal site
集中堆放矿山剥离和掘进中产生的腐殖表
土、风化岩土、坚硬岩石及其混合物和贫矿
等的场所。

02.0691 推土机排土 waste disposal with
bulldozer
露天矿中用推土机堆置和排弃废石的作业。

02.0692 电铲排土 waste disposal with shovel
用电铲(单斗挖掘机)堆置和排弃废石的作
业。

02.0693 排土犁排土 waste disposal with
plough
露天矿中用排土犁排弃废石的作业。

02.0694 胶带输送机排土 waste disposal with
belt conveyor
露天矿中用带式输送机堆置和排弃废石的
作业。

02.0695 排土机排土 waste disposal with
over-burden spreader
用排土机堆置和排弃岩石的作业。

02.0696 内排土 inner spoil dump, inflexible
coupling
将剥离的废石堆放在露天采场采空区内的
作业。

02.0697 边坡稳定性 slope stability
露天矿边坡在规定的条件下和规定的时间

内完成预定功能即不发生变形和破坏的能力。

02.0698 边坡破坏模式 slope failure mode
露天矿岩土边坡失稳的运动力学模式。典型的破坏模式有崩塌、流动、倾倒和滑动。

02.0699 边坡疏干 slope dewatering
排出边坡岩体内及地表水的工作。

02.0700 边坡加固 slope reinforcement
为保持边坡坡体稳定而采取的人工补强的工程措施。

02.0701 滑坡 slope sliding failure
斜坡上的岩体或土体在重力作用下沿一定的滑动面整体下滑的现象。

02.0702 护坡 slope covering
露天开采中保护边坡坡面的加固措施。主要有植被、干砌块石和浆砌块石。

02.0703 挡土墙 retaining wall
以整体的墙身来阻挡松散介质或软岩构成的边坡的变形与破坏的边坡加固措施。

02.0704 边坡监测 slope monitoring
在边坡开挖过程中对边坡岩体位移、地下水参数、爆破量级和人工加固结构物承受荷载变化过程的系统量测。

02.0705 掘沟 trenching
露天采场延深时,为准备新的开采台阶而开挖沟道的工程。

02.0706 水枪射流 water jet by hydraulic monitor

从水力采矿机械水枪中喷射出来的非淹没性高速水流。

02.0707 水力冲采 hydraulic sluicing
利用水枪射流破碎岩土并形成固体和液体混合浆体的露天矿水力开采作业。

02.0708 土岩预松 preliminary loosening of sediments
在水枪冲采之前将土岩预先松动的露天矿水力开采作业。

02.0709 水力输送 hydraulic conveying
砂矿混合的浆体在具有一定流速的条件下,流体携带荷载固体物料运行的运输作业。

02.0710 水力排土场 hydraulic waste disposal site
露天矿水力开采时用水力将剥离物和选矿尾砂排弃的场所。

02.0711 淘金 gold panning
根据重力选矿原理,用水力淘洗技术,从含金矿砂中采集黄金的工艺技术。

02.0712 采砂船开采 dredging
用采砂船采掘充水量大的或水下的砂矿床的作业。

02.0713 截水沟 interception ditch
矿山用以拦截从山坡流向露天采场、地下开采崩落区或岩溶塌陷区的坡面水流,并疏引至保护区外的防水沟槽。

02.0714 平台水沟 berm ditch
在露天采场台阶平台上挖掘的用以拦截、排出地下水或地表水的水沟。

02.08 地 下 采 矿

02.0715 地下矿开拓方法 development method of underground mine
地下矿山从地面向地下开掘一系列井筒、巷道通达矿体，以形成运输、提升、通风、排水、供电、供水、输送压气以及采场充填等系统，满足采矿工艺需要的方法。

02.0716 单一开拓 single development system
用一种主要开拓巷道开拓矿床的方法。

02.0717 平硐开拓 adit development system
用平硐通达矿体满足采矿工艺需求的地下矿开拓方法。

02.0718 竖井开拓 vertical shaft development system
以竖井为主井满足采矿工艺需求的地下矿开拓方法。

02.0719 斜井开拓 inclined shaft development system
以斜井为主井以满足采矿工艺需求的地下矿山开拓方法。

02.0720 地下斜坡道开拓 underground ramp development system
用地下主斜坡道通达矿体满足采矿工艺过程需求的地下矿开拓方法。

02.0721 开拓巷道 development openings
在地下矿开拓中所形成的矿井开采各工艺系统所需的井筒和巷道。

02.0722 石门 cross cut
阶段平巷与井筒或井底车场相联络的水平巷道。

02.0723 阶段运输巷道 level haulage way
开拓阶段中的石门和运输平巷，是连接井底车场和矿块的主要通道。

02.0724 穿脉平巷 crosscut
又称"横巷"。在地下矿开拓中不直接通地面且横穿矿体走向的水平巷道。

02.0725 沿脉平巷 drift
沿矿体走向掘进的平巷。

02.0726 脉内巷道 reef drift
布置在矿体中的巷道。

02.0727 脉外巷道 rock drift
布置于矿体围岩中的巷道。

02.0728 采场 stope, mining area
地下采矿进行采准、切割、回采等作业的单元。

02.0729 回采单元 extraction unit
又称"采区"。按采矿方法要求把矿体划分成便于从其中回采矿石的矿段。

02.0730 阶段 level
又称"中段"。沿矿体的垂直方向按一定高度将矿体划分成具有走向全长的矿段。该矿段的下端水平层称为阶段水平，一般担负运输、通风、排水等功能。

02.0731 提升 hoisting
利用机械设备沿井筒提运矿石、废石，升降人员、材料、设备的生产环节。

02.0732 主要运输水平 main haulage level
将上部几个阶段中的矿石集中外运的阶段水平。

02.0733　辅助运输水平　auxiliary haulage level
将矿石转运到主要运输水平外运的阶段水平。

02.0734　井下运输　underground haulage
用机械设备从采场的出矿点,将矿石和废石运输到井底车场、箕斗井矿仓或地面的作业。

02.0735　重力运搬　gravity handling
回采崩落的矿石在重力作用下,移动到运搬水平或主要运输水平的装矿地点的作业。

02.0736　机械运搬　mechanical handling
采场中使用机械运搬矿石的方式。

02.0737　爆力运搬　blasting-power handling
借崩矿爆炸气体剩余能量或膨胀功,矿石沿弹道轨迹抛掷,借惯性和重力沿采场下溜入受矿堑沟的矿石运搬方法。

02.0738　水力运搬　hydraulic handling
靠水力和重力沿倾斜采场底板运搬矿石的方法。

02.0739　斜井吊桥　hanging bridge for inclined shaft
地下矿连接斜井和阶段巷道的可以起落的吊挂式桥梁过车装置。

02.0740　斜井甩车道　switching track for inclined shaft
连接斜井分岔点与阶段平巷落平点的一段倾斜巷道。

02.0741　前进式开采　advance mining
从靠近主要开拓巷道的矿块开始逐个依次进行回采的开采方式。

02.0742　后退式开采　retreat mining
从井田边界的矿块开始,向主要开拓巷道方向依次进行回采的方式。

02.0743　地下矿采矿方法　underground mining method
从地下矿山的矿块或采区中开采矿石所进行的采准、切割和回采工作方法的总称。

02.0744　盘区　panel
采用平行运输巷道,在水平面上将矿体划分为长条形或矩形的若干矿段。

02.0745　矿块结构要素　constructional element of ore block
矿块的长、宽、高,以及矿柱尺寸与间距等参数。

02.0746　矿房　stope room, mining room
矿块的硐室形待回采矿段及所占据的空间。

02.0747　矿柱　ore pillar
为保护地貌、地面建筑物和主要井巷,分割采区和矿井,防水、防火等目的,留下不采或暂时不采的部分矿体。

02.0748　间柱　rib pillar
位于矿房侧面的矿柱。

02.0749　顶柱　crown pillar
位于矿房之上的矿柱。

02.0750　底柱　sill pillar
位于矿房下面的矿柱。

02.0751　保安矿柱　safety pillar
为保护地表地貌、地面建筑、构筑物和主要井巷,分隔矿田、井田、含水层、火区及破碎带等而留下不采或暂时不采的部分矿体。

02.0752 间隔矿柱 barrier pillar
在矿田之间、露天开采与地下开采之间所留的隔离矿体的总称。

02.0753 防水矿柱 water protecting pillar
地下开采中，在水体最低水平和井下开采的最高水平之间所留设的一定厚度的用以防水的矿体。

02.0754 分段 sublevel
将阶段沿垂直方向按一定高度（小于阶段高度）再划分的水平矿段。

02.0755 片层 slice
将分段沿垂直方向按一次回采高度划分的水平矿段。

02.0756 分条 strip
矿块中沿水平方向划分出的待回采矿段。

02.0757 采准 development
在开拓完毕的阶段和盘区中为切割和回采而进行的巷道掘进及有关设施的安装等工作。

02.0758 采场天井 stope raise
为矿块的人行、通风和运料等目的服务的，与运输水平和通风巷道连通的垂直或倾斜巷道。

02.0759 切割槽 slot
为回采矿石开辟自由面而在采场某部位垂直方向开出的槽状自由空间。

02.0760 切割天井 slot raise
用于形成切割槽的垂直巷道。

02.0761 凿岩巷道 drilling drift
矿块中用于钻凿落矿炮孔的巷道。

02.0762 凿岩硐室 drilling chamber
采场中安装钻机钻凿落矿炮孔用的硐室。

02.0763 格筛巷道 grizzly level
不能在矿房内进行大块的二次破碎时，在底柱中增设的带格筛的用于进行二次破碎的巷道。

02.0764 二次破碎巷道 secondary blasting level
位于受矿水平与运输水平之间，用于将大块矿石破碎到允许块度的巷道。

02.0765 耙矿巷道 slusher drift
位于矿块或分段底部的用电耙将采下的矿石搬运到放矿溜井的出矿巷道。

02.0766 回采进路 extracting drift
从已形成切割槽的一端进行落矿、出矿等回采作业的水平巷道。

02.0767 装矿巷道 loading drift
采场底部位于运输水平用来将矿石装入矿车及其他容器的巷道。

02.0768 电梯井 elevator raise
在一阶段范围内供人员进出各个分段并装有轿厢的垂直井筒。

02.0769 设备井 equipment raise
在一个阶段范围内吊装采掘设备进出各个分段的垂直井筒。

02.0770 漏斗 draw cone
采场底部用于汇集采场矿石于其底部的放矿口放入下部水平的漏斗状空间。

02.0771 切割 slotting
在采准完毕的矿块中，沿待采部分的某一侧

面和底面(或二者之一)开辟槽形空间,并在其下劈出一定型式的受矿空间的工作。

02.0772　拉底　undercutting
在采场底部开辟回采矿石的自由空间的切割工程。

02.0773　底柱结构　construction of sill pillar
采场底部受矿巷道、出矿巷道及放矿巷道的统称。

02.0774　平底底柱结构　flat-bottom sill pillar
地下采矿矿房中具有平底的 U 形受矿槽的底柱结构。

02.0775　堑沟底柱结构　trench-shape sill pillar
地下矿采场中具有 V 形受矿槽的底柱结构。

02.0776　漏斗底柱结构　cone-shape sill pillar
地下矿采场中漏斗形受矿巷道的底柱结构。

02.0777　回采　extracting, stoping
从已切割的回采单元中大量采出矿石的地下采矿作业。

02.0778　回采工作面　extracting face, stoping face
地下矿采场回采推进前沿,其顶(底)板或帮壁为待采矿段的回采作业空间(巷道形或硐室形)。

02.0779　回采步距　stoping space
在分段崩落、分段充填采矿法中,一次回采爆破的出矿(充填)的作业步长。

02.0780　落矿　ore break down
地下采矿中使矿石与矿体分离,并破碎到适当块度的作业。

02.0781　机械落矿　machine breakdown
通过器械的冲击、磨蚀或冲蚀将矿石从矿体上分割下来的落矿方法。

02.0782　爆破落矿　breakdown by blasting
通过凿岩爆破方法崩落矿石的方法。

02.0783　浅孔落矿　shallow breakdown
用轻型凿岩机凿 3~5m 孔进行爆破落矿的方法。

02.0784　中深孔落矿　medium-length hole breakdown
利用中、深孔凿岩机钻凿中深孔(≤15m)进行爆破落矿的方法。

02.0785　深孔落矿　deep-hole breakdown
用专用钻机钻凿大于 15m 的深孔进行爆破落矿的方法。

02.0786　扇形孔落矿　fan-holes breakdown
通过钻凿扇形钻孔爆破崩落矿石的方法。

02.0787　矿石运搬　ore handling, ore mucking
地下采矿时将采场中矿石从崩落处移动到主要运输水平装矿点的作业。

02.0788　放矿　ore drawing
崩落采矿法中采下的矿石在崩落围岩覆盖下放至出矿巷道的流动过程和放出作业。

02.0789　模拟放矿　simulation of ore drawing
用放矿的物理模型或数学模型再现放矿过程的方法。

02.0790　放矿管理　ore drawing control
对采场中各放矿口的放矿顺序和每次放矿量以及截止放矿品位的规定。

02.0791 装矿　ore loading
地下采矿中采用一定方法将采场或溜井中的矿石装入主要运输水平的矿车或其他运输容器的作业。

02.0792 空场采矿法　open stoping
地下采矿中将矿块划分为矿房和矿柱，回采矿房的过程中形成逐步扩大的空场，靠矿柱和矿岩本身强度维持稳定和管理地压的采矿方法。

02.0793 全面采矿法　breast stoping
在开采倾斜或缓倾斜矿体的盘区或矿块中，全面推进回采工作面，在采场顶板不稳定处留矿柱或进行人工支撑的空场采矿法。

02.0794 房柱采矿法　room and pillar stoping
矿房回采过程中用留下的规则矿柱或人工支柱支撑采场顶板的开采倾斜或缓倾斜矿体的空场采矿法。

02.0795 分段空场采矿法　sublevel stoping
在阶段内自上而下按分段开采，将分段划分为若干矿房和矿柱，回采矿房时空区借矿柱支撑的采矿方法。

02.0796 阶段矿房采矿法　block stoping
沿阶段高度方向只布置矿房，矿房用深(中深)孔爆破落矿的空场采矿法。

02.0797 VCR 采矿法　vertical crater retreat stoping, VCR stoping
在下向大直径深孔中装填球形药包并自下而上崩落矿石的阶段矿房采矿法。

02.0798 留矿采矿法　shrinkage stoping
矿房(矿块)中自下而上分层落矿，各层落下的矿石只放出 1/3，暂留 2/3，落矿工作全部结束后再大量放出留下的矿石的空场采矿法。

02.0799 充填采矿法　cut and fill stoping
地下采矿过程中将阶段矿体划分采场单元，随着采场矿石被采出后的空场被充填材料充填形成充填体，通过充填体与矿岩体的共同作用维持采场稳定和管理地压的采矿方法。

02.0800 水平分层充填法　horizontal cut and fill stoping
将阶段矿体沿垂直方向划分水平分层采场，逐层回采和充填的充填采矿方法。

02.0801 垂直分条充填法　vertical cut and fill stoping
又称"壁式充填法"。将矿块沿矿体走向划分若干垂直分条，依次采掘各个分条，采完数个分条后就充填采空区的采矿方法。

02.0802 上向分层充填法　overhand cut and fill stoping
将矿块沿垂直方向划分分层，自下而上逐层回采和充填的充填采矿方法。

02.0803 下向分层充填法　underhand cut and fill stoping
自上而下分层回采和充填，在回采完一个分层后需要为下一个分层构筑假顶，并在假顶保护下回采下一分层的充填采矿法。

02.0804 上向进路充填法　overhand drift-and-fill mining stoping
将阶段矿体沿垂直方向划分分层，在分层内划分进路采场进行回采和充填，自下而上逐层推进的充填采矿方法。

02.0805 点柱充填法　pointed prop fill stoping
在采场中留有永久性矿石点柱的填充采矿方法。

02.0806 削壁充填法 wall cutting fill stoping
开采厚度小的矿脉时，分别崩落矿石和一定厚度的围岩(使回采工作面宽度或高度达到进行回采工作所需最小值)，并用落下的围岩充填采空区的充填采矿法。

02.0807 倾斜分层充填法 inclined cut and fill stoping
将矿房在垂直高度上倾斜地划分分层，逐层回采，分层采后随即充填的采矿法。

02.0808 木垛 wooden crib
用来支护开采空间的木支架。

02.0809 充填系统 filling system
用于采集、加工、贮存和制备充填材料，向采空区输送和堆放充填材料，使充填材料脱水和处理污水等的设备、设施、井巷工程和构筑物的总称。

02.0810 充填材料 filling materials
充填法采矿时充填于采空区中的由，土壤、砂、石、土、工业废渣、水泥等物质组成的固体材料。

02.0811 接顶充填 top tight filling
充填采矿法中将充填材料充填到尽可能靠近空场顶板或假顶处的作业方式。

02.0812 充填 filling
地下采矿中向采空区输送和堆放充填材料的作业。

02.0813 水力充填 hydraulic filling
又称"两相流充填"。用水力作为输送载体，通过管道以足够大的流速携带充填料输送到采场，在采场将水脱出并通过排水设施排出的充填方式。

02.0814 风力充填 pneumatic filling
用风力充填机将已被输送到采空区附近的干式或胶结充填材料连续或间断地堆放到采空区的充填方式。

02.0815 机械充填 mechanical filling
将充填材料用机械输送和堆放到采空区的充填方式。

02.0816 高浓度充填 high-density filling
将充填料(砂浆)制备成浓度接近或大于最大沉降速度的充填方法。

02.0817 结构流充填 structural flow filling
由一种或多种充填材料和水优化组合，配制成具有良好稳定性、流动性的充填料浆体，在重力或外加力作用下沿管道以类似"柱塞"形式输送到采空区的充填方法。

02.0818 膏体充填 paste filling
充填料浆呈膏状形态的结构流充填方法。

02.0819 干式充填 dry filling
充填采矿法中向采空区输送和堆放干式充填材料的充填方式。

02.0820 水砂充填 hydraulic sand filling
采用尾砂、天然砂或碎石作为充填材料的非胶结水力充填方式。

02.0821 胶结充填 cemented filling
在充填采矿法中采用砂、石、固体废物类集料，加入水泥类胶凝材料，制备成具有胶结性能的混合料充填到采空区中的充填方式。

02.0822 全尾砂胶结充填 unclassified tailings consolidated filling
采用浮选尾砂不分级全部浓缩脱水后作为充填骨料的胶结充填方法。

02.0823 废石胶结充填 massive stone consolidated filling
采用废石作为骨料的胶结充填方法。

02.0824 高水固化胶结充填 high-water rapid-solidification consolidated filling
以能将高比例的水固结在充填体中的速凝固化材料为胶凝剂制备成浆料，与砂浆混合后充入采场快速固结的充填方法。

02.0825 嗣后充填 delayed filling
在回采矿房或矿柱时，回采结束后一次完成充填工作的充填方式。

02.0826 充填倍线 multiple ratio pipe length-to-column in filling
充填管网中，充填管道的总长度与管道垂直段高差的比值。

02.0827 充填材料制备 filling materials preparation
将充填材料按采矿充填的要求采集加工成合格的充填料的过程。

02.0828 立式砂仓 vertical sand bill
充填系统中用于储存湿式砂料的筒形料仓，通过流态化造浆后再底部放砂。

02.0829 卧式砂仓 horizontal sand bill
充填系统中用于贮存尾砂或砂石等填充料的矩形料仓，在底侧部放砂或用机械取砂。

02.0830 充填材料管道输送 pipelining of filling materials
将制备好的充填材料沿管道输送到充填地点的方法。

02.0831 充填料可泵性 pumpability of filling materials
反映充填料在泵送过程中的流动性、可塑性和稳定性的综合指标。

02.0832 充填料塌落度 slump of filling materials
用上口 100mm、下口 200mm、高 300mm 的喇叭状桶，灌入充填料捣实，提桶后充填料因自重产生的塌落现象，是反映充填料流动性和黏聚性的指标。

02.0833 活化搅拌 activation stirring
通过振动、强力搅拌等机械作用，破坏全尾砂、水泥混合料颗粒间的黏结力，迫使水泥微粒从表面逐层产生水合作用，加速水泥颗粒的分散与水化的充填料搅拌方法。

02.0834 重力混合 gravity mixing
在进行废石胶结充填时，借助水泥浆或水泥砂浆、废石在重力作用下的流动过程实现混合的胶结充填料混合方式。

02.0835 充填隔墙 partitioning wall for filling
充填采矿中阻止充填料浆体流出采空区的构筑物。

02.0836 采场脱水 stope dewatering
充填料浆在采场中以析出、渗出、排出的方式脱除多余水分的过程。

02.0837 充填体作用 function of fill mass
采矿过程中充填体在管理地压、吸热、阻水和采场的等方面的作用。

02.0838 矿山数据库 database of mine
为进行快速、简便地搜索和检索而排列的矿山相关数据集合。

02.0839 矿山计算机辅助设计 computer aided design in mine

又称"矿山 CAD"。使用计算机以人机交互方式完成矿山设计的手段。

02.0840 无轨采矿 trackless mining
采用无轨设备进行采准、切割、回采作业的采矿工艺方法。

02.0841 连续采矿 continuous mining
采矿作业连续推进(一步骤回采)和采矿工艺过程连续化的采矿方法。

02.0842 崩落采矿法 caving method
地下采矿过程中不分矿房矿柱,随回采工作面的推进,强制或自然崩落的围岩充填采空区管理地压,并在岩石覆盖层下放矿的采矿法。

02.0843 单层崩落法 single layer caving method
将缓倾斜矿体全厚作为一个分层进行回采,随着回采工作面的推进,支护回采工作面附近顶板岩石并崩落远离回采工作面顶板岩石的崩落采矿法。

02.0844 长壁式崩落法 longwall caving method
矿体被阶段平巷或盘区平巷和上山等采准巷道划分成若干矿壁而进行回采的崩落采矿法。

02.0845 分层崩落法 top slicing caving method
将矿块沿垂直方向划分为 2.5~3m 高的分层,自上而下的逐层回采,分层中用进路或壁式回采工作面逐条回采,使本分层的假顶和其上的崩落岩石降落并堆满该条采空区的崩落采矿法。

02.0846 分段崩落法 sublevel caving method
按分段自上而下进行回采的崩落采矿方法。

02.0847 无底柱分段崩落法 sublevel caving method without sill pillar
不设底柱结构,按分段自上而下在进路内按回采步距组织回采作业,并在覆盖岩下从回采进路端部放出矿石的崩落采矿法。

02.0848 有底柱分段崩落法 sublevel caving method with sill pillar
在每个分段水平设有底柱结构,用中深孔或深孔在分段凿岩巷道中落矿,从分段底部的出矿巷道中出矿的分段崩落采矿法。

02.0849 矿块崩落法 block caving method
又称"自然崩落法"。在矿块或盘区的下部进行拉底,使拉底空间上方的矿体和围岩在次生应力作用下逐层破裂和自然崩落,崩落的矿石从阶段的底部结构放出的崩落采矿法。

02.0850 阶段强制崩落法 forced block caving method
在矿块中钻凿深孔或中深孔落矿,崩落矿石从阶段的底部结构中放出的崩落采矿法。

02.0851 崩落矿岩垫层 cushioned mat of caved rock or ore
为避免采空区顶板的矿岩突然大量崩落引起的伤害和破坏,而在采空区底部临时留下崩落的矿石或通过自然崩落或强制崩落部分顶板岩石而形成的相当厚的矿岩垫层。

02.0852 爆破补偿空间 compensating space in blasting
地下采矿时,在矿块中开凿的用于容纳被爆破矿石碎胀出的体积的空间。

02.0853 矿体可崩性 breakability of orebody
自然崩落法采矿拉底空间上面的矿体,在次生应力作用下破碎成适于运搬的矿石块的特性。

02.0854 覆盖岩石下放矿 ore drawing under caved rock

崩落采矿法中采下的矿石在崩落围岩覆盖下放至出矿巷道的流动过程和放出作业。

02.0855 放矿制度 schedule of ore drawing

对采场中各放矿口的放矿顺序、每次的放矿量以及截止放矿品位的规定。

02.0856 均匀放矿 uniform ore drawing

又称"削高峰放矿制度"。按各漏斗到矿岩接触面的高度，决定漏斗放矿顺序及放矿量，从而使接触面尽量均匀下降的放矿制度。

02.0857 依次放矿 successive ore drawing

各放矿口依次放矿到截止品位的放矿制度。

02.0858 振动放矿 vibrating ore drawing

溜井或采场中的矿石借重力溜至对它施加激振力的漏口而装入矿车或其他运输容器

的放矿方法。

02.0859 放出体 drawn-out body of ore

从放矿点放矿时，放出的矿石在采场崩落矿岩堆中原来所占据的空间形体，为一近似的旋转椭球体。

02.0860 崩落矿岩接触面 contact face between caved ore and waste

用崩落法采矿时的放矿过程中，崩落的矿石与其上部覆盖着的崩落的围岩（废石）的接触面。

02.0861 放矿截止品位 cut-off grade of ore drawing

在崩落覆盖岩石下放矿时，判定放矿口应否终止放矿过程所采用的放出矿石当次（即时）品位指标。

02.0862 矿柱回收 ore pillar recovery

对开采单元中的矿柱进行的回采工作。

02.09　特　殊　采　矿

02.0863 建筑物下矿床开采 mining under building

开采赋存于地面建筑物下的矿床时所采取减少地表变形、建筑物拉伸及压缩变形均较小的合理的开采。

02.0864 铁路下矿床开采 mining under railway

采用合理的采矿方法，减少开采引起的地表变形（控制在允许范围内）以安全开采铁路下矿床的开采。

02.0865 水体下矿床开采 mining under water body

对赋存于江、河、湖、库等地表水体下矿床的开采。要求采取相应的回采工艺技术，控制地表变形，预留隔水矿柱，防止地表水涌入井下造成水患。

02.0866 大水矿床开采 mining of heavy-water deposit

目前尚无统一的严密的标准，一般指对水文地质条件复杂、矿井涌水量大于 $1m^3/s$ 的矿床的开采。

02.0867 高寒地区矿床开采 mining in severe cold district

海拔高度大（2500m 以上）、有高原缺氧效应或寒冷冰冻地区矿床的开采。

02.0868　自燃矿床开采　mining of spontane-ous combustion deposit
对含硫、炭等可燃物、有自燃发火倾向矿床的开采。

02.0869　深部矿床开采　deep mining
矿床深度大于 600m 的开采。

02.0870　放射性矿床开采　radioactive deposit mining
对含有天然放射性元素铀、镭、钍等具有工业价值矿床的开采。

02.0871　残矿开采　residual deposit mining
又称"二次开采"。在已经结束开采的阶段或矿山中再次进行的开采。

02.0872　钻孔水力开采　hydraulic borehole mining
通过钻孔利用高压水射流将矿石切割、破碎并在工作面形成矿浆，经钻孔提升到地表选厂加工处理的开采。

02.0873　水力压裂　hydraulic fracturing
将淡水以高压从一口井注入矿层，迫使钻孔周围矿层形成开放式裂缝并延伸到目标井，形成必要的溶剂流动通道，溶解岩盐后返出卤水的开采岩盐的方法。

02.0874　多井系统　multiple well system
采用多口钻孔（井）分别进行注入淡水和抽出卤水的开采可溶性矿物的系统。

02.0875　溶浸采矿　leaching mining
借助于溶浸液从矿石中有选择地浸出有用成分，就地转化为液体状态的产品液，并将其输送到车间加工，回收其有用成分（金属）

的方法。

02.0876　堆浸　heap leaching
将溶浸液喷淋在破碎而有孔隙的废石或矿石堆上，在往下渗滤过程中有选择性地溶解或浸出其中有用成分，从堆底流出并汇集起来的浸出液中回收有用成分的方法。

02.0877　原地破碎浸出采矿　underground in-situ crushing and leaching mining
用爆破法将矿体破碎到合理块度，就地从矿堆上部布洒溶浸液浸出有用成分，将浸出液输送到地面回收有用成分的采矿方法。

02.0878　地下原地钻孔浸出　underground in-situ boring and mining leaching
在地下巷道中施工注液钻孔向未经转移的矿层注入溶浸液与矿石的有用成分生成可溶性化合物，由矿块下部集液巷道汇集成一定浓度的浸出液，经水冶车间加工提取金属的采矿方法。

02.0879　废石堆浸出　dump leaching
向未经专门筑堆的露天或井下废石堆顶部喷淋浸出液，浸出其中的有用矿物，再在沉淀装置内回收矿物的方法。

02.0880　氧化硫杆菌　thiobacillus thiooxidant
属革兰氏阴性无机化能自养菌，能氧化元素硫与一系列硫的还原性化合物，是溶浸采矿的浸矿微生物之一。

02.0881　氧代亚铁硫杆菌　thiobacillus ferro-oxidant
属革兰氏阴性无机化能自养菌，可氧化 Fe^{2+}、元素硫及硫化矿物，能有效分解黄铁矿，是溶浸采矿的浸矿微生物。

02.0882　搅拌溶浸　stirring leaching

将磨细物料与浸出试剂在机械搅拌或空气搅拌敞式槽中进行混合的溶浸方法。

02.0883 溶浸井　leaching well
原地钻孔溶浸采矿中，注液井、抽液井、测视井和控制井的统称。

02.0884 注入井　injection well
又称"注液井"。在原地钻孔溶浸法中用以向含矿含水层灌注按一定比例配制的溶浸液的钻井。

02.0885 生产井　working well
地表原地钻孔浸出中的主要钻井。分注液井和抽液井两种。

02.0886 测视井　monitoring well
地表原地钻孔浸出中，用以观测地下流体流动状态和水位，浸出时含矿含水层与顶、底板及上、下含水层的水力联系，监测金属的浸出、浸出前后矿层的变化及溶浸范围，监视地下水环境污染状况的钻井。

02.0887 多金属结核　polymetallic nodule
又称"锰结核(manganese nodule)"。含铁、锰、镍、铜的多金属黑色团块状矿石，广泛分布在大洋底沉积层表面上的形状呈球形或椭球形的锰铁氧化物矿石。

02.0888 结核丰度　nodule abundance
单位面积洋底上赋存的结核量。

02.0889 富钴结壳　cobalt-rich crust
生长在海底岩石或岩屑表面的皮壳状铁锰氧化物和氢氧化物，富含钴。产于水深

800~3000m 的海山和海台顶部和斜面上。

02.0890 锰结核开采　manganese nodule mining
提取深海底锰结核的作业。

02.0891 多金属结核开采　polymetallic nodule mining
利用采矿船通过集矿、扬矿工序提取深海底多金属结核(锰结核)的作业。

02.0892 集矿　ore collection
利用集矿机械将薄层锰结核聚集起来以便于提升管道吸取的作业。

02.0893 扬矿　hydraulic lift
将海底锰结核吸扬、提升到海面上来的作业。

02.0894 多金属硫化物　hydrothermal sulfide
又称"海底热液硫化物"。在海底扩张带由高温富含矿盐水喷出而形成的海底矿床，含铜、锌、金、银等。

02.0895 大陆架矿床开采　mining of continental shelf deposit
采用海洋挖掘船，在大陆架砂矿床规划范围内进行的采选作业。

02.0896 月球采矿　moon mining
开采并加工赋藏于月球上的有用矿物资源以获取太空车辆燃料、维持生命的元素和太空基地建筑材料的生产活动。

02.0897 极地采矿　arctic mining
在北极圈、南极圈内进行开采矿产资源的生产活动。

02.0898 矿山安全 mine safety
消除和控制矿山生产中的不安全因素，防止发生人身伤害及财产损失事故的技术与工作。

02.0899 矿山通风 mine ventilation
在机械动力或自然动力作用下，将地面新鲜空气连续地供给矿山作业地点，稀释并排出有毒、有害气体和粉尘，调节矿内气候条件，创造安全舒适工作环境的工程技术。

02.0900 统一通风系统 unitary ventilation system
以全矿井作为一个整体进行通风的系统。

02.0901 矿井风量调节 regulating air volume in mine
满足井下作业地点所需风量的调控措施。

02.0902 局扇通风 local fan ventilation
用局扇与风筒向独头作业面输送新鲜风流，稀释和排出污浊风流的通风方法。

02.0903 深热矿井通风 ventilation in hot and deep mine
对深矿井和热水型矿井进行空气调节的特殊通风方法。

02.0904 矿井大气 underground atmosphere
矿井内各种气体、粉尘与微生物的混合物。主要来源于地面空气。

02.0905 有毒气体 noxious gas
矿井空气中能对人体造成中毒性伤害的气体成分。

02.0906 爆炸性气体 explosive gas
开采煤矿和含碳质页岩的非煤矿床时，从煤层和岩层中涌出的易于发生爆炸性的气体。

02.0907 放射性气体 radioactive gas
开采含铀、钍伴生的金属矿床时，使矿井空气中含有放射性的气体。

02.0908 卡他度 Kata degree
用模拟方法度量环境对人体散热速率影响的综合指标。

02.0909 通风压力 airflow pressure
井巷风流的压强。

02.0910 井巷风速 underground airflow velocity
井巷风流单位时间内流经的路程。

02.0911 排尘风速 airflow velocity for eliminating
井巷排尘风流单位时间内流经的路程。

02.0912 通风阻力 ventilation resistance
空气沿井巷流动时，井巷对风流所呈现的剪切应力。

02.0913 风流摩擦阻力 airflow frictional resistance
风流与井巷周壁间摩擦和风流微团或流层间摩擦所产生的剪切应力。

02.0914 摩擦阻力系数 frictional resistance coefficient
矿井通风时取决于巷道粗糙度的能量损失系数。

02.0915 风流局部阻力 local resistance of

airflow

在局部地点因风流速度的大小和方向发生急剧变化，引起风流微团间剧烈碰撞造成的通风阻力。

02.0916 风流正面阻力 frontal resistance of airflow

井巷中的物体阻碍风流运动所产生的附加通风阻力。

02.0917 矿井通风总阻力 overall resistance of mine airflow

由组成矿井通风网络的各井巷的通风阻力。按井巷一定的连接方式组合而成的表示矿井和其他阻力物的通风阻力特性的物理量。

02.0918 风量 air quantity

单位时间内流经矿井的空气体积量。

02.0919 风量分配 air distribution

满足井下作业地点所需风量的调控措施。

02.0920 进风风流 intake airflow

又称"新鲜风流""新风"。地面新鲜空气进入矿井至用风点以前的风流。

02.0921 回风风流 outgoing airflow

又称"污浊风流""乏风"。用风点以后混入有害气体及矿尘的风流。

02.0922 矿井等积孔 mine equivalent orifice

以假想的孔口面积表示矿井通风难易程度的物理量。

02.0923 自然通风 natural ventilation

矿井空气由压力较高的一侧向压力较低的一侧自然流动的通风方法。

02.0924 机械通风 mechanical ventilation

以矿用扇风机等机械设备作为通风动力设施的矿山通风方法。

02.0925 矿井通风网路 mine ventilation network

简称"风网"。矿井中由风道相互连接而成的风道网。

02.0926 串联网路 series network

风道依次首尾相接，中间没有分岔的风网。

02.0927 并联网路 parallel network

数条分支风道由某一节点分开，在另一节点汇合，其间没有联系风道的风网。

02.0928 角联网路 diagonal network

在并联风道间将有联络的风道相互连接起来的风网络。

02.0929 复杂网路 complex network

由串联、并联、角联和其他不规则的连接方式混合组成的矿井通风网路。

02.0930 风量调节 airflow regulating

满足井下作业地点所需风量的调控措施。

02.0931 矿井通风系统 mine ventilation system

由矿井通风网路、通风动力设备、矿井通风构筑物和其他通风控制设施构成的，矿井供风、排风工程设施体系。

02.0932 中央式通风系统 central ventilation system

进风、回风井巷均位于矿体走向中央，风流在井下的活动路线为折返式的矿井通风系统。

02.0933 对角式通风系统 diagonal ventilation system

进风、回风井分别布置在矿体两翼，或一个在中央两个在侧翼，井下风流路线为直向式的矿井通风系统。

02.0934　多级机站通风系统　multi-fan-station ventilation system

由多级进风，回风机站将地面新鲜空气压送到作业采区并将污浊空气排出矿井的工程设施体系。

02.0935　阶段通风系统　level ventilation system

由阶段进、回风平巷和进、回风天井构成的区域性风道网。

02.0936　分区通风　zoned ventilation

将一个矿井划分为若干个各自具有进、回风井巷和通风动力设备，风流相互独立的通风方式。

02.0937　压入式通风　forced ventilation

在专用进风井巷口或井巷内安设主要扇风机，将新鲜风流压送到井下，使整个矿井通风系统的风流处在高于当地大气压力的正压状态的通风方式。

02.0938　抽出式通风　exhaust ventilation

在回风井巷口或井巷内安设主要扇风机，将井下污浊风流抽出地面，使整个通风系统的风流处在低于当地大气压力的负压状态的通风方式。

02.0939　压抽混合式通风　forcing and exhausting combined ventilation

在进、回风井巷口或井巷内分别安设主要扇风机，将新鲜风流送到井下并将井下污浊风流排至地面，使整个通风系统的风流处于部分正压和部分负压状态的通风方式。

02.0940　阶梯式通风　stepped ventilation

利用上阶段已结束生产的部分运输巷道作为下阶段的回风道，形成上下阶段风流不串联和较稳定风流的并联通风网络的通风方式。

02.0941　棋盘式通风　checker-board ventilation

以上部已结束生产的阶段运输平巷为总回风道，下部各生产阶段沿走向布置若干回风天井，此天井用风桥跨过各阶段运输巷道与总回风道连通，形成几个并列回风天井的复杂角联通风网络的通风方式。

02.0942　平行双塔式通风　ventilation with two-parallel-tower entries

每个阶段开掘双巷，一条为本阶段的进风道，另一条为下阶段或本阶段的回风道，从而形成上下阶段污风不串联的通风网络的通风方式。

02.0943　上下间隔式通风　ventilation with top-and-bottom spaced entries

两个阶段共设一条专用回风道，上阶段下行回风，下阶段上行回风，构成树枝状的角联通风网络的通风方式。

02.0944　梳式通风　ventilation with comb-shaped entries

由阶段运输平巷、穿脉巷道的运输格和回风格、采场风道，以及阶段脉外回风平巷构成风道网的通风方式。

02.0945　采场通风　stope ventilation

将新鲜风流按指定路线送往回采作业面的通风方式。

02.0946　爆堆通风　blasted pile ventilation

稀释和排出爆破后所产生的炮烟和粉尘的

通风方式。

02.0947 循环风流 recirculation air flow
工作区域内的污浊风流经净化装置除去粉尘、放射性微粒或有毒气体后再进入作业地点循环使用的风流。

02.0948 矿井漏风 mine air leakage
矿井下新鲜风流未经利用直接渗入回风道或排出地表的现象。

02.0949 漏风系数 air leakage coefficient
全矿总漏风量与扇风机工作风量之比。

02.0950 风量有效率 ventilation efficiency
到达矿井各需风点的风量之和与主扇装置的风量之比。

02.0951 风门 air door
设在巷道内，关闭时可遮断风流，开启时可通车行人的矿井通风构筑物。

02.0952 风桥 air bridge
设在进风道与回风道的交叉处，使新鲜风流与污浊风流互不交汇的矿井通风构筑物。

02.0953 风墙 air stopping
又称"密闭"。用以遮断风流的矿井通风构筑物。

02.0954 风障 air brattice
沿风道设置的引导或分隔风流的矿井通风构筑物。

02.0955 导风板 air deflector
风道中用以引导风流、降低通风阻力的装置。

02.0956 测风站 air velocity measuring station

在矿井各进、出风道中设置的测定风速的专用设施。

02.0957 风筒 air duct
用于引导风流的圆形筒体局部通风装置。

02.0958 风窗 air window
矿井中为调节风量而在风门或风墙上设置的面积可调的窗口。

02.0959 矿井空气调节 mine air conditioning
控制矿井空气的湿度、温度和风速，使其符合劳动安全和卫生要求的技术。

02.0960 主扇风硐 main fan tunnel
矿井通风用的主要扇风机和风井间的一段联络风道。

02.0961 矿井返风装置 reversing installation for mine fan
由返风道和返风闸门构成的改变井下风流方向的装置。

02.0962 主扇扩散塔 main fan diffuser
用来降低出风口风速，减少主要扇风机排风口动压损失，提高主要扇风机有效静压的装置。

02.0963 矿井热源 heat source of underground mine
通过物理化学变化过程向矿井空气散发热量的物体。

02.0964 矿井热环境 thermal environment of mine
矿井内影响人体热平衡的高温、高湿工作场所。

02.0965 深井降温 temperature lowering of

deep well

深部开采中为改善工作条件、提高劳动生产率而采取的控制热源散热、加强通风以及人工制冷等降低井下温度的措施。

02.0966 矿井制冷 refrigeration of underground mine

用制冷装置降低矿井空气温度的技术。

02.0967 矿井防冻 frost proof of underground mine

对进入矿井的冷空气加热，防止井巷结冰的技术。

02.0968 矿尘 mine dust

又称"粉尘"。矿山生产过程中产生的矿岩微细颗粒。

02.0969 硅沉着病 silicosis

又称"硅肺"。由于长期大量吸入矿尘而引起的，以肺组织纤维化为主要特征的职业病。中医学称石痨，是人类最早的职业病之一。

02.0970 矿山防尘 mine dust protection

采矿生产过程中防止矿尘危害的技术措施。

02.0971 露天矿防尘 dust control in open-pit

露天开采各生产工序的尘源控制和空气净化措施。

02.0972 通风防尘 dust control by ventilation

通过风流的流动将井下作业地点的浮尘稀释与排出地表的除尘方法。

02.0973 喷雾 water spray

掘进爆破后，溜井装卸矿处及主平硐进风口等用喷雾器形成水幕达到防尘和净化风流的作用。

02.0974 湿式凿岩 wet drilling

在凿岩过程中连续向钻孔底部供水，以湿润和捕获矿尘的凿岩方式。

02.0975 密闭抽尘系统 sealed dust-exhaust system

借助扇风机，将密闭空间内的含尘空气经风筒送到除尘器进行净化的矿山防尘装置。

02.0976 粉尘采样器 dust sampler

为测定作业场所空气中粉尘含量而设计的采集粉尘样品的专用仪器。

02.0977 入风净化 intake air cleaning

对进入矿井含尘浓度超过标准的风流进行除尘净化的技术措施。

02.0978 柴油废气净化 diesel gas purification

减少矿山柴油机废气中的有害物质生成量，并将已产生的有害成分转化为无害物质的技术措施。

02.0979 矿井涌水量 inflow rate of mine water

开采矿床时由大气降水、地表水、地下水和生产用水等涌入矿井的水量。呈季节性变化，分为正常涌水量和最大涌水量。

02.0980 矿区水文地质图 hydrogeological map of mine field

反映矿区地下水形成和分布及其与自然地理、地质因素相互关系的综合性水文地质图件。

02.0981 水文地质条件复杂矿床 mine with complicated hydrogeological condition

主要矿体位于当地侵蚀基准面以下，附近的地表水体对矿床充水具有威胁，矿床充水主要含水层富水性强，补给条件好，或构造破碎带沟通区域富水性强的含水层的矿床。

02.0982 地下水 ground water
以各种赋存形式埋藏和运动于地壳岩石中的水。

02.0983 地表水 surface water
存在于江、海、湖泊、水库中的水。

02.0984 含水层 aquifer
地下水面以下饱含地下水的岩土层。

02.0985 裂隙水 fissure water
存在于岩层裂隙中的地下水。

02.0986 渗入水 water seepage
大气降水和地表水渗入地下形成的地下水。

02.0987 喀斯特水 karst water
又称"岩溶水"。可溶性岩层的溶蚀空隙(如溶洞、溶隙、溶孔等)中的地下水。

02.0988 流沙 quick sand
土在水的作用下液化而流动的物理地质现象。

02.0989 矿山防水 mine water prevention
为确保矿山建设和生产的正常进行,防止涌入矿内的水量超过矿山正常排水能力,避免发生矿山水灾而采取的措施。

02.0990 矿山排水 mine drainage
排除矿山涌水的方法和设施的总称。

02.0991 超前探水 detecting water by pilot hole
对水文地质条件比较复杂的矿山,为确保采掘工作的安全,在采掘前进行钻孔探水的预防水害的方法。

02.0992 矿井突水 water bursting in mine
掘进或采矿过程中揭穿导水断裂、富水溶洞、积水采空区,大量地下水突然涌入矿山井巷的灾害。

02.0993 矿山水灾 mine inundation
渗入或涌入露天矿坑或矿井巷道的水量超过矿山排水能力而造成的灾害。

02.0994 淹井 shaft submergence
矿井因突水或其他原因,涌入坑道的地下水大于排水能力,在较短时间内把坑道或整个矿井淹没的现象。

02.0995 降落漏斗 cone of depression
井、孔抽水或矿井疏干时,在其周围形成的漏斗状地下水位下降区。

02.0996 防洪沟 flood ditch
为防止洪水威胁矿山,在矿区开采区域以外,垂直于来水方向的适当位置挖掘的拦洪、排洪沟槽。

02.0997 人工河床 artificial river-bed
为减少或杜绝河床底部裂隙漏水,在通过矿区的河床内铺设的防漏层。

02.0998 泥石流 mud-rock flow
因矿山边坡、排土场、尾矿坝垮塌而形成的介于挟沙水流和滑坡之间的土、水、气混合体(含大量泥沙石块)突然爆发、历时短暂、来势凶猛并具有强大破坏力的流动现象。

02.0999 水仓 water sump
地采矿山,矿井涌水的贮仓,起存水和沉淀作用。

02.1000 水泵 pump
采矿中为确保生产安全顺利而设置的排水

设备。

02.1001 矿井疏干 dewatering of mine
用人工排水措施降低有关含水层的水位(或水压),使某个采矿水平或中段的地下水部分或全部排除,以及使底板承压含水层的水头降至低于安全水头的疏干方式。

02.1002 地表疏干 dewatering in ground
在矿区地表布置疏干工程(地表降水孔、明沟、吸水孔、边坡水平孔等),排出进入采区的地下水和地表水,保护开采安全的疏干方式。

02.1003 地下疏干 underground dewatering
利用巷道和丛状放水孔、直通式放水孔、降压孔、打入式放水孔等揭露含水层,导出矿井水再通过排水系统排出地表的矿床疏干方式。

02.1004 联合疏干 combined dewatering
一个矿山同时或在不同阶段采用地表和地下两种疏干方式。

02.1005 矿床疏干 ore deposit dewatering
采用地表降水孔、疏干巷道、放水孔及疏水明沟等疏水构筑物,降低矿区的地下水位,为采掘工作创造正常和安全条件的疏干方式。

02.1006 疏干巷道 dewatering drift
为确保矿山建设与生产的正常进行,预先疏干充水矿床而开凿的专用巷道。

02.1007 防水闸门 water protecting gate
为预防井下突然涌水而设置的一种带门的矿山防水设施。

02.1008 防水墙 water dam
为防止井下突然涌水,用不透水材料构筑的隔绝积水的老采空区或有突水危险区域的永久性防水设施。

02.1009 防水帷幕 water protecting curtain
在具备一定的水文地质条件的矿山,在水源与矿井或采场之间的主要涌水通道和强劲流带上,通过地表钻孔将制备的浆液压入岩层裂隙,经扩散、凝固而成的帷幕状地下截流防水工程技术方法。

02.1010 钻井抽水 borehole dewatering
在地表矿区边界之外的来水方向上,围绕矿体开凿若干大直径钻孔,安装深井泵或潜水泵抽水,使矿区开采地段处于疏干降落漏斗水面之上的疏干防水方法。

02.1011 巷道排水 drift dewatering
利用巷道和巷道中的疏水钻孔,排出矿井地下水的矿床疏干方法。

02.1012 注浆堵水 water plugged by grouting
将制备的可凝性浆液用泵通过钻孔压入地层裂隙,封堵地下水的矿山防治水技术。

02.1013 火区 fire zone
矿井中发火的采区。

02.1014 防火门 fire door
为防止火灾及其火烟的蔓延传播,在井口、巷道中设置用不燃材料构筑的防火设施。

02.1015 防火墙 fire stopping
为将可能自燃发火的地区封闭,隔绝空气漏入,防止矿岩氧化自燃而设置的隔墙。

02.1016 矿井火灾 mine fire
矿井发生的火灾,包括危及井下的地面火灾。

02.1017 矿井防火 fire prevention in mine
为预防矿井火灾的发生，或当发生火灾时为迅速救出井下遇险人员和扑灭火灾而采取的技术措施。

02.1018 矿井灭火 fire extinguishing in mine
矿井发生火灾时为扑灭火灾而采取的措施。

02.1019 矿岩氧化自燃 oxidizing and spontaneous combustion of rock and ore
堆积的含硫矿岩，当其氧化生成的热量大于向周围散发的热量，温度自行增高，达其着火点时引起自燃的过程与现象。

02.1020 黄泥灌浆灭火法 fire extinguishing with mud-grouting
向可能发生和已经发生内因火灾的采空区注入黄泥浆，以预防或消灭矿井火灾的方法。

02.1021 惰性气体灭火法 fire extinguishing with inert gas
从地面或井下向已封闭的火区灌注惰性气体氮或二氧化碳灭火的方法。

02.1022 阻化剂灭火法 fire extinguishing with resistant agent
用一种或几种介质溶液或乳浊液喷洒在易燃地点，降低高硫矿石氧化能力，阻止其氧化过程的矿井灭火措施。

02.1023 均压灭火法 fire extinguishing with pressure balancing
利用矿井通风中的风压调节技术降低漏风通道两端的风压差，减少漏风量，抑制硫化矿石自燃的矿井灭火措施。

02.1024 火区监测 fire area monitoring
在发生内因火灾的矿山设立专门机构，在固定观测点对火区的温度、气体和水质进行长期观测的技术措施。

02.1025 静电防护 electrostatic protection
为制造、输送或贮存电介质的设备、管道、容器或贮罐所采取的防静电措施。

02.1026 静电泄漏 electrostatic leakage
因电介质相互摩擦或与设备、管路摩擦产生静电形成高电位，会危及人身、设备安全，也会产生火花造成火灾与爆破事故的现象。

02.1027 露天采场防雷 lightning protection in open pit
为防止露天采场因雷击引起设备和设施遭损坏、发生火灾及人身伤亡事故所采取的防护措施。

02.1028 炸药库防雷 lightning protection of explosive magazine
为防止雷电引起炸药库爆炸、火灾或人身伤亡事故所采取的防护措施。

02.1029 提升安全装置 hoisting safety installation
为保证矿井提斗安全而设置的装置。如防坠器、安全卡、安全门、限速器、过卷保护装置等。

02.1030 提升钢绳保险器 safety device for breaking of hoist rope
一旦矿井提升钢丝绳或连接装置断裂时，使罐笼卡在罐道或制动钢绳上防止罐笼坠落的安全装置。

02.1031 提升限速器 hoisting speed limitator
提升容器运行至井口或井底进入减速阶段时，使提升容器均匀减速，缓慢、安全地到达预定位置的过速保护装置。

02.1032 过卷保护装置 hoisting overwind-proof device

防止提升容器到达井口工作标高后失去控制继续上升造成过卷事故的保护装置。

02.1033 斜井卡车器 car stopper of inclined shaft

防止斜井提升或下放车辆时矿车失控坠下事故发生的装置。

02.1034 提升安全卡 hoisting safety clamp

矿井提升防坠装置的锚爪。

02.1035 矿山环境地质 mine environmental geology

矿山环境污染状况及其与地质背景、现代地质作用和矿山生产排放物质之间的关系。

02.1036 矿山环境工程 mine environmental engineering

研究采矿活动对环境的污染和破坏，运用工程技术和有关学科的原理和方法，防治矿山环境污染和破坏以保护和改善矿山环境质量的工作。

02.1037 矿山大气污染 mine air pollution

由于采矿作业排入大气的污染物浓度超过大气环境质量标准，危害人的健康和生命，影响生产的正常进行的现象。

02.1038 矿山大气污染源 source of mine air pollution

造成矿山大气污染的污染物发生源。

02.1039 矿山水污染 mine water pollution

采矿作业中矿坑水、尾矿水以及溶浸废水的排放、泄漏或渗滤等，对地表和地下水体等水环境所造成的污染。

02.1040 矿山水污染源 source of mine water pollution

造成矿山水污染的污染物发生源。

02.1041 矿山污水控制 mine sewage control

控制或减轻因采矿作业对水环境污染的技术措施。

02.1042 矿井水处理 mine water treatment

去除或改变矿山废水中的有害物质的技术措施。

02.1043 矿山水源保护 protection of mine water source

保护水源不受矿业活动破坏和污染的技术措施。

02.1044 矿山土地污染 mine soil pollution

因采矿作业对土壤环境造成的污染。

02.1045 矿山噪声污染 mine noise pollution

矿山生产与建设中设备运转及作业、事故等所发生的噪声对声响环境造成的污染。

02.1046 凿岩机消声器 silencer of rock drill

安装在气动凿岩机上的降低空气动力噪声和机械噪声的消声设备。

02.1047 矿山放射性防护 mine radioactive protection

防止或减轻放射性物质对矿山环境污染的技术措施。

02.1048 放射性废物处理 radioactive waste disposal

对开采铀矿或含铀、钍伴生的金属、非金属矿时的废石、尾矿，按一定要求进行填埋的处置方法。

02.1049 矿山空气冲击波 shock wave from mine air

矿山爆破作业时在药包周围空气中产生和传播的一种超声速、大振幅的脉冲波。

02.1050 冒落冲击气流 shock airflow due to caving

由于顶板大面积突然冒落，压缩空气形成破坏力很大并造成矿井灾难的暴风现象。

02.1051 深部开采动力灾害 dynamic disaster of deep mining

开采深部矿床时，处于高应力或极限平衡状态的岩体或地质结构体，在开挖活动的扰动下，其内部储存的应变能瞬间释放，开挖空间周围部分岩石从母岩体中急剧、猛烈突出或弹射出来的一种动态力学灾害。

02.1052 矿山地表沉陷 surface subsidence in mine

地下采矿活动或岩溶矿区因降低地下水位而引起的地面变形(沉降、开裂和塌陷)现象的统称。

02.1053 生态修复 ecological recovery

因开采矿物资源所带来的环境污染和生态平衡的破坏，修复到生命系统(动物、植物和微生物)和环境系统之间处于相对平衡状态的整治活动。

02.1054 尾矿库安全 tailings pond safety

尾矿库初期坝、堆积坝、副坝、排渗设施、排水设施、观测设施等的安全状态。

02.1055 矿山固体废料减排 mine solid waste reduction

对矿山固体废料(废石和尾矿)进行综合利用从而减少排放的技术措施。

02.1056 矿山事故预测 mine accident prediction

在已发矿山事故的经验教训的基础上，分析、研究矿山事故的发生机理、发展规律，对未来矿山事故发生的可能性和趋势做出判断和预测。

02.1057 安全信号装置 safety signal device

为保证矿山安全生产而设置的各种联络信号、指示信号和警告信号装置。

02.1058 矿山安全管理 mine safety management

为实现矿山安全生产而组织和使用人力、物力、财力等各种资源的过程。

02.1059 矿井提升安全门 safety door for hoisting

矿井各阶段井口的进、出车方向安装的为防止车辆、物料、人员坠井的可开启的门。

02.1060 矿井安全出口 escape way of underground mine

供人员安全出入矿井的通道。

02.1061 矿山救护 mine rescue

当井下采矿遭遇矿山水灾、火灾、炮烟中毒、冒顶，触电等安全事故时，为保证安全生产和及时处理事故，由矿山救护队进行的救护工作。

02.11 矿 山 机 电

02.1062 矿山提升设备 mine hosting equipment

又称"矿井提升设备"。沿矿山井筒或露天斜坡道提运矿石和废石、升降其他物料和人员的运输设备。

02.1063 矿井提升机 mine hoister
借助钢丝绳牵动提升容器沿井筒或露天斜坡道升降，以运送物料、人员的机器。中国把卷筒直径大于或等于 2m 的单绳缠绕式提升机称为矿井提升机，小于 2m 的称为矿井提升绞车。

02.1064 缠绕式提升机 winding hoister
用卷筒缠绕钢丝绳使提升容器升降的提升机。

02.1065 摩擦式提升机 frictional hoister
用衬垫与钢丝绳间的摩擦力驱动钢丝绳使提升容器升降的提升机。

02.1066 提升钢丝绳 hoisting rope
连接提升容器和传递矿井提升机动力用的钢丝绳索。

02.1067 主绳 main rope
又称"首绳"。连接卷筒和提升容器并传递提升机动力使提升容器升降的提升钢丝绳。

02.1068 尾绳 tail rope
又称"平衡钢丝绳"。连接在两个提升容器底部(或提升容器和平衡锤底部)，使卷筒的径向载荷达到平衡的钢丝绳。

02.1069 平衡锤 counterweight
单提升容器多水平提升的竖井，为平衡卷筒的径向载荷而采用的平衡重物。

02.1070 提升容器 hoisting conveyance
用于提运矿石、废石、材料设备和人员等的容器。

02.1071 罐笼 cage
借助矿车运送矿石和废石，以及升降人员、材料和设备的容器。可用于主井或副井提升。

02.1072 箕斗 skip
直接装载的容器。主要用于提升矿石，有时也用于提升废石，通常用于主井提升。

02.1073 箕斗装载装置 skip loading arrangement
用于向箕斗装载物料的重要辅助装置。分计重式和计容式两类。

02.1074 箕斗卸载装置 skip dumping arrangement
用于箕斗物料卸载的重要辅助装置。

02.1075 胶带提升设备 belt hoisting equipment
采用带式输送机沿斜井提升矿石和废石、升降人员和材料的设备。

02.1076 气力提升设备 pneumatic hoisting equipment
使用压缩空气将矿石沿管道直线地或借容器从井下输送到地面的成套设备。

02.1077 串车提升 train hoisting
用钢丝绳牵引载有矿岩串联成组的矿车沿斜井提升到地面的作业方式。

02.1078 空气压缩机 air compressor
提高空气压强使之大于 0.2MPa 的机器。是提供矿山气动设备和气动工具所用压缩气体的主要设备。

02.1079 压缩空气管网 compressed-air pipeline
简称"压气管网"。输送压缩空气的全部管道及其附属装置。

02.1080 矿用通风机 mine fan

又称"矿用扇风机"。向矿井或作业面供给新鲜空气和排出污浊空气的矿山通风动力设备。

02.1081 主扇 main fan

全称"主扇风机"。用于全矿井或矿井某一翼的通风机。功率大，以固定式为主。

02.1082 辅扇 auxiliary fan

全称"辅助扇风机"。用于矿井通风网络某些分支风道中调节风量，协助主扇工作的通风机。功率较大，多为固定式。

02.1083 局扇 booster fan

全称"局部扇风机"。借助风筒用于矿井无贯穿风流的局部地点如独头巷道或采场通风的通风机。功率较小，以轴流式为主，多为移动式。

02.1084 矿用水泵 mine pump

矿山排水设备的主体机械。有耐磨的特性，属重型泵。

02.1085 钢绳冲击式钻机 churn-drill rig

俗称"磕头钻"。用钢绳悬吊钻具，借重力自由下落凿碎岩石的钻孔机械。

02.1086 牙轮钻机 roller-bit rotary rig

利用牙轮钻头中锥形轮上的齿冲击和压入岩石进行破岩的钻孔机械。主要用于露天矿，部分用于地下钻凿深孔(10~100m)。

02.1087 牙轮钻头 roller bit

在钻头上装有牙轮，借牙轮的滚动碾压作用破碎岩石的钻孔工具。

02.1088 稳杆器 stabilizer

保持牙轮钻进的钻头回转轴心不发生游动

的附加装置。

02.1089 潜孔钻机 down-the-hole drill

以冲击器潜入孔内直接冲击钻头破岩，而回转机构在孔外带动钻杆旋转，向矿岩进行钻进的钻孔机械。

02.1090 潜孔冲击器 down-the-hole drill hammer

潜孔钻机冲击机构的主体部分。它潜入孔内，主要产生冲击作用。

02.1091 潜孔钻头 down-the-hole bit

潜孔钻机冲击机构的组成部分。有刃片型和柱齿型两种，以柱齿型钻头为主。

02.1092 旋转钻机 drag-bit rotary rig

以切削式钻头破岩的钻孔机械。

02.1093 火力钻机 jet piercer

利用火焰的高温使岩石晶体产生热应力而剥落形成炮孔的钻孔机械。主要用于露天矿极坚硬的铁燧石(磁铁石英岩)的钻孔。

02.1094 金刚石钻机 diamond drill

以金刚石钻头在钻压下高速旋转，镶嵌在钻头上的金刚石对岩面进行磨削或压裂切削破碎岩石的钻孔机械。主要用于探矿和工程地质钻探取岩芯钻孔，以及地下钻凿深孔。

02.1095 钻架 drill mounting

半机械化操作的移动式凿岩支架。

02.1096 竖井环形钻架 shaft annular drill jumbo

用环形轨道架设凿岩机组，钻凿下向孔的竖井掘进机械。

02.1097 竖井伞形钻架 shaft umbrella drill

jumbo
用如伞状开合的各钻臂架设凿岩机组，钻凿下向孔的竖井掘进机械。

02.1098 钻车 drill jumbo
支承凿岩机进行机械化凿岩作业的行走式钻孔机械。

02.1099 露天钻车 surface drill rig
主要用于露天钻凿炮孔或工程钻孔的钻车。

02.1100 地下采矿钻车 underground mining jumbo
地下矿山各类采矿方法中用于钻凿深孔和浅孔的钻车。

02.1101 掘进钻车 tunnel jumbo
用于地下矿山巷道、铁路与公路隧道、水工涵洞等地下掘进工程的钻车。也可用于钻凿锚杆孔、充填法或房柱法采矿炮孔。

02.1102 凿岩机 rock drill
以冲击回转或冲击与旋转切削联合作用破碎岩石的钻孔机械。

02.1103 气动凿岩机 pneumatic rock drill
以压缩空气为动力的凿岩机。

02.1104 液压凿岩机 hydraulic rock drill
以液体压力为动力的凿岩机。

02.1105 内燃凿岩机 petrol-powered rock drill
以燃油为动力的凿岩机。

02.1106 电动凿岩机 electric rock drill
以电能为动力的凿岩机。

02.1107 水力凿岩机 frock drill
以高压水为动力的凿岩机。

02.1108 气液联动凿岩机 pneumatic-hydraulic combined action drill
以压气作冲击动力，以液压作旋转动力的凿岩机。

02.1109 气镐 pneumatic pick
俗称"风镐"。无转钎机构的手持式气动冲击破岩机械。

02.1110 气腿 air leg
支承和推进凿岩机进行钻孔的气动支腿。

02.1111 犁松机 ripper
利用牵引机的牵引力使犁齿插入和松动岩土的挖掘机械。

02.1112 挖掘机 excavator
以铲斗挖掘矿岩并回转装入运输设备或排卸到堆积场的机械。

02.1113 单斗挖掘机 single-bucket excavator
俗称"电铲"。单铲斗工作机构的全回转挖掘装载矿岩的自行式挖掘机。

02.1114 正铲挖掘机 forward shovel
铲斗和斗杆向机器前上方运动进行挖掘的单斗挖掘机。

02.1115 反铲挖掘机 backhoe shovel
由动臂和斗杆驱动铲斗向下并朝向机身挖掘的单斗挖掘机。

02.1116 索斗挖掘机 dragline shovel
以钢绳悬吊铲斗抛入工作面再把铲斗拉向机身挖掘岩土的单斗挖掘机。

02.1117 抓斗挖掘机 grabbing crane

抓斗靠重力下落并合拢颚板以抓取岩土的单斗挖掘机。

02.1118 液压挖掘机 hydraulic excavator
工作机构由液压动力驱动的单斗挖掘机。

02.1119 多斗挖掘机 multi-bucket excavator
多个铲斗沿封闭轨迹移动连续挖掘的自行式挖掘机。

02.1120 链斗挖掘机 bucket-chain excavator
由多个铲斗在封闭链条驱动下沿斗架移动进行挖掘的多斗挖掘机。

02.1121 轮斗挖掘机 bucket-wheel excavator
多个铲斗在动臂端部转轮上作圆周运动而连续挖掘岩土的多斗挖掘机。

02.1122 前端装载机 front-end loader
前装前卸式铲斗装载机。

02.1123 后卸铲斗装载机 overshot loader
又称"装岩机"。滚臂式铲斗正铲后卸的地下装载机。

02.1124 侧卸铲斗装载机 side tipping bucket loader
用于巷道掘进,从侧面向带式输送机、刮板输送机、列车等运输设备装载的地下装载机。

02.1125 铲插装载机 power shovel with tilting boom and conveyor
由刮板输送机卸载的铲斗装载机。

02.1126 耙斗装载机 scraper-type loader
绞车钢绳牵引耙斗往复运动耙取破碎矿岩,经装车台卸入矿车的地下装载机。

02.1127 蟹爪装载机 gathering arm loader

由一对蟹爪形耙爪交替扒取矿岩连续转运到后续运输设备上的装载机。

02.1128 立爪装载机 digging arm loader
由一对立爪从岩堆上部往下耙取岩石至转载输送机上卸入后续运输设备内的地下装载机。

02.1129 振动装载机 vibrating loader
靠定向振动将爆碎的矿岩装入后续运输设备的装载机。

02.1130 振动放矿机 vibrating ore-drawing machine
又称"振动出矿机"。以强迫定向振动并部分借助重力势能使松散矿岩流体化实现连续出矿装入运输设备的装载机械。

02.1131 轮胎式轮斗装载机 tire bucket-wheel loader
可实现连续铲装和输送松散物料的轮胎式装载机。

02.1132 露天铲运机 scraper
铲运斗借助机器前进的推拉力进行切土、装料、运输、卸料及撒布物料的拖行或自行的装运设备。

02.1133 地下铲运机 load-haul-dump unit, LHD
简称"铲运机"。以柴油机或电动机为原动机,液力或液压、机械传动,铰接式车架,轮胎行走,前装前卸式的地下装载、运输和卸载设备。

02.1134 地下内燃铲运机 diesel-powered load-haul-dump unit, diesel LHD
又称"柴油铲运机"。以柴油机为原动机的地下铲运机。

02.1135 地下电动铲运机 electric-powered load-haul-dump unit, electric LHD

简称"电动铲运机"。以电动机为原动机的地下铲运机。

02.1136 地下遥控铲运机 remote control LHD

应用无线电数字遥控装置，控制在视距范围内作业的地下铲运机。

02.1137 储仓式装运机 auto loader

简称"装运机"。正铲后卸式铲斗装载自备储仓运输的轮胎自行式装运机。

02.1138 扒矿机 slusher

俗称"电耙"。以绞车和钢绳牵引耙斗扒运矿石的装运机械。

02.1139 地下连续采矿机 continuous underground miner

连续剥落矿石并将其装入运输设备内的地下采矿机械。

02.1140 钻装车 jumbo-loader

具有凿岩和装载功能的平巷掘进机械。

02.1141 平巷钻进机 tunnel boring machine

破岩和出渣同时进行的连续钻进成巷的平巷掘进机械。

02.1142 吊罐 raise cage

用绞车在上部水平通过中心钻孔悬吊升降平台，进行凿岩和装药爆破作业的天井掘进机械。

02.1143 爬罐 raise climber

沿井壁导轨爬行升降罐式平台进行凿岩和装药爆破作业的天井掘进机械。

02.1144 天井钻机 raise boring machine

以机械刀具连续旋转钻进成井的天井掘进机械。

02.1145 扩孔式天井钻机 reaming raise boring machine

在上（下）水平巷道用牙轮钻头向下（上）水平钻导孔，钻通后用扩孔刀头自下（上）而上（下）地扩孔成井的钻机。

02.1146 扩孔刀头 reaming cutter head

扩孔式天井钻机用的扩孔钻具。

02.1147 全断面式盲天井钻机 full-section blind-raise boring machine

简称"盲天井钻机"。用于上向盲天井全断面掘进施工的钻机。

02.1148 竖井抓岩机 shaft-sinking grab

由钢绳悬吊分瓣抓斗抓取爆破的岩石，并装入专用吊桶内的竖井掘进机械。

02.1149 竖井反铲装岩机 shaft-sinking back hoe mucker

由动臂和斗杆传动铲斗向下并朝向机身运动进行挖掘的竖井掘进机械。

02.1150 竖井钻机 shaft boring machine

以切削或压碎和剪切作用破岩的连续旋转钻进式竖井掘进机械。

02.1151 装药器 explosive charger

利用压气或泵往炮孔中装填炸药的装药机械。有散装炸药和卷装炸药两种装药器。

02.1152 装药车 explosive loading truck

往爆破现场运输成品炸药或原料就地混制成炸药装入炮孔的自行式装药机械。

02.1153 铵油炸药混装车 ammonium nitrate mix truck

现场混制铵油炸药并装药的露天装药车。

02.1154 浆状炸药混装车 blasting slurry truck

现场混制浆状炸药并装药的露天装药车。

02.1155 乳化炸药混装车 emulsify blasting truck

现场混制乳化炸药并装药的露天装药车。

02.1156 炮孔排水车 blast hole dewatering truck

排出露天矿炮孔中涌水和积水的辅助装药机械。分为潜水泵排水车和压气排水车。

02.1157 炮孔填塞机 blast hole stemming machine

往炮孔中填入充填料的自行式辅助装药机械。

02.1158 碎石机 rock breaker unit

用破碎锤冲击破碎大块岩石的二次破碎机械。

02.1159 破碎锤 breaking hammer

碎石机的工作头。分为落锤、气动锤和液压锤三类。

02.1160 移动破碎机 mobile crushing plant

用于矿山和采石场初碎矿石，工程制备石料，以及与带式输送机配套实现露天和地下连续采矿的二次破碎机械。

02.1161 松石撬落机 scaler

又称"撬毛台车"。俗称"撬毛机"。撬下顶板松石的辅助支护机械。

02.1162 锚杆钻装车 jumbolter

又称"锚杆台车"。在岩石中钻孔并安装锚杆的自行式支护机械。

02.1163 锚索钻装车 cable bolter

俗称"长锚索安装台车"。在岩中钻孔和安装锚索的自行式支护机械。

02.1164 混凝土喷射机 shotcrete machine

用压力输送混凝土混合料经喷嘴直接射到岩石表面上形成固结混凝土层的支护机械。

02.1165 混凝土喷射机械手 shotcreting robot

操纵喷头进行喷射作业的混凝土喷射机配套机械。

02.1166 混凝土浇灌机 concrete placer

俗称"注浆机"。将混凝土输送浇灌到衬砌模板内的支护机械。

02.1167 混凝土泵 concrete pump

用于浇灌、湿式喷射和注浆作业中输送混凝土的机械。

02.1168 抛掷充填机 slinger belt stowing machine

利用高速胶带加速充填料将其抛入采空区的充填机械。

02.1169 水枪 monitor

以压力水形成的射流冲击破碎岩土的水力采矿机械。

02.1170 砂泵 gravel pump

沿管路抽吸并压送固体颗粒达 500mm 的固液两相流体的水力采矿机械。

02.1171 采砂船 dredge

采浸水砂矿的漂浮式挖掘和重选综合机械。

02.1172 深海采矿船 deep sea mining vessel
可承载深海采矿系统在海上完成海底固体矿产资源采矿任务的专用船舶。

02.1173 扬矿管道 lifting pipeline, riser
悬挂于采矿船下方，延伸至海底，与海底集矿或采矿设备相连，用于将海底采集的矿石输送至海面采矿船的管道系统。

02.1174 扬矿泵 lifting pump
安装于扬矿管道中部，可在深海环境下使用，用于驱动扬矿软管内矿浆流动的专用渣浆泵。

02.1175 中继矿仓 buffer tank
某些深海采矿系统采用的一种用于在海底暂时存储所采集的矿石的矿仓。

02.1176 扬矿软管 flexible hose
连接在硬质金属管道后部，为满足集矿机或采矿机的机动性而采用的非金属柔性软管。

02.1177 结核集矿机 nodule collector
在海底爬行，同时利用水力或机械方式收集海底表面固体矿石的设备。一般用于海底多金属结核资源的采矿。

02.1178 海底采矿机 submarine miner
泛指可在海底移动，同时破碎、收集海底固体矿石的设备。

02.1179 油料车 oil truck
往矿山工作面的采掘机械运送和加注油料的辅助采掘机械。

02.1180 检修车 repair truck
于露天和地下矿山现场检修机械设备的辅助采掘机械。

02.1181 升降台车 lift truck
主要用于地下工程高空作业的辅助采掘机械。

02.1182 露天电机车 surface electric locomotive
在地面牵引成列铁路车辆的电力机车，是露天矿山铁路运输的主要牵引机车。

02.1183 地下电机车 underground electric locomotive
在地下牵引成列轨道车辆的电力机车。

02.1184 内燃机车 diesel locomotive
以内燃机为原动机通过传动装置驱动车轮的机车。

02.1185 矿车 mine car
矿山中输送矿石、废石和散状物料的标准轨距或窄轨铁路运输车辆。一般用机车或绞车牵引。

02.1186 固定车厢式矿车 solid-end mine car
车厢与车架固定连接的矿车。

02.1187 翻斗式矿车 tipping-type car
车厢具有扇形底部，支承于车架上，可用人力或专设的卸载架向任一侧翻转卸载的矿车。

02.1188 侧卸式矿车 side-discharging car
车厢的一侧用铰轴与车架相连，另一侧装有卸载辊轮，车厢倾斜，活动侧门被打开而卸载的矿车。

02.1189 底卸式矿车 bottom-dump car
具有铰接活门式车底，电机车牵引重载矿车组通过卸载站时，不停车不摘钩，在行驶中连续卸载的矿车。

02.1190 自行矿车 self-powered carriage
带有动力装置，采用轮胎式行走机构的单节专用的运输车辆。

02.1191 梭车 shuttle car
在地下水平巷道中运送矿岩的轨轮式特种车辆。其车厢底部装有供装载和卸载用的运输机。

02.1192 人车 manrider
设有座位的矿山井下专用乘人车辆。用于较长距离的人员输送，以改善劳动条件，缩短作业辅助时间。

02.1193 翻车机 car dumper
在轨道运输的矿山，将固定车厢式矿车翻转或倾斜使之卸料的设备。

02.1194 推车机 car pusher
以轨道运输的矿山，在短距离内推动单个或成组矿车，以完成调车作业的设备。

02.1195 阻车器 car safety dog，car stopper
在矿车自溜运行轨道上或罐笼内，阻止矿车运行的矿山轨道运输站场设备。

02.1196 无极绳运输 endless rope haulage
利用一条封闭成环形运行的钢绳牵引矿车物料的连续运输方式。

02.1197 自卸汽车 dump truck
能够自动举升卸料的专用汽车。

02.1198 电动轮自卸汽车 motorized wheel dump truck
简称"电动轮汽车"。以内燃机为原动机，牵引电动机装于主动车轮轮辋内，与轮边减速装置组成独立电动轮的电传动自卸汽车。

02.1199 地下矿用自卸汽车 dump truck for underground mine
简称"地下汽车"。用于地下矿山运送矿石、岩土等散状物料的自卸汽车。

02.1200 推土机 bulldozer
浅挖及短距离运土的铲土运输机械。

02.1201 排土机 over-burden spreader
通过回转排料臂上的带式输送机排弃废石的自行式设备。是露天矿连续或半连续运输开采工艺的配套辅助设备，位于排土运输系统的终端。

02.1202 压路机 road roller
压实路面和路基的道路建设和维修机械。

02.1203 平地机 road scraper
又称"平路机"。利用刮土板削、平整和摊铺泥土的机械。

02.1204 钢绳芯带式输送机 steel belt conveyor
用钢绳芯胶带作为承载构件的带式输送机。

02.1205 钢绳牵引带式输送机 cable belt conveyor
以输送带为承载构件，以钢绳为牵引构件完成物料输送的带式输送机。

02.1206 移置式带式输送机 travelling belt conveyor
在露天采场和排土场工作面，根据作业需要可移设的带式输送设备。

02.1207 带式转载机 belt transfer
装有带式输送机供转运物料用的自行式设备。

02.1208 轮斗堆取料机 bucket-wheel stacker reclaimer

连续进行装、运、卸工作的一种轮斗挖掘机，是移送大宗散装物料的高效设备。

02.1209 刮板输送机 scraper chain conveyor

以刮板链为牵引机构，沿料槽连续运送物料的设备。

02.1210 振动输送机 vibrating conveyor

借助振动作用连续输送物料的设备。

02.1211 架空索道 aerial tramway

用架设在空中的钢丝绳作为承载和牵引机构的运输设备。

02.1212 承载索 track rope

架空索道中作为运输车辆运行轨道的钢丝绳。

02.1213 牵引索 traction rope

架空索道中作为运输车辆牵引机构的钢丝绳。

02.1214 索道货车 rolling carrier

架空索道中载货的运输车辆。

02.1215 索道端站 terminal station of tramway

设在架空索道起点和终点的站房设施。

02.1216 运输管道 conveying pipeline

利用气流或水流等输送细碎矿物和散状物料的成套装置。

02.1217 气力运输管道 pneumatic conveying pipeline

利用高动能的空气流推动散状物料移运的成套装置。

02.1218 水力运输管道 hydraulic conveying pipeline

利用高动能的液流推动散状物料移运的成套装置。

02.1219 矿山供电 mine electric, power supply

由地区电力系统或自备电站等通过矿山供电系统，向矿山用电设备提供电能的技术。

02.1220 露天采场配电 electric power distribution of open-pit mine

向露天采矿场用电设备提供电能的技术。

02.1221 移动变电所 mobile substation

可整体移动的变配电设施。

02.1222 地下矿配电 electric power distribution of underground mine

又称"坑内配电""井下配电"。向地下矿用电设备提供电能的技术。

02.1223 地下采区变电所 underground section substation

对地下采区低压用电设备供电的变配电设施。

02.1224 采掘工作面配电点 electric distribution box of working face

向采掘工作面的低压用电设备配电的处所。

02.1225 牵引变电所 traction substation

对架线式电力机车牵引网供电的变配电设施。

02.1226 矿山电气照明 electric illumination of mine

由矿山供配电系统供电的电气照明，是矿山的主要照明。

03 选　矿

03.01　一般术语

03.0001　选矿厂 concentrator, mineral processing plant

配置有选矿生产设备和辅助设备以及附属设施，对矿物原料进行初加工处理，获得适合冶金或其他工业利用的有价产品的生产企业。主要装备有破碎、筛分、磨矿、分级、分选、脱水和运输等机械，按所采用的主要选矿方法，分为重选厂、磁选厂、浮选厂等。

03.0002　移动选矿厂 mobile concentrator

根据实际需要，整套装置可以搬迁移置到另一个地方进行作业的选矿厂。这类选矿厂主要指小型规模生产的选矿厂。

03.0003　选矿厂设计 concentrator design

工程技术人员为新设计选矿厂所进行的工艺流程。选矿厂的设备选型与配置进行的设计与计算。

03.0004　选矿厂改造 concentrator transformation

为提高已有选矿厂的生产规模，提高工艺指标所进行的工艺流程改造、设备更新等的过程。

03.0005　选矿效率 mineral processing efficiency, efficiency of concentration

表示选矿过程效果好坏的综合指标。用实际的选矿效果 $(\varepsilon-\gamma_k)$ 与理想的选矿效果 $(\varepsilon-\gamma_0)$ 的百分数表示。即：$\eta=(\varepsilon-\gamma_k)/(\varepsilon-\gamma_0) \times 100\%$。式中 ε 为精矿回收率，γ_k 为精矿产率，γ_0 为原矿中有用矿物的百分比（%）。

03.0006　工艺矿物学 process mineralogy

介于地质学和矿物加工学之间的一门学科。主要研究矿石的物质成分、矿石的矿物组成、矿石结构构造及其物理、化学性质和矿物在选矿过程中的行为，为诠释选矿机理、制定选矿工艺方案实现选矿过程优化提供矿物学依据的学科。

03.0007　矿物鉴定 mineral identification

鉴定矿物的种类，查明矿石、岩石或工艺物料中各种矿物的组成和含量、分布及相互关系，研究同种矿物的化学成分和结构及其他物理化学性质，有助于了解矿物的成因。

03.0008　富集比 enrichment ratio

精矿品位与原矿品位的比值。表示选矿过程中有用成分的富集程度。

03.0009　选矿比 concentration ratio

选矿过程中入选原矿质量与精矿质量之比。

03.0010　矿石可选性 ore beneficiability

对用选矿方法从矿石中分离或富集出有用组分的可能程度的工艺评价。

03.0011　金属矿石 metallic ore

可从中提取金属元素的矿石。按含金属的种类分为：有色金属矿石，黑色金属矿石。其中有色金属矿石又可分为重金属矿石、轻金属矿石、贵金属矿石、稀有金属矿石、稀土金属矿石及分散金属矿石。

03.0012　非金属矿石 non-metallic ore

可从中提取非金属元素的矿石。

03.0013 分选机 separator
用某种选矿方法将有用矿物与脉石或不同的有用矿物分离出来的机械。

03.0014 临界分选粒度 critical separation size
不能进行有效分选的矿物粒度区间临界值。若大于或小于此值，就不能有效地分选。每种物质的临界分选粒度区间都不是一样的。

03.0015 机械夹杂 mechanical entrainment
矿物在分选过程中，有一部分非有用矿物（杂质）夹带在有用矿物之间而被带入有用矿物中的现象。

03.0016 分选回路 separation circuit
矿物分选作业所形成的回路。包括粗选、扫选、精选回路。

03.0017 开路 open circuit
该作业排出的物料直接送入下一作业的过程。

03.0018 闭路 closed circuit
该作业排出的物料一部分还没达到产品要求，还需要返回到前一作业的过程。

03.0019 循环负荷 circulating load
物料在加工过程中，一部分因未达到目的要求而需返回到前一个作业处理，这种（部分）返回的量与原给入的量的比值。一般是指球磨分级回路中，分级的返砂量就是循环负荷量。

03.0020 选矿工艺流程 flowsheet
选矿加工工艺过程中各个作业的程序及其相互关系。

03.0021 方框流程 block flowsheet
选矿工艺流程的表示方法之一，它是以方框图形来表示。

03.0022 产率 yield
选矿产品的质量占给矿质量的百分数。

03.0023 回收率 recovery
精矿中被回收有用成分的质量对入选原矿中该有用成分的质量的百分率。可用来评价入选原矿中有用成分被回收的程度。

03.0024 难选矿石 refractory ore
无论用哪种选矿方法都难以有效分选的矿石。

03.0025 亲水性矿物 hydrophilic mineral
润湿接触角小，易被水润湿的矿物（如石英、云母等）。

03.0026 疏水性矿物 hydrophobic mineral
润湿接触角大，不易被水润湿的矿物（如石墨、辉钼矿等）。

03.0027 包裹体 inclusion
矿物生长过程中或形成后所捕获而包裹在内部的外来物质。其大小不一，但一般很细小，既可是矿物晶体，也可是气体、液体或非晶质体，以气体和液体共存的气液相包裹体较为常见。

03.0028 矿粒 mineral grain
矿石的粒度。以毫米（mm）表示。

03.0029 粒度 particle size
矿粒或粉末颗粒大小的量度。通常用粒子的直径来表示。

03.0030 嵌布粒度 disseminated grain size
矿石中某种矿物的晶体粒度或同种矿物在生成过程中彼此紧密镶嵌构成的集合体

粒度。

03.0031 粒级 fraction
为了表示物料粒度的组成情况，常根据粒度的大小将粒度分成若干个级别。每个级别所占的百分数来表示。

03.0032 粗颗粒 coarse particle
对不同的选别方法，定义不一样，一般来说，用浮选方法选别大于 1mm 为粗的颗粒。

03.0033 细颗粒 fine particle
介于 0.01~0.1mm 的颗粒。

03.0034 超细颗粒 ultrafine particle
小于 0.01mm 的颗粒。

03.0035 粗粒级 coarse fraction
在 1~10mm 的粒级。

03.0036 细粒级 fine fraction
在 0.01~0.1mm 的粒级。

03.0037 网目 mesh
简称"目"。表示标准筛的筛孔尺寸的大小。在泰勒标准筛中，所谓网目就是 2.54cm（1英寸）长度中的筛孔数目。

03.0038 莫氏硬度 Mohs hardness
曾称"摩氏硬度"。矿物相对刻划硬度的标准。由德国矿物学家莫斯（Friedrich Mohs，1773~1839）首先提出。

03.0039 原矿 run of mine, crude ore
从矿山开采出来未经选矿或其他技术加工的矿石。少数原矿可直接利用，大多数原矿需要选矿或其他技术加工后才能利用。在选矿中，经碎磨进入分选作业的矿石为入选原矿。

03.0040 原矿品位 crude ore grade
原矿中所需成分质量和矿石质量之比。常用百分数表示。

03.0041 精矿 concentrate
原矿经过选矿后有用成分得到富集的产品。每一个分选作业有两种或两种以上的产物，精矿是产物中有用成分最高的部分。

03.0042 粗精矿 rough concentrate
原矿经过预选或粗选作业，有用成分初步富集的产品。要想获得合格精矿还需进行再选。

03.0043 混合精矿 bulk concentrate
矿石中含有两种或两种以上有用矿物，在选矿时被一起选出的精矿产品。

03.0044 最终精矿 final concentrate
选矿厂产出的最终产品。其矿物组成和化学成分（有用或有害成分），粒度和含水量等均合乎选矿厂出厂要求的精矿。

03.0045 中矿 middlings
选矿过程中产出的需要返回原分选流程中再处理或单独处理的中间未完成产品。

03.0046 尾矿 tailings
经过选矿后残余的可弃去的物料。

03.0047 矿泥 slime
矿石在形成、开采、加工过程中，所形成的泥质物料（一般在 0.01mm 以下）。

03.0048 原生矿泥 primary slime
矿石形成后经风化而形成的矿泥。

03.0049 次生矿泥 secondary slime
矿石在开采、碎磨过程中所生成的矿泥。

03.0050 矿浆 pulp

矿石在经碎磨后与水所形成的浆状液混合物或按选别要求人为调成的浆状混合物。矿浆一般以质量百分浓度来表示。

03.0051 粉碎 comminution

破碎和研磨的总称。用机械方法使大块物料变成小块或变成粉末的过程。

03.0052 粉碎机械 comminute mechanical

用以粉碎固体物料的机械。利用机械的撞击、压碎、研磨等作用使物料粉碎。

03.0053 破碎 crushing

将采取的大块矿石、破裂至粒度为 5~25mm 的过程。方法有压碎、击碎、劈碎等。一般按粗碎、中碎、细碎三段进行。

03.0054 磨碎 grinding

破碎过程的继续。磨碎过程主要通过磨矿介质(钢棒、钢球、砾石或矿石本身)的冲击和磨剥作用将物料粉碎。通常磨碎是在连续运转的筒体中完成的。

03.0055 解离 liberation

采用粉碎方法将矿石中连生在一起的有用矿物与脉石矿物分开，使之成为单体，有利于选出有用矿物的过程。

03.0056 絮凝 flocculation

通过静电吸附、氢键和化学吸附的桥联作用，把微粒联结成一种松散的、网络状的聚集状态的过程。

03.0057 选择性絮凝 selective flocculation

在含有两种或多种矿物组分的悬浮液中加入絮凝剂，由于各种矿物对絮凝剂作用不同，絮凝剂将选择性地吸附于某种矿物组分的粒子表面，促使其絮凝沉降，其余矿物仍保持稳定的分散状态，从而达到分离的目的的方法。

03.0058 团聚 agglomeration

悬浮液中加入非极性油后，促使粒子聚集于油相中形成团，或者由小气泡拱抬，使粒子聚集成团的现象。

03.0059 筛分 screening

使松散的混合物料通过一层或多层筛面，按筛孔大小分成不同粒度级别产品的过程。

03.0060 分级 classification

根据固体颗粒因粒度不同在介质中具有不同的沉降速度的原理，将颗粒群分成两种或多种粒度级别的过程。分级的目的与筛分相似，但主要用于处理细粒级物料。

03.0061 富集 concentration

矿石中有用成分，经过选别或其他方式，使其有用成分含量得到提高的过程。

03.0062 分选 separation

用某种选矿方法将混合颗粒或块矿中的有用矿物与废石或其他有用矿物分离的作业。每一分选作业的产品为精矿和尾矿或精矿中矿和尾矿。

03.0063 预选 preconcentration

为矿物的正式选别创造条件，先进行预先处理，以提高入选品位的作业。如拣选、磁滑轮预先抛尾等都属于预选。

03.0064 泥化 sliming

矿石经长期风化或在粉磨过程中一部分生成如泥质一样的微细粒级的过程。泥化后由于粒径很细，比表面积很大，使下步分选造成困难。

03.0065 脱泥 desliming

用湿法从矿石中脱除矿粉及黏土，以改善分选效果的过程。一般用水浸泡、冲洗并辅以机械作用来处理。

03.0066 粗选 roughing

将入选矿物原料进行初步分选的作业。可将物料分选为粗精矿、中矿、尾矿等，所得产品需再进行分选。

03.0067 精选 cleaning

进一步提高粗精矿中有用成分含量的作业。

03.0068 扫选 scavenging

对粗选尾矿作进一步分选的作业。

03.0069 再精选 recleaning

为进一步提高精选精矿产品中的有用成分含量而进行的选别作业。

03.0070 调浆 conditioning

将矿粉或矿浆调节成所需要的矿浆浓度或使矿浆与药剂充分混合的过程。

03.0071 拣选 sorting

由人眼或敏感组件分辨物料物理性质的差异，再由人工或执行机构逐个拣出某种物料的过程。

03.0072 手选 hand sorting

以矿物的颜色、光泽等外部特征为基础，人为地把筛选矿物筛选出来的过程。是最简单的选矿方法。有正手选和反手选之分。

03.0073 重力选矿 gravity separation, gravity concentration

简称"重选"。依据矿粒间的密度不同引起在运动介质中所受重力、流体力和其他机械力不同的原理，按密度不同进行分选的工艺过程。包括溜槽选矿、重介质选矿、跳汰选矿、摩擦与弹跳选矿等。

03.0074 溜槽分选 sluicing

在倾斜溜槽中，利用被分选矿物颗粒的密度和粒度差，在水流冲力和矿物重力的作用下，重矿粒沉落槽底，轻矿粒被水带走，以达分选目的的方法。

03.0075 流膜分选 film concentration

以薄层水流处理细粒物料的方法。是根据水流对不同性质（密度、粒度和形状）的颗粒的作用力不同，使矿物具有不同的运动速度，从而得以分开的方法。主要分为槽选法和摇床选矿法。

03.0076 重介质分选 dense medium separation, heavy medium separation

在密度大于水的介质中进行的分选。它是一种严格地按密度分选的过程。

03.0077 跳汰选矿 jigging separation

在垂直的变速介质流中进行的重选作业。可分为水力跳汰、风力跳汰、重介质跳汰。

03.0078 摩擦与弹跳选矿 rubbing and spring separation

有用矿物颗粒与脉石颗粒落入斜面时，与斜面碰撞，并在斜面上发生跳动、滑动或滚动；由于碰撞恢复系数和摩擦系数的差异，产生了不同的运动轨迹，从而使两者分离的选矿方法。

03.0079 磁选 magnetic separation

利用矿物颗粒磁性的不同，在不均匀磁场中进行矿物选别的方法。强磁性矿物用弱磁场磁选机选别，弱磁性矿物用强磁场磁选机选别。

03.0080 超导磁选 superconducting magnetic separation
把超导电技术上的超导磁体移植到磁选机上，以代替普通磁体而进行的矿物选别的方法。

03.0081 电选 electrostatic separation
利用矿物颗粒导电性的差别，在高压电场中进行选别的方法。主要用于分选导体、半导体和非导体矿物。

03.0082 浮选 flotation
利用各种矿物原料颗粒表面对水湿润性(疏水性或亲水性)的差异进行选别的方法。

03.0083 离子浮选 ion flotation
表面活性物质与溶液中的离子形成可溶性络合物或难溶沉淀物，附于气泡上浮，使离子分离的过程。是从稀溶液中提取有价元素或消除废水中有害组分的一种有效方法。

03.0084 台浮 table flotation
在摇床选矿中，加入浮选药剂，使成絮团状颗粒浮选的一种特殊方法。属浮游重选。

03.0085 弹跳分离 bouncing separation
根据有用矿物与脉石碰撞弹性恢复系数的差异，以及其受摩擦与弹跳作用腾空后沉降期内受空气阻力不同，因而落点的距离不同来进行分离的方法。

03.0086 油膏分离 grease surface concentration
根据矿物表面亲油疏水性的差异，利用特制油膏的选择捕收作用，而使不同矿物分离的一种特殊选矿工艺。

03.0087 电泳分离 electrophoretic separation
矿粒在电泳场中所进行的分离。

03.0088 化学选矿 chemical mineral processing
利用矿物化学性质的不同，采用化学方法或化学与物理相结合的方法分离和回收有用成分的过程。

03.0089 放射性选矿 radiometric mineral processing
利用矿物的放射性质进行的选矿方法。

03.0090 介电分离 dielectric separation
在液体介质中，两种介电常数不同矿粒和物料，在非均匀电场中，如果某种矿粒的介电常数大于液体介电常数时，则该种矿粒被吸引；反之介电常数小于液体者，则被排斥，从而使之分离的方法。

03.0091 磁流体分离 magnetic fluid separation
不仅基于矿物的磁性差异，而且还基于电性、密度等差异，在磁化的分选介质中分离矿物的方法。所以划归为第二类磁选法。

03.0092 选矿过程数学模拟 mathematical simulation of mineral processing
在对选矿过程进行机理分析或统计的基础上，建立起各种选矿作业以至整个选别系统的数学模型。用电子计算机进行模拟运行，对模拟对象的行为做出判断、控制和优化。

03.0093 选矿过程自动控制 automatic control of mineral processing
包括选矿设备的顺序联锁控制和状态监视，过程参数的自动检测，过程参数的自动调节，单元过程和整个选矿过程的自动控制。

03.0094 洗矿 washing
用水力或机械力擦洗被粘黏土胶结或含泥多的矿石使矿石碎散、洗去矿石表面细泥并分离的过程。

03.0095　矿浆浓度　pulp density
单位矿浆中所含固体质量的多少。并用百分数（%）表示。

03.0096　细度　fineness
用来表示磨矿产品粒度的大小。习惯上常采用 P_{80} 为多少毫米（mm）表示。

03.0097　尾矿坝　tailings dam
存放选矿厂尾矿的库区，类似水库，有排水系统，要求坝必须安全可靠。

03.0098　自然铜　native copper
等轴晶系，化学式为 Cu。有良好的导电性和导热性。

03.0099　辉铜矿　chalcocite
正交（斜方）晶系，化学式为 Cu_2S。含铜量高达 79.86%，是炼铜的重要矿物原料。

03.0100　黄铜矿　chalcopyrite
四方晶系，化学式为 $CuFeS_2$。含铜量 34.56%，呈铜黄色，是分布最广的铜矿物。

03.0101　斑铜矿　bornite
等轴晶系，化学式为 Cu_5FeS_4，含铜量 63.33%，是炼铜的主要原料。

03.0102　铜蓝　covellite
六方晶系，化学式为 CuS。含铜量达 66.48%，呈靛蓝色，是炼铜的矿物原料。

03.0103　赤铜矿　cuprite
等轴晶系，化学式为 Cu_2O。含铜量达 88.8%，多产于铜矿床氧化带中。

03.0104　黝铜矿　tetrahedrite
等轴晶系，化学式为 $Cu_{12}(SbAs)_4S_{13}$。含铜量 45.77%，通常呈致密块状或粒状见于铜、铅、锌、银等金属矿化物矿床中。

03.0105　孔雀石　malachite
单斜晶系，化学式为 $Cu_2(CO_3)(OH)_2$。含铜量 57.38%，绿色，产于含铜硫化物的矿床的氧化带。

03.0106　蓝铜矿　azurite
单斜晶系，化学式为 $Cu_3(CO_3)_2(OH)_2$。含铜量 55.25%，深蓝色，与孔雀石紧密共生，产于铜矿床氧化带中。

03.0107　黑铜矿　tenorite
单斜晶系，化学式为 CuO。含铜量 79.89%，产于铜矿床氧化带和熔岩里。

03.0108　胆矾　chalcanthite
三斜晶系，化学式为 $Cu[SO_4]\cdot 5H_2O$。极易溶于水，味苦而涩。为铜的硫化物经氧化分解生成的次生矿物。

03.0109　硅孔雀石　chrysocolla
斜方晶系，化学式为 $Cu_2H_2[Si_2O_5](OH)_4\cdot nH_2O$。含铜量 35.45%，产于铜矿床氧化带。

03.0110　镍黄铁矿　pentlandite
等轴晶系，化学式为 $(Fe,Ni)_9S_8$。呈古铜黄色，主要产地有中国金川、吉林磐石。

03.0111　紫硫镍矿　violarite
等轴晶系，化学式为 $FeNi_2S_4$。含镍 38.94%，中等磁性，具导电性，溶于硝酸，大量聚集时与其他镍矿物组成镍矿石。

03.0112　针镍矿　millerite
三方晶系，晶体多为针状，化学式为 NiS。电的良导体，是典型的热液产物，多由镍黄铁矿等镍的硫化物经热液蚀变而成。

03.0113 红砷镍矿 niccolite
又称"红镍矿"。六方晶系,化学式为 $NiAs$,具强导电性,是提炼镍的矿物原料。

03.0114 辰砂 cinnabar
三方晶系,化学式为 HgS。中国古称丹砂、朱砂或味砂,是古代炼丹的重要原料。含汞 86.21%,是提炼汞的唯一原料。

03.0115 毒砂 arsenopyrite
又称"砷黄铁矿"。单斜或三斜晶系,化学式为 $FeAsS$。是制取砷和各种砷化物的主要原料。

03.0116 辉铋矿 bismuthinite, bismuthine
斜方晶系,化学式为 Bi_2S_3。是提炼铋的最主要矿物原料。

03.0117 辉钼矿 molybdenite
六方晶系,化学式为 MoS_2。是硫化钼矿物,提炼钼的最主要矿物原料,常含铼,也是提炼铼的最主要矿物原料。

03.0118 硫钴矿 linnaeite
化学式为 Co_3S_4。含 Co57.96%,一般 40%~53%,常含有 Ni、Cu、Fe,等轴晶系,大量聚集时与其他含钴矿物构成钴矿石或伴生钴矿石。

03.0119 辉砷钴矿 cobaltite
简称"辉钴矿"。等轴晶系,化学式为 $CoAsS$。是提炼钴的重要矿物原料。在地表易风化成钴华($Co_3[AsO_4]_2 \cdot 8H_2O$)。钴华是一种砷酸盐矿物,其晶体极为少见,一般多为土状出现。

03.0120 砷钴矿 modderite
斜方晶系,化学式为 $CoAs$。含 Co44.03%,常呈粒状或致密块状,白色,与其他钴镍硫化物共生。

03.0121 红土矿 laterite
主要成分为三水铝石、高岭石和铁的氧化物。红色、红褐色、淡红色。红土矿常与有色金属矿床或盐类矿床伴生,可综合利用。

03.0122 方铅矿 galena
等轴晶系,化学式为 PbS。是炼铅的最重要的矿物原料,常与闪锌矿共生,在地表易风化成铅矾和白铅矿。

03.0123 白铅矿 cerussite
斜方晶系,化学式为 $PbCO_3$。大量聚集可作为铅矿石开采。

03.0124 铅矾 anglesite
正交(斜方)晶系,化学式为 $PbSO_4$。主要产于铅锌硫化物矿床的氧化带中。

03.0125 钒铅矿 vanadinite
六方晶系,化学式为 $Pb_5(VO_4)_3Cl$。主要呈次生矿物产于铅矿床的氧化带中。

03.0126 钼铅矿 wulfenite
全称"彩钼铅矿"。四方晶系,化学式为 $Pb[MoO_4]$。多见于铅锌矿床氧化带。

03.0127 脆硫锑铅矿 jamesonite
单斜晶系,化学式为 $Pb_4FeSb_6S_{14}$。可作为提炼铅和锑的矿物原料,广西大厂是著名产地。

03.0128 闪锌矿 sphalerite
等轴晶系,化学式为 ZnS。通常含铁、锰,也常含镉、铟、铊、镓、锗等稀有元素。不仅是提炼锌的最重要原料,还是提取上述稀有元素的原料。

03.0129 菱锌矿 smithsonite
三方晶系。化学式为 $Zn[CO_3]$。是铅锌矿床氧化带中的次生矿物，可作为提取锌的矿物原料。

03.0130 铁闪锌矿 marmatite
等轴晶系，属闪锌矿的类质同象，化学式为 $(Zn，Fe)S$。是提炼锌的矿物原料。

03.0131 异极矿 hemimorphite
斜方晶系，化学式为 $Zn_4(Si_2O_7)(OH)_2 \cdot H_2O$。含 $Zn54.23\%$，产于铅锌硫化物矿床氧化带，可作锌矿物开采。

03.0132 黑钨矿 wolframite
又称"钨锰铁"。单斜晶系，化学式为 $(Fe，Mn)[WO_4]$。呈红褐至黑色，是提炼钨的最主要矿物原料。

03.0133 白钨矿 scheelite
又称"钙钨矿""钨酸钙矿"。四方晶系，化学式为 $Ca[WO_4]$。通常为白色，提炼钨的主要矿物原料。

03.0134 辉锑矿 stibnite, antimonite
正交（斜方）晶系，化学式为 Sb_2S_3。含锑 71.38%，分布较广，湖南新化锡矿山是世界闻名产地。

03.0135 锡石 cassiterite
四方晶系，化学式为 SnO_2。含锡 78.8%，是提炼锡的最主要原料。

03.0136 黝锡矿 stannite
又称"黄锡矿"。四方晶系，化学式为 Cu_2FeSnS_4。是提炼锡的矿物原料。

03.0137 自然金 native gold

等轴晶系，化学式为 Au。颜色和条痕均为金黄色，是提炼金的最主要原料。

03.0138 碲金矿 calaverite
单斜晶系，化学式为 $AuTe_2$。常含有少量的银，矿物溶于硝酸，产生铁锈色的金沉淀。

03.0139 针碲金银矿 sylvanite
单斜晶系，化学式为 $AgAuTe_4$。性脆、颜色银白色，强金属光泽，不透明。

03.0140 自然银 native silver
等轴晶系，化学式为 Ag。常含微量金、汞等，金属光泽，具强延展性，电和热的良导体，主要产于中低温热液矿床中。

03.0141 深红银矿 pyrargyrite
又称"硫锑银矿"。三方晶系，化学式为 Ag_3SbS_3。一般都与其他银矿伴生。

03.0142 淡红银矿 proustite
又称"硫砷银矿"。三方晶系，化学式为 Ag_3AsS_3。作为银矿石利用。

03.0143 碲银矿 hessite
单斜晶系，化学式为 Ag_2Te。晶体呈假等轴状或短圆柱状，常呈块状集合体，矿物溶于硝酸，溶液很快变成褐色，在硫酸中溶解，溶液变白色。

03.0144 角银矿 chlorargyrite
等轴晶系，化学式为 $Ag(Br，Cl)$。Br 和 Cl 可完全类质同象替代，矿物常含 I、Hg 等元素，是提炼银的主要原料。

03.0145 辉银矿 argentite
等轴晶系，化学式为 Ag_2S。含银量为 87.06%，是提炼银的重要矿物原料。

03.0146 自然铂 native platinum

等轴晶系，化学式为 Pt。几乎是金属铂的唯一来源。

03.0147 铝土矿 bauxite

以含水氧化铝为主，成分可变的天然多矿物混合物，主要由极细的三水铝石，软水铝石、硬水铝石和数量不等的黏土矿物组成。含 Al_2O_3 40%~75%，Al_2O_3/SiO_2 比值大于 2.5，硬度和比重均较小，是提炼铝的最重要原料。

03.0148 一水硬铝石 diaspore

又称"硬水铝石"。斜方晶系，化学式为 $\alpha\text{-}AlO(OH)$。主要用作耐火材料，也用来炼铝。

03.0149 一水软铝石 boehmite

又称"薄水铝矿""勃姆铝矿"。斜方晶系，化学式为 $\gamma\text{-}AlO(OH)$。与硬水铝石成同质多象，是组成铝土矿的主要矿物成分。

03.0150 三水铝石 gibbsite

又称"水铝氧石"。单斜晶系，化学式为 $Al(OH)_3$。晶体一般极为细小。是铝土矿的主要成分，为提炼铝的主要原料。

03.0151 霞石 nepheline

六方晶系，化学式为 $KNa_3[AlSiO_4]_4$。架状结构的硅酸盐矿物。主要用于玻璃和陶瓷工业，也可作为提炼铝的原料。

03.0152 辉石 pyroxene

辉石族矿物的总称。是重要的造岩矿物。

03.0153 冰洲石 iceland spar

三方晶系，化学式为 $CaCO_3$。有特殊的偏旋光性，具有极强的双折射效应或重折射率，易溶于盐酸，常用来制作偏光棱镜，用于各种偏光器和亮度计中，是重要的光学材料。

03.0154 磁铁矿 magnetite

等轴晶系，化学式为 Fe_3O_4。含铁量为 72.4%，是最重要的铁矿物。具强磁性，是矿物中磁性最强的，能被永久磁铁吸引。

03.0155 赤铁矿 hematite

又称"红铁矿"。三方晶系，化学式为 Fe_2O_3。赤铁矿分布很广，是炼铁的最重要矿物原料之一。

03.0156 假象赤铁矿 martite

一部分磁铁矿遭受氧化后转变为赤铁矿，其成分既含有 Fe_3O_4，又含有 Fe_2O_3 的矿石，但仍保持原磁铁矿结晶形态的铁矿。一般用磁性率即 $[W(FeO)/W(TFe)]$ 的百分数来衡量其氧化程度，凡磁性率小于 14.3% 皆为假象赤铁矿。

03.0157 钒钛磁铁矿 vanadium titano-magnetite

含钒钛量较高的磁铁矿。为钛磁铁矿类型，具中等磁性，是综合利用 V、Cr、Ti、Fe 等几种有用金属的对象，产地以四川攀枝花为著称。

03.0158 磁赤铁矿 maghemite

等轴晶系，化学式为 $\gamma\text{-}Fe_2O_3$。强磁性，几乎与磁铁矿相等。主要由磁铁矿在氧化条件下经次生变化作用形成。

03.0159 钛磁铁矿 titanomagnetite

等轴晶系，富含钛的磁铁矿亚种，化学式为 $Fe_{1+x}^{2+}Fe_{2-2x}^{3+}Ti_x^{4+}O_4$。含 TiO_2 12%~16%，通常含一定数量的 V_2O_5，性质与磁铁矿相似，晶粒内部常含由固溶体分离作用析出形成的钛铁矿片晶和钛铁晶石微粒。主要产于岩浆矿床中。是炼铁的主要矿物原料，同时可综合回收钒和钛。

03.0160 铁燧岩 taconite
由细粒石英、铁的硅酸盐和铁的氧化物组成的岩石。

03.0161 褐铁矿 limonite
化学式为 $FeO(OH) \cdot nH_2O$。以含水氧化铁为主要成分的褐色天然多矿物混合物,是炼铁的原料之一。

03.0162 菱铁矿 siderite
三方晶系,化学式为 $Fe(CO_3)$。菱铁矿大量聚集而且硫、磷等有害杂质的含量小于0.04%时,可作为铁矿石开采。

03.0163 镜铁矿 specularite
赤铁矿的一个变种,三方晶系,化学式为 Fe_2O_3。玫瑰花状或片状集合体,钢灰色。用途同赤铁矿。

03.0164 白铁矿 marcasite
斜方晶系,化学式为 FeS_2。为黄铁矿的同质多象变体。是提炼硫磺和制造硫酸的主要矿物原料。

03.0165 硬锰矿 psilomelane
一种细分散的多矿物集合体,为含有多种元素的锰的氧化物和氢氧化物,化学式一般用 $mMnO \cdot MnO_2 \cdot 2H_2O$ 表示。是炼锰的主要矿物原料。

03.0166 软锰矿 pyrolusite
四方晶系,金红石型结构,化学式为 MnO_2。主要在沼泽中以及湖底、海底和洋底沉积矿床。软锰矿含锰 63.19%,主要用来提炼锰,也用作氧化剂和玻璃去色剂等。

03.0167 水锰矿 manganite
单斜晶系,化学式为 $MnO(OH)$。与斜方水锰矿、六方水锰矿成同质多象。在氧化带中不稳定,易氧化为软锰矿。

03.0168 菱锰矿 rhodochrosite
三方晶系,化学式为 $Mn(CO_3)$。是提炼锰的重要矿物原料。

03.0169 钡硬锰矿 romanechite
单斜晶系,理想化学式一般表示为 $BaMn^{2+} \cdot Mn_7^{4+}O_{16}$。通常是在地表或近地条件下,由含锰的碳酸盐或硅酸盐矿物风化形成,是锰的重要矿石矿物。

03.0170 铬铁矿 chromite
等轴晶系,化学式为 $FeCr_2O_4$。成分中的铁常可以被镁所置换。铬铁矿 Cr_2O_3 含量67.91%,是工业铬的主要来源,也可用作高温耐火材料,如铬砖。

03.0171 黄铁矿 pyrite
又称"硫铁矿"。等轴晶系,化学式为 FeS_2。FeS_2 含硫量达 53.45%,是提取硫磺和制造硫酸的主要矿物原料。

03.0172 磁黄铁矿 pyrrhotite
有不同的类型,分别属于六方或单斜晶系,化学式为 $Fe_{1-x}S$。六方磁黄铁矿具强磁性,而单斜磁黄铁矿则具弱磁性。通常呈致密块状集合体产于多种金属矿床中,但主要富集于铜镍硫化物矿床中,与镍黄铁矿、黄铜矿共生。

03.0173 钛铁矿 ilmenite
三方晶系,化学式为 $FeTiO_3$。含 TiO_2 52.66%,是提取钛和二氧化钛的最主要矿物原料。中国四川攀枝花是一个大型的钛铁矿产地。

03.0174 金红石 rutile
四方晶系,是 TiO_2 的天然同质三象中最稳定和常见的一种。主要用作电焊条的药皮涂层，有时也用来提取钛以用于合金或在陶器、假牙和玻璃制造上用作黄色着色剂。

03.0175　锐钛矿　anatase

四方晶系，化学式为 TiO_2。与金红石和板钛矿成同质三象。产出条件和用途都与金红石相似，但不如金红石稳定和常见。

03.0176　板钛矿　brookite

正交（斜方）晶系，与金红石和锐钛矿成同质三象。产出条件和用途都与金红石相似，但不如金红石稳定和常见。

03.0177　钙钛矿　perovskite

等轴或单斜晶系，化学式为 $CaTiO_3$。天然的钙钛矿存在于岩浆岩中，晶体为立方体或八面体，呈橙黄、红褐、灰黑色。常含钠、铈、铁、铌等，大量富集时可用于提炼钛、稀土和铌。

03.0178　绿柱石　beryl

六方晶系，化学式为 $Be_3Al_2[Si_6O_{18}]$。产于花岗伟晶岩和云英岩中。炼铍的最主要原料，透明色美的绿柱石晶体则可作为宝石。

03.0179　硼镁铁矿　ludwigite

斜方晶系，化学式为 $(Mg，Fe)_2Fe^{3+}[BO_3]O_2$。是提炼硼的矿物原料。

03.0180　红柱石　andalusite

斜方晶系，化学式为 $Al_2[SiO_4]O$。岛状结构，与蓝晶石、夕线石同质多象。红柱石加热至1300C°变为莫来石，是高级耐火材料，淡红色或绿色透明的晶体可作为宝石。

03.0181　锂辉石　spodumene

单斜晶系，化学式为 $LiAl(Si_2O_6)$。常含 Mn、Fe、Na、Ca、K、Cr 等杂质元素，主要产于花岗伟晶岩中。

03.0182　锂云母　lepidolite

又称"鳞云母"。单斜或三方晶系，化学式为 $K(Li_{2-x}Al_{1+x})[Al_2Si_{4-2x}O_{10}]F_2$。常含 Na 及 Rb、Cs 等稀碱金属元素，矿物解理极完全，薄片具弹性，主要产于花岗伟晶岩中。为提炼锂金属的重要矿物原料。

03.0183　钽铁矿　tantalite

斜方晶系，化学式为 $(Fe，Mn)Ta_2O_6$。与铌铁矿成完全类质同象系列，钽铁矿含 Ta_2O_5 可达 86.12%。是提炼钽及铌的主要矿物。

03.0184　铌铁矿　niobite, columbite

又称"钶铁矿"。斜方晶系，化学式为 $(Fe，Mn)Nb_2O_6$。与钽铁矿成完全类质同象系列，含 Nb_2O_5 可达 78.88%。是提取铌及钽的主要矿物原料。

03.0185　烧绿石　pyrochlore

又称"黄绿石"。等轴晶系，化学式为 $(Ca，Na)_2Nb_2O_6，(OH，F)$。置于火上灼烧后变成绿色，故名。为铌的主要矿石原料，用以提取铌，兼取其中的钽、稀土及铀、钍等。

03.0186　褐钇铌矿　fergusonite

四方晶系，化学式为 $YNbO_4$。常含少量铀、钍等，与黄钇钽矿（formanite）$YTaO_4$ 成完全类质同象系列。产于花岗岩或花岗伟晶岩中，也见于砂矿中。

03.0187　锆石　zircon

曾称"锆英石""锆英石"。四方晶系，化学式为 $Zr[SiO_4]$。岛状结构，锆石的颜色多样，色泽美丽的透明的锆石可作宝石。锆石是提取锆和铪的重要矿物原料，又是国防尖端工业中重要的矿物原料。

03.0188　斜锆石　baddeleyite

单斜晶系，化学式为 ZrO。矿物 Zr 含量

74.1%。主要产于碱性基性岩、碳酸岩及相应成分的脉岩中，与锆石、烧绿石、钙钛矿等共生。

03.0189　雄黄　realgar
又称"鸡冠石"。单斜晶系，化学式为 AsS。雄黄是中国传统中药材。常与辉锑矿、雌黄、辰砂等共生。含砷量 70.1%，主要用于提取砷和制备砷化物。

03.0190　雌黄　orpiment
单斜晶系，化学式为 As_2S_3。含砷量 60.91%。用于制取砷和砷化物，是典型的低温热液矿物，经常与雄黄共生。

03.0191　黑稀金矿　euxenite
斜方晶系，化学式为 $(Y, U, Th)(Nb, Ti)_2O_6$。与含 Ti 为主的复稀金矿成完全同象系列。具放射性，用于提取钇、铌、钽、铀等。

03.0192　独居石　monazite
又称"磷铈镧矿"。单斜晶系，化学式为 $(Ce, La)PO_4$。常含钍，常具放射性。产于花岗岩、花岗伟晶岩、片麻岩及碳酸盐中，但主要采用砂矿。提取稀土元素的主要矿物原料。

03.0193　氟碳铈矿　bastnaesite
六方晶系，化学式为 $(Ce, La)CO_3, (F, OH)$。常含 Th、Ca、Y、H_2O 等杂质，矿物溶于盐酸，产生气泡，它常与萤石、方解石、重晶石、独居石等共生。主要产地内蒙古白云鄂博。

03.0194　铈铌钙钛矿　loparite
化学式为 $(Na, Ce, Ca)(Ti, Nb)O_3$。矿物不溶于 HCl、HNO_3 和 H_2SO_4，在 HF 中分解。为综合利用对象。

03.0195　晶质铀矿　uraninite

等轴晶系，化学式为 U_2UO_7。黑色及褐黑色，强放射性，无发旋光性，具有脆性。是提取铀、钍、镭和稀土元素的有用矿物。

03.0196　萤石　fluorite
等轴晶系，化学式为 CaF_2，在紫外线或阴极射线照射下常发出蓝绿色荧光，故名。主要产于热液矿脉中。

03.0197　高岭石　kaolinite
三方晶系，化学式为 $Al_4[Si_4O_{10}]\cdot(OH)_8$。层状结构。组成高岭土的主要矿物。

03.0198　菱镁矿　magnesite
三方晶系，化学式为 $Mg(CO_3)$。菱镁矿主要用作耐火材料，也用于制取镁的化合物和提取金属镁。

03.0199　重晶石　barite
斜方晶系，化学式为 $Ba(SO_4)$。多色性，白、浅黄、浅绿、浅红等。主要用作石油钻井泥浆的加重剂和制取钡的化学制品和白色颜料–锌钡白。

03.0200　天青石　celestite
斜方晶系，化学式为 $Sr[SO_4]$。与重晶石形成完全类质同象系列。天青石主要用于制取碳酸锶，以及生产电视机显像管玻璃等。

03.0201　毒重石　witherite
主要成分为 $BaCO_3$ 的矿物。

03.0202　石英　quartz
三方晶系，化学式为 SiO_2。是最重要的造岩矿物之一。在近代科学技术中，石英有着多方面的用途，如用作光学材料、工艺美术材料、建筑材料等。

03.0203　长石　feldspar

化学式可表示为 $X(Z_4O_8)$。结晶成单斜或三斜晶系的一族架状结构铝硅酸盐矿物的总称。式中 X 主要为 K、Na、Ca、Ba，Z 为 Si 和 Al。分布甚广，富含钾、钠的长石是陶瓷和玻璃工业的原料。呈乳光的长石统称"胀石"或"月光石"，用作宝石。

03.0204　斜长石　plagioclase

结构式为 $Na_{1-x}Ca_x[(Al_{1+x}Si_{3-x})O_8]$，其中 x 为 0~1。通常把斜长石看作钠长石和钙长石二端员组分组成的连续类质同象系列所有矿物的统称。斜长石是岩浆岩和变质岩中的主要造岩矿物，可用作玻璃工业原料。

03.0205　堇青石　cordierite

斜方晶系，化学式为 $(Mg, Fe)_2Al_3(AlSi_5O_{18})$。成分中 Mg 和 Fe 可作完全类质同象代替，晶体结构与绿柱石相似。是典型变质矿物，主要用作陶瓷原料和宝石原料。

03.0206　夕线石　sillimanite

又称"硅线石"。斜方晶系，化学式为 $Al(AlSiO_5)$。加热到 1545℃，能转变为莫来石和石英。用途可制造耐火材料。

03.0207　刚玉　corundum

三方晶系，化学式为 Al_2O_3。耐磨性能好，导热性能良好，具较好的绝缘性，其中有多种变种。主要用作高级研磨材料。精美光彩的可作宝石。

03.0208　黄玉　topaz

又称"黄晶"。斜方晶系，化学式为 $Al_2(SiO_4)(F, OH)_2$。主要为浅黄色，可作研磨材料及宝石用。

03.0209　方解石　calcite

化学式为 $CaCO_3$。晶系属三方晶系的碳酸盐矿物。是制造纯碱、碳化钾等化合物的矿物

原料，可用作光学材料。

03.0210　石灰石　limestone

以方解石为主要矿物成分的碳酸盐岩石。呈灰色或灰白色，性脆硬度不大，是烧制石灰和制造水泥的主要原料。在冶金工业中作为溶剂。

03.0211　云母　mica

单斜或三方晶系，化学式可表示为 $R'R''_3(Z_4O_{10})(OH)_2$。R'=K（个别为Na），R''=Mg^{2+} 或 Fe^{2+} 的一族层状结构硅酸盐矿物的总称。云母族矿物种类繁多，最常见的有黑云母、白云母、金云母、锂云母等。云母族矿物能在各种地质条件下形成。

03.0212　金云母　phlogopite

单斜晶系，分子式表示为 $KMg_3(AlSO_3O_{10})(OH, F)_2$。有锰金云母、铬金云母、氟金云母等变种。不导电，是很好的绝缘性材料。

03.0213　黑云母　biotite

单斜晶系，化学式为 $K[(Mg, Fe)_3(AlSi_3O_{10})(OH)_2]$。类质同象置换广泛，使其组成很不稳定，绝缘性差，易风化。主要产于岩浆岩和变质岩中。

03.0214　白云母　muscovite

又称"千层纸"。单斜晶系，化学成分为 $KAl_2(AlSi_3O_{10})(OH)_2$。云母族中的一种。白云母有良好的电绝缘性，耐高温和抗酸碱性，是高级电绝缘制品的主要材料，粉状碎片用作塑料、油漆的填料。

03.0215　石膏　gypsum

单斜晶系，化学式为 $Ca(SO_4) \cdot 2H_2O$。石膏呈多种形态产出，主要由化学沉积作用形成。

03.0216　滑石　talc

三斜晶系，化学式为 $Mg_3[Si_4O_{10}](OH)_2$。具滑腻感、耐火耐酸。用于冶金工业的耐火材料。

03.0217 硼砂 borax
单斜晶系，化学式为 $Na_2[B_4O_5(OH)_4]\cdot 8H_2O$。是重要的工业硼矿物，主要用于提取硼及其化合物。

03.0218 石榴石 garnet
等轴晶系，化学式为 $A_3B_2[SiO_4]_3$ 一族岛状结构硅酸盐矿物的总称。化学式 A 代表二价阳离子，B 代表三价阳离子，石榴石按成分特征，通常分为铝系和钙系两个系列。其色彩美丽而透明者是珍贵的宝石，石榴石分布广泛，一般用作磨料。

03.0219 纤铁矿 lepidocrocite
斜方晶系，化学式为 $FeO(OH)$。为褐铁矿的主要组成矿物。常与针铁矿共生。富集的纤铁矿石用于炼铁，也可综合利用其他伴生元素。

03.0220 蓝晶石 kyanite
三斜晶系，化学式为 $Al_2(SiO_4)O$。岛状结构。蓝晶石可作高级耐火材料，也可提取铝，色丽透明的晶体可作宝石。

03.0221 钾盐 sylvite
等轴晶系，分子式为 KCl。常伴有 I、Br、Cs 等，易溶于水。主要用于生产钾肥。

03.0222 光卤石 carnallite
斜方晶系，化学式为 $KMgCl_3\cdot 6H_2O$。主要用于制造钾肥和提取金属镁。

03.0223 明矾石 alunite
三方晶系，化学式为 $KAl_3[SO_4]_2(OH)_6$。主要用于制取明矾和硫酸铝，也用于制造钾肥、硫酸和炼铝。

03.0224 钍石 thorite
四方晶系，岛状结构，化学式为 $ThSiO_4$。是提取钍的主要矿物原料，并可提取铀和稀土。

03.0225 绿泥石 chlorite
单斜、三斜或斜方晶系的一族层状结构硅酸盐矿物的总称。化学式为 $Y_3[Z_4O_{10}](OH)_2\cdot Y_3(OH)_6$，化学式中 Y 主要代表 Mg，$Fe^{2+}$，Al 和 Fe^{3+}。

03.0226 蛇纹石 serpentine
化学式为 $Mg_6[Si_4O_{10}](OH)_8$ 的一族层状结构硅酸盐矿物的总称。一般呈绿色。可用作建筑材料、耐火材料等。

03.0227 磷灰石 apatite
六方晶系，化学式为 $Ca_5[PO_4]_3(F, Cl, OH)$。最常见的矿物变种是氟磷灰石，其次有氯磷灰石、羟磷灰石等。是制造磷肥和提取磷及其他化合物的最重要矿物原料。

03.0228 芒硝 mirabilite
单斜晶系，化学式为 $Na_2SO_4\cdot 10H_2O$。用以制取硫酸铵、硫酸钠、硫酸及硫化钠等化工原料。

03.0229 水镁石 brucite
又称"氢氧镁石"。三方晶系，化学式为 $Mg(OH)_2$。用作镁质耐火原料，也是提炼镁的次要来源。

03.0230 铁白云石 ankerite
三方晶系，化学式为 $CaFe(CO_3)$。化学组成中除钙以外，以铁为主，铁常与镁、锰成构成完全类质同象替代。晶体形态多为菱面体，通常呈块状或粒状集合体产出。热液成因和外生沉积成因。常与菱铁矿共生，亦广泛见于磁铁矿矿石或赤铁矿矿石中。

03.0231 橄榄石 olivine
斜方晶系，化学式为 (Fe, Mg, Ca, Mn)

[SiO$_4$]，含 Ag 达 25%或更高。属硅酸不饱和矿物，因此一般不与石英共生，常见于基性和超基性火成岩中。

03.0232 榍石 sphene
单斜晶系，化学式为 CaTi(SiO$_4$)O。变种有钇榍石（富含稀土元素）、红榍石（富含锰，可达 3%）。火成岩中常见的副矿物，亦为钛铁矿、钛磁铁矿等钛矿物的次生蚀变产物。榍石富集时可作为提取氧化钛的原料。

03.0233 叶蜡石 pyrophyllite

单斜晶系，化学式为 Al$_2$(Si$_4$O$_{10}$)(OH)$_2$。鳞片状集合体。可作为耐火材料、陶瓷原料、建筑材料、杀虫剂的掺合料；在橡胶、造纸、糖果、颜料、制药等工业部门可作填充料。颜色鲜艳柔和、光泽美丽的叶蜡石是美术工艺品的原料。

03.0234 角闪石 amphibole
单斜或斜方晶系，化学成分较为复杂，简化化学式为 Ca$_2$(Mg, Fe)$_5$Si$_8$O$_{22}$(OH)$_2$。在岩浆岩和变质岩中分布很广泛。

03.02 破碎、筛分及分级

03.0235 阶段破碎 stage crushing
在矿石破碎过程中，经过若干不同类型破碎设备，逐段进行处理，将粗大矿块粉碎到所要求的入磨粒度的方法。一般有二段开路，二段闭路，三段开路，三段闭路。

03.0236 挤压破碎 attrition crushing
利用两破碎工作面逼近时产生的挤压力使物料破碎的方法。

03.0237 阻塞破碎 choked crushing
物料在破碎工作面破碎时，由于受下面排矿口的阻塞而产生的破碎的现象。

03.0238 邦德破碎功指数 Bond crushing work index
根据邦德(F. C. Bond)裂缝学说来计算矿石破碎功耗指标。其表达式为

$$W_O = W_i \cdot \left(\frac{10}{\sqrt{P_{80}}} - \frac{10}{\sqrt{F_{80}}} \right)。$$

03.0239 粗碎 primary crushing
在阶段破碎过程中，第一阶段的破碎。产品粒度在 125~400mm。

03.0240 中碎 secondary crushing

经第一阶段破碎后，进行第二段的破碎。产品粒度一般 25~100mm。

03.0241 细碎 fine crushing
经中碎后进行第三阶段的破碎。产品粒度一般在 25~10mm。

03.0242 超细碎 ultrafine crushing
经细碎后进行第四阶段的破碎。产品粒度一般在3mm 以下。

03.0243 开路破碎 open circuit crushing
破碎后的产品直接进入到下一个作业的破碎过程。

03.0244 闭路破碎 closed circuit crushing
破碎后的产品，经筛子过筛后，筛上产品再返回本段破碎机形成的破碎流程。

03.0245 解离度 liberation degree
矿物的单体解离的颗粒数与含该矿物的连生颗粒粒数及该矿物的单体解离颗粒数之和的比值。一般用百分数(%)表示。

03.0246 破碎比 reduction ratio

破碎机的给矿最大矿块尺寸与该破碎机的产品最大块尺寸之比。

03.0247 破碎机 crusher

利用挤压、劈裂、折断、冲击、碾轧等机械力对物料进行破碎加工，取得所需尺寸成品的机械。有粗碎、中碎、细碎机之分。

03.0248 颚式破碎机 jaw crusher

又称"老虎口"。工作部件为两块颚板，一块固定、一块摆动，在工作时，矿石在两块颚板间所形成的空间受动颚冲击力、压力和弯曲力作用而将矿石破碎的机械。有简摆式、复摆式和混合摆动式。

03.0249 简摆颚式破碎机 double-toggle jaw crusher

当偏心轴转动时，前后肘板促使可动颚板作往复摆动的双肘板颚式破碎机。

03.0250 复摆颚式破碎机 single-toggle jaw crusher

当偏心轴转动时，动颚上端运动轨迹为圆形，而下端为椭圆形轨迹的单肘板颚式破碎机。

03.0251 颚板 jaw plate

颚式破碎机的主要工作部件。分固定颚板和可动颚板，上面装有由耐磨材料制成的衬板，衬板表面一般为齿形。

03.0252 可动颚板 swing jaw

和固定颚板一起构成破碎机的破碎室，围绕悬挂轴作往复运动，从而破碎矿石的颚板。

03.0253 肘板 toggle

又称"推力板"。推动悬挂在轴上的动颚做往复运动的部件。

03.0254 破碎室 crushing chamber

又称"破碎腔"。由固定颚板和可动颚板构成的空间。是破碎矿石的空间。

03.0255 排矿口 gape

破碎室最下部的空间，排出矿石的出口。

03.0256 回转破碎机 gyratory crusher

在颚式破碎机基础上，把动颚改为偏心圆筒而进行破碎的机械。

03.0257 颚旋式破碎机 jaw-gyratory crusher

又称"颚式旋回破碎机"。把给矿口向外延伸成长方形口的破碎机。因此其给矿粒度增大，破碎室上部形成一个粗碎腔，因此一台破碎机可以进行两段破碎。

03.0258 冲击式破碎机 impact crusher

利用冲击作用进行破碎的破碎机。属于这一类破碎机的主要有反击式破碎机，锤式破碎机和笼式破碎机等。

03.0259 锤式破碎机 hammer crusher

利用高速旋转的铰接锤头将物料击破的破碎机。是冲击式破碎机的一种。

03.0260 双转子冲击式破碎机 double-rotor impact crusher

具有两个转子的冲击式破碎机。根据转子的转动方向不同，分有两转子同向转动和两转子异向转动两种。

03.0261 圆锥破碎机 cone crusher

由两个顶点向上的截头圆锥环体构成破碎腔，内锥（动锥）围绕外锥（固定锥）中心线做旋摆运动而完成破碎工作的破碎机。按其用途不同分为粗碎用圆锥破碎机和中、细碎用圆锥破碎机。

03.0262　粗碎圆锥破碎机　primary cone crusher

又称"旋回破碎机"。它的圆锥是急倾斜的，其倾角较大，动锥是正置的，而定锥是倒置的，以适应给矿块大的需要的破碎机。

03.0263　中碎圆锥破碎机　standard cone crusher

又称"标准圆锥破碎机"。它的圆锥是缓倾斜的，其倾角较小，它的两个锥体都是正置的，平行带短的破碎机。

03.0264　细碎圆锥破碎机　short head cone crusher

又称"短头圆锥破碎机"。结构与中碎破碎机基本相同、不同之处是锥体比较短，而且两锥之间的平行带较长，可以得到较细的产品的破碎机。

03.0265　液压圆锥破碎机　hydro-cone crusher

应用液压技术，采用液压定位机构的圆锥破碎机。液压系统起着支持破碎机机体、调节排矿口、实现过载保护作用，液压圆锥破碎机有单缸及多缸之分。

03.0266　旋盘式圆锥破碎机　gyradisc cone crusher

一种弹簧式圆锥破碎机。增设了旋转布料器和特殊的破碎室，它是由最上部环形缓冲腔、非控制破碎区和平行区破碎部分组成。

03.0267　惯性圆锥破碎机　inertial cone crusher

依靠偏心转子高速旋转产生惯性力使动锥旋摆来破碎物料，且偏心转子与动锥之间无刚性连接，具有料层选择性破碎，破碎比可达15~20的破碎机。

03.0268　辊式破碎机　roll crusher

利用辊子的转动对矿石施加压力和剪切力使矿石进行破碎的破碎机。辊式破碎机有双辊和单辊两种基本类型。

03.0269　对辊破碎机　double crusher

利用反向转动的两个辊子对矿石施加压力和剪切力使之破碎的破碎机。是辊式破碎机中应用最多的一种，适应于破碎硬度较小的脆性矿石。

03.0270　粉磨机　pulverizer

用于矿料微细磨矿和超细磨矿的设备。主要有离心磨矿机、塔式磨矿机、振动磨矿机、喷射磨矿机等。

03.0271　辊磨机　roll mill

以若干磨辊作为工作组件，磨辊沿磨环或磨盘滚动，使其间夹持的物料粉碎的机械。主要有悬辊式和盘辊式两种。

03.0272　高压辊磨机　high pressure roller grinding

基于料层静压粉碎原理发展起来的一种超细碎设备。主要由一对相向同步转动的压辊组成，其中一个为定辊，另一个为动辊，物料从压辊上方进入并形成连续料层，通过压辊转动带入压辊间而进行粉碎。

03.0273　振动筛　vibrating screen

由激振器使筛体振动的筛分设备。筛体以低振幅、高振次作强烈振动。根据筛框运动轨迹特点，可分为圆振动筛和直线振动筛。

03.0274　直线振动筛　linear vibrating screen

又称"双轴惯性振动筛"。筛面在激振器的作用下，作直线往复运动的振动筛。分吊式和座式两种。

03.0275　椭圆振动筛　elliptical vibrating

screen

该筛机振动器由带有偏心块的三根轴组成，其运动轨迹为椭圆形的振动筛。

03.0276 圆振动筛 circle vibrating screen
又称"单轴振动筛"。具有圆形轨迹的惯性振动筛。为圆振动筛，圆振动筛常采用单个偏心轴式振动器。

03.0277 筛网 screen cloth
筛网固定在筛箱上，由耐磨材料编制而成，上面带有孔眼的筛子。

03.0278 筛孔 screen opening
筛网上的孔。小于筛孔孔径的颗粒物料通过筛孔落入筛箱内。

03.0279 筛孔尺寸 aperture size
筛孔的尺寸。一般用毫米或英寸表示。筛孔的大小由被筛物料的粒度和筛分的目的而定。

03.0280 筛箱 screen box
筛机承载部分，由筛框及固定在它上面的筛面组成的部件。

03.0281 筛上料 oversize
物料在筛分过程中，大于筛孔尺寸留在筛面上的颗粒。

03.0282 筛下料 undersize
物料在筛分过程中，小于筛孔尺寸穿过筛孔的颗粒。

03.0283 预先筛分 precedent sieving
对进入破碎机之前的物料进行筛分的作业。目的是将物料中小于破碎机排矿口宽度的细粒级筛分出去，仅将大于排矿口宽度的粗粒级送入破碎机进入破碎。

03.0284 检查筛分 check sieving
对破碎机的破碎产品进行筛分的作业。目的是将不符合要求的筛上产品送回该破碎机进行再破碎。

03.0285 固定筛 fixed screen
筛子固定不动，借自重或一定的压力给入到筛面上的物料在筛上运动而进行筛分的设备。包括固定格筛、固定条筛和悬臂条筛。

03.0286 格筛 grizzly
固定筛的一种，安装在原矿仓顶部，一般水平安装，格条借横杆联结在一起的固定筛。其格条间的缝隙大小，即为筛孔尺寸。

03.0287 条筛 bar screen
固定筛的一种。筛孔为条状，放在粗碎或中碎前作预先筛分用，倾斜安装的固定筛。

03.0288 共振筛 resonance screen
又称"弹性连杆式振动筛"。通过带动偏心轴转动使连杆往复运动，筛箱和弹簧装置组成一个弹性系统，使筛子在接近共振状态下工作的筛分设备。

03.0289 概率筛 probability screen
按概率理论进行筛分，大筛孔、大倾角、多层筛面的筛分设备。筛箱是封闭的，结构紧凑。

03.0290 旋回筛 gyratory screen
一种特殊型，高精度的细粒筛分设备。筛体作旋转振动。

03.0291 往复筛 reciprocating screen
通过偏心轮带动弹性连杆机构使筛箱往复摆动的筛分设备。

03.0292 筒形筛 drum screen

筛体为筒形的筛分设备。包括圆筒筛、圆锥筛和角锥筛。

03.0293 圆筒筛 trommel
属于筒形筛。工作部件是圆筒形，整个筛子绕筒体轴线回转的筒形筛。

03.0294 弧形筛 sieve bend
筛面为一个圆弧形的格筛。由等距离相互平行的固定梯形筛条组成，按筛面弧度分为45°、60°、90°、180°和270°五种。

03.0295 微孔筛 micromesh sieve
一种筛孔小于 200 目的微细粒筛分设备。

03.0296 细筛 fine screen
筛孔小于 1 mm 的筛分设备。

03.0297 固定细筛 fixed fine screen
本身不运动的细筛。有平面细筛和弧形细筛两种，常用来对细物料进行湿式分级。

03.0298 平面细筛 flat fine screen
筛面为一平面的细筛。通常在较大倾角情况下安装，筛面倾角为 45°~50°，筛面是由尼龙制成的。

03.0299 弧形细筛 arc fine screen
筛板曲线的形状为圆弧形的细筛。利用物料沿曲线运动而产生离心力来提高物料的分级效率、筛面是由不锈钢制成的条缝。

03.0300 振动细筛 vibrating fine screen
安装在筛框上的激振器使筛框产生振动的细筛。按振动频率划分为中频振动细筛和高频振动细筛。

03.0301 击振细筛 fine screen with rapping device

安装有击振装置，对筛框进行敲打，使之振动来提高细粒级的筛分效率的细筛。

03.0302 旋流细筛 cyclo-fine screen
在旋流器中安装一层筒形筛网，因而兼有水力旋流器和弧形筛两者的特点的细筛。

03.0303 阶段磨矿 stage grinding
在磨矿过程中，为使物料达到要求的粒度，使其成为单体解离，而又不使发生过粉碎所采用的多次磨矿方式。每次磨矿即一个磨矿阶段。一般一次磨矿难以实现其单体解离，往往需要两段或三段磨矿来实施。

03.0304 磨矿机 grinding mill
实施磨矿的机械。包括球磨机、棒磨机、砾磨机等。

03.0305 磨矿细度 grinding fineness, mesh of grinding, MOG
磨矿产品的粒度分布。习惯上长采用 P_{80} 为多少毫米(mm)表示。

03.0306 粗磨 coarse grinding
阶段磨矿中第一段磨矿。磨矿产品粒度较粗。

03.0307 细磨 fine grinding
阶段磨矿中第二段或第三段磨矿。磨矿产品粒度较细。

03.0308 球磨机 ball mill
研磨介质以球体为主（也有少量圆台、短柱、球柱）的磨矿设备。机身呈圆筒状（有的一头为圆锥状），内装研磨体和物料，机身旋转时矿石在研磨介质产生的冲击力和研磨力联合作用下得到粉碎。

03.0309 磨矿效率 efficiency of grinding

每耗 1 kW · h 电能所处理的矿量。

03.0310 溢流型球磨机 overflow ball mill
主要由筒体、端盖、主轴承、中空轴颈、传动齿轮和给矿器等部分组成的球磨机。排矿是靠矿浆本身高过中空轴的下缘而自流溢出，产品粒度较细，适用于粒度较细场合磨矿。

03.0311 格子型球磨机 grate discharge ball mill
除排矿端安装有排矿格子板的球磨机，其他都和溢流型球磨机相似。由于磨矿产物是由格子板排出，具有强迫排矿作用，排矿速度快，常用于粗磨矿或两段磨矿时的第一段。

03.0312 周边排矿球磨机 peripheral discharge ball mill
通过筒体周边口排出磨矿产品的球磨机。

03.0313 联合给矿器 drum-scoop feeder
将鼓形给矿器和蜗形给矿器组合在一起即形成联合的给矿器。用于闭路磨矿作业。

03.0314 球磨机衬板 liner
固定在筒体和端盖内侧，作用是保护筒体，免受磨矿介质和物料的磨损，也具有改善介质运动作用的板形部件。

03.0315 磁性衬板 magnetic liner
在橡胶衬板内装有永磁体，靠磁性复合在筒体内壁，利用破裂的废钢球和铁磁性矿物在橡胶衬板上形成抗磨的保护层的橡胶衬板。

03.0316 角螺旋衬板 spiral angular liner
在磨矿机筒体内增加的方形衬垫。其筒体为四方形断面，其四角仍为圆弧形，使磨机内部形成一个四头断续内螺旋筒，内螺旋方向

与磨矿机转动方向相反。

03.0317 磨矿介质 grinding media
又称"研磨体"。磨机中的工作组件，又是主要的磨损消耗材料。所采用的介质有钢球、钢棒、砾石或矿块等。

03.0318 磨机中空轴 mill trunnion
两端支承在球磨机主轴承上的中空轴。物料给料器通过中空轴颈从左端给入筒体，然后经排矿端的中空轴颈排出机外。

03.0319 棒磨机 rod mill
以圆断面钢棒为介质工作的筒式磨机。结构与球磨机大致相同，其筒体的长径比一般为 1.5~2.0。

03.0320 砾磨机 pebble mill
以加入接近为球形的砾石或被磨物料的大颗粒为磨矿介质的球磨机。其结构与球磨机大致相同。

03.0321 管磨机 tube mill
一种筒体长径比较大的磨机，一般为 2.5~6.0 倍的磨机。具有多仓结构，因此工作中物料的驻留时间较长，可以一次磨到很细的粒级。

03.0322 碾磨机 attrition mill
借转动的辊子将物料碾碎的磨机。

03.0323 振动磨机 vibrating mill
当主轴旋转时，在偏心配重所产生的离心力作用下，筒体将产生一个近似于椭圆轨迹的快速振动，使磨矿介质及物料呈悬浮状态，并产生小的抛射冲击作用以及研磨作用，使物料粉碎的磨机。

03.0324 喷射磨机 jet mill

利用高温压缩空气或过热蒸汽(或其他预热气体),将矿料的超细磨矿、分级和干燥等作业同时进行的一种新型干式粉磨设备。

03.0325 塔式磨机 tower mill
一种立式筒形磨机,筒体主轴上装有慢速转动的螺旋搅拌器,搅动筒体内的磨矿介质和被磨物料产生研磨作用而实现磨矿,属超细磨设备。

03.0326 离心磨机 centrifugal mill
磨矿作用是在离心力场中进行,一般采用10~12倍重力加速度,使入磨物料在滚动的球与筒壁之间被磨细,是一种高效的超细磨设备。

03.0327 搅拌磨机 stirring mill
通过对混合状态的粉磨介质和物料进行搅拌,使物料颗粒受到粉磨介质的强烈冲击、磨剥和剪切作用而粉碎的机械设备。适用于细磨和超细磨。

03.0328 气流粉碎机 air flow pulverize
在高速气流作用下,物料通过本身颗粒之间、物料与其他部件的碰撞、摩擦、剪切而使物料粉碎,能制备从几亚微米到几十微米范围内的颗粒的设备。

03.0329 自磨机 autogenous mill
物料自身即为磨矿介质,磨机旋转时物料自身相互冲击,研磨而被粉碎的设备。要求筒体直径大,给料粒度较大。

03.0330 半自磨机 semi-autogenous mill
在自磨机内加入少量的磨矿介质(如钢球)的磨机。结果比自磨机效率高,产生的顽石较少。

03.0331 气落式自磨机 aerofall mill

又称"干式自磨机"。端盖和筒体中心线垂直,利用风机气流排矿,磨矿产品利用风力分级的一种自磨机。在20世纪60年代于北美和非洲一些铁矿应用。

03.0332 瀑落式自磨机 cascade mill
又称"湿式自磨机"。端盖和筒体中心线约成15°夹角,且端盖为锥形以防止矿石的偏析作用,采用格子板排矿,磨矿产品在水中分级的一种自磨机。在20世纪60年代在北美的铁矿和非洲的有色矿得到应用。

03.0333 邦德磨矿功指数 Bond grinding work index
根据邦德(F.C.Bond)理论所建立的磨矿功指数的一套方法,并以细度来定义范围。

03.0334 控制分级 controlling classification
与磨矿机构成闭路循环的分级作业。所采用的沉砂控制分级工艺,能减少细粒级在沉砂中的含量。

03.0335 分级机 classifier
用于分级作业的机械。

03.0336 螺旋分级机 spiral classifier
在倾斜安装的半圆形槽体内设有1~2个纵向长轴,轴上安装螺旋叶片,矿浆在槽的侧面给入,粗粒沉至槽底,被螺旋叶片输送至槽的上端排出,细粒则自槽下端的溢流堰排出的分级机。

03.0337 沉没式螺旋分级机 submerged spiral classifier
分级机的下端螺旋叶片完全浸入在矿浆液面以下,分级面积大而又平稳、适用于细粒级分级的分级机。分级粒度在0.15mm以下。

03.0338 高堰式螺旋分级机 high weir spiral classifier

分级机溢流堰高于下端螺旋轴的中心，而低于螺旋叶片的上缘，分级液面的长度不大，液面可直接受到叶片的搅拌作用，适用粗粒矿石的分级的分级机。分级粒度多在0.15mm 以上。

03.0339 低堰式螺旋分级机 low weir spiral classifier

分级液面低于下端螺旋轴承，液面很小，受搅动作用大的分级机。主要用于含泥矿石的洗矿。

03.0340 水力分级机 hydraulic classifier

利用水力进行分级的机械。包括云锡式分级箱、机械搅拌式分级机、筛板式分级机和水冲箱等。

03.0341 风力分级机 air classifier

用空气作介质的分级机。有重力风力分级机和离心力风力分级机。主要用来处理较细物料，分级粒度在 0.005~1.5mm。

03.0342 圆锥分级机 cone classifier

外形为一个倒立的圆锥的分级机。是一种简单的分级、脱泥及浓缩用设备。分为分泥斗、自动排料圆锥分级机、胡基圆锥分级机、虹吸排料圆锥分级机。

03.0343 耙式分级机 rake classifier

近似于螺旋分级机。槽体为一倾斜平面，运输沉砂是耙子的分级机。耙子有单耙、双耙和四耙三种。

03.0344 离心分级机 centrifugal classification

物料在回转流中借离心力的作用进行分级的设备。

03.0345 射流分级机 jet stream

利用射流技术的附壁效应研制成的一种惯性分级机。属于超细分级设备。

03.0346 返砂量 circulating load

在闭路磨矿中，经分级后返回本段磨机的沉砂量。

03.0347 水力旋流器 hydrocyclone

一种利用离心力来加速颗粒沉降的分级设备。它上部是圆柱体，下部是一个与圆柱体相连的倒置的圆锥体。

03.0348 短锥水力旋流器 short-cone hydrocyclone

一种圆锥体比较短，锥度较大的水力旋流器。

03.0349 母子水力旋流器 twin vortex hydrocyclone

由两种旋流器直接串联起来的机组。前面大直径旋流器的溢流直接进入后面两个小旋流器中，利用余压分级，得到三种产品。

03.0350 三流水力旋流器 tri-flow hydrocyclone

有三个流的水力旋流器。它是在传统旋流器的溢流管中同心插入另一根提供第二种溢流的溢流管改进而成。

03.0351 重介质旋流器 heavy medium cyclone

结构与普通旋流器基本相同，只是给入的介质不是水，而是重悬浮液的旋流器。

03.0352 旋涡重介质旋流器 swirl heavy-medium cyclone

矿石和重悬浮液混合后切线给入，在压力作用下旋转运动，沉向内壁的重矿物由上部沉砂口排出，中部区域的轻产物从下部溢流管流出的旋流器。实际上是一个倒置的旋流器。

03.0353 沉砂口 spigot
在旋流器锥体下部，是沉砂排出的出口。

03.0354 干涉沉降 hindered settling
在浓度大于 3%的介质中，矿粒受到周围矿

粒直接摩擦和碰撞，介质阻力干涉较大的沉降运动。

03.0355 自由沉降 free settling
矿粒在固体容积浓度小于 3%的介质中沉降，由于所受周围矿粒和器壁对直接和间接的干涉很小的沉降运动。

03.03 重选、磁选及电选

03.0356 跳汰机 jig
作周期上下运动的流体中使矿粒按密度、粒度得到分选的重力选矿机械。常分为活塞跳汰机、无活塞跳汰机、隔膜跳汰机、鼓动跳汰机和动筛跳汰机。

03.0357 隔膜跳汰机 diaphragm jig
用隔膜来推动水流运动的跳汰机。分上动型、下动型、垂直侧动隔膜跳汰机。

03.0358 动筛跳汰机 jig with moving sieve
筛框悬挂在杠杆上，由弹簧支承，偏心机构带动曲拐杠杆使筛框上下运动以强制松散床层的跳汰机。

03.0359 鼓动跳汰机 pulsator jig
以间歇的上升水流（或风力）来推动进行选别的跳汰机。包括水力鼓动和风力鼓动。

03.0360 活塞跳汰机 piston jig
以活塞推动水流运动的跳汰机。是跳汰机的原始型式，现已被隔膜跳汰机取代。

03.0361 无活塞跳汰机 piston-free jig
以压缩空气推动水流运动的跳汰机。主要用于选煤。

03.0362 风动跳汰机 air jig, pneumatic jig
由鼓风机送来的空气通过旋转闸间歇通过筛板，形成鼓动气流而进行跳汰选矿的跳汰

机。整个跳汰机由特制的罩来封闭，分层情况由侧观察孔观察。主要用于选煤。

03.0363 锯齿波跳汰机 sawtooth pulsation jig
随着跳汰机隔膜的上下运动，水流的位移–时间曲线呈锯齿波形的跳汰机。

03.0364 复振跳汰机 Wemco-Remen jig
采用两组偏心连杆机构，同时作用于隔膜，于是隔膜运动便是两组正弦周期曲线叠加，形成复振跳汰周期曲线的跳汰机。

03.0365 正弦跳汰机 sinusoidal jig
跳汰周期曲线为正弦波形的跳汰机。它具有与其相同的上升、下降水流速度和作用时间，其压积和吸程的隔膜速度和加速度是相等对称变化。

03.0366 梯形跳汰机 trapezoid jig
跳汰室筛板表面形状为梯形而得名的跳汰机。属于隔膜跳汰机的一种。

03.0367 圆形跳汰机 circular jig
属于隔膜跳汰机的一种，它的跳汰室筛板表面形状为圆形而得名的跳汰机。也可认为是由多个梯形跳汰机合并而成的。

03.0368 凯尔西离心跳汰机 Kelsey centrifugal jig

由澳大利亚雷尼森有限公司研制，离心转筒由布料旋转混合器，阻挡人工物料的抛物面楔线筛和收集并排出精矿的筛下室构成的跳汰机。它的有效回收粒度下限达 20μm。

03.0369　巴塔克跳汰机　Batac jig
在筛下空气室跳汰机的基础上，安装了电磁风阀，采用了感应液压自动排料装置和入料中断时自停脉动的保护装置的跳汰机，由德国研制的巴塔克跳汰机。

03.0370　底箱　hutch
在跳汰室下部，精矿储存并由此排出的部件。

03.0371　沉积　sedimentation
筛板上的重产物沉降聚集在筛板上的过程。

03.0372　摇床选矿　tabling
利用不对称往复运动的斜面床面进行斜面分流分选的一种重选方法。主要用于细料物料的分选，属于流膜选矿。

03.0373　摇床　shaking table
实施摇床选矿的设备。它主要由床面、机架和传动机构三部分组成。

03.0374　6-s 摇床　6-s shaking table
又称"衡阳式摇床"。采用偏心连杆式床头，支承装置和调坡机构安装在机架上，床面支撑在 4 块板形摇动杆上的摇床。

03.0375　云锡摇床　Yunxi shaking table
采用凸轮杠杆式床头，由于具有较宽的差动性调节范围，可适应不同的给料粒度和选别要求的摇床。床面有粗砂、细砂和矿泥之分。是在原苏联 cc-2 型摇床基础上改进而成。

03.0376　弹簧摇床　spring shaking table
由偏心轮起振，借助软硬弹簧带动床面作差动运动的摇床。适于分选矿泥。

03.0377　风力摇床　air table, pneumatic table
矿粒靠连续上升或间断上升的气流推动使固体床层呈悬浮状态，经过分级的矿粒在悬浮状态下按密度分层的摇床。

03.0378　悬挂摇床　suspensory shaking table
把摇床的传动装置和床面分别用钢丝绳悬挂在金属支架或建筑物的预制钩上的摇床。

03.0379　涂脂摇床　grease table
在摇床床面上涂以漆灰、聚酯基甲酸酯橡胶或刚玉树脂等作涂层的摇床。

03.0380　矿泥摇床　slime table
以适合处理矿泥而得名的摇床。矿泥摇床的床条为三角形或直接刻槽，床面横向坡度较少，一般为 1°~2°。

03.0381　床层　bed
在摇床工作过程中，由给矿槽流到床面上，在水流和床面摇动作用下发生松散、分层而形成的物料层。位于上层是轻矿物，位于下层是重矿物。

03.0382　人工床层　artificial bed
又称"床底砂"。在跳汰机筛网的上面放置一定粒度的人工床石或自然床石所形成一定厚度的床层。床石随水流升降面作起伏运动，改变床石的粒度、密度或铺置厚度，即可调节重产品排出的质量及数量。

03.0383　床面　deck
由机架支承或由框架吊起的近似呈矩形或菱形的摇床部件。沿床面纵向布置床条（来复条），是摇床的主要组成部分。

03.0384　床条　riffle

钉在或粘贴在床面上，或直接在床面上刻槽形成的摇床条形部件。床条形状由分选物料性质确定，用塑料或橡胶制造。

03.0385　冲程　stroke
摇床床面前进或后退的最大位移。

03.0386　摇床塔　shaking table tall
把任意数量的摇床组装在一直立塔架里的摇床组合装置。能大大节省摇床的占地面积。

03.0387　螺旋分选机　spiral concentrator
由一个垂直安装的螺旋形槽体，螺旋槽的断面轮廓线为二次抛物线或椭圆的 1/4 部分，槽底沿纵向（矿流方向）有一较大坡度，沿横向也有一定的内向倾斜度的分选机。

03.0388　圆锥分选机　cone separator
由扇形溜槽改进而成。将圆形配置的扇形溜槽的侧壁去掉，形成一个倒置的锥面的分选机。是圆锥分选机的工作面。

03.0389　溜槽　sluice
重力选矿中的一种简单的分选机械。为一狭长而有一定坡度的槽形装置。矿粒在水流冲力及矿粒本身重力的作用下沿溜槽流动而实现分选。是重力选矿中的一种简单的分选机械。

03.0390　粗粒溜槽　sluice for coarse particles
用木材或铁板制成的长槽。有槽面固定的和可动的两种类型，主要用于分选粗粒钨、锡和砂金。

03.0391　矿泥溜槽　slime sluice
用于处理小于 0.1mm 的微细粒级矿石，流膜很薄，流态基本属层流的溜槽。用于处理小于 0.1mm 的微细粒级矿石。

03.0392　旋转螺旋溜槽　rotating spiral sluice

在固定螺旋溜槽的基础上，安装一旋转装置，使槽体旋转而得名的溜槽。

03.0393　尖缩溜槽　pinched sluice
槽底为一光滑的平面，槽子宽度从给矿端向排矿端呈直线收缩，槽底倾斜放置，倾角为 10°~20° 的溜槽。主要用于选别含泥少的海滨砂或湖滨砂矿。

03.0394　绒布溜槽　blanket sluice
以短绒毛的棉线布或棉绒布作铺面物的溜槽。

03.0395　螺旋溜槽　spiral sluice
与旋转选矿机类似，其结构特点是断面呈立方抛物线形状，底面更为平稳的溜槽。适合处理微细粒级物料。生产中常将 3~4 个螺旋溜槽组装在一起，成为多头旋转溜槽。

03.0396　振摆溜槽　rocking-shaking sluice
螺旋溜槽的一种。绕垂直的竖轴低速回转，转动方向与矿浆流动方向相同的溜槽。生产中由槽内的内缘补加冲洗水。

03.0397　皮带溜槽　belt sluice
外形类似于倾斜的橡胶传送带，在连续运转的皮带上分选的平面可动溜槽内设备。

03.0398　SL 型射流离心选矿机　SL injection-flowing centrifugal separator
是一种卧式离心选矿机。由离心沉降力、巴格诺尔德（Bagnold）力和强冲击力联合力场形成独特的射流流膜选矿过程的选矿机。对微细和超细粒物料有分选效果。

03.0399　离心选矿机　centrifugal separator
利用离心力进行流膜选矿的设备。矿浆松散分层原理和重力溜槽基于一样，但受离心力作用而强化。离心选矿机分卧式和立式两种。

03.0400 卧式离心选矿机 horizontal centrifugal separator

主要工作件为截锥形转鼓，借助底盘固定在水平轴上，矿浆由给矿器通过两个给矿嘴给到转鼓内壁上而实现分层的离心选矿机。

03.0401 立式离心选矿机 vertical centrifugal separator

又称"离心盘选机"。设备工作表面是一个半圆形转动盘，内表面铺有橡胶制带的环形沟槽的衬里的离心选矿机。主要用于分选砂金矿。

03.0402 重介质选矿机 heavy medium separator, dense medium separator

实行重介质选矿的机械。一般可分为深槽式、浅槽式、振动式和离心式。

03.0403 圆锥型重介质选矿机 heavy medium cone separator

机体为一倒置的圆锥形槽，在中心安有空心的回转轴的重介质选矿机。属深槽式重介质选矿机。

03.0404 圆筒型重介质选矿机 heavy medium drum separator

外形为一圆筒，由4个辊轮支持，通过圆筒腰间的大齿轮由传动装置带动旋转的重介质选矿机。属浅槽式重介质选矿机。

03.0405 三流重介质选矿机 tri-flow heavy medium separator

具有3个流的重介质选矿机。该设备为两段，第一段为圆筒形，第二段为圆锥形。

03.0406 重介质振动溜槽 heavy medium vibratory sluice

一种在振动过程中利用重悬浮液分选粗粒矿石的设备。机体为一长方形浅的槽体，支承在倾斜的弹簧板上，整个槽体作往复运动，在槽的末端设有分离隔板，用以分开轻、重矿物。

03.0407 擦洗机 scrubber

主要靠经过水浸泡后在转筒中互相冲击摩擦，使黏土和矿块分离的设备。主要有圆筒洗矿筛和圆角洗矿机。

03.0408 圆筒洗矿机 drum washer

又称"带筛擦洗机"。主要由封闭的洗矿圆筒和连接在圆筒末端的双层筒筛构成的设备。

03.0409 槽式洗矿机 log washer

和一般螺旋分级机结构类似。即在一个半圆形的斜槽内装有两根带搅拌叶片的轴，两轴旋转方向相反，泥团的胶结体被叶片切割、擦洗并借斜槽上端装有高压冲洗水，将黏土和矿块分离的设备。

03.0410 磁选机 magnetic separator

利用被分选物的磁性(磁导率和磁化率)差异进行分选的选矿设备。一般由磁系、工作部分和传动部分等组成。

03.0411 逆流型圆筒磁选机 countercurrent drum magnetic separator

给矿方向与圆筒旋转方向及磁性产品移动方向相反的磁选机。其精矿排出端距给矿口近，翻转作用差，故精矿品位不高。给矿口距尾矿口距离远，分选区长，回收率高。

03.0412 顺流型圆筒磁选机 co-current drum magnetic separator

给矿方向与圆筒旋转方向及磁性产品移动方向一致的磁选机。它适用于强磁性矿石的粗选和精选，相对于逆流型圆筒磁选机而言回收率较低。

03.0413 半逆流型圆筒磁选机 semi-counter-current drum magnetic separator

矿浆从槽体下方给入磁性产品与给入的被选物料流的相对运动方向相同，非磁性产品则相反的磁选机。这种磁选机一般精矿品位和回收率都比较高。

03.0414 强磁场磁选机 high intensity magnetic separator

磁极表面磁感应强度为 0.6~2T 的磁选设备，用于分选比磁化率为 3800×10^{-8}~12.6×10^{-8} m^3/kg 的弱磁性矿石。它采用闭合磁系和一定形状的感应磁极或磁介质，在工作间隙形成较大的磁力，因而能从给矿中吸出或吸住弱磁性矿粒。

03.0415 弱磁场磁选机 low intensity magnetic separator

磁极表面磁感应强度为 0.2T 以下的磁选设备，用于分选比磁化率大于 $3800 \times 10^{-8} m^3/kg$ 的强磁性矿石和物料。

03.0416 中磁场磁选机 middling intensity magnetic separator

磁极表面磁感应强度为 0.2~0.6T 的磁选设备。

03.0417 干式磁选机 dry magnetic separator

在空气中分选的磁选机。主要用于分选大块粗粒的强磁性矿石和细粒的弱磁性矿石。

03.0418 干式弱磁场磁选机 dry low intensity magnetic separator

采用弱磁场的干式磁选机。用于在缺水地区分选强磁性矿石。

03.0419 干式强磁场磁选机 dry high intensity magnetic separator

采用强磁场的干式磁选机。有感应辊式、转环式、盘式、带式、永磁辊式磁选机。用于

选别弱磁性矿物，广泛用于分选锰矿石、铁矿石、海滨砂矿，及钨、锡矿等。

03.0420 湿式磁选机 wet magnetic separator

在水或磁性流体中分选的磁选机。主要用于分选细粒强磁性矿石和细粒弱磁性矿石。

03.0421 永磁磁选机 permanent magnetic separator

磁系由永磁材料组成的磁极构成的磁选机。结构简单、价格低廉，磁场强度一般不高。主要有筒式磁选机、磁滚筒、磁力脱水槽等。

03.0422 电磁磁选机 electromagnetic separator

磁系由电磁线圈和磁轭(铁芯)绕制而成，电磁磁选机磁场强度较高并可以调节的磁选机。它主要有环(盘)式磁选机、感应辊式、对辊式强磁选机。

03.0423 磁滑轮 magnetic pulley

一种弱磁场磁选设备。主要用于分选出铁矿石的废石。磁滑轮按结构分为磁系不动型和磁系旋转型两类。按磁源分有电磁滑轮和永磁滑轮，后者结构简单，省电，应用广泛。

03.0424 磁力脱水槽 magnetic dewater cone

一种靠重力、磁力和上升水流力综合作用的弱磁场磁选设备。主要用于脱除细粒脉石和矿泥，也用于浓缩脱水。

03.0425 预磁器 premagnetizer

为了提高磁力脱水槽的选分效果，在入选前将矿粒进行预选磁化，使矿浆经过一段磁化磁场的作用，矿粒(细粒)经磁化后彼此磁聚成团的装置。其磁力和重力比单个矿粒大得多。

03.0426 脱磁器 demagnetizer

一种用以消除磁性铁矿粒经磁选后的剩磁的设备。由非磁性材料的工作管道和套在其上面的塔形线圈组成，线圈通过某种频率的交流电，在线圈（即管内）中心线方向时时变化，而由大逐渐变小的磁场，使磁性矿粒反复脱磁，打破了磁团聚的设备。

03.0427　旋转磁场磁选机　rotating magnetic field magnetic separator
用永久磁铁作磁源，磁极绕轴旋转，磁场强度的大小和方向随时间而变化的磁选机。

03.0428　BK 筒式磁选机　BK rotor magnetic separator
具有沿周向交变磁场场强的大包角磁系，高矿浆液面和多尾流通道的分选槽体的磁选机。包括 BKY 型预选专用磁选机、BKW 尾矿再选磁选机。

03.0429　粗粒磁选机　magnetic cobbing separator
针对一段磨矿排出的含有粗粒磁铁矿物预选抛尾，提高再磨入选品位而设计的专用磁选机。

03.0430　琼斯强磁场磁选机　Jones high intensity magnetic separator
一种强磁场磁选机。其特点是分选转盘水平安装，在磁极间绕垂直轴旋转，使磁性与非磁性物料分离。由英国科学家琼斯(G. H. Jones)发明而命名。

03.0431　环式强磁场磁选机　caroused type high intensity magnetic separator
具有高磁感应强度和聚磁介质，机械具有环式结构和不同的磁路形式的磁选机。其型号主要有 SQC-6-277 型，SHP II 系列湿式磁选机，HIW 型和 DCH-1000 型磁选机等。

03.0432　盘式强磁场磁选机　tray high intensity magnetic separator
主要由给料圆筒、偏心振动输矿槽、电磁铁和分选圆盘等构成的强磁场磁选机。主要用于从干燥的重选粗精矿中分离较粗的弱磁性矿物。有单盘、双盘和三盘三种。

03.0433　感应辊式强磁场磁选机　induced roll high intensity magnetic separator
主要由给矿箱、电磁铁芯、磁极头分选辊、精矿及尾矿箱等构成的强磁场磁选机。物料经给矿机均匀地分散到感应辊表面，在分选间隙中，物料受到磁力、重力和其他机械力的作用而进行分选。

03.0434　脉动磁场磁选机　pulsating magnetic field magnetic separator
用同时通直流电和交流电的磁铁作磁源的强磁场磁选机。磁场强度的大小随时间而变化，但方向不变。

03.0435　聚磁介质　magnetic matrix
在强磁场磁选机中，为了提高闭合磁系的磁场力，在两磁极间放置的磁导率很高的物质。聚磁介质可以是转辊、转盘、齿板、网等，能与感应介质构成磁路。

03.0436　齿板聚磁介质　grooved plate matrix
外形是带齿的板状、齿板的齿角为 110°，齿尖对齿尖排列的聚磁介质。

03.0437　网状聚磁介质　grid matrix
由磁导率很高的金属网制成的聚磁介质。网状介质易堵塞、不好清洗。

03.0438　环形聚磁介质　ring matrix
外形是环形的聚磁介质。

03.0439　高梯度磁选机　high gradient mag-

netic separator

能产生高梯度磁场的磁选机。整个分选腔的磁场强度均匀，背景磁感应强度可达 2T，磁介质被均匀磁化，磁介质周围磁场梯度大大提高，通常钢毛磁介质的磁场梯度达 $79577×10^6$A/m，比普通强磁选机高 10~100 倍。

03.0440 多梯度磁选机 multi-gradient magnetic separator

在弱磁场磁选机上，借助于感应磁介质，提高磁场强度和磁场梯度的磁选机。目前有圆筒式、带式和沟槽式三种结构。

03.0441 超导磁选机 superconducting magnetic separator

用超导磁体代替了传统磁体的磁选机，因此具有磁场强度高，能量消耗低、体积小、单位机重处理量大等优点。

03.0442 螺旋管超导磁选机 solenoid superconducting magnetic separator

由数个螺旋管组成，无充填介质，螺旋管彼此间有一定间隔，激磁电流的方向要使线圈磁场的极性相反，线圈产生一个径向对称的不均匀磁场和方向向外的径向磁力的超导磁选机。

03.0443 磁选柱 magnetic column

外形像浮选柱。主要由上部给矿装置和溢流槽，中部为分选柱和电磁磁系，下部上升给水管和精矿排出管及激磁电源控制系统组成的柱状磁选设备。

03.0444 DCH 型强磁场磁选机 DCH high intensity magnetic separator

属于平环型强磁场选机。齿板采用离子氮化工艺改变齿板表面性能，在线圈冷却上采用低电压、大电流、风外冷激磁线圈，提高了导线电流密度，缩短磁路的强磁场磁选机。

03.0445 磁流体分选 magnetofluid separation

利用物料密度、磁性和电性差异，在磁场或磁–电场联合作用下的磁流体中进行分析的特殊选矿方法。

03.0446 磁流体分选机 magnetofluid separator

用于磁流体分选的设备。根据分选原理，磁流体分选机可分为动力分选机和静力分选机。

03.0447 CLJ 型磁流体静力分选机 CLJ magneto-hydrostatic separator

由直流电源、磁系、分选槽、给料槽装置等部分组成的分选机。曾在分选–0.5~+0.2mm 的金刚石试验中取得良好效果。

03.0448 磁系 magnetic system

组成磁选机的主要部件。按照磁极配置的方式可分为开放性磁系和闭合性磁系两大类。

03.0449 极间距 interpole gap

两磁极间的距离。

03.0450 磁团聚 magnetic coagulation, magnetic agglomeration

在外加磁场的作用下，磁性细颗粒矿物有选择性地自行团聚成链状或团状磁聚体的过程。

03.0451 除铁器 scrap picker

主要用来从料流中除去混入矿石的铁件，以免损坏破碎机的磁性部件。有永磁和电磁两种，即磁滑轮和悬吊磁铁。

03.0452 静电选机 electrostatic separator

采用的是静电场。它是由高压直流电源产生的静电场，对荷电矿粒产生吸引或排斥力作用，从而使矿粒运动轨迹不同而达到分选目的的电选机。

03.0453 电晕电选机 corona separator
采用两个相隔一定距离的电极,其中一个为直径很小的丝电极,通以高压直流电,另一端为平面或直径很大的鼓筒(接地),此时产生局部放电的电晕电场,使矿粒带电而达到分选的电选机。

03.0454 摩擦电选机 triboelectric separator
不同性质的矿粒由于互相摩擦或者与给料运输设备的表面摩擦,便带上不同符号的电荷而达到分选目的的电选机。

03.0455 回旋电选机 gyral separator
结构近于椭圆的闭合环形管道,管的切面为矩形,上安有电晕极和接地极的电选机。此机采用的电压较高,最高达 100kV。

03.0456 YD 型电选机 YD separator
采用多根电晕电极带偏向电极的复合电场结构,放电区域较宽,矿粒在电场中带电机会较大,电压高,圆筒直径大,有加热装置,强化了电选过程的电选机。

03.0457 筒型电选机 rotor electrostatic separator
由主机、加热器和高压静电发生器三部分组成的电选机。在空气中进行干式分选,采用的电源均为高压直流电源。现有单筒、双筒及三筒。

03.0458 板式电选机 plate electrostatic separator
主要由给矿板和接地板组成,接地板为一溜板(或筛板)上方装有空心椭圆形高压电极,并与之形成电场。给矿经给矿板(振动)溜下至接地溜板,进入电场作用区,矿粒被电极感应荷电而达到分选目的的电选机。

03.0459 高梯度电选机 high gradient electrostatic separator
从提高电场梯度出发,利用介电体纤维在电场中被极化产生极化力,从而提高电场梯度达到分选目的的电选机。类似于高梯度磁选机。其处理粒度可达微米级,甚至胶体粒子也能被分离。

03.0460 卡普科高压电选机 Carpco high tension separator
电极结构为电晕极和静电极结合的复合电极,全机有 6 个辊筒分两列配置,产品可进行多次分选,流程灵活的电选机。为美国卡普科(Carpco)公司制造。

03.0461 拣选机 sorter, sorting machine
又称"辐射分选机"。根据矿石受射线后的反应,借助仪器鉴别,然后进行分选的设备。

03.0462 发光拣选 luminescence sorting
利用矿石或矿物表面光学性质的差异在光拣选机上进行分选的特殊选矿方法。发光拣选普遍利用不同矿石对光的反射能力的差异,反射光的强弱作为特征值。

03.0463 光照拣选机 photometric sorter, optical sorter
利用矿石或矿物表面光学性质的差异进行分选的设备。具有代表性的有英国 M16、M80 型激光光照拣选机和中国的 YG-40 型激光光照拣选机。

03.0464 放射性拣选机 radiometric sorter
利用矿石中天然放射性(γ 射线)进行的矿石的拣选的拣选机。如 5421-Ⅱ型、阿尔特勒-索尔特(ultra-sort)型、pcm 型放射性拣选机。

03.0465 X 射线分选机 X-ray separator
利用矿石中不同成分受 X 射线照射后的不同反应特征进行矿粒分选的机械。

03.0466　全油浮选　bulk-oil flotation
添加大量油于矿浆中，使亲油矿物富集到油中的浮选分离方法。

03.0467　表层浮选　skin flotation
将矿粒轻轻撒在流动的水面上，利用物料本身具有的和经药剂处理后获得的疏水性，分离出浮在水面上的疏水矿物的方法。

03.0468　泡沫浮选　froth flotation
形成稳定泡沫层的浮选过程。

03.0469　优先浮选　selective flotation
依次分别浮选出各种有用矿物的浮选流程。

03.0470　混合浮选　bulk flotation
用浮选法处理多金属矿石时，先将矿石中两种或两种以上可浮性相近的有用矿物一起浮出得到混合精矿，然后将混合精矿依次分选出各种有用矿物的流程。

03.0471　正浮选　direct flotation
将需要的有用矿物浮选到泡沫产品中的浮选过程。

03.0472　反浮选　reverse flotation
将不需要的脉石矿物浮选到泡沫产品中，而将需要的有用矿物留在槽内产品中的浮选过程。

03.0473　分支浮选　ramified flotation
将原矿浆分为两支，将第一支矿浆的浮选泡沫产品与第二支矿浆合并浮选的过程。适于处理低品位和难选的矿石。

03.0474　等可浮浮选　iso-floatability flotation
处理多金属矿石时，按欲回收矿物的天然可浮性差异，分为易浮和难浮，将天然可浮性相等的矿物一起浮出，而后依次分离出各种有用矿物精矿的方法。

03.0475　载体浮选　carrier flotation
又称"背负浮选"。将适于浮选粒度的较粗矿粒作为载体，选择性的黏附细矿粒并与之一起浮出的选矿方法。

03.0476　沉淀浮选　precipitation flotation
加入沉淀剂，使溶液中目的组分形成沉淀，再用捕收剂回收沉淀的方法。

03.0477　吸附浮选　adsorption flotation
加入载体，对目的物进行吸附、交换吸附和吸收作用，预先捕俘目的物，然后浮选目的物的过程。

03.0478　加温浮选　hot flotation
对矿浆加温，然后浮选，以提高浮选速度和选择性的方法。

03.0479　加压浮选　pressure flotation
将空气压入装在密闭溶气室的矿浆或水中，再将压力减至常压下，析出微气泡进行浮选的过程。一般用于浮选细颗粒。

03.0480　阶段浮选　stage flotation
磨矿与浮选相结合。一般磨一次(粒度变化一次)浮选一次的浮选过程。

03.0481　闪速浮选　flash flotation
在磨矿分级回路中用闪速浮选机（skim air）快速回收水力旋流器沉沙中粗粒有用矿物的浮选方法。可防止有用矿物过磨。

03.0482　粗粒浮选　coarse flotation

回收粒度为 0.3~0.5mm 或以上颗粒的浮选方法。

03.0483 硫化浮选 sulphidizing flotation
用硫化剂使氧化矿物表面硫化，再用浮选硫化矿物的捕收剂浮选氧化矿物的过程。

03.0484 生物浮选 bio-flotation
应用微生物调节矿物表面疏水性或应用微生物作为浮选药剂的浮选过程。

03.0485 微泡浮选 microfroth flotation
用微小气泡(气泡直径为 0.1~0.4mm)的浮选过程。一般用于浮选细粒物料。

03.0486 无捕收剂浮选 collectorless flotation
不添加捕收剂的浮选过程。

03.0487 无泡沫浮选 nonfrothing flotation
气泡将目的矿物从浮选设备下部运送到上部液面后立即破裂的浮选过程。

03.0488 无氰浮选 cyanide-free flotation
不使用氰化物浮选多金属硫化矿的浮选过程。

03.0489 吸附胶体浮选 adsorbing colloid flotation
利用胶体(如氢氧化铁等)吸附溶液中的组分，然后浮选胶体的过程。

03.0490 剪切絮凝浮选 shear-flocculation flotation
利用对矿浆进行强力搅拌而产生的剪切力和捕收剂在矿粒表面吸附所产生的疏水键合力，使微细粒形成絮团，进行分离回收的方法。

03.0491 乳化浮选 emulsion flotation
向细粒矿物悬浮液中添加捕收剂和中性油，强烈搅拌形成油/水乳浊液，疏水化细粒处于油相中或油水界面上，再用浮选法进行分离的方法。

03.0492 油团聚浮选 oil agglomeration flotation
向水悬浮液中添加疏水黏性油，使微细粒矿粒从水悬浮液中转入油相并形成球团，再加以分离回收的浮选方法。

03.0493 电浮选 electroflotation
全称"电解浮选"。借助电解悬浮液中的水析出氧气泡或氢气泡的浮选方法。

03.0494 微细粒浮选 fine flotation
浮选细颗粒(粒度一般小于 20 μm)的方法。

03.0495 微量浮选 micro flotation
用实验室微型浮选装置(如单泡浮选管或微型浮选槽)研究矿物的可浮性的方法。

03.0496 气溶胶浮选 aerosol flotation
使用一种特殊的喷雾装置，将浮选药剂在空气介质中雾化后，直接加入浮选槽中的浮选过程。

03.0497 真空浮选 vacuum flotation
又称"减压浮选"。对浮选矿浆降压，从水中析出细小气泡进行浮选的方法。可有效地浮选细颗粒。

03.0498 选择性絮凝浮选 selective flocculation flotation
用高分子絮凝剂使矿浆中的微细矿粒选择性絮凝成加大的絮团，然后用浮选法分离的方法。

03.0499 搅拌 agitation

在浮选前用机械搅拌器对矿浆进行搅拌的过程。

03.0500 再调浆 repulping
对浮选中间产品调浆的过程。

03.0501 搅拌强度 agitation intensity
对矿浆搅拌的时间长短和搅拌器的转速高低的度量。

03.0502 浮选动力学 flotation kinetics
研究浮选速率的规律性,分析影响浮选速率的各种因素的学科。

03.0503 浮选速率 flotation rate
单位时间内浮选矿浆中被浮矿物质浓度变化(或回收率变化)的值。

03.0504 浮选速率常数 flotation rate constant
浮选速率方程为:$\ln\dfrac{1}{1-\varepsilon}=K(1-\varepsilon)$,式中 K 为浮选速率常数,用于评价矿物可浮性和浮选过程中一些参数的影响。

03.0505 浮选回路 flotation circuit
又称"浮选循环"。所选矿物中的金属(或矿物)在选矿过程中有部分循环的工艺。

03.0506 浮选模型 flotation model
描述浮选指标与浮选操作条件和给矿特性之间的定量关系的数学表达式。

03.0507 解吸 desorption
使所吸附的气体或溶质从吸收剂或吸附剂中放出的过程。

03.0508 解吸剂 desorbent
能够从吸收体或吸附体表面解吸被吸附的气体或溶质的化合物。

03.0509 润湿周边 wetted perimeter
气泡(或水)在固体表面附着时的三相接触线。

03.0510 接触角 contact angle
在三相接触达到平衡时,在润湿周边上的任一点处,自液–气界面经过液体内部到固–液界面的夹角。

03.0511 气泡–矿粒集合体 bubble-particle aggregate
气泡内带有矿粒的混合体。

03.0512 水化 hydration
矿浆中离子型矿物表面与极性水分子发生的作用。

03.0513 水化层 hydrated layer
水分子(偶极)在固体表面上的吸附所形成的膜。它介于固体表面与普通水之间的界面。

03.0514 矿物电极 mineral electrode
由矿物制成的电极。用于矿物浮选电化学研究。

03.0515 静电位 rest potential
静电场中某点的静电位值等于把单位正电荷从该点移至无限远处,静电场所做的功。

03.0516 表面电荷 surface charge
受水偶极及溶质作用,由于固体表面优先吸附、表面电离及表面离子的非等当量溶解或由于晶格离子取代,在矿物–水溶液界面产生的电荷。

03.0517 表面活性质点 surface active site
固体表面上能与某一种物质发生反应的质点。

03.0518 矿石氧化还原电位 redox-potential

物质发生氧化还原反应的电位。

03.0519　Zeta 电位　Zeta potential
又称"电动电位""动电位"。当固–液两相发生相对运动时，双电层中的紧密层中的配衡离子随固体一起运动，而扩散层将沿滑动面移动，滑动面上的电位。

03.0520　等电点　isoelectric point, IEP
在没有特性吸附时，固体表面 Zeta 电位等于零时溶液中定位离子活度的负对数。

03.0521　零电点　point of zero charge, PZC
矿物表面净电荷为零时溶液中定位离子活度的负对数。

03.0522　单分子层吸附　monomolecular adsorption
吸附质以单分子层附着在界面上的过程。

03.0523　多分子层吸附　multilayer adsorption
吸附质以多分子层附着在界面上的过程。

03.0524　化学吸附　chemical adsorption
固体表面与被吸附物质分子之间相互作用具有化学键性质的一种吸附。吸附过程选择性强，作用键力强，吸附后不易解吸。

03.0525　选矿物理吸附　physical adsorption
固体表面与被吸附物质的分子之间相互作用属分子间力（范德瓦尔斯力或静电力）的吸附。吸附过程选择性差，作用键力小，吸附后易解吸。

03.0526　吸附量　adsorption density
单位固体面积上吸附有表面活性剂的摩尔数。

03.0527　浮选参数　flotation parameter

影响浮选过程进行的一些因素。主要包括工艺参数，如磨矿细度、矿浆浓度、药剂制度、矿浆温度、浮选流程、水质和泡沫强度等。

03.0528　回水　recycle water
返回利用的尾矿水。

03.0529　回水率　water recycling ratio
浮选中所用回水与总水量的百分数。

03.0530　矿浆细度　pulp size
矿浆中固体颗粒的尺寸大小。一般以–0.074 mm 粒级的百分含量表示。

03.0531　液固比　liquid-solid ratio
矿浆中液体（水）与固体的质量比。

03.0532　酸性介质　acidic medium
pH < 7 的矿浆。

03.0533　碱性介质　alkaline medium
pH > 7 的矿浆。

03.0534　单槽浮选　unit flotation cell
只用一个容积大的浮选槽进行的浮选。

03.0535　可浮性　floatability
度量矿物浮选难易程度的一种矿物表面性质。

03.0536　天然可浮性　natural floatability
不添加任何浮选药剂时矿物的浮选性能。

03.0537　等可浮性　iso-floatability
矿石中具有相等可浮性的矿物。

03.0538　亲水性　hydrophilicity
固体易被水润湿的性质。

03.0539　疏水性　hydrophobicity

固体不易被水润湿的性质。

03.0540 矿粒活化 breeze activation
增强矿物在浮选时疏水性的过程。

03.0541 胶束 micelle
在水溶液中，表面活性剂的非极性基通过疏水缔合，形成集合体，使极性端朝外，失去表面活性现象。

03.0542 临界胶束浓度 critical micelle concentration, CMC
表面活性剂在水溶液中形成胶束的最低浓度。

03.0543 半胶束吸附 semi-micelle adsorption
表面活性剂浓度足够高时，在矿物表面上的表面活性剂整齐排列，非极性基缔合形成二维空间的胶束的吸附。

03.0544 半胶束浓度 semi-micelle concentration
吸附在矿物表面上的表面活性剂发生半胶束吸附的最低浓度。

03.0545 临界气泡兼并浓度 critical coalescence concentration, CCC
在浮选矿浆中，阻止小气泡兼并成大气泡所需的起泡剂最低浓度。

03.0546 失活 deactivation
又称"去活"。使矿物表面失去浮选活性的过程。

03.0547 抑制 depression
增强矿物表面亲水性，或降低其疏水性的过程。

03.0548 协同作用 synergism
添加不同种类的浮选药剂，使其浮选效果比单用一种药剂效果要好的作用的过程。

03.0549 载体 carrier
在载体浮选中，用于负载要浮选的细粒矿物的物质。

03.0550 气泡–颗粒粘连 bubble-particle attachment
气泡向疏水矿粒附着，形成气泡–颗粒集合体的过程。

03.0551 气泡–颗粒脱落 bubble-particle deattachment
颗粒从气泡–颗粒集合体上脱落下来的过程。

03.0552 起泡 frothing
在水和矿浆中产生气泡的过程。

03.0553 消泡 defrothing
消除矿浆和泡沫产品中气泡的过程。

03.0554 泡沫 froth
在浮选过程中，疏水性矿粒附着于气泡，大量附着矿粒的气泡聚集于矿浆面而形成。

03.0555 泡沫层 froth layer
泡沫聚集在浮选设备的上层形成了的气泡、液膜及矿物颗粒组成的三相相对稳定体。

03.0556 三相泡沫 three-phase froth
由固、液和气三相组成的泡沫。

03.0557 气泡兼并 bubble coalescence, froth merging
泡沫层中，由于气泡泄水，气泡之间的水层变薄，小气泡合并成大气泡的过程。

03.0558 二次富集 secondary enrichment
当泡沫层厚度较大时，由于气泡兼并，部分可浮性差的矿粒从气泡上脱落，因而提高泡沫产品中有用矿物品位的过程。

03.0559 泡沫产品 froth product
浮选时进入泡沫中的矿粒和水。

03.0560 充气 aeration
向浮选机或搅拌桶给入空气的过程。以形成浮选必需的泡沫，在某些情况下，使矿物或药剂发生氧化。

03.0561 充气量 aeration rate
给入浮选机或搅拌桶中的气体流量。

03.0562 浮选药剂 flotation reagents
在浮选过程中，能够调整矿物表面性质，提高或降低矿物可浮性，使矿浆性质和泡沫稳定性更有利于矿物分选的化学药剂。主要有捕收剂、调整剂和起泡剂。

03.0563 捕收剂 collector
能够选择性地吸附在矿物表面，提高目的矿物表面疏水程度，使其易于向气泡黏附，从而提高矿物可浮性的一类浮选药剂。

03.0564 起泡剂 frother
能降低水的表面张力，促进泡沫形成，使气泡附着在选择性上浮矿粒上的一类表面活性物质。

03.0565 有机絮凝剂 high molecular flocculant
简称"絮凝剂（flocculant）"。能使微细粒子悬浮液发生高分子絮凝的有机药剂。如淀粉或聚丙烯酰胺。

03.0566 无机絮凝剂 inorganic flocculant
能使微细粒子悬浮液发生絮凝的无机高聚集物。如铝或聚铁类电解质。

03.0567 凝聚剂 coagulator
通过消除颗粒表面电荷和双电层压缩，使矿浆中的微细颗粒形成凝块的无机盐的药剂。如石灰、明矾等。

03.0568 团聚剂 agglomerant
通过其非极性基的疏水缔合，促使矿粒聚集于油相中形成团的非极性油。

03.0569 调整剂 regulator, modifier
调整其他药剂（主要是捕收剂）与矿物表面的作用、调整矿浆的可浮性、提高浮选过程选择性的浮选药剂。

03.0570 选矿抑制剂 depressant
浮选药剂中能够破坏或削弱矿物对捕收剂的吸附，增强矿物表面亲水性的一类调整剂。

03.0571 硫化剂 sulfidizer
在有色金属氧化矿石浮选时，能使氧化矿物表面形成硫化物的药剂。如硫化钠、硫氢化钠等。

03.0572 活化剂 activator
浮选药剂中能够增强矿物表面对捕收剂的吸附能力的一类调整剂。

03.0573 失活剂 deactivator
又称"去活剂"。能使矿物表面活性质点失去疏水性的化合物。

03.0574 分散剂 dispersant
使物料均匀分散于介质中，形成稳定悬浮体的药剂。分散剂一般分为无机分散剂（如水玻璃）和有机分散剂（如聚丙烯酰胺）。

03.0575 消泡剂 bubble elimination agents
能削弱矿化泡沫的稳定性，从而消除过多泡

沫对分选效果和泡沫输送的有害影响的一类浮选药剂。

03.0576　沉淀剂　precipitant
能够使矿浆和水中的离子或可溶化合物发生沉淀的化合物。

03.0577　润湿剂　wetting agent
能够使固体被某一液体润湿的化合物。

03.0578　中和剂　neutralizing agent
能够使矿浆或溶液的酸碱度为中性(即 pH 值为 7)的化合物。

03.0579　表面活性剂　surfactant
能够降低溶液表面张力的高分子化合物。分子中含有亲水基团和疏水基团。

03.0580　阴离子表面活性剂　anion surfactant
亲水基团为阴离子的表面活性剂。

03.0581　阳离子表面活性剂　cation surfactant
亲水基团为阳离子的表面活性剂。

03.0582　脱药　reagent removal
从浮选产品(浮选泡沫产品)上除去浮选药剂的过程。

03.0583　药剂解吸　reagent desorption
通过添加解吸剂(如活性炭或硫化钠)、机械作用或磨矿使浮选药剂从固体表面上解吸下来的过程。

03.0584　药剂制度　reagent scheme
浮选所用药剂的种类、用量的组合、制备、匹配和添加地点。

03.0585　两性捕收剂　amphoteric collector
药剂分子中的极性(亲矿)基团既有阳离子又有阴离子官能团的表面活性剂。

03.0586　异极性捕收剂　heteropolar collector
药剂分子中同时含有极性基和非极性基的捕收剂。

03.0587　极性捕收剂　polar collector
其药剂分子由极性基(亲固基)和非极性基(疏水基)两部分组成的捕收剂。

03.0588　烃油类捕收剂　hydrocarbon oil collector
没有极性基的捕收剂。一般由烃油组成。

03.0589　络合捕收剂　complex collector
通过配位化学的配位体与矿物表面金属离子(中心离子)形成络合物的捕收剂。

03.0590　螯合捕收剂　chelating collector
能与矿物表面上金属离子形成多元环状螯合结构的捕收剂。

03.0591　黄原酸盐　xanthate, alkyl dithiocarbonate
俗称"黄药"。学名烷基二硫代碳酸盐，化学结构式为 $R—O—CSSM$，浮选硫化矿的捕收剂。

03.0592　二黄原酸盐　dixanthate
俗称"双黄药"。化学结构式为 $(R—O—CSS)_2$，在硫化矿物浮选中起重要作用。

03.0593　乙基黄原酸盐　ethyl xanthate
俗称"乙黄药"。化学结构式为 $C_2H_5—O—CSSM$，浮选硫化矿的捕收剂。

03.0594　异丙基黄原酸盐　isopropyl xanthate
俗称"异丙基黄药"。化学结构式为 $(CH_3)_2—CH—O—CSSM$，浮选硫化矿的捕收剂。

03.0595 丁基黄原酸盐 butyl xanthate

俗称"丁基黄药"。化学结构式为 CH_3—$(CH_2)_3$—O—$CSSM$，浮选硫化矿的捕收剂。

03.0596 异戊基黄原酸盐 isoamyl xanthate

俗称"异戊基黄药"。化学结构式为 $(CH_3)_4$—CH—O—$CSSM$，浮选硫化矿的捕收剂。

03.0597 异辛基黄原酸盐 isooctyl xanthate

俗称"异辛基黄药"。化学结构式为 CH_3—$(CH_2)_5$=$CH(CH_3)$—O—$CSSM$，浮选硫化矿的捕收剂。

03.0598 均二苯硫脲 thiocarbanilide

俗称"白药"。化学式为 $(C_6H_5NH)_2CS$，浮选硫化矿的捕收剂。

03.0599 烷基硫醇 alkyl thioalcohol

化学式为 RSH，浮选硫化矿的捕收剂，但有难闻的气味。

03.0600 二烷基二硫代磷酸盐 dialkyl dithiophosphate, aerofloat

俗称"黑药"。化学式为 $(RO)_2PSSM$，浮选硫化矿的捕收剂。

03.0601 二硫代氨基甲酸酯 dithionocarbamate

化学结构通式为 NH_2CSR 或 NH_2COR，浮选硫化矿的捕收剂。

03.0602 硫代氨基甲酸酯盐 thiocarbamate

化学结构式为 $CS(NH_2)\cdot OR(M)$，浮选硫化矿的捕收剂。

03.0603 巯基苯并噻唑 mercaptobenzothiazole, MBT

化学结构式为：

浮选硫化矿的捕收剂。

03.0604 二苯胍 diphenyl guanidine

化学式为 $(C_6H_5NH)_2CNH$，浮选硫化矿的捕收剂。

03.0605 二乙基二硫代氨基甲酸氰乙酯 cyanoethyl diethyl dithiocarbamate

又称"硫氮氰酯"。化学式为 $(C_2H_5)_2NCSSCH_2CH_2CN$，浮选硫化矿的捕收剂。

03.0606 二硫代氨基甲酸酯捕收剂 dithiocarbamate collector

又称"硫氮捕收剂"。化学式为 $CS(NH_2)SM$，浮选硫化矿的捕收剂。

03.0607 二乙基二硫代磷酸盐 diethyl dithiophosphate

化学式为 $(C_2H_5O)_2PSSM$，浮选硫化矿的捕收剂。

03.0608 苯乙烯膦酸 styryl phosponic acid

化学式为 $C_6H_5CHCHPO(OH)_2$，浮选氧化矿（如锡石等）的捕收剂。

03.0609 烷基磷酸酯 alkyl phosphate ester

化学式为 RO—$PO(OH)_2$；$(RO)_2PO(OH)$；$(RO)_3PO$ 可作为多种金属矿和非金属矿的浮选捕收剂。

03.0610 二乙基二硫代氨基甲基酸钠 sodium diethyl dithiocarbamate

又称"乙硫氮"。化学式为 $(C_2H_5)_2NCSSNa$，浮选硫化矿物的捕收剂。

03.0611 脂肪酸 fatty acid

化学式为 $RCOOH$，浮选氧化矿的阴离子脂肪酸类捕收剂。

03.0612 月桂酸 lauric acid
化学式为 $C_{11}H_{23}COOH$，浮选氧化矿的阴离子脂肪酸类捕收剂。

03.0613 油酸 oleic acid
化学式为 $C_{17}H_{33}COOH$，其中含有一个双键，浮选氧化矿的捕收剂。

03.0614 油酸钠 sodium oleate
化学式为 $C_{17}H_{33}COONa$，烃链中含有一个双键，浮选氧化矿的捕收剂。

03.0615 亚油酸 linoleic acid
化学式为 $C_{18}H_{31}COOH$，烃链中含有两个双键，浮选氧化矿的捕收剂。

03.0616 塔尔油 tall oil
硫化法造纸厂生产纸浆的纸浆废液经亚硫酸酸化后的产物，主要成分是脂肪酸和松脂酸，浮选氧化矿的捕收剂。

03.0617 石油磺酸盐 petroleum sulfonate
精炼石油得到的磺酸盐，浮选氧化矿的捕收剂。

03.0618 烷基硫酸盐 alkyl sulfate
化学式为 $ROSO_3Na$，浮选氧化矿的捕收剂。

03.0619 氧化石蜡皂 oxidized paraffin wax soap
以石蜡为原料经催化氧化反应制成的 $C_{10}\sim C_{22}$ 混合脂肪酸，浮选氧化矿的捕收剂。

03.0620 甲苯胂酸 toluene arsenic acid
化学式为 $CH_3C_6H_4AsO(OH)_2$，浮选锡石、黑钨矿、稀土矿物和氧化铅矿物的捕收剂。

03.0621 双膦酸 diphosphonic acid
浮选锡石、黑钨矿的捕收剂。双膦酸化学式

为：

$$\underset{X}{\overset{R}{\diagdown}} C \underset{PO_3H_2}{\overset{PO_3H_2}{\diagup}} \left[\begin{array}{l} R=C_{5\text{-}11}\text{烷基、} C_{5\text{-}11}NH \\ X=-OH, -NH_2, CH_3, H \end{array} \right]$$

03.0622 羟肟酸 hydroximic acid
化学式为 $C_nH_{2n+1}CONHOH$，浮选锡石、黑钨矿稀土矿物和氧化铅矿物的捕收剂。

03.0623 伯胺 primary amine
化学式为 RNH_2，浮选石英、长石、云母和钾盐的阳离子捕收剂。

03.0624 仲胺 secondary amine
化学式为 R_1R_2NH，浮选石英、长石、云母和钾盐的阳离子捕收剂。

03.0625 叔胺 ternary amine
化学式为 $R_1R_2R_3N$，浮选石英、长石、云母和钾盐的阳离子捕收剂。

03.0626 季铵盐 quaternary ammonium salt
化学式为 $R_1R_2R_3R_4NCl$，浮选石英、长石、云母和钾盐的阳离子捕收剂。

03.0627 醚胺 ether amine
化学结构式为 $ROR'NH_2$、$ROR'NHR''NH_2$，用于浮选石英和硅酸盐矿物的阳离子捕收剂。

03.0628 二胺 diamine
化学式为 $RNHR'NH_2$，浮选石英、长石、云母和钾盐的阳离子捕收剂。

03.0629 松油 pine oil
最广泛应用的起泡剂，由松木中提取，其主要成分是 α-萜烯醇。松油化学式为：

$$H_3C-C \underset{H_2C-CH_2}{\overset{HC-CH_2}{<}} CH \underset{CH_3}{\overset{OH \quad CH_3}{<}}$$

03.0630 松醇油 pine camphor oil
俗称"二号油"。直接用优质松节油经过化学加工制成的合成松油。在我国浮选厂中最常用。

03.0631 甲基异丁基甲醇 methyl isobutyl carbinol, MIBC
化学式为 $(CH_3)_2CCH_2CHOHCH_3$，属醇类起泡剂，形成的泡沫性脆，国外最常用。

03.0632 醚类起泡剂 ether frother
化学式为 $CH_3CH(OC_2H_5)\text{-}CH_2CH(OC_2H_5)_2$，水溶性好，形成的气泡尺寸小，消泡快，国外常用的起泡剂。

03.0633 六八醇 $C_6\sim C_8$ mixed base alcohol
其分子中含有 6~8 个碳原子的醇类起泡剂。

03.0634 二甲酚 diphenyl phenol
化学式为 $(CH_3)_2C_6H_3OH$，用作起泡剂。

03.0635 巯基乙酸 mercaptoacetic acid
化学式为 $HSCH_2COOH$，是辉钼矿浮选时抑制硫化铜、铅和锌矿物的有效抑制剂。

03.0636 羧甲基纤维素 carboxymethyl cellulose, CMC
化学结构式为

，一种广泛应用的水溶性纤维素，在浮选中主要作为分散剂和抑制剂。

03.0637 木素磺酸盐 lignosulfonate
存在于天然植物中的高分子聚合物经过磺化处理后得到的水溶性磺化木质素，可作为铁矿物和硅酸盐矿物的浮选抑制剂。

03.0638 古尔胶 guar gum
一种从天然植物中提取出的非离子型的多糖化合物，在浮选中作为硅酸盐矿物的抑制剂。

03.0639 腐殖酸 humic acid
一种高分子量聚电解质，由褐煤经氢氧化钠处理得到，用作铁矿物和硅酸盐矿物的浮选抑制剂。

03.0640 坚木栲胶 quebracho extract
俗称"栲胶"。从南美洲白坚皮提取的化合物，在浮选中可作抑制剂。

03.0641 酒石酸 tartaric acid
化学式为 $HOOCCHOHCHOHCOOH$，可作为浮选调整剂。

03.0642 柠檬酸 citric acid
化学式 $HO_2CCH_2C(OH)(CO_2H)CH_2COOH$，可作为浮选调整剂。

03.0643 乳酸 lactic acid
化学式为 $CH_3CHOHCO_2H$，可作为浮选调整剂。

03.0644 苛性淀粉 caustic starch
用氢氧化钠处理后的淀粉，分溶性比较好，可作为铁矿物和辉钼矿的浮选抑制剂。

03.0645 糊精 dextrin
淀粉加热至 200℃，分解为分子较小的胶状物质，溶于冷水中，可作为石英和滑石浮选的抑制剂。

03.0646 单宁 tannin
从植物中提取的高分子无定形物质，用作含钙、镁矿物的浮选抑制剂。

03.0647 水解聚丙烯酰胺 hydrolytic poly-acrylamide

化学结构式为 $\xrightarrow{}(CH_2-CH)_n(CH_2-CH)_m\xrightarrow{}$，下标 CONH₂ 与 COOH(Na)

化学结构式为 $-(CH_2-CH)_n-(CH_2-CH)_m-$，其中含 $CONH_2$ 与 $COOH(Na)$，

细粒悬浮液的絮凝剂。

03.0648 浮选机 flotation machine

实现泡沫选矿的浮选设备。

03.0649 浮选机机组 bank of flotation cells

由多台浮选机串联成浮选机组。可分别进行粗选、精选和扫选。

03.0650 浮选槽 flotation cell

机械搅拌式浮选机的槽体。包括转子-定子系统、槽体和刮泡及泡沫运输系统。

03.0651 浮选柱 flotation column

通过气泡发生器在柱体的底部产生气泡，并在其上部导入矿浆，依靠矿物颗粒向下与气泡的向上运动，产生逆流矿化；同时实现矿浆的分散与泡沫自动溢出的柱状浮选设备。因其泡沫层厚，适合微细粒浮选，可以获得高品质的精矿。

03.0652 充气式机械搅拌浮选机 pneumatic mechanical agitation flotation machine

依靠旋转的叶轮及与叶轮配合的固定整流装置，将压入的气体分散成气泡，同时完成矿浆搅拌和稳定液面的浮选机。典型代表如阿基泰尔浮选机，萨拉浮选机等。

03.0653 真空浮选机 vacuum flotation machine

依靠真空泵抽气，使矿浆中溶解的气体析出，产生微小气泡的浮选设备。

03.0654 自吸气机械搅拌式浮选机 self-aeration mechanical agitation flotation machine

依靠旋转的叶轮及与叶轮配合的固定整流装置，自动从空气中吸入气体，使空气分散成气泡，同时完成矿浆搅拌和稳定液面的浮选机。典型代表如维姆科浮选机等。

03.0655 射流浮选机 jet flotation cell

依靠专门的射流充气器产生气泡，借助于矿浆进入槽体时的动能和气泡上升产生的搅动，促使矿粒悬浮分离的浮选设备。如旋流-静态微泡浮选柱，Jameson cell 等。

03.0656 充气器 aerator

向气体析出式浮选机或浮选柱引入气泡的装置。

03.05 固 液 分 离

03.0657 脱水仓 dewatering bunker

底部为四面倾斜的高架钢筋混凝土料仓。

03.0658 溢流 overflow

分级过程中，尺寸小（或密度小）的颗粒多随流体从上部流出的产品。

03.0659 底流 underflow

分级过程中，尺寸粗大（或密度大）的颗粒沉降速度快，多进入下部的产品。

03.0660 浓密机 thickener

俗称"浓密大井"。一种常用的主要利用重力沉降原理将矿浆中的固体颗粒沉降分离出来从而实现固液分离的浓缩设备。

03.0661 周边传动浓缩机 peripheral traction thickener

将传动机构安装在沿周边轨道移动的小车上，借小车带动耙臂旋转的浓缩机。

03.0662 浓缩斗 thickening cone
一种形状为倒立圆锥体的脱水及脱泥设备。

03.0663 重力浓缩 gravity thickening
矿粒受重力作用而沉降，使固体与液体分离，从而实现矿浆浓缩的过程。

03.0664 耙式浓缩机 rake thickener
根据重力沉降原理，利用装在圆槽底部的旋转耙连续排出沉淀产品的矿浆浓缩设备。

03.0665 高效浓缩机 high capacity thickener
利用矿浆与絮凝剂充分作用并形成絮团的絮凝技术提高浓缩效率的一种耙式浓缩机。

03.0666 倾斜板浓缩机 inclined-plates thickener
在沉降区设置一组倾斜平行板的矿浆重力浓缩设备。

03.0667 深锥浓缩机 deep cone thickener
一种加强絮凝作用和流体静压力压缩作用的重力浓缩设备。

03.0668 离心沉降 centrifugal sedimentation
利用固液两相的密度差将分散在悬浮液中的固相颗粒在离心力场中进行分离的过程。

03.0669 沉降式离心机 solid bowl centrifuger
利用旋转的器身带动悬浮液作回旋运动，运动时矿粒受到的离心力加速矿浆中矿粒与液体分离的浓缩设备。

03.0670 过滤 filtration
在外力推动下，固液混合物中液体透过可渗透材料、固体被截留从而实现固液分离的过程。

03.0671 过滤介质 filter medium
过滤中能截留滤浆中固体颗粒而让液体可透过的材料。

03.0672 滤液 filtrate
过滤中透过滤饼层和介质层变清的液体。

03.0673 滤饼 filter cake
过滤中被过滤介质截留的固体颗粒堆积物。

03.0674 澄清 clarification
悬浮液通过沉降分层使液体几乎不含有或含有少量固体物质的过程。

03.0675 过滤机 filter
在外力推动下，实现固液分离的设备。

03.0676 重力过滤 gravity filtration
由料浆液柱高度形成的压强差为推动力实现过滤的方法。

03.0677 真空过滤 vacuum filtration
以真空源为推动力实现过滤的方法。

03.0678 加压过滤 pressure filtration
由压缩空气或滤浆泵产生的压力为推动力实现过滤的方法。

03.0679 离心过滤 centrifugal filtration
以离心力为推动力实现过滤的方法。

03.0680 滤饼过滤 filter-cake filtration
固体颗粒被截留在过滤介质表面并形成滤饼的过程。

03.0681 深层过滤 deep-bed filtration
固体颗粒被截留在过滤介质内部孔隙中的过滤过程。

03.0682 真空过滤机 vacuum filter
以真空抽吸力为推动力的过滤设备。

03.0683 圆筒真空过滤机 drum vacuum filter
以抽吸力为过滤推动力，以旋转圆筒为过滤工作面的一种过滤设备。

03.0684 圆盘真空过滤机 disk vacuum filter
以抽吸力为过滤推动力，一种水平轴上装有一个或数个圆盘作为过滤部件的过滤设备。

03.0685 水平带式真空过滤机 horizontal belt vacuum filter
以抽吸力为过滤推动力，以水平方向运行的无端滤带为过滤面的过滤设备。

03.0686 筒形内滤式过滤机 inside drum filter
以旋转圆筒内表面为过滤工作面的过滤机。

03.0687 筒形过滤机 drum filter
以旋转圆筒为过滤工作面的一类过滤机的统称。

03.0688 盘式过滤机 disk filter
以水平轴上安装的圆盘为过滤工作面的一类过滤机的统称。

03.0689 带式过滤机 belt filter
以滤带为过滤工作面的过滤机。

03.0690 管式过滤机 tubular filter
以微孔滤管为过滤工作面的过滤机。

03.0691 绳带式过滤机 string discharge filter
以缠绕在滚筒和排料辊上的尼龙绳带辅助卸料的过滤机。

03.0692 离心过滤机 centrifugal filter
以离心力为过滤推动力的过滤设备。

03.0693 压滤机 press filter
以滤浆泵或压缩空气产生的压力为过滤推动力的过滤设备。

03.0694 板框式压滤机 plate-and-frame filter press
过滤室由滤板和滤框交替排列组合而成的，间歇加压和给料的压滤设备。

03.0695 加压滤机 pressure leaf filter
在一垂直或水平设置的圆柱形密封耐压机壳内安装滤叶的压滤设备。

03.0696 带式压滤机 belt filter press
物料夹在两条滤带之间受压榨辊压榨实现脱水的压滤设备。

03.0697 气压罐式连续压滤机 continuous air tank pressure filter
将主要过滤部件置于高压罐内组成的压滤设备。

03.0698 助滤剂 filtration aid
在固液分离工艺中，为了降低滤饼水分、提高过滤效率而添加到过滤浆料中的药剂。

03.0699 介质型助滤剂 medium filtration aid
一种可以直接用作过滤介质提高过滤效率的颗粒均匀、质地坚硬不可压缩的粒状物质。

03.0700 化学助滤剂 chemical filtration aid
一种能降低滤饼水分、提高过滤效率的表面活性剂和高分子絮凝剂。

03.0701 膜过滤 membrane filtration
在流体压力差作用下，利用薄膜分离混合物

的一种方法。

03.0702 滤膜 filter membrane
具有高过滤速率与高截留选择性并易于清洗的一类有机高分子材料和无机材料。

03.0703 膜过滤器 membrane filter
用滤膜作过滤介质的过滤设备。

03.0704 尾矿处理 tailings disposal
将选矿厂排出的尾矿送往指定地点堆存或利用的技术。

03.0705 尾矿库 tailings impoundment
堆存尾矿和澄清尾矿水的专用场地。

03.0706 尾矿池 tailings pond
储存尾矿的池子。

03.0707 尾矿场 tailings area
尾矿堆积的场地。

03.0708 排水井 decanting well
尾矿库排水系统的进水构筑物。

03.0709 溢洪道 spill way
一种排除尾矿场内洪水的构筑物。由溢流堰、排水陡槽和消力池组成。

03.0710 尾矿回水 tailings recycling water
尾矿处理过程中，将尾矿浆所含的水澄清、回收、供选矿厂重复使用的水。

03.0711 尾矿管 tailings pipeline
选矿厂使用的管状尾矿水力输送设施。

03.0712 尾矿槽 tailings flume and ditch
选矿厂使用的槽状尾矿水力输送设施。

03.0713 尾矿水净化 purification of tailings water
对尾矿水中有害物质进行物理、化学处理，使其含量降低至符合循环使用或排放要求的技术。

03.06 辅助设施及检测

03.0714 矿堆 stockpile
大量物料(原矿、中间产品、精矿)的贮存及转运设施。

03.0715 原矿仓 coarse ore bin
贮存原矿的矿仓。

03.0716 中间矿仓 middling product bin
贮存破碎筛分系统中间产品的大型矿仓。

03.0717 缓冲矿仓 surge bin
调节上、下设备瞬时处理能力不平衡而设置的小型矿仓。

03.0718 分配矿仓 distributing bin
为多系列或多设备生产而设置的矿石分配仓。

03.0719 粉矿仓 fine ore bin
又称"磨矿矿仓"。为贮存破碎最终产品的矿仓。

03.0720 产品矿仓 product bin
贮存精矿或外销产品的矿仓。

03.0721 矿仓几何容积 geometric volume of ore bin
按矿仓内壁几何尺寸计算出来的容积。

03.0722 矿仓有效容积 live volume of ore bin

矿石在矿仓中，由其安息角、陷落角等确定能排出矿石所占的最大容积。

03.0723 给矿机 ore feeder

又称"给料机"。为供送物料的设备。

03.0724 摆式给矿机 oscillating feeder

在偏心轴和连杆作用下，使悬挂在矿仓卸料口下的弧形给料盘作往复摆动而供送细粒或粉状物料的设备。

03.0725 板式给矿机 apron feeder

由首轮驱动，使无极环形耐磨钢板作水平或倾斜运转而供送粗粒物料的设备。

03.0726 圆盘给矿机 disk feeder

通过装在矿仓卸料口下的圆形托盘的旋转而供送细粒或粉状物料的设备。

03.0727 振动给矿机 vibrating feeder

利用激振器使料箱处于高频小振幅振动状态而供送粗、中、细粒物料的设备。

03.0728 槽式给矿机 chute feeder

槽体由固定的槽壁和作往复运动的槽底板组成，驱动装置偏心轮使槽底作小冲次、大冲程往复运动而供送粗、中粒物料的设备。

03.0729 带式给矿机 belt feeder

可承受较大压力、长度较短的带式输送机。可水平或倾斜运转，供送中、细粒物料的设备。

03.0730 带式输送机 belt conveyor

由首、尾轮及输送带等组成，连续输送块状、粒状或粉状物料的设备。

03.0731 斗式提升机 bucket elevator

由首轮驱动，在无极环形带上装有一定数量的料斗，垂直或倾斜输送粒状或粉状物料的设备。

03.0732 螺旋输送机 spiral conveyor

以回转的螺旋叶片在密闭槽体内输送粒状、粉状或膏状物料的设备。

03.0733 饥饿给药 starvation reagent feeding

加入量少于药剂设定添加量，以充分发挥药剂浮选作用的省药给入方式。

03.0734 给药机 reagent feeder

添加选矿药剂的设备统称。

03.0735 杯式给药机 cup reagent feeder

竖向旋转盘上装有一定数量可垂直上下并至高处翻倒的药杯，作添加药剂用量较大的设备。

03.0736 带式给药机 belt reagent feeder

窄、短的带式输送机。可水平或倾斜运转，添加粒状或粉状药剂的设备。

03.0737 轮式给药机 pulley and scraper reagent feeder

在竖向旋转轮的下向转动一侧装有刮刀作添加药剂用量较少的设备。

03.0738 虹吸给药机 siphon reagent feeder

利用虹吸原理可灵活调量的加药设备。

03.0739 程控加药机 program controlled reagent feeder

按照预定的程序自动控制给药量的设备。

03.0740 可浮性检验 floatability test

对不同类型或品级矿样的可浮性进行检验对比的探索试验。

03.0741 浮沉试验 float and sink test
又称"重液分离试验"。为进行重介质预选试验提供依据。

03.0742 可选性试验 beneficiability test
对矿样进行初始阶段探索性的选别试验。

03.0743 开路试验 open circuit test
在实验室小型设备上进行的、非连续且中矿不返回的分批操作试验。

03.0744 闭路试验 closed circuit test
在实验室小型设备上进行的非连续且有中矿返回的分批操作试验。

03.0745 矿样 sample
供试验、测试、分析和研究用的具有代表性的矿石样品。

03.0746 采样 sampling
采集矿石或其他物料样品的过程。

03.0747 矿样代表性 sample representativeness
所采集的矿样对原矿或物料性质的符合程度。

03.0748 矿浆分配器 pulp distributor
把矿浆分成两个或多个质量相同矿流的分流设备。

03.0749 粒度分析 particle size analysis
测定物料粒度的组成，了解物料粒度特性。

03.0750 筛析 screen analysis
全称"筛分分析"。利用标准或非标准套筛进行粒度分析工作。

03.0751 水析 particle size analysis by sedimentation
根据物料颗粒大小和密度差异在水中沉降速度不同的原理，利用上升水流作用，对细粒物料进行的粒度分析。

03.0752 品位分析 grade analysis
原矿或产物中有价元素百分含量的定量分析。

03.0753 料位检测 ore level inspection
利用不同类型料位计对矿仓或破碎机腔中的矿石料位的测定工作。

03.0754 循环负荷检测 circulating load inspection
在碎矿或磨矿闭路作业中返回量与原给入量之比值的测定工作。

03.0755 在线泡沫图像分析仪 online froth phase analyzer
对浮选过程中有关泡沫产品的状况进行随机照相动态分析的装置。

04 冶金物理化学

04.01 冶金过程热力学

04.0001 冶金过程热力学 thermodynamics of process metallurgy
应用热力学原理研究冶金过程中化学反应进行的方向和限度等规律的学科。

04.0002 冶金原理 principle of metallurgical processes

研究从矿石中提取金属或金属化合物过程中的氧化、还原、分解等的物理化学规律及相关熔体性质等的学科。本词来源于俄文 Теория металлургических процессов。

04.0003 统计热力学 statistical thermodynamics

又称"统计力学"。从物质的微观结构出发，根据微观粒子的力学性质（如速度、动量、位置、振动和转动等），用统计的方法推求体系的宏观热力学性质（如压力、热容和熵等）的学科。

04.0004 非平衡态热力学 non-equilibrium thermodynamics

又称"不可逆过程热力学"。将研究对象从经典热力学范围的孤立体系中的平衡态推广到对非平衡态和不可逆过程进行定量描述形成的学科。

04.0005 化学热力学 chemical thermodynamics

用热力学基本定律解决化学反应的能量转换与进行的方向和限度问题的学科。

04.0006 表面热力学 surface thermodynamics

研究物质的热运动对物体表面物理化学性质的影响的学科。

04.0007 合金热力学 thermodynamics of alloy

应用热力学和统计物理研究合金相图、合金相稳定性和有关能量关系的学科。

04.0008 非金属材料热力学 thermodynamics of non-metallic materials

用热力学基本原理和方法研究非金属材料制备和使用过程中的物理变化和化学反应的宏观规律的学科。

04.0009 热力学第零定律 zeroth law of thermodynamics

又称"热平衡定律"。两个物体接触后发生热交换达到热平衡，再将其分开将仍保持该状态不变的规律。

04.0010 热力学第一定律 first law of thermodynamics

表述能量守恒的定律。体系从环境吸收的热减去它对环境做的功等于体系内能的增加。

04.0011 热力学第二定律 second law of thermodynamics

表述自发过程不可逆性的规律，在孤立体系中，熵值永不减少。

04.0012 热力学第三定律 third law of thermodynamics

表述 0 K 不可能达到的定律。在 0 K 时，任何完整晶体的熵等于零。

04.0013 体系 system

又称"系统"。简称"系"。根据研究需要，将一部分物质从其周围的其余物质中划分出来作为研究的对象。

04.0014 单元系 single-component system

仅有单一组元的体系。

04.0015 二元系 two-component system

又称"二组分体系"。由两个组元构成的体系。

04.0016 三元系 three-component system

又称"三组分体系"。组元数等于三的体系。

04.0017 多元系 multi-component system
组元数大于三的多组分体系。

04.0018 均相体系 homogenous system
物理和化学性质完全均一的体系。

04.0019 非均相体系 heterogeneous system
含有不止一个相的体系。

04.0020 孤立体系 isolated system
又称"隔离体系"。与环境之间既无物质交换,又无能量交换的体系。

04.0021 封闭体系 closed system
与环境只有能量交换而无物质交换的体系。

04.0022 敞开体系 open system
与环境既有能量交换又有物质交换的体系。

04.0023 广度性质 extensive property
又称"容量性质"。与体系中物质的数量成正比的性质。

04.0024 强度性质 intensive property
只取决于体系自身的特性,与体系中物质的量无关的性质。

04.0025 过程 process
体系状态的变化。

04.0026 热力学过程 thermodynamic process
热力学体系发生的一切变化。

04.0027 等温过程 isothermal process
体系的始态、终态的温度和环境温度等于一个恒定值的过程。

04.0028 等压过程 isobaric process
体系的始态、终态的压力和环境压力等于一

个恒定值的过程。

04.0029 等容过程 isochoric process
体系的始态和终态的体积相等的过程。

04.0030 绝热过程 adiabatic process
体系与环境之间用绝热壁隔开时,体系所进行的过程。

04.0031 可逆过程 reversible process
状态变化的每一步都能逆向进行,使体系和环境返回初态而不引起任何其他变化的过程。

04.0032 不可逆过程 irreversible process
不可能用任何方法返回初态而不引起任何其他变化的过程。

04.0033 自发过程 spontaneous process
又称"自然过程"。无须外力推动就可以自动进行的过程。一切自发过程都是不可逆的。

04.0034 物理过程 physical process
物理性质的宏观和微观变化过程。

04.0035 化学过程 chemical process
物质间发生化学反应的过程。

04.0036 冶金过程 metallurgical process
冶金生产和实验中的物理变化和化学反应过程。

04.0037 化学反应 chemical reaction
物质中分子、原子相互作用变化得到新产物的过程。

04.0038 化合反应 combination reaction
单质或简单化合物化合生成复杂化合物的反应。

04.0039 分解反应 decomposition reaction

复杂化合物分解为单质或简单化合物反应。

04.0040 置换反应 displacement reaction
活泼的单质元素与由不活泼的元素组成的复杂化合物作用生成新的复杂化合物和新的单质元素的反应。

04.0041 歧化反应 disproportionation reaction
某一种单质或化合物既是氧化剂又是还原剂，是一种特殊类型的自氧化还原反应。

04.0042 可逆反应 reversible reaction
反应物和生成物能够经由正向反应和逆向反应相互转化的反应。

04.0043 不可逆反应 irreversible reaction
只能单向进行，生成物不能转化为原来的反应物同时不对环境产生任何影响的反应。

04.0044 电化学反应 electrochemical reaction
伴有电能和化学能相互转化发生的化学反应。

04.0045 氧化还原反应 redox reaction
有电子转移或反应物价态发生变化，目标金属获得电子被还原出来，还原剂失去电子被氧化的反应。

04.0046 化学迁移反应 chemical migration
reaction
在一定条件下，含有杂质的金属与某一物质反应生成气态或挥发性强的金属化合物，该化合物在另一条件下，分解为纯金属及反应物质，使金属得到提纯的过程。

04.0047 均相反应 homogeneous reaction
在一个相中进行的反应。

04.0048 多相反应 multiphase reaction
在两个及两个以上的相之间进行的反应。

04.0049 气–金[属]反应 gas-metal reaction
气体与金属之间相互作用的物理变化和化学反应。

04.0050 渣–金[属]反应 slag-metal reaction
熔渣中组元与金属中的组元相互作用的化学反应。

04.0051 气–渣–金[属]反应 gas-slag-metal
reaction
冶金中涉及气体、金属和渣的物理作用和化学反应。

04.0052 饱和蒸气压 saturated vapor pressure
液体与其本身蒸气处于平衡时的气相压力。

04.0053 过冷液体 supercooled liquid
温度降至凝固点以下时仍未凝固的液体。

04.0054 克拉珀龙–克劳修斯方程 Clapeyron-
Clausius equation
描述蒸气压与温度的关系的方程。

04.0055 平衡 equilibrium
过程进行方向的量度。在无外界影响的条件下，体系在宏观上长时间不发生变化的状态。

04.0056 化学平衡 chemical equilibrium
化学反应处于正向和逆向的反应速率相等时的状态。

04.0057 热力学平衡 thermodynamic equilib-
rium
在一定的条件下，在宏观上体系的热力学性质长时间不发生变化。在微观上，热力学平衡体系中分子仍在不停地运动。热力学平衡应同时包括热平衡、化学力平衡；二元或多元系还应达到相平衡，含化学反应的体系应达到化学平衡的状态。

04.0058 亚稳平衡 metastable equilibrium
又称"介稳平衡"。当温度、压力或体系状态的参数偏离其平衡的数值时，在某些条件下体系仍具有一定稳定性的状态。

04.0059 等蒸气压平衡 isopiestic equilibrium
在密闭体系中，多元溶液与其上方的蒸气达到两相平衡的状态。即蒸发与凝固处于动态平衡，两相组成不随时间改变的状态。

04.0060 电化学平衡 electrochemical equilibrium
在电极反应中，电荷在正、反两个方向转移的速率相等时，此时既无净电流流过，也无净化学变化的状态。

04.0061 化学势图 chemical potential diagram
应用等化学势原理绘制的各种相平衡热力学关系图。

04.0062 相 phase
体系内物理性质、化学成分或金属组织均一并与该体系其他部分以界面分开的部分。

04.0063 相平衡 phase equilibrium
在一定的温度和压力下，多相体系中任意一种物质在不同相态间转变的过程达到平衡的状态。相平衡状态下，多相体系中各相温度、压力相等，同一组元在不同相中的化学势相等。

04.0064 吉布斯相律 Gibbs phase rule
简称"相律"。表征平衡体系中自由度、相数、独立组元数以及影响平衡状态的外界因素数目之间的关系。

04.0065 自由度 degree of freedom
在相数不改变的条件下，体系可变独立因素的数目。

04.0066 相图 phase diagram
表示相变规律的各种几何图形。

04.0067 组元 component
又称"组分"。在一定的温度和压力下，溶液、固溶体或气体体系中存在的化学成分有一定比例且此比例可以在某个范围内连续变化的物质。

04.0068 独立组元 independent component
确定平衡体系中的所有各相组成所需要的最少数目的组元。

04.0069 单元相图 single component phase diagram
又称"一元相图"。表示单元系处于相平衡条件下温度与压力关系的几何图形。

04.0070 二元相图 binary phase diagram
表示在恒压条件下，二元系处于相平衡时温度与组元浓度关系的几何图形。

04.0071 三元相图 ternary phase diagram
表示在恒压条件下，三元系处于相平衡时温度与组元浓度关系的几何图形。

04.0072 四元相图 quarternary phase diagram
表示在等压条件下，四元系处于相平衡时温度与组元浓度关系的图形，一般用正四面体或其中的若干剖面图来表示。

04.0073 互易三元相图 phase diagram of reciprocal salt system
又称"四角相图"。当 4 种物质间存在离子反应，根据反应方程式则可以用其中任意 3 种物质的浓度表示第 4 种物质的浓度所绘制的相图。

04.0074 液相线 liquidus
固相与液相呈平衡时，液相的组成与温度关系的曲线。

04.0075 固相线 solidus
固相与液相呈平衡时，固相组成随温度变化的曲线。

04.0076 三相点 triple point
单元系中气、液、固 3 个相态同时平衡共存时，表示其温度和压力的点。

04.0077 共晶点 eutectic point
又称"低共熔点"。相图中表示共晶成分和共晶温度的点。

04.0078 包晶点 peritectic temperature
又称"转熔点"。相图中表示包晶成分和包晶反应温度的点。

04.0079 独晶点 monotectic point
又称"偏熔点"。相图中表示发生独晶反应温度的点。

04.0080 相合熔点 congruent melting point
二元系中两个组元之间形成的稳定化合物具有的一定的熔点。

04.0081 共轭配对点 pair of conjugated points
表示在相图上某个指定温度下两个相互平衡的溶液(或固溶体)的组成点。

04.0082 包晶反应 peritectic reaction
液相与一种晶体作用生成另一种晶体的反应。

04.0083 独晶反应 monotectic reaction
又称"偏晶反应"。由一种液相生成另一种液相和一种晶体的反应。

04.0084 共晶反应 eutectic reaction
在一定的温度下，二元系中一定成分的液体通过结晶产生两种或两种以上一定成分的固相的反应。

04.0085 合晶反应 completely miscible reaction
又称"同晶反应"。2 个或多个组元，在液态和固态都能以任意比例互溶，成为单相溶液或固溶体的反应。

04.0086 溶解度间隙 miscibility gap
又称"均相间断区"。相图中表示一个溶液或固溶体分为 2 个均相的区域。

04.0087 冷却曲线 cooling curve
又称"步冷曲线"。加热某个成分的合金或固溶体使其全部熔化，其后在一定环境中自行冷却，描绘温度随时间变化的曲线。

04.0088 结线 tie line
在相图中连结相互平衡的两个相组成的直线。

04.0089 杠杆规则 lever rule
相图上相互平衡的两相的相对量可以用按杠杆原理确定的等温线段长度比计算的规则。

04.0090 重心规则 center-of-gravity rule
若有 3 个已知成分和质量的三元系 x、y、z，混合成新的三元系，则代表点 P 一定落在浓度三角形 $\triangle xyz$ 重心的位置。

04.0091 等温截面 isothermal section
用一系列平行于底平面的等温面去截立体

相图时，所得的交线绘于平面上形成的一系列相图。

04.0092 变温截面 temperature-concentration section

又称"多温截面"。用垂直于底平面的垂直平面去截立体相图时，所得的交线绘于该垂直平面上所得的相图。

04.0093 罗泽博姆规则 Roozeboom rule

又称"连结直线规则"。在相图上如果连结平衡共存两个相的成分点的连线或其延长线，与划分这两个相的分界线或其延长线相交，其交点就是分界线上的温度最高点的规则。

04.0094 切线规则 tangent rule

三元相图中两个相区分界线上任意一点所代表的熔体，在结晶瞬间析出的固相成分，由该点的切线与相成分点连线的交点来表示的规则。

04.0095 相区邻接规则 neighboring phase field rule

描述多元相图中某一区域内相的总数与邻接区域内相的总数之间关系的规则。

04.0096 埃林厄姆–理查德森图 Ellingham-Richardson diagram

氧化物、硫化物及氯化物等的生成反应的标准吉布斯能变化与温度的关系图。以 1mol 氧、硫或氯作为比较基准，判断相应化合物的稳定性。

04.0097 相稳定区图 phase-stability area diagram

处于热力学平衡的体系中各相稳定存在区域的几何图形。

04.0098 化学反应等温式 chemical reaction isotherm

在定温下，在给定某化学反应的始末态时，所得的反应吉布斯能 $\Delta_r G_m$ 变化与温度的关系式：$\Delta_r G_m = \Delta_r G_m^{\ominus} + RT\ln Q_a$，$\Delta_r G_m^{\ominus}$ 为该反应的标准吉布斯能变化；Q_a 为该反应始末态的活度商。

04.0099 气体状态方程 equation of state of gas

平衡态下，一定量气体的体积、温度和压力间的变化关系式。

04.0100 理想气体 ideal gas

又称"完全气体"。为假想的、从微观角度看是分子本身的体积和分子间作用力都可以忽略不计的气体。它在任何情况下都严格遵守玻–马定律、盖·吕萨克定律和查理定律。从而一定量理想气体体积与压力乘积等于其物质的量与温度及气体常数 R 的乘积。

04.0101 实际气体 real gas

由于实际存在的气体并不严格遵循理想气体定律。一般认为温度大于 500K 或者压强不高于 100kPa 时的气体为理想气体，不满足这些条件的实际存在的气体皆为实际气体。

04.0102 化学势 chemical potential

又称"偏摩尔吉布斯能"。在指定温度、压力和组成的多组元体系中改变一摩尔某组元的吉布斯能。

04.0103 超额函数 excess function

实际溶液偏离理想混合物热力学函数的差值。

04.0104 偏摩尔量 partial molar quantity

在一定的温度和压力下，在混合体系(二元或多元溶液)中，加入 1mol B 物质引起体系

某热力学广度性质(函数)的改变值。以 Z 表示该函数时，其偏摩尔量为

$$Z_B = \left(\frac{\partial Z}{\partial n_B}\right)_{T,p,n_{C(C \neq B)}}$$

04.0105　化学计量化合物　stoichiometric compound

又称"整比化合物"。具有确定组成而且各种元素的原子互成简单整数比的化合物。

04.0106　非化学计量化合物　nonstoichiometric compound

又称"非整比化合物"。其组成中各种元素的原子间不为简单整数比，且组成可在一定的范围内变动的化合物。

04.0107　化学反应进度　extent of reaction

表示化学反应进行程度的量。定义式为 $d\xi = \dfrac{dn_B}{\nu_B}$，$B$ 表示参加反应的任意一种反应物或生成物。n_B 为 B 物质的量；ν_B 为在化学反应式中 B 的计量系数。对反应物，ν_B 取负值，对生成物，ν_B 取正值。

04.0108　热化学　thermochemistry

在物理化学中，研究化学反应及溶解、蒸发、凝固等物理变化过程中热效应的精确测定和变化规律的学科分支。

04.0109　热化学方程　thermochemical equation

表示化学反应与热效应关系的方程式。

04.0110　热效应　heat effect

体系在等温等压或等温等容条件下的物理变化或化学反应过程中，吸收或放出的热量。

04.0111　放热反应　exothermic reaction

对于不存在非体积功的反应体系，在反应物与生成物温度相等时，放出热量的化学反应。

04.0112　吸热反应　endothermic reaction

对于不存在非体积功的反应体系，在反应物与生成物温度相等时，吸收热量的化学反应。

04.0113　基尔霍夫定律　Kirchhoff's law

描述反应的等压热效应与温度之间关系的方程式，$\left[\dfrac{\partial(\Delta H)}{\partial T}\right]_p = \Delta C_p$。

04.0114　等压热容　heat capacity at constant pressure

又称"定压热容"。在压力不变的条件下，物质的温度每改变 1K 时所需吸收或放出的热量。

04.0115　等容热容　heat capacity at constant volume

又称"定容热容"。在体积不变的条件下，物质的温度每改变 1K 时所需吸收或放出的热量。

04.0116　赫斯定律　Hess's law

化学反应的热效应仅与反应物的起始状态和生成物的终了状态有关，而与中间步骤无关的定律。

04.0117　玻恩−哈伯循环　Born-Haber cycle

计算生成焓的热化学循环法。

04.0118　热容　heat capacity

全称"热容量"。一定量物质在温度变化 1℃ 时，所吸收(或放出)的热量。

04.0119　摩尔热容　molar heat capacity

1 mol 物质的热容。

04.0120　比热容　specific heat capacity

1 kg 物质的热容。

04.0121 热力学函数 thermodynamic functions
又称"热力学量"。体系能量的特征变量，内能、焓、熵、吉布斯能及亥姆霍兹能的统称。

04.0122 状态函数 functions of state
变化仅与始末态有关，而与经历的途径无关的函数。内能、焓、吉布斯能及亥姆霍兹能的值皆为状态函数。

04.0123 焓 enthalpy
系统的内能和所做膨胀功之和。

04.0124 相变焓 enthalpy of phase transformation
一定量的物质在一定温度下从一个相转变为另一个相的过程中产生的热效应。

04.0125 混合焓 enthalpy of mixing
各纯组元混合形成非理想溶液的热效应。

04.0126 生成焓 enthalpy of formation
由稳定的单质生成 1 mol 化合物时的热效应。

04.0127 反应焓 enthalpy of reaction
化学反应的热效应。

04.0128 燃烧焓 enthalpy of combustion
1 mol 物质在纯氧中完全燃烧的反应过程中产生的热效应。

04.0129 溶解焓 enthalpy of solution
物质在溶解过程中的热效应。

04.0130 熔化焓 enthalpy of fusion
物质在熔点时，从固态全部变为液态时的热效应。

04.0131 结晶焓 enthalpy of crystallization
液态物质在结晶过程中的热效应。

04.0132 气化焓 enthalpy of vaporization
在温度保持不变的情况下，液体转化为气体所产生的热效应。

04.0133 升华焓 enthalpy of sublimation
固体不经液体直接转为气体过程中所产生的热效应。

04.0134 离解焓 enthalpy of dissociation
物质分解为较简单的组元过程中的热效应。

04.0135 超额焓 excess enthalpy
衡量真实溶液对理想溶液偏离程度的变量之一。物质形成真实溶液时的焓变与假设其形成理想混合物时的焓变值之差。

04.0136 内能 internal energy
体系内分子运动的动能、分子间相互作用的势能以及分子中原子、电子运动的能量总和。内能是体系的状态函数，用 U 表示。

04.0137 玻尔兹曼常数 Boltzmann constant
一个普适常数，其值等于通用气体常数与阿伏伽德罗常数的比值，即 1.380622×10^{-23} J·K^{-1}。

04.0138 熵 entropy
体系的状态函数之一，属于容量性质，用 S 表示。$dS = \dfrac{\delta Q_r}{T}$，即无限小的等温可逆过程的熵变等于吸收的热除以其热力学温度（热温熵）。

04.0139 绝对熵 absolute entropy
又称"规定熵"。根据热力学第三定律，趋

近 0K 时理想的完整晶体的熵 $S_0=0$。T K 时物质的熵，即 $S = \int_0^T \frac{C_p}{T} \mathrm{d}T$，$C_p$ 为等压热容。

04.0140 混合熵 entropy of mixing
纯组元形成溶液时熵的变化。

04.0141 超额熵 excess entropy
物质形成真实溶液时的熵变与假设它们形成理想液态混合物时熵变值之差，即 $S^E = \Delta_{mix} S^{re} - \Delta_{mix} S^{id}$。

04.0142 熵增原理 principle of entropy increase
在绝热体系中发生的过程的熵永不减少的原理。其中，可逆绝热过程的熵不变；不可逆绝热过程的熵总是增加。

04.0143 熵产生 entropy production
体系内不可逆的热流所引起的熵变。单位时间的熵产生，称熵产生率，用 σ 表示。

04.0144 熵流 entropy flux
体系与环境的物质与能量交换过程引起的熵的变化。

04.0145 熵产生式 equation of entropy production
熵产生表达式：$\sigma = \sum_k J_k X_k$，$\sigma > 0$，J_k 为 k 过程单位时间的流或流通量，如热流、扩散流、黏性压力张量及化学反应速率；X_k 为相应的推动力，即与温度梯度、化学势梯度及外力、速度梯度及反应的亲和势直接对应的量。

04.0146 吉布斯能 Gibbs energy
全称"吉布斯自由能"。用 G 表示，是体系的状态函数。为体系的焓减去其熵与温度之积，即 $G \equiv H - TS$。

04.0147 混合吉布斯能 Gibbs energy of mixing
两种或两种以上纯组元混合形成溶液过程的吉布斯能变化。

04.0148 标准吉布斯生成能 standard Gibbs energy of formation
在标准状态下由稳定的单质元素生成 1 mol 的化合物的吉布斯能变化。

04.0149 超额吉布斯能 excess Gibbs energy
两种或两种以上纯组元混合形成真实溶液时，混合吉布斯能与假设它们形成理想溶液的混合吉布斯能之差，即 $G^E \equiv \Delta_{mix} G^{re} - \Delta_{mix} G^{id} = RT(n_1 \ln \gamma_1 + n_2 \ln \gamma_2)$。

04.0150 亥姆霍兹能 Helmholtz energy
又称"自由能"。用 F 表示。体系的状态函数，等于体系的内能减去体系的熵与温度之积，即 $F \equiv U - TS$。

04.0151 麦克斯韦关系式 Maxwell equations
处于热力学平衡态的体系中，热力学函数的偏微分之间的关系式。含如下四个公式，
$$\left(\frac{\partial T}{\partial V}\right)_S = -\left(\frac{\partial p}{\partial S}\right)_V, \quad \left(\frac{\partial T}{\partial p}\right)_S = \left(\frac{\partial V}{\partial S}\right)_p,$$
$$\left(\frac{\partial p}{\partial T}\right)_V = \left(\frac{\partial S}{\partial V}\right)_T, \quad \left(\frac{\partial V}{\partial T}\right)_p = -\left(\frac{\partial S}{\partial p}\right)_T。$$

04.0152 溶液 solution
又称"溶体"。两种或两种以上的物质均匀混合，彼此以分子(或原子)大小的数量级均匀分布而构成的连续相物质。

04.0153 溶剂 solvent
能溶解其他物质的物质，一般指溶液中量最大的物质为溶剂。

04.0154 溶质 solute
溶解于溶液中而且量较少的物质。

04.0155 溶水度 water solubility
在一定温度和压力下，物质在一定量水中溶解的最大量。固体或液体溶质的溶水度常用100g水中所溶解的溶质克数来表示。气体溶质的溶水度常用每毫升水中所溶解的气体毫升数表示。

04.0156 溶解度 solubility
溶质在溶剂中的溶解程度。对于固体溶质，用在一定温度下，于100g溶剂中溶解达到平衡时溶质的量来表示。

04.0157 平衡常数 equilibrium constant
化学反应达到平衡时，生成物的活度积与反应物的活度积之比。用平衡常数来表示反应所能达到的程度。

04.0158 平衡值 equilibrium value
由化学反应的平衡常数计算出的反应体系中各物质的浓度。亦即由于物质转化，浓度所达到的极限值。

04.0159 活度 activity
为校正真实溶液对理想液态混合物所产生的偏差引入的概念，为组元在真实溶液中表现出的实际活动能力。活度是与浓度比值或分压比值有关的无量纲量。

04.0160 逸度 fugacity
实际气体对理想气体的校正压力。

04.0161 溶液浓度 concentration of solution
溶液中某一组元的含量。

04.0162 摩尔质量 mass per mole substance
1mol物质（原子、分子、离子）所具有的物质的质量。单位为 $kg \cdot mol^{-3}$。

04.0163 物质的量分数 mole fraction

又称"摩尔分数"。某组元的物质的量与溶液中所有组元的物质的量总量之比。

04.0164 物质的量浓度 molality
某物质的物质的量与溶液的体积之比。单位为 $mol \cdot m^{-3}$ 或 $mol \cdot dm^{-3}$。

04.0165 质量分数 mass fraction
溶液中某溶质 i 的质量与溶液的总质量之比，也可以用百分数形式表示。对钢液以 $w[i]$ 表示，对熔渣以 $w(i)$ 表示。

04.0166 理想液态混合物 ideal liquid mixture
所有组元在全浓度范围都符合拉乌尔定律的溶液。理想液态混合物中各组元分子的大小及作用力彼此接近。理想液态混合物的混合焓和混合体积都为零。

04.0167 无限稀溶液 infinitely dilute solution
溶质含量极低，溶剂服从拉乌尔定律、所有溶质都服从亨利定律的溶液。

04.0168 真实溶液 real solution
又称"非理想液态混合物"。不具备任意组元在全浓度范围都符合拉乌尔定律等理想液态混合物性质的溶液。

04.0169 正规溶液 regular solution
曾称"规则溶液"。混合焓不为零，混合熵与理想液态混合物相同的溶液。

04.0170 拉乌尔定律 Raoult's law
在定温下的稀溶液中，溶剂的蒸气压等于纯溶剂蒸气压乘以溶液中溶剂的摩尔分数。它是稀溶液中溶剂的经验定律及理想液态混合物所有组元都服从的定律。

04.0171 亨利定律 Henry's law
在一定温度和平衡状态下，稀溶液中溶质的

浓度与溶质的蒸气分压成正比，但比例系数不等于纯溶质的蒸气压。

04.0172　活度系数　activity coefficient

又称"活度因子（activity factor）"，表示实际溶液与理想液态混合物偏差程度的无量纲量。组元的活度系数等于其活度与浓度的比值。

04.0173　活度标准态　standard state of activity

溶液中溶质的活度、活度系数及浓度都等于 1 的状态。选择不同的标准态，组元的活度值也不同。

04.0174　纯物质标准态　pure substance standard

活度为 1，摩尔分数也为 1，且该溶液符合拉乌尔定律的状态。

04.0175　质量 1%溶液标准态　1 mass percent solution standard

活度为 1，质量分数浓度为 1%，且该溶液符合亨利定律的状态。

04.0176　无限稀溶液参考态　reference state of infinitely dilute solution

稀溶液中 i 溶质的质量分数浓度趋于零，其活度值接近于浓度数值的状态。

04.0177　相互作用参数　interaction parameter

在多元稀溶液中，当 i 溶质浓度趋于不变时，其活度系数的对数对 j 溶质浓度的变化率。在 1%浓度标准态下，j 溶质的质量分数浓度每提高 1%，引起 i 的活度系数对数值的改变，用 e_i^j 表示，即 $e_i^j = \left(\dfrac{\partial \log f_i^j}{\partial [\%j]} \right)_{[\%i]}$ 在纯物质标准态下，每摩尔 j 引起 i 的活度系数自然对数值的改变，用 ε_i^j 表示，即

$\varepsilon_i^j = \left(\dfrac{\partial \ln f_i^j}{\partial [x_j]} \right)_{[x_i]}$。

04.0178　同浓度法的相互作用系数　interaction coefficient at constant concentration

铁液在保持元素 i 的浓度不变的原则下，获得的加入第三元素 j 对第二元素 i 的活度相互作用系数 $f_{i\,[\%i]}^j$ 或 $\gamma_{i\,[x_i]}^j$。对应的相互影响参数分别为 e_i^j 或 ε_i^j。

04.0179　同活度法的相互作用系数　interaction coefficient at constant activity

在保持元素 i 的活度不变的原则下，获得的加入第三元素 j 对第二元素 i 的活度相互作用系数 $f_{i\,a_i}^j$ 或 $\gamma_{i\,a_i}^j$。对应的相互影响参数分别为 o_i^j 或 ω_i^j。

04.0180　自身相互作用系数　self-interaction coefficient

组元 i 的自身浓度变化对活度系数的影响，表示为 f_i^i 或 r_i^i。

04.0181　二阶活度相互作用系数　interaction coefficient of second order

用 r_i^j 或 ρ_i^j 表示。$r_i^j = \dfrac{1}{2}\dfrac{\partial^2 \log f_i}{\partial [\%j]^2}$，

$\rho_i^j = \dfrac{1}{2}\dfrac{\partial^2 \log f_i}{\partial x_j^2}$。

04.0182　二阶交叉活度相互作用系数　cross interaction coefficient of second order

用 $r_i^{j,k}$ 或 $\rho_i^{j,k}$ 表示。$r_i^{j,k} = \dfrac{1}{2}\dfrac{\partial^2 \log f_i}{\partial [\%j][\%k]}$，

$\rho_i^{j,k} = \dfrac{1}{2}\dfrac{\partial^2 \log f_i}{\partial x_j \partial x_k}$。

04.0183 吉布斯–杜安方程 Gibbs-Duhem equation

在等温等压下，溶液中各组元的任意一容量性质的偏摩尔量 Z 随浓度的变化是相关的，它们变化的总和不引起该体系这一性质的变化，即 $\sum_{B=1}^{k} x_B dZ_B = 0$。其中，应用最广的是等温等压下，组元化学势变化间的关系式：$\sum_i x_i d\mu_i = 0$。

04.0184 等活度线 isoactivity line

在三元相图上绘制的活度相等的溶液或熔体成分点连接成的曲线。

04.0185 最小吉布斯能原理 principle of minimum Gibbs energy

在等温、等压且不做其他功的条件下，体系自发的变化总是向吉布斯能减小的方向进行，直到达到平衡为止。此时体系吉布斯能达到该条件下的最小值。

04.0186 吉布斯能函数 Gibbs energy function

某物质在 T K 时的标准吉布斯能和在 0K 时的标准焓之差除以温度 T 的商，即：$\dfrac{G^{\ominus} - H_0^{\ominus}}{T}$。

04.0187 焓函数 enthalpy function

某物质在 T K 时和在 0K 时的标准焓之差除以温度 T 的商，即 $\dfrac{H^{\ominus} - H_0^{\ominus}}{T}$。

04.0188 选择性氧化 selective oxidation

根据元素的氧化顺序不同，选择适宜的温度和气氛，使部分元素氧化，从而达到组元的分离和提取目的的方法。

04.0189 氧化转化温度 transition temperature of oxidation

两种元素的氧化反应的吉布斯能变化与温度关系线交点的温度。

04.0190 最低还原温度 minimum temperature of reduction

还原剂的氧化反应及生成物被还原剂氧化的反应的吉布斯能变化与温度关系线交点的温度。

04.0191 局域平衡态 local equilibrium state

若一个体系偏离平衡的程度不大，可认为在宏观小而微观大的局域范围内，处于各种热力学函数及其之间的各种关系仍适用的平衡状态。

04.0192 线性唯象关系 phenomenological relation

若体系处于比较接近于平衡的非平衡态，所有推动力都较小，可得热力学流与推动力间的关系式 $J_k = \sum_k L_{kk'} X_{k'}$ 来表征不同线性不可逆过程的耦合，$L_{kk'}$ 为线性唯象系数。

04.0193 线性非平衡过程 linear non-equilibrium process

又称"线性不可逆过程"。热力学力和流之间满足线性唯象关系的非平衡过程。

04.0194 昂萨格倒易关系 Onsager reciprocal relation

线性唯象系数具有对称性，即第 k 种不可逆过程的流受第 k' 种不可逆过程的力影响时，第 k' 种不可逆过程的流受第 k 种不可逆过程的力影响的关系，其数学表达式为 $L_{kk'} = L_{k'k}$。

04.0195 最小熵产生原理 principle of minimum entropy production

在接近平衡的条件下，和外界控制条件相适应的非平衡定态(定态指不随时间变化的状态)的熵产生与其他状态熵产生相比具有极小值的原理。

04.0196 耗散结构 dissipative structure
又称"非平衡态有序结构"。在远离平衡态的敞开体系，通过与外界交换物质与能量过程，由于内部非线性作用使涨落放大，自动从无序状态形成并维持的在时间、空间或功能上的有序结构。

04.0197 量子化 quantization
物理量变化的不连续性。

04.0198 量子统计 quantum statistics
统计物理学中，考虑微观粒子运动的不连续性及泡利不兼容原理形成的一个分支学科。

04.0199 定位体系 localized system
又称"定域子体系"。统计热力学中的统计单位(即微观粒子)可以彼此分辨的体系。

04.0200 非定位体系 non-localized system
又称"离域子体系"。统计热力学中的统计单位(即微观粒子)彼此不能分辨的体系。

04.0201 泡利不兼容原理 Pauli's exclusion principle
每一个量子状态最多只能容纳 1 个微观粒子。

04.0202 配分函数 partition function
又称"粒子的状态和"。对体系中的一个粒子所有可能状态的玻尔兹曼因子求和的函数，即 $q = \sum_i g_i e^{\frac{\varepsilon_i}{kT}}$。体系的各种热力学性质都可以用配分函数来表示。

04.0203 统计权重 statistical weight
又称"简并度"。在量子理论中，一个能级可能有的微观状态数。

04.0204 玻尔兹曼分布定律 Boltzmann distribution law
内能、体积和分子数一定的宏观体系具有最大微观状态数时，能级分布应遵循的规律。根据经典统计力学，假设在能级的任一个量子状态上可以容纳任意多个粒子得出。其最概然分布式为：$N_i^* = N \dfrac{g_i e^{-\frac{\varepsilon_i}{kT}}}{\sum_i g_i e^{-\frac{\varepsilon_i}{kT}}}$，式中 ε 为能级，g 为简并度，N 为分子数。

04.0205 玻色–爱因斯坦分布 Bose-Einstein statistics
若每个量子状态最多容纳的粒子数没有限制，则这类粒子组成等同粒子体系时服从的量子统计规律。

04.0206 费米–狄拉克分布 Fermi-Dirac statistics
若每个量子状态最多只能容纳一个粒子，则这类粒子组成等同粒子体系时服从的量子统计规律。

04.02 冶金过程动力学与反应工程学

04.0207 冶金过程动力学 kinetics of metallurgical processes
冶金物理化学的主要组成部分之一。研究冶金过程中化学反应、传质和新相生成等过程的速率及其影响因素的学科。

04.0208 微观动力学 microkinetics
又称"化学反应动力学"。动力学中研究化

学反应的速率、反应机理（途径）及其与温度、浓度关系的学科。

04.0209　宏观动力学　macrokinetics
动力学中研究化学反应和相关物质传递过程速率现象的学科。

04.0210　结构宏观动力学　structural kinetic mechanism, SKM
动力学中研究化学反应速率、热与质量的传递，以及结构转变过程规律的动力学分支学科。是高温自蔓延的理论基础。

04.0211　均相反应动力学　kinetics of homogeneous reaction
动力学中研究反应物和生成物在同一物相内的反应速率及影响因素的学科。

04.0212　多相反应动力学　kinetics of heterogeneous reaction
动力学中研究反应物和生成物处于不同物相，在相界面或其附近极薄的区域进行反应的过程速率及影响因素的学科。

04.0213　速率　rate
组元的浓度、气相中的分压及温度等随时间的变化率。速率是一个标量。

04.0214　速度　velocity
流动、传热和传质所通过的距离随时间的变化率。速度是一个向量。

04.0215　速率现象　rate phenomena
非平衡状态下，反应进度、物质浓度、温度和流动速度等随时间、空间和限制条件的变化规律和现象。

04.0216　反应速率　reaction rate
某反应的进度随时间的变化率。

04.0217　反应速率常数　reaction rate constant
化学反应速率方程式中的比例常数。即所有的浓度均为 1 时的反应速率。

04.0218　半衰期　half life
化学反应进程达到一半时所需时间。

04.0219　反应速率方程　reaction rate equation
反应速率与反应物或生成物浓度的函数关系式。

04.0220　动力学方程　kinetic equation
在一定的初始和边界条件下，求解速率方程式所得的积分表达式。

04.0221　反应机理　mechanism of reaction
多相反应或复杂反应的进行所必须经历的各个环节(包括传质和基元反应)，影响各环节速率的因素以及速率相对值的比较和分析判断。

04.0222　简单反应　simple reaction
反应物一步生成产物的反应。

04.0223　复杂反应　complex reaction
又称"复合反应"。由 2 个及 2 个以上步骤完成的反应。

04.0224　基元反应　elementary reaction
反应物分子在碰撞中直接转化为生成物分子的反应。

04.0225　一级反应　first order reaction
反应速率只与反应物浓度的一次方成正比的反应。

04.0226　二级反应　second order reaction
反应速率与浓度的平方或两个反应物浓度的乘积成正比的反应。

04.0227 1/2 级反应 one half order reaction
反应速率与反应物浓度的 1/2 次方成正比的反应。

04.0228 *n* 级反应 *n*-th order reaction
反应速率与反应物浓度的 *n* 次方成正比的反应。

04.0229 零级反应 zero order reaction
反应速率与反应物的浓度无关的反应。

04.0230 表观一级反应 apparent first order reaction
由传质控制和界面化学控制的、速率经验方程与浓度的一次方成正比的一类反应。

04.0231 平行反应 parallel reaction
反应物同时平行地进行 2 个或 2 个以上的不同基元反应的反应。

04.0232 连串反应 consecutive reaction
一个反应的产物是下一个反应的反应物，如此逐级构成的系列反应。

04.0233 链反应 chain reaction
又称"连锁反应"。具有如下特征的一类化学反应：用热、光、辐射或其他方法使反应引发，便能通过活化组分（自由基或原子）相继发生一系列的连续反应。

04.0234 共轭反应 conjugated reaction
只有当另一反应存在时才能进行的反应。

04.0235 总反应 overall reaction
将 2 个或更多基元反应的化学反应式合并后，所写出的只包括起始反应物和终了产物的化学反应式的反应。

04.0236 反应途径 reaction path
反应物转化为最终产物所经历的步骤。

04.0237 有效碰撞理论 effective collision theory
基元反应中只有两个分子发生碰撞、而且是活化分子在一定方位的碰撞，才能发生反应的理论。

04.0238 阿伦尼乌斯方程 Arrhenius equation
表述温度对反应速率常数影响的经验公式。

04.0239 指前因子 pre-exponential factor
又称"频率因子"。阿伦尼乌斯公式中的常数，在碰撞理论中为方位因子与碰撞因子的乘积。

04.0240 活化能 activation energy
发生化学反应时，活化分子所必须越过的能垒，也是反应物分子成为活化分子所需的最小能量。

04.0241 表观活化能 apparent activation energy
由实验所得到的复杂反应或多相反应的总反应的活化能。

04.0242 表观速率常数 apparent rate constant
由实验所得到的复杂反应或多相反应的总反应的速率常数。

04.0243 稳定状态 steady state
距离平衡态不远、反应或过程以恒定速率进行，但是体系的参数不随时间变化的状态。

04.0244 近似稳态 approximation steady state
不可能长时间保持稳定，但在一定时段可以近似视为稳定态的状态。

04.0245 过渡状态理论 transition state theory

又称"绝对反应速度理论"。由于反应物分子碰撞生成活化络合物，活化络合物与反应物达到局部或动态平衡，活化络合物沿反应轴振动，生成产物的理论。

04.0246 活化络合物 activated complex
过渡状态理论中，化学反应过程经历的一个中间过渡状态物。

04.0247 活化熵 activation entropy
反应物形成活化络合物过程中标准熵的增量。

04.0248 活化焓 activation enthalpy
反应物形成活化络合物过程中标准焓的增量。

04.0249 活化吉布斯自由能 Gibbs free energy of activation
反应物形成活化络合物过程中标准吉布斯能的变化。

04.0250 传输现象 transport phenomena
物质、热量及动量传递这一类物理现象的统称。

04.0251 物质传递 mass transfer
简称"传质"。以物质的量计量的物质分子借助流动和扩散的迁移现象。

04.0252 热传递 heat transfer
简称"传热"。热按照传导、对流或辐射的形式传播的现象。

04.0253 动量传递 momentum transfer
流体流动时，其动量依靠流体的运动沿流动方向，同时借助摩擦沿流动的法向进行传递的现象。

04.0254 层流 laminar flow
流体的流速小于临界速度，流体中的作规则的一层一层的流动。

04.0255 湍流 turbulent flow
曾称"紊流"。高速流动流体中存在大量随机的脉动流动，但整体上是有规则的定向流动。

04.0256 涡流 eddy flow
湍流流动存在的大量不稳定性无规则涡旋的流动。

04.0257 气泡 bubbles
弥散存在于液体中的微细气体球、椭球或球冠的集合。

04.0258 鼓泡 bubbling
低速率的气流通过浸没在液相中的喷嘴呈气泡形态向熔池中喷出的现象。

04.0259 射流 jetting
当气流速率足够高时，向液体喷出的大量气泡连接成一体的现象。

04.0260 液滴 droplet
弥散存在于液相或气相中的众多液体颗粒。

04.0261 动力学黏度 dynamic viscosity
简称"黏度"。黏性流动产生的剪切应力与流体流动速度梯度之比。单位为 Pa·s。

04.0262 运动黏度 kinematic viscosity
简称"动黏度"。流体的黏度与其密度之比。单位为 $m^2 \cdot s^{-1}$。

04.0263 湍流黏度 turbulent viscosity
湍流中由于速度脉动产生的运动阻力。

04.0264 牛顿黏度定律 Newton's law of viscosity

流体的内摩擦力与流体流动的速度梯度和接触面积成正比。

04.0265 牛顿流体 Newtonian fluid

黏滞切应力和速度梯度为线性关系的流体。

04.0266 非牛顿流体 non-Newtonian fluid

黏滞切应力和速度梯度不保持线性关系的流体。

04.0267 边界层 boundary layer

由于流体的黏滞性，在紧靠其边界壁面附近，流速急剧减小，形成的流速梯度很大的流体薄层。

04.0268 层流边界层 laminar boundary layer

由于边界面法向上的速度梯度较大，而在某一给定边界附近出现分子黏滞应力大的附近层次，其中的流动呈层流特征。

04.0269 湍流边界层 turbulent boundary layer

雷诺数足够大时，在层流边界层外接近主流区附近出现的湍流层。

04.0270 层流亚层 laminar sub-layer

在边界层中最接近壁面的区域，由于存在黏滞阻力而保持层流状态的薄层。

04.0271 速度边界层 velocity boundary layer

黏性流体的流动在壁面附近形成的从主流核心区流速 (u_∞) 剧烈下降的特征流体薄层。人为规定其范围为从壁面到流速为 u_∞-$0.99u_\infty$ 的空间区域。

04.0272 温度边界层 temperature boundary layer

又称"热边界层"。流体流过壁面时，边界附近因加热或冷却形成的具有温度梯度的薄层，是对流传热阻力所在的区域。人为规定其范围为从壁面到流体温度 T 为 T_∞-0.99$(T_\infty$-$T_w)$ 的空间区域，T_∞、T_w 分别为主流区及壁面温度。

04.0273 浓度边界层 concentration boundary layer

又称"传质边界层"。当流体流经固体表面，因浓度差发生质量传递时，在该表面附近形成具有浓度梯度的薄层，是对流传质阻力所在的区域。人为规定其范围为从壁面到流体中组元浓度为 c_∞-0.99$(c_\infty$-$c_w)$ 的空间区域，c_∞、c_w 分别为主流区及壁面处该组元的浓度。

04.0274 有效边界层 effective boundary layer

浓度边界层经过线性化等效处理，即沿界面处浓度分布曲线作切线，延长后与主流区浓度线相交，交点和界面之间的区域。有效边界层内传质机理不是扩散，但可以折算成等效的扩散流处理。

04.0275 有效扩散系数 effective diffusion coefficient

在边界层中的传质、气体分子在多孔固体层中迁移及管形反应器中返混等传质问题的研究中，可以将传质速率用数学方法折合成等效的扩散传质的物质流密度，由此求得的一个当量扩散系数。

04.0276 扩散内层 diffusion sub-layer

根据列维奇传质模型，在浓度边界层中存在最靠近相界面层内传质速率降低到和扩散相等的程度的微小薄层。

04.0277 流率 flowrate

又称"流量"。在单位时间内沿一个流管流动的流体的量。

04.0278 体积流率 volumetric flowrate

流体的量用体积计量时的流率。

04.0279 质量流率 mass flowrate
流体的量用质量计量时的流率。

04.0280 摩尔流率 molar flowrate
流体物质的量以摩尔为单位计量时的流率。

04.0281 动量流率 momentum flowrate
单位时间内借助流动和分子摩擦传递的动量。

04.0282 热流率 heat flowrate
单位时间内沿温度梯度方向传递的热量。

04.0283 流率密度 Stromdichte（德），flux
通过单位截面面积传输的动量流率、热流率和质量流率的统称。

04.0284 质量流密度 Massenstromdichte（德），mass flux
通过单位截面面积的质量流率。

04.0285 摩尔流密度 Mengenstromdichte（德），molar flux
又称"物质流密度"。通过单位截面面积的摩尔流率。

04.0286 热流密度 heat flux
通过单位截面面积的热流率。

04.0287 动量流密度 Impulsstromdichte（德），momentum flux
通过单位截面面积的动量流率。

04.0288 衡算 balance
根据能量、动量及物质等输入量输出量总量相等的原则计算各项收入、支出和积累的比较。

04.0289 质量衡算 mass balance
对流动系统或其中流体微元进行各项质量传入和传出的收支平衡计算。

04.0290 热量衡算 heat balance
对流动系统或其中流体微元进行各项热量传入和传出的收支平衡计算。

04.0291 动量衡算 momentum balance
对流动系统或其中流体微元进行各项动量传入和传出（包括流动和摩擦力引起的传递）的收支平衡计算。

04.0292 流型[图] flow pattern
流体在装置内流动的模样。它表示流体质点运动的轨迹及速度分布。通常可在透明装置内用流动显示法描述出来。

04.0293 流线 stream line
描述速度场中各流体质点在同一时刻流速切线方向连成的线。

04.0294 流函数 stream function
二维流动中，由连续性方程导出的、其值沿流线保持不变的标量函数。

04.0295 涡量 vorticity
表示流场各点旋转强度的一种标量。

04.0296 速度势 velocity potential
决定势流的速度场的标量函数。

04.0297 势流 potential flow
理想流体中没有旋转运动的流动。

04.0298 循环流 recirculating flow
气液搅拌槽内所形成的稳态的旋转流动。在气液搅拌槽内，可能出现一个主循环流及一个或多个较弱的次级循环流，在各循环流所在区域间存在动量交换。

04.0299 驻点 stagnation point
垂直流向壁面流动中心线和壁面相交，流速降为零的点。

04.0300 驻点流 stagnation point flow
围绕驻点形成的轴对称流动，为一种势流。

04.0301 伯努利方程 Bernoulli's equation
理想流体在管道内的稳态流动，在任意截面上单位质量流所具有的位能、动能与静压能之和为一常数。对于不可压缩理想流体的稳定势流，其伯努利方程为

$$\frac{u^2}{2g} + \frac{p}{\rho g} + z = C$$

其中，u、ρ、p、g、z 分别为流速、流体密度、压力、重力加速度和高度位置，C 为一常数。

04.0302 速度头 velocity head
为伯努利方程中的动量项 $[u^2/(2g)]$，表示流速对总水位头的贡献。

04.0303 压力头 pressure head
为伯努利方程中的静压能项 $[p/(\rho g)]$，表示压力对总水位头的贡献。

04.0304 位势头 potential head
为伯努利方程中的位能项 (z)，表示水位高度对总水位头的贡献。

04.0305 稳态扩散 steady state diffusion
扩散流密度和扩散组元浓度分布与时间无关的扩散现象。

04.0306 非稳态扩散 nonsteady state diffusion
每一瞬间的浓度分布和物质流都在改变的扩散现象。

04.0307 菲克第一定律 Fick's first law of diffusion
表述扩散的宏观理论。描述扩散流密度与扩散组元在扩散介质中的浓度梯度关系的规律。

04.0308 菲克第二定律 Fick's second law of diffusion
表述扩散引起的扩散组元浓度随时间和空间变化规律的定律。

04.0309 分子扩散 molecular diffusion
又称"正常扩散"。依靠分子无规则热运动来进行的扩散。

04.0310 毛细管扩散 capillary diffusion
为消除液体流动的影响，在毛细管中进行的扩散。是测定液体介质中扩散系数常用的方法。

04.0311 克努森扩散 Knudsen diffusion
当孔径和气体分子平均自由程相当时，阻止气体扩散的主要因素为气体分子与孔壁的碰撞的扩散。

04.0312 扩散传质 diffusive mass transfer
在静止的流体或固体中，依靠原子、分子的扩散进行的物质传递。

04.0313 对流传质 convective mass transfer
流动的流体中依靠流体的运动实现的传质。

04.0314 自然对流 natural convection
流体不受外力的驱动，而由于其自身各处温度不同引起的密度差产生的流动。

04.0315 强制对流 forced convection

由于施加在流体上的外力(泵、风机、搅拌等)作用，而引起的流体流动。

04.0316 传质系数 mass transfer coefficient
主体浓度和表面浓度差等于单位浓度时，流体内的物质流密度。

04.0317 容量传质系数 volumetric mass transfer coefficient
传质系数与比界面面积的乘积。

04.0318 主体浓度 bulk concentration
强烈流动的流体本体内物质的均一浓度。

04.0319 界面浓度 interface concentration
反应界面处由相间反应决定的物质浓度。

04.0320 双膜模型 two-film model
液/液相传质理论模型。界面两侧各存在一个边界层，过程的总阻力包括两个边界层的传质阻力和界面反应的化学阻力。

04.0321 渗透理论 penetration theory
气/液相传质理论模型。在强烈流动的流体中，任何流体微元在界面的停留时间很短，微元内物质渗透距离极小，故可用半无限体扩散的积分解求得。传质系数为 $2\sqrt{D/(\pi t_e)}$，D 为溶质的扩散系数，t_e 为微元停留时间。

04.0322 表面更新理论 surface renewal theory
气/液相传质理论模型。流体微元在表面上的更新不同时进行，当溶质的扩散系数为 D，按统计分布规律取表面更新率为 s，得出传质系数为 $\sqrt{sD}$。

04.0323 未反应核模型 unreacted core model
又称"缩核模型"。气/固反应动力学理论模

型。对于较致密的固体颗粒，化学反应首先在颗粒表面发生，然后气体穿过固体反应产物层向内传质，未反应的固体核逐步缩小，气/固反应在收缩中的界面上继续进行。

04.0324 多界面反应动力学模型 multi-interface kinetic model
在未反应核模型基础上发展出来的一种模型，适用于固体颗粒中存在几个反应界面，反应气体穿过反应产物层依次在各界面进行连串的气/固反应，例如赤铁矿逐级还原得到金属铁的反应：$Fe_2O_3 \rightarrow Fe_3O_4 \rightarrow FeO \rightarrow Fe$。

04.0325 整体反应模型 volumetric reaction model
在未反应核模型基础上发展出来的一种模型。适用于疏松多孔的固体颗粒，设想气体或液体同时进入整个颗粒，并在颗粒内部各处同时发生反应。

04.0326 微粒模型 grain model
将固体反应物颗粒视为由许多微粒处于具有一定浓度分布的气体反应物中构成的多微粒体系。微粒模型为对该多微粒体系应用未反应核模型发展出来的新模型。

04.0327 区域反应模型 reaction zone model
假设气/固(或液/固)反应不仅发生在气/固(或液/固)界面，还发生在固体颗粒内一定厚度的区域内所建立的动力学模型。建模过程中还忽略了固体反应物结构对反应动力学的影响。

04.0328 孔隙率 porosity
又称"气孔率"。固体的多孔性或致密度的一种量度，以固体中气孔体积占总体积的百分数表示。

04.0329 迷宫度 labyrinth factor

描述多孔颗粒中复杂气孔路径变化对气体传质阻力影响的无量纲参数。

04.0330　外扩散　external diffusion
气相或液相反应物分子由主流区向固体颗粒外表面，以及气相或液相产物分子由固体颗粒外表面向主流区的传质。

04.0331　内扩散　internal diffusion
气相或液相反应物分子从固体颗粒的外表面穿过多孔层向反应界面，以及它们由反应界面向固体颗粒外表面的传质。

04.0332　速率控制环节　rate determining step
多相反应各步骤中阻力最大、速率最慢、决定总反应速率的环节。

04.0333　传质控制的反应　diffusion-controlled reaction
传质的阻力远比其他步骤的阻力大得多的反应。

04.0334　化学控制的反应　chemical-controlled reaction
化学反应的阻力远比其他步骤的阻力大得多的反应。

04.0335　混合控制的反应　mixed-controlled reaction
传质和化学反应两者的阻力差别不大的反应。

04.0336　传导传热　heat conduction
简称"热传导"。由于微观粒子(分子、离子或原子)的热运动引起热量由体系的高温区向低温区，或由高温物体向低温物体的传递。

04.0337　对流传热　convective heat transfer

由流体流动引起流体内部及与固体壁面之间的热交换。

04.0338　辐射传热　radioactive heat transfer
高温热源以电磁波辐射方式，不借助任何介质向空间进行的热传递。

04.0339　傅里叶第一定律　Fourier's first law
热传导的宏观理论。表述热流密度与介质的温度梯度关系的规律。

04.0340　傅里叶第二定律　Fourier's second law
表述热传导过程引起的介质温度在空间和时间中分布的规律。

04.0341　热导率　thermal conductivity
曾称"导热系数"。在温度差为 1K 时，沿热传导方向单位长度通过的热流率，单位为 $J \cdot (m \cdot s \cdot K)^{-1}$。

04.0342　热扩散系数　thermal diffusivity
又称"导温系数"。反映温度不均匀的物体中温度均匀化速率的物理量。物体的热导率和其体积热容量的比。单位为 $m^2 \cdot s^{-1}$。

04.0343　湍流热扩散系数　turbulent thermal diffusivity
湍流流动的速度脉动所加强的热流密度中包含的热扩散系数。通常认为它和湍流黏度等值。

04.0344　传热系数　heat transfer coefficient
对流传热的热流密度和介质体系温度差之比。单位为 $J \cdot (m^2 \cdot s \cdot K)^{-1}$。

04.0345　主体温度　bulk temperature
对流传热时流体本体内的均匀的温度。

04.0346　界面温度　interface temperature

两相界面处流体的温度。

04.0347　斯特藩–玻尔兹曼定律　Stefan-Boltzmann law
辐射传热的基本定律，黑体辐射的能力和绝对温度的四次方成正比。

04.0348　黑体　black body
完全吸收外来辐射能量的物体，亦即有理想辐射能力的物体。

04.0349　黑度　blackness
实际物体的辐射能力与同温度下黑体的辐射能力之比。

04.0350　角系数　view factor
投射到接收面的辐射能量占发射出的总辐射能量的份额。

04.0351　相似原理　principle of similarity
模型和原型所对应的几何尺寸和关键物理现象间如能满足相应的比例关系，可以认为是彼此相似的体系。

04.0352　相似定理　similarity theorem
判断相似的规则。由三个定理组成。相似第一定理即相似正定理，提出彼此相似的物理现象必定具有数值相同的特征数（即相似准数）。相似第二定理即白金汉（Buckingham）定理，为彼此的物理相似现象中的特征数数目应满足的规则，即由 n 个物理量描述的 m 个物理现象达到相似时，相似准数数目为 $n-m$ 个。相似第三定理即相似逆定理，提出当同一类物理现象的单值条件相似，由单值条件中的物理量组成的特征数对应相等时，这些现象必定相似。

04.0353　物理模型方法　physical modeling
对于不能建立数学方程或方程无法求解的现象和过程，用模型来研究原型中有关规律的科学方法。

04.0354　1：1 模型　full scale model
研究与冶金有关的流动现象时，用水溶液模拟高温金属液，常用几何尺寸不缩小的模型实验方法。

04.0355　扭形模型　distorted model
用改动几何相似关系以保持物理现象相似的模型研究方法。

04.0356　广义相似　generalized similarity
工程问题的模型研究方法。适用于体系的有关特征数之间存在线性或连续的函数关系，但无法满足特征数恒定条件的情况。为此可使模型特征数取值覆盖原型特征数目标值的一个领域，仍有相似性。

04.0357　量纲分析　dimensional analysis
曾称"因次分析"。对体系中不同物理量的单位，依据 π 定理并且利用量纲和谐原则归纳出有关特征数。

04.0358　特征数　characteristic number
又称"相似准数"。对于彼此相似的现象，存在一个或若干个同样数值的无量纲的综合式子，是可以表征现象特性的综合关系式。

04.0359　雷诺数　Reynolds number
表征流动特性的特征数，为惯性力和黏滞阻力之比。

04.0360　弗劳德数　Froude number
表征重力场内非受迫流动的特征数，为惯性力和重力之比。

04.0361　普朗特数　Prandtl number

为一物性特征数，表示热扩散系数与动黏度之比。

04.0362 施密特数 Schmidt number
为一物性特征数，表示扩散系数与动黏度之比。

04.0363 舍伍德数 Sherwood number
传质的特征数，为传质系数与特征长度乘积与流体分子扩散系数之比。表示总的传质和流体分子扩散之比。

04.0364 物理吸附 physical adsorption
由于分子间相互作用力使气体或溶质（吸附质）被吸着在固体或液体（吸附剂）表面的现象。物理吸附过程中吸附质和吸附剂的结构特性基本不变。

04.0365 物质化学吸附 chemical adsorption
由于化学键力产生的相互作用使气体或溶质（吸附质）被吸着在固体或液体（吸附剂）表面的现象。化学吸附形成表面配合物，故吸附质和吸附剂表面结构变化很大，化学吸附热大。

04.0366 吸附活化能 activation energy of adsorption
能够引起吸附过程的活化能。

04.0367 吸附热 heat of adsorption
伴随吸附过程的热效应。

04.0368 吸附等温式 adsorption isotherm
在恒定温度下，吸附与脱附达到动态平衡时吸附量与浓度的关系式。

04.0369 吉布斯吸附方程 Gibbs adsorption equation
表示溶液表面溶质吸附量随溶质浓度、表面

张力变化的关系式。

04.0370 朗缪尔吸附方程 Langmuir adsorption equation
在能量分布均匀表面上的化学吸附和吸附空位达到平衡时的单分子层吸附等温式。

04.0371 催化 catalysis
在催化剂作用下提高化学反应速率，控制化学转化的方向的现象。

04.0372 催化反应 catalytical reaction
在催化剂的参与及作用下能显著加速进行的化学反应。

04.0373 催化剂 catalyst
曾称"触媒"。能参与化学反应中间历程又能选择性地改变化学反应速率，且其本身的数量和化学性质在反应前后基本不变的物质。

04.0374 自催化 auto-catalysis
化学反应的反应物或产物自身具有催化作用的现象。

04.0375 催化剂中毒 catalyst poisoning
使催化剂活性减弱或丧失的现象。

04.0376 多相催化反应动力学 heterogeneous catalytic reaction kinetics
研究使用催化剂加速化学反应控速的多相反应的方法和规律的学科。

04.0377 自由基 free radical
借助于光照、加热或引发剂，使反应物分子中的化学键断裂产生的反应性极强的含奇数个电子或未配对电子的原子、原子团或分子。

04.0378 自由基反应 free radical reaction

自由基参加的反应。

04.0379 反应器理论 reactor theory
研究在反应装置内的流动、混合及操作方式对化学反应转化率影响的共性规律的理论。

04.0380 间歇反应器 batch reactor
操作开始以前将反应物一齐装入、操作后将反应产物一次取出的反应器。

04.0381 连续反应器 continuous reactor
伴随流体的流动，反应物连续装入，转化过程连续进行，产物连续放出的反应器。

04.0382 活塞流反应器 plug flow reactor
又称"平推流反应器"。流体以类似活塞的形式流过，是一种极端状态(返混为零)的理想流动方式的反应器。

04.0383 全混流反应器 perfectly mixed flow reactor
反应物流体进入其中立即达到 100%混合状态，且其中各点上物质立即均匀一致的反应器。此类反应器中的流动是不同于活塞流的另一种极端状态(返混无穷大)的理想流动方式。

04.0384 管型反应器 tubular reactor
细长形状的反应器，有利于形成活塞流，但大多会与活塞流存在一些偏离。

04.0385 槽型反应器 tank reactor
又称"釜形反应器"。反应器形状短粗，既可以是连续式，也可以是间歇式操作的反应器。

04.0386 停留时间分布 residence time distribution
反应器内各流体停留的时间长短所构成的分布函数。可以表示反应器内流动特征。

04.0387 返混 back mixing
不同时间进入反应器的流体物质之间的混合，亦即停留时间不等的流体间的混合。

04.0388 混合时间 mixing time
流入反应器的物质达到均匀分布所需的时间。在实际操作中，规定为达到 95.0%均匀度的时间。

04.0389 填充床 packed bed
固体球形颗粒填充成床层(均匀或不均匀填充)，流体流过颗粒间隙的反应器。

04.0390 固定床 fixed bed
填充床的固体静止不动，流体穿过静止颗粒之间的空隙流动的反应器。

04.0391 移动床 moving bed
固体床层向下移动，流体逆向向上流动的反应器。

04.0392 流态化床 fluidized bed
又称"沸腾床"。流体的流速高到全部固体颗粒刚好悬浮在流体中能作随机运动的反应器。

04.0393 持久接触 permanent contact
渣/钢精炼和液相萃取等液/液相反应器中，最简单的操作方式是两液相相对静止，经过长时间接触才能达到必要的转化率的接触方式。

04.0394 短暂接触 transitory contact
一个液相成弥散状态穿过另一个液相，两相经过短暂的接触时间即可达到必要的转化率的接触方式。

04.0395 顺流接触 co-current contact
两液相沿相同方向成活塞流流动并且彼此

接触，起始端有高的转化效率而近终端处效率下降的接触方式。

04.0396 逆流接触 countercurrent contact

能创造条件使两液相成活塞流彼此相对流动，并且可以达到转化效率最高的接触操作方式。

04.03 冶金电化学

04.0397 冶金电化学 metallurgical electro-chemistry

冶金物理化学的一个组成部分。应用关于电能与化学能之间相互转化及其规律的电化学原理及方法，研究金属和合金的熔炼、精炼及金属腐蚀与防护等的学科。

04.0398 熔盐电化学 electrochemistry of molten salts

在冶金电化学中，研究熔盐体系的电化学规律及其应用的学科。

04.0399 溶液电化学 electrochemistry of solution

研究水溶液体系的电化学规律及其应用的学科。

04.0400 固态离子学 solid state ionics

研究固态离子晶体材料的微观结构、导电、传热、扩散等物理性质，以及它们与微观结构关系的学科。

04.0401 电解质溶液 electrolyte solution

电解质溶入溶剂后部分或全部离解为相应的带正、负电荷的离子，离子在溶液中可以独立运动的溶液。广义上讲，固态离子晶体材料也属溶液范畴，但如不特别指明，电解质溶液只限于液态。

04.0402 电离 ionization

中性分子或原子形成带不同电荷的离子的过程。

04.0403 固体键合理论 bonding theory of solid

通过固体结合能计算，说明粒子间键合的物理本质，预测固体的晶体结构，或不同组元之间键合的化学趋向的理论。

04.0404 原子间作用势 interatomic potential

凝聚态物质中原子与原子间相互作用的势能，它依赖于整个原子集合体系的位形。

04.0405 电子导电性 electronic conduction

导体中靠电子的运动完成传导电流的性质。

04.0406 离子导电性 ionic conduction

在离子晶体中，由离子在点阵中的运动实现的导电性。

04.0407 空穴导电性 hole conduction

由固体中能带空态(空穴)所产生的导电性。

04.0408 电子平均自由程 mean free path of electron

电子在两次相继的碰撞之间通过的自由距离之平均值。

04.0409 表面电子态 surface state of electron

晶体表面由于原子排列三维平移周期性中断，或因表面重构、吸附等变化而产生的不同于体内的电子能态。

04.0410 界面电子态 interface state of electron

与固体和固体间的界面相关、不同于块体内部的一种电子态。主要出现在化学成分或晶体学对称性不同的两种固体相间的界面上。

04.0411　阳离子　cation
带正电荷的离子。

04.0412　阴离子　anion
带负电荷的离子。

04.0413　电解质　electrolyte
溶解在某一溶剂时，部分或全部形成离子，使溶液具有导电性的一类物质的统称。

04.0414　强电解质　strong electrolyte
溶解在溶剂中能够完全电离为自由离子的电解质。

04.0415　弱电解质　weak electrolyte
溶入溶剂中只有少部分电离，而大部分仍以分子状态存在的电解质。

04.0416　德拜–休克尔强电解质溶液理论
Debye-Hückel theory of strong electrolyte solution
又称"强电解质稀溶液的离子互吸理论"。在强电解质的稀溶液中，溶质完全解离为带电的球形离子，离子间相互作用为静电库仑力等假设，导出离子活度系数公式：$\lg \gamma_i = -Az_i^2 \sqrt{I}$，$z_i$ 为离子电荷数，I 为离子强度。温度一定，溶剂一定，A 为常数。

04.0417　电离常数　ionization constant
又称"离解常数"。表示弱电解质溶液中弱电解质电离达到平衡时，已电离的正负离子浓度与未电离的分子浓度的关系，电离常数越大，该弱电解质越强。

04.0418　溶度积　solubility product
在一定温度下，难溶电解质饱和溶液中相应的正负离子浓度的乘积，其中各离子浓度的幂次与其在该电解质电离方程式中的系数相同。

04.0419　离子活度系数　ionic activity coefficient
在电解质溶液中，离子相互间的静电作用不可忽视，必须对离子的浓度加以修正的修正系数，以符号 γ 表示。

04.0420　离子的平均活度系数　mean ion activity coefficient
电解质的正、负离子同时存在，故单种离子的活度系数无法直接实验测定。因此，引进平均活度系数，它为正、负离子活度系数的几何平均值，即：$\gamma_\pm = {}^{(\nu_+ + \nu_-)}\sqrt{\gamma_+^{\nu_+} \cdot \gamma_-^{\nu_-}}$。

04.0421　离子水合　ionic hydration
又称"离子水化"。在电解质溶液中，由于离子与水的极性分子间存在静电吸引力，使带电离子周围存在一层水分子，通过氢键的作用又吸引其他水分子的现象。

04.0422　电泳　electrophoresis
溶液中悬浮的带电固体颗粒在电场力的作用下向符号相反的电极方向移动的现象。

04.0423　离子缔合　ionic association
两个异号电荷离子在静电引力作用下相互接近，到某一临界距离时形成离子对的过程。

04.0424　离子配合物　ionic complex
配合剂与离子形成的缔合体。

04.0425　离子强度　ionic strength
存在于溶液中的每一种离子的浓度乘以该离子电荷数的平方所得的诸项之和的一半，即 $I = (1/2) \sum m_i \cdot z_i^2$。

04.0426　离子迁移数　ion transference number

某种离子运载的电量与通过溶液总电量之比。

04.0427 离子迁移率 ionic mobility
又称"离子淌度"。表示溶液中离子在电场中运动特征的物理量。它是某种离子在一定的溶剂中，当电位梯度为 $1V \cdot m^{-1}$ 时的迁移速率。单位是 $m^2 \cdot V^{-1} \cdot s^{-1}$。

04.0428 电导 conductance
电阻的倒数，单位为西门子(S)，$S=\Omega^{-1}$。

04.0429 电导率 conductivity
电阻率的倒数。单位为 $S \cdot m^{-1}$。除非特别指明，电导率的测量温度是 25℃。

04.0430 摩尔电导率 molar conductivity
在相距 1m 的两平行电极间放置含有 1mol 电解质的溶液具有的电导，单位为 $S \cdot m^2 \cdot mol^{-1}$。

04.0431 电阻 resistance
物质对电流的阻碍作用。单位为欧姆，用 Ω 表示。

04.0432 电阻率 resistivity
长为 1m、截面积为 $1m^2$ 的导体所具有的电阻。电阻率的国际标准单位为 $\Omega \cdot m$。

04.0433 电阻温度系数 temperature coefficient of resistivity
在任意温度下温度变化 1K(或 1℃)时的零负载电阻变化率。常用 α 表示，$\alpha = \dfrac{\mathrm{d}\rho}{\rho \mathrm{d}T}$，为无量纲数。

04.0434 阻抗 electrical impedance
在含电阻、电感和电容的交流电路里，对交流电起的阻碍作用，常用 Z 表示，为复数。其实部称电阻，虚部称电抗。

04.0435 德拜–休克尔–昂萨格电导理论 Debye-Hückel-Onsager theory of electrical conductance
昂萨格将德拜–休克尔理论应用到有外加电场作用的电解质溶液(弛豫和电泳两种效应)，提出并解释摩尔电导率与无限稀释时溶液摩尔电导率关系的理论时得出的定量关系式。

04.0436 电迁移 electromigration
电介质材料中带电质点(弱束缚离子、离子缺位、自由电子等)在外电场作用下定向移动的现象。

04.0437 介电常数 dielectric constant
又称"电容率(permittivity)"。表征电介质极化性质的物理参数。某种电介质电容器的电容量与同样几何尺寸的真空电容器的电容量之比。

04.0438 电极过程动力学 kinetics of electrode process
又称"电化学动力学(electrochemical kinetics)"。电化学中研究电极过程的速率和机理的学科。

04.0439 电极 electrode
由导体即金属(包括石墨)或半导体及与其接触的离子导体(电解质溶液或电解质固体)组成。电极与电解质界面提供氧化或还原反应的地点，电极还是电池的方便接受及给出电子的组成部分。

04.0440 阴极 cathode
电池中发生还原反应的电极。

04.0441 阳极 anode
电池中发生氧化反应的电极。

04.0442 惰性电极 inert electrode

本身不参与氧化还原反应，只起传递电子作用的电极。由铂、金或碳等惰性材料与含有可溶性的氧化态和还原态物质的溶液组成。

04.0443 可溶性电极 soluble electrode
与接触的电解质溶液发生溶出反应的电极。

04.0444 可逆电极 reversible electrode
通过的电流非常小，在平衡电势下进行电极反应的电极。

04.0445 标准氢电极 standard hydrogen electrode
将镀铂黑的铂片插入含 H^+ 的溶液，并通入氢气，组成氢电极。国际上规定当氢气为100kPa，氢离子的活度为 1（$m_{H^+}=1mol \cdot kg^{-1}$，$\gamma_m=1$，$a_{H^+}=1$）时，氢电极在任何温度下的电极电势都为零的电极。

04.0446 氧化还原电极 redox electrode
当电极反应的氧化和还原反应都在溶液中进行，而电极仅起电子传导作用的电极。

04.0447 电极电势 electrode potential
又称"电极电位"。当金属（或其他电子导体）放入电解质溶液中组成电极时，在两相接触区的电化学作用下，金属离子离开电极表面进入溶液，使金属表面带负电，电极表面附近溶液带正电。金属离子的溶解和聚集达动态平衡时，在电极和溶液之间建立的相间电势。

04.0448 表面电势 surface potential
又称"表面电位"。物相表面由于偶极子的存在或电荷的不均匀分布引起的电势降落。其数值等于将单位正电荷从表面外约 $10^{-4}cm$ 处通过界面移进相内所需要做的电功。

04.0449 接触电势 contact potential
又称"接触电位"。两种不同金属或其他导体直接接触，或通过其他电子导体间接接触，达到平衡时在两相间产生的电势差。

04.0450 扩散电势 diffusion potential
又称"液体接界电势"。在两个组成或浓度不同的电解质溶液互相接触的界面两侧间产生的电势差。

04.0451 超电势 over voltage
又称"过电势"。当电流通过电极时，由于发生不可逆电极反应，使电极电势偏离平衡时的可逆电势。

04.0452 塔费尔方程 Tafel's equation
表示电极的超电势随电流密度的对数线性地增加的方程。

04.0453 电极过程 electrode process
电极上通过电流时，发生在电极/溶液界面上的电极反应、化学转化和电极附近液层中的传质作用等一系列物理化学变化的过程。

04.0454 标准电极电势 standard potential
又称"标准电极电位"。将任意给定的电极与标准氢电极组成原电池，设已经消除了两极间液体接界电势，当参与电极反应的所有离子活度皆为1，气体的分压为标准压力时，所测得的电池电动势。

04.0455 甘汞电极 calomel electrode
用金属汞、Hg_2Cl_2 和 KCl 溶液制备而成，是一种常用的二级标准电极，在定温下其电极电势稳定。

04.0456 电催化电极 electrocatalysis electrode
具有电催化功能的电极。

04.0457 化学修饰电极 chemical modified

electrode

通过分子设计，将具有优良化学性质的分子、离子、聚合物以化学薄膜形式固定在电极表面，制成的具有某种特定电化学和(或)电催化性质的电极。

04.0458　分解电压　decomposition voltage
使给定电解过程持续稳定进行所必须施加的最小外加电压。

04.0459　双电层　electrical double layer
金属电极与电解质溶液界面上存在的大小相等、符号相反的电荷层。双电层上还建立一定的电势，由外电路向该界面两侧充电在界面上也形成双电层。在选矿过程中，矿物在水溶液中受水偶极及溶质作用，由于表面优先吸附、表面电离及表面离子的非等当量溶解或由于晶格离子取代，在矿物–水溶液界面产生的双层电荷。

04.0460　紧密层　contact double layer
由于离子热运动，带有相反电荷的离子并不完全集中在金属表面的液层中，一部分离子逐渐扩散远离金属表面，溶液层中与金属靠得较近的一层。

04.0461　极化　polarization
电极上有(净)电流流过时，电极电势偏离其平衡值的现象。

04.0462　阳极极化　anodic polarization
电极上流过阳极电流时，电极电势偏向正方的现象。

04.0463　阴极极化　cathodic polarization
电极上流过阴极电流时，电极电势偏向负方的现象。

04.0464　电化学极化　electrochemical polari-
zation
在外电场作用下，由于电化学作用相对于电子运动迟缓，改变了原有的双电层所引起的电极电势变化。

04.0465　阳极溶解　anodic dissolution
金属作为阳极发生氧化反应的电极过程。

04.0466　阴极腐蚀　cathodic corrosion
在电解池中，作为阴极的材料发生的均匀腐蚀。

04.0467　费米能级　Fermi level
反映电子在能带中填充能级水平高低的参数，该能级上的一个状态被电子占据的概率是二分之一。

04.0468　电负性　electronegativity
全称"相对电负性"。表示两个不同原子形成化学键时吸引电子能力的相对强弱。元素电负性越大，其原子在化合物中吸引电子的能力越强。

04.0469　价电子　valence electron
原子核外电子中能与其他原子相互作用形成化学键的电子。

04.0470　电子亲和能　electron affinity
又称"电子亲和势"。气态原子(基态)获得一个电子成为–1价气态离子时所放出的能量。

04.0471　扩散电流　diffusion current
在电极反应过程中，由离子在溶液本体及电极/电解质溶液界面之间的扩散传质所贡献的那部分电流。

04.0472　巴特勒–福尔默方程　Butler-Volmer
equation

描述稳态电化学极化时，电极反应的速率与电极电势（超电势）、温度、反应的得失电子数之间关系的动力学公式。

04.0473 能斯特方程 Nernst equation
表示电极的平衡电势与参与电极反应各组元活度间关系的方程式。

04.0474 埃文斯图 Evans diagram
又称"电势–电流图"。表示电极过程动力学数据关系的最典型和常用的图形。

04.0475 电化学传递系数 transfer coefficient of electrochemistry
又称"势垒对称系数"。电极过程动力学中，表示电势（超电势）对阴极反应和阳极反应活化能影响程度的无量纲参数。

04.0476 电催化作用 electrocatalysis
用适当的催化剂制备电极，使电极反应的活化能降低，提高电极反应速率而催化剂本身并不发生质的变化的作用。

04.0477 迁移电流 migration current
在电场作用下，正离子移向负极，负离子移向正极，离子迁移形成的电流。

04.0478 法拉第电解定律 Faraday's law of electrolysis
电解过程在电极上析出（或溶解）的物质的量与通过电解液的电量成正比。

04.0479 电化学当量 electrochemical equivalent
又称"法拉第常数"。是阿伏伽德罗数 N_A=6.02214×10^{23}mol^{-1} 与元电荷 e=1.602176×10^{-19}C 的乘积。用 F 表示，F=96500C·mol^{-1}。由法拉第命名。

04.0480 电池 cell

能将化学能或辐射能直接转变成电能的装置。其广义定义为：一对导电体（如金属）同离子导体（如电解质溶液）连接构成的体系，从而将原电池和电解池都包括其中。

04.0481 一次电池 primary battery
电池反应是不可逆的电池，放电后不能通电使其复原。

04.0482 可逆电池 reversible cell
可逆电池需满足如下两条件：①电池中的化学反应可以向正、逆两个方向进行；②电池工作时，无论充电放电，通过的电流十分小，是在接近平衡状态下工作的电池。若作电池，它作最大有用功，若作电解池，它消耗电能最小。

04.0483 原电池 galvanic cell
又称"非蓄电池"。由于两个电极的电负性不同，产生电势差，两极上自发地发生化学反应，并使电子流动，产生电流的装置。

04.0484 浓差电池 concentration cell
由化学性质相同而活度不同的两个电极浸于同一溶液，或两个相同电极浸于电解质相同而活度不同的溶液中的电池。其总作用是一种物质从高浓度（或压力）状态向低浓度（或压力）状态转移，但不发生净的化学变化。

04.0485 半电池 half cell
电化学体系中相对独立的两个电极中的一个电极。

04.0486 标准电池 standard cell
国际上规定的作为电势测量标准的电池。

04.0487 电池电动势 electromotive force of a cell
电池中两个电极间的电势差。

04.0488 电沉积 electrodeposition
在直流电作用下，使金属或合金从其电解质溶液、非水溶液或熔盐中沉积到电解池阴极上的电化学过程。

04.0489 电结晶 electrocrystallization
金属电还原后的晶体形成和长大的过程。

04.0490 电铸 electroforming
用电沉积方法制备各种造型的模具制品(如印刷板)，即借助电解作用获得金属复制品的方法。

04.0491 电镀 electroplating
利用电解作用使金属或其他材料制件的表面附着一层金属膜的工艺，从而起到防止腐蚀，提高耐磨性、导电性、反光性的一定作用与装饰效果。

04.0492 熔盐电镀 electroplating in molten salts
在熔融盐电解质中进行电镀的过程。

04.0493 合金镀 alloy electroplating
形成合金镀层的电镀过程。

04.0494 复合镀 composite electroplating
以电镀或化学镀方式在阴极表面使微粒与基质金属共沉积形成复合材料层的工艺。

04.0495 脉冲电镀 pulse electroplating
电镀槽与脉冲电源相连接构成的体系进行电镀的工艺。

04.0496 电合成 electrosynthesis
利用电解合成某些有机和无机化合物的方法。

04.0497 电还原合成 cathodic electrosynthesis
放电物质从阴极上取得电子，并转化为产物的合成方法。

04.0498 电氧化合成 anodic electrosynthesis
电活性物质在阳极上失去电子，并转化为产物的合成方法。

04.0499 化学电池 chemical cell
将化学能直接转变为电能的装置。由电解质溶液、浸在溶液中的正、负电极和连接电极的导线构成。依据能否充电复原，分为原电池和蓄电池两种。

04.0500 燃料电池 fuel cell
(1)能连续地将燃料具有的化学能直接转化为电能的电化学装置。(2)能将燃料燃烧的化学反应组成一个原电池，使化学能直接转变为电能的装置。

04.0501 熔融盐燃料电池 molten carbonate fuel cell, MCFC
用熔融盐作电解质的燃料电池。一般用熔融碳酸盐作电解质。

04.0502 太阳能电池 solar cell
通过光电效应或者光化学效应直接把太阳辐射的光能转化成电能的装置。

04.0503 光电化学电池 photoelectrochemical cell
利用某些电化学体系的光电化学效应，将光能直接转化为电能的电池。

04.0504 二次电池 secondary cell
又称"充电电池(rechargeable battery)"。利用某些化学反应的可逆性构建的，由于放电后能通过充电的方式使活性物质激活，而能继续反复使用的电池。

04.0505 镍氢电池 nickel/metal hydride battery
以氢作为活性物质的碱性二次电池。

04.0506 锂电池 lithium battery
由锂金属或锂合金为负极材料、使用非水电解质溶液的电池。锂电池多数是二次电池，也有一次电池。

04.0507 锂离子电池 lithium-ion battery
以含锂离子的化合物作阴极，依靠锂离子移动实现导电的二次电池。充电时，从阴极脱嵌，经电解质嵌入阳极，阳极处于富锂状态，放电时的作用则正相反。

04.0508 固体电解质 solid electrolyte
又称"快离子导体"。具有与电解质溶液或熔盐的导电性相当的固态离子导体，其离子迁移数大于 0.99，电子或电子空位迁移数小于 0.01。

04.0509 部分稳定的氧化锆 partially stabilized zirconium
在制备氧化锆(ZrO_2)的原料中，添加一定比例的稳定剂所得的固溶体。其中，稳定剂所占比例一般低于其在氧化锆中的固溶度。

04.0510 β 氧化铝 β-Al_2O_3
一种较重要的固体电解质，属于 Na_2O-Al_2O_3 体系，是成分在 $Na_2O \cdot 5.3Al_2O_3$ 和 $Na_2O \cdot 11Al_2O_3$ 之间的非化学配比相。

04.0511 化学传感器 chemical sensor
含有对于待测化学物质敏感的材料，在与被测物质中的分子或离子互相接触时，能将其浓度转换为电信号进行检测的仪器。

04.0512 固体电解质定氧浓差电池 solid electrolyte oxygen concentration cell
用氧离子导电的固体电解质（如部分稳定的氧化锆等）和参比电极（如 Cr/Cr_2O_3、Mo/MoO_2、Ni/NiO、Co/CoO 等）组装成的浓差电池，用来测定待测高温体系的氧活度。

04.0513 氧传感器 oxygen sensor
用于检测熔体中的氧活度或气体中的氧分压的化学传感器。

04.0514 硅传感器 silicon sensor
用于快速检测金属或合金熔体中硅活度的化学传感器。

04.0515 定氧测头 oxygen probe
用管式固体电解质组装成的氧传感器测头。

04.0516 定硅测头 silicon probe
用管式固体电解质涂覆适当的辅助电极材料，并与参比电极组装成的硅传感器测头。

04.04 冶 金 熔 体

04.0517 冶金熔体 metallurgical melt
液态金属、合金、熔渣、熔盐和熔锍的通称。熔体的结构与物理化学性质对冶金过程有重要影响。

04.0518 金属熔体 metallic melt
在高温下稳定存在的液态金属和合金。在通常情况下，具有接近于固态金属的近程有序结构。

04.0519 熔渣 molten slag
火法冶金过程的副产物，是加入的熔剂、元素的氧化物和混入的杂质等互溶形成的氧化物熔体。对火法冶金过程中金属与矿物中脉石成分的分离、金属中杂质的去除等有重要作用。

04.0520 熔盐 molten salt
盐类物质的熔融液体，在高温下为离子熔体。

04.0521 熔锍 molten matte
重有色金属硫化矿物在火法提取过程的中间产物，为重有色金属的硫化物、硫化亚铁与少量杂质互溶形成的高温熔体。

04.0522 硅酸盐熔渣 molten silicate
又称"硅酸盐熔体"。以 SiO_2 为主要酸性氧化物的冶金熔渣。

04.0523 熔渣分子理论 molecular theory of slag
假设熔渣由氧化物分子组成，只有简单的自由氧化物才能参与冶金反应的理论。

04.0524 熔渣离子理论 ionization theory of slag
熔渣为简单离子和复杂离子组成的高温熔体。熔渣与金属之间以一对电极反应的形式进行冶金中的氧化–还原反应的理论。

04.0525 熔渣分子、离子共存理论 theory of molecule-ion coexistence in slag
假设熔渣是由离子和未离解的分子构成的高温熔体。由此导出所谓熔渣组元作用浓度，使冶金反应平衡服从质量作用定律的理论。

04.0526 硅氧四面体 silicon oxygen tetrahedron
硅酸盐晶体中的基本结构单元。因位于中心的硅原子与周围四个氧原子配位形成阴离子$[SiO_4]^{4-}$的四面体而得名。其中，每个氧联结两个硅，四面体的顶角相连构成三维网状结构。

04.0527 桥氧 bridge oxygen

在硅氧四面体中联结两个硅的氧，用 O^0 表示。

04.0528 自由氧 free oxygen
以 O^{2-}形式态存在于熔渣中的氧离子。

04.0529 非桥氧 non-bridge oxygen
又称"单键氧"。硅酸盐熔渣中，连接单一硅的氧。通常用 O^-表示。

04.0530 聚合 polymerization
全称"聚合反应"。在硅酸盐熔渣中，碱性氧化物(自由氧)浓度下降或温度下降，使其中复合阴离子尺寸增大，或(和)大尺寸复合阴离子浓度增大的现象。

04.0531 解聚 depolymerization
全称"解聚反应"。聚合的逆过程。在硅酸盐熔渣中，碱性氧化物(自由氧)的存在，破坏了酸性氧化物中原来的网状结构的现象，及碱性氧化物(自由氧)浓度的提高，使硅酸盐熔体中复合阴离子尺寸变小，或(和)其浓度下降现象。

04.0532 马森模型 Masson model
假设硅酸盐熔渣由金属阳离子、自由氧离子及硅氧阴离子组成，将SiO_4^{4-}作为独立单元。聚合反应合成链状硅酸根离子的通式为 $SiO_4^{4-} + Si_nO_{3n+1}^{2(n+1)-} = Si_{n+1}O_{3n+4}^{2(n+2)-} + O^{2-}$。马森模型包括直链及支链两种模型，还给出定温下熔渣摩尔及偏摩尔热力学性质与 SiO_2 浓度及聚合–解聚反应平衡常数的函数关系式。

04.0533 图普和塞米斯结构相关模型 Toop and Samis structure-related model
在熔渣中氧离子以桥氧、非桥氧以及自由氧三种形态存在，随熔渣成分的变化，硅氧阴离子发生聚合–解聚反应，在一定温度和渣成分下，它们之间存在聚合与解聚平衡的模型。

04.0534 熔渣似点阵模型 quasi-lattice model of slag

提出硅酸盐熔渣由 MO 和 SiO_2 组成无序的网络结构，硅原子处于由氧原子形成的四面体间隙中，由此确定金属离子 M^{2+} 的位置，其分布要考虑离子尺寸效应和电中性原则。在此基础上计算硅酸盐熔渣的配分函数和构型熵的模型。

04.0535 完全离子溶液模型 perfect solution model

假设熔渣为完全离子化的理想溶液，其中的正负离子均匀相间分布，离子间相互作用等效，离子的活度系数为 1 的模型。

04.0536 正规离子溶液模型 regular solution model

假设不同组元混合形成熔体时，同号离子彼此无序混合，由于不同离子对的交互作用能不同，使混合焓不为零，而混合熵与完全离子溶液相同的模型。

04.0537 渣碱度 slag basicity

渣中的碱性氧化物对酸性氧化物含量之比。对于不同的冶金生产方法，碱度公式中选用的碱性或酸性组元数目有所不同。

04.0538 渣硅酸度 silicic-acidity of slag

有色金属火法熔炼渣中由 SiO_2 含量折算的氧量与碱性氧化物含氧量总和的比。

04.0539 光学碱度 optical basicity

熔渣中某氧化物的氧离子 O^{2-} 失去电子的能力与自由氧化钙的氧离子失去电子能力之比。多元熔渣的光学碱度是各组元光学碱度的总效果。

04.0540 酸性氧化物 acidic oxide

又称"成网氧化物(net-work forming oxide)"

"网络形成子(net-work former)"。炉渣氧化物成分中吸收自由氧离子 O^{2-} 的氧化物。

04.0541 碱性氧化物 basic oxide

又称"变网氧化物(net-work modifying oxide)""网络修饰子(net-work modifier)"。炉渣氧化物成分中提供自由氧(O^{2-})的氧化物。

04.0542 两性氧化物 amphoteric oxide

根据所处熔渣的特点(主要指成分)不同，可以放出也可以吸收自由氧离子的氧化物。Al_2O_3 在很多硅酸盐熔渣中是典型的两性氧化物。

04.0543 脱氧平衡 deoxidation equilibrium

钢液中的溶解氧与脱氧元素相互作用生成脱氧产物的反应热力学平衡。

04.0544 脱氧常数 deoxidation constant

因为多数脱氧产物的活度为 1，钢铁冶金中，用脱氧反应平衡常数的倒数。

04.0545 熔渣脱硫 desulfurization by slag

冶金过程中利用高碱度熔渣脱除金属中硫的反应。

04.0546 气态脱硫 desulfurization in gaseous state

金属中硫直接氧化为二氧化硫气体或生成硫化物气体蒸发而脱除硫的反应。

04.0547 硫分配比 sulfur partition ratio

硫在熔渣和金属溶液之间的分配平衡常数，可表示为 $\dfrac{(\%S)}{[\%S]}$。

04.0548 硫化物容量 sulfide capacity

简称"硫容"。表示熔渣吸收硫能力的量，为熔渣的性质，与金属成分无关。定义式:

$$C_S = (\%S)\left(\frac{p_{O_2}}{p_{S_2}}\right)^{0.5}。$$

04.0549 氧化脱磷 dephosphorization under oxidizing atmosphere

在氧化性气氛下利用高碱度、高氧化性熔渣脱除金属中磷，生成 PO_4^{3-} 的反应。

04.0550 还原脱磷 dephosphorization under reducing atmosphere

在还原性气氛下使钢中磷生成 P^{3-} 来脱磷的反应。

04.0551 磷分配比 phosphor partition ratio

磷在熔渣和金属溶液之间的分配平衡常数。

04.0552 磷酸物容量 phosphate capacity

熔渣吸收磷的能力。定义式：
$$C_{PO_4^{3-}} = (\%PO_4^{3-}) \Big/ (p_{P_2}^{1/2} / p_{O_2}^{5/4})。$$

04.0553 碳化物容量 carbide capacity

熔渣吸收碳化物的能力。定义式：$C_{(C_2^{2-})} = (\%C_2^{2-})p_{O_2}^{1/2} / a_C^2$，式中 a_C 为与熔渣平衡的金属液中碳的活度。

04.0554 氮化物容量 nitride capacity

熔渣溶解氮的能力。定义式：
$$C_{(N^{3-})} = (\%N^{3-}) \cdot p_{O_2}^{3/4} / p_{N_2}^{1/2}。$$

04.0555 氰化物容量 cyanide capacity

熔渣同时吸收碳和氮的能力。定义式：$C_{(CN^-)} = (\%CN^-) \cdot p_{O_2}^{1/4} /(a_C \cdot p_{N_2}^{1/2})$。式中 a_C 为与熔渣平衡的金属液中碳的活度。

04.0556 碳–氧平衡 carbon-oxygen equilibrium

钢液中的碳和氧生成一氧化碳反应的热力学平衡。

04.0557 真空下碳脱氧 deoxidation with carbon under vacuum

用低一氧化碳分压，促使钢液中碳与氧的反应向生成一氧化碳方向进行的方法。

04.0558 脱硅 desiliconization

当温度低于碳和硅的氧化转化温度时，钢液的硅去除到痕迹量的反应。

04.0559 脱锰 demanganization

当温度低于碳和锰的氧化转化温度时，钢液中部分锰氧化，以促进造渣的反应。

04.0560 脱砷 dearsenization

当原料混杂了砷时，用碳化钙作为脱砷剂，使砷生成砷化钙而被去除的反应。

04.0561 西韦特定律 Sievert's law

曾称"西华特定律"。在定温下气体在液体（包括钢液）中的溶解度与其分压的平方根成正比。

04.0562 分配平衡常数 distribution equilibrium constant

定温下，同一溶质元素在熔渣中与钢液中的活度之比值。

04.0563 玻璃态 metallic glassy state

熔渣、金属或合金在深度过冷形成的非晶组织时仍保持的液态结构。

04.0564 纳米颗粒 nano-particle

一种人工制造的、尺寸范围为 0.1～100nm 的微型颗粒。其形态可能是乳胶体、聚合物、陶瓷颗粒、金属颗粒或碳颗粒等。

04.0565 纳米粉体 nano-powder

指具有纳米结构的材料，包括晶须、晶带、纳米纤维、纳米薄膜等。尺寸为 0.1 到 100nm

的超微粒子和晶粒尺寸小到纳米量极的固体和薄膜。其表面和量子隧道等效应引发的结构和能态变化，产生许多独特的光、电磁等特性。

04.0566 化学键 chemical bond
相连的两个或多个原子间比较强烈的结合力。

04.0567 熔化 melting
物质由固态变为液态的过程。

04.0568 界面张力 interface tension
两个不相混溶液相（如熔渣与钢液）的单位界面积的能量。也可以视为作用在界面中单位长度上的张力。

04.0569 润湿性 wettability
当液体（包括熔体）和金属、耐火材料等固体接触时，由于固/液间界面张力与气/液、气/固间的表面张力间存在平衡关系，体系本身实现总能量最小，使液体呈现在固体表面铺展的倾向大小。

04.0570 润湿角 wetting angle
当液体和固体接触时，在固/液间界面和固体表面之间的夹角，是液体对固体表面润湿性的量度。若润湿角 $\theta=0°$，为完全润湿；当 $0°<\theta \leqslant 90°$时，为部分润湿；当 $\theta>90°$，为不润湿。

04.0571 湿胀系数 coefficient of wet expansion
物质因吸收水分产生的体积膨胀与原体积的比值。

04.0572 表面能 surface energy
某液相产生单位面积的自由表面时所需的能量。

04.0573 表面张力 surface tension

使液体表面积收缩到最小的力。表面能的量纲与作用在单位长度上的力的量纲相同。

04.0574 逾渗 percolation
超过孔隙尺寸临界阈值后，气体或液体可以穿越含孔隙物质的现象。

04.0575 特性黏度 intrinsic viscosity
当浓度区域近于零时，比浓黏度的极限值，量纲为浓度量纲的倒数。

04.0576 比浓黏度 reduced viscosity
单位浓度的增比黏度，量纲为浓度量纲的倒数。

04.0577 增比黏度 specific viscosity
溶液黏度较溶剂黏度增加的分数，无量纲。

04.0578 相对黏度 relative viscosity
溶液黏度与溶剂黏度之比，无量纲。

04.0579 触变作用 thixotropy, rheopexy
有些凝胶的网状结构不稳定，受外力作用可变成流动性较好的溶液状态，一旦外力解除即恢复凝胶状态的作用。

04.0580 分散体系 dispersed system
一种或几种物质分散在另一种物质中，形成的体系。

04.0581 分散介质 dispersed medium
分散其他物质的物质。

04.0582 分散相 dispersed phase
被分散的物质。

04.0583 沉降 sedimentation
在重力作用下，分散体系发生的自发现象。当分散体系中粒子大小超过某一限度，布朗运动变得极为缓慢，体系已无足够抵抗重力作用的动力，开始沉降。

04.0584 电渗 electro-osmosis
浸湿的多孔物质、压紧的粉体及素烧的陶瓷等作隔膜，在电场作用下，由于双电层存在于多孔物质和液体、水的界面之间，孔壁带负电，而溶液、水带正电，因此向负极移动的现象。

04.0585 电动现象 electrokinetic phenomena
当两相发生接触，在界面形成双电层。在电场作用下，两相沿着双电层作相对运动；反之，用外力使两相作相对运动，在其两端也会出现电势差的现象。

04.0586 内压力 intrinsic pressure
又称"内聚力"。力图把分子拉入液体内部的力。由于内聚力存在，液体要形成新表面必须做功来克服这种吸引力。

04.0587 分子作用球 sphere of molecular action
以分子的中心为球心，以分子直径为半径所作的球。分子间的吸引力随分子间距离增大而减弱，在分子间距离增大到为该分子的直径时，吸引力减弱为零。

04.0588 渗透 osmosis
在有水的半透膜存在时，稀溶液通过半透膜进入浓溶液的一种自发现象。

04.0589 渗透压 osmotic pressure
当半透膜两边溶液浓度不相等时，在较浓的溶液上方施加可以阻止溶剂进入所需的静压。

04.0590 溶胶 sol
分散介质为液体的胶体分散体系。

04.0591 凝胶 gel
饱含液体的半固体胶冻和其干胶的通称。

04.0592 胶凝作用 gelation
溶胶转化为凝胶过程。

04.0593 气溶胶 aerosol
分散介质为气体，分散相是液体或固体的胶体体系。

04.0594 ζ 电势 ζ potential
又称"ζ 电位"。固体或胶体粒子与溶液接触时，在表面形成双电层，当固–液之间发生相对移动时，固相连带着束缚的溶剂化层和溶液之间的电势。

04.0595 物化等电点 physical chemistry iso-electric point
两性离子所带电荷因溶液的 pH 值不同而改变，当两性离子正负电荷数值相等时，溶液的 pH 值。

04.0596 破乳 demulsification
乳状液的分散相小液珠聚集成团，形成大液滴，破坏乳化作用的过程。

04.0597 乳化作用 emulsification
两种互不相溶的液体，使其中一种以微小粒子均匀分散于另一液体中的过程。

04.0598 DLVO 理论 Derjaguin-Landau and Verwey-Overbeek theory
胶体是热力学不稳定体系，由于表面建立了双电层而相对稳定。DLVO 理论认为，胶粒是带电的，其周围由离子氛所包围。它的不稳定性由胶粒间的相互吸引和排斥力的作用决定。

04.0599 超声凝聚 ultrasonic precipitation
由于超声波的作用，使悬浮于气体或液体中

的微粒聚集成大颗粒而沉淀的现象。

04.0600　分子间势能　potential functions between molecules
由于分子间存在的相互作用力（包括引力和斥力）引起的相互作用的势能。分子内能的组成部分，其大小与分子间距有关。

04.0601　胞腔理论　cell theory
又称"自由体积理论"。基于结构的物理模型来计算液体宏观性质的液态结构理论。它将液态结构看成与晶体点阵相似，在液体中

划分许多胞腔，液体分子在各自胞腔中自由平动，结合势能函数及统计热力学中配分函数计算，估算体系的宏观性质。该理论关键是求自由体积。

04.0602　空腔理论　hole theory
基于结构的物理模型来计算液体宏观性质的液态结构理论。它将液态结构看成与晶体点阵相似，在液体中划分许多胞腔，胞腔体积不变。由于存在许多空的胞腔，使胞腔数增大，导致体积增大。结合统计热力学中配分函数计算，可以估算体系的宏观性质。

04.05　冶金物理化学研究方法

04.0603　冶金物理化学研究方法　experimental method in physical chemistry of metallurgy
研究冶金与材料制备过程的物理变化和化学反应的实验方法和技术。

04.0604　量热学　calorimetry
热化学中测量物理变化和化学反应过程热效应，并根据热效应研究物理和化学变化规律的学科。

04.0605　[测]高温学　pyrometry
采用辐射量测量等非接触方法测定物体温度的学科。

04.0606　量热计　calorimeter
测量热效应所用仪器的统称。

04.0607　绝热量热计　adiabatic calorimeter
为避免量热计因辐射散失热量，在其外面加一个充有液体的夹套，使夹套的温度维持与量热计内部液体温度相同，以减少容器的热辐射的仪器。

04.0608　弹式量热计　bomb calorimeter

具有合金钢制弹形反应器的燃烧焓测量装置。

04.0609　温差热电势　thermoelectromotive force
又称"塞贝克电动势"。在两种不同导电材料构成的闭合回路中，当两个接点温度不同时，回路中产生的电势。

04.0610　热电偶　thermocouple
依据温差热电势原理制作的温度测量装置。

04.0611　热电偶校准　calibration of thermocouple
在若干给定温度下测定热电偶的热电势，以确定热电势与温度关系的操作过程。

04.0612　光学高温计　optical pyrometer
基于受热物体的单色辐射强度与温度间的确定函数关系，测定温度的装置。

04.0613　辐射高温计　radiation pyrometer
依据热辐射原理制作的温度测量装置。

04.0614　红外温度计　infrared thermometer

通过对物体自身辐射红外能量的测量，准确测定其表面温度的测温仪。

04.0615 比色温度计 two-color thermometer
通过测量两个波长的单色辐射亮度之比来测定温度的仪器。

04.0616 热重法 thermogravimetry, TG
在程序温度控制下，测量物质质量与温度关系的技术。

04.0617 差热重法 differential thermogravimetry
同时进行差热分析和热重分析的技术。

04.0618 热天平 thermobalance
用于热重分析的天平。

04.0619 卤素检漏仪 halogen leak detector
用含有卤素的气体为示漏气体的检漏仪器。

04.0620 真空规 vacuum gauge
又称"真空计"。测量真空度的仪器。

04.0621 电离真空规 ionization gauge
利用发射热电子使气体分子电离，测量由此产出的离子电流和电子电流，从而测定真空度的仪器。

04.0622 麦克劳德真空规 McLeod gauge
利用一定量气体的体积和压强之乘积为常数原理，直接测定气体压力的真空计。

04.0623 机械增压泵 mechanical booster pump
又称"罗茨真空泵（Roots vacuum pump）"。两个反向同步旋转的双叶形或多叶形转子构成的旋转真空泵。

04.0624 检漏技术 leak detection method
找出真空系统上漏点的技术。

04.0625 氦质谱检漏仪 helium mass spectrograph leak detector
根据质谱分析原理，以氦作探测气体，对各种密封容器的漏隙进行快速定位和定量检测的仪器。

04.0626 高频火花检漏器 high frequency spark leak detector
俗称"真空枪"。在玻璃系统中，利用高频放电线圈产生的电火花能集中于漏孔处的现象，确定待测系统中漏孔位置的检漏仪。通常用它对玻璃系统进行检漏。

04.0627 抽气水喷射器 air-sucking water ejector
由高速水蒸气喷入抽气机内建立一低压空间，并使其间气体被水蒸气带向出口而排入大气的抽气装置。

04.0628 机械抽气泵 air-sucking mechanical pump
通过转子转动将进气口吸入的气体经出气口排入大气的抽真空用机械装置。

04.0629 油扩散泵 oil diffusion pump
加热形成的高速运动油蒸气流将气体分子带入喷嘴以下的空间，再经前级泵抽走排入大气的一种真空泵。油冷却后返回加热器。

04.0630 流体压强计 manometer
用于测量与大气压相近压力的压力测量仪器。

04.0631 转子流量计 rotameter
依据转子(浮子)在锥管中的位置确定流体流量的装置。

04.0632 皮托管 Pitot tube
用于测定气体流速的一种压力测定仪器。

04.0633 蒸气压法 vapor pressure method
利用气–液平衡或气–固平衡，通过测量溶液中易挥发性组元的蒸气压获得溶液或固溶体中该组元活度的方法。

04.0634 化学平衡法 chemical equilibrium method
通过平衡实验，测量化学反应平衡常数，求参与反应组元活度的方法。

04.0635 相平衡法 phase equilibrium method
应用在一定温度下，多元多相平衡体系中同一组元在各相的化学势相等的原理，通过相平衡实验测量组元活度的方法。

04.0636 电池电动势法 EMF method
将化学反应安排成可逆电池，通过测量在定压下电池电动势及其温度系数，获得该反应的 ΔG、ΔH、ΔS 等。若已知参与反应物质的浓度，则可求活度系数的方法。该方法还是测定电解质平均活度系数的重要方法。

04.0637 克努森池–质谱法 Knudsen cell-mass spectrometry method
采用克努森池和质谱仪测定气/固和气/液平衡热力学的方法。

04.0638 比重瓶 pycnometer
用于测定液(熔)体密度的已知容积的容器。

04.0639 阿基米德法 Archimedes method
利用阿基米德原理测定液体密度的方法。

04.0640 毛细管黏度计 capillary viscometer
基于泊松原理用毛细管测定流体黏度的装置。

04.0641 旋转黏度计 rotational viscometer
利用流体内摩擦力对旋转体产生的应力测定黏度的装置。

04.0642 摆动黏度计 oscillating viscometer
基于阻尼振动的对数衰减率与阻尼介质间黏度的定量关系测定黏度的装置。

04.0643 毛细管上升法 capillary rise method
利用流体在毛细管中上升高度的测量来测定其表面张力的技术。

04.0644 卧滴法 sessile drop method
根据测量出的流体在水平垫片上自然形成的液滴形状的几何参数获得表面张力的技术。

04.0645 垂滴法 pendant drop method
通过测定已知半径毛细管端滴下的液体质量来测定表面张力的技术。

04.0646 最大泡压法 maximum bubble-pressure method
测量插入液体内毛细管中气泡形成的气泡内的最大压力来测定表面张力或密度的方法。

04.0647 分子筛 molecular sieve
一种高效能多选择性吸附剂。

04.0648 示踪原子 tracer atom
又称"标记原子"。将所研究的分子中的某一个原子变换为具有放射性或稳定同位素，在反应过程中检测追踪其分布和状态的实验技术。

04.0649 放射性同位素 radioactive isotope
按固有规律自发进行核衰变，放出各种射线的同位核素。

04.0650 示踪剂 tracer reagent
为观察、研究和测量某物质在指定过程中的行为或性质加入的一种标记物。放射性同位素是常用的示踪剂之一。

04.0651 正比计数管 proportional counter
与射线在计数管中电离所形成的最初离子数呈正比地给出电压脉冲的测量射线强度的仪器。

04.0652 盖格计数器 Geiger counter
β 射线和 γ 射线强度测量仪。

04.0653 恒电势法 potentiostatic method
又称"恒电位法"。一种测量极化曲线的方法。过程控制被测电极的电势，测定相应不同电势下的电流密度。把测得的一系列不同电势下的电流密度与电势值在平面坐标系中描点并连接成曲线，得出恒电势极化曲线。

04.0654 恒电势仪 potentiostat
又称"恒电位仪"。一种重要的腐蚀检测和电化学测量仪器。广泛地用于电极过程动力学、电分析、电解、电镀、金属腐蚀与防腐蚀研究等的恒电势极化实验中。

04.0655 电势阶跃法 potential step method
又称"电位阶跃法"。由电极的开路电势瞬间升至一固定电势，记录电流随时间变化来研究过程电化学的技术。

04.0656 电势溶出分析 potentiometric striping analysis
又称"电位溶出分析"。利用电积法将待测离子富集至电极(或小容积溶液内)上，再在一定电势控制方式下溶出，以测定离子浓度的技术。

04.0657 电导池 conductance pool
测定溶液电导率的电极槽，具有确定的电极面积和极间距。

04.0658 恒电流法 chronopotentiometric technique
以一定控制形式的电流流过电极时，测定相应的电极电势，研究电化学过程的方法。

04.0659 恒电流仪 galvanostat, amperostat
使流经工作电极的电流恒定地保持于一给定电流的电化学仪器。

04.0660 恒库仑法 coulomstatic technique
以一定控制形式的电量流经电极时，测定相应的电极电势研究电化学过程的方法。

04.0661 交流阻抗法 AC impedance
在待测电极上累加一小幅度周期性变化电流(或电势)，测定电极对此扰动的响应参量，得到交流阻抗值，用以研究过程电化学的技术。

04.0662 零电荷电势 potential of zero charge, PZC
当溶液中决定电势离子的浓度为某一特定值时，固体电极表面上的净电荷等于零时的电极电势。

04.0663 旋转圆盘法 rotating disk electrode, RDE
工作电极嵌在半径较大的同心圆盘上，靠电极的旋转搅拌液体，以减小或消除扩散层，进行电极过程动力学研究的方法。

04.0664 线性电势扫描法 linear sweep voltammetry, LSV
在工作电极上施加为时间线性函数的电势，测量电流随电势(亦即随时间)的变化。用于测定双电层电容和迁跃电阻、电极反应参数，判断电极过程的可逆性、控制步骤和反应机理等的方法。

04.0665 循环伏安法 cyclic voltammetry
一种常用的电化学研究方法。控制电极电势以不同的速率，随时间以三角波形一次或多次反复扫描，使电极上交替发生不同的还原和氧化反应，根据所得的电流-电势曲线形状研究电极过程动力学的方法。

04.0666 电势分析法 potentiometry
通过电极电势测定获得体系化学反应数据的电化学分析方法。

04.0667 计时电流法 chronoamperometry
控制电极电势的暂态测量方法。向工作电极施加单电势阶跃或双电势阶跃后，测量达到稳态前电流响应与时间的函数关系，给出计时电流图。适用于研究偶合化学反应的电极过程。

04.0668 计时电势法 chronopotentiometry
又称"计时电位法"。控制电流的暂态测量方法。在某一固定电流下，测量达到稳态前电解过程中电极电势与时间之间的关系曲线，即计时电势图。应用于研究电极过程动力学、熔融盐电化学性质和电极表面现象等。

04.0669 扩散偶法 diffusion couple method
测定扩散系数的基本方法之一。将两根不同成分的细棒对接，在高温下退火一定时间后，测量界面两边的扩散组元成分分布，计算该组元的扩散系数。

04.0670 俣野面 Matano surface
用扩散偶法测定二元系中组元的互扩散系数时，若形成的不是无限稀溶液，则互扩散系数与浓度有关。这类体系在扩散退火时发生原点移动。新原点所在的扩散距离坐标为定值的面。

04.0671 几何面源法 geometrical-face source method
两根无限长的细棒中间为一薄层的扩散物质，或毛细管内视为无限长液柱的上面为一层极薄的扩散物质，在一定温度下经一定时间的扩散退火，其后通过测量出的浓度随距离变化计算扩散系数的方法。

04.0672 同位素法 isotope method
用示踪原子对扩散组元进行标记，在一定温度下经一定时间的扩散退火，其后通过测量放射性强度随距离的变化计算扩散系数的方法。

04.06 计算冶金物理化学

04.0673 计算冶金物理化学 computational physical chemistry of metallurgy
将数学方法与计算机结合，并应用于冶金物理化学研究形成的一个学科。

04.0674 化学计量学 chemometrics
应用数学、统计学和计算机技术处理化学数据，并从化学实验数据中最大限度地提取有用的化学信息的学科。

04.0675 概率 probability
又称"机率"。表示随机事件发生可能性大小的量，是在 0 到 1 之间的实数。

04.0676 数值分析 numerical analysis
研究用计算机求解数学方程的数值计算方法及其理论的学科。

04.0677 最小二乘法 method of least squares

以模型的计算值和实际观测值偏差的平方和最小作为优化判据，确定模型中待定参数的优化方法。

04.0678 准确度 accuracy

在一定实验条件下多次测定的平均值与真值相符合的程度，以误差表示，用以表示系统误差的大小。

04.0679 精确度 precision

使用同种备用样品进行重复测定所得到的结果之间重现性高低的程度。

04.0680 灵敏度 sensitivity

测量工具（仪表）相对于被测量变化的位移率。也指系统中的参数或外界的微小扰动对系统某特性的影响程度。

04.0681 重复性 repeatability

相同条件下研究对象连续多次观测结果之间的一致性。

04.0682 再现性 reproducibility

又称"重现性"。在改变了的测量条件下，对同一被测量的测量结果之间的一致性。

04.0683 真值 true value

观测对象的实际值。

04.0684 期望值 expectation value

在概率和统计学中，变量的输出值乘以其概率的总和，亦即该变量输出值的平均数。

04.0685 观测值 measured value

实际值的测量结果。

04.0686 异常值 outlier

在同一量的重复性观测数据中，极大偏离其他样本的数值。

04.0687 总体 population

研究对象的所有可能的观测结果。

04.0688 样本 sample

从总体中抽取的一部分样品。

04.0689 加权平均值 weighted mean

简称"加权均值"。在不等精度测量中，对不同可靠程度的观测结果乘以相应的权后求和再除以总权得到的平均值。它是一组测定值中出现概率最大的值，是总体平均值的无偏估计值。

04.0690 算术平均值 arithmetic mean

将一组测量值的代数和除以测量值的个数所得的商。

04.0691 中位值 median

将观测值依大小顺序排列后，处于中间位置的值。

04.0692 正态分布 normal distribution

由随机变量的均值和方差作参数的一种对称性概率分布。

04.0693 F 分布 F-distribution

基于正态分布建立起来的一种非对称概率分布，用于方差分析及回归分析等。

04.0694 误差 error

对象的观测值与真值的差值。

04.0695 实验误差 experimental error

实验测量值与真值的差异。

04.0696 系统误差 systematic error

由于实验所依据的理论、公式的近似性，或因实验条件、测量方法的缺欠等造成误差。在一定的实验条件下，具有固定数值的重复性和单向性的误差。

04.0697 偶然误差 accidental error
由于偶然或不确定因素造成的同一测量量的多次重复测量中，各次观测值的无规则变化(涨落)的误差。

04.0698 概率误差 probable error
曾称"必然误差"。有误差值 $\gamma(\gamma=0.6745\sigma)$，在一组观测数据中，误差落在 $\pm\gamma$ 之间的次数占总观测次数的一半时的误差。

04.0699 疏失误差 blunder error
由于观测者的疏失引起的与事实显然不符的误差。

04.0700 绝对误差 absolute error
观测量与真值(实际值)之间的差值。

04.0701 相对误差 relative error
绝对误差与真值之比。

04.0702 标准误差 standard error
又称"均方误差"。各个测量值误差平方和的平均值的平方根。

04.0703 容许误差 tolerance error
在一定测量条件下，实验结果允许的最大误差。

04.0704 偏差 deviation
观测值与算术平均值的差值。

04.0705 标准偏差 standard deviation
简称"标准差"。各个偏差平方和的平均值的平方根。

04.0706 方差 variance
观测值与平均值偏差的平方和的极限，即标

准差的平方。

04.0707 方差分析 analysis of variance
分析观测(或实验)数据的一种方法，以查明与研究对象有关各因素及其之间相互作用对该对象的影响。

04.0708 置信区间 confidence interval
置信度确定后，以测量结果为中心，包括总体均值在内的可信范围。

04.0709 置信系数 confidence coefficient
保证置信区间能覆盖参数的概率。

04.0710 显著性水平 significance level
又称"置信水平"。统计计算由偶然误差引起的观测值与真值间差值的概率。

04.0711 有效数字 significant figure
已知一个十进位的测量数据的可靠位数为 N，在其最小的第 N 位后则为欠准数字。$N+1$ 位的数字。

04.0712 数据处理 data processing
观测结果的科学统计处理方法。分析实验结果与影响因素之间关系，确定影响因素的主次，并寻找出最佳试验条件。

04.0713 曲线拟合 curve fitting
选择适当的曲线类型(解析函数)来拟合观测数据，并用拟合得出的曲线方程，分析两变量间关系的方法。

04.0714 回归分析 regression analysis
以最小二乘法为基础，研究变量与一个或多个自变量之间相关关系的一种统计分析方法。

04.0715 回归系数 regression coefficient

回归分析中度量因变量对自变量相依程度的指标，为反映当自变量每变化一个单位时，因变量所期望的变化量。

04.0716 线性回归 linear regression

在回归分析中，用线性方程表达因变量与自变量之间关系的方法。

04.0717 非线性回归 non-linear regression

在回归分析中，用非线性方程表达因变量与自变量之间关系的方法。

04.0718 逐步回归 stepwise regression

在建立多元回归方程的过程中，按偏相关系数的大小次序将自变量逐个引入方程，对其偏相关系数逐个进行统计检验，保留影响显著的自变量，剔除影响不显著的自变量，从而得到最优的回归方程。

04.0719 相关分析 correlation analysis

研究随机变量之间相关性的统计分析方法。

04.0720 相关系数 correlation coefficient

变量间相关程度的指标。

04.0721 全相关系数 total correlation coefficient

又称"复相关系数"。多元回归分析中表示因变量和各自变量整体之间的线性相关程度。

04.0722 偏相关系数 partial correlation coefficient

在消除其余变量影响条件下两个变量间的线性相关系数。

04.0723 正交设计 orthogonal design

根据正交表安排多因素多水平实验研究的一种实验设计方法。

04.0724 正交表 orthogonal table

根据组合理论，按照一定规律构造的列表，用于正交实验设计。

04.0725 正交表的方差分析 variance analysis on orthogonal table

通过列正交表计算、分析各因素及其交互作用对试验指标的影响，按其重要性排出主次关系，并确定试验指标的最佳工艺条件的方法。

04.0726 均匀试验设计 uniform design of test

着眼于实验点充分均衡分散的一种实验设计和数据处理方法。

04.0727 随机化 randomization

在一组测定值中，每个测定值都是依一定的概率独立出现的现象。

04.0728 原始数据 raw data

未经处理的数据。

04.0729 编码数据 coded data

数据经编码处理转变为一种代码。

04.0730 函数插值 function interpolation

由系列实验值构建一近似函数，并获得该函数其他值的方法。

04.0731 最优化方法 optimization method

又称"运筹学方法"。主要运用数学方法研究各种系统的优化途径及方案，为决策者提供科学决策依据的方法。

04.0732 过程最优化 process optimization

以过程运行的若干关键控制参数作为目标函数的多目标优化原理和方法。

04.0733 目标函数 objective function

评价问题所选目标的函数形式，可以求解其极大或极小值。

04.0734 约束条件 constraint
对目标函数求最优值所伴随的限制条件。

04.0735 约束优化法 constrained optimization method
自变量满足约束条件的情况下目标函数最小化问题的处理方法。约束条件既可以是等式约束也可以是不等式约束。

04.0736 最优估计 optimal estimation
系统理论中信号处理的有效和最优化计算方法。

04.0737 最优解 optimum solution
求解线性规划问题时，目标函数达到极值的可行解。

04.0738 最优值 optimal value
获得最优解时目标函数的值。

04.0739 单纯形优化 simplex optimization
(1)借助单纯形求解无约束问题的一种优化方法。(2)线性规划的一种简单算法。从某一基本可行解(顶点)出发，依次转移到新的顶点，若干步后使目标函数达到最优值。

04.0740 全局最优化 global optimization
在约束条件的全部集合中求最优解。

04.0741 局部优化 local optimization
相对于全局优化而言，在约束条件集合的一个子集域求最优解。

04.0742 序贯寻优 sequential search
逐步收缩控制搜索域寻求最优解的一种迭代寻优方法。

04.0743 梯度寻优 gradient search
沿梯度变化最大方向进行搜索的优化方法。

04.0744 逐次近似法 successive approximation method
处理约束极小化问题一种非线性迭代优化方法，将目标函数和约束条件简化，作近似处理，逐步接近。

04.0745 线性规划 linear programming
目标函数和约束条件均为线性的最优化问题。

04.0746 动态规划 dynamic programming
研究多阶段组成的过程系统的决策和策略问题所用的依次递推求解的最优化方法。

04.0747 优选法 optimization method
以数学原理为指导，合理安排试验，以尽可能少的试验次数尽快找到生产和科学实验中最优方案的科学方法。

04.0748 黄金分割法 golden cut method
以黄金分割点(0.618)为步长，求解定区间无约束单变量函数极值点的数值解法。

04.0749 最速上升法 steepest ascent method
以正梯度方向为搜索方向求解极值的优化方法。

04.0750 最速下降法 steepest descent method
以负梯度方向搜索求解极值的无约束优化方法。

04.0751 随机抽样 random sampling
按照随机原则从样本的总体中进行抽样，总体中每一个被抽到的概率相等的抽样法。

04.0752 权重抽样 weighted sampling

根据调查的样本总体中单个样本的某一指标在整体评价中的相对重要程度进行的抽样法。

04.0753　蒙特卡罗方法　Monte Carlo method
又称"统计模拟方法"。以概率统计理论为指导的一种重要的数值计算方法。使用随机数(或伪随机数)数值多重积分的过程,解决很多计算问题的方法。

04.0754　冶金过程数学模型方法　mathematical modeling of metallurgical processes
正确认识冶金生产各单元和体系中过程的物理本质,通过合理的简化,构建数学模型进行研究的理论和方法。

04.0755　数学模型　mathematical model
对客观过程的特征和本质通过数学方程,以及逻辑关系进行概括和描述的数学表达方式。

04.0756　数学模型方法　mathematical modeling
通过在建立和求解数学模型基础上的分析研究来认识事物的方法。

04.0757　经验模型　empirical model
通过数理统计处理实测数据,实现定量描述输入和输出变量之间关系的一种数学模型。

04.0758　集总参数模型　model with lumped parameter
用线性或非线性常微分方程来描述系统的动态特性的数学模型。

04.0759　分布参数模型　model with distributed parameter
用各类偏微分方程描述体系动态特性的数学模型。

04.0760　参数估值　parameter estimation

应用实验数据推定模型方程中参数的过程。

04.0761　参数拟合　data fitting
在建立数学模型对实验现象(数据)的规律进行模拟过程中,求取模型中未知参数的处理过程。

04.0762　数值解法　numerical solution method
高次代数方程、超越代数方程、微分方程、偏微分方程及其方程组的常用解法。一般使用迭代法求方程或方程组的解。对于微分方程、偏微分方程,还要先进行离散化,转化为代数(差分)方程。

04.0763　迭代法　iterative method
最常用的数值解法。从1个或1组初始估计值出发,采用相同的公式反复用变量的旧值递推新值,寻找方程或者方程组近似解的方法。

04.0764　有限差分法　finite difference method
求微分方程数值解的重要方法。将连续定解域用有限个离散点的网格代替,连续函数用在网格上的离散变量函数近似;将原方程和定解条件中的微商用差商近似,建立有限差分(代数)方程组。用插值法从所得离散解得到定解问题在整个区域的近似解。

04.0765　有限元方法　finite element method
一种将连续体离散化为若干个有限大小的单元体的集合,以求解连续体力学问题的数值方法。实质是将解给定的泊松方程转化为求解泛函的极值问题。其网格可随计算域形状变化。

04.0766　网格结构　geometries and meshes
在采用数值法求解时,按一定的规则划分系统区域(计算域)所形成的微小网格的结构。差分网格与所选坐标系一致。有限元网格随系统形状变化。

04.0767　计算流体力学方法　CFD methodology

用计算机和离散化数值方法对流体力学问题进行数值模拟和分析发展起来的学科。它是传递过程及燃烧、多相流和化学反应研究的核心技术。

04.0768　流体力学软件　software of fluid dynamics

用于流体力学计算的计算机软件。如：Fluent，FLOW-3D 等。

04.0769　连续方程　equation of continuity

流体流动的质量守恒关系：$\frac{\partial \rho}{\partial t} + \nabla \cdot (\rho u) = 0$ 根据质量守恒定律推导出，用来描写单位体积流体元内质量变化的方程。

04.0770　纳维-斯托克斯方程　Navier-Stokes equation

又称"运动方程(equation of motion)"。流体流动的动量守恒关系：

$$\frac{\partial}{\partial t}(\rho u) + \nabla \cdot (\rho uu) = -\nabla p + \nabla \cdot [\mu_e(\nabla u)] + \rho g$$

描述黏性不可压缩流体动量守恒的运动方程。

04.0771　流动速度场　velocity distribution

流体流速在时间和空间中的分布。

04.0772　k-ε 模型　k-ε model

又称"双方程模型"。应用流体湍动能的产生及其耗散表述湍流黏度 μ_t 的公式：$\mu_t = C_D \rho k^2 / \varepsilon$，其中 k、ε 在流场中的分布分别用一个微分方程来表述的模型。

04.0773　湍动能　turbulent kinetic energy

湍流脉动速度的动能的均值。用 k 表示，$k = 0.5\overline{(u')^2}$。

04.0774　湍动能耗散率　dissipation rate of the eddy kinetic energy

为单位时间内流体微元湍动能的变化。用 ε 表示，$\varepsilon \propto k^{3/2}/l_m$，$l_m$ 为混合长。

04.0775　壁面　wall, solid wall

流体和固体的界面，对流体的摩擦达到极大。

04.0776　自由表面　free surface

气体和液体的界面，对液体的摩擦趋近于零。

04.0777　壁函数　wall function

壁面摩擦造成层流亚层及附近的流场发生急剧变化，用数值法求解时，通常将第一个节点布置在湍流充分发展区域，而近壁区的流速、湍动能及其耗散率等参数用半经验公式来表达的函数。

04.0778　边界条件　boundary condition

求得微分方程的定解所需要的表面或交界面处的特性条件。

04.0779　初值条件　initial condition

求解非稳态微分方程时赋予变量的初值。

04.0780　全息动态仿真　dynamic hologram simulation

流动、传热、传质和电磁场运动等多过程同时模拟，代替单一过程模拟计算，用多变量多过程之间的耦合作用模型代替多过程孤立模型或叠加模型的数学模型方法。

04.0781　无机热化学数据库　thermodynamic database in metallurgy

包括数据库、程序库和计算机操作系统 3 个组成部分，用于计算冶金过程的热力学性质，研究和分析冶金过程。

04.0782　热力学数据库　thermodynamic database

结合相图和各种热力学数据，通过热力学评估和计算机优化，得到的体系中各相热力学函数的参数数据库。主要应用于相图、多元多相平衡计算、热力学参数评估、活度计算等。

04.0783　化合物数据库　compound database

含有已优化过的多种化合物的热力学参数数据库。是热力学数据库的子数据库之一，与其并列的还有半导体数据库、氧化物数据库、硫化物数据库及熔盐体系数据库等。

04.0784　集成热化学数据库　integrated thermochemical database

将计算机软件与经过评估、且热力学性质自洽的热力学数据等参数信息耦合起来的数据库。

04.0785　兼容性条件　compatible condition

模型中为满足有关要求，几个实体能共同存在或使用的特定条件。

04.0786　热力学自洽性　thermodynamic self-consistency

体系所有热力学性质数据之间无自相矛盾之处的特性。

04.0787　热力学评估　thermodynamic assessment

利用相图和各种热力学数据，通过对体系内各相选用合适的热力学模型，经评估和计算机优化，得到体系中各相热力学函数中的参数的过程。

04.0788　等化学势法　chemical potential equality method

以组元在各相的化学势相等作为体系各项达到平衡状态的判据，进行相图计算的方法。

04.0789　吉布斯能最小法　Gibbs energy minimization method

以体系吉布斯能最小原理建立方程组，来求解计算相图的一种方法。

04.0790　相图计算　calculation of phase diagram

运用热力学和相平衡数据，通过计算机计算研究和构造相图的学科。

04.0791　统计模式识别　statistical pattern recognition, SPR

将某个研究对象或数据样本划分到某个模式类别中去的一种借助大量的信息和经验进行推理的方法。传统的方法是用计算机识别多维空间中各类点分布区的形状，投影成二维图像解决实际问题。

04.0792　人工神经网络　artificial neural network, ANN

不需要预先规定函数的形式，以科学技术应用中大量需要处理的问题作为神经元，广泛相互连接构成人工神经网络，连接关系引起神经元的不同兴奋状态且能大规模并行处理，最终输出优化的信息参数的网络。

04.0793　遗传算法　genetic algorithm, GA

在已知函数形式的前提下，模拟生物自然选择和遗传过程的随机搜索算法，实现寻优搜索。

04.0794　分子动力学模拟　molecular dynamic simulation

将物理、数学和化学相结合的一套分子模拟方法。用牛顿力学模拟分子体系的运动，在由分子体系的不同状态构成的系综中抽取样本，计算体系的构型积分。再以构型积分为基础计算体系的热力学量和其他宏观性质。

04.0795 系综 ensemble
在一定的宏观条件下，大量性质和结构完全相同的、处于各种运动状态的、各自独立的体系的集合。它是一个假想的概念。组成系综的体系的微观状态可能相同，也可能不同。处于平衡状态时，系综的平均值是确定的。

04.0796 第一性原理 (1) first principle,
    (2) *ab initio*
计算物理和计算化学的一个概念。(1) 广义的第一性原理计算指一切基于量子力学原理的计算。(2) 狭义的第一性原理计算指不使用经验参数，只用电子质量、光速、质子中子质量等少数实验数据进行的量子计算。

04.0797 薛定谔方程 Schrödinger equation
量子力学的基本方程，广泛地用于描述原子、分子、核等基本粒子的运动状态。它仅适用于速度不太大的非相对论粒子，也没有包含关于粒子自旋的描述。薛定谔方程对于原子、分子、核、固体等一系列问题中求解的结果都与实际符合得很好。将它引入溶液和化学领域，形成了快速发展的量子化学学科。

04.0798 波函数 wave function
量子力学中描述微观体系状态的一个基本概念，是描述微观粒子运动状态的函数。波函数是空间和时间的复函数，即 $\psi=\psi(x, y, z, t)$。微观体系的任何一个状态都可以用一个坐标和时间的连续、单值、平方可积的函数 Ψ 来描述。

04.0799 密度泛函理论 density functional
    theory, DFT
多电子体系基态的总能量是密度的泛函，即体系的所有能量可由该体系内电子分布表述，不考虑电子运动的细节。该理论为凝聚态物理和计算化学领域最常用的量子力学方法之一。是基于量子力学和玻恩–奥本海默绝热近似的从头算方法中的一类解法，广泛用来研究分子和凝聚态的性质。

05 钢铁冶金

05.01 炼焦

05.0001 炼焦 coking
煤经过高温干馏转化为焦炭、焦炉煤气和化学产品的过程。

05.0002 炼焦煤 coking coal
高温干馏时可以生成具有一定块度和机械强度焦炭的煤的总称。

05.0003 解冻库 thawing shed
冻结的煤车进行解冻的设施。

05.0004 贮煤场 coal storage yard
在地面上贮存原料煤的堆场。

05.0005 配煤 blending coal
将不同牌号的单种煤按要求比例进行配合，以生产符合质量要求的焦炭的工艺措施。

05.0006　配煤试验　coal blending test
将不同牌号的煤按适当的比例配合起来进行的炼焦试验。

05.0007　先配煤后粉碎流程　grinding after blending process
将各单种煤先按规定的比例配合，然后再进行粉碎的工艺流程。

05.0008　先粉碎后配煤流程　grinding prior to blending process
将各单种煤根据不同性质进行不同细度的粉碎，然后按一定的比例配合并充分混合的工艺流程。

05.0009　气煤预粉碎流程　pre-grinding process of gas coal
将单种煤(气煤)预粉碎到一定细度，然后再与其他牌号的煤按比例配合并进行混合粉碎的工艺流程。

05.0010　分组粉碎流程　group grinding process
将单种煤分成几组分别粉碎到不同细度，然后按一定比例配合并充分进行混合的工艺流程。

05.0011　装炉煤细度　fineness of the charging coal
度量装炉煤粉碎程度的指标，用 3mm 以下粒级的煤所占的质量百分数表示。

05.0012　自动配煤装置　automatic blending device
按照给定值自动控制各单种煤的配入量的配煤设备，以保证配合煤比例和配入量的准确和稳定。

05.0013　焦油渣添加装置　device for tar-residue adding
将焦油渣添加到装炉煤中的装置。

05.0014　煤调湿　coal moisture control
将装炉煤通过加热干燥除掉一部分水分，并通过控制系统使装炉煤水分稳定在目标值的过程。

05.0015　配型煤工艺　partial briquetting process
将一部分煤在装入焦炉前配入黏结剂加压成型块，然后与散状煤按一定比例混合后装炉的工艺。

05.0016　气煤　gas coal
变质程度较低、挥发分高的烟煤。单独用于炼焦时焦炭多细长、易碎、并有较多的纵裂纹。

05.0017　肥煤　fat coal
煤化度中等、黏结性极强的烟煤。对其加热时产生大量胶质体。单独炼焦时所得焦炭熔融良好，但焦炭横裂纹多，气孔率高，在焦饼根部有蜂窝状焦。

05.0018　焦煤　coking coal
变质程度较高的烟煤。单独炼焦时生成的胶质体热稳定性好，所得焦炭块度大，裂纹少，强度高。

05.0019　瘦煤　lean coal
煤化度较高的烟煤。对其加热时产生的胶质体少。能单独结焦，所得焦炭块度大，裂纹少，熔融性差，耐磨强度不好。

05.0020　1/3 焦煤　1/3 coking coal
介于焦煤、肥煤与气煤之间含有中、高挥发分的烟煤。单独炼焦时能生产出强度较高的焦炭。

05.0021　气肥煤　gas fat coal
挥发分高、黏结性强的烟煤。单独炼焦时，能产生大量的煤气和胶质体，但胶质体稳定性差，不能生成强度高的焦炭。

05.0022　煤焦工业分析　proximate analysis
分析煤或焦炭的水分、灰分、挥发分和固定碳四项内容总称。

05.0023　煤焦元素分析　ultimate analysis
分析煤或焦炭的碳、氢、氧、氮和硫等五种元素组成内容总称。

05.0024　黏结指数　caking index
在规定的条件下以烟煤在加热后黏结专用无烟煤的能力，表征烟煤黏结性的指标，符号 G。

05.0025　胶质层指数　index of plastic layer
由勒·姆·萨伯日尼克夫提出的一种表征烟煤黏结性的指标。以胶质层最大厚度 Y 值、焦块最终收缩度 X 值表示。而胶质层是黏结性煤加热到一定温度时，因发生软化熔融而由气体、液体、固体三相共存形成的黏稠状混合物。

05.0026　奥阿膨胀度　Audibert-Arnu dilatation
又称"奥亚膨胀度"。奥迪贝尔和阿尼两人提出的、以膨胀度 b 和收缩度 a 等参数表征烟煤膨胀性和黏结性的指标。

05.0027　坩埚膨胀序数　crucible swelling number, CSN
以煤在坩埚中加热所得焦块膨胀程度的序号表征烟煤的膨胀性和黏结性的指标。

05.0028　镜质组平均最大反射率　mean max reflectance of vitrinite
用煤的镜质组平均最大反射率表征煤化程度的指标，镜质组是煤的主要组分。颗粒较大而表面均匀，其反射率易于测定。它不受煤的岩相组成变化影响，因此是公认的较理想的煤化度指标。

05.0029　干燥基　dry basis
以假设无水状态的煤为基准，符号 d。

05.0030　空气干燥基　air dry basis
与空气湿度达到平衡状态的煤为基准，符号 ad。

05.0031　干燥无灰基　dry ash free basis
以假设无水无灰状态的煤为基准，符号 daf。

05.0032　焦炭　coke
烟煤等煤炭高温干馏获得的固态产品。

05.0033　焦炭裂纹　fissure of coke
在焦炉炭化室结焦过程中，由半焦的不均匀收缩产生的应力超过焦炭多孔体强度时，焦炭出现的裂纹。

05.0034　焦炭光学组织　optical texture of coke
焦炭气孔壁在反光偏光显微镜下，可以观察到它是具有不同光学特征的，由不同的结构形态和等色区尺寸所组成。

05.0035　混合焦　unscreened coke
从焦炉出来冷却后未经筛分的焦炭。

05.0036　冶金焦　metallurgical coke
灰分和硫分含量低、强度高、粒度及性能稳定，可用于高炉炼铁、冶炼铁合金和有色金属的焦炭的总称。

05.0037　铸造焦　foundry coke
用于冲天炉熔化生铁的焦炭。

05.0038 铁合金焦 ferroalloy coke

用于矿热炉冶炼铁合金的小粒度冶金焦。

05.0039 粉焦 coke fine

粒度小于 10mm 的焦炭。

05.0040 冷压型焦 formcoke from cold briquetting process

非炼焦煤加黏结剂加压成型煤，再经炭化或其他后处理制成的焦炭代用品。

05.0041 热压型焦 formcoke from hot briquetting process

弱黏结性煤加热到黏结塑性温度之间（400~500℃）加压成型煤，再经炭化或其他后处理制成的焦炭代用品。

05.0042 焦末含量 rate of coke fines

冶金焦中小于 25mm 以下粒级含量的百分比。

05.0043 焦炭产率 coke yield

炼焦时，焦炭的质量与所需煤质量的百分比。

05.0044 焦炭机械强度 mechanical strength of coke

焦炭的抗碎强度和耐磨强度的总称。

05.0045 焦炭抗碎强度 breaking strength of coke

在规定的条件下经转鼓试验后，小于 10mm 粒级焦炭百分比，符号 M_{10}。

05.0046 焦炭耐磨强度 abrasion strength of coke

在规定的条件下经转鼓试验后，大于 25mm 或 40mm 粒级焦炭百分比，符号 M_{25} 或 M_{40}。

05.0047 焦炭热强度 hot strength of coke

反映焦炭热态性能的一项焦炭机械强度指标。

05.0048 焦炭落下强度 shatter strength of coke

表征焦炭在常温下抗碎裂能力的焦炭机械强度的指标。其以块焦试样，按规定高度重复落下四次后，块度>50mm（或>25mm）的焦炭质量占焦炭试样总质量的百分比表示。

05.0049 焦炭显微强度 micro-strength of coke

焦炭气孔壁抵抗磨损的能力，是焦炭力学性质的主要指标之一。

05.0050 焦炭反应性 reactivity index of coke

一定块度的焦炭在规定条件下与二氧化碳反应后，焦炭质量损失的百分数，符号 CRI。

05.0051 反应后强度 post-reaction strength of coke

与二氧化碳反应后的焦炭在规定的转鼓里试验后大于 10mm 粒级焦炭占反应后焦炭质量的百分数，符号 CSR。

05.0052 焦台 coke wharf

焦炉焦侧晾焦的长斜台。

05.0053 焦炉 coke oven

用煤炼制焦炭的窑炉。

05.0054 下喷式焦炉 under-jet coke oven

加热焦炉用的煤气和空气从焦炉底部进入相应的加热系统的焦炉。

05.0055 复热式焦炉 compound coke oven

可以用富煤气加热也可用贫煤气加热的焦炉。

05.0056 单侧烟道焦炉 single waste flue coke oven

焦炉燃烧废气只从焦炉底部一侧排出的焦炉。

05.0057 捣固焦炉 stamp-charging coke oven
将装炉煤料捣固成煤饼后，从焦炉机侧装入炭化室内炼焦的焦炉。

05.0058 顶装焦炉 top charging coke oven
将散状装炉煤通过炉顶装煤孔装入炭化室内炼焦的焦炉。

05.0059 无回收焦炉 non-recovery coke oven
煤的成焦及其所需的加热合在同一炉室内，靠干馏煤气和部分煤的燃烧将煤直接加热而干馏成焦炭，不回收干馏煤气和其他化工产品的焦炉。

05.0060 炭化室 coking chamber
焦炉内隔绝空气干馏煤料的地方。

05.0061 焦炉燃烧室 heating wall of coke oven
焦炉内燃烧煤气给干馏煤料提供热量的地方。

05.0062 焦炉蓄热室 regenerator of coke oven
回收焦炉燃烧废气的热量并预热供焦炉加热用的贫煤气和空气的地方。

05.0063 两分火道 half-divided flue
焦炉燃烧室立火道采用所有上升气流集中在燃烧室一侧，下降气流集中在另一侧，由顶部水平道相连的立火道组合方式。

05.0064 双联火道 hairpin flue, twin flue
焦炉燃烧室内立火道的组合型式，由一个上升气流火道和下降气流火道通过顶部跨越孔紧密联系在一起组成一个独立的加热单元。

05.0065 焦炉加热水平高度 height difference between top of flue and oven
简称"焦炉加热水平"。从焦炉立火道盖顶砖的下表面到炭化室盖顶砖下表面之间距离。是炉体结构中的重要尺寸。

05.0066 焦炉废气循环 waste gas recirculation
焦炉内的气体流动方式之一，使流经下降立火道的燃烧废气部分经过立火道隔墙下部的循环孔回流入上升立火道，形成炉内循环。

05.0067 塑性成焦机理 plastic mechanism of coke-making
炼焦加热时，其有机质经过热分解和缩聚等一系列化学反应，通过胶质体阶段，发生黏结和固化而形成半焦，进一步热缩聚生成焦炭。

05.0068 中间相成焦机理 mesophase mechanism of coke formation
煤或沥青炭化时，随着温度的升高，首先熔融形成光学各向同性的塑性体，然后在塑性体中孕育出一种性质介于液相和固相之间的中间相，它在母体中经过核晶化、长大、融并、固化的转化过程，生成光学各向异性的焦炭。

05.0069 高温干馏 high temperature carbonization
煤及类似有机物在隔离空气的情况下，被加热到 1000℃左右，使有机质被蒸馏出来的过程。

05.0070 胶质体 plastic mass
黏结性煤加热到一定温度，因热解发生软化熔融而形成的黏稠状的气、液、固三相共存的混合物。

05.0071 结焦速度 coking rate

焦炉炭化室内结焦过程的进展速度。

05.0072　结焦时间　coking time
煤料装入焦炉炭化室至焦饼成熟的时间。

05.0073　焦炉周转时间　cycle time of coke oven
在焦炉操作中，同一炭化室两次推焦或装煤的时间间隔。

05.0074　装煤车　charging car
往焦炉炭化室内装煤的焦炉机械。

05.0075　推焦机　pusher machine
把焦炭从焦炉炭化室内推出的焦炉机械，一般带有炉门启闭装置等。

05.0076　装煤推焦机　charging-pusher machine
专用于捣固焦炉推焦和装煤的焦炉机械。

05.0077　捣固装煤推焦机　stamping-charging-pusher machine, SCP
专用于捣固焦炉带有捣固机和捣固煤料仓、推焦和装煤装置的焦炉机械。

05.0078　拦焦机　coke guide and door extractor
把从炭化室推出的赤热焦饼导入熄焦车内的焦炉机械。

05.0079　熄焦车　coke quenching car
湿法熄焦用于承载来自炭化室的赤热焦炭并将其运至熄焦塔熄焦和至焦台卸焦的焦炉机械。

05.0080　焦炉交换机　reversing machine
带动焦炉加热系统中的加热交换传动装置进行煤气、空气和废气定时换向的焦炉机械。

05.0081　捣固机　stamping machine
用于捣制煤饼的捣固焦炉专用机械。

05.0082　焦罐　coke bucket
用于装载从炭化室推出的赤热焦炭的干熄焦专用设备。

05.0083　除尘装煤车　charging car with dedusting device
带有装煤烟尘净化装置的装煤车。

05.0084　消烟除尘车　smokeless charging and dedusting car
用于捣固焦炉装煤除尘的专用机械。

05.0085　焦炉保护板　flash plate of coke oven
焦炉护炉设备之一，它将焦炉炉柱施加的力传给焦炉砌体。

05.0086　焦炉炉柱　buckstay of coke oven
焦炉护炉设备之一，安装在焦炉燃烧室两端部，并与保护板贴靠，对保护板和焦炉砌体施加保护性压力。

05.0087　焦炉纵拉条　longitudinal tie rod of coke oven
焦炉护炉设备之一，用来拉紧焦炉两端部的抵抗墙，并用端部弹簧施加适当的保护性压力。

05.0088　焦炉横拉条　cross tie rod of coke oven
焦炉护炉设备之一，用来拉紧焦炉燃烧室两端的焦炉炉柱，并借由端部弹簧施加适当的保护性压力。

05.0089　荒煤气　crude gas
未经处理的煤气。

05.0090 集气管 gas collecting main

汇集各炭化室排出的荒煤气的管道。

05.0091 桥管 gooseneck

上升管与水封阀之间的连接管件。

05.0092 焦炉水封阀 water sealing valve

能切断和开通上升管与集气管通道的阀件。

05.0093 高压氨水喷射抽吸装置 high pressure flushing liquor aspiration system

炭化室装煤时，在焦炉桥管内喷射高压氨水形成负压，抽吸装煤烟尘的工艺装置。

05.0094 湿熄焦 coke wet quenching

以水为熄焦介质的熄焦方法。

05.0095 干熄焦 coke dry quenching, CDQ

以惰性气体为熄焦介质的熄焦方法。

05.0096 干熄炉 coke dry quenching oven

红焦与冷惰性气体进行热交换的装置，在此红焦被熄灭，冷惰性气体被加热。

05.0097 干熄焦锅炉 boiler with coke dry quenching

利用干熄炉产生的热惰性气体生产蒸汽的锅炉。

05.0098 装煤除尘 charging dedusting

将焦炉炭化室装煤时产生的烟尘集中除尘净化的过程。

05.0099 装焦装置 coke charging equipment

将红焦从焦罐导入干熄炉预存室内的干熄焦专用装置。

05.0100 排焦装置 coke discharging equipment

将干熄炉内已冷却的焦炭排出炉外的干熄焦专用装置。

05.0101 出焦除尘 pusher dedusting

焦炉炭化室推焦时，产生的烟尘集中除尘净化的过程。

05.0102 焦炉调温 temperature adjustment for coke oven

将焦炉内各点温度和压力调整到符合生产要求的措施。

05.0103 焦炉热衡算 coke oven heat balance

又称"焦炉热平衡"。根据能量守恒定律对进入焦炉的物料和产出的炼焦产品进行的热量衡算。

05.0104 多段加热系统 multi-stage heating system

送入焦炉燃烧室立火道中的煤气在垂直方向分段燃烧的加热系统。

05.0105 焦饼中心温度 coke cake central temperature

焦炉炭化室中心断面处焦炭的平均温度，结焦末期的中心温度可判断焦炭是否成熟。

05.0106 炼焦耗热量 heat consumption for coking

1kg 装炉煤在焦炉中炼成焦炭所需供给焦炉的热量。

05.0107 焦炉烘炉 heating-up of coke oven battery

将焦炉由常温升温到转入正常加热（或装煤）温度的焦炉操作过程。

05.0108 炉墙膨胀压力 swelling pressure on oven wall

在炼焦过程中焦炉燃烧室炉墙上所受到的来自装炉煤膨胀的压力。

05.0109 熄焦塔 quenching station, quenching tower

湿法熄焦时，用于喷水熄焦和向空中排放熄焦蒸汽的土建构筑物。

05.0110 推焦联锁装置 interlock pushing device

在焦炉出焦操作时，使参加操作的焦炉机械协调一致，确保安全作业的联锁装置。

05.0111 推焦 pushing

用推焦机按推焦顺序把焦炭从炭化室中推出的焦炉操作过程。

05.0112 焦炉焖炉 coke oven soaking

较长时间停止出焦并保持适当炉温，使焦炉处于停产状态的措施。

05.0113 焦炉煤气 coke oven gas

煤高温干馏过程中发生的主要含氢、甲烷等成分的混合气体。

05.0114 焦炉煤气净化 coke oven gas purification

简称"煤气净化"。脱除焦炉煤气中的焦油、氨、硫化氢、苯等杂质的过程。

05.0115 净焦炉煤气 purified coke oven gas

简称"净煤气"。经净化后的焦炉煤气。

05.0116 煤焦油 coal tar

煤高温干馏过程中产生的黑褐色黏稠液体，主要由多种芳香烃和含氧、氮、硫的杂环化合物组成的混合物。

05.0117 煤焦油加工 coal tar processing

从煤焦油中分离单种化合物或多种化合物的混合物的加工过程。

05.0118 煤沥青 coal tar pitch

煤焦油蒸馏后残留物，经冷却制成固态产品。

05.0119 工业萘 distilled naphthalene

含萘馏分经蒸馏制得的含萘95.0%以上的萘产品。

05.0120 精萘 refined naphthalene

工业萘进一步提纯制得的含萘98.45%以上的萘产品。

05.0121 洗油 washing oil

煤焦油蒸馏的馏分之一，约占煤焦油的6.5%~10.0%，用作焦炉煤气洗苯的吸收剂。富含 α-甲基萘、β-甲基萘、茚、喹啉等宝贵的有机化工原料。

05.0122 富油 rich oil

吸收了煤气中苯族烃(粗苯)后的洗油。

05.0123 贫油 lean oil

脱除了粗苯后的洗油。

05.0124 粗蒽 crude anthracene

煤焦油蒸馏的蒽油馏分经冷却、结晶和离心分离制得的含蒽 30.0%~34.0%的粗制产品。

05.0125 精蒽 refined anthracene

由粗蒽提纯或从蒽油馏分直接提取含蒽大于 90.0%的精制产品。

05.0126 防腐油 creosote for preservation

以蒽油脱除粗蒽后的油为主要原料配制的主要用于防腐的油品。

05.0127 粗苯 crude benzol
从煤气净化得到的芳烃类产品，主要成分为苯并含少量烯烃、硫化物等杂质。

05.0128 轻苯 light benzol
粗苯分馏中，馏出量达 96.0%时，对应馏出温度不大于 150℃的产品。

05.0129 重苯 heavy benzol
粗苯经分馏提取轻苯后所剩余的馏分。

05.0130 精重苯 refined heavy benzol
粗苯分馏中，初馏点不小于 160℃，200℃馏出苯含量大于 85.0%的苯馏分。

05.0131 萘溶剂油 solvent naphtha
粗苯分馏提取轻苯和精重苯后所剩余的馏分。

05.0132 古马隆–茚树脂 coumarone-indene resin
又称"苯并呋喃–茚树脂"。以含有古马隆和茚的馏分为原料，经聚合得到的人造树脂。

05.0133 苯精制 benzol refining process
脱除粗苯或轻苯中的杂质，并经精馏制取苯类产品的过程。

05.0134 苯加氢 hydro refining of light benzol
采用加氢法脱除苯中杂质的苯精制方法。

05.0135 循环氨水 flushing liquor
循环供给焦炉桥管、集气管喷洒冷却高温煤气的热氨水。

05.0136 剩余氨水 coal water, excess ammonia liquor
由装炉煤的表面水及炼焦过程的化合水溶入氨后形成的氨水。

05.0137 初冷器 primary gas cooler
将焦炉集气管引出的煤气第一次冷却的设备。

05.0138 终冷器 final gas cooler
将煤气最终冷却的设备。

05.0139 电捕焦油器 electrostatic tar precipitator
在高压直流电场的作用下，除去煤气中夹带焦油雾的设备。

05.0140 焦油氨水分离器 tar and ammonia liquor decanter
利用重力沉降原理分离焦油、氨水和焦油渣的设备。

05.0141 半直接法硫铵 semidirect sulfate process
从焦炉煤气和剩余氨水蒸氨的氨汽中回收氨生产硫铵的工艺。

05.0142 间接法硫铵 indirect sulfate process
先用水洗涤吸收煤气中的氨得到富氨水，再从富氨水蒸氨的氨汽中回收氨生产硫铵的工艺。

05.0143 饱和器 saturator
用硫酸吸收煤气或氨汽中的氨生成硫酸铵的设备。

05.0144 酸洗塔 ammonia scrubber with acid
用硫酸吸收煤气或氨汽中的氨的吸收塔。

05.0145 弗萨姆法无水氨 Phosam anhydrous ammonia process
用磷铵溶液洗涤吸收煤气或酸气中氨的方法。

05.0146 洗苯塔 crude benzol scrubber

用洗油（贫油）洗涤煤气并吸收其中所含粗苯的设备。

05.0147 脱苯塔 benzol stripper, crude benzol still

蒸馏法脱除富油中粗苯的设备。

05.0148 洗油再生器 wash oil regenerator

排出富油或贫油中聚合残渣的设备。

05.0149 焦炉煤气湿法脱硫 desulfurization of coke oven gas

利用碱性溶液吸收硫化氢以脱除焦炉煤气中硫的工艺技术。有氨水法脱硫、HPF 法脱硫、改良蒽醌二磺酸钠法脱硫、真空碳酸盐法脱硫和单乙醇胺法脱硫等。

05.0150 再生塔 regenerator

用空气氧化吸收了硫化氢的溶液，使其再生并析出元素硫的设备。

05.0151 硫化氢洗涤塔 H_2S scrubber

又称"脱硫塔"。以液体吸收剂洗涤煤气并吸收其中所含硫化氢的设备。

05.0152 氨洗涤塔 NH_3 scrubber

又称"洗氨塔"。以液体吸收剂洗涤煤气并吸收其中所含氨的设备。

05.0153 脱酸塔 deacidifier

脱除脱硫液中硫化氢、氰化氢、二氧化碳等酸性成分的设备。

05.0154 蒸氨塔 ammonia stripper

蒸馏含氨溶液中氨的设备。

05.0155 氨分解炉 ammonia destruction furnace

在高温和催化剂作用下，使氨气分解成氮气

和氢气的设备。

05.0156 克劳斯炉 Claus kiln

将硫化氢还原燃烧部分生成元素硫及二氧化硫的设备。

05.0157 克劳斯反应器 Claus reactor

在催化剂作用下，使硫化氢与二氧化硫反应生成元素硫的设备。

05.0158 酸气 acid gas

含硫化氢、氰化氢、二氧化碳等酸性成分的气体。

05.0159 冒烟率 leakage rate

焦炉炉门、装煤孔、上升管向空中冒烟的个数与整座焦炉相关部位的总个数之比。

05.0160 装煤烟尘捕集率 dust collection for charging coal

在焦炭生产过程中装煤时，产生的烟粉尘废气被捕集到除尘系统中的量与装煤时产生的烟粉尘废气总量之比。

05.0161 出焦烟尘捕集率 dust collection for pushing coke

在焦炭生产过程中出焦时，产生的烟粉尘废气被捕集到除尘系统中的量与出焦时产生的烟粉尘废气总量之比的百分数。

05.0162 苯并芘 benzo(a)pyrene

由五个苯环构成的多环芳烃。苯并(a)芘通常用 BaP 来表示分子式为 $C_{20}H_{12}$，分子量 252，熔点 179℃，黄色结晶，能溶于苯，不溶于水。BaP 是一种有代表性的强致癌物质。

05.0163 苯可溶物 benzene soluble organic matter

在大气采样中被颗粒物吸附、能被苯溶解的

物质，炼焦生产过程排放的苯可溶物所含主要成分是芳烃、多环芳烃和焦油等有毒有害的有机物。

05.0164 挥发酚 volatile phenol
沸点在230℃以下的酚类，通常属一元酚。

05.0165 脱硫废液 waste desulfate liquor
焦炉煤气在净化生产中，采用湿法脱硫过程中因副反应产生的，长期积累影响脱硫效率，需连续或定期外排的含硫氰根离子 SCN^-、硫代硫酸根离子 $S_2O_3^{2-}$ 等盐类的废液。

05.0166 焦油渣 tar residue
粗焦油中夹带的固体杂质，一般为焦粉、煤粉及沥青渣等。

05.0167 焦化废水 coking waste water
炼焦与煤气净化及化工产品精制生产过程中产生的含酚、氰、氨氮等污染物的废水。

05.0168 蒸氨废水 waste water from ammonia stripper
经蒸氨塔脱除介质中挥发氨(NH_3)和固定铵(NH_4^+)后的废水。

05.0169 A/O 生物脱氮工艺 Anoxic/Oxic bio-denitrogenation process
在兼性异氧菌、好氧菌作用下，通过硝化、反硝化反应，使焦化废水中有机污染物及氨氮得以降解的处理工艺。

05.0170 厌氧池 anaerobic tank
利用厌氧菌对焦化废水中进行水解酸化，把难生物降解的物质转变成易降解物质的水处理构筑物。

05.0171 缺氧池 anoxic tank
兼性异氧菌利用硝化反应产生的硝酸根和亚硝酸根代替氧进行有机物的氧化分解，并使硝酸盐还原为氮气的水处理构筑物。

05.0172 好氧池 oxic tank
利用好氧菌降解有机污染物，同时使焦化废水中氨氮转化为硝酸盐和亚硝酸盐的水处理构筑物。

05.0173 单位焦化产品综合能耗 comprehensive energy consumption unit coking product
在报告期内炼焦工序生产单位合格焦炭所消耗的各种能源，扣除回收能源量后实际消耗的能耗。

05.02 耐 火 材 料

05.0174 耐火材料 refractory, refractory materials
物理和化学性质适宜在高温环境下使用的无机非金属材料，但不排除某些产品可含有一定量的金属材料。

05.0175 主晶相 principal crystalline phase
构成耐火材料结构的主体的晶相。

05.0176 次晶相 secondary crystalline phase
与主晶相并存、数量仅次于主晶相的晶体。

05.0177 基质 matrix of refractories
耐火材料中分布于骨料颗粒之间使之结合的物质。

05.0178 直接结合 direct bond
耐火材料高熔点晶粒间直接接触所产生的一种结合。

05.0179 陶瓷结合 ceramic bond
耐火材料由于烧结或液相形成而产生的结合。

05.0180 硅酸盐结合 silicate bond

耐火材料晶粒间由硅酸盐相联结在一起而形成的结合。

05.0181 化学结合 chemical bond
耐火材料在室温或更高的温度下通过化学反应（不包含水化反应）产生硬化形成的结合。

05.0182 水合结合 hydraulic bond
在常温下，耐火材料通过某种粉体与水发生化学反应产生凝固和硬化形成的结合。

05.0183 开口气孔 open pores
在规定的试验条件下，耐火材料试样浸渍在液体中能被液体填充的气孔。这些气孔原则上都直接或间接地与大气连通。

05.0184 闭气孔 closed pores
封闭在耐火材料内部，按 GB/T2997—2000 规定条件浸渍液体时，不能被液体填充的气孔。

05.0185 显气孔率 apparent porosity
耐火材料中开口气孔的体积与耐火材料的总体积之比。以百分数（%）表示。

05.0186 闭气孔率 closed porosity
耐火材料中闭气孔的体积与耐火材料的总体积之比。以百分数（%）表示。

05.0187 真气孔率 true porosity
耐火材料中的开口气孔和闭气孔的体积之和与耐火材料的总体积之比。以百分数（%）表示。

05.0188 吸水率 water absorption
带有气孔的干燥材料中所有开口气孔饱和吸水的质量与干燥材料的质量之比。以百分数（%）表示。

05.0189 透气度 permeability
气体在一定的压差下通过有孔隙材料的性能。

05.0190 真密度 true density
耐火材料中的固体质量与其真实体积（不包括气孔）之比。

05.0191 体积密度 bulk density
耐火材料的干燥质量与其总体积（包括所有气孔）之比。

05.0192 颗粒体积密度 bulk density of granular materials
颗粒材料的干燥质量与其总体积之比。

05.0193 常温耐压强度 cold compressive strength
耐火材料在室温下，按规定条件加压至材料破坏时，所能承受的单位面积最大压力。

05.0194 抗折强度 modulus of rupture
具有一定尺寸的耐火材料条形试样，在规定间距的两个支点中间以恒定加荷速率施加应力直至断裂，材料所能承受的最大应力。

05.0195 黏结强度 bonding strength
两个材料黏结在一起时，单位接触面之间的黏结力。

05.0196 干强度 dry strength
成型并干燥后，未经烧成的耐火材料坯体的机械强度。

05.0197 耐火度 refractoriness
耐火材料在无荷重的条件下抵抗高温而不熔化的性能。常用标准测温锥来进行检测，用温度表示。

05.0198 标准测温锥 pyrometric reference cone, Seger cone

具有特定的组成和规定形状与尺寸的带边棱的截头斜三角锥，可在规定的条件下安装并加热，达到设定温度时，其锥体以确定的方式弯倒。

05.0199 标准锥弯倒温度 reference temperature, temperature of collapse

当安插在锥台上的标准测温锥，在规定的条件下，按规定的升温速率加热时，其锥尖端弯倒至锥台面时的温度。

05.0200 标准锥相当值 pyrometric cone equivalent

用标准测温锥的锥号表示耐火材料试样的耐火度，其方法是把相邻两个锥号的标准测温锥与试样锥同时安置在锥台上，在规定条件下加热，比较试样锥与标准测温锥弯倒程度的一致性，以决定试样锥的锥号。

05.0201 荷重软化温度 refractoriness under load

规定尺寸的耐火材料在规定的升温条件下，承受 0.2 MPa 荷载产生规定变形时的温度。反映耐火材料抵抗高温的能力。

05.0202 加热永久线变化 permanent linear change

耐火材料在无外力作用下，加热到规定的温度，保温一定时间，冷却到常温后所残留的线膨胀或收缩。反映耐火材料的高温体积稳定性。

05.0203 抗热震性 thermal shock resistance

又称"热震稳定性"。耐火材料抵抗温度急剧变化而不损坏的能力。

05.0204 抗渣性 slag resistance

耐火材料高温下抵抗炉渣侵蚀的性能。

05.0205 耐磨性 abrasion resistance

耐火材料抵抗固体颗粒冲蚀和机械磨损的能力。

05.0206 渣球含量 shot content

耐火陶瓷纤维中非纤维化物在通过 75μm 标准筛孔后，筛余量占试样总量的百分率。

05.0207 回弹性 resilience

耐火陶瓷纤维制品厚度压缩 50.0% 后恢复原状的能力。

05.0208 稠度 consistency

不定形耐火材料加水或其他液态结合剂后，在自重和外力作用下流动性能的度量。

05.0209 作业性能 workability

又称"施工性能"。不定形耐火材料易于充满模型或成型的能力。包括流动值、稠度、触变性、可塑性、附着率、马夏值、凝结性、硬化性等。

05.0210 熔融石英 fused quartz

由高纯硅质原料经熔融精炼而成的氧化硅玻璃相材料。

05.0211 耐火黏土 refractory clay

耐火度高于 1580℃ 的黏土。主要成分是高岭石族黏土矿物，并含石英和少量其他杂质。

05.0212 软质黏土 soft clay, plastic clay

又称"结合黏土"。水中易分散，有较好的可塑性的黏土。

05.0213 硬质黏土 flint clay

一种与燧石类似的质地坚硬、断口呈贝壳状的天然高岭石类瘠性原料。

05.0214 黏土熟料 chamotte
又称"焦宝石"。煅烧后的黏土质耐火原料。外观呈白色或近白色，有时夹杂有淡黄色。是用于生产黏土质耐火材料的主要原料。

05.0215 硅藻土 diatomaceous earth
古代硅藻的遗骸所组成的矿物。质轻多孔，呈疏松土状，吸水和吸附能力强。主要用作隔热和隔音材料。

05.0216 鳞石英 tridymite
稳定存在于 870~1470℃ 的氧化硅（SiO_2）的同素异构体。鳞石英有 α，β，γ 三个晶型。鳞石英及相应的物相转变过程体积变化最小。鳞石英是硅砖的主要物相。

05.0217 方石英 cristobalite
曾称"白硅石"。稳定存在于 1470~1723℃ 的氧化硅（SiO_2）的同素异构体。方石英有 α，β 两个晶型。

05.0218 莫来石 mullite
Al_2O_3-SiO_2 二元系中的化合物，化学式为 $3Al_2O_3 \cdot 2SiO_2$，斜方晶系，熔点 1850℃。莫来石是硅酸铝系耐火材料的主要矿物组成之一。通常用烧结和电熔方法合成莫来石。

05.0219 方镁石 periclase
氧化镁晶体，等轴晶系，熔点 2800℃。方镁石是镁砂的基本矿物相。

05.0220 镁铝尖晶石 magnesium aluminate spinel
化学式为 $MgAl_2O_4$，等轴晶系，熔点 2135℃。通常用烧结和电熔方法合成镁铝尖晶石。

05.0221 棕刚玉 brown fused alumina
用高铝矾土、无烟煤及铁屑为原料，在电弧炉中熔化、还原、精炼成的棕褐色刚玉材料，

其氧化铝（Al_2O_3）含量一般为 92.0%~97.0%。

05.0222 膨润土 bentonite
以矿物蒙脱石为主要成分的黏土，颗粒质点细小，容易吸水成胶体溶液，可用作黏结剂或涂料。

05.0223 蛭石 vermiculite
一种轻质矿物原料，主要由含铁镁质云母经低温热液蚀变而成，其化学组成式为：$(MgFe, Al)_3(Al, Si)_4O_{10}(OH)_2 \cdot 4H_2O$。在高温作用下会产生膨胀。

05.0224 珍珠岩 perlite
火山喷发的酸性岩经急速冷却而形成的玻璃质岩石，具有珍珠裂隙结构。经焙烧可制成多孔结构的膨胀珍珠岩。

05.0225 高铝矾土熟料 bauxite clinker
经过煅烧的高铝矾土。结构致密，高温下体积稳定。

05.0226 烧结刚玉 sintered alumina
以工业氧化铝为原料，经磨细制成料球或坯体，在 1750~1900℃ 的高温下煅烧而成的原料。

05.0227 电熔刚玉 fused alumina
以工业氧化铝或矾土熟料为原料，经电弧炉在还原气氛下熔融并与金属和其他杂质分离，再经冷凝而制得的刚玉质耐火原料。

05.0228 轻烧氧化镁 light-burned magnesia
又称"轻烧镁粉"。将菱镁矿、水镁石或由海水提取的氢氧化镁经 800~1000℃ 煅烧而得的产品。

05.0229 镁砂 magnesia, magnesite clinker
由菱镁矿、轻烧镁粉或氢氧化镁等，经高温

煅烧或电熔制得的耐火级氧化镁原料。镁砂分为烧结镁砂和电熔镁砂。

05.0230 电熔镁砂 fused magnesia
将菱镁矿或轻烧镁粉在电弧炉中，经高温熔融，冷却后再经破碎而得的耐火原料。

05.0231 海水镁砂 sea-water magnesia
以海水或海水淡化后残余的卤水为原料，提取氢氧化镁，再经 1600~1850℃煅烧而成的死烧镁砂。

05.0232 镁白云石砂 magnesia-dolomite clinker
又称"镁钙砂"。用菱镁矿和白云石矿等原料制成的高钙镁质耐火原料。含 MgO（65.0%~85.0%），含 CaO（8.0%~30.0%）。主晶相为方镁石及方钙石。

05.0233 合成镁铬砂 synthetic magnesia-chrome clinker
用镁质原料（烧结镁砂、天然菱镁矿或海（卤）水氢氧化镁制得的轻烧镁砂）和铬铁矿，以一定比例合成的以方镁石和铬尖晶石为主要组成矿物的碱性耐火原料。

05.0234 白云石 dolomite
碳酸钙和碳酸镁形成的复盐矿物，分子式为 $CaMg(CO_3)_2$。天然白云石常与滑石、菱镁矿、石灰石伴生。

05.0235 白云石熟料 doloma, dolomite clinker
又称"白云石砂"。天然镁和钙的碳酸盐或氢氧化物经高温煅烧后而形成致密均匀的氧化钙和氧化镁混合物。

05.0236 耐火空心球 refractory bubble
空心球状的散状耐火原料。

05.0237 氧化硅微粉 microsilica

又称"硅灰"。由气相一氧化硅（SiO）氧化凝聚成微细的无定形二氧化硅（SiO_2）的粉体。

05.0238 烧结助剂 sintering agent
能提高耐火材料的烧结性的加入物。

05.0239 抗氧化剂 anti-oxidant
为提高含碳耐火材料的抗氧化性而加入的金属或其他非氧化物。

05.0240 增塑剂 plasticizing agent
能提高泥料可塑性的物质。

05.0241 减水剂 deflocculant
能使材料中细粉分散、减少粉体团聚，能保持浇注料流动值不变而降低拌合用水量的物质。

05.0242 促凝剂 setting accelerator
能促进结合剂凝结硬化的少量外加物。

05.0243 发泡剂 foaming agent
能形成较稳定的泡沫，使材料具有气孔结构的物质。

05.0244 抑制剂 retarder
为抑制某些物理化学反应而加入的少量物质。

05.0245 铁鳞 iron scale
又称"轧钢屑"。钢材在加热、锻造或轧制过程中，表面氧化形成的鳞片状剥落物。可用作耐火材料的矿化剂和冶炼过程的造渣熔剂。

05.0246 防爆裂纤维 anti-explosion fiber
加入到不定形耐火材料中，由于纤维熔化或（和）烧蚀，形成贯通气孔，防止耐火材料在加热过程中因水分剧烈排出而引起爆裂的低熔点的有机纤维。

05.0247 耐火制品 refractory product

具一定形状的耐火材料产品，如各种耐火砖、耐火器皿等。有时也泛指利用耐火原料制成的各种产品，包括定形制品和不定形耐火材料。

05.0248 耐火砖 refractory brick

具有一定形状的耐火制品。通常为长方形。

05.0249 标准型耐火砖 standard size brick

尺寸为 230mm × 114 mm × 65mm 的耐火砖。

05.0250 异型耐火砖 complicated shape brick

外形复杂的定形耐火制品。

05.0251 特异型耐火砖 special shape brick

外形特别复杂的定形耐火制品。

05.0252 砌块 block

俗称"大砖"。外形尺寸比一般耐火砖大得多的耐火制品。有利于减少炉衬砌缝。

05.0253 不烧砖 unfired brick

不经烧成而能直接使用的定形耐火制品。

05.0254 熔铸砖 fused cast brick

利用熔铸法制成的定形耐火制品。

05.0255 定形致密耐火制品 dense shaped refractory product

真气孔率小于 45.0%，具有特定尺寸的耐火制品。

05.0256 定形隔热制品 shaped insulating product

真气孔率不小于 45.0%，具有特定尺寸的耐火制品。

05.0257 不定形耐火材料 unshaped refractory, monolithic refractory

由骨料、细粉和结合剂及添加物组成的混合料。以交货状态直接使用，或加入一种或多种合适的液体后使用。

05.0258 耐火混凝土 refractory concrete

用耐火材料作骨料和掺合料制成的，耐火度在 1580℃ 以上，能长期承受高温作用的混凝土。早期曾把耐火浇注料称为耐火混凝土。

05.0259 隔热耐火材料 insulating refractory

具有低导热系数和低热容量的耐火材料。

05.0260 耐火空心球制品 refractory bubble product

用耐火空心球制成的轻质耐火制品。

05.0261 轻质耐火材料 light weight refractory

气孔率高（40.0%~85.0%）而体积密度低（一般小于 $1.3g \cdot cm^{-3}$）的耐火材料。

05.0262 硅质耐火材料 siliceous refractory

氧化硅（SiO_2）含量≥85.0%的耐火材料。主要有硅砖、熔融石英制品以及不定形硅质耐火材料等。

05.0263 硅砖 silica brick

氧化硅（SiO_2）含量≥93.0%，主要由鳞石英、方石英、残存石英和玻璃相组成的耐火制品。

05.0264 熔融石英制品 fused-quartz product

以熔融石英为原料的耐火制品。

05.0265 硅酸铝质耐火材料 alumino-silicate refractory

以氧化铝和氧化硅为主要成分的耐火材料的总称。

05.0266 半硅砖 semi-silica brick
一般指 Al_2O_3 含量在 15.0%~30.0%的硅酸铝质耐火砖。

05.0267 蜡石砖 pyrophyllite brick
以叶蜡石为原料制成的耐火砖。

05.0268 硅线石砖 sillimanite brick
以硅线石矿物为主要原料制成的高铝质耐火材料。

05.0269 黏土质耐火材料 fireclay refractory
三氧化二铝 (Al_2O_3) 含量为 30.0%~48.0%的硅酸铝质耐火材料。

05.0270 黏土砖 chamotte brick
具有规整形状的黏土质耐火材料。

05.0271 石墨黏土砖 graphite-clay brick
在黏土质配料中加入 10.0%~30.0%石墨制成的黏土砖。

05.0272 高铝质耐火材料 high alumina refractory
氧化铝 (Al_2O_3) 含量在 48.0%以上的硅酸铝质耐火材料。

05.0273 高铝砖 high-alumina brick
氧化铝 (Al_2O_3) 含量在 48.0%以上的具有规整形状的硅酸铝质耐火砖。

05.0274 低蠕变耐火材料 low creep refractory
高温蠕变率小的耐火材料。

05.0275 莫来石砖 mullite brick
以莫来石为主晶相的高铝质耐火材料。

05.0276 熔铸莫来石砖 fused cast mullite brick
以高铝矾土、工业氧化铝和耐火黏土等配成混合料，经电弧炉熔化、浇铸、退火而制成，主要物相组成为莫来石的熔铸耐火砖。

05.0277 刚玉砖 corundum brick
氧化铝 (Al_2O_3) 含量≥90%，以刚玉为主要物相的耐火砖。

05.0278 熔铸锆刚玉砖 fused cast zirconia alumina brick
以锆英石 (或工业氧化锆) 和氧化铝为主要原料，经电弧炉熔化、浇铸、退火而制成，主要由斜锆石和刚玉组成的耐火砖。

05.0279 赛隆结合刚玉砖 SiAlON-bonded corundum brick
以工业硅粉、氧化铝粉和刚玉为主要原料，在氮化炉内烧成，以刚玉为主要物相，以赛隆为结合相的耐火砖。

05.0280 电熔刚玉砖 fused corundum brick
以电熔刚玉为原料，采用烧结法制成的耐火砖。

05.0281 微孔刚玉砖 microporous corundum brick
以电熔刚玉为原料，采用特殊的生产工艺，经模压成型、高温烧成，平均气孔孔径为微米级的耐火砖。

05.0282 锆刚玉砖 zirconia-corundum brick
在配料中加入适量氧化锆，用烧结法制得的刚玉砖。

05.0283 铬刚玉砖 chrome-corundum brick
在配料中加入适量氧化铬 (Cr_2O_3)，采用烧结法制得的刚玉砖。

05.0284 熔铸铬刚玉耐火制品 fused cast chrome-corundum refractory

主要由氧化铝(Al_2O_3)与氧化铬(Cr_2O_3)固溶体和少量尖晶石组成的熔铸耐火制品。

05.0285 镁质耐火材料 magnesia refractory
氧化镁(MgO)含量大于80.0%的耐火材料。

05.0286 镁砖 magnesite brick, magnesia brick
氧化镁(MgO)含量在90.0%以上,以方镁石为主晶相的碱性耐火制品。分为烧成镁砖(即烧结镁砖)和不烧镁砖(即化学结合镁砖)。

05.0287 不烧镁砖 unfired magnesia brick
在级配良好的烧结镁砂中加入适当的化学结合剂,经混炼、成形、烘烤后,不经烧成而制得的镁质耐火制品。

05.0288 镁铝砖 magnesia-alumina brick
以镁砂为主要原料,并加入少量高铝熟料或氧化铝细粉而制成的碱性耐火砖。

05.0289 镁尖晶石质耐火材料 magnesia spinel refractory
以镁砂为主要原料,并加入预合成的镁铝尖晶石而制成的碱性耐火砖。

05.0290 镁硅砖 high-silica magnesite brick
以方镁石为主晶相,镁橄榄石为次晶相的镁质耐火材料。

05.0291 镁白云石砖 magnesia-doloma brick
以镁白云石砂和镁砂为原料制备的碱性砖。

05.0292 镁铬质耐火材料 magnesia chromite refractory
以镁砂为主要原料,加入一定量铬铁矿制成的耐火材料。

05.0293 镁铬砖 magnesia-chrome brick
具有规整形状的镁铬质耐火材料制品。主要

化学成分为:氧化镁(MgO)55.0%~80.0%,氧化铬(Cr_2O_3)≥8.0%。

05.0294 熔铸镁铬砖 fused-cast magnesia-chrome brick
以镁砂、铬矿为原料,经粉碎、配料制成荒坯、电弧炉熔融、注模、退火、冷却、脱模、切磨加工而成的耐火砖。

05.0295 再结合镁铬砖 rebounded magnesia-chrome brick
以合成镁铬砂为主要原料而制得的镁铬砖。

05.0296 预反应镁铬砖 pre-reacted magnesia-chrome brick
以镁砂为骨料和预合成镁铬砂为细粉制成的镁铬砖。

05.0297 炭质耐火材料 carbon refractory
以炭质材料(天然石墨、人造石墨、焦炭和无烟煤等)为主要原料制成的耐火材料。

05.0298 石墨耐火材料 graphite refractory
以石墨和石油焦等为原料制成的耐火制品。

05.0299 镁炭砖 magnesia-carbon brick, MgO-C brick
以镁砂和石墨为主要原料制成的耐火砖。

05.0300 低碳镁炭砖 low-carbon magnesia carbon brick
含碳量低(小于6.0%)的镁炭砖。

05.0301 铝炭砖 alumina-carbon brick, Al_2O_3-C brick
以刚玉、高铝矾土和石墨为主要原料制造的含碳耐火制品。

05.0302 铝镁炭砖 alumina-magnesia-carbon

brick

以特级高铝矾土(或刚玉砂)、镁砂和石墨为主要原料制成的耐火制品。

05.0303 镁钙炭砖 magnesia-calcium-carbon brick

以镁白云石砂、镁砂和石墨为主要原料制成的耐火制品。

05.0304 铝碳化硅炭砖 alumina-silicon carbide-carbon brick

又称"Al_2O_3-SiC-C砖"。以电熔刚玉(或烧结刚玉、特级高铝矾土熟料)、碳化硅、石墨为主要原料烧成的耐火制品。

05.0305 锆炭砖 zirconia-carbon brick

以稳定化氧化锆和石墨为原料制成的耐火制品。

05.0306 镁橄榄石耐火材料 forsterite refractory

以镁橄榄石为主要原料,氧化镁含量大于40%的耐火材料。

05.0307 白云石质耐火材料 doloma refractory

以白云石熟料为主要原料制成的碱性耐火材料。

05.0308 镁白云石质耐火材料 magnesia doloma refractory

由镁砂和白云石熟料制成或用镁白云石砂制成的碱性耐火材料。

05.0309 石灰质耐火材料 lime refractory

氧化钙(CaO)含量大于等于 70.0%,氧化镁(MgO)含量小于30.0%的耐火材料。

05.0310 铬镁砖 chrome-magnesia-brick

以铬矿和烧结镁砂为原料制成的含氧化铬(Cr_2O_3)18.0%~30.0%,氧化镁(MgO)25.0%~55.0%的耐火材料。

05.0311 高铬砖 high-chrome brick

氧化铬(Cr_2O_3)含量为 80.0%~95.0%的耐火制品。

05.0312 致密铬砖 dense chrome brick

氧化铬细粉经喷雾造粒,等静压成型,弱还原气氛下烧成的致密耐火制品。

05.0313 铝铬砖 alumina-chrome brick

以氧化铝为主要成分并含有一定量氧化铬的耐火制品。

05.0314 锆英石质耐火材料 zircon refractory

以锆英石为主要成分的耐火材料。

05.0315 干式料 dry mix, dry vibratable refractory

可采用振动或捣打的方式干态施工的不定形耐火材料。

05.0316 普通水泥浇注料 conventional castable, medium cement castable

由水泥带入的氧化钙(CaO)含量大于 2.5%的水泥结合浇注料。

05.0317 低水泥浇注料 low cement castable

由水泥带入的氧化钙(CaO)含量在 1.0%~2.5%的反絮凝浇注料。

05.0318 超低水泥浇注料 ultra low cement castable

由水泥带入的氧化钙(CaO)含量 0.2%~1.0%的反絮凝浇注料。

05.0319 无水泥浇注料 no cement castable

不含水硬性水泥的反絮凝浇注料。

05.0320 耐火泥 refractory mortar
主要由小粒度耐火物料和结合剂组成的用作耐火制品砌体的接缝材料。

05.0321 气硬性耐火泥浆 air setting mortar
在常温下通过化学结合或水化结合而自然硬化的一种接缝材料。

05.0322 热硬性耐火泥浆 heat setting mortar
通过化学结合和(或)陶瓷结合需加热硬化的一种接缝材料。

05.0323 反絮凝浇注料 deflocculated castable
加入至少一种反絮凝剂、并含有 2%以上超细粉(小于 1μm)的耐火浇注料。

05.0324 耐火可塑料 plastic refractory
具有可塑性、采用捣固法或挤压法施工、按交货状态直接使用的不定形耐火材料。

05.0325 喷射料 gunning mix
用喷射方式施工的一种不定形耐火材料。

05.0326 投射料 slinger mix
用投射方式施工的不定形耐火材料。

05.0327 耐火浇注料 refractory castable
由骨料、细粉和结合剂组成的没有黏附性的混合料。通常以干态交货,加水或其他液体混合后方可浇注施工。

05.0328 自流浇注料 self-flowing castable
一种施工时无须振动即可流动和脱气的浇注料。

05.0329 耐火陶瓷纤维浇注料 ceramic fibre castable

含无机和(或)有机结合剂的以耐火陶瓷纤维、耐火细粉等为原料的浇注料。

05.0330 压入料 injection mix
可用压强为 1~2MPa 的泵进行挤压施工的不定形耐火材料。

05.0331 捣打料 ram mix
由骨料、细粉、结合剂和必要的液体组成,使用前无黏附性,用捣打方法施工的不定形耐火材料。

05.0332 捣打成型 ramming process
反复冲击使不定形耐火材料成型的施工方法。

05.0333 耐火陶瓷纤维 ceramic fibre, refractory ceramic fibre
简称"耐火纤维"。适用于 800℃以上作隔热材料的人造矿物纤维。

05.0334 耐火陶瓷纤维棉 bulk ceramic fibre
用于制备制品之前的松散状的耐火陶瓷纤维。

05.0335 耐火纤维制品 refractory fibre product
用耐火纤维棉制成的绳、带、毡、纸等制品。

05.0336 耐火纤维硬制品 pre-formed rigid refractory fibre
用加入填料、无机或有机结合剂的耐火陶瓷纤维经(或不经)热处理制成的硬块纤维制品。

05.0337 功能耐火材料 functional refractory
除要求具有通常耐火材料的性能之外,还兼有吹气、控制和调节金属液流量及流向等特殊功能的耐火材料。如透气砖、滑板、塞棒、浸入式水口等。

05.0338　格子砖　checker brick
砌筑蓄热室格子体所用的耐火砖。

05.0339　座砖　nozzle seating brick, well block
砌筑于钢包或中间包底部，其内孔供安装固定水口砖的耐火制品。

05.0340　陶瓷过滤器　ceramic filter
一种用于过滤熔融金属的多孔耐火陶瓷制品。

05.0341　干式防渗料　dry barrier
一般是由黏土熟料、高铝矾土熟料、生黏土及某些添加剂配制成的一种干式料，用于铝电解槽取代传统的氧化铝层和耐火砖。

05.0342　炮泥　tap-hole mix, tap-hole plastic
由耐火骨料、细粉、结合剂和液体组成，烧后形成炭结合的专为堵塞高炉出铁口用的耐火可塑材料。

05.0343　陶瓷窑具　kiln furniture
用于装烧陶瓷制品的耐火材料用具，如匣钵和各类垫具。

05.0344　接缝材料　jointing materials
采用涂抹、灌浆等方法，用于砌筑和黏结耐火制品的耐火材料。

05.0345　耐火涂料　refractory coating
由耐火颗粒、细粉和结合剂等混合而成的以涂抹方式施工的不定形耐火材料。

05.0346　金属复合耐火材料　metal containing refractory
添加了一定量金属使某些性能得到改善的耐火材料。

05.0347　酸性耐火材料　acid refractory
以二氧化硅为主要成分的耐火材料。在高温下易与碱性耐火材料、碱性渣起化学反应。

05.0348　中性耐火材料　neutral refractory
高温下能较好地抵抗酸性炉渣、碱性炉渣、熔剂和其他耐火材料化学侵蚀的耐火材料。

05.0349　碱性耐火材料　basic refractory
以氧化镁、氧化钙为主要成分的耐火材料。在高温下易与酸性耐火材料、酸性渣起化学反应。

05.0350　耐材煅烧　calcination
对耐火原料的一种热处理，使其产生物理或化学变化，成为稳定的物相。

05.0351　二步煅烧　two-stage calcination
对耐火原料先进行轻烧，再粉碎、压球，在高温窑中烧成熟料的方法。

05.0352　轻烧　light calcining, light burning
在较低的温度下煅烧原料，使其完成部分物理化学变化并使原料活化的一种工艺方法。

05.0353　死烧　dead burning
耐火原料在足够高的温度下煅烧，并达到充分烧结的一种工艺方法，煅烧原料的晶粒尺寸大、活性低、体积稳定。

05.0354　粒度分布　size distribution
物料具有不同的粒度，为了测定其粒度分布，通常取一定数量的物料，经过烘干，置于标准套筛中，在振筛机上进行筛分，然后测定每一级的粒度数量比例。

05.0355　骨料　aggregate
耐火材料组分中的颗粒部分，通常指粗颗粒。

05.0356　堆积密度　packing density
散状物料自然堆积时，单位体积(包括实体

体积和孔隙所占体积)的物料质量。

05.0357 烧成 firing
物料制成的坯体在一定条件下进行高温热处理,使物料颗粒形成烧结,以制成定形耐火制品的生产工序。

05.0358 烧成制度 firing schedule
又称"热工制度"。在烧成过程中窑炉内温度制度、压力制度、气氛制度的总和。

05.0359 真空浸渍 vacuum impregnating
耐火制品在真空状态下以液态介质进行浸渍处理,使之进入开口孔隙中的工艺。

05.0360 轮碾机 pan mill
以碾砣和碾盘为主要工作部件而构成的物料破粉碎或混练的设备。

05.0361 摩擦压砖机 friction press
用摩擦轮带动滑块上下运动的压砖机。

05.0362 液压压砖机 hydraulic press
冲头由液压缸内的液体压力驱动而使其上下移动的压砖机。

05.0363 冷等静压机 cold isostatic press
将装入密封、弹性套中的物料,放置到盛装液体(通常为水或油)的密封容器中,通过泵系统施加各向同等的压力,使物料压制成坯体的设备。

05.0364 隧道窑 tunnel kiln
形如隧道的连续式窑炉。由窑室、煅烧设备、通风设备及输送设备组成。

05.0365 倒焰窑 down draft kiln
一种倒焰式间歇窑炉。窑炉火焰和烟气由窑顶折向下行流动,使温度在窑内均匀分布。

05.0366 梭式窑 shuttle kiln
又称"抽屉窑"。一种使用窑车的倒焰或半倒焰窑。

05.0367 层裂 moulding interlayer crack
机压成型的耐火制品在成型过程中由于排气不好或由于压力过大而形成的垂直于受压方向的片状裂纹。

05.03 炭 材 料

05.0368 炭材料 carbon materials
主要由元素"碳"构成的材料。随碳原子的成键方式和结合形式呈现不同的结构、形态和性能。

05.0369 石墨材料 graphite materials
主要由石墨结构的碳构成的材料。可分为天然石墨材料和人造石墨材料。

05.0370 无定形炭 amorphous carbon
又称"非晶质炭""乱层结构炭"。未达到石墨结构、结晶程度低的炭。

05.0371 石墨单晶 single crystal of graphite
又称"单晶石墨"。具有石墨结构的碳单晶体。

05.0372 多晶石墨 polycrystalline graphite
由许多微小石墨晶粒集合所组成的石墨多晶体。几乎所有的石墨材料均为多晶石墨,通常是由易石墨化炭石墨化得到的材料。

05.0373 人造石墨 artificial graphite
以富碳物料为原料、按特定的制造工艺、经过2000℃以上高温热处理制得的石墨材料。

05.0374 天然石墨 natural graphite
天然产出的黑色带有光泽的矿物晶体石墨，可分为显晶石墨(鳞片石墨)和隐晶石墨(土状石墨)。

05.0375 核石墨 nuclear graphite
又称"原子反应堆用石墨"。用于核工业方面的石墨材料，包括原子反应堆用中子减速剂、反射剂、生产同位素用的热柱石墨、高温气冷堆用的球状石墨和块状石墨等。

05.0376 不透性石墨 impervious graphite
对气体和液体等流体介质具有不渗透性的石墨材料，通常采用在石墨材料的气孔内浸渍充填树脂等制得。

05.0377 高纯石墨 high purity graphite
碳的质量分数大于 99.99% 的石墨，是通过在高温下对石墨材料进行高纯石墨化处理制得。

05.0378 柔性石墨 flexible graphite
又称"膨胀石墨"。以天然鳞片石墨为原料，经过氧化插层、骤热膨胀生成的具有可压缩性和回弹性的蠕虫状石墨，经压制或轧制得到可挠性石墨材料。

05.0379 胶体石墨 colloidal graphite
又称"胶态石墨""石墨乳"。粒径 1μm 左右的石墨微粒均匀地分散于水、油和有机溶剂中，生成的黑色黏稠悬浮液体。

05.0380 石墨晶须 graphite whisker
短纤维状的石墨晶体，在纤维轴的周围，石墨网平面堆叠成卷轴状，具有接近于石墨单晶的特性。

05.0381 生物炭 biocarbon
以炭材料为主体制成的用于人造器官植入、置换或连接在生物体内承担生物体功能的材料。

05.0382 热解炭 pyrolytic carbon
以气态碳氢化合物为原料，在高温基材上进行热分解(热解温度为 800~1800℃)，并沉积在基材表面的炭材料。

05.0383 热解石墨 pyrolytic graphite
以气态碳氢化合物为原料，在高温基材上进行热分解(热解温度在 2000℃以上)，并沉积在基材表面的石墨材料，或热解炭经过 2000℃以上的高温热处理转变成的石墨材料。

05.0384 氟化石墨 fluorinated graphite
石墨在 300~600℃与氟反应生成的白色石墨材料，为氟-石墨层间化合物，其化学式为 $(CF)_n$ 和 $(C_2F)_n$。

05.0385 各向同性石墨 isotropic graphite
石墨微晶无序取向排列、各向异性比值为 1.0~1.1、具有各向同性结构的石墨。

05.0386 炭纤维 carbon fiber
碳的质量分数在 90%以上的纤维状炭材料。

05.0387 活性炭纤维 activated carbon fiber
在外表面直接有大量发达微孔的纤维状活性炭材料。由炭纤维在水蒸气或二氧化碳等气体中活化制得。

05.0388 聚丙烯腈基炭纤维 PAN-based carbon fiber
聚丙烯腈(PAN)纤维在空气中施加张力牵伸的同时于 200~300℃预氧化稳定化后，在惰性气体中炭化热处理得到的纤维状炭材料。

05.0389 沥青基炭纤维 pitch-based carbon

fiber

由石油沥青、煤沥青或合成沥青为原料，经调制、纺丝、炭化热处理而制成的纤维状炭材料。

05.0390　气相生长炭纤维　vapor grown carbon fiber

烃类碳氢化合物在超细金属粒子催化作用下，经1100℃左右气相热解生成的纤维状炭的材料。

05.0391　碳纳米管　carbon nanotube

又称"纳米碳管"。碳原子构成的纳米级空心管状结构材料，呈六角碳网层面卷成封闭无缝的圆筒形，可分为由一片石墨烯卷成的单壁碳纳米管和由多层六角碳网层面卷成的同轴圆筒状多壁碳纳米管。

05.0392　富勒烯　fullerene

完全由碳原子构成的、六元碳环和五元碳环互相连接形成的封闭空心笼状碳分子。

05.0393　炭纤维复合材料　carbon fiber reinforced composite

以炭纤维作为增强材料，其他材料作为基体经复合工艺制得的复合材料。

05.0394　炭/炭复合材料　C/C composite

用炭纤维增强基体炭所形成的复合材料。

05.0395　金刚石　diamond

碳原子之间以 sp^3 杂化轨道键合形成的立方晶系晶体，为无色透明、高压稳定的超硬碳材料，与石墨一起构成了碳的代表性同素异形(构)体，可分为天然金刚石和人造金刚石。

05.0396　金刚石薄膜　diamond film

以碳氢化合物为原料，在一定温度下采用化学气相沉积法合成的具有金刚石晶体结构的薄膜。

05.0397　炭砖　carbon brick

又称"炭块"。用于砌筑高炉、铝电解槽、矿热电炉(铁合金炉和电石炉等)内衬的炭质耐火材料。

05.0398　高炉炭砖　carbon block for blast furnace

用于砌筑高炉内衬的炭质耐火材料，大多砌在高炉的炉底及炉缸部位。

05.0399　微孔炭砖　microporous carbon brick

平均孔径为 $0.5\mu m$ 以下、小于 $1\mu m$ 孔容积比不小于70%、透气度不大于12mDa 的炭砖，生产微孔炭砖需在炭质原料中加入金属硅、碳化硅或三氧化二铝等。

05.0400　阴极炭块　cathode carbon block

铝电解槽用阴极炭材料，与侧块一起构成铝电解槽的底部，用于盛装铝电解反应所需的电解质和产生的铝液，并将电流通过镶入阴极的钢棒导入铝电解槽内。

05.0401　石墨化阴极　graphitized cathode

以石油焦等为原料，生坯焙烧后再进行石墨化热处理制得的铝电解槽用阴极材料。

05.0402　铝电解用炭阳极　carbon anode for aluminum electrolysis

简称"炭阳极"。铝电解用阳极炭材料，一是作为导电材料，二是参与分解氧化铝的阳极电化学反应。

05.0403　预焙阳极　prebaked anode

全称"预焙阳极炭块"。以石油焦为骨料、煤沥青为黏结剂，采用振动成型和焙烧热处理制得的预焙铝电解槽用阳极炭块。

05.0404 石墨坩埚 graphite crucible
由石墨材料制成的坩埚，用于金属的熔化和冶炼。

05.0405 电极糊 electrode paste
以无烟煤、冶金焦等为骨料，煤沥青为黏结剂，采用混捏和铸块成型制得的炭糊。用作电石炉和铁合金炉的导电材料，其焙烧过程完全依靠矿热电炉自身产生的热量进行并且焙烧与电极的消耗同步连续进行。

05.0406 炭糊 carbon paste
铝电解槽、高炉和矿热电炉砌筑炭块时填缝、铺底等用的糊状炭物料。

05.0407 冷捣糊 cold ramming paste
可在室温下砌筑炭块施工用的炭糊。

05.0408 炭电极 carbon electrode
以石油焦或无烟煤、冶金焦等为主要原料制成的，焙烧后即可加工为成品的炭质导电电极。

05.0409 石墨电极 graphite electrode
全称"人造石墨电极"。以石油焦、沥青焦为骨料，煤沥青为黏结剂，经过原料煅烧、破碎磨粉、配料、混捏、成型、焙烧、浸渍、石墨化和机械加工制成的耐高温石墨质导电材料。

05.0410 电极接头 electrode nipple
在电极连续使用过程中起连接作用的材料，接头表面车制有螺纹，使用时可拧入电极的螺孔中。

05.0411 石墨阳极 graphite anode
电解工业中用作电解槽阳极的石墨板、块或棒材。

05.0412 炭刷 carbon brush
电机换向器或集电环上传导电流的炭–石墨材料滑动接触体。

05.0413 炭棒 carbon rod
以炭质材料或石墨材料为基材制成、在各种电气设备中产生热能或光能的元器件棒状材料以及用于电池的集电材料。

05.0414 石墨层间化合物 graphite intercalation compound
利用化学或物理的方法在石墨晶体的层间插入各种物质生成的化合物。

05.0415 含炭耐火材料 carbon-contained refractory
在耐火材料原料中加入炭–石墨物料制备的耐火材料。

05.0416 炭黑 carbon black
由烃类碳氢化合物的热分解或不完全燃烧制得的、具有高度分散度的、主要由非晶质炭构成的纳米级炭微粒。

05.0417 活性炭 activated carbon
具有极大比表面积及很强吸附和脱色能力的多孔炭材料，是由炭质原料经过炭化和活化（化学活化和气体活化）等工序制成的、具有活性的无定形碳。

05.0418 炭分子筛 carbon molecular sieve
具有特定分子尺度孔径的微孔、可对不同尺寸的分子进行选择性吸附分离、具有分子筛效应的多孔炭。

05.0419 特种炭制品 special carbon product
用非传统工艺制备的、呈现特殊结构及性能并在特定功能领域应用的炭材料。

05.0420 石油焦 petroleum coke

石油加工产生的石油渣油、石油沥青经焦化后得到的固体炭质物料。

05.0421 沥青焦 pitch coke
煤沥青经焦化后得到的固体炭质物料。

05.0422 生焦 green coke
重质渣油或沥青经延迟焦化等方式热解缩聚得到的、含有大量挥发分的焦炭。

05.0423 煅后焦 calcined coke
又称"煅烧焦"。在煅烧炉中对生焦进行高温热处理(1200℃以上)制得的焦炭。

05.0424 延迟焦 delayed coke
以重质渣油或沥青为原料、采用延迟焦化工艺生产的焦炭。

05.0425 针状焦 needle coke
具有明显纤维状纹理织构、热膨胀系数特别低、各向异性程度高、易石墨化、外观呈细长针状的焦炭。可分为油系针状焦和煤系针状焦。

05.0426 石墨化冶金焦 graphitized metallurgical coke
在石墨化炉中对冶金焦进行高温热处理(2000~3000℃)制得的具有石墨质结构的焦炭。

05.0427 无烟煤 anthracite
煤化度最高的高变质煤。其挥发分较少,燃烧时火焰短而少烟,质硬且结构较致密。

05.0428 煅后无烟煤 calcined anthracite
又称"煅烧无烟煤"。在煅烧炉中对无烟煤进行高温热处理(1200℃以上)制得的煤炭。可分为燃气煅烧无烟煤和电煅烧无烟煤。

05.0429 残极 butt anode
炭阳极在铝电解槽上使用以后的残余部分。一般占炭阳极质量的15.0%~25.0%。

05.0430 炭质返回料 carbonaceous return scrap
在炭材料生产过程中产生的废品、机加工时产生的切削碎和通风系统收集的粉尘等回收后可利用的炭物料。

05.0431 沥青 pitch
焦油、渣油、碳氢化合物等经热处理聚合得到的黑色黏稠液体、半固体或固体状物质。

05.0432 碳质中间相 carbonaceous mesophase
纯有机化合物、高分子化合物或沥青、重质渣油等在液相炭化过程中出现的缩合多环芳烃分子堆叠取向具有液晶特性的中间体。

05.0433 中间相沥青 mesophase pitch
含沿一定方向堆叠的平面缩合多环芳烃分子的各向异性沥青。

05.0434 中间相炭微球 mesocarbon microbead
将液相炭化过程中出现的碳质中间相小球体从沥青母体分离得到的、有微小球状特征的炭物料。

05.0435 浸渍剂树脂 impregnating resin
用于浸渍石墨制品以提高其密度、降低其渗透率的树脂。

05.0436 黏结剂沥青 binder pitch
制备炭材料时使固体炭质物料结合在一起所使用的沥青。

05.0437 浸渍剂沥青 impregnating pitch
用于浸渍炭材料、起到降低材料气孔率和提

高材料密度或达到不渗透目的的沥青。

05.0438 电极沥青 electrode pitch
用于制备炭–石墨电极材料所用的黏结剂沥青。

05.0439 中温沥青 medium pitch
软化点为 75~95℃的煤沥青。

05.0440 改质沥青 modified pitch
将普通沥青再度进行化学、物理变化处理（如热聚合、氧化聚合、化学反应等）而得到的沥青。

05.0441 软沥青 soft pitch
又称"低温沥青"。软化点为 30~75℃的煤沥青。

05.0442 硬质沥青 hard pitch
又称"高温沥青""硬沥青"。软化点为 95~120℃的煤沥青。

05.0443 炭物料煅烧 calcination of carbonaceous materials
在高温下对炭质物料（生焦、无烟煤等）进行热处理，排出所含的挥发分，并相应地提高物料理化性能的炭质原料预处理工序，可分为燃气煅烧（1250~1450℃）和电煅烧（1500~2000℃）。

05.0444 罐式炭物料煅烧炉 pot-type calciner for carbonaceous materials
在固定的料罐中实现对炭质物料的间接加热，使之完成煅烧热处理过程的热工设备，按热烟气与物料运行的方向可分为顺流式罐式煅烧炉和逆流式罐式煅烧炉。

05.0445 炭物料电煅烧炉 electric calciner for carbonaceous materials
利用电热煅烧炭质物料的热工设备，通过安装在炉筒两端的电极，利用炭质物料本身的电阻使电能转变成热能，煅烧温度可达 1500~2000℃。

05.0446 炭物料破碎 crushing of carbonaceous materials
将固体炭质物料由大块破碎成小块或粒状物料的操作，可分为粗碎（预碎）（破碎至 50~70mm）和中碎（破碎至 0.5~20mm），常采用颚式破碎机和对辊式破碎机。

05.0447 炭物料磨粉 grinding of carbonaceous materials
将小块或粒状炭质物料碎裂成细粉（0.15mm 以下或 0.075mm 以下）的操作，常采用球磨机和悬辊式磨粉机。

05.0448 炭物料筛分 screening of carbonaceous materials
通过具有均匀开孔的一定规格几组筛子，将粉碎后尺寸范围较宽的炭质物料分成尺寸范围较窄的几种颗粒级别的过程，常采用振动筛。

05.0449 炭物料配料 burden of carbonaceous materials
炭材料生产时确定固体炭质原料种类及其组成比率、混合料粒度组成、黏结剂种类及其用量、添加剂种类及其用量等，并分别进行计算、称量和集聚的过程。

05.0450 炭物料混合 mixing of carbonaceous materials
将不同种类和不同粒度大小的固体炭质物料相互填充和均匀化的过程。

05.0451 混捏 kneading
将定量的炭质颗粒物料和粉料与定量的黏结剂在一定温度下搅拌混合、捏和成可塑性糊料的过程。

05.0452　混捏机　kneader
将固体炭质物料与黏结剂一起在一定温度下均匀混合的同时，施加剪切力以达到混捏效果的设备。

05.0453　糊料　paste
在混捏过程中，通过煤沥青的黏结力将所有固体炭质物料互相黏结在一起，形成均质且具有可塑性的糊状炭质物料。

05.0454　凉料　paste cooling
将混捏合格的糊料均匀冷却到一定温度、并充分排除夹杂在糊料中的烟气的工艺过程。

05.0455　炭材料成型　forming of carbon materials
混捏好的炭质糊料在成型设备施加的外部作用力下产生塑性变形，最终压制成为具有一定形状、尺寸、密实度和强度的生炭坯的工艺过程。

05.0456　生炭坯　green carbon body
又称"生炭制品"。将固体炭质骨料与黏结剂混捏后，通过各种成型方式制得的成型品。

05.0457　生碎　green scrap
炭糊料成型后的生坯经检查不合格的废品、成型过程中掉落的炭糊渣和挤压成型时切下的残头等物料。

05.0458　炭材料焙烧　baking of carbon materials
成型后的生炭坯在焙烧加热炉内保护介质中，在隔绝空气的条件下，按一定的升温速率进行高温热处理（1250℃左右），使生炭坯中的黏结剂炭化的工艺过程。

05.0459　炭化　carbonization
有机物通过热解缩聚反应，逐渐转变成高碳含量的炭物料并最终生成微晶排列的纯碳固体的过程，可分为固相炭化、液相炭化和气相炭化。

05.0460　焙烧炭制品　baking carbon body
又称"焙烧炭坯"。成型后的生炭坯在焙烧炉中通过高温热处理制得具有一定强度和理化性能的炭制品。

05.0461　焙烧碎　baked scrap
炭坯在焙烧后产生的废品以及炭块、炭电极等炭制品在加工时产生的切削碎等物料。

05.0462　环式炭材料焙烧炉　annular baking furnace for carbon materials
由若干个结构相同的固定炉室首尾串联组合成的呈双排布置进行焙烧热处理的环形热工设备，炉室内的炭坯逐渐完成从低温到高温然后冷却的整个过程。环式焙烧炉可分为带盖环式焙烧炉和敞开式环式焙烧炉，带盖环式焙烧炉还可分为有火井和无火井两种结构。

05.0463　炭材料焙烧隧道窑　tunnel baking kiln for carbon materials
焙烧温度场相对固定的隧道形热工设备，放在耐热容器中的炭坯连续移动通过炉内设置的预热带、焙烧带和冷却带进行焙烧热处理。

05.0464　焙烧填充料　packing materials for baking
焙烧时用于覆盖炭坯，使其隔绝空气以防止炭坯氧化以及填充间隙以防止炭坯变形的散粒状物料。

05.0465　炭材料二次焙烧　rebaking of carbon

materials

炭材料焙烧品经过浸渍后进行再次焙烧（700~800℃），使浸入焙烧品内部孔隙中的浸渍剂沥青炭化的热处理工艺过程。

05.0466 炭材料加压焙烧 pressure baking of carbon materials

在压力下对炭坯进行焙烧热处理的工艺过程。

05.0467 炭制品 carbon product

以固体炭质物料为骨料，煤沥青为黏结剂，经过原料煅烧、破碎磨粉、配料、混捏、成型、焙烧和机械加工而不经过石墨化处理制成的炭质材料产品。

05.0468 炭材料浸渍 impregnation of carbon materials

将炭制品置于压力容器中，在一定温度和压力条件下迫使液态浸渍剂（如沥青、树脂、低熔点金属和润滑剂等）浸入渗透到制品孔隙中的工艺过程，包括焙烧品预热、装罐、抽真空、注入浸渍剂、加压、返回浸渍剂和冷却。

05.0469 炭材料浸渍系统 impregnation system for carbon materials

通过液态浸渍剂对焙烧品进行浸渗处理并使其冷凝固化的浸渍生产工序所使用的设备系统。

05.0470 石墨化 graphitization

在高温电炉内保护性介质中将炭质材料加热到2000℃以上，使无定形乱层结构炭进一步晶化转变成石墨质材料的高温热处理过程。

05.0471 石墨化度 degree of graphitization

炭材料的石墨化程度，反映了石墨晶体结构的完善程度，即石墨结构中碳原子排列的规整程度。

05.0472 直流石墨化 DC graphitization

以炭制品和电阻料为炉芯，通入直流电，而进行高温石墨化热处理的过程。

05.0473 高纯石墨化 high purity treatment graphitization

在石墨化热处理期间，以化学方法除去制品内杂质元素及其化合物，获得高纯石墨制品的过程。

05.0474 催化石墨化 catalytic graphitization

在配料中添加某种具有催化作用的物质，促使炭制品在较低的温度下石墨化或在相同的温度下提高石墨化程度的工艺方法。

05.0475 串接石墨化 lengthwise graphitization

又称"纵向石墨化""内串石墨化"。不用电阻料，电流直接通过由焙烧炭坯纵向串接的电极柱产生高温使其石墨化的生产工艺。

05.0476 石墨化炉 graphitization furnace

为使非石墨质材料石墨化，可加热到2000~3000℃的高温热处理炉。

05.0477 艾奇逊石墨化炉 Acheson type graphitization furnace

在炭质材料周围填充焦炭，利用焦炭电阻发热的间接通电方式，最终使炭质材料本身也产生电阻发热的石墨化炉。

05.0478 串接石墨化炉 lengthwise graphitization furnace

一种不用电阻料、电流直接通过由数根焙烧品纵向串接的电极柱所产生的高温使其石墨化的电加热炉。

05.0479 石墨化电阻料 resistance materials for graphitization

在石墨化炉中起到电阻发热作用的物料，通常采用冶金焦粒或石墨化冶金焦。

05.0480 石墨化保温料 insulation materials for graphitization

在石墨化炉中起到保温和电绝缘双重作用的物料，通常采用冶金焦粉与石英砂的混合料。

05.0481 石墨制品 graphite product

以固体炭质物料为骨料，煤沥青为黏结剂，经过原料煅烧、破碎磨粉、配料、混捏、成型、焙烧、石墨化和机械加工制成的石墨质材料产品。

05.0482 炭材料机械加工 machining of carbon materials

通过机械加工设备对炭材料毛坯按质量标准规定的形状和尺寸进行的加工操作。

05.0483 石墨碎 graphite scrap

炭制品在石墨化后产生的废品及石墨化半成品在加工时产生的切削碎。

05.04 铁 合 金

05.0484 铁合金 ferroalloy

由铁元素不小于 4.0%和一种以上（含一种）金属或非金属元素组成的合金。在钢铁生产和铸造工业中作为合金添加剂、脱氧剂、脱硫剂和变性剂使用。

05.0485 普通铁合金 bulk ferroalloy

硅铁、锰铁等大宗铁合金产品。

05.0486 特种铁合金 special ferroalloy

铬铁、钛铁、钨铁、钼铁等特殊铁合金产品。

05.0487 精炼铁合金 refined ferroalloy

采用冶炼工艺去除铁合金中的某些杂质元素后得到的铁合金。

05.0488 纯净铁合金 high purity ferroalloy

碳、磷、铝等杂质元素含量极低的精炼铁合金产品。

05.0489 中间合金 master alloy

用于制取所要求成分合金，采用的中间产品。

05.0490 复合铁合金 complex alloy

由二种以上合金元素组成的铁合金。

05.0491 硅铁 ferrosilicon

含硅量在 8.0%~95.0%范围内的铁和硅的合金。

05.0492 硅钙合金 ferrosilicon-calcium

含硅量在 40.0%~65.0%范围内，且含钙量在 8.0%至 35.0%范围内的铁、硅和钙的合金。

05.0493 金属硅 silicon metal

又称"工业硅""结晶硅"。含硅量大于 97.0%的金属。

05.0494 锰铁 ferromanganese

含锰量在 65.0%~90.0%范围内的铁和锰的合金。

05.0495 高碳锰铁 high carbon ferromanganese

含碳量在大于 2.0%~8.0%范围内的锰铁。

05.0496 中碳锰铁 medium carbon ferromanganese

含碳量在 0.7%~2.0%范围内的锰铁。

05.0497 低碳锰铁 low carbon ferromanganese

含碳量不大于0.7%的锰铁。

05.0498 高炉锰铁 blast furnace ferromanganese

以高炉法熔炼，含锰量不小于52%的铁和锰的合金。

05.0499 镜铁 spiegel iron

含低锰（5.0%~20.0%）高碳（3.5%~5.5%）的铁合金。是近代炼钢法最先使用的脱氧剂。

05.0500 锰硅合金 ferrosilicomanganese

含锰量在57.0%~75.0%范围，且含硅量在10.0%~35.0%范围内的铁、锰和硅的合金。

05.0501 金属锰 manganese metal

含锰量不小于93.5%的金属。

05.0502 电解锰 electrolytic manganese metal, EMM

以电解法生产的金属锰。

05.0503 铬铁 ferrochromium

含铬量在45.0%~95.0%范围内的铁和铬的合金。

05.0504 高碳铬铁 high carbon ferrochromium

含碳量在大于4.0%~10.0%的铬铁。

05.0505 中碳铬铁 medium carbon ferrochromium

含碳量在大于0.5%~4.0%的铬铁。

05.0506 低碳铬铁 low carbon ferrochromium

含碳量在大于0.15%~0.50%的铬铁。

05.0507 微碳铬铁 extra low carbon ferrochromium

含碳量低于0.15%的铬铁。

05.0508 真空法微碳铬铁 ferrochromium by vacuum refining

以真空固态脱碳法精炼的铬铁，其含碳量不大于0.10%。

05.0509 硅铬合金 ferrosilicochromium

含铬量不小于30.0%，且含硅量不小于35.0%的铁、铬和硅的合金。

05.0510 金属铬 chromium metal

含铬量不小于98.0%的金属。

05.0511 钨铁 ferrotungsten

含钨量在70.0%~85.0%范围内的铁和钨的合金。

05.0512 钼铁 ferromolybdenum

含钼量在55.0%~75.0%范围内的铁和钼的合金。

05.0513 钒铁 ferrovanadium

含钒量在35.0%~85.0%范围内的铁和钒的合金。

05.0514 钛铁 ferrotitanium

含钛量在20.0%~75.0%范围内的铁和钛的合金。

05.0515 硼铁 ferroboron

含硼量在4.0%~24.0%范围内的铁和硼的合金。

05.0516 铌铁 ferroniobium

含铌量在50.0%~80.0%范围内的铁和铌的合金。

05.0517　磷铁　ferrophosphorus
含磷量在 15.0%~25.0%范围内的铁和磷的合金。

05.0518　镍铁　ferronickel
含镍量大于 15.0%的铁和镍的合金。

05.0519　镍生铁　nickel pig iron
含镍大于 2.0%的生铁。

05.0520　锆铁　ferrozirconium
合金主元素为锆的铁合金。

05.0521　硅锆合金　siliconzirconium
合金主元素为硅和锆的铁合金。

05.0522　氮化锰铁　nitrogen containing ferro-manganese
锰铁固态渗氮所得含氮量不小于 4.0%，且含锰量不小于 73.0%~80.0%的锰铁。

05.0523　氮化金属锰　nitrogen containing manganese metal
渗氮所得含氮量不小于 6.0%~7.0%，且含锰量不小于 85.0%~90.0%的金属锰。

05.0524　氮化铬铁　nitrogen containing ferro-chromium
含氮量不小于 3.0%，且含铬量不小于 60.0%的铬铁。

05.0525　钒氮合金　nitrogen containing ferro-vanadium
含钒量在 77.0%~81.0%范围，且含氮量在 10.0%至 18.0%范围内的铁、钒和氮的合金。

05.0526　稀土硅铁　rare earth ferrosilicon
稀土含量在 20.0%~47.0%范围的硅铁合金。

05.0527　稀土硅镁铁　rare earth ferrosilicon-magnesium
稀土含量在 4.0%~23.0%范围，且镁含量在 7.0%~15.0%范围内的硅铁合金。

05.0528　硅钡合金　ferrosilicon barium
含硅量在 35.0%~65.0%范围，且含钡量在 2.0%~30.0%范围的铁、硅和钡的合金。

05.0529　硅铝合金　ferrosilicon aluminum
含硅量在 5.0%~40.0%范围，且含铝量在 17.0%~52.0%范围内的铁、硅和铝的合金。

05.0530　发热铁合金　exothermic ferroalloy
铁合金粉和发热剂混合后制成的团块。

05.0531　硅尘　silica fume, microsilica
金属硅和硅铁冶炼中回收的粉尘。

05.0532　富锰渣　manganese rich slag, high MnO slag
采用选择性还原方法富集矿石中的锰而去除铁和磷得到的高锰炉渣。用以生产硅锰合金以及中、低碳锰铁。

05.0533　钒渣　vanadium oxide slag
含钒生铁经过选择性氧化得到的富含氧化钒的炉渣。用作生产钒铁的原料。

05.0534　有渣法熔炼　reduction smelting with slag operation
冶炼过程产生大量的炉渣的还原熔炼工艺。如锰铁、铬铁冶炼。

05.0535　无渣法熔炼　slag-free reduction smelting
理论上无炉渣生成的还原熔炼工艺。如硅铁、金属硅熔炼。

05.0536 熔剂法熔炼 smelting with flux
添加一定数量熔剂的熔炼工艺，如高碳锰铁熔炼。

05.0537 无熔剂法熔炼 flux free smelting
不添加任何熔剂的熔炼工艺。如锰铁无熔剂熔炼产生的渣作为锰硅合金原料。

05.0538 明弧法熔炼 open arc smelting
熔炼过程中，裸露电弧的电极操作。

05.0539 埋弧法熔炼 submerged arc smelting
熔炼过程中，电弧埋在炉料中的电极操作。

05.0540 遮弧法熔炼 shielded arc smelting
熔炼过程中，电弧被固体炉料遮挡的电极操作。

05.0541 浸弧法熔炼 immersed arc smelting
熔炼过程中，电极浸在熔渣中的电极操作。

05.0542 电硅热法 electro-silicothermic process
以硅元素作还原剂在电炉中熔炼铁合金的冶金过程。

05.0543 电碳热法 electro-carbothermic process
以碳元素作还原剂在电炉中熔炼铁合金的冶金过程。

05.0544 铝热法 aluminothermy, aluminothermics
又称"铝热还原"。用金属铝在高温下取代化合物中的其他金属组分以制取该金属或合金的方法。

05.0545 渣洗 slag washing
使熔渣与金属充分混合实现精炼的炉外处理工艺。

05.0546 波伦法 Perrin process
氧化物熔体与液态金属高度混合以生产铁合金的技术。

05.0547 铬矿预还原工艺 SRC process
以回转窑对铬矿球团进行预还原，然后还原熔炼成高碳铬铁的工艺。

05.0548 奥图泰烧结工艺 Outotec process
利用封闭电炉废气余热烧结铬矿和锰矿球团，球团热装入炉还原的工艺。

05.0549 矿热炉 ore smelting electric furnace, low shaft electric furnace
利用电热熔炼矿石的电炉。

05.0550 埋弧电炉 submerged arc furnace
电弧始终埋在炉料层内的电炉。

05.0551 密闭电炉 closed electric furnace
用炉盖将电极和炉料密闭的矿热炉。

05.0552 半密闭电炉 semi-closed electric furnace
炉盖未完全密闭的矿热电炉。

05.0553 矮烟罩电炉 low hood electric furnace
采用低烟罩结构收集电炉烟气的矿热炉。

05.0554 开口电炉 open electric furnace
烟罩较高、电极和炉料暴露在外的矿热炉。

05.0555 精炼电炉 refining electric furnace
以某种铁合金为原料通过精炼生产纯度高的铁合金的电炉。

05.0556 直流矿热炉 DC ore smelting electric

furnace

以直流电源供电的矿热炉。

05.0557 低频矿热炉 low frequency electric arc furnace

以频率低于 50Hz 的低频电源供电的矿热炉。

05.0558 两段炉体电炉 split body electric furnace

炉体分成上下两段，上段炉体可水平旋转的电炉。

05.0559 矩形电炉 rectangular electric furnace

电极成直线分布，炉体呈矩形的矿热电炉。

05.0560 炉体旋转电炉 rotating electric furnace

炉体可水平旋转的矿热电炉。

05.0561 操作功率 operating load

电炉实际运行时的有功功率。

05.0562 自焙电极 self-baking electrode

又称"索德伯格电极（Söderberg electrode）"。电极筒钢壳内电极糊在熔炼过程中自动烘焙成形得到的电极。

05.0563 电极壳 casing of electrode

用于自焙电极充填电极糊的钢板外壳。

05.0564 空心电极 hollow electrode

可用于向炉内加料或通气的中空电极。

05.0565 电极过烧 over baking of electrode

自焙电极在烧结带烧结过度的现象。

05.0566 电极欠烧 less baking of electrode

自焙电极在烧结带未能充分烧结的现象。

05.0567 电极软断 soft breakage of electrode

未完成烧结的电极发生的折断。

05.0568 电极硬断 hard breakage of electrode

已完成烧结的电极发生的折断。

05.0569 铜瓦 contact clamp

用于将电流送到电极的铜质夹板。

05.0570 电极把持筒 suspension mantle of electrode

用于把持电极的金属筒。

05.0571 电极把持器 electrode holder

用于把持电极和导电的设备。

05.0572 组合把持器 modular electrode holder

由导电接触夹板、压力组件、冷却和密封件构成的电极把持器。

05.0573 压力环 pressure ring

由金属环、波纹管等组件组成，对电极和铜瓦施加压力使之紧密接触的部件。

05.0574 电极压放装置 electrode slipping system

使自焙电极与电极把持器发生相对位移的装置。

05.0575 有载调压开关 on-load tap changer

在不断电的情况下调整电炉变压器工作电压等级的装置。

05.0576 捣炉机 stoking machine

用于推料和疏松矿热炉料层的机械设备。

05.0577 打结炉衬 rammed lining

以不定形耐火材料利用冲击和振动作用制成的整体炉衬。

05.0578　冷凝炉衬　freeze lining
通过强制冷却使熔池金属和熔渣凝固形成的保护层炉衬。

05.0579　自焙炭衬　self baking carbon lining
以未经烘焙的炭块砌筑的炭质炉衬。

05.0580　摇包[炉]　shaking ladle, shaking ladle furnace
通过偏心转动使铁合金熔体和炉渣相对运动及混合以进行精炼的装置。

05.0581　电极工作长度　electrode length
把持器以下的电极长度。

05.0582　电极插入深度　depth of electrode penetration
埋在炉料表面以下的电极长度。

05.0583　电极工作端　electrode tip
向电炉输入能量的电极已烧结好的末端。

05.0584　电极行程　stroke of electrode
电极上下移动的最大距离。

05.05　烧结与球团

05.0585　造块　agglomeration
将粉状的矿石通过高温或冷固结的方法使之成块的工艺。

05.0586　烧结　sintering
把矿粉、熔剂、煤粉或焦粉按一定的比例配合，通过混合料内部的燃料燃烧产生高温，使之成块的过程。

05.0587　烧结矿　sinter
粉矿通过烧结制成的块状人造铁矿石。

05.0588　烧结矿碱度　basicity of sinter
烧结矿的化学成分和特性中氧化钙与二氧化硅（CaO/SiO_2）的表示。

05.0589　酸性烧结矿　acid sinter
碱度值（CaO/SiO_2）低于 0.4 的烧结矿。高炉冶炼时还需要再配加熔剂。

05.0590　自熔性烧结矿　self-fluxing sinter
碱度值（CaO/SiO_2）在 1.0 左右的烧结矿，高炉冶炼时不需要配加大量熔剂。

05.0591　高碱度烧结矿　super fluxed sinter
碱度值（CaO/SiO_2）高于 1.6 的烧结矿。与酸性炉料配合，使高炉的炉料结构更加合理。

05.0592　烧结机　sintering machine
冶金生产中采用烧结方法将粉矿制成适合冶炼要求的块状原料的工程设备。

05.0593　盘式烧结机　sintering pan
备有简易的布料、点火、抽风机械，采用间歇作业方式的小型烧结，有圆形与矩形两种。

05.0594　带式烧结机　straight-line sintering machine
由多个台车连接成输送带形式的烧结机，台车向前运动，混合原料铺装到许多台车上，烧结反应沿料层由上而下进行的，一种高效率连续操作的烧结机。

05.0595　环式烧结机　circular sintering machine
结构形式为环形，连续作平面运转的烧结机。

05.0596　小球烧结法　hybrid pelletizing sinter
为适应细粒铁精矿烧结的工艺，先将原料制成小球，然后铺在烧结机上点火烧结的方法。

05.0597　烧结锅　sintering pot
形似烹饪用锅，内有箅条，将烧结料铺在锅内，从下部点火、鼓风，进行烧结的一种较原始的烧结设备。

05.0598　矿石混均　blending of ore
采用平铺和切取等方法使原料的成分均匀的过程。

05.0599　原料场　stockyard
用于储存、破碎、筛分和混匀原料的场地。

05.0600　堆料机　stacker
为了混匀，在料场上将原料分层平铺的设备。

05.0601　取料机　reclaimer
为了混匀，在料场上将原料垂直切取的设备。

05.0602　混匀指数　blending index
表示原料混匀效果的指标，一般用铁(Fe)、二氧化硅(SiO_2)的标准偏差表示。

05.0603　配料矿槽　proportioning bin
储存各种原料，以便按照指定比例配合的设备。

05.0604　粉矿　iron ore fine
粒度小于 6 mm 的细粒矿石。

05.0605　焦粉　coke breeze
粒度小于 3mm，供烧结作为燃料的粉末状焦炭。

05.0606　石灰　lime
石灰石煅烧所得的物料，分子式为 CaO，是碱性熔炼法的主要溶剂。

05.0607　消石灰　hydrated lime
一种常用的熔剂，其主要成分为氢氧化钙 $Ca(OH)_2$，用它能够提高烧结混合料的制粒效果，改善料层的透气性。

05.0608　烧结返矿　return fine
烧结饼经过破碎和筛分后的粉矿，其粒度一般小于 6mm。

05.0609　高炉炉尘　dust of blast furnace
又称"瓦斯灰"。来自高炉粗除尘器，是铁矿粉(包括烧结矿)和焦粉的混合物。

05.0610　高炉瓦斯泥　slurry of blast furnace
高炉煤气采用湿法除尘时从沉淀池中获得的尘泥，其中含铁和碳。

05.0611　转炉尘泥　BOF slurry
转炉气采用湿法除尘时从沉淀池获得的尘泥，其中主要含氧化铁 (FeO) 和氧化钙 (CaO)。

05.0612　圆盘给料机　table feeder
粉状物料的矿槽封闭底部，并通过旋转定量给料的盘形设备，常用于烧结矿和球团矿的定量配料。

05.0613　带式给料机　belt feeder
粉状物料的矿槽封闭底部，并借助推进运动定量给料的设备，常用于烧结矿和球团矿的定量配料。

05.0614　烧结混合料　sinter mix
根据烧结矿的成分，经过配料计算，将铁矿粉、煤粉、焦粉和熔剂及各种回收物料加水润湿，所形成的混合物。

05.0615　烧结配料　sinter proportioning
根据烧结矿的成分，决定铁矿粉、煤粉、焦

粉和熔剂及各种回收物料的比例和粒度组成，进行计算，称量和配合的措施及过程。

05.0616　烧结混料　mixing of sinter feed
将铁矿粉、煤粉、焦粉和熔剂及各种回收物料按照一定的比例配合起来，混合均匀的过程。

05.0617　圆筒混料机　rotary mixer
一种圆筒形的烧结料的混合设备，其作用不仅在于混匀，而且能够加水润湿混合料和制粒，以提高混合料的透气性。

05.0618　烧结混合料预热　preheating of sintering mix
为了防止水分在湿料带中凝结，恶化烧结料层的透气性，将混合料预热到烧结废气的露点以上的措施。配加生石灰、热返矿，以及用热水润湿混合料和向混料机、混合料矿槽通入过热蒸汽都常用。

05.0619　烧结造粒　granulation of sinter feed
当用粉料烧结时，为了改善混合料层的透气性而采用的措施，通常用两个圆筒混料机，第一个用于混合和加水润湿，第二个将粉料滚成小球。

05.0620　料层透气性　permeability of bed luger
散装料层对于气流通过的阻力，通常用气流的压力差表示。

05.0621　梭式布料机　shuttle distributor
为了使烧结料沿台车的宽度分布均匀，采用的作往复运动的布料机械。

05.0622　圆筒布料机　roll feeder
设在混合料仓底部，用于往烧结机上布料的圆筒形布料设备。

05.0623　多辊布料机　multi-roller feeder
由多个辊组成的布料机，它不仅能够向烧结台车上均匀布料，而且能控制混合料的粒度和燃料的合理偏析，有利于节省燃料，提高烧结机的产能。

05.0624　烧结台车　sinter pallet car
用于进行烧结反应过程，与烧结机等宽的平台，是带式烧结机的主要构成部件。

05.0625　箅条　grate bar
组成烧结台车车底的部件，它们支承烧结料，并能够保证烧结气体通过。

05.0626　铺底料　hearth layer
铺在烧结台车箅条上面的小颗粒烧结矿层，厚度约 25mm，可防止烧结矿黏结在箅条上面，并能减少细粒粉料进入抽风系统。

05.0627　烧结料层厚度　sinter bed depth
烧结台车上铺料的高度，现在多在 500~800mm。

05.0628　烧结点火温度　ignition temperature of sintering
在烧结开始时，能使混合料中燃料点燃的温度。

05.0629　点火负压　ignition vacuum
点火炉下方风箱的抽风压力。为保证点火和烧结过程均匀，点火负压较正常烧结抽风负压低。

05.0630　烧结矿带　sinter zone
在烧结料层上部已经烧结完毕，形成的烧结矿层。随着烧结过程的进行，它的厚度不断增加。

05.0631　烧结燃烧带　combustion zone in sin-

tering

烧结料层中固体燃料正在燃烧的区域,此带温度最高,可以达到 1250~1300℃,宽度不过 3~5mm,各种化学反应和熔融多在此处进行。

05.0632 烧结预热带 preheat zone in sintering
紧邻燃烧带的下方,来自上方的炙热废气,将烧结料预热的区域。

05.0633 烧结干燥带 dry zone in sintering
紧邻预热带的下方,来自上方的热废气,使烧结料中的水分蒸发的区域。

05.0634 烧结湿料带 wet zone in sintering
在干燥带以下,烧结料还处于原来的状态的区域。当此处的温度低于废气的露点,废气中部分水分将凝结下来,形成过湿。

05.0635 烧结负压 sintering vacuum
烧结过程中抽风箱的负压。一般在 8800~15700 Pa,因烧结机的规格而不同。

05.0636 烧结终点 sintering terminal point
当燃烧带下降达到铺底料,抽风箱的温度达到最高值,开始降低时的温度。

05.0637 烧结火焰前沿 flame front
烧结过程中由于碳燃烧而形成的料层火焰锋面带。对于抽风法烧结,它从上向下移动。

05.0638 烧结热前沿 heat front
烧结过程中,在料层里燃烧产生的热量前锋。对于抽风烧结法,由上而下移动。

05.0639 渣相黏结 slag bonding
烧结过程中未熔融的、半熔融的以及冷却时析出的铁矿物颗粒被液态渣相黏接在一起的现象。

05.0640 扩散黏结 diffusion bonding
在高温作用下,铁矿颗粒内的原子获得足够能量,向外扩散,或借助空位扩散与邻近的矿物颗粒接触产生连晶,或新化合物使颗粒连接起来的现象。

05.0641 烧结饼 sinter cake
在烧结台车上或烧结杯中未经移出或未破损的整体烧结矿。

05.0642 抽风箱 wind box
烧结机台车下部的箱体,在烧结过程中保持负压状态。

05.0643 热振筛 hot vibro screen
在烧结矿处于高温状态(600~700℃)时,对其进行振动筛分的设备。

05.0644 单辊破碎机 sinter breaker
在烧结机的机尾,将烧结饼破碎成块的设备。

05.0645 带式冷却机 straight-line cooler
在烧结机尾部,类似运输皮带呈直线运动的烧结矿冷却设备。

05.0646 环式冷却机 circular cooler
在烧结机尾部,环形平面回转运动的烧结矿冷却设备。

05.0647 烧结机上冷却 cooling on sinter strand
延长烧结机的长度,使烧结矿直接在烧结机上抽风冷却的方法。

05.0648 球团矿 pellet
用细粒度铁矿粉或精矿制成的圆球形人造铁矿,作为高炉或直接还原的原料。

05.0649 压块矿 briquette

以细粒度铁矿粉或精矿为原料配加适量黏结剂，压制成型的人造铁矿。

05.0650 制团 briquetting
把粉状物料压制成聚合块或球状块体的过程。

05.0651 球团混料机 mixer in pelletizing
球团中添加剂（膨润土等）配加量很少，为达到混合均匀的目的，而采用高功率/高转速的混料机械。

05.0652 圆筒造球机 balling drum
在转鼓内球团料接近垂直向滚动及下落，逐步形成球形团粒的造球机械。

05.0653 圆盘造球机 balling disc
球团料在机械底部平面旋转滚动，逐渐形成球形团粒的造球机械。

05.0654 生球 green ball
经过造球机成球，但还未经焙烧的球，含水分高，强度低。

05.0655 生球辊筛 multi-roller screen of green pellet
由多根筛辊组成，用于筛分生球的设备。调节筛辊间距，可以控制球团矿的粒度。

05.0656 生球摆动布料机 swing feeder of green pellet
大型的球团矿焙烧设备（链算机或带式焙烧机）在床面宽度大的，上横向摆动布料的设备。

05.0657 生球分子水 adsorbed molecular water of green pellet
靠矿物颗粒表面的分子引力和电场作用力吸附的水分子。它牢固地吸附在颗粒表面，

不能自由流动。

05.0658 生球毛细水 capillary water of green pellet
靠水的表面张力，存在于颗粒与颗粒之间形成的毛细管里的水分。它能够在颗粒之间迁移。

05.0659 成球性指数 balling index
一种衡量铁矿粉成球性的指标，它是最大分子水被最大毛细水与最大分子水之差除的商。数值越大，成球性越好。

05.0660 落下强度 dropping number
生球的强度指标之一，生球从指定高处自由落下，不溃裂的次数。

05.0661 球团抗压强度 compression strength of pellet
生球或成品球团矿的强度指标，将单个球逐一放在压力试验机上，以固定的加压速度施压，直至试样溃裂时的压力，取若干个球的平均值，代表抗压强度。

05.0662 爆裂温度 cracking temperature
生球的性质之一，取一定数量的试样，放在吊篮内置于一定流速的气流中，逐步提温至试样爆裂的温度。

05.0663 球团竖炉 shaft furnace for pellet production
生产球团矿的设备之一，常以炉口面积作为竖炉的规格。将生球从竖炉上口布入，燃烧室内产生的热气从竖炉中部导进，冷却风从竖炉下部鼓进。球团矿自上而下经过干燥、预热、焙烧和冷却过程，成品由竖炉底部排出。

05.0664 竖炉燃烧室 combustion chamber of

shaft

在竖炉的两侧设置的燃烧煤气的空间，有矩形和圆筒形两种结构。

05.0665 竖炉喷火口 port of shaft furnace
竖炉侧墙上的矩形或圆形孔道，是为焙烧球团矿的炙热废气通往竖炉炉膛的通道。

05.0666 竖炉烘干床 drying bed of shaft furnace
用水冷梁支撑起来，盖在炉口上方的耐热钢算板，供烘干生球用的装置。中国球团竖炉的专有技术。

05.0667 竖炉导风墙 chimney of shaft furnace
中国竖炉的专有技术，用水冷梁架起来，立在竖炉中间的空心墙，它将来自竖炉下部的热风直接导至烘干床下面，避免了热风对焙烧带的干扰。

05.0668 竖炉碎矿辊 chunk breaker of shaft furnace
为了顺利将球团矿排出炉外，设在竖炉下部的一排带齿的圆辊，以电动机或液压油缸使它们左右摆动，将黏结成团的球团矿破开。

05.0669 球团固结 induration
使脆弱的生球成为具有很高强度的过程。固结有各种形式，如赤铁矿的再结晶与晶粒长大，渣相黏结等。

05.0670 球团带式焙烧机 straight grate machine for pellet firing
生产球团矿的设备之一，用耐热钢台车组成的带式机，结构类似烧结机，上方覆盖燃烧炉。沿其长度分为干燥、预热、焙烧、均热和冷却 5 段。它对于原料的适应性强。但要求高发热值的气体或液体燃料。

05.0671 球团链箅机–回转窑 grate-kiln for pellet firing
焙烧球团矿所用的，增设链箅机的回转窑。

05.0672 链箅机 chain grate
在循环运转耐热钢箅板上使生球的干燥、预热达到一定的强度的机器。链箅机装在回转窑装料口，利用烟气余热加热。

05.0673 球团矿预热 preheating of pellet
从生球干燥到高温焙烧的加热过渡阶段。许多物理、化学过程在这里进行，如碳酸盐分解、脱硫和磁铁矿的氧化。

05.0674 球团矿焙烧 pellet firing
以 1250~1300℃的高温，对生球团进行烧制的过程。主要过程是使赤铁矿的晶粒长大，保证球团矿达到足够的强度。

05.0675 球团矿均热 soaking of pellet
球团从焙烧到冷却的过渡阶段，在这时消除球团矿内部应力，进一步提高球团矿的强度。

05.0676 球团矿冷却 cooling of pellet
将球团矿的温度冷却到运输皮带可以接受的温度的操作过程。

05.0677 铁矿石的还原性 reducibility of iron ore
烧结矿、球团矿或块矿等矿石被一氧化碳（CO）和氢气（H_2）还原的难易程度。

05.0678 低温还原粉化率 low temperature reducting degradation
烧结矿、球团矿或块矿在高炉上部较低温度下还原，由于赤铁矿向磁铁矿转变，体积膨胀，从而导致粉化的程度。

05.0679 还原膨胀率 swelling

球团矿在高炉上部还原，由于物相变化导致的体积膨胀大小的程度。一般不宜超过 20%。

05.0680 铁矿石软化性质 softening and dropping properties of iron ore
烧结矿、球团矿或块矿在高炉中部较高温度和料柱压力作用下发生软化和滴熔的性质。

05.0681 转鼓指数 tumbling test index
烧结矿、球团矿的强度指标。用规定质量和粒度的试样装入钢制圆鼓内，以一定速度回转一定时间，以大于某一粒级的式样质量所占的百分比。

05.0682 耐磨指数 resistance index
烧结矿、球团矿的强度指标。用规定质量和粒度的试样装入钢制圆鼓内，以一定速度回转一定时间，以小于某一粒级的试样质量所占试样总质量的百分比。

05.0683 落下试验 shatter test
烧结矿强度检查方法。用规定质量和粒度的试样装入钢制容器，提升到一定高度，自由跌落四次，然后筛分分级的试验。

05.0684 预还原球团矿 prereduced pellet
球团矿在用于冶炼之前进行了预还原达到一定的金属化率。

05.0685 金属化球团矿 metallized pellet
用竖炉或回转窑等将球团还原的方法，使其金属化率和含铁品位达到 90% 以上，作为炼钢的优质原料的球团矿。

05.0686 冷固结球团矿 cold bound pellet
不需要经过高温焙烧，而采用其他方法在常温或较低温度下把铁矿粉造成固结起来的球团矿。

05.0687 岩相显微组织 petrographic micro-structure
在显微镜下观察耐火材料、烧结矿、球团矿或块矿的矿物、脉石和黏接相的矿物类型、结晶状态和结合形式，以及数量关系。

05.0688 铁橄榄石 fayalite
铁的正硅酸盐矿物，化学式为 $Fe_2(SiO_4)$，斜方晶系，具有多色性，绿黄、黄、红褐、黑色。

05.0689 镁橄榄石 forsterite
含有镁元素的硅酸盐矿物，化学式为 $Mg_2[SiO_4]$，斜方晶系。白色、淡黄、淡绿，可见于高氧化镁的烧结矿中。

05.0690 浮氏体 wustite
又称"方铁矿"。含氧量变动在 23.16%~25.60% 的非化学计量的氧化亚铁相，其化学式为 FeO 或 Fe_xO，等轴晶系，黑色。

05.0691 钙铁辉石 hedenbergite
含钙和铁的硅酸盐矿物，化学式为 $CaFe[Si_2O_6]$，单斜晶系，晶体常呈柱状。常出现于自熔性烧结矿中。

05.0692 镁蔷薇辉石 merwinite
含钙和镁的硅酸盐矿物，化学式为 $Ca_3Mg[SiO_4]_2$，单斜晶系，常见于高 MgO 高碱度的烧结矿黏结相中。

05.0693 次生赤铁矿 secondary hematite
含铁的氧化物矿物，化学式为 Fe_2O_3，常出现于烧结矿中气孔附近，在烧结矿冷却过程中，由磁铁矿氧化形成。

05.0694 铁酸钙 calcium ferrite
含铁和钙的氧化物矿物，化学式为 $CaFe_2O_4$，四方晶系，晶体呈针状、长板状/粒状，是高碱度烧结矿中的主要矿物。

05.0695 铁酸二钙 dicalcium ferrite
含铁和钙的氧化物矿物，化学式为 $Ca_2Fe_2O_5$，斜方晶系，晶体呈粒状，黄褐色。多出现于高碱度烧结矿的黏结相中。

05.0696 镁铁矿 magnesioferrite
含铁和镁的氧化物矿物。化学式为 $MgFe_2O_4$，等轴晶系，晶体呈正八面体，通常为粒状。含氧化镁的球团矿中可见。

05.0697 硅灰石 wollastonite
钙的偏硅酸盐矿物，化学式为 $CaSiO_3$，三斜晶系，晶体呈长柱状、针状、纤维状。

05.0698 硅酸二钙 larnite
又称"斜硅钙石""钙橄榄石"。钙的正硅酸盐物。化学式为 Ca_2SiO_4，烧结矿、耐火材料、炉渣中均能见到。有 α、α'、β、γ 四种异构体，冷却至 $725℃$ 发生 α' 转变为 γ 相的反应，体积膨胀达 10% 以上，立即粉化。借助矿化反应可生成稳定的 β-Ca_2SiO_4。

05.0699 硅酸三钙 tricalcium silicate
钙的不稳定硅酸盐矿物，化学式为 $3CaO \cdot SiO_2$，六方晶系，晶体为柱状、板状，在高碱度烧结矿中常见的矿物。

05.0700 枪晶石 cuspidine
钙的含氟硅酸盐矿物，化学式为 $Ca_2Si(O, F_2)_4$，单斜晶系，晶体常呈矛头状。

05.0701 安诺石 anosovite
又称"黑钛石"。人工合成矿物，化学式为 Ti_2TiO_5，斜方晶系，通常呈针状、柱状。可见于高钛的烧结矿中。

05.0702 玻璃相 glassy phase
烧结矿、耐火材料、陶瓷高温烧结时熔融的硅酸盐矿物所形成的，保持过冷液体结构的非晶物质，可成为颗粒间的黏结相。

05.06 炼 铁

05.0703 炼铁 ironmaking
将铁矿石还原成铁的熔炼工序。

05.0704 高炉炼铁 blast furnace process, BF ironmaking
应用铁矿石、焦炭和熔剂在高炉中冶炼生铁的工艺。

05.0705 高炉 blast furnace, BF
将铁矿石转化成生铁的竖式冶炼炉，从顶部装料、下部鼓风并出铁。

05.0706 铁矿石还原 iron ore reduction
铁矿石中的氧被还原剂夺走，氧化铁转化成金属铁的过程。

05.0707 间接还原 indirect reduction
氧化铁在高炉上部被一氧化碳还原的反应。

05.0708 直接还原 direct reduction
高炉下部的氧化铁被碳还原的反应。

05.0709 高炉内逆流过程 counter-current process
高炉内上升的气流透过下降的炉料空隙、上下相对流动的过程。

05.0710 逆流热交换 counter-current heat exchange
上升气流与下降炉料在逆流中进行的热传递。

05.0711 直接还原度 ratio of direct reduction
高炉中被碳直接还原出的铁占全部还原铁

的比例。

05.0712 基他耶夫曲线 temperature profile of gas and solid phases in blast furnace
高炉中上升气流与下降炉料的温度沿高度的变化曲线，为俄罗斯学者基他耶夫（B.И·Kитаев）所创。

05.0713 热储备区 vertical thermal reserve zone, indirect reduction zone
又称"热交换空区""间接还原区"。上升气流与下降炉料之间的温度在高炉中部有一段很接近，二者间的热交换极缓的区域。

05.0714 高炉内预热区 pre-heating zone in blast furnace
炉料初入炉后的料柱下降过程中，逐步被上升的煤气加热的区域。

05.0715 高炉内直接还原区 direct reduction zone
高炉下部碳还原氧化铁的区域。

05.0716 软熔带 cohesive zone, softening zone
矿石在高炉内下降过程中被逐渐加热乃至熔化，从固体开始软化到熔融成液体的过渡区，大致位于炉身下部和炉腰部位。

05.0717 高炉煤气利用率 gas utilization in BF
煤气中的还原性成分一氧化碳和氢气参与还原反应的比例以及热量被炉料吸收的比例。

05.0718 高炉内煤气流分布 gas distribution in BF
高炉内上升的煤气流沿横截面的流量分布，一般边沿气流和中心气流大于平均值，在操作中可适当调节。

05.0719 高炉燃烧带 combustion zone in BF
又称"氧化带"。高炉风口前焦炭燃烧的区域，是高炉内唯一的氧化性区域。

05.0720 风口回旋区 raceway
简称"回旋区"。又称"风口循环区"。高炉风口前焦炭块被鼓风吹动形成一个空腔，其位置与氧化带大致相当。

05.0721 碳素沉析 carbon deposition
一氧化碳分解为二氧化碳和碳，并沉积在炉衬上的反应，碳可以沉积在高炉炉衬上，也可以溶入铁中。

05.0722 碳素溶解损失反应 solution loss reaction of carbon
又称"布杜阿尔反应"。碳与二氧化碳化合生成一氧化碳，并大量吸热的反应。

05.0723 高炉操作线 operating line of BF, Rist diagram
用坐标系来描述高炉内冶炼过程还原指标的关系图。由法国里斯特（A.Rist）等在 20 世纪 60 年代提出。

05.0724 炉料透气性 permeability of the burden
炉料在一定条件下允许透过气流的能力。

05.0725 料柱 burden column
高炉内充满炉料时形成的从上到下可通过气流的柱体。

05.0726 料柱透气性 permeability of the stock column
高炉内从上到下的炉料柱允许气流通过的程度。

05.0727 炉料粒度分级 size classification of the burden

原料筛分成不同大小的粒度目标和措施。

05.0728　整粒　size preparation
高炉原料入炉前筛除粉末，并按粒度分为若干等级装入的操作方式。

05.0729　炉缸反应　hearth reactions
高炉炉缸在高温下进行的反应，如直接还原、脱硫以及燃烧等。

05.0730　高炉脱硫　desulphurization in blast furnace
防止高炉料带入的硫进入铁水并将已进入铁水的硫脱除的操作。高炉利于脱硫，宜充分利用。

05.0731　炉腹液泛现象　bosh flooding
高炉炉腹形成的渣液不能顺利滴落而被气流托起在炉腹料层中泛行的现象。

05.0732　高炉初渣　primary slag in BF
高炉炉料被加热开始软熔，最先生成的含氧化铁很高的炉渣。

05.0733　炉腹渣　bosh slag
高炉生成的初渣下达到炉腹部分后，变成含氧化铁较低的炉渣。

05.0734　高炉终渣　hearth slag
最终出炉前形成的高炉炉渣。

05.0735　高炉硫负荷　sulfur load in BF
生产每吨铁水的原料带来硫的总量。

05.0736　炼铁硫衡算　sulfur balance in iron making
又称"硫平衡"。总收支相等的原则下，单位质量铁水的各项硫的收入和支出的比较。

05.0737　高炉渣流动性　fluidity of blast furnace slag
体现高炉渣能流动起来的一种特性，是黏度的倒数，黏度小则流动性好。

05.0738　高炉渣熔化温度　fusion temperature of BF slag
高炉渣从开始熔化到完全熔化的温度范围，有时也指渣中固相完全熔化的温度。

05.0739　渣量　slag volume
又称"渣比（slag ratio）"。生产单位金属相对应的渣量。

05.0740　鼓风动能　kinetic energy of the blast
鼓风从风口吹入时所含动能。

05.0741　风口尺寸　tuyere dimension
风口直径和风嘴伸入长度的尺寸。

05.0742　风口间距　inter-tuyere space
高炉相邻两风口中心线之间的距离。

05.0743　高炉边沿气流　BF peripheral flow
高炉中料柱横截面周边沿炉壁的煤气流。

05.0744　高炉中心气流　BF central flow
高炉中料柱中心部分的煤气流。

05.0745　风口区金属再氧化　re-oxidation in race way
已被还原的金属在高炉风口区氧化气氛下再次氧化的过程。

05.0746　高炉装料制度　BF charging cycle, charging sequence
高炉装入原料的顺序、料批大小、料线高低等规定。

05.0747 高炉炉顶布料 stock distribution at blast furnace top
炉料从高炉炉顶装入的方式和均衡分布程度。

05.0748 正装 normal filling
炉顶装料顺序为矿批在下、焦批在上的方式。

05.0749 倒装 reverse filling
炉顶装料顺序为焦批在下、矿批在上的方式。

05.0750 同装 mixed filling
矿批与焦批加在大料钟上一同装入炉内的方式。

05.0751 分装 separate filling
矿批与焦批分别装入炉内的方式。

05.0752 料批 batch charge
高炉分批装料时，每批料的质量。

05.0753 矿批 batch ore charge
每批矿包括块矿、烧结矿、球团矿及熔剂等的质量。

05.0754 焦批 batch coke charge
每批焦炭质量。

05.0755 料柱压力 pressure of stock column
高炉内填充的料柱对在炉缸中液体渣及铁和对炉底形成的压力。

05.0756 料线 stock line
炉料从装料装置(大钟、旋转流槽)下沿至料面规定高度的距离。

05.0757 高炉内压差 pressure drop in BF
高炉炉顶至风口的压力差，即炉缸与炉顶煤气之间通过料柱的压头损失。

05.0758 炉喉温度曲线 gas temperature pat-tern through the throat radius
在高炉炉喉的料层中沿径向测出若干点的温度而连成的曲线。

05.0759 炉喉二氧化碳曲线 CO_2 concentration curve through the throat radius
在高炉炉喉的料层中沿径向若干点取出煤气样，化验其中二氧化碳的成分而连成的曲线。

05.0760 炉身检测装置 stack probes
插入炉身料层，沿径向采集各点的试样并测温的探测器。

05.0761 炉喉检测装置 throat probes
插入炉喉料面或料层中，沿径向测料面高度、定采集各点试样并测温的探测器。

05.0762 风口检测装置 probes through the tuyere
插入风口穿过燃烧带直至中心料堆，沿径向各点采集煤气样并测温的探测器。

05.0763 高炉煤气净化 blast furnace gas cleaning
除去高炉煤气中的粉尘的设备和操作。

05.0764 高炉容积利用系数 blast furnace productivity, production rate of BF
高炉每立方米有效容积在 24h 内的产铁量。

05.0765 焦比 coke rate
高炉冶炼出一吨铁所消耗的焦炭量。

05.0766 冶炼强度 smelting intensity
高炉每立方米有效容积24h 消耗的焦炭量。

05.0767 燃烧强度 combustion intensity
高炉每平方米炉缸面积24h 消耗的焦炭量。

05.0768 燃料比 fuel rate
高炉冶炼一吨铁所消耗的各种燃料总量。

05.0769 喷吹燃料 fuel injection
从风口或其他部位喷入的粉状或气体燃料，以取代部分焦炭。

05.0770 高炉喷煤粉 pulverized coal injection, PCI
从高炉风口喷入煤粉的措施。

05.0771 高炉喷油 oil injection
从高炉风口喷入燃料油的措施。

05.0772 喷吹天然气 natural gas injection
从风口或炉身下部喷入天然气，以取代部分焦炭的措施。

05.0773 混合喷吹 mixed injection
同时喷吹煤粉、燃料油和天然气等多种燃料的措施。

05.0774 置换比 replacement ratio
高炉喷吹的燃料所能取代的焦炭当量。

05.0775 热补偿 thermal compensation
喷吹燃料在刚进入高炉时因其裂解反应而降低风口前的温度，故予以相应补偿的措施，一般是提高风温或富氧。

05.0776 高炉鼓风 blast furnace blowing
从高炉风口鼓入高温、高压、大风量的空气，以保证炉内气流均衡穿越料柱，燃烧焦炭以及进行还原反应过程。

05.0777 高炉炉顶煤气压力 top gas pressure
鼓入高炉风口的空气，穿越炉料后煤气在炉顶的剩余压力(在 30kPa 以上)。

05.0778 高炉热风压力 blast pressure
鼓入高炉风口前的热空气压力。

05.0779 高炉风温 blast temperature
鼓入高炉风口的空气温度。

05.0780 高炉热风 hot blast
高炉鼓风经热风炉加热后的热空气。

05.0781 高炉鼓风湿度 blast humidity
高炉鼓风中含有的水分的多少。

05.0782 高炉风量 blast rate
鼓入高炉风的数量，一般按每分钟流入的标准态立方米空气计。

05.0783 富氧鼓风 oxygen-enriched blast, oxygen enrichment
高炉鼓风中添加一定量的氧气的措施，以强化燃烧和提高回旋区温度。

05.0784 蒸汽鼓风 humidified blast, wet blasting
高炉鼓风中加入一定量的水蒸气的措施，以增加煤气中氢含量。

05.0785 脱湿鼓风 dehumidified blast
又称"干燥鼓风"。将潮湿的空气中的水分脱除，降低鼓风的湿度的措施。

05.0786 焦炭负荷 coke load
装入高炉的矿料量与焦炭量之比，即每吨焦炭所承受的矿料量。

05.0787 高炉操作 blast furnace operation
高炉冶炼过程的调节与控制。

05.0788 高炉炉况 blast furnace condition
高炉冶炼过程各项技术参数的状况和表现，以及为确保正常运行而对各项技术参数和条件所进行的掌控和变动。

05.0789 高炉顺行 BF smooth running
高炉冶炼过程正常，下料、风压和煤气流分布以及炉子热状态良好的状态。

05.0790 下部调节 blast conditioning
又称"鼓风调节"。高炉风温、风压、风量、湿度、喷吹氧气及燃料量等参数的适当增减，以保炉况顺行的措施。

05.0791 全风量操作 full blast operation
高炉冶炼正常时尽可能按 100%风量水平鼓风，以强化冶炼的措施。

05.0792 慢风 mild blowing
高炉冶炼不顺时，减少风量到一定程度的措施。

05.0793 休风 delay, blowing down
因故障或检修需要，暂时将鼓风切断，停止送风的措施。

05.0794 高炉休风率 BF delay rate
休风占用的时间占高炉操作总时间的比。

05.0795 高炉寿命 blast furnace campaign
又称"高炉炉龄"。高炉自开炉到大修停炉期间内高炉实际的运行时间。现一般十余年或更长。

05.0796 高炉悬料 BF hanging
高炉冶炼运行中，炉料因故停止下降的现象。

05.0797 崩料 slip
高炉因故悬料后，炉料突然下落的现象。

05.0798 管道气流 channeling
又称"沟流"。高炉运行中上升气流分布失常，局部截面上气流过大，形似管道的气流。

05.0799 高炉下部结瘤 scabbing
高炉炉料局部软熔并黏结在炉衬上，形似肿瘤的现象。

05.0800 高炉上部结瘤 scaffolding
高炉炉料因局部过热在炉衬上形成疤痕的现象。

05.0801 炉缸冻结 chilled hearth
炉况严重向凉而造成炉缸中已熔的渣铁凝结。

05.0802 炉缸堆积 hearth accumulation
炉况严重失常时，炉缸中部分固体料积成死料停滞在炉缸中的现象。

05.0803 高炉喷补 spray repair of BF
高炉内衬局部损坏时从炉壳开孔压入不定形材料或降低料线喷补的措施。

05.0804 铁口喷焦 coke mess from the tap hole
高炉出铁后期火红的焦块随气流从铁口喷出的现象，多为铁口维护不当所致。

05.0805 高炉开炉 BF blow on
一代新高炉或长时停炉后的高炉投入生产的操作过程。

05.0806 高炉停炉 BF blow off
高炉一代寿命结束或中途长期停产，把炉内的料和残余渣铁全部清除的操作过程。

05.0807 高炉封炉 BF furnace banking
生产中的高炉因故要停产相当长时间，不必停炉，而是把炉子封起来，炉内不必清空，但装料比例要调整，以便随时复风生产的措施。

05.0808 高炉烘炉 furnace drying

新建成或大修完成后的高炉，炉衬都要按规定的程序和方法进行烘干，以除去其中水分的措施。

05.0809　高炉装炉　BF filling
高炉开炉之前炉内按一定比例配料并装满炉身，以保送风后逐步转入正常生产的措施。

05.0810　开炉点火　blast furnace lighting
高炉开炉装好料之后，将风口前的燃料点燃的措施。

05.0811　热风点火　hot blast lighting
高炉开炉前先将热风炉烧起来，然后送进热风（700~800℃以上），以点燃风口前的燃料的措施。

05.0812　火焰点火　torch lighting
高炉开炉装料后，用明火炬将风口前的燃料点燃的措施。

05.0813　氧枪点火　oxygen lance lighting
高炉开炉装料后，用氧气喷枪将风口前的燃料点燃的措施。

05.0814　高炉洗炉　BF slugging
将高炉操作中炉衬内表面局部因故黏结上一些软熔物料的清除措施。一般采用发展边缘气流或在边缘布以适量熔剂，使黏结物熔化掉，以利顺行。

05.0815　炉况判断　judgment of BF running
根据各有关操作指标的显示来分析炉子冶炼状况及其发展趋势，并做出判断。

05.0816　炉况向凉　furnace cooling down of BF running
高炉操作过程中由于热平衡失常而使炉温下滑的趋势。

05.0817　炉况向热　working hot in BF running
高炉操作过程中由于热平衡失常而使炉温上升的趋势。

05.0818　高炉出铁　BF tapping
打开高炉出铁口，将炉缸中的铁水放出的操作。

05.0819　高炉出渣　BF slag flushing
打开渣口，将渣液放出（上渣），也可从铁口放出（下渣）的操作。

05.0820　倒流休风　back-drafting
高炉因故短期休风时，使炉缸残留煤气经风口和倒流阀或热风炉排入烟道，以保安全的操作。

05.0821　风口堵塞　tuyere blockage
高炉风口被凝渣、凝铁、碎焦末等塞住的现象。

05.0822　高炉配料计算　blast furnace burden calculation
根据冶炼要求及原料成分，在设定条件下计算出各种料的比例。

05.0823　高炉区域热衡算　regional heat balance of blast furnace
又称"区域热平衡"。选定高炉某个局部区域，确定其边界条件，进行各项热量收入和支出的平衡计算。

05.0824　高炉炉型　BF profile
高炉工作空间的内部形状，常用纵剖面表示，由炉喉、炉身、炉腰、炉腹和炉缸五部分组成。

05.0825　高炉炉喉　BF throat
高炉炉型的最上面部分，呈圆筒形的一段。

05.0826 高炉炉身 BF shaft, stack

高炉炉型由上而下，在炉喉下面呈上小下大锥筒形的部分。

05.0827 高炉炉腰 BF belly

高炉炉型靠近下部，在炉身下面，呈直圆筒形的部分。

05.0828 高炉炉腹 BF bosh

高炉炉型下部，在炉缸上面呈下小上大倒截锥形的部分。

05.0829 高炉炉缸 BF hearth

高炉炉型的最下面的中空圆柱体，承接和存放铁水的部分。

05.0830 高炉炉底 BF bottom

高炉内型底部承受料柱和铁水的压力和高温侵蚀的耐火炉衬砌筑体。

05.0831 高炉炉腹角 bosh angle

炉腹的上锥角。

05.0832 高炉炉身角 stack angle, shaft angle

炉身的下锥角。

05.0833 有效高度 effective height

大钟下降时的底部（或无料钟旋转溜槽垂位底端）至铁口中心线之间的高度。

05.0834 高炉有效容积 effective volume of BF

高炉铁口中心线以上有效高度内的容积。

05.0835 高炉工作容积 working volume of BF

高炉风口中心线以上有效高度内的容积。

05.0836 高炉铁口 BF tap hole, iron notch

从炉缸放出铁水的孔道。

05.0837 高炉风口 BF tuyere

鼓风入炉的前沿装置，前沿略伸入炉膛，后端与直吹管连接，沿炉缸上部周围布置的孔道。

05.0838 窥视孔 peep hole

风口弯头外侧开的小孔，用耐热玻璃封盖，可沿风口中心线观察炉内状况。

05.0839 风口水套 tuyere cooler

用高压水在其夹层中冷却的铜质风口。

05.0840 渣口水套 slag notch cooler

用高压水在其夹层中冷却的铜质渣口。

05.0841 风口弯头 tuyere penstock

连结热风围管与直吹管的弯接头。

05.0842 高炉堵渣机 BF botting machine

堵塞渣口、停止放渣的机构。

05.0843 铁口泥炮 iron taphole gun

将特制炮泥打入铁口、不使铁水流出的活塞式打泥机。

05.0844 开铁口机 iron notch drill

钻开铁口的机械。

05.0845 铁水 hot metal

高炉放出的液态生铁在高温状态下运至炼钢车间作为炼钢原料使用的液态金属。

05.0846 铁液 liquid iron

用于冶金反应热力学平衡测定实验，以避免元素相互作用的干扰而特别熔制的液态纯铁。

05.0847 生铁块 pig iron

铁水凝固形成的块状生铁。按碳存在的形态和用途的不同可分为炼钢生铁、铸造生铁和特殊生铁。

05.0848 炼钢生铁 pig iron for steelmaking
含磷在0.2%的水平,适于作为炼钢原料的生铁。

05.0849 高磷生铁 phosphoric pig iron
又称"托马斯生铁"。含磷在 2.0%的水平的生铁。炼钢后的炉渣可作为磷肥。

05.0850 铸造生铁 foundry iron
用于铸造业的生铁,含灰口铁/白口铁/麻口铁和可锻铸铁等。

05.0851 低硅铁水 low silicon hot metal
直接供给炼钢用的高炉铁水,希望含硅量在0.5%以下,甚至达到 0.2%~0.3%的水平。

05.0852 铁水罐 ladle, hot metal ladle
用以盛接、装载、运输铁水的容器。

05.0853 鱼雷罐车 torpedo car
形状似鱼雷的铁水罐安装在车上,可直接在轨道上运送铁水的车辆。

05.0854 高炉出铁场 BF casting house
铁口前面的工作平台。

05.0855 主铁沟 sow
从出铁口至撇渣器的一段铁和渣的流槽。

05.0856 铁沟 iron runner
撇渣器以后铁水流向铁水罐的流槽。

05.0857 渣沟 slag runner
从渣口或撇渣器熔渣流向渣罐的流槽。

05.0858 高炉撇渣器 BF skimmer

俗称"沙口""小坑"。将从铁口放出的渣、铁分离的闸板装置。

05.0859 渣罐 slag ladle, cinder ladle
用来盛渣液的罐,可安装在车上运走。

05.0860 高炉渣口 slag notch, cinder notch
从高炉炉缸放出渣液的孔洞。

05.0861 风口直吹管 blowpipe
紧接每个风口小套的直管,另一端与弯头相接。

05.0862 风口鹅颈管 goose neck
热风围管与各风口弯头之间大小头连接的装置。

05.0863 风口盖 tuyere cap
风口弯头上可开关的盖板,开后可通直吹管。

05.0864 炉喉保护板 throat armor
安装在炉喉内衬表面,防止炉料下落时撞击损坏炉衬的铸钢板。

05.0865 冷却水箱 cooling plate
又称"冷却板"。安装在炉身中下部炉衬内的铸钢或铜的中空箱形水冷却器。

05.0866 冷却壁 cooling stave
安装在炉腰、炉腹、炉缸及炉底周围的铸钢水冷却壁,有的内表面镶砌耐火砖。

05.0867 铜冷却壁 copper stave
用铜制成的水冷却壁。

05.0868 软水密闭循环冷却 soft water tight cooling
采用软化后的水作冷却介质,并在密闭系统

中循环使用的方法。

05.0869 汽化冷却 evaporative cooling
通过水转化为蒸汽的吸热反应来实现冷却的方法。

05.0870 保护性渣皮 protective slag coating
炉衬内表面与炉渣接触而凝结上一层起保护作用的渣壳。

05.0871 高炉陶瓷杯 ceramic pad of BF hearth
由整体耐火陶瓷制成的炉缸内衬。

05.0872 自立式高炉 free standing BF
钢结构和炉体分离，炉体依靠自身承重的高炉。

05.0873 高压炉顶 high top pressure operation
煤气压强达到 30kPa 以上，甚至 200~300 kPa 的高炉炉顶。

05.0874 炉顶煤气余压透平发电装置 blast furnace top pressure recovery turbine power generation, TRT equipment
利用高炉炉顶的净煤气高压来推动透平机发电的系统。

05.0875 高炉鼓风机 blast furnace blower
为保证高炉正常运行而鼓入一定风压和巨大流量的空气的多级叶轮透平式鼓风机。

05.0876 高炉放风阀 BF snorting valve
当高炉休风而鼓风机不停时，将风放散入大气的阀门。

05.0877 高炉放散管 BF bleeder
当高炉休风而鼓风机不停时，将风排放入大气的管道。

05.0878 高炉上升管 BF gas uptake

高炉炉顶引出的，用于煤气向上流动的四条管道。

05.0879 高炉均压阀 BF equalizing valve
用以均衡高炉炉顶与加料装置空间之间的压力，向加料装置空间充压或放散的阀门。

05.0880 高压调节阀 septum valve for pressure controlling
安装在高炉净煤气管道上，由三个蝶阀和一个直通管组成，用以控制炉顶压力，与余压发电装置相联使用的阀组。

05.0881 料车卷扬机上料 skip hoist charging
高炉上料采用两个料车，沿卷扬斜桥一上一下的不停运转，将料送至炉顶的方法。

05.0882 料罐卷扬机上料 bucket hoist charging
采用单罐上料，由卷扬斜桥将料罐吊到炉顶的方法。

05.0883 高炉皮带机上料 belt conveyor charging
用皮带运输机将料运至高炉炉顶，取代卷扬上料的方法。

05.0884 料钟式炉顶 bell-hopper top
由固定的倒截锥体的料斗和可以上下的圆锥体料钟组合而成的炉顶，既能下料又能封住煤气外泄。

05.0885 双料钟式炉顶 two-bell system top
由上小下大两个钟组成的炉顶。运作时一开一关，避免了单钟开启时煤气外泄。

05.0886 多料钟式炉顶 multi-bell system top
为更好地密封而增加钟数至三钟乃至双钟双阀的炉顶。

05.0887 无料钟炉顶 bell-less top
由两个两端均设有密封阀的料罐同一个旋转流槽组成布料装置，而不用传统的料钟的炉顶。

05.0888 旋转流槽 revolving chute
无料钟炉顶下料的装置，能沿径向及圆周运行，使装入料按要求布匀。

05.0889 储料漏斗 hopper
炉料在进入布料器之前暂时存储的料斗。

05.0890 布料器 distributor
使炉料在炉喉按要求分布的装置。

05.0891 探料尺 gauge rod
探测炉喉处料面高度用的圆棒钢尺。

05.0892 料面测量仪 stock profile meter
用新技术如红外线、同位素等手段来测定料线及料面状况的仪器。

05.0893 炉喉间隙 bell clearance
大料钟(或旋转流槽)外沿与炉喉内壁的间距。

05.0894 炉缸支柱 hearth column
炉缸周围支撑上部结构的柱子。

05.0895 高炉水渣 granulated blast furnace slag
高炉渣经水淬后生成的粒渣。

05.0896 炉底积铁 salamander
又称"死铁层"。高炉炉缸(铁口中心线以下)放不出的铁水。

05.0897 出铁口泥套 tapping breast
出铁后堵口泥形成的泥包。

05.0898 高炉低硅操作 BF low silicon operation
高炉生产时维持较低炉缸温度使硅含量保持较低水平的操作。

05.0899 铸铁机 pig-casting machine
安装在单独厂房内，将炼钢所用富余下来的铁水铸成生铁块的机械设备。

05.0900 热风炉 hot blast stove
用于加热高炉鼓风的炉子。

05.0901 蓄热式热风炉 regenerative stove
由耐火材料(格子砖或球)和钢壳构成，以耐火材料为热载体，先吸收煤气燃烧的热量，再传给鼓风，将冷风转化为热风的设备。需两座以上换炉作业。

05.0902 换热式热风炉 recuperative stove
由耐热金属管制成的换热器，风与热烟气在管壁内外分别连续流过，从而将热量传给鼓风的设备。

05.0903 热风围管 bustle pipe
与高炉各风口联通的环形热风管道，内砌耐火砖衬。

05.0904 高炉热风总管 BF hot blast main
联结热风炉与热风围管的热风管道。

05.0905 热风炉燃烧室 combustion chamber of BF stove
热风炉燃烧煤气的空间。设于热风炉内的为内燃式、设在外部的为外燃式。

05.0906 热风炉燃烧器 burner of BF stove
使煤气与风燃烧并加热热风炉的装置。

05.0907 热风炉热风阀 hot blast valve of BF stove

切断热风炉与热风总管联通的水冷闸阀。

05.0908 热风炉烟道阀 chimney valve of BF stove

切断热风炉与烟道联通的水冷阀门。

05.0909 热风炉冷风阀 cold blast valve of BF stove

切断冷风管与热风炉联通的闸阀。

05.0910 热风炉助燃风机 burner blower of BF stove

为热风炉燃烧送风的鼓风机。

05.0911 热风炉切断阀 burner cut-off valve of BF stove

切断燃烧器与煤气系统联通的闸阀。

05.0912 热风炉旁通阀 by-pass valve of BF stove

与主管道并联的旁通管道上的阀门。

05.0913 热风炉混风阀 mixer-selector valve of BF stove

将少量冷风引入热风总管以调节风温的阀门。

05.0914 热风炉冷风调节阀 cold blast regu-lating valve

安装在冷风管道上用来调控冷风流量的阀门。

05.0915 放散阀 blow-off valve of BF

高炉临时休风时鼓风机不停，将冷风放入大气的阀门。

05.0916 热风炉送风期 time on blasting of BF stove

热风炉烧热后切断燃烧系统，通入冷风转化为热风送到高炉的时间。

05.0917 热风炉燃烧期 BF stove gas period

热风炉送风期完毕后切断送风系统，转为烧炉的时间。

05.0918 热风炉换炉 BF stove changing

热风炉由烧炉转为送风以及由送风转为烧炉的作业。

05.0919 换炉时间 BF stove change-over time

热风炉换炉所需的时间。

05.0920 内燃式热风炉 inside combustion stove

又称"考珀式热风炉（Cowper stove）"。燃烧室和蓄热室均位于炉内的热风炉。

05.0921 外燃式热风炉 outside combustion stove

独立的燃烧室位于热风炉外的热风炉。

05.0922 顶燃式热风炉 top combustion stove

燃烧室位于顶部的热风炉。

05.0923 热风炉格子砖 checker of BF stove

砌筑在热风炉内作为蓄热载热体的格孔形特殊耐火砖。

05.0924 高炉煤气 blast furnace gas

高炉冶炼过程产生的炉顶煤气，含有一定成分的一氧化碳，经净化后可作燃料。

05.0925 高炉煤气回收 top gas recovery

将高炉煤气净化并回收利用的过程。

05.0926 湿法除尘 wet gas cleaning

用喷水方法将煤气中粉尘脱去的过程。

05.0927 干法除尘 dry gas cleaning

用编织袋过滤或静电沉积等不用水的方法

脱去煤气中的粉尘的过程。

05.0928 除尘器 dust-catcher
捕集煤气中粉尘的设备，分为离心式、重力式、喷水式、静电式等。

05.0929 静电除尘器 electrostatic precipitator
利用静电作用将煤气中粉尘吸附在电极上，从而使煤气净化的设备。

05.0930 布袋除尘器 bag process, bag filter
用编织袋过滤煤气中粉尘的除尘设备。

05.0931 高炉洗气塔 scrubbing tower
串联在煤气管道中的洗涤塔，煤气进入后流速下降并多层喷水，使粉尘被清洗掉。

05.0932 高炉大修 blast furnace relining
高炉一代寿命结束后，停炉，更换全部炉衬及相关设施，重新开炉的过程。

05.0933 全氧高炉 full oxygen blast furnace
用氧气取代全部空气鼓风，以消除氮气升温带走的热量损失的高炉，但料柱内气流速度下降，需另外弥补。

05.0934 电炉炼铁法 low shaft electric furnace iron making
将铁矿石和还原剂加入电炉并由电弧供热的炼铁工艺。

05.0935 电高炉 electric high shaft furnace
电炉顶上具有竖炉炉身和炉顶装置，以电作为能源的炼铁高炉。

05.0936 高炉专家系统 blast furnace expert system
将高炉操作的经验和规律编制成软件，用计算机来操控高炉的系统。

05.0937 非高炉炼铁法 alternative iron-making process
高炉以外的其他炼铁方法。

05.0938 非焦炼铁法 non-coke iron-making
用其他燃料取代焦炭的炼铁方法。

05.0939 直接还原炼铁法 direct reduction process
用气体或固体还原剂在低于熔化温度的反应器中将铁矿石还原成金属铁的工艺。

05.0940 直接还原铁 direct reduced iron
用直接还原法生产出的铁。

05.0941 海绵铁 sponge iron
具有海绵多孔结构的直接还原铁。

05.0942 热压块 hot briquette iron, HBI
为防止直接还原的海绵铁再氧化而将其热压成的铁块。

05.0943 碳化铁 iron carbide
铁矿石磨碎后经气固反应生成的含碳化铁(Fe_3C)80%以上的直接还原产品，是用作电炉的优质原料。

05.0944 粒铁 luppen
回转窑直接还原炼铁法生产的含碳 0.5%~1.5%，并含 5%的渣，粒度 3~8mm 的球状金属化铁颗粒产品。

05.0945 气基直接还原法 gas-based direct reduction process
以天然气或油、煤等转化的还原性气为还原剂，将铁矿石还原生成直接还原铁的工艺。

05.0946 煤基直接还原法 coal-based direct reduction process

以煤为还原剂的铁矿石直接还原成铁的工艺。

05.0947 竖炉直接还原法 shaft furnace direct reduction process
以竖炉作反应器的铁矿石直接还原工艺。

05.0948 回转窑直接还原法 rotary kiln direct reduction process
以回转窑为反应器的铁矿石直接还原工艺。

05.0949 流态化直接还原法 fluidized-bed direct reduction process
以还原性气体将铁矿粉在一定温度下实现流态化并还原成金属铁的工艺。

05.0950 转底炉 rotary hearth
一种扁平的圆形炉子，粉末状原料造球后置于炉底上，炉底可自转，以加速气固反应。可用于矿石直接还原和回收金属粉尘利用。

05.0951 转底炉直接还原法 rotary hearth furnace process
以转底炉为反应器的铁矿石直接还原工艺。

05.0952 反应罐直接还原法 retort reduction process
铁矿石装入罐式反应器，用气体直接还原完成后，产品再从罐中卸出的工艺。

05.0953 熔融还原炼铁法 smelting reduction process
在高温反应器中铁矿石在熔融状态下用碳还原并生成铁水的非高炉炼铁工艺。

05.0954 米德瑞克斯直接还原法 Midrex process
利用天然气转化的还原气在竖炉中直接还原铁矿石的工艺。

05.0955 希尔直接还原法 HYL process
由墨西哥开发的固定床气基直接还原工艺，早期用反应罐，改进的 HYL-Ⅲ 已改用竖炉。

05.0956 氢-铁法 H-iron process
以氢为还原剂的铁矿石直接还原工艺，一般采用流态化生产。

05.0957 铁浴还原 iron-bath smelting
熔融还原生成高温铁水形成熔池，其中溶解的碳和固体的碳可以还原熔态的氧化铁并放出还原性气体。

05.0958 等离子熔融还原 plasma smelting reduction process
以等离子为热源的熔融还原工艺。

05.0959 Corex 法 Corex process
以块状铁矿石(天然矿/烧结矿/球团矿)为原料，以煤为还原剂的二步法熔融还原工艺。是已经能工业化的一种熔融还原炼铁法。

05.0960 转底炉-熔分炉法 Fastmelt process
由转底炉实现铁矿石预还原以及埋弧电炉实现终还原并熔化生成铁水的工艺。

05.0961 Finex 法 Finex process
直接利用粉矿的多级流态化还原与熔融造气炉相结合生产铁水的工艺。

05.0962 Finmet 法 Finmet process
铁矿粉在多级流态化反应罐中还原生产热压铁块的工艺。

05.0963 Comet 法 Comet process
铁矿粉和煤粉不经造球而分层铺在炉底上的一种转底炉炼铁工艺。

05.0964 Tecnored 炼铁竖炉 Tecnored shaft

furnace

铁矿石与燃料分内外层加入冶炼炉内生产铁水的竖炉。

05.0965 碳化铁工艺 iron-carbide process

铁矿粉在特定的流化床反应器中与天然气反应生成碳化铁的工艺。

05.0966 熔融气化炉 melt gasifier

利用铁浴进行熔态还原的终还原反应器，在进行还原反应的同时还将煤转化为还原性气体，供预还原使用。

05.0967 SL/RN 回转窑炼铁法 SL/RN process

以回转窑、冷却筒为主体设备，用铁矿石或者球团矿以及非黏结性动力煤为原料生产直接还原铁的直接还原法。

05.0968 Romelt 炼铁法 Romelt smelter process

含铁氧化物和煤粉按比例配合好送入反应器，熔池下部喷入富氧空气，使碳燃烧并进行还原反应的一步法熔融还原炼铁法。

05.0969 WS 竖炉直接还原法 shaft furnace direct reduction method

在制气炉中制成高温还原气通入生产海绵铁的竖炉以还原铁矿石的直接还原炼铁方法。

05.0970 隧道窑直接还原法 tunnel kiln direct reducting process

铁矿石与还原剂(煤、木炭等)混合装罐后置于台车上并推入隧道窑中，在中间的高温窑膛中实现铁矿石的还原，出窑后卸出产品海绵铁的工艺。

05.0971 预还原 pre-reduction

铁矿石或其他难还原的氧化物先在较低温度下进行部分还原，然后送入另一反应器进一步实现终还原的过程。

05.0972 终还原 final reduction

将预还原得到的中间产物在较高温度下(一般呈熔融状态)实现深度还原，尽可能达到完全还原的过程。

05.0973 一步法熔融还原 one stage smelting reduction

煤的气化、燃烧及铁矿石的熔化和还原同时在一个反应器内完成，而直接生产出铁水的过程。

05.0974 二步法熔融还原 two stage smelting reduction

在第一个反应器内进行气固相低温预还原，半成品进入第二个反应器完成熔态还原，并生成还原气体返回第一个反应器作预还原用气的复合作业过程。

05.0975 煤气改质 gas reforming

终还原输出的温度过高的煤气，利用天然气裂解或煤的气化反应，以降低煤气温度和煤气中氧化性成分，成为适合预还原需要的气体的过程。

05.0976 含碳球团 carbon-containing pellet

制造球团矿时混合加入必要的炭物料，受热后其中的碳和氧化铁可以发生固相还原反应生成的球团。含碳球团用作熔融还原的原料。

05.0977 HI smelt 熔融还原法 HI smelt process

预还原用铁精矿粉流态化床式反应器，终还原用卧式筒形铁浴反应器，煤粉由底部喷入铁浴，用热空气助燃而不用纯氧的一种二步法熔融还原工艺。

05.0978 DIOS 熔融还原法 direct iron ore smelting reducting

用循环流化床进行预还原，转炉型铁浴进行终还原，利用底吹氧和侧吹氧以提高二次燃烧率和二次燃烧热传递效率的理想化熔融还原法。

05.07 炼 钢

05.0979 炼钢 steelmaking

把铁水和废钢氧化精炼成为钢水的生产工序。

05.0980 钢水 liquid steel

又称"钢液"。熔化状态的钢。

05.0981 半钢 semi-steel

提取铁水中有用元素后的、含碳量比生铁低的金属液半成品。

05.0982 粗钢 crude steel

炼得的钢水铸成钢坯或钢锭而未塑性加工成钢材的产品。

05.0983 混铁炉 hot metal mixer

铁水装入炼钢炉之前进行储存、保温和成分混合的大容量容器。

05.0984 钢铁料组成 metallic charge composition

不同炼钢法的原料中生铁和废钢的组成和比例。

05.0985 辅助原料 auxiliary agent

炉料中除钢铁料以外的其余原料的总称。

05.0986 造渣剂 slagging flux

加入炼钢炉内的石灰及其他熔剂，以便迅速生成所需碱度而且有良好流动性的炉渣。

05.0987 活性石灰 active lime, soft burnt lime

煅烧温度恰好位于碳酸钙分解温度，刚分解的碳酸钙（$CaCO_3$）仍保持原来晶粒结构，残存大量气孔，能很快溶解形成高碱度渣的石灰。

05.0988 石灰中有效氧化钙 effective CaO in lime

石灰中氧化钙（CaO）含量扣除造渣时和石灰自身所含二氧化硅（SiO_2）结合的氧化钙（CaO）后，剩余的氧化钙含量。

05.0989 轻烧白云石 soft burnt dolomite

生白云石在碳酸盐分解温度煅烧生成的有活性的白云石，是增加渣中氧化镁（MgO）浓度以保护炉衬的有效造渣剂。

05.0990 酸性渣 acid slag

渣系以二氧化硅（SiO_2）-氧化锰（MnO）-氧化铁（FeO）为主要组分的熔渣，其中硅/氧（Si/O）比=0.25~0.5，二氧化硅（SiO_2）浓度超过正硅酸盐所需，能形成复合的硅氧离子团。

05.0991 碱性渣 basic slag

渣中碱性氧化物浓度高，硅/氧（Si/O）比在0.25以下，能释放过剩的自由氧离子的熔渣。

05.0992 氧化渣 oxidizing slag

渣中有足够高的氧化铁活度，能通过渣层向钢水传递氧而氧化其中的杂质的熔渣。

05.0993 还原渣 reducing slag

渣中氧化铁浓度在0.5%以下，能从钢水吸取氧而使钢水脱氧的熔渣。

05.0994 炼钢脱碳反应 decarburization in steelmaking

借助氧化渣或氧化性气体降低金属熔池中碳含量的物理化学过程。脱碳反应产生大量一氧化碳气泡是强烈搅拌熔池的动力来源。

05.0995 钢水过氧化 over-oxidation of molten steel

炼钢作业后期钢中碳元素被过分氧化，平衡氧和过饱和氧显著升高的现象。

05.0996 炼钢脱磷反应 dephosphorization in steelmaking

借助强碱性氧化渣和适当搅拌以脱除被还原到生铁中的磷的物理化学过程。除了铁水进行预脱磷处理的情况外，脱磷基本上在炼钢工序完成。

05.0997 回磷 rephoshorization

炼钢后期温度过高或在预脱氧时，部分被脱除的磷重新回到钢水中的现象。

05.0998 炼钢脱硫反应 desulfurization in steelmaking

当高炉炼铁和铁水预处理的脱硫功能未能正常发挥，炼钢过程中不得不借助特高碱度渣和大渣量来降低部分钢中硫含量的非理想操作。

05.0999 增硫 sulfur pick-up

混入炉内的铁水预脱硫渣、含硫高的石灰或其他渣料使钢水中的硫重新增多的现象。

05.1000 钢液脱氧反应 deoxidation of molten steel

经过氧化精炼炼成的钢液中所积累的含氧量，被加入的脱氧剂——强亲氧元素所脱除的物理化学过程。

05.1001 沉淀脱氧 deoxidation by precipitation

将脱氧剂直接加入钢液内部，脱氧反应产物以沉淀方式从钢液中析出的过程。

05.1002 扩散脱氧 deoxidation by diffusion

将脱氧剂加入到渣内，使之成为还原渣，钢中的氧因分配平衡而相应降低的过程。

05.1003 预脱氧 preliminary deoxidation

钢液中加入部分脱氧剂以去除一部分溶解状态的氧，而使生成的脱氧产物有充裕时间上浮去除的初步脱氧操作。

05.1004 终脱氧 final deoxidation

出钢后或在二次精炼时加入全部脱氧剂以完全去除溶解氧，并且对产生的夹杂物精密控制的脱氧操作。

05.1005 钢中气体 gas in steel

溶解于液态和固态钢中的氢、氮以及氧的泛称。

05.1006 钢中非金属夹杂物 non-metallic inclusion in steel

钢中夹带的、来源于冶金反应产物或混入的物料所形成的非金属物质颗粒的统称。

05.1007 氧化物夹杂 oxide inclusion

以 $Fe_xMn_{1-x}O$-SiO_2-Al_2O_3 系为主体或偶有其他氧化物所构成的单一氧化物或复合氧化物形态的夹杂物。

05.1008 硫化物夹杂物 sulfide inclusion

以硫化锰为主要形态的硫化物以及变性处理生成的钙和稀土硫化物。

05.1009 氮化物夹杂物 nitride inclusion

铝及钒、钛、铌等元素和钢中的氮结合生成

的氮化物，存留于钢中构成的微细颗粒状脆性夹杂物。

05.1010 尖晶石夹杂物 inclusion of spinal type

两种金属 A（二价）和 B（三价）的氧化物所组成的复合氧化物 $AO \cdot B_2O_3$ 的夹杂物。尖晶石型氧化物构成的夹杂大多具有高熔点、高硬度、难塑性变形的特性。

05.1011 点状不变形夹杂物 globular non-deformable inclusion

铝镇静钢液加钙处理后生成的高熔点铝酸钙颗粒状夹杂物。在轧钢时保持球形，颗粒前后可形成空腔。

05.1012 内生夹杂物 endogenous non-metallic inclusion

钢液脱氧生成的反应产物或钢凝固过程中因溶解度降低而析出于晶粒间的非金属夹杂物。

05.1013 外来夹杂物 exogenous non-metallic inclusion

二次精炼或浇铸时卷入钢中的渣粒，被侵蚀进入钢中的耐火材料等外来物质构成的夹杂物。

05.1014 钢液合金化 alloying of liquid steel

根据合金元素的用量和他们对氧的亲和力的不同，在不同时间将合金添加剂加入钢液，使其化学成分达到规定范围的冶炼操作。

05.1015 酸溶铝 acid soluble aluminum

易溶于酸的钢中溶解的金属铝和夹带的氮化铝的统称。

05.1016 坩埚炼钢法 crucible steelmaking

在石墨黏土坩埚中熔化金属料成为高碳钢水的方法，是古代炼钢法中能生产少量液态钢的唯一方法。

05.1017 炒炼法 ancient Puddling

熔化生铁后在空气中反复翻炒以去除铁中的碳，同时多次取出金属锻打挤出夹带的渣滓，最后制成熟铁或钢的一种古代冶炼法。

05.1018 普德林法 Puddling process

发展到工业规模的炒炼法。其特点有：用反射炉提高炉温，用铁矿石砌造炉底以增加氧化性，其规模可满足初期发展铁路路轨和金属结构（如埃菲尔铁塔）等需要。

05.1019 贝塞麦炼钢法 Bessemer steelmaking process

用酸性耐火材料砌造转炉炉衬，空气通过炉底风眼吹入铁水氧化精炼成钢水的方法，是近代炼钢法的鼻祖。

05.1020 托马斯炼钢法 Thomas steelmaking process

用碱性耐火材料砌造转炉炉衬，通过炉底风眼将空气吹入高磷铁水炼成钢水的方法，是第一个可以造渣脱除铁水中磷的炼钢法。

05.1021 碱性侧吹转炉炼钢法 side-blown converter steelmaking process

转炉炉衬为碱性耐火材料，炉身直径较小，空气通过炉身一侧风眼吹向铁水液面进行炼钢的方法。20 世纪 50、60 年代曾广泛在中国应用。

05.1022 卡尔多转炉炼钢法 Kal-Do process

炼钢时炉身倾斜放置并绕轴心线连续回转，由炉口吹入氧气而把高磷铁水炼成钢的方法，炉衬寿命低。

05.1023 碱性平炉炼钢法 basic open-hearth steelmaking, open-hearth steelmaking

曾称"马丁炉炼钢"。在扁平的膛式火焰炉内生产钢的方法。炉下配有蓄热室，利用废气热量回收，使炉温能超过钢的熔点。火焰燃烧形成氧化性气氛可以通过渣层传氧使熔池金属氧化。在近代炼钢法中曾经是最主要的炼钢方法，现已退出历史舞台。

05.1024 酸性平炉炼钢法 acid open-hearth process

由酸性耐火材料砌筑平炉内而用酸性炉渣进行炼钢的方法。1864 年发明的平炉是酸性的，由于不能脱磷脱硫而被碱性平炉代替。但由于酸性平炉炉底能还原出硅而提高钢的品质，酸性平炉一度成为生产炮身、舰轴等军用钢的特殊方法。

05.1025 双床平炉 twin-hearth furnace

将平炉炉床分为二部分，一部分吹氧强化冶炼，另一部分预热炉料，定时进行交换的平炉。虽然有其合理性，但也未能挽救平炉衰亡的命运。

05.1026 双联炼钢法 duplex steelmaking process

近代炼钢法中，使两种或更多的炼钢炉先后配合起来，各取所长的生产方式。如贝塞麦转炉–平炉，碱性平炉–酸性平炉等。由于未能做到功能优化重组，现在已无应用必要。

05.1027 连续炼钢法 continuous steelmaking

铁水等原料从炉子一端连续装入，钢水从另一端连续流出的炼钢方法。作为连续反应器可提高效率，但难以准确控制钢水成分，从 20 世纪 60 年代起进行过 10 多种方法的试验研究，均未成功。

05.1028 直接炼钢法 direct steelmaking, bloomery process

又称"一步法"。古代用铁矿石和木炭共同加热直接炼制成有延展性金属——块炼铁的方法。有人设想在新的技术条件下恢复一步法直接炼出钢水，但未进行过试验研究。

05.1029 冶炼时间 duration of heat

金属料在炼钢炉内进行一炉次冶炼所经历的时间。

05.1030 出钢到出钢时间 tap-to-tap time

又称"冶炼周期"。从本炉次出钢到下一炉次出钢所经历的总时间，包括冶炼时间，炉体维护时间和辅助时间。

05.1031 炼钢炉炉龄 furnace campaign

一座转炉（或电炉）从用新炉衬炼钢到损毁停炉所生产钢水的炉数。

05.1032 粗钢产量 raw steel output

每年所生产的合格连铸坯、合格钢锭以及合格铸造用钢水的总质量。

05.1033 连铸比 ratio of continuously cast steel

连铸坯产量在粗钢产量中所占的比例。其反映炼钢工业现代化的水平。

05.1034 铁钢比 iron to steel ratio

冶金工业或钢铁厂所生产的生铁产量和粗钢产量的相对比值。其反映铁元素再循环的水平。

05.1035 合金钢比 alloy steel ratio

合金钢产量在同时期内总产钢量中所占的比例。

05.1036 转炉钢比 BOF's share

转炉钢产量在总产钢量中所占的比例。

05.1037 电炉钢比 EAF's share
电炉钢产量在总产钢量中所占的比例。

05.1038 钢铁料消耗 ferrous charge consumption
冶炼1吨钢所消耗的生铁和废钢的质量总和。

05.1039 熔炼损耗 melting loss
金属炉料在熔炼过程中，由于蒸发、氧化和扒渣时带走液态金属，所造成的质量消耗。

05.1040 铁损 iron loss
冶炼过程中由于化学反应和物理过程导致的铁元素的损失。

05.1041 氧气转炉炼钢法 BOF steelmaking
工业纯氧通过水冷氧枪从转炉上方以超声速射流吹入金属熔池进行氧化精炼的方法。后进一步又研发出从炉底或炉身一侧吹入氧气精炼。是主要的现代炼钢法。

05.1042 金属熔池 metal bath
装入的铁水和熔化的废钢聚集在炉底(或包底)上形成的一定深度的液态金属池。

05.1043 顶吹 top blow
超声速射流从熔池上方一定距离吹向熔池的操作。

05.1044 底吹 bottom blow
氧气或惰性气体从炉底的喷吹装置吹入熔池内部的操作。

05.1045 侧吹 side blow
氧气或空气从炉身一侧吹入熔池的操作。

05.1046 软吹 soft blow
顶吹时，提高喷枪或降低氧压，使射流吹入金属熔池深度减小的操作。

05.1047 硬吹 hard blow
顶吹时，降低喷枪或增加氧压，使射流吹入金属熔池深度增大的操作。

05.1048 深吹 deep blow
侧吹时，使喷嘴出口降低到熔池较深部位进行吹炼的操作。

05.1049 浅吹 shallow blow
侧吹时，使喷嘴出口位于熔池较浅部位进行吹炼的操作。

05.1050 面吹 surface blow
侧吹时，熔池液面随着氧化过程而下降；因此在吹炼过程中不断转动炉身，使喷嘴出口始终位于熔池表面的操作。

05.1051 补吹 re-blow
接近终点停止供氧后，发现熔池成分或温度不满足要求，再一次进行短时间的吹炼操作。

05.1052 后吹 after blow
熔池含碳量 ≤0.08%，脱碳速率显著变慢后仍继续吹氧冶炼的一种不当的操作。只有托马斯炼钢法必须后吹脱磷。

05.1053 过吹 over-blow
吹炼终点含碳量已远远低于目标值，而仍在吹氧冶炼的一种不当的操作。

05.1054 拉碳 catch carbon
转炉炼钢操作时，含碳量氧化到所炼钢种的目标范围，立即停止吹氧的工作方法。

05.1055 高拉碳操作法 high-carbon turndown practice

冶炼较高含碳量的钢种，力求正确判断终点碳合格而迅速拉碳停吹的炼钢法。

05.1056　增碳法操作　carbon pick-up practice
在低碳范围拉碳，然后在出钢时把增碳剂加入到钢包内，使钢的含碳量升高到钢种要求的炼钢法。

05.1057　氧气顶吹转炉炼钢　oxygen top-blown converter process
又称"LD法"。由转炉顶部直接插入水冷氧枪将工业纯氧吹入熔池进行氧化精炼而获得钢水的方法。

05.1058　氧气底吹转炉炼钢　oxygen bottom-blown converter process
通过转炉炉底上的靠碳化氢裂解冷却的氧气喷嘴，将工业纯氧吹入熔池进行炼钢的方法。

05.1059　氧气侧吹转炉炼钢　oxygen sideblown converter process
通过转炉炉身一侧的靠碳化氢裂解冷却的氧气喷嘴，将工业纯氧吹向熔池液面进行炼钢的方法。

05.1060　氧气石灰粉转炉炼钢法　converter process with oxygen and lime injection
又称"OLP法""OCP法"。石灰磨制成粉后在氧气流中流态化，一同吹入熔池进行炼钢的方法。

05.1061　顶底复吹转炉炼钢法　combined top and bottom blown process
氧气主要由转炉顶部垂直向下吹入，在炉底上吹入惰性气体或附加少量氧气进入熔池，同时具有两种吹炼方式的优点的转炉冶炼方法。

05.1062　转炉　converter, vessel
吹炼铁水成钢的设备。钢板外壳内砌耐火材料制成的梨形容器，两侧各有一个耳轴，可使炉体在必要时转动。

05.1063　转炉炉型　profile of vessel
转炉炉衬砌筑完之后所形成的炉内腔轮廓特征。包括高宽比、有效容积、炉口直径、出钢口直径和斜度、炉底弧度等。

05.1064　转炉支承系统　support device of vessel
支承转炉炉身并可以使之转动的配套装置。包括托圈、耳轴、底座、倾动机构等。

05.1065　转炉倾动机构　tilting mechanism of converter
带动转炉及其中的钢水转动的机械装置。包括电动机、减速机械、联轴器等。

05.1066　转炉倾动力矩　moment of converter tilting
使转炉可以转动需要克服的力矩，包括炉体自重引起的和倾动机构摩擦引起的固定力矩，以及炉内金属液在转动时重心位置不断改变造成的可变化力矩。

05.1067　全正力矩转炉　positive sense moment at all position of converter
无论转炉转到什么位置，必须使金属液重心生成的力矩小于空炉体的力矩的转炉，保证转炉能自动转回垂直状态，以免钢水从炉口倾出。

05.1068　转炉炉容比　ratio of vessel volume to capacity
转炉有效容积和公称容量的比。

05.1069　氧枪　oxygen lance
顶吹转炉用于高速供氧的有水冷保护的管

状设备。

05.1070 氧枪喷头 tip of oxygen lance
带有氧气喷嘴并可以在氧枪末端装卸的铜制供氧组件。

05.1071 多孔喷头 multi-nozzle lance head
带有 3 个以上的喷嘴的氧枪喷头。

05.1072 拉瓦尔喷嘴 Laval nozzle
按照等熵流方程设计的、先收缩后再扩张而能产生超声速气体射流的喷嘴。

05.1073 直筒型喷嘴 cylindrical nozzle
喷嘴所有断面直径保持不变，出口流速最高能达到声速的简单喷嘴。

05.1074 一维等熵流 one-dimensional isoen-tropic flow
高压氧气通过短而且光滑的喷嘴流动时，摩擦和热交换均可忽略不计，视为理想气体流动；流动参数在垂直截面上均匀分布，服从连续方程、动力方程和绝热膨胀方程的气体流动过程。

05.1075 滞止压力 stagnation pressure
在高压容器出口进入管路开始流动时的气体压力。对氧气转炉以刚进入氧枪上端的气流压力来代表。

05.1076 喉口压力 throat pressure
拉瓦尔喷嘴内断面最小处气流的压力。

05.1077 背压 back pressure
喷嘴出口处所面对的环境的压力。

05.1078 临界压力比 critical pressure ratio
喉口压力和滞止压力之比的临界值。压力比降低到 0.5283 时，喉口流速达到声速，继续膨胀可得到超声速气流。如喉口压力和滞止压力之比仍大于 0.5283，收缩–扩张形喷管成了文丘里管，只能产生亚声速气流。

05.1079 喷嘴出口马赫数 exit Mach number
表述可压缩流流动出口速度和压力扰动传播速度(声速)之比的特征数。喷嘴出口马赫数决定于喉口面积和出口面积之比及滞止压力和出口压力之比。

05.1080 超声速射流 supersonic jet
拉瓦尔喷嘴喷出的超声速流，抽引吸入周围空间的静止气体，形成横断面积逐渐增大，边界速度降低到零，中心速度也由超声速逐渐降低到亚声速的一股气流。

05.1081 射流间相互抽引作用 drawing effect among jets
多孔喷头喷出的多股射流，由于相互牵引而造成射流中心线向氧枪轴线偏转的现象。

05.1082 射流速度衰减系数 decay coefficient of jet velocity
又称"动量传递系数"。由动量守恒原理决定的射流中心速度随喷出轴向距离而衰减的比例系数。该系数不是常数，而是喷嘴出口马赫数的函数。

05.1083 冲击凹坑 impingement cavity by jet
射流对熔池液面冲击形成的旋转抛物面形的凹坑。

05.1084 穿透深度 depth of penetration
射流冲击熔池所能到达的最底部和液面的垂直距离。射流速度衰减越小，穿透深度越大。

05.1085 冲击面积 area of impingement
射流冲击熔池时所接触的液面水平面积或

者冲击成的凹坑总表面积。

05.1086 裂解冷却保护式氧气喷嘴 hydro-carbon-shrouded oxygen nozzle
底吹或侧吹双层直圆筒式喷嘴，中心通高压氧，外圈通柴油或丙烷等碳氢化合物，接触钢液时碳化氢裂解吸热，保护中心氧喷嘴不被蚀损。

05.1087 底吹供气组件 bottom gas permeable element
顶底复吹转炉在炉底吹入惰性气体搅拌熔池的装置。

05.1088 环缝式喷嘴 annular tuyere
双层直圆筒喷嘴的中心管堵塞，而在外层环缝中喷吹惰性气体的底吹供气组件。

05.1089 直缝式喷嘴 slot-type tuyere
两块炉底砖间构成狭缝，不同方向的狭缝组合成一体，外面用钢板包围构成的底吹供气组件。

05.1090 双层套管式喷嘴 dual-shell tuyere
由内外两层同心圆管构成，每层可以通入不同气体的底吹供气组件。

05.1091 多孔集束管型喷嘴 multi-hole channeled brick
制造炉底砖时埋入多个细金属管，或埋入多个细金属棒在烧结时熔掉构成通道，所形成的多孔供气组件。

05.1092 多孔砖 canned porous plug
制砖时混入可熔物质颗粒，烧结后形成疏松的带孔砖，周围用金属板包裹，使气体向上方流出的供气组件。

05.1093 气泡后座现象 back-attack impact

phenomenon
底吹气流流出形成气泡时，形成对喷嘴出口的反作用冲击力的现象。

05.1094 喷嘴蘑菇头 mushroom formation at nozzle exit
开口冷却的氧气喷嘴外圈碳化氢吹入量过多，冷却速度超过熔池向喷嘴区传热速度时，在喷嘴出口所形成的蘑菇形金属瘤。适当的结瘤有利于保护喷嘴不被蚀损。

05.1095 转炉供氧制度 oxygen supply regime
氧枪喷头位置、氧压力、氧流量以及底吹气体流量的合理数值，它们在吹炼过程中的变化等工艺操作参数的规定。

05.1096 供氧强度 oxygen supply intensity
单位时间向熔池每吨钢水的供氧量。

05.1097 底吹供气强度 bottom-blown gas intensity
单位时间向熔池每吨钢水吹入的底吹气体总量。

05.1098 底吹气体流量比 specific flow rate of bottom-blown gas
底吹气体流量和顶底吹气体总流量的比值。

05.1099 碳优先氧化指标 index of selected carbon oxidation
熔池钢水循环速度和氧气供应速度的相对关系，表示碳可能优先氧化的标志。

05.1100 金属熔池氧化性 oxidation state of metal bath
供氧速度超过钢中元素氧化速度的需要时，氧在熔池中过多积累的情况。

05.1101 转炉装入制度 metal charging

regime of converter

每炉装入的铁水和废钢的总质量的规定。准确的装入量是各种吹炼操作参数的可靠基准。

05.1102 定量装入 fixed amount charging

整个炉龄期，每炉装入量保持不变的制度。适用于大型转炉。

05.1103 定深装入 fixed bath-depth charging

随着炉衬被侵蚀，逐渐增加每炉装入量以保持熔池深度变化不大的原则规定，但装入量的变化不利于前后工序的协调运转。只在中小转炉应用。

05.1104 温度制度 temperature regime

根据铁水温度和含硅量的变化以及炉衬状况，决定选用冷却剂的种类和数量，力求得到合适的过程温度和终点温度。吹炼过程中测温后再进一步调节以求命中终点目标温度。

05.1105 自热式炼钢 autothermic steelmaking

只依靠铁水自身带来的物理热和化学热，不另外消耗热源的转炉炼钢法。

05.1106 熔池冷却剂 cooling agent of metal bath

吸收氧气转炉炼钢产生的富余热量所用的废钢、矿石、石灰石、白云石等物料。

05.1107 铁水物理热 sensible heat of hot metal

铁水装入转炉时所携带的显热和潜热。在吹炼过程的热衡算收入项中它们占 50% 以上，入炉铁水温度成为铁水物理热的冶炼工艺指标。

05.1108 铁水化学热 chemical heat of hot metal

铁水中各元素氧化反应放出的热量。铁水中碳含量大，氧化放热绝对值最多，但可变性不大。铁水化学热的敏感指标是单位浓度放热量大的硅和磷的含量。

05.1109 造渣制度 slagging regime

根据铁水成分决定造渣材料的总加入量，加料时间和分批加入量，以求得到平稳的渣熔化过程和适量炉渣碱度的冶炼操作规则。

05.1110 单渣操作 single-slag operation

整个吹炼过程只造一次渣，中途不倒渣、不扒渣直到吹炼终点的操作。此法吹炼时间短，而且热损失小，是最常用的操作。

05.1111 双渣操作 double-slag operation

吹炼中期倒出或扒出 1/2~1/3 渣量，然后重新造渣的操作。倒渣损失热量甚至损失金属，但有利于脱磷。

05.1112 炉渣氧化性 oxidizability of slag

炉渣中的氧化铁活度 (a_{FeO})，氧化性和碱度有密切关系，是造渣制度的一种重要指标。

05.1113 炼钢泡沫渣 foamy slag in steelmaking

炼钢时产生大量一氧化碳气泡，弥散分布于炉渣，使渣层膨胀甚至充满整个炉子的现象。

05.1114 渣–钢乳化现象 emulsification of steel droplets into slag

氧气射流在凹坑表面摩擦产生大量金属液滴，液滴被带入泡沫渣中形成极大的渣–钢界面面积的现象，是转炉吹炼反应高速率的重要原因。

05.1115　炉渣返干　post-drying of slag
吹炼中期，脱碳降低了渣中氧化铁，使熔化的渣中析出高熔点的硅酸二钙，炉渣变黏，严重时结成大块固体，影响正常吹炼的现象。

05.1116　炉渣喷溅　foamy slag slopping
炉渣泡沫化过度，有大量泡沫渣夹带金属液滴由炉口喷涌而出的现象。

05.1117　爆破性喷溅　explosive slopping
吹炼操作过软，炉渣中氧化铁积累过多但又不能顺利脱碳，积累到一定程度会突然爆发碳氧反应使渣钢大量喷出的现象。

05.1118　金属喷溅　metal sputtering
吹炼操作过硬，渣子偏干，氧气射流把大量金属液滴直接喷到炉外的现象。

05.1119　白云石造渣　slagging with dolomite addition
渣中加入适量的白云石，增强前期渣的熔化速率，后期渣析出一些方镁石，有利于保护转炉炉衬的操作方法。

05.1120　无渣炼钢　slagless converter
如果磷和硫在铁水预处理时脱除，炼钢时只需完成脱碳和升温功能，因而不必要造渣的炼钢方法。但实际上仍应生成极少量渣以减轻熔池中铁和温度损失。

05.1121　溅渣护炉　slag splashing for vessel lining protection
转炉出钢后将留在炉内的黏性高碱度渣用氮气射流溅射到炉衬上，以提高炉衬的寿命的技术。

05.1122　溅渣量　splashed slag amount
能保持溅渣层厚度为20~25mm所需的渣量。

05.1123　留渣量　retained slag amount in vessel
比溅渣量再多出10.0%~30.0%的渣量，除了保持溅渣层厚度外，还可以通过摇炉使转炉的前后侧面上多挂一些渣。

05.1124　溅渣时间　duration of splashing
溅渣操作所经历的时间，与炉温和渣状况有关，高温渣稀应该长些，反之应短些。

05.1125　溅渣频率　frequency of splashing
合理溅渣的间隔炉次数。

05.1126　溅渣调渣剂　slag conditioning agent for splashing
使终点渣中达到 8.0%~14.0%所需加入的含镁造渣料，如白云石、菱镁矿渣、镁砂之类。

05.1127　喷补炉衬　gunned patching onto vessel lining
将细颗粒耐火材料用水和高压气体喷射到炉衬蚀损较为严重的区域的操作。

05.1128　火焰喷补　flame gunning
氧气、喷补料和燃料混合喷向炉衬，边燃烧边补炉的方法。

05.1129　转炉均衡炉衬　zoned lining of vessel
转炉不同部位使用不同品质的耐火材料，易蚀损区用优质的耐火材料或增加其厚度，使整个炉衬受到均匀的侵蚀的方法。

05.1130　渣线　slag line
炼钢炉或钢包中金属熔池顶面熔渣层对炉衬或钢包侵蚀最严重，使耐火材料层向内凹入的部位。

05.1131　转炉水冷炉口　water cooled month of converter

具有水冷件的转炉炉口，转炉炉口遭受高速高温气流冲刷，并且大量熔渣溅落其上，故用钢板焊成水冷件使炉口局部冷却，既减少蚀损，又容易清除积渣。

05.1132 转炉终点控制 end point control of converter

通过计算机数据采集和模型计算的辅助，使吹炼终点时的钢水成分和温度同时达到目标范围的操作控制方法。

05.1133 终点命中率 end-point hitting rate

吹炼终点钢水成分和温度均达到目标范围的炉次在所有吹炼炉次中所占的比例。

05.1134 转炉静态控制 static control of converter

按照原料条件和操作条件以及钢种要求的目标，利用静态模型计算出需要的吹氧量、冷却剂量、造渣材料量等，据以控制吹炼，在过程中间不补充新信息也不进行修正的吹炼控制法。

05.1135 转炉动态控制 dynamic control of converter

在静态控制的基础上，过程中测定金属熔池获得新信息，据以修正吹炼进行的轨道从而更容易达到目标的吹炼控制法。

05.1136 增量法控制 increment type static control

选取计算机中存储的若干炉次（通常六炉）控制水平良好的信息，和本炉次进行比较后求得各种控制参数的差值，再利用这些差值进行控制的方法。

05.1137 转炉副枪 sublance of converter

在转炉氧枪旁边设置的，可以在必要时插入金属熔池测量其成分和温度，也可以取金属样品的工具。

05.1138 副枪探头 probe at sublance tip

设置于副枪顶端的探测装置。

05.1139 测温探头 bath temperature sensor

设于副枪顶端的快速微型热电偶。

05.1140 定碳探头 carbon content sensor

设于副枪顶端的取样杯，能使吸入的钢水迅速凝固而利用结晶温度确定含碳量的探头。

05.1141 枪位探头 bath level probe

设于副枪顶端的金属导体，利用其电阻变化或受热变红情况探测液面高度，用于判断氧枪枪位的方法。

05.1142 取样探头 bath sampling probe

设于副枪顶端的金属取样杯，用以取得过程钢样以及渣样实物。

05.1143 在线炉气分析仪 online flue gas analyzer

冶炼过程中直接连续测定烟道中气体含碳量的仪器。

05.1144 转炉声音检测仪 audiometer of converter

曾称"声呐仪""声学化渣仪"。炉口附近置放麦克风接受炉内发出的声音，利用声音强度、声音频率等信息判断化渣情况、泡沫化程度等炉况的控制方法。

05.1145 炉前快速分析 online express analysis

吹炼终点所取钢样送交炉子附近的快速分析室，得到成分分析结果（至少碳和硫含量）决定出钢的作业程序。

05.1146 风动送样系统 pneumatic conveying

system of specimen

应用精致的分析仪器如光谱仪时，快速分析室不宜建在车间建筑内，因此需要高压空气将金属样沿管道快速送达分析室进行炉前分析的系统。

05.1147　炉气二次燃烧　post combustion of converter gas

脱碳反应产物主要是一氧化碳，铁水中碳的化学热的大部分没有放出，将炉气中一氧化碳继续氧化成二氧化碳可以取得更多化学热的技术措施。

05.1148　双流道氧枪　double-flow oxygen lance

氧枪内增加一层输氧管路，在主喷嘴周围更高位置增设 6~12 个副喷嘴的氧枪，作为二次燃烧所需的氧源。

05.1149　挡渣出钢　tapping by slag skimming

吹炼完成后将钢水放出到钢包内而把渣尽量留在炉内的操作。

05.1150　出钢持续时间　duration of metal tapping

从开始出钢到出钢结束的时间，亦即钢水穿过空气而吸收其中的氧和氮的时间。

05.1151　挡渣球　skimming ball

耐火材料制造，内包有铁芯，使其密度介于钢水和渣之间，出钢时置于出钢口上方的球形物体。是最简单易行的挡渣法，但有时球能漂移离开，失去挡渣效果。

05.1152　挡渣帽　skimming cone

耐火材料制造的碗形器具，依靠其密度差倒扣在钢液面上，出完钢后罩在出钢口上挡住炉渣。

05.1153　挡渣塞　floating plug

上大下小的耐火材料圆锥体下端和细长耐火材料棒连接组合成的挡渣工具。出钢时用悬臂吊车放置于出钢口上方，圆棒插入出钢口而圆锥体阻止炉渣流入。

05.1154　气动挡渣器　pneumatic slag stopper

利用插入出钢口的喷嘴吹高压氮气而阻挡炉渣流出的装置。

05.1155　电磁测渣器　electromagnetic slag detector

利用金属和渣的电阻差别，根据感应电流的大小来判断炉渣流出出钢口情况的仪器。

05.1156　转炉烟尘　converter fume and dust

反应区的高温（2000℃以上）使铁挥发，铁蒸气和氧流相遇生成粒度极细小的氧化铁粒子，随炉气由炉口流出形成的棕褐色浓烟。

05.1157　转炉煤气　converter gas

主要成分为一氧化碳的可燃气体。发热值大于高炉煤气，但有剧毒，可以作燃料，也可用水蒸气改质成为甲烷、甲醇等再生能源。

05.1158　转炉燃烧法除尘　off-gas cleaning with combustion in hood

转炉煤气在烟罩内完全燃烧，再经余热锅炉回收热量使废气降温，再进行除尘的方法。

05.1159　转炉未燃法除尘　off-gas cleaning with un-burnt recovery

又称"OG 法"。吹炼强烈脱碳期产生的高一氧化碳浓度的炉气，进入烟罩和空气隔离，冷却后除尘并且回收燃气的方法。

05.1160　烟罩氮封　nitrogen sealing of hood

未燃法除尘时，烟罩系统应保持微正压，并且在烟罩入口、氧枪升降口和渣料加入口用氮气封闭的方法，防止空气进入烟罩引起爆炸。

05.1161 钢渣中游离氧化钙 free calcium oxide

又称"自由氧化钙"。渣中未和其他氧化物结合的氧化钙，可以吸水成为氢氧化钙而粉化。

05.1162 钢渣浅盘热拨法 instantaneous slag chill process

将未凝固的渣拨在渣盘内，喷水使渣急冷破碎成小块的方法。

05.1163 钢渣水淬法 water granulating of slag

钢渣下降过程中被高压水击碎、冷却成粒的方法。

05.1164 钢渣风淬法 air granulating of slag

钢渣流出时被高压空气吹散、破碎成粒的方法。

05.1165 辊筒法 rotary cylinder process

未凝的渣倾倒双辊中间或单辊上面，辊筒旋转使渣层落入水池急冷成粒的方法。

05.1166 钢渣磷肥 phosphoric slag fertilizer

高磷生铁炼钢所得到的高磷渣。含五氧化二磷 (P_2O_5) 15.0%~20.0%，是很好的肥料。

05.1167 电弧炉炼钢法 electric arc furnace steelmaking, EAF steelmaking

巨大电流通过石墨电极输入炉内，形成电弧以熔化废钢并且进行精炼的冶炼方法。

05.1168 现代电炉炼钢 modern EAF steelmaking

超高功率变压器供电，并且外加辅助能源，

还原期改为在线炉外精炼，生产节奏能适应全连铸要求的电炉炼钢法。

05.1169 传统电炉炼钢 conventional EAF steelmaking

冶炼过程包括熔化、氧化、还原三期，在还原渣下出钢。多用于冶炼合金钢，钢水铸成钢锭的电炉炼钢法。

05.1170 超高功率电炉 ultra-high power electric arc furnace, UHP-EAF

输入功率达到 700kV A/t 或功率更高的大型电弧炉。

05.1171 直流电弧炉 direct current electric arc furnace

高功率交流电源整流成为直流电，输入炉内形成更稳定的直流电弧进行冶炼的电炉。

05.1172 竖炉–电弧炉 shaft arc furnace

在电弧炉上部设置竖炉，利用电炉炉气对废钢料柱逆流加热，再将废钢落入电炉熔化和精炼的炉子。

05.1173 CONSTEEL 电炉炼钢法 CONSTEEL process

在电炉的一侧设置隧道型废钢连续加热炉，热的废钢可以连续输入熔池，熔化过程在液态熔池内进行，供电电网负荷较稳定的电弧炉炼钢法。

05.1174 双壳电炉炼钢 twin shell electric arc furnace steelmaking

一套供电系统配备两个炉壳，用一个炉壳炼钢，炉气通入另一炉壳预热废钢。出钢后两炉壳交换操作的炼钢法。

05.1175 电炉变压器 furnace transformer

变压器额定容量大且具有多级分接的次级

电压，能承受不平衡负载和频繁的通断，而且有良好冷却效果的交流电变压器。

05.1176 隔离开关 disconnector
保持电炉供电系统和输配电电网联通或隔断状态的开关装置，只能在无负载情况下操作。

05.1177 真空开关 vacuum switch
电炉操作时可以多次进行电路通断的设备，开关在真空泡中进行以避免产生电弧和蚀损触头。

05.1178 油断路器 oil circuit breaker
将变压器电源接入电炉，在超负载能力供电时自动断开电路的设备。油用来避免触头分开时产生电弧。

05.1179 真空断路器 vacuum breaker
超负载时自动断开电路在真空泡中进行，可以免除断路器油的维护和油老化后污染环境的断路设备。

05.1180 短网 короткая сеть（俄），secondary conductors and terminals
由电炉变压器次级向电炉熔池供电的低电压大电流电路系统。由水冷软电缆、水冷导电横臂、电极把持器等组成的大电流输电导体。

05.1181 电极立柱 electrode mast
承担电极升降功能的倒 L 形金属支架，水平横臂可放置导电母线或者把横臂作为导电体，垂直立柱可装设升降传动机构。

05.1182 电抗器 reactance coil
为保持电弧稳定，在必要时串联接入的电感线圈。

05.1183 极心圆 pitch circle
又称"分布圆"。三根电极分布成等边三角形，三角形的外接圆。极心圆大，则炉衬受热严重。

05.1184 分段式炉壳 segmented shell
将电炉炉壳沿垂向分成二或三段，上下各段连在一起使用的炉壳。不同段的炉衬蚀损不同，可将蚀损严重的一段炉衬连同炉壳一同移走更换，以缩短维修时间。

05.1185 水冷炉衬 water-cooling lining
电炉炉衬耐火材料埋入水冷件以提高炉衬寿命的方法。

05.1186 水冷挂渣炉壁 slag deposit and water-cooling panel
用钢板焊接或钢管制成水冷部件，依靠水冷作用将炉渣挂在表面上形成炉壁，以获得高炉衬寿命。

05.1187 电炉料罐 charging bucket of EAF
又称"料篮"。直径略小于炉膛的钢制容器，底部可以启闭，装满废钢后运到电炉上方使废钢落入炉内。

05.1188 废钢预热 scrap preheating
装满废钢的料罐用电炉废气进行预热，并且回收废气的余热的措施。但预热废钢产生二噁英在简易预热法中无法处理。

05.1189 电炉加铁水冶炼技术 scrap and hot metal EAF charge
铁水代替部分废钢以补充电炉冶炼的物理热和化学热源，降低电耗，缩短冶炼周期的技术。合适的铁水比不超过 30% 左右。

05.1190 电炉炉门 furnace door of EAF
电炉炉壳一侧设置能升降的炉门，包括炉门框和炉门槛，可以在冶炼时观察炉况、造渣、吹氧、取样测温及出钢后补炉等操作。

05.1191　电炉炉盖　roof of EAF
用耐火砖砌成的拱顶。留有电极孔，有的还有加料孔和烟气逸出孔。

05.1192　水冷炉盖　water-cooling roof
不用耐火砖砌筑而用水冷钢构件制造的炉盖，表面有少量耐火材料保护。

05.1193　炉盖圈　roof ring
钢板焊成的比炉壳直径稍大的圆梁，炉盖耐火砖拱顶的拱脚置于炉盖圈上。炉盖圈通常做成水冷构件。

05.1194　电极密封圈　electrode sealing ring
置于炉盖电极孔中的水冷金属圆环。在炉盖受热变形时方便电极的自由升降，并且减小电极和炉盖间的缝隙以限制气体逸出。

05.1195　电炉出钢槽　tapping spout of EAF
钢板焊成的、内砌耐火材料的钢水流道，固定在炉门对面的炉壳上。出钢时需倾动炉体至很大角度。

05.1196　虹吸出钢　siphon-type tapping
根据虹吸原理设计的一种挡渣出钢方法。出钢口内端下延到炉底中心，然后向上倾斜与出钢槽连通。出钢时炉渣受到抑止，在出完钢后才得以流出。

05.1197　中心炉底出钢　centric bottom tapping
出钢口设立在炉底中心位置，取消出钢槽，冶炼时用阀门关闭出钢口，出钢时打开阀门，钢水快速垂直流入钢包的出钢方式。

05.1198　偏心炉底出钢　eccentric bottom tapping
把出钢槽改成短粗的出钢箱，底出钢设备放在出钢箱下面，出钢时，向后倾炉不大的角度（大约 12°）即可垂直向下出钢的出钢方式。偏心炉底出钢更容易灵活控制，大电炉广泛应用。

05.1199　电炉倾动机构　furnace tilting device
使电炉炉体包括次级线路由冶炼时的中间位置向两侧方向倾动的机械。前倾最大角度10°~15°用于放渣，后倾可至 30°~45°用于出钢。倾炉增加了炉子设备的复杂性和软电缆的长度。倾动机构可采用电机式，也可用液压式。

05.1200　电炉炉盖移开装置　roof removing equipment
用料篮由炉子上方加废钢时，将炉盖移开而露出炉膛的机械装备。通常使用提升炉盖再旋转移开的方式。

05.1201　整流变压器　rectifying transformer
向直流电炉供给直流电的变压器，经由变压器输出合适电压的交流电给硅二极管和晶闸管等组成的整流器变为直流电。各相可分别整流，变压器可以用两台或多台以增大电源功率。

05.1202　电炉整流电路　rectification circuit
由晶体闸流管、高频滤波器、直流电抗器和控制系统构成整流电路，交流电流变压后经整流电路变成直流电。晶闸管整流为无级调压，电炉工作电压可在较大范围灵活调节。

05.1203　导电炉底　conducting hearth
用含碳5.0%~10.0%的镁炭砖砌筑的电炉炉底，砖下设置集电铜板，构成直流电路的一极。

05.1204　炉底电极　bottom electrode
在电炉炉底中埋设 1~3 根粗金属棒或数十根细金属棒作为直流电路的一极。

05.1205 双电极直流电炉 double electrode direct current arc furnace

具有两根石墨电极而不需炉底导电的直流电弧炉。

05.1206 电弧 electric arc

两电极间的空气在电力作用下解离成等离子，电流通过等离子导通并且发生强大的光和热的现象。

05.1207 长弧泡沫渣操作 operation with long arc and foamy slag

超高功率电炉利用高电压长电弧和泡沫渣保护进行的供电操作。长电弧功率大而对电网干扰较轻。

05.1208 偏弧 arc bias

直流电炉由于不对称磁场的影响使电弧偏吹的不利现象。

05.1209 电弧电流 arc current

由相间电压和操作总阻抗所决定的经由电弧通过的电流。

05.1210 操作总阻抗 total impedance

次级电路的电阻分量和电抗分量的向量和。

05.1211 电阻分量 resistance component

线路电阻和电弧电阻之和，其中电弧电阻占主要部分。

05.1212 电抗分量 inductance-reactance component

操作时变压器电感、短网电感和电抗器电感等所引起的各个电抗之和。

05.1213 电弧功率 arc power

视在功率乘以功率因数再减去线路电阻引起的功率损失所得到的可用于炼钢的功率。

05.1214 功率特性曲线 characteristic power curve

电炉的电弧功率及各功率参数和电弧电流的依存关系。是指导电炉操作的重要根据。

05.1215 超高功率电炉功率利用率 power utilization factor of UHP-EAF

平均输入功率和最大输入功率的比值。表示电炉变压器的超高功率已得到有效利用的水平。

05.1216 超高功率电炉时间利用率 time utilization factor of UHP-EAF

电炉通电时间和日历时间的比值。表示超高功率变压器设备被有效使用的程度。

05.1217 闪烁 flicker

又称"闪变"。电弧炉操作特别在废钢熔化过程中经常发生突然的强电流冲击，导致电网电压强烈波动，同时引起白炽灯灯光闪烁的现象，成为公害。

05.1218 返回废钢 return scrap

钢铁厂生产过程产出的废钢，含杂质少，成分清楚，废钢中合金元素能充分利用，是优质的废钢。

05.1219 折旧废钢 depreciation scrap

机械设备、建筑物、运输工具特别是汽车等报废后回收的废钢。这类废钢产出增长快，但容易混杂残余有色金属。

05.1220 社会废钢 social scrap

通过各种回收渠道收集的废钢，形态和成分复杂，有时混入放射性元素或密封容器，必须谨慎使用。

05.1221 压捆废钢 bundled scrap

轻型散碎废钢用机械压紧成为合适尺寸及

较大密度的原料。

05.1222 裂解废钢 shredded scrap
大的重型废钢用锤击、切割、爆破等方法破碎成适当块度的原料。

05.1223 电炉熔化期 melting period of EAF steelmaking
废钢料装入电炉后从送电起弧到废钢熔化完毕的时间段。

05.1224 穿井作业 bore down into charge
熔化前期逐步下降的电极被废钢熔化形成的井洞包围的作业过程。炉料遮挡电弧对炉衬的辐射，可以大功率供电。但是废钢的塌落引起电力波动甚至砸断电极。产生的噪音也很高。

05.1225 煤氧助熔 coal-oxygen combustion for melting
在熔化期将煤粉和氧气用专门烧嘴喷吹到料层中燃烧，以增加熔化速率的技术。

05.1226 熔毕碳 carbon at melting down
炉料完全熔化时的熔池含碳量高于钢种要求含碳量的规定值。现代电炉熔化和氧化期部分重叠进行，对熔毕碳不再严格规定。

05.1227 电炉氧化期 oxidation period of EAF steelmaking
炉料熔化后在钢液面上造碱性氧化渣，并且吹氧脱碳使熔池强烈沸腾的氧化精炼阶段。现代电炉大多在氧化期结束时出钢。

05.1228 电炉还原期 reduction period of EAF steelmaking
氧化精炼结束后，扒净氧化渣重新造还原渣进行脱硫和合金化等还原精炼阶段。还原期末出钢时应该渣钢混合放出以增强精炼

效率。

05.1229 返回吹氧法 return mixture operation with oxygen blowing
用不锈钢废钢和高碳铬铁使配料中铬达到钢种规格的一半以上，熔化升温后在高温下吹氧，使碳优先氧化；然后补充加入低碳铬铁，同时还原炉渣中的氧化铬以达到钢种规格成分的冶炼方法。

05.1230 白渣 white slag
电炉还原期用炭粉和硅铁粉还原生成的炉渣，渣中氧化铁（FeO）小于 0.5%，凝固后呈白色。

05.1231 电石渣 calcium carbide slag
电炉还原期向渣中加入电石粉，或者炭粉和石灰在电弧下生成碳化钙而得到的强还原性渣。凝固后呈灰黑色。

05.1232 电炉氧枪 EAF oxygen lance
电炉冶炼时向熔池吹氧的水冷氧枪。氧枪由炉门或炉壁倾斜插入炉内液面上方，每炉设置 2~3 支氧枪，喷吹距离短，冲击点相对分散。

05.1233 电炉氧–燃料烧嘴 oxygen-fuel burner
以补充供给化学热节约电能为主要目的的烧嘴。燃料包括油、燃气和煤粉多种。燃料和氧在喷出前要混合良好，以获得高温火焰。

05.1234 聚合射流氧枪 coherent jet oxygen lance
曾称"集束射流氧枪"。喷出主氧流周围均匀分布多个微小的射流，射流相互干扰聚合成一个穿透力强的集中吹入熔池的氧流的氧枪。周围喷孔也可喷吹燃气以增加化学热源。

05.1235 电炉熔池搅拌 EAF bath stirring

在炉底装设电磁搅拌器或底吹惰性气体，使熔池成分和温度均匀化，消除局部过热的工艺。吹气搅拌能力比电磁搅拌更强，已成为主要的搅拌法。

05.1236 电炉炉内排烟 inner exhaust gas and fume system of EAF

在电弧炉炉盖上开一个专用排烟孔，把炉内产生的烟气直接抽走的方法。

05.1237 电炉炉外排烟 outer exhaust gas and fume system of EAF

使厂房内通风换气，采用屋顶罩排烟等形式将烟气抽走的方法。

05.1238 封闭罩排烟 sealed hood exhaust gas and fume system of EAF

在电炉炉顶、出钢和出渣口上方安装各种形式的吸气罩以抽取加料、出钢时泄出烟气的方法。

05.1239 特种熔炼 special melting

研究用真空、电渣、电磁感应、等离子、自耗电极重熔等方法冶炼产量不大、质量要求特殊、普通炼钢法不能生产的特殊金属材料的熔炼工艺和设备的学科。

05.1240 感应炉熔炼 induction furnace melting

应用电磁感应原理在金属料内产生涡电流以加热熔化金属并且进行冶炼的冶金方法。

05.1241 工频感应炉 line frequency induction furnace

以一般工业电频率交流电（50~60Hz）作为电源的感应炉。

05.1242 中频感应炉 medium frequency induction furnace

以中等频率交流电（多为150~2500Hz）作为电源的感应炉，是感应熔炼的主导。

05.1243 高频感应炉 high frequency induction furnace

以高频率交流电（10 000Hz以上）作为电源的感应炉。

05.1244 有芯感应炉 cored induction furnace

感应圈内装设有铁芯，围绕铁芯的金属液作为次级绕组产生涡流以熔化金属的炉子，只适用于低熔点金属。

05.1245 无芯感应炉 coreless induction furnace

以坩埚内的金属料作为感应圈的铁芯而不另设铁芯的炉子，是熔炼钢和合金的感应炉。

05.1246 真空感应炉熔炼 vacuum induction furnace melting, VIM

感应炉炉体和浇铸系统封闭在真空环境内，使冶炼和铸锭都和空气隔离的冶金方法。

05.1247 冷坩埚熔炼 cold wall crucible melting

为避免在真空下耐火材料分解对金属液的污染，而专门设计分瓣式水冷坩埚，使电磁力通过缝隙作用于金属而进行悬浮熔炼的方法。

05.1248 磁悬浮熔炼 levitation melting

由电磁场产生悬浮力的作用，金属料不和其他物体接触的情况下进行熔炼的方法。

05.1249 涡电流 eddy current

简称"涡流"。感应电流在金属体内自成回路、呈旋转运动的电流。和流体力学中的涡流须严格区分。

05.1250　电磁感应热效应　thermal effect of induced current
感应电流闭合流动时，克服介质阻力做功，使部分电能转化成热能的效应。单位时间产生的热能等于感应电流的平方与介质电阻的乘积。

05.1251　感应电流透入深度　penetration depth of induced current
感应电流密度在金属圆柱内以指数函数从外向内递减分布，当电流降低到表面电流的36.8%时的位置深度。

05.1252　磁轭　magnetic yoke
紧紧包围在感应线圈外面的轭铁，能夹紧和固定感应圈提高其刚性，更重要是约束感应圈漏磁向外扩散，起磁屏蔽作用。

05.1253　电渣重熔　electroslag remelting, ESR
普通方法冶炼的钢或合金制成自耗电极，通电流穿过渣层产生热量，电极金属熔化成液滴被渣层精炼后落下成为熔池，受到结晶器水冷而形成定向结晶的钢锭的熔炼方法。

05.1254　有衬电渣熔炼　electroslag crucible melting
电渣熔炼过程在耐火材料坩埚中进行，电极用碳钢包覆合金粉剂制造，通过渣层受热熔炼，成为液态合金的技术。

05.1255　电渣熔铸　electroslag casting
应用电渣重熔原理，将自耗电极熔化产生的液滴汇入终产品(如曲轴、叶片、涡轮盘等)形状的水冷模内凝固成异形铸件的技术。

05.1256　电渣浇注　electroslag teeming

用非自耗型电极在水冷模内熔化电渣渣料，然后分批次向渣中缓慢浇注液态金属并且用非自耗电极电渣过程加热金属上部，最后凝固成类似重熔锭结晶组织的锭子的技术。

05.1257　电渣离心浇铸　centrifugal electroslag casting
将预先熔化的电渣和特制的钢液浇铸到旋转的铸模中，在转动中凝固成中空的异形铸件的技术。

05.1258　加压电渣重熔　pressured electroslag remelting
在密闭系统中加入一定压力的气体(通常为氮气)，在压力下进行电渣重熔的技术。

05.1259　电渣金属　electroslag metal
经过电渣重熔精炼的钢和合金。其特点为：洁净度显著提高，偏析轻微，晶体结构能控制，表面质量优异。

05.1260　电渣过程　electroslag process
电极导入的电流完全以离子导电方式通过渣池，依靠渣的电阻转化成热而熔化金属，金属熔滴被渣洗以提高其洁净度的过程。

05.1261　渣下电弧现象　submerged arc phenomenon
电极虽埋在渣层中，但电极末端和渣中间有气泡存在，气泡内形成电弧导电现象。渣下电弧破坏电渣过程的稳定。

05.1262　自耗电极　consumable electrode
被精炼金属制成的电极，在导电过程中末端逐渐熔化和精炼，落下到水冷结晶器中凝固成为锭子或异形铸件。

05.1263　熔滴　molten droplet
在自耗电极末端被熔化成的大约直径为

1~10mm 的液滴，穿越渣池而被精炼。

05.1264 电渣渣池 slag bath

以 CaF_2-Al_2O_3-CaO 为主要组分的渣料熔化形成的渣池子，是电渣重熔操作的核心，在渣池中进行金属的加热和渣洗。

05.1265 渣池透氧率 oxygen permeability of slag layer

在大气中进行电渣重熔时，氧能通过渣层传递而氧化金属中的活性元素如钛、镁、铝等的趋势。

05.1266 化渣炉 slag prefusion equipment

预先将部分渣料熔化形成液态渣的设施。熔化的渣倒入结晶器底盘上以便重熔作业顺利引燃启动。为防止氟化钙的侵蚀，化渣炉用碳质炉衬，依靠石墨电极的电渣过程作用使渣熔化。

05.1267 等离子熔炼 plasma melting

利用能量密度高、气氛可控的等离子弧作为热源来熔化、精炼和重熔金属的特种熔炼方法。

05.1268 等离子发生器 plasma generator

又称"等离子枪"。直流电源供电的阴极位于发生器中心，阳极在发生器端部（非转移型）或由所加热物料承担（转移型），电极间放电使通过其间的工作气体（N_2，Ar 等）离解，成为等离子炬喷出的装置。

05.1269 等离子炬 plasma torch

氮、氩等气体在发生器中吸收电源的能量，

解离形成的高能量密度（1.6×10^4~$3.2 \times 10^4 kJ/m^3$）、高温度（$10^4 K$）、氧位可控的火焰。

05.1270 等离子电弧重熔 plasma arc remelting

用等离子炬熔化金属棒料，形成液滴下落到水冷结晶器凝固成锭的方法。

05.1271 等离子电弧炉 plasma arc furnace

用等离子炬代替电极作能源的冶炼电炉。

05.1272 等离子感应炉 plasma induction furnace

在感应炉上面设置一个等离子炬并加上炉盖，可使感应炉在保护性气氛下形成液态渣，而且能提高热效率的熔炼装置。

05.1273 真空电弧重熔 vacuum arc remelting

在真空条件下用电弧作热源将自耗电极熔化成液滴后，在真空中下落到结晶器中凝固成锭的方法。

05.1274 真空凝壳炉 vacuum skull furnace

上半段为电弧重熔的熔化设备，下半段用水冷坩埚取代水冷结晶器的设备，依靠冷凝形成金属薄壳保护坩埚，坩埚中聚集必要分量的金属液后浇铸成型。

05.1275 电子束熔炼 electron beam melting

在高真空环境中，通过电压降来加速从阴极放射的电子，利用电磁力聚集成电子束，电子流冲击金属时动能转化为热能而使金属重熔的方法。

05.08 炉 外 精 炼

05.1276 熔炼 smelting

在熔化状态下使矿石或其他原料中的金属元素转化成为粗金属熔锍的冶炼操作。

05.1277 精炼 refining

利用沉淀析出、液相分离、真空挥发及渣–金属分配反应等手段使金属液提高洁净度或纯度的冶炼操作。

05.1278　炉外精炼　secondary refining
在炼钢炉内初炼所得到的钢水在钢包或其他专门装置中进行精炼的操作。

05.1279　铁水预处理　hot metal pretreatment
铁水进入炼钢炉以前除去其有害成分或提取其中某些有用元素的冶炼操作。

05.1280　二次精炼　secondary refining
铁水在炼钢炉内氧化精炼成钢水，出钢后进一步精炼以改进钢水品质、提高钢水洁净度的精炼操作。

05.1281　钢包冶金　ladle metallurgy
又称"二次冶金"。金属料在炼钢炉内完成脱碳、脱磷后，转移到钢包内进行脱氧、脱气、脱硫、成分微调和均匀化，以改善钢水的品质。并且调控钢水温度和运行时间，以满足连铸的要求的精炼过程。

05.1282　中间包冶金　tundish metallurgy
注入中间包的钢水除了稳定静压头和分配钢水于各个铸流的传统任务外，还可以作为一种连续式炉外精炼器完成防止二次氧化、调节微合金元素成分、夹杂物碰撞聚集上浮、控制铸流钢水过热度等功能的冶金过程。

05.1283　洁净钢　clean steel
又称"纯净钢"。钢中杂质元素的含量具有非常严格的控制要求的钢，其硫、磷含量一般要求不大于 0.01%，且对氢、氧以及低熔点金属的含量也有相当严格的控制要求。

05.1284　钢的洁净度　cleanness of steel
用钢中非金属夹杂物颗粒大小和形态、夹杂物数量分布，以及在凝固时能与金属元素结合的五种常见有害元素的含量水平来表示。钢的洁净度是相对的，和钢材的特性、尺寸及使用条件有关。

05.1285　钢中常见有害元素　general impurities in steel
所有钢中都含有的 5 种有害元素氧、硫、磷、氢、氮的总称。对于超低碳钢，碳也属于有害元素。

05.1286　痕量偶存元素　tramp element
由废钢带入的铅、锡、锑、铋、砷，晶界偏聚倾向强烈，含量为 10^{-6} 级的有害元素。

05.1287　残留元素　residual element
废钢中铜、铬、镍、钼等有色金属元素，在许多钢中是合金，但对某些钢种则成为有害杂质，而且难以氧化去除。

05.1288　夹杂物形态控制　modification of nonmetallic inclusion
用钙、稀土金属处理脱氧后的钢水，使钢中塑性网状硫化物和易碎的氧化铝夹杂的形态转变为危害较小的球状硫化物和铝酸盐的方法。

05.1289　大型夹杂物　macro inclusion
非金属夹杂物中所占比例很小但对钢的性能危害起关键作用的大颗粒夹杂物。习惯上认为大型夹杂物的临界尺寸可以是 100μm。但临界尺寸和钢材的用途及夹杂物的种类有关，并非一个固定值。

05.1290　夹杂物工程　inclusion engineering
基于夹杂物对钢性能影响的认识，针对不同钢种，依据热力学原理设计和调控非金属夹杂物的成分、形态、尺寸大小以及在钢中的分布，以获得所期望的夹杂物组织和钢的特性的知识和技术。

05.1291　铁水预脱硫　pre-desulphurization of hot metal

铁水进入炼钢炉以前，脱除其中所含的硫的预处理操作。

05.1292　机械搅拌脱硫法　desulphurization in Kanbara reactor

又称"KR法（KR desulphurization）"。用高铝质耐火材料制造的桨叶，插入铁水中以90~120r/min 的旋转搅拌铁水，以增强铁水和脱硫剂的反应速率的预脱硫方法。

05.1293　喷粉脱硫法　desulphurization by flux injection

将微细颗粒状石灰、碳化钙、苏打、镁等脱硫剂在惰性气体中形成流态化状态，用耐火材料制的喷枪将粉剂高速喷入铁水进行脱硫的方法。

05.1294　摇包脱硫法　desulphurization in shaking ladle

将装有铁水和脱硫剂的铁水包放在摇架上，启动电机使包摇动，达到临界速度后铁水面形成涌浪，使铁水和脱硫剂加速反应而脱硫的方法。摇包需要很大电功率，故此法只适用于小容量铁水包。

05.1295　钟罩压入脱硫法　desulphurization with bell-jar inserting

用挥发能力很强的镁作脱硫剂时，将镁焦放在带孔的钟罩内迅速插入铁水深部，镁蒸气由气孔逸出搅动铁水并实现脱硫的方法。

05.1296　钝化镁粉　passivated magnesium granule

在金属镁微粒表面制造保护膜或涂层，以保障镁粉喷吹操作的安全和镁粉脱硫效率。

05.1297　铁水同时脱硫脱磷　simultaneous elimination of phosphorus with sulfur removal in hot metal

铁水预先脱硅到极低含量，应用硫容量和磷容量高的熔剂喷吹，铁水中氧位处于宽广范围（10^{-10}~10^{-16}）时，可以使铁水硫和磷含量均降低到所期望的水平的预处理技术。

05.1298　脱硫系统优化　system optimization on sulfur removal operation

根据变动的原料条件和产品要求，对高炉炼铁—预处理—炼钢—二次精炼流程中的脱硫操作应用动态规划法进行分析研究，以求得最有利的脱硫策略。

05.1299　铁水预脱硅　desiliconization of hot metal

铁水进入炼钢炉前，或在脱磷处理以前，用氧化剂降低铁水含硅量的预处理操作。

05.1300　铁水沟脱硅　desiliconization in runner

高炉出铁时将脱硅剂加到流动的铁水中，把铁水沟兼作连续式反应器进行脱硅的方法。

05.1301　铁水罐脱硅　desiliconization in iron ladle

在预处理站将脱硅剂喷吹到铁水罐中进行脱硅的方法。

05.1302　铁水预脱磷　pre-dephosphorization of hot metal

铁水进入炼钢炉以前、预脱硫以后，脱除其中所含的磷的预处理操作。

05.1303　铁水罐脱磷　dephosphorization in iron ladle

在预处理站将脱磷熔剂喷吹到各种铁水罐（包括鱼雷罐）内脱磷的方法。

05.1304　转炉预脱磷　pre-dephosphorization

in converter

复吹转炉改造成专用脱磷设备，脱磷剂可以喷吹加入，也可以由炉口加入，熔池主要靠底吹搅拌的脱磷方法。其冶金反应热力学和动力学条件优于其他脱磷法，生成的脱磷渣也容易和铁水完全分离。

05.1305　预处理渣的去除　deslag within pre-treatment

预处理产生的渣必须在预处理时去除，避免和铁水一同倒入炼钢炉而造成回硫、回磷的措施。

05.1306　扒渣机　skimmer for hot metal pre-treatment

在预处理站，将铁水面上的石灰系熔剂预处理时熔点高、黏度大的预处理渣扒除的专用机械。

05.1307　真空吸渣法　slag suction with vacuum-pumping

苏打系列熔剂预处理渣熔点低，流动性好，可以利用真空吸管将渣从铁水面上吸走的方法。

05.1308　铁水提钒　vanadium extraction from hot metal

含钒铁水在脱碳之前，先将其中的钒氧化成为钒渣而提取出来的预处理工艺。

05.1309　钢包吹氩搅拌　homogenization by argon blowing into ladle bath

炼成的钢水放出到钢包中，向钢水深处吹入氩气。依靠气泡上浮的搅拌作用使钢水成分和温度均匀化，同时去除少量的钢中气体和夹杂物的方法。这是一种最简单的炉外精炼操作。

05.1310　喷粉精炼　powder injection refining

在吹氩时将硅钙合金、镁等脱氧脱硫剂及微合金化用的粉剂随同氩气喷吹到钢包深部，以进行脱硫、调整夹杂物形态等炉外精炼操作。喷吹精炼的理论基础是喷射冶金学。

05.1311　钢水卷渣特征数　slag entrapment characteristic number

$$\frac{\rho_m u_m^2}{[\sigma_{s-m} g(\rho_m - \rho_s)]^{1/2}}$$ 表述钢包在重力场喷吹过程中，气泡柱顶部流动破坏渣–钢界面能量的稳定，使渣滴卷入钢水内部的行为特征的无量纲数。

05.1312　喂线技术　wire feeding technology

又称"喂丝技术"。将塑性金属如铝拉拔成金属丝，或将粉剂如硅钙制成包覆线，用机械将金属丝或包覆线高速插入钢水，有助它们对钢水进行精炼，而避免上浮到表面氧化损失的工艺方法。

05.1313　包覆线　cored wire

又称"芯线"。脆性的合金粉末卷入软铁皮外壳内，形成线材并卷成卷筒，供喂线使用的精炼用料。

05.1314　铝弹射入法　Al-bullet shooting

将铝线切成子弹头大小的铝弹，高速连续射入钢水内部，克服铝上浮氧化损失而增加其脱氧效率的方法。

05.1315　钢包炉　ladle furnace

又称"LF 法（LF process）"。在专用钢包内，顶部加盖密封并通过电极加热钢水，液面覆盖碱性还原渣脱硫，底部吹氩搅拌的炉外精炼法。

05.1316　真空脱气　vacuum degassing, VD

钢水在真空室内脱除其中氢和氮的方法。

05.1317　钢流脱气　stream degassing
充满钢水的钢包置于真空室上方，真空室内放置另一空钢包，上钢包中的钢水注入真空室，钢流被分散成液滴而达到高的脱气速率，脱气后落入下钢包内的精炼方法。

05.1318　真空铸锭　vacuum casting
钢锭模放置于真空室中，钢水由真空室上方注入，经过钢流脱气过程而铸成钢锭；或者真空感应熔炼所得钢水，直接在真空室内铸成钢锭的工艺。

05.1319　真空吹氧脱碳法　vacuum oxygen decarburization process
又称"VOD 法（VOD process）"。在真空条件下吹氧脱碳并吹氩搅拌生产铬系不锈钢的炉外精炼技术。

05.1320　提升式真空脱气法　Dortmund Hörder degassing process
又称"DH 法（DH process）"。带有单个连通管的真空室置于钢包上方，连通管插入钢水，用机械振动钢包或真空室作往复运动，使钢水周期性地往返于真空室和钢包，以达到高效脱气的炉外精炼技术。

05.1321　循环式真空脱气法　Ruhrstahl Heraeus refining process
又称"RH 法（RH process）"。钢包上方的真空室带有两个连通管，一个管侧可以吹氩，产生氩气泡形成气泡泵带动钢水进入真空室，脱气处理后钢水经另一个管下降返回钢包，循环若干次可以达到脱气效果的精炼技术。现在 RH 法进一步发展成可以兼有真空脱碳、喷粉脱硫的多功能精炼技术。

05.1322　脉冲搅拌法　pulsating mixing process
一个和真空泵与吹氩系统相连的多孔圆筒插入钢水内作为处理槽，交错进行抽真空和吹氩使钢水周期往返于处理槽进行精炼的方法。

05.1323　钢包加罩吹氩精炼　composition adjustment by sealed argon bubbling
又称"CAS 法（CAS process）""CAB 法（CAB process）"。吹氩时将一个保护罩插入钢水内的气泡柱区，保护顶部钢水面的裸露部分不和空气直接接触，以改善其精炼效果和成分微调功能的炉外精炼技术。

05.1324　钢包调温 CAS 操作　composition adjustment by sealed argon bubbling-oxygen blowing
又称"CAS-OB 法（CAS-OB process）"。为弥补 CAS 法没有加热功能的缺点，在保护罩上增添氧枪吹氧，同时钢水加铝（或硅）氧化放热，利用化学热使钢水调温的精炼操作。

05.1325　氩氧脱碳法　argon-oxygen decarburization process
又称"AOD 法（AOD process）"。将氩气和氧气混合吹入高铬铁水熔池，随着吹炼过程的进行来调整混合气体中氩氧比以控制铬和碳的选择性氧化，从而利用便宜的高碳铬原料来生产低碳不锈钢的精炼技术。

05.1326　分渣技术　slag cut-off technique
初炼炉（转炉或电炉）出钢时，将氧化性渣和钢水分离，以避免钢水的二次氧化及回磷的技术操作。提高分渣效率，避免出钢下渣是提高炉外精炼效果的重要保证。

05.1327　下渣　slag carryover
上游冶金反应器的熔渣随同钢水流入下游反应器的现象。

05.1328　合成渣　synthetic slag
以 CaO-Al$_2$O$_3$-CaF$_2$ 为主体成分熔化而成的还原性渣。用于"渣洗"钢水以达到脱氧、脱硫及去除夹杂物的效果。

05.1329　混合炼钢　mixing process for steel refining
用小电炉冶炼还原性渣和高合金钢水，和另一座炼钢炉的钢水共同冲入钢包，以精炼钢水并生成合金钢的技术。20 世纪 50、60 年代曾在中国广泛应用。

05.1330　微合金化　micro alloying
精炼后的低氧、氮、硫钢水中加入数量少且性质活泼的元素钒、钛、铌，使之溶解于钢水成为微合金化成分的过程。

05.1331　钢水成分微调　composition trimming
精炼过程中补加少量合金元素，使钢的成分更精确，以得到性能波动范围更小的钢材的生产技术。

05.1332　钢水循环流率　circulation flow rate of molten steel
循环式真空脱气法(RH 法)精炼过程中，通过上升管提升钢水到真空室，再由下降管返回钢包，单位时间的钢水质量。

05.1333　熔池混合时间　mixing time of metal bath
对金属熔池的钢水进行搅拌时，通过循环流动使熔池成分和温度达到均匀化所需最短时间。

05.1334　单位搅拌功率　specific stirring power input
喷吹气体搅拌或电磁感应搅拌，单位时间内传递给金属熔池中单位质量钢水的搅拌能。

05.1335　全浮力模型　plume model
描述金属熔池喷吹气体搅拌和混合现象的理论模型。模型认为钢包内钢水循环流动完全由于上浮气泡群抽引周围钢水共同上浮所推动。

05.1336　钢包电磁搅拌　electromagnetic stirring of ladle bath
在装有钢水的钢包侧面设置电磁感应搅拌器，利用搅拌器产生的不同类型磁场使钢水形成不同类型的旋转流动，而达到搅拌均匀的过程。

05.1337　吸吐搅拌　stirring by stream pouring
又称"注流搅拌"。依靠注入熔池的巨量钢水动能使熔池受到搅拌而均匀化的过程。

05.1338　钢水卷渣临界条件　critical condition of slag entrapment
钢包喷吹时导致渣钢界面破裂、渣滴卷入钢水内部的条件。一般用钢渣界面临界速度判断，考虑到渣钢界面物理性质，最好的判据是钢水卷渣特征数。

05.1339　钢水的钙处理　calcium treatment of liquid steel
把钙合金迅速插入钢水深部，使钙进行深度脱硫脱氧反应并且调控夹杂物形态的精炼技术。利用钙处理还有可能在还原条件下脱磷以及脱锡。

05.1340　氧位　oxygen potential
纯氧化物分解平衡时的氧分压 P_{O_2}，$RT \ln P_{O_2}$ 的值。为了简便，也可以直接利用 P_{O_2} 当作氧位来判断元素的氧化趋向或环境使元素氧化趋势的大小。

05.1341　炉外精炼操作周期　ladle refining operation cycle

从装有钢水的钢包运到精炼位置开始，至精炼结束后钢包离开为止的时间区段。

05.1342 钢包盖 ladle cap
钢包炉作业时盖在钢包上的盖子。盖在钢包上，利用不同功能的钢包盖可以进行不同的精炼操作。

05.1343 钢包加热盖 heating-up cap
钢包盖上安装 3 个石墨电极和变压器系统相连，盖在钢包上以加热钢水的盖子。

05.1344 钢包抽真空盖 vacuum and seal cap
和真空泵系统相连并且能和钢包接口迅速密封，对钢水进行真空处理时应用钢包盖。

05.1345 钢包吹氩盖 argon blowing cap
钢包盖上安装吹氩喷枪，可对钢水进行埋入式喷吹操作的钢包盖。

05.1346 CAS 浸渍罩 snorkel
钢包加罩吹氩精炼（CAS）法应用的保护罩，操作时插入吹氩区钢水面裸露处，使钢水不和空气直接接触。

05.1347 蒸汽喷射泵 steam-jet vacuum pump
利用高温高压蒸汽由拉瓦尔喷嘴喷出的高速蒸汽射流对周围气体的引射作用而制成的真空泵。其抽气能力大而且不怕气流中烟尘的磨损，是最适于钢水真空处理用的真空泵。

05.1348 中间冷凝器 intermediate condenser
在多级串联真空泵中间设置的使混合气中的蒸汽凝结为水析出的塔形装置，以减轻下游泵的抽气量。

05.1349 极限真空度 limiting vacuum degree
在真空泵没有负载的条件下，真空泵长时间运行而容器压力达到稳定时的真空度。

05.1350 喷射泵压缩比 compression ratio of vacuum pump
单级喷射泵的出口处背压和进口处吸入压力之比，亦即单级泵能达到的减压程度。

05.1351 抽气速率 gas flow rate of vacuum-pumping
抽气口处单位时间内被抽引流入的气体量。

05.1352 引射系数 suction coefficient
蒸汽喷射泵所吸入的气体流量和喷射用的蒸汽流量的比。

05.1353 钢包 ladle
又称"盛钢桶"。承接、装载、运送由炼钢炉放出的钢水的冶炼车间设备。随着炉外精炼——钢包冶金的发展，"钢包"这一名称被广泛采用。

05.1354 喷粉枪 powder injecting lance
用耐火材料保护的金属管制成，将粉剂浓度高达 $20 \sim 40 kg/m^3$ 的气粉两相流以约 100m/s 的速度喷吹到钢水内部的装置。

05.1355 气泡柱 plume
钢包喷吹气体搅拌钢水时，大量的上浮气泡在熔池中所形成的气液两相区，其中气泡分率和上浮速度沿径向呈高斯分布。气液两相区形状为上大下小倒圆锥状而非圆柱体，但习惯上已被广泛称为"气泡柱"，暂保留不变。

05.1356 中间包 tundish
又称"中间罐"。连铸机顶部的容器，承接钢包所浇注出的钢水，把钢水分配给连铸机的各铸流，并且减弱钢包钢水静压头的冲击作用。习惯上钢铁厂中装铁水容器多称为"罐"，装钢水容器多称为"包"。

05.1357　塞棒　stopper
装在钢包或中间包内，依靠其升降控制水口启闭和钢水流量的耐火材料圆棒。

05.1358　塞杆　stopper rod
位于塞棒耐火材料中心处的圆钢条，上部靠螺栓与控制机构连接，下部连接塞头砖，通过塞杆使塞棒成为有强度的整体。

05.1359　塞头　stopper head
位于塞棒下端接近半球形的耐火砖，和水口砖构成浇铸时控制钢水流动用的球阀。

05.1360　浇注水口　nozzle
砌在钢包或中间包底部内衬中的耐火材料质钢水出口。上口为弧形面，和塞头配合保证未开启时不漏钢。下部为直圆筒形流道，在浇铸时利于钢流稳定。

05.1361　塞棒控制装置　stopper adjusting device
浇铸时控制塞棒升降用的杠杆连杆机构，或利用液压缸控制塞棒升降的机构。

05.1362　滑动水口　sliding nozzle
在钢包或中间包包底外面安装滑动闸板以改变水口流道的截面积，在浇铸时用以控制钢水流动的耐火材料装置。属于流量控制用的插板阀。

05.1363　水口滑板　slide gate
带有圆孔的板状耐火材料，上下两片滑板在上下水口之间形成紧密接触状态。耐火材料要有高的高温强度，板面经过磨光以减少滑动时的摩擦阻力。

05.1364　滑动水口启闭装置　nozzle switching device
利用液压缸带动滑板和下水口作水平运动，使滑板的孔和水口对正或错位，因而钢水可以流通或截止的操作装置。

05.1365　浸入式水口　submerged entry nozzle, SEN
又称"长水口"。延长下水口的长度使其出口浸入到钢水面以下，以减轻钢流的二次氧化的水口。

05.1366　定径水口　sizing nozzle
小方坯连铸中间包用耐蚀材料制造的水口，可在整个浇铸过程中保持直径基本不变。

05.1367　气洗水口　gas purging nozzle
钢包或中间包水口内壁用多孔耐火材料制成的水口，浇铸时可以通入惰性气体以减轻水口结瘤的倾向。

05.1368　塞棒吹氩　argon purging stopper
中间包塞棒内用钢管代替钢条，浇铸时可通过钢管向水口吹氩气，也是减轻水口结瘤的方法。

05.1369　水口结瘤　nozzle blocking
中间包水口，特别是长水口，在浇铸过程中析出的氧化铝夹杂和铁的混合物黏附于水口内壁，使钢水流动不畅，严重时水口被完全堵塞的现象。

05.1370　铸流吸气　air entrainment into liquid stream
浇铸过程中钢水注流穿过空气时吸收氧和氮的反应。

05.1371　注流表面粗糙度　surface roughness of liquid stream
高速注流向湍流过渡时，注流表面出现不规则形状，甚至表面破裂成液滴的现象。表面粗糙使吸气量增大。

05.1372　注流粗糙度特征数　stream rough-ness characteristic number

$\dfrac{\rho g H^2}{(\mu \sigma u_0)^{1/2}}$；表述注流下降时促使表面破裂倾向和维持表面完整倾向之比的、量纲为一的式子。

05.1373　铸流保护　shrouded casting stream

在浇铸时用惰性气体或用长水口阻碍钢流和空气直接接触以减轻二次氧化的技术。

05.1374　钢水二次氧化　reoxidation

完全脱氧的钢水由空气、氧化性渣或耐火材料吸收氧而导致钢中总氧量增加的过程。

05.1375　中间包覆盖剂　tundish powder

覆盖于中间包内钢水面上的粉粒剂材料，防止钢水吸氧和向空气散热，粉剂下层最好能熔化成液态层，以利于吸收上浮的钢中夹杂物。

05.1376　中间包绝热板　insulating plate for tundish

用耐火材料按照中间包内型尺寸压制成的多孔板，既便于砌筑成内衬，又显著降低吸热量和传导传热造成的热损失。

05.1377　夹杂物凝并　coagulation of non-me-tallic inclusion

液态的夹杂物颗粒碰撞后凝聚合并成为大粒的液滴的现象。

05.1378　夹杂物聚结　agglomeration of non-metallic inclusion

固态的夹杂物颗粒碰撞后黏结在一起，在高温下被烧结成为珊瑚状的夹杂物群落的现象。

05.1379　布朗碰撞　Brownian collision

细小的夹杂物颗粒（10μm以下）在钢水中作不规则的布朗运动，所导致的颗粒碰撞的现象。

05.1380　斯托克斯碰撞　Stokes' collision

夹杂物按斯托克斯定律上浮运动，大颗粒速度大而小颗粒速度小，过程中大颗粒追上小颗粒而碰撞成为更大颗粒的现象。

05.1381　梯度碰撞　gradient collision

在壁面附近钢水流速出现很大梯度，高流速域的颗粒可能追上低流速域的颗粒，当颗粒距离小于其半径和时，则碰撞成为更大颗粒的现象。

05.1382　湍流碰撞　turbulent collision

湍流状态钢水流动速度脉动而带动夹杂物颗粒相互碰撞的现象，是夹杂物颗粒碰撞长大的主要形式。

05.1383　簇状夹杂物　inclusion cluster

三氧化二铝夹杂物聚结形成的树枝状或网络状夹杂物并和钢混在一起的群落夹杂物。

05.1384　夹杂物颗粒的分离　separation of inclusion particle

上浮到钢水面的夹杂物颗粒，由于表面张力的作用由钢水中分离出来的过程。钢水表面有渣或耐火材料时，夹杂物的分离趋势更强。

05.1385　流动显示技术　flow visualization

用有反光能力而且跟随性良好的细小微粒加入到金属熔池的水模型中，以便于观察和记录熔池流动特征的实验技术。

05.1386　中间包流动控制　flow control of tundish bath

通过中间包内型尺寸设计和采取适宜的流

动控制装置，使中间包内钢水流动速度分布较为合理，有利于夹杂物的上浮，避免卷渣和二次氧化，而且能形成均衡的铸流的技术。

05.1387 精确物理模型方法 rigorous physical modeling

又称"完全模拟"。模型和原型中所有物理现象全部符合相似原理的要求的模型实验方法。

05.1388 半精确物理模型方法 semi-rigorous physical modeling

又称"部分模拟"。在对原型的关键物理现象有正确认识的条件下，只要求模型表述关键物理现象的特征数与原型一致的模型实验方法。

05.1389 中间包非等温流动 nonisothermal flow in tundish bath

中间包内钢水存在温度差，即使温差只有十几度也可以引发中间包注入流区以外的钢水形成自然对流的现象。

05.1390 中间包特征数 tundish characteristic number

$Zb = \dfrac{Gr}{Re^2} = \dfrac{\beta gl}{u^2}|\Delta T|$：表述中间包非等温流动形成自然对流倾向的量纲为一的公式。

05.1391 刺激-响应实验 stimulus-response technique

在注入中间包的注流中加入脉冲性的示踪剂，同时对中间包流出的注流连续观测其中示踪剂的变化，以判断中间包内钢水停留时间分布曲线的特征的实验方法。

05.1392 名义平均停留时间 nominal mean residence time

$t_Q = V_R / Q$；中间包熔池体积和钢水的体积流率之比。

05.1393 实际平均停留时间 actual average residence time

$\bar{t}_C = \int_0^\infty tE(t)\mathrm{d}t$；用示踪剂实测的停留时间分布曲线的数学期望(均值)。

05.1394 中间包死区 dead volume fraction

$\dfrac{V_d}{V_R} = 1 - \dfrac{\bar{t}_C}{t_Q}$；熔池中流动不畅的区域所占的体积分率。死区的存在导致示踪剂停留时间的实际平均值 $\bar{t}_c$ 短于名义平均值 t_Q。

05.1395 中间包熔池活塞流区 plug flow volume fraction

$\dfrac{V_p}{V_R} = \dfrac{t_p}{t_Q}$；设想注入的部分液流未和熔池中钢水混合而直接流出的相对量，活塞流体积分率用示踪剂脉冲加入后在出口最快出现时间 t_p 和名义平均停留时间 t_Q 之比表示。

05.1396 中间包熔池全混流区 mixed flow volume fraction

$\dfrac{V_m}{V_R} = \dfrac{1}{E_{\max}}$；设想注入的部分液流立即和熔池中钢水完全混合所占的体积分率，用停留时间分布曲线的峰值 $E_{\max}$ 的倒数表示。

05.1397 挡墙和坝 weir and dam

中间包入流和下游之间的控流设施。挡墙高度超过熔池表面，底部开放流道；坝设置于包底，钢水由坝顶流过。挡墙和"堰"不同，顶部不允许发生溢流现象。

05.1398 中间包控流隔墙 baffle in tundish bath

设置于中间包上下游液流间的隔断墙，墙上

开出若干个不同尺寸和倾角的流孔，使下游钢水的流动符合理想要求。

05.1399 汇流漩涡 drainage vortex
熔池液面低于临界高度后，出水口上方液流的切向脉动速度分量汇聚加强成为稳定的旋转流动的现象，由旋转中心到水口形成漏斗，将渣甚至空气吸入钢水内，恶化钢的质量。

05.1400 铸流缓冲垫 tundish impact pad
钢包向中间包注流的下方安置在中间包底上的耐火材料垫板。用以减弱钢流对中间包底的冲击，减轻注流的破裂和二次氧化。

05.1401 夹杂物过滤器 inclusion filter
用多孔耐火陶瓷或带直孔的耐火砖拦截流动钢水中的夹杂物以及吸附去除的方法。过滤器可装在控流隔墙的流孔中，相互配合应用。

05.1402 水口引流砂 stuffing sand in nozzle
采用滑动水口浇铸时，开浇前加入上水口中的耐火材料颗粒剂。用以阻止钢水进入上水口内凝固而堵塞水口。

05.09　铸造与凝固

05.1403 凝固过程 solidificating processing
合格钢水在凝固设施内转变为固态钢坯（或钢锭），同时实现控制凝固组织、凝固传热、收缩和偏析、过饱和析出等功能的生产工序。是冶金生产由间歇操作转化的连续或准连续操作的关键工序。

05.1404 凝固传热 heat transfer in solidification
金属凝固所释放的热量通过一系列热阻传递到模子及外界环境的现象和规律。

05.1405 铸钢显热 sensible heat of strand
伴随钢的温度降低所释放的热量。

05.1406 过热度 superheat
炼成的钢水到完成浇铸前钢水温度超过该成分合金的液相线温度的温度差值。

05.1407 凝固潜热 latent heat of solidificating
伴随液–固态相变所释放的热量。

05.1408 界面热阻 thermal resistance at interface
金属凝固过程中的液固界面如钢水–凝固坯壳、坯壳–二冷水、冷却水–结晶器铜板之间的传热系数的倒数。

05.1409 气隙热阻 thermal resistance of air gap
凝固坯壳收缩而脱离模壁，所形成气隙的热阻。是各个传热环节中最大的热阻，对凝固传热起关键作用。

05.1410 热扩散性 heat diffusivity
模子材料吸热能力的量度。和密度、热导率、热容量有关，用同一种材料的物性值的乘积（$\lambda_i \cdot \rho_i \cdot C_i$）表示。

05.1411 凝固平方根定律 square root law of solidification
表述凝固速率特征的规律：凝固层厚度是凝固时间的抛物线函数。亦即凝固速率的初值很快，然后随着模子吸热而变慢。

05.1412 凝固过饱和析出 supersaturated precipitation during solidification
固态钢中氧、氮、氢的溶解度远低于液态钢，凝固时超过其溶解度而析出的过程。或者成为气泡，或者与金属元素结合成为夹杂物沉淀。

05.1413　次生夹杂物　secondary nonmetallic inclusion
在凝固过程中因过饱和析出所形成的氧化物、氮化物、硫化物夹杂。多沉淀于晶粒界处。

05.1414　缩松　dispersed shrinkage
铸件最后凝固的区域没有得到液态金属或合金的补缩形成分散和细小的缩孔。常分散在铸件壁厚的轴线区域、厚大部位、冒口根部和内浇口附近。分为宏观缩松和显微缩松。

05.1415　缩孔　shrinkage hole
铸件中形成的尺寸较大的孔洞。是由于凝固补缩工艺设计不合理造成的，通常形成于铸件最后凝固的部位。

05.1416　凝固收缩　solidificating shrinkage
金属在冷却和凝固过程中由于密度增大而造成的体积及各坐标方向尺寸的减小的收缩。

05.1417　体积收缩　volume shrinkage
金属体积的减小的收缩。常导致疏松、缩孔等缺陷的产生。

05.1418　线收缩　linear shrinkage
凝固收缩表现为金属长度、周长等线性尺寸的减小的收缩。是热应力、裂纹等产生的原因。

05.1419　收缩应力　shrinkage stress
由于凝固外壳中各部分、各方向的冷却条件差异导致各部分、各方向的线收缩不同，因而产生不同分布状态的拉应力或压应力。

05.1420　回热应力　stress at temperature rising-again
又称"回温应力"。连铸二冷区坯壳外表面受强冷而收缩，而液芯释放潜热导致温度回升，冷热条件不同产生相当大的热应力。表面温度回升应限制在 100℃/m 以下。

05.1421　相变应力　transformation stress
凝固后的坯壳中出现与 δ 铁、γ 铁、α 铁间的相变时，由于各相的密度不同，体积会发生膨胀或收缩，产生的应力。

05.1422　热应力-应变模拟机　Gleeble machine
能够精确控制金属试样的加热、熔化、受力、变形、数据采集系统以研究钢在熔点(T_m)到熔点以下($0.6\,T_m$)温度区的高温力学性能的热模拟技术设备。

05.1423　热塑性曲线　ductility-temperature diagram
钢的强度、塑性随温度变化按凝固过程的三个温度区段：(1) T_m~1200 ℃，(2) 1200~900℃，(3) 900~600℃所表现的特征所记录的实测曲线。

05.1424　零强度温度　zero strength temperature, ZST
在高温时晶粒被液膜所包围，材料抗拉强度达到零时的温度。

05.1425　零塑性温度　zero ductility temperature, ZDT
在高温时晶粒界呈现初熔，热塑性(断面收缩率)迅速下降为零时的温度。

05.1426　低塑性温度　mild ductility temperature, MDT
断面收缩率值等于 60%的温度。当断面收缩率低于 60%时，连铸坯裂纹敏感性迅速增大。

05.1427 高温塑性试验 high temperature ductility test
在热应力–应变模拟机上研究钢的组织变化与力学性能的关系，测试 $0.6\,T_m{\sim}T_m$ 温度范围材料的强度和塑性，绘制分钢种的热塑性曲线的试验。

05.1428 热裂纹 hot crack
钢凝固过程中局部热应力超过强度时凝固坯壳产生的裂纹。

05.1429 冷裂纹 cold crack
钢完全凝固后的冷却过程中，在低塑性区相变应力超过所能容让的程度时，钢坯或钢锭中形成的裂纹。

05.1430 凝固偏析 segregation in solidification
凝固过程中由于选分结晶的原因在钢锭或连铸坯中产生溶质元素分布的不均匀性。

05.1431 偏析度 segregation degree
凝固金属中不同位置处的元素浓度最高值和最低值的比。

05.1432 偏析系数 segregation coefficient
元素在固相和液体的平衡分配比 K 对 1 的差值。

05.1433 V 形偏析 V-shaped segregation
镇静钢钢锭中心处形状如同多层重叠的 "V" 的硫、磷正偏析带，多与中心疏松相伴而生。

05.1434 ∧ 形偏析 ∧-shaped segregation
镇静钢钢锭中，柱状晶带向等轴晶带过渡区存在的向内倾斜的纵向黑色偏析线。由于氢析出带动富含硫、磷钢水在柱状晶带前端向上流动而形成。

05.1435 方框偏析 square segregation
钢坯横断面试样酸浸后显现的方框形环状斑点带，是方钢锭∧形偏析在钢坯横断面上的表现形式。

05.1436 连续铸钢 continuous casting of steel
简称 "连铸"。钢水不断地注入连铸机水冷结晶器，凝成冷壳后从结晶器下方出口连续拉出，经喷水冷却和矫直，全部凝固后切成配料的技术。

05.1437 连铸机 caster
使金属液凝固并连续生成铸坯的工艺设备，由中间包、结晶器、二冷装置、拉矫机、引锭杆、切割定尺装置和打印喷印机等构成完整的在线设备。

05.1438 立式连铸机 vertical caster
整个连铸机及其操作均在垂直的中心线上布置并进行的连续铸钢设备。是最早研发成功的连续铸钢设备。

05.1439 立弯式连铸机 vertical-bending type caster
铸坯未全部凝固前为垂直状态，凝固后强力弯曲 90°成水平状态运输和切割的连续铸钢设备。

05.1440 弧形连铸机 curved caster
从结晶器到拉矫机布置在同半径圆弧上的连续铸钢设备，是连铸机的主要类型。

05.1441 直弧形连铸机 vertical curved caster
结晶器完全垂直并下接 2~3m 的垂直铸坯导向段，进入弧形二冷区，最后在未全部凝固时被连续多点矫直成水平方向切割和输出的连续铸钢设备。

05.1442 水平连铸机 horizontal caster
从放出钢水注入结晶器到输出连铸坯全部操作均在水平状态完成的连续铸钢设备，主要用于制造无缝钢管的圆坯。

05.1443 连铸坯 continuously cast products
连铸方法生产的方坯、板坯、圆坯、小方坯、薄板坯、异型坯的统称。

05.1444 方坯 bloom
用连铸机铸成的或钢锭开坯轧成的断面接近于正方形、尺寸大于150mm的半成品——钢坯。

05.1445 连铸圆坯 round
用连铸机铸成的或初轧机轧成的断面接近于圆形的半成品供轧制管材、棒材用的坯料。

05.1446 板坯 slab
用连铸机铸成的或扁锭开坯轧成的厚度在100mm以上、宽厚比大于3的半成品—钢坯。

05.1447 小方坯 billet
用连铸机铸成的或由方坯轧成的断面接近于正方形、尺寸在40~150mm的钢坯。

05.1448 薄板坯 thin slab
用连铸机铸成的断面厚度在50~100mm、宽度在900~2000mm范围的铸坯。

05.1449 异型坯 shaped semiproduct
用连铸机铸成的断面形状接近于成品型钢的铸坯，主要是工字坯，中空圆坯等。

05.1450 钢包回转台 ladle turret
位于连铸机上方，一个臂支承钢包进行浇铸，另一个臂可同时更换钢包的机械设备。

两臂作回转运动，便于实现多炉连浇。

05.1451 中间包车 tundish carriage
支承中间包并使之在预热位置和浇铸位置间移动的机械设备。

05.1452 近终形连铸 near-net-shape casting
在保证成品钢材质量的前提下，减小铸坯断面尺寸和轧制时的压缩比，促进钢材生产流程更加紧凑化的连续铸钢工艺。

05.1453 薄带连铸 thin strip casting
直接浇铸厚度15mm以下的薄带坯，不经过热轧而直接冷轧成带钢的连铸工艺。薄带连铸有极强的冷却速率，可以应用于非晶态或微晶金属材料的制造。

05.1454 单辊式连铸机 single roll caster
液态金属浇铸到高速旋转的水冷辊上，在辊面上凝固成薄带，然后在旋转中将薄带揭取下来的连铸设备。

05.1455 双辊式连铸机 twin-roll caster
液态金属浇铸在高速旋转的一对冷却辊之间，双辊既是结晶器又是轧辊，金属迅速凝固成带材后由双辊中间抽拉出来的连铸设备。

05.1456 带式连铸机 belt caster
液态金属浇铸在高速前进并强冷的金属带上，迅速凝固成薄板坯或薄带坯的连铸设备。

05.1457 薄板坯连铸机 thin slab caster
近终形连铸机利用特型结晶器(漏斗型、凸透镜型等)或实行在线压缩，把钢水铸成薄板坯的连铸设备。

05.1458 流变铸造 rheologic casting
凝固过程中通过强烈搅拌和振荡，使钢成为液固相共存的非牛顿流体，具有良好的流变特性，是铸造和塑性加工相结合的复合技术。

05.1459 雾化铸造 spray casting
气体射流将液态金属雾化成小液滴，沉积在基底上快速凝固成为坯料，再经过压轧成材的铸造技术。

05.1460 反向凝固 reversed solidification
将金属母带插入熔池，利用母带的热容吸热使熔池金属凝固在母材表面，在没有重新熔化之前迅速由熔池抽出，最后将两种金属轧制成一体的方法。

05.1461 [连铸]流 strand
连铸机的每一个结晶器所连续拉出的钢坯运行线。一台连铸机可以只有一连铸流，也可以设置多连铸流。

05.1462 铸流间距 strand distance
两连铸流的中心线在水平方向上的距离。

05.1463 注流对中控制 stream alignment control
控制钢包水口和中间包对称中心、中间包水口和结晶器对称中心位于同一垂线，以消除注流引起水平旋转流动的控制方法。

05.1464 中间包车定位 tundish positioning
检查并开动中间包车，进行前后、左右、上下调节，水口位置对中而且浸入式水口深度合适后，将中间包车固定好的定位方式。

05.1465 连铸结晶器 mould
承接从中间包注入的钢水，在其中冷却凝固成足够坚固的坯壳然后被连续拉出的连铸机关键组件。

05.1466 直结晶器 straight mould
结晶器铜板内表面为平面，构成直立形内腔

的结晶器。

05.1467 弧形结晶器 curved mould
结晶器铜板有两面为弧面，构成曲率和连铸机一致的弧形内腔的结晶器。

05.1468 套管式结晶器 drum-in-drum mould
将异型铜管插入冷却水套内密封构成的结晶器，结构简单，多用于方坯、圆坯铸造。

05.1469 组合式结晶器 built-up mould
由宽面两块和窄面两块复合壁板及外框架构成的结晶器，多用于板坯连铸。

05.1470 漏斗型结晶器 funnel-shaped mould
薄板坯连铸用结晶器类型之一。结晶器下口厚度 50~70mm，上口宽边中心区加大厚度 20~30mm，成为一个鼓肚形状的结晶器，加厚区长度约占结晶器总长的 60.0%~70.0%。

05.1471 凸透镜型结晶器 convex mould
薄板坯连铸用结晶器类型之一。结晶器内腔基本厚度 50~70mm，宽边中心区鼓肚贯穿结晶器全长，出口处特别设置两对足辊进行矫平的结晶器。

05.1472 平行板型结晶器 parallel wall mould
薄板坯连铸结晶器类型之一。整个长度均为平面，断面厚度达 70~125mm，浸入式水口断面也成扁平形的结晶器。

05.1473 结晶器倒锥度 negative taper of mould
根据凝固收缩程度决定结晶器上口和下口尺寸大小形成的倒锥形内腔。减轻结晶器内壁和坯壳间的气隙，改善结晶器传热。

05.1474 结晶器振动 mould oscillation
为防止初生的连铸坯壳和结晶器内壁黏连而导致拉裂，结晶器和铸坯间按一定规律进行的往复相对运动，使润滑剂或保护渣不断进入坯壳和内壁间的缝隙，以改善其润滑和传热作用。

05.1475 结晶器振幅 oscillation stroke
结晶器沿一个方向运动的总距离。

05.1476 负滑动 negative strip
结晶器振动过程中向下运动速度大于拉坯速度，则相对于结晶器形成铸坯向上的滑动。

05.1477 负滑脱量 negative strip distance
负滑动时间内结晶器相对于坯壳更多的下移距离。

05.1478 同步振动 synchronous oscillation
结晶器和铸坯同步下降，然后以 3 倍的速度回升的振动方式。

05.1479 负滑脱振动 negative strip oscillation
结晶器下降速度比铸坯快，亦即有一定负滑脱量的振动方式。

05.1480 正弦振动 sinusoidal oscillation
速度和振幅按正弦运动规律变化的振动方式。

05.1481 非正弦振动 non-sinusoidal oscillation
振动位移波形和正弦曲线有偏离，使下降速度快时间短，上振速度慢时间长的灵活振动方式，靠液压机构完成。

05.1482 钢液面 liquid steel level
连铸正常运转时钢水上表面在结晶器中的位置。

05.1483 弯月面 meniscus
由于钢水表面张力的作用，液面四周和结晶器壁连接处形成的有一定曲率的弯曲液面。

05.1484 液面控制 mould level control
利用结晶器液面测量仪表及时准确测出液面位置，灵敏控制钢水注入速率，使结晶器内钢液面尽可能稳定($\pm10\text{mm}$)的控制方式。

05.1485 结晶器润滑油 mould lubricant
适时加入到结晶器钢液面上的植物油料。以增加结晶器和坯壳间的润滑性，其不完全燃烧产物兼有防止液面氧化的效用。

05.1486 结晶器保护渣 mould powder, mould flux
用粉煤灰和其他物料及熔剂制成的合成渣。其成分在位于伪硅灰石-钙长石-钙黄长石-鳞石英在 $CaO\text{-}Al_2O_3\text{-}SiO_2$ 系中两个三元共晶体为基础的低熔点区。连铸时不断加到钢液面上，熔化后流入结晶器和坯壳之间的缝隙，具有润滑、防止二次氧化、吸收钢中夹杂物、改善传热等功能。

05.1487 保护渣熔化温度 melting temperature of mould powder
圆柱形保护渣试样熔化呈半球形时的温度。

05.1488 保护渣熔化速度 melting rate of mould powder
保护渣单向受热时，单位时间内单位面积的渣熔化成液态的量。

05.1489 保护渣原渣层 original layer of mould powder
加入结晶器内的保护渣最上层尚未熔化，保持粉末状或颗粒状的渣层。

05.1490 保护渣烧结层 partial fused layer of mould powder
结晶器内保护渣的中间一层部分熔化，形成

的液相包围固相颗粒成烧结形态的渣层。

05.1491 保护渣液渣层 fused layer of mould powder

保护渣最下层直接与钢水接触，形成全部保持液态的渣层，借助振动流入坯壳和结晶器之间的缝隙内。

05.1492 保护渣渣圈 flux rim in mould

又称"渣条"。保护渣液渣层和烧结层的四周接触结晶器壁部分，受到结晶器的冷凝作用而形成的固态渣环形边缘。

05.1493 保护渣渣膜 flux film on strand shell

流入坯壳和结晶器之间的保护渣所形成的膜，约 1~2mm 厚。靠近坯壳表面为 0.1~0.2mm 厚的液态渣膜，其余渣膜有玻璃态和结晶态两种组织形式。各层相对厚度和渣膜总厚度与保护渣性质、连铸工艺有关。

05.1494 保护渣凝固温度 freezing temperature of mould flux

液态保护渣开始向固态转变的温度。通常用黏度–温度曲线上的转变点，或用黏度达到 $10Pa \cdot s$（100poise）时的温度 T_{100} 定为凝固温度。

05.1495 保护渣析晶温度 crystallization temperature of mould flux

用差热分析法测定的液态或玻璃态保护渣开始析出晶体的温度。

05.1496 保护渣转折温度 break temperature of mould flux

碱度较高的保护渣冷却时，黏度–温度曲线出现明显的转折点时的温度。

05.1497 渣膜析晶率 crystalline proportion in flux film

在冷凝渣膜中结晶体所占比例。

05.1498 保护渣消耗量 specific consumption of mould powder

单位连铸坯表面积所消耗的保护渣量（kg/m^2）或单位质量连铸坯所用的保护渣量（kg/t）。保护渣消耗量实质上代表铸坯表面保护渣膜的厚度。

05.1499 引锭 start casting

在结晶器下口插入引锭头，使铸入的钢水在其上凝结成坯壳然后一同连续拉出的操作。

05.1500 引锭杆 dummy bar

断面和铸坯相近的金属构件。上端支承引锭头送入结晶器以开始浇铸，下端插入拉矫机，牵引连铸坯由结晶器拉出，直到引锭头通过拉矫机后与铸坯脱离，存放起来下次浇铸时启用。

05.1501 刚性引锭杆 rigid dummy bar

杆身用整条弧形钢结构或几个弧形段连接构成的引锭杆。能快插入结晶器，适用方坯连铸机。

05.1502 挠性引锭杆 flexible dummy bar

杆身由几十个链节构成，其间用销轴铰接或用螺栓连接的引锭杆。可灵活改变其曲率，适用各种连铸机。

05.1503 引锭头 starter head

断面和铸坯断面相同的块状金属。顶面设有燕尾槽或拉钩。开浇时成为结晶器的底，能将凝固的坯壳固定于其上。

05.1504 板坯在线调宽 online variable width of slab mould

在连铸直接轧制作业中，当需要供应不同宽度的板坯时，利用计算机控制结晶器窄面铜板水箱逐步移动以改变结晶器的宽度的技术。调宽可在拉速 1.6m/min 条件下进行，但调宽幅度不可能很大。

05.1505 铸坯上环流 upper loop flow in strand

板坯连铸时，由浸入式水口流出的钢水以高速度流向结晶器窄边，受阻后部分钢水向上折返，在保护渣层下方形成的循环流动。

05.1506 铸坯下环流 lower loop flow in strand

流向结晶器窄边的钢水，受阻后部分折向下方随同铸坯向下运动，由于拉坯速度低于液流速度，部分钢水再次折返向内所形成的循环流动。

05.1507 连铸坯凝固壳 strand shell

简称"坯壳"。钢水受到冷却后，外层先凝固而成的钢壳。

05.1508 连铸坯液芯 liquid core

坯壳内尚未凝固的芯部钢水。

05.1509 一次冷却区 primary cooling zone

注入结晶器的钢水，通过带冷却水箱的结晶器铜壁的传热使钢水凝固成坯壳的区段。该区段释放的热约占 10%~20%。

05.1510 二次冷却区 secondary cooling zone

简称"二冷区"。由结晶器拉出的铸坯，通过直接喷射的水雾蒸发吸热和对流传热，坯壳继续凝固加厚的区段，该区段释放的热约占 40.0%~50.0%。

05.1511 空冷区 air-cooling zone

离开二次冷却区的铸坯通过在空气中辐射散热继续凝固到残余液芯消失的区段。铸坯温度宜控制在 900~1100℃，该区段释放的热约占 30.0%~40.0%。

05.1512 夹辊 pinch roll

二冷区中密集成对排列的防止坯壳鼓胀的辊子。

05.1513 拉辊 withdrawal roll

夹紧铸坯并拉动铸坯前进的辊子。

05.1514 分节辊 split roll

宽面坯夹辊辊身较长，需分成 2~3 节，中间加支撑以增加刚度的板坯夹辊。

05.1515 扇形段 segment

由几组辊子和喷嘴组成的、曲率与铸坯相同的整体框架结构。

05.1516 支撑导向段 support and guiding segment

紧连结晶器下方的扇形段。由紧密排列的辊子夹紧较薄的坯壳，并可通过多点弯曲过渡到固定半径的弧形铸坯。

05.1517 快速更换台 quick-change frame

支撑导向段和结晶器振动装置组装在一起，便于整体吊装更换，线外检修的装置。

05.1518 弧形导向段 curved guiding segment

支撑导向段之后曲率半径固定的多个扇形段。兼有拉坯作用，各扇形段结构相同，便于互换。

05.1519 矫直段 straightening section

通过带有矫直力的辊子使弧形铸坯受力变形，由原曲率半径逐渐改变为曲率半径无穷大的直坯的区段。

05.1520 水平段 horizontal section

矫直段之后铸坯尚未完全凝固，需要继续对其支撑和导向的区段。

05.1521 驱动辊 driving roll
弧形导向段开始，某些和电机相连接，带动辊子转动，实现拉坯功能的辊子。

05.1522 拉坯矫直机 withdrawal and straightening machine
设置于铸坯二冷装置之后，拉出钢坯并进行矫直的一组机械。同时还有驱动引锭杆的功能。现代连铸机可在弧形导向段和矫直段完成拉矫功能，不再设置专门的拉矫机。

05.1523 比水量 specific water amount
连铸机二冷装置使用冷却水的体积流率与铸速的比值，是铸坯所受到的二次冷却强度的指标。

05.1524 喷水冷却 water spray cooling
利用喷嘴将水以高压力雾化成水滴（200~600μm），高速喷射到铸坯表面以实现冷却作用的方法。

05.1525 气水喷雾冷却 air-mist spray cooling
借助压缩空气的动能使水雾化成更小的直径（20~60μm）的水滴，高速喷射到铸坯表面，以增大冷却均匀性的方法。

05.1526 铸机半径 caster radius
连铸机从结晶器到二次装置末端所具有的曲率半径。大部分是同一圆弧半径，只有结晶器及其附近部分的曲率半径有某些变化。

05.1527 冶金长度 metallurgical length
连铸过程中由结晶器内钢液面到铸坯液芯完全消失处的距离。冶金长度随铸速的增大而增加。

05.1528 拉坯速度 casting speed
拉辊驱动铸坯在单位时间内前进的距离。

05.1529 浇注速度 teeming speed
中间包水口控制的钢流注入结晶器的体积流率。

05.1530 铸速 casting rate
单位时间内铸成的连铸坯量—质量流率。

05.1531 稳态铸速 steady casting rate
拉坯速度和浇注速度达到平衡时的铸速。

05.1532 拉坯曲线 withdrawal diagram
水平连铸工艺中驱动铸坯的前进、后退、停止，按一定规则组合成周期式的间歇拉坯操作。

05.1533 分离环 break ring
水平连铸机的结晶器直接装置在中间包水口上，两者之间的界面用优质耐火陶瓷（氮化硼类）制成的环分开，以便拉坯时坯壳和分离环能够脱开而前进的环形零件。

05.1534 水平连铸三相点 three-phase site of horizontal continuous casting
水平连铸结晶器中三个相（坯壳、钢水、分离环）同时接触点。

05.1535 弯曲辊 strand bending roll
立弯式连铸机铸坯垂直段完全凝固后，使铸坯弯曲 90°成水平方向运动的具有水平推力的辊子系统。

05.1536 矫直辊 strand straightening roll
立弯式连铸机铸坯弯曲到水平方向后，再把弯坯矫正回来成为直坯的辊子系统。

05.1537 足辊 foot roll
小方坯连铸结晶器出口围绕铸坯四周设置的辊轮和喷水系统，以支撑和加强局部厚度过薄的坯壳，防止拉漏。

05.1538　支撑格栅　support grid
小方坯连铸结晶器出口围绕铸坯四面设置四块带有弹簧压紧作用的金属栅板和喷水系统，以支撑和冷却坯壳，而且可以借助设在四角的喷嘴以加强坯角的冷却。

05.1539　切割定尺装置　cut-to-length unit
将已完全凝固的铸坯切断成一定长度的设备。铸坯长度可以根据用户需要由计算机动态控制，以减少轧制时的切头切尾量损失。

05.1540　火焰切割　torch cutting
用氧和燃气混合燃烧的火焰使铸坯切断点处熔化，同时借助高压氧气把熔化金属吹开，形成割缝的切割方法。

05.1541　多点矫直　multi-point leveling
弧形铸坯经多次逐步矫直成平直铸坯的矫直操作。

05.1542　压缩矫直　compression straightening
在矫直点前配置驱动辊，矫直点后配置逆向驱动辊，沿铸坯轴向产生压应力，以抵制矫直时铸坯内弧的张应力，从而减少产生裂纹条件的矫直操作。

05.1543　结晶器电磁搅拌　mould electromagnetic braking
电磁感应搅拌器安装于结晶器外或将感应线圈置于结晶器水套内，使结晶器内钢水产生旋转流动，促进非金属夹杂物的上浮并减少铸坯表层的气泡的搅拌方式。

05.1544　二冷区电磁搅拌　electromagnetic stirring in secondary cooling zone
电磁感应搅拌器安置于连铸二冷区，产生水平旋转流动的多置于二冷区上部，产生垂直流动的多置于二冷区下部，用以打断柱状晶，增加等轴晶生成，并且有利于大型夹杂

物的分离与去除，减少内弧的夹杂物聚集的搅拌方式。

05.1545　凝固末端电磁搅拌　electromagnetic stirring in final solidifying zone
电磁感应搅拌器安置于铸坯液芯直径小于40mm 的区段，功用主要是减轻铸坯的中心疏松和偏析的搅拌方式。

05.1546　结晶器电磁制动　mould electromagnetic brake
板坯结晶器的宽面两侧安装两对磁极，在结晶器内形成两个静磁场，由水口侧孔流出的钢流切割磁场时，产生的电磁力(洛伦兹力)能抑制钢流的流速，减弱钢流对窄面坯壳的冲击，并且改善顶部液面的波动的制动措施。

05.1547　软接触结晶器　soft contact mould
为使熔点高、密度大、电导率和热导率低的钢实行电磁铸造，采用分瓣式有缝的结晶器或电导率不同的两种金属板制成的组合结晶器。从而增加磁场穿透效率，使铸坯和结晶器内壁隔开，减小两者间的摩擦。

05.1548　连铸坯凝固传热模型　heat transfer model of strand solidification
连铸过程中对铸坯的热流输入和输出衡算建立凝固传热方程，用数值方法求解以取得连铸坯凝固速率，铸坯内温度分布、铸坯表面温度变化等连铸工艺参数的原理和方法。

05.1549　二冷传热动态控制　dynamic control of heat transfer at secondary cooling
根据对二冷各区段的冷却水压力、流量的测量结果和已建立的凝固传热模型，实时计算铸坯在各个扇形段的热状态，并通过调节拉速和水流密度(或比水量)以改变冷却速率，使铸坯各部位的温度满足冶金准则的要求

的控制技术。

05.1550　坯壳应力场模型　model analysis of stress field in strand shell

在凝固传热模型求得铸坯内温度分布的基础上，进一步应用弹塑性形变理论和有限元方法，得出铸坯各区段坯壳内的应力分布的模型。把它和钢的高温力学性能作比较，以预测铸坯产生裂纹的可能性。

05.1551　全连铸　100 percent continuous casting

钢铁生产流程中的凝固工序全部采用连铸操作的方法和技术。

05.1552　多炉连浇　sequence casting

在连铸工艺和设备控制良好的条件下，将间歇生产的各炉次钢水通过不停顿的连铸方式制造成铸坯供给连轧机的过程。

05.1553　高效连铸　high efficiency continuous casting

在连铸生产初始阶段，作业率较低而且铸坯合格率不够高的情况下，和高速连铸技术综合考虑，提高连铸机的铸速和生产效率的措施。

05.1554　连铸坯热送热装　slab hot charging

连铸坯切割成定尺后，不再冷却后专门检验，根据工厂条件，尽可能在较高温度下装入加热炉以节约能耗的技术。

05.1555　连铸热装轧制　continuous casting-hot charge rolling

在钢铁厂设计中考虑到连铸机和轧钢机布置上的衔接，铸坯剪切后应保持在 400℃以上($\gamma+\alpha$ 组织)装入加热炉加热轧制的技术。

05.1556　连铸直接轧制　continuous casting-direct rolling

高温无缺陷铸坯温度保持在 A_3 以上(原生 γ 组织)，装入加热炉进行均热或在线局部补充加热，立即直接进行轧制成材的技术。

05.1557　薄板坯连铸连轧　thin slab casting and rolling

薄板坯连铸机和高速带钢热连轧机实行一体化作业，使从钢水到带钢板卷形成紧凑化连续化生产。

05.1558　铸轧技术　casting-rolling technique

连铸过程中铸坯未完全凝固时对坯壳进行挤压以减薄其厚度的技术。铸轧又可细分为液芯轻压下和液–固两相轧制两种工艺。

05.1559　液芯轻压下　soft-reduction with liquid core

在连铸坯壳内含有液态芯的情况进行的形变率较小的压下操作。既可有利于增大结晶器的厚度，又可以破碎柱状晶，使晶粒细化。

05.1560　铸轧扇形段　casting-rolling segment

薄板坯连铸二冷区的扇形段采用可调式液压导辊以逐步压缩铸坯厚度的设备及其控制措施。

05.1561　尾坯封顶　capping of strand tail

连铸接近结束时，根据中间包内钢液面降低情况调节拉坯速度，在铸坯拉出结晶器以前使坯的尾端顶面完全凝固，以避免钢水从坯的末端流出伤人或损害设备的措施。

05.1562　连铸炉次数　sequence length

从开始拉坯到尾坯封顶一共完成浇铸的钢水炉数，是影响连铸机作业率的重要指标。

05.1563　连铸漏钢　break-out

结晶器传热不均衡或混入保护渣团导致连铸坯壳局部过薄，拉出结晶器时破裂而发生漏钢现象。

05.1564 结晶器溢钢 overflow from mould
中间包水口失控或拉坯机、引锭杆等故障，导致钢水自结晶器顶面溢出的事故。

05.1565 保护渣结团 mould flux crust
由于保护渣组成不均匀或含水量过高，或者结晶器内流动不畅形成顶部温度低，导致部分保护渣黏接成团的现象。

05.1566 振痕 oscillation marks
结晶器振动时施加于凝固坯壳上的作用力，导致铸坯表面周期性出现有一定间隔的凹陷。过深的振痕则成为铸坯的缺陷。

05.1567 钢坯表面缺陷 surface defect
存在于连铸坯或钢锭表面上的疵病；或存在于连铸坯和钢锭表皮下面，在轧钢后因表皮剥落而显露于表面上的钢质量疵病。

05.1568 钢锭内部缺陷 ingot internal defect
存在于连铸坯或钢锭内部的疵病；或由于连铸坯和钢锭中有害的物理化学因素（应力、偏析等）非正常分布，在轧钢后产生于钢材内部、破坏金属完整性，影响其质量的疵病。

05.1569 表面纵裂 longitudinal facial crack
较多出现于铸坯棱角附近或板坯中心区域的铸坯表面上，沿拉坯方向的长度和深度不等的裂纹。

05.1570 表面横裂 transverse facial crack
铸坯表面上垂直于拉坯方向的深度为几个毫米的裂纹。断裂面常附有硫化锰或氧化铝夹杂物。角部横裂纹多与振痕深度有关。

05.1571 星形裂纹 star crack
铸坯表面放射状无固定方向性的细小裂纹。表面覆盖氧化铁皮层，经过酸洗后能显现出来。一般认为是铜黏附在凝固中的坯壳上沿初生奥氏体晶界渗透形成。

05.1572 中间裂纹 intermediate crack
铸坯表面和中心之间的部位所生成的裂纹。多由于二冷区温度回升快，回热应力超过高温塑性所致。

05.1573 矫直裂纹 straightening crack
矫直弧形铸坯时，内弧所受拉应力超过铸坯强度所导致的表面或内部横向裂纹。

05.1574 中心线裂纹 centre line crack
由于板坯宽面鼓肚量大或中心区冷却过快，在铸坯中心形成的裂纹。

05.1575 铸坯中心疏松 centre porosity
方坯或圆坯中心由于没能充分补缩而形成的细小的空隙。经过轧制后疏松可以被焊合。

05.1576 鼓肚 bulging
连铸时坯壳受到钢水静压力，当夹辊辊间距过大或辊子刚度不够时，生成的铸坯中间向外凸出，边缘和中心坯厚度产生差别。

05.1577 钢锭脱方 rhomboidity
又称"菱变"。方坯和小方坯断面变成菱形的现象。两条对角线长度的差值达到平均长度的 3%以上。

05.1578 冷隔 cold shut
环绕在水平连铸钢坯表层的凹陷接痕，由于周期性的拉坯–推坯–停顿所造成。

05.1579 表面夹渣 surface slag inclusion

铸坯表面或表皮下面镶嵌的大块的、形状不规则的渣粒。

05.1580 针孔 pinhole
连铸坯或钢锭表面以及表皮下面直径小于1mm的大量的针状细孔。

05.1581 笔管形气泡 pencil pipe blister
当长水口浸没深度过大时，部分氩气泡被截留于板坯内弧坯壳内，潜于皮下约40mm深，轧制时被拉长，并在退火时扩展，形成表面凸起的铅笔形的气泡。

05.1582 白亮带 white band
由于二冷区电磁搅拌凝固时，剩余钢液的运动，引起的铸坯内部的负偏析带，在低倍检验时呈现白色亮线条形状。

05.1583 钢锭 ingot
钢水注入生铁制造的钢锭模内，逐渐冷却凝固形成的一块块的固体钢。根据进一步加工的不同要求，有方锭、圆锭、扁锭、空心锭、异型锭等。

05.1584 铸锭 ingot teeming
钢水铸造成钢锭然后再经初轧—开坯的生产工序。除了某些特殊情况（特大质量、特殊钢种）外，铸锭已被连续铸钢所取代。

05.1585 坑铸 pit teeming
在炼钢车间内，为放置钢锭模并进行铸锭操作而设置方形浅坑，在坑内铸锭和脱模的铸锭方法。

05.1586 车铸 truck teeming
钢锭模、底盘等放置在车上，在车上浇铸后，沿轨道运走脱模的铸锭法。

05.1587 上铸 top teeming
从钢锭模上端的敞口把钢水逐个注入模内的方法。

05.1588 下铸 bottom teeming
钢锭模下端开口，置于底盘中的流钢砖上，钢水通过注管从下端开口，同时注入若干个钢锭模的方法。

05.1589 钢锭模 ingot mould
用生铁铸成的具有一定高宽比和锥度的金属模具。有上大下小和上小下大的两大类型。钢水在其中凝固成形。

05.1590 保温帽 hot top
置于钢锭模顶端、铁壳内镶衬有绝热材料的围栏，目的使其中的钢水长时间保持液态，以便补充锭身部分的收缩空间的装置。

05.1591 镇静钢钢锭 killed ingot
完全脱氧的钢水铸成的钢锭。

05.1592 沸腾钢钢锭 rimmed ingot
未脱氧的钢水铸成的钢锭。浇铸过程模内发生碳氧反应形成沸腾状态，产生的一氧化碳气泡体积可弥补收缩体积，但钢水强烈流动增大了偏析。

05.1593 半镇静钢钢锭 semi-killed ingot
部分脱氧的钢水铸成的钢锭。浇铸过程模内沸腾受控制，后期产生一氧化碳气泡既能有利于补缩，又可减弱偏析程度。

05.1594 瓶口钢锭模 capped ingot mould
模顶部内腔逐步收缩成瓶口形状，以便浇铸结束时在瓶口处加一重盖，产生大的压强以抑制模内沸腾继续进行的钢锭模。

05.1595 浇注工艺 teeming practice
铸锭操作者掌握好浇注温度和浇注速度以

控制浇铸顺利进行和钢锭质量的技艺。

05.1596 补浇 back feeding

浇铸镇静钢钢锭,为了减小缩孔,在钢锭尚未完全凝固时补充注入钢水的措施。

05.1597 发热渣 exothermic flux

加入到铸满钢水的钢锭模保温帽内,利用其受热后引发铝热反应以增加钢锭顶部钢水保持液态的时间,增加补缩效果的熔剂。

05.1598 铸锭车 teeming truck

生产规模大的炼钢车间,将钢锭模和附属设备布置在专用的列车上,铸锭完成后,将列车牵引至脱模工位,然后再将热钢锭送往轧钢车间的专用车辆。

05.1599 底板 mould stool

又称"底盘"。生铁制造的平板,用以承托摆放钢锭模,并在其上进行铸锭操作。

05.1600 流钢砖 runner brick

又称"汤道砖"。方形耐火砖,可布置于底板的沟槽内,中有圆形流道,下铸时钢水经由流钢砖注入钢锭模。

05.1601 中注管 fountain

生铁制造的厚壁管,其中砌筑圆筒形耐火砖,下铸时钢水注入中注管,再经由流钢砖进入钢锭模。

05.1602 钢锭模绝热板 insulating board for mould

按照钢锭模上部尺寸制成的多孔耐火材料板,组装悬挂在钢锭模顶部,使顶部钢水最后凝固以便于补缩,作用与保温帽相同而效率较高。

05.1603 脱模 stripping

将凝固的钢锭由钢锭模内取出的一系列操作。

05.1604 钢锭热送 hot ingot handling

脱模后的钢锭在红热状态立即送往均热炉内,使钢锭内外温度均匀化以便于初轧开坯的技术。

05.1605 钢锭液芯轧制 liquid core ingot rolling

钢锭中心未完全凝固时即送入均热炉的方法,所剩余的潜热用于钢锭温度均匀化,而且可以减轻中心疏松。

05.1606 钢锭缓冷 ingot slow cooling

某些高合金钢锭在空气中冷却的过程。冷却时会开裂。根据开裂倾向的不同,采取不同的缓慢冷却措施:模冷、堆冷、坑冷、砂冷等方法。

05.1607 钢锭退火 ingot annealing

有些品种的钢锭,为了缓解其中的组织应力,降低其硬度,装入炉中进行退火处理的措施。

05.1608 钢锭切头切尾 crop end of ingot

钢锭初轧后,其头部和尾部因缩孔、夹渣以及轧制后形状不规整等原因,必须切除一部分成为废钢的措施。

05.1609 铸锭结疤 splash

铸锭操作产生的飞溅金属液滴冷凝在钢锭表面所形成的带锈聚集物。

05.1610 翻皮 teeming lap

铸锭时由于液面保护不佳,半凝固状态的结壳又卷入金属液中所形成的缺陷。翻皮破坏了金属基体的完整性和纯洁度。

05.1611 重皮 double skin

钢锭局部表层发生的重叠现象，和开始浇注过快有关。

05.1612　重接　double teeming
钢锭四周明显的接痕或断痕，和浇注中间停顿有关。

05.1613　表面气泡　skin blowholes
气体析出于钢锭表面形成的孔洞。

05.1614　皮下气泡　subskin blowholes
钢锭中未暴露于表面而存在于很浅的表皮下的气泡，在加热钢锭时因表层氧化而裸露。

05.1615　发纹　hair cracks
钢中非金属夹杂物和气泡在形变加工时沿轧制方向延伸形成的细微纹缕，在塔形车削试样酸蚀后显现出来。

05.1616　白点　flakes
由于钢中氢过饱和析出而形成的微裂纹，在试样断口上呈银白色亮点形态。

05.10　冶金流程工程学

05.1617　流程工程学　process engineering
从制造生产流程的总体层次，研究各生产组元(工序、设备)及流程整体的运行效率、功能协调、结构合理性、有序性和连续性的工程学科。

05.1618　流程　manufacturing process
制造生产过程中，从原料投入到成品产出，由不同工序、不同的设备按顺序连续地进行加工的过程。

05.1619　工序　processing procedure, procedure
流程中为实现某特定功能而由若干设备组合构成的生产环节。

05.1620　设备　device
工序中实现某一个或若干个物理、化学变化的生产装置。一种设备可以看作一种反应器。

05.1621　流程结构　process structure
为实现物质和能量的转化，流程中不同层次的组元和组元之间在时间和空间方面关联方式的集合。

05.1622　空间结构　spatial structure
制造流程中组元(工序、设备)的数量、容量、排列方式及其平面、立面布置。属于静态结构。

05.1623　时间结构　time-characteristic structure
又称"运行结构"。生产运行过程中流程各组元间相互依存、相互制约所体现出来的时间长短、顺序等的关联方式。

05.1624　流程网络　process network
流程系统中运行的物质流、能量流、信息流通过"节点"(工序、设备)与"连结器"(传送和运输方式)整合在一起的时间-空间结构。

05.1625　动态有序结构　dynamic-orderly structure
在流程系统这种足够大的时空尺度上，通过工序功能的解析优化和工序间相互关系的衔接匹配，使流程运行过程趋向连续化而且时间、空间结构呈现有序的现象。动态有序结构是一种耗散结构。

05.1626　结构重组　reconstruction

流程结构中某一组元或某些序参量发生临界性转变，实现局部功能优化，继而通过子系统之间的非线性相互作用和协同效应，形成更大层次的动态有序结构，直至整个流程转变为新的结构形态，从而达到有序化、协调化、紧凑化、高效化的目的。

05.1627 弛豫时间 relaxation time
影响系统行为的变量，受到干扰偏离稳定态形成涨落现象，不同幅度的涨落逐渐衰减而或快或慢地回到原状态的时间。

05.1628 序参量 order parameter
制造流程作为运离平衡的开放系统，运行和演化过程中其参变量的涨落程度和衰减快慢各有不同，衰减慢的变量可以使系统偏离原状态，引发有规则的新结构涌现。序参量就是这种支配子系统的行为，决定重组结构或功能有序的慢弛豫变量。

05.1629 整体性 integrity
流程各个组元按照一定工艺思想组织成一个多层次的结构，各个组元的运行和上、下游组元协调，使流程整体功能和效率大于各个组元的简单叠加，呈现新的功能和属性。

05.1630 连续化 continuation
生产过程的各种参量沿时间轴均匀地、协调地向目标值演变的过程。

05.1631 准连续化 quasi-continuation
高效率、快节奏的间歇操作和连续化操作在时间轴上耦合成为接近于连续的运转过程。

05.1632 间歇操作 batch operation
生产操作的起始和终止沿时间轴周期性重复，而其间包括有必要间断的过程。

05.1633 间断 intermittence
间歇作业周期之间，或在某种意外的干扰下，生产操作停顿以致中断的情况。

05.1634 紧凑化 compactness
通过流程各组元的功能解析和结构重组以及运输方式的改进，可以在减少组元数量和串联长度的条件下完成流体整体性功能的过程。

05.1635 计划维修 periodical and coordinated maintenance
各种主要设备的寿命能彼此协调，整个流程或至少某一区段的设备可以在统一时间停产进行维修或设备更新的作业方式。

05.1636 维修规程 maintenance know-how
维修工人队伍应该掌握的知识和技能，可以保证在规定时间修复设备达到正常性能水平的规程。

05.1637 备品备件 spare parts and units
数量合理、状况良好、存放有序的设备易损零件和组装件。

05.1638 零意外停工率 zero unplanned downtime
生产运行中不发生因设备事故而造成意外停工时间。

05.1639 维修优化策略 optimal maintenance strategy
在生产和维修的矛盾中合理分配财力物力的策略。不是简单估算维修成本和生产损失而削减维修。必须考虑设备退化和带伤运转的损失，特别是熟练维修工人流失的危害。

05.1640 运行动力学 operation dynamics
分析研究冶金生产流程中物质流运行方式和演变进程随时间变化规律的学科。是一种时空大尺度、多层次的过程系统的动力学。

05.1641　自组织　self-organization
开放系统远离平衡状态，由于组元间非线性相互作用和涨落现象，系统内各构成要素之间的相干效应和协调作用，使流程自我形成有一定功能、结构的有序状态。

05.1642　自创生　self-generation
在一定外界条件下，流程本身从原有状态自组织出现有序程度更高的新的结构、功能状态。

05.1643　自坍塌　self-collapse
自组织出现的新状态比原有状态有序程度降低的现象。

05.1644　自复制　self-reproduce
流程系统各组元呈现周期性地重复变化，而流程整体保持稳定的运行状态的现象。

05.1645　自生长　self-growth
外界环境的输入可平均作用于流程各个单元，流程保持结构、功能不变而整体扩大的现象。

05.1646　自适应　self-adaption
在外界环境发生变化时，流程系统结构出现某种变化以适应外界的刺激，或者能够吸收刺激而不发生结构变化的现象。

05.1647　多因子物质流　multi-factor mass flow
流程网络中运行的具有多因子特性(化学组分因子、物理相态因子、几何尺寸因子、表面性状因子、能量–温度因子、时间–时序因子)的物质随时间的运动和变化。

05.1648　铁素物质流　ferruginous mass flow
钢铁冶金生产流程中以铁元素为主体的物质流。流中物质在过程中经历系列的物理–化学变化，但宏观上认为其每分钟流通量是稳定的。

05.1649　能量流　energy flow
在流程网络中支持和推进物质流，同时和物质流相互作用而且不断转化其自身形态的能量的运动。

05.1650　信息流　information flow
和物质流、能量流相伴产生，并可利用来对流程有效调控的信息的传播活动。

05.1651　空间序　space order
流程系统各组元在空间分布上的规律性。

05.1652　时间序　time-characteristic order
流程运行时在时间进程上的先后次序以及周期性的变化。

05.1653　时空序　spatio-temporal order
流程系统在时–空坐标系中有规律的以及周而复始的变化。

05.1654　功能序　function order
流程各不同组元的功能根据总体要求呈现的有序实现方式。功能的有序集合往往导致流程产生新的功能。

05.1655　流程运行程序　program of process running
流程运行时各种形式的"序"及规则、策略、途径的集合。

05.1656　物性控制　matter property controlling
流程要素之一。在流程运行中对生产体的物质特性的控制(金属和渣的性质、钢水洁净度、钢坯尺寸和形状、金属组织状态、成品性能和表面性状)。

05.1657　物态转变　structure and aggregate state transforming
流程要素之一。在流程运行中发生的物质状态和组织的变化(氧化物-金属、液态金属-固态金属、铸态组织-形变组织、高温组织-常温组织)。

05.1658　物流管制　mass flow controlling
流程要素之一。在流程运行中物流方式和流通量的管理(工序关系和途径、物质及能量载体的传输、物流输送方式)。

05.1659　流程工序集　set of procedure
流程的各个工序的全体。

05.1660　工序功能　function of procedure
流程中某个工序的行为对外界发挥出来的有效作用。

05.1661　工序性能　performance of procedure
流程中某工序在内部相互作用、相互制约和外部联系中表现出来的特性。性能提供了发挥功能的客观可能性。例如预处理脱硫率(功能)依靠其内部渣的硫容量(性能)而发挥出来。

05.1662　工序关系　relation among procedure
流程中相邻的以及不相邻的工序之间在功能、时序、流通量诸方面应有的衔接、配合、协调、节律化的相互关系。

05.1663　刺激–响应机制　stimulus-response mechanism
对生产流程这类离散系统进行外界刺激,系统各组元产生不同类型和不等滞后度的响应。响应方式有反射、吸收、传导、转换等不同类型。

05.1664　界面技术　interface technique
流程中在各主体工序之间进行衔接–匹配和协调–缓冲所采用的工艺、设备及其时空配置方式。

05.1665　运行推力源　push source to process running
流程中某主体设备(如高炉)的运转,要求其下游区段的物质流必须以相配合的流通量不停顿的前进。

05.1666　运行拉力源　pull source to process running
流程中某主体设备(如连铸机),为了能够保持稳定运转,要求其上游区段的物质流能够"定时、定温、定品质"地供应金属。

05.1667　刚性组元　rigid unit
流程中运行变量所允许的涨落范围小的某些工序或设备。亦即有不大的弹性。

05.1668　柔性组元　flexible unit
流程中运行变量的涨落范围大的某些工序或设备。可以作为缓冲组元,但其缓冲能力保持在某种极限以内。

05.1669　弹性谐振运行状态　elastic-chain syntony in operation
由刚性组元和柔性组元集合组成的流程系统。运行时调控各种柔性组元在其柔性极限以内,流程得以运行而不失衡的情况。

05.1670　时空多尺度　space-time multi-scale
不同类型的事物,从原子–分子到社会生产各种层级,其运动、发展、变化在不同级别的空间尺度和时间尺度进行。每个尺度级别内部有自己的规律性和控制机制,存在不同的数学物理模型。

05.1671　钢铁厂功能拓展　function extension

of steel plant
钢铁厂的功能从单纯生产钢材扩展为环境友好钢材制造功能、能源转换化功能和部分废弃物处理和再资源化功能的转型。

05.1672 生态效率 eco-efficiency
制造工艺以最合理方式利用资源，节省能源消耗的生产过程。

05.1673 生态效用 eco-effectiveness
设计和制造对生态和经济更为合理的产品。

05.1674 能的梯级利用 cascade utilization of energy
在能源的转化和利用进程中，减小各个步骤的熵增量，使能源得到更高效的利用。

05.1675 㶲 exergy
热源温度 T 达到与环境温度 T_e 平衡为止，能够向环境转移的最大有效能。

05.1676 高能级余热 high exergy waste heat
生产中产生的高㶲值余热。其能源品级高，属于优质废热。

06 有色金属冶金

06.01 一般术语与单元过程

06.0001 单元过程 unit process
生产工艺中具有共同化学变化特点的基本过程。

06.0002 增值冶金 value-added metallurgy
以生产高附加值产品为目标的冶金方法统称。

06.0003 气化冶金 vapometallurgy
又称"挥发冶金"。通过加入试剂和调控温度，使物料中的目标元素或组分转变成挥发性物质进入气相，借以分离提纯的冶金过程。

06.0004 提纯 purification
除去目标产物中杂质的过程。

06.0005 焙烧 roasting
将矿石、精矿或金属化合物直接或配加一定的物料后，在控制气氛下加热至低于其熔点的温度，发生氧化、还原或其他物理化学变化的过程。

06.0006 预焙烧 preliminary roasting, pre-roasting
焙烧前对物料进行必要的加热处理过程。

06.0007 氧化焙烧 oxidizing roasting
将硫化精矿加热到低于其熔点的温度，使部分或全部的金属硫化物变为氧化物，同时除去易挥发杂质的焙烧工艺。

06.0008 还原焙烧 reducing roasting
在一定温度下，物料中还原剂还原目标组分以利于下一步处理的焙烧工艺。

06.0009 挥发焙烧 volatilization roasting
控制过程的温度和气氛使物料中的提取对象变为挥发性组分呈气态分离出来的焙烧方法。

06.0010 氯化焙烧 chloridizing roasting
焙烧过程中加入氯化剂，使物料中的某些成分转变为气态或凝聚态的氯化物，而与其他组分分离的焙烧方法。

06.0011 硫酸化焙烧 sulfurization roasting
控制过程的温度和气氛使物料中的提取对象变为易溶于水的硫酸盐的焙烧方法。

06.0012 全氧化焙烧 dead roasting
使物料中的硫化物全部转化成氧化物的焙烧工艺。

06.0013 富氧焙烧 oxygen-enriched roasting
鼓风氧浓度大于空气氧浓度条件下进行的焙烧工艺。

06.0014 半氧化焙烧 semi-oxidizing roasting, partial oxidizing roasting
又称"部分焙烧(partial roasting)"。使物料中的目标元素或组分部分转变成氧化物而另一部分转变成硫酸盐或其他形态的焙烧工艺。

06.0015 选择性焙烧 selective roasting
调控气氛和温度仅使物料中的目标元素或组分发生化学反应的焙烧工艺。

06.0016 磁化焙烧 magnetizing roasting
将弱磁性的赤铁矿或其他物料中非磁性组分还原成强磁性的磁铁矿,以便于通过磁选与脉石或其他分组分离的焙烧工艺。

06.0017 自热焙烧 autogenous roasting
以物料组分的放热反应热为热源的焙烧工艺。

06.0018 逆流焙烧 countercurrent roasting
在反应器内(一般指回转窑),物料与热气体的流动方向相反的焙烧方式。

06.0019 湿法焙烧 pulp-feed roasting
用水使物料浆化后进行的焙烧工艺。

06.0020 烧结焙烧 sintering roasting
进行烧结的焙烧工艺。

06.0021 堆焙烧 heap roasting
物料在堆积方式下进行的焙烧工艺。

06.0022 流态化 fluidization
将气体或液体通过颗粒状料层而使之处于类似流体运动状态的过程。

06.0023 流态化焙烧 fluidized roasting, fluidization roasting
在流态化床内鼓入气体使固体物料呈运动状态进行焙烧的工艺。

06.0024 流态化床分级 fluidized bed classification
用流态化床进行粒度分级的操作过程。

06.0025 焙烧炉 roasting furnace, roaster, roasting oven
用以装载和加热物料实行焙烧工艺的设备。

06.0026 闪速焙烧炉 flash roaster, flash roasting furnace
利用喷嘴喷入空气和物料并使物料呈飘悬状态进行快速焙烧的焙烧炉。

06.0027 多膛焙烧炉 multiple-hearth roaster
曾称"多床焙烧炉"。具有多层带耙的炉床和空间,呈竖式圆筒型结构,物料从上至下在各层间连续运动进行焙烧的焙烧炉。

06.0028 带式焙烧机 pellet grate
具有带式驱动装置的带式焙烧设备。

06.0029 焙烧炉床能率 roaster specific capacity
焙烧炉单位时间内单位面积或单位体积焙

烧处理物料的数量。

06.0030 焙砂 calcine
物料经焙烧炉焙烧后产出的细粒状产物。

06.0031 煅烧 calcining, calcination
又称"焙解"。将碳酸盐或氢氧化物的矿物原料在空气中加热分解，除去二氧化碳或水分，变成氧化物的工艺。

06.0032 流态化煅烧 fluidized bed calcination, fluidized bed combustion
在流态化床内鼓入气体使固体物料呈悬浮运动状态受热并进行煅烧的过程。

06.0033 煅烧炉 calcinator, calciner
用以装载和加热物料实行煅烧工艺的设备。

06.0034 挥发 volatilization
凝聚态物质自由散发为气态物质的过程。多指有机物的自由散发。

06.0035 减压挥发 decompression volatilization
在一定温度下，用降低压力的办法使物料中目标组分变成易于挥发的过程。

06.0036 氯化挥发 chloridizing volatilization
使物料转变为易气化的氯化物而逸出的过程。

06.0037 氯化物升华法 chloride-sublimation
把固态氯化物直接转变为气态而进行物料分离的方法。

06.0038 氯化剂 chloridizing agent
用于使物料生成氯化物的添加剂。

06.0039 氯化分解 chlorination decomposition
通过生成氯化物而使物料分解的方法。

06.0040 氯化炉气 chlorination furnace gas
氯化分解后所得到的炉气。

06.0041 氯化残渣 chlorination residue
氯化分解后所得到的残渣。如用熔融氯化法提纯金或水溶液氯化法回收贵金属时产生的含银不溶渣。

06.0042 氯化催化剂 chlorination catalyst
用于促进物料生成氯化物的添加物。

06.0043 氯化炉 chlorinator, chlorination furnace
用于进行氯化过程的冶金炉。

06.0044 氯化窑 chloridizing kiln
用于进行氯化过程的回转窑。

06.0045 烟化 fuming
向液态炉渣中鼓入空气和粉煤的混合物，在控温条件下使渣中的有价组分转变成蒸汽压较大的金属、氧化物或硫化物的形态挥发出来的过程。

06.0046 烟化炉 fuming furnace
用以进行烟化的设备。

06.0047 精馏煤气 refining distillation furnace gas
精馏过程中产生的煤气。

06.0048 烟气脱硫 desulphurization of gas
根据工艺的要求脱除烟气中含硫成分的过程。

06.0049 干法净化 dry cleaning, dry scrub-

bing

利用固体颗粒的吸附性能将气体中的有害气体加以清除的过程。

06.0050 湿法净化 wet cleaning, wet scrubbing

气体中的有害成分通过水溶液与特定组分进行化学反应而加以清除的操作过程。

06.0051 蒸馏净化 distill cleaning

用蒸馏的方法去除杂质的过程。

06.0052 收尘器 dust collector

收集冶金过程中产生的灰尘的装置。

06.0053 凝并器 coalescer

将烟气中的细小尘粒聚集成大颗粒而利于沉降收集的除尘装置。

06.0054 惯性除尘 inertial dust separation

利用粉尘与气体在运动中惯性的不同，将粉尘从气体中分离出来的方法。

06.0055 袋式收尘器 bag dust filter

又称"布袋滤尘器""袋滤器"。利用布袋纤维的过滤特性进行尘埃收集的装置。

06.0056 旋风收尘器 cyclone dust collector

利用不同颗粒在旋风作用下的惯性差异进行收尘的设备。

06.0057 湿法收尘器 wet dust collector

利用水或水溶液捕集尘埃的设备。

06.0058 干式除尘器 dry precipitator

没有水或水溶液参与进行收尘的设备。

06.0059 离心除尘器 centrifugal deduster

利用尘埃颗粒的惯性在运动时产生的离心

作用进行收尘的设备。

06.0060 科特雷尔静电收尘器 Cottrell electrostatic precipitator

简称"电收尘器"。利用高压电场下的静电吸引作用进行收尘的装置。

06.0061 电收尘器烟尘 Cottrell dust

电收尘器收尘所产生的烟尘。

06.0062 电晕放电 corona discharge

在曲率半径很小的尖端电极附近，由于局部电场强度超过气体的电离场强，使气体发生电离和激励，而出现放电的现象。因在黑暗中形同月晕而得名。

06.0063 电晕放电电阻 corona resistant

电晕放电时的电阻。

06.0064 电晕电压 corona voltage

电晕放电时的电压。

06.0065 电晕电流 corona current

电晕放电的电流。

06.0066 负效电晕 back corona

由于不平滑的导体产生出不均匀的电场，在其周围曲率半径小的电极附近当电压升高到一定值时，由于空气游离而发生放电的现象。

06.0067 电晕遏止 corona suppression

电晕放电被抑制的现象。

06.0068 临界始发电晕电压 critical corona onset voltage

发生电晕的最低电压。

06.0069 文丘里洗涤器 Venturi scrubber

又称"文丘里管除尘器"。由文丘里管凝聚器和除雾器组成的湿法净化设备。除尘过程可分为雾化、凝聚和除雾等三个阶段，前二阶段在文丘里管凝聚器内进行，后一阶段在除雾器内完成。

06.0070 文丘里流量计 Venturi meter
又称"文丘里管（Venturi tube）"。连接于封闭管道中的检出组件，它按节流装置的原理，测量液体、气体和蒸汽的流量。

06.0071 真空熔炼 vacuum smelting
在真空条件下进行金属与合金熔炼的特种熔炼技术。主要包括真空感应熔炼、真空电弧重熔和电子束熔炼。

06.0072 熔池熔炼 bath smelting
将炉料直接加入鼓风翻腾的高温熔池熔体中迅速完成气、液、固相间主要氧化反应的熔炼方法。

06.0073 富氧熔炼 oxygen-enriched air smelting
运用氧气浓度大于空气中氧分压的气体进行的熔炼。

06.0074 氧化熔炼 oxidizing smelting
主要通过氧化反应进行的熔炼。

06.0075 电弧炉熔炼 electric arc furnace smelting
电极与电极或电极与被熔炼物之间产生电弧来提供热量进行的金属熔炼。

06.0076 电磁炉熔炼 electromagnetic furnace smelting
利用电磁场的作用对物料进行加热的熔炼。

06.0077 还原熔炼 reduction smelting
在还原性气氛中或加入还原剂的条件下使物料在高温反应器内进行的脱氧熔炼。

06.0078 熔炼带 smelting zone
冶金炉内实施熔炼过程的区域。

06.0079 直流等离子电弧炉 direct-current plasma arc furnace
利用直流电产生等离子电弧作为热源的炉子。

06.0080 鼓风炉 blast furnace
块状或混捏物料从炉子上部加料口分批加入，靠其自身重力垂直向下移动，在高温下，与从炉子下部两侧风口鼓入的空气或富氧空气相遇，发生反应，而进行熔炼的设备。

06.0081 密闭鼓风炉 airtight blast furnace, closed hood blast furnace
在炉顶设置有密封装置的鼓风炉。如铜造锍熔炼用的密闭鼓风炉、铅锌密闭鼓风炉（ISP）等。

06.0082 敞开式鼓风炉 open-top blast furnace
炉顶加料口为敞开式的鼓风炉。

06.0083 鼓风炉床能率 blast furnace specific capacity
鼓风炉风口中心水平截面单位面积在单位时间内处理的炉料量。

06.0084 回转窑 rotary kiln
以一定速度转动、与水平有少许倾斜角的圆筒型反应器。炉料从一端装入，在旋转的炉壁下部被翻转干燥、焙烧、煅烧等，最后从出料端排出。

06.0085 沸腾炉 fluidized bed furnace

又称"流态化床燃烧炉""流态化床焙烧炉"。固体粒状物料在炉内被具有一定压差向上流动的气流托起,在一定的高度范围内作上下翻滚运动并被逐渐推向溢流口,以悬浮的运动状态进行燃烧或焙烧反应的设备。

06.0086 焙砂溢流 calcine overflow
从沸腾焙烧炉溢流口自动排出的高温焙砂流体。

06.0087 坩埚炉 crucible furnace
以耐高温的坩埚盛载物料进行加热的设备。

06.0088 竖炉 shaft furnace
炉身直立,炉内大部装满物料的冶炼设备。

06.0089 反射炉 reverberatory furnace
用耐火材料砌筑,其外由钢支架固定的长方形炉室,用火焰进行加热、焙烧或熔炼的设备。

06.0090 闪速熔炼炉 flash smelting furnace
将经过干燥的细颗粒物料和富氧空气等气体一并喷入炉内,在高温下以极高的速度完成硫化物的可控氧化反应的熔炼设备。

06.0091 马弗炉 muffle, muffle furnace, muffle kiln
一种通用的电阻加热的箱式设备。

06.0092 管式炉 tubular furnace
一种通用的电阻加热的管式设备。

06.0093 逆流推料式连续加热炉 counterflow push-type furnace
与火焰运动方向相反连续进行推料作业的加热设备。

06.0094 粗金属锭 bullion
杂质含量较高的金属锭。

06.0095 炉床 hearth
鼓风炉的最低部分,在风口下部炉体收集熔化的金属和炉渣的地方。

06.0096 炉顶 roof, arch
炉子的顶部。

06.0097 前床 forehearth
用来接收鼓风炉熔炼产物的装置。起缓冲和澄清分离的作用,多在炼铅、铜、镍时使用。

06.0098 炉顶加料器 top filler, top charger
安装在炉顶用来加料的设备。

06.0100 填料 packing-materials
被填充于其他物体中的物料。多用于催化、吸附、过滤、密封、绝缘、隔热等用途。

06.0101 衬砖 lining brick
用以在炉内起支撑或保护作用的耐火砖,以及起保温作用的保温砖。

06.0102 燃料喷嘴 fuel burner
将燃料喷入炉膛进行燃烧的喷射装置。

06.0103 鼓风 blasting blowing
在冶炼过程中,用鼓风机送入助燃空气。

06.0104 富氧空气 oxygen-enriched air
向常态空气中配入氧气所获得的其氧分压高于大气中氧分压的混合气体。

06.0105 二次空气 secondary air
向冶炼装置中再次鼓入的新鲜空气。

06.0106 底料 bed charge
预先加入或预留用于下序冶金过程的物料。

06.0107 料斗 hopper, chute
供料用的漏斗形容器。

06.0108 水套冷却 water jacket cooling
在高温冶金炉中设置传热性能良好并且耐压耐高温耐腐蚀的容器，向其中通入冷水实现冷却保护炉衬的方式。

06.0109 水封 water seal
用水阻断容器内的气体向外逸出途径的方法。

06.0110 气封 air seal
用某种气体阻断容器内的气体向外逸出途径的方法。

06.0111 沙封 sand seal
用沙阻断容器内的气体向外逸出途径的方法。

06.0112 造渣 slagging
高温熔融状态下炉料中的某个或某些金属元素的氧化物与其中的脉石组分或与向炉内加入的酸性熔剂或碱性熔剂反应，以形成盐类化合物液态熔体的过程。

06.0113 残渣 residual slag , remains , residue
进行某一冶金过程后留下的非目标产物。

06.0114 浮渣 dross
液体中的杂质浮到表面后所形成的液态杂质层或固体漂浮物。

06.0115 精炼浮渣 dross of fire refining
金属熔体被提纯后，在其上部存在的富含杂质的液态或固态产物。

06.0116 扒渣口 skimming gate
炉子上借以从炉外用工具将炉内的渣子清出的开口。

06.0117 放出口 tap hole, slag tap
炉子上借以将熔体或渣液从炉内排出的开口。

06.0118 炉渣砂 slag sand
用以进行喷射冲刷清理操作的细小炉渣颗粒。

06.0119 出渣 slag tapping, flushing
将渣液从炉内放出的操作过程。

06.0120 集渣器 slag trap
用来收存炉渣的容器。

06.0121 渣口冷却套 water jacket of slag hole
在排出炉内渣液的通道周围通水用以降低该处温度的装置。

06.0122 渣化 slag forming
在冶金过程中使次要成分变成炉渣的过程。

06.0123 中性炉渣 neutral type slag
不显现酸性和碱性的炉渣。

06.0124 烟道 flue
用于排除火法冶金过程烟气的通道。

06.0125 烟道灰尘 flue dust
烟道里残留的细小固体颗粒。

06.0126 炉子烟囱 furnace stack
利用炉气与炉外空气的温差产生的上升动力使炉气从炉内排出的装置。

06.0127 冷却烟道 cooling duct
用于冷却火法冶金过程废气的通道。

06.0128 上向烟道 uptake flue
在垂直方向将炉内火焰和废气输送到外部装置或空间去的孔道。

06.0129 侧向烟道 sideward flue
在水平方向上将炉内火焰和废气输送到外部装置或空间去的孔道。

06.0130 放气口 vent
装置上用来向外排出气体的部位。

06.0131 进气口 air inlet
装置上用来向内通入气体的部位。

06.0132 空气室 air chamber
用来储存气体的容器。

06.0133 空气预热器 air preheater
利用较高温度烟气中含有的热量，通过热交换，提高供应燃烧的空气温度的装置。

06.0134 空气蓄热室 air regenerator
由耐火砖格子层组成的热交换装置。当烟气流过时把砖加热；然后当空气流过时，砖格子把储存的热量释放出来提高气体的温度，如此周期轮换，以实现用烟气中的热来加热供燃烧的空气。

06.0135 空气阀 air valve
用来控制空气进出的开关。

06.0136 有色烧结 sintering
利用经过调配的粉状物料在高温下产生的液相或熔融相的特性使其颗粒结合成块并具有足够强度和良好反应性以适应后续生产需要的工艺过程。

06.0137 真空烧结 vacuum sintering
与外界隔离，在显著低于大气压力的条件下进行的烧结。

06.0138 初步烧结 preliminary sintering
在低于最终烧结温度的温度下对粉末物料

的加热处理。

06.0139 过烧结 over sintering
烧结温度过高和/或烧结时间过长致使产品最终性能恶化的操作。

06.0140 欠烧结 under sintering
烧结温度过低和/或烧结时间过短致使产品未达到预期性能的操作。

06.0141 液体鼓泡 foaming
由于气体流速增大到超过临界流化速度时，床层内形成大量气泡，导致床层顶面鼓胀的现象。

06.0142 烧结炉 sintering furnace
实行加热烧结的设备。

06.0143 烧结盒 sintering box
装载烧结坯料的敞开形装置。

06.0144 烧结线 sintering line
连续进行各个烧结生产工序的组合装置。

06.0145 烧结壳 sinter-skin
烧结过程中形成的与内部烧结产品性能不同的表面层。

06.0146 干法破碎 dry breaking, dry milling
操作过程中不添加水，将大颗粒分裂成小颗粒的工艺。

06.0147 干法筛分 dry screening, dry sieving
操作过程中不添加水，将粒子群按尺寸、进行分类的工艺。

06.0148 制粒 palletizing, pellet fabrication
将较细颗粒的粉末团聚成较粗的粉团粒子，改善其透气性、流动性等性质，以有利于后续处理工艺。

06.0149　圆盘制粒机　pelletizing disc
使粉状物料在旋转圆盘上滚动使之团聚成较粗粉团粒子的设备。

06.0150　热压团　hot pressing briquette
加热升温并施加压力将粉状物料制成球团的方法。一般无须添加黏结剂。

06.0151　冷压团　cold pressed briquette
添加黏结剂在室温下加压将粉状物料制成球团的方法。

06.0152　逆流还原　countercurrent reduction
物料还原过程中，物料移动方向与还原介质流动方向相反的工艺。

06.0153　金属热还原法 metallothermic reduction process
以金属或其合金作还原剂，在高温下将另一种金属的化合物还原为金属的方法。

06.0154　金属还原剂　metal reductant
用以在高温下取代金属卤化物或氧化物中的金属，制备金属或合金的物质，如锂、钙、镁、铝等高活性金属。

06.0155　氧化还原电势　redox potential
又称"氧化还原电位"。反映水溶液中所有物质表现出来的宏观氧化、还原特性的电位。

06.0156　还原速度　reduction rate
单位时间内还原物质的数量。

06.0157　还原剂　reductant
在氧化还原反应里，失去电子或有电子对偏离的物质。

06.0158　还原粉化　reduction degradation
烧结块经还原后由于内应力作用分裂成粉的现象。

06.0159　还原气氛　reducing atmosphere
能将物料从高价氧化态转变成低价态的气体氛围。

06.0160　还原槽　reducing bath
物料在其中进行还原反应的装置。

06.0161　熔融流　melt-flow
呈熔融状态可流动的物体。

06.0162　熔融反应　melting reaction, reaction in molten state
在熔融状态下发生的化学变化。

06.0163　熔融带　fused zone, melting zone
加热装置内物料维持在熔融状态的区域。

06.0164　熔融催化剂　fused catalyst
包含在载体孔内，其活性组分在反应温度下全部或部分呈熔融状态的物质。

06.0165　熔剂　flux
高温下易与脉石或金属氧化物发生造渣等反应的组分或物料。

06.0166　催化产物　catalysate
借催化剂促进化学反应后所得到的产物。

06.0167　催化残渣　catalytic residue
借催化剂促进化学反应后所得到的固体物料。

06.0168　湿法分离　wet separation
在水溶液体系中进行物料组分分离的冶金过程。

06.0169 湿法提纯 wet purification, hydro-purification

在水溶液体系中进行物料组分分离提纯的冶金过程。

06.0170 干法提纯 dry purification

在无水条件下进行物料组分分离纯化的冶金过程。

06.0171 湿法脱硫 wet desulphurization, hydro-desulphurization

用含有吸硫添加剂的溶液或浆液在含水的状态下处理以降低物料或烟气中硫含量的方法。

06.0172 喷雾热分解 spray pyrolytic decomposition

将金属盐溶液以雾状喷入高温气氛中，通过溶剂的蒸发及随后金属盐的分解，直接获得金属或氧化物的过程。

06.0173 金属置换法 metal displacement method

又称"置换[沉淀](cementation)"。利用加入氧化–还原电位较负的金属，把电位较正的金属从其盐溶液中沉淀出来的方法。

06.0174 沉淀物 precipitate

从溶液中析出的固体物质。

06.0175 分级沉淀 fractional precipitation

将溶于溶液中的不同物质先后分别以固态析出的过程。

06.0176 共沉淀 co-precipitation

一种物质从溶液中析出时，引起某些可溶性物质也一起析出的现象。

06.0177 化学共沉淀 chemical coprecipitation

加入一种沉淀剂通过化学反应将溶液中的两种或两种以上金属离子共同沉淀下来的过程。

06.0178 配位沉淀 coordinate precipitation

将溶液中的金属离子与配位剂先形成配位离子，再与加入的沉淀剂缓慢反应得到沉淀的过程。

06.0179 水解沉淀 hydrolysis precipitation

控制溶液的电位和 pH 值，使目标离子与水发生反应，生成氢氧化物（或碱式盐）的固态沉淀物从溶液中析出的过程。

06.0180 沉淀池 settling basin, settler

(1)又称"沉淀床"，指位于闪速炉反应塔下方由于密度差异铜锍与炉渣进行沉降分离的区域。(2)湿法冶金中指用于水溶液中悬浮物沉降分离的设施。

06.0181 反应塔 reaction tower, reaction shaft

(1)湿法冶金中指盛载溶液在其中进行化学反应垂直的圆筒状设备。(2)火法冶金中一般指闪速炉反应塔，其外部为钢板，内衬砌铬镁砖和水冷铜套，顶部装有炉料和燃料喷嘴的圆柱形高效反应器。

06.0182 浸出 leaching

又称"浸取""溶出"。常压或加压条件下，用适当的溶剂选择性地与矿石、精矿、焙砂等固体物料中的某些组分发生化学作用，使之溶解而与其他不溶组分初步分离的冶金过程。

06.0183 浸出率 leaching efficiency

物料中被溶解进入溶液中的目标组分含量与其在物料中起始含量的百分比比值。

06.0184 浸出速率 leaching rate

单位时间内物料中的目标组分被溶解进入溶液的比值含量。

06.0185 浸出剂 leaching reagent
把物料中的目的组分溶解出来所需的添加物。

06.0186 酸浸 acid leaching
用无机酸将物料中的目标碱性化合物溶解进入溶液的工艺过程。

06.0187 碱浸 alkaline leaching
用氢氧化钠将物料中的目标酸性化合物溶解进入溶液的工艺过程。

06.0188 氨浸 ammonia leaching
用氨水将物料中的目标组分溶解进入溶液的工艺过程。

06.0189 氯化浸出 chloridizing leaching
加入氯化物使物料中的目标金属组分形成可溶性的氯化物而进入溶液的工艺过程。

06.0190 水溶液浸出 aqueous leaching
将物料中的目标组分溶解在水溶液中的各种方法的总称。

06.0191 渗滤浸出 percolation leaching, infiltration leaching
浸出液自然或强制地渗透过矿粒层的浸出方法。

06.0192 细菌浸出 bacterial leaching
又称"微生物浸出"。用含有细菌或其代谢产物的溶浸液，通过微生物的生物化学作用，把矿石中不溶性的金属化合物转变成可溶性盐类进入水浸液中的浸出方法。

06.0193 搅拌浸出 agitation leaching
用机械搅动使物料在溶液中处于悬浮状态的浸出方法。

06.0194 电化学浸出 electrochemistry leaching
又称"电解浸出"。利用电解池阳极反应使物料中的有价金属溶解进入溶液的浸出方法。

06.0195 流态化浸出 fluidizing leaching
物料颗粒受上升液体的作用而呈悬浮状态的浸出方法。

06.0196 中性浸出 neutral leaching
控制浸出终点的氢离子浓度指数(pH值)接近中性的浸出方法。

06.0197 氧化浸出 oxidizing leaching
加入氧化剂使矿石、精矿或其他固体物料中的有价组分在浸出过程中发生以氧化反应为特征的浸出方法。

06.0198 还原浸出 reducing leaching
加入还原剂使矿石、精矿或其他固体物料中的有价组分在浸出过程中发生以还原反应为特征的浸出方法。

06.0199 选择性浸出 selective leaching
利用物料中有关组分在溶液中的特性差异，通过控制工艺条件使目的成分溶解，其他成分留存于残渣中的浸出方法。可同时达到溶出和分离两个目的。

06.0200 络合浸出 complex leaching
加入络合剂使目的组分形成络离子而加以溶解的工艺过程。

06.0201 焙砂浸出 calcine leaching
将物料焙烧后再进行浸出的工艺过程。

06.0202 帕丘卡槽 Pachuca tank
用压缩空气进行搅拌的浸出设备。

06.0203 高压釜 autoclave
又称"压力釜"。在高压下进行化学反应的设备，有的附有搅拌或传热装置。

06.0204 上清液 clarified overflow, supernatant solution
沉淀物上层的清澈液体层。

06.0205 粗滤器 strainer
以金属丝网及多孔板等作为过滤介质，用来初步除去液体中固体杂质物的设备。

06.0206 贫液 barren solution
含有价值物质较少的溶液。

06.0207 富液 pregnant solution
含有价值物质较多的溶液。

06.0208 水合 hydration
化合物与水结合成复合分子的反应过程。

06.0209 水合热 hydration heat
一定量的化合物与水结合成复合分子的热效应。

06.0210 水解质 hydrolyte
可与水反应而被分解的化合物。

06.0211 水解产物 hydrolysate
通过水解获得的化合物。

06.0212 倾析 decantation
从液体中分离出密度较大且不溶解的固体物质的方法。

06.0213 蒸发 evaporation
物质在受热条件下由液态转变为气态的相变过程。多指物料或溶液中水的气化过程。

06.0214 暴晒蒸发 solar evaporation
利用日光照射的热量促使物料中所含的水分变为气体的过程。

06.0215 真空蒸发 vacuum evaporation
将气压降低到显著低于大气压力的状态下，促使物料中所含的溶剂变为气体的过程。

06.0216 沸腾蒸发 explosive evaporation
将温度升高到沸点以上，使物料中所含的水分变为气体的过程。

06.0217 蒸发槽 evaporator tank
盛放溶液进行蒸发作业的冶金设备。

06.0218 浸没加热蒸发器 immersion heating evaporator
通过与传热介质的直接接触来加热溶液，使溶液中的水分变为气体的设备。

06.0219 真空蒸发器 vacuum vaporizer
将气压降低到显著低于大气压力的状态下，促使物料中所含的水分变为气体的设备。

06.0220 多效真空蒸发器 multi-effect vacuum evaporator
在显著低于大气压力的状态下利用水蒸气加热使含有不挥发性溶质的水溶液沸腾汽化并移出水蒸气，以提高溶液中的溶质浓度；接着再将移出的水蒸气通到另一个相似的蒸发器作为加热蒸汽，如此进行的多级串联蒸发装置。

06.0221 升膜蒸发器 climbing-film evaporator
溶液通过虹吸作用向上进入加热管加热后，产生的蒸汽和液体被分离，蒸汽排出，液体再返回到加热管内加热，构成闭路循环的设备。

06.0222 降膜蒸发器 falling-film evaporator
将料液从加热室上部加入，均匀分配到各换热管内，沿管内壁呈均匀膜状流下，迅速加热汽化，产生的蒸汽和液相分离后，蒸汽进入冷凝器冷凝（单效操作）或进入下一蒸发器作为加热介质（多效操作），液相则排出或进入下一蒸发器的设备。

06.0223 薄膜蒸发器 spray film evaporator
将液体呈现为厚度很薄的片状，以显著增加其表面积，促进水分汽化的设备。

06.0224 闪蒸 flash tank
高压下的水溶液进入较低压力的容器中，由于压力的突然降低使该溶液变成较低压力下的饱和水溶液和饱和水蒸气的过程。

06.0225 结晶 crystallization
物质从液态（溶液或熔融状态）或气态形成固态晶体的过程。

06.0226 结晶器 crystallizer
盛载液体并在其中实现晶体析出的设备。

06.0227 蒸发结晶器 evaporated crystallizer
在常压或减压下蒸发溶液以除去部分溶剂，使之变为过饱和溶液而析出晶体的设备。

06.0228 晶种 crystal seed
为了促进结晶过程，在液体中加入不被溶解可以作为结晶核心的细小添加物颗粒。

06.0229 晶种析出 seed precipitation
在溶液中加入晶种促进溶质结晶析出的现象和方法。

06.0230 分步结晶 fractional crystallization
化学性质相近的金属化合物，依靠化合物间溶解度的微小差别，通过重复结晶操作而实现分离的过程。

06.0231 氯化离析法 segregation process
难选难浸出的结合性氧化矿经氯化还原、浮选和熔炼等工艺过程产出粗金属的冶金方法。

06.0232 流态化干燥 fluid-bed drying
把热空气鼓入放置有湿物料的床层中，将物料流态化，迅速加热而脱除水分的过程。

06.0233 顺流干燥 concurrent drying
物料移动方向与脱水介质流动方向相同的脱水工艺。

06.0234 逆流干燥 countercurrent drying
物料脱水过程中，物料移动方向与脱水介质流动方向相反的工艺。

06.0235 蒸发干燥 evaporation drying
通过加热使物料中的湿分（水或其他可挥发性液体）汽化逸出，以获得规定湿分含量的固体物料的过程。

06.0236 蒸汽干燥 vapour drying, steam drying
利用过热高温蒸汽作热源使物料干燥的方式。

06.0237 气流干燥 air-stream drying
将散粒状固体物料分散悬浮在高速热气流中，在气力输送的同时使之脱水的方法。

06.0238 真空干燥 vacuum drying
又称"真空脱水（vacuum dehydration）"。利用沸点随压力减小而降低的原理，将气压降低到显著低于大气压力的条件下，来去除物料中水分的方法。

06.0239 喷雾干燥 spray drying
料液通过喷射被分散成细小液滴存在于热气流中，使料液所含水分快速去除的方法。

06.0240 干燥强度 drying intensity
干燥装置脱除物料中水分的能力，常以单位容积和单位时间内的脱水量进行表征。

06.0241 干燥器 drier
用以脱除物料水分的设备。

06.0242 真空挤压 vacuum extrusion
在气压降低到显著低于大气压力的状态下进行挤压的操作方法。

06.0243 干馏 dry distillation
固体或有机物在隔绝空气条件下加热分解的反应过程。

06.0244 蒸馏 distillation
将液体气化，利用所含各组分的气体冷凝成液体所需条件的差异，将所含组分分离的方法。

06.0245 真空蒸馏 vacuum distillation
在气压降低到显著低于大气压力的状态下进行蒸馏的工艺。

06.0246 蒸馏炉 distiller, distillation furnace
用于进行蒸馏的加热设备。

06.0247 蒸馏残渣 distillation residue, retort residue
蒸馏作业完成后留下的固体物料。

06.0248 蒸馏釜残渣 pressure bottoms
真空蒸馏作业完成后留在蒸馏釜内的固体物料。

06.0249 共沸 azeotropy
溶液加热到沸点以上时出现液相成分和气相成分相同的现象。

06.0250 共沸蒸馏 azeotropic distillation
利用形成共沸混合物而在加热沸腾时把溶液中某一组分带出的方法。

06.0251 分级蒸馏 fractional distillation
简称"分馏"。利用液相中不同物质的沸点在同一压力下的差异，通过控制压力和温度，一次或多次连续反复进行蒸发冷凝回流以实现分离提纯的工艺过程。

06.0252 分馏效率 fractionating efficiency
蒸馏分离和提纯所达到的效果。

06.0253 分馏塔 fractional column, fractionating column
用于进行蒸馏分离的塔形装置。

06.0254 回流 reflux
精馏过程中，从精馏塔顶部引出的上升蒸气经冷凝后，一部分液体作为产品送出塔外，另一部分液体送回塔内的过程。

06.0255 回流蒸馏 cohobation
用乙醇等易挥发的有机溶剂溶解原料成分，用蒸馏法加以提取，挥发性溶剂气体经冷凝后返回重复使用的工艺。

06.0256 精馏 rectification
运用回流蒸馏工艺将液体中的组分进行分离提纯的方法。

06.0257 真空精馏 rectification under vacuum
在气压降低到显著低于大气压力的状态下

进行精馏的工艺过程。

06.0258　精馏塔　rectification tower
进行回流蒸馏将液体中的组分进行分离提纯的塔式装置。

06.0259　防溅板　splash plate
又称"阻溅板"。具有方格网状结构的圆板。当向容器注入水流时起缓冲作用，以防止水流四外飞逸。

06.0260　喷淋式空气冷却器　spray-type air cooler
将液体向下喷射成细小液滴在空气中进行冷却的设备。

06.0261　流态化床冷却器　fluidized bed cooler
用流态化床进行冷却的设备。

06.0262　冷凝器　condenser
把气体或蒸汽转变成液体的装置。

06.0263　空气冷凝器　air cooled condenser, air cooler
对空气进行冷却，使所含的水分凝结出来而加以排除的设备。

06.0264　汽化冷却器　vapor cooler
利用汽化吸热的效应进行冷却的设备。

06.0265　电解溶解　electrolytic dissolution
在电解槽中以待溶金属作为阳极，控制较高阳极电位，仅使待溶金属溶解进入电解质溶液而不在阴极上析出的过程。

06.0266　电解晶体　electrolytic crystal
在一定成分的溶液中向电极通电，从溶液中析出而获得的结晶状物质。

06.0267　电解提取　electro-extraction
又称"不溶阳极电解(insoluble anode electrolysis)"。以金属盐的水溶液或熔融盐类作电解液，在电解过程中阳极不参与溶解反应，通过电解在阴极产出金属的过程。

06.0268　电解精炼　electrorefine
又称"可溶阳极电解(soluble anode electrolysis)"。利用不同元素的阳极溶解或阴极析出难易程度的差异，将金属制成电极，经通电后的溶解和析出过程，去除其中杂质的工艺。

06.0269　永久阴极电解　permanent cathode electrolysis
电解精炼时，开始时的阴极不用传统的始极片，而用可以循环使用的不锈钢板或钛板替代的电解工艺。

06.0270　矿浆电解　slurry electrolysis process, electro-slurry process
将金属矿物的浸出、净液、电积3个工序合一，生产出金属的湿法冶金方法。

06.0271　共析电解　co-precipitation electrolysis
又称"电共沉积(electro-codeposition)"。电解时，电位相近的金属离子在阴极上同时析出的过程。通常可获得合金产品。

06.0272　双金属电解　duplex metal simultaneous electrolysis
使两种金属同时电溶于电解液中，并能够同时在阴极上析出的精炼过程。

06.0273　流态化电解　fluid bed electrolysis, FBE
用隔膜将电解槽分成阴、阳极室，用流动阴极液或其他方法使阴极室的导体微粒呈流态化状，进行低离子浓度溶液电积的方法。

06.0274　固相电解　solid phase electrolysis
又称"电迁移法(electrotransport process)"。在直流电场的作用下，在金属熔点附近，使固体(或液态)导体中的杂质原子向一端迁移，而另一端纯度得到提高，实现杂质浓度再分配的方法。

06.0275　熔盐电解　fused salt electrolysis
某些金属盐类加热熔化成液体后可以导电，将其进行电解，以提取和提纯金属的过程。

06.0276　熔盐提取　fused salt extraction
通过熔盐电解的方法获得某种金属的工艺。

06.0277　熔盐净化　fused salt purification
去除作为熔盐的氯化物和氟化物中通常含有的微量水、氧化物和其他金属杂质的工艺。

06.0278　熔融电解质　fused electrolyte
加热熔化成液体后有较高的电导率，可以作为电解时阴阳电极之间导体的某些金属盐类(主要是卤化物)。

06.0279　周期性反向电流电解　cyclicity reverse-current electrolysis
周期性地改变电解槽的电流方向以消除阳极钝化的电解方法。

06.0280　高密度电流电解　high-density electrolysis
用较高电流密度进行电解以提高单位时间内金属析出量的电解方法。

06.0281　电解槽　electrolytic cell, electrolyzer
盛载电解液和阴阳电极，通电进行电解的装置。

06.0282　隔膜　diaphragm, membrane
将电解槽内的阴极和阳极分开的可渗透的多孔膜。

06.0283　隔膜电解　diaphragm cell
采用可渗透的多孔膜将电解槽内的阴极和阳极分开的电解工艺。

06.0284　阳极室　anode compartment
电解槽中的阳极区域。

06.0285　阳极泥　anode slime, anode sludge, anode mud
在水溶液电解过程中，附着于残阳极表面或沉淀在电解槽底的不溶性泥状物。

06.0286　阳极过电压　anodic over-voltage
电解过程中，由于阳极极化作用使阳极电位上升的幅度。

06.0287　阳极板　anode plate
又称"阳极片(anode strip)"。电解中用作阳极的金属或合金板。

06.0288　阴极周期　cathode deposition period
达到电解目标定期地从电解槽中取出析出阴极的间隔时间。

06.0289　[阴极]剥片机　cathode stripping machine
电解后从阴极上将金属片剥离下来的机器。

06.0290　阴极沉积　cathodic deposition
电解过程中金属离子在阴极上析出的过程。

06.0291　阴极室　cathode compartment
电解槽中的阴极区域。

06.0292　阴极电压降　cathode voltage drop

电解过程中电流通过阴极时由于阴极自身的电阻和极化作用造成的电压降低。

06.0293 始极片 starting sheet, mother blank

电解过程开始时使用的以待提取的金属在表面沉积而制成的阴极板片。

06.0294 种板槽 stripper tank

主要用于制备电解时使用的始极片的电解槽。

06.0295 槽电压 cell voltage

直流电通入电解槽的起点与终点之间的电压差。

06.0296 槽电流 cell current

向电解槽通入的直流电电流。

06.0297 电流效率 current efficiency

(1)电解时获得产物的理论耗电量与实际耗电量之比。(2)阴极上实际析出的金属量与通过同样电量计算所得到的理论金属量之比。

06.0298 析出电位 deposition potential

电解过程中物质在电极上开始放电并从溶液中析出时所需施加的电压。

06.0299 两性电解质 ampholyte

同时具有可解离为正电荷(酸性)和负电荷(碱性)基团的电解液。

06.0300 有机物污极 organic burn

电解过程中电极受有机物的烧蚀。

06.0301 [导电]母线 bus bar

用作汇集、分配和传送电能的导体。通常呈矩形或圆形截面的裸导线或绞线。

06.0302 溶剂萃取 solvent extraction

全称"液–液溶剂萃取(liquid-liquid solvent extraction)"。利用水溶液中的某些物质在水溶液和有机溶液中的不同分配特性,使目标物质转移到有机溶液中以实现分离提纯或富集的工艺过程。

06.0303 相比 phase ratio

溶剂萃取过程中有机相体积与水相体积的比例。通常用 R 或 O/A 表示。

06.0304 第三相 third phase

溶剂萃取过程中,在有机相和水相之间形成的与两者不相混溶的第二有机相。

06.0305 [溶剂]萃取剂 solvent extraction agent

能把与其不相溶的溶液中的某种组分提取出来的试剂。

06.0306 协萃剂 synergist

能增强萃取剂萃取能力的添加物。

06.0307 萃取变更剂 solvent extraction modifier

以氮原子起萃取作用的一类萃取剂。

06.0308 萃取率 extraction efficiency

被萃取物进入到有机相中的量占萃取前料液中被萃取物原始总量的百分比。

06.0309 反萃 strip

将已萃取进入有机相的物质再萃取出来的过程。

06.0310 反萃剂 stripping agent

用来将已萃取进入有机相的物质再萃取出来的试剂。

06.0311 反萃率 stripping efficiency

反萃出来的物质量与该物质先前萃取进入

有机相的量的比值。

06.0312 洗脱 elute, elution
液体中所含的目标物质与添加的某种溶剂发生物理化学作用，而从原来液体中分离脱除的工艺过程。

06.0313 洗脱液 eluent
萃取工艺中用于洗脱的溶剂。

06.0314 洗出液 eluate
经洗脱过程之后所得含有脱出物质的液体。

06.0315 乳化现象 emulsification
萃取作业两相液体混合时，由于搅拌过于激烈，形成了含有细小分散液滴的混合液体（乳状液），而难以将两相分开，使连续作业无法进行的现象。

06.0316 萃取容量 extraction capacity
某种萃取剂能萃取物质的最大量。

06.0317 萃余液 raffinate
有机萃取相与含有被提取金属离子的水溶液充分混合，使该离子进入有机相，经澄清后，分离两个液相其中的水相。

06.0318 负载有机相 loaded organic phase
有机萃取相与含有被提取金属离子的水溶液充分混合，使该离子进入有机相，经澄清后，分离两个液相其中的有机相。

06.0319 饱和负载容量 saturated loading capacity
在一定的萃取体系中，单位体积或单位质量的萃取剂对某种被萃取物的最大萃取量。

06.0320 萃合物 extracted species
萃取剂与被萃取物发生化学反应生成的不

易溶于水相而易溶于有机相的化合物（通常是一种络合物）。

06.0321 螯合剂 chelating agent
有两个官能团参与反应，能与被萃离子生成具有螯环的化合物，并释放出氢离子的物质。

06.0322 盐析效应 salting-out effect
简称"盐效应（salting effect）"。在某种溶质的水溶液中，加入非同离子的无机盐，通过活度系数的变化，从而改变其离解度或溶解度的效应。

06.0323 协同效应 synergistic effect
某些试剂联合使用时，该混合物的萃取能力超过同一条件各试剂单独使用时萃取能力总和的现象。

06.0324 协同萃取 synergistic solvent extraction
使用联合萃取剂的协同效应以提高综合萃取能力的萃取工艺。

06.0325 反协同效应 antagonistic effect
某些试剂联合使用时，该混合物的萃取能力低于各试剂单独使用时萃取能力总和的现象。

06.0326 多级萃取 multi-stage solvent extraction
把若干个单级萃取器串联起来，使有机相和水相多次接触，从而大大提高提取效果的萃取工艺。

06.0327 共萃取 co-solvent extraction
由于乙元素的存在，使甲元素的萃取率比其单独存在时显著提高的萃取过程。

06.0328 矿浆溶剂萃取 solvent-in-pulp

extraction

矿浆经浸出过程后不进行固液分离而直接进行溶剂萃取的工艺。

06.0329 逆流萃取 countercurrent extraction
把有机相与水分别从多级萃取器的两端加入，两相逆流而行的萃取工艺。

06.0330 逆流浮选柱 countercurrent flotation column
矿浆由上部加入，压缩空气透过多孔介质从底部鼓入，对矿浆进行充气和搅拌，通过气泡的选择性吸附，进行浮选的柱状设备。

06.0331 定量泵 proportioning pump
能够读数测定输送量的溶液输送设备。

06.0332 交换反应 exchange reaction
共存矿物之间的原子(主要是 Mg 和 Fe)相互置换，使有关矿物的性质发生变化而原子数不改变的反应。

06.0333 离子交换柱 ion exchange column
进行离子交换反应的柱状压力容器。

06.0334 离子交换膜 ion exchange membrane
含有离子基团、对溶液里的离子具有选择透过能力的高分子膜。

06.0335 离子交换剂 ion exchanger
能与溶液中的离子进行等当量交换反应的物质，常指用于离子交换操作的一类不溶解的细粒固体。

06.0336 离子交换纤维 ion exchange fiber
当与电解质溶液接触时，其上的离子能与溶液里的离子作有选择性交换的纤维物质。

06.0337 两性离子交换树脂 amphoteric ion

exchange resin

同时具有酸性和碱性的离子，既能作阴离子交换、又能作阳离子交换的树脂。

06.0338 萃洗树脂 extraction eluting resin
含有液态萃取剂的树脂，具有以苯乙烯–二乙烯苯为骨架的大孔结构和有机萃取剂的共聚物，兼有离子交换法和萃取法的优点。

06.0339 稀释剂 diluent
为了降低有机溶剂黏度改善其工艺性能而加入的，与萃取剂混溶性良好的液态有机溶剂。

06.0340 树脂床 resin bed
离子交换工艺中，用于固定离子交换树脂的树脂层或设备。

06.0341 树脂亲和力 resin affinity
树脂与被交换物质的结合能力。

06.0342 树脂再生 resin regeneration
将使用一段时间后由于吸附了某种金属离子或受到污染导致吸附能力下降的树脂，恢复其吸附能力的工艺过程。

06.0343 树脂柱 resin column
内部装有树脂用以进行离子交换过程的柱式装置。

06.0344 树脂负载 resin loading
树脂吸附容纳离子的量。

06.0345 树脂中毒 resin poisoning
某些离子或分子被树脂吸附，采用通常方法不能将其解吸下来而逐渐积累，使树脂容量显著下降的现象。

06.0346 离子交换色谱法 ion exchange

chromatography

利用不同组分与固定相之间发生离子交换能力的差异来进行组分分离的方法。

06.0347 分配色谱法 paper chromatography
利用固定相与流动相之间待分离组分溶解度的差异来实现分离的方法。

06.0348 吸附色层法 adsorption chromatography
通过固定相对不同组分吸附能力的差异，进行分离的方法。

06.0349 置换色谱法 displacement chromatography
利用流动相组分在色层柱中吸附能力较大的特性，使色层柱中固定相组分被置换流出以实现分离的方法。

06.0350 色层柱 chromatographic column
又称"色谱柱"。利用不同组分与固定相之间相互作用能力的差异来进行组分分离的柱状装置。通常由柱管、压帽、卡套(密封环)、筛板(滤片)等组成。

06.0351 分配系数 distribution coefficient
在两相体系达到平衡状态时，某种物质在两相中浓度的比值。

06.0352 离解平衡 dissociation equilibrium
电解质分子分解为正负离子达到平衡时的状态。

06.0353 离解度 dissociation degree
电解质分子分解为正负离子达到平衡时，已离解的分子数和原有分子数之比。

06.0354 半透膜 semi-permeable membrane
只能让某种分子或离子扩散通过的薄膜。

06.0355 流出物 effluent
通过气体或液体途径排入周围环境的物质流。

06.0356 电渗析 electrodialysis
在电场作用下，溶液中带电的溶质粒子(如离子)透过薄膜而迁移的现象。

06.0357 皂化 saponification
有机酸在碱的作用下生成有机酸盐的反应。

06.0358 皂化剂 saponification agent
皂化过程中，使有机酸生成有机酸盐的碱性物质。

06.0359 皂化值 saponification number
皂化过程中水解 1 克油脂所需要氢氧化物的克数。

06.0360 皂化率 saponification rate
皂化过程中，与碱性物质发生反应的物质的量与待处理物质总量的比值。

06.0361 溶胶凝结剂 coagulator
又称"凝集剂"。能使溶胶凝结的物质。

06.0362 硫酸化 sulfating
使某些金属硫化物氧化成为易溶于水的硫酸盐的方法。

06.0363 氨氮化 ammonia nitriding
使某一成分与氨和氮结合的方法。

06.0364 贫化 depletion, cleaning
调控温度、气氛或添加试剂，使液相或熔融相中有价成分含量降低的过程。

06.0365 贫化矿浆 depleted pulp
目标成分降低后的矿浆。

06.0366 干法再生 dry reclamation
在无水条件下使某种物质恢复其功能的方法。

06.0367 金属有机气相沉积 metallo-organic chemical vapor deposition, MOCVD
又称"有机金属化合物气相沉积法"。一种利用有机金属化合物热分解反应进行气相外延生长薄膜的化学气相沉积技术。

06.0368 晶体生长熔盐法 flux-grown single crystal salt melting method
高温下把晶体原材料溶解于有较低熔融温度的盐浴中，通过缓慢降温，形成过饱和溶液而析出，以制取晶体的方法。

06.0369 坩埚下降法 falling crucible method
又称"布里奇曼晶体生长法(Bridgman-Stockbarger method)"。曾称"布里奇曼-斯托克巴杰法"。将坩埚置于具有上高下低温度梯度的炉膛内，待坩埚中的原料全部熔融后，随坩埚持续下降，底部的温度先下降到熔点以下，开始结晶并不断长大，以制取晶体的方法。

06.0370 射频感应冷坩埚法 radio frequency cold crucible method
射频感应加热熔化原料，最外层的原料被水冷却，形成一层硬壳，起到坩埚的作用，硬壳内部的原料被熔化后随着装置往下降入低温区而冷却结晶，以制取晶体的方法。

06.0371 水热法 hydrothermal method
高温高压下从碱性或酸性过饱和水溶液中进行结晶，以制取晶体的方法。

06.0372 助熔剂法 flux method
借助能形成低共熔点的物质，以降低原材料熔点的方法。

06.0373 提拉法 crystal pulling method
曾称"司卓克拉斯基法(Czochralski method)"。将带着籽晶的杆由上而下插入坩埚熔体中，熔体沿籽晶结晶，然后随籽晶杆的缓慢旋转提升而生长成棒状单晶的方法。

06.0374 焰熔法 flame fusion method
又称"维纽尔法(Verneuil method)"。用氢氧燃焰的高温，将粉料熔融并落在籽晶的头部，籽晶缓慢下降而生成晶体的方法。

06.0375 物质纯度 materials purity
物质所含杂质(元素、化合物或本身同系物)多寡的量度，通常以质量百分数（%）表示。对于化学试剂的纯度，常分为工业级、化学纯、分析纯和优级纯等；对于金属或化合物的纯度，常分为光谱纯和高纯物质。

06.0376 工业级 technical grade
满足一般生产要求而使用的化学工业产品，其纯度相对较低。

06.0377 化学纯 chemical pure, CP
满足工业产品生产和化学分析要求而使用的化学试剂，其纯度比工业级的高。

06.0378 分析纯 analytical pure, AP
满足实验室高等级工业产品合成和分析化学要求而使用的化学试剂，其纯度需满足行业协会标准，要求比化学纯的高。

06.0379 优级纯 guaranteed reagent, GR
又称"保证试剂"。用于实验室中精密分析和研究工作，其纯度高于分析纯且具有特殊商标，或满足(超过)行业协会标准的试剂，有的可作为基准物质使用。

06.0380 光谱纯 spectrograde, spectroscopic pure
用于衡量纯度较高的金属或试剂。其所含杂

质元素一般在光学发射光谱的检测线之下或杂质含量低于某一限度标准的物质。通常认为其纯度在 99.95%~99.99%，可作为基准物质使用。

06.0381 高纯物质 high purity materials, extra pure materials

总杂质（元素或化合物）含量小于十万分之一（<0.001%）的物质，即本体含量大于99.999%（或称 5N）的物质，常指高纯金属或高纯化合物，如高纯铝、镁以及应用于高新技术领域的高纯镓、铟、铊、锗、硒、碲等。

06.02 重有色金属冶金

06.0382 重有色金属 heavy non-ferrous metals

常用有色金属中密度较大（密度都在>6g/cm³）的金属。包括：铜、铅、锌、镍、钴、锡、锑、铋、镉、汞等十种金属元素。

06.0383 重金属 heavy metal

在环境学上，主要是指对生物有明显毒性的金属元素或类金属元素。如汞、铅、镉、铬、锌、铜、钴、镍、锡、砷等，此类元素不易被微生物降解。在冶金学上，曾将"重有色金属"简称为"重金属"。

06.0384 自熔矿 self-fluxing ore

不加熔剂即可熔炼的矿石。

06.0385 自热熔炼 autogenous smelting

曾称"自热焙烧熔炼（pyritic smelting）"。主要借炉料中硫化物的氧化及氧化亚铁造渣等放热反应放出的热量维持温度而无须外加热量补充的熔炼方法。

06.0386 半自热熔炼 semi-autogenous smelting

曾称"半自热焙烧熔炼（semi-pyritic smelting）"。维持熔炼热工制度所需的热，除由炉料中硫化物氧化及氧化亚铁造渣等放出的热外，还需补充燃料的熔炼方法。

06.0387 造锍熔炼 matte smelting

将物料中的金属熔炼成锍的熔炼方法。

06.0388 矮竖炉熔炼 low-shaft furnace smelting

混捏的精料、熔剂及焦炭等呈柱状加入炉顶密封、烟道侧出的竖炉内生产熔锍的熔炼方法。

06.0389 沉淀熔炼 precipitation smelting

用金属铁从高品位硫化矿中置换并沉淀分离出金属的熔炼方法。

06.0390 脱硫率 desulphurization ratio

冶炼过程中脱除的硫量占原料中硫量的百分数。

06.0391 锍品位 matte grade

锍中主金属所占的质量百分含量。

06.0392 金属化锍 metallic matte

含有一定量单质金属的锍。

06.0393 渣型 slag pattern

依炉渣中所含的组分百分数或酸碱度来对炉渣进行的分类。

06.0394 炉渣硅酸度 slag silicate degree

炉渣中二氧化硅的氧量与氧化钙及其他碱性氧化物中氧量的比值。

06.0395 炉渣铁硅比 slag iron-silica ratio
炉渣中铁与二氧化硅含量的比值。

06.0396 炉渣钙硅比 slag lime-silica ratio
炉渣中氧化钙与二氧化硅含量的比值。

06.0397 富渣 rich slag
有价金属含量高、须进一步处理回收金属的炉渣。

06.0398 弃渣 discard slag
金属含量低至无回收价值的渣。

06.0399 洗炉 accretion removing practice
加入返回渣或熔点较低的物料以熔化炉膛结块的作业。

06.0400 炉期 furnace campaign
冶金炉从开炉到大检修的时间。由耐火材料的使用寿命决定,对于连续冶炼的冶金炉,常采用年、月或周表述;对于周期性作业的冶金炉,常采用生产多少炉(即多少个作业周期)或多长时间表示。

06.0401 火法精炼 fire refining, pyrorefining
在熔融条件下,脱除粗金属中杂质的精炼方法。

06.0402 氧化精炼 oxidizing refining
利用杂质对氧亲和力大于主金属,通过氧化而加以去除的精炼方法。

06.0403 碱性精炼 basic refining
加碱于熔融粗金属中,使氧化后的杂质与碱结合成盐而除去的精炼方法。

06.0404 硫化精炼 sulphidizing refining
加硫化剂于粗金属熔体中,使杂质形成硫化物而脱除的精炼方法。如向铅液中加硫脱铜

的工艺称为加硫除铜。

06.0405 氯化精炼 chloridizing refining
加氯化剂于粗金属熔体中,使杂质生成氯化物而除去的精炼方法。

06.0406 烟尘率 dust rate
火法冶炼过程中被烟气带走的物料量占原料总量的百分数。

06.0407 烟气调理 gas conditioning
添加化学试剂、水、气体或控制适宜温度等,以调整烟气、烟尘的成分或性质的过程。

06.0408 烟尘比电阻 dust resistivity
单位横截面积上单位厚度烟尘层的电阻。即烟尘的表观比电阻。

06.0409 收尘效率 dust collection efficiency, dust cleaning efficiency
捕集到的烟尘量占进入收尘器烟尘量的百分数。

06.0410 分级收尘效率 grade efficiency
一定粒径范围内,粉尘的收尘效率。

06.0411 分离界限粒径 cut diameter
机械收尘设备分级收尘效率为 50%的烟尘当量直径。

06.0412 机械收尘 mechanical separation
利用重力、冲击力、离心力等惯性作用的收尘方法。

06.0413 沉降速度 settling velocity
静止烟气中自由下落的尘粒,在气体黏滞阻力与重力达到平衡时以匀速降落时的速度。

06.0414 电场闪络 field flashover

电场内气体绝缘层被击穿产生电弧的现象。

06.0415 电风 electric wind
在电场内，离子流作用于气体分子，使之向收尘电极运动的现象。

06.0416 驱进速度 migration velocity
在电场力作用下，荷电尘粒移向收尘电极的平均速度。

06.0417 滤袋过滤速度 bag filtering velocity
单位时间单位过滤面积通过的烟气量。

06.0418 颗粒层收尘 gravel bed dust collection
利用颗粒状物料过滤层将烟气中的烟尘阻留下来的收尘方法。

06.0419 沉尘室 dust settling chamber
具有一定高度和断面，利用重力作用沉降烟尘的空室。

06.0420 冲击式收尘器 impingement separator
设有气流挡板或导向装置，利用惯性作用分离烟尘的设备。

06.0421 单区电收尘器 single stage static precipitator
粉尘荷电和沉积均在同一区域进行的电收尘器。

06.0422 双区电收尘器 two stage static precipitator
粉尘荷电及其沉积不在同一区域进行的电收尘器。

06.0423 液滴捕集器 droplet separator
捕集烟气中水滴和粉尘的装置。

06.0424 水膜收尘器 water-membrane scrubber
水从圆筒上部喷入，在筒内壁形成水膜，烟气从下部切线进入，烟尘受离心力作用随水膜而分离出来的收尘装置。

06.0425 鼓风炉熔炼 blast furnace smelting
以块状物料或混捏精矿为原料，焦炭为燃料或兼作还原剂，在水套构成的竖式炉内鼓入空气或富氧空气进行熔炼的方法。

06.0426 料封密闭鼓风炉熔炼 blast furnace smelting of top charged wet concentrate
又称"密闭鼓风炉炼铜""百田法(Momoda process)"。混捏铜精矿与熔剂、焦炭和其他块状原料或返料分层入炉并由混捏铜精矿料密封炉顶加料口的鼓风炉熔炼方法。

06.0427 黑铜 black copper
鼓风炉还原熔炼产出的粗铜。

06.0428 反射炉熔炼 reverberatory furnace smelting
以粉状物料为原料，靠燃料燃烧的火焰和炉顶、侧墙的辐射热进行熔炼的方法。

06.0429 生精矿熔炼 green concentrate smelting
炼铜过程中以精矿为原料的反射炉熔炼。

06.0430 焙砂熔炼 calcine smelting
炼铜过程中以焙砂为原料的反射炉熔炼。

06.0431 料坡 charge banks
炉内靠侧墙的料堆向熔池中心延伸的斜坡。

06.0432 反射炉床能率 reverberatory furnace specific capacity
按反射炉渣线处的水平面计算，单位面积每

昼夜处理的固体炉料量。

06.0433 明弧作业 open arc operation

在电炉熔炼时，电极不插入炉料，电极与炉料之间有明显电弧的作业制度。

06.0434 埋弧作业 submerged arc operation

在电炉熔炼时，电极插入炉料或熔池，产生不明显电弧的作业制度。

06.0435 电炉容量 electric furnace capacity

电炉的能力，常以电炉变压器的容量即视在功率表征。

06.0436 电炉单位面积功率 power per unit area

电炉单位炉床面积实际所需的功率。

06.0437 功率利用系数 power utilization coefficient

电炉实际功率与变压器功率的比值。

06.0438 电炉时间利用系数 time utilization coefficient

电炉每昼夜实际通电的小时数与全天小时数的比值。

06.0439 电能效率 power efficiency

电极供给熔池的实际功率占输电网供给电炉变压器功率的百分数。

06.0440 闪速熔炼 flash smelting

又称"悬浮熔炼"。将干细硫化物精矿、熔剂与预热空气或富氧空气或工业氧气一并喷入炉内空间，进行高速氧化熔炼的方法。

06.0441 奥托昆普闪速熔炼 Outokumpu flash smelting

采用预热空气或富氧空气，在由垂直反应塔、沉淀池和上升烟道组成的熔炼炉内进行的闪速熔炼方法。

06.0442 国际镍公司闪速熔炼 INCO flash smelting

炉料和工业氧气由炉子两端喷嘴水平喷入中间设有直升烟道的熔炼炉内进行闪速熔炼的方法。

06.0443 合成炉 synthesized flash smelting furnace

由垂直反应塔、沉淀池、上升烟道和电热炉渣贫化区组成的闪速熔炼炉。

06.0444 渣幕 slag screen

设于闪速炉烟气出口与余热锅炉相接处，使烟气中夹带的渣雾凝结下来的一排竖立余热锅炉管束。

06.0445 风料比 air-charge ratio

同一时间鼓入炉内的空气量与炉料量之比。

06.0446 氧料比 oxygen-charge ratio

入炉气体中的氧量与炉料量之比。

06.0447 闪速炉床能率 flash furnace specific capacity

(1)奥托昆普闪速炉为单位反应塔容积每昼夜处理的炉料量。(2)国际镍公司闪速炉为单位炉床面积每昼夜处理的炉料量。

06.0448 漩涡熔炼 cyclone furnace smelting

粉状燃料和预热空气以切线方向高速送入漩涡反应器，使加入的细粒物料在旋流中熔成液滴，并抛向反应器壁进行熔炼的方法。

06.0449 连续顶吹炼铜法 continuous top blowing process, CONTOP

炉料与工业氧气经旋涡器送入炉内，熔炼成

白锍和高铁渣，经氧气吹炼产出粗铜，生成的氧化亚铜再用还原性气氛还原的熔炼方法。

06.0450 顶吹浸没式喷枪熔炼法 top-blown submerged lance smelting process
又称"赛洛熔炼法（SIRO process）"。喷枪从圆形竖式炉炉顶插入浸没在熔融渣层中向熔池鼓入空气或富氧风及燃料、还原剂等进行熔炼或烟化的方法。

06.0451 浸没式喷枪 SIRO lance, submerged lance
可浸没在熔融的熔池中，送入反应风和/或燃料，并靠流过内部流道的反应气体冷却外壁实现挂渣保护的装置。

06.0452 艾萨熔炼法 Isasmelt process
由原芒特·艾萨公司授权的顶吹浸没式喷枪熔炼法。

06.0453 澳斯麦特熔炼法 Ausmelt process
由澳斯麦特公司授权的顶吹浸没式喷枪熔炼法，与艾萨熔炼法同源，两种工艺技术细节略有差别，技术核心内容相同。

06.0454 氧气顶吹熔炼法 oxygen top-blown smelting process
又称"氧气自热熔炼（oxygen heat-self smelting）"。从炉顶插入炉内熔池面上方的垂直喷枪将高速氧气流喷射冲入熔体中进行的熔池熔炼方法。

06.0455 顶吹底部搅拌转炉熔炼法 top blowing/bottom stirring process, oxygen top blowing/nitrogen stirring process
在卧式回转反应器上装设顶部氧枪和氧油喷枪，底部鼓入氮气搅动的处理辉铜矿的熔炼方法。

06.0456 顶吹底部搅拌熔炼炉 MK reactor
顶部设有加料装置、氧枪、氧油喷枪和炉口，底部设有多组氮气风口的卧式旋转式反应器。

06.0457 顶吹旋转转炉熔炼法 top-blown rotary converter smelting process, TBRC process
在倾斜旋转转炉中，通过顶吹喷枪供给氧气和燃料进行熔炼的方法。

06.0458 顶吹旋转转炉 top-blown rotary converter, TBRC
设有从顶部炉口插入的喷枪装置，炉体既可绕横轴转动又可绕纵轴转动的倾斜式转炉。

06.0459 诺兰达法 Noranda process
以硫化铜精矿为原料，采用卧式回转反应器，通过一侧部风口鼓入空气或富氧空气，熔炼出高品位铜锍的熔池熔炼方法。

06.0460 诺兰达炉 Noranda reactor
一端设有抛料口和气封装置，一侧设有一排风口，架于托辊上，借传动机构可绕横轴倾转的圆柱形卧式反应器，可从炉子一端加入固体铜料进行熔炼。

06.0461 特尼恩特转炉熔炼法 Teniente converter smelting process
简称"特尼恩特法"。用改型卧式转炉，以空气或富氧空气吹炼铜锍和铜精矿，产出白锍的熔炼方法。

06.0462 特尼恩特转炉 Teniente converter, TC
一端设有熔剂喷枪，一侧设有一排风口和精矿喷入口，架于托辊上，借传动机构可绕横轴倾转的圆柱形卧式反应器。

06.0463 瓦纽科夫熔炼法 Vanyukov smelting process
以硫化铜或硫化镍精矿为原料，在由铜水套组成的双侧吹矩形竖式炉内进行熔池熔炼的方法。

06.0464 白银炼铜法 Baiyin copper smelting process
在具有双侧吹风口，以隔墙分隔为熔炼区和贫化区的固定式熔炼炉内，进行熔池熔炼的炼铜法。

06.0465 氧气底吹炼铜法 oxygen bottom-blown copper smelting process
在卧式回转反应器中通过氧枪从炉底向熔池鼓入氧气进行铜熔池熔炼的方法。

06.0466 底吹炉氧枪 oxygen bottom-blowing lance
设有保护性气体和介质通道，安装在炉体底部向炉内熔池送氧的喷枪。

06.0467 三菱法 Mitsubishi process
硫化铜精矿及溶剂等炉料通过炉顶多支非浸没式喷枪喷入熔池，利用流槽相连的熔炼炉、渣贫化炉和吹炼炉连续地将硫化铜精矿熔炼成粗铜的方法。

06.0468 离析炼铜法 copper segregation process
又称"托尔考法(TORCO process)"。曾称"难处理铜矿离析法"。氧化铜矿混以少量煤粉和食盐，在一定温度和水分参与下，生成三聚合氯化亚铜，并在炭粒表面被还原成金属铜，经浮选、熔炼成粗铜的方法。

06.0469 熔锍吹炼 converting
在吹炼炉内，鼓空气于熔锍中并加适量熔剂，氧化除去锍中的铁和硫，获得粗金属或金属富集物的冶炼过程。

06.0470 卧式转炉 Pearce-Smith converter
钢壳内衬砌镁砖或铬镁砖，炉体设有炉口和一排送风眼，架于托辊上，借传动机构可绕横轴倾转的圆筒形卧式炉。可从炉口加入熔体锍，进行吹炼作业。

06.0471 虹吸式卧式转炉 Hoboken siphon converter
烟气由一端的鹅颈或称虹吸式排烟管排出，且炉口可以关闭的卧式转炉。

06.0472 闪速吹炼 flash converting
将铜锍磨细干燥后与熔剂、富氧空气一并喷入炉内空间，以很高的氧化速度将铜锍吹炼为粗铜的工艺。

06.0473 连续吹炼 continuous converting
铜锍或镍锍与熔剂、吹炼风连续加入吹炼炉，连续产出粗铜或高镍锍及吹炼渣的工艺。

06.0474 氧化造渣 oxidation-slagging
将杂质元素的硫化物氧化为氧化物并与熔剂生成炉渣以与主金属分离的过程。

06.0475 造渣期 slag-forming period
铜锍吹炼过程中造渣除铁的阶段。

06.0476 造铜期 copper making period
铜锍吹炼过程中，使白锍氧化脱硫生成粗铜的阶段。

06.0477 送风时率 blowing time ratio
转炉日均吹炼鼓风时间占24h的百分数。

06.0478 铜锍 copper matte
又称"冰铜"。用火法从铜的硫化矿物获取金属铜过程的中间产物，为铜的硫化物和硫化亚铁并含少量杂质的混合物。

06.0479 白锍 white metal
又称"白金属""白冰铜"。铜锍吹炼过程中，经氧化造渣去除硫化亚铁后剩下的硫化亚铜。

06.0480 铜–镍–铁锍 copper-nickel-iron matte
又称"铜–镍–铁冰铜"。以铜、镍和铁元素为主成分的金属硫化物的混合物。

06.0481 铜–镍高锍 copper-nickel high grade matte
又称"铜–镍冰铜"。铜–镍–铁锍高温氧化除铁后形成的金属硫化物的混合物。

06.0482 锍率 matte rate
熔炼过程中产生的锍量与处理物料量的比值百分数。

06.0483 渣率 slag rate
熔炼过程中产生的渣量与处理物料量的比值百分数。

06.0484 炉结 accretion
熔炼过程中炉内出现的黏结物。

06.0485 挂炉 magnetite coating
曾称"磁性氧化铁层积"。向转炉加入少量锍进行吹炼，使其中的铁生成磁性氧化铁并附着在炉衬上，以保护炉衬延长转炉寿命的作业。

06.0486 粗铜 blister copper
铜锍经吹炼后产出的含少量杂质的铜。

06.0487 转炉烟罩 converter hood
罩于转炉上，与烟道相连，用以将转炉烟气导入烟道系统的装置。

06.0488 冷料 cold charge
防止因过热使炉衬损坏而加入转炉吹炼的固体含金属物料。在重金属冶炼中特指铜、镍等硫化矿物熔炼得到的铜锍或镍锍在进一步吹炼中需要加入的固态物料。

06.0489 捅风口机 tuyere puncher
清除转炉风眼中黏结物的机械装置。

06.0490 特尼恩特转炉贫化法 Teniente converter slag cleaning process
炉渣分批加入卧式回转炉中，通过侧部几个风口鼓入空气和还原剂使炉渣贫化的方法。

06.0491 渣贫化 slag cleaning
回收富渣中有价金属并产出弃渣的过程。

06.0492 渣浮选 slag flotation
用浮选法回收富渣中有价金属的过程。

06.0493 反射炉精炼 reverberatory refining
采用传统的反射炉脱除粗铜或高品位杂铜中的杂质元素生产阳极铜的过程。

06.0494 回转精炼炉 rotary refining furnace
设有氧化/还原风口，炉体架于托辊上，借传动机构可绕横轴做 360°倾转的圆筒形卧式铜精炼炉。

06.0495 倾动式精炼炉 MAERZ refining furnace
具有反射炉形状的炉膛，炉体架设在摇座上，通过驱动装置可以实现炉体在一定范围内左右倾动的铜精炼炉。

06.0496 插木还原 poling reaction
粗铜火法精炼后期插青木或鼓还原剂于熔体中，使其中的氧化亚铜还原成金属铜的作业。

06.0497 火法精炼铜 fire-refining copper
简称"火精铜"。通过火法精炼过程直接生产的高品质精铜。

06.0498 大耳阳极 big-lug anode
铸有大挂耳可直接挂在电解槽内的阳极。

06.0499 浇铸阳极 cast anode
将金属或金属化合物的熔体浇灌在模型中而获得的阳极。

06.0500 连铸阳极 continuous casting anode
用火法精炼后的铜连续浇铸并轧制成的阳极。

06.0501 圆盘浇铸机 casting wheel
由多块铸模组成，可围绕中心转动的水平圆盘式浇铸设备。

06.0502 双带连铸机 Hazelett continuous casting machine
将铜液连续浇铸在两条同向运行的水冷钢带的夹层空隙中凝固形成板坯，再剪切成单块阳极板的浇铸机组。

06.0503 艾萨法 Isa process
由原芒特·艾萨公司开发，采用不锈钢阴极取代传统铜始极片的一种永久阴极铜电解技术。

06.0504 基德法 Kidd process
由基德·科里克冶炼厂开发，采用不锈钢阴极取代传统铜始极片的一种永久阴极铜电解技术。在不锈钢阴极板的包边、阴极铜片的剥离技术等方面与艾萨法有差异。

06.0505 残阳极 anode scrap
简称"残极"。可溶阳极电解终了时的残余部分。

06.0506 残极率 anode scrap ratio
残阳极与入槽阳极质量之比的百分数。

06.0507 阳极泥率 anode slime ratio
阳极泥量占溶解阳极总量的百分数。

06.0508 阳极寿命 anode life
可溶阳极在槽内电溶解的时间。

06.0509 直流电耗 DC power consumption
每产 1 吨阴极金属所消耗的直流电能。

06.0510 电解液净化 electrolyte purification
除去电解液中的杂质并调整其成分的作业。

06.0511 脱铜槽 copper liberation cell
用作降低或脱除电解液中铜离子的电解槽。

06.0512 黑铜粉 black copper powder
铜电解液净化过程中，电积脱铜时在阴极上析出的含砷、锑较高的铜的黑色粉状物。

06.0513 倒锥式铜沉淀器 inverted cone copper precipitator
湿法炼铜中采用铁粉将溶液中的铜置换沉淀出来的倒锥型冶金设备。

06.0514 置换沉淀铜 cemented copper
加入锌、镍、铁等电性较负的金属，通过置换反应而从溶液中分离出来的铜。

06.0515 绿矾 green vitriol
化学式为 $FeSO_4 \cdot 7H_2O$ 的硫酸亚铁七水合物。

06.0516 铅锍 lead matte
硫化铅、硫化亚铜、硫化亚铁和硫化锌等硫化物的混合物。

06.0517 铅锌密闭鼓风炉熔炼法 imperial smelting process, ISP
又称"帝国熔炼法""鼓风炉炼锌"。用密闭鼓风炉处理含铅、锌的焙烧结块或部分团矿，使锌挥发逸出、冷凝回收，同时产出粗铅的熔炼方法。

06.0518 炼锌鼓风炉 imperial smelting furnace, ISF
又称"铅锌密闭鼓风炉"。由料钟密封炉顶，下部为带有水冷风口的炉身和炉缸，并配有冷凝器和冷却溜槽组成的炼锌竖式炉。

06.0519 QSL 法 Queneau-Schuhmann-Lurqi process
以硫化铅精矿为原料，在卧式回转反应器中进行氧气底吹熔炼，并用还原剂还原初渣直接产出粗铅的熔炼方法。

06.0520 QSL 炉 Queneau-Schuhmann-Lurqi reactor
由底部设有氧枪的氧化区和设有还原枪的还原区组成的卧式圆筒型可回转的直接炼铅炉。

06.0521 氧气底吹熔炼–鼓风炉还原炼铅法 oxygen bottom-blown smelting process with blast furnace slag reducing
又称"水口山炼铅法(SKS lead smelting)"。以硫化铅精矿为原料，在卧式回转反应器中进行氧气底吹熔炼产出初渣和部分粗铅，初渣浇铸成块再在鼓风炉内还原熔炼的炼铅方法。

06.0522 氧气底吹熔炼–液态渣直接还原炼铅法 oxygen bottom-blown smelting process with melt slag direct-reducing
以硫化铅精矿为原料，在卧式回转反应器中进行氧气底吹熔炼，产出高铅渣和部分粗铅，再将熔融态高铅渣在还原炉内直接处理的熔炼方法。还原作业分为侧吹还原、底吹还原、底吹电热还原等。

06.0523 高铅渣 primary slag
硫化铅氧化熔炼生成的初渣。

06.0524 基夫采特熔炼法 Kivcet smelting process, Kivcet-CS process
曾称"基夫赛特熔炼法"。在一台装置中进行闪速熔炼和电热碳还原工序处理硫化铅精矿产出粗铅的熔炼方法。

06.0525 沉淀锅 settling pot
置于炉前，用以盛装并澄清分离熔炼熔体产物的铁锅。

06.0526 料封 charge seal
利用加料口或排料口的料柱阻止气流通过的密封方法。

06.0527 悬料 bridging charge
炉内产生结块使物料起拱而不能下降的现象。

06.0528 燃碳率 carbon burning rate
又称"燃碳量"。炼锌鼓风炉每昼夜燃烧焦炭量。

06.0529 碳耗率 carbon estimation
炼锌鼓风炉实际消耗的碳量与经验公式计算的耗碳量之比的百分数。

06.0530 碳锌比 carbon-zinc ratio
炼锌鼓风炉炉料中配入的碳量与锌量的比值。

06.0531 铅雨冷凝　lead splash condensing
利用铅液细滴冷凝吸收炼锌鼓风炉烟气中锌蒸气的方法。

06.0532 铅雨冷凝器　lead splash condenser
设有铅池和扬铅转子用以产生铅液细滴冷凝烟气中锌蒸气的装置。

06.0533 铅液冷却溜槽　lead cooling launder
用水冷却含锌铅液，以析出金属锌的溜槽。

06.0534 贵铅　noble lead
铅与贵金属形成的铅合金。

06.0535 四乙铅　tetraethyl lead
化学式为 $Pb(C_2H_5)_4$ 的一种金属有机化合物。

06.0536 铅白　lead white
又称"白铅粉"。化学式为 $PbCO_3 \cdot 2Pb(OH)_2$ 的碱式碳酸铅粉末。

06.0537 密陀僧　litharge, lead oxide
又称"氧化铅"。化学式为 PbO 的铅氧化物粉末。工业上主要用作颜料。

06.0538 熔铅锅　lead refining kettle
对粗铅、铅残极、电铅进行熔化、精炼脱杂或贮存的铅火法精炼装置。

06.0539 粗铅软化　softening
粗铅火法精炼除砷、锑、锡的作业。

06.0540 熔析除铜　liquation decoppering
基于铜与铅的熔点差，通过对熔融粗铅降温处理使铜以浮渣形式与铅分离的过程。

06.0541 碱渣　caustic dross
以苛性钠进行碱性精炼产生的渣。

06.0542 苏打渣　soda slag
以碳酸钠作熔剂进行精炼或熔炼产生的渣。

06.0543 加锌除银法　Parkes process
加锌于粗铅熔体中，与金、银生成金属间化合物，使金、银与铅分离的方法。

06.0544 银锌渣　silver-zinc crust
粗铅加锌除银产出的浮在铅液表面的凝结物。

06.0545 钙镁除铋法　Kroll-Betterton process
加钙、镁于粗铅熔体中，与铋生成金属间化合物，使铋与铅分离的方法。

06.0546 钾镁除铋法　Jollivet process
加钾、镁于粗铅熔体中，与铋生成金属间化合物，使铋与铅分离的方法。

06.0547 铋渣　bismuth dross
粗铅脱铋过程中生成的浮渣。

06.0548 钠盐精炼法　Harris process
加苛性钠和硝石于熔融粗金属中，使氧化后的杂质金属与其合成钠盐，而与主金属分离的方法。

06.0549 钠渣　sodium slag
钠盐精炼法生成的碱渣。

06.0550 浆式进料　slurry feeding
将精矿制成矿浆喷入焙烧炉内的方法。

06.0551 抛料机　slinger feeder
以较高速度将物料抛至一定位置的胶带给料机。

06.0552 [焙烧炉]前室　feed chamber
置于流态化焙烧炉一侧，顶部有加料管，底

部单独供风的加料室。

06.0553 残硫 residual sulphur
焙烧后残留在产物中的硫量。

06.0554 水溶锌率 water soluble zinc ratio
锌焙砂中呈硫酸锌形态能被水溶解的锌量占总锌量的百分数。

06.0555 酸溶锌率 acid soluble zinc ratio
锌焙砂中呈氧化锌形态能被硫酸溶解的锌量占总锌量的百分数。

06.0556 压密 densifying
将碾压的物料压成小团块的过程。

06.0557 生团矿 green briquette
压团机产出的未经干燥和焦结的团矿。

06.0558 生团矿焦结 green briquette coking
加热除去生团矿中的水分和挥发物,并使其中的煤焦化,获得坚实多孔团矿的过程。

06.0559 焦结炉 coker
带有燃烧室,以燃烧后的热气流通过团矿使之焦结的设备。

06.0560 自热焦结炉 autogenous coker
以团矿挥发物为焦结过程燃料的焦结炉。

06.0561 团矿烧成率 coked briquette percent
焦结炉产出的合格焦结团矿占加入生团矿质量的百分比。

06.0562 碳倍数 carbon multiples
竖罐炼锌用的团矿中,配入的碳量与理论需要量的比值。

06.0563 平罐蒸馏 horizontal retort distilla-tion
锌焙砂混以适量还原剂,在水平放置的罐内进行蒸馏生产粗锌的方法。

06.0564 平罐蒸馏炉 horizontal retort
由水平炉体与其外的燃烧室、换热室、冷凝器等组成的蒸馏锌的设备。

06.0565 竖罐蒸馏 vertical retort distillation
直接来自焦结炉的赤热焦结团矿在竖罐内进行蒸馏生产粗锌的方法。

06.0566 竖罐蒸馏炉 vertical retort
简称"竖罐"。由碳化硅砖砌成的矩形竖炉本体与其外的燃烧室和换热室、罐的上下密封装置以及冷凝器等组成的蒸馏生产粗锌的设备。

06.0567 竖罐生产率 vertical retort specific capacity
竖罐罐壁单位有效受热面积每昼夜产出的锌量。

06.0568 电阻炉蒸馏 electric resistance fur-nace distillation
含锌烧结块和还原剂在电阻炉内加热进行蒸馏产出粗锌的方法。

06.0569 矿热电炉蒸馏 smelting electric fur-nace distillation
锌焙砂或其他含锌物料和还原剂在熔炼电炉内进行蒸馏生产粗锌的方法。

06.0570 锌精馏塔 zinc rectification column
由塔盘重叠而成的塔体与燃烧室、冷凝器、贮锌池等组成的粗锌精馏设备。

06.0571 塔盘 distillation tray
精馏塔中的矩形碳化硅组件,按其作用分为

蒸发盘和回流盘。

06.0572 铅塔 lead column
粗锌精馏塔组中用以除铅、铁等杂质的塔。

06.0573 镉塔 cadmium column
粗锌精馏塔组中用以除镉的塔。

06.0574 精馏塔生产率 rectification column
specific capacity
精馏塔单位有效受热面积每昼夜产出的锌量。

06.0575 高镉锌 zinc-cadmium alloy
镉塔冷凝器产出的含镉高的锌镉合金。

06.0576 锌矾 zinc vitriol
化学式为 $ZnSO_4 \cdot 7H_2O$ 的硫酸锌七水合物。

06.0577 硬锌 hard zinc
铅塔熔析炉产出的含铁高的锌。

06.0578 脱镉锌 cadmium-free zinc
又称"B号锌"。铅塔熔析炉产出的含铅无镉锌。

06.0579 锌白 zinc white
又称"锌氧粉"。分子式为 ZnO 的氧化锌粉末。

06.0580 蓝粉 blue powder
火法炼锌冷凝器中形成的略带蓝色的氧化锌与金属锌的混合物。

06.0581 锌钡白 lithopone
又称"立德粉"。硫化钡与硫酸锌的混合晶体。

06.0582 电炉炼锌 zinc electrical furnace
smelting process
又称"电热法炼锌"。锌焙砂等氧化锌原料与熔剂、焦炭配料后在电炉内完成造渣、还原、挥发并经冷凝生产粗锌的过程。

06.0583 平模浇铸 horizontal mould casting
铸模的铸型分型面为水平的浇铸方法。

06.0584 立模浇铸 vertical mould casting
铸模的铸型分型面为垂直的浇铸方法。

06.0585 直线浇铸机 straight-line casting
machine
铸模在链带上排列成直线的机械传动浇铸设备。

06.0586 码垛机 stacker
配于铸锭机起锭部位,将铸好的金属锭码成垛的设备。

06.0587 铸模涂料 mould facing materials
为获得表面光洁的铸件并易于脱模而喷涂于铸模内表面的物料。

06.0588 铅始极片制备 lead starting sheet
preparation
将熔融精铅迅速冷凝在模板或辊筒上,制成粗铅电解用的阴极薄板的过程。

06.0589 炉渣烟化 slag fuming
使炉渣中的有价金属挥发出来,并以氧化物形态回收的过程。

06.0590 回转窑烟化法 Waelz process
在回转窑中用还原剂挥发低品位物料中的锌、铅等金属,并以氧化物形态回收的方法。

06.0591 炉渣硫化挥发 slag sulphurizing
volatilization

用硫化剂使熔渣中某些金属氧化物生成易挥发的硫化物，挥发后再氧化，从而与炉渣分离的过程。

06.0592 挥发率 volatilization
冶炼过程中某组分的挥发量占原料中该组分总量的百分数。

06.0593 挥发窑 volatilization kiln
以焦粒或无烟煤为热源和还原剂，用于还原、挥发浸出渣或低品位物料中的铅、锌、锡及稀散金属的卧式回转窑。

06.0594 除渣锅 drossing kettle
将熔融粗金属中的杂质以浮渣的形式与主金属分离的精炼锅。

06.0595 间断浸出 batch leaching
又称"分批浸出"。在同一设备内分批进行的浸出过程。

06.0596 连续浸出 continuous leaching
溶剂和物料按一定比例连续通过浸出设备完成浸出作业的过程。

06.0597 浸出渣率 residue ratio
浸出渣干量占浸出物料干量的百分数。

06.0598 浆化槽 repulp tank
将粉状物料与溶剂充分混合形成浆液的装置。

06.0599 黄钾铁矾法 jarosite process
使溶液中的铁形成特定的碱式硫酸铁复盐（黄钾铁矾）沉淀而加以去除的方法。

06.0600 转化法 conversion process
在同一设备内完成热酸浸出、预中和及黄钾铁矾沉淀的方法。

06.0601 针铁矿法 goethite process
使溶液中的铁呈针铁矿形态沉淀而加以去除的方法。

06.0602 仲针铁矿法 para-goethite process
针铁矿法中的一种，它采用控制溶液中高价铁离子的浓度，进行高温中和，使铁呈针铁矿形态沉淀而加以去除的方法。

06.0603 赤铁矿法 hematite process
使溶液中的铁呈赤铁矿形态沉淀而加以去除的方法。

06.0604 氯气脱汞法 Odda process, Boliden-Norzink process
采用氯气将甘汞（Hg_2Cl_2 固体）氧化为氯化汞（$HgCl_2$ 溶液）后用其与锌焙烧烟气中的汞反应，再生成甘汞并循环作业的脱汞方法。

06.0605 锌汞齐电解法 zinc amalgam electrolysis process
采用电解制备锌汞合金的方法。

06.0606 铁渣 iron residue
酸性溶液除铁过程产出的渣。

06.0607 铜镉渣 copper-cadmium residue
溶液净化过程中产出的含铜、镉等杂质的渣。

06.0608 硫渣热滤 sulphur residue hot filtering
硫化锌精矿直接浸出的不溶残渣经浮选产出的硫与硫化物的混合物，经加热过滤，分离元素硫和硫化物的过程。

06.0609 锌粉置换法 zinc dust precipitation
为了净化硫酸锌溶液，利用锌的标准电势较负的特性，加入锌粉置换电势较正的杂质金属离子，使后者沉淀脱除的方法。

06.0610　砷盐净化法　antimony trioxide purification process
为了净化硫酸锌溶液，加入锌粉和三氧化二砷，从而较好地脱除铜、镍、砷、锑等杂质的方法。

06.0611　锑盐净化法　arsenic trioxide purification process
在硫酸锌溶液净化过程中，经锌粉置换脱铜、镉后的溶液，在较高温度下加锌粉和锑活化剂除钴和其他杂质的方法。

06.0612　电极烧板　cathode deposit resolution
电解过程中，阴极析出的金属因故障而重新溶解的现象。

06.0613　镍锍　nickel matte
硫化镍矿冶炼或氧化镍矿还原硫化冶炼的中间产物，为硫化镍与硫化亚铜、硫化亚铁并含有少量杂质的混合物。

06.0614　高镍锍　high nickel matte
镍锍经过吹炼将铁氧化造渣脱除后产出的镍铜硫化物的混合物。

06.0615　高镍锍浇铸　high grade nickel matte casting
将转炉吹炼所得的高镍锍注入锭模，控制一定降温速度缓慢冷却，使铜镍硫化物与铜镍合金分相结晶及晶粒长大的过程。

06.0616　锍分层熔炼法　Orford process
将高镍锍与硫化钠混合熔化，硫化铜溶解在硫化钠相中，实现与硫化镍分离的方法。

06.0617　羰基　carbonyl
由碳和氧两种原子通过双键连接而成的有机官能团(C＝O)。

06.0618　羰基法　carbonyl process
又称"蒙德法""蒙德–兰格法"。利用一氧化碳与某些活性金属能生成气态羰基化合物并易于分解出金属的特性，来进行提取或精炼金属的方法。

06.0619　羰基镍　nickel carbonyl
金属镍与一氧化碳发生羰化反应合成的羰基络合物。

06.0620　羰基物挥发器　carbonyl volatilizer
用来进行羰基物的合成与挥发的立式圆柱型密封装置。由带有耙齿的中间竖轴与若干重叠的铸铁盘组成。

06.0621　镍丸　nickel pellet
采用羰基法，由镍的气态羰基化合物分解所得的丸状金属镍。

06.0622　镍丸分解器　nickel pellet decomposer
分解羰基镍生产镍丸的装置，由斗式提升机、镍丸预热器和反应室组成。

06.0623　常压羰基法镍精炼　nickel carbonyl atmospheric pressure process
采用常压合成羰基镍的羰基法镍精炼过程。

06.0624　高压羰基法镍精炼　nickel carbonyl elevated pressure process
采用高压(22.5MPa)合成羰基镍的羰基法镍精炼过程。

06.0625　通用镍　utility nickel
将含镍物料氧化焙烧后直接还原熔炼所得的含少量杂质的金属镍。

06.0626 金属镍阳极 crude nickel anode
由氧化亚镍还原熔炼获得的粗镍铸制成的用于电解精炼的可溶性阳极。

06.0627 离子交换树脂选择系数 ion exchange resin selective coefficient
交换于树脂中的 A、B 离子浓度比与溶液中 A、B 离子浓度比的比值。

06.0628 离子交换树脂再生 ion exchange resin regeneration
树脂交换饱和后，用淋洗液洗脱被交换离子，使树脂恢复原状的过程。

06.0629 离子交换树脂交换容量 ion exchange resin capacity
单位质量或体积的交换树脂中能进行离子交换反应的化学基团总数。

06.0630 离子交换树脂利用率 ion exchange resin efficiency
离子交换树脂实际发挥效能的工作交换容量占总交换容量的百分数。

06.0631 离子交换树脂吸附 ion exchange resin adsorption
离子交换树脂对溶液中金属离子或有机物的吸附作用。

06.0632 离子交换树脂解吸 ion exchange resin desorption
用溶液洗涤交换饱和的树脂，使吸附的离子进入溶液的过程。

06.0633 流态化置换 fluidizing cementation
在流态化床中，金属离子之间进行置换的反应过程。

06.0634 硫化沉淀 sulphurization precipitation
用硫化剂使溶液中金属离子生成硫化物沉淀的方法。

06.0635 电解造液 electrolysis dissolution
控制电化学反应，使阳极金属溶解而阴极只析出氢，增加电解液中金属离子浓度的作业。

06.0636 镍矾 nickel vitriol
化学式为 $NiSO_4 \cdot 7H_2O$ 的硫酸镍七水合物。

06.0637 电解钴 electrolytic cobalt
通过可溶阳极电解或不溶阳极电积获得的阴极钴。

06.0638 精制氧化钴 refined cobalt oxide
溶液中加入草酸铵所获得的一次草酸钴沉淀物，经回转管式电炉煅烧氧化所得到的松装密度满足要求的晶形氧化钴。

06.0639 短旋转炉熔炼 short rotary furnace smelting
在长度和直径比值较小的圆筒形回转炉中进行熔炼的方法。

06.0640 熔析精炼 liquation refining
利用杂质金属或其化合物在金属中的溶解度随温度高低而变化的性质，控制温度使其脱除的精炼方法。

06.0641 熔析锅 liquating kettle
利用杂质金属及其化合物熔点比主金属高的特性对含铁等杂质的粗金属进行熔析脱杂的装置。

06.0642 炼渣 slag smelting
回收炼锡炉渣中锡的再熔炼工艺。

06.0643 甲酚磺酸电解 cresol sulfonic acid electrolysis

以甲酚作用于纯浓硫酸而制成的甲酚磺酸作为添加剂，抑制硫酸溶液中二价锡离子氧化趋势的锡电解过程。

06.0644 硅氟酸电解 silicofluoride electrolysis

采用硅氟酸电解质水溶液，使铅、锡能够同时电溶于电解液中，并能够同时在阴极上析出得到精焊锡的过程。

06.0645 硬头 hard head

又称"乙锡""乙粗锡"。还原熔炼锡精矿或富锡渣以及粗锡熔析精炼过程中产生的以锡为主体含铁、砷较高的粗锡。

06.0646 硬锡 hard tin

含锡 85.0%~96.0%，其余为铜和/或铅、锑、铋等的锡合金的总称。

06.0647 黑锡 black tin

含铁较高、颜色呈黑色的锡石。

06.0648 灰锡 grey tin

又称"α-锡"。金属锡同素异形体之一，金刚石型结构，温度低于 13.2℃以下稳定。

06.0649 白锡 white tin

又称"β-锡"。金属锡同素异形体之一，四方晶系结构，温度高于 13.2℃至 161℃熔点温度范围内稳定。

06.0650 锡疫 tin pest

低温下白锡转变为灰锡时碎成粉末的现象。

06.0651 黄渣 speiss

熔炼含砷、锑的金属矿石所产生的金属砷化物与锑化物的混合物溶体。

06.0652 砒霜 white arsenic

化学式为 As_2O_3 的砷氧化物，有剧毒。

06.0653 生锑 antimony crude

用熔析法处理高品位辉锑矿产出的呈针状结晶的硫化锑。

06.0654 灰锑 grey antimony

锑的 4 种同素异形体之一，在–90℃以上稳定。

06.0655 精锑 star antimony

杂质总和小于1.0%的金属锑，在其结晶表面常呈蕨叶状。

06.0656 爆锑 explosive antimony

锑的四种同素异形体之一，由锑蒸气快速冷却或从三氯化锑电解获得，常含有少量三氯化锑，在撞击或摩擦时会发生爆炸。

06.0657 衣子 starring mixture

又称"起星剂"。精锑铸锭时，覆盖于锑锭表面使锑锭结晶出蕨叶状花纹的物质。

06.0658 焙烧蒸馏 roasting distillation

焙烧脱除硫化汞中的硫并蒸馏出汞的过程。

06.0659 汞炱 mercurial soot

在炼汞过程中产出的由细粒汞珠、矿尘、砷锑氧化物、碳氢化合物、水分、硫化汞、硫酸汞等组成的灰黑色泥状物。

06.03 轻金属冶金

06.0660 轻金属 light metal

密度小于 3.5 g/cm^3 的金属。包括铝、镁、钙、锶、钡、钾和钠共七种金属。

06.0661 拜耳法 Bayer process

用苛性碱溶液加压溶出铝土矿的氧化铝生产方法。

06.0662 碱石灰烧结法 soda lime sintering process

简称"烧结法"。用纯碱及石灰石与铝矿物共同烧结处理铝矿石的氧化铝生产方法。

06.0663 拜耳-烧结联合法 Bayer and sintering combined process

拜尔法和烧结法并用的氧化铝生产方法。

06.0664 加矿增浓法 sweetening process

拜尔法生产氧化铝时,在高压溶出后的自蒸发过程中添加含铝矿物或物料的方法。

06.0665 双流法 double stream process

氧化铝生产过程中,采用溶出母液和矿浆分别加热,再将两者混合进行溶出的方法。

06.0666 彼德森法 Pedersen process

以高铁铝土矿和铁矿石等为原料,经电熔、溶出和分解等过程,产出生铁和氧化铝的方法。

06.0667 生料浆 charge pulp, charge slurry

烧结法氧化铝生产过程中待烧成的料浆。

06.0668 铝氧脱硅 desilication

氧化铝生产过程中脱除氧化硅的过程。

06.0669 预脱硅 predesilication

氧化铝生产过程中,在溶出前进行的脱除氧化硅的过程。

06.0670 铝土矿溶出 bauxite digestion

用苛性碱溶液将铝土矿中的氧化铝溶解成铝酸钠溶液的过程。

06.0671 溶出系统 digestion system

氧化铝生产过程中,实现铝土矿溶出过程的装置。

06.0672 管道化溶出 tube digestion

用套管式反应装置和多级自蒸发器实现的铝土矿溶出过程。

06.0673 管道高压浸溶器 high pressure tube digester

在高压条件下进行溶出反应的管道化溶出装置。

06.0674 高压浸溶器组 autoclave line

氧化铝生产过程中,由若干溶出器组成,实现完整高压溶出过程的装置。

06.0675 多层沉降槽 multitray settling tank

在一个竖直筒体内,由上至下隔离出若干层相互独立的单元,分别用于料浆沉降的装置。

06.0676 分级槽 classifier tank

氧化铝生产过程中,用于实现溶液中固体颗粒分级的装置。

06.0677 溶出矿浆 digested pulp, digested slurry

氧化铝生产溶出反应后,液固相物料尚未分离的料浆。

06.0678 粗液 green liquor

氧化铝生产过程中,赤泥分离后未精滤的铝酸钠溶液。

06.0679 铝酸钠溶液 sodium aluminate solution

铝酸钠(Na_3AlO_3)的水溶液。

06.0680 赤泥 red mud

氧化铝生产过程中,溶出反应后产生的固体残渣。

06.0681　赤泥分离　red mud separation
氧化铝生产过程中，溶出产物液固分离的过程。

06.0682　赤泥洗涤　red mud washing
氧化铝生产过程中，用水清洗赤泥的过程。

06.0683　铝酸钠溶液分解　sodium aluminate solution precipitation
铝酸钠溶液分解析出氢氧化铝的过程。

06.0684　碳分　carbonation precipitation
向铝酸钠溶液中通入二氧化碳，导致氢氧化铝析出的过程。

06.0685　氢氧化铝晶种　alumina trihydrate seed
氧化铝生产的分解析出过程中，起晶种作用的氢氧化铝颗粒。

06.0686　分解槽　precipitation tank, precipitator
又称"沉淀槽"。氧化铝生产过程中，用于使铝酸钠溶液分解析出氢氧化铝的装置。

06.0687　水化石榴子石　hydrogarnet
化学式为 $3CaO \cdot Al_2O_3 \cdot xSiO_2 \cdot (6-2x)H_2O$ 的化合物。

06.0688　硅量指数　siliceous modulus
氧化铝生产过程中，溶液中三氧化二铝折合量与二氧化硅折合量之质量比。

06.0689　硅渣　white mud
氧化铝生产过程中，粗液脱硅产生的固体渣。

06.0690　硅酸盐渣　silicate sludge
氧化铝生产过程中，成分主要为硅酸盐的固体渣。

06.0691　铝碱比　alumina soda ratio
氧化铝生产过程的物料中，Al_2O_3 折合量与将苛性碱折合成碳酸钠含量的质量比，常以 A/C 符号表示。

06.0692　铝硅比　alumina silica ratio
物料中 Al_2O_3 折合量与 SiO_2 折合量之质量比。常以 A/S 符号表示。

06.0693　活性氧化硅　activated silica, reactive silica
氧化铝生产溶出过程中，可参与化学反应的氧化硅。

06.0694　冶炼级氧化铝　smelter grade alumina
可满足用于电解法制取原铝质量要求的氧化铝。

06.0695　砂状氧化铝　sandy alumina
颗粒尺寸中粒度 45μm 以下的小于 10.0% 的氧化铝。其磨损指数小于 25.0%、比表面积大于 60m²/g，且具有一定强度的氧化铝。

06.0696　中间状氧化铝　intermediate alumina
颗粒尺寸中粒度 45μm 以下的占 10.0%~20.0%、平均粒径为 50~80μm 的氧化铝。

06.0697　面粉状氧化铝　flour alumina
颗粒尺寸中粒度 45μm 以下的占 20.0%~50.0%、平均粒径小于 50μm 的氧化铝。

06.0698　片状氧化铝　tabular alumina
由碱含量较低的工业氢氧化铝经 1800~2000℃煅烧，通过再结晶得到的大粒板状氧化铝。

06.0699　低钠氧化铝　low sodium alumina
氧化钠杂质含量低于 0.1% 的氧化铝。

06.0700 煅烧氧化铝 calcined alumina
将氢氧化铝或工业氧化铝经 1200~1700℃煅
烧相变得到的氧化铝。

06.0701 氧化铝水合物 alumina hydrate
氧化铝与水结合的产物。

06.0702 氟化物熔盐电解 fluoride fused salt
electrolysis
以氟化物为主要电解质成分的熔盐电解生
产方法。

06.0703 氯化物熔盐电解 chloride fused salt
electrolysis
以氯化物为电解质主要成分的熔盐电解生
产方法。

06.0704 霍尔–埃鲁法 Hall-Heroult process
以冰晶石–氧化铝熔盐为电解质，在炭阳极上
析出二氧化碳，在阴极上析出铝的电解方法。

06.0705 多元电解质 multicomponent eletro-
lyte
组元数大于 2 的电解质。

06.0706 锂盐修正电解质 lithium modified
electrolyte
铝电解生产过程中添加了锂盐的电解质，以
区别于传统不含锂盐的电解质。

06.0707 煅烧石油焦 calcined petroleum coke
经过 1200~1350℃高温处理的石油焦。

06.0708 阳极糊 anode paste
以石油焦、沥青焦为骨料，煤沥青为黏结剂
制成的炭素糊料。可用作连续自焙铝电解槽
的阳极材料。

06.0709 阴极糊 cathode paste

用于砌筑铝电解槽阴极炭块、填充阴极缝隙
和黏结阴极钢棒的糊料。

06.0710 生阳极 green anode
以石油焦、沥青焦为骨料，煤沥青为黏结剂，
经过混捏、成型制成的炭块。

06.0711 阳极炭块 anode block
生阳极经焙烧制成的炭块。

06.0712 石墨阳极块 graphite anode block
在电解工业中，用作电解槽阳极的石墨块。

06.0713 石墨阴极块 graphite cathode block
在电解工业中，用作电解槽阴极的石墨块。

06.0714 扎缝用糊 ramming paste
用于填充阴极缝隙的糊料。

06.0715 自焙阳极 self baking anode
以阳极糊为材料，利用电解槽自热完成阳极
焙烧过程的阳极。

06.0716 半石墨质阴极炭块 semi-graphitic
cathode carbon block
石墨含量小于 30%，以优质电煅煤、石墨、
焦炭为原料，经成型和焙烧制成的阴极
炭块。

06.0717 石墨质阴极炭块 graphitic cathode
carbon block
石墨含量大于 80%，以优质电煅煤、石墨、
焦炭为原料，经成型和焙烧制成的阴极
炭块。

06.0718 石墨化阴极炭块 graphitized cathode
carbon block
以石油焦、沥青焦为原料，经过成型、焙烧、
浸渍和 2300℃以上石墨化处理制成的阴极

炭块。

06.0719 防渗料 barrier refractory
铝电解槽中，以物理或化学原理阻碍气体和熔体渗漏的内衬材料。

06.0720 敞开环式焙烧炉 open type ring baking furnace, Pechiney furnace
以多个结构相同、顶部具有若干敞开装料箱的炉室，呈双排布置，按移动的火焰系统运转的焙烧设备。

06.0721 炭材二氧化碳反应性 carbon dioxide reactivity
炭素材料与二氧化碳气体反应的活性。

06.0722 炭材空气反应性 air reactivity
炭素材料与空气反应的活性。

06.0723 拉波波特效应 Rapoport effect
铝电解槽阴极炭块受钠和电解质中钠盐渗透而发生体积膨胀的现象。

06.0724 炭块钠膨胀系数 sodium swelling index
铝电解槽底部阴极炭块，由于钠渗透引起的线性膨胀率。

06.0725 铝电解槽 aluminum smelter cell
实施铝电解过程的主体设备。

06.0726 电解槽系列 pot line
铝电解过程中整流回路间所有电解槽的总和。

06.0727 自焙槽 Söderberg cell
使用自焙阳极的铝电解槽。

06.0728 预焙阳极铝电解槽 prebaked anode aluminum electrolysis cell
简称"预焙槽（prebaked cell）"。使用预焙阳极的铝电解槽。

06.0729 导流槽 drained cell
具有导流阴极的铝电解槽。

06.0730 点式下料预焙槽 point feed prebake, PFPB
由若干个下料孔加料的预焙槽，以区别于传统的人工和线下料方式。

06.0731 中间加工预焙槽 center work prebake, CWPB
打壳、加工、下料位于阳极中缝的预焙槽。

06.0732 边部加工预焙槽 side work prebake, SWPB
打壳、加工、下料位于电解槽腔内侧边部的预焙槽。

06.0733 上插式自焙槽 vertical stud Söderberg, VSS
阳极导电棒从上部插入阳极糊中的自焙槽。

06.0734 侧插式自焙槽 horizontal stud Söderberg, HSS
阳极导电棒从侧部插入阳极糊中的自焙槽。

06.0735 阴极槽内衬 cathode lining
砌筑于铝电解槽底部的内衬。

06.0736 电解槽侧壁 cell sidewall
砌筑于铝电解槽侧部的内衬。

06.0737 电解槽侧衬 cell sidelining
电解槽侧壁与槽壳之间的耐热保温材料。

06.0738 电解槽衬里 cell lining
电解槽阴极槽衬与槽壳之间的耐热保温材料。

06.0739 阴极棒 cathode bar
组装在阴极炭块中的导电钢棒，用于连接阴极炭块和阴极母线。

06.0740 阳极棒 anode stud
组装在阳极炭块中的导电钢棒及钢爪，用于连接阳极炭块和阳极母线。

06.0741 点式下料器 point feeder
采用定点半连续方式下料的铝电解槽给料装置。

06.0742 槽上料箱 alumina hopper
铝电解槽上部结构中的氧化铝料仓。

06.0743 导流阴极 drained cathode
带有倾斜角度或沟槽等特殊结构的铝电解槽阴极，具有排泄和疏导铝液的功能。

06.0744 可湿润阴极 wettable cathode
铝液对其具有良好润湿性的铝电解槽阴极。

06.0745 硼化钛涂层阴极 TiB$_2$ coated cathode
表面具有硼化钛覆盖层的铝电解槽阴极。

06.0746 耐热硬质合金阴极 refractory hard metal cathode, RHM cathode
由耐热硬质合金材料制成的铝电解槽阴极。

06.0747 惰性阳极 inert anode
电解时基本上不消耗的阳极。

06.0748 阳极效应 anode effect
熔盐电解过程中，由于阳极气体未能及时有效排出，导致电解质与阳极之间导电能力显著下降的现象。

06.0749 阳极效应系数 frequency of anode effect
一台电解槽平均每日发生阳极效应的次数。

06.0750 零阳极效应 zero anode effect
不发生阳极效应，即阳极效应为零的现象。

06.0751 熄灭阳极效应 anode effect terminating
消除阳极效应的过程。

06.0752 电解槽电阻 cell resistance
阳极母线到阴极母线间的电阻。

06.0753 电解槽系列电流 potline current
供电车间供应铝电解槽系列的额定电流。

06.0754 槽底电压降 bottom voltage drop
铝电解槽内铝液至阴极钢棒棒头之间的电压降。

06.0755 电极间距 electrode distance
电解槽阴阳极之间的距离。

06.0756 冰晶石量比 cryolite ratio
冰晶石中 NaF 与 AlF$_3$ 之质量比。

06.0757 电解质结壳 electrolyte crust
铝电解槽中，电解质遇冷凝固生成的物质。

06.0758 打壳 crust breaking
用外力击破铝电解槽上部电解质结壳的操作。

06.0759 槽帮 ledge
铝电解槽膛内部，电解质与槽内衬之间的电解质结壳。

06.0760 铝液 aluminum pad
铝电解槽运行过程中，槽膛内的液态铝。

06.0761 铝锭铸造机 aluminum pig casting machine

将熔融铝浇铸成铝锭的装置。

06.0762 二次氧化铝 second alumina

经烟气干法净化后回收使用的含有氟化物的氧化铝。

06.0763 全氟化碳 perfluorocarbon

烃中的氢原子全部被氟原子取代所得到的化合物。

06.0764 炭毛耗 gross carbon consumption

铝电解生产过程中，生产单位质量铝锭所消耗阳极炭块的质量。

06.0765 炭净耗 net carbon consumption

铝电解生产过程中，生产单位质量铝锭炭毛耗与残极质量之差。

06.0766 连续液铝拉丝法 Properzi process

铝及其合金熔体通过连铸连轧工艺生产线坯的一种方法。

06.0767 电解铝 electrolytic aluminum

以电解生产工艺制得的铝。

06.0768 原铝 primary aluminum

从含铝矿物中提取的铝。

06.0769 再生铝 secondary aluminum

从含铝废杂料中回收的铝。

06.0770 硅热法 silicothermic process

以硅为还原剂的金属热还原生产工艺。

06.0771 皮江法 Pidgeon process

又称"皮金法"。以白云石为原料，采用还原罐间接加热方式，进行真空硅热法提取金属镁的生产工艺。

06.0772 博尔扎诺法 Bolzano process

以白云石为原料，采用电热体直接加热方式，进行真空硅热法提取金属镁的生产工艺。

06.0773 熔渣导电半连续硅热法 Magnetherm process

又称"马格尼特姆法"。以白云石为原料，利用熔融炉料导电的特性，进行真空硅热法提取金属镁的生产工艺。

06.0774 艾吉法 I.G. process

又称"埃奇法"。以白云石和卤水为原料，通过球团氯化制取无水氯化镁，再经电解制取金属镁的生产工艺。

06.0775 道屋法 Dow process

又称"道氏法"。以海水为原料、以含结晶水氯化镁为电解槽添加物料，经电解制取金属镁的生产工艺。

06.0776 光卤石法 CIS process

以光卤石为原料，经两次脱水制取无水光卤石，再经电解制取金属镁的生产工艺。

06.0777 海德鲁法 Norsk Hydro process

又称"诺尔斯克·希德罗法"。以海水、白云石、卤水、菱镁矿等为原料，在氯化氢气氛下使氯化镁脱水，再经电解无水氯化镁制取金属镁的生产工艺。

06.0778 马格坎法 MagCan process

以菱镁矿为原料，经氯化制取无水氯化镁，再经电解制取金属镁的生产工艺。

06.0779 马格诺拉法 Magnola process

以蛇纹石为原料，经酸浸和氯化氢气氛脱水制取无水氯化镁，再经电解制取金属镁的生产工艺。

06.0780 AMC 法 AMC process
以菱镁矿为原料，经生成氯化镁氨合物制取无水氯化镁，再经电解制取金属镁的生产工艺。

06.0781 脱水 dehydration
脱除物料中的附着水或结晶水的过程。

06.0782 半结晶水氯化镁 semi-hydrate of magnesium chloride
每摩尔含有约 1.5 摩尔结晶水的氯化镁。

06.0783 无水氯化镁 anhydrous magnesium chloride
含水量在 0.4%（质量）以下的氯化镁。

06.0784 高纯镁 high purity magnesium
利用金属镁与其他杂质不同熔点物理性质，采用真空升华法生产高纯金属镁，其纯度达到 99.99%~99.999%，用于制造溅射靶材和用作还原剂等。

06.0785 脱水光卤石 dehydrated carnallite
经部分或全部脱除结晶水后的光卤石。

06.0786 煅烧白云石 calcined dolomite
又称"煅白"。经煅烧，其中的碳酸镁和碳酸钙显著分解后的白云石。

06.0787 氯化镁氨合物 magnesium chloride hexammoniate
化学式为 $MgCl_2 \cdot 6NH_3$ 的化合物。

06.0788 光卤石氯化器 carnallite chlorinator
将经过一次脱水后的光卤石在氯气氛下进行熔融脱水的装置。

06.0789 炭素格子 carbon resistor block

氯化炉中用于导电的圆柱形炭素块。

06.0790 皮江法还原罐 retort
皮江法还原反应过程中，盛装炉料的装置。

06.0791 料/镁比 charge/magnesium ratio
硅热法炼镁过程中，加料量与粗镁产量之质量比。

06.0792 双极性电极 bipolar electrode
电极两端同时具有两种电极性的电极。

06.0793 电解槽隔板 divider of electrolytic cell
将镁电解槽腔进行分割的装置。

06.0794 集镁室 magnesium collecting cell, magnesium collecting chamber
镁电解槽中，液态金属镁汇聚的地方。

06.0795 有隔板镁电解槽 diaphragm magnesium electrolyzer
用隔板将电解质上方阴极区和阳极区相互隔离的镁电解槽。

06.0796 无隔板镁电解槽 diaphragmless magnesium electrolyzer
阴阳极之间没有隔板的镁电解槽。

06.0797 侧插阳极镁电解槽 magnesium electrolytic cell with sidemounted anode
阳极由侧部插入槽内的镁电解槽。

06.0798 上插阳极镁电解槽 magnesium electrolytic cell with topmounted anode
阳极由上部插入槽内的镁电解槽。

06.0799 双极性电极镁电解槽 bipolar magnesium cell

又称"艾尔坎镁电解槽(Alcan magnesium cell)"。采用双极性电极的镁电解槽。

06.0800 艾吉镁电解槽 I.G. cell
使用石墨阳极和钢质阴极的上插阳极有隔板镁电解槽。

06.0801 海德鲁镁电解槽 Norsk Hydro cell
带有集镁室的侧插阴极镁电解槽。

06.0802 道屋镁电解槽 Dow cell
具有楔形阳极的镁电解槽。

06.0803 石冢镁电解槽 Ishizuka cell
具有倾斜式双极性电极的镁电解槽。

06.0804 真空抬包 vacuum ladle
利用真空抽取电解槽中的金属熔体并可用于金属熔体输送的装置。

06.0805 镁珠 magnesium globule
熔融电解质或熔剂中分散存在的液滴状(尤指液态)的珠状体。

06.0806 电解质沸腾 boiling of cell
由于电解槽中二次反应等因素,引起电解质剧烈翻腾,导致电解槽温度异常升高和电流效率显著下降的现象。

06.0807 熔剂精炼 flux refining
向熔体中添加精炼剂,使其与熔体中的氧化物、非金属夹杂物发生吸附、溶解和化学作用而达到除气、除渣作用的精炼方法。

06.0808 井式坩埚炉 shaft crucible furnace
炉体为圆筒形,一般设于地平面以下,仅炉口部分露出地面,坩埚位于炉膛内,利用电或燃料进行加热的炉子。

06.0809 粗镁 crude magnesium
由炼镁过程产生,但未经过精炼的镁。

06.0810 精镁 refined magnesium
由炼镁过程产生,经过精炼的镁。

06.0811 真空蒸馏镁 vacuum-distilled magnesium
在低于大气压力的条件下,通过蒸馏去除杂质后得到的镁。

06.0812 电解镁 electrolytic magnesium
以电解生产工艺制得的镁。

06.0813 树枝状结晶镁 dendritic magnesium crystal
热还原法产出的粗镁中,结晶疏松且形状如同树枝的镁。

06.0814 镁丸 magnesium pellet
一般指球形颗粒状镁。

06.0815 镁粒 magnesium granule
一般指粒度为毫米级的颗粒状镁。

06.0816 镁粉 magnesium powder
一般指粒度小于 1mm 的颗粒状镁。

06.0817 原镁 primary magnesium
从含镁矿物中提取的镁。

06.0818 再生镁 secondary magnesium
从含镁废杂料中回收的镁。

06.0819 镁实收率 magnesium yield
产品中金属镁含量占原料中含镁总量的质量百分比。

06.0820 砷酸镁 magnesium arsenate

化学式为 $Mg_3(AsO_4)_2$ 的化合物。

06.0821 磷酸镁 magnesium phosphate
化学式为 $Mg_3(PO_4)_2$ 的化合物。

06.0822 卡斯特纳法 Castner process
电解熔融的氢氧化钠制取金属钠的方法。

06.0823 唐斯法 Downs process

电解熔融的氯化钠制取金属钠的方法。

06.0824 唐斯电解槽 Downs cell
用唐斯法生产金属钠的装置。

06.0825 液体金属阴极法 liquid cathode process
以液态金属或合金作为阴极的电解方法。

06.04 贵金属冶金

06.0826 贵金属 noble metal, precious metal
金、银和铂族金属的总称。

06.0827 铂族金属 platinum group metal
位于元素周期表中第 5 和第 6 周期的第 8 族元素：钌、铑、钯和锇、铱、铂的总称。前 3 个称为轻铂族金属，后 3 个称为重铂族金属。

06.0828 普通金属 common metal, base metal
又称"贱金属"。泛指地壳中含量丰富且比较廉价的金属的总称。

06.0829 碱熔法 alkaline fusion process
用固体过氧化钠(或过氧化钡或氢氧化钠/氢氧钾及其硝酸盐的混合物)熔融难溶贵金属物料，熔块用水浸出贵金属盐类的方法。

06.0830 封管溶解法 sealed-tube dissolution process
难溶的贵金属、合金或矿物与溶剂一起封入特制的硬质玻璃管中升温溶解的方法。

06.0831 高压罐溶解法 high pressure tank dissolution process
难溶的贵金属、合金或矿物与溶剂一起密封于聚四氟乙烯消化罐中升温溶解的方法。

06.0832 微波消解法 microwave digestion process
难溶的贵金属、合金或矿物与溶剂一起密封于聚四氟乙烯消化罐中利用微波辐射加以溶解的方法。

06.0833 氯化分解法 chlorination breakdown process
用氯气在较高温度条件下使物料中的难溶贵金属生成易溶解的氯盐的方法。

06.0834 活化–溶解法 activation-solution
又称"碎化–溶解法"。难溶的贵金属、合金或矿物与数倍量的贱金属一起高温熔化后，用酸溶解后者，使贵金属转变成高分散的活性粉末，然后再将粉末溶解的方法。

06.0835 砂金矿 placer gold
含金脉石经自然风化和搬运形成的沉积或冲积矿床。

06.0836 脉金矿 vein gold
嵌于石英砾石中微细金粒的沉积变质岩矿床。

06.0837 难处理金矿 refractory gold ore
必须经过预处理才能用氰化法有效提金的含碳或高砷硫化物的金矿。

06.0838 微生物氧化法 microbial oxidation

process

用氧化铁硫杆菌或氧化硫硫杆菌氧化分解含金硫砷铁矿，使被包裹的微细金暴露出来便于氰化浸出的预处理方法。

06.0839　碱浸预处理　alkaline leach pretreatment

难处理金矿或金精矿在常压常温下用稀碱溶液浸出除砷，便于后续氰化处理的方法。

06.0840　汞齐　amalgam

金属汞与一种或多种金属形成的液态或固态合金。

06.0841　汞齐法　amalgamation, amalgam process

又称"混汞法"。利用金属汞选择性地与矿浆中的金、银等金属微粒生成汞齐而与其他金属矿物和脉石分离的提取方法。

06.0842　汞齐精炼　amalgam refining

利用金属和汞形成汞齐，再分离汞以提纯金属的方法。

06.0843　氰化法　cyanidation

用氰化物溶解矿石、精矿和尾矿中的金、银等贵金属而加以提取的方法。

06.0844　炭浆法　carbon-in-pulp process, CIP process

将活性炭直接加入氰化浸出矿浆中逆流吸附，然后再以扎德拉解吸法提取金、银的工艺。

06.0845　炭浸法　carbon-in-leach process, CIL process

接近于同步进行氰化浸出和活性炭吸附的提金工艺。

06.0846　槽浸法　tank leaching process

又称"新型渗滤–槽浸法"。采用有假底的钢筋混凝土浸出槽，循环氰化浸出含金氧化矿或精矿的工艺。

06.0847　炭柱法　carbon-in-column process, CIC process

澄清或半澄清的金溶液渗滤透过装填粒状活性炭柱的一种吸附提金工艺。

06.0848　硫脲浸出法　thiourea leaching process

用加入适当的 pH 调节剂和氧化剂的硫脲溶液从金矿石或精矿中浸出金的工艺。

06.0849　树脂矿浆法　resin-in-pulp process, RIP process

在矿浆氰化过程中或氰化后，使用阴离子交换树脂吸附回收金、银的工艺。

06.0850　固液比　solid-liquid ratio

固体物料与溶液的质量之比。

06.0851　氰化浸出液　cyanide leaching solution

氰化法浸出矿石或精矿中贵金属后产生的溶液。

06.0852　氰亚金酸盐　aurocyanide

金与氰化物在有氧气存在条件下反应生成分子式为 $MAu(CN)_2(M=K, Na)$ 的可溶性化合物。

06.0853　氰化尾渣　cyanidation tailing

金矿石、浮选精矿或尾矿经氰化法提金后所产生的矿渣。

06.0854　氯金酸　chloroauric acid

金在氧化剂和配体氯离子存在下，溶解形成的分子式为 $HAuCl_4$ 的酸性化合物。

06.0855 载金炭 carrying gold carbon
金的氰化或硫脲浸出液用活性炭吸附后获得的含金量较高的炭。

06.0856 富集因子 enrichment factor
从原料中富集某一物质组分到某产物中，该组分在此产物中的含量与其在原料中含量的比值。

06.0857 炭解吸 carbon stripping
利用浓氰化物溶液在较高温度下洗脱载金炭上吸附的金、银的方法。

06.0858 扎德拉解吸法 Zadra desorbing process
由扎德拉(Zadra)提出，用热氰化钠–氢氧化钠的混合液在常压下洗脱载金炭上金和银的方法。

06.0859 直接电解沉积 direct electrowinning
从堆浸贵液、氰化浸出液和矿浆中直接电解提金的方法。

06.0860 分银炉 silver smelting converter
以贵铅或粗银为原料，通过氧化熔炼产生银金总量为97%以上合金的转炉。

06.0861 默比乌斯银电解槽 Moebius cell
曾称"莫布斯银电解槽"。由默比乌斯(Moebius)发明的用于精炼银的直立电极串联组合的电解槽。

06.0862 银电解阳极泥 silver electrolytic anode slime
粗银电解精炼过程中，用隔膜袋包装着的阳极里面所形成的含有金、银、少量铂族金属以及某些重金属氧化物或互化物的残渣。

06.0863 熔融氯化法 fusion chlorination
含大量杂质的金合金置于耐火黏土坩埚中覆盖硼砂，经高温熔融和通氯气氯化使铜、银等造渣、其他贱金属氯化挥发的金提纯工艺。

06.0864 金银合金 Dorè metal
曾称"金银双金属"。金和银形成的连续固溶体。

06.0865 金锭 gold bullion
通过浇注得到的具有固定形状和确定质量的金块。

06.0866 金银合金锭 Dorè bullion
通过浇注得到的具有固定形状和确定质量的金银合金块。

06.0867 火试金 fire assay
又称"试金学"。运用火法冶金学原理捕集贵金属以及在贵金属分析中分解样品的方法。

06.0868 铅试金 lead fire assay
在贵金属分析中利用铅做捕集剂富集贵金属的火法熔炼方法。

06.0869 铅扣 lead button
铅试金中产生的富集有少量、痕量或微量贵金属的铅粒，形状像扣子。

06.0870 坩埚试金法 crucible assay
在试金坩埚中进行的还原性火法熔炼方法。

06.0871 耐火黏土坩埚 fireclay crucible
又称"试金坩埚"。具有足够的难熔度、强度和耐各种熔融体化学腐蚀的黏土坩埚。

06.0872 渣化试金法 scorification assay
少量的试样与一定量酸性熔剂及较大量的

金属铅细粒混合后进行的氧化性熔炼方法。

06.0873 渣化皿 scorifier

渣化试金法中使用的由耐火黏土制成、直径为 5~7.5 cm 的浅碟型器皿。

06.0874 灰吹法 cupellation

将铅扣在高温下氧化吹炼除铅和其他贱金属元素获得金、银和铂族金属合金的方法。

06.0875 灰吹保护剂 cupellation protective agent

在铅试金分析过程中，为减少某种待测微量贵金属元素在灰吹阶段的损失而加入毫克量的其他贵金属。

06.0876 骨灰杯 cupel

又称"灰皿"。用牛羊骨头灼烧、磨细后的骨灰与水泥按一定比例混合后压制形成的、用于灰吹法的多孔性耐火器皿。

06.0877 金银珠 gold-silver bead

铅扣于骨灰杯中灰吹所形成的金银合金粒。

06.0878 金银分离法 parting

用稀硝酸溶解金银珠中的银，分离出金的工艺。

06.0879 增银分离法 inquartation

增加金银合金中的银含量使 Ag：Au ＝（2~2.5）：1，在熔炼形成合金之后于稀硝酸中溶解银分离金的工艺。

06.0880 金的纯度 gold fineness

在含金的产品中，以质量百分数表示的含金量。

06.0881 试金石 touchstone

通过划痕颜色与对牌（金含量已知的金合金）比对，来检验金纯度的一种特殊的硅酸岩石头。

06.0882 开金 carat

含金、银、铜的饰品合金，通常以纯金为 24 开计，18 开含金 75%，以此类推。

06.0883 金两单位 troy ounce

交割中用英两盎司衡量金、银质量的单位制。1 盎司＝31.1035 克。

06.0884 贵金属二次资源 secondary precious metal resource

含量非自然界原生的贵金属资源。包括贵金属生产过程中产生的废料以及使用后可回收的废物。

06.0885 二次贵金属回收 secondary precious metal recovery

又称"贵金属再生"。从贵金属二次资源中重新提取这些金属。

06.0886 贵液 solution containing precious metal

含有贵金属的离子、化合物或配合物的水溶液。

06.0887 照相废液 photographic spent solution, photographic wastewater

感光材料（如胶片、相纸等）中的银在冲洗过程进入定影液而形成的含银废液，通常含有原感光材料中含银总量的 80%。

06.0888 低品位电子废料 low grade electronic scrap

含少量贵金属的各种电子工业产品的加工废料及产品使用后报废的元、器件等的总称。

06.0889 电子废料的火法冶炼 pyrometallurgical processing of electric scrap

电子废料经破碎后用焚烧方法除去塑料等有机物以获得含少量贵金属的金属氧化物残渣，再经熔融富集贵金属的冶炼工艺。

06.0890 首饰废料 jewelry scrap

饰品加工过程中产生的各种可回收的贵金属物料。

06.0891 精炼厂清扫物料 refinery sweeping

贵金属精炼厂清扫所收集的灰尘、泥渣等垃圾物料。

06.0892 化学剥离法 chemical stripping process

使用适当的剥离液使贵金属涂、镀层溶解或脱离而保持基体不被浸蚀的回收贵金属的工艺。

06.0893 剥离液 stripping solution

具有溶解或剥离贵金属涂、镀层能力的溶剂。

06.0894 物理剥离法 physical stripping process

利用贵金属涂、镀层与基体在热学和磁学等物理性质上的差异，使两者分离而回收贵金属的方法。

06.0895 贵金属三效催化剂 precious metal-based three-way catalyst

能够同时除去汽车尾气中三种污染物(一氧化碳、氮氧化物和烃类)的贵金属催化剂。

06.0896 失效催化剂 spent catalyst

使用后失去活性的催化剂。如失效汽车尾气催化剂，失效石油化工催化剂，失效的贵金属化学及化工反应过程催化剂等。

06.0897 浸出渣 leaching residue

用硫酸酸浸铜阳极泥或加压浸出铜–镍高锍的方法，溶解分离贱金属后产生的富集有贵金属的不溶渣。

06.0898 焙烧渣 roasted residue

铜、铅阳极泥经硫酸化焙烧除去硒元素后产生的含贵金属的硫酸铜残渣。

06.0899 二次阳极泥 secondary anode sludge

以一次阳极泥为原料熔炼制成合金阳极板再次进行电解所得到的阳极泥。

06.0900 镍锍火试金 nickel sulfide fire assay

又称"硫化镍试金"。用硫化镍作捕集剂将贵金属富集到镍锍扣中的试金方法。

06.0901 镍锍扣 nickel sulfide button

捕集了贵金属的镍锍颗粒。

06.0902 锑火试金富集 fire assay antimony collection

用三氧化二锑替代铅试金中加入的氧化铅进行富集贵金属的试金方法。

06.0903 锡火试金富集 fire assay tin collection

用二氧化锡替代铅试金中加入的氧化铅进行富集贵金属、再以湿法分离锡的试金方法。

06.0904 贵–贱金属分离 precious-base metal separation

贵金属冶金提取过程中贵金属与贱金属元素之间的相互分离。

06.0905 铂族金属特征氧化态 characteristic oxidation state of platinum group metal

铂族金属原子失去外层、次外层电子后形成的最常见离子价态数。例如铂的特征氧化态为 4 和 2，钯的为 2 等。

06.0906 铂族金属氯络合物 chloro-complex of platinum group metal
含氯离子配位体的铂族金属络合物。

06.0907 铂族金属水合氯络合物 chloroaquo-complex of platinum group metal
含水分子配位体的铂族金属氯络合物。

06.0908 铂族金属羟基氯络合物 hydroxo-chloro-complex of platinum group metal
含羟基配位体的铂族金属氯络合物。

06.0909 铂族金属羟基水合氯络合物 hydroxoaquochloro-complex of platinum group metal
含羟基和水分子配位体的铂族金属氯络合物。

06.0910 氯铂酸 chloroplatinic acid
在氧化剂和配体氯离子存在下，铂溶解形成的分子式为 H_2PtCl_6 的酸性化合物。

06.0911 选择性螯合剂 selective chelating agent
分子中具有两个或两个以上供电子基团，并且对某种或一组金属离子发生选择性螯合作用的有机试剂。

06.0912 分子识别配体 molecular recognition ligand
具有各种取代基，并且能够选择性地识别某种或一组金属离子配合物的冠醚结构分子。

06.0913 休帕里 OR 树脂 SuperLig OR resin
分子识别配体与载体(如硅胶)相结合，且配体仍保持未键合时性质的高分子化合物。

06.0914 分子识别技术 molecular recognition technology
利用休帕里 OR 树脂对某种贵金属离子配合物具有选择性识别和可控的亲和力，对贵金属进行分离的技术。

06.0915 铑–铱化学分离 rhodium-iridium chemical separation
利用活性金属置换、选择性还原或萃取等技术使化学性质十分相似的铑和铱互分离的方法。

06.0916 锇–钌蒸馏分离 osmium-ruthenium tetraoxide distillation
利用锇和钌易形成低沸点四氯化物的性质，将其从复杂基体中同时蒸馏出来并分别捕收在各自吸收液中的分离方法。

06.0917 选择性吸收 selective absorption
溶液或溶剂只对气体中某种特定组分的吸收作用。

06.0918 加压氢还原 pressure hydrogen reduction
用氢气作还原剂在高压条件下从溶液中还原贵金属的方法。

06.0919 煅烧–氢还原 calcination-hydrogen reduction
铂族金属的铵盐经高温煅烧分解后以氢还原获得高纯铂族金属的方法。

06.0920 铂黑 platinum black
还原氯铂酸或其盐类所生成的黑色微细金属颗粒。

06.0921 海绵铂 platinum sponge
还原氯铂酸或其盐类所生成的疏松状纯金属块体。

06.0922 海绵钯 palladium sponge

还原氯钯酸或其盐类所生成的疏松状纯金属块体。

06.0923 海绵金 gold sponge

还原氯金酸或其盐类所生成的疏松状纯金属块体。

06.0924 贵金属粉 precious metal powder

从溶液中还原铑、铱、钌、锇等化合物所生成的纯金属粉末。

06.0925 高纯贵金属 high purity precious metal

总杂质元素的含量小于 0.001% 的贵金属。

06.05 稀有金属冶金

06.0926 稀有金属 rare metal

在地球地壳中的平均含量低，或含量虽高但不易被提取分离的一类金属。包括难熔金属、稀有轻金属和稀散金属三类。由于开发应用较晚，有时也称其为"新金属"。

06.0927 稀有难熔金属 rare refractory metal, refractory metal

简称"难熔金属"。又称"稀有高熔点金属"。稀有金属中熔点高的金属，包括钛、锆、铪、铌、钽、钼、钨等。

06.0928 稀有轻金属 rare light metal

稀有金属中密度较小的金属，包括锂、铷、铯、铍等。

06.0929 稀有分散金属 rare scattered metal

简称"稀散金属"。以微量分散形态存在于其他矿物中的稀有金属，包括：镓、铟、铊、锗、硒、碲、铼等。也有将铼归入难熔金属的。

06.0930 氯化法 chlorination

以氯气或氯化剂制取金属氯化物的方法。在稀有金属冶炼过程中，通常用于制取四氯化钛(锆、铪)。

06.0931 氢化法 hydrogenation

用氢气做氢化剂，将钛、锆、铪和钽制成氢化物，磨细脱氢后制得含氢适量的钛、锆、铪和钽粉的方法。

06.0932 炭化法 carbonification

在锆冶炼过程中，将锆砂与炭混合在电弧炉中高温冶炼除去二氧化硅，制得的炭化物可氯化制取四氯化锆的方法。

06.0933 碘化法 iodization

全称"碘化提纯法"。曾称"范阿克尔法"。将原锆与碘生成可挥发性的四碘化锆，在炽热的锆丝上离解，制取纯度较高的可煅锆的方法，该法也可用于制取纯钛和纯铪。

06.0934 镁还原法 magnesium reduction

又称"克罗尔法"。用金属镁还原四氯化钛(锆、铪)，经真空蒸馏制取海绵钛(锆、铪)的方法。也可用镁还原氯化钒制取金属钒。

06.0935 钠还原法 sodium reduction

用金属钠在氩气保护下进行还原制取金属的方法。如还原四氯化钛制取海绵钛；还原氧化钛(锆、铪)制取金属钛(锆、铪)粉；还原氟锆(铪、铌、钽)酸钾制取锆(铪、铌、钽)粉等。

06.0936 钙还原法 calcium reduction

用金属钙或氢化钙还原四氯化锆制取锆粉，还原氯化钒制取海绵钒的方法。此法也可用于制备稀土金属。

06.0937 氢还原法 hydrogen reduction
用氢气作还原剂制取金属的方法。如还原仲钨酸铵、二氧化钨和蓝钨制取钨粉；还原气态钼的卤化物和二氧化钼、高铼酸铵、高铼酸钾、七氧化铼或五氯化铼，制取钼和铼粉等。

06.0938 炭热还原法 carbon-thermal reduction
在真空条件下用炭还原五氧化二铌(钽)制取金属铌(钽)的方法。

06.0939 自阻烧结 resistance sinter
又称"垂熔"。在保护气氛中，将低压大电流直接通过预成形粉末烧结坯，借坯料的电阻发热，使坯料实现烧结的方法。

06.0940 滴熔 drip melting
用电子束进行熔炼时，棒状原料端头受电子束轰击，熔化成液滴滴入熔池的过程。

06.0941 区域熔炼 zone melting
简称"区熔"。全称"无坩埚区域熔炼(crucibleless zone melting)"。将金属锭条的局部地区通电加热，形成狭窄的熔融区并逐步移动，使锭条内的金属杂质偏析至固相或液相中，以提高其纯度的方法。

06.0942 电子束区域熔炼 electron beam zone melting
以电子枪发射出的高能电子束作为局部加热热源的区域熔炼。

06.0943 流态化氯化 fluidized chloridizing
又称"沸腾氯化"。粉状物料(如钛渣、锆砂)在流态化床内与氯气反应制备氯化物(如四氯化钛、四氯化锆)的方法。

06.0944 无筛板流化床氯化炉 fluidized bed chlorinator without sieve pore plate
粉状物料在不放置筛板的流态化床内与氯气反应制备氯化物的设备。多用于钛的冶炼。

06.0945 熔盐氯化法 molten salt chlorination
将富钛料(金红石或钛渣)与石油焦混匀与熔融碱金属或碱土金属氯化物反应，制得四氯化钛的方法。

06.0946 排氯化镁 emission of magnesium chloride
镁热还原四氯化钛(锆)的过程中，将反应产物氯化镁定期从还原反应器中排出，以提高单炉产量的操作过程。

06.0947 锆砂碱熔法 alkaline fusion
将锆砂与碱混合置于反应锅中加热熔融分解，再经水洗除硅，盐酸浸出和结晶，以制取八水合二氯氧化锆的方法。

06.0948 分级精整 graded crushing
镁热还原法制得的海绵钛(锆、铪)，因在反应坩埚中的部位不同，杂质含量有差异，须按品位进行分级处理的过程。

06.0949 黑粉 black powder
镁热还原四氯化钛(锆)过程中产生的黑(褐)色低价氯化钛(锆)。

06.0950 含钒铁水 vanadium-bearing hot metal
钒钛磁铁矿在高炉或电炉中冶炼除渣后得到的含钒液态铁水，是从钒钛磁铁矿中回收钒的中间产品。

06.0951 雾化提钒 vanadium extraction by spray blowing
用压缩空气将含钒铁水吹成细小液滴，使铁

水中的钒氧化生成钒渣，从铁中分离出来；然后，以此渣为原料进一步提钒的工艺。

06.0952 转炉提钒 vanadium extraction by converter blowing

将含钒铁水置入转炉内吹炼，钒氧化进入炉渣，从铁中分离出来；然后，以此渣为原料进一步提钒的工艺。

06.0953 钠化氧化焙烧 sodiumizing-oxidizing roasting

将含钒原料与钠盐混合在氧化气氛下高温焙烧，制备可溶于水的钒酸钠的方法。

06.0954 高钒渣 vanadium slag

含钒铁水经过对钒的选择性氧化后，得到含钒较高的炉渣，可作为提钒的原料。

06.0955 五氧化二钒 vanadic oxide, vanadium anhydride

化学式为 V_2O_5，从钒渣中提取钒的一种主要化合物。

06.0956 正钒酸钠 sodium vanadium

化学式为 Na_3VO_4 的化合物，是钒冶炼过程的重要中间产品。

06.0957 钒酸盐 vanadate

化学式为 M_3VO_4 的化合物，有偏钒酸盐（MVO_3）、正钒酸盐（M_3VO_4）和焦钒酸盐（$M_4V_2O_7$）之分，式中 M 为一价金属。

06.0958 海绵钒 vanadium sponge

用镁还原氯化钒得到的多孔状金属钒。

06.0959 海绵钛 titanium sponge

用镁还原氯化钛得到的多孔状金属钛。

06.0960 海绵锆 zirconium sponge

用镁还原氯化锆得到的多孔状金属锆。

06.0961 海绵铪 hafnium sponge

用镁还原氯化铪得到的多孔状金属铪。

06.0962 钛砂 titanium sand

含钛的砂矿经选矿富集获得的钛精矿。

06.0963 天然金红石 natural rutile

自然界存在的含 TiO_2 质量分数 90%以上的四方晶系钛矿物。

06.0964 人造金红石 artificial rutile

又称"合成金红石"。将钛铁矿中大部分铁和杂质除去后，获得的含 TiO_2 质量分数在 90%以上的四方晶系富钛物料。

06.0965 钛渣 titanium slag

电炉熔炼制得的富含二氧化钛的渣料。

06.0966 高钛渣 titanium-rich slag

二氧化钛含量（质量分数）在 90%以上的钛渣。

06.0967 粗四氯化钛 crude-titanium tetra-chloride

氯化法制得的含钒、铁等杂质较高的 $TiCl_4$ 产物，精制后可用于制取海绵钛和氯化法钛白。

06.0968 粗四氯化锆 crude-zirconium tetra-chloride

氯化法制得的含钒、铁等杂质较高的 $ZrCl_4$ 产物，精制后可用于制取海绵锆。

06.0969 粗四氯化铪 crude-hafnium tetrach-loride

氯化法制得的含钒、铁等杂质较高的 $HfCl_4$ 产物，精制后可用于制取海绵铪。

06.0970 精四氯化钛 refine-titanium tetrachloride

杂质去除后高纯度的 $TiCl_4$ 产品。

06.0971 精四氯化锆 refine-zirconium tetrachloride

杂质去除后高纯度的 $ZrCl_4$ 产品。

06.0972 精四氯化铪 refine-hafnium tetrachloride

杂质去除后高纯度的 $HfCl_4$ 产品。

06.0973 二氧化钛 titanium dioxide, titania

化学式为 TiO_2 的化合物,是钛工业中的一个主要产品。自然界中有金红石型、钛矿型和板钛矿型的结晶变体。

06.0974 钛白粉 titanium pigment, titanium white

用作颜料的二氧化钛粉,通常用于涂料、造纸、塑料、陶瓷等领域。

06.0975 钛酸盐 titanate

聚合型的钛混合金属(M)氧化物。已知两种类型的钛酸盐为偏钛酸盐(M_2TiO_3,$MTiO_3$)和正钛酸盐(M_4TiO_4,M_2TiO_4)。

06.0976 四碘化钛 titanium tetraiodide

化学式为 TiI_4 的化合物,由碘与金属钛反应生成。

06.0977 四碘化锆 zirconium tetraiodide

化学式为 ZrI_4 的化合物,由碘与金属锆反应生成。

06.0978 四碘化铪 hafnium tetraiodide

化学式为 HfI_4 的化合物,由碘与金属铪反应生成。

06.0979 铜除钒 removing vanadium by copper

用铜丝或铜粉将 $TiCl_4$ 中的杂质 $VOCl_3$ 还原成 $VOCl_2$ 沉淀而加以去除的工艺。

06.0980 铝粉除钒 removing vanadium by aluminum powder

在粗 $TiCl_4$ 中有 $AlCl_3$ 起催化作用时,加入铝粉先与 $TiCl_4$ 反应生成 $TiCl_3$ 作还原剂,使杂质 $VOCl_3$ 还原成 $VOCl_2$ 沉淀而加以去除的工艺。

06.0981 矿物油除钒 removing vanadium by mineral oil

在粗 $TiCl_4$ 中加入矿物油加热使其炭化,新生活性炭将杂质 $VOCl_3$ 还原成 $VOCl_2$ 沉淀,或将 $VOCl_3$ 吸附沉淀而加以去除的工艺。

06.0982 倒 U 形联合法 upside-shaped U type combined method

制取海绵钛时,为了排放反应中产生的 $MgCl_2$,将镁还原反应器与冷凝器以倒"U"形的方式并联连接的生产工艺。

06.0983 I 型半联合法 I type half combined method

制取海绵钛时,为了排放反应中产生的 $MgCl_2$,将镁还原反应器与冷凝器以"I"形的方式并联连接的生产工艺。

06.0984 碳化锆 zirconium carbide

化学式为 ZrC 的高熔点、高硬度、高密度、高电导率的化合物,呈正方晶系结构。

06.0985 碳化钛 titanium carbide

化学式为 TiC 的高熔点、高硬度、高密度、高电导率的化合物,呈正方晶系结构。

06.0986 碳化铪 hafnium carbide

化学式为 HfC 的高熔点、高硬度、高密度、高电导率的化合物，呈正方晶系结构。

06.0987 氮化锆 zirconium nitride
化学式为 ZrN 的高熔点、高硬度、高密度、高电导率的化合物，呈正方晶系结构。

06.0988 氮化钛 titanium nitride
化学式为 TiN 的高熔点、高硬度、高密度、高电导率的化合物，呈正方晶系结构。

06.0989 氮化铪 hafnium nitride
化学式为 HfN 的高熔点、高硬度、高密度、高电导率的化合物，呈正方晶系结构。

06.0990 稳定性二氧化锆 stabilized zirconia
在 ZrO_2 中加入 Y_2O_3、CeO_2 等金属离子半径与 Zr 相近的氧化物，形成不发生可逆相变和体积效应的复合氧化物。

06.0991 氟锆酸钾 potassium fluozirconate
化学式为 K_2ZrF_6 的化合物，通常用硅氟酸钾与锆英砂高温烧结除硅后获得。

06.0992 氧氯化锆 zirconium oxychloride
又称"八水合二氯氧化锆"。化学式为 $ZrOCl_2 \cdot 8H_2O$ 的化合物。

06.0993 碳酸锆 zirconium carbonate
又称"碳酸氧锆"。化学式为 $ZrOCO_3 \cdot nH_2O$ 的化合物。

06.0994 硫酸锆 zirconium sulfate
化学式为 $Zr(SO_4)_2 \cdot nH_2O$ 的白色晶体，由锆英砂碱熔后，经水洗除硅，硫酸浸出和结晶制得。

06.0995 氢氧化锆 zirconium hydroxide
化学式为 $Zr(OH)_4$ 的白色粉状物，经高温煅烧可制得 ZrO_2。

06.0996 氢化锆 zirconium hydride
锆吸收氢后生成的多种固体物相，包括 A 相为 $ZrH_{0.05}$，B 相为 $ZrH_{0.25}$，C 相为 ZrH_2。

06.1000 硝酸锆 zirconyl nitrate
又称"硝酸氧锆"。化学式为 $ZrO(NO_3)_2 \cdot nH_2O$，的白色粉状物，由碱式 $Zr(OH)_4$ 或从 $ZrCl_4$ 水溶后用硝酸溶解制得。

06.1001 锆英石粉 zircon powder
磨细后的锆英砂。

06.1002 硅酸锆 zirconium silicate
磨细除铁后的锆英石。是建筑、卫生陶瓷的重要原料。

06.1003 锆粉 zirconium pigment
由 ZrO_2 用热还原法或氢化法脱氢后制得的粉末锆。主要用作吸气剂。

06.1004 核级锆 nuclear grade zirconium
与铪分离后的金属锆，通常要求铪的含量不大于 0.01%，主要用做核反应堆的结构材料。

06.1005 工业级锆 technical zirconium
又称"原生锆"。从矿物中提取未将铪分离出来的金属锆。用作化工设备的结构材料，脱氧剂、制取含锆合金等。

06.1006 锆铪分离 separation of zirconium and hafnium
矿物中锆和铪往往共生，工业上常采用溶剂萃取、重结晶、熔盐火法分离等方法将两者分离以制取核级锆和铪的冶金过程。

06.1007 含钽锡渣 tantalum-bearing tin slag
熔炼锡精矿时产生的含钽炉渣，是钽（或铌）

冶炼的原料。

06.1008 含铌钢渣 niobium-bearing steel slag
简称"铌渣"。含铌铁精矿炼钢时产出的富集铌的钢渣，作为铌冶炼的原料。

06.1009 含铌铁水 niobium-bearing hot metal
高炉熔炼含铌铁精矿时，精矿中的 Nb_2O_5 被炭还原进入铁水，是铌冶炼的中间产品。

06.1010 包头含铌钢渣提铌法 extraction of niobium from Baotou steel slag
在中国包头首先采用，以含铌的中贫铁精矿为原料，经炼铁和炼钢产出富集铌的炉渣，用以生产铌铁的工艺。

06.1011 转炉提铌 niobium extraction by converter blowing
将含铌铁水置于转炉中熔炼，铌被氧化得到含氧化铌的炉渣，用以制备铌铁的工艺。

06.1012 高转电电法 blast furnace-converter-double electrical furnace process
含铌物料加入小高炉中熔炼，铌被碳还原进入铁水；将含铌铁水在转炉中吹炼得到含铌炉渣；含铌炉渣经过电炉脱铁去磷，最后在电炉中熔炼制取铌铁的方法

06.1013 铌钽分离 separation of niobium and tantalum
将矿物中共生的铌和钽分离的冶金过程。工业上主要使用的是萃取分离法。

06.1014 五氧化二铌 niobium pentoxide
化学式为 Nb_2O_5 的白色无定形粉状物，380~435℃转变为水合氧化铌晶体。

06.1015 五氧化二钽 tantalum pentoxide
化学式为 Ta_2O_5 的粉状物，是钽最常见的氧

化物，工业上由钽铁矿碱熔分离制得。

06.1016 二氧化铌 niobium dioxide
化学式为 NbO_2 的蓝黑色晶状粉末，加热至850℃氧化为 Nb_2O_5。

06.1017 五氟化铌 niobium pentafluoride
化学式为 NbF_5 的白色晶体，由氟与铌直接反应制得。

06.1018 五氟化钽 tantalum pentafluoride
化学式为 TaF_5 的白色晶体，由氟与钽直接反应制得。

06.1019 五氯化铌 niobium pentachloride
化学式为 $NbCl_5$ 的白色晶体，易水解。

06.1020 五氯化钽 tantalum pentachloride
化学式为 $TaCl_5$ 的白色晶体，易水解。它在真空中加热分解，可生成金属钽。

06.1021 氟铌酸钾 potassium fluoniobate
化学式为 K_2NbF_7 的白色晶体，可在湿热空气中水解，主要存在于浓度为 7%~40% 范围内的氢氟酸中。利用氟铌酸钾和氟钽酸钾的不同溶解度，进行钽铌分离，多次结晶提纯。

06.1022 氟钽酸钾 potassium fluotantalate
化学式为 K_2TaF_7 的半透明针状结晶体，是钠还原制取钽粉的原料。

06.1023 草酸铌 niobium oxalate
化学式为 $H_3[NbO(C_2O_4)_3]·2H_2O$ 的无色晶体，100℃脱去结晶水，350℃完全分解生成 Nb_2O_5，由水合氧化铌溶于草酸中制取。

06.1024 草酸铌铵 niobium ammonium oxalate
化学式为 $(NH_4)_3·NbO(C_2O_4)_3$ 的无色晶体，

100℃时脱去水，350℃完全分解可获得 Nb_2O_5，用铵中和草酸铌制取。

06.1025 氟氧化铌钾 potassium niobium oxyfluoride

化学式为 K_2NbOF_5 的片状晶体，仅在浓度为 0%~7%范围的氢氟酸中存在。

06.1026 铌酸锂 lithium niobate

化学式为 $LiNbO_3$ 的铁电体，具有钛铁矿结构，以"提拉法"制取其单晶体，用于制备光电元器件。

06.1027 氟钽酸 fluorotantalic acid

化学式为 H_2TaF_3 的化合物，由 TaF_5 溶于水生成。

06.1028 钽酸锂 lithium tantalate

化学式为 $LiTaO_3$ 的晶体，用做铁电陶瓷材料。

06.1029 钽酸钾 potassium tantalate

化学式为 $KTaO_3$ 的晶体，用做铁电陶瓷材料。

06.1030 钽酸钠 sodium tantalate

化学式为 $NaTaO_3$ 的晶体，用做铁电陶瓷材料。

06.1031 铌酸钾 potassium niobate

化学式为 $KNbO_3$ 的晶体，采用凯色罗斯法生长制备单晶，用做光电组件。

06.1032 铌酸钠 sodium niobate

化学式为 $NaNbO_3$ 的反铁电晶体，用做换能器等电子组件。

06.1033 碳化铌 niobium carbide

化学式为 NbC 的紫红色粉状物，由真空或氩气保护下碳还原 Nb_2O_5 制取，用作硬质合金添加剂。

06.1034 碳化钽 tantalum carbide

化学式为 TaC 的金黄色粉状物，由真空或氩气保护下碳还原 Ta_2O 制取，用作硬质合金添加剂。

06.1035 铌三锡 triniobium tin

化学式为 Nb_3Sn_3 的 A15 型金属间化合物，用做超导材料。

06.1036 铌三铝 triniobium aluminum

化学式为 $NbAL_3$ 的 A15 型金属间化合物，用做超导材料。

06.1037 铌三镓 triniobium gallium

化学式为 $NbGa_3$ 的 A15 型金属间化合物，用做超导材料。

06.1038 氧化钨 tungsten oxide

含有钨和氧的化合物。按钨氧化比不同，有 WO_3、$WO_{2.9}$、$WO_{2.72}$ 和 WO_2 四种化合物，按它们的颜色分别称为黄钨、蓝钨、紫钨和褐色氧化钨(棕色氧化钨)，前三者又分别称为 α、β、γ 氧化钨。

06.1039 钨酸 tungstic acid

三氧化钨水化合物的总称。化学式为 $WO_3 \cdot H_2O$ 的一水化合物，呈黄色无定形粉状，为黄钨酸；化学组成为 $WO_3 \cdot xH_2O$($x \approx 2$)的水合物为白色无定形固体，为白钨酸。

06.1040 挥发性水合氧化钨 volatile tungsten oxide hydrate, tungsten trioxide monohydrate

化学式为 $WO_3 \cdot H_2O$ 和 $WO_2(OH)_2$ 的水合物统称，挥发性很强，对还原钨粉的粒度控制有重要作用。

06.1041 单钨酸盐 monotungstate

钨酸根（WO_4^{2-}）与阳离子生成的盐类。工业上常见的有钨酸铁（$FeWO_4$）、钨酸锰（$MnWO_4$）、钨酸钠（$Na_2WO_4 \cdot xH_2O$）、钨酸铵（$(NH_4)_2WO_4$）等。

06.1042 同多钨酸 isopolytungstic acid

钨酸分子相互整合相互螯合，生成含有两个或更多酸酐的酸。其化学通式为 $xWO_3 \cdot yH_2O$（$x>y$）。相应的盐为"同多钨酸盐"，最重要的是仲钨酸盐和偏钨酸盐。

06.1043 钨酸铵 ammonium tungstate

化学式为 $(NH_4)_2WO_4$ 的化合物。由钨酸与 NH_4OH 反应制得，用盐酸中和可制得 APT。

06.1044 仲钨酸铵 ammonium paratungstate, APT

仲钨酸根有 A：$(W_7O_{24})^{6-}$ 和 B：$(W_{12}O_{42}H_2)^{10-}$ 两种形式，后者与铵离子生成含结晶水的难溶仲钨酸盐 $[(NH_4)_{10}H_2W_{12}O_{42} \cdot 4H_2O]$，是工业上最重要的钨盐产品。

06.1045 偏钨酸盐 meta tungstate, AMT

偏钨酸根 $[H_2W_{12}O_{40}]^{6-}$ 与阳离子生成的盐，溶解度很大，工业上最重要的是偏钨酸钠 $Na_6(H_2W_{12}O_{40}) \cdot 3H_2O$ 及偏钨酸铵 $(NH_4)_6$ $(H_2W_{12}O_{40}) \cdot xH_2O$（$x=3$ 或 4）。

06.1046 杂多钨酸 heteropolytungstic acid

钨酸根（WO_4）$^{2-}$ 与作为中心原子与其他离子生成的组成复杂的络合酸。

06.1047 杂多钨酸盐 heteropolytungstate

杂多钨酸中的全部或部分氢离子为其他阳离子置换生成的盐，其中 12 磷钨酸钠是一种用途广泛的工业产品。

06.1048 过氧钨酸 peroxytungstatic acid

将金属钨粉或 WO_3 溶于过氧化氢中生成的过氧络合酸。过氧钨酸中的氢离子被阳离子置换可生成相应的盐。

06.1049 硫化钨 tungsten sulfide

钨与硫的化合物，有二硫化钨（WS_2）及三硫化钨（WS_3）两种存在形式。向硫代钨酸离子溶液中加酸，可以得到 WS_3。

06.1050 氯化钨 tungsten chloride

钨与氯形成的多种二元化合物及有氧参与的三元化合物的总称，如：WCl_6、WCl_5、WCl_4、WCl_3、WCl_2、$WOCl_4$、WO_2Cl_2、$WOCl_3$ 和 $WOCl_2$ 等，其中以 WCl_6 最重要。

06.1051 氟化钨 tungsten fluoride

钨与氟形成的多种二元化合物及有氧参与的三元化合物的总称，如：WF_6、WF_5、WF_4、WOF_4、WO_2F_2 和 WOF_2 等，其中以 WF_6 最重要。

06.1052 六羰基钨 tungsten hexacarbonyl

化学式为 $W(CO)_6$ 的白色反磁性晶体。

06.1053 α-钨 α-tungsten

体心立方结构稳定状态的金属钨。

06.1054 β-钨 β-tungsten

化学式为 W_3O 的化合物，加热至 600~700℃时转变为 α-钨。早期认为是含少量氧的一种亚稳定态的钨。

06.1055 工业蓝色氧化钨 tungsten blue oxide, TBO

不纯的化学式为 $WO_{2.9}$（$W_{20}O_{58}$）的化合物，在 300~600℃之间铵钨、水合氢钨和钨青铜是其要主成分，β-氧化钨、γ-氧化钨、二氧化钨及 β 钨也可能存在。

06.1056 氧指数 oxygen index
工业蓝色氧化钨中氧与钨的摩尔比，用以表征其还原程度。

06.1057 人造白钨矿 synthetic schedite
化学式为 $CaWO_4$ 的化合物，用 $CaCl_2$ 从钨酸盐溶液中沉淀得出。

06.1058 热球磨 hot-ball-milling
在能加热的球磨机中，边磨矿边发生化学反应的分解钨矿物的方法。

06.1059 磷砷渣 phosphorous-arsenical slag
向不纯的 Na_2WO_4 溶液中，加入镁盐或镁盐与铝盐的混合物，与溶液中的杂质元素磷、砷、硅的阴离子形成的固体沉淀物。

06.1060 钼渣 molybdenum-bearing slag
在含 Mo 的 Na_2WO_4 溶液中加入硫离子，使 MoO_4^{2-}，转变为 MoS_4^{2-}，经酸化生成的 MoS_3 沉淀物。

06.1061 氨浸渣 slag from ammonia leaching
用氨水溶解粗钨酸（或钼焙砂或工业 MoO_3）后，剩余的不溶沉淀物。

06.1062 顺氢还原 concurrent hydrogen flow reduction
加热炉中还原剂氢气的流动方向与装氧化钨的舟器运动方向一致的还原方法。

06.1063 逆氢还原 counter current hydrogen flow reduction
加热炉中还原剂氢气的流动方向与装氧化钨的舟器运动方向相反的还原方法。

06.1064 湿氢还原 reduction with wet hydrogen
用含水分较多的氢气还原氧化钨的过程。

06.1065 掺杂钨粉 doped tungsten powder
在用于生产钨粉的氧化钨原料中，混入某种元素的化合物，以控制氢还原生产的钨粉的粒度和性质。

06.1066 掺杂钼粉 doped molybdenum powder
在用于生产钼粉的氧化钼原料中，混入某种元素的化合物，以控制氢还原生产的钼粉的粒度和性质。

06.1067 酸洗钨粉 doped tungsten powder after washing with acid
用盐酸或氢氟酸洗涤的掺杂钨粉，以控制掺杂钨粉中的杂质及氧的含量。

06.1068 间接烧结 indirect sintering
将钨（钼）坯置于电阻炉或感应加热炉内，进行高温烧结，使其致密化的过程。

06.1069 多管推舟炉 push type furnace
内设多根耐热合金钢管的钨粉还原炉，从钢管外部进行加热，氢气通入管内，被还原物置于镍舟中，装入炉管，用机械推动舟器前行。

06.1070 直接烧结炉 direct sintering furnace
一种水冷却罩式电加热炉，通入干燥氢气，通电直接加热经预烧结的钨（钼）坯条使其致密化。

06.1071 钨酸钙 calcium tungstate
化学式为 $CaWO_4$ 的白色粉状物，难溶于水，可用 $CaCl_2$ 或 $Ca(OH)_2$ 与 Na_2WO_4 反应制得。

06.1072 钼酸钙 calcium molybdate
化学式为 $CaMoO_4$ 的白色粉状物，难溶于水，可用 $CaCl_2$ 或 $Ca(OH)_2$ 与 Na_2MoO_4 反应制得。

06.1073 氧化钼 molybdic oxide, molybdenum oxide

钼与氧形成的多种二元化合物的总称，其中 MoO_3 和 MoO_2 最常见。

06.1074 钼酸 molybdic acid

化学式为 H_2MoO_4 的白色粉状晶体，也可以水合物($H_2MoO_4 \cdot H_2O$)的形式出现。

06.1075 钼酸钠 sodium molybdate

化学式为 Na_2MoO_4 的化合物。

06.1076 钼酸铵 ammonium molybdate

化学式为 $(NH_4)_2MoO_4$ 的化合物。是制取金属钼的中间产品。

06.1077 单钼酸盐 molybdate

钼酸根与一价或二价阳离子形成的盐。工业上最常见的是与 Na、NH_4 或 Ca 形成的化合物。

06.1078 多钼酸盐 polymolybdate

含有 2 个或 2 个以上 MoO_3 分子聚合形成的盐。常见的是钠盐与铵盐，如：仲钼酸钠($5Na_2O \cdot 12MoO_3 \cdot 38H_2O$)、仲钼酸铵($3(NH_4)_2O \cdot 7MoO_3 \cdot 4H_2O$)、四钼酸铵($(NH_4)_2Mo_4O_{13} \cdot xH_2O$)和二钼酸铵($(NH_4)_2Mo_2O_7 \cdot xH_2O$)等。

06.1079 杂多钼酸 heteropolymolybdic acid

钼酸根与作为中心原子的其他离子生成的组成复杂的络合酸，杂多钼酸根离子的通式为$[X^{n+} \cdot Mo_6O_{24}]^{(12-n)-}$和$[X^{n+} \cdot Mo_{12}O_{42}]^{(12-n)-}$，X 为磷，砷，硅等中心原子。杂多钼酸与金属阳离子形成的化合物为杂多钼酸盐。

06.1080 钼蓝 blue molybdyl

在钼酸或钼酸盐溶液中，添加还原剂形成的低价化合物。成分大致相当于 $Mo_5O_{14} \cdot xH_2O$

或 $Mo_8O_{23} \cdot xH_2O$，显蓝色。

06.1081 硫代钼酸盐 thiomolybdate

钼酸盐中的氧原子为硫原子所取代的化合物。

06.1082 硫代钼酸铵 ammonium thiomolybdate

钼酸铵中的氧原子为硫原子所取代的化合物。

06.1083 三氧化钼 molybdenum trioxide

化学式为 MoO_3 呈略绿的白色粉状物，溶解于碱或氨水生成相应的钼酸盐，可被氢还原成钼粉。

06.1084 二氧化钼 molybdenum dioxide

化学式为 MoO_2 的深褐色粉状物，不溶于水，可被氢还原成钼粉。

06.1085 硅化钼 molybdenum silicide

化学式为 $MoSi_2$ 的化合物。用作耐高温材料。

06.1086 两阶段还原 duplex reduction, two-stage reduction

氢还原法制取钼粉一般须进行二次还原：第一步使 MoO_3 还原生成 MoO_2，第二步由 MoO_2 还原为钼粉的工艺。

06.1087 氧化铍 beryllium oxide, berillia

化学式为 BeO 的白色粉状物，是制取金属铍的中间产品，可作为制备高温陶瓷材料和铍铜合金的原料。

06.1088 氢氧化铍 beryllium hydroxide

化学式为 $Be(OH)_2$ 的白色粉末或块状物，两性，不溶于水，是硫酸法和氟化法制取氧化铍的前道工序产物。

06.1089 硫酸铍 beryllium sulfate

常见的稳定组成为 $BeSO_4 \cdot 4H_2O$，易溶于水，1304K 完全分解为 BeO，是制取高纯和核纯氧化铍的原料。

06.1090 氯化铍 beryllium chloride
化学式为 $BeCl_2$ 的白色或淡绿色晶体，易挥发潮解，无水氯化铍是熔盐电解制取金属铍的原料。

06.1091 氟化铍 beryllium fluoride
化学式为 BeF_2 的化合物，呈无色玻璃状，在空气中潮解，易溶于水，是镁热还原制取金属铍的原料。

06.1092 钠氟化铍 sodium beryllium fluoride
又称"氟铍酸钠"。化学式为 Na_2BeF_4 的化合物，是氟化法制取氧化铍的中间产品。

06.1093 氟铍酸铵 ammonium fluoro-beryl-late, beryllium ammonium fluoride
曾称"氟铍化铵"。化学式为 $(NH_4)_2BeF_4$ 的白色晶体，是用 BeO 制备 BeF_2 的中间产品。

06.1094 硫酸盐法制取氧化铍 extraction of BeO by sulfate process
将精矿熔炼、水淬和磨细脱水后，经硫酸酸化、水浸除渣，再用氢氧化铵将氢氧化铍沉淀出来，再经煅烧，以制取氧化铍的方法。

06.1095 氟化法制取氧化铍 extraction of BeO by fluoride process
将精矿与氟硅酸钠和碳酸钠混合烧结，浸出后用氢氧化钠使氢氧化铍沉淀，再煅烧成氧化铍的方法。

06.1096 铍珠 beryllium pebble
镁热还原氟化铍生成的粗金属铍，其形状不规则，多呈珠状。

06.1097 鳞片状铍 flake beryllium
氯化铍熔盐电解所得的呈小片状的金属铍。

06.1098 铍粉 beryllium powder
由铍珠或鳞片状铍经真空熔炼、铸锭、车削成屑后研磨获得的或用喷雾法制成的细小颗粒状的金属铍。

06.1099 粉末冶金铍 powder metallurgy beryllium
将铍粉经冷等静压-热等静压成形或经冷等静压成形-真空烧结以及直接真空热压的方法获取铍锭，再经加工制成的金属铍产品。

06.1100 真空热压铍 vacuum hot pressed beryllium
铍粉装入石墨模具，在 0.05MPa 的真空度下高温加压制成的热压铍锭，以供后续加工。

06.1101 热等静压铍 hot isostatically pressed beryllium
经热等静压固结成形的铍材。可将铍粉装入软钢包套内直接热压制得，但通常先经冷压然后再热压成型。

06.1102 铍毒性 beryllium toxicity
铍及其制品，如金属铍、铍铜合金、氧化铍、氢氧化铍、氟化铍等的粉末和蒸气，经呼吸道或口腔摄入，可引发人体急性或慢性病变。

06.1103 铍中毒 berylliosis
以肺部产生弥散性结节和皮肤上的肉芽肿为特征并引发全身性病变的一种职业病。铍中毒带有明显的个体敏感性特征。

06.1104 铍中毒近邻病 neighborhood cases of berylliosis
非直接参与铍作业而在铍厂邻近区域工作

和生活的人群罹患的铍中毒症。

06.1105 铍毒防护 protection from beryllium toxicity
为防止铍中毒，在铍的生产规程、厂区布局、通风过滤、环境监测以及员工医疗保健等方面所应严格采取的措施。

06.1106 硫酸法提锂 extraction of lithium by sulfuric acid process
锂辉石精矿加硫酸经焙烧制取碳酸锂的方法。

06.1107 石灰法提锂 extraction of lithium by limestone process
含锂铝硅酸盐矿物经石灰石焙烧处理制取单水氢氧化锂或碳酸锂的方法。

06.1108 氯化焙烧法提锂 extraction of lithium by chlorination roasting
含锂矿石加入氯化剂经焙烧转化为氯化锂，其他有价元素钾、铯等同时转化为氯化物而得到综合提取的方法。该法适宜于处理低品位锂矿。

06.1109 卤水提锂 extraction of lithium from brine
从含盐的浓缩湖水中直制取锂的方法。

06.1110 碳酸锂 lithium carbonate
化学式为 Li_2CO_3 的化合物，是制备锂化合物的原料，或可直接应用。

06.1111 单水氢氧化锂 lithium hydroxide monohydrate
化学式为 $LiOH \cdot H_2O$ 的化合物，加热失去结晶水生成 Li_2O，易吸收 CO_2 生成 Li_2CO_3，是制备锂化合物的原料，或可直接应用。

06.1112 无水氯化锂 anhydrous lithium chloride
化学式为 $LiCl$ 的白色晶体，易潮解，可作为电解锂原料及轻金属焊接剂。

06.1113 溴化锂 lithium bromide
化学式为 $LiBr$ 的白色结晶，可作为冷冻机的吸收剂。

06.1114 电解锂 electrolytic lithium
采用 $LiCl$-KCl 熔盐电解法制得的工业级锂（$Li \geqslant 99.0\%$，$Na < 0.2\%$）。

06.1115 高纯锂 high purity lithium
杂质特别是 Na 含量低的金属锂，3N 锂含 $Na < 0.02\%$，4N 锂含 $Na < 0.001\%$。

06.1116 氢化锂 lithium hydride
化学式为 LiH 的化合物，锂与氢反应制得，是优良的能源用材料。

06.1117 锂同位素分离 isotope separation of lithium
用锂汞齐与氢氧化锂水溶液体系的化学交换法分离同位素 ^6Li 和 ^7Li 的过程。

06.1118 磷酸锂钠 lithium sodium phosphate
化学式为 Li_2NaPO_4 的化合物，由硫酸锂与磷酸钠反应制得。

06.1119 过氯酸锂 lithium perchlorate
又称"高氯酸锂"。化学式为 $LiClO_4$ 的化合物，由碳酸锂与氯酸作用制得，是生产高能燃料、炸药和锂电池电解质的材料。

06.1120 亚硝酸锂 lithium nitrite
化学式为 $LiNO_2$ 的白色粉状物，用还原法从硝酸锂（$LiNO_3$）制得，亦可由亚硝酸置换反应制取。

06.1121 无钠金属锂 sodium-free lithium metal

含钠 1~20ppm 的高纯锂，可用区熔或真空精馏制得，是制造锂铝合金、锂电池和受控核聚变的燃料和载热体。

06.1122 锰酸锂 lithium manganate

化学式为 Li_2MnO_3 的化合物，是氢氧化锂或碳酸锂与 $\gamma\text{-}MnO_2$ 反应生成的层状物，用做锂电池阴极材料。

06.1123 碳酸铷 rubidium carbonate

化学式为 Rb_2CO_3 的白色晶体，是制备其他铷盐和金属铷的原料，用于特种玻璃和催化剂等。

06.1124 硝酸铯 cesium nitrate

化学式为 $CsNO_3$ 的白色晶体，由碳酸铯与硝酸反应制得，作为制造甲酸乙酯的催化剂。

06.1125 碘化铷 rubidium iodide

化学式为 RbI 的化合物，由铷的碳酸盐或氢氧化物与碘氢酸反应制得，用于制造微型高能电池和晶体闪烁计数器。

06.1126 碘化铯 cesium iodide

化学式为 CsI 的化合物，由铯的碳酸盐或氢氧化物与碘氢酸反应制得，用于制造微型高能电池和晶体闪烁计数器，还可用作卤素灯、光电器件和导航仪等的材料。

06.1127 锂粒 lithium shot

又称"锂粉"。细小颗粒状的金属锂。通过熔融金属锂在热石蜡油中高速搅拌制得，是潜在的高能火箭燃料。

06.1128 铯榴石盐酸分解 decomposition of pollucite by hydrochloric acid process

铯榴石中的铯、铷、钾、钠、锂等与盐酸反应生成可溶性氯化物，用氯化锑作沉淀剂，首先沉淀析出锑铯复盐，而与其他碱金属分离，进而制得纯氯化铯的方法。

06.1129 石灰乳法回收镓 recovery of gallium by lime wash

氧化铝生产循环氯酸钠溶液中含镓，用石灰与水的混合液进行处理，使镓与铝分离，而富集回收的方法。

06.1130 碳酸化法回收镓 recovery of gallium by carbonation

通过控制氧化铝生产循环氯酸钠碱溶液的碳酸化浓度，使碱溶液中镓和铝分离回收镓的方法。

06.1131 再生镓 recycle gallium

用冶金或化学方法从生产和消费领域的废料中回收获得的镓产品。

06.1132 再生铟 recycle indium

用冶金或化学方法从生产和消费领域的废料中回收获得的铟产品。

06.1133 再生锗 recycle germanium

用冶金或化学方法从生产和消费领域的废料中回收获得的锗产品。

06.1134 再生铼 recycle rhenium

用冶金或化学方法从生产和消费领域的废料中回收获得的铼产品。

06.1135 砷化镓 gallium arsenide

化学式为 $GaAs$ 的 III-V 族化合物半导体，通过加热条件下镓与砷的作用制得，较高温度下仍可保持半导体特性，是电子计算机、光电技术等领域的重要基础材料。

06.1136 磷化镓 gallium phosphide

化学式为 GaP 的化合物，III-V族化合物半导体，用做发光材料。

06.1137 磷化铟 indium phosphide
化学式为 InP 的化合物，可用于制作长波激光器、毫米波雷达、太阳能电池等。

06.1138 氮化镓 gallium nitride
化学式为 GaN 的 III-IV V 族化合物半导体，发蓝光。

06.1139 乳状液膜法回收镓 recovery of gallium by emulsified membrane process
将镓萃取剂与稀释剂、表面活性剂和膜稳定剂混合成乳化液，用于处理含镓料液。镓被萃取、吸附，通过液膜进入水相，而加以富集回收的方法。

06.1140 氧化造渣法回收铟 recovery of indium by oxidizing slag process
以含铟粗铅为原料经氧化造渣、浸出，用锌板将酸浸出液中的铟离子置换还原成纯度 95%~99%的粗铟，再经电解制得 99.99%以上纯铟的方法。

06.1141 湿式硫酸化法回收铟 recovery of indium by wet sulfation process
将含铟物料与浓硫酸混合制成粒料进行焙烧，经酸浸、中和、沉淀得到富铟渣，再进一步回收铟的方法。

06.1142 黄钾铁矾法回收铟 recovery of indium by jarosite process
用黄钾铁矾渣净化含铟浸出液，得含铟铁矾渣，再高温挥发获得富铟烟尘，进而回收铟的方法。

06.1143 海绵铟 spongy indium
通过湿法冶金还原制得的铟片状粉末，呈多

孔状。

06.1144 海绵铊 spongy thallium
通过湿法冶金还原制得的铊片状粉末，呈多孔状。

06.1145 铬盐沉淀–锌置换回收铊 recovery of thallium by chromate precipitation-zinc cementation
将锌冶炼厂富含 Tl_2SO_4 的溶液，调酸后，加入 Na_2CrO_4 或 K_2CrO_4 得到 Tl_2CrO_4 沉淀，再经酸分解、除杂、锌置换获得海绵铊的方法。

06.1146 碱浸出–硫化沉淀法回收铊 recovery of thallium by alkaline leach-sulfide precipitation
含铊物料经氧化焙烧后，用碱浸出和硫化沉淀处理，以生产金属铊的方法。此法用于处理含铊 0.01%~0.26%的铅、锌、铜熔炼烟尘以及含铊 2%~18%的铜镉渣。

06.1147 铊中毒 thallium poisoning
铊及其化合物有剧毒，摄入后可损害人体神经和肠胃系统，成人最小致死量为 12mg/kg 体重。

06.1148 氯化蒸馏法回收锗 recovery of germanium by traditional chlorinated distillation
锗精矿在硫酸、盐酸、氧化剂中溶解后升温蒸发，利用锗与杂质氯化物沸点差异分馏得精 $GeCl_4$，再经水解、还原，得到金属锗的过程。

06.1149 从煤中二次挥发回收锗 recovery of germanium by second volatilization from coal
将火电厂的含锗烟尘加入还原剂和助剂制团后在鼓风炉中二次挥发，得含锗 3%~5%的二次烟尘,再用氯化蒸馏法分离得到锗的过程。

06.1150 还原锗 reduced germanium
以纯的二氧化锗为原料,在氢气流中还原获得的锗,纯度在99.99%(4N)到99.999%(5N)以上。

06.1151 硒中毒 selenosis
硒是人体必需的微量元素,但摄入过量的硒及其化合物可致病,其症状与砷中毒相似。

06.1152 克山病 keshan disease
由缺硒引起的地方性疾病。我国的发病地区从东北、华北,经西北到西南呈断续的带状分布。

06.1153 石灰烧结法提铼 extraction of rhenium by lime sintering process
钼精矿、含铼物料或含铼物料的焙烧烟尘配以石灰进行烧结,烧结块经水浸生成铼酸进入溶液而与钼分离,再进一步从 $HReO_4$ 溶液制取铼的工艺。

06.1154 铼粉 rhenium powder
细小颗粒状的金属铼,系由铼的氧化物和铼酸盐类用氢还原法或水溶液电解法制得,供工业上应用。

06.1155 过铼酸 perrhenic acid
又称"高铼酸"。化学式为 $HReO_4$ 的无色液体,由铼的高价氧化物溶于水生成,用于回收铼或生产 Pt-Re 催化剂。

06.1156 过铼酸钾 potassium perrhenate
化学式为 $KReO_4$ 的白色粉状物,由高铼酸钡与碳酸钾反应制得,用于制备纯铼粉。

06.1157 过铼酸铵 ammonium perrhenate
又称"高铼酸铵"。化学式为 NH_4ReO_4 的白色粉状物,由高铼酸溶液与氨合成制得,用作氧化剂和制备含铼钨丝的原料。

06.1158 氧化铼 perrhenic oxide
化学式为 Re_2O_7 的黄色片状或六方体粉状物,在密闭反应器中用铼与氧加热生成,主要用于制备耐热合金和催化剂。

06.06 稀土金属冶金

06.1159 稀土元素 rare earth, RE
周期表第三副族中原子序数从57至71的镧系元素及钪(Sc)和钇(Y)共计17种元素。其中钷(Pm)是自然界中并不存在的人造元素。通常按萃取法分为轻稀土,中稀土和重稀土三组。

06.1160 轻稀土 light rare earth
镧(La)、铈(Ce)、镨(Pr)、钕(Nd)4种元素。

06.1161 中稀土 middle-weight rare earth
钐(Sm)、铕(Eu)、钆(Gd)3种元素。

06.1162 重稀土 heavy rare earth
铽(Tb)、镝(Dy)、钬(Ho)、铒(Er)、铥(Tm)、镱(Yb)、镥(Lu)、钇(Y)8种元素。

06.1163 稀土化学 rare earth chemistry
研究有关稀土原子的电子组态与价态、稀土无机和有机化合物的学科。

06.1164 稀土生物无机化学 rare earth bioglass inorganic chemistry
研究稀土与生物分子的作用及所成的生物配合物的结构和功能,揭示稀土生物效应,并考察稀土在生命活动中的作用,从而阐明稀土对人体健康及环境影响的学科。

06.1165　稀土金属有机化学　rare earth metal organic chemistry

研究稀土金属–碳键的形成及其化学转化，稀土金属有机化合物的合成、结构、成键特点和化合物的反应性能及在有机合成和聚合反应中应用的学科。

06.1166　稀土配位化合物　rare earth coordination compound

简称"稀土配合物"。又称"稀土络合化合物"。由中心稀土原子(包括离子)和围绕它的配位体(包括离子或分子)通过配位键相结合的化合物。

06.1167　稀土有机配合物　rare earth organic complexes

以稀土原子为中心若干配位键结合的有机化合物。

06.1168　稀土无机配合物　rare earth inorganic complexes

以稀土原子为中心若干配位键结合的无机化合物。

06.1169　稀土原子簇化合物　rare earth atom cluster compound

分子中含有包括稀土在内的两个以上金属原子，和若干桥联及端基配体，稀土原子间或稀土与其他金属原子间直接键合形成金属–金属键的具有多面体结构的多核配位化合物。

06.1170　正铈化合物　cerous compound

三价铈化合物。

06.1171　高铈化合物　ceric compound

四价铈化合物。

06.1172　铈土　ceria

又称"二氧化铈"。化学式为 CeO_2 的化合物。

06.1173　水合稀土氯化物　hydrated rare earth chloride

化学式为 $RECl_3 \cdot nH_2O$ 的化合物，一般 n 为 6，但也有等于 7 或 1 的。

06.1174　卤化稀土　rare earth halide

稀土金属的卤素化合物。

06.1175　[离子]吸附型稀土矿　ion-adsorption type rare earth ore

又称"淋积型稀土矿"。稀土元素呈离子吸附状态赋存于某些矿物的表面或颗粒之间的稀土矿，属风化壳淋积型矿物。

06.1176　易解石　eschynite

斜方晶系，化学式为 $(Ce，Th，Fe，Ca)(Nb、Ti)_2O_6$。常呈细小的柱状或板状，表面有褐色晕圈。主要见于碱性岩及其有关的碱性伟晶岩和碳酸盐岩中，常与钠质角闪石、霓石、钠长石、金云母、黄铁矿及稀土矿物等共生。可作为提取铌、钛、稀土的来源，尤其是我国内蒙古所产的易解石含较高的钐、铕、钇，为国防尖端技术所必需的原料。

06.1177　氟碳钙铈矿　parasite

化学式为 $(Ce，La)_2Ca[CO_3]_3F_2$ 或 $(Ce，La)_2Ca_2[CO_3]F$ 的矿物，三方晶系，属氟碳酸盐类。

06.1178　铈易解石　aeschynite-Ce

化学式为 $(Ce，Y，Ca，Fe，Th)(Ti，Nb，Ta)_2(O，OH)_6$ 的矿物，$(Ti>Nb+Ta)$，斜方晶系，属钽铌酸盐类。

06.1179　钇易解石　aeschynite-Y, priorite

化学式为 $(Y，Ca，Fe，Th)(Ti，Nb，Ta)_2(O，OH)_6$ 的矿物，$(Ti>Nb+Ta)$，斜方晶系，属钽铌酸盐类。

06.1180　铌钇矿　samarskite

曾称"钶钇矿"。化学式为 $(Y，Ce，U，Fe)_3(Nb，$

Ta, Ti)$_5$O$_{16}$ 的矿物，单斜晶系，属钽铌酸盐类。

06.1181 复稀金矿 polycrase

化学式为 YTiNbO$_6$ 或（Y, Ca, Ce, U, Th）（Ti, Nb, Ta）$_2$O$_6$ 的矿物，（Ti>Nb+Ta），斜方晶系，属钽铌酸盐类。

06.1182 铈烧绿石 ceriopyrochlore

化学式为（Ce, Na）$_2$（Nb, Ta）$_2$O$_6$（OH, F）的矿物，等轴晶系，属钽铌酸盐类。

06.1183 黄河矿 huanghoite

化学式为 CeBa[CO$_3$]F 的矿物，六方晶系，属氟碳酸盐类。

06.1184 磷钇矿 xenotime

化学式为 Y[PO$_4$]的矿物，四方晶系，属磷酸盐类。

06.1185 含稀土的磷灰石 RE-bearing apatite

化学式为（Ca, Ce, Sr, Na, K）$_2$Ca$_2$[PO$_4$]$_3$（F, OH）的矿物，六方晶系，属磷酸盐类。

06.1186 铈硅石 cerite

化学式为 Ce$_{14}$Ca$_4$Mg$_2$[SiO$_4$]$_{12}$（SiO$_3$, OH）$_2$ 的矿物，六方晶系，属硅酸盐类。

06.1187 褐帘石 allanite, orthite

化学式为 Ca（Ce, Ca）Al（Al, Fe）（Fe, Al）[SiO$_4$]$_3$（OH）的矿物，单斜晶系，属硅酸盐类。

06.1188 硅铍钇矿 gadolinite

化学式为 Y$_2$Fe^{2+}Be$_2$Si$_2$O$_{10}$ 的矿物，单斜晶系，属硅酸盐类。

06.1189 精矿分解 decomposition of concentrate

将稀土精矿中主要成分转变成易溶于水或酸的化合物的过程。

06.1190 精矿分解率 decomposition ratio of concentrate

经精矿分解后稀土化合物中的 REO 与稀土精矿中的 REO 的质量百分比。

06.1191 矿石热分解 thermal decomposition of ore

用浓硫酸或烧碱在一定温度下使矿石分解成对水可溶性的中间产物，以提取稀土化合物的工艺。

06.1192 酸热分解 thermal decomposition with acid

在一定温度下，用浓酸分解稀土精矿，将矿物中的主要成分转变成易溶于水的化合物的工艺。

06.1193 碱热分解 thermal decomposition with alkali

一定温度下，用氢氧化钠溶液与稀土精矿反应生成稀土氢氧化物沉淀的工艺。

06.1194 优溶液 selective solution

稀土氢氧化物沉淀经水洗过滤后的碱饼，用盐酸优先溶解稀土，过滤后获得的含混合稀土氯化物的溶液。

06.1195 优溶渣 selective solution slag

稀土氢氧化物沉淀经水洗过滤后的碱饼，用盐酸优先溶解稀土，滤出优溶液后的滤渣。渣中尚含有未溶解的精矿和钍、铁等杂质。

06.1196 硫酸焙烧分解 sulfate roasting decomposition

用浓硫酸在高温或低温下焙烧分解稀土精矿的过程。高温下焙烧，稀土转变成易溶于水的硫酸盐，而钍进入沉淀渣中；低温下焙烧，稀土和钍均转变成易溶于水的硫酸盐。

06.1197 固碱电场分解 electric field decomposition with alkaline

将三相交流电通过精矿与氢氧化钠的混合物，利用物料本身的电阻发热，分解精矿的过程。

06.1198 化学选矿除钙 removing calcium by chemical mineral processing

又称"盐酸浸泡除钙"。稀土混合精矿在碱分解前，用稀盐酸破坏含钙矿物，将钙浸出去除的过程。

06.1199 碳酸钠焙烧法 roasting with sodium carbonate

高温下用碳酸钠将混合型稀土精矿中的稀土氟碳酸盐和磷酸盐分解成稀土氧化物的方法。

06.1200 氟化氢铵熔融法 ammonium hydrofluoride fusion method

用氟化氢铵直接与稀土氧化物反应，制备稀土氟化物的工艺。

06.1201 直接氢氟化法 direct hydrofluorination method

采用氢氟酸直接氟化氢氧化稀土浆液，制备稀土氟化物的工艺。

06.1202 氯化铵法 ammonium chloride method

用氯化铵分解氟碳铈精矿，制取氯化稀土的方法。

06.1203 氢氟酸沉淀法 hydrofluoric acid precipitation method

用氢氟酸分解含稀土、铌、钽等的氧化物精矿，生成稀土氟化物沉淀，以与铌、钽分离的方法。

06.1204 加氟化物的酸热分解 thermal decomposition by acid with fluoride

在氢氟酸沉淀法中，加氟化物以减少氢氟酸的用量的方法。

06.1205 电解质溶液渗浸法 impregnation process with electrolyte solution

用电解质溶液（如硫酸铵溶液）浸渗矿物，使吸附在矿物表面上的稀土离子通过阳离子交换反应被解吸下来，而加以提取的方法。

06.1206 中性磷氧型萃取剂 neutral phosphorous-oxygen type extractant

由烷基或烷氧基完全取代正磷酸分子中的三个羟基而形成的一类化合物，分子式为 $(RO)(R'O)(R''O)PO$；$(RO)(R'O)(R'')PO$；$(RO)(R')(R'')PO$；$(R)(R')(R'')PO$；式中 R，R'，R'' 为直链或支链的烷基。萃取稀土是通过磷酰氧上未配位的孤电子对与中性稀土化合物中的稀土离子配位来实现的。

06.1207 磷酸三丁酯 tri-butyl phosphate, TBP

化学式为 $(C_4H_9O)_3PO$ 的中性磷氧型萃取剂。

06.1208 甲基膦酸二甲庚酯 di(1-methylheptyl) methyl phosphonate

化学式为 $(CH_3)PO(C_8H_{17}O)_2$ 的中性磷氧型萃取剂，代号"P350"。

06.1209 丁基膦酸二丁酯 dibutyl butylphosphonate, DBBP

化学式为 $(C_4H_9)PO(C_4H_9O)_2$ 的中性磷氧型萃取剂。

06.1210 三烷基氧化膦 trialkyphospline oxide, TRPO

属中性磷氧型萃取剂,是以下 4 种三烷基氧化膦组成的混合物,化学结构式分别为:$R_3P(O)$;$R_2R'P(O)$;$RR'_2P(O)$;$R'_3P(O)$,其中 $R=[CH_3(CH_2)_7$ 正辛基],$R'=[CH_3(CH_2)_5$ 正己基]。

06.1211 酸性磷氧型萃取剂 acidity phosphorous-oxygen type extractant

萃取稀土离子主要以(OH)基的(H^+)与稀土离子进行阳离子交换来实现的一类磷酸酯络合物,如磷酸二烷基酯$[(RO)_2P(O)OH]$和二烷基膦酸$[R_2P(O)OH]$等,其中 R 为烷基。

06.1212 二正丁基磷酸 di-n-butyl orthophosphoric acid(DBP)

又称"亚磷酸二丁酯(butyl phosphate)"。化学式为 $(C_4H_9O)_2PO(OH)$ 的酸性磷氧型萃取剂。

06.1213 二(2-乙基己基)磷酸酯 di(2-ethylhexyl) phosphate, D2EHP

化学式为 $(C_8H_{17}O)_2PO(OH)$ 的酸性磷氧型萃取剂,代号"P204"。

06.1214 2-乙基己基膦酸单 2-乙基己基酯 mono-(2-ethylhexyl) 2-ethylhexyl phosphonate

化学式为 $(C_8H_{17}O)(C_8H_{17})PO(OH)$ 的酸性磷氧型萃取剂,代号"P507"。

06.1215 甲基三辛基氯化铵 trioctylmethyl ammonium chloride

分子式为$(C_8H_{17})_3CH_3NCl$ 的弱碱性胺类萃取剂,代号"aliquat 336"。

06.1216 氯化甲基三烷基铵 tri-alkyl methyl ammonium chloride

分子式为 $CH_3N[(CH_2)_nCH_3]_3Cl$(n=6-10)的弱碱性胺类萃取剂,代号"N263"。

06.1217 仲碳伯胺 secondary carbon primary amine

化学式为 R_2CNH_3R,弱碱性胺 E 类萃取剂,代号 N1923。伯胺(RNH_2)是烷基胺萃取剂的一种,其典型代表为仲碳伯胺,R 代表烃基,与两个相连的碳原子为仲碳原子。

06.1218 离子缔合萃取 ionic association extract

被萃取金属离子以络阴离子或阳离子与萃取剂以离子缔合方式形成萃合物,被萃入有机相的过程。

06.1219 皂化萃取 saponification extraction

酸性磷氧型萃取剂或其他有机酸萃取剂中(H^+)离子被(NH_4^+)或金属离子取代,形成这类化合物的盐,用它们作萃取剂进行萃取的过程。

06.1220 非皂化萃取 non-saponification extraction

酸性磷氧型萃取剂或其他有机酸萃取剂不用转化成它们的盐直接作为萃取剂进行萃取的过程。

06.1221 非皂化混合剂萃取 non-saponification extraction with mixed extractant

采用非皂化的 P204 与弱酸性磷类萃取剂配制的混合萃取剂直接在硫酸和盐酸混合介质中萃取分离稀土的过程。萃取过程不产生氨氮废水。

06.1222 稀土联动萃取分离 hyperlinks solvent extraction technology for rare earth

一种多组分萃取分离流程中分离单元的工艺衔接技术。工艺衔接方式是根据分离单元产生的难萃组分(水相)和易萃组分(有机相)萃取顺序，经过合理配置充当其他分离单元的洗液、反萃液和萃取有机相使用，过程要求分离流程各分离单元整体联动运行。

06.1223 稀土模糊萃取分离 fuzzy solvent extraction technology for rare earth

对含 A、B、C 组分的稀土料液先进行 A/C 粗分离，获得负载 A、B 组分的有机相和含有 B、C 组分的水相；再将经 A/C 分离的出口有机相和出口水相分别作为料液进入 A/B、B/C 萃取段进一步分离，获得高纯度的产品。稀土模糊萃取分离技术的典型特征是 A/C 粗分离中 B 组分的量走向模糊，A/C、B/C 和 A/B 分离段联动运行，较传统的萃取分离流程总萃取量 S 和总洗涤量 W 小。

06.1224 交联剂 cross-linking agent

离子交换树脂中将高分子链联结成网状，构成树脂的骨架，起聚合作用的物质。

06.1225 交联度 cross-linking degree

树脂中含有的交联剂的百分含量。

06.1226 阳离子交换树脂 cation exchange resin

一类酸型树脂，其功能基上参加离子交换的是阳离子。

06.1227 阴离子交换树脂 anion exchange resin

一类碱型树脂，其功能基上参加离子交换的是阴离子。

06.1228 全交换容量 total exchange capacity

又称"理论交换容量"。离子交换树脂所具有的全部活性基团的数量。以毫克当量/克(干树脂)表示。

06.1229 操作交换容量 working exchange capacity

单位体积或质量树脂中的交换基团所能交换的阴、阳离子克数(或克当量数)。

06.1230 萃取色层分离法 extraction chromatography

一种以吸附在惰性支持体上的萃取剂为固定相，无机盐类溶液或矿物酸作流动相，用以分离无机物质的技术。

06.1231 萃淋树脂 levextral resin

在树脂合成过程中加入萃取剂，使树脂具有该萃取剂分离无机物质的性能，含萃取剂的树脂。

06.1232 萃淋树脂色层法 levextral resin chromatography

用萃淋树脂作固定相，无机盐类溶液或矿物酸作流动相，用以分离无机物质的方法。

06.1233 抑萃络合作用 curb-extraction complexation

加入络合剂与稀土离子生成不被萃取的络合物，以抑制稀土萃取的作用。

06.1234 掩蔽剂 masking agent

又称"抑萃络合剂"。用以降低萃取率的络合物。

06.1235 助萃络合作用 aid-extraction complexation

加入络合剂与稀土离子生成可被萃取的络合物，提高有机相的萃取能力和分离效果的作用。

06.1236 助萃络合剂 aid-extraction complex agent
用以提高萃取率的络合物。

06.1237 理论塔板数 theoretical plate number
又称"理论塔板高度"。在整个色层柱的长度范围内可进行吸附(萃取)或解析(反萃取)过程的次数。塔板数越多,两元素分离效果越好。

06.1238 乳状液膜 emulsion liquid membrane, ELM
由膜溶剂、载体、表面活性剂和添加剂构成的很薄一层液体。

06.1239 支撑液膜 supported liquid membrane, SLM
以高分子聚合物制成的中空纤维膜为支撑体,利用聚合物的亲油性和毛细管作用,使萃取剂和膜溶剂混合物吸附在微孔中形成的液膜。

06.1240 液膜萃取 liquid membrane extraction
一种以乳状液膜为分离介质,以浓度差为推动力的膜分离操作。在萃取过程中,被分离组分从外相进入膜相,再转入并浓集于内相。如果工艺过程有特殊要求,也可内外相调换。

06.1241 有载体液膜萃取 supported liquid membrane extraction
将有机载体膜相通过毛细管作用,吸着在亲油性多孔高分子聚合物薄膜上的液膜萃取。

06.1242 有色破乳 demulsification
有色冶金将负载有被萃溶质的封闭油膜打开,收集膜内相的过程。

06.1243 溶剂萃取转型 solvent extraction-transformation
用萃取剂将硫酸溶液中的稀土萃入有机相,然后以盐酸为反萃取液,将稀土硫酸溶液转化为稀土盐酸溶液的过程。

06.1244 分步沉淀 fractional precipitation
利用稀土元素之间硫酸复盐、草酸盐等的溶解度的差异,通过多次再沉淀分离稀土的方法。

06.1245 硫酸复盐沉淀法 complex sulfate precipitation method
利用稀土元素之间硫酸复盐溶解度的差异,即溶解度随稀土元素原子序数的增大而增大的现象,来分离轻、中、重稀土的方法。操作中将硫酸钠逐渐加入到稀土硫酸盐的弱酸性溶液中,至轻稀土元素沉淀完全,而与中、重稀土元素分离。

06.1246 草酸盐沉淀法 oxalate precipitation method
利用稀土元素之间草酸盐溶解度的差异,在热的草酸盐溶液中缓慢地加入稀土溶液,至轻稀土元素沉淀完全,以与中、重稀土元素分离的方法。

06.1247 化学气相传输法 chemical vapor transport method
稀土氯化物与碱金属氯化物可生成易挥发的气态配合物,当它被载气传输至低温区时又重新分解为稀土氯化物,利用不同稀土元素的气态配合物生成和分解热力学行为的差异,以及它们的氯化物沸点之间的不同来分离稀土元素的方法。

06.1248 选择性氧化还原法 selective oxida-tive-reductive method
使待分离元素的价态发生变化,获得与其他

元素不同的性质而加以分离的方法。

06.1249 空气氧化法 oxidation method by air
利用空气中的氧，将三价铈氧化为四价铈，以提取铈的方法。

06.1250 湿法氧化法 wet oxidation method
氢氧化稀土加水调成的浆液，用空气氧化提取铈的方法。

06.1251 焙烧氧化法 roasting oxidation method
空气中高温焙烧稀土碳酸盐、稀土草酸盐以及稀土的氟碳酸盐矿物，将三价铈氧化为四价铈，以提取铈的方法。

06.1252 电解氧化法 electrolytic oxidation method
电解含有铈的酸性水溶液，在阳极上将三价铈氧化为四价铈的提取铈的方法。

06.1253 锌还原法 zinc deoxidization method
在氯化铕酸性溶液中用锌粉将三价铕还原为二价铕的方法。

06.1254 锌粉还原–碱度法 zinc powder deoxidization-alkalinity method
经锌粉还原得到的二价铕的溶液中，加入氨水调节成碱性，使三价稀土生成难溶的氢氧化物沉淀，而与铕分离的方法。

06.1255 电解还原–碱度法制备高纯氧化铕 electrolytic reduction-alkalinity method to produce high-purity europium oxide
以含铕的氯化稀土水溶液为原料，采用水溶液电解方法，以带离子膜的电解槽为装置，在阴极上通过控制阴极电位实现对三价铕的单独还原，将其还原为二价；利用二价铕在碱性条件下显现碱土金属离子的特性，实

现二价铕与其他三价稀土分离，再经除杂、草酸沉淀等步骤，得到纯度 4N 以上的氧化铕。

06.1256 电解还原–萃取法制备高纯氧化铕 electrolytic reduction-solvent extraction method to produce high-purity europium oxide
以含铕的氯化稀土水溶液为原料，采用水溶液电解方法，以带离子膜的电解槽为装置，在阴极上通过控制阴极电位实现对三价铕的单独还原，将其还原为二价；利用二价铕和其他三价稀土之间萃取特性的巨大差异，以 P507 等为萃取剂进行分馏萃取分离，得到纯度 4N 以上的氧化铕。

06.1257 硫化物沉淀法 sulfide precipitation method
在氯化稀土溶液中，加入 $(NH_4)_2S$ 或 Na_2S 水溶液，沉淀出铁、镍、铅、铜等非稀土杂质的方法。

06.1258 配合沉淀法 complex precipitation method
利用有机配合剂的选择沉淀去除稀土中某些金属杂质的方法。

06.1259 吸附–配合生成法 adsorption-complex formation method
用吸附剂吸附能与有机配合剂形成配合物的杂质，以深度净化稀土溶液的方法。

06.1260 陈化 aging
沉淀完全后，让沉淀与母液一起放置一段时间的过程。

06.1261 氧化物氯化法 oxide chlorination process
稀土氧化物被氯化剂转化成稀土氯化物的

方法。

06.1262 氢氟酸沉淀–真空脱水法 hydrofluoric acid precipitation-vacuum dehydration process

用氢氟酸从含稀土的溶液中沉淀出水合氟化稀土，然后真空加热脱去结晶水，以制备稀土氟化物的方法。

06.1263 干式氟化法 dry-fluorination process

用氟化氢气体或氟化氢铵作氟化剂直接与稀土氧化物反应，制取无水稀土氟化物的方法。

06.1264 熔度 meltability

多种电解质混合物熔化的温度范围。

06.1265 液态阴极电解 liquid cathode electrolysis

利用低熔点的非稀土液态金属作为电解过程的阴极，以制备含稀土合金的方法。

06.1266 固态自耗阴极电解 solid consumable cathode electrolysis

用固态铁作阴极，在电解过程中，稀土在铁上析出，阴极不断消耗，以制取稀土铁合金的方法。

06.1267 混合稀土金属还原 mischmetal reduction

用混合稀土金属作还原剂制取其他稀土金属的方法。

06.1268 锂热还原法 lithium thermal reduction process

高温下用气态金属锂还原稀土化合物的方法。

06.1269 锂镁还原 lithium-magnesium reduction

高温下用金属锂或镁还原稀土化合物，在低于欲制取的稀土金属熔点下还原制备低熔点稀土锂或镁合金，再经蒸馏除锂、镁，以制取稀土金属的方法。

06.1270 还原蒸馏 reduction distillation

高温高真空下还原稀土氧化物并真空蒸馏，以提纯稀土金属的方法。

06.1271 镧热还原–真空蒸馏法 lanthanum thermal reduction-vacuum distillation method

高温高真空下用金属镧还原氧化钐，同时进行钐真空蒸馏提纯的方法。

06.1272 区熔–电迁移联合法 zone melting electrotransport joint method

联合区熔提纯和电迁移法提纯生产高纯金属的方法。

06.1273 真空重熔精炼 vacuum remelting refining

利用稀土金属与杂质蒸气压之间的差别，通过在真空条件下的重新熔化以提纯稀土金属的方法。蒸气压高的杂质如碱金属、碱土金属以及氟化物、低价氧化物(RO)能被蒸馏出去，间隙杂质(C、N、O)也会明显减少。

06.1274 电场凝固法 electric field freezing method

在电场作用下金属定向凝固以改善组织的方法。

06.1275 汞齐电解提炼法 amalgam electrowinning process

利用水银作阴极，在直流电下使电解质溶液的阳离子成为金属析出，与水银形成汞齐，以提取金属的方法。

06.1276 混合稀土金属 mischmetal
含有镧、铈、镨、钕及少量钐、铕、钆，以铈、镧为主的稀土合金。

06.1277 稀土中间合金 rare earth master alloy
通过热还原法、电解法和熔炼对掺法制备稀土金属与其他金属含量配比较宽的合金。主要包括稀土硅铁合金、钇基重稀土合金、稀土硅钙合金等和由单一稀土金属或混合稀土金属与有色金属铝、镁、铜、锌等结合制成的各类稀土有色金属中间合金。

06.1278 稀土合金粉化 rare earth alloy disintegration
块状稀土合金自行碎裂甚至粉化的现象。

06.1279 焦磷酸钍 thorium pyrophosphate
分子式为 ThP_2O_7 的化合物。

06.1280 金属还原扩散法 metal reduction diffusion, MRD
高温下，在铁磁性金属存在下，用金属钙还原稀土化合物，并使稀土元素扩散到铁磁性金属中的提炼方法。

06.1281 阴极沉积精炼 cathode deposition refining
利用不同元素阴极析出电位的差异而提取纯金属的技术。

06.1282 稀土合金渣 rare earth alloy slag
火法生产稀土合金产生的渣。

07 金 属 学

07.01 晶 体 学

07.0001 晶体学 crystallography
又称"结晶学"。以确定固体中原子(或离子)排列方式为目的的实验学科。

07.0002 阵点 lattice point group
又称"格点"。将晶体中按一定周期重复出现的最基本的部分抽象的一个几何点。不考虑周期中所包含的具体内容，集中反映周期重复的方式，如此抽象出来的一组点，在三维空间中呈现周期性重复。

07.0003 空间点阵 space lattice
在空间任一方向均为周期排布的无限个全同点的集合，源于把晶体结构的周期性用直线格子划分出一个个并置排列的平行六面体。总共有 14 种形式布拉维点阵，用以表达所有晶体的内部结构。

07.0004 倒易点阵 reciprocal lattice
倒易矢导出的点阵，与正点阵互为倒易点阵。

07.0005 点群 point group
决定理想晶体宏观几何外形的对称组合，即晶体的对称类型。

07.0006 空间群 space group
标定晶体内部结构的对称群。

07.0007 晶体的对称性 symmetry of crystal
晶体根据其对称元素进行对称操作，能使其等同部分产生规律性的重合特性。

07.0008 晶系 crystal system
根据晶体空间点阵中 6 个点阵参数之间相对

关系的特点分为 7 类，各自称一晶系。

07.0009　米勒指数　Miller index
又称"晶面指数"。晶面在 3 个晶轴上截距的倒数的一组最小整数比，常用于标记晶面。

07.0010　米勒–布拉维指数　Miller-Bravais index
为了更清楚地表明六方晶系的对称性，习惯采用"四指数"标定六方晶系的晶向和晶面指数。

07.0011　面心立方结构　face-centered cubic structure
立方晶系结构之一，英文缩写为 fcc。在其晶胞中，每个顶点有一个原子，每个面的中心有一个原子的结构，是单质原子所能堆垛成的最密结构之一。

07.0012　体心立方结构　body-centered cubic structure
立方晶系结构之一，英文缩写为 bcc。在其晶胞中，每个顶点有一个原子，立方体的中心有一个原子的结构。

07.0013　密排六方结构　close-packed hexagonal structure
又称"密排六角结构"。六方晶系中结构之一，英文缩写为 hcp。在其晶胞中，六方体的每个顶点有 1 个原子，底心各有 1 个原子，六方体中间有 3 个原子的结构。

07.0014　轴比　axial ratio
晶轴长度之比。

07.0015　晶体取向　crystallographic orientation
在晶体点阵坐标系中过原点且平行于给定的方向。

07.0016　晶面　crystallographic face
在晶体中由同一平面上原子、离子或分子的阵点所组成的平面。

07.0017　晶面间距　inter planar spacing
在晶体中由原子、离子或分子的阵点所组成的同指数平面之间垂直距离。

07.0018　点阵　lattice point
将晶体中按一定周期重复出现的最基本的部分抽象为一个几何点，不考虑周期中所包含的具体内容，即有相同环境的质点集团。

07.0019　点阵参数　lattice parameter
描写晶格点阵的基本矢量大小的数。温度、压力、化合物的化学计量比、固溶体的组分以及晶体中杂质含量的变化都会引起晶体点阵参数发生变化。

07.0020　点阵常数　lattice constant
描写晶格点阵的基本矢量的大小。

07.0021　晶胞　unit cell
晶格最小的空间单位，一般为晶格中对称性最高、体积最小的某种平行六面体。

07.0022　晶轴　crystallographic axis
晶胞的 3 条棱。

07.0023　晶向　crystallographic direction
晶体点阵中过原点连接原子、离子或分子阵点的直线所代表的方向。

07.0024　晶带　crystallographic zone
所有相交于某一晶向直线或平行于此直线的晶面构成的集合。

07.0025　晶向指数　indices of crystallographic direction
标志晶向的一组数。

07.0026　晶带轴　direction zone axis
构成晶带的参照晶向直线。

07.0027　欧拉定律　Euler's law
晶体或晶粒自发形成规则几何多面体时均遵循瑞士数学家欧拉（Euler）创立的一个定律：规则多面体的面数 F、棱边数 E 和顶角数 C 服从 $F–E+C=2$ 关系。

07.0028　晶面交角守恒定律　conservation law of crystal plane
成分和结构相同的各个晶体，其相应晶面的法线之间的夹角恒定。

07.0029　有理指数定律　the law of rational index
以晶体的交于一点的三个晶棱作为坐标轴，并以单位晶面在此三轴上的截距作为单位，则晶体的任何晶面在此三轴上截距的倒数比可按比例化为简单的互质整数比。

07.0030　惯态面　habit plane
固态相变时，往往在母相的一定晶面上开始形成新相的晶面。

07.0031　配位数　coordination number
物质中一个原子或离子周围最近邻的等距的原子或离子数目。

07.0032　配位层　coordination sphere
中心离子或原子与其周围的阴离子或者中性分子构成配合物的内外界。内外界之间以离子键结合，在水中全部解离。

07.0033　空间填充率　space-filling factor
假定每个原子为球形，晶胞中原子总体积与晶胞体积之比。

07.0034　致密度　efficiency of space filling
晶体结构中单位体积中原子所占的体积。

07.0035　晶体　crystal
由结晶物质构成的固体，其内部的构造质点（如原子、分子)呈平移周期性规律排列。

07.0036　单晶　single crystal
在宏观尺度范围内不包含晶界的晶体，其内部各处的晶体学取向保持基本一致。

07.0037　多晶　polycrystal
由 2 个以上的同种或异种单晶组成的晶体物质。

07.0038　液晶　liquid crystal
像液体一样可以流动，又具有某些晶体结构特征的物质。

07.0039　晶须　whisker
受控条件下培植生长的高纯度纤维状单晶体。其直径一般为微米或亚微米数量级。

07.0040　准晶[体]　quasicrystal
不具平移周期对称性而取向长程有序的晶体。

07.0041　孪晶　twin
以共格界面相连接、晶体学取向成镜面对称关系的一对晶体的总称。

07.0042　堆垛层序　stacking sequence
又称"堆垛次序"。某一晶面交替排列构成密排晶体结构的次序。

07.0043　间隙　interstice

假定每个原子为球形，晶体点阵排列中必然存在的空隙。

07.0044　四面体间隙　tetrahedral interstice
晶体点阵排列中存在形如四面体的空隙。

07.0045　八面体间隙　octahedral interstice
晶体点阵排列中存在形如八面体的空隙。

07.0046　四方度　tetragonality
体心四方晶体 c 轴与 a 轴长度之比。

07.0047　原子间距　interatomic distance
晶体点阵排列中两原子中心之间的距离。

07.0048　金属键　metallic bond
浸没在公有化的电子云中的正离子和负电子云间的库仑相互作用形成的化学键。

07.0049　共价键　covalent bond
两个或多个原子之间，通过形成共有电子对而形成的化学键。

07.0050　离子键　ionic bond
正离子和负离子靠静电作用相互结合而形成的化学键。

07.0051　范德瓦耳斯键　van der Waals bond
外电子层已饱和的原子或分子靠瞬时电偶极矩的感应和吸引作用而形成的结合键。

07.0052　氢键　hydrogen bond
分子中的氢原子与同一分子或另一分子中

的电负性较强、原子半径较小的原子相互作用而构成的结合键。

07.0053　键能　bonding energy
表征结合键牢固程度的物理量。对于双原子分子，在数值上等于把一个分子的结合键断开拆成单个原子所需要的能量。分子 AB 的能量比两个独立 A、B 原子的能量总和低出部分的能量。

07.0054　离子半径　ionic radius
原子核到其最外层电子的平均距离。

07.0055　离子极化　ionic polarization
离子晶体在某一范围频率光的照射下，由于交变电场的作用使正负离子间距发生显著变化，改变离子晶体的极化强度的现象。

07.0056　径向分布函数　radial distribution function
物质中原子或离子（统称为粒子）随某固定参考粒子中心距离的分布函数。

07.0057　光子晶体　photonic crystal
介电常数(折射率)随光波长大小周期性显著变化的人工晶体。

07.0058　声子晶体　phononic crystal
弹性常数在空间呈周期性排列的人工晶体。

07.0059　同素异构　allotrophism
同种元素或化合物随温度和压力的不同而形成两种或多种晶体结构。

07.02　晶　体　缺　陷

07.0060　晶体缺陷　crystal defect
实际晶体中原子规则排列遭到破坏而偏离理想结构的区域。可分为点缺陷，线缺陷和

面缺陷三类。

07.0061　点缺陷　point defect

实际晶体中原子阵点规则排列遭到破坏而偏离理想结构的区域。

07.0062 空位 vacancy
晶体中格点原子脱离平衡位置留下的空缺。

07.0063 双空位 divacancy
单一的空位(肖特基缺陷)在一定能量条件下可聚集为空位对。

07.0064 空位团 vacancy cluster
单一的空位(肖特基缺陷)在一定能量条件下可聚集为空位对、三重空位或由更多空位组成的空位集团。

07.0065 弗仑克尔空位 Frenkel vacancy
晶格中的原子或离子由于热振动跳进间隙位置而产生相同浓度的晶格空位和填隙原子的一类晶体缺陷。是一种本征缺陷。

07.0066 肖特基空位 Schottky vacancy
晶体中原子或离子由正常点阵位置转移到晶体表面或晶体中内界面上去所产生的点阵空位,是一种本征缺陷。

07.0067 空位阱 vacancy sink
能显著俘获一种非平衡载流子的空位能级陷阱。

07.0068 空位凝聚 vacancy condensation
空位聚集扩散的一种形式。

07.0069 空洞 void
又称"孔洞"。晶体中大量空位的聚集体。

07.0070 空位–溶质原子复合体 vacancy-solute complex
合金中溶质原子与空位的反应产物。

07.0071 组元空位 constitutional vacancy
有序合金中,合金成分偏离化学计量比时导致增加的空位。

07.0072 空位流效应 vacancy wind effect
在无序合金中不同组元通过空位扩散机制的迁移差异造成空位扩散加速的影响。

07.0073 代位原子 substitutional atom
又称"置换原子"。在晶体点阵中取代原有阵点原子的其他类原子。

07.0074 间隙原子 interstitial atom
处于晶体点阵中间隙位置的异类原子。

07.0075 离位原子 displaced atom
脱离晶体点阵原有正常阵点位置的原子。

07.0076 辐照损伤 radiation damage
又称"辐射损伤"。高能粒子和材料的点阵原子发生一系列碰撞,从而在材料内部产生大量的点缺陷的原始微观过程。

07.0077 挤列子 crowdion
晶体中两个原子共享同一格点的情况。

07.0078 线缺陷 line defect
在晶体中甚小的一维区域内发生的原子点阵错排。

07.0079 位错 dislocation
晶体中的一类典型的线缺陷,沿其近旁甚小的区域内发生了严重的原子错排。其基本类型为刃型位错和螺旋位错。

07.0080 伯格斯矢量 Burgers vector
又称"伯氏矢量"。位错的特征矢量,表示位错所致晶格畸变的大小和方向。

07.0081　伯格斯回路　Burgers circuit
从晶体中某一点出发，以一个初基矢量为一步，沿着初基矢量方向走去，最后回到原来的出发点所形成的闭路。

07.0082　旋错　disclination
又称"向错"。晶体中不太常见的一类线缺陷。将介质部分割开，使割面的两岸作一刚性旋转，再黏合起来，割面的边界线就是一条向错线。

07.0083　刃型位错　edge dislocation
伯格斯矢量与位错线垂直的位错。

07.0084　螺型位错　screw dislocation
伯格斯矢量与位错线平行的位错。

07.0085　混合位错　mixed dislocation
伯格斯矢量与位错线既不平行又不垂直的位错。

07.0086　扩展位错　extended dislocation
一个全位错分解为两个不全位错，中间夹着一片堆垛层错面的整个位错组态。

07.0087　可动位错　glissile dislocation
能以纯滑移来运动的位错。

07.0088　不动位错　sessile dislocation
不能以纯滑移来运动的位错。

07.0089　不全位错　partial dislocation
又称"偏位错"。伯格斯矢量不等于单位点阵矢量整数倍的位错。

07.0090　弗兰克不全位错　Frank partial dis-location
面心立方晶体中，伯格斯矢量为 $1/3\langle 111\rangle$ 的纯刃型不全位错。

07.0091　肖克莱不全位错　Shockley partial dislocation
面心立方晶体中，伯格斯矢量为 $1/6\langle 112\rangle$ 的不完全位错。

07.0092　超位错　super dislocation
位于同一滑移面上伯格斯矢量相同的两平行的、借助反相畴相连的位错。

07.0093　位错环　dislocation loop
在晶体内部形成封闭曲线的位错。

07.0094　棱柱位错环　prismatic dislocation loop
晶体中一个特殊位错环，在外力作用下只能在以平行于伯格斯矢量的线为轴的棱柱面上滑移。

07.0095　位错林　dislocation forest
穿过某位错滑移面的大量其他位错。

07.0096　位错偶极子　dislocation dipole
分别位于相邻两平行滑移面上的符号相反的两根位错。

07.0097　位错墙　dislocation wall
由一些彼此相隔活动滑移面的隔距较远的单个单位位错所构成的墙。

07.0098　位错卷线　dislocation helix
处在滑移面中一段位错线，其一端被固定，在外力作用下滑移运动只能是绕此固定点回转而形成的卷线。

07.0099　位错网　dislocation network
由于位错塞积和交滑移等原因形成的网络式结构。

07.0100　位错对　dislocation pair

处于两个互相平行的滑移面上的一对异号刃型位错。

07.0101 位错胞 dislocation cell
剧烈变形晶体中由位错缠结构成的形变胞状组织。

07.0102 位错割阶 dislocation jog
处在相互平行滑移面上两位错交割时形成的不在所属位错滑移面上具有原子间距量级的小段位错。

07.0103 位错扭折 dislocation kink
位错在多个相互平行滑移面上运动，由于滑移面弯曲造成的位错排列形态。

07.0104 位错攀移 climb of dislocation
刃型位错垂直于滑移面的运动。

07.0105 位错芯 dislocation core
错排值为 $b/2$（b 为伯格斯矢量的大小）的位错区域。

07.0106 位错源 dislocation source
晶体在塑性变形时位错增殖的地方。

07.0107 弗兰克–里德源 Frank-Read source
一种 L 形平面位错源的位错增殖机制。

07.0108 像位错 image dislocation
为使自由表面处的应力为零而设想的呈镜像对称、伯格斯矢量大小相等方向相反的位错。

07.0109 位错钉扎 dislocation locking
由种种原因造成晶体中位错不易运动而使屈服强度增高的现象。

07.0110 位错塞积 dislocation pile-up
在一滑移面上有许多位错被迫堆积在某一障碍物前面而形成的位错塞积群。

07.0111 位错增殖 dislocation multiplication
晶体中大量产生位错的机制。主要有三种 ①L 型位错增殖机制和弗兰克–里德（Frank-Read）源；②多次交滑移增殖机制；③基于位错攀移的增殖机制。

07.0112 位错交截 intersection of dislocation
又称"位错交割"。在位错线滑移过程中位于互相不平行的滑移面上的两条位错线互相交截的过程。

07.0113 位错密度 dislocation density
单位体积中所包含位错线的总长度。

07.0114 位错线张力 dislocation line tension
位错线长度增加一个单位时所做的功。

07.0115 位错能量 dislocation energy
产生单位长度的位错所需的能量。

07.0116 位错应变能 stain energy of dislocation
位错引起点阵畸变而导致的能量增高，是一种弹性畸变能。

07.0117 位错蚀坑 dislocation etch pit
为显示位错在晶体表面露头而在一定侵蚀条件下获得的晶体表面侵蚀坑。

07.0118 钉扎点 pinning point
造成晶体中位错不易运动的地点。

07.0119 科氏气团 Cottrell atmosphere
在体心立方晶体中择优分布在刃型位错线附近的一群间隙原子。

07.0120 派–纳力 Peierls-Nabarro force

在理想晶体中移动单一位错所需的临界切应力。

07.0121 洛默–科雷特尔势垒 Lomer-Cottrell barrier
面心立方晶体中，在相互交截的滑移面上的位错在滑移过程中形成不可动的位错，成为单晶体中位错运动的障碍。

07.0122 奥罗万过程 Orowan process
滑动位错在遇到析出相颗粒处而弯曲，当外加切应力增大时，位错被充分弯曲并使位错的主要部分从绕成的环状区脱离，形同绕过的过程。

07.0123 面缺陷 plane defect
实际晶体中原子面规则排列遭到破坏而偏离理想结构的区域。

07.0124 堆垛层错 stacking fault
简称"层错"。晶体中原子面的堆垛顺序发生差错而形成的一种面缺陷。

07.0125 插入型层错 extrinsic stacking fault
加入一层原子而使晶体中原子面的堆垛顺序发生差错而形成的一种面缺陷。

07.0126 抽出型层错 intrinsic stacking fault
抽去一层原子而使晶体中原子面的堆垛顺序发生差错而形成的一种面缺陷。

07.0127 层错能 stacking fault energy
产生单位面积的层错所需的能量。

07.0128 铃木气团 Suzuki atmosphere
层错与溶质原子发生交互作用，使层错附近溶质原子浓度不同于基质内溶质原子浓度的现象。

07.0129 晶界 grain boundary
多晶体内相同的相但晶体学取向不同的晶粒之间的边界。

07.0130 倾斜晶界 tilt boundary
包含刃型位错但其伯格斯矢量不一定在晶界面的一类晶界。

07.0131 扭转晶界 twist boundary
晶界的平面是两个晶粒的共同结晶学平面的一类晶界。

07.0132 取向差 misorientation
晶体排列位向之差。

07.0133 亚晶界 subgrain boundary
单晶或多晶体的一个晶粒内，取向差小于 2 度的晶块间的晶界。

07.0134 界面 interface
将凝聚相(液/液、液/固、固/固)或者同一固相的不同晶粒等分开的面。

07.0135 共格界面 coherent interface
界面两侧晶体的晶体结构相同且对应晶面的面间距几乎完全相同，界面两侧的晶体点阵具有完全的连续性的界面。

07.0136 半共格界面 semicoherent interface
界面两侧的晶体点阵的对应晶面的面间距存在一定差异，两侧的晶体点阵具有连续性但每隔一定距离需要产生一个错配位错来容纳晶面间距差异的界面。

07.0137 非共格界面 incoherent interface
界面两侧的晶体点阵完全不存在连续性的界面。

07.0138 相界面 interphase boundary

晶体中不同相之间的界面。

转晶界。

07.0139 小角晶界 small angel grain boundary
晶粒之间位向差小于10°的晶界，一般由规则排列的位错所组成，可分为倾斜晶界和扭

07.0140 漫散界面 diffused interface
假定两相界面存在由A相到B相成分变化是连续的有限区间的界面。

07.03 合金相及扩散

07.0141 亚稳相 metastable phase
对应自由能为极小值，但不是最小值所生成的相。

07.0142 共轭相 conjugate phase
溶解度曲线两相区内的混合液分为两个液相(萃取相，萃余相)，当达到平衡时的两个共存的液相。

07.0143 过渡相 transition phase
稳定相和不稳定相之间的相。

07.0144 中间相 intermediate phase
泛指位于合金相图中间晶体结构不同于组元的所有相。

07.0145 有序相 ordered phase
晶体中异种原子按一定规则排列的相。

07.0146 无序相 disordered phase
晶体中异种原子无一定规则排列的相。

07.0147 母相 parent phase
材料中构成其基本组织的相，一般具有连续的空间分布，并由此可能析出第二相。

07.0148 基体相 matrix phase
材料中构成其基本组织的相，一般具有连续的空间分布。如复合材料一般由基体相与增强相组成，一般的多相材料则多由基体相与第二相组成。

07.0149 第二相 secondary phase
材料中不同于基体相的所有其他相的统称。一般非连续分布在基体相中。

07.0150 间隙相 interstitial phase
过渡元素与原子半径较小的元素主要由原子尺寸因素决定形成的一类金属化合物相。

07.0151 析出相 precipitate
由基体相中脱溶沉淀产生的新相。

07.0152 金属间化合物 intermetallic compound
由电负性、尺寸因素和电子浓度等因素决定的金属与金属或金属与类金属之间形成的化合物相。

07.0153 间隙化合物 interstitial compound
形成主要由原子尺寸因素所决定的化合物。

07.0154 电子化合物 electron compound
结构形成及稳定性主要取决于电子浓度因素的金属间化合物。

07.0155 饱和固溶体 saturated solid solution
确定温度下溶质的含量达其极限溶解度的固溶体。

07.0156 过饱和固溶体 supersaturated solid solution
确定温度下溶质的含量大于饱和固溶度(极

限溶解度)因而处于亚稳定状态的固溶体。

07.0157　一次固溶体　primary solid solution
以纯金属组元作为溶剂的固溶体。

07.0158　二次固溶体　secondary solid solution
以中间相为溶剂的固溶体。

07.0159　代位固溶体　substitutional solid solution
又称"置换固溶体"。溶质原子占据溶剂晶格中的结点位置而形成的固溶体。当溶剂和溶质原子直径相差不大，一般在15%以内时，易于形成该类固溶体。

07.0160　间隙固溶体　interstitial solid solution
溶质原子分布于溶剂晶格间隙而形成的固溶体，其形成条件是溶质原子与溶剂原子直径之比必须小于0.59。

07.0161　连续固溶体　complete solid solution
又称"无限固溶体""完全固溶体"。溶质组元能以任何比例溶入溶剂的固溶体。

07.0162　有序固溶体　ordered solid solution
溶质原子占据溶剂晶体点阵中的某些确定位置呈有序规则排列的固溶体。

07.0163　无序固溶体　disordered solid solution
溶质原子随机分布在溶剂晶体点阵的任意位置的固溶体。

07.0164　固溶度　solid solubility
溶质在固溶体中的极限溶解度。

07.0165　固溶线　solvus
相图中代表固溶度极限的温度点连成的相区界线(二元系)。多元系存在表示固溶度极限的对应相区界面。

07.0166　超点阵　superlattice
又称"超晶格""超结构"。固溶体发生有序化转变后不同种原子在晶格中呈有秩序排列的晶体结构。

07.0167　扩散　diffusion
材料内部的物质在浓度梯度、化学位梯度或应力梯度的推动力下，由于质点的热运动而导致物质定向迁移的现象。

07.0168　自扩散　self diffusion
恒温恒压下，在没有化学位梯度情况下仅仅由于热振动而产生的原子迁移。

07.0169　体扩散　bulk diffusion, volume diffusion
多晶体中原子沿晶体晶格的迁移。

07.0170　表面扩散　surface diffusion
微观粒子(如原子或分子等)在晶体表面的迁移。

07.0171　晶界扩散　grain boundary diffusion
多晶体中原子沿晶界的迁移。

07.0172　空位扩散　vacancy diffusion
晶体中空位的迁移。

07.0173　间隙扩散　interstitial diffusion
晶体中间隙原子的迁移。

07.0174　上坡扩散　uphill diffusion
物质由浓度低的地方向浓度高的地方迁移。

07.0175　化学扩散　chemical diffusion
由于化学位差异造成的原子沿晶体晶格的迁移。

07.0176　热致扩散　thermal diffusion

物体在加热或冷却过程中，各部分温度趋向一致能力的特征参数。用来说明不稳定导热过程中温度变动速度的特征。

07.0177 电致扩散 electro diffusion
由于电场强度差异造成的原子沿晶体晶格的迁移。

07.0178 柯肯德尔效应 Kirkendall effect
曾称"科肯达尔效应"。在互扩散过程中由于异类组元扩散速度的差异而在界面上引起标记移动现象。

07.0179 菲克定律 Fick's law
描述物质扩散的宏观基本定律。

07.0180 扩散系数 diffusion coefficient
单位浓度梯度下给定组元单位时间内通过单位面积的扩散流密度。

07.0181 本征扩散系数 intrinsic diffusion coefficient
仅由组元本身的热缺陷作为迁移载体的扩散系数。

07.0182 扩散激活能 diffusion activation energy
原子从一个平衡位置扩散到另一个相邻的平衡位置所需的能量。

07.04 相 变

07.0183 相变 phase transformation
外界施加的约束条件(如温度、压力、磁场等)改变，引起系统中相的数目或性质发生变化的过程。

07.0184 凝固 solidification
物质从液态向固态转变的相变过程。

07.0185 凝固前沿 solidification front
已凝固区和正在凝固中的液相区的交界处。

07.0186 金属的结晶 crystallization of metals
金属凝固时由短程有序的液态结构转变为长程有序的晶体结构的过程。

07.0187 选分结晶 selective crystallization
结晶有先后的金属成分有规律变化的现象。金属冷却到液相线温度，固相线成分的金属成为晶核首先结晶。继续冷却，结晶的金属按固相线成分或较固相线纯度更高的成分析出，剩余的液体按液相线成分变化。

07.0188 固液两相区 mushy zone
合金的凝固前沿是固、液两相并存的一个区域，区域宽度取决于液相线和固相线垂直距离的大小。

07.0189 凝固组织 solidified structure
凝固过程形成的具有不同晶体特征的区域。

07.0190 凝固常数 solidification constant
凝固平方根定律中的比例常数，反映影响凝固速率的金属和模子热物理性质及冷却条件之总和的经验值。

07.0191 共晶凝固 eutectic solidification
从液相中同时析出两种或者两种以上固相的凝固过程。

07.0192 定向凝固 directional solidification
在凝固过程中设法在凝固金属和未凝固金属熔体中建立起特定方向的温度梯度，使熔体沿着与热流相反的方向凝固，得到具有特定取向柱状晶的凝固过程。

07.0193 快速凝固 rapid solidification
比常规凝固速度大得多的凝固过程。一般大于 10mm/s。

07.0194 树枝晶 dendritic crystal
液/固界面始终像树枝那样向液相中长大,并不断地分枝发展的晶体。

07.0195 胞状晶 cellular crystal
晶体在其生长过程中,界面不稳定而发生规律性突变在晶体或晶粒内部所造成一种细胞状晶体。

07.0196 柱状晶区 columnar crystal zone
凝固过程中出现定向热流时,逆热流方向生长成的细长晶体区。

07.0197 等轴晶区 equiaxial crystal zone
凝固后期生成的各晶轴方向尺寸相差不多的晶体区。

07.0198 枝晶生长 dendrite growth
一种能将其分枝成长过程中某一阶段保留下来的晶体生长方式。

07.0199 线长大速度 linear growth rate
新相核心在某一个特定方向上的生长速率。

07.0200 单晶生长 single crystal growing
通过控制温度、压力、成分等热力学条件和必要的传热、传质等动力学条件,利用相变原理进行单晶体材料制备的技术。

07.0201 临界晶核尺寸 critical nucleus size
在给定过冷度的过冷母相中能够稳定存在的最小晶体颗粒的尺寸。

07.0202 基底 substrate
用于外延生长晶体的基底材料。

07.0203 形核 nucleation
又称"成核"。在母相中形成新相晶体的结晶核心的过程。

07.0204 晶核 nucleus
又称"晶胚(embryo)"。在结晶过程中从母相中最初形成的可以稳定存在的新相的胚胎,是新晶体生长的核心。

07.0205 形核率 nucleation rate
单位时间内单位体积形成新相或转变产物的晶核数。

07.0206 均匀形核 homogeneous nucleation
不借助任何外来质点,通过母相自身的原子结构起伏或/和成分起伏、能量起伏形成结晶核心的现象。

07.0207 非均匀形核 heterogeneous nucleation
依附于液态内部的固相质点或者与其他固体接触的界面形成的结晶核心的现象。

07.0208 自发形核 spontaneous nucleation
在不借助任何外来界面的均匀溶体中形成结晶核心的过程。

07.0209 取向形核 oriented nucleation
在某些特定结晶学方向上,在母相中形成新相自由能较低的结晶核心的过程。

07.0210 晶体生长 crystal growth
通过控制温度、压力、成分等热力学条件和必要的传热、传质等动力学条件,利用相变原理进行晶体材料制备的技术。

07.0211 孕育处理 inoculation
向合金液中添加某种促进异质形核的微量元素的工艺方法。

07.0212　变质处理　modification
向合金液中加入某种用于控制合金相生长形态的微量元素的熔体处理工艺方法。

07.0213　过冷度　supercooling
平衡相变温度与实际相变温度的差值。

07.0214　成分过冷　constitutional supercooling
在合金凝固过程中由于溶质再分配引起的过冷。

07.0215　过热　superheating
由于加热温度过高，致使晶粒过分长大，超过技术条件规定的晶粒尺寸。

07.0216　生长台阶　growth step
以螺旋位错露头使液/固界面呈螺旋面不断生长而形成的台阶。

07.0217　偏析　segregation
又称"离析"。由于凝固、固态相变以及元素密度差异、晶体缺陷与完整晶体的能量差异等某种原因引起的在多组元合金中的成分不均匀现象。

07.0218　晶界偏析　grain boundary segregation
由于凝固、固态相变以及元素密度差异、晶体缺陷与完整晶体的能量差异等某种原因引起的在多组元合金晶界上的成分不均匀现象。

07.0219　偏聚　clustering
由于凝固、固态相变以及元素密度差异、晶体缺陷与完整晶体的能量差异等某种原因引起的在多组元合金中的某种成分富集现象。

07.0220　枝晶偏析　dendritic segregation

微观偏析的一种。合金以树枝状凝固时，枝晶干中心部位与枝晶间的溶质浓度明显不同的成分不均匀现象。

07.0221　宏观偏析　macro segregation
又称"区域偏析（regional segregation）"。凝固时选分结晶所析出的溶质元素多集中在固液两相区，当两相区产生明显的流体流动时，带动溶质元素在较大尺寸范围形成的浓度不均匀性。

07.0222　反常偏析　abnormal segregation
金属铸件中不合乎正常偏析规律的偏析现象。

07.0223　平衡偏析　equilibrium segregation
在平衡条件下溶质原子或离子浓度偏离平均浓度的偏析现象。

07.0224　非平衡偏析　non-equilibrium segregation
在非平衡条件下溶质原子或离子浓度偏离平均浓度的偏析现象。

07.0225　密度偏析　density segregation
先结晶出来的固相与液相的密度相差较大时，将会在液相中上浮或下沉，由此造成的铸锭上部和下部的成分不均匀偏析现象。

07.0226　微观偏析　micro segregation
发生在几个晶粒范围或晶粒中树枝体之间微小尺度范围的偏析现象。有树枝偏析、晶界偏析等类型。

07.0227　位错线上偏析　solute segregation on dislocation
在平衡条件下溶质原子或离子在位错线处浓度偏离平均浓度的偏析现象。

07.0228 静态回复 static recovery
变形结束后发生的回复。

07.0229 低温辐照损伤回复 recovery of low temperature irradiation damage
材料在液氦(4.2K)温度被辐照轰击后产生的晶体结构缺陷在随后的退火过程中发生的缺陷反应。

07.0230 沉淀 precipitation
又称"脱溶"。在热激活足够的条件下由含某种溶质的过饱和固溶体中析出过饱和的溶质相或中间相的相变过程。

07.0231 GP 区 Guinier-Preston zone, GP zone
某些合金系的过饱和固溶体内发生脱溶之始，在某些特定晶面上形成的溶质原子偏聚区。

07.0232 脱溶序列 precipitation sequence
脱溶相按一定的温度高低与时间先后依次形核长大的顺序。

07.0233 共格沉淀 coherent precipitation
脱溶相的点阵平面与基体相点阵平面在界面上一一对应、匹配，两相在界面上保持连续性和贯通性的脱溶过程。

07.0234 连续沉淀 continuous precipitation
在脱溶相形核长大过程中，由基体中出现的成分梯度引起的扩散连续地降低过饱和固溶体中的溶质浓度，一直达到饱和的过程。

07.0235 不连续沉淀 discontinuous precipitation
过饱和固溶体析出一个彼此平行的片层状或棒状的领域(类似珠光体)或胞状组织，在领域内两个相(或多个相)的总成分仍与原过饱和固溶体相同。

07.0236 斯皮诺达分解 spinodal decomposition
一类非形核长大型连续型不稳态相变。固溶体成分位于斯皮诺达(spinodal)线(自由能曲线的拐点连线)之内，其无穷小的成分涨落即引起系统自由能的下降，使这种成分偏离会自发进行下去，无须任何临界形核即可导致分解。

07.0237 时效 aging
经固溶处理或冷变形的某些合金，在常温或较高温度下其性能随时间的延续而变化的现象。

07.0238 自然时效 natural aging
经固溶处理或冷变形的某些合金，在常温自然条件下，其性能随时间的延续而变化的现象。

07.0239 人工时效 artificial aging
将固溶处理或冷变形的某些合金加热到适当温度保持适当时间的工艺。

07.0240 过时效 overaging
温度过高或时间过长的时效处理。

07.0241 延迟时效 delayed aging
经固溶处理或冷变形的某些合金，其性能随时间要延续一段时间才发生变化的现象。

07.0242 回归 reversion
某些经固溶处理的铝合金自然时效硬化后，在低于固溶处理的温度(120~180℃)短时间加热后力学性能恢复到固溶热处理状态的现象。

07.0243 应变时效 strain aging
在塑性变形时或变形后，在室温或适当加热时，导致间隙固溶原子在位错线上的偏聚使

合金的强度和硬度升高并往往导致不连续
屈服重新出现的现象。

07.0244 静态应变时效 static strain aging
性能变化发生在变形之后的应变时效。

07.0245 动态应变时效 dynamic strain aging
性能变化与塑性变形同时发生的应变时效。

07.0246 块型相变 massive transformation
又称"块状转变"。转变过程中新旧相成分
相同的一种热激活型、由界面扩散控制的形
核-长大型相变。

07.0247 珠光体相变 pearlitic transformation
钢冷却到共析温度约 727℃时，发生由奥氏
体到珠光体的共析固态转变。

07.0248 贝氏体相变 bainitic transformation
过冷奥氏体在中温区发生的具有过渡性特
征的非平衡相变，以主相形核长大为主要过
程伴有其他相析出的一级相变。

07.0249 马氏体相变 martensitic transfor-
mation
替换原子经无扩散切变位移(均匀和不均匀
形变)并由此产生形状改变和表面浮突、呈
不变平面特征的一级、形核、长大型的相变。

07.0250 重构型相变 reconstructive transfor-
mation
按伯格（Buerger）对同素异构转变分类，母
相的结合键被拆开后重新组合成新相的转变。

07.0251 位移型相变 displacive transformation
原子的结合键未被拆开只是键的长度、键与
键之间的角度发生变化的一类转变。

07.0252 结构相变 structural transformation

由于温度、压力、各种物理场等的改变而引
起的材料结构状态的转变。

07.0253 铁磁相变 ferromagnetic transforma-
tion
顺磁体冷却通过居里点由顺磁性变为铁磁
性的转变。

07.0254 铁弹相变 ferroelastic transformation
顺弹体冷却通过临界点由顺弹体变为铁弹
体的转变。

07.0255 一级相变 first-order transformation
系统自由能函数对某些约束变量的一阶偏
导数在相变点出现不连续性的转变。

07.0256 二级相变 second-order transformation
系统自由能函数对某些约束变量的二阶偏
导数在相变点出现不连续性的转变。

07.0257 高级相变 high order phase transition
系统自由能函数对某些约束变量的高阶偏
导数在相变点出现不连续性的转变。

07.0258 一级配位位移相变 first-order coor-
dination displacive transformation
母相的最近邻基本构型中原子间的键角或
键长发生变化，通过体积膨胀和切变进行的
相变。

07.0259 二级配位位移相变 second-order
coordination displacive transformation
母相的最近邻基本构型不变，近邻构型单元
与相邻单元之间的键角、键长发生变化的相
变。

07.0260 连续相变 continuous transformation
系统的熵与体积保持连续，而热容和热膨胀
率发生不连续变化的相变。

07.0261 不连续相变 discontinuous transformation

熵和体积发生不连续变化的一级相变。

07.0262 扩散性相变 diffusional transformation

新相生长需依靠扩散输运物质来维持的转变。

07.0263 非扩散相变 diffusionless transformation

新相生长不是通过原子扩散，而是集体有规则的行列式转移的转变。

07.0264 铁电相变 ferroelectric transformation

铁电体在冷却或加热过程通过其居里点时的结构相变。

07.0265 热弹性相变 thermoelastic transformation

由温度决定的化学自由能和体积变化引起的应变能之间的平衡，成为决定条件的相转变。为马氏体相变的一类。

07.0266 预马氏体相变 premartensitic transformation

在马氏体相变开始点以上但距马氏体相变开始点不远的温度发生的具有马氏体特征的相变。

07.0267 共析相变 eutectoid phase transformation

一种固溶体中同时生成两种或多种晶体相的相变过程。

07.0268 包析相变 peritectoid phase transformation

一种固相与另一种或多种固相反应生成另一种固相的相变过程。

07.0269 辐照诱发相变 irradiation induced transformation

高能粒子对材料辐照将产生大量不同类型缺陷，从而加速诱导相的转变。

07.0270 形变诱导相变 deformation induced transformation

通过塑性变形增加储能使相变明显加速进行的现象。

07.0271 形变诱导沉淀 deformation induced precipitation

形变后存在于基体相中的形变储能促使第二相脱溶析出相变明显加速进行，使第二相脱溶析出温度升高或使脱溶析出量增大(超平衡固溶度析出)的现象。

07.0272 形变诱导铁素体相变 deformation induced ferrite transformation, DIFT

奥氏体区进行了较为剧烈热形变的钢，在高于 A_3 的温度范围就发生先共析铁素体相变并使先共析铁素体相变明显加速进行的现象。

07.0273 形变诱导马氏体相变 deformation induced martensite transformation

对过冷奥氏体进行塑性变形使马氏体相变开始温度升高的现象。

07.0274 奥氏体–铁素体相变 austenite-ferrite transformation

钢铁材料奥氏体化后冷却过程中由奥氏体转变为铁素体的固态相变，往往伴随碳化物(主要是渗碳体)的沉淀析出相变。

07.0275 等温相变图 isothermal transformation diagram

又称"TTT 图(time-temperature-transformation diagram)"。在不同温度等温保持时，

温度、时间与固态相变转变产物所占百分数（转变开始及转变终止）的关系曲线图。

07.0276　连续冷却相变图　continuous cooling transformation diagram
又称"CCT 图"。钢奥氏体化后采用不同的冷却速度冷却到室温，所得的相变产物类型及转变分数与时间的曲线图。

07.0277　有序–无序转变　order-disorder transformation
固溶体内部组元原子之间的相对分布由无序向有序或由有序向无序转变的过程。

07.0278　玻璃化转变　glass transition
由晶态向非晶态的转变。

07.0279　长程有序　long-range order
有序固溶体中组元原子分别占据各自位置的情况。

07.0280　短程有序　short-range order
又称"近程有序"。固溶体内原子近邻范围内组元原子分别占据各自位置有序化分布的情况。

07.0281　有序畴　ordering domain
固溶体中组元原子分别占据各自位置的局部小区域。

07.0282　有序度　degree of order
表征固溶体中组元原子分别占据各自位置情况的程度。

07.0283　有序化　ordering
促使固溶体中组元原子分别占据各自位置的进程。

07.0284　有序参量　order parameter
衡量有序固溶体点阵中原子有序化程度的参数。

07.0285　热滞后　thermal hysteresis
材料表层与内层之间存在温度梯度热传递滞后现象。

07.0286　电极化率　electric susceptibility
单位体积的电偶极矩。当材料的正、负电荷的重心不重合时，则出现电偶极矩，其值为电荷乘以正、负电荷中心的向量矩。

07.05　热　处　理

07.0287　热处理　heat treatment
采用适当的方式对材料或工件（以下简称工件）进行加热、保温和冷却以获得预期的组织结构与性能的工艺。

07.0288　光亮热处理　bright heat treatment
工件在热处理过程中基本不氧化，表面保持光亮的热处理。

07.0289　形变热处理　thermomechanical treatment
将形变强化与相变强化相结合，以提高工件综合力学性能的一种复合强韧化工艺。

07.0290　磁场热处理　thermomagnetic treatment
为改善某些铁磁性材料的磁性能而在磁场中进行的热处理。

07.0291　离子轰击热处理　plasma heat treatment, ion bombardment, glow discharge heat treatment

在低于 1×10^5Pa(通常是 $10^{-1} \sim 10^{-3}$Pa)的特定气氛中利用工件(阴极)和阳极之间等离子体辉光放电进行的热处理。

07.0292　流态化床热处理　heat treatment in fluidized bed
工件由气流和悬浮其中的固体粉粒构成的流态化层中进行的热处理。

07.0293　高能束热处理　high energy heat treatment
利用激光、电子束、等离子弧、感应涡流或火焰等高功率密度能源加热工件的热处理工艺总称。

07.0294　稳定化热处理　stabilizing treatment
为使工件在长期服役的条件下形状、尺寸、组织与性能变化能够保持在规定范围内的热处理。

07.0295　固溶处理　solution treatment
工件加热至适当温度并保温，使可溶相充分溶解，然后快速冷却以获得过饱和固溶体的热处理工艺。

07.0296　奥氏体化处理　austenitizing
工件加热至相变临界温度以上，以全部或部分获得奥氏体组织的操作。

07.0297　预备热处理　conditioning treatment
为调整原始组织，以保证工件最终热处理或(和)切削加工质量，预先进行热处理的工艺。

07.0298　火焰加热　flame heating
利用氧、乙炔气体或其他可燃气体(如天然气、焦炉煤气、石油气等)以一定比例混合进行燃烧，形成强烈的高温火焰，将零件迅速加热的方法。

07.0299　感应加热　induction heating
交变电流在感应圈中产生高密度的磁力线，并切割感应圈里盛放的金属材料，在金属材料中产生很大的涡流产生热量被加热的方法。

07.0300　脉冲加热　pulse heating
用脉冲电流取代普通交变电流的感应加热方法。

07.0301　预热　preheating
在工件加热至最终温度前进行的一次或数次阶段性保温的过程。

07.0302　保温　holding
保持工件材料温度稳定的工艺。

07.0303　退火　annealing
工件加热到适当温度，保持一定时间，然后缓慢冷却的热处理工艺。

07.0304　均匀化处理　homogenizing
又称"扩散退火(diffusion annealing)"。以减少工件化学成分和组织的不均匀性为主要目的，将其加热到固相线下某较高温度并长时间保温，然后缓慢冷却的退火处理。

07.0305　中间退火　process annealing
为消除工件形变强化效应，改善塑性，便于实施后继工序而进行的工序间退火处理。

07.0306　可锻化退火　malleablizing
使成分适宜的白口铸铁中的碳化物分解并形成团絮状石墨的退火处理。

07.0307　石墨化退火　graphitizing treatment
为使铸铁内莱氏体中的渗碳体或(和)游离渗碳体分解而进行的退火处理。

07.0308　球化退火　spheroidizing annealing,

spheroidizing

为使工件中的碳化物球状化而进行的退火处理。

07.0309　预防白点退火　hydrogen relief annealing

又称"脱氢退火（dehydrogenation annealing）"。为防止工件在热形变加工后的冷却过程中因氢呈气态析出而形成发裂（白点），在形变加工完结后直接进行的退火处理。其目的是使氢扩散到工件之外。

07.0310　去应力退火　stress relieving, stress relief annealing

将工件加热到一定温度（通常是相变温度或再结晶温度以下），保持一定时间以消除各种内应力的退火处理。

07.0311　正火　normalizing

将工件加热奥氏体化后，保持一定时间，然后在静止空气或保护气氛中冷却变成珠光体的热处理工艺。

07.0312　淬火　quenching

工件加热至临界点以上形成高温区的同素异构相，随后以大于该材料临界冷却速率冷却形成低温区非平衡同素异构相的热处理工艺。

07.0313　控时淬火　time quenching

综合考虑工件形状、大小、材质以及淬火要求的组织、力学性能、应力应变状态，以数值模拟技术为基础，结合试验验证的方式来实现冷却时间精确控制的新型淬火技术。

07.0314　喷液淬火　spray quenching

喷淋的液体不断地喷向工件表面的淬火方式。因时间极短，淬火液来不及过热，所以比浸液淬火冷却速度快而均匀，一般喷液淬

火的冷却速度是静止浸入式的 7 倍以上。

07.0315　分级淬火　marquenching

奥氏体化后的钢在高于马氏体开始转变温度点（M_s 点）的温度区快速淬冷随后以较低冷速冷却使之转变为马氏体的热处理工艺。

07.0316　等温淬火　austempering

奥氏体化后淬入温度稍高于 M_s 点的冷却介质中等温保持使钢发生下贝氏体相变的淬火硬化热处理工艺。

07.0317　马氏体等温淬火　martempering

将工件从淬火温度快冷到马氏体开始转变温度以上 20~30℃，保温到温度均匀，再空冷到室温形成马氏体的热处理工艺。

07.0318　局部淬火　local hardening

仅对工件的某一部位或几个部位进行淬火处理的工艺。

07.0319　表面淬火　surface quenching

对工件表层快速加热，在热量尚未大量传到内部的情况下使表层达到淬火温度随即淬冷，获得预定组织的热处理工艺。

07.0320　加压淬火　press hardening

工件加热奥氏体化后在特定夹具夹持下进行的淬火冷却的工艺，其目的在于减少淬火冷却畸变。

07.0321　形变淬火　ausforming

工件在 Ar_3 以上或 Ar_1~Ar_3 之间热加工成形后立即淬火的工艺。

07.0322　亚温淬火　intercritical hardening

又称"亚临界淬火""临界区淬火"。亚共析钢制工件在 Ac_1~Ac_3 温度区间奥氏体化后淬火冷却，获得马氏体及铁素体组织的淬火。

07.0323 自冷淬火 self quench hardening

工件局部或表层快速加热奥氏体化后，加热区的热量自行向未加热区传导，从而使奥氏体化区迅速冷却的淬火。

07.0324 感应淬火 induction hardening

利用感应电流通过工件所产生的热量，使工件表层、局部或整体加热并快速冷却的淬火。

07.0325 端淬试验 jominy test, end quenching test

将标准端淬试样（$\Phi 25mm \times 100mm$）加热奥氏体化后在专用设备上对其下端喷水冷却，冷却后沿轴线方向测出硬度—距水冷端距离关系曲线的试验方法。是测定钢的淬透性的主要方法。

07.0326 淬透性 hardenability

在给定的冷却条件下，在一定硬化层深度内，过冷奥氏体转变成一定百分比马氏体的能力。

07.0327 淬透性曲线 hardenability curve

用钢试样进行端淬试验测得的硬度—距水冷端距离的关系曲线。

07.0328 淬透性带 hardenability band

同一牌号的钢因化学成分或奥氏体晶粒度的波动而引起的淬透性曲线变动的范围。

07.0329 铅浴处理 lead-bath treatment, patenting

又称"铅浴淬火"。奥氏体化后的工件淬于温度低于 Ac_1 的熔融铅浴中等温转变得到索氏体组织的热处理工艺。

07.0330 调质 quenching and tempering, Vergüten（德）

工件淬火并高温回火的复合热处理工艺。

07.0331 深冷处理 sub-zero treatment

工件淬火后继续在液氮或液氮蒸气中冷却的工艺。

07.0332 回火 tempering

工件淬硬后加热到 Ac_1 以下的某一温度，保温一定时间，使其非平衡组织结构适当转向平衡态，获得预期性能的热处理工艺。Ac_1 为加热时的临界温度。

07.0333 自回火 self-tempering

利用淬火工件自身余热使淬冷为马氏体的组织进行回火的过程。

07.0334 加压回火 press tempering

可对工件施加压力矫形的回火处理。如锯片生产中淬火后的锯片矫形热处理。

07.0335 回火软化性 temperability

钢铁等需要加工的物质在回火后的软化程度。

07.0336 回火稳定性 tempering resistance

又称"耐回火性"。淬硬的钢在回火过程中抵抗硬度下降的能力。

07.0337 低温回火 low temperature tempering, first stage tempering

工件一般在 150~250℃进行的回火。回火后组织为回火马氏体。

07.0338 中温回火 medium temperature tempering

工件一般在 250~500℃进行的回火。回火后组织为回火屈氏体。

07.0339 回火脆性 tempering brittleness

某些钢特别是不含钼的结构钢在回火缓冷后，其室温冲击韧性普遍降低的现象。

07.0340 可逆回火脆性 reversible temper brittleness
含有铬、锰、铬、镍等元素的合金钢工件淬火后，在脆化温度区(400~550℃)回火，或在更高温度回火后缓慢冷却所产生的脆性。这种脆性可通过高于脆化温度的再次回火并快速冷却予以消除。

07.0341 二次硬化 secondary hardening
一些高合金钢在一次或多次回火后硬度上升的现象。这种硬化现象是由于碳化物弥散析出和(或)残留奥氏体转变为马氏体或贝氏体所致。

07.0342 马氏体时效处理 maraging
应用于特殊的铁基合金——马氏体时效钢的脱溶强化处理工艺。使含碳极低的马氏体基体中脱溶出一种或几种金属间化合物。

07.0343 淬冷时效 quench aging
合金经固溶处理后淬冷得到过饱和固溶体后进行时效保温，发生过饱和固溶体的脱溶析出使合金的强度和硬度升高的现象。

07.0344 渗碳 carburizing
钢件放入提供活性炭的介质中加热保温，使碳原子渗入工件表层的化学热处理工艺。

07.0345 复碳 carbon restoration
对表面脱碳后的工件恢复碳含量的渗碳工艺。

07.0346 碳势 carbon potential
表征含碳气氛在一定温度下改变工件表面含碳量能力的参数，通常用氧探头监控，用低碳碳素钢箔片在含碳气氛中的平衡含碳量定量监测。

07.0347 催渗剂 energizer
在给定温度下能产生更多活性原子渗入工件的介质。

07.0348 渗氮 nitriding
又称"氮化"。向钢件表层渗入活性氮原子形成富氮硬化层的化学热处理工艺。

07.0349 碳氮共渗 carbonitriding
在奥氏体状态下同时将碳、氮渗入工件表层的化学热处理工艺。

07.0350 渗硼 boriding
将硼渗入工件表层的化学热处理工艺，其中包括固体渗硼、液体渗硼、电解渗硼、气体渗硼。

07.0351 渗硫 sulfurizing
将硫渗入工件表层的化学热处理工艺。

07.0352 渗铬 chromizing
将铬渗入工件表层的化学热处理工艺。

07.0353 渗铝 aluminizing, calorizing
将铝渗入工件表层的化学热处理工艺。

07.0354 渗锌 sherardizing
将锌渗入工件表层的化学热处理工艺。

07.0355 渗钛 titanizing
将钛渗入工件表层的化学热处理工艺。

07.0356 发黑处理 blackening, black coating
又称"发蓝"。工件在空气、水蒸气或化学药物的溶液中在室温或加热到适当温度，在工件表面形成一层蓝色或黑色氧化膜，以改善其耐蚀性和外观的表面处理工艺。

07.0357 离子渗氮 plasma nitriding, ion nitriding, glow discharge nitriding
渗氮气氛中进行的离子轰击热处理。

07.0358 磷化 phosphating
把工件浸入磷酸盐溶液中,在工件表面形成一层不溶于水的磷酸盐薄膜的表面处理工艺。

07.06 变形及再结晶

07.0359 弹性变形 elastic deformation
材料在外力作用下变形,外力卸除后能恢复原状的变形。

07.0360 塑性变形 plastic deformation
在某种给定载荷下,材料产生永久变形的特性。

07.0361 应变硬化率 strain hardening rate
继续塑性变形所需外应力随塑性变形量的增加而增大的程度。

07.0362 加工软化 working softening
继续塑性变形所需外应力随塑性变形量的增加而减小的现象。

07.0363 变形带 deformation band
晶体均匀变形时产生的取向不同的很薄带状区域。是平行的滑移面上异号刃型位错相互作用,使晶体发生弯折所造成的。

07.0364 流变曲线 flow curve
物体的剪切应力与剪切速率之间的变异关系的曲线。

07.0365 临界分切应力 critical resolved shear stress
使单晶体屈服开始塑性变形而作用在滑移面上沿滑移方向上的分切应力。

07.0366 滑移 slip
晶体相邻部分在切应力作用下沿一定晶体学平面和方向的相对移动。是金属晶体塑性变形的主要方式。

07.0367 多滑移 multiple slip
晶体相邻部分在切应力作用下沿多个一定晶体学平面和方向的相对移动。

07.0368 交叉滑移 cross slip
两个或多个滑移面共同沿一个滑移方向滑移。

07.0369 滑移线 slip line
晶体滑移后在试样抛光表面形成的平行线状痕迹。

07.0370 滑移面 slip plane
可发生滑移的晶面。通常是晶体中面间距最大,滑移阻力最小的原子密排晶面。

07.0371 吕德斯带 Lüders band
由于变形的不均匀性,滑移线的形成和几乎全部的残余伸长均局限于某一定的晶体区域的现象。

07.0372 晶界滑动 grain boundary sliding
高温下多晶体材料相邻晶粒在切应力作用下沿着晶粒间界相对移动。

07.0373 孪生 twinning
晶体受到切应力后沿一定的晶面和晶向在一个区域内产生连续的切变,形成镜面对称关系一对晶体的过程。

07.0374 形变孪生 deformation twinning

晶体受力后以产生孪晶的方法而进行的切变过程。

07.0375 扭折 kinking
一个晶体既不能通过滑移也不能由机械孪生屈服于外力而发生晶体折曲的第三种晶体变形机制。

07.0376 包辛格效应 Bauschinger effect
金属或合金预先加载产生微量塑性变形后卸载，然后再同向加载则弹性极限升高、反向加载则弹性极限降低的弹性不完整现象。

07.0377 应力松弛 stress relaxation
构件或试样在总变形（或位移）恒定的条件下，由于弹性变形不断转变为塑性变形，从而使应力随时间不断减小的过程。

07.0378 回复 recovery
加工变形的金属在变形过程中或变形过程后，于合适条件下，向形变前的组织和性能作一定程度的恢复的过程。

07.0379 多边形化 polygonization
加工变形后的金属或合金在回复时形成小角度亚晶界和较完整的亚晶粒的过程。

07.0380 蠕变 creep
在恒应力作用下，材料的应变随时间不断增加的现象。

07.0381 蠕变变形 creep deformation

材料在远低于屈服极限的应力作用下，随时间延长所产生缓慢的塑性变形。

07.0382 扩散蠕变 diffusion creep
由原子自扩散所控制的蠕变。

07.0383 部分再结晶 partial recrystallization
仅有部分形变晶粒发生再结晶的过程。

07.0384 二次再结晶 secondary recrystallization
将冷变形织构的晶体置于再结晶温度以上加热后，所形成新织构组织的现象。

07.0385 三次再结晶 tertiary recrystallization
将具有再结晶织构的晶体继续进行加热，形成具有另一种取向新织构的现象。

07.0386 再结晶图 recrystallization diagram
表示形变量、再结晶退火温度及再结晶后晶粒尺寸关系的三维图形。

07.0387 再结晶温度 recrystallization temperature
全称"完全再结晶温度"。一定形变条件下，在一定时间内刚好完成再结晶的最低温度。

07.0388 无再结晶温度 non-recrystallization temperature
又称"未再结晶温度"。在一定形变条件下，在一定时间内完全不发生再结晶的最高温度。

07.07 断裂与强化

07.0389 断裂 fracture
材料中的裂纹失稳扩展导致材料或构件破断的现象。

07.0390 穿晶断裂 transgranular fracture

裂纹穿过多晶体材料的晶粒扩展而发生的断裂。

07.0391 晶间断裂 intergranular fracture
又称"沿晶断裂"。多晶体中裂纹沿晶界形

核、扩展所导致的脆性断裂。

07.0392 解理断裂 cleavage fracture
裂纹沿解理面形核、扩展而导致的脆性断裂。

07.0393 剪切断裂 shear fracture
在切应力作用下导致材料或构件破断的断裂。

07.0394 疲劳断裂 fatigue fracture
在循环应力作用下，由于疲劳裂纹的萌生和扩展最终导致发生的断裂。

07.0395 延迟断裂 delayed fracture
材料承受的应力低于静载断裂强度，但由于应力腐蚀、疲劳、蠕变等方面的原因，经一段时间后发生的断裂。

07.0396 韧性断裂 ductile fracture
又称"延性断裂"。裂纹主要通过微孔塑性撕裂长大和聚合而扩展，从而发生明显的塑性变形最终导致材料的断裂。

07.0397 脆性断裂 brittle fracture
断裂前宏观塑性变形很小甚至为零，或吸收的能量较小的断裂方式。

07.0398 断口 fracture surface
材料或构件破断后形成的一对相互匹配的断裂表面及其外观形貌。

07.0399 韧窝断口 dimple fracture surface
通过孔洞形核、长大和连接而导致韧性断裂的断口，断口由韧窝(凹坑)构成，某些韧窝中存在第二相。

07.0400 韧性断口 ductile fracture surface
韧性断裂引起的断口，宏观形貌为杯锥型断口或纯剪切断口，断裂面呈纤维状，由韧窝构成。

07.0401 脆性断口 brittle fracture surface
脆性断裂引起的断口，宏观上呈结晶状，微观上则包括沿晶断口，解理断口或准解理断口。

07.0402 杯锥断口 cup-cone fracture surface
材料或构件破断后形成的形同杯锥状的断面。

07.0403 纤维状断口 fibrous fracture surface
在断裂之前发生显著塑性变形，断裂面呈纤维状的断口。属韧性断口。

07.0404 层状断口 lamination fracture surface
沿加工方向呈现凹凸不平暗色条带区域的断口。

07.0405 贝壳状断口 conchoidal fracture surface
材料或构件破断后形成的形同贝壳花样的断口。

07.0406 断口形貌学 fractography
研究材料或构件破断后形成的断面外观形貌特征的学科。

07.0407 固溶强化 solution strengthening
合金元素固溶于基体金属中造成一定程度的晶格畸变从而使合金强度提高的方法。

07.0408 形变强化 working hardening
通过塑性变形使合金强度提高的方法。

07.0409 沉淀硬化 precipitation hardening
过饱和固溶体脱溶析出弥散的第二相颗粒，使合金强度和硬度提高的方法。

07.0410 弥散强化 dispersion strengthening
采用粉末冶金或内氧化等工艺方法，在材料基体中产生细小弥散的第二相质点而使材料强度和硬度提高的方法。

07.0411 纤维强化 fiber strengthening

将硬纤维加入材料基体中作为第二相而使材料强度和硬度提高的方法。

07.0412 晶界强化 grain boundary strengthening

常温下晶界是位错运动的障碍，通过细化晶粒增加晶界数量提高材料强度的方法。

07.0413 辐照强化 radiation hardening

通过辐照增加材料中的缺陷而提高材料强度的方法。

07.0414 共格硬化 coherent hardening

由共格应变场与位错应变场之间的相互作用产生的硬化。

07.0415 层错硬化 stacking hardening

由析出相的层错能与基体的层错能之间的差异产生的硬化。

07.0416 模量时效硬化 modulus age hardening

由基体的切变模量与析出相颗粒的切变模量不同产生的硬化。

07.0417 时效硬化 age hardening

经固溶处理或形变加工的金属材料，在室温或较高温度保持而使强度和硬度明显提高的现象。

07.0418 韧化 toughening

使材料不易萌生裂纹或裂纹不易扩展长大的方法。

07.0419 相变韧化 transformation toughening

由相变导致材料韧化的现象。

07.08 检查及分析

07.0420 金相检查 metallographic examination

采用金相显微镜对金属或合金的宏观组织和显微组织进行分析测定，以得到各种组织的尺寸、数量、形状及分布特征的方法。

07.0421 光学显微术 optical microscopy

用光学金相显微镜观察和研究材料微观特征的方法。可以研究材料中各种组成相或组织组成物的大小、数量、形状及其分布特征。

07.0422 硫印 sulfur print

预先在硫酸溶液中浸泡过的相纸感光面紧贴在干净光洁受检表面上，由接触印迹来确定钢铁中硫化物夹杂分布位置的方法。

07.0423 定量金相 quantitative metallography

采用体视学和图像分析技术等，对材料的显微组织进行定量表征(如测估晶粒尺寸、各相的含量、第二相的大小、数量、形状及其分布特征等)的一类光学金相技术。

07.0424 图像分析 image analysis

从图像中提取定量的几何信息和光密度等定量数据的实验技术。将自动图像分析与有关体视学原理联合使用的一类先进定量金相分析方法。

07.0425 材料体视学 stereology in materials science

通过材料的二维截面或投影图像分析获取材料中如某相的体积分数、单位体积内某类界面的数量等三维结构信息的定量方法与原理。是定量金相的重要基础。

07.0426 电子显微术 electron microscopy

利用各种电子显微镜观察、研究和检验材料微观特征和断裂形态特征的实验技术。其分辨率或放大倍数明显优于光学显微镜。

07.0427 扫描电子显微术 scanning electron microscopy, SEM

电子显微术的一种。电子束以光栅状扫描方式照射试样表面，分析入射电子和试样表面物质相互作用产生的各种信息来研究试样表面微区形貌、成分和晶体学性质的技术。

07.0428 透射电子显微术 transmission electron microscopy, TEM

利用穿透薄膜试样的电子束进行成像或微区分析的一种电子显微术。能获得高度局域化的信息，是分析晶体结构、晶体不完整性、微区成分的综合技术。

07.0429 分析电子显微术 analytical electron microscopy, AEM

用高能电子束照射样品，收集、测定和分析样品局部区域发射出的各种信号的理论和技术，具有很高的空间分辨率。设备为分析电子显微镜。

07.0430 高分辨电子显微术 high resolution electron microscopy, HREM

利用透射电子显微镜将固体物质中原子排列投影成像的理论和技术。其分辨能力接近或达到原子尺度（约 0.1nm）。对显示材料结构纳米尺度的变异及缺陷有独到的优点。

07.0431 高压电子显微术 high-voltage electron microscopy, HVEM

用加速电压超过 500kV 的电子显微镜对试样进行显微分析的技术。

07.0432 场发射电子显微术 field emission electron microscopy, FEEM

借助样品针尖的场致电子发射及其放大图像来观察表面结构的技术。

07.0433 电子能量损失谱 electron energy loss spectrum, EELS

高能入射电子束的部分电子与试样发生非弹性交互作用损失部分能量，沿入射束方向上的弹性和非弹性散射电子按能量大小展开而形成的谱图。尤其适用于轻元素的测定。

07.0434 电子衍射 electron diffraction

入射电子束相对于晶体原子面的特定角度产生强烈散射的物理过程。

07.0435 低能电子衍射 low-energy electron diffraction, LEED

用低能电子束（10~100eV）作为微探针在晶体原子面的特定角度产生强烈散射的物理过程。

07.0436 电子背散射衍射 electron backscattering diffraction, EBSD

入射电子束照射高倾斜角试样产生的背散射电子与试样晶体原子面强烈散射的过程。

07.0437 复型 replica

通过预制的复型材料与试样贴合的方法取得部件材料微观组织形貌的技术。

07.0438 提取复型 extraction replica

又称"萃取复型"。通过预制的复型材料与适当腐蚀的试样相贴合的方法，粘取材料上某种相的技术。

07.0439 投影复型 shadowed replica

采用真空喷镀仪将某些重金属物质加热到熔点以上，形成极细小的颗粒以一定角度投射到复型样品上，以增大反差的技术。

07.0440 衬度 contrast
像面上相邻部分间的黑白对比度或颜色差。

07.0441 取向衬度 orientation contrast
电子与晶体交互作用过程中，由于晶体取向差异形成的衬度。

07.0442 相衬度 phase contrast
全称"相位衬度"。透射束与衍射束相位相干形成的衬度。

07.0443 衍射衬度 diffraction contrast
电子与晶体交互作用过程中，由于晶体各处不同部位不同细节的差异造成样品各处衍射效应差异形成的衬度。

07.0444 电子探针 electron microprobe
用电子束轰击试样表面，使组成元素产生特征 X 射线，分析波长和强度，从而获得固体试样中各微区内(约 1μm)的元素组成、含量及其分布情况的一种分析方法。

07.0445 原子探针 atom probe
对不同元素的原子逐个进行分析，并给出纳米空间中不同元素原子的分布图形，能够进行定量分析的一种技术。是目前最微观，并且分析精度较高的一种分析技术。

07.0446 俄歇电子能谱术 Auger electron spectroscopy
通过入射电子束和物质作用激发俄歇电子进行元素分析的一种电子能谱法，是最重要的表面分析工具之一。能检测除氢(H)、氦(He)以外所有元素，对轻元素尤为灵敏。

07.0447 场离子显微术 field-ion microscopy
依据气体场致电离原理成像，用场离子显微镜、原子探针在原子尺度上研究材料显微组织和成分的技术。能分辨单个原子，能定量

分析所有元素。

07.0448 扫描探针显微术 scanning probe microscopy, SPM
分辨率在纳米量级的测量固体样品表面实空间形貌的分析方法。根据测量的相互作用类型，可分为：扫描隧道显微术，原子力显微术，磁力显微术等。

07.0449 扫描隧道显微术 scanning tunnelling microscopy, STM
利用量子隧道效应的表面研究技术。能实时、原位观察样品最表面层的局域结构信息，能达到原子级的高分辨率。

07.0450 原子力显微术 atomic force microscope, AFM
使用原子力显微镜的电子显微分析技术。是扫描探针显微术中使用最为广泛的一种，常用于测量固体样品表面的实空间三维形貌。分辨率一般在几个纳米，要求样品表面的起伏小于 1μm。

07.0451 离子微探针分析 ion microprobe analysis
研究固体材料表面微区成分的一种质谱分析方法。可获得材料微区质谱图及离子图像，以及样品中元素的定性和定量信息。

07.0452 穆斯堡尔谱术 Mössbauer spectroscopy
以穆斯堡尔效应(即原子核对 γ 射线的无反冲击共振吸收现象)为基础的微观结构分析方法。

07.0453 中子衍射 neutron diffraction
在一定条件下，中子束与物质相互作用而产生强烈散射的现象。根据其衍射谱可以确定样品的晶体结构和磁结构。

07.0454　正电子湮没技术　positron annihila-tion technique, PAS
利用正电子与物质中电子的湮没而产生的 γ 光子获得微观结构和缺陷信息的一种实验技术。主要检测方法有正电子从产生到湮没的寿命谱、两个 γ 光子形成的角关联谱和 γ 射线多普勒增宽谱。

07.0455　声发射技术　acoustic emission tech-nology
通过测量材料的声发射特性以评价材料性能的材料试验或无损检测技术。

07.0456　声学显微术　acoustic microscopy
高分辨率的超声波成像检测技术。可以用于微电子产品的质量检测、材料表面以及内表层微结构组织的成像和缺陷检测。

07.0457　X 射线衍射分析　X-ray diffraction analysis
利用 X 射线在晶体中的衍射行为来研究晶体结构的分析方法。

07.0458　X 射线形貌学　X-ray topography
根据 X 射线在晶体中衍射衬度变化和消像规律，检查晶体材料及器件表面和内部微观结构缺陷的一种学科。

07.0459　X 射线衍射花样　X-ray diffraction pattern
晶体满足布拉格条件的衍射线的集合。

07.0460　X 射线粉末衍射　X-ray powder dif-fraction
利用 X 射线在多晶体粉末中的衍射行为来研究多晶体结构的分析方法。

07.0461　单晶 X 射线衍射　single-crystal X-ray diffraction
利用 X 射线在单晶体中的衍射行为来研究单晶体结构的分析方法。

07.0462　劳厄法　Laue method
连读谱 X 射线对单晶体的衍射以确定晶体宏观对称性的一种 X 射线衍射方法。

07.0463　周转晶体法　rotating-crystal method
特征 X 射线对转动单晶体的衍射方法。

07.0464　X 射线吸收谱　X-ray absorption spectroscopy
由吸收原子的外层价电子的散射造成的 X 射线谱。主要用来研究原子外层的电子结构及近邻环境的关系。

07.0465　X 射线荧光谱　X-ray fluorescence spectroscopy
利用元素特征 X 射线谱进行元素成分及含量分析的一种技术。从每种元素激发出的 X 射线特征(荧光)谱线都有其特征波长值，其峰值强度与该元素在材料中的含量有关。

07.0466　X 射线漫散射　X-ray diffuse scatter-ing
当晶体点阵排列与理想的规则排列偏离较大，或者杂质原子、原子团按某种规律分布于较完美晶体中时，在布拉格衍射峰两侧出现的漫散射图样。

07.0467　X 射线光电子能谱　X-ray photo-electron spectroscopy, XPS
以单色 X 射线为光源，测量并研究光电离过程发射出的光电子能量及相关特征的一门技术。能够给出原子内壳层及价带中各占据轨道电子结合能和电离能的精确数值。

07.0468　X 射线吸收近边结构　X-ray absorp-tion near edge structure, XANES

物质的 X 射线吸收谱中从吸收阈值处的吸收边到吸收边以上约 50eV 之间的谱。是研究物质的局域结构和局域电子特性的有力手段。

07.0469 能量色散 X 射线谱 X-ray energy dispersive spectrum, EDS

用 X 射线能量谱图分析试样化学成分的方法。

07.0470 波长色散 X 射线谱 wavelength dispersion X-ray spectroscopy, WDS

用 X 光光谱仪进行微区化学成分分析的方法。从谱峰波长可确定试样所含元素，从谱峰强度可计算元素的含量。

07.0471 扩展 X 射线吸收精细结构 extended X-ray absorption fine structure, EX-AFS

由于 X 射线光子激发的光电子波与周围原子的散射波相互干涉，使电子向终态跃迁的概率随能量而变化，引起吸收系数的变化所形成的谱。

07.0472 质子 X 射线荧光分析 proton-induced X-ray emission, PIXE

又称"粒子 X 射线荧光分析"。以入射高能质子(或氦粒子)束诱发待分析元素发射特征 X 射线，从而分析薄膜及近表面层化学成分的一种方法。

07.0473 极图 pole figure

表示多晶取向择优分布位置与强度的极射赤面投影图。

07.0474 反极图 inverse pole figure

又称"轴向投影图"。参考坐标轴在各晶粒晶轴坐标面中的极射赤面投影图。

07.0475 极射赤面投影 stereographic projection

用以描述晶体的晶面、晶向以及它们之间关系的投影方法。首先将晶体置于一个参考球球心，把晶体的晶面、晶向以及它们之间的关系投影到参考球球面上表达，再将球面投影进一步投影到其赤道平面上的投影方式。

07.0476 热分析 thermal analysis, TA

在过程控制温度下，测量物质的物理性质与温度关系的技术。在加热或冷却过程中，物质随结构、相态或化学性质的变化，都会伴随有相应的物理性质的变化。

07.0477 差热分析 differential thermal analysis, DTA

全称"示差热分析"。在过程控制温度下，测量物质和参比物的温度差和温度关系的一种技术。利用差热曲线的吸热或放热峰来表征当温度变化时引起试样发生的任何物理或化学变化。

07.0478 动态量热法 dynamic calorimetry

快速测定试样在某温度下热容的量热法。按照加热方式的不同，分为自热式和它热式。

07.0479 差示扫描量热法 differential scanning calorimetry, DSC

又称"示差扫描量热法"。在过程控制温度的条件下，测量样品与参比物的热流差(功率差)随温度的变化，反映加热过程中物质发生的与吸、放热有关的各种变化的方法。

07.0480 膨胀仪法 dilatometer method

用膨胀仪测定材料热膨胀性质的方法。

07.0481 膨胀测量术 dilatometry

测量材料热膨胀性质的技术。

07.0482 示差膨胀测量术 differential dilatometry

在过程控制温度下，测量物质和参比物的温度差和温度关系的一种技术。

07.0483 红外检测 infrared testing

利用红外辐射原理对材料表面进行检测的方法。其实质是扫描记录被检材料表面上由于缺陷或材料不同的热性质所引起的温度变化。可用于检测胶接或焊接件中的脱粘或未焊透部位，固体材料中的裂纹、空洞和夹杂物等缺陷。

07.0484 红外热成像术 infrared thermography, thermography infrared

通过测量红外辐射亮度的变化来显示物体表面视在温度的变化（温度或发射率的变化，或此两者的变化）的成像的方法。

07.0485 振动热成像术 vibrothermography

利用机械振动在工件中转变成热能时产生的温度变化率进行实时成像的方法。通过检测工件表面的红外辐射，从热量分布来判断应力分布，从而推知材料中缺陷类型和分布。

07.0486 热谱图 thermogram

将物体或成像头的视在温度图像转变成一幅相对应对比度或色彩图样的可视图像。

07.0487 无损检测 non-destructive testing

不损坏被检查材料或成品的性能和完整性而检测其缺陷的方法。如超声波检测、X射线探伤、计算机断层扫描术等。

07.0488 超声检测 ultrasonic testing

又称"超声探伤"。利用超声波无损检测材料缺陷、性质和结构的方法。常用的超声检测仪器有探伤仪、声速测量仪、超声显微

镜等。

07.0489 磁粉检测 magnetic-particle inspection

又称"磁粉探伤""磁力探伤"。是对被检工件进行磁化后，利用工件表面漏磁场吸附磁粉的现象，来判断工件有无缺陷的一种方法。但不适用于非铁磁性材料。

07.0490 荧光磁粉检测 fluorescent magnetic-particle inspection

使用荧光磁粉对工件进行磁粉检测的无损检测方法，用于检测钢制零件的表面及近表面的裂纹缺陷，长期以来一直被认为是表面裂纹检测最灵敏的方法之一。

07.0491 X射线探伤 X-ray radiographic inspection

利用X射线在介质中被吸收性质的差异来判断材料的缺陷和异常的检测方法。

07.0492 γ射线探伤 γ-ray radiographic inspection

利用γ射线在介质中传播时的性质来判断材料的缺陷和异常的检测方法。

07.0493 荧光液渗透探伤 fluorescent penetrant inspection

在被检工件上浸涂可以渗透的带有荧光的或红色的染料，利用渗透剂的渗透作用，显示表面缺陷痕迹的一种无损检测方法。

07.0494 渗透检测 penetrate testing

利用液体对微细孔隙的渗透作用来对工件表面的缺陷进行检测的方法。

07.0495 涡流检测 eddy current testing

根据在材料中电磁感应出的涡流的大小、相位及其空间分布情况确定材料或对象的性

质和有无缺陷的方法。仅适用于导电材料。

07.0496 中子检测 neutron testing
利用中子束进行的无损检测方法。一般采用中子射线照相术进行检测。可分为直接曝光法和间接曝光法。

07.0497 原子发射光谱 atomic emission spectrometry, AES
又称"光学发射光谱(optical emission spectrum, OES)"。在热能或电能作用下，原子和离子的外层电子跃迁到高能级后返回低能级时发射出一定波长的光而形成的发射光谱。

07.0498 紫外光电子能谱 ultraviolet photoelectron spectroscopy, UPS
采用紫外辐射为激发源的光电子能谱法。广泛应用于金属、半导体、金属氧化物及高分子材料的价带电子结构研究，以及上述材料表面与环境相互作用时材料表面的电子结构变化研究。

07.0499 红外光谱 infrared spectroscopy
波长介于可见光与微波之间的电磁波谱。在电磁波频谱中处于 $0.76\sim1000\mu m$，研究分子或物质微观结构的光谱技术。

07.0500 拉曼光谱 Raman spectroscopy
利用光子与介质原子(分子)之间发生非弹性碰撞得到的散射光谱研究分子或物质微观结构的光谱技术，以其发现者拉曼命名。

07.0501 极谱法 polarography
通过解析极谱(图)而获得定性、定量结果的分析方法。是伏安法的一种，必须使用滴汞电极或其他表面周期性更新的液态电极。

07.0502 电子隧道谱法 electron tunnelling

effect spectroscopy
当一个电子的能量低于势垒高度时，在势垒宽度足够小时仍有一定的概率贯穿势垒，基于此效应原理的分析方法。可用于测定导电样品表面域能带结构。

07.0503 电子自旋共振 electron spin resonance, ESR
电子有 1/2 的自旋，在外加磁场下能级二分，当外加具有与此能量差相等的频率电磁波时，便会引起能级间跃迁的现象。

07.0504 电子顺磁共振 electron paramagnetic resonance, EPR
由不配对电子的磁矩发源的一种磁共振技术。可用于定性和定量检测物质原子或分子中所含的不配对电子，并探索其周围环境的结构特性。

07.0505 离子散射分析 ion scattering analysis
离子散射谱常用低能(0.5~3keV)惰性气体离子束以一定角度入射到试样表面，经试样原子散射改变能量而得的表面成分分析技术。

07.0506 卢瑟福离子背散射谱法 Rutherford backscattering spectrometry, RBS
测定大角度卢瑟福背散射离子的能谱，可对样品所含元素进行定性、定量和深度分布分析，以及薄膜厚度的测定的技术。

07.0507 离子沟通道背散射谱 ion channelling backscattering spectrometry
卢瑟福背散射与离子沟道效应相结合，对单晶样品近表面层的结构或掺杂原子的占位进行分析的方法。用于研究晶体表面结构，测定晶格损伤，确定杂质原子在晶格中的位置等。

07.0508 质谱法 mass spectrometry, MS

通过将待测样品电离，使得到离子按质／荷比(*m/z*)顺序排成谱(即质谱)，根据质谱进行定性、定量分析的一种方法。具有灵敏度高、样品用量少和多组分同时测定等优点。

07.0509 二次离子质谱 secondary ion mass spectroscopy, SIMS
又称"次级离子质谱"。用一次离子束轰击固体试样，溅射出二次离子，再进行质谱分析的方法。表面分析检测灵敏度极高。是目前研究和控制半导体掺杂、表面微量污染唯一的化学分析工具。能提供表面分子化学结构信息，又是研究聚合物表面、生物分子和纳米技术研究的强大工具。

07.0510 激光微探针质谱 laser microprobe mass spectrometry
用聚焦激光束照射样品表面产生离子的质谱分析法。激光束可聚焦至微米量级，可获得微区成分信息。

07.0511 气相色谱–质谱 gas chromatography-mass spectrometry, GC-MS
把气相色谱法和质谱法结合起来的一种用于混合有机物分析的方法。灵敏度高，样品用量少，分析速度快。但只适合于分析挥发性有机物。

07.0512 中子活化分析 neutron activation analysis, NAA
采用中子源和 γ 谱仪分析各种基体样品中多种痕量元素及常量元素含量的核分析方法。

07.0513 中子照相术 neutron radiography
利用中子束穿透物体时的衰减情况显示物体内部结构的技术，用于材料的非破坏性检验。按所利用的中子能量大小可分为：冷中子照相、热中子照相和快中子照相。

07.0514 质子照相术 proton radiography
利用加速器产生的高能质子对工件内部缺陷进行检测的方法，是一种利用射线进行照相的方法。可用于检测对 X 射线吸收太强的材料。需要用比较大型的加速器。

07.0515 同步辐射 synchrotron radiation
在同步加速器上观察到的速度接近光速的带电粒子在磁场中沿弧形轨道运动时放出的电磁辐射。

07.0516 荧光图电影摄影术 cine-fluorography
X 射线荧光屏检验图像的电影摄影术。

07.0517 微焦点射线透照术 microfocus radiography
用焦点尺寸非常小的 X 射线管所进行的射线透照，可得到高分辨率或经过放大的图像的技术。

07.0518 电视 X 射线荧光检查 television fluoroscopy
用数字图像存储和处理的现代设备取代胶片的 X 射线荧光检验技术。

07.0519 层析 X 射线透照术 X-ray tomography
X 射线胶片和 X 射线管作相对运动，所得到的射线底片可显示出试样平行于胶片平面的一个薄层的细节的技术。

07.0520 射线[活动]电影摄影术 cine-radiography
摄制一张接一张的射线底片，按顺序快速观察，从而产生一连贯的图像的技术。

07.0521 静电射线透照术 xeroradiography
用以半导体材料(常为结晶硒)支撑的带电

荷板代替胶片的一种射线透照技术。图像是通过带电的非导体粉末有选择地附着来进行的。

07.0522 电离射线透照术 iconography
利用静电法记录图像的射线透照术。通常记录在一塑料薄片上。

07.0523 放射自显影术 autoradiography
含放射性元素的物体，通过其自身辐射在记录介质上所获得的图像。是检查样品中放射性元素及其分布的一种同位素示踪技术。

07.0524 核磁共振 nuclear magnetic resonance, NMR
原子核在恒定磁场下对高频电磁场能量的共振吸收随其频率的变化现象。可提供有关物质结构的重要信息。

07.0525 全息检测 holographic testing

利用全息摄影再现的三维图像进行无损检测的方法。分为激光全息检测、超声波全息检测和微波全息检测。

07.0526 微波检测 microwave testing
根据微波反射、透射、衍射干涉、腔体微扰等物理特性的改变，以及被检材料介电常数和损耗正切角的相对变化，通过测量微波基本参数（如幅度衰减、相移量或频率等）变化，实现对缺陷进行检测的方法。

07.0527 计算机断层扫描术 computer tomography, CT
又称"CT 技术"。利用计算机技术对被测物体断层扫描图像进行重建获得二维或三维断层图像的扫描技术。该扫描方式是通过单一轴面的射线穿透被测物体，根据被测物体各部分对射线的吸收与透过率不同，由计算机采集透过射线并通过三维重构成像。

07.09 显微组织

07.0528 宏观组织 macrostructure
用肉眼或放大倍率一般低于 10 倍的放大镜可观察到的金属和合金组织。

07.0529 显微组织 microstructure
借助于显微镜观察到的组织的统称。

07.0530 基体 matrix
材料构成的基本组织，一般具有连续的空间分布。

07.0531 共晶组织 eutectic structure
固态金属自高温冷却时，从同一母相中同时析出，紧密相邻的两种或多种不同的相构成的组织。

07.0532 分离共晶体 divorced eutectic

亚共晶或过共晶凝固过程中，当初生相间的共晶数量很少时，其中一相直接与初生固溶体生长为一体，另一相则在初生固溶体间隙中生长而看不到共晶结构的组织形态。

07.0533 层状共晶体 lamellar eutectic
两种相以片层状相间交替排列的一种共晶凝固组织形态。

07.0534 伪共晶体 pseudo-eutectic
由非共晶成分的合金在一定的过冷度下获得的共晶组织。

07.0535 亚共晶体 hypoeutectic
在二元共晶相图中化学成分低于共晶但与共晶成分接近的合金组织。

07.0536 过共晶体 hypereutectic
在二元共晶相图中化学成分高于共晶但与共晶成分接近的合金组织。

07.0537 共析体 eutectoid
在二元共析相图中化学成分为共析成分的合金组织。

07.0538 伪共析体 pseudo-eutectoid
由非共析成分的合金在一定的过冷度下获得的共析组织。

07.0539 亚共析体 hypoeutectoid
在二元共析相图中化学成分低于共析但与共析成分接近的合金组织。

07.0540 过共析体 hypereutectoid
在二元共析相图中化学成分高于共析但与共析成分接近的合金组织。

07.0541 包晶体 peritectic
经过包晶反应生成的化合物。

07.0542 包析体 peritectoid
恒温下由两个不同固相形成第 3 个固相的包析反应生成的化合物。

07.0543 树枝状组织 dendritic structure
由于不平衡凝固而形成的诸树枝状晶体所组成的组织。

07.0544 网状组织 network structure
先共析相在母相的晶界形核并沿晶界长大将晶粒完全或部分包围的连续或断续的网络状组织。

07.0545 柱状组织 columnar structure
由相互平行的细长柱状晶粒所组成的组织。

07.0546 球状组织 globular structure
第二相呈球形或近球形的颗粒散布于基体相之内的组织。

07.0547 针状组织 acicular structure
基体晶粒或第二相颗粒的平面交截形状呈针状的组织。

07.0548 维氏组织 Widmanstätten structure
全称"维德曼施泰滕组织"。曾称"魏氏组织"。先共析相在母相的晶界形核并沿母相的特定晶面向晶内长大形成的呈粗大片状或针状特征的组织。

07.0549 反常组织 abnormal structure
与正常热历史及形变历史下应出现的组织具有明显的形貌差异的组织。

07.0550 带状组织 banded structure
具有多相组织的合金材料中，某种相平行于特定方向而形成的条带状偏析组织。

07.0551 胞状组织 cellular structure
晶体在其生长过程中，界面不稳定而发生规律性突变在晶体或晶粒内部所造成一种细胞状组织。

07.0552 过热组织 overheated structure
金属或合金加热到了过高的温度以致造成晶粒变得粗大，由此得到的组织。

07.0553 奥氏体 austenite
γ-Fe 中固溶入其他元素而形成的固溶体。

07.0554 残余奥氏体 retained austenite
由于溶质偏聚或冷却速度等方面的原因，抑制了全部或部分奥氏体向低温平衡或亚稳平衡组织的转变，由此保留至室温的亚稳定奥氏体。

07.0555 过冷奥氏体 undercooling austenite
奥氏体化之后冷却至临界相变温度以下仍存在的亚稳定奥氏体。

07.0556 逆转变奥氏体 reverse transformed austenite
在铁素体稳定存在的温度范围内，局部区域的铁素体或马氏体向奥氏体的转变所形成的奥氏体。

07.0557 铁素体 ferrite
α-Fe 中固溶入其他元素而形成的固溶体。

07.0558 δ-铁素体 δ-ferrite
δ-Fe 中固溶入其他元素而形成的固溶体。

07.0559 共析铁素体 eutectoid ferrite
又称"珠光体铁素体"。共析反应时所生成的共析混合物中的铁素体。

07.0560 先共析铁素体 proeutectoid ferrite
化学成分低于共析成分的钢中，发生共析反应前，在比共析反应温度高的温度范围内，由奥氏体中析出的铁素体。

07.0561 等轴状铁素体 equiaxed ferrite, polygonal ferrite
又称"多边形铁素体"。晶粒各方向尺寸接近的铁素体组织。

07.0562 针状铁素体 acicular ferrite
晶粒形状为针状的铁素体组织。其中往往含有高密度（约 $10^{16}/m^2$）的位错，因而比等轴状铁素体的强度明显提高。

07.0563 晶内铁素体 intragranular ferrite
在奥氏体晶粒内部的第二相界面或形变带处形核长大形成的先共析铁素体。

07.0564 渗碳体 cementite
铁碳合金按亚稳定平衡系统凝固和冷却转变时析出的铁与碳的稳定化合物。化学组成式为 Fe_3C，具有正交晶体结构。

07.0565 一次渗碳体 primary cementite
又称"初次渗碳体""先共晶渗碳体（proeutectic cementite）"。过共晶成分的铁–碳合金中，共晶反应前从液态中直接结晶出来的渗碳体。

07.0566 共晶渗碳体 eutectic cementite
铁碳合金中，共晶反应所生成的共晶混合物中的渗碳体。

07.0567 二次渗碳体 secondary cementite
又称"先共析渗碳体（proeutectoid cementite）"。过共析成分的铁–碳合金中，共析反应前从奥氏体中析出的渗碳体。

07.0568 共析渗碳体 eutectoid cementite
又称"珠光体渗碳体（pearlitic cementite）"。共析反应所生成的共析混合物中的渗碳体。

07.0569 三次渗碳体 tertiary cementite
由低温铁素体中析出的渗碳体。

07.0570 合金渗碳体 alloyed cementite
铁碳合金中，部分铁原子被比铁更易形成碳化物的元素如锰(Mn)、铬(Cr)、钼(Mo)、钨(W)、钒(V)所置换而形成的渗碳体。

07.0571 ε 碳化物 ε-carbide
中高碳钢淬火马氏体低温回火过程析出的一种亚稳定铁碳化合物。通常认为的化学组成式为 $Fe_{2.4}C$，具有六方晶体结构。

07.0572 χ 碳化物 χ-carbide
高碳钢淬火马氏体低温回火过程中析出的

一种亚稳定铁碳化合物。通常认为的化学组成式为 $Fe_{2.2}C$，具有单斜晶体结构。

07.0573　一次石墨　primary graphite
又称"初次石墨"。过共晶成分的铁–碳合金中，共晶反应前从液态中直接结晶出来的石墨。

07.0574　二次石墨　secondary graphite
过共析成分的铁–碳合金中，共析反应前从奥氏体中析出的石墨。

07.0575　共晶石墨　eutectic graphite
铁碳合金中，共晶反应所生成的共晶混合物中的石墨。

07.0576　莱氏体　ledeburite
铁碳合金共晶反应的产物。共析温度以上存在的高温莱氏体为奥氏体和碳化物的共晶混合物；低温莱氏体为珠光体与共晶碳化物、二次碳化物的混合物。

07.0577　马氏体　martensite
由马氏体相变产生的无扩散的共格切变型转变产物的统称。

07.0578　板条马氏体　lath martensite
又称"位错马氏体(dislocation martensite)"。在碳含量较低的钢中形成的具有板条状形貌的马氏体，板条内部存在高密度的位错。

07.0579　片状马氏体　plate martensite
又称"孪晶马氏体(twin martensite)""针状马氏体(acicular martensite)""透镜片状马氏体"。在碳含量较高的钢中形成的具有针状或竹叶状形貌的马氏体，其微观亚结构主要为孪晶。

07.0580　热弹性马氏体　thermo-elastic mar-tensite
达到热弹性平衡状态时，若温度降低(或施加外力)随之生长，若加热升温(或减少外力)则随之缩小的马氏体。

07.0581　回火马氏体　tempered martensite
淬火状态的马氏体在低温(150~250℃)回火后得到的组织。其中过饱和的碳已大部分脱溶析出，但仍然保持淬火马氏体的形貌特征。

07.0582　珠光体　perlite
奥氏体发生共析转变所形成的铁素体与渗碳体片层交替重叠的共析相。

07.0583　粒状珠光体　granular perlite
渗碳体形状为粒状或近球形的珠光体。

07.0584　伪珠光体　pseudo-perlite
化学成分在一定程度偏离共析成分的合金。先共析相变被抑制，在低于平衡共析转变温度时完全发生珠光体相变时所得到的组织。

07.0585　屈氏体　troostite
又称"细珠光体"。过冷奥氏体冷却到 500~350℃左右形成的极细珠光体。其渗碳体片的厚度约为 100~300nm，片间距约为 300~800nm。

07.0586　索氏体　sorbite
过冷奥氏体冷却到 650~500℃左右形成的细珠光体。其渗碳体片的厚度约为 300~500nm，片间距约为 800~1500nm。

07.0587　回火屈氏体　tempered troostite
淬火状态的马氏体在中温(300~500℃)回火后得到的粒状细珠光体组织。

07.0588　回火索氏体　tempered sorbite

淬火状态的马氏体在高温(500~650℃)回火后得到的粒状极细珠光体组织。

07.0589 上贝氏体 upper bainite
过冷奥氏体在相对较高温度范围内发生贝氏体相变得到组织。其碳化物的形貌多呈在铁素体片间分布的羽毛状。

07.0590 下贝氏体 lower bainite
过冷奥氏体在相对较低温度范围内发生贝氏体相变得到的组织。其碳化物的形貌多为铁素体内均匀分布的颗粒状,与回火马氏体的组织形态及性能相似。

07.0591 粒状贝氏体 granular bainite
块状或等轴状的铁素体基体及富碳的岛状区域所组成的组织。富碳岛状区主要由残余奥氏体、碳化物、自回火马氏体所组成。

07.0592 无碳化物贝氏体 carbide-free bainite
又称"超低碳贝氏体"。在超低碳钢中形成的由大致平行的板条状铁素体和板条间存在的富碳残余奥氏体或由其转变而来的马氏体所组成的组织。

07.0593 晶粒 grain
多晶体材料内以晶界分开的晶体学取向基本相同的晶体。

07.0594 亚晶[粒] subgrain
晶粒内存在的、相互间位向差很小(<2°~3°)、原子规则排列的小晶块。

07.0595 晶粒度 grain size
构成多晶体材料的晶粒尺寸大小。

07.0596 织构 texture
晶体学意义上的择优取向。多晶体材料中晶粒的晶体学位向在某些特殊方向上呈现的

一定程度集中取向的现象。

07.0597 铸造织构 casting texture
在浇注凝固条件下所产生晶粒的择优取向。

07.0598 形变织构 deformation texture
多晶体材料在冷热加工变形中形成晶粒的择优取向。由于冷变形而在变形金属中所产生的晶粒择优取向,塑性变形时,当达一定的变形量后,晶粒趋向整齐排列,使材料性能具有很强的方向性。

07.0599 纤维织构 fiber texture
轴向拉拔或压缩的金属或多晶体中,往往以一个或几个结晶学方向平行或近似平行于轴向的织构。常用与其平行的晶向指数表示。

07.0600 再结晶织构 recrystallization texture
多晶体冷变形后加热到再结晶温度以上所形成晶粒的择优取向。

07.0601 戈斯织构 Goss texture
又称"立方棱织构(cube-on-edge texture)"。立方点阵的多晶体形变再结晶后形成的一种织构,为{110}<001>型。

07.0602 立方织构 cube texture
全称"立方面织构"。立方点阵的多晶体形变再结晶后形成的一种织构,为{100}<001>型。

07.0603 反相畴 antiphase domain
有序固溶体晶内出现的一些组元原子所占点阵位置正好相反的区域组成的亚组织。

07.0604 磁畴 magnetic domain
在居里温度以下,磁性材料内所形成的自发磁化强度在大小与方向上基本是均匀的自

发磁化区域。

07.0605 裂纹 crack
材料在应力或环境（或两者同时）作用下产生的裂隙。分微观裂纹和宏观裂纹。

07.0606 疏松 porosity
铸件相对缓慢凝固区出现的细小的孔洞。

07.0607 夹杂 inclusion
金属中含有非成分及非性能所要求的物质。有金属夹杂、非金属夹杂、混合夹杂，有表面夹杂及内部夹杂。

07.0608 夹砂 sand inclusion
在砂型铸造过程中，型砂被合金液包裹并卷入铸件而形成的铸造缺陷。

07.0609 非金属夹杂物 non-metallic inclusion
在金属和合金的熔炼、凝固过程中产生，并在随后的热、冷加工过程中经历一系列变化，对金属和合金的性能产生多方面影响的一类具有非金属特性的组成物。可分外来非金属夹杂物和内在非金属夹杂物两大类。

07.0610 氮化物 nitride
某一元素与氮化合生成的化合物。

07.0611 硼化物 boride
某一元素与硼化合生成的化合物。

07.0612 硫化物 sulphide

某一元素与硫化合生成的化合物。

07.0613 氧化物 oxide
某一元素与氧化合生成的化合物。

07.0614 磷共晶 iron phosphide eutectic
铸铁凝固过程中于包晶反应温度和共晶反应温度生成的含 Fe_3P 的共晶产物。

07.0615 拓扑密堆相 topologically close-packed phase
又称"TCP 相"。由大小不同的原子适当配合，得到全部或主要是四面体间隙的复杂结构。其空间利用率及配位数均很高，具有拓扑学的特点的密堆相。

07.0616 西格玛相 σ phase
过渡族金属合金系中形成的 AB 或 A_xB_y 型四方晶系拓扑密堆相。

07.0617 拉弗斯相 Laves phase
由原子半径比约在 1.05~1.68 大小不同的两类金属原子组成的 AB_2 型拓扑密堆相。分三大类，主要受原子尺寸因素控制，也受电子浓度因素影响。

07.0618 微合金碳氮化物 microalloy carbo-nitride
微合金元素与碳(C)、氮(N)元素形成的氯化钠(NaCl)型碳化物(微合金碳化物)或氮化物(微合金氮化物)或碳氮化物的总称。

08 金属材料

08.01 力学性能

08.0001 力学性能 mechanical property
材料在力作用下所显示的与弹性和非弹性反应相关或涉及应力–应变关系的性能。

08.0002 弹性 elasticity
材料在外力作用下变形，外力卸除后能恢复原状的特性。

08.0003 延性 ductility
材料在断裂前塑性变形的特性。

08.0004 展性 malleability
材料在外力(锤击或滚轧)作用下能被碾成薄片而不破裂的特性。

08.0005 韧性 toughness
材料在断裂前吸收能量的特性。取决于断裂前的变形能力和所需施加的应力水平。

08.0006 脆性 brittleness
材料在外力作用下仅产生很小的变形即断裂破坏的特性。

08.0007 滞弹性 anelasticity
材料在弹性变形范围内加载时,应变量既与应力有关又随加载时间而变化的特性。在交变应力作用下,出现应变变化落后于应力变化的现象。

08.0008 弹性后效 spring back
卸载后物体的形状尺寸继续变化的现象。

08.0009 弹性常数 elastic constant
在弹性变形范围内,物体的变形与引起变形的外力成正比(胡克定律)的比例系数。

08.0010 弹性极限 elastic limit
材料发生弹性变形所能承受的最大应力。

08.0011 比例极限 proportional limit
材料在不偏离应力与应变正比关系(胡克定律)条件下所能承受的最大应力。

08.0012 弹性模量 modulus of elasticity
又称"杨氏模量(Young modulus)"。材料在弹性变形比例极限范围内,正应力与正应变的比值。

08.0013 剪切模量 shear modulus
又称"切变模量"。材料在弹性变形比例极限范围内,切应力与切应变的比值。

08.0014 体积模量 bulk modulus
又称"压缩模量"。在弹性变形范围内,材料在静水压力作用下,压力与体积应变的比值。

08.0015 扭转模量 torsional modulus
材料在扭转力矩作用下,在弹性变形的比例极限范围内,试样表面切应力与切应变的比值。

08.0016 泊松比 Poisson ratio
又称"横向变形系数"。材料在均匀分布的轴向应力的作用下,在弹性变形范围内,横向应变与轴向应变绝对值的比值。

08.0017 强度 strength
载荷作用下,物体抵抗变形和断裂的能力。

08.0018 屈服强度 yield strength
材料开始发生宏观塑性变形时所需的应力。对存在明显屈服效应的材料为其下屈服极限,记为 R_{el};对不存在明显屈服效应的材料,一般规定塑性变形量达到 0.2%时的应力为条件屈服强度,记为 $R_{P0.2}$。

08.0019 屈服效应 yield effect
材料开始发生宏观塑性变形时,出现应力明显降低的现象。其应力高点和低点分别为上屈服点和下屈服点。

08.0020 抗拉强度 tensile strength
曾称"拉伸强度"。材料拉伸断裂前能够承受的最大拉应力。即为试样断裂前承受的最大载荷与试样原始横截面积之比。

08.0021 抗压强度 compressive strength

材料抵抗压缩载荷而不失效的最大压应力。为试样压缩失效承受的最大载荷与试样原始横截面积之比。

08.0022 抗剪强度 shear strength

材料抵抗剪切载荷而不失效的最大剪切应力。为剪切或扭转试验中试样失效时的最大剪切载荷与试样原始横截面积之比。

08.0023 抗扭强度 torsional strength

材料在扭转试验中，试样破坏时所承受的最大扭矩对应的切应力。

08.0024 体压缩系数 volume compressibility

材料在单位静压力下的体积应变值。

08.0025 线压缩系数 linear compressibility

材料在单位静压力下的线应变值。

08.0026 黏合强度 adhesion strength

又称"黏接强度"。使黏接件的黏接界面分离所需的应力。

08.0027 剥离强度 peel strength

在规定的剥离条件下，使黏接件的两个被黏物分离时单位宽度所需的最大载荷。

08.0028 断后伸长率 percentage elongation after fracture, elongation after fracture

拉伸实验中，试样拉断后标距长度的相对伸长值，它等于标距的绝对伸长量除以拉伸前试样标距长度。

08.0029 均匀伸长率 percentage uniform elongation, uniform elongation

拉伸实验中，试样即将发生颈缩时，其标距间总伸长量与原标距长度之比值的百分比。

08.0030 颈缩 necking

变形时，试样或部件的某一局部地区发生断面显著收缩的现象。此时外加载荷达到最大值。

08.0031 断面收缩率 percentage reduction of area

简称"面缩率"。拉伸实验中，试样被拉断后其最小横截面处的面积与试样初始横截面积之差对初始横截面积比值的百分比。

08.0032 真实断裂强度 true fracture strength

试样拉断时承受的载荷与拉断时试样实际横截面积之比。

08.0033 应变硬化 strain hardening

材料塑性变形时所需外应力随塑性变形量的增大而增加的现象。

08.0034 屈强比 yield ratio

材料的屈服强度与抗拉强度的比值。

08.0035 比强度 specific strength

材料的强度与其密度之比。

08.0036 刚度 stiffness

材料和零件在载荷作用下抵抗弹性变形的能力。

08.0037 比刚度 specific elastic modulus

材料的刚度与其密度之比。

08.0038 表面应力 surface stress

作用在表面或表层的应力。

08.0039 硬度 hardness

材料抵抗压入或刻划的能力。用来衡量固体材料的软硬程度。

08.0040 布氏硬度 Brinell hardness
材料抵抗通过硬质合金球压头施加试验力所产生永久压痕变形的度量单位。

08.0041 洛氏硬度 Rockwell hardness
材料抵抗通过硬质合金或钢球压头，或对应某一标尺的金刚石圆锥体压头施加试验力所产生永久压痕变形的度量单位。

08.0042 维氏硬度 Vickers hardness
材料抵抗通过金刚石正四棱锥体压头施加试验力所产生永久压痕变形的度量单位。

08.0043 肖氏硬度 Shore hardness
应用弹性回跳法将规定形状的金刚石冲头从一定高度落到所试材料的表面上而发生回跳。用测得的冲头回跳的高度来表示硬度的度量单位。

08.0044 显微硬度 microhardness
在材料显微尺度范围内的测得的硬度，例如对单个晶粒、析出相、夹杂物或不同组织进行检验测得的硬度值。

08.0045 疲劳 fatigue
对象在低于其断裂应力的循环加载下，通过一定的循环次数后发生损伤和断裂的现象。

08.0046 疲劳极限 fatigue limit
全称"条件疲劳极限"。材料或部件经受无限次应力循环而不断裂的最大应力水平。工程上通常规定为经受 10^7 或 10^8 应力循环而不断裂的最大应力水平。

08.0047 疲劳强度 fatigue strength
材料或部件经受指定循环次数（寿命）而不失效的最大应力水平。

08.0048 疲劳寿命 fatigue life
在规定的循环应力或循环应变条件下，材料或部件发生疲劳破断时所经历的循环周次。

08.0049 高周疲劳 high cycle fatigue
又称"应力疲劳(stress fatigue)"。物体在低于其屈服强度的循环应力作用下，通常经大于 10^5 循环次数而产生的失效的现象。

08.0050 低周疲劳 low cycle fatigue
又称"应变疲劳(strain fatigue)"。物体在超过屈服应力的载荷下，经循环应变而产生的失效的现象。

08.0051 热疲劳 thermal fatigue
物体经受反复加热冷却的温度循环时，由于循环热应力的作用导致失效的现象。

08.0052 接触疲劳 contact fatigue
物体在循环接触应力的作用下，在接触表面产生局部永久性累积损伤（如麻点、浅层剥落、深层剥落等）并最终导致失效的现象。

08.0053 微动疲劳 fretting fatigue
物体在循环接触应力的作用下，因接触表面间小幅度的相对切向振动而萌生裂纹并导致局部断裂脱落的现象。

08.0054 疲劳磨损 fatigue wear
全称"表面疲劳磨损"。两接触表面在交变接触压应力的作用下，物体表面产生物质损失的现象。

08.0055 蠕变强度 creep strength
又称"蠕变极限"。材料在一定温度达到一定恒定应变速率时所需要的应力。

08.0056 持久强度 stress-rupture strength, creep-rupture strength
在一定温度和时间下材料不发生断裂所能

承受的最大（名义）应力。

08.0057 冲击韧性 impact toughness
材料抵抗冲击破坏的能力，由试样冲击失效时吸收的能量来表征。

08.0058 断裂韧性 fracture toughness
材料抵抗宏观裂纹失稳扩展的能力。

08.0059 应力[场]强度因子 stress field intensity factor
反映裂纹尖端附近区域应力场强度的物理量。它和作用在裂纹上的应力以及裂纹的形状和尺寸有关。

08.0060 缺口敏感性 notch sensitivity
材料由于存在表面缺口引起局部应力集中而导致其表观强度降低的程度。

08.0061 相变诱发塑性 phase transformation induced plasticity
由应力或应变引起的马氏体相变而导致的宏观塑性变形。

08.0062 韧性–脆性转变温度 ductile-brittle transition temperature
简称"韧脆转变温度"。随温度降低，材料由韧性断裂向脆性断裂急剧转变时的临界温度。

08.0063 裂纹形核 crack nucleation
在应力或环境因素或二者联合作用下，无裂纹试样或构件产生裂纹的过程。

08.0064 裂纹扩展 crack propagation
材料中微观或宏观裂纹在应力或环境因素或二者联合作用下不断长大的过程。

08.02 腐　　蚀

08.0065 腐蚀 corrosion
材料表面或界面之间发生化学、电化学或其他反应造成材料本身损坏或恶化的现象。

08.0066 热腐蚀 hot corrosion
金属材料在高温工作时，基体金属与沉积在表面的熔盐及周围气体发生的综合作用而产生的腐蚀现象。

08.0067 电偶腐蚀 galvanic corrosion
又称"异金属腐蚀""伽伐尼腐蚀"。处于同一电解质中的异种金属，由于腐蚀电位不相等而产生电偶电流，使得电位较负的金属被加速腐蚀的现象。

08.0068 杂散电流腐蚀 stray current corrosion
由非指定回路上流动的电流引起的外加电流腐蚀。

08.0069 微生物腐蚀 microbial corrosion
与腐蚀体系中存在着与微生物作用有关的腐蚀。

08.0070 大气腐蚀 atmospheric corrosion
环境温度下，以地球大气作为腐蚀环境的腐蚀。

08.0071 土壤腐蚀 soil corrosion
由于土壤的作用而引起的腐蚀。

08.0072 海洋腐蚀 marine corrosion
由于海水和海洋环境的作用而引起的腐蚀。

08.0073 液态金属腐蚀 liquid metal corrosion
金属与合金在液态金属中的腐蚀。分为两

类:一类是金属与液态金属或其所含杂质如氧、碳、氮、氢等形成合金或化合物;另一类是固态金属溶解于液态金属中造成的腐蚀。

08.0074　熔盐腐蚀　fused salt corrosion
金属材料在熔盐中发生的金属腐蚀。分为两类:一类是金属被氧化成金属离子;另一类是以金属态溶解于熔盐中。

08.0075　全面腐蚀　general corrosion
暴露于腐蚀环境中的整个材料表面上进行的腐蚀。

08.0076　均匀腐蚀　uniform corrosion
在腐蚀性环境中材料产生的在整个表面各处程度基本相同的腐蚀。

08.0077　局部腐蚀　localized corrosion
局限于材料表面某些特殊区域的腐蚀。包括点蚀、缝隙腐蚀、晶间腐蚀、电偶腐蚀、选择性腐蚀、氢脆和应力腐蚀等。

08.0078　点蚀　pitting
局限于金属表面上某些孤立的点发生的深度相当深的腐蚀。

08.0079　缝隙腐蚀　crevice corrosion
金属与金属之间或者金属与其他物质之间有狭缝时,由于存在于狭缝内的电解质水溶液的浓度差或者溶解氧量之差等而构成局部电池从而被加速的腐蚀。

08.0080　晶间腐蚀　intergranular corrosion
材料在特定腐蚀介质中沿着材料的晶粒边界或晶界附近发生腐蚀的现象。

08.0081　刀口腐蚀　knife line corrosion
在焊材/母材界面或紧挨着焊材/母材界面产生的狭缝状腐蚀。

08.0082　层间腐蚀　layer corrosion
锻、轧金属内层的腐蚀。有时导致剥离即引起未腐蚀层的分离。

08.0083　丝状腐蚀　filiform corrosion
在非金属涂层下面的金属表面发生的一种细丝状腐蚀。

08.0084　剥蚀　exfoliation corrosion
由于腐蚀造成金属表层裂成碎片以及部分脱落的现象。

08.0085　选择性腐蚀　selective corrosion
合金材料某种组元的腐蚀程度明显大于其他组元的腐蚀。

08.0086　贫合金元素腐蚀　dealloying
某些合金元素不按其在合金中所占的比例优先溶解到介质中去所发生的腐蚀。

08.0087　脱锌　dezincification
黄铜中优先失锌的选择性腐蚀。

08.0088　应力腐蚀　stress corrosion
材料在腐蚀介质和拉应力共同作用下,经过一定时间后发生的腐蚀。

08.0089　碱脆　caustic embrittlement
由于工作应力或残余应力(拉应力)与高温浓碱液的协同作用而发生的材料应力腐蚀开裂现象。

08.0090　磨耗腐蚀　abrasive corrosion
由腐蚀和磨损联合作用引起的损伤过程。

08.0091　应力腐蚀开裂　stress corrosion cracking

材料在腐蚀介质和拉应力共同作用下经过一定时间后发生的开裂。

08.0092 腐蚀疲劳 corrosion fatigue
由腐蚀介质（一般不包括空气）和循环应力的联合作用而发生的材料破坏现象。

08.0093 空蚀 cavitation corrosion
又称"空化腐蚀""气蚀"。固体表面存在的液体内形成的空泡溃灭产生激烈"锤击"力（空化作用）并与腐蚀联合作用对固体表面的损伤现象。

08.0094 冲击腐蚀 impinging corrosion
在含泥沙颗粒、气泡的高速水流或流体直接不断冲击下，金属表面造成的腐蚀。

08.0095 微动腐蚀 fretting corrosion
在各种流体介质下，磨损与腐蚀的交互作用造成的腐蚀。

08.0096 缓蚀剂 inhibitor
以适当浓度存在于腐蚀体系中且不显著改变腐蚀介质浓度却又能降低腐蚀速率的化学物质。

08.0097 挥发性缓蚀剂 volatile corrosion inhibitor
能以蒸气的形式到达金属表面的缓蚀剂。

08.0098 腐蚀试验 corrosion test
为评定金属的耐蚀性、腐蚀产物污染环境的程度、腐蚀保护措施的有效性或环境的腐蚀性所进行的试验。

08.0099 氢脆 hydrogen embrittlement
又称"氢损伤"。由于氢的存在使材料发生不可逆损伤、塑性下降以及低应力下的滞后断裂的总称。

08.0100 氢致开裂 hydrogen induced cracking
氢的存在而导致材料经历一定时间后发生低应力脆性开裂的现象。

08.0101 氢蚀 hydrogen attack
$300\sim500℃$温度范围内由于氢与碳发生化学反应产生材料晶界微裂纹的氢脆现象。

08.0102 氢鼓泡 hydrogen blistering
由于过高的氢内压，使表面下结合力的局部丧失，导致物体表面形成可见弯形缺陷的损伤过程。

08.0103 氢吸附 hydrogen adsorption
氢分子或氢原子附着在金属的表面或界面的现象。

08.0104 氢吸收 hydrogen absorption
吸附在金属表面的氢原子，渗入到金属的表层及至内部的现象。

08.0105 氢扩散 hydrogen diffusion
受到浓度梯度或其他动力的驱使，受到温度等因素的影响，氢在物质中转移的过程。

08.0106 氢扩散系数 hydrogen diffusion coefficient
全称"表观氢扩散系数"。用于对氢扩散速率的度量。对于固定的体系，不同方法测量结果有所不同。

08.0107 氢浓度 hydrogen concentration
单位体积或单位质量物质中的氢含量。

08.0108 参比电极 reference electrode
具有稳定可再现电位的电极。在测量其他电极的电位值时用以作为参照。

08.0109 工作电极 working electrode

电化学测量体系中，被研究和测量的电极。

08.0110 辅助电极 auxiliary electrode
为了使工作电极通电所用的起辅助性作用的另一电极。一般为铂电极。

08.0111 交换电流 exchange current
平衡状态下，电极反应的阴、阳极分电流相等时的电流值。

08.0112 开路电位 open circuit potential
与同一电解质接触的电极与参比电极间，在没有净电流（外部）从研究金属表面流入或流出时测得的电压。

08.0113 腐蚀电位 corrosion potential
在给定腐蚀介质中的电极电位。

08.0114 腐蚀电流 corrosion current
因金属氧化而造成的阳极分电流。

08.0115 电流密度 current density
单位面积电极上的电流。

08.0116 极限电流 limiting current
给定电极过程中，最慢的非电化学步骤所容许的最大电流。

08.0117 电极极化 electrode polarization
有电流通过时，电极电位偏离平衡电位的现象。

08.0118 极化曲线 polarization curve
描述电极电位与通过电极的电流密度之间关系的曲线。

08.0119 线性极化 liner polarization
又称"弱极化"。围绕开路电位附近进行的极化。通常获得的极化曲线是直线，对这一

区域所进行的电化学测量。

08.0120 浓差极化 concentration polarization
电极表面附近溶液浓度变化而引起的电极极化。

08.0121 极化电阻 polarization resistance
电极电位增量和相应的电流增量之商。

08.0122 塔费尔斜率 Tafel slope
在以电位对电流密度的对数值作图时所得到的半对数曲线上的直线段之斜率（通常以电压(V)/电流幂次表示）。

08.0123 去极化 depolarization
在电解质溶液或电极中加入某种去极剂，使电极极化减少的现象。

08.0124 氧去极化 oxygen depolarization
由氧的阴极还原而引起的去极化。

08.0125 氢去极化 hydrogen depolarization
由氢的阴极析出而引起的去极化。

08.0126 阳极控制 anodic control
腐蚀速率受阳极反应速度控制的方法。

08.0127 阴极控制 cathodic control
腐蚀速率受阴极反应速度控制的方法。

08.0128 扩散控制 diffusion control
腐蚀速率受腐蚀介质到达或腐蚀产物离开金属表面的扩散速度所控制的方法。

08.0129 活态-钝态电池 active passive cell
分别由同一金属活化态和钝态表面构成阳极和阴极的腐蚀电池。

08.0130 电化学保护 electrochemical protection

通过腐蚀电位的电化学控制实现的腐蚀保护。

08.0131 保护电位区 protective potential range

适应于特殊目的，使金属达到合乎要求的耐蚀性所需的腐蚀电位值区间。

08.0132 阳极保护 anodic protection

通过提高腐蚀电位到钝态电位区实现的电化学保护。

08.0133 阴极保护 cathodic protection

通过降低腐蚀电位到使金属腐蚀速率显著减小的电位值而达到的电化学保护。

08.0134 保护电位 protection potential

为进入保护电位区所必须达到的腐蚀电位界限值。

08.0135 保护度 degree of protection

通过腐蚀保护措施实施的腐蚀损伤减小的百分数。

08.0136 保护效率 protection efficiency

用于保护的有效电量部分与总电量之比的百分数。

08.0137 牺牲阳极 sacrificed anode

具有比被保护金属负的腐蚀电位和高的电流效率，用于腐蚀系统中结构件的阴极保护。

08.0138 钝化 passivation

因金属表面产生的钝化膜而造成的腐蚀速率的降低的现象。

08.0139 过钝化 transpassivation

金属极化至电位超过钝态范围，出现以腐蚀电流明显增加且不发生点蚀为主的现象。

08.0140 钝化电流 passivation current

在钝化电位下的腐蚀电流。

08.0141 钝化电位 passivation potential

对应于最大腐蚀电流的腐蚀电位值，超过该值，在一定电位区段内，金属处于钝态。

08.0142 钝化膜 passivation layer

介质作用下，在材料表面形成能够抑制阳极溶解过程、而自身又难溶于介质的固体产物薄膜。

08.0143 去钝化 depassivation

钝态金属由于其钝化膜的全部或局部去除而引起腐蚀速率的增加的现象。

08.0144 再活化 reactivation

因电极电位的降低而引起的去钝化。

08.0145 再活化电位 reactivation potential

电位负向回扫，在极化曲线上使钝态金属开始发生电化学活化时的腐蚀电位。

08.0146 钝化剂 passivator

导致钝化的化学试剂。

08.0147 去钝化剂 depassivator

具有去钝化作用的化学试剂。

08.0148 氧化膜 oxide film

在金属表面生成的一层金属与氧的化合物膜。

08.0149 阳极氧化 anodic oxide

将金属或合金的制件作为阳极，采用电解的方法使其表面形成氧化物薄膜的过程。

08.0150 金属着色 metal coloring
在金属表面形成氧化膜的同时(或随后),也即形成了(或制备出)具有一定装饰作用的颜色的过程。

08.0151 化学氧化 chemical oxide
在化学氧化剂的作用下,使金属表面生成一层氧化膜的过程。

08.0152 转化膜 conversion film
在金属表面上、由金属自身的表面层与环境的相互作用转变而成的膜层。

08.0153 防护涂层 protective coating
又称"防护镀层"。用于金属表面能提供腐蚀防护的材料层。

08.0154 有机涂层 organic coating
使用有机成膜物质为主、用于金属表面能提供腐蚀保护的材料层。

08.0155 电镀层 electroplating layer
利用电解在制件表面形成均匀、致密、结合良好的金属或合金沉积层。

08.0156 电刷镀 brush electroplating
用一个同阳极连接并能提供电解液的专用镀笔,在作为阴极的制件表面上移动进行电镀的方法。

08.0157 化学镀 electroless plating
通过镀液中的还原剂提供电子、使电沉积过程得以在金属表面完成的方法。

08.0158 附着力 adhesion
涂层涂覆在被保护表面上,两种不同物质接触部分的相互吸引力。对两者之间牢固与否、是否容易脱落的程度所进行的描述。

08.0159 结合力 binding force
对于金属表面上的金属镀层,两种不同物质接触部分的相互作用力。两者之间牢固程度的描述。

08.0160 离子注入 ion implantation
在室温或较低温度及真空条件下,把某种元素的高能量离子强制注入固体表面的方法。

08.0161 热喷涂 thermal spraying
利用热源将金属或非金属材料熔化、半熔化或软化,并以一定速度喷射到基体表面,形成涂层的方法。

08.0162 热浸镀 hot dipping
将表面清洁的金属零件浸入到熔融的浸镀金属中,形成一层牢固结合的浸镀金属层的涂镀工艺。

08.0163 化学气相沉积 chemical vapor deposition
反应物质在气态条件下发生化学反应,生成固态物质沉积在加热的固态基体表面,形成薄膜或涂层的技术。

08.0164 物理气相沉积 physical vapor deposition
用物理方法将源物质转移到气相中,直接沉积到工件表面形成薄膜或涂层的技术。通常在真空中进行,有真空沉积、溅射沉积、等离子体增强沉积和离子束增强沉积等形式。

08.03 粉 末 冶 金

08.0165 粉末 powder
尺寸小于1mm的离散颗粒的集合体。

08.0166 颗粒 particle
在毫米到纳米之间尺寸范围内具有特定形状的几何体。是不易用普通方法再分的、组成粉末体的最小单位或个体。

08.0167 团粒 agglomerate
由若干个颗粒黏结在一起而构成的聚合体。

08.0168 粉浆 slurry
粉末在液体中形成的可浇注的黏性分散体系。

08.0169 羰基粉 carbonyl powder
热离解金属羰基化合物而制得的粉末。

08.0170 电解粉 electrolytic powder
用电解沉积法制成的粉末。

08.0171 雾化粉 atomized powder
用雾化法制成的粉末。

08.0172 沉淀粉 precipitated powder
由溶液通过化学沉淀而制成的粉末。

08.0173 还原粉 reduced powder
用化学还原法还原金属化合物（包括氧化物、氢氧化物、碳化物和草酸盐等）而制成的粉末。

08.0174 包覆粉 coated powder
由一种异种成分包覆在颗粒表面而形成的复合粉。包覆层可能是连续涂层，也可能是更细小的粉末层。

08.0175 氢化–脱氢粉 hydride-dehydrided powder
将物料氢化、粉碎再脱氢而制成的粉末。

08.0176 快速冷凝粉 rapidly solidified powder
液态金属或合金通过快速冷凝法制成的粉末。其颗粒具有亚稳的微观结构。

08.0177 合金粉 alloyed powder
由两种或多种组元部分或完全合金化而制成的金属粉末。

08.0178 黏结剂 binder
添加到粉末中提高压坯的强度，并可在烧结前或烧结过程中除掉的物质。

08.0179 粉末增塑剂 plasticizer
主要用于改进粉末喂入料成形性而添加到粉末当中去的热塑性黏结剂材料。多用于粉末注射成形与挤压成形。

08.0180 掺杂剂 dopant
为了防止或控制烧结体在烧结过程中或使用过程中的再结晶或晶粒长大而在金属粉末中加入的少量物质。

08.0181 晶粒长大抑制剂 grain growth inhibitor
为了阻止烧结体在烧结过程中晶粒长大或不均匀长大而添加到金属粉末中的少量合金组分。

08.0182 合批 blending
名义成分相同但批次或炉次不同的粉末均匀掺合的过程。.

08.0183 研磨 milling
将粉末进行粉碎性机械处理的一种方法。目的在于：①改变粒度或形状（粉碎，消除结团等）；②充分混合；③一种组分的颗粒被另一种组分包覆。

08.0184 球磨 ball milling

在圆筒状密闭容器内，粉末被大量硬质运动球体碰撞、研磨而细化并进一步掺合均匀的过程。

08.0185 搅拌球磨 attritor milling, attritor grinding
又称"高能球磨"。桶状容器固定而研磨用球体依靠焊于转轴上的搅拌棒强烈搅拌从而实现对粉末的球磨。是一种高度强化的球磨。

08.0186 机械合金化 mechanical alloying
经过搅拌球磨，粉末反复发生塑性变形、冷焊和破碎，从而实现合金化的复杂物理化学过程。

08.0187 反应研磨 reaction milling
在研磨过程中金属与添加剂或与气氛或同时与二者之间伴随化学反应的工艺。

08.0188 自然坡度角 angle of repose
又称"安息角"。在规定条件下，单束松散粉末流自由下落堆集在水平面上形成的圆锥形粉堆的底角。

08.0189 相对密度 relative density
多孔体的密度与同一成分材料无孔状态下的密度之比。

08.0190 松装密度 apparent density
在规定条件下松散粉末自由下落至容器中所测得的单位容积粉末质量。

08.0191 散装密度 bulk density
在非规定条件下，自由填充容器所测得的单位容积粉末质量。

08.0192 振实密度 tap density
曾称"摇实密度"。在规定条件下，容器中的粉末经振实后所测得的单位容积粉末质量。

08.0193 成形性 formability
又称"压制性"。粉末或坯料被压成一定形状并在后续过程中保持这种形状的能力。是粉末塑性流动能力、压缩性和压坯强度的函数。

08.0194 压缩比 compression ratio
加压前粉末或坯料的体积与脱模后压坯的体积之比。

08.0195 装填系数 fill factor
粉末充填模具的高度与脱模后压坯高度之比。

08.0196 费氏粒度 Fisher sub-sieve size
又称"FSSS 粒度"。基于气体透过法，用费氏仪所测定的粉末颗粒平均粒度。

08.0197 颗粒粒度分布 particle size distribution
将粉末试样按粒度不同分为若干级，每一级粉末按质量、按数量或按体积所占的百分率序列。

08.0198 比表面 specific surface
单位质量粉末或多孔体具有的总表面积。

08.0199 雾化 atomization
利用高压气流或液流、高速旋转离心力和高速旋转叶轮叶片的冲击等工艺，将金属液流粉碎成细小液滴的操作。

08.0200 超声雾化 ultrasonic gas-atomizing, USGA
全称"超声气体雾化"。用高速(2.5 马赫)高频(80~100kHz)脉冲气流作为雾化介质的雾化制粉方法。

08.0201 离心雾化 centrifugal atomization
利用机械旋转造成的离心力将金属液流破碎为小液滴,然后凝固为固态粉末的制粉方法。

08.0202 旋转电极雾化 REP process
金属或合金做成自耗电极,利用电弧、电子束、等离子体等使其端面熔化,自耗电极快速旋转所产生的离心力使熔化了的金属粉碎的工艺。

08.0203 流态化床还原 fluidized bed reduction
在规定的高温下,由下向上流动的还原性气流使待还原(粉末)料形成相对稳定的流态化床悬浮状态,从而逐渐被还原的过程。

08.0204 选择性还原 selective reduction
将多元复合氧化物或多种氧化物混合物(粉末)中的较易还原的组分还原成金属的过程。

08.0205 内氧化 internal oxidation
利用固溶体合金中易氧化元素的选择性氧化制备氧化物弥散强化合金材料的工艺。

08.0206 固结 consolidation
粉末冶金中将粉末或压坯密实化的过程。

08.0207 压制 pressing, compacting, compaction, compressing
在模腔或其他型腔内将粉末或坯料加压制成具有预定形状、尺寸坯块的工艺。

08.0208 预成形坯 preform
已经制成一定尺寸和形状,还需要进一步形变加工或致密化的坯件。

08.0209 压坯 compact, green compact
通过常温压制或冷等静压等工艺而制成的坯件。

08.0210 冷压 cold pressing
在室温下的单轴向压制。

08.0211 温压 warm pressing
在环境温度和可能发生扩散的高温之间所选定的温度下进行的单轴向压制。旨在增强致密化效果。

08.0212 生坯 green compact
成形但未烧结的压坯。

08.0213 生坯密度 green density
生坯单位体积的质量。

08.0214 生坯强度 green strength
生坯的力学强度。

08.0215 热压 hot pressing
粉末或压坯置于限定形状的模具中,在加热粉末体或材料的同时对其施加单轴向压力,从而激活扩散、蠕变和塑性流动等过程的工艺。

08.0216 多模压制 multiple pressing
又称"多任务件压制"。在同一组阴模型腔中同时压制两个或多个压坯的方法。

08.0217 等静压 isostatic pressing
在密闭容器中,通过传压介质从各个方向同时以相同的压力对压坯或产品施压的压制工艺。

08.0218 冷等静压 cold isostatic pressing, CIP
在常温下进行的等静压制工艺。压力传递媒介通常为液体。

08.0219 热等静压 hot isostatic pressing, HIP
在高温下的等静压制工艺,从而可以激活扩散、蠕变和塑性流动过程,达到消除缺陷、致密化的目的。压力传递介质通常为气体。

08.0220 封装 canning
把粉末或压坯装在某种容器中的工序。通常在密封之前抽真空，常作为热等静压和热挤压之前的预备工序。

08.0221 注射成形 injection molding
通过类似于注塑成形的技术，将(粉末)喂入料注入模腔做成特定尺寸和形状坯块的工艺。

08.0222 近净成形 near net shape forming
将粉末料做成接近成品形状、含加工裕量坯体的技术。需进一步机加工以做成最终成品形状，一般用于难于压制成形和批量定型工件的制备。

08.0223 粉浆浇铸 slip casting
将原料粉末弥散悬浮于水基介质中，形成炼乳状粉浆，将其浇注入石膏阴模中，粉浆中超量水被模子吸收而固化成形的工艺。该工艺常用作耐火陶瓷和难熔金属制品的制备。

08.0224 造孔剂 pore-forming materials
烧结时依靠其挥发而在最终产品中形成所需类型和数量的孔隙而添加于粉末混合料中的一种物质。

08.0225 熔浸 infiltration
又称"熔渗"。金属或合金熔体在毛细管力的作用下填充多孔成形骨架的工艺。

08.0226 预烧结 presintering
在低于最终烧结温度的温度下对压坯的加热处理，以提高压坯强度或脱除部分添加剂的工艺。

08.0227 粉末烧结 powder sintering
粉末压坯在低于主要组分熔点的温度下的热处理工艺。其目的在于改变压坯的组织与结构，实现坯块内颗粒间的冶金结合，以提高其强度并达到所期望的综合性能。

08.0228 黏结相 binder phase
在多相烧结材料中，将其他相黏结在一起的相。

08.0229 吸气剂 getter
在烧结过程中吸收或与之化合烧结气氛中对最终产品有害的物质的材料。

08.0230 连续烧结 continuous sintering
待烧结材料连续地或等速步进式地通过具有脱蜡、预热、烧结和冷却区段的烧结炉进行的烧结方法。

08.0231 微波烧结 micro-wave sintering
利用微波定向辐射作为热源加热的烧结方法。

08.0232 火花烧结 spark sintering
利用粉末间火花放电所产生的高温，并且同时受外应力作用的一种烧结方法。

08.0233 固相烧结 solid state sintering
粉末或压坯在无液相形成的状态下烧结的方法。

08.0234 超固相线烧结 super solidus sintering
将预合金化的粉末加热到合金相图的固相线(面)与液相线(面)之间的温度，使每个预合金化的粉末颗粒表面及内部晶界处形成液相，从而使烧结体迅速达到致密化的烧结方法。

08.0235 液相烧结 liquid phase sintering
至少具有两种组分的粉末或压坯在形成一种液相的状态下烧结的方法。

08.0236 短暂液相烧结 transient liquid-phase

sintering

曾称"瞬时液相烧结"。当压坯加热到烧结温度时出现液相,在烧结温度保温时,由于相互扩散,液相消失的烧结过程。

08.0237 活化烧结 activated sintering
采用化学或物理的措施,使原子迁移活化能降低,从而可使烧结温度降低、烧结过程加快,或使烧结体密度和其他性能得到提高的烧结方法。

08.0238 加压烧结 pressure sintering
在烧结时同时施加单轴向压力的烧结方法。一般不用阴模套,且所施压力较热压低得多。

08.0239 反应烧结 reaction sintering
烧结时坯块中至少有两种组分或坯块中某些组分与气氛中某组分相互发生化学反应的烧结过程。

08.0240 气压烧结 gas pressure sintering
又称"烧结/热等静压"。真空烧结和随后利用惰性气体介质进行的热等静压在同一炉膛中进行的粉末压坯固结工艺。

08.0241 喷射沉积 spray deposition
利用雾化熔融或部分熔融的金属液流在凝固前先冲击并沉积在基板上,然后发生凝固来制造粉末成形件的方法。

08.0242 粉末挤压 powder extrusion
将粉末与黏结剂的均匀混合物挤压成形的一种方法。

08.0243 粉末热挤压 powder hot extrusion
对经过封装和预致密化的粉末坯块进行高温挤压成形的方法。预致密化包括烧结、冷等静压和热等静压。

08.0244 烧结颈 sintering neck
在烧结初始阶段,由于原子扩散在两个颗粒接触处形成的联结。

08.0245 烧结件起泡 blistering
粉末冶金产品烧结件中,在烧结件表面因排放气体导致形成鼓泡的现象。

08.0246 发汗 sweating
压坯烧结或加热处理时液相渗出的现象。

08.0247 毛细引力 capillary attraction
烧结多孔体在被熔融金属或其他液体浸渍时的驱动力,也是压坯液相烧结时收缩致密化的重要驱动力。

08.0248 扩散孔隙 diffusion porosity
由于柯肯德尔(Kirkendall)效应,即由于组元间互扩散速度的差异导致的 A 组元中的物质超量扩散到 B 组元去后(超过 B 组元扩散到 A 组元)在 A 组元中因物质缺失而遗留下的孔隙。

08.0249 密度分布 density distribution
在压坯或烧结体内密度差别的定量描述。

08.0250 孔隙 pore
颗粒内或制品内原有的或形成的孔洞。

08.0251 开孔 open pore
在含孔的物体中与外表面连通的孔隙。

08.0252 连通孔隙 interconnected porosity
在含孔的物体中相互连通的孔隙。

08.0253 孔径分布 pore size distribution
材料中存在的各级孔径按数量或体积计算的百分率序列。

08.0254 流体透过性 fluid permeability
在一定压差，一定试样厚度下气体或液体通过粉末层或多孔体的能力。一般以单位断面的流量表示。

08.0255 径向压溃强度 radial crushing strength
通过施加径向压力测定的烧结圆筒试样的破裂强度。

08.0256 复压 repressing
为了提高物理和(或)力学性能，对烧结制品进行再压制的过程。

08.0257 粉末锻造 powder forging
由粉末制造的未烧结的、预烧结的或已烧结的预成形坯用热锻造方法进行致密化的工艺。同时伴随着工件形状的改变。

08.0258 烧结锻造 sinter forging
用烧结的预成形坯进行粉末锻造的工艺。

08.0259 热复压 hot re-pressing
用加热压坯并再压制的方法，使压坯，预烧结件或烧结件进行热致密化的工艺。将伴随着在压制方向尺寸发生改变。

08.0260 复烧 resintering
经过烧结或烧结–复压后的制品进行再烧结的过程。

08.0261 分层 lamination
在压坯或烧结体中形成层状结构缺陷的现象。

08.0262 浸渍 impregnation
用非金属物质(如油、石蜡或树脂)填充烧结件的连通开孔孔隙的过程。

08.0263 烧结钢 sintered steel
以预合金钢粉或混合粉为原料的粉末冶金铁基制品。

08.0264 自蔓延高温合成 self-propagating high temperature synthesis, SHS
又称"燃烧合成(combustion synthesis)"。利用粉末或粉末坯块中异类物质间的化学反应放热产生的高温，通过点火后的自持燃烧而合成所需成分和结构的化合物材料的技术。

08.0265 硬质合金 cemented carbide hard metal
以一种或几种难熔金属碳化物或氮化物、硼化物等为硬质相和金属黏结剂相组成的烧结材料。

08.0266 金属陶瓷 cermet
由至少一种金属相和至少一种通常具有陶瓷性质的非金属相组成的烧结材料。

08.0267 重合金 heavy metal
又称"高密度合金"。一类密度不低于 16.5 g/cm^3 钨基合金烧结材料。包含有 W-Ni-Fe、W-Ni-Cu 等系列。

08.0268 烧结过滤器 sintered filter
用于固液或固气分离的透过性烧结金属零件。

08.0269 固体自润滑材料 solid self-lubricant materials
利用固体粉末、薄膜或某些整体材料本身在润滑过程中和周围介质摩擦表面而发生物理、化学反应生成固体润滑膜来降低摩擦磨损的材料。

08.0270 粉末不锈钢 P/M stainless steel
用粉末冶金工艺生产的不锈钢。

08.0271　粉末高速钢　P/M high speed steel
用粉末冶金工艺制取的高速钢。较之于传统高速钢，无各向异性、无偏析、组织均匀、热处理变形小、耐磨性和韧性好。

08.0272　烧结金属基复合材料　sintered metal-matrix composite, MMC
由金属基体和基本上不溶于基体的弥散第二相（可能加上其他弥散相）组成的烧结材料。

08.0273　陶瓷基复合材料　ceramic matrix composite
由陶瓷基体和增强体（包括纤维、晶须和弥散相等）制成的复合材料。

08.0274　烧结零件　sintered part
由粉末成形并经烧结强化的粉末冶金制品。实现了无屑或少屑加工，零件具有合理的公差和便于安装的特点。

08.0275　含油轴承　oil-retaining bearing
以金属粉末为主要原料，用粉末冶金法制作的，其中的开孔浸渍以润滑油的烧结轴承。

08.0276　烧结磁性材料　sintered magnetic materials
用粉末冶金方法制造的磁性材料。分为烧结软磁材料和烧结永磁材料两大类。

08.0277　烧结摩擦材料　sintered friction materials
一种由金属基与金属的或非金属的添加剂组成的烧结复合材料。添加剂用于改变材料的摩擦与磨损特性。

08.0278　烧结[电]触头材料　sintered electrical contact materials, sintered contact materials
具有高电导率和抗弧腐蚀的烧结材料。例如钨–铜、钨–银、银–石墨和银–氧化镉复合材料。

08.0279　烧结核燃料　sintered nuclear fuel
用粉末冶金方法制备的可在反应堆中通过核裂变产生实用核能的材料。

08.0280　烧结中子毒物材料　sintered neutron poison materials
又称"烧结可燃毒物材料"。采用粉末冶金方法生产的能够强烈吸收中子而不发生核裂变的材料。

08.0281　粉末梯度材料　P/M gradient materials
以粉末冶金方法制取的，组成、结构和性能在材料厚度或长度方向连续或准连续变化的非均质材料。

08.04　钢　铁　材　料

08.0282　电解铁　electrolytic iron
采用电解沉积工艺生产得到的纯度可达99.9%的化学纯铁。

08.0283　工业纯铁　industrial pure iron
杂质元素如碳、硅、锰、硫、磷总含量小于0.5%的纯铁。

08.0284　铸铁　cast iron
铸造法生产的碳含量大于 2%的铁碳硅合金。其中还含有少量锰、磷、硫和其他合金元素。按成分和组织不同可以分为多种类型。铸造生铁具有一定的力学性能和切削加工性。

08.0285　白口铸铁　white cast iron
碳主要以渗碳体形式存在、断口呈银白色、硬度很高，具有良好耐磨性的铸铁。

08.0286　灰口铸铁　grey cast iron
简称"灰铸铁"。碳主要以片状石墨的形态存在，从而使其断口呈暗灰色的铸铁。具有一定的切削、耐磨和铸造性能，可用于制造各种机床用铸件和铸管。

08.0287　麻口铸铁　mottled cast iron
又称"麻口铁""斑铸铁"。碳既以渗碳体形式存在又以石墨状态存在的铸铁。其断口夹杂着白亮的游离渗碳体和暗灰色的石墨而呈灰白相间的麻点状，是介于白口铸铁和灰铸铁之间的一种铸铁。

08.0288　铸铁孕育处理　inoculated treatment
浇注前向铁液中加入少量孕育剂(如硅铁和硅钙合金)，形成大量的、高度弥散的难熔质点，成为石墨的结晶核心，促进石墨的形核，得到细珠光体基体和细小均匀分布的片状石墨的方法。

08.0289　孕育铸铁　inoculated cast iron
又称"变性铸铁(modified cast iron)"。通过孕育处理，在浇注前向铁液中加入少量孕育剂，形成大量高度弥散的难熔质点，得到细化的珠光体基体和细小均匀分布的片状石墨，从而改善组织和力学性能的灰口铸铁。

08.0290　冷硬铸铁　chilled cast iron
通过控制浇注后的冷却速度，使表层快冷形成一定深度的白口组织，而芯部则保持灰口组织，中间过渡层为麻口组织的铸铁。

08.0291　球墨铸铁　nodular cast iron
简称"球铁"。在铸铁中加入球化剂和孕育剂处理，使碳以球状石墨形态存在的铸铁。

其力学性能优于灰口铸铁。

08.0292　蠕墨铸铁　vermicular cast iron
石墨形态为介于球状和片状之间的蠕虫状的铸铁。

08.0293　可锻铸铁　malleable cast iron
又称"玛钢"。白口铸铁进行可锻化退化处理后，全部或部分渗碳体转变为团絮状石墨分布于铁素体基体或珠光体基体组织上，从而具有良好塑、韧性的铸铁。

08.0294　半可锻铸铁　semi-malleable cast iron
又称"球墨可锻铸铁"。含硅量较高的铸铁。一般认为在 1.8%~2.2%范围内，与可锻铸铁相比，具有退火时间短，铸造性能好、抗拉性能高、低温冲击韧性好等特点。

08.0295　奥氏体铸铁　austenitic cast iron
基体组织主要为奥氏体，具有良好耐酸性、耐海水腐蚀性、耐热性、耐低温性和无磁性，并具有良好塑、韧性的合金铸铁。

08.0296　贝氏体铸铁　bainitic cast iron
又称"等温处理延性铁(austempered ductile iron, ADI)"。在铸造的冷却过程中对铸件进行等温淬火处理，使基体组织为贝氏体和少量残余奥氏体的高强度延性合金铸铁。

08.0297　共晶白口铸铁　eutectic white iron
其组织全部由莱氏体所组成的白口铸铁。

08.0298　亚共晶白口铸铁　hypoeutectic white iron
碳的质量分数大于 2.11%且小于 4.3%的白口铁。其组织为珠光体、二次渗碳体与莱氏体所组成的白口铸铁。

08.0299　过共晶白口铸铁　hypereutectic white

iron

含碳量大于 4.3%，小于 6.69%的白口铸铁。其组织由莱氏体与一次渗碳体所组成。

08.0300 合金铸铁 alloy cast iron

又称"特殊性能铸铁"。在普通铸铁中加入合金元素使其具有特殊的力学性能和耐磨、耐蚀、耐热、无磁等物理或化学性能的铸铁。

08.0301 无磁铸铁 non-magnetic case iron

在普通铸铁的基础上添加合金元素得到的铸铁。磁导率在 3.5 H/m 以下，同时具有普通铸铁成本低、加工和成型性能好等优点的新型电工合金材料。

08.0302 耐热铸铁 heat resisting cast iron

高温下具有抗氧化能力并能保证一定高温强度和抗蠕变性能的合金铸铁。

08.0303 耐蚀铸铁 corrosion resisting cast iron

能够抵抗环境(如酸、碱、盐以及大气、海水等)腐蚀的合金铸铁。

08.0304 铸钢 cast steel

直接采用铸造工艺方法生产成型的钢制品。在铸造组织下直接使用，我国钢号前面加 ZG 表示。

08.0305 石墨钢 graphitic steel

有意加入石墨化元素硅，经石墨化退火后在其组织中存在一定量石墨的钢。钢水中加入孕育剂则可获得铸态石墨钢。

08.0306 非合金钢 unalloyed steel

以铁为主要元素，碳含量一般在 2%以下，并不含有规定含量界限值合金元素的金属材料。包括碳素钢、电工钢、原料纯铁及其他专用铁–碳合金。

08.0307 普通质量钢 base steel

普通质量非合金钢和普通质量低合金钢的总称。化学成分符合规定界限值，但不规定生产质量控制特殊要求和热处理，硫、磷含量均不得大于 0.04%的钢。

08.0308 优质钢 quality steel

优质非合金钢、优质低合金钢和优质合金钢的总称。硫、磷等杂质、微量残存元素、非金属夹杂的含量的控制及碳含量的波动范围和性能要求较严的钢。

08.0309 特殊质量钢 special quality steel

特殊质量非合金钢、特殊质量低合金钢和特殊质量合金钢的总称。硫、磷等杂质、微量残存元素、非金属夹杂的含量的控制及碳含量的波动范围和性能要求特别严格的钢。

08.0310 超洁净钢 super-clean steel

对钢中杂质元素的含量的控制比洁净钢更为严格的钢，一般要求控制硫、磷、氢、氧、氮等杂质元素含量的总和不大于 0.01%。

08.0311 低碳钢 low carbon steel

碳含量小于 0.25%的非合金钢。

08.0312 中碳钢 medium steel

碳含量在 0.25%~0.6%范围内的非合金钢。

08.0313 高碳钢 high carbon steel

碳含量大于 0.6%的非合金钢，常用碳含量为 0.6%~1.2%。

08.0314 正火钢 normalized steel

在 Ac_3 以上 30~50℃奥氏体化后空冷处理使组织晶粒均匀细化的正火状态供货的钢材。

08.0315 退火钢 annealed steel

在 Ac_3 以上或以下保温后缓慢冷却处理获得

近于平衡组织，在退火状态下供货的各类钢材。

08.0316　热轧钢　hot rolled steel
以热轧状态直接供货的钢材。包括用一般热轧、控轧控冷、热轧形变热处理(TMCP)等成品工艺状态供货的钢。

08.0317　形变热处理钢　thermo-mechanical processed steel
将热轧或热锻过程中的热变形与随后冷却过程中的相变作为热处理结合起来，通过对形变与相变过程的工艺参数控制，获得所需显微组织和高强度高韧性的热加工状态钢材。

08.0318　共析钢　eutectoid steel
具有共析成分，室温平衡组织全部为珠光体的钢。

08.0319　亚共析钢　hypoeutectoid steel
化学成分低于共析成分，室温平衡组织为铁素体加珠光体的钢。

08.0320　过共析钢　hypereutectoid steel
化学成分超过共析成分，室温平衡组织为先共析渗碳体加珠光体的钢。

08.0321　高合金钢　high alloy steel
合金元素总含量大于 10%的合金钢。

08.0322　中合金钢　medium alloy steel
合金元素总含量在 5%~10%的合金钢。

08.0323　结构钢　structural steel
具有一定强韧性，有时要求焊接性能，用于制作各种工程结构件(如建筑、桥梁、船舶、车辆等的结构件)以及制造各种机械结构件用的钢。按加入合金元素的不同，常分为碳素结构钢和合金结构钢两大类。

08.0324　碳素结构钢　structural carbon steel
不含其他任何有意添加合金元素，用于制作工程结构件及机械零件的非合金钢。

08.0325　合金结构钢　structural alloy steel
在碳素结构钢的基础上加入适量的一种或数种合金元素使其性能明显提高的钢。主要用于制造各种高性能工程构件或截面尺寸较大的机械零件的结构钢。

08.0326　调质钢　quenched and tempered steel
通过调质热处理(淬火–回火)获得良好综合力学性能的低、中碳结构钢。

08.0327　非调质钢　non-quenched steel
不通过调质热处理(淬火–回火)可以获得较好综合力学性能的低、中碳结构钢。

08.0328　高强度低合金钢　high-strength low-alloy steel
在低碳钢中添加少量合金化元素使轧制态或正火态的屈服强度超过 275 MPa 的低合金工程结构钢。

08.0329　先进高强度钢　advanced high strength steel, AHSS
主要用于汽车车身结构的高强度、高塑性的复相钢。如含有铁素体、马氏体、贝氏体和/或残余奥氏体的双相钢、相变诱导塑性 TRIP 钢、淬火分配 Q-P 钢等。

08.0330　低碳贝氏体钢　low-carbon bainitic steel
贝氏体钢的一类，通常为碳含量在 0.05%左右的贝氏体钢。

08.0331　冷轧钢　cold rolled steel
以冷轧状态供货的各类钢材。包括冷轧退火态，冷轧加工硬化态，冷轧–涂镀层等成品工艺状态供货的钢。

08.0332 深冲钢 deep drawing steel
具有优良冲压成型性能的低碳或超低碳薄钢板。一般要求具有较高的伸长率、n 值和 r 值。

08.0333 低屈服点钢 low yield point steel
屈服点很低，具有优良的深冲性能和深拉延性能的钢。

08.0334 低屈强比钢 low yield ratio steel
屈服强度（R_{el}）与抗拉强度（R_m）之比值（R_{el}/R_m）明显低于常规钢种的钢。

08.0335 双相钢 dual phase steel
以铁素体相为基，由分散岛状马氏体或贝氏体为强化相的低碳钢。

08.0336 无间隙原子钢 interstitial-free steel
又称"IF 钢（IF steel）"。在碳、氮含量极低（碳、氮总含量小于 $50×10^{-6}$）的钢中，加入超过理想化学配比的钛或铌等元素，使得室温基体组织为无（或很少）间隙原子存在的铁素体的钢。

08.0337 各向同性钢 isotropic steel
对塑性应变比 r 值进行限定，具有各向同性性能，可以良好拉伸成形、适用于汽车外覆盖件的钢。

08.0338 烘烤硬化钢 bake-hardening steel
通过成型过程中的应变硬化和烤漆过程中的时效作用来提高构件使用强度的钢。

08.0339 涂镀层钢 coated steel
表面涂覆锡（Sn）、锌（Zn）、铝（Al）、铬（Cr）、铅-锡（Pb-Sn）合金、有机涂料和塑料等，并具有良好深冲性能的低碳钢板的统称。

08.0340 渗碳钢 carburizing steel
适宜进行渗碳处理并经淬火和低温回火处理后使零件表面硬度和耐磨性显著提高而芯部保持适当强度和良好韧性的结构钢。

08.0341 渗氮钢 nitriding steel
又称"氮化钢"。适宜采用渗氮处理明显提高表面硬度和耐磨性的结构钢。

08.0342 马氏体时效钢 maraging steel
在碳含量极低（<0.03%）的高镍（18%~25%）马氏体基体上，弥散析出金属间化合物而强化的超高强度钢。

08.0343 超高强度钢 ultra-high strength steel
抗拉强度高于 1470MPa（欧美各国要求屈服强度大于 1350MPa），同时具有适当断裂韧性的合金结构钢。

08.0344 基体钢 matrix steel
通过降低高速钢中碳含量与合金元素优化，减少钢中过剩碳化物，从而改善高速钢塑性和韧性而研制出的一种超高强度钢。

08.0345 不锈钢 stainless steel
在大气和酸、碱、盐等腐蚀性介质中呈现钝态、耐蚀而不生锈的高铬（一般为 12%~30%）合金钢。

08.0346 奥氏体不锈钢 austenitic stainless steel
使用状态基体组织为稳定的奥氏体的不锈钢。具有很高的耐蚀性，良好的冷加工性和良好的韧性、塑性、焊接性和无磁性，但一般强度较低。

08.0347 铁素体不锈钢 ferritic stainless steel
使用状态基体组织为铁素体的不锈钢。铬含量一般为 12%~30%，通常不含镍。

08.0348　马氏体不锈钢　martensitic stainless steel

使用态组织为马氏体的不锈钢。铬含量不低于 12%（一般在 12%~18%），碳含量较高。主要用于制造强度、硬度要求高，而耐蚀性要求不太高的零部件及工具和刀具等。

08.0349　双相不锈钢　duplex stainless steel

基体组织主要由奥氏体、铁素体或马氏体中任何两相所组成的不锈钢，但通常特指奥氏体–铁素体型双相不锈钢。

08.0350　超低碳不锈钢　extra low carbon stainless steel

碳含量小于 0.03% 的奥氏体不锈钢或碳含量小于 0.01% 的铁素体不锈钢，具有很低的晶间腐蚀敏感性。

08.0351　沉淀硬化不锈钢　precipitation hardening stainless steel

加入沉淀硬化元素并经沉淀硬化处理而获得高强度、高韧性、高耐蚀性的不锈钢。

08.0352　易切削钢　free-machining steel

适量加入具有断屑及减摩作用的合金元素如硫、铅、钙、碲等，因而具有良好被切削加工性能的机械零件用结构钢。我国钢号前加 Y 表示。

08.0353　耐蚀钢　corrosion resisting steel

在各种腐蚀性介质或腐蚀与力学因素并存的环境中表现出较强抵抗腐蚀能力的合金钢。

08.0354　耐候钢　weathering steel

又称"耐大气腐蚀钢"。在大气环境中耐腐蚀性优于非合金钢的低合金工程结构钢。

08.0355　科尔坦耐大气腐蚀钢　Corten steel

有较高磷(P)含量(0.08%~0.1%)的铜(Cu)-铬(Cr)-镍(Ni)系耐大气腐蚀钢，其合金元素总量不高，但耐蚀性却比碳素钢成倍提高的钢。

08.0356　耐海水腐蚀钢　sea water corrosion-resistant steel

在海洋环境中具有较高耐腐蚀性的钢。包括海水飞溅地带、潮汐带、海水全浸带用钢。

08.0357　耐热钢　heat-resisting steel

在高温环境中保持较高持久强度、抗蠕变性和良好化学稳定性的合金钢。可分为热强钢和抗氧化钢 2 类。

08.0358　抗氧化钢　oxidation resistant steel

又称"耐热不起皮钢""高温不起皮钢"。在高温环境下长时间承受气体侵蚀时，具有高温抗氧化能力并能承受一定应力的合金钢。

08.0359　珠光体耐热钢　pearlite heat-resistant steel

又称"珠光体热强钢"。正火态组织由珠光体加铁素体或贝氏体组成的耐热钢。

08.0360　奥氏体耐热钢　austenitic heat-resistant steel

使用状态下具有奥氏体基体组织的耐热钢。含较高的镍、锰、氮等奥氏体形成元素和铬等抗氧化性元素以及钨、钼、铌、钒等 M2C 碳化物形成元素。

08.0361　铁素体耐热钢　ferritic heat-resistant steel

基体组织为单相铁素体的耐热钢。铬含量较高，通常在 12%~30%。有良好的抗氧化性和耐高温气体腐蚀性。

08.0362　马氏体耐热钢　martensite heat-resistant steel

热处理后基体组织主要为马氏体的耐热钢。主要用于汽轮机叶片、轮盘、轴、紧固件等。

08.0363 耐磨钢 abrasion-resistant steel
耐磨损性能强的钢铁材料的总称。

08.0364 工具钢 tool steel
适宜于制造刃具、模具和量具等各式工具用的钢。分为碳素工具钢、合金工具钢和高速工具钢三大类。

08.0365 碳素工具钢 carbon tool steel
经热处理后可得到高硬度和高耐磨性的高碳非合金钢。适宜于制作各种小型工具。我国钢号前加 T 表示。

08.0366 合金工具钢 alloy tool steel
适宜于制作各种工具、模具和量具的合金钢。含有铬(Cr)、钨(W)、钼(Mo)、钒(V)、硅(Si)、锰(Mn)、镍(Ni)等合金元素。

08.0367 高速钢 high speed steel
全称"高速工具钢(high speed tool steel)"。主要用于制作高速切削金属的刀具的高合金莱氏体工具钢。

08.0368 刃具钢 cutting tool steel
适宜于制作各种刃具的合金钢。含有铬(Cr)、钨(W)、钼(Mo)、钒(V)、硅(Si)、锰(Mn)、镍(Ni)等合金元素。

08.0369 量具钢 gauge steel
适宜于制作各种量具的合金钢。含有铬(Cr)、钨(W)、钼(Mo)、钒(V)、硅(Si)、锰(Mn)、镍(Ni)等合金元素。

08.0370 弹簧钢 spring steel
适用于制造各种弹簧或弹性组件的结构钢。弹簧钢需要具有高弹性极限、高屈服强度、

高疲劳极限及一定的冲击韧性和塑性,同时还要求具有良好的表面质量。根据化学成分可分为非合金弹簧钢、合金弹簧钢和特殊弹簧钢。

08.0371 冷轧弹簧钢 cold rolled spring steel
通过冷轧和冷卷成型,制造弹簧、发条和各种弹簧片用的钢。要求有高的弹性极限、疲劳极限及一定的冲击韧性及塑性。

08.0372 热轧弹簧钢 hot rolled spring steel
用热轧方法生产,有较高的弹性极限、疲劳极限及一定的冲击韧性及塑性。直接用于制造弹簧的钢。

08.0373 模具钢 die steel
适宜于制作各种模具用的合金工具钢。常分为冷作模具钢、热作模具钢和塑料模具钢。

08.0374 冷作模具钢 cold-work die steel
适宜于制作在常温下对金属进行变形加工的模具(如下料模、弯曲模、剪切模、冷镦模、冷挤压模等)用的工具钢。

08.0375 热作模具钢 hot-work die steel
适宜于制作对金属进行热变形加工的模具(如热压模、锻模、压铸模等)用的合金工具钢。

08.0376 塑料模具钢 plastic-working die steel
适合于制作塑料制品成型生产所用模具的工具钢。

08.0377 钢筋钢 reinforced bar steel
用于制作建筑用钢筋的普通碳素和低合金结构钢。

08.0378 钢轨钢 rail steel
用于制作钢轨的碳素钢和低合金结构钢。通

常加有锰(Mn)、铬(Cr)、铜(Cu)等元素，我国钢号前加 U 表示。

08.0379　轮箍钢　tyre steel
用于制作火车车轮轮箍的碳素及低合金结构钢。

08.0380　管线钢　pipe line steel
用于制作油气输送管道及其他流体输送管道的工程结构钢。我国采用美国石油协会 API 标准，以字母 X 开头表示管线钢，其后的数字代表屈服强度(单位为 psi，约等于 7MPa)。

08.0381　锅炉钢　boiler steel
用于制造蒸汽锅炉零件的工程结构钢。我国钢号后加 g 表示。

08.0382　电工钢　electrical steel
具有非常低的磁滞损耗的软磁合金。包括低碳电工钢和硅钢 2 类。

08.0383　取向磁钢　orientation magnetic steel
晶粒呈规则取向分布，磁性能有一定方向性的钢。

08.0384　无磁钢　non-magnetic steel
又称"非磁性钢"。没有铁磁性从而不能被磁化的奥氏体钢。

08.0385　莱氏体钢　ledeburitic steel
凝固过程会发生共晶相变使得凝固组织中含有共晶组织(莱氏体)的合金钢。

08.0386　贝氏体钢　bainitic steel
正火、等温或连续冷却条件下可获得以贝氏体为基体组织的钢。

08.0387　针状铁素体钢　acicular ferrite steel
使用态组织为针状铁素体或针状铁素体与等轴铁素体混合物的低碳或超低碳低合金钢。

08.0388　铁素体珠光体钢　ferrite-pearlitic steel
使用态组织为铁素体加部分珠光体的低碳钢。

08.0389　马氏体钢　martensitic steel
使用态的组织为马氏体的钢，但一般特指加热奥氏体化后空冷即可获得完全的马氏体组织的合金钢。

08.0390　相变诱导塑性钢　transformation induced plasticity steel, TRIP steel
室温存在的一定体积分数的亚稳奥氏体组织，在应力作用下逐步转变为马氏体的过程中导致钢材整体塑性和韧性明显升高的高强度钢。

08.0391　时效硬化合金钢　age hardening alloy steel
加入沉淀硬化元素并经时效硬化处理而获得高强度、高韧性的合金钢。

08.0392　大线能量焊接用钢　sted for high heat input welding steel
采用比一般焊接条件高得多的焊接线能量而不至于引起焊接区韧性显著降低、也不会产生焊接裂纹的钢。

08.0393　焊接无裂纹钢　welding crack free steel
又称"CF 钢(crack free steel)"。在焊接前无须预热、焊后不经热处理的条件下，焊后不出现焊接裂纹，碳当量很低、焊接裂纹敏感性很小的钢。

08.0394　低淬透性钢　low hardenability steel

淬透性较低，淬火后表面具有高硬度和耐磨性而芯部具有适当塑性和韧性的表面硬化钢。我国钢号后加 D 表示。

08.0395 低温钢 cryogenic steel
在 263K(−10℃)以下温度范围使用仍具有良好韧性而不会发生冷脆现象的钢。其中 77K 以下使用的钢为超低温钢。

08.0396 阀门钢 valve steel
又称"气阀钢(gas valve steel)"。适宜于制作内燃机中进、排气阀门用的耐热钢。

08.0397 船用钢 ship building steel
用于制造船体结构的工程结构钢。常按低温韧性的不同要求分为 A、B、D、E、F 等级别。我国钢号后加 C 表示。

08.0398 轴承钢 bearing steel
又称"滚动轴承钢"。适合于制作滚动轴承的滚珠、滚柱、滚针和轴承内外套圈的合金钢。我国钢号前加 G 表示。

08.0399 齿轮钢 gear steel
适合制造各种齿轮用的钢。要求具有高的强度、硬度、抗滚动接触疲劳性能及组织稳定性。

08.0400 锚链钢 chain steel
用于制造船舶用电焊锚链的热轧圆钢或锻制圆钢。我国钢号前加 M 表示。

08.0401 压力容器钢 pressure-vessel steel
用于制造石油、化工、石油化工、气体分离和气体储运等设备的压力容器主要部件或其他类似设备的工程结构钢，我国钢号后加 R 表示。

08.0402 冷墩钢 cold heading steel
又称"铆螺钢""冷顶锻钢"。适宜于采用冷镦工艺生产各种标准件如铆钉、螺栓、销钉和螺母等的结构钢。我国钢号前加 ML 表示。

08.0403 桥梁钢 steel for bridge construction
用于制造桥梁的工程结构钢。我国钢号后加 q 表示。要求较高强度、韧性、可焊性、时效冲击和抗疲劳性能。

08.0404 淬火分配钢 quenching-partitioning steel
又称"Q-P 钢(Q-P steel)"。由淬火马氏体和富碳奥氏体组成的高性能钢。进而发展淬火–碳分配–回火(沉淀)(Q-P-T)工艺获得优异性能超高强度钢。

08.0405 耐层状撕裂钢 lamellar-tear resistant steel
又称"Z 向钢(Z direction steel)"。当钢板承受厚度方向应力时不易沿厚度方向产生层状撕裂的工程结构钢。

08.0406 海洋平台钢 off-shore platform steel
用于制造海上油气钻采平台等海洋结构用的结构钢。要求良好焊接性能和耐层状撕裂性能。

08.0407 螺纹钢 screw-thread steel
钢材表面有螺旋形横肋的带肋钢筋钢。

08.0408 建筑钢 building steel
用于制作各种工业或民用建筑工程结构件的工程结构钢，包括钢筋、型材、建筑钢板等。

08.0409 耐火钢 fire-resistant steel
用于建筑钢结构或高层大型建筑，在一定条件下具有防火抗坍塌功能的工程结构钢。一般规定在 600℃，1~3h 内的屈服强度大于室温屈服强度的 2/3。

08.0410 高层建筑钢 high-rise skyscraper building steel

具有抗震、良好低温冲击韧性和焊接性能，主要应用于高层建筑、大跨度钢结构等大型建筑工程的钢。

08.0411 抗震建筑钢 antiseismic building steel

用于制作能够抵抗强震的各种工业或民用建筑工程的低合金结构钢。要求钢种具有高韧性低屈强比、优良高应变低周疲劳性能和优良塑性变形能力。

08.05 有色合金材料

08.0412 紫铜 copper

又称"纯铜"。纯度高于 99.3%的工业用金属铜，通常呈紫红色。

08.0413 电解铜 electrolytic copper

采用电解方法获取的金属铜。

08.0414 脱氧铜 deoxidized copper

以微量脱氧元素，如磷、锂、硼、锰等脱掉在冶炼过程中带入的氧而制取的铜。

08.0415 无氧铜 oxygen free copper

含氧量很低，≤30ppm，真空条件下易挥发元素如锌，磷，锰，砷，锑，铋等元素含量极低，铜含量很高的纯铜（99.95%，99.97%）。

08.0416 碲铜 copper tellurium

含主要合金元素碲的铜合金。

08.0417 黄铜 brass

以锌为主要合金元素的铜基合金的总称。

08.0418 铅黄铜 brass-lead

俗称"易切削黄铜"。铅实际不溶于黄铜内，呈游离质点状态分布在晶界上的含铅黄铜。

08.0419 孟兹合金 Muntz metal

四-六黄铜，含锌 35.0%~45.0%，其余铜的合金。

08.0420 青铜 bronze

不以锌或镍为主要合金元素的铜基合金。

08.0421 铝青铜 aluminum bronze

含主要合金元素铝的青铜合金。

08.0422 铍青铜 beryllium bronze

含主要合金元素铍的青铜合金。

08.0423 海军黄铜 naval brass

含主要合金元素砷的锡黄铜和铝黄铜。由于砷的加入能够有效防止脱锌腐蚀，有利于在舰船冷凝器中应用而得名。

08.0424 白铜 copper-nickel

又称"铜镍合金"。以镍为主要合金元素的铜合金。该合金的耐蚀性、强度、硬度、弹性、电阻率以及对铜的热电势随镍含量的增加而提高，但其电阻温度系数则降低。

08.0425 锌白铜 nickel silver

又称"德银"。以铜镍合金为基加入锌配制的合金。

08.0426 莫奈尔合金 Monel alloy

曾称"蒙乃尔合金"。以铜为主要合金元素的镍基耐蚀合金。如 Monel 400（Ni66 Cu30）、Monel K500（Ni70Cu28AlTi）等。

08.0427 铸造铜合金 cast copper alloy
适宜于在熔融状态下充填铸型，浇铸成一定形状铸件的铜合金。

08.0428 耐磨铜合金 wear-resistant copper alloy
具有良好耐磨损性能的铜合金。最常用的有锡青铜、铅青铜等。

08.0429 耐蚀铜合金 corrosion resistant copper alloy
在腐蚀介质中具有抗腐蚀能力的铜合金。各种白铜是典型的耐蚀铜合金。

08.0430 高弹性铜合金 high elastic copper alloy
具有高弹性模量和高强度的铜合金。如时效强化型铜-铍高弹性合金。

08.0431 电解铜箔 electrodeposited copper foil
用专门设备和电解工艺生产的用于电子工业的铜箔。

08.0432 硬铝合金 hard aluminum alloy
又称"高强铝合金""杜拉铝"。在铝-铜系合金基础上发展起来的铝-铜-镁系和铝-铜-锰系可热处理强化的形变合金。其时效后室温抗拉强度一般在 400MPa 以上。

08.0433 超硬铝合金 super-hard aluminum alloy
又称"超强铝合金"。主要是铝-锌-镁-铜系合金。其时效后室温抗拉强度一般在 500MPa 以上。

08.0434 铸造铝合金 cast aluminum alloy
通过铝液充填铸型，获得产品形状和尺寸毛坯或铸件的铝合金。其组织中都存在数量不等的共晶体，具有良好的流动性，小的收缩性和低的热裂性。

08.0435 铝锂合金 aluminum lithium alloy
以铝为基体元素和以锂为第一位或主要合金元素组成的合金。具有高比强、高比刚度。

08.0436 变形铝合金 wrought aluminum alloy
又称"可压力加工铝合金"。通过轧制、挤压、锻造、拉拔等方式把合金加工成板材、箔材、带材、管材、棒材、型材和线材、锻件等的铝合金。

08.0437 耐热铝合金 heat resistant aluminum alloy
在高温下满足一定要求的抗氧化性、抗蠕变性和抗破坏能力的铝合金。如铝（Al）-铜（Cu）-镁（Mg）-铁（Fe）-镍（Ni）系、铝（Al）-铜（Cu）-锰（Mn）系变形铝合金，铝（Al）-铜（Cu）系铸造铝合金等。

08.0438 耐磨铝合金 wear-resistant aluminum alloy
全称"低膨胀耐磨铝硅合金"。硅含量超过铝（Al）-硅（Si）共晶点（硅 11.7%）的铝硅合金。合金中硅颗粒可明显提高合金的耐磨性。常用急冷凝固方法制备，主要用于制造内燃机活塞和仪表零件。

08.0439 泡沫铝 foamed aluminum
采用发泡法或电化学沉积法制备的具有高空隙率的铝或铝合金制品。

08.0440 非晶铝合金 amorphous aluminum alloy
固态下铝原子以近程有序、远程无序方式排列的铝合金。

08.0441 铝基复合材料 aluminum-base composite

铝或铝合金基体与异质材料增强体通过复合工艺组合而成的材料

08.0442　晶须增强铝基复合材料　whisker reinforced aluminum-base composite

由碳化硅、硼酸铝晶须等增强体与铝合金基体复合形成的材料。

08.0443　PS 基板　presensitized plate

简称"PS 板(PS plate)"。感旋光性树脂涂敷在亲水性阳极化铝板基底上的印刷用的预涂感光板。

08.0444　铝箔　aluminum foil

厚度小于 0.20mm、横断面呈矩形且均一的压延铝制品。包括电容器铝箔、亲水铝箔、包装箔、复合铝箔等。

08.0445　铝硅铸造合金　silumin alloy

硅作为主要合金元素的铸造铝合金。一般为亚共晶或共晶成分。在铝(Al)–硅(Si)系中加入镁(Mg)、铜(Cu)等形成铝(Al)–硅(Si)–镁(Mg)，铝(Al)–硅(Si)–铜(Cu)，铝(Al)–硅(Si)–铜(Cu)–镁(Mg)等合金系。高硅铝合金，其硅含量达 11%~14%。

08.0446　变形镁合金　wrought magnesium alloy

适合采用塑性加工成形的镁合金。主要有镁(Mg)–铝(Al)–锌(Zn)，镁(Mg)–锰(Mn)，镁(Mg)–锌(Zn)–锆(Zr)，镁(Mg)–铼(RE)等合金系。

08.0447　铸造镁合金　cast magnesium alloy

适合采用铸造成形的镁合金。主要有镁(Mg)–铝(Al)–锌(Zn)，镁(Mg)–铝(Al)–锰(Mn)，镁(Mg)–锌(Zn)–锆(Zr)，镁(Mg)–锌(Zn)–铼(RE)，镁(Mg)–铼(RE)等合金系。

08.0448　镁稀土合金　magnesium-rare earth alloy

以镁为基体元素和稀土元素为主要合金元素或微量合金元素组成的合金。具有高的热强性和热稳定性。

08.0449　镁锂合金　magnesium lithium alloy

又称"超轻镁合金"。以镁为基体元素和锂为主要合金元素的合金。密度 1.35~1.65 g/cm^3，减振性能好，抗高能粒子穿透能力强。

08.0450　耐热镁合金　heat resistant magnesium alloy

以铝为基体元素和稀土元素或钍等为主要合金元素组成的合金。具有高的热强性和热稳定性。

08.0451　耐蚀镁合金　corrosion-resistant magnesium alloy

在腐蚀或腐蚀与力学因素并存的环境中表现出较好的腐蚀抗力的镁合金。如镁(Mg)–锰(Mn)镁合金等。

08.0452　镁牺牲阳极　sacrificial anode magnesium

具有比被保护金属负的腐蚀电位和高的电流效率的镁基腐蚀控制材料。常用镁(Mg)–铝(Al)–锌(Zn)合金、含锰镁合金。

08.0453　α 钛合金　α titanium alloy

包括工业纯钛和只含 α 稳定元素的钛合金。

08.0454　α-β 钛合金　α-β titanium alloy

以 α 固溶体和 β 固溶体为基，在稳定状态下含 5%~50% β 相的钛合金。

08.0455　β 钛合金　β titanium alloy

全称"全 β 型钛合金"。室温组织全部为 β 相的钛基合金。

08.0456 高强钛合金 high strength titanium alloy

室温抗拉强度在 1100~1400MPa 之间的钛合金。由近 β 钛合金和亚稳定 β 钛合金组成。

08.0457 耐热钛合金 heat-resistant titanium alloy

又称"热强钛合金""高温钛合金"。以在高温环境中长期应用为目的的钛基合金。这类合金一般是近 α 钛合金，具有较好抗蠕变性能和热稳定性。

08.0458 结构钛合金 structural titanium alloy

在中、常温条件下作承力结构件使用的钛合金。其室温抗拉强度范围为 340~1200MPa。

08.0459 功能钛合金 functional titanium alloy

具有储氢、超导、形状记忆、超弹和高阻尼等特殊功能的钛合金。

08.0460 耐蚀钛合金 corrosion- resistant titanium alloy

可在强腐蚀性环境中使用的钛合金。包括钛钼合金、钛钯合金、钛钽合金、钛钼镍合金等合金。

08.0461 生物工程钛合金 biological engineering titanium alloy

适用于植入人体的人工器官上的钛合金。一般广泛采用不含有毒性元素的 Ti-5Al-2.5Fe 合金制造要求有较高强度的各种人工关节和器官。

08.0462 高阻尼钛合金 high damping titanium alloy

具有高比弹性模量高阻尼性能的钛合金。典型的合金为 Ti-8Al-1Mo-1V。

08.0463 变形钛合金 wrought titanium alloy

适合采用塑性加工成形的钛合金。包括 α 和近 α 型钛合金、α-β 型钛合金、β 和近 β 型钛合金。

08.0464 铸造钛合金 cast titanium alloy

适合采用铸造成形的钛合金。主要有 ZTC3、ZTC4、ZTC5 等。

08.0465 阻燃钛合金 burn resistant titanium alloy

在一定温度压力和空气流速下能够抗燃烧的钛基合金。如美国的 AlloyC，俄罗斯的 BTT-1、BTT-3，中国的 Ti-40。

08.0466 低温钛合金 cryogenic titanium alloy

适合低温下使用的 α 和 α-β 钛合金。该类合金强度随温度的降低而增加，韧性很少下降，有良好的可焊性。

08.0467 颗粒增强钛合金 particles reinforced titanium alloy

将和钛具有良好兼容性的高强度、高刚度的细微增强颗粒弥散到钛合金中形成的钛基复合体。

08.0468 纤维增强钛合金 fibre reinforced titanium alloy

将和钛具有良好兼容性的高强度、高刚度的增强纤维加入钛合金中形成的钛基复合体。

08.0469 钛铝金属间化合物 titanium-aluminum intermetallic compound

成分在钛原子(44.0%~49.0%)，铝(Al)的金属间化合物。其基体相为 γ-TiAl，晶体结构属于有序面心正方结构。是钛铝系金属间化合物最重要的一种，使用温度为 750~900℃，是镍基高温合金的替代材料。

08.0470 压铸锌合金 die casting zinc alloy

采用压力铸造(压铸)成型的锌合金。包括不同成分的亚共晶、过共晶的锌(Zn)–铝(Al)–铜(Cu)合金。过共晶合金的抗拉强度、耐磨性能比亚共晶的高。

08.0471 铅字合金 type metal
又称"印刷合金"。做活字排版的铅字和铅条用的铅合金。

08.0472 铅基巴比特合金 lead base Babbitt metal
以铅为基体元素同加入锑(Sb)、锡(Sn)、铜(Cu)、钠(Na)等合金元素组成的合金。如 Pb-(16~18)Sb-(0.1~0.15)Cu 等，做轴承用。

08.0473 软钎焊合金 soft solder
硬度较低的一类钎焊料用铅锡合金。

08.0474 伍德合金 Wood metal
以金属铋(Bi)为基的一类易熔合金。典型合金如 Bi-25Pb-12.5Sn-12.5Cd，熔点为 71℃。

08.0475 银基硬钎焊合金 silver base brazing alloy
应用最广泛的一类类似银为基体的钎焊料。主要有 Ag-Cu、Ag-Cu-Zn、Ag-Cu-Zn-Cd 等合金系。有时加入 Sn、Mn、Ni、Li 等元素，以满足不同的钎焊工艺需要。

08.0476 掺杂钨 doped tungsten
在钨的氧化物还原前加入微量的硅、铝、钾的氧化物并进行适当的加工热处理后获得抗高温蠕变性能优异的掺杂钨材。

08.0477 高密度钨合金 high density tungsten alloy
又称"高比重合金""钨基重合金"。以钨为基，加入其他合金元素组成的合金。

08.0478 钨铜假合金 tungsten-copper compo-site
钨体心立方，铜面心立方互不相溶，用钨粉、铜粉采用粉末冶金的方法制造的假合金。

08.0479 金属熔渗钨 metal infiltrated tungsten
把过热的低熔点金属或合金熔体渗入多孔钨骨架(压坯或烧结体)中制成的致密合金。渗铜钨、渗银钨是重要的金属熔渗钨。

08.0480 多孔钨 porous tungsten
粉末烧结多孔材料的一种，由刚性骨架和内部的孔洞组成的钨质多孔材料。具备优异的物理性能，如密度小、刚度大、比表面积大、吸能减振性能好、消音降噪效果好、电磁屏蔽性能高；渗透性好，孔径和孔隙可控，形状稳定，耐高温、抗热振、能再生和可加工。

08.0481 钨铜梯度材料 tungsten-copper gradient materials
钨铜合金中存在铜含量(或钨含量)浓度梯度的合金。

08.0482 钨钍阴极材料 tungsten-thorium cathode materials
简称"钍钨"。由钨和二氧化钍组成的合金。常用钍钨的二氧化钍(ThO_2)含量在0.7%~2.0%之间。二氧化钍(ThO_2)热稳定性好，大大提高钨合金的高温强度、再结晶温度和高温抗蠕变性能，钍使钨的电子逸出功降低，热电子发射能力增强。

08.0483 钼稀土合金 molybdenum-rare earth metal alloy
以钼为基体元素加入稀土元素的氧化物，如 CeO_2、La_2O_3、Y_2O_3 等组成的合金。

08.0484 喷镀钼丝 spray molybdenum wire
作为一些耐磨部件的喷镀耐磨涂层的钼丝。

08.0485 钼钛锆合金 molybdenum-titanium-zirconium alloy

以钼为基体元素加入少量钛、锆和微量碳元素组成的钼合金。该合金具有高的高温强度，是目前应用最广的钼合金。

08.0486 钼顶头合金 molybdenum ejector

由钼钛锆碳合金制成的用于生产无缝钢管穿管机芯棒顶头的钼合金。

08.0487 铌钛合金 niobium-titanium alloy

由铌和钛所组成的合金。工业生产的铌钛合金，钛含量一般为 20.0%~60.0%（质量分数），最典型的铌钛合金为 66.0%钛[约 50.0%（质量分数）]。

08.0488 弹性铌合金 elastic niobium alloy

又称"铌基弹性合金"。用作弹性组件和部件的铌基合金。主要为铌–钛–铝系合金，其中有 25.0%~45.0%（质量分数）钛（Ti）、4.0%~5.5%（质量分数）铝（Al）。最常用合金为铌-40Ti-5.5Pb。

08.0489 钽钨合金 tantalum-tungsten alloy

钽和钨形成的合金。重要的有 Ta-10W、Ta-8W-2Hf 以及 Ta-10W-2.5Hf-0.0lC 等。

08.0490 电容器用钽丝 tantalum wire for capacitor

用作各种钽电容器的阳极引线的细钽丝。

08.0491 原子能级锆 nuclear zirconium

符合核工业技术要求的锆。其主要要求是锆中铪元素的含量小于 $100\mu g/g$。此外，对于镉、硼、铀、钍等元素也必须严格控制。中国牌号 Zr-O，ASTM 标准牌号 R60001。

08.0492 锆-2 合金 zircaloy-2

以金属锆为基体元素同时加入锡合金元素组成的合金。其组成（质量分数）：锆（Zr）-1.20~1.70 锡（Sn）-0.07~0.20 铁（Fe）-0.05~0.15 铬（Cr）-0.03~0.08 镍（Ni）-0.07-0.13。主要用作沸水堆的包壳材料和其他堆芯结构材料。

08.0493 锆-4 合金 zircaloy-4

以金属锆为基体元素同时加入锡合金元素组成的合金。其组成（质量分数）：锆（Zr）-1.20~1.70 锡（Sn）-0.18~0.24 铁（Fe）-0.07~0.13 铬（Cr）-0.03-0.08。主要用作压水堆的包壳材料和其他堆芯结构材料。

08.0494 耐蚀锆合金 corrosion resistant zirconium alloy

以普通工业级锆为基体同某些合金元素组成的耐腐蚀合金。典型合金是 Zircadyne，包括锆-702 合金、锆-703 合金、锆-704 合金、锆-705 合金、锆-706 合金。

08.0495 贵金属测温材料 precious metal thermocouple materials

用于准确测控宽范围温度的贵金属。此类材料测温范围从 2K 宽达 2573K。分为：电阻测温材料和热电偶测温材料 2 类。

08.0496 贵金属电接触材料 precious metal contact materials

又称"贵金属电接点材料"。用于制备电接触的贵金属材料。其导电性、导热性和化学稳定性良好，抗电弧性能、耐磨性也良好。

08.0497 贵金属电阻材料 precious metal resistance materials

利用贵金属电阻特性（如电阻率、电阻温度系数等）来制备各种功能元器件的贵金属材料。包括精密电阻合金、电阻应变材料、热电偶材料和电阻温度计材料。

08.0498　贵金属器皿材料　precious metal hard-ware materials

用于制作冶金、化工、生物等领域的分析测量和理化实验工具，以及制作电子、玻璃、玻纤等工业坩埚器皿的贵金属材料。

08.0499　K 金　K gold

黄金与其他金属熔合而成的合金。K 金一词来源于英文 carat，是国际上用来表示黄金纯度(即含金量)的符号。

08.0500　K-白金　K-white gold

金中添加镍等元素，使金合金变成白色的合金。K 表示含金量。可作为仿铂的饰品。

08.0501　贵金属磁性材料　precious metal magnetic materials

铂(Pt)基磁性合金和银(Ag)–锰(Mn)–铝(Al)合金 2 种。前者包括铂(Pt)–钴(Co)、铂(Pt)–铁(Fe)、铂(Pt)–锰(Mn)；后者指银(Ag)–8.8%锰(Mn)–4.5%铝(Al)合金。

08.0502　贵金属氢气净化材料　precious metal hydrogen purifying materials

又称"贵金属透氢材料"。在一定温度和氢压力差的条件下，只能让氢透过的贵金属材料。有钯银系合金和钯稀土系合金。

08.0503　生物医学贵金属材料　biomedical precious metal materials

用作生物医学材料的贵金属及其合金。具有高的力学性能和抗疲劳性能，优良的抗生理腐蚀性和生物兼容性。

08.0504　贵金属牙科材料　precious metal dental materials

专门制备和/或提供给牙科专业人员从事牙科业务和/或与其有关的操作过程中所使用的贵金属材料。

08.0505　贵金属首饰材料　precious metal jewelry materials

金、银和铂，具有美丽的色彩、高的化学稳定性和高的保值增值作用，自古是天然饰品与装饰品的贵金属材料。

08.0506　贵金属浆料　precious metal paste

由贵金属或贵金属化合物的超细粉末、添加物和有机载体组成的一种适用于印刷特性或涂敷的膏状物。可分为贵金属导体浆料和贵金属电阻浆料。

08.0507　键合金丝　bonding gold wire

又称"球焊金丝"。用火焰将金丝端部烧出个小球，然后与芯片电极进行球焊的金丝。

08.0508　贵金属药物　precious metal drug medicine

用于治疗疾病的贵金属的化合物和配合物。顺铂、卡铂和奥沙利铂用于治疗癌症；金化合物用于治疗类风湿关节炎；磺胺嘧啶银用于杀菌、灭菌、治疗烧伤和防止感染等。

08.0509　变形镍基高温合金　wrought nickel based superalloy

适宜于进行塑性加工的镍基高温合金。可通过轧制、挤压、锻造等方式把合金材料加工成板材、管材、棒材和锻件等。

08.0510　铸造镍基高温合金　nickel based cast superalloy

适宜在熔融状态下充填铸型，浇铸成一定形状，并以铸件形式应用的镍基高温合金。

08.0511　单晶镍基高温合金　single crystal nickel based superalloy

采用特殊方法，使熔融高温镍基合金在凝固过程中只产生一个晶核，定向生长，最后由一个晶粒组成的晶体镍基高温合金。其使用温度比普通镍基铸造高温合金大幅提高。

08.0512 定向凝固高温合金 directionally solidified superalloy
在凝固过程中设法在凝固金属和未凝固金属熔体中建立起特定方向的温度梯度，使熔体沿着与热流相反的方向凝固，得到具有特定取向柱状晶的高温合金。

08.0513 粉末冶金镍基高温合金 powder metallurgy nickel based superalloy
用粉末冶金工艺制备的镍基高温合金材料。合金化程度高、晶粒细小、组织均匀、加工性能好、高温持久、蠕变、疲劳性能高等优点，是先进高推重比航空发动机涡轮盘等理想材料。

08.0514 氧化物弥散强化镍基高温合金 oxide dispersion strengthened nickel based superalloy
用粉末冶金工艺，将高熔点、高热稳定性的氧化物（如 ThO_2）以纳米级颗粒弥散在镍基高温合金基体中而制得的高温合金。

08.0515 镍基精密电阻合金 nickel based precision electrical resistance alloy
具有电阻温度系数小，对铜的热电势的绝对值小且稳定的镍基电阻合金。

08.0516 哈斯特洛伊合金 Hastelloy alloy
简称"哈氏合金"。一种镍基耐蚀合金，在不同的介质中具有较强的抗腐蚀能力。包括镍-钼系 Hastelloy B-2，镍-铬-钼系 Hastelloy C-4等。由美国哈代国际合金公司生产。

08.0517 镍基热电偶合金 nickel based thermocouple alloy
热电动势大且随温度的变化呈线性关系的镍合金。

08.0518 镍基矩磁合金 nickel based rectangular hysteresis loop alloy
具有磁各向异性特点的镍基软磁合金。其易磁化方向接近矩形的磁滞回线，矩磁比 Br/Bs 通常在 85.0%以上，如 1J34（$Ni_{34}Co_{29}Mo_3Fe_{34}$）等。

08.0519 镍基膨胀合金 nickel based expansion alloy
具有反常或可控热膨胀特性的一类镍基合金。包括低膨胀合金、定膨胀合金。如 4J80（$Ni_{78}Mo_{10}W_{10}Cu_2$）。

08.0520 钴基磁性合金 cobalt based magnetic alloy
以钴为基体具有特殊磁性能的合金。包括稀土-钴永磁合金、钴基非晶态磁性合金、钴基磁记录材料等。

08.0521 钴基高温弹性合金 cobalt based high temperature elasticity alloy
具有高弹性模量、高强度的钴基合金。例如变形强化型的钴基合金 40Co-15Ni-20Cr-7Mo-Fe，冷加工和时效后弹性模量达到 196 GPa。

08.0522 钴基高温合金 cobalt based superalloy
以钴为基体的面心立方结构奥氏体固溶体和一种或多种碳化物组成的合金。主要合金元素为铬（Cr）、镍（Ni）、钼（Mo）、钨（W）、铌（Nb）、钛（Ti）等。

08.0523 铁镍基高温合金 iron-nickel base superalloy
以铁为基加入一定量的镍形成稳定的奥氏体基体的合金。通过固溶强化，沉淀强化，晶界强化等方式进行强化。

08.0524 固溶强化高温合金 solid solution strengthened superalloy

在面立方奥氏体基体中，加入钴、钼、钨等固溶强化元素而得到强化的合金。

08.0525 沉淀强化高温合金 precipitation strengthened superalloy

在面心立方奥氏体基体中，通过合金化析出微细的 γ'、γ'' 等强化相而得到强化的合金。

08.0526 高温合金的晶界强化 grain boundary strengthening

主要通过净化晶界，晶界合金化和控制晶界析出物的形态、尺寸和数量，阻止晶界在高温下移动和迁动的工艺。

08.06 功 能 材 料

08.0527 电阻合金 electrical resistance alloy

具有低的电阻温度系数和长时间稳定性的合金。包括精密电阻合金、电热合金、热敏电阻合金、应变电阻合金、薄膜电阻合金、非晶电阻合金等。

08.0528 锰加宁合金 manganin alloy

又称"锰铜""锰白铜"。一种电阻温度系数很低的电阻合金。典型成分为 $Cu_{86}Mn_{12}Ni_2$。

08.0529 康铜合金 constantan alloy

一种体积电阻率很高而温度系数很低的铜镍系电阻合金。典型成分为 $Cu_{60}Ni_{40}$。

08.0530 应变片合金 resistance alloy for strain gauge

电阻-温度线性关系较好、电阻率较高、对铜热电势很低且加工成型性优良的电阻合金。包括用于室温至 200℃的铜镍系、400℃以下的镍铬系以及高达 1000℃的铂钨系合金。

08.0531 温度敏感电阻合金 temperature sensitive electrical resistance alloy

又称"热敏合金"。具有较高电阻率和电阻温度系数的合金。包括钴基、铁基、镍基和铜基等合金系列，广泛应用于高低温的温度控制和测量。

08.0532 巨磁电阻材料 giant magnetoresistance materials

直流电阻随外加磁场的改变而变化量超过90%的材料。主要有耦合型多层膜、自旋阀双矫顽力多层膜等 GMR 材料。

08.0533 卡玛合金 Karma alloy

一种耐热性好，电阻率高，电阻温度系数小的镍(Ni)-铬(Cr)电阻合金材料。

08.0534 热电偶合金 alloy for thermocouple

用于制作热电极测温组件的合金。基于两种不同导体端点相接，并使两端接点处在不同温度，在两导体组成的电路中产生电动势这一原理，主要有镍(Ni)-铬(Cr)、镍(Ni)-铝(Al)、镍(Ni)-硅(Si)、铜(Cu)-镍(Ni)合金及贵金属等。

08.0535 镍铬电偶合金 chromel couple alloy

用于制作热电极测温组件的镍铬合金。主要有镍(Ni)-铬(Cr10)和镍(Ni)-铬(Cr14.5)-硅(Si1.5)两种。

08.0536 镍铬硅电偶合金 nicrosilal couple alloy

含铬(Cr)14.5%、硅(Si)1.5%，余量为镍的合金。是改进的 N 型电偶的正极(NP)，由于不存在镍铬固有的缺点，抗氧化性和热稳定性大为提高。

08.0537 镍铝硅锰电偶合金 alumel alloy
名义成分为 $Ni\text{-}Mn_3Al_2Si_1$ 的合金。是构成 K 型热电偶最早用的负极材料。

08.0538 铂铑合金 Pt-Rh alloy
以铂为基，添加铑所组成的合金。由于高熔点、优异的化学、力学性能热电势的稳定性，PtRh10/Pt 热电偶是 $300℃$ 以上测量最准确的热电偶。

08.0539 钨铼合金 W-Re alloy
以钨为基加入铼元素组成的合金。典型的铼含量为：1.0%、3.0%、5.0%、10.0%、20.0%、25.0% 和 26.0% 等，除用作高温结构材料以外，还用于制造测量 0~2500℃ 范围的热电偶，电接点，以及电子管、显像管、灯泡的灯丝。

08.0540 电热合金 electrical heating alloy
将电能转变成热能的电阻合金。主要有镍 (Ni)–铬 (Cr)–铁 (Fe) 系和铁 (Fe)–铬 (Cr)–铝 (Al) 系合金。

08.0541 方钴矿热电材料 skutterudite thermoelectric materials
以 $CoSb_3$ 为基的方钴矿，通过添加镱和钡，提高功率因子，降低热导率，提高热电性能，前景看好的热电材料。

08.0542 因瓦合金 invar alloy
又称"低膨胀合金"。在一定温度范围内尺寸几乎不随温度变化的合金。其线膨胀系数为 $3 \times 10^{-6}℃^{-1}$。有铁 (Fe)–镍 (Ni) 系、铁 (Fe)–镍 (Ni)–钴 (Co) 系、铁 (Fe)–钴 (Co)–铬 (Cr) 系、铁 (Fe)–铂 (Pt) 系、铁 (Fe)–钯 (Pd) 系等。

08.0543 不锈因瓦合金 stainless invar alloy
在一定温度范围 $(-60\text{~}100℃)$ 内尺寸几乎不随温度变化 (线膨胀系数 $a > 10^{-6}℃^{-1}$) 且具有抗氧化腐蚀性能的因瓦合金。

08.0544 超低温因瓦合金 ultra low temperature invar alloy
在极低温度 $(-196℃)$ 下具有低膨胀、组织稳定及良好冲击韧性的因瓦合金。主要用于天然液化气贮罐及其输送管道。

08.0545 超因瓦合金 super invar alloy
用钴 (Co) 代替因瓦合金中的镍 (Ni) 而制成的一种因瓦合金。其常温附近的膨胀系数约为 $10^{-7}℃^{-1}$。中国牌号为 4J32。

08.0546 高强度低膨胀合金 high strength low expansion alloy
在铁 (Fe)–镍 (Ni)–钴 (Co) 合金中加入适量钛 (Ti)，经过热处理，形成 Ni_3Ti 弥散析出物，使之在 $-100\text{~}+100℃$ 范围内具有较低热膨胀又具有较高强度的弥散强化型合金。典型成分为 $Fe\text{-}Ni_{35}Co_5Ti$，膨胀系数 $\leqslant 3.6 \times 10^{-6}℃^{-1}$，抗拉强度 1150 MPa。

08.0547 无磁低膨胀合金 non-magnetic low expansion alloy
没有铁磁性且不能被磁化的因瓦合金。无铁磁性的低膨胀合金。典型合金为含 5% 铁 (Fe) 和 0.5% 锰 (Mn) 的铬基合金，$-200\text{~}100℃$ 下磁化率约为 5.2×10^{-11} 国际单位。

08.0548 可伐合金 kovar alloy
又称"铁–镍–钴定膨胀合金""铁–镍–钴玻封合金"。含 28.5%~29.5% 镍、16.8%~17.8% 钴，余量为 Fe 的定膨胀合金。中国牌号为 4J29。

08.0549 定膨胀合金 alloy with controlled expansion
又称"封接合金"。在 $-70\text{~}500℃$ 温度范围内，平均线膨胀系数为 $(4\text{~}10) \times 10^{-6}℃^{-1}$ 的合金。在给定温区内具有接近玻璃、陶瓷、石墨、云母膨胀系数的合金，主要用作封接材料。

08.0550 高膨胀合金 alloy with high expansion

以铁为基体元素同合金元素镍、锰或铜组成的线膨胀系数高于 $16 \times 10^{-6}\ ℃^{-1}$（室温–100℃）的热膨胀合金。主要有 Fe-22Ni-3Cu，Fe-20Ni-6Mn 等。

08.0551 软磁合金 soft magnetic alloy

矫顽力很低（<0.8KA/m）的铁磁性材料。当材料在磁场中被磁化，移出磁场后，获得的磁性便会全部或大部分丧失。

08.0552 恒导磁软磁合金 soft magnetic alloy with constant permeability

在一定磁场强度范围内，具有基本恒定磁导率的软磁合金。该合金的磁滞回线呈扁平状，剩余磁感应强度极低。

08.0553 矩磁软磁合金 rectangular soft magnetic alloy

磁滞回线近似呈矩形，矩形比通常大于 0.85 的一类软磁合金。其矩磁机制有两种，即晶粒取向机制和磁畴取向机制。Br/Bs≥0.95 的软磁合金，沿易磁化方向磁化，可得到矩形性极好的磁滞回线。

08.0554 耐蚀软磁合金 anti-corrosive soft magnetic alloy

又称"不锈软磁合金"。具有耐蚀性能的软磁合金。通常使用的有 7.0%~20.0%铬（Cr）–铁（Fe）合金、36.0%~50.0%镍（Ni）–铁（Fe）合金和 4.0%~8.0%铝（Al）–铁（Fe）合金。

08.0555 高饱和磁感软磁合金 soft magnetic alloy with high saturation magnetization

饱和磁感应强度高于 2T，并具有高的磁导率和可逆磁导率的软磁合金。

08.0556 高硬度高电阻高导磁合金 magnetic alloy with high hardness and resistance

具有较好的软磁性能，磁导率和电阻率高，硬度高的合金。如含铝 6.0%~16.0%的铁铝系合金和非晶态合金等。

08.0557 坡莫合金 permalloy

又称"高磁导率合金"。在弱磁场下具有极高磁导率的铁镍系软磁合金。

08.0558 软磁铁氧体 soft ferrite magnet

由 α-三氧化二铁（α-Fe_2O_3）与氧化物烧成后可制成锰锌（MnZn）、镍锌（NiZn）、铜锌（CuZn）软磁铁氧体。该材料大都是两种或两种以上的铁氧体的固溶体。

08.0559 磁头材料 magnetic head materials

用来记录和再生信息，具有高饱和磁感应强度、高磁导率、低矫顽力、高电阻率及高耐磨性的材料。包括坡莫合金、森达斯特、铁氧体、铁铝合金、钴基非晶合金及铁基超微晶等。

08.0560 磁温度补偿合金 thermomagnetic compensation alloy

又称"热磁合金""热磁补偿合金"。居里温度在室温附近、磁感应强度随温度上升以近似线性规律急剧下降的一类软磁合金。

08.0561 磁粉芯材料 magnetic powder core materials

软磁合金粉与电绝缘介质充分混合后，经压制而成的磁芯材料。

08.0562 磁屏蔽 magnetic shielding

可防止电磁场通过的使电子装置免于干扰的材料。主要为软磁材料和高导电率材料和涂料，如纯铁、坡莫合金、非晶态软磁合金和铝、铜等。

08.0563 永磁合金 permanent magnetic alloy
又称"硬磁合金"。具有强的抗退磁能力和高的剩余磁感应强度的强磁性材料。如稀土永磁合金，铝镍钴系永磁合金，可变形永磁合金、铂钴永磁合金及锰铝碳永磁合金等。

08.0564 钐钴永磁合金 Sm-Co permanent magnet
钐原子和钴原子按 1∶5 或 2∶17 组成化合物的合金。其磁能积分别可达 223kJ/m³ 和 238kJ/m³。

08.0565 铂钴永磁合金 Pt-Co permanent magnet alloy
以等原子组成的铂钴合金制成的有序硬化型可变形的永磁体。磁体耐氢、抗腐蚀，目前主要应用于航天、航海、军事等领域。

08.0566 氮化物稀土永磁材料 nitride rare earth permanent magnet materials
以 $Sm_2Fe_{17}N_{2.3}$ 金属间化合物为基相的稀土永磁材料。居里温度高达 476℃，或可称之为第四代稀土永磁材料。

08.0567 钕铁硼合金 Nd-Fe-B alloy
以 $Nd_2Fe_{14}B$ 化合物为基相的稀土永磁合金。其理论上最大磁能积达 516kJ/m³。是目前磁性能最高的永磁体，其产地主要是中国。

08.0568 黏结钕铁硼合金 bonded Nd-Fe-B alloy
Nd-Fe-B 合金粉末与树脂、塑料、橡胶或低熔点金属均匀混合后，经压结和固化而形成的永磁合金。兼有稀土永磁特性和树脂、塑料、橡胶或低熔点金属的特性。

08.0569 烧结钕铁硼合金 sintered Nd-Fe-B alloy
以 $Nb_2Fe_{14}B$ 金属间化合物为基的烧结稀土

磁体。在永磁材料中其性能最好，商业产品的最大磁能积可达到 400kJ/m³，内禀矫顽力为 800~2400kA/ m 。

08.0570 低温度系数钕铁硼磁体 low temperature coefficient Nd-Fe-B magnet
在 Nd-Fe-B 合金中添加少量镝置换钕，以提高内禀矫顽力，成为低温度系数的 Nd-Fe-B 磁体。

08.0571 辐向取向稀土磁体 rare earth permanent magnet with radial orientation
用稀土永磁合金（稀土磁体）粉末和黏结剂（如环氧树脂等非磁性材料）制成稀土黏结磁体，经磁场热处理形成辐向取向的环状永磁体。

08.0572 可挠性磁体 flexible magnet
又称"柔性磁体"。在铁氧体中添加橡胶等黏结剂，混匀后压制而成，可以弯曲的永磁体。

08.0573 可变形永磁体 ductile permanent magnet
能经受塑性加工的永磁体。可制成薄带和细丝，主要有磁钢、铁钴钒合金、铁铬钴合金和铂钴合金等。

08.0574 磁滞合金 hysteresis alloy
在一定工作磁场下，能产生最大的磁滞损耗功率的合金。主要有铁钴钒合金、铁钴钒铬合金、铁钴钼合金等。

08.0575 纳米复合稀土磁体 nano-composite rare earth magnet
含有永磁性相和软磁性相复合结构、晶粒尺寸为纳米级的稀土永磁体。具有极高的潜在的最大磁能积。

08.0576 铁硅铝合金 sendust

成分为 9.6%（质量分数）硅（Si）、5.4%（质量分数）铝（Al），余量为铁（Fe）的磁性合金。其商品名称为 Sendust。合金特点是在 $K_1=0$ 和 $\lambda_s=0$ 两曲线相交点附近，具有高的起始磁导率和最大磁导率。

08.0577　铁钴钒合金　supermendur
又称"维加洛合金（Vicalloy）"。通过时效处理制备的铁钴钒硬磁化型可加工的永磁合金。

08.0578　铁氧体永磁体　ferrite permanent magnet
磁化后不易退磁，且能长期保留磁性的铁氧体。其典型代表是钡铁氧体和锶铁氧体，其最大磁能积可达 4MGOe。

08.0579　铝镍钴合金　Al-Ni-Co alloy
把铝镍钴这三种元素加入铁中，炼成的一种析出硬化型永磁合金。温度稳定性较好，主要通过铸造成型、磨削加工制成，也可通过粉末冶金法制成烧结磁体。

08.0580　锰–铝–碳永磁体　Mn-Al-C permanent magnet
锰原子和铝原子为 1∶1 组成的金属间化合物为基的永磁材料。是唯一不含贵重元素如钴、镍及稀土元素等，而又具有良好塑性的高性能永磁合金。

08.0581　电磁兼容　electromagnetic compatibility
设备或系统在电磁环境中具有良好工作的能力。其工作不会对环境（或其他设备）产生严重干扰。

08.0582　磁记录介质　magnetic recording media
一种涂覆在磁带、磁卡、磁盘及磁鼓上面，用于记录和存储信息的永磁材料。具有高饱和磁感应强度、高矫顽力及良好热稳定性，有氧化物和金属材料两种。

08.0583　磁致冷材料　magnetic refrigerant materials
全称"磁致冷工质材料"。借助磁性材料的磁熵变来实现制冷的功能材料。所用材料主要是稀土–过渡金属合金、锰钙钛矿磁性氧化物、过渡金属 pAs 化合物等。

08.0584　磁致伸缩合金　magnetostriction alloy
在磁场中磁化时发生长度或体积变化的合金。

08.0585　巨磁致伸缩材料　giant magnetostrictive materials
在磁场中磁化时，沿磁场方向发生长度或体积伸缩的材料。这种伸缩率达千分之几的材料。

08.0586　磁流体材料　magnetic fluid
超细磁性颗粒通过界面活性剂高度分散于载液中而构成的稳定胶体状体系的材料。它既有强磁性又有流动性，在重力、电磁力作用下能长期稳定存在，不产生沉淀与分层的材料。

08.0587　牙科合金　dental alloy
用于制造假牙、牙冠、齿桥及矫正齿形的合金。以不锈钢和贵金属为主，近年则向钛合金发展。

08.0588　植入合金　implant alloy
植入人体或动物体以修复器官，使恢复功能的合金。其特点是在生理环境约束下行驶功能，因而必须具备生物功能性和生物兼容性。

08.0589 生物医学金属材料 biomedical metal materials

又称"手术用合金(surgical alloy)""外科医用合金"。用作生物医学材料的合金。是临床应用最广泛的承力植入材料，除应具有良好的力学性能和相关物理性能以外，还必须具有优良的抗生理腐蚀和生物兼容性，主要有不锈钢、钴基合金、钛基合金。

08.0590 智能材料 intelligent materials

又称"机敏材料"。模仿生命系统同时具有感知和驱动双重功能的材料。

08.0591 热双金属 thermo-bimetal

由两种或两种以上热膨胀系数差异较大的金属或合金复合而成，具有随温度变化而发生弯曲的功能的金属材料。主要用于作温度控制、温度补偿和温度指示装置的热敏感组件。

08.0592 横并热双金属 butt joint thermo-bimetal

通过主动层和被动层的不同组合或加第三、第四层金属合金可以得到不同类型的热双金属。如高敏感、耐蚀、电阻系列热双金属。

08.0593 高敏感热双金属 highly sensitive thermo-bimetal

比弯曲大于 $20 \times 10^{-6}/℃$，较常用热双金属大 50.0%以上，主动层由锰基合金制成的热双金属。

08.0594 电阻系列热双金属 resistivity thermo-bimetal

在热双金属的主动层和被动层之间夹入铜、镍等中间层，把电阻率控制在 $5{\sim}50\mu\Omega\cdot cm$ 的热双金属。

08.0595 耐蚀热双金属 anti-corrosive thermo-bimetal

对水、湿气、腐蚀介质有一定抗锈能力，以及耐烟雾和氧化腐蚀的热双金属。

08.0596 多层复合金属 multilayer composite metal

在主动层和被动层之间夹进铜层制成的多层金属，以大幅度提高其导电性能。

08.0597 高弹性合金 high elastic alloy

具有高的弹性极限、强度和硬度、低的滞弹性效应的弹性合金。按应用类型分有耐蚀、耐高温、无磁性和高导电性等类型。按强化类型可分为弥散强化型和变形强化型。

08.0598 耐蚀高弹性合金 corrosion resistant high elastic alloy

在某些腐蚀介质下能保持高弹性的合金。包括不锈弹簧钢、铁镍铬基合金、镍基合金、钴铬基合金、铌基合金等。

08.0599 恒弹性合金 constant elastic alloy

在一定温度范围内，弹性模量或剪切模量几乎不随温度而变化的合金。其弹性模量温度系数和剪切模量温度系数 $\leqslant 10 \times 10^{-6}/℃$。有镍(Ni)–铁(Fe)、钴(Co)–铁(Fe)、铁(Fe)–锰(Mn)、锰(Mn)–铜(Cu)、锰(Mn)–镍(Ni)、铌(Nb)–锆(Zr)、铌(Nb)–钛(Ti)、铅(Pb)基、铬(Cr)基等合金系。

08.0600 非铁磁性恒弹性合金 non-ferromagnetic constant elastic alloy

磁有序伴随着原子间结合状态的改变，因而在奈尔点附近也会出现杨氏模量和热膨胀系数的反常变化的合金。包括铬(Cr)基、铁(Fe)–锰(Mn)、锰(Mn)–铜(Cu)、锰(Mn)–镍(Ni)、铁(Fe)–铬(Cr)系合金等。

08.0601 高温恒弹性合金 high temperature

constant elastic alloy

在 350℃以下弹性模量变化很小的弹性金属。以镍(Ni)、钴(Co)总量50%为基，添加少量钛(Ti)、铌(Nb)、铝(Al)强化元素。

08.0602 埃尔因瓦型合金 Elinvar alloy

具有温度升高弹性模量反而增加或变化很小的效应的合金。

08.0603 半导体材料 semiconductor materials

室温下电阻率在 $10^9 \sim 10^{-3}\Omega \cdot cm$，介于金属与绝缘体之间的材料。

08.0604 自旋晶体管 spin transistor

利用电子的电荷和自旋自由度，并具有能耗低、速度快等特点的晶体管。

08.0605 纳米材料 nanomaterials

在三维空间内至少有一维处于纳米尺度范围(1~100nm)或由其作为基本单元构成的，并由此具有某些新特性的新材料。

08.0606 超导合金 superconducting alloy

在一定(温度、磁场、电流等)条件下具有超导电性(直流电阻为零且完全抗磁)的合金。大多数超导合金至少有一个组元是超导体元素如铌(Nb)、钛(Ti)、锆(Zr)等，有时两个组元都是超导体元素，如 $NbTc_3$、VRu 等。

08.0607 非晶[态]合金 amorphous alloy

又称"玻璃态合金"。一种在三维空间原子不具有周期性和平移对称性规律排列的固态材料。

08.0608 无磁封接合金 non-magnetic sealing alloy

热膨胀系数与陶瓷、玻璃接近的非铁磁性合金。大部分为镍基合金，锆基合金及钛基合金。

08.0609 储氢材料 hydrogen storage materials

在一般温和条件下，能反复可逆地(通常在10000 次以上)吸入和放出氢的材料。

08.0610 透氢材料 hydrogen permeating materials

在一定温度和氢压力差条件下，只让氢气透过的材料。常用的有钯(Pd)–银(Ag)、钯(Pd)–银(Ag)–铜(Cu)及在钯(Pd)–银(Ag)–铜(Cu)中加入铂(Pt)、钌(Ru)、铑(Rh)、铁(Fe)和镍(Ni)的合金。

08.0611 消气材料 getter materials

一种通过物理和化学作用能吸收大量气体分子的材料。常用的吸气材料有钡(Ba)–铝(Al)、钡(Ba)–钛(Ti)、锆(Zr)–铝(Al)、锆(Zr)–钒(V)–铁(Fe)等合金。

08.0612 发火合金 pyrophoric alloy

又称"引火合金"。一般指在粉末状态时能够自燃烧的合金。如打火机中的火石是由几种稀土金属(Ce、La)和 Fe 制成的引火合金。

08.0613 核燃料 nuclear fuel

在核反应堆中能进行裂变、聚变的材料总称。

08.0614 形状记忆效应 shape memory effect

物体在较低温度下变形后加热到较高温度，其变形能自动恢复的现象。

08.0615 形状记忆合金 shape memory alloy

具有形状记忆效应的合金。在一定的成分和温度条件下还会显示超弹性现象。目前主要有钛镍基、铜基和铁基三大类。

08.0616 磁控形状记忆合金 magnetic shape memory alloy

可以通过磁场变动诱发大的可逆应变的合金(如钴–镍系合金)，形状记忆响应快是其重要特点。

08.0617 梯度材料 gradient materials
组成和结构沿一个方向连续平滑的梯度形变化，从而性能和功能也呈梯度形变化的材料。

08.0618 钱币合金 coinage alloy
制造低面值钱币和纪念币用的铜合金或镍合金。

08.0619 轴尖合金 pivot alloy
具有极高耐磨性、耐冲击性、抗疲劳性，用于电测量设备轴尖上的合金。其中最常用的是 $Co_{40}CrNiMo$。

08.0620 触媒材料 catalyst materials
能提高化学反应速度，加快到达化学平衡而本身在反应终了时并不消耗的物质。常用镍、铂、钯等制成细颗粒或多孔形态，以提供大的表面积的触媒材料。

08.0621 减振合金 vibration-absorption alloy
又称"无声合金""消声合金"。内耗很大、能将机械振动能迅速衰减的合金。

08.0622 荫罩钢带 shadow mask strip
彩色显像管中置于荧光屏附近，大小与其接近并布满无数 0.25mm 小孔的 0.15mm 厚的薄钢带。而要求高清晰度的则采用因瓦合金带。

08.0623 引线框架材料 lead frame materials
用于固定集成电路硅芯片并与外部电路连接起来，并使集成块热量散发出去的材料。主要有铁(Fe)–镍(Ni)合金和铜基合金两大类，前者热膨胀系数较接近硅，后者导热性较好，价格较低。

08.0624 泡沫金属 foamed metal
孔隙度为 90%以上，有一定强度和刚度的多孔金属材料。具有新奇的物理性能和力学性能。

08.0625 发汗材料 sweating materials
在高温下，一种通过物理作用或化学作用能吸收大量热量而降低材料表面温度，犹如人体毛孔出汗降温一样的复合材料。如钨铜(银)复合材料由高熔点的钨骨架和低熔点的铜(银)复合而成。

09 金 属 加 工

09.01 一 般 术 语

09.0001 塑性加工 plastic working
利用固体材料(金属)的塑性变形能力，亦即在外力作用下物体形状和尺寸发生不可逆变化且不破坏其完整性的能力，使其成为所需形状和性能的一种加工方法。如轧制、挤压、锻造等，具有高效、经济等特点。

09.0002 金属压力加工 metal working, metal forming, metal processing
利用金属在外力作用下所产生的塑性变形，来获得具有一定形状、尺寸和力学性能的原材料、毛坯或零件的加工方法。该名词在工程和数学中经常使用。

09.0003 工程塑性学 engineering plasticity
又称"塑性工程学"。研究塑性加工过程的一门学科。

09.0004　轧制工程学　rolling engineering
研究轧制过程的工程学科。除注重过程的力学
行为外，尚重视材料的行为和整个工程过程，
因而涉及力学、材料学、物流学等众多学科，
不仅是塑性加工学的一个分支，更是一个独立
的以众多基础学科为基础的综合学科。现代轧
制工程已发展成为一个大数据巨系统，数据的
爆炸性、无序性、实时性、唯一性等为其主要
特征，为解决这一问题，只能用计算数学的方
法，计算轧制工程学因而建立。

09.0005　塑性加工力学　mechanics of plastic working
用力学的原理和方法研究塑性加工问题，用
以确定加工时的应力及应变状态，力能、变
形等诸参数，以达到合理制定工艺规程的目
的，是塑性加工学的一个学科分支。

09.0006　塑性加工金属学　physical metallurgy of plastic working
研究金属材料在给定条件下，加工时组织及
性能变迁，以达到预期的产品性能要求的目
的，是塑性加工学的一个学科。

09.0007　热加工　hot metal working
金属材料在高于再结晶开始温度下，进行的
塑性变形加工过程。在热加工过程中金属材
料将相继发生加工硬化和软化现象，但软化
起主导作用。

09.0008　冷加工　cold metal working
金属材料在室温及低于再结晶温度下，进行
的塑性变形加工过程。在冷加工过程中金属
材料发生加工硬化，但不发生再结晶软化。

09.0009　温加工　warm metal working
金属材料在高于室温但低于再结晶温度的
范围内，进行的塑性变形加工过程。

09.0010　轧制　rolling

在轧机的旋转轧辊之间改变金属的断面形
状和尺寸，同时控制其组织状态和性能的金
属塑性加工方法。是应用最广泛的金属塑性
加工方法，轧制产品占所有塑性加工产品的
极大部分。

09.0011　挤压　extrusion
用挤压杆将放在挤压筒中的坯料压出挤压
模孔而成形的一种塑性加工方法。

09.0012　拉拔　drawing
坯料借助拉力通过锥形模孔使断面缩减并
成形的一种塑性加工方法。

09.0013　锻造　forging
用锤击或压制，对加工物体施以压力以使其
产生塑性变形的塑性加工方法。其突出优点
是适应性强，可生产各种材质、形状和尺寸
的锻件。

09.0014　冲压　stamping, pressing
在压力机上用凹模或凸模将金属薄板加工
成不同断面形状和几何造型制件的一种塑
性加工方法。

09.0015　板成形　sheet forming, sheet metal forming
将金属薄板加工成不同断面形状和几何造
型的制件的加工方法。有压缩、伸长、压缩-
伸长复合、弯曲、剪切等 5 类近 20 种的基
本成形方法。

09.0016　体积成形　bulk forming
除板料成形外的其他压力加工方法（该名词
在国外广泛应用）。

09.0017　塑性成形　plastic forming
一种利用材料塑性，产生永久变形，进行成
形的方法。

09.0018 初次成形加工 primary metal working

在塑性成形较复杂的零件时，通常需要进行多工序的加工，第一道加工的工序。

09.0019 二次成形加工 secondary metal working

在塑性成形较复杂的零件时，需要进行多任务序的加工，将经过一次加工后的毛坯再进行的成形加工。

09.0020 半固态加工 semi-solid process

在材料处于凝固过程（固液共存的状态）时，通过一定的加工方法使其材料产生塑性变形，并保持下来（即凝固后）成为一定形状和尺寸的零件毛坯的过程。

09.0021 预成形 preforming

预先使坯料形状产生部分变化，以获得更适合于进一步塑性变形的形状。

09.0022 深加工 deep working

将铸造成形或塑性成形所获得的半成品进一步通过表面处理或表面改性处理、机械加工或电加工、焊接或其他接合、剪切、冲切、拉伸、冲压、弯曲等方法，加工成半成品、成品零件或部件。

09.0023 轧件 rolled piece, rolling stock, rolling piece

泛指通过轧制的生产方式加工的工件。

09.0024 坯 billet, slab

用于塑性加工的原料，如用连铸工艺、锻压工艺、轧制工艺所生产的坯料。

09.0025 管材 tube, pipe

空心的管状塑性加工产品。最常用的为圆形管材，还有方形管材及各种异型管材。

09.0026 型材 section product, profile

具有各种断面形状的塑性加工产品。一般分简单断面型材（如方、圆、和三角材等）和复杂断面型材（如钢轨、工字形轧材等）。

09.0027 长材 long product

型材、棒材、管材等塑性加工产品。为西方国家所常用。

09.0028 板材 flat product

宽厚比一般大于 10 的扁平断面的轧材。分厚板、薄板、箔材 3 大类。

09.0029 异型材 profiled bar

横断面具有明显凸凹分枝的型材。其品种繁多，可按生产方法、断面形状、使用部门来进行分类。

09.0030 半成品 semi-product

材料通过一次或多次加工后，获得一定的形状、尺寸和性能，但是还需要进一步加工才能交付使用的产品。

09.0031 刚体 rigid body

又称"欧几里得固体（Euclid solid）"。无论施加的力有多大，不产生应变的物体。它是现实不存在、为研究方便而进行抽象的一种理想化的材料。

09.0032 理想材料 ideal materials

在塑性力学研究中，常对现实材料性质做某些抽象，以利于数学表达和研究方便的材料。属于流变学的研究范畴。

09.0033 塑性极限 plastic limit

又称"塑性指标"。塑性加工时材料塑性变形的限度。一般用破坏前产生的最大塑性变形程度来表示。

09.0034 弹塑性体 elastic-plastic body
全称"理想弹塑性体(ideal elastic-plastic body)"。加工物体经线性弹性变形达到屈服极限，而后亦无加工硬化的一种抽象化的材料。

09.0035 黏塑性体 viscous-plastic body
全称"理想黏塑性体(ideal viscous-plastic body)"。加工物体变形时，应力应变之间的关系遵从牛顿流体定律，即与变形速度有关具有黏性的材料。

09.0036 刚塑性体 rigid-plastic body
又称"理想塑性体(ideal plastic body, perfectly plastic body)"。为计算方便，常忽略加工物体的弹性变形，即假设加工物体应力达到屈服极限前无弹性变形，而变形后亦无加工硬化(流动应力不随应变量变化)的一种抽象化的材料。

09.0037 流变体 rheological body
用流变学的观点审视加工过程中的流动与变形的被加工物体。

09.0038 轧制流变学 rheology of rolling
将流变学的理论应用于求解轧制过程中的力学问题的学科。本构方程是连续介质力学的基本方程之一，一般在求解轧制的力学问题时都予以抽象和简化，而轧制流变学将用流变学的理论更深入和综合地考察它，以期求解更符合工程实际。

09.0039 应力 stress
变形物体内单位截面积上的内力。

09.0040 应力场 stress field
用物理场的方法对应力的描述。

09.0041 应力状态 stress state
物体内某点所受应力的状态，亦即物体在此处原子受力被迫偏离其平衡位置的状态。

09.0042 应力张量 stress tensor
用张量描述变形物体内的应力。它是一个二阶对称张量。

09.0043 主应力 principal stress
没有切应力作用的截面上的法向应力。

09.0044 主应力图 principal stress figure
塑性加工时表示3个主应力是否存在以及什么方向的图示。有体应力4种、面应力3种、线应力2种，共9种。

09.0045 主平面 principal plane
仅有主应力作用的平面。

09.0046 主方向 principal direction
主平面的法线方向。

09.0047 剪切应力 shear stress
任意截面上在切线方向的应力分量。应力除可按坐标轴方向分解外，尚可按法线方向和切线方向分解。

09.0048 最大剪应力 maximum shear stress
在一个点，不同方位上的剪应力是变化的，其中应力的最大值。其作用平面的法线与中间主应力垂直，中间主应力是最大与最小主应力差值之半。

09.0049 主剪应力 principal shear stress
同主应力作用截面成45°截面上的剪应力，其正应力为零。

09.0050 应力不变量 stress invariant
用数学推导的方法可以证明，对某一应力状

态，当所用坐标轴任意选取时，其主应力值不变，且作用在各坐标面上的各应力分量有如下关系：$I_1=\sigma_x+\sigma_y+\sigma_z=$ 常量；$I_2=-\sigma_x\sigma_y-\sigma_y\sigma_z-\sigma_z\sigma_x+\tau_{xy}^2+\tau_{yz}^2+\tau_{zx}^2=$ 常量；$I_3=\sigma_x\sigma_y\sigma_z+2\tau_{xy}\tau_{yz}\tau_{zx}-\sigma_x\tau_{yz}^2-\sigma_y\tau_{zx}^2-\sigma_z\tau_{xy}^2=$ 常量。上述三常量分别为一次、二次、三次应力不变量。

09.0051 偏应力 deviatoric stress
又称"应力偏量"。引起物体形状变化的应力。

09.0052 偏应力张量 deviatoric stress-tensor, deviatoric tensor of stress, stress deviator
以张量来表示的偏应力。

09.0053 球应力张量 spherical stress-tensor
引起物体体积变化的球应力用张量表示。为一点处 3 个正应力的平均应力所组成的张量。

09.0054 主应力空间 stress space
受力物体内某一点处，必定存在 3 个相互垂直的主方向，依此建立起来的几何空间。

09.0055 应力梯度 stress gradient
单位距离或时间应力变化的程度。

09.0056 名义应力 nominal stress, conventional stress
又称"条件应力"。物体单向拉伸或压缩时，变形力与原始截面积之比。

09.0057 法向应力 normal stress
又称"正应力"。任意截面在法线方向上的应力分量，应力除可按坐标轴方向分解外，尚可按法线方向和切向线方分解。

09.0058 真应力 true stress

物体在变形过程中，其某一瞬间（变形力与当时截面积之比）的应力。

09.0059 八面体法向应力 octahedral normal stress
作用在八面体平面（与三主应力轴呈等倾斜的平面）上的法向应力。

09.0060 八面体剪应力 octahedral shear stress
作用在八面体平面上的剪应力。

09.0061 莫尔应力圆 Mohr stress circle, Mohr circle
物体某一点的平面应力状态，该圆纵坐标轴为切应力，横坐标轴为正应力，最大切应力作用于平分最大及最小主应力平面夹角的正交平面上，其大小等于二主应力差的一半。

09.0062 临界切应力 critical shear stress
金属晶体内存在滑移系，在外力作用下，使金属在某滑移系滑移的力是滑移面上沿着滑移方向作用达一定值的分切应力。

09.0063 平面应力状态 plane stress state
通过一点的单元体上，所有应力分量位于某一平面内，而垂直于该平面的方向上的应力分量为零的应力状态。

09.0064 弯曲应力 bending stress
加工体在弯矩的作用下，弯成一定曲率时，所产生的应力。在纯弯曲情况下，弹性正应力与截面垂直轴呈线性关系，中面处为零，最外面处为最大。

09.0065 等有效应力 effective stress, equivalent of effective stress
又称"应力强度"。为复杂应力状态折合成

单向应力状态的当量应力。随应力状态不同
而变化。

09.0066　抗拉应力　tensile stress
简称"拉应力"。法向应力为正的、物体受
拉的应力。

09.0067　抗压应力　compressive stress
简称"压应力"。法向应力为负的、物体受
压的应力。

09.0068　残余应力　residual stress
由于加工物体的应力场、应变场、温度场、
组织性能的不均匀性，变形后仍保留下来的
应力。

09.0069　热应力　thermal stress
物体因受热不均，在物体中所引起的应力。

09.0070　流动应力　flow stress
加工体内任一单元发生由弹性向塑性状态
过渡所需的单向应力状态下的真实应力。即
单向拉伸的屈服极限。

09.0071　内应力　internal stress
工件受力时，内部原子间产生的斥力或引
力。

**09.0072　附加应力　additional stress, second-
　　　　　ary stress**
由于加工物体内各处不均匀变形，又受物体
整体性的限制，引起的应力。又分第一(宏
观)、第二(晶粒间)、第三(晶粒内)3 种附加
应力。

09.0073　等静压力　isostatic pressure
作用在八面体法向应力被证明其大小等于
平均应力，这就相当过该点四面八方作用着
固定不变的一个应力张量，如此正应力为压

应力，则与该点受静水压力一样。

**09.0074　柯西应力公式　Cauchy stress equa-
　　　　　tion**
又称"柯西应力张量(Cauchy stress tensor)"。
变形时用现实构形来描述应力的方程。它是
用欧拉描述方法在某时刻现实构形上的应
力张量。

09.0075　流体静应力　hydrostatic stress
应力状态中的平均压应力。其绝对值为 3 个
主应力和的三分之一。但其符号以压应力为
正。

09.0076　应力图示　stress diagram
表示变形体内某点处的应力状态的图示。通
常采用主应力状态图示，称主应力图。

09.0077　构形　configuration
物体在空间所占的区域。在时间 $t = 0$ 时的构
形为初始构形(initial configuration)，在时间 t
时的构形为即时构形(current configuration)。

**09.0078　拉格朗日应力张量　Lagrange's
　　　　　stress tensor**
研究大变形时用初始构形来描述的非对称
应力张量。

**09.0079　基尔霍夫应力张量　Kirchhoff's
　　　　　stress tensor**
研究大变形时用初始构形来描述的对称应
力张量。

09.0080　应力集中　stress concentration
加工时由于工具形状、变形区几何因素、外
摩擦、加工物体的性能不均等因素，致使应
力分布不均，造成某个区域应力过分集中的
现象。

09.0081　平均应力　mean stress
又称"静水应力"。3个主应力之和的均值以 σ_m 表示，为 $\sigma_m = (\sigma_1 + \sigma_2 + \sigma_3)/3$。

09.0082　应变　strain
物体在外力作用下，内部质点间产生相对位置的改变。

09.0083　线应变　linear strain
在物体内取一微小平行六面体，变形后，体素的棱边将发生伸长或缩短，其相对伸长或缩短的量。

09.0084　剪应变　shearing strain
又称"切应变"。在物体内取一微小六面体，变形后，体素各面的夹角将发生变化，夹角的增大或减小的量。

09.0085　主应变　principal strain
无剪应变时的线应变。

09.0086　主剪应变　principal shearing strain
与3个主应变方向成45°角的应变面上的剪应变。

09.0087　应变张量　strain tensor
用张量描述变形物体内的应变。它是一个二阶对称张量。

09.0088　球应变张量　spherical strain tensor
表明在该点处的微分体积上的线应变在各方向相同，仅发生体积变化，为一点处3个正应变的平均应变所组成的张量。

09.0089　偏应变张量　partial strain tensor
从应变张量中扣除球应变张量所剩余的应变张量。

09.0090　应变不变量　strain invariant

用数学推导的方法可以证明，也存在应变不变量，与应力不变量相似，也有3个常量分别为一次、二次、三次应变不变量。

09.0091　最大剪应变　maximum shear strain
3个主剪应变中绝对值最大的一个主剪应变。

09.0092　等效应变　equivalent strain
又称"应变强度"。代表复杂应力状态折合成单向状态时的当量应变。

09.0093　等效剪应变　equivalent shear strain
又称"剪应变强度""切应变强度"。一般应力状态下的各应变分量经适当组合而形成的与纯剪应变相等效的应变。

09.0094　八面体应变　octahedral strain
在与3个主应变轴成等倾的八面体面上发生的应变。

09.0095　应变[速]率　strain rate
又称"应变速度""变形速度"。应变对时间的变化率。

09.0096　等效应变速率　equivalent strain rate
又称"相当应变速率"。一般的应变速率经适当组合而形成的与单向拉伸应变速率等效的应变速率。

09.0097　柯西方程　Cauchy equation
又称"几何方程（geometric equation）"。在物体内取一微小平行六面体，描述变形后6个应变分量与3个位移分量之间关系的方程式。

09.0098　应变路径　strain paths
塑性变形时物体质点变形的路径。例如，计算塑性功时，其积分式就是由原始状态沿实际变形路径进行的。

09.0099 应变能 strain energy
由变形获得储存在物体内部的能量。弹性应变能为体变能，塑性应变能为畸变能（形变能）。

09.0100 工程应变 engineering strain
又称"名义应变(nominal strain)""有限变形(finite deformation)"。工件变形后的长度变化量与原长之比。

09.0101 平面应变 plane strain
物体变形时，各点的位移仅在相互平行的平面内发生的应变。

09.0102 真应变 true strain
又称"对数应变(logarithmic strain)"。物体在变形过程中，其某一瞬间的应变。其总变形程度(总真应变)是以对数表示。

09.0103 应变状态 strain state
过一点各个方向上应变的整体状况的描述。

09.0104 平面应变状态 plane strain state
物体变形时，各点的位移仅在相互平行的平面内发生的应变状态。

09.0105 主应变图示 principal strain figure
表示3个主应变是否存在的图示。主应变图示只有3种。

09.0106 应变协调方程 coordination equation of strain
又称"圣维南方程(Saint Venant equation)"。线性弹性力学中的6个应变分量之间必须满足的微分方程。6个应变分量是由3个位移分量导出的，它们彼此之间存在一定的内在联系。

09.0107 位移场 displacement field
研究塑性加工时物体质点位移的物理场。

09.0108 速度场 velocity field
研究塑性加工时物体质点变形速度的物理场。

09.0109 速度间断 velocity break
塑性变形时，变形物体中相邻区域界面上的速度不连续的状态，亦即两侧速度不等。

09.0110 对数变形系数 logarithmic deformation coefficient, logarithmic deformation
采用对数来描述材料的变形量。

09.0111 主应变速率 principal strain rate
单位时间内的主应变的变形量。

09.0112 压缩应变 compression strain
当一点的应变是负数(即长度减少)的应变。

09.0113 应力–应变场 stress-strain field
描述应力应变关系的物理场。

09.0114 应力–应变曲线 stress-strain curve
描述应力应变关系的曲线。纵坐标为真应力，横坐标为真应变。为了方便，工程上也常使用应力–延伸率或断面收缩率做成曲线。

09.0115 真应力–应变曲线 true stress-strain curve
描述真应力与真应变的关系的曲线。由试验测出作用力及瞬时截面积和长度，即可求出真应力和真应变。

09.0116 工程应力–应变曲线 engineering stress-strain curve
工程上为了方便，以试样的原始截面积和长度作为计算标准，据此做出的应力应变关系的曲线。

09.0117　变形力学图　deformation mechanics figure
金属塑性加工时的主应力图与主应变图的简单组合。它给出了加工过程中，主轴方向上有无主应力与主应变以及其性质的图形概念。

09.0118　屈服准则　yield criteria
又称"屈服条件""塑性条件"。受力物体内质点由弹性变形状态进入塑性变形状态（发生屈服）的力学条件。

09.0119　屈服台阶　yield terrace
又称"屈服平台"。在某些材料的拉伸曲线上，与屈服伸长相对应的水平线段或曲折线段。有些材料没有明显的屈服台阶，此时以残余应变为 0.2%时，材料的应力值为屈服极限。

09.0120　屈服曲面　yielding camber
屈服函数在主应力空间表现出的几何曲面图形。

09.0121　屈服应变　yield strain
受力物体内质点屈服时相应的应变。

09.0122　屈服应力　yield stress
使受力物体内质点屈服时相应的应力。

09.0123　屈服曲线　yielding curve
又称"屈服轨迹"。屈服曲面与 π 平面或其他特定平面（如某一主平面）的交截线。

09.0124　屈服点　yield point
应力–应变曲线上，达到屈服时曲线上的应力值相应的点。

09.0125　米泽斯屈服准则　Mises yield criteria
又称"形变能定值理论"。不论采用何种变形方式，在变形物体内某点处发生屈服的准则，仅是该点处各应力分量的函数，亦即偏应力二次不变量达某一定值时，即发生屈服。

09.0126　米泽斯圆柱面　Mises cylinder
屈服条件的几何描述（屈服曲面），在主应力坐标空间中，米泽斯屈服条件是一个无限长的圆柱面。

09.0127　特雷斯卡屈服准则　Tresca yield criteria
又称"最大切应力理论(maximum shear stress theory)"。不论采用何种应力状态，在变形物体内某点处，最大切应力达到极限值时，即发生屈服的条件。

09.0128　特雷斯卡六棱柱面　Tresca hexagonal prism
为特雷斯卡屈服条件的几何描述（屈服曲面），在主应力坐标空间中，特雷斯卡屈服准则为屈服圆柱面（即米泽斯圆柱面）内的内接正六角形。因此特雷斯卡屈服条件与米泽斯屈服条件之比为 1.155。

09.0129　本构方程　constitutive equation
又称"本构关系"。金属材料变形时，应力或应力率（应力对时间的变化率）与应变或应变率关系的物性方程。弹性变形的本构方程为广义的胡克定律，塑性变形的本构方程要复杂得多。

09.0130　塑性势　plastic potential
材料进入塑性状态时，需满足屈服准则，可用方程 $F = (a_{ij}) = C$ 来描述，式中 F 是 a_{ij} 的对称函数，称塑性势。引入本概念，使屈服准则与塑性应力应变关系有了直接联系。

09.0131 屈服降落 yield drop
在某些材料（如退火低碳钢）的拉伸曲线上，当载荷增加到一定数值后，曲线突然下降，随后在不增加载荷情况下，试件仍产生伸长变形的现象。

09.0132 应变强化规律 law of strain strengthening
因应变强化引起的材料屈服条件的变化。如材料后继屈服的任一瞬时的屈服条件，经过预变形的屈服条件等。

09.0133 变形抗力 resistance to deformation
金属在一定变形条件下，塑性变形时对于单位横截面积上抵抗此变形的力。通常用单向应力状态下测定的流动应力来度量。

09.0134 最大剪应力准则 maximum shear stress criterion
材料受到外力的作用后，将产生变形（弹性变形和塑性变形），以最大剪应力来衡量材料是否将产生塑性变形（永久变形）的准则。

09.0135 质量守恒定律 conservation law of mass
质量为 m 的变形体对任意选取的构形始终是不变的，即具有表面 S 的区域 R，区域 R 内的质量等于经 S 进入 R 的质量流通率。

09.0136 能量守恒定律 conservation law of energy
区域 R 物质的动能和内能的时间导数等于作用于 R 上的体积力和表面力所做的功，以及进入 R 的其他功率之和。能量法、上界法是基于能量守恒定律导出的。

09.0137 线动量守恒定律 conservation law of linear momentum
R 区域内物体 B 诸质点的线动量改变率与作用于 R 内物质上的体积力和表面力的合力成正比。截面法、滑移线法等是基于本定律导出的。

09.0138 虚功原理 the principle of virtual work
处于平衡状态的变形物体，即应力满足力平衡方程和应力边界条件，应变速率和位移速度满足几何关系式，则外力在虚位移下所做的功等于内部变形功。它是能量法、有限元法所采用变分原理的基础。

09.0139 体积不变定律 the law of volume constancy
简称"体积不变条件"。塑性变形时，金属密度变化很小，变形前后的体积相等，或者说材料是不可压缩的定律。体积不变定律是质量守恒定律的最通常的体现。

09.0140 边界值问题 boundary value problem
简称"边值问题"。在塑性加工中，要找到方程的边值条件，在改变边值条件下，进行微分方程的积分问题。

09.0141 最小阻力定律 the law of minimum resistance
如果物体在变形过程中其质点有向各方向流动的可能性时，则各质点将向阻力最小的方向流动。

09.0142 不可压缩性 incompressibility
塑性变形时，金属密度变化很小，变形前后的体积相等的性质。

09.0143 形变 deformation
加工时，物体各点发生位移后，改变了各点间的初始相对距离，发生形状的变化。

09.0144 真形变 true deformation

在变形过程中，原始尺寸经多个中间值，逐渐达到最终尺寸的形变。最终变形程度可看作是各阶段相对变形的总和。亦即用对数表示的变形。

09.0145 形变图示 deformation diagram
又称"应变图示(strain diagram)"。表示变形体内某点处的 3 个主变形是否存在，但不表示其大小的图示。可能的变形图示受体积不变条件的制约仅有 3 种：一向缩短，两向伸长；一向缩短，一向伸长(平面变形)；两向缩短，一向伸长。

09.0146 形变压缩比 forming ratio
压缩变形量与该方向的原始尺寸之比。

09.0147 形变程度 deformation extent
塑性加工时，表示材料变形大小的量度。一般有绝对、相对、对数表示法，并有压下、展宽、延伸 3 个方向的量值。

09.0148 形变速度 forming speed, deformation speed
变形程度对时间的变化率。一般用最大主变形方向的变形速度来表示各变形过程的变形速度。

09.0149 均匀变形 homogenous deformation
当变形体内各点的位移是线性函数，且相对应变为常值时的变形。

09.0150 不均匀变形 nonhomogenous deformation
不满足均匀变形特征的变形。

09.0151 轴对称变形 axisymmetric deformation
用一条直线将一个变形物体分割，其对称两方各对应位置的变形大小相等，方向相反的变形。如挤压和拉拔圆柱体件即属这种情况。

09.0152 永久变形 permanent deformation
当外力作用于物体超过某一限度后，移去外力后物体不能恢复到原状的变形。

09.0153 变形区 deformation zone
塑性加工时，变形体产生永久变形(塑性变形)的区域。但通常指塑性加工时，工件与工具直接接触的区域。

09.0154 稳定变形过程 steady deformation process
加工过程中，变形诸参数(如变形区大小、应力分布等)不随时间变化的变形过程。

09.0155 非稳定变形过程 nonsteady deformation process
加工过程中，变形诸参数(如变形区大小、应力分布等)随时间发生变化的变形过程。

09.0156 体积力 body force
作用在加工物体体内的力。如万有引力引起的重力。

09.0157 表面力 surface force
作用在加工物体表面上的力。

09.0158 变形力 deformation load, deformation force
为使工件产生塑性变形，机械(或工具)所需施加的力。是设备及工艺设计的重要参数。

09.0159 变形功 deformation work
又称"变形能"。使工件变形时外力所做的功。弹性变形功是可以恢复的。塑性变形功是不可以恢复的。有时指对单位体积所做的功。

09.0160　畸变能　distortion energy
又称"形变能"。由塑性变形获得储存在物体内部的能量。

09.0161　平均压力　mean pressure
塑性加工时工件与工具接触面积上的平均压力(压强)。

09.0162　单位变形力　specific rolling-pressure
(1)当变形力为拉力时为工件通过模口单位面积上所承受的变形力。(2)当变形力为压力时一般指平均压力。(3)当研究受力面上的力的分布时(如轧制单位压力分布),则指该研究点处的变形力。

09.0163　形变温度　deformation temperature
工件变形时的温度。

09.0164　形变热　deformation heat
塑性变形所生热量。塑性变形所耗的功,约90%左右用于克服原子移动阻力,它是以热的形式释放出来。

09.0165　塑性失稳　plastic instability
在塑性成形过程中,变形体丧失了稳定变形的能力,而出现过度的变形、局部变形或断裂的现象。如缩颈。

09.0166　应变增量理论　strain increment theory
又称"流动理论"。描述塑性本构关系,材料在塑性状态时,应力与应变速率或应变增量之间关系的理论。

09.0167　应变全量理论　total strain theory
又称"形变理论"。描述塑性本构关系,材料在塑性状态时,应力全量与应变全量之间关系的理论。

09.0168　拉伸变形　tensile deformation, tensile type of deformation
变形物体主要受力为一个方向的拉力,在3个线应变中主要的变形是伸长的变形。

09.0169　压缩变形　compressive deformation
变形物体主要受力为一个方向的压缩力,即在3个相互垂直的方向上,有一个方向受压致使宏观尺寸减小的变形。

09.0170　张力　tension
连轧过程中,前机架轧机轧制出口速度大于后机架轧机轧制入口速度时,轧件将承受的拉力。

09.0171　单向拉伸　uniaxial tension
只单向受拉力的一种加工方法和力学试验方法。

09.0172　单向压缩变形　uniaxial compression
物体仅仅在一个方向上受到压力,在受力的方向上发生压缩变形,其他方向为自由变形的现象。

09.0173　形状因子　geometrical factor
塑性变形时,工具尺寸及几何形状、变形物体尺寸及几何形状以及变形量等对变形均匀度的影响因素。如轧制时变形区长度与轧件平均厚度的比值 l/h 即是一例。

09.0174　单鼓形　barrelling
塑性加工时工件没有与工具接触的侧面呈现为单鼓状变形,此为工件为薄件且变形量较大并深透到整个高度时所出现的现象。

09.0175　双鼓形　twin-barrelling
塑性加工时工件没有与工具接触的侧面呈现为双鼓状变形,此为工件为高件且变形量未能深透到整个高度时所出现的现象。

09.0176　翻平　foldover

由于摩擦力的影响，加工物体原来不与工具接触的侧表面，变形时有时翻移到与工具接触的表面上来的现象。

09.0177　变形效率　deformation efficiency

有效变形与总变形的比值。对于不同的变形过程，变形效率的计算方法不同，需要具体问题具体分析。

09.0178　截面法　slab method

又称"工程近似法"。工程上一种用于计算变形力的方法。在若干假设条件(如工具移动方向设为主应力方向、摩擦设为干摩擦等)下，列出某一单元(截面)的静力学平衡微分方程，以得出变形力。

09.0179　变形力计算下界法　lower bound method

又称"下限法"。基于刚-塑材料的下界定理，求塑性变形功率或变形力下限的变形力学问题的能量解法。

09.0180　变形力计算上界法　upper bound method

又称"上限法"。基于刚-塑材料的上界定理，求塑性变形功率或变形力上限的变形力学问题的能量解法。

09.0181　能量法　energy method

以变分原理为基础，利用能量方程求解变形力学问题的方法。如有限元法、上下界法等。

09.0182　有限元法　finite element method, FEM

把变形区划分成有限个单元，用离散化的数学方法，求解变形力学问题的方法。又分弹-塑性有限元法、刚塑性有限元法等。

09.0183　初等能量法　primary energy method

在若干假设条件下，用能量方程计算变形力的方法。该方法虽然有些假设影响计算精度，但方法简单实用(如用它可求解既考虑外区又考虑摩擦影响的轧制压力)，故工程上不乏应用。

09.0184　变形力计算变分法　variational method

利用变分原理求解塑性加工问题的方法。

09.0185　边界元法　bundary element method

在变形体的边界上面划分成有限个单元，以给定问题的积分方程为基础，求解变形力学问题的方法。

09.0186　应力特征线法　plane stress characteristic method

具有一定几何特征和力学特性的线族，称特征线，如滑移线。应力特征线是变形区内任一点处两个最大剪应力相等并相互垂直、连接各点最大剪应力方向的连续曲线，为两族正交的线场。在塑性流动区（变形区）做出应力特征线场，即可求出流动区（变形区）内的应力分布。

09.0187　滑移线法　slip line method

利用描述滑移线转角同平均应力变化的亨基(Hencky)应力方程求解变形力学问题的方法。是建立在平面应变和刚塑性基础上的一种求解方法。

09.0188　平面应力特征线法　plane stress characteristic line method

用平面应力特征线求解塑性加工力学问题的一种方法。

09.0189　光弹性法　photoelasticity method

用受力时能产生双折射现象的材料作为试

件，利用其光学效应与应力应变的关系，进行弹性变形研究的方法。用光弹性皮膜法也可进行塑性变形研究。

09.0190　光塑性法　photoplasticity method
用受力时能产生双折射现象的材料作为试件，利用其光学效应与应力应变的关系，进行塑性加工过程模拟研究的方法。

09.0191　直观塑性法　visioplasticity method
又称"视塑性法"。为一种实测方法，利用刻有网格的试件，变形后测出其位移场，进一步算出速度场和应力、应变场的方法。是在网格法基础上发展起来的。

09.0192　叠栅云纹法　moiré method
利用两组重叠的栅线（一片贴在试件的表面上）相互遮光而出现云纹图来测出其位移场的一种光学试验方法。

09.0193　亨基第一定理　Hencky's first theorem
滑移线场中，某族任意两滑移线与另一族滑移线相交点的切线间夹角为常值。

09.0194　亨基第二定理　Hencky's second theorem
滑移线场中，如沿一族的某滑移线移动，则另一族滑移线在与该线相应的两交点处曲率半径的变化，等于沿该线所通过的距离。

09.0195　速端图　hodograph
描述塑性区内各质点的位移速度场的图。

09.0196　动可容速度场　kinematically admissible velocity field
在塑性变形体中，满足速度边界条件、满足不可压缩的以及使外力做正功的速度场。

09.0197　静可容应力场　statically admissible stress field
在塑性变形体中，满足平衡条件且不违反屈服准则的应力场。

09.0198　晶体塑性力学　crystal plasticity
从微观层次研究晶体材料的塑性变形行为及其机制的学科。

09.0199　各向同性　isotropy
材料在各个方向上的力学和物理性能指标都相同。

09.0200　各向异性　anisotropy
材料的力学和物理性能在各个方向上呈现差异。

09.0201　加工硬化　work-hardening
冷加工时导致材料组织的变化（晶粒畸变、亚结构、织构等）使材料力学指标（屈服极限、强度极限、硬度等）强化的现象。

09.0202　加工硬化指数　work-hardening exponent
又称"n 值（n-value）"。用材料的流动应力与断面减缩率间的关系来表示冷加工强化的程度，通常以 n 表示。

09.0203　应变速率敏感性指数　strain rate sensitivity exponent
又称"m 值（m-value）"。表征应变速率对材料强化的影响程度。通常以 m 表示，它是与超塑性有关的一个重要指标。普通金属材料 $m = 0.02\sim0.2$，超塑性材料 $m = 0.3\sim0.9$。

09.0204　应变速率强化效应　effect of strain rate strengthening
在同一变形温度及相同变形程度下，材料的流动应力随变形速率增加而有所提高的现象。

09.0205 应变硬化曲线 strain-hardening curve
塑性变形时流动应力与变形量(可用延伸率、对数应变等表示)的关系曲线。

09.0206 可加工性 workability
材料承受塑性变形而不破坏的能力。

09.0207 塑性图 diagram of plasticity
塑性指标随温度的变化图。

09.0208 塑性应变比 plastic strain ratio
又称"r 值""厚向异性指数"。薄板拉伸时宽向应变与厚向应变之比。

09.0209 择优取向 preferred orientation
多晶体中的晶粒取向是任意的,在某些情况(如加工、热处理)下,晶粒围绕某些特殊的取向排列的现象。有形变织构和再结晶织构。

09.0210 最佳取向 optimum orientation
为达到性能要求所需要的取向。

09.0211 热脆 hot brittle, hot embrittlment
由于材料晶界处有低熔点相,高温加工时出现的脆裂。

09.0212 蓝脆 blue brittle
钢在 200~300℃时,抗拉强度及硬度比常温的高,塑性比常温的低的现象,因表面氧化膜呈蓝色的脆裂。

09.0213 冷脆 cold brittle
在低于室温下,有些钢的塑性显著下降的脆裂。

09.0214 临界变形程度 critical deformation
当温度一定时,再结晶后的晶粒大小与变形程度有关,相应出现最大晶粒度的变形量。

09.0215 成形极限 forming limit
金属薄板在各种应变状态下,所能达到的极限应变值。

09.0216 成形极限图 forming limit diagram
描述金属薄板在各种应变状态下,能达到极限应变值所构成的图形。

09.0217 塑性各向异性 plastic anisotropy
材料塑性变形时,在各个方向上呈现出的塑性不同性。

09.0218 变形机理 deformation mechanism
材料塑性变形的机制。如晶体的滑移、变形带形成等。

09.0219 孪晶变形 twinning deformation
又称"变形孪晶(deformation twin)"。晶粒的一部分原子沿一定晶面同时移动的一种塑性变形过程。孪生后晶体变形与未变形部分以孪晶面形成镜面对称。

09.0220 滑移变形 sliding deformation
晶体在外力作用下,其中一部分沿着一定晶面上的一定晶向,对其另一部分产生互相平行的移动的变形过程。

09.0221 超塑性 super plasticity
在特定的组织和加工条件下,其塑性比常态加工条件高出很多,而变形抗力比常态低的性质。

09.0222 动态回复 dynamic recovery
金属在热塑性变形过程中,通过热激活空位扩散、位错运动相消和位错重排的过程。可使加工硬化部分消除。

09.0223　动态再结晶　dynamic recrystalliza-
　　　　　　　　tion
金属在热塑性变形过程中发生的再结晶。

09.0224　加工流线　flow line
铸锭热变形时，内部枝晶及夹杂物将沿着变形方向伸长，并逐渐与变形方向一致，成为带状、线状的一条条细线。

09.0225　塑性加工摩擦学　tribology of metal-
　　　　　　　　working
研究塑性加工时金属和工具间的摩擦状况及规律的学科。其目的是有效地利用摩擦，降低摩擦阻力，减少工具磨损，采取润滑技术，是一个综合性的学科。塑性加工时不断产生新的界面，有高的变形热，接触压力很高甚至产生黏着，致使塑性加工摩擦与一般机械摩擦不同。

09.0226　摩擦系数　friction coefficient
又称"摩擦因数(friction factor)"。计算塑性加工摩擦时，摩擦力与正压力之比。

09.0227　摩擦力因子　factor of friction force
为单位摩擦力与屈服极限之比。与摩擦系数是不相同的，在塑性加工中也广泛应用。

09.0228　摩擦峰　friction hill
在轧制或锻压加工时，用截面法计算单位压力时，变形区中部的峰值。

09.0229　磨损　wear, abrasion
加工过程中，由摩擦导致的损耗。

09.0230　干摩擦　dry friction
两固体表面之间的摩擦。没有施以润滑，实际上，特别是塑性加工时，接触界面是非常复杂，理想界面是很少见的。

09.0231　边界摩擦　boundary friction
相对运动的两表面，被极薄的润滑膜隔开的摩擦。但此膜足以使表面微凸体接触，故摩擦取决于两摩擦面的特性和润滑膜的化学特性(不是润滑膜的流体特性)。

09.0232　流体摩擦　fluid friction
又称"液体摩擦"。塑性加工时金属和工具接触面间存在一流体润滑膜，并完全将两接触面隔开时的摩擦。

09.0233　固体润滑　solid-film lubrication
又称"干膜润滑"。利用固体粉末、薄膜或其他材料减少两个承载表面摩擦的润滑方式。

09.0234　混合流体润滑　mixed fluid lubrica-
　　　　　　　　tion
润滑剂不足以将两表面完全分开，微凸起部分直接接触，而凹谷部分充满润滑流体的润滑方式。

09.0235　全流体润滑　full fluid lubrication
又称"厚油膜润滑(thick-film lubrication)"。塑性加工时，由于施加润滑剂，将两接触面完全隔开的润滑方式。

09.0236　熔体润滑剂　melt lubricants
常温下为固体，在热加工温度下又变成熔融状态，起到润滑、防止黏结、减少磨损作用的润滑剂。如玻璃、石蜡等。

09.0237　表面形貌　surface topography
塑性加工时金属和工具接触面的形貌。接触面并不是完全光滑的，它们有许多小的峰谷，有许多硬的质点镶嵌在机体中，这种表面形貌在研究摩擦时必须加以考虑。

09.0238　表面粗糙度　surface roughness

工具及加工件表面的粗糙程度。多以表面凸凹(峰谷)高度表示，是对润滑、磨损、力能、变形等有显著影响的参数。

09.0239　工艺润滑　processing lubrication
塑性加工时，施加润滑剂，降低摩擦，减少磨损和功耗的方法。

09.0240　污染膜　pollution film
塑性加工时，金属和工具接触面存在的非人工施加的氧化膜等膜状物质。

09.0241　吸附膜　adsorbed film
由吸附作用吸附在工具或工件表面上的一层薄膜。也是构成边界润滑的条件。

09.0242　混合膜　mixed film
由初始膜、污染膜、混合流体润滑等组成的膜。

09.0243　金属膜　metallic film
在工具或工件上镀上一层另一种金属的，并具有一定润滑功能的薄膜。

09.0244　极压润滑　extreme pressure lubrication
在一定温度下，金属表面元素与极压润滑剂中的活性元素（如硫、磷等），发生化学反应，生成低剪切强度的金属化合物薄膜，并与金属表面紧密结合，从而防止黏结，也降低了摩擦的润滑方式。

09.0245　弹性流体动力润滑　elasto-hydrodynamic lubrication
研究塑性加工时，在大的压力作用下，润滑剂的黏度，工件、工具的界面形状、压力分布等因素相互影响的理论。

09.0246　塑性流体动力润滑　plasto-hydrodynamic lubrication
是弹性流体动力润滑的进一步的扩展，一般要将流体动力润滑方程与塑性变形联合求解，从而可以更精确确定一些影响因素的影响。

09.0247　润滑剂　lubricant
用以改善塑性加工摩擦条件所施加的物质。

09.0248　润滑添加剂　lubrication addition agent
添加到流体润滑剂中以改善其润滑性能（增加极性、增加活性、增加稳定性、防腐等）的物质。

09.0249　乳化液　emulsion
通过搅拌将油相破碎成油滴，均匀分布于水中形成的液体。以兼顾润滑剂的润滑性和冷却性。大多数塑性加工用乳化液都是水包油的体系，即油是分散相，水是连续相。

09.0250　润滑用脂肪酸　fatty acid
吸附在金属表面避免工具工件直接接触，并由于其低剪切强度特性起到润滑作用的脂肪酸。一般常把脂肪酸含量作为润滑剂性能的一个指标。

09.0251　润滑载体涂层　lubrication carrier
涂覆在加工件表面，用以运载润滑剂进入变形区，以提高润滑效果的涂层。有金属、非金属涂层，用于非金属涂层的如石灰等，用于金属涂层的如锌镀层等。

09.0252　摩擦失稳　friction instability
由摩擦系数随运动速度变化而产生振动、打滑的现象。

09.0253　水基石墨润滑剂　colloidal graphite mixed with water
以水为主要溶剂和以石墨为主要溶质配制

的润滑剂。

09.0254 水溶性润滑剂 soluble lubricant
采用水作为溶剂来配置浆料的润滑剂。通常会将润滑剂配制成为浆料，以方便涂覆在被加工工件表面。

09.0255 强制润滑 forced lubrication
为了降低摩擦力，采用某些特殊(极端)的润滑方法来进行的润滑方式。

09.0256 轧制模型 rolling model
用以描述轧制(从工件、工具以及整个工艺过程)的数学模型。

09.0257 几何模拟 geometric simulation
利用几何上比原型小(或大)的模型以进行研究的模拟过程。

09.0258 轧制过程模型化 modelling of rolling process
用能描述原型的数学模型去研究和分析轧制过程的方法。它不延误和破坏生产，同时还可探讨在现实生产中无法检测或触及的问题，已是研究轧制过程的不可或缺重要手段。

09.0259 轧制柔性制造系统 flexible manufacturing system of rolling
又称"轧制过程柔化"。将柔性制造技术应用于轧制生产过程中，形成能适应加工对象变换的自动化机械制造系统。

09.0260 轧制过程优化 rolling process optimization
使轧制过程达到最优状态的方法。轧制过程优化包括参数优化、工艺制度优化、生产计划优化、生产布局优化等诸多方面。

09.0261 轧制物流 materials flow of rolling process, physical distribution of rolling process
生产过程中的非连续性的热金属流。轧制物流的流动过程不但改变物的空间位置，而且也改变了物的属性(如体积、形状、性能等)。

09.0262 轧制节奏 rolling rhythm
轧制时相邻两轧件进入同一轧机的时间间隔。轧制节奏愈短，轧机小时产量愈高。

09.0263 轧制计算机辅助设计 computer-aided design for rolling, CAD for rolling
用计算机帮助技术人员进行塑性加工的产品、工具、工艺、车间或企业的设计工作。

09.0264 轧制计算机辅助质量控制 computer-aided quality control for rolling, CAQ control for rolling
用计算机帮助技术人员进行塑性加工的质量控制及管理工作。

09.0265 计算机辅助工程 computer-aided engineering, CAE
用计算机帮助技术人员进行塑性加工的工作。

09.0266 计算机辅助过程仿真模型 computer-aided process simulation model
用计算机帮助技术人员进行塑性加工过程仿真所用的模型。

09.0267 计算机集成制造系统 computer integrated manufacturing system, CIMS
用计算机辅助技术进行塑性加工从产品设计直到产品检验，从计划、工艺、控制到过程管理的各项工作的综合系统。

09.0268　虚拟轧制技术　virtual rolling technology, VRT
借助计算机对轧制各种情况进行模拟以对其进行研究和分析的技术。

09.0269　轧制培训与研究仿真器　rolling training-studying simulator
由计算机及仿真的操作盘（有时还有评分系统）组成的模拟生产操作、用于轧制技术培训和研究的系统。

09.0270　轧制 PDCA 循环　PDCA cycle for rolling
质量管理技术用语，PDCA 代表质量管理中的计划、实施、检查、处理 4 个阶段，4 个阶段互相联系，首尾相接，并不断滚动循环，形成了可靠、有效的质量管理系统。

09.0271　产品性能预报　prediction of product property
在轧制生产的各个环节中，对轧制产品的各方面性能进行预测和预报的技术。

09.0272　轧制变形区　deformation zone of rolling
轧件受力后产生塑性变形的区域。

09.0273　轧制变形区长度　length of rolling deformation zone
轧制时从轧件进入轧辊的入口到出口接触弧长度的水平投影。

09.0274　轧制变形区接触面积　contact area of rolling deformation zone
轧制时轧件与轧辊接触区域的水平投影面积。

09.0275　咬入　bite
轧件被旋转的轧辊拉入的过程。

09.0276　咬入角　bite angle
又称"轧入角"。轧件与轧辊接触区所对应的圆心角。

09.0277　中性角　neutral angle, no-slip angle
在轧制生产中，变形区内轧件与轧辊的速度相等时所对应的圆心角。

09.0278　摩擦角　angle of friction
轧制时，摩擦以角度表示。摩擦角的正切为摩擦系数。

09.0279　特征角　characteristic angle
用来说明轧制特征的角度。包括咬入角、摩擦角、中性角等。

09.0280　合力作用角　angle of resultant forces
在轧制生产中，轧制时变形区接触弧上，轧辊对轧件的正压力和摩擦力合力作用点与轧辊中心连线所构成的圆心角。

09.0281　接触弧　contact arc
在轧制生产中，轧制时轧辊与轧件接触的圆弧段。

09.0282　轧制方向　rolling direction
轧件在轧制过程中前进的方向。纵轧时其方向垂直于轧辊轴线。

09.0283　轧制线　rolling line
在轧辊上配置孔型的一条水平基准线。如在上下两轧辊的中线的下方，则称上压配置。

09.0284　变形量　deformation amount
轧制时，轧件在长、宽、高方向变形的尺寸。一般是高向压下、横向宽展和轧（纵）向延伸，有绝对值、相对值、比值、对数值等表示方法。

09.0285 压下量 reduction draft
轧制时在厚度方向上的减缩量。即 $\Delta h = H - h$。H、h 分别为轧前、轧后的轧件高度。

09.0286 变形率 deformation rate
又称"相对变形量"。该方向的变形绝对量与轧制前该方向的量值之比。

09.0287 延伸系数 elongation coefficient
变形体变形后与变形前长度之比,一般表示为 $\mu = L_h / L_H$。L_h、L_H 分别为轧后、轧前的轧件长度。

09.0288 宽展系数 spread coefficient
变形体变形后与变形前宽度之比。

09.0289 压下系数 reduction coefficient
变形体变形后与变形前高度之比。

09.0290 对数变形系数 logarithmic deformation coefficient
以对数表示变形后与变形前长、宽、高向之比值。

09.0291 轧制变形温度 rolling temperature
变形体变形时轧件的温度。由于变形热、摩擦、环境的冷却作用,变形温度在变形区内是变化的,工程上常用的是平均变形温度。

09.0292 轧制变形速度 deformation speed of rolling
轧制过程中瞬时的压下率。因此变形速度沿接触弧也是变化的,且在变形区出口永远为零。工程上常用的是平均变形速度,采利科夫公式为 $\varepsilon = v_h \Delta h / lH$,$v_h$ 为轧件出口速度,Δh 为压下量,l 为变形区长度,H 为轧件入口高度。

09.0293 轧后厚度 exit thickness
轧制之后的轧件厚度。

09.0294 道次 pass
轧件经过的一次轧制过程。

09.0295 轧制总压下量 total reduction
多道次轧制时,各道次压下量之和。

09.0296 轧制总延伸量 total elongation
多道次轧制时,各道次延伸量之和。

09.0297 轧制总延伸系数 total elongation coefficient
多道次轧制时,轧件最后道次轧后长度与初始道次轧前长度之比(或轧后与轧前截面积之比)。

09.0298 轧制平均延伸系数 mean elongation coefficient
设轧制道次为 n 次,则总延伸系数开 n 次方所得之值。即 $\mu = \sqrt[n]{\mu_\Sigma}$。

09.0299 变形指数 deformation index
轧制工件变形程度的大小。

09.0300 简化轧制过程 simplified rolling process
采用理想化和简化的轧制模型进行研究的轧制过程。一般假设工具为刚性工具,轧件无宽展,沿每一高度截面上质点变形均匀,其运动之水平速度一样等。

09.0301 平面应变假设 plane-strain assumption
又称"平截面假设"。轧件在变形区内,轧件无宽展;沿每一高度截面上质点变形均匀;其运动之水平速度一样的假设。

09.0302 轧制规程 rolling schedule

板带轧制时，要根据节能、优质、高产、降耗的原则，制订逐道次压下量的分配制度。

09.0303 滑移 slip
轧制时，轧件与轧辊接触面间有相对滑动的现象。

09.0304 滑动路程 locus of slipping
轧制时变形区内金属质点相对于工具质点的运动轨迹。

09.0305 轧制黏着 adhesion
轧制时，轧件与轧辊接触面间无相对滑动的现象。

09.0306 轧辊尺寸 roll dimension
轧辊各部分尺寸的统称。由轧辊名义直径、辊身长度、辊颈直径和辊颈长度所组成。

09.0307 轧机尺寸 dimension of mill
用以衡量轧机大小、尺寸的一个命名方式。型材轧机用辊径表示，如轧辊直径为 650mm 的轧机，称 650 轧机，属中型轧机；板带轧机用辊身长度表示，如辊身长度为 2500 mm 的轧机，称 2500 轧机。

09.0308 单位轧制压力 specific rolling force
轧制时，轧辊作用于轧件单位面积上的法向力。

09.0309 平均单位轧制压力 mean specific rolling force
轧制力除以轧辊与轧件接触面积的商。

09.0310 单位摩擦力 specific friction force
变形体与工具接触面的单位面积上摩擦引起的切向力。

09.0311 轧制力 rolling force
轧制时，轧辊垂直作用于轧件的力。一般指压下螺丝下压头(测力器)测得的力。

09.0312 轧制力矩 rolling torque
全称"纯轧制力矩"。轧制时，使轧件产生塑性变形所需的力矩。

09.0313 轧制力臂 rolling force arm
轧制时，轧制力作用点至轧辊中心连线的垂直距离。

09.0314 轧制力臂系数 coefficient of rolling force arm
轧制力臂与变形区长度的比值。

09.0315 附加摩擦力矩 additional friction torque
轧制时，克服轴承、传动机构以及其他转动件的摩擦力所需力矩。

09.0316 空转力矩 idling torque
轧机未进行轧制而空转时，传动轧机主机列各转动件所需的力矩。

09.0317 动力矩 dynamic torque
轧制时，因轧制速度变化，轧机主机列各转动件由于加速或减速所引起的惯性力所产生的力矩。轧制时调速及可逆往返轧制等情况下都可遇到。

09.0318 传动力矩 driving torque
轧制时，轧机电机输出的力矩，为传动轧辊所需力矩。由轧制力矩、附加摩擦力矩、空转力矩、动力矩四部分组成。

09.0319 轧制力矩负荷图 load diagram of rolling torque
轧制时，轧机负荷(力矩、纵坐标)随时间变化(横坐标)的图示。负荷图要考虑各种轧制情况(如是否同时轧制多根轧件以及电机的

09.0320　轧制功率　rolling power

轧机轧制轧件时在单位时间内所做的功。计算轧制功率时，尚需考虑附加摩擦力矩、空转力矩、动力矩所耗功率。

09.0321　轧制能耗　energy consumption of rolling

轧制时所需消耗的能量。

09.0322　轧制能耗曲线　energy consumption curve of rolling

全称"单位轧制能耗曲线(unit energy consumption curve of rolling)"。(1)轧制每吨坯料、型材、管材产品的能量消耗同延伸系数之间的关系曲线。(2)轧制每吨板产品的能量消耗同厚度之间的关系曲线。

09.0323　宽展　spread

轧件在轧制前和轧制后的宽度变化量。

09.0324　自由宽展　free spread

轧件在轧制时，金属沿宽度方向的流动，既不受阻也不被迫加强时所产生的宽展。

09.0325　强迫宽展　forced spread

轧件在轧制时，金属受凸形辊面的侧向推力强制推动时产生的宽展。比自由宽展时的宽展量大。

09.0326　限制宽展　limited spread

轧件在轧制时，金属宽向流动受阻(如在孔型中轧制时)，不能自由流动时产生的宽展。它比自由宽展时的宽展量小。

09.0327　前滑　forward slip

轧制时，轧件的水平速度大于轧辊线速度水平分量的现象。

09.0328　后滑　backward slip

轧制时，轧件的水平速度小于轧辊线速度水平分量的现象。

09.0329　平均变形程度　mean deformation extent

多道次变形时，各道次变形量的总和除以道次数的均值。

09.0330　轧制外区　outer area

又称"刚端(rigid end)"。轧制时轧件上发生塑性变形以外的区域。外区位于变形区的两端，且不发生变形。

09.0331　弹性压扁　elastic flattening

轧辊在轧制力的作用下与轧件接触部分产生的弹性变形。

09.0332　轧制建成过程　rolling establishing process

轧件开始被轧入到轧件头部走出轧辊中心线一段距离后的过程。由于刚端尚未完全建成，此时的轧制参数也是变化的，刚端建成后才进入稳定轧制。

09.0333　轧件端部变形　deformation of rolled-piece end

在轧制开始和终了的过程中，轧件端部的变形。端部变形会引起轧向出现舌状或双凸状的头尾，宽向出现过或欠宽展，厚度也与中部不同。

09.0334　压力峰值　pressure peak

轧制薄件时实测变形区内轧制压力分布曲线上有一个明显的凸峰。用截面法计算轧制压力时也具有峰值，认为是由摩擦引起，为摩擦峰。

09.0335　轧制几何变形区　geometric defor-

mation zone

轧制时轧件进入和轧出时与上下轧辊接触点连成直线所包含的区域。

09.0336 塑性区 plastic region, plastic zone

变形体发生塑性变形的区域。它并不与几何上限定的变形区一致，例如，有时塑性区呈单鼓的形状超出几何变形区。

09.0337 卡尔曼方程 Karman equation

由卡尔曼提出的用截面法计算轧制压力的微分方程式。由于求解时需设定某些假设或近似条件，故又出现许多公式，如采利科夫轧制力公式等。

09.0338 奥罗万方程 Orowan equation

奥罗万在普朗特的平板压缩研究基础上建立的轧制单位压力分布的微分方程式。

09.0339 采利科夫轧制力公式 Tsilicov rolling-force equation

由采利科夫用截面法导出的轧制力公式。

09.0340 布兰特冷轧轧制力方程 Bland equation for cold rolling force

由布兰特用截面法导出的冷轧轧制力公式。它考虑了冷轧的一些特点。

09.0341 西姆斯热轧轧制力方程 Sims equation for hot rolling force

由西姆斯用截面法导出的热轧轧制力公式。它考虑了热轧的一些特点。

09.0342 最小可轧厚度 minimum rolling thickness

板带轧制时，由于工具的弹性变形，在轧薄至某一厚度后，不论如何加大压下量，轧件已不能再变薄时的厚度。

09.0343 弯辊力 roll bending force

对轧辊施加使之弯曲的力。以控制带材的凸度和平直度。

09.0344 轧辊凸度 roll crown

全称"轧辊辊身凸度"。为了抵消轧制时轧辊弯曲对板带板形的影响，使轧辊具有的一定凸度。为板带轧机轧辊原始辊型中部直径与边部直径的差值。如其值为正，轧辊原始辊型为凸辊型；其值为负，则为凹辊型；其值为零，则为平辊型。

09.0345 轧辊挠度 roll deflection

轧制时轧辊受力所产生的弯曲度。它对板带的横向厚差及板形都有影响。

09.0346 轧机刚度 stiffness of rolling mill

轧机在外力作用下抵抗变形的能力。它为轧机各部件刚度之总和，由机架、压下装置、辊系的弹性变形所引起。一般在压力加工工程中用刚度系数表示之。

09.0347 典型轧制变形 typical rolling deformation

在不同的轧制条件下，轧件具有不同的力学、变形和运动学的典型特征。一般分高件、中件、薄件轧制，它们各具有不同的典型变形特征。

09.0348 薄件轧制 thin piece rolling

对薄轧件进行的轧制。轧件愈薄单位压力愈高，变形深透，轧件表面质点相对于轧辊表面质点有滑移。

09.0349 厚件轧制 thick piece rolling

对厚件进行的轧制。轧件愈厚，单位压力愈高，变形没有深透，轧件(部分)表面质点相对于轧辊表面质点无滑移，产生黏着。

09.0350 辊系受力分析 analysis of force acting on roll

对轧辊上各种作用力之间的关系进行的定量分析。是轧制参数计算、轧辊及轧机的强度及刚度校核、轧机结构确定、轧制稳定性分析的理论依据。

09.0351 轧辊偏移量 offset of roll

为了使轧制过程稳定，四辊轧机工作辊连心线与支撑辊连心线之间需要的偏移量。

09.0352 轧件塑性曲线 plastic curve of rolled piece

描述轧件轧出厚度发生单位变化与相应轧制力改变量之间关系的曲线。

09.0353 轧件塑性方程 plastic equation of rolled piece

描述轧件轧出厚度发生单位变化与相应轧制力改变量之间关系的方程。

09.0354 轧机弹性曲线 elastic curve of mill

描述轧机辊缝发生单位变化与相应轧制力改变量之间关系的曲线。

09.0355 轧机弹性方程 elastic equation of mill

描述轧机辊缝发生单位变化与相应轧制力改变量之间关系的方程。

09.0356 轧制弹-塑曲线 rolling elastic-plastic curve

为分析厚差成因，并予以调节和控制，将轧件塑性曲线与轧机弹性曲线绘于同一图中，以说明轧件和轧机的相互作用及其对轧制力和轧出厚度的影响曲线。

09.0357 连轧动态过程 dynamic process of tandem rolling

连轧生产是一个动态不平衡的过程。连轧时，由于外扰量的干扰，平衡状态经常被破坏。

09.0358 连轧综合特性 synthetic characteristic in tandem rolling

连轧机运行状态中，连轧稳态和动态特性的总合。是连轧机设计、配置、调节和控制的技术基础。

09.0359 影响系数法 influence coefficient method

取秒流量体积不变条件、弹性方程以及轧制力与其他物理量的关系式的增量形式为基本方程组，则可求解连轧稳态下各机架、各工艺参数等的变化情况，如再引入时间的概念，就可研究连轧动态过程的方法。

09.0360 直接计算法 direct calculation method

研究连轧动态过程时，对所用公式不用其增量形式，而是采用公式直接进行计算的方法。

09.0361 连轧张力方程 tension equation of tandem rolling

定量描述连轧张力各参数之间关系的方程。连轧张力是连轧的重要参数，各机架的相互影响及能量传递都是通过张力来进行的，除考虑轧件的弹性性质和两机架间的速差外，尚需考虑张力对速差的反影响。

09.0362 轧制动态规格变换 flying gauge changing of rolling

在连轧机不停车的情况下变换轧制板带厚度规格的技术。

09.0363 轧机刚度系数 rigidity coefficient of rolling mill

轧机产生纵向单位弹性变形所需施加的轧制力。其几何意义为轧机弹性曲线的斜率。

09.0364 辊缝转换函数 conversion function for roll gap

描述轧件轧出厚度偏差与辊缝调节量之间的关系函数。

09.0365 连轧张力动态曲线 dynamic tension curve of tandem rolling

连轧时，机架间的张力随时间变化的曲线。是根据考虑到张力反作用的张力方程绘制的，因此可解释张力的自动调节作用。

09.0366 厚控方程 gauge control equation

为消除厚差对辊缝或张力的所需调节量的方程。

09.0367 秒流量方程 mass flow equation

用增量形式表示秒流量体积不变的方程。用于连轧综合特性的分析。

09.0368 堆拉率 push and pull rate

连轧时相邻两个机架金属秒流量的相对差值。堆钢或拉钢将破坏连轧过程的稳定性，严重者甚至可造成事故。

09.0369 轧机振动 vibration of rolling mill

轧制时，由于设备参数设计不当或工艺参数选取及操作不当，引起轧机的振动。可造成设备事故发生，或造成产品缺陷(如冷轧带时因振动在带上产生明暗条纹)。

09.0370 轧制工艺振动 rolling vibration induced by processing factor

由工艺因素引起的轧机振动。有垂直振动和扭转振动，频率也有低频、高频之分。

09.0371 轧机垂直振动 vertical vibration of rolling mill

在带材轧制时，发生两种在轧机垂直方向的振动。第一种为频率大约在 150~250Hz 的低频垂振，第二种为频率大约在 500~700Hz 的高频垂振。

09.0372 轧机扭转振动 torsional vibration of rolling mill

由工艺因素引起轧机的绕其纵轴产生扭转变形的振动。这些因素是轧制速度、润滑条件等。

09.0373 成形 forming

使用某种工艺手段，在冷态或热态(冷、热成形)下，将坯料或工件制成具有预定形状和尺寸的工艺过程。

09.0374 单位挤压力 specific extrusion pressure

挤压凸模单位面积上承受的压力。它是一个平均值，其值等于总的挤压力除以凸模工作部分的水平投影面积。

09.0375 单位体积变形功 deformation work per unit volume

使工件单位体积产生塑性变形而需消耗的功。它是一个平均值，其值等于总的工件的总变形功除以变形体的总体积。

09.0376 理想变形功 ideal deformation work

材料发生塑性成形需要外力对其所做的最小的功。不同的加工方法(变形方法)和加工步骤(变形过程)所耗变形功不一样，其中存在一个最小的耗功。

09.0377 回弹 spring back

板材受到外力发生弯曲塑性变形，当外力去除后，变形后的板料将产生少量的形状回复。

09.0378 极限剪切强度 critical shearing strength

物体(材料)在一对大小相同、方向相反的外力作用下将发生变形(弹性变形)，当外力撤放后，物体(材料)将恢复到原来受力前的形状及尺寸，而不发生塑性变形或断裂的最大剪切力。

09.0379 减薄率 reduction ratio
又称"冲薄率"。厚度的减薄量与原厚度的百分比。板材在外力作用下产生塑性变形，厚度变薄。

09.0380 剪切成形 shearing forming

应用剪切的方法将材料加工成形的工艺。将板材不需要的部分剪去，留下需要的部分，成为有用的产品。

09.0381 死区 dead metal region, dead zone
塑性加工时，工件内不变形的刚性区。

09.0382 塑性流动 plastic flow
材料在受到外力作用后，质点之间出现不可逆的相互迁移。

09.02 轧 制

09.0383 纵轧 longitudinal rolling
在轴线相互平行的 2 个轧辊之间进行的，轧件纵轴线同轧辊轴线垂直的轧制。

09.0384 横轧 transverse rolling
轧辊轴线与轧件轴线相互平行，轴类毛坯在旋转方向相同的轧辊中间，边绕自身轴线边旋转边轧制成形的回转成形轧制工艺。

09.0385 斜轧 cross rolling
轧件在旋转方向相同、纵轴线相互交叉(或倾斜)的两个轧辊之间，边旋转、边变形、边前进的轧制。有二辊斜轧穿孔机和三辊斜轧穿孔机。

09.0386 立轧 edge rolling
对扁平轧件的侧边进行压缩的纵轧。

09.0387 45°轧制 45° rolling
在与地平线呈 45°夹角且相互呈 90°夹角交叉配制的连轧机上的轧制。是现代线材轧制的一种主要方式。

09.0388 连轧 tandem rolling, continuous rolling
在串行式轧机上，同一轧件同时在 2 个或以

上的机架中以相等的秒流量体积进行的连续轧制。

09.0389 半连续轧制 semicontinuous rolling
由横列式或串行式轧机和连续式轧机混合组成的机组上进行的轧制。

09.0390 多辊轧制 multi-high rolling
具有 3 个或以上的轧辊组成的轧机上对板带的轧制方式。

09.0391 不对称轧制 asymmetrical rolling, unsymmetrical rolling
变形条件不对称于轧件中心平面的轧制过程。有速度不对称、上下辊径不对称等。但由于轧制条件变化引起的非人为的不对称轧制(如温度不均、润滑不均等)，仍属普通轧制。

09.0392 异步轧制 asynchronous rolling, cross shear rolling
使上下工作辊表面线速度不等的一种轧制方式。由于有一种搓轧的作用，使轧制压力有所降低。

09.0393 行星轧制 rolling on planetary mill

在由两个支辊及围绕其圆周许多小行星辊组成的行星轧机上的轧制方式。

09.0394 无头轧制 endless rolling
用连铸机连续供坯或用焊接方法将轧坯首尾焊接起来进行不间断的轧制方式。

09.0395 全连续轧制 fully continuous rolling, completely continuous rolling
将各条带材前后焊接起来，进行不间断的连续轧制的轧制方式。与一般无头轧制不同的是它要进行动态产品规格变换，以轧制不同规格的产品。

09.0396 芯棒轧制 mandrel rolling
轧管时用芯棒插进管材内部同轧辊等构成环形孔型的轧制方式。

09.0397 环轧 ring rolling
在环轧机上将环形坯壁厚减薄、直径扩大的一种回转成形轧制工艺。

09.0398 变断面轧制 rolling with varying section
生产断面形状和尺寸沿长度(纵轴)方向变化的轧材的轧制工艺。有变断面纵轧、横轧、斜轧等。

09.0399 楔横轧 wedge rolling
用两个带有楔形孔型的轧辊，进行横轧轧制变断面回转体的轧制技术。

09.0400 叠轧 pack rolling
将数层板材叠放在一起进行的轧制。

09.0401 螺旋轧制 screw rolling
在具有螺旋状孔型轧辊的斜轧机上生产钢球、麻花钻头等产品的轧制技术。

09.0402 菌式穿孔机穿孔 cone-roll piercing process
用菌式轧辊实现的二辊斜轧穿孔。轧辊曲线与轧制轴线相交成前进角(α)，在垂直平面与轧制线构成一个展轧角(γ)，锥形辊的锥底在出口方向，轧辊圆周速度从入口到出口是逐步增加的，与轧件运动速度协调。尚有三辊斜轧穿孔(three-high cross piercing, three skew-roll)，在三个同向旋转的轧辊和顶头构成的孔型中，管坯进行穿孔的轧制。

09.0403 皮尔格周期式轧管 Pilger rolling
轧辊的轧槽深度在整个圆周上由深向浅变化，轧辊旋转一周孔型呈一个周期变化对轧件进行轧制的轧制方式，从而实现轧薄和延伸的目的。

09.0404 平辊轧制 flat roll rolling
简称"平轧(flat rolling)"。用平辊进行的轧制。是生产板、带材的主要方法。

09.0405 粗轧 rough rolling
对加热出炉的铸坯进行的初步轧制。以减小轧件厚度或断面，为后面轧制机组做准备。

09.0406 粉末轧制 powder rolling
将添加黏结剂的粉末引入一对旋转轧辊之间使其压实成黏聚的连续棒、带坯的方法。

09.0407 真空轧制 vacuum rolling
在真空中进行的轧制。

09.0408 直接轧制 direct rolling
为了节能，由连铸(或初轧)生产的坯料，不经再加热(或仅边角少许加热)而进行后续轧制的技术。

09.0409 双合轧制 doubling rolling
对于厚度小于 0.012mm(厚度大小与工作辊的直径有关)的极薄铝箔，在两张铝箔中间加上润滑油，然后合起来进行轧制的方法。

09.0410 复合轧制 sandwich rolling
又称"双金属轧制"。通过轧制，使 2 种或 2 种以上不同的材料在整个接触面上相互牢固地结合在一起的轧制方法。

09.0411 升速轧制 accelerated rolling
在轧机升速过程中进行的轧制。

09.0412 切分轧制 splitting rolling
在特殊的孔型中将一条坯料轧出 2 条或 2 条以上的并联坯料，借助轧辊或其他切分装置将其分开成单条轧件的方法。这是型线生产中采用的技术。

09.0413 张力轧制 tension rolling
轧制时前后施以张力的轧制。

09.0414 周期轧制 periodic rolling
用于轧制管材，在轧辊上的轧槽深度在整个圆周上，由深向浅变化，故轧件经一周轧制而逐渐减薄，毛管在轧辊每旋转一周，给一个相应的送进量，从而实现轧制的技术。

09.0415 活套轧制 loop rolling
在 2 个秒流量体积不等的相邻的轧机中间，前道次的秒流量体积通常大于相继道次的秒流量体积，中间形成活套的轧制方式。是在横列式型材轧机上使用的一种方法，在线材及热带连轧机上形成的微活套一般用活套支持器来支撑。

09.0416 穿梭轧制 shuttle-rolling
轧件在同一机架不同孔型间或同一机列不同机架上首尾交替、往复穿行的轧制方法。

09.0417 跟踪轧制 tracking rolling
轧件始终以一端进入轧机，轧完后再进入下一机架的轧制方式。一般用于顺列式或顺列往复式轧机上。

09.0418 交叉轧制 alternately rolling
一架轧机同时轧制 2 根以上轧件的轧制方法。可缩短节奏时间，提高轧机利用率。

09.0419 无张力轧制 non-tension rolling
为了轧件不因受拉而产生塑性变形，在连续板带及型线轧机上轧制时，机架间不产生张力的轧制技术。

09.0420 无扭轧制 no-twist rolling
在平–立交替配置的轧机上，对轧件的高向和宽向反复进行压缩，而无须翻钢或借助扭转再进入下一道次的轧制方式。

09.0421 无芯棒拔制 mandrel-less drawing
无芯棒条件下进行拔制管材的方法。此法只可减径，不能减壁。

09.0422 液芯轧制 rolling with liquid core
开坯时对仍保有一定液芯(一般小于 6%)的钢锭进行的轧制。

09.0423 负偏差轧制 rolling with negative deviation
又称"负公差轧制(rolling with tolerance)"。使成品断面尺寸控制在公称尺寸的负偏差范围内的轧制。有显著的经济效益和社会效益。

09.0424 狗骨轧制 dog-bone rolling
预先将板坯断面轧成狗骨形，以使轧制最终平面形状接近矩形的轧制技术。可提高成材率。

09.0425 无切边轧制 trimming free rolling
为使轧制板带产品不用切边交货的轧制技术。

09.0426 立辊轧边 vertical roll edging
利用厚板轧机所附带的立辊，对板材宽向进行控制，以保证板材平面形状的技术。

09.0427 展宽轧制 spread rolling
将窄的锭坯轧制成接近成品宽度的轧制过程。以满足少坯种生产多规格的要求，有纵向展宽轧制、横向展宽轧制、角轧等。

09.0428 自由程序轧制 schedule free rolling
又称"无规程轧制"。为适应一体化和按合同组织生产板材按宽窄变化无规律的程序进行的轧制技术。为此，须采用移辊等技术，以均化轧辊磨损等技术不利因素。

09.0429 热弯轧制 hot roll forming
将热轧近形带坯用热弯最后成形的轧制技术。

09.0430 初轧 blooming
钢锭用初轧机轧成方坯、板坯的轧制技术。

09.0431 冷连轧 cold tandem rolling
在金属变形温度低于回复温度的条件下，在连续式轧机上的轧制技术。

09.0432 热连轧 hot continuous rolling
在高于再结晶温度的条件，在连续式轧机上的轧制技术。

09.0433 有槽轧制 rolling with grooved roll
在带有孔槽轧辊中的轧制技术。

09.0434 [板带材]平整 temper rolling
为了消除退火带材的屈服台阶、改善表面质量等，对冷轧退火后的板带进行小压下量的冷轧。

09.0435 线材轧制 rod rolling, wire rolling
用以生产线材(盘条)的轧制技术。有连轧、半连轧等方法。

09.0436 管材轧制 tube rolling
用轧制生产管材的轧制技术。此外还有挤、拉、焊等生产方法。

09.0437 钢坯轧制 billet rolling
经开坯轧机(初轧、粗轧)将锭或铸坯轧成半成品的轧制技术。

09.0438 钢球轧制 steel ball rolling
生产钢球的轧制技术。

09.0439 型材轧制 section rolling
生产型材的轧制技术。

09.0440 厚板轧制 heavy plate rolling
生产厚板的轧制技术。

09.0441 箔材轧制 foil rolling
用轧制生产极薄带材的轧制技术。

09.0442 薄板轧制 sheet rolling
生产薄板的轧制技术。

09.0443 温轧 warm rolling
金属在回复温度以上、再结晶温度以下的温度范围内的轧制技术。

09.0444 中轧 intermediate rolling
在介于粗轧及精轧机组(或机架)的中间机组(或机架)上的轧制技术。

09.0445 精轧 finish rolling
又称"终轧"。在最后一个轧成成品的机组(或机架)上的轧制技术。

09.0446 开坯 breaking down
在初轧机、粗轧机或锻压机上将锭或铸坯轧或锻成坯的生产过程。

09.0447 管材连续冷轧 tube continuous cold rolling

管坯和芯棒一起通过多机架轧管机组进行管材冷轧的方法。

09.0448　初轧坯　bloom
用初轧机将锭轧制成的方坯和板坯。

09.0449　大板坯　slab
又称"扁坯"。供轧制宽厚板、宽带用的坯料。

09.0450　空心坯　hollow billet
供轧制管材用的空心坯料。

09.0451　圆坯　round billet
供轧制管材、棒材用的坯料。

09.0452　窄薄板坯　sheet bar, sheet billet
宽度大于 600mm、厚度 6~50mm 的窄薄型坯料。

09.0453　异形坯　shaped billet
用于生产大型工字钢、钢桩、H 型钢等的异形坯料。

09.0454　轮箍坯　tyre round
供轧制轮箍用的坯料。多为锻件。

09.0455　车轮圆坯　wheel blank
供轧制车轮用的坯料。

09.0456　焊管坯　tube skelp
供轧制焊管用的坯料。一般为带材。

09.0457　薄板　sheet
厚度为 0.2~3mm 的单张板材。

09.0458　带材　strip
成卷供应的带状金属材。由宽度是否大于 600 mm 划分为宽、窄两种。

09.0459　宽带　wide strip
宽度大于 600 mm 的带材。

09.0460　窄带　narrow strip
宽度小于 600 mm 的带材。

09.0461　热轧薄板　hot-rolled sheet
用热轧方法生产的薄板。

09.0462　冷轧薄板　cold-rolled sheet
用冷轧方法生产的薄板。

09.0463　箔材　foil
极薄的金属带材。厚度规范因金属而异，如铝箔规定最大厚度为 0.2mm。

09.0464　镀层板　coated sheet
在表面镀以其他金属层的板材。

09.0465　涂层板　painted sheet, coated sheet
在表面涂以非金属层的板材。

09.0466　搪瓷钢板　enameling sheet
用于制作搪瓷制品原料的钢板。一般厚度为 0.3~2.0mm，要求具有一定的深冲性能和防瓷爆的性能。

09.0467　镀锌板　galvanized sheet
表面镀以锌层的钢板。原料主要为低碳钢及超低碳钢。

09.0468　无锡镀层钢板　tin free coated steel sheet
不镀锡而可代替制罐镀锡板的薄板。现多为用电解铬酸处理法表面处理的钢板。

09.0469　瓦垅板　corrugated steel sheet
又称"波纹板"。表面呈波纹状的钢板。薄波纹板多用做屋面板，厚者多做波纹焊管。

09.0470 电工钢板带 electric steel sheet and strip

又称"硅钢片"。含硅 1.0%~4.5% 的低碳硅合金钢。由于有涡流和磁滞损失小、磁导率高等优点，故为电器材料。

09.0471 深冲钢板 deep drawing steel sheet

具有良好深冲性能的钢板。有镇静、沸腾、双相等类型，一般用塑性应变比、硬化指数作为其评价指标。

09.0472 汽车板 automobile steel sheet, automotive steel sheet

用于制造汽车车体的钢板。有深冲、超深冲、IF 钢板、高强钢板等。

09.0473 镀锡薄板 tin sheet

表面镀有工业纯锡的钢板。用于食品包装和容器。

09.0474 彩涂钢带 color-painted steel strip

以镀锌、镀铝等板为基板，表面(单面、双面)涂以彩色有机涂料的钢板。广泛用于建筑、轻工、家具等行业。

09.0475 包装钢带 package steel strip

用于包装，厚度为 0.25~1.65mm 的钢带。一般切成条状供货。

09.0476 镀铝薄板 aluminum coated steel sheet

表面镀有纯铝或铝合金的钢板。用于汽车、建筑等行业。

09.0477 黑铁皮 black sheet

退火后未进行表面清理的薄钢板。

09.0478 光亮板 bright sheet

经光亮退火、表面光亮的板材。

09.0479 减震板 damping steel sheet

一种降低噪声、减少震动的夹心复合板。夹心为高分子树脂。

09.0480 荫罩板 grillage sheet

电视彩显管的组件，厚度约 0.15mm 的超低碳、低膨胀合金薄钢板。对平直度等有严格要求。

09.0481 厚板 plate, heavy plate

厚度为 20~60mm 的板材。

09.0482 中板 medium plate, light plate

厚度为 3~20mm 的板材。

09.0483 特厚板 super heavy plate

厚度为 60~120mm 的板材。

09.0484 特宽厚板 super wide and heavy plate

宽度可达 5350mm 的厚板。

09.0485 装甲板 armoured plate

用于坦克、装甲车等的钢板。要求高的强度和耐冲击性。

09.0486 船板 ship plate, hull plate, shipbuilding plate

用于造船和海上采油平台的钢板。种类较多，现分 5 级 10 种。

09.0487 锅炉板 boiler plate

用于锅炉制造的钢板。分工业、电站、核电站用锅炉的几大类。

09.0488 容器板 tank plate

用于制造容器(如反应器、油气罐等)的钢板。按压强分有低压、中压、高压、超高压(≥100MPa)四级容器钢板。

09.0489　桥梁钢板　bridge steel plate
用于桥梁的钢板。除一般要求外，耐冲击性及应变时效作为交货条件。

09.0490　汽车大梁用板　plate for automobile frame
用于汽车及卡车大梁的、厚度为 2.5~12mm 的钢板。

09.0491　管线用板　pipe line plate
油气输送管线用钢的板材。要求能承受较大的载荷和油气流的冲刷腐蚀以及良好耐低温性。现在常用的有 X42-X80 的各个级别。

09.0492　复合钢板　clad steel plate
用两种性能不同的材料，通过一定工艺使其复合为一的钢板。广泛用于各部门，有热轧、复合铸、爆炸焊接等多种生产方法。

09.0493　双金属板　bimetal plate
用两种性能不同的金属材料，通过一定工艺使其复合为一的钢板。广泛用于仪表、家电等部门，有热冷轧、熔合铸、爆炸、双浇等多种生产方法。

09.0494　模具钢板　die steel plate
用于制造模具的钢板。要求良好耐磨性能和耐冲击性。

09.0495　防挠板　anti-deflection plate
一种带棱的防挠曲的钢板。

09.0496　带肋板　rib plate
一种带肋的钢板。

09.0497　钢板网　expanded steel sheet
用低碳钢板冲拉成的金属网。

09.0498　无缝管　seamless tube
以实体锭坯为原料经轧制等工序生产的空心管材。

09.0499　焊接管　welding pipe, welded tube
用带材焊成的管材。有直缝和螺旋缝管。方式有炉焊、电焊、气焊和气电焊 4 种。

09.0500　薄壁管　thin-wall pipe
一般用径壁比 D/s 来衡量，$D/s>30$ 的管材。$D/s>40$ 为超薄壁管。

09.0501　厚壁管　heavy-wall pipe
径壁比 $5<D/s<12$ 的钢管。$D/s<30$ 为中厚壁管，$D/s<5$ 为超厚壁管。

09.0502　电焊管　electric welded pipe
利用电热原理使焊缝边缘加热至焊接温度加压焊合，或加热至熔化温度使焊缝熔合成管。

09.0503　电阻焊管　resistance welded pipe
属于压力焊接，使焊缝边缘加热至焊接温度加压焊合成管的焊管。分低频、高频两种。

09.0504　气焊管　acetylene-welded pipe
用乙炔等为热源，对管坯两边缘加热，在填充物的参与下，焊合成管的焊管。

09.0505　炉焊管　furnace butt-weld pipe
多用连续炉式生产，管坯在炉内加热，边部温度较高，近于熔化，经成形机成形并压焊在一起成管的焊管。

09.0506　对缝焊管　butt-welded pipe
又称"直缝焊管"。焊缝为直缝的焊管。

09.0507　搭接焊管　lap-welded pipe
用搭接方法生产的焊管。用焊接方法连接的接头(焊缝、熔合区等)形式有对接、角接和搭接。

09.0508 埋弧焊管 submerged arc welded pipe

又称"电弧焊管"。利用极间电弧放电产生的高温，使焊缝熔化焊合所生产的焊管。该法适于大直径、厚壁焊管生产。

09.0509 感应焊管 induction welded pipe

将感应线圈围绕在待焊的焊管管筒外面，因集肤效应感应电流集中在管筒边部，用压力使其焊合所生产的焊管。

09.0510 螺旋焊管 spiral welded pipe

焊缝为螺旋式的焊管。可生产较大直径钢管，并用同一宽度带材可生产不同直径的钢管。

09.0511 UOE 焊管 UOE welded pipe

将经过预处理(刨边、坡口、预弯等)钢板，依次进入 U 形压力机和 O 形压力机制成管筒，再用埋弧焊焊成的钢管。

09.0512 挤压管 extruded pipe

用挤压方法生产的管材。突出的是可生产复杂断面形状的管材，并适于特殊材料的加工。

09.0513 不锈钢管 stainless steel pipe

用不锈钢生产的钢管。品种繁多，用途宽广。

09.0514 油井管 oil well pipe

用于油井工作的钢管。包括钻具用管、套管和油管 3 类。

09.0515 钻探管 drill pipe

用于油井钻探工作的钢管。因工作条件恶劣，故对钻探管有严格要求。

09.0516 油管 tubing

油井打好固井之后，在油层套管中设置的钢管。油气从此涌至地面，油管分平式和加厚式。

09.0517 石油裂化用钢管 steel tube for petroleum cracking

专用于石油裂化设备的钢管。裂化管有专门的技术标准。

09.0518 地质钻探用钢管 steel tube for drilling

简称"地质管"。地质钻探用的钢管。用于普查、勘探、地热、固井等多方面，钢质因用途不同而不同。

09.0519 高压锅炉管 high pressure boiler tube

具有耐高温和高压条件，较高的持久强度，较高的抗氧化腐蚀性能，并有良好的组织稳定性，用来制造高压和超高压锅炉的过热器管、再热器管、导气管、主蒸汽管等的钢管。

09.0520 异型钢管 profiled tube

断面不是圆形或直径和厚度沿长度发生变化的管材。品种繁多，最小直径仅 3mm，而最大直径可达 4m 以上。

09.0521 金属软管 metallic flexible hose

为使其具有柔性，将管筒做成圆弧波浪形状的金属管。有多种金属及规格，如用冷轧钢带制成的软管，一般厚度为 0.2~0.6mm，直径为 1~12mm。

09.0522 机械管 mechanical tube

用于机械工业的管材。如航空结构管、拖拉机方管等。

09.0523 锥形管 tapered pipe

管径沿长度变化的钢管。如旗杆、电线杆等用管。

09.0524 管接头 pipe joint

用以连接管件的连接件。形式多样，有直有弯。品种繁多，最小直径为毫米级，而最大直径可达数米以上。

09.0525 简单断面型钢 simple section steel

具有简单几何形状横截面的型钢。例如：方形、圆形、六角形、三角形、椭圆形、弓形钢等。

09.0526 大型钢材 heavy section

具有较大横截面的型材。如工、槽、H型钢的高度不小于80mm。

09.0527 经济断面钢材 light section steel

与同规格普通钢材相比，其形状、尺寸、断面积更为合理、经济的钢材。有通用型、专用型、断面周期变化型等诸多品种。

09.0528 高效钢材 high-effective steel product

各种低合金、热强化、冷加工、经济断面等类钢材。该名称源自苏联冶金界。

09.0529 棒材 bar steel

又称"条材"。直径大于10mm、纵向平直的实心钢材产品。其断面可为圆、方、六角等。

09.0530 圆钢 round steel

断面为圆形的钢材。热轧圆钢直径5~350mm，冷拉圆钢直径3~100mm。

09.0531 方钢 square bar

断面为方形的钢材。热轧方钢边长4~250mm，冷拉方钢边长3~100mm。

09.0532 六角钢 hexagonal bar

断面为正六角形的钢材。规格用其内接圆直径表示，一般在7~80mm的范围内。

09.0533 弓形钢 bow beam steel

断面为弓形的钢材。规格用其宽和厚表示，一般宽在15~20mm、厚在5~12mm的范围内。

09.0534 三角钢 triangular section steel

断面为三角形的钢材。规格用其边长表示，一般在9~30mm的范围内。

09.0535 扁钢 flat steel

宽为12~300mm、厚为3~60mm、断面为长方形的钢材。

09.0536 角钢 angle steel

断面呈角形的简单断面型材。尚有等边不等边之分。

09.0537 等边角钢 equal angle steel, equal-sided angle steel

两边等长的角钢。其规格以1/10边长表示，通常在2-25号范围内。

09.0538 不等边角钢 unequal angle steel, unequal-sided angle steel

两边不等长的角钢。其规格以长边/短边的1/10表示，通常在2.5/1.6-2.5/16.5范围内。

09.0539 槽钢 channel section, channel steel

断面呈槽形的钢材。常用的为5-40号，即高度为5~40mm。

09.0540 工字钢 I-beam steel

断面呈工字形的复杂断面型材。其规格以1/10腰高表示，通常在8-63号范围内。

09.0541 H型钢 H section steel, H section

又称"宽缘工字钢"。断面呈H形的复杂断面型材。其翼缘内外侧平行、端部呈直角，以腹板高度表示，大号大于700mm，小号小于 300mm。又分宽翼缘、中翼缘、窄翼缘、薄壁 4 种。

09.0542 万能宽边 H 型钢 universal wide flange H section
由一对水平轧辊和一对垂直轧辊组成且轧辊轴线在同一垂直平面内的万能轧机上生产的断面类似 H 形的型钢。具有腿部较宽、腰部较高、腿内侧无斜度等优点。

09.0543 T 字钢 T-section steel
断面呈 T 字形的简单断面型材。以腿宽表示，通常在 20~400mm 范围内。

09.0544 Z 字钢 Z-section steel
又称"乙字型钢"。一种断面呈 Z 字形的型钢。

09.0545 钢轨 rail
用于制造轨道的钢材。以单位长度质量表示。单位长度质量大于 33kg/m 的钢轨为重轨，单位长度质量小于 24kg/m 的钢轨为轻轨。

09.0546 垫板 sole plate
铁道用，置于钢轨之下，用于分散压力的部件。又分轻轨垫板和重轨垫板。

09.0547 鱼尾板 fish plate
钢轨与钢轨之间的连接用材。

09.0548 轮辋钢 wheel felly steel
热轧方法生产专用制造轮辋的复杂断面型钢。按单位质量分 12 个等级。

09.0549 窗框钢 sash-bar steel
一种做门窗框条用的热轧复杂断面型钢。

09.0550 钢桩 pile steel
用于建筑钢桩的钢材，有钢板桩和钢管桩。

钢板桩为一种近似槽形用于建筑钢桩的钢材，钢管桩为一种用于建筑钢桩的管材。

09.0551 钎钢 drill steel
用于矿山开凿岩石用的一种棒材。

09.0552 球扁钢 bulb flat steel
一种不对称、一端带突起的扁钢。一般宽度在 80~430mm 范围内。

09.0553 冷弯型钢 roll-formed section steel
用带材在冷态下弯曲成各种断面形状的钢材。有开口、闭口式，有一般及轻型薄壁等各种类型。

09.0554 热弯型钢 hot bending section steel
用带材在热态下弯曲成各种断面形状的钢材。

09.0555 冷拉棒材 cold-drawn bar
用冷拉制成的圆、方、六角等各种棒材。一般尺寸在 3~80mm 之间。

09.0556 帽型钢 hat section steel
呈帽形的一种冷弯型钢。

09.0557 钢筋 reinforced bar
用于混合结构中的棒线材。品种繁多。如按加工分有热轧、冷轧钢筋，按外形分有带肋与光面钢筋等。

09.0558 公路护栏钢 highway guardrail steel
用于高速公路护栏的钢材。一般用冷弯制成。

09.0559 线材 wire rod
直径 4.6~12.7mm 成盘供应的圆断面钢材。

09.0560 线材制品 wire rod product

用线材做原料，经再加工制成的产品。

09.0561 金属制品 metal product, steel wire product

用钢丝做原料，经再加工制成的产品。包括钢丝绳、钢绞线、钢丝网、弹簧、钢棉、钢毛等。

09.0562 钢丝 wire steel, wire

由盘条经拉伸(或冷轧)而成的金属制品。直径一般为 0.2~8mm。有弹簧钢丝、预应力混凝土用钢丝、针布钢丝、制针钢丝等。

09.0563 钢丝绳 wire rope

用钢丝捻制成的绳索。品种繁多，直径一般为 3~65mm，最粗直径可达 120mm。

09.0564 异型钢丝 shaped wire

具有特殊断面形状的钢丝。如弓形、Z 字形等。

09.0565 冷拔钢丝 cold-drawn wire

用冷拔方法生产的钢丝。此外还有用冷轧、温拔等方法生产者。

09.0566 焊丝 welding wire

用于焊接的钢丝。因焊接件不同而不同，例如不锈焊接钢丝有奥氏体型、马氏体型、铁素体型等。

09.0567 金属丝网 wire mesh, wire netting

用金属丝制成的金属网。品种繁多，用途广泛。

09.0568 钢绞线 steel wire strand

用高碳钢丝或预应力钢丝捻制而成的钢丝束。是单股钢丝绳的一种。

09.0569 钢缆绳 wire cable

又称"多股缆"。由多股钢丝制成的粗绳。因拴船、车而得名。

09.0570 钢球 steel ball

在螺旋孔型的钢球轧机或通过锻打、旋压和铸造等方式生产、直径为 25~125mm 的钢质球体。

09.0571 火车轮 wheel for railway

介于铁路轨道和机车车轴之间所承受负荷的旋转组件。有铸造车轮和轧制车轮，轧制车轮是在专门车轮轧机上生产的。

09.0572 轮箍 tyre, tire, hub

组合车轮的外圈部分。最大直径可达 1.8m 以上。

09.0573 有色加工产品 wrought product

对有色金属进行热、冷塑性变形工艺。如热轧、冷轧、挤压、拉伸或锻造(可单独和组合工艺)等获得的产品。有色金属加工产品可分为板材、带材、箔材、棒材、线材、管材、型材、锻件等。

09.0574 铝及铝合金扁平材产品 aluminum and aluminum alloy flat rolled product

以纯铝和以铝为基体元素的合金扁锭经热轧、铸轧、冷轧、箔轧后得出的铝及铝合金板、带、箔产品。

09.0575 铝合金彩色涂层板带材 color coated sheet and strip of aluminum alloy

冷轧后的铝及铝合金板或带卷，在涂层机列中进行彩色涂层的产品。对成品涂层板、带材要进行涂膜厚度、光泽度、涂膜柔韧性、耐冲击性检验。

09.0576 包铝厚板 Al-clad plate

在铝合金厚板的两面，用冶金方法包覆一层铝或铝合金所制成的一种复合板材。此种包覆层对于芯层来说为阳极，于是芯层受到电化学保护不致被腐蚀。

09.0577 镁合金热挤压管材 extruded tube of magnesium alloy

对以镁为基体元素的合金进行热挤压，使之沿整个长度方向横截面均一，壁厚均一，且只有一个封闭孔的空心加工产品。

09.0578 空调管 tube for air-conditioner and refrigerator

全称"空调与制冷用铜管"。专门用于空调器和制冷系统热交换器的散热性能好的管材。

09.0579 稀有金属合金 rare-metal alloy

以某种稀有金属为基体元素组成的合金。包括钨合金、钼合金、钽合金、铌合金等。

09.0580 有色金属板材 non-ferrous metal plate, non-ferrous metal sheet

具有矩形横截面，均一厚度（铝板厚度大于0.20mm，铜板厚度大于0.15mm），成板状的扁平轧制有色金属产品。板材厚度不大于宽度的十分之一。

09.0581 有色金属带材 non-ferrous metal strip

具有矩形横截面，均一厚度（铝板厚度大于0.20mm，铜板厚度大于0.15mm），成带状的扁平轧制有色金属产品。带材通常纵向剪边，成卷供应。带材厚度不大于宽度的十分之一。

09.0582 有色金属箔材 non-ferrous metal foil

具有矩形横截面，均一厚度（铝小于0.20mm，铜小于0.05mm)的轧制有色金属产品。

09.0583 有色金属管材 non-ferrous metal tube

沿整个长度方向横截面均一，壁厚均一，且只有一个封闭孔的空心加工有色金属产品。管材以直状或卷状供应。横截面形状有圆形、椭圆形、正方形、矩形、等边三角形和正多边形。正方形、矩形、等边三角形和正多边形横截面的产品，沿长度方向的棱边可以有倒圆角。

09.0584 有色金属棒材 non-ferrous metal rod/bar

沿整个长度方向具有均一横截面的实心加工有色金属产品。直径等于和小于12mm的拉制棒亦可成卷供应。横截面形状有圆形、椭圆形、正方形、矩形、等边三角形和正多边形等。

09.0585 有色金属线材 non-ferrous wire

沿整个长度方向上具有均一的横截面，以卷状供应的实心有色金属加工产品。横截面的形状有：圆形、椭圆形、正方形、矩形、等边三角形和正多边形。

09.0586 有色金属型材 non-ferrous metal section

沿整个长度方向上具有均一横截面，而横截面形状不同于板、带、棒、线材的有色金属加工产品。型材以直状或卷状供应。

09.0587 空心型材 hollow section

横截面有一个或多个封闭通孔，但横截面形状与管材不同的型材。

09.0588 实心型材 solid section

横截面上无任何封闭通孔的型材。

09.0589 钛合金管 titanium alloy tube

对以钛为基体元素的合金进行冷轧(冷拔)，

使之沿整个长度方向横截面均一，壁厚均一，且只有一个封闭孔的空心加工产品。

09.0590　镁合金管　magnesium alloy tube
以镁为基体元素的合金管材。

09.0591　钛合金板　titanium alloy plate
以钛为基体元素的合金板材。

09.0592　预拉伸铝合金厚板　pre-stretched aluminum alloy plate
采用预拉伸技术、消除厚板内部的残余应力和淬火引起的不平度的一种铝合金厚板。供航空航天部门用的挤压或轧制产品。

09.0593　变压器铜带　strip copper for transformer
用轧制方法生产，供电力行业变压器用的紫铜带产品。

09.0594　压花铝箔　embossed aluminum foil
在成品铝箔上用压花机生产出的一种带花纹的铝箔产品。

09.0595　喷丸清理　rotoblasting
用铸铁等硬质颗粒(通常为球形，即喷丸)高速冲击金属表面以清除氧化皮的方法。

09.0596　机械清理　mechanical descaling
又称"机械除鳞"。用机加工(刨、铣、车)方法以清除金属表面缺陷的方法。

09.0597　火焰清理　flame cleaning
用乙炔发生器火焰枪人工或机械地清除金属表面缺陷的方法。

09.0598　酸洗清理　acid pickling cleaning
用酸洗清除金属表面氧化皮的方法。

09.0599　研磨清理　grinding cleaning
用砂轮人工或机械地清除金属表面缺陷的方法。

09.0600　加热　reheating
为轧制前将锭或坯经加热以提高塑性、降低变形抗力的一个重要工序，以利于加工。

09.0601　开轧温度　rolling-start temperature
轧件开始轧制的温度。是出炉温度再减去传搁时间的温降后的温度。

09.0602　加热制度　reheating schedule
包括加热时间、加热温度、加热速度、温度制度等加热所需的工艺参数，为加热所制订的制度。

09.0603　入炉温度　input temperature
原料装炉时的温度。

09.0604　加热速度　heating rate
加热时，加热件单位时间内温度升高的数值。

09.0605　炉膛压力　hearth pressure
加热时，加热炉炉膛内炉气的压力。

09.0606　空气过剩系数　air excess coefficient
实际空气量与理论空气量的比值。

09.0607　理论空气量　theoretical air quantity
加热时，燃料中可燃物质全部烧尽(完全燃烧)按理论计算出的所需要的空气量。

09.0608　液芯钢锭加热　liquid core ingot reheating
对带液芯的钢锭进行加热的过程。此时的加热制度也与冷锭加热的不同。

09.0609　均热　soaking

在初轧前，将送来的钢锭进行保温及加热的工艺。

09.0610 热送热装 hot feeding and charging
为了降低能耗，将热锭或坯热送到加热炉前并直接装炉的技术。

09.0611 直接装炉 direct charging
锭或坯不入中间库存储，直接送往加热炉加热的过程。

09.0612 传搁时间 tracking time
同一罐钢水浇铸的钢锭，从浇铸完毕到加热装炉完毕所延续的时间。

09.0613 烘炉 furnace drying
加热炉或均热炉等砌成后生产前要进行烘烤，以去除炉体中的水分，使耐火材料完成结晶转变的过程。

09.0614 待热 rolling mill interrupt by reheating
轧机由于加热工序操作不当等原因不能及时供料而停轧的现象。

09.0615 待轧 reheating interrupt by rolling mill
加热炉由于轧制工序操作不当等原因不能出炉的现象。

09.0616 加热炉热效率 thermal efficiency of reheating furnace
加热金属有效热量与占燃料燃烧放出热量的百分数。

09.0617 轧制工艺制度 rolling schedule
厘定轧制工艺所必须确定的内容及遵循的原则。包括轧制变形制度、速度制度、温度制度等。

09.0618 轧制图表 rolling diagram, rolling plan
反映轧制过程中道次(纵坐标)与时间(横坐标)的关系图。

09.0619 负荷图 rolling load diagram
轧制时，轧机负荷(力矩、纵坐标)随时间变化(横坐标)的图示。负荷图要考虑各种轧制情况(如是否同时轧制多根轧件等)和电机的动力矩等。

09.0620 负荷分配 rolling load distribution
多道次、多机架轧制时，对道次及机架的负荷进行分配的过程。负荷分配对生产有极大影响，既影响产品质量，又影响能量及工具的损耗。合理的负荷分配体现在工艺规程优化上，例如，等负荷的压下规程等。

09.0621 轧制周期 rolling cycle, rolling period
一根轧件从开始轧制到轧制终了所需的时间。

09.0622 轧制压缩率 rolling draught
该道次的绝对压下量与轧前厚度之比。

09.0623 轧制道次 rolling pass, pass
从原料轧制开始，到轧制终了所需的轧制次数。

09.0624 咬入返回轧制 end-bite and reverse rolling
为抑制端部不均匀变形，将钢锭端部施以变形，然后停轧，反向再返回轧制的一种方法。

09.0625 开口度 roll gap
两轧辊中心线距减去两轧辊的实际半径。板带轧制时亦即辊缝。

09.0626 辊跳 roll rebounding

轧制时，由于弹性变形辊缝增大的现象。

09.0627 侧压下 edging draught
调宽的侧面宽度压下的过程。板坯用立辊大侧压是最典型的实例，调宽可达数百毫米。

09.0628 孔型系统 pass schedule
轧制某一型材，从坯料到轧成，依次排列的所需孔型的组合。一般分为延伸孔型系统和精轧孔型系统，前者以压缩断面为主，后者主要考虑获得最终断面及精度。

09.0629 孔型设计 design of grooves, design of passes
轧制某一型材，从坯料到轧成，对所需孔型系统的设计。它包括断面孔型设计、轧辊孔型设计和导卫装置的设计。

09.0630 孔型 roll pass, groove, pass
两个或两个以上轧辊上的轧槽对合起来在轧制面上形成的孔口。

09.0631 轧槽 groove
轧辊辊身上加工出用来轧制型材轧件的孔槽。

09.0632 侧壁斜度 side-wall inclination
孔型侧壁的倾斜程度。对轧件喂入、脱槽、充满以及轧辊车削起着重要作用。

09.0633 孔型圆角 circular bead of grooves
孔型轮廓转折处的圆角。为防止金属变形剧烈，工具应力集中，需用圆角来过渡。

09.0634 辊身 roll barrel, roll body
轧辊与轧件接触进行轧制的部分。

09.0635 辊缝 roll gap, roll opening
对型材轧制指上下轧辊辊环之间的缝隙。对板材轧制指上下轧辊辊面之间的缝隙。

09.0636 辊环 roll collars
指轧辊上两孔型之间和辊身两端未切槽的部分。

09.0637 辊颈 roll neck
位于轧辊两端，配置轴承，并将轧制负荷传递给机架的轧辊结构。

09.0638 轧制面 rolling plane
纵轧时通过上下2个工作轧辊轴线的垂直平面，即轧辊出口的垂直平面。

09.0639 轧辊中性线 roll neutral line
孔型图上，上下轧辊作用力矩相等的一条水平线。

09.0640 轧辊中心线 roll central line
又称"轧辊平分线(roll equipartition line)"。上下两个轧辊水平轴线间距离的等分线。

09.0641 轧辊名义直径 roll nominal diameter
以齿轮座的中心距来标示的轧辊直径。对型材轧机来说，它是轧机类型的标志，如650轧机。

09.0642 轧辊原始直径 roll primary diameter
未经使用的新轧辊的直径。通常新轧辊的直径大于轧辊名义直径。

09.0643 轧制直径 roll working diameter
又称"工作直径"。轧制过程中，轧辊轧制工件的实际直径。其值等于辊身直径减去两个轧槽的深度。

09.0644 锁口 parting of the pass, roll joint
在闭口孔型中，辊缝到孔型轮廓的一段过渡部分。

09.0645 开口孔型 open pass

轧辊辊缝在孔型轮廓内的孔型。

09.0646 闭口孔型 closed pass
轧辊辊缝在孔型轮廓外的孔型。

09.0647 半闭口孔型 half-closed pass
为控制异形孔型内轧件腿部的加工，而使辊缝移向闭口孔型腿侧的一种孔型。

09.0648 共轭孔型 conjugate pass
在三辊开坯机上，共享一个轧槽的上下两个孔型。

09.0649 蝶式孔型 butterfly pass
轧制角钢时，两腿孔槽常设计成弯曲状，以减少孔槽深度的孔型。

09.0650 孔型配置 roll pass positioning
孔型在轧辊上的配置。包括在轧制面上的水平和垂直方向上的配置。

09.0651 孔型凸度 pass convexity
为防止下一道次出现耳子，在孔型底部刻一平缓的凸度。

09.0652 无槽轧制 grooveless rolling
又称"无孔型轧制"。在轧制简单断面型材时，用平辊代替粗轧机组和中轧机组的有槽轧辊，进行没有孔型的轧制。它有节能、节辊、提高生产率等优点。

09.0653 延伸孔型系统 elongation pass system
以压缩断面为主的孔型系统。有箱形、菱–方、椭–方等各种系统。

09.0654 箱形孔型系统 box-type pass system
由一系列箱形孔型组合的孔型系统。有共享性强、压下量大等诸多优点，其缺点是精确

度差。

09.0655 菱–方孔型系统 rhombus-square pass system
菱、方孔型交替配置的孔型系统。

09.0656 菱–菱孔型系统 rhombus-rhombus pass system
由菱形孔型组成的孔型系统。

09.0657 椭圆–方孔型系统 ellipse-square pass system
椭、方孔型交替配置的孔型系统。

09.0658 六角–方孔型系统 hexagon-square pass system
六角、方孔型交替配置的孔型系统。

09.0659 椭圆–立椭圆孔型系统 ellipse-off-round pass system
椭、立椭孔型交替配置的孔型系统。

09.0660 椭圆–圆孔型系统 ellipse-round pass system
椭、圆孔型交替配置的孔型系统。

09.0661 混合孔型系统 mixed pass system
轧制中，经常使用几种延伸孔型系统的组合。

09.0662 蝶式孔型系统 butterfly pass system
由几个蝶式孔型组成的系统。

09.0663 热断面 hot cross-section
热轧时轧制工件的断面。考虑加热导致的热膨胀，故设计的轧件断面要大些，以免成品断面因冷缩出现偏差。

09.0664 热尺寸 hot dimension

热轧时轧制工件的尺寸。考虑加热导致的热膨胀，故设计的轧件尺寸要大些，以免成品断面因冷缩出现偏差。

09.0665　多辊孔型轧制　multi-roll-groove rolling

由 3 个以上轧辊组成孔型的纵轧轧制技术。如 Y 型轧机。

09.0666　换辊　roll changing

更换轧辊的过程。轧制一定吨位后，轧辊因磨损太大，需要重车或重磨，甚至报废，此时须更换轧辊。

09.0667　端部增厚　end thickening

板坯立轧时，由于变形不深透，导致轧件两端增厚的现象。

09.0668　轧机调整　rolling mill adjustment

为了保证轧件的精度，在轧前以及轧制过程中，需对轧机进行调整的措施。如发现轧件过厚，就需要调整压下使辊缝减小一些。

09.0669　轧辊径向调整　radial adjustment of roll, roll radial adjusting

轧机在轧辊径向的调整。以调整开口度的大小。

09.0670　轧辊轴向调整　axial adjustment of roll, roll axial adjusting

轧机在轧辊轴向的调整。以调整轧辊及孔型的错位等。

09.0671　卷材　coil

将轧件以成卷的方法收拢，并以成卷的方式交货的带材或线材。

09.0672　卷取　coiling

对带材、线材轧制后进行卷取收拢的过程。

09.0673　板形　profile, shape

板材轧后的形状。通常用平直度来衡量板形。

09.0674　潜在板形　latent profile

表面看板材平直，但由于存在内应力分布不均，一旦内应力去除后或剪切后出现问题的板形。

09.0675　显性板形　observable profile

目测可以观察到的平直度存在缺陷的板形。

09.0676　板形控制　profile control

在板材轧制过程中对板形进行控制的方法。为获得满意板形，有多种控制方法，如移辊法、弯辊法、交叉辊法、变凸度法、张力分布控制法、模糊识别控制法等。

09.0677　板厚　sheet thickness, plate thickness

板材轧后的厚度。

09.0678　板材几何偏差　geometric deviation of flat product

板材产品从几何角度衡量所出现的偏差。总括起来有纵向厚差、纵向宽差、横向厚差和平直度，前三者为尺寸偏差，平直度为形状偏差。

09.0679　凸度　crown

板材产品横断面形状中间厚度较大的部分，用其表示偏差。

09.0680　压下规程　draft schedule

板材轧制时，对压下量进行逐道次的分配。制订压下规程要遵从优化的原则。

09.0681　张力卷取　tension coiling

冷轧带材时，由卷取机施以张力的卷取过程。

09.0682 连轧张力系数 tension coefficient of tandem rolling

冷连轧时要在机架间以及卷取机与机架间施以张力，单位张力与材料屈服极限之比。其最大值可达 0.4。

09.0683 轧辊热凸度 hot-crown of roll

轧制时，轧辊温度升高后的轧辊凸度。而且轧辊中部温升要比边部大。

09.0684 平整 temper rolling

为了提高冷轧带材平直度、改变粗糙度、消除屈服台阶，冷轧退火后的带材进行小压下量(0.5%~4.0%)的冷轧。

09.0685 平直度 flatness

衡量带材几何形状偏差的量度。有波长波高比(I值)、翘曲度(S)、平直度(f)等标示。

09.0686 轧制单位 rolling unit

两次换辊之间的轧制时间。

09.0687 轧制计划单元 planning unit of rolling

一个轧制单位的产品生产计划。编制计划要考虑轧辊状况和产品尺寸及精度要求，首先划分烫辊材和主体材两大部分。

09.0688 紧凑带钢生产工艺 compact strip production, CSP

对连铸、均热及连轧设备和工艺采取紧凑式布置、衔接，进行热轧薄板或带钢产品生产的工艺技术，是具有代表性的一种薄板坯连铸连轧技术。

09.0689 宽度控制 width control

在轧制过程中，对板带材的宽度进行的控制。

09.0690 调宽 width adjusting

在轧制过程中，调节板坯宽度的技术。用调节板坯宽度的办法，以达到用少量宽度规格的板坯轧出更多宽度规格板材的目的。

09.0691 辊缝形状方程 roll-gap shape equation

描述考虑辊系的挠度及弹性压扁后的辊缝形状的方程。是综合反映轧制力、弯辊力、轧辊辊型等因素对轧辊有载辊缝形状影响的方程式。

09.0692 板形方程 profile equation

又称"板形模型"。带材轧件、轧辊在受力条件下产生变形的协调方程。

09.0693 开卷 decoiling

将带卷打开以备进行轧制或其他工艺的过程。

09.0694 松卷 unclamp coil

将带卷松开留有一定间隙，以防退火时产生黏结的措施。

09.0695 分卷 separating

将 1 个带卷分成数卷以备进一步加工的过程。

09.0696 合卷 doubling

将 2 个带卷经焊接合成一卷以备进一步加工的过程。

09.0697 切头 front-end cropping

加工后切去因加工造成的带材不整齐的头部的措施。

09.0698 切边 edge trimming

加工后切去因加工造成的带材不整齐的边部的措施。

09.0699 切尾 tail-end cropping

加工后切去因加工造成的带材不整齐的尾部的措施。

09.0700 烫辊 roll heating
轧制前,将轧辊的温度升高的措施。避免由于过低的辊温,使辊型达不到轧制要求。

09.0701 横轧法 cross rolling method
轧辊轴线与轧件轴线相平行的轧制,用于带材调宽的一种方法。

09.0702 角轧法 diagonal rolling method
轧辊轴线与轧件轴线呈一夹角,一般在15°~45°之间,用于坯料展宽的一种方法。

09.0703 同板差 thickness fluctuation on one plate
同一板材上任意测两点厚度所得之差值。

09.0704 同条差 longitudinal thickness fluctuation
沿带材轧向上任意测三点厚度所得之差值。

09.0705 三点差 three points thickness fluctuation
带材任一横断面上中部及两侧距板边20~50mm处厚度之差值。

09.0706 *I*单位 *I*-unit
带材平直度的度量单位。为相对长度差的10^{-5}倍,即$I=(\Delta L/L)\times10^{-5}$。

09.0707 孔腔 cavity
在斜轧实心圆坯进行穿孔时,在金属中部发生破裂形成的孔腔。它与轧件塑性、顶头前压缩率等一些因素有关。

09.0708 顶头 plug
热轧无缝管时,穿入管体内部与轧辊一起使管材成形用的工具。

09.0709 扩口 tube end expansion
为利于加工的进行,先将管坯端部直径扩大的一个工序。

09.0710 扩径 tube diameter expansion
扩大管材直径的一个工序。热扩径可用斜轧法、拉拔法,冷扩径可用拉拔法、推挡法等。

09.0711 减径 tube reducing
减小管材直径的一个工序,并可提高尺寸精度和扩大品种,有热减径和冷减径方法。

09.0712 张力减径 tension reducing
在多机架减径机中对荒管进行不带芯棒、带张力的减小直径的热连轧工序。

09.0713 定径 sizing
为使荒管获得规定的外径尺寸,在纵轧或斜轧定径机上对荒管进行不带芯棒的小变形量的轧制工序。

09.0714 定心 centering
为利于穿孔时顶头对准管材轴线,穿孔前在管坯前端加工出一个圆孔的工序。

09.0715 穿孔 piercing
将实心坯料穿成空心管体(毛管)的工艺过程。有斜轧穿孔和压力穿孔等,而斜轧穿孔又有菌式、盘式、辊式等方法。

09.0716 毛管轧制 hollow tube rolling
将穿孔的毛管在轧管机上延伸到接近成品管的壁厚,为穿孔后的一个重要成形工序。有纵轧、斜轧、周期轧制及顶管四种方式。

09.0717 荒管 hollow shell
经轧管机轧出的毛坯管材。

09.0718 荒管轧制 shell finish rolling
将轧管机轧出的空心管坯(荒管)进行均整、定径、减径、扩径等轧制工序的总称。

09.0719 管材均整 tube reeling process
在均整机上轧制荒管,以消除壁厚不均以及研磨荒管内外表面的工序。

09.0720 斜轧穿孔 cross piercing
轧辊向同一方向旋转,轧辊轴线相对于轧制线倾斜,对管坯进行穿孔的方法。

09.0721 推轧穿孔 pushing piercing
轧辊上的圆孔型和由顶杆支固在圆孔中的顶头构成环形孔型,将方坯穿孔成毛管的一种方法。

09.0722 液压穿孔 hydraulic piercing
借助液压,用冲挤方法将实心坯穿孔成毛管的一种方法。

09.0723 压力穿孔 pressure piercing
用冲挤方法将实心坯穿孔成毛管的一种方法。毛管有穿透和带杯底的两种。

09.0724 二辊斜轧穿孔 two-high skew-rolling piercing-process
又称"曼内斯曼穿孔(Mannesmann piercing process)"。由2个同向旋转轧辊且辊轴交叉倾斜的轧辊、2块导板以及顶头构成孔型,用以将实心管坯穿轧成毛管的工序。

09.0725 三辊斜轧穿孔 three-skew-roll piercing process
由3个同向旋转轧辊和顶头构成孔型,用以将实心管坯穿轧成毛管的工序。

09.0726 连续电焊 continuous electric welding

选用合适的电热源将管筒边缘加热到焊接温度,对接焊缝,施以压力焊接成管的过程。

09.0727 连续炉焊 continuous furnace welding
将管坯在连续加热炉内加热,使其边缘加热到焊接温度,然后出炉在成形机成形,对接焊缝,施以压力焊接成管的过程。

09.0728 螺旋焊 spiral welding
焊管焊缝相对管体轴线呈螺旋状的一种焊管生产方式。

09.0729 直缝焊 straight welding
焊管焊缝与管体轴线平行的一种焊管生产方式。

09.0730 管材冷轧冷拔 cold rolling and drawing of tube
在室温下用轧制和拉拔方法对管材进行的深加工。其目的是获得直径更小、壁厚更薄、精度更高、性能更好的管材。

09.0731 管端加工 pipe end machining
对管材端部进行车螺纹、定径、加厚、倒棱、强化热处理等工序。

09.0732 冷弯型材 roll-formed shape
由板带在常温下经塑性弯曲变形而制成的型材。品种繁多,广泛应用于机械、建筑、交通等行业。有开式、闭式两类。

09.0733 最小弯曲半径 minimum bending radius
带材围绕圆杆进行弯曲而不产生裂纹的最小圆杆半径。是表征材料弯曲性能的重要指标。

09.0734 纵向表面应变 longitudinal surface strain

冷弯型材时板带断面上的不同部位所产生的沿长度方向的相对变形。是表征冷弯变形性能的重要指标。

09.0735 压型金属板 cold rolling-formed sheet-metal

用薄板材经辊压冷弯成形制成的各种波形的建筑材料。

09.0736 回转成形 rotary forming

用工件回转或工具回转或两者都回转的方法使坯料变形成零件的工艺。有孔型斜轧、仿形斜轧、楔横轧、横轧、环形辗轧、旋压等诸多类型。

09.0737 孔型斜轧 helical groove skew rolling

装有2个或3个轴线相互交叉并同向旋转的轧辊，轧辊上有螺旋状孔型，在这种轧机上进行的轧制。一般用于轧制钢球及回转形零件。

09.0738 仿形斜轧 profiling-copy skew rolling

在配有仿形装置的三辊斜轧上斜轧长轴类零件的回转成形工艺。

09.0739 环形辗轧 ring rolling

在专用轧环机上将环形坯料的壁厚减薄、直径扩大的回转成形工艺。

09.0740 螺旋成形 spiral forming

用螺旋成形机将管坯围绕管坯轴线螺旋缠卷成螺旋焊管管筒的变形过程。

09.0741 滚弯 roll bending

又称"辊弯"。将板材在滚弯机上进行弯曲成形的方法。

09.0742 连续辊式成形 continuous roll forming

在辊式成形机上将带材弯曲成规定形状和尺寸的成形过程。

09.0743 精整 finishing

为使轧后的成品具有合乎规格的形状和正确的尺寸，以及合乎规定的技术条件的性能和要求，而进行一系列的处理工序。例如：剪切、矫直、冷却、热处理、分选、包装等。

09.0744 锯切 saw cutting, sawing

用高速旋转的锯片，对型材进行横向切断的工艺。广泛用于异型材、管材等的锯切中。

09.0745 热锯 hot sawing

轧材在热状态下进行的锯切。

09.0746 剪切 shearing

加工后按尺寸要求，将产品切断的工序。

09.0747 冷剪 cold shearing

轧材在冷状态下进行的剪切。多用于带材剪切。

09.0748 定尺剪切 specified-length shearing, cut-to-length

将轧材根据要求长度剪切成一定尺寸的剪切。

09.0749 矫直 straightening, levelling

对金属塑性加工以及加工后冷却、热处理、运输过程中产生的产品缺陷进行矫正的工序。

09.0750 热矫直 hot straightening

轧制产品在 650~1000℃ 范围内进行的矫直工序。

09.0751 辊式矫直 roller straightening

轧材从上下两排相互交错排列的辊子之间通过时，受到反复弯曲而得到矫直的过程。辊式矫直广泛用于板材及型材的矫直，斜辊矫直则用于管材及棒材的矫直。

09.0752 拉伸矫直 stretcher-straightening
通过拉伸对薄带材进行矫直的工序。

09.0753 张力矫直 tension straightening
通过施以超过材料屈服极限的一定张力对薄带材矫直的工序。有钳式矫直、连续张力矫直、拉伸弯曲矫直等。

09.0754 矫平 levelling
为消除轧制板材产生弯曲、波浪等形状缺陷采取的工序。

09.0755 冷却 cooling
热轧后或热处理后轧件进行冷却的工艺。有自然冷却、缓慢冷却和强制冷却等。

09.0756 自然冷却 natural cooling
轧材自然地进行冷却。分为空冷和堆冷。

09.0757 空冷 air cooling
轧材在大气中进行冷却的工艺。对钢材来说，其组织不是马氏体的钢多用空冷。

09.0758 堆冷 piling-up cooling
把轧材堆集起来进行自然冷却的工艺。如一些断面较大的弹簧钢需要堆冷。

09.0759 缓冷 slow cooling
在缓冷坑中进行缓慢冷却的工艺。有的在保温炉中进行缓冷。如钢轨等一些钢材，为消除白点和避免产生热应力就需缓冷。

09.0760 强制冷却 forced cooling
又称"加速冷却"。非自然地快速冷却的工艺。有风冷、水冷等多种方式。除减少冷床面积外，尚有细化晶粒、消除网状组织等许多优点。

09.0761 激冷 chilling
强制冷却的一种方法。是采用低温及热容量大的液体或固体表面对熔融金属材料进行快速冷却的一种技术。

09.0762 剪切方向 shearing direction
对轧材进行剪切的过程中，剪切工具前进的方向。为减少剪切力和使剪切断面质量良好并保证轧材在剪刃间的稳定，应选择合理的剪切方向，如角钢剪切方向应对准其角部。

09.0763 纵切 slitting
将板、带材沿长度方向分剪成若干条的方法。

09.0764 横切 cross cut
将卷材切成长度、宽度和对角线尺寸精确的板片，并将板片堆垛整齐，无表面损伤的方法。

09.03 挤压、拉拔

09.0765 初生金属 primary metal
又称"新金属"。冶炼厂生产的工业纯金属。

09.0766 批式熔炼法 batch method of melting
从装料、熔化、精炼至出炉结束，为一个周期的熔炼方法。

09.0767 半连续熔炼法 semi-continuous method of melting
以相同的合金为一个生产周期，每次出炉量占熔体总量的 1/2~1/3，随即再装入一定量新炉料继续熔炼的方法。

09.0768 连续熔炼法 continuous method of melting
连续装料、间断出炉的熔炼方法。

09.0769　等温熔炼　isothermal melting
采用浸没式电加热器，通过热传导方式加热的一种熔炼方法。

09.0770　在线精炼　in-line refining
金属熔体连续通过位于静置炉（熔炼炉）与铸造设备之间的精炼装置进行精炼的方法。以降低熔体中的气体含量（主要是氢），减少非金属夹杂物和各种有害金属杂质。

09.0771　泡沫陶瓷过滤法　foamed ceramic filtration process
熔融金属通过海绵状多孔陶瓷过滤装置，滤除夹杂物的方法。

09.0772　除气过滤复合净化法　combined de-gassing and filtration process
旋转喷头除气与泡沫陶瓷过滤相结合的铝熔体净化方法。采用双旋转喷头，处理量大，可提高熔体净化效果。

09.0773　玻璃丝布过滤法　fibre-glass cloth filtration process
通过玻璃丝布过滤熔融金属，滤除夹杂物的方法。一般用于转注过程和结晶器内熔体过滤。其特点是适应性强，操作简便，成本低，但过滤效果不稳定，只能拦截除去尺寸较大的夹杂，对微小夹杂几乎无效，适用于要求不高的铸锭生产。

09.0774　无烟连续除气法　fumeless in line degassing process
又称"费尔德法（FILD process）"。在溶剂覆盖下通氯气，进行铝熔体除气、除渣，并经氧化铝球过滤床过滤，除去夹杂物的一种不产生有害气体排放的连续精炼方法。

09.0775　旋转嘴惰性气体浮选净化法　spin-ning nozzle inert-gas flotation process
又称"斯尼福法（SNIF process）"。用高速旋转喷嘴向铝熔体中吹入惰性气体除气，同时使夹杂物上浮分离的铝熔体连续精炼方法。

09.0776　阿尔考469法　ALCOA 469 process
采用双重氧化铝球过滤床过滤，同时吹入惰性气体精炼铝熔体的连续精炼方法。

09.0777　阿普法　Alpur process
利用旋转喷嘴喷出的精炼气体，呈微细气泡分散于熔体中，同时搅动熔体使其在喷嘴内与气泡接触的铝熔体连续净化方法。

09.0778　明特法　melt in-line treatment process, MINT process
在过滤前进行除气，并使夹杂物上浮至液面，再通过陶瓷泡沫过滤器滤除的连续精炼方法。

09.0779　半连续铸造　semi-continuous casting
熔融金属连续注入水冷结晶器凝成一层硬壳后，通过引锭座以规定速度引出，再经直接冷却完全凝固成所规定长度铸锭的铸造方法。有立式和卧式两种形式。

09.0780　电磁铸造　electromagnetic casting
利用电磁力来代替结晶器支撑熔体，然后直接水冷形成铸锭的铸造方法。

09.0781　上引式连铸法　up cast process
利用真空将熔体吸入结晶器，通过结晶器及其二次冷却而凝固成坯，同时通过牵引机构将线坯从结晶器中拉出的一种连续铸造方法。主要用于生产铜线坯。

09.0782　气滑铸造　air slip casting
在热顶铸造的基础上，增加油气润滑系统进行铸造的方法。该技术的优点是铸造速度快，铸锭表面光滑，与电磁铸造铸锭接近，但结构比电磁铸造简单，操作更为方便。

09.0783 热顶铸造 hot-top casting
熔融金属通过安装在矮结晶器上部的，用耐火隔热材料制造的储槽(热顶)，进入结晶器中的连续或半连续铸造法。

09.0784 轮带式连续铸造 wheel-band type continuous casting
熔融金属在带定型槽沟的环形轮和钢带组成的结晶腔中，连续凝固成带、棒、线坯的连续铸造法。

09.0785 双带式连续铸造 twin-belt type continuous casting
熔融金属通过两条相互平行的无端带间组成的结晶腔中，连续凝固成带、棒、线坯的连续铸造法。

09.0786 液穴 molten pool
连续和半连续铸造时，铸锭上部被结晶前沿和铸锭敞露液面所包围的液态金属区域。

09.0787 一次冷却 primary cooling
连续和半连续铸造时，结晶器中冷却水通过内套对金属的间接冷却。

09.0788 低液位铸造法 low head composite casting process, LHC process
在传统 DC 结晶器内壁衬上镶一层石墨板，石墨板采用连续浸透式润滑或在铸造前涂油脂均可，铸造过程采用液面自动控制系统控制金属液面位于低位的铸造方法。以提高铸造速度和质量。

09.0789 除气精炼 degassing refining
去除熔融金属中气体的精炼工艺。使溶于金属中的气体降低到尽可能低的水平。溶解于金属中的气体，在铸锭凝固时易形成气孔。

这里主要是指氢。

09.0790 在线除气 in-line degassing
在金属生产过程中将熔体进行除气处理，以提高熔体的纯洁度。

09.0791 吹气精炼 gas-blowing refining
向熔体中吹入精炼用气体形成气泡，在气泡上浮过程中将氧化夹杂物和氢带出液面的精炼方法。

09.0792 触变变形 thixoforming
将半固态浆料制备成坯料，根据产品尺寸下料，在重新加热到半固态温度成形的铸造方法。

09.0793 可调结晶器 width-adjustable mould
生产铸坯宽度可以调节的结晶器。用一套可调结晶器可生产多种宽度的连铸坯，满足多品种少批量生产的要求，大幅度降低铸造工具制造费用，提高生产效率。

09.0794 ASM 板坯结晶器 ASM slab mould
一种生产板坯的结晶器。采用最佳的结晶器高度，使一次冷却与二次冷却更加接近，提高冷却水冲击点，同时在结晶器上设置保温环，改善铸造安全问题。

09.0795 挤压成形 extrusion forming
对盛在容器(挤压筒)内的金属锭坯施加外力，使之从特定的模孔中流出，从而获得所需断面形状和尺寸的一种塑性加工方法。

09.0796 冷挤压 cold extrusion
金属在再结晶温度以下的挤压方法。

09.0797 热挤压 hot extrusion
金属在再结晶温度以上的挤压方法。

09.0798 正向挤压 direct extrusion, forward

extrusion

金属流动方向与挤压轴运动方向相同的挤压方法。金属锭坯与挤压筒之间有相对运动。

09.0799 反向挤压 indirect extrusion, backward extrusion

金属流动方向与挤压轴运动方向相反的挤压方法。金属锭坯与挤压筒之间无相对运动。

09.0800 侧向挤压 lateral extrusion

金属流动方向与挤压杆运动方向垂直的挤压方法。

09.0801 联合挤压 combined extrusion

又称"复合挤压"。铸锭在一台挤压机上相继进行正反挤压成材的挤压方法。即在穿孔时采用反向挤压法，此时模孔需要堵死，挤压穿孔完成后，再去掉堵垫，然后进行正常的管材挤压。

09.0802 移动挤压筒挤压 moving container extrusion

挤压过程中，挤压筒与被挤金属一起移动的挤压方法。

09.0803 扁挤压筒挤压 flat container extrusion

采用扁挤压筒模具挤压生产扁宽薄壁型材的方法。扁挤压筒的内孔形状与挤压产品扁宽薄壁型材的外轮廓形状相似，挤压时金属流动均匀，是生产扁宽薄壁型材最先进的方法之一。

09.0804 固定垫片挤压 fixed dummy block extrusion

一种挤压工艺的改进方法。固定在挤压轴上的垫片，具有一定的径向膨胀能力，起密封挤压筒的作用。可以省略挤压循环过程中的垫片分离、传送、装填等操作，节省非挤压

间隙时间，确保挤压过程自动循环的可靠性挤压工艺。挤压效果好。

09.0805 棒材挤压 bar extrusion

对棒材采用多孔模挤压的工艺过程。

09.0806 管材挤压 tube extrusion

采用挤压的方法来生产管材的工艺过程。

09.0807 型材挤压 profile extrusion

采用挤压的方法来生产型材的工艺过程。

09.0808 线材挤压 wire rod extrusion

采用连续挤压法生产线坯的工艺过程。

09.0809 静液挤压 hydrostatic extrusion

金属锭坯不直接与挤压筒内表面产生接触，锭坯借助于筒内的高压液体压力从挤压模孔中挤出，获得所需形状和尺寸制品的挤压方法。

09.0810 冲击挤压 impact extrusion

采用机械压力机，使坯料以极短的时间从模孔中挤出的挤压方法。

09.0811 连续挤压 continuous extrusion

挤压时，挤压制品靠挤压轮转动与坯料间产生的摩擦，将坯料挤出模具的挤压方法。可实现真正意义上的无间断挤压生产。

09.0812 多坯料挤压 multibillet extrusion

根据需要在一个筒体上开设多个挤压筒孔，在各个筒孔内装入尺寸和材质相同或不同的坯料，然后同时进行挤压，使其流入带有凹腔的挤压模内焊合成一体后再由模孔挤出，以获得所需形状与尺寸制品的挤压方法。

09.0813 等温挤压 isothermal extrusion

在挤压过程中，通过自动调节挤压速度，使

变形区中金属温度保持不变的挤压方法。

09.0814 水冷模挤压 water cooled die extrusion
模内金属变形热及摩擦热，通过水冷模逸散的强化挤压方法。

09.0815 润滑挤压 lubricated extrusion
把挤压筒、挤压模等工具表面涂以润滑剂，而后进行挤压的方法。

09.0816 无压余挤压 discard-free extrusion
压余由后续锭坯从模孔中挤出的半连续挤压方法。

09.0817 脱皮挤压 skinning extrusion
铸锭表层金属被挤压垫片剥离而滞留在挤压筒内，只挤压铸锭中心部分的挤压方法。

09.0818 热剥皮 hot scalping
铸锭加热后，用剥皮机剥去铸锭表层的加工方法。

09.0819 变断面挤压 tapering extrusion
挤压其横断面尺寸，形状沿长度上发生变化的特殊型材的挤压方法。一般采用分步挤压法。

09.0820 宽展挤压 spread extrusion
在将圆挤压筒工作端加设一个宽展模，使圆锭产生变形，厚度变薄，宽度逐渐增大到大于圆直径的挤压方法。宽展挤压的总挤压力比一般挤压的要高 20%~25%。解决生产宽度尺寸大于挤压筒内孔尺寸的一种方法。

09.0821 高速挤压 high speed extrusion
通过加热规范、模具等因素上的调整，能够显著提高产品挤压速度的挤压方法。

09.0822 三维挤压 three-dimensional extrusion
在挤压产品出口安装一套磨具（和弯曲装置），使挤压材进一步变形，成为具有更复杂产品的挤压方法。有集挤压和机械加工于一体的一步成形技术。这种生产工艺的主要优点是：零件生产时间显著缩短，用材量减少，机械加工成本明显下降，尺寸非常精密，可加工精细的弧线。

09.0823 半固态挤压 semisolid extrusion
用加热炉将坯料加热到半固态，然后放入挤压模腔，用凸模施加压力，通过凹模口挤出制品的挤压方法。

09.0824 水封挤压 water sealed extrusion
将制品直接挤到安装在模子出口处的水封槽中，以防止氧化的挤压方法。

09.0825 盘卷挤压 coiled rod extrusion
挤压制品出模后卷成盘卷的挤压方法。

09.0826 包套挤压 capsule extrusion
某些金属加铍、锆等坯料，采用松而韧的材料包覆后进行挤压的方法。

09.0827 填充挤压 filling extrusion
铸锭在挤压轴作用下充满挤压筒的挤压方法。

09.0828 穿孔挤压 piercing extrusion
实心铸锭在挤压机上完成穿孔，进行挤压的方法。

09.0829 组合模挤压 segment die extrusion
又称"焊合挤压"。坯料在挤压力作用下，通过组合模劈成若干股金属流，在焊合腔重新焊合成管材和复杂型材的挤压方法。

09.0830 舌型模挤压 tongue type die extrusion

生产空心型材的一种方法。模具结构像舌头，即挤压模具阻挡被挤压材料流入内孔的部分如人的舌头，舌头靠舌根支撑在模具上。舌型模需要的挤压力较低，尤其适合于挤压难变形合金和挤压内孔较小的空心型材。

09.0831 牵引挤压 pulling extrusion

用牵引机牵引出模制品的挤压方法。半固态挤压的加工工序与热挤压加工的情况基本相同。

09.0832 高效反向挤压 high efficient indirect extrusion

又称"有效摩擦反向挤压"。当起阻碍作用的摩擦力改变为起推动作用的有效摩擦力时，在金属流动方向上，由于挤压筒与被挤压毛坯之间的有效摩擦力的补充变形而形成的一种高速挤压过程。

09.0833 挤压力 extruding force

挤压过程中，挤压轴施加于坯料使其产生塑性变形的外力。

09.0834 挤压比 extrusion ratio

又称"挤压延伸系数"。坯料面积与挤压工件断面积之比。

09.0835 挤压速度 extrusion speed

挤压过程中，挤压轴在挤压筒中的移动速度。

09.0836 流出速度 flow velocity

挤压时，金属从模孔中流出的速度。

09.0837 梯温加热 taper heating

使铸锭沿长度方向加热温度存在梯度的加热方法。

09.0838 挤压死区 dead zone

挤压筒与模子交界处的金属滞区。

09.0839 挤压穿孔 extrusion piercing

用穿孔机穿通实心铸锭制成空心锭的过程。

09.0840 压余 discard

挤压后，残留在挤压筒内的金属。

09.0841 成层 lamination

挤压制品断面上出现的与木纹相似的片状组织。

09.0842 挤压效应 extrusion effect

在相同热处理（淬火，时效）条件下，某些铝合金挤压制品比轧制、拉伸或锻压制品具有较高的纵向机械强度和较低的延伸率现象。

09.0843 联合拉伸 combined drawing

连续实现多道次拉伸，及被拉伸的材料连续通过两个或两个以上拉拔模的拉伸过程。管材、棒材联合拉拔的拉伸力是靠连续拉拔的夹具（抱钳或履带块）与制品的摩擦力提供的，可一次实现多道次拉伸，理论上可生产无限长度的制品。

09.0844 挤压拉伸 extrusion drawing

材料在挤压力作用下实现的拉伸过程。如螺纹管的生产就是管坯在螺纹芯头的作用下实现拉伸过程，即螺纹芯头在变形区（模具）内产生旋转运动，而管子不转动，只做轴向直线运动，在拉伸外模及螺纹芯头的作用下，管子内壁被迫挤压出螺旋凸筋，从而形成内螺纹管。

09.0845 棒型材拉伸 bar and section drawing

又称"直条拉伸"。将棒材、型坯拉过模孔，支撑圆形、方形、扁形、六角形等截面的棒、型材的过程。

09.0846 旋压拉伸 spin drawing

材料在旋转压力作用下实现的拉伸过程。如用几个行星式回转的辊轮或滚球对管材外表面进行高速旋压，使材料产生塑性变形，螺纹芯头上的螺旋齿映像到管材的内表面上，从而形成内表面上的螺纹。同时，被旋压材料向前移动，实现拉伸过程。目前，国内外绝大多数内螺纹生产企业均采用行星球模旋压法。

09.0847 厚板拉伸 plate stretching

航空用铝合金厚板通过纵向拉伸产生一定的永久性塑性变形来到达产品性能要求的方法。该方法的目的是建立厚板内部新的内应力平衡系统，最大限度地消除板材淬火的残余应力，增加尺寸稳定性，改善加工性能。

09.0848 线材拉伸 wire drawing

线坯在一定拉力作用下，通过模孔产生变形而拉成线材的方法。

09.0849 管材拉伸 tube drawing

将挤压、斜轧穿孔和冷轧的管坯拉成管材的方法。

09.0850 无芯棒拉伸 sink drawing

又称"空拉""无衬芯拉伸"。管坯内部不放置芯头，通过模孔减径的管材拉伸方法。包括减径拉伸、整径拉伸和异形管材的成形拉伸。

09.0851 有芯棒拉伸 plug drawing

又称"衬拉"。管坯内部放置芯头，通过模孔减径的管材拉伸方法。

09.0852 长芯杆拉伸 mandrel drawing

把管坯套在长芯杆上，使其与管坯一起拉过模孔的拉伸方法。芯杆的直径等于制品的内径，芯杆的长度一定要大于成品管材的长度，是实现减径和减壁的管材拉伸方法。适

用于拉制大直径且较薄的管材。

09.0853 短芯杆拉伸 short plug drawing

把固定在芯杆前端的短芯头插入管坯内孔，芯杆的后端固定在拉伸机后座上。拉伸时，芯头被固定在与拉伸模定径带相对应的位置上，管坯通过模孔和芯头所形成的环状间隙，获得与此间隙和尺寸相同的管材的拉伸方法。

09.0854 游动芯棒拉伸 floating plug drawing

在管材拉伸过程中，芯头不予固定，而是处于自由游动状态，完成减壁减径的拉伸方法。适用于小直径且很长的管材拉伸。

09.0855 内螺纹管成形 inner spiral tube forming

采用挤压拉伸和旋压拉伸法，使光面铜管的内表面生成螺旋齿状筋的工艺，扩大了管内散热面积，改善了管内介质的流动状态。

09.0856 外翅内螺纹管成形 outer fin & inner spiral tube forming

采用塑性成形的方法生产同时具有外翅和内螺纹的管材工艺过程。通常是采用三轧轧制方法加工成形外翅内螺纹管。其目的是：管外三维立体翅增加了换热面积，管内具有螺旋槽道，强化管内换热，两面强化换热的综合效果可大大提高总的换热系数。

09.0857 盘式拉伸 block drawing

拉伸夹头被圆盘替代，被拉伸变形的线材（管材）盘在圆盘上的工艺过程。可以生产长度很长的线材或管材。盘式拉伸技术是在直条拉伸技术基础上发展起来的一种生产效率更高、成材率更高的拉伸技术。主要用于生产线材和管材。可分为正立式盘式拉伸（包括 V 形槽拉伸）、卧式盘式拉伸、倒立式盘式拉伸三大类。

09.0858 倒立式盘式拉伸 inverted block drawing

借助于游动芯头，依靠卷筒面与材料间的静摩擦力作用实现持续拉伸的工艺。材料一方面在推料环作用下在卷筒上受推力下移，另一方面，从压辊压住部位出来的材料依靠自重不断落入专用的收卷料框内。可大大增加拉拔材料的长度和达到拉伸高速度。

09.0859 型管拉伸 profiled tube drawing

将圆管坯拉过型模，制成截面为正方形、矩形、六角形、椭圆形等材的方法。

09.0860 单模拉线 single die wire drawing

线坯只通过一个模孔拉伸后即进行收线的拉线方法。

09.0861 多模拉线 multi-die wire drawing

线坯连续通过多个模孔拉伸后才收线的拉线方法。

09.0862 辊式模拉线 roller die wire drawing

线坯经过2个带孔型的辊子组成的辊式模进行拉线的方法。

09.0863 强制润滑拉线 forced lubricating wire drawing

在强制供给高压润滑油的条件下进行的拉线方法。

09.0864 超声波振动拉线 ultrasonic wire drawing

在施加超声波振动的条件下进行的拉线方法。

09.0865 静液挤压拉线 hydrostatic-extrusion-drawing

将绕成螺管状的线坯置于高压容器中，施加压力，并在线材出模端施加拉伸力的拉伸方法。

09.0866 拉伸速度 drawing speed

拉伸时，金属出模后的直线运动速度。

09.0867 拉伸应力 drawing stress

拉拔时，拉拔工件在出模口断面上的应力。

09.0868 拉伸模孔 drawing die orifice

用于通过被拉拔工件的，具有规定形状和尺寸的拉模空腔。由入口区、润滑区、工作区、定径区和出口区等组成。

09.04 锻造、冲压及其他

09.0869 锻造伸长 forge out

使毛坯截面积减小，长度增加的锻造工序。

09.0870 镦粗 upsetting

使毛坯高度减小，横断面积增大的锻造工序。

09.0871 模锻 die forging

利用模具使毛坯变形而获得锻件的锻造方法。

09.0872 锻造弯曲 forge bending

采用一定的工模具将毛坯弯成所规定的外形的锻造工序。

09.0873 锻接 forge joining

坯料在炉内加热至高温后，用锤快击，使两者在固相状态结合的方法。

09.0874 环形件轧制 ring collar

将穿孔后的圆饼块轧成无缝圆环或轧成厚壁环形坯件的方法。

09.0875 等温模锻 isothermal die forging

在锻造过程中将锻件始终保持在一定的温度下的锻造过程。因此模具都具有加热系统,将模具保持在给定的温度范围内。

09.0876 分部模锻 parting die forging

将通过自由锻造的毛坯,局部采用锻模进行进一步成形的锻造方法。以获得给定部分更好的锻造质量,分部模锻通常应用在比较大的锻造毛坯上。

09.0877 分段模锻 sectional die forging

对于比较大长的锻造毛坯,由于尺寸大,设备的能力有限(或有特别的要求),采取应用两副以上模具进行分区模锻的锻造方法。

09.0878 粉末模锻 powder forging

将定量的金属粉末预压成零件的毛坯,再进一步进行加热,然后放入凹模型腔内,用冲头加压使其成形,得到所需形状锻件的锻造方法。

09.0879 横向锻造 cross forging

锤头打击的方向与坯料送进的方向垂直的锻造方法。

09.0880 精密模锻 precision die forging

热模锻与精压工艺结合的锻造方法。用于锻造难以切削加工、使用性能要求高的零件。

09.0881 径向锻造 radial forging

又称"旋转锻造"。对轴向旋转送进的棒料或管料施加径向脉冲打击力,锻成沿轴向具有不同横截面制件的锻造方法。

09.0882 局部模锻 local die forging

只对加工材料的局部采用模锻进行成形的锻造方法。通常应用于较大的零件毛坯成形(或具有特殊要求的),如冷镦就是局部模锻

的典型例子。

09.0883 开式模锻 open die forging, impressing forging

又称"有飞边模锻"。两模间间隙的方向与模具运动的方向相垂直,在模锻过程中间隙不断减小的模锻方法。

09.0884 冲裁 blanking

利用冲模将板料以封闭的轮廓与坯料分离的一种冲压方法。

09.0885 冲孔 punching

把坯料内的材料以封闭的轮廓和坯料分离开来,得到带孔制件的冲压方法。

09.0886 拉深 drawing

变形区在一拉一压的应力状态作用下,使板料(浅的空心坯)成形为空心件(深的空心件)而厚度基本不变的加工方法。

09.0887 板料 sheet metal blank, sheet blank

由板坯轧制的光滑平面金属的半成品。其长度和宽度远远大于厚度。

09.0888 变薄拉深 ironing

把空心坯用间隙小于壁厚的模具加工成侧壁厚度变薄的薄壁制品的加工方法。

09.0889 翻边 flanging

在毛坯的平面部分或曲面部分的边缘,沿一定曲线翻起竖立直边的成形方法。

09.0890 反拉深 reverse drawing

凸模从拉深件的底部反向加压,使毛坯内表面翻转为外表面,从而形成更深的零件的拉深方法。

09.0891 精密冲裁 fine blanking, precision

blanking

使板料冲裁区处于特殊应力状态，获得精确尺寸和光洁剪切面(可直接做工作面，不需要再切削加工)的冲裁方法。

09.0892 圆筒拉深 cup drawing

用平板坯料通过拉深成形，制成带底的圆筒状容器的方法。

09.0893 变薄翻边 flange with reduction

将筒体的端面沿一定曲线翻下，形成法兰盘的加工方法。由于法兰盘的面积大于原始面积，壁厚有所减薄。

09.0894 拔模斜度 die cavity slope

为使锻件容易在锻模中取出，在模具成形内腔平行于起模方向设置一定的斜度。

09.0895 拉深旋压 draw spinning

简称"拉旋"。经旋压工具若干次进给，将板坯成形为杯形件的一种普通旋压方法。

09.0896 扩径旋压 expanding spinning, bulging spinning

简称"扩旋"。使坯料产生径向胀大的一种普通旋压方法。包含成形、翻边、扩孔、压波纹等。

09.0897 强力旋压 power spinning

又称"变薄旋压"。成形中在较高的接触压力下，坯料壁厚逐点地有规律地减薄而直径无显著变化的一种旋压方法。

09.0898 摆动碾压法 swinging die forging

上模的轴线与被碾压的工件(放在下模)的轴线倾斜一个角度，模具一面绕着轴心旋转，一面对坯料进行压缩(每一个瞬时仅压缩坯料横截面的一部分)的加工方法。

09.0899 爆炸成形 explosive forming

利用炸药爆炸时所产生的高能冲击波，通过中间介质使坯料产生塑性变形的方法。

09.0900 超声成形 supersonic forming, ultrasonic forming

在金属塑性成形的同时将超声振动施加于变形区或模具上的成形方法。

09.0901 超塑成形 superplastic forming

利用金属在特定条件(一定的温度、一定的变形速度、一定的组织)下所具有的超塑性来进行塑性加工的方法。

09.0902 电磁成形 electromagnetic forming

利用电流通过线圈所产生的磁场，其磁力作用于坯料使工件产生塑性变形的方法。

09.0903 半固态成形 semi-solid forming

金属在凝固过程中，通过剧烈搅拌或凝固过程的控制，得到一种液态金属母液中均匀地悬浮着固相组分近球形的固液混合浆料(固相组分甚至可高达 60%)，既非完全液态又非固态的金属浆料加工成形的方法。

09.0904 多向模锻 multi-ram forging, cored forging

在多个方向同时进行加载的锻造方法。在具有多个分模面的闭式模膛内进行。

09.0905 钢球旋压 iron shot spinning

又称"钢珠旋压"。借钢球与管坯相对旋转并轴向进给而由钢球完成的一种管形件变薄旋压的加工方法。

09.0906 高能成形 high energy rate forming

利用高能率的冲击波，通过介质使金属板材产生塑性而获得所需形状的成形方法。

09.0907 辊锻 roll forging
用一对相向旋转的扇形模具使坯料产生塑性变形，从而获得所需锻件或锻坯的锻造工艺。

09.0908 辊压成形 roll forming
又称"冷弯成形"。由金属带经常温塑性弯曲而制成型材的工艺。金属带材通过数组带有型槽的辊轮，依次进行弯曲成形，最后得到所需截面形状制品的加工方法。

09.0909 挤压模锻 extrusion forging
以挤压方式进行的模锻。挤压模锻具有挤压和模锻的共同特点，基本过程类似于闭式模锻，但是被锻造的金属具有明显的挤压流动过程和特点。

09.0910 拉延成形 stretch forming
一种板材成形的方法。以钳口夹持板料边缘，通过凸模与钳口相对运动，使板料受拉沿凸模贴模成形的方法。

09.0911 普通旋压 conventional spinning
又称"擀形"。一种主要改变坯料直径尺寸而成形器件的旋压方法。壁厚随着形状的改变一般有少量减薄，而且沿母线分布是不均匀的。包含扩径旋压和缩径旋压。

09.0912 气压成形 pneumatic forming
利用某些材料在特定条件下的高塑性和低流动应力(变形抗力)的特性，可以用气体作为传力介质使板材按模具形状成形的工艺方法。

09.0913 筒形变薄旋压 tube spinning, flow forming
又称"流动旋压"。成形筒形件的一种变薄旋压方法。成形中筒状坯料减薄、伸长。

09.0914 温静液挤压 warm hydrostatic extru-
sion
在高于室温和低于再结晶温度范围内进行的静液挤压工艺。

09.0915 细晶超塑成形 refined-grain superplastic forming
利用某些超细晶粒金属材料，在一定的温度和变形速率下具有的超塑性，进行塑性加工的方法。

09.0916 旋锻 rotary swaging
锤头安装在围绕工件旋转的圆盘上，即锤头在围绕工件旋转的同时打击工件，使工件产生塑性变形的锻造方法。通常是打击棒料，使截面积变小。

09.0917 旋压 spinning
一种成形金属空心回转体件的工艺方法。在坯料随模具旋转或旋压工具绕坯料旋转中，旋压工具与坯料相对进给，从而使坯料受压并产生连续、逐点的变形。包含普通旋压和强力旋压。

09.0918 半固态模锻 semi-solid metal forging
将定量的熔化金属倒入凹模型腔内，在金属即将凝固或半凝固状态下(即液、固两相共存)，用冲头加压使其凝固以得到所需形状锻件的方法。

09.0919 液压成形 hydraulic forming
用液体(水或油)作为传压介质，使板材按模具形状产生塑性变形的方法。

09.0920 真空成形 vacuum forming
利用某些板料的高塑性和低的流动应力的特性，将板料与模具之间抽真空，利用大气压力使板料变形并与模腔紧密贴合来制造零件或其毛坯的方法。

09.0921 锥形变薄旋压 shear spinning, shear forming

又称"剪切旋压"。成形锥形和其他直径渐增的空心回转体件的变薄旋压方法。

09.0922 胀形 bulging

板料或空心坯料在双向拉应力作用下，使其产生塑性变形取得所需制件的成形方法。

09.0923 软模成形 flexible die forming

用液体、橡胶或气体的压力代替刚性凸模或凹模使板料成形的方法。

09.0924 相变超塑性成形 transformation superplastic forming

将金属材料在相变温度附近进行反复加热、冷却并使其在一定的速率下变形时，能呈现高塑性、低流动应力(变形抗力)和高扩散能力等相变超塑性或动态超塑性特点，进行塑性加工的方法。

09.0925 橡皮成形 rubber pad forming

利用橡皮作为通用凸(或凹)模进行板料件成形的方法。是软模成形方法之一。

09.0926 橡皮冲裁 rubber pad blanking, rubber die blanking

用橡皮作为通用的凸(或凹)模，而凹(或凸)模仍为刚性模的冲裁方法。

09.0927 橡皮拉深 rubber pad drawing

利用橡皮作拉深凸(或凹)模进行拉深成形的方法。

09.0928 喷丸成形 shot peening forming

采用高速流出的金属丸对金属板材局部冲击，使之局部塑性变形来获得一定现状的成形方法。

09.0929 锻件图 forging-piece drawing

在零件图的基础上，考虑了加工余量、锻造公差、工艺余量之后绘制的图。

09.0930 模具图 die drawing

用于生产加工模具的图纸。

09.0931 分模面的选择 die parting face choosing

决定上下模或凹凸模(平锻)的分界面的过程。

09.0932 锤锻 hammer forging

采用锤头在平砧上加工成形的方法。工件是不受到侧向的约束的情况下变形。

09.0933 夹板锤 board drop hammer

利用相对旋转的两个夹辊压紧锤头上的木板，并借摩擦力带动锤头上升，当放开夹辊时，锤头靠自重落下进行打击的锻锤。

09.0934 皮带锤 belt drop hammer

靠电机的转动通过带轮卷绕皮带并拉起锤头，当放开皮带后则锤头靠自重自由落下打击锻件的锻锤。

09.0935 空气锤 air hammer, pneumatic hammer

电机带动压缩缸活塞运动，将压缩空气经旋阀送入工作缸下腔或上腔，驱使锤头向上运动或向下运动并进行打击的锻锤。

09.0936 冲子 punch

在坯料上冲孔使用的锻造工具。按其截面形状有圆冲子、方冲子、扁冲子、实心冲子和空心冲子等。

09.0937 锤锻模 hammering die

在模锻锤上使坯料成形为模锻件或其半成

品的模具。

09.0938 锻锤 forging hammer
利用工作部分（落下部分或是活动部分）所积蓄的动能在下行程时对锻件进行打击，使锻件获得塑性变形的锻压机械。

09.0939 高速锤 high energy rate forging hammer
在短时间内释放高能量而使金属成形的一种锻锤。

09.0940 精锻模 precision forging die
锻制精密锻件的模具。

09.0941 快锻操作机 quick forging manipulator
一种动作快、运动精度高的操作机。与快锻液压机配套使用，两者组成快锻机组，通过数控装置实现联动操作。

09.0942 快速锻造液压机 high speed forging hydraulic press
行程次数高（一般为 80~120 次/min）和工作行程速度快（一般达 60~120mm/s）的锻造液压机。

09.0943 马杠扩孔 saddle forging
又称"芯轴扩孔"。马杠是一种芯轴，利用上砧和马杠对空心坯料沿圆周依次连续压缩而实现扩孔的方法。

09.0944 平砧 flat anvil
锻造用的一种最普通工具。其工作表面是一平面，用此使断面进行变形。

09.0945 手锤 hand hammer
在手工锻造时，单手使用锤打锻件的小锤。常用于手锻时指挥的工具。

09.0946 甩子 swage hammer
又称"型锤"。在旋转锻造中，用于锻造回转体或对称锻件的一种简单的胎模。有整形甩子和制坯甩子 2 种。

09.0947 胎模 blocker-die
在自由锻设备上锻造模锻件时所使用的不固定模具。常用的胎模有摔模、扣模、垫模、套模、合模等。

09.0948 锻件余量 forging envelope
锻造中，为保证锻件的加工精度和尺寸，在工艺设计时预先增加而在加工时去除的一部分工件尺寸量。

09.0949 制坯 preforming
对于粉末冶金，制坯是将制备好的粉末在模具中压制成（压实）为一定形状的预制坯料的过程。对于锻造成形，是为了获得更好的模锻效果和充形能力，将被加工材料制备成接近终锻模腔形状的过程。

09.0950 模具寿命 die service-life
模具不需要修理或更换部件能工作的时间或次数。

09.0951 剁刀 marking knife
用来将锻件部分金属切除或切出台阶的刀形工具。

09.0952 排样 blank layout
冲裁件在板料或带料上的布置方法。

09.0953 拉深凹模 drawing die
成形拉伸件外部尺寸和形状的模具。

09.0954 拉深凸模 drawing punch
成形拉伸件内部尺寸和形状的模具。

09.0955 翻边模 flanging die
使毛坯的平面部分或曲面部分的边缘沿一定曲线翻起竖立直边的成形模。

09.0956 复合模 gang die
又称"整体式模"。利用压力机的一次行程，在同一位置上同时完成2道以上工序的模具。

09.0957 精冲模 precision stamping die
使板料处于三向受压的状态下进行冲裁，冲制冲切面无裂纹和撕裂、尺寸精度高的制件的冲模。

09.0958 精密冲裁液压机 fine blanking hydraulic press
用于板料精密冲裁的液压机。

09.0959 可倾压力机 inclinable press
机身后部开有通口并且可以倾斜的压力机。

09.0960 快速换模装置 quick die-changing device
能在比较短的时间内更换模具的装置。

09.0961 落料拉深复合模 blanking and drawing gang die
利用压力机的一次行程，模具在同一位置上同时完成落料拉深工序的模具。

09.0962 落料模 blanking die
将具有一定形状的制件或坯料从板材上冲压下来的模具。

09.0963 柔性模 flexible die
用液体、气体、橡皮等柔性物质作为凸(凹)模的冲模。

09.0964 制坯辊锻 preforming roll forging
为长轴类锻件模锻提供锻坯的辊锻工艺。

09.0965 辊锻模 roll forging die
实现辊锻成形的扇形模具。

09.0966 火焰炉 flame furnace
又称"燃料炉"。利用燃料燃烧产生的热能直接加热坯料的炉子。

09.0967 模具 die
一种通常具有型腔的工具，主要因为工具的本身形状，用以限定生产对象的形状和尺寸，它使固体金属、液体或粉末金属成形。

09.0968 平锻机 horizontal forging machine, upsetter
具有镦锻滑块和夹紧滑块的卧式压力机。

09.0969 三动压力机 triple-acting press
通过传动系统能分别带动3个滑块运动，3个滑块可按照不同的规律进行运动的压力机。

09.0970 三动液压机 triple-acting hydraulic press
通过液压传动系统能分别带动3个滑块运动，3个滑块可按照不同的规律进行运动的液压机。

09.0971 旋轮 spinning roller, spin roller
旋压时用于对坯料加压的轮状变形工具。包括圆弧旋轮、单锥面旋轮、双锥面旋轮、台阶旋轮等形式。

09.0972 蒸汽–空气[模]锻锤 steam-air die forging hammer
以蒸汽(或压缩空气)为工作介质，驱动锤头上、下运动进行打击，并适应模锻工艺过程需要的锻锤。

09.0973 整体式凹模 solid die
能完全包容被加工零件全部突出部分的单

一(整体型)模具。

09.0974 整体式凸模 solid punch
能完全成形被加工零件的凹入部分的单一(整体型)模具。

09.0975 拉深润滑剂 drawing lubricant
为了减少拉深过程中摩擦力对拉深成形的影响，通常在模具或板坯的表面涂覆一层能够减少摩擦力的材料。

09.0976 开坯锻造 billet forging
坯料是铸造件的锻压工序。

09.0977 闭式模锻 closed die forging
又称"无飞边模锻"。两模间间隙的方向与模具运动方向相平行。在模锻过程中间隙大小不变化的模锻方法。

09.0978 扩孔 expanding
用扩孔工具减少空心毛坯壁厚而增加其内、外径的锻造工序。

09.0979 冲孔连皮 punching wad
带孔的模锻件在模锻时不能直接获得透孔，在该部位留有一层薄的金属。采用冲压的方法除去该薄层金属。

09.0980 锻压力 forging force
锻造工件使其进行塑性变形的力。

09.0981 打击 blow
锤头向下运动时所积蓄的动能在极短的时间内(一般只有千分之几秒)释放出来，使锻件获得塑性变形的过程。

09.0982 镦粗比 upsetting ratio
工件镦粗后的横截面面积与镦粗前的面积比。

09.0983 高径比 height diameter ratio
坯料高度与其直径之比。

09.0984 飞边槽 flash gutter
又称"毛边槽"。开式模锻终锻模的一个组成部分，设置在终锻模腔的周围。飞边槽内有飞边仓，用于容纳多余的金属。

09.0985 飞边桥 flash land
用于形成一定的阻力，保证模锻件的有效充满，多余金属通向飞边仓的通道。飞边桥又是飞边槽的一个组成部分。

09.0986 分模面 parting plane
上下模或凹凸模(平锻)的分界面。根据锻件的形状，分模面可以是平面，也可以是曲面。

09.0987 分模线 parting line
分模轮廓线在垂直平面上的投影。

09.0988 分模轮廓线 parting form line
终锻模腔与飞边交接处所构成的轮廓线。

09.0989 可锻性 forgeability
材料在锻造过程中经受塑性变形不开裂的能力。

09.0990 排气孔 gas aperture
在塑性加工中(如闭式模锻)，为了不影响被变形金属的充型质量，将塑性加工中封闭模腔中的气体排出，而特别设计的不影响加工过程的小孔。

09.0991 始锻温度 initial forging temperature
开始锻造的温度。

09.0992 终锻温度 finishing forging temperature

终止(结束)锻造的温度。

09.0993 α+β锻造 α+β forging
α钛合金和 α+β 钛合金在 α+β 相区加热和进行的锻造。

09.0994 β锻造 β forging
α+β 钛合金在 β 相变点以上加热后用大变形量进行的锻造(终锻往往在 α+β 区完成)。

09.0995 滚圆 rotated-block forging
用工具、模具、锤砧等使坯料绕轴线一边旋转、一边进行锻造的工序。

09.0996 等温锻 isothermal forging
在锻造全过程中，模具和坯料保持恒定不变温度的锻造工艺。

09.0997 电镦锻 electric upsetting
采用电磁力为动力的镦锻过程。

09.0998 垫板模锻 bolster plate die forging
在两个平砧中放入一个具有一定内孔形状的厚板，被锻金属放置在厚板的孔内，当上砧压下时，被锻金属受到垫板的约束，而成形为外缘形状与垫板内孔形状相似的锻件毛坯的锻造方法。

09.0999 顶镦 heading
毛坯端部的局部镦粗。

09.1000 冷锻 cold forging
在室温下进行的锻造工艺。

09.1001 冷镦 cold heading
常温下在冷镦机上将棒料镦粗的加工方法。

09.1002 胎模锻 blocker-type forging, loose tooling forging
在自由锻设备上使用可移动模具生产模锻件的一种锻造方法。

09.1003 温锻 warm forging
在高于室温和低于再结晶温度范围内进行的锻造工艺。

09.1004 自由锻 free forging
只用简单的通用性工具，或在锻造设备的上、下砧间直接使坯料变形而获得所需的几何形状及内部质量的锻件的锻造工艺。

09.1005 精密锻造 precision forging, net shape forging
锻件精度高，不需和只需少量切削加工就能满足工艺要求的锻造工艺。

09.1006 锻造比 forging ratio
锻造时变形程度的一种表示方法。通常用变形前后的截面比、长度比或高度比来表示。

09.1007 模锻斜度 forging die slope
为了使锻件易于从模腔中取出，锻件与模膛侧壁接触部分在脱模方向所具有的斜度。

09.1008 径向变形量 radial draft
加工前坯料半径与加工后轴颈半径之差(即轧入深度)。

09.1009 局部镦粗 local upsetting
对坯料某一部分进行的镦粗。

09.1010 火次 heating number
整个锻造过程中所需的加热次数。

09.1011 两次加热锻造 double heating forging
由于成形零件比较复杂，被加热的零件毛坯在加工过程中温度降低到终锻温度时，还没有完成锻造过程，因此坯料需要进行再一次加热后，再进行继续锻造的锻造方法。

09.1012 热锻 hot forging
在金属再结晶温度以上进行的锻造工艺。

09.1013 双击镦锻 double-blow heading
为得到制件所需尺寸，需要在一台冷镦机上进行二次镦锻的加工方法。

09.1014 细长比 slender proportion
坯料的长度与直径的比。

09.1015 压肩 necking
把已压出的痕线扩大为一定尺寸的凹槽的工序。

09.1016 预锻 preforging, blocking
使毛坯变形，以获得终锻所需要的材料分布状态的工序。

09.1017 中心压实法 JTS forging
又称"硬壳锻造""JTS 锻造"。一种用以焊合大型锻件内部孔隙的锻造工艺。其将加热好的大型坯料表层迅速冷却到 700~800℃之后即快速锻造，由于利用坯料内的不均匀温度场和局部加载，使坯料轴心区在较大静水压力下承受较大的塑性变形，以利于焊合轴心区的孔隙。

09.1018 终锻 finish-forging
模锻过程中得到锻件的最终几何尺寸的工步（除少数锻件在终锻后尚需附加弯曲、扭转等工步外）。将预锻件或毛坯锻成最终的锻件形状。

09.1019 锻件圆角 forging piece knuckle
锻件上相邻 2 个表面处的过渡呈圆弧形。

09.1020 火耗 reheating oxidation loss
热锻中，锻件加热时锻件表面被氧化，加热氧化损失的金属质量。

09.1021 方筒拉深 square-can drawing
采用拉深方法使板料直接成形为方形筒件（深的空心件），而厚度基本不变的加工方法。

09.1022 排料孔 discharge aperture
在连续加工中，为了将加工件和废料顺利地有序排出，在工模具设计中专门设计的加工件和废料排出孔。

09.1023 深拉深 deep drawing
用压边圈将板料四周压紧，凸模将板料压入凹模，制成较深的空心零件的拉深方法。

09.1024 负间隙冲裁 negative-gap blanking
凸模的尺寸略大于凹模尺寸，形成负间隙的冲裁方法。通常冲裁模具的凸模与凹模之间相应的位置具有一定的间隙。

09.1025 复合冲裁 combined blanking and hole-punching
用落料和冲孔的复合模具在压力机上的一次冲程中，同时冲出工件的内外形状的加工方法。

09.1026 冷压印模 cold coining die
在常温下进行，具有一定花纹（标记），用于在零件毛坯上压制出相应的永久性花纹（标记）的冲头（模具）。

09.1027 无压边拉深模 drawing die without blank-holder
不采用压边的方法把毛坯拉压成空心体，或者把空心体拉压成外形更小而板厚没有明显变化的空心体的拉深模。

09.1028　冲裁间隙　blanking clearance, die clearance
凹模与凸模工作部分水平投影尺寸之差。

09.1029　模具闭合高度　die shut height
上、下模模具闭合后，上模的上表面与下模的下表面的距离(高度)。

09.1030　翻边系数　flanging coefficient
表示翻边变形程度的系数。

09.1031　拉深深度　drawing depth
拉深成形零件的底部与拉深件上边缘的距离。

09.1032　拉深比　drawing ratio, drawing coefficient
又称"拉深系数"。变形后制件的拉伸件直径与其毛坯直径之比。

09.1033　拉深次数　number of drawing, drawing passes
受极限拉深比的限制，所需要的拉深不能一次完，而需要分几次逐步成形的次数。

09.1034　拉深垫顶出压力　pushing force of drawing bolster
为了方便将拉深件取出，通常在拉深件的端部设计一个顶出杆，将拉深后的拉深件顶出的压力。

09.1035　拉深间隙　drawing gap
拉深模具的凸模与凹模之间，在相应位置之间的尺寸差。

09.1036　拉深力　drawing force
拉深成形所需要的力。

09.1037　拉深相对高度　relative height of drawing
拉深件的拉深深度与拉深部位直径(对于非圆形拉深件，一般取拉深截面的最小尺寸)的比值。

09.1038　拉深相对转角半径　relative knuckle radius of drawing
拉深凹模的模口圆角半径与拉深筒形件直径的比值。

09.1039　拉深性能　drawability
材料(板料)的拉深成形的能力。通常采用拉深相对高度来表示，材料的拉深相对高度越大，表示该材料的拉深性能越好。

09.1040　模具润滑　die lubricating
为了改善变形金属在模具中的流动性，在模具内腔中涂覆一些减磨的油脂或涂料的方法。

09.1041　切断［冲压］　cut-out, shearing, cutting
将材料沿不封闭的曲线分离的一种冲压方法。

09.1042　压印　coining
模具端面压入板坯，使模具上的花纹或字样压在板坯上的成形方法。

09.1043　单面压印模　coining die with single-sided
只在板料一个面压制花纹或字样所采用的模具。

09.1044　封口　sealing-off
在旋压加工过程中，将圆筒件的开口端的直径逐渐压缩、孔径缩小，甚至于将开口端完全闭合的加工过程。

09.1045　冷旋压　cold spinning
在常温条件下进行的旋压过程。

09.1046　内旋压　internal spinning
在成形过程中，旋压模在坯料之外，旋压工具在坯料之内的旋压方法。

09.1047　逆向旋压　reverse spinning
又称"反旋压"。成形中变形金属的流动方向与旋轮纵向进给方向相反的一种变薄旋压方法。

09.1048　逆张力拉拔　back tension drawing
拉拔时，在模具的前方对金属坯料施以牵引力，而在模具后方对坯料施加与拉拔方向（即牵引力方向）相反的张力的拉拔工艺。

09.1049　正旋压　forward spinning
成形中变形金属流动方向与旋轮纵向进给方向相同的一种变薄旋压方法。

09.1050　圆角半径　fillet radius, knuckle radius
相交的两直线（平面），在相连接处圆弧（面）的半径。

09.1051　缩口系数　necking coefficient
表示管口缩径的变形程度的系数。其值为管口缩径后与缩径前直径之比。

09.1052　胀形系数　bulge coefficient
表示胀形时板料的变形程度。其值为最大变形处胀形前后尺寸之比。

09.1053　进给比　feeding ratio
旋压过程中，在芯模（或旋轮绕芯模）每转中，旋轮相当（对）于芯模的进给速度。

09.1054　可旋性　spinning ability
金属材料经受旋压成形而不破裂或失稳的能力。

09.1055　热旋压　hot spinning
使金属坯料在加热状态下成形的旋压方法。

09.1056　缩口　necking
使管件或空心制件的端部产生塑性变形，使其径向尺寸缩小的加工方法。

09.1057　往程旋压　forward spinning
又称"顺向旋压"。旋压工具向坯件敞口端进给的普通旋压方法。

09.1058　旋压轨迹　spinning trace
旋压加工中旋轮与被旋压工件接触表面中心点所形成的空间曲线。

09.1059　模锻件　die forging block
利用模具使坯料变形，而获得具有一定形状的零件毛坯。

09.1060　工艺余块　processing excess stock
在进行塑性加工和成形中，为了保证加工工艺的完成，而必须增加的坯料部分。如夹头、夹尾、压余等。

09.1061　飞边　flash
又称"毛边"。为了保证塑性加工件的加工精度和尺寸，在工艺设计时预先增加一些坯料的质量，模锻时多余金属流入飞边槽而（模具分模线外）形成的部分。

09.1062　黑皮锻件　surface as forged
不留加工余量的带黑皮的锻件。不再切削加工，直接供装配和使用。

09.1063　穿流　flow through
塑性加工时将熔炼铸造中产生的气孔或孔洞缺陷沿加工变形伸长的方向将孔洞拉长，形成的一种通道型的塑性加工缺陷。有时这种缺陷部分出现于加工件表面。

09.1064 错移 mismatch
坯料的一部分相对另一部分错开，但仍保持轴心平行的锻造工序。

09.1065 搭边 scrap bridge
变形材料的一部分与另一部分(也可能是两个不同零件的一部分)相互被压在一起的一种缺陷。很难将他们分开，但是他们并没有完全地形成一体。

09.1066 流线 flow line
又称"流纹"。在塑性加工中，金属的脆性杂质被打碎，顺着金属主要流动方向呈碎粒状或链状分布的纹路；塑性杂质随着金属变形沿主要伸长方向呈带状分布，这样塑性加工后的金属组织就具有一定的方向性的纹路。在锻造时形成的流线为锻造流线。

09.1067 折叠 fold
加工件边缘突出的部分(常见是边缘的毛刺)，在进一步的塑性加工中被倾倒压入变形体，并与变形体整体形成夹层的一种缺陷。

09.1068 锻造余热淬火 forging residual heat quenching
当终锻温度高于该材料的相变温度时，将高于相变温度的终锻件直接进行淬火的方法。

09.1069 锻造自热正火 forging self-normalization
当终锻温度高于该材料的相变温度时，将高于相变温度的终锻件直接按照该材料的正火工艺进行正火的方法。

09.1070 制耳 earing
由于轧制金属在平行于轧制方法、垂直于轧制方法和轧制方向成一定角度的塑性加工性能的方向性差别，引起拉延壳体顶部的高低不一的现象。

09.1071 高速脆性 high strain-rate brittleness
某些金属在相当高的变形速度下，塑性降低的现象。

09.05　热处理、表面处理

09.1072 预备退火 conditioning annealing
金属塑性加工中为改善和消除前道工序所带来的组织和性能上的缺陷，并为下道工序做好相应准备而进行的热处理工艺。有低温退火、不完全退火、完全退火、球化退火、均匀化退火等。

09.1073 低温退火 low temperature annealing
使钢软化的退火。一种是消除内应力的软化退火；一种是通过再结晶恢复塑性的再结晶退火。

09.1074 成品退火 final annealing
为满足成品交货要求所进行的退火。如消除内应力的低温退火、消除白点的去氢退火、加强硅钢片磁性的脱碳及二次再结晶退火等。

09.1075 钢轨缓冷 slow cooling of rail
为消除白点，要求钢轨从高温冷却到300~500℃转入保温坑中进行长时间的等温扩散，使氢逸出的过程。缓冷时间一般为5~6h。

09.1076 轨端淬火 end quenching of rail
为了提高轨端强度、韧性和耐磨度，以适应轨端的较强冲击，轨端进行淬火的措施。

09.1077 轨头全长淬火 full-length quenching

of railhead

为适应列车的高速化、重载化，对重轨轨头进行全长淬火的措施。处理后可提高使用寿命两倍以上。

09.1078　去氢处理　hydrogen relief treatment
为防止材料产生白点采取去除材料中含氢的处理方法。所用热处理制度因钢种、尺寸、生产条件不同而不同，如对于碳钢和低合金钢，轧后空冷至 640~660℃，奥氏体迅速转变为珠光体，由于氢在铁素体中扩散较快，使氢较快逸出。

09.1079　冷轧板带退火　annealing of cold rolled sheet and strip
使冷轧板带再结晶，消除加工硬化，恢复塑性以得到所要求的性能的热处理工序。从流程上分有预备退火、中间退火、成品退火。从工艺要求分有再结晶退火、不完全退火、完全退火，从退火方式有罩式退火和连续退火。在保护气氛中退火为光亮退火。

09.1080　控轧控冷　controlled rolling and cooling
将塑性变形同固态相变结合，使钢材获得所需外形和尺寸的同时，并获得理想的组织和性能的热轧制技术。在轧后输出辊道上设置一定长度的一定要求的冷却区，用以改善钢材组织和性能的技术。

09.1081　层流冷却　laminar flow cooling, laminar cooling
水流连续喷射到轧件表面，形成平滑的层流喷流的冷却方法。

09.1082　水幕冷却　water curtain cooling, curtain cooling
水流像一个水幕连续地喷射到钢板表面，并在钢板表面形成一个线形冷却区的冷却方法。水幕厚度大约为 6~12mm。

09.1083　喷射冷却　jet cooling
水流具有较高的速度，产生不停运动的薄幕或小的水滴，冲击钢板表面以进行冷却的冷却方法。

09.1084　喷雾冷却　spray cooling
通过加压的空气或在喷嘴中形成机械湍流将冷却水在冷却区形成细小的水雾以进行冷却的方法。

09.1085　光亮退火　bright annealing
金属材料或工件在保护气氛或真空中进行退火，以防止氧化，保持表面光亮的退火工艺。

09.1086　表面处理　surface treatment
改进构件表面性能的处理工艺。在轧前、轧后，材料表面不符合加工或产品要求，或提高材料的抗腐性能和美观等，需进行处理，最常见的有清洗、脱脂、酸洗、涂层、镀层等。

09.1087　脱脂　degrease
退火前清除材料表面上的轧制油等污物的一个工序。多用碱液清洗，有浸泡法和喷射法。

09.1088　涂层处理　coating
为了防锈蚀和美观的需要，在金属表面覆以有机涂层或高分子薄膜的表面处理工艺。有涂覆法、层压法、印染法等。

09.1089　酸洗　acid pickling
利用酸液消除材料表面氧化层的过程。

09.1090　电解酸洗　cathodic pickling
借助外加电势以加速金属在酸液中的化学反应的酸洗方法。

09.1091　超声波酸洗　ultrasonic pickling

为了提高酸洗效率，在酸洗时向酸洗液发射超声波的酸洗方法。

09.1092　连续酸洗　continuous pickling
将逐个带卷焊接起来，连续不断地进行酸洗的酸洗方法。有卧式深槽、卧式浅槽、塔式三种。

09.1093　推拉式酸洗　push-pull pickling
每根带钢经夹送辊次第咬入，不用焊接推送向前，直至卷取，逐卷带钢间断地通过酸洗机组的酸洗方法。用于中等产量的冷轧车间，有设备简单、投资低等优点。

09.1094　塔式酸洗　tower pickling
连续酸洗的一种方式。酸洗机为塔式，带材在酸洗机中上下反复垂直运行的过程中与酸洗液接触以进行表面氧化层清除的酸洗方法。

09.1095　酸洗添加剂　pickling additive
为了更好地进行酸洗，在酸液中加入起抑制或活化作用的试剂。以强化酸洗，避免酸洗缺陷，提高酸洗质量，减少酸耗。

09.1096　酸洗周期　pickling cycle
完成酸洗过程的时间。

09.1097　酸洗液　pickle acid, pickling agent
又称"酸洗剂""酸洗介质"。用于清除金属产品表面氧化皮层进行酸洗所用的液体。常用的有硫酸、盐酸等。

09.1098　包覆　cladding
以钢(铝、铜等金属)板为基板，在其上覆以其他金属或非金属做成复合带材的工艺。

09.1099　表面清理　surface-conditioning
清除危害产品质量的表面缺陷。有火焰清理、砂轮清理、电弧清理、喷丸清理、化学清理等诸多清理方法。

09.1100　表面损伤　surface damage
由于操作不良致使产品表面产生划伤、裂纹，毛刺等缺陷。

09.1101　清洗　cleaning
用弱酸、弱碱溶液、溶剂及其蒸汽，清除表面油脂和污垢的处理方法。这种处理可以采用化学或电解法。

09.1102　钢材钝化　finished steel passivation
通过采用化学试剂使材料表面形成致密保护层，防止材料表面氧化变色的工艺。

09.1103　活化　activation
表面由钝态向活化态的转变过程。

09.1104　抛光　polishing
减小金属表面粗糙度，使制品表面平滑光亮的工艺。

09.1105　中和　neutralizing
又称"除灰""出光"。在硫酸中和槽的中和液中，对挂灰的铝合金材料进行除灰的工艺。

09.1106　铝阳极氧化　aluminum anodizing
以铝或铝制品为阳极，铅等金属为阴极，硫酸、草酸或铬酸为电解液的阳极氧化过程。

09.1107　光亮阳极氧化　bright anodizing
以表面光亮度为主要要求的阳极氧化。

09.1108　自着色阳极氧化　self-color anodizing
用适当的电解液(常以有机酸为基)使铝在阳极氧化过程中生成带色的氧化膜的阳极

氧化。

09.1109 硬质阳极氧化 hard anodizing
又称"厚膜阳极氧化"。使表面生成硬质氧化膜的阳极氧化方法。

09.1110 瓷质阳极氧化 enamel anodizing
使制品表面生成外观类似于搪瓷釉层的浅灰白色不透明氧化膜的阳极氧化方法。

09.1111 化学转化膜 chemical conversion film
金属材料在碱性或酸性的氧化性溶液中，通过化学反应使其表面生成的一层膜（大部分是氧化膜）。此膜常用于铝的涂漆底层。

09.1112 着色 coloring
让有机或无机染料吸附在未封孔的多孔的阳极氧化膜上，使之呈现各种颜色的过程。

09.1113 自然着色 natural coloring
铝制品在特定条件下进行阳极氧化的同时着色的方法。

09.1114 电解着色 electrolytic coloring
又称"二次电解着色法""浅田法"。阳极氧化后，铝制品置于含金属盐的溶液中进行二次电解，金属阳离子渗入针孔底部还原沉积，使膜层着色的方法。

09.1115 化学着色 chemical coloring
又称"染色法"。阳极氧化后，铝制品浸入含有机或无机染料的溶液中，染料渗入氧化膜针孔而着色的方法。

09.1116 电泳涂层 electrophoretic coating
胶体溶液中的带电粒子在金属表面上沉积的涂层方法。

09.1117 静电粉末喷涂 electrostatic powder spraying
工件在静电场中吸附带电荷的粉末微粒的涂装工艺。

09.1118 封孔 sealing
使阳极氧化或电解着色膜的多孔质层封闭的过程。

09.1119 阳极氧化膜封孔 sealing of anodic oxide film
阳极氧化后的氧化膜经吸附作用、化学反应或其他机制所进行的封孔处理。以增加氧化膜的耐污、耐蚀性能，改善氧化膜颜色的耐久性和达到所要求的其他性能。

09.1120 蒸汽封孔 steam sealing
阳极氧化膜用饱和的或不饱和的蒸汽进行的封闭过程。

09.1121 铬酸盐封孔 chromate sealing
在含有重铬酸盐的溶液中进行的封孔过程。一般是为了增加防蚀能力。

09.1122 水合封孔 hydration sealing
依靠高温下氧化膜与水发生水合反应生成的含水氧化铝（$Al_2O_3 \cdot H_2O$）晶体，堵塞氧化膜真空的封孔方法。

09.1123 金属盐封孔 metal-salt solution sealing
又称"沉淀封孔"。阳极氧化铝制品置于金属盐溶液中，由于氧化膜水合反应和盐分解产物沉淀析出，而使氧化膜孔封闭的过程。

09.1124 漆膜封孔 lacquer-coat sealing
阳极氧化后，制品表面涂以油漆形成覆盖膜的封孔方法。

09.1125 铝卷涂层 aluminum coil coating
采用辊涂方法对铝板、带（卷材）进行涂层的工艺。其产品的装饰性好，涂层性能稳定，使用寿命长。

09.1126 压力缝合 pressure joining
开卷机放出带材头部与另一开卷机上运行完卷材的尾部，在缝合机上进行缝合接带，经碾平后进入预处理工序。

09.1127 辊涂 roll coating
将配置好的涂料用辊子传送到带材上而进行的方法。要注意调整辊速比或涂料黏度，控制漆膜厚度。

09.1128 固化 curing
通过炉内热气流平衡加热固化已涂层带材的过程。

09.1129 焚烧 incineration
将抽出的溶剂气体进行高温焚烧的过程。焚烧后产生的热量通过二级热交换器循环回到固化炉，以满足固化炉供气的升温要求。

09.06 产品缺陷

09.1130 轧件表面缺陷 surface defect of rolled piece
出现在材料表面并影响产品质量的各种疵病的总称。

09.1131 结疤 scab, seam
产品表面有疤状金属薄片的缺陷。常呈舌、块或鱼鳞状，大小不一，薄厚不等。

09.1132 麻点 pockmark
又称"麻面"。产品表面呈凹凸不平的粗糙面缺陷。

09.1133 压入氧化铁皮 rolled-in scale
氧化铁皮压入产品表面的缺陷。呈片状或条状分布。

09.1134 拉裂 pull crack
产品表面呈人字形或之字形的张开裂缝的缺陷。且裂口较大、较深。

09.1135 钢锭气泡 blister
钢锭的蜂窝气泡和皮下气泡，经轧制暴露而形成的表面缺陷。

09.1136 凸泡 convex blister
产品表面呈周期性的凸起的缺陷。多为轧辊砂眼或外伤所造成。

09.1137 压痕 rolled pit
产品表面被外物压成的凹坑缺陷。

09.1138 刮伤 scuffing
在轧制和运输中，被设备或工具等刮出的沟痕缺陷。

09.1139 毛刺 burr
钢材切割时，端部留有不齐的飞边，以及焊管焊缝挤出的金属形成毛刺的缺陷。

09.1140 耳子 ear
产品表面沿长度方向出现的条状凸起的缺陷。有单面、双面耳子。

09.1141 辊印 roll mark
产品表面上有呈连续性或周期性分布的由轧辊不良造成的凸起或凹下缺陷。

09.1142 勒伤 tighten scar
存在于产品局部侧边的卷边或破口的缺陷。多由运输操作不当所致。

09.1143 脱碳 decarbonization

加热时原料表面层所含的碳被氧化而减少的现象。对一些合金钢(如轴承钢)影响较大。

09.1144 黏钢 steel adhering

当加热温度达到或超过氧化铁皮熔化温度时,两相邻的钢料可能黏结在一起的现象。

09.1145 划伤 scuffing, scratch

钢材在轧制和输送的过程中,被设备、工具刮出的单条或多条勾痕状表面缺陷。

09.1146 星裂 star crack

在钢板表面分布着形状类似于簇状或不闭环多边形等形态较为复杂、深浅不一、清晰可见的裂纹。这种裂纹大多呈现为多边形的星状。

09.1147 龟裂 chap

产品表面出现龟背状(网状)裂纹。一般多产生在碳含量较高的钢和合金钢的产品上。

09.1148 裂边 edge crack

钢板边缘的破裂现象。多呈锯齿形。

09.1149 皱折 pincher

钢板表面上形成的不规则皱纹及波浪形折皱。

09.1150 白膜 white membrane

经退火、酸洗后,钢板表面上有一层白色氧化膜。

09.1151 过酸洗 overpickling

由于酸洗时间过长,或酸洗溶液温度或浓度过高,造成钢材基体受到了过分的侵蚀的现象。过酸洗钢板表面上将形成显著的粗糙面和暗黑色表面。

09.1152 欠酸洗 underpickling

由于酸洗时间过短,或酸洗溶液温度或浓度过低,在钢板表面上将存在未洗掉的氧化铁皮或污面的现象。

09.1153 浪边 wave edge

钢板边缘形成微型的波浪形状。

09.1154 剪切缺陷 shearing defect

由剪切过程中造成材料的缺陷。有纵边剪切错口,在钢板的剪切断面出现较明显的凸起或台阶,使剪切断面的平直性和连续性受到破坏,有切边不足,有剪切裂纹等。

09.1155 直道 scratch

直线形的刮伤缺陷。是自动轧管机常见的缺陷。

09.1156 管壁厚度不均 non-uniform wall thickness in tube

管材不同部位的壁厚不一致的现象。有横向和纵向壁厚不均。

09.1157 竹节 stomach

经浮动芯棒连轧管机轧后出现在头尾的壁厚增大的缺陷。

09.1158 内折叠 inside overlap

由斜轧穿孔时产生孔腔和内裂纹所致的缺陷。

09.1159 外折叠 outside overlap

由表面夹杂、耳子或表面裂纹造成的缺陷。

09.1160 爆裂 bursting

管材生产中穿透管壁的突发性纵向开裂。通常出现在空拔管中,发生爆裂即报废。

09.1161 内螺旋纹 interior screw waviness

产生在管子内表面的螺旋型刮伤或压痕。

09.1162 内部缺陷 internal defect

轧制产品内部破坏金属完整性的、影响质量的各种疵病的总称。

09.1163 气孔 blow hole, void
钢坯内呈圆形、椭圆形、蜂窝状的空洞。加工后空洞形成不规则的黑线条，平行于延伸方向的缺陷。

09.1164 反偏析 inverse segregation
又称"负偏析"。溶质浓度的分布与一般偏析相反，低于其平均溶质含量的区域。

09.1165 夹层 sandwich
钢中大块夹杂物或大缩孔在热加工后形成大面积分隔层。夹层内有夹杂物或有气体。

09.1166 白斑 white spot
由于熔炼工艺制度控制不当，致使熔锭凝固时产生的碳化物及碳化物形成元素或其他强化元素较少，低倍腐蚀后形成的白亮偏析区。是真空自耗重熔锭中的一种典型缺陷。

09.1167 晶粒粗大 coarse grain
产品的晶粒尺寸超过标准规定的晶粒尺寸。与原料组织、加工程度及温度、冷却制度不当有关。

09.1168 混晶 mixed grain
产品机体内粗晶细晶混杂的现象。或细晶夹在粗晶之间，或表面为粗晶内部为细晶，或表面为细晶内部为粗晶。

09.1169 过烧 overburn
由于加热温度过高和加热时间过长，导致晶粒粗大和晶界熔化的现象。此类缺陷无法补救，只能报废。

09.1170 内裂 internal crack
在酸浸低倍试样上不是因缩孔、非金属夹杂、气泡造成的不同形态的内部裂缝。是裂缝内较少或完全没有夹杂物的晶间开裂。多发生在高碳钢和高合金钢中。

09.1171 离层 tube lamination
无缝管内壁出现分离的薄片。根部与基体连接，翘起处如飞刺，是由钢坯缺陷所造成的缺陷。

09.1172 非金属夹杂 non-metallic inclusion
金属中含有的非成分和非性能要求的各种非金属相。其形态、大小也不同，因而对性能影响也不同。

09.1173 超差 out of tolerance
产品外形尺寸超出产品标准规定的公差范围缺陷的总称。

09.1174 不圆度 ovality
圆形金属材料横断面上最大与最小直径差值超出产品标准规定的公差范围缺陷。

09.1175 弯曲度 curvature
长条轧材在长度方向的弯曲程度超出产品标准规定的公差范围缺陷。

09.1176 不平度 waviness
又称"浪形"。扁平轧材呈波浪形，以波浪长度与高度之比来度量。如超差即形成缺陷。有边浪、中浪和四分之一浪。

09.1177 边部浪 kink
轧机轧制带材时，当带材边部压下量大于中部，使带材边部产生较大延伸而形成带材边部波浪形的板形缺陷。

09.1178 中部浪 middle waviness
轧机轧制带材时，当带材中部压下量大于边部，使带材中部产生较大延伸而形成带材中部波浪形的板形缺陷。

09.1179 四分之一浪 quarter waviness
轧机轧制带材时，沿带材宽度方向四分之一处压下量较大，使该处产生较大延伸而形成四分之一处波浪形的板形缺陷。

09.1180 镰刀弯 camber
扁平轧材沿其平面弯向一侧形成的镰刀形缺陷。

09.1181 瓢曲 buckle
扁平轧材在横向和纵向都出现弯曲而形成瓢状的缺陷。

09.1182 扭转 twist
轧制时轧件绕自身纵轴转动了一定角度而形成的缺陷。

09.1183 脱方 out of squareness
方形和矩形轧件轧出的 4 个角不呈 90°的缺陷。

09.1184 过充满 overfill
轧制时轧件宽度超出孔型槽口宽度的现象。是轧后产生耳子和飞边的原因。

09.1185 欠充满 underfill
轧制后轧件宽度同孔型槽口宽度的比值小于规定数值的缺陷。如超差则造成废品或次品。

09.1186 边部减薄 edge drop
轧机轧制板带材时，由于带材边部金属的横向流动要比其内部金属流动容易，并且轧辊与轧件的压扁量在边部明显减小，从而使带材边部厚度变薄的缺陷。

09.1187 塔形 telescoping
带卷层与层之间向一侧窜动形成的塔状偏移。

09.1188 波浪 corrugation
由于不均匀变形而使箔材表面局部产生起伏不平的现象。在边部为边部波浪，在中间为中间波浪；二者兼有之为复合波浪，既不在中间又不在边部为二肋波浪。

09.1189 亮点 snake
铝箔双合轧制时，出现在铝箔暗面上不均匀分布的发亮的点。

09.1190 挤压裂纹 extrusion crack
制品表面呈周期性出现的横向开裂，并深入金属内部，严重地破坏了金属连续性的缺陷。

09.1191 氧化膜破裂 oxide film fracture
因铝基体热膨胀率与阳极氧化膜的差别很大而发生的阳极氧化膜的破裂现象。阳极氧化膜破裂，可看到与挤压方向垂直的白色条纹。

09.1192 缩尾 constricted tail, shrink tail
在挤压制品的尾部，经低倍检查，在截面的中间部位有不合层形似喇叭状现象。一般正向挤压比反向挤压长，轻合金比硬合金长。正向挤压制品多表现为环状不合层，反向挤压制品多表现为中心漏斗(空穴)状。

09.1193 重叠 fold
电解时因材料的重叠、异常接近等原因，导致氧化膜不能正常生成的现象。未生成氧化膜的部分及氧化膜非常薄的部分可以看到紧邻型材的痕迹，部分的可能为虹色(干涉色)。

09.1194 产品性能检验 property testing of product
塑性加工后的产品须进行力学性能、物理性能、化学性能、工艺性能和金属组织的检验。

09.1195 工艺性能检验 process property testing

在模拟条件下，检验材料的加工和使用性能的过程。由于产品种类繁多、要求不同，故工艺性能检验也多种多样，如钢轨的落锤试验，薄板的杯突试验等。

09.1196 缠辊 curling round the roll
轧制时，轧件没有轧出而是缠绕在轧辊上的事故。

09.1197 断辊 roll breakage
轧制时，发生轧辊折断的事故。其原因是多方面的，如轧辊材质不佳、冷却不当、安装不正，以及轧件缠辊、喂错等。

09.1198 卡钢 seizing-up of rolled piece
由于操作不当，轧制时造成轧件卡在轧辊内的事故。

09.1199 误轧 miss rolling
由于操作不当，造成喂错、叠轧等的误操作而引起的事故。

09.07 检 测

09.1200 测压仪 load cell, load meter
采用测力传感器检测轧机轧制力的仪器。

09.1201 测厚仪 gaugemeter
采用 X、β、γ 射线或激光等方法检测轧件厚度的仪器。

09.1202 测宽仪 width gauge
采用光学成像等方法，对轧件宽度进行检测的仪器。

09.1203 磁力探伤仪 magnetic flaw detector, magnetic crack detector
运用磁力探测金属材料内部缺陷而不损坏材料性能和完整性的仪器。

09.1204 X 射线测厚仪 X-ray gaugemeter
运用 X 射线透过被测物体产生的衰减与被测物体的厚度成正比的原理，对轧件厚度进行检测的仪器。对热轧板带材，其测量厚度为 1~19mm。

09.1205 β 射线测厚仪 β-ray gaugemeter
运用 β 射线透过被测物体产生的衰减与被测物体的厚度成正比的原理，对轧件厚度进行检测的仪器。适用于 0.8mm 以下的带材厚度的测量。

09.1206 γ 射线测厚仪 γ-ray gaugemeter
运用 γ 射线透过被测物体产生的衰减与被测物体的厚度成正比的原理，对轧件厚度进行检测的仪器。其测量范围较广，可测量厚度为 3.7~100mm 以上的板带材。

09.1207 板形测量仪 sheet profile meter
对板带材板形进行接触式或非接触式检测的仪器。

09.1208 轮廓仪 contour probe
对板带材断面形状进行检测的仪器。

09.1209 辊缝检测仪 roll gap detector
安装在轧机轧辊轴承座之间，对轧辊辊缝形状进行检测的仪器。

09.1210 超声波探伤 ultrasonic flaw detection
利用超声波对不同密度材料具有不同反射效果的特点来探测材料内部缺陷的无损检验法。

09.1211 荧光探伤 fluorescent flaw detection

采用荧光的变化来检测材料缺陷的存在或其变化趋势的方法。

09.1212 辊式检测 roller inspection
当带材通过测量辊时，压力传感器便测出沿板宽的张应力，从而测出板形的方法。带材内的张应力沿板宽的分布与带材的纵向延伸有关，因此通过测量沿板宽张应力分布的大小即可测出板形情况。

09.1213 磁导率检测 magnetic permeability inspection
带材张应力分布不均会引起磁性材料的导磁性发生变化，利用测量带材导磁性的变化测量带材张应力分布情况，以检测带材板形的方法。

09.1214 棒状光源检测 rod light source inspection
利用光学原理测定板形的方法。当不带张力或小张力轧制时，板形缺陷能直接反映在板面上，因此可用直接观测波形的方法测定板形。

09.1215 压磁式板形仪 piezomagnetic profile meter
一种测量板形的仪器。当带材绕过测量辊时，沿宽向延伸不同所引起的张应力不均将被压力传感器测出。压磁式板形仪由一个与轧辊辊身长度相等的测量辊作为测量部分，在测量辊上沿周向刻有若干个均匀分布的通环槽，槽内装有压磁式压力传感器，外面用钢环套上。

09.1216 空气轴承板形辊 air-bearing profile measuring roll
一种测量板形的测量组件。板形辊上有若干独立的区段，它们由不转动的芯轴和与轧件同步转动的轴套组成，芯轴中有气体管道向芯轴与轴套间供应气体。辊套(由于不同板厚)受载不同，气隙发生变化，通过气压传感器测出其差异。

09.1217 涡流测厚仪 vortex thickness gauge
根据涡流感生原理工作，建立在测量材料电导的基础上，利用涡流法测量金属薄板的厚度的仪器。不仅设备简单，检测快速，没有污染，而且板材越薄测量精度越高。

09.1218 激光测厚仪 laser gaugemeter
利用激光照射板材，测定激光漫反射角度来确定板材厚度的仪器。

09.1219 涡流膜厚测厚仪 eddy current film gaugemeter
利用涡流原理，测量铝型材表面氧化膜或绝缘涂层厚度的仪器。

09.1220 集成化测量系统 integrated measuring system
可以同时测量轧件中央厚度，横向厚度分布，显示板形和轧件宽度的集成测量系统。它可参与闭环控制系统以实现综合控制。

09.08 设备及其计算理论、部件及自动化

09.1221 轧机 rolling mill
在旋转的轧辊之间，对轧件进行轧制使其产生塑性变形的机械。

09.1222 二辊式轧机 two-high rolling mill
由2个轧辊上下布置在同一垂直平面内的轧机。

09.1223 三辊式轧机 three-high rolling mill
由3个轧辊上、中、下排列布置在同一垂直

平面内，轧辊不反转，而轧件能进行来回轧制的轧机。

09.1224 四辊式轧机 four-high rolling mill
位于同一垂直平面内，由 2 个工作辊和分别布置在其上下的 2 个支承辊组成的轧机。轧件在直径较小的 2 个工作辊间进行轧制，支承辊的直径要比工作辊大一倍以上，其作用是利用小径轧辊轧制优点的同时，使工作辊有很小的挠曲度，能保证轧件轧得较薄。

09.1225 多辊轧机 multi-roll mill
由 4 个以上轧辊组成的轧机。由 2 个直径很小的工作辊（直径最小的只有几毫米），以及中间辊和支承辊组成。一般都驱动中间辊，使工作辊不受扭转负荷。支承辊较多时常分层布置。这类轧机的机座强度和刚度都很高，主要用来轧制厚度较薄和极薄的轧件（最小厚度可达 0.005mm）。

09.1226 初轧机 blooming mill
轧辊直径为 750~1500mm，辊身长度可达到 3500mm 的轧机。可以将 1~45t 锭坯或大型连铸坯轧制成 120mm × 120mm~450mm × 450mm 方坯或 750~300mm × 700~2050mm 板坯。

09.1227 大型型材轧机 heavy section mill
轧辊直径为 500~750mm，辊身长度为 800~1900mm 的轧机。可以轧制 80~50mm 的方形和圆形轧件，高为 120~300mm 的工字型和槽型轧件，以及 18~24kg/m 的中型轨等。

09.1228 中型型材轧机 medium section mill
轧辊直径为 350~500mm，辊身长度为 600~1200mm 的轧机。可以轧制 40~80mm 的方形和圆形轧件，高达 120mm 的工字型和槽型轧件，50mm × 50mm~100mm × 100mm 角形轧件，以及 11kg/m 的轻轨等。

09.1229 小型型材轧机 small section mill
轧辊直径为 250~350mm，辊身长度为 500~800mm 的轧机。可以轧制 8~40mm 的方形和圆形轧件，20mm × 20mm~50mm × 50mm 角形轧件等。

09.1230 线材轧机 wire rod mill
轧辊直径为 250~300mm，辊身长度为 500~800mm 的轧机。可以轧制 ϕ5mm~ϕ9mm 的线材轧件。

09.1231 轨梁轧机 rail-and-section mill
轧辊直径为 750~900mm，辊身长度为 800~2200mm 的轧机。可以轧制 38~75kg/m 的重型轨以及高达 240~600mm 甚至更大的其他重型断面的轧件。

09.1232 万能轧机 universal rolling mill
既有水平辊又有垂直辊（即立辊）的轧机。垂直辊用来轧制轧件的侧边，可以配置在水平辊出口的一侧，或配置进出口两侧。

09.1233 H 型钢轧机 H-beam rolling mill
轧制断面形状类似拉丁字母 H 的一种经济断面型材的轧机。一般将万能轧机和二辊轧边机组组成一组，对轧件进行反复轧制成规定尺寸的 H 型型材。

09.1234 棒材轧机 bar mill, merchant bar mill
轧制以成根供货的简单断面（圆形、方形、六角形、螺纹形等）小型型材的轧机。

09.1235 高速无扭线材轧机 high-speed non-twist wire rod mill
轧制时轧件不扭转，其最大轧制速度大于 40m/s 的线材轧机。目前，此类轧机的机型可分为 Y 型、45°、15°/75°和平、立交替式四种，最大轧制速度可达 100m/s 以上。

09.1236 Y型轧机 Y-mill, kocks mill

由 3 个互成 120°角的盘状轧辊组成，好似英文字母 Y 的轧机。

09.1237 短应力线轧机 short-stress-path mill

在轧制过程中，轧机工作机座中轧制力所引起的内力沿各承载零件分布的应力迹线长度之和最短的轧机。轧机工作机座中受力零件长度之和，就是该轧机应力迹线长度之和。短应力线轧机是一种高刚度轧机。

09.1238 无牌坊轧机 housingless mill

取消了轧机工作机座的牌坊和压下螺丝，而用 4 根立柱式具有左、右螺纹的拉杆将刚性很大的上、下轴承座固定在一起的短应力线轧机。无牌坊轧机采用了短应力轧机的原理。

09.1239 型材紧凑式轧机 compact section mill

将 4~6 个短应力线轧机按平–立–平–立交替紧凑地装置在一列 C 形结构的机架中，组成无扭连轧的型材轧机。

09.1240 预应力轧机 prestressed mill

在轧制前对轧机工作机座施加预应力的轧机。使其在轧制前就处于受力状态。而在轧制时，由于预应力的影响，使工作机座的弹性变形减小，从而提高了轧机的刚度。

09.1241 平–立交替精轧机组 horizontal vertical finishing mill train

各相邻机架的轧辊轴线是按平–立交替互成 90°方式布置的高速无扭的线材精轧机组。

09.1242 45°精轧机组 45°finishing mill train

各相邻机架的轧辊轴线互成 90°夹角，而与地面成 45°夹角的线材精轧机组。

09.1243 15°/75°精轧机组 15°/75°finishing mill train

各相邻机架间互成 90°布置，但相邻机架的轧辊轴线各自与水平面上、下交替成 15°/75°布置的线材精轧机组。

09.1244 吐丝机 loop laying head

将高速无扭线材轧机中轧出的成品线材，由轴心进入，切向出料，吐出呈螺旋形立式线圈的装置。

09.1245 周期断面轧机 periodic rolling mill

轧制横断面各处尺寸不相同的变断面型材的轧机。

09.1246 异型材轧机 profiled section mill

轧制具有特殊横断面形状的型材轧机。

09.1247 车轮轮箍轧机 wheel-rolling mill

轧制火车车轮或轮箍的特殊轧机。

09.1248 特厚板轧机 super heavy plate mill

轧制厚度为 60~120mm 的板材轧机。

09.1249 特宽厚板轧机 super-wide and heavy plate mill

轧制厚度大于 120mm（最厚达 500mm 以上），宽度大于 3800mm（最宽达 5000mm 以上）的板材轧机。

09.1250 厚板轧机 heavy plate mill

用于轧制厚板，轧辊长度为 2000~5600mm，可轧制 20~60mm × 600~5300mm 厚板的轧机。

09.1251 中厚板轧机 heavy and medium plate mill

用于轧制中厚度钢板的轧机。轧制 4~20mm × 600~3000mm 中板，也可轧制 20~60mm × 600~3000mm 厚板的轧机。

09.1252　中板轧机　medium plate mill

轧制 4~20mm × 600~3000mm 中板的轧机。

09.1253　薄板轧机　sheet mill

轧制 0.2~4mm × 500~2500mm 薄板材的轧机。

09.1254　箔材轧机　foil mill

轧制 0.001~0.2mm × 20~600mm 的箔材的轧机。

09.1255　窄带轧机　narrow-strip mill

轧制宽度小于 600mm 带材的轧机。

09.1256　宽带轧机　wide-strip mill

轧制宽度大于 600mm 带材的轧机。

09.1257　平整机　temper mill

采用小压下率(1%~5%)的板带材二次冷轧机。可以提高和改善板带材的板形和机械性能。

09.1258　粗轧机　roughing mill

对坯料进行减小断面，并使其向轧件成品形状和尺寸过渡的粗加工轧机。

09.1259　精轧机　finishing mill, finisher

对粗轧后的轧件进一步进行精加工的轧机。使其达到轧件成品形状和尺寸的要求。

09.1260　连续式轧机　tandem mill, continuous rolling mill

轧件能在沿轧制线依次排列的各架工作机座中进行连续轧制的轧机。

09.1261　连续式热轧机　hot tandem mill, hot continuous rolling mill

又称"热连轧机"。对在热加工温度范围内的轧件进行轧制的连续式轧机。

09.1262　连续式冷轧机　cold tandem mill, cold continuous rolling mill

又称"冷连轧机"。对再结晶温度以下轧件进行轧制的连续式轧机。

09.1263　3/4 连续式轧机　three-quarter continuous rolling mill

将各工作机座分成两组，一组工作机座进行连续轧制；另一组工作机座中有的机座进行连续轧制，有的机座不进行连续轧制的连续式轧机。

09.1264　半连续轧机　semi-continuous rolling mill

将各工作座机分成两组，一组工作座机进行连续轧制；另一组工作机座不进行连续轧制，而进行单机可逆式轧制的连续式轧机。

09.1265　全连续式轧机　completely continuous rolling mill

采用焊接方法将后续坯料的头部与正在轧制的坯料尾部焊接在一起，实现连续供坯连续轧制的连续式轧机。

09.1266　酸洗–冷轧联合机组　combined pickling and tandem cold rolling mill train

将酸洗和冷轧两个工序融合成一体的联合机组。

09.1267　高性能辊型凸度控制轧机　high crown mill

又称"HC 轧机(HC mill)"。具有 2 个工作辊、2 个支撑辊和 2 个中间辊，并能使中间辊横移的六辊式轧机。可以改善或消除四辊轧机中工作辊与支撑辊之间有害的接触部分，来提高轧辊辊型凸度的控制。此外，根据这一原理，还有工作辊和中间辊都能横移的六辊式轧机，以及工作辊横移的四辊式轧机。

09.1268　连续可变凸度轧机　continuous variable crown mill

又称"CVC 轧机"。工作辊原始辊型为 S 形曲线（呈瓶状），上下工作辊互相错位 180°布置，并具有轧辊横移装置的四辊轧机。可以通过工作辊的横移来改变 S 形曲线形成的辊缝形状来实现板形控制。

09.1269　动态板形辊　dynamic shape roll

又称"DSR 辊"。由一个绕固定中心梁自由旋转的轴套和在轴套与梁之间的几个液压垫组成的一种连续可变凸度的支承辊。是全动态型的板形控制执行机构。液压垫由独立的伺服系统组成，可以径向将负载施加到所需区域。

09.1270　成对交叉辊轧机　pair cross mill

又称"PC 轧机（PC mill）"。轧辊轴线相互平行的上工作辊和上支撑辊为一对，与下工作辊和下支撑辊的另一对的轴线交叉布置成一个角度的四辊轧机。通过改变这两对轧辊交叉角来改变辊缝形状而实现板形控制。

09.1271　可变凸度轧机　variable crown mill

又称"VC 轧机（VC mill）"。将支撑辊做成可变凸度轧辊的四辊轧机。支撑辊是由辊套与辊轴组成，在辊套与辊轴间形成一定的缝隙（液压腔），通过调整进入液压腔的高压油的压力，实现轧辊凸度的调节，使其能抵消由轧制力引起的弯曲变形而获得良好的板形。

09.1272　万能凸度轧机　universal crown mill

又称"UC 轧机（UC mill）"。具有中间辊横移和弯辊装置的六辊式轧机。这种轧机能较好地控制复合浪形和边部减薄量，可以轧制薄而宽并具有一些特殊要求的带材。

09.1273　森吉米尔轧机　Sendzimir mill

用于不锈钢、硅钢及合金钢等难于变形的金属板卷的可逆式轧机。上下辊系均按 1-2-3-4 型布置，即 1 个工作辊、2 个第一中间辊，3 个第二中间辊和 4 个支撑辊组成的 20 辊轧机。

09.1274　偏八辊轧机　MKW mill

具有较小直径工作辊的中心线，与垂直布置的大直径支撑辊中心线成 45° 配置，且在工作辊轴线上还有 2 个小直径支撑辊组成的八辊轧机。

09.1275　Z 型辊冷轧机　Z-type roll cold mill

上下辊系各具有 1 个小直径工作辊，8 个呈 Z 形布置的支撑辊组成的冷轧板带轧机。

09.1276　紧凑式冷轧机　compact cold mill, CCM

由 2 架四辊可逆式轧机或 2 架六辊可逆式轧机组成的双机架冷连轧机。可以生产成品厚度为 0.30~2.5mm，宽度为 900~1650mm 的带材。这种轧机适用于年产量为 50 万~90 万吨的生产规模，其投资费用及生产成本较低。

09.1277　变刚度轧机　variable rigidity mill

具有液压压下装置，并采用液压厚度自动控制对轧件进行厚度自动控制，能使机座当量刚度发生变化的轧机。

09.1278　异步轧机　asymmetrical rolling mill

上、下轧辊的圆周速度不同，实现差速轧制的二辊式轧机。

09.1279　冷弯机　cold roll forming mill

在常温下，将热轧或冷轧板带材沿横断面方向弯曲成所需断面形状和尺寸型材的机械。

09.1280　真空轧机　vacuum rolling mill

轧件在真空室内进行轧制的轧机。

09.1281　粉末轧机　powder rolling mill
金属粉末不断地通过转动方向相反的两个轧辊的缝隙之间，依靠轧辊的压力将其轧制成具有一定厚度的多孔板带材的轧机。

09.1282　锻轧机　roll forging mill
采用轧制方法生产锻件的机械。即由装有一对弧形模具的轧辊对轧件进行连续轧制，使轧件在轴线方向产生连续周期性的塑性变形，生产出具有所要求形状的锻件。

09.1283　斜轧机　skew mill
2 个或 3 个轧辊轴线空中交叉一定角度，其旋转方向相同，轧件在 2 个或 3 个轧辊的交叉中心线上作螺旋运动的轧机。

09.1284　楔横轧机　tape transverse rolling mill
2 个轧辊或 2 个平板平行布置，在轧辊或平板上装有凸起的楔形变形工具，轧辊或平板相对轧件转动或搓动，而使轧件产生塑性变形的轧机。可以将圆坯料轧制成轴类零件。

09.1285　钢球轧机　ball rolling mill
在二辊斜轧机的轧辊上加工有螺旋形的孔型，孔型的凸棱沿圆坯料前进方向上逐渐升高，其最终孔型为圆孔形，而使圆坯料轧制成钢球的轧机。

09.1286　齿轮轧机　gear rolling mill
用轧制的方法加工齿轮的机器。通常是采用具体一定齿形的一对轧辊在旋转轧制的同时逐步进给实现齿轮成形。

09.1287　轧环机　ring rolling mill
用于轧制环形件的机器。

09.1288　滚轧机　rolling mill
采用滚轧加工周期性变化零件毛坯的机器。

09.1289　摆辗机　rotary forging press
用来进行摆动辗压的专用设备。安装在梁上作旋转运动的摆头是区别于其他锻压机的特有部件。

09.1290　翅片管轧机　fin tube rolling mill
用于采用轧制方法加工翅片管的机器。

09.1291　滚丝机　automatic thread roller
用于将圆柱毛坯滚制螺纹的机器。

09.1292　辗环机　ring rolling mill
采用局部轧制的方法将带有内孔的圆柱形毛坯轧制加工成为环形零件毛坯的机器。

09.1293　炉卷轧机　Steckel mill
又称"施特克尔轧机"。轧机前后侧各有 1 个加热炉和 1 个卷板机，板卷放置炉内一边加热保温，一边在轧机上进行轧制的板带轧机。

09.1294　立辊轧机　edging mill, vertical mill
轧辊垂直放置的轧机。

09.1295　调宽压力机　side press
通过压缩工具(长锤头或短锤头)在与板坯侧平面平行的平面上进行往复运动，使板坯宽度减小，或将宽板坯压制成矩形板坯的机械。

09.1296　穿孔机　piercing mill, piercer
具有 2 个或 3 个相对于轧制线倾斜布置的轧辊，1 个位于轧制线上的顶头，构成一个"环形封闭孔型"的轧机。可以将实心圆坯料轧制成空心的毛管。

09.1297　二辊斜轧穿孔机　two skew-roll piercing mill
又称"曼内斯曼穿孔机(Mannesmann piercing

mill)"。具有 2 个相对于轧制线倾斜布置的主动轧辊，2 个固定不动的导板或随动导辊以及 1 个位于轧制线上的顶头，构成一个"环形封闭孔型"的轧机。可以将实心圆坯料轧制成空心的毛管。

09.1298 推轧穿孔机 push piercing mill, PPM

具有 2 个平行放置具有圆孔型的轧辊，1 个位于轧制线上的顶头，构成一个"环形封闭孔型"以及 1 台推料机组成的轧机，可以直接将连铸方坯轧制成空心毛管。

09.1299 斜轧穿孔延伸机 cross roll piercing elongation mill, CPE mill

用斜轧方式对实心圆坯料轧制成空心毛管并使毛管延伸的轧机。

09.1300 菌式穿孔机 cone-roll piercing mill

轧辊辊身呈菌形，沿轧制方向轧辊辊径逐渐加大的二辊斜轧穿孔机。

09.1301 盘式穿孔机 disc-type piercing mill

具有盘形轧辊的斜轧穿孔机。

09.1302 三辊斜轧穿孔机 three-skew-roll piercing mill

具有 3 个主动轧辊和 1 个顶头构成"环形封闭孔型"的斜轧穿孔机。

09.1303 无缝管轧机 seamless tube rolling mill

将空心毛管轧制成成品管的轧机。

09.1304 自动轧管机 automatic plug mill, automatic tube rolling mill

由 2 个工作辊、2 个送进(回送)辊和 1 个顶头装置，以及上工作辊和下送进(回送)辊快速升降机构组成，毛管坯能自动返回，进行多次轧制成成品管的轧机。

09.1305 限动芯棒连轧管机 multi-stand pipe mill, retained mandrel pipe mill, MPM

毛管套在长芯棒上，在经过轧辊辊缝互错 90°的多机架轧制时，长芯棒能在限动速度下随同毛管前进的连续式轧管机。

09.1306 浮动芯棒连轧管机 floating mandrel pipe mill

毛管套在长芯棒上，在经过轧辊辊缝互错 90°的多机架轧制时，在不控制芯棒速度下随同毛管前进的连续式轧管机。

09.1307 芯棒 mandrel

轧制或拔制管材时，插入管材内孔与轧辊或拔管模等构成环形孔型，使管材成型的工具。

09.1308 周期式轧管机 Pilger mill

具有周期断面孔型的轧辊，其转动方向与毛管喂料方向相反的二辊不可逆式轧管机。

09.1309 行星轧管机 planetary tube mill

3 个轧辊既有自转又有公转行星式运动的轧管机。

09.1310 特朗斯瓦尔轧管机 Transval tube mill

3 个轧辊中心线成 120°布置，机架为 2 个环形牌坊，轧件出口侧牌坊固定，其上接液压缸，可使入口侧牌坊相对于固定牌坊转动，以实现在轧制过程中将 3 个轧辊构成的孔型张开的三辊轧管机。

09.1311 定径机 sizing mill

将轧管机生产的管材轧制成具有一定精度和椭圆度要求的成品管的多机架二辊或三辊连轧机。

09.1312 减径机 reducing mill, sinking mill

将轧管机生产的大直径管材轧制成具有一定精度和椭圆度要求的小直径成品管的多机架二辊或三辊连轧机。

09.1313 张力减径机 stretch-reducing mill, tension-reducing mill
采用各机架间建立张力来实现减薄管材壁厚的轧机。

09.1314 均整机 reeling mill
消除轧管机生产的管材壁厚不均,以及磨光管材内外表面使管材圆正,轧辊辊形具有腰鼓形或锥形,顶头为圆柱形或锥形的二辊斜轧机。

09.1315 电阻焊管机 resistance weld mill
采用高频电阻焊,将已弯卷成空心圆形截面的直线形接缝焊合而成管材的机组。

09.1316 螺旋焊管机 spiral welding mill
采用高频电阻焊或电弧焊,将由螺旋成型器弯卷成空心圆形截面并具有螺旋形接缝焊合而成管材的机组。

09.1317 UOE 焊管机 UOE weld-pipe mill
将板边具有一定形状坡口的板材经 U 形压力机压成 U 形,并用 O 形压力机压成 O 形后,对坡口进行内外焊合而成管材的机组。

09.1318 连续式炉焊管机组 Fretz-Moon pipe mill
将带卷加热后,通过多机架连续成型焊接机成型并焊接成管材的机组。

09.1319 对焊焊管机 butt weld pipe mill
以带材为焊管坯,经加热后,通过焊接成型设备管坯逐渐弯曲成圆形,然后加压使焊缝焊合而成管材的机组。

09.1320 拔管机 tube drawing bench
管坯通过拔管模和芯棒(或无芯棒)经过多道次循环拔制,将管坯断面尺寸减少到一定尺寸,使其直径和壁厚达到规定要求的管材的机械。

09.1321 顶管机 push bench
将带杯底的毛管套在芯棒上,通过一系列由 3 个辊子组成孔型的模架,推轧成管材的机械。

09.1322 冷轧管机 cold Pilger mill
在室温下,将直径较大的管材轧制成直径较小,尺寸精度更高,表面粗糙度更低和性能更好的管材的机械。

09.1323 拉拔机 cold drawing bench
坯料靠拉力通过锥形模孔使断面缩小以获得尺寸精确,表面光洁制品的机械。

09.1324 拉丝机 wire drawing bench
坯料靠拉力通过拉丝模盒拉拔成金属丝的机械。

09.1325 轧辊 roll
轧机轧制时使金属产生塑性变形的主要工具。它可由铸、锻等不同方法、不同合金材料制造而成。

09.1326 工作辊 work roll
轧机轧制时直接与金属接触使金属产生塑性变形的工具。

09.1327 支承辊 backup roll
又称"支撑辊"。对工作辊(以及支承辊)进行支承,以增加其刚度的工具。

09.1328 轧辊辊身长度 roll body length
轧辊名义直径处的长度。

09.1329 轧辊磨床 roll grinder
用来磨削轧辊辊型的机床。

09.1330 在线磨辊装置 online roll grinder
安装在轧机入口侧上下工作辊位置处，对工作辊进行在线磨辊的装置。

09.1331 油膜轴承 film lubrication bearing
又称"液体摩擦轴承"。在运转中，轴径和轴衬之间被一层油膜完全隔离开来，形成液体摩擦状态的滑动轴承。

09.1332 自润滑轴承 self-lubrication bearing
用自润滑材料制成，在工作时不外加润滑剂的滑动轴承。

09.1333 轧辊轴承座 roll carriage, bearing chock
用于安装轧辊轴承的箱体。

09.1334 轧机机座 rolling mill stand
由机架、轧辊、轴承座以及轧辊调整和上辊平衡装置等部件组成，对轧件进行轧制变形的工作机座。

09.1335 机座刚度 stand rigidity
全称"机座自然刚度"。轧机机座承受由轧制力产生弹性变形的能力。一般用机座刚度系数来表示,其物理意义是使机座产生 1mm 弹性变形所需的轧制力。

09.1336 机座当量刚度 stand equivalent rigidity
使基座产生 1mm 弹性变形波动量所需的轧制力波动量。由于辊缝调整产生的轧制力波动量使机座弹性变形产生了相应的波动，这相当于改变了机座的刚度。

09.1337 机座横向刚度 stand lateral rigidity
轧机辊系在轧制力作用下的弯曲变形，对轧机有载辊缝的影响程度。一般用机座横向刚度系数来表示，其物理意义是轧辊中部与边部的辊缝差为 1mm 时所需的轧制力。

09.1338 机架 frame, housing
由立柱和横梁构成一个长宽比较大的框架。

09.1339 开口式机架 open-top mill housing
由上盖、U 形下架以及连接装置组成的机架。

09.1340 闭合式机架 close-top mill housing
具有整体框架的机架。

09.1341 轧辊压下装置 roll-screw-down device
使上轧辊上下移动来调整轧辊辊缝的装置。

09.1342 轧辊压上装置 roll screw-up device
使下轧辊上下移动来调整轧辊辊缝的装置。

09.1343 电动压下装置 electric screw down device
通过电动机和传动装置，以及螺丝螺母机构使上轧辊上下移动的轧辊压下装置。

09.1344 液压压下装置 hydraulic screw down device
通过伺服阀控制系统和液压缸，使上轧辊（或下轧辊）上下移动的轧辊压下装置。

09.1345 电液双压下装置 electro-hydraulic screw down device
轧机上除配置上轧辊的电动压下装置外，还配置了下轧辊的液压压下装置，具有这两种装置特点的压下装置。

09.1346 液压弯辊装置 hydraulic roll bending device

通过液压缸压力作用在轧辊辊颈处，使轧辊产生附加弯曲，补偿由于轧制力和轧辊温度等因素变化而产生的轧辊有载辊缝的变化，以获得良好板形的装置。

09.1347 双轴承座工作辊弯辊装置 double chock working roll bending device, DC-WRB device
具有内侧和外侧2个轴承座的工作辊，通过相应的2个液压缸分别对其施加弯辊力，以获得较好弯辊效果的弯辊装置。

09.1348 正弯辊 positive roll bending
弯辊液压缸安放在两个工作辊轴承座之间，弯辊力所产生的工作辊挠度，使轧制力作用于工作辊的挠度减小的弯辊方法。

09.1349 负弯辊 negative roll bending
弯辊液压缸安放在工作辊轴承座与支撑辊轴承之间，弯辊力所产生的工作辊挠度，使轧制力作用于工作辊的挠度增大的弯辊方法。

09.1350 斜楔调整装置 wedge roll adjusting device
使纵向斜楔产生移动来调整下轧辊上下位置的装置。

09.1351 导卫装置 guard device
引导轧件按规定的方向和位置进出轧辊孔型的装置。

09.1352 导板 guide apron, guide trough
直立放在轧辊孔型两侧的导卫装置。可使轧件进出轧辊孔型时不致左右偏斜和歪扭。

09.1353 卫板 guard
放置在轧件出口方向上、下的导卫装置。可使轧件离开轧辊后在垂直方向保持平直和防止缠辊的发生。

09.1354 侧压进装置 side compression device
调整左右立辊之间辊缝的装置。

09.1355 轴向调整装置 axial adjustment device
调整轧辊轴向位置以保证上下轧辊之间合理的相互位置的装置。

09.1356 活套装置 looper
在连续作业机组中，储存备用坯料，以及在连轧机组中，消除或减少轧制时轧件形成活套的装置。

09.1357 活套 loop
在连轧机组中，由于前架轧机的秒流量大于后架轧机的秒流量，使处于两个机架之间的轧件向上隆起的部分。

09.1358 轧辊平衡装置 roll balancing device
对上轧辊及其轴承座的质量进行平衡的装置。以消除其轴承座与压下螺丝之间、压下螺丝与压下螺母的螺纹之间的间隙，防止轧辊咬入轧件时产生的冲击。

09.1359 安全臼 breaker block
安置在压下螺丝与上轧辊轴承座之间的安全装置。

09.1360 轧辊轴向移动装置 roll shift device
使上下轧辊进行相反方向轴向移动的装置。以提高轧辊辊型凸度的能力。

09.1361 快速换辊装置 quick roll-changing device
采用专用小车或回转台，并将换辊过程实现过程控制的换辊装置。

09.1362 万向接轴 universal spindle
两端轴头根据胡克原理组成能双向转动的

连接轴。可以对具有一定倾角的两根传动轴进行连接。

09.1363　十字头式万向接轴　crosshead cardan universal joint
带有滚动轴承的十字轴式的万向接轴。可以对倾角较大(10°~15°)的两根传动轴进行连接。

09.1364　齿轮座　gear box, gear case
将电动机或通过减速机传来的运动和力矩分配给2个或3个轧辊的装置。

09.1365　剪切机　shears
以刀片为工具,对金属材料进行切断的机械。

09.1366　平行刀片剪切机　shears with parallel blades
上下2个刀片彼此平行布置的剪切机。

09.1367　斜刀片剪切机　shears with inclined blades
上下2个刀片中有1个刀片相对于另1个刀片是成某一角度布置的剪切机。

09.1368　圆盘式剪切机　rotary shears
上下2个刀片均呈圆盘状的剪切机。

09.1369　上切式剪切机　down cut shears
剪切轧件时,下刀片固定不动,上刀片向下运动进行剪切的剪切机。

09.1370　下切式剪切机　up cut shears
剪切轧件时,上刀片固定不动,下刀片向上运动进行剪切的剪切机。

09.1371　滚切式剪切机　roll cutting shears
上刀片刀刃为弧形,下刀片为平直刀刃,剪切轧件时,弧形上刀刃在平直的下刀刃上作

滚动剪切的剪切机。

09.1372　双边剪切机　double-sided shears
布置在剪切线左右两侧,可同时对板材2个侧边进行剪切的剪切机。

09.1373　飞剪机　flying shears
能横向剪切运动着轧件的剪切机。即在剪切轧件时,刀片刀刃能跟随运动着的轧件一起运动进行剪切。

09.1374　切头飞剪机　crop flying shears
装置在连轧机组轧制线上,用来切除运动着的带材头部"舌形"和尾部"燕尾形",以及型线材出现的劈头、弯头等不规则形状的飞剪机。

09.1375　定尺飞剪机　cut-length flying shears
装置在连轧机组或连续精整作业线上,将运动着的成品长轧件或成卷轧件剪切成规定尺寸(切定尺)的飞剪机。

09.1376　双滚筒式飞剪机　two-drum flying shears
具有上下2个滚筒,刀片装在滚筒上的飞剪机。

09.1377　锯机　saw
以锯片为工具,切断异型断面轧件,使其获得规定尺寸并能使其断面整齐的机械。

09.1378　滑座锯机　sliding frame saw
切断轧件时,锯片能垂直于轧件断面方向前进的锯机。

09.1379　飞锯机　flying saw
主要装置在连续焊管机组上,对运动着的焊管材进行切断的锯机。

09.1380　打印机　marking machine, marker

在成品轧件的端面或距其端部 100mm 处的表面进行打印的机械。

09.1381 打捆机 packing machine

对需要成捆交货的型材或板材，以及成卷带材进行打捆包装的机械。

09.1382 矫直机 leveler, straightening machine

将挠曲的板材、型材或管材进行弯曲塑性变形使其变成平直的机械。

09.1383 四重式多辊矫直机 four high roller leveler

具有支撑辊的板材矫直机。

09.1384 变辊距型材矫直机 variable roll spacing section straightener

除矫直机矫直辊的中心辊外，其他矫直辊的辊距可以改变的型材矫直机。

09.1385 辊式矫直机 roll leveler

通过上下两排相互交错排列驱动的矫正辊对轧件进行矫直的机械。轧件在无张力条件下承受交变递减的拉–压弯曲应力，从而产生小塑性变形，使形状得到矫正。矫直机工作辊数由 5 到 29 辊不等。

09.1386 连续拉伸弯曲矫直机组 continuous tension leveler

用于薄带材矫直的矫直机。在最初的拉伸矫直机基础上在张力辊（S 形辊）之间增加了弯曲矫直辊，使带材在拉伸、弯曲、矫直形成的多重作用下产生一定的塑性延伸，消除残余应力，达到矫直的目的。

09.1387 辊式管棒矫直机 roller-type tube and bar straightener

使管、棒材通过不同辊型的工作辊之间产生反复弯曲，从而达到校正的目的的矫直机。

09.1388 斜辊式管棒矫直机 cross roll-type tube and bar straightener

两排工作辊交叉斜着排列，工作辊具有双曲线或某种空间曲线形状的矫直机。当工作辊旋转时，制品前进并旋转，在辊子间反复弯曲，这样完成了轴线对称的矫直。

09.1389 型辊式管棒矫直机 shaped roll-type tube and bar straightener

具有半圆形和半六角形及半个方形的沟槽工作辊。电机带动辊子旋转，通过摩擦带动管材直线前进，管材通过辊子时，发生不同方向的反复弯曲，实现矫直的目的的矫直机。

09.1390 型材辊式矫直机 roller-type profile straightening machine

用于消除张力矫直后尚未消除的不合要求的角度、扩口等缺陷的矫直机。型材辊式矫直机多为悬臂式，有多对装配式矫直辊，矫直辊由辊轴和可拆卸的带有孔槽的辊圈组成，型材在矫直辊孔槽并与其断面相应的孔型中进行矫直。

09.1391 开卷机 uncoiler

用来打开成卷轧件并引出其头部以便于进入轧机的机械。

09.1392 浮动式开卷机 shifting uncoiler

根据连续作业机组中运行轧件左右偏斜程度，能左右移动的开卷机。以适应运行偏斜的轧件，保证机组正常运行。

09.1393 卷取机 coiler

将长轧件弯曲卷曲成成卷轧件的机械。

09.1394 地下卷取机 downcoiler

装设在连轧机主轧线末端运输辊道线下面

的卷取机。

09.1395 立式卷取机 vertical coiler
将出轧机后经扭转导板翻转 90°后的直立轧件，弯曲卷取成立式成卷带材的卷取机。

09.1396 浮动式卷取机 shifting coiler
根据连续作业机组中运行轧件左右偏斜程度，能左右移动的卷取机。以适应偏斜的轧件，保证机组正常运行。

09.1397 辊道 roll table, roller table
由多个辊子组成，用来纵向运输轧件的机械。

09.1398 集体传动辊道 group-driven roller table
由 3~10 个辊子组成一组，由 1 个电动机及其传动装置驱动的辊道。用来运输短而重的轧件，或用在辊道工作较繁重的场合。

09.1399 单独驱动辊道 individually driven roller table
每 1 个辊子(或每 2 个辊子)都由各自的电动机及其传动装置驱动的辊道。

09.1400 冷床 cooling bed
对热轧后的轧件进行冷却并同时将其作横向移动向下一工序移送的装置。

09.1401 步进式冷床 walking beam cooling bed
通过步进机构，使步进梁上升、平移和下降的矩形轨迹运动，使轧件横向移动的冷床。

09.1402 齿条式冷床 rack-type cooling bed
由一组固定齿条和另一组可作上升、平移和下降的平面平行运动的动齿条组成，能将轧件横向移动的冷床。

09.1403 推钢机 pusher
将坯料推入连续式加热炉，并随着坯料沿炉底向前移动而将其推出连续式加热炉的机械。

09.1404 出钢机 extractor
将加热好的坯料移送出加热炉的机械。

09.1405 除鳞机 descaler
去除坯料加热或在轧制线上轧制和运输过程中形成的氧化铁皮的机械或装置。

09.1406 连续精整机组 continuous processing train
又称"连续精整作业线(continuous processing line)"。对轧件进行某一精整工序的连续式机组(作业线)。使其成品轧件具有合乎技术要求的尺寸、形状和性能。

09.1407 纵横联合剪切机组 slitting and cut-to-length line
集纵切和横切于一体的机组。有的机组还配有拉伸弯曲矫直机。主要设备组成：开卷机、液压剪切机、卷取机、带材分离装置、气动系统、电气传动及控制系统等。

09.1408 连续酸洗机组 continuous pickling train
又称"连续酸洗作业线(continuous pickling line)"。采用硫酸或盐酸化学工艺，以连续运行的方式去除成卷带材表面氧化铁皮的机组(作业线)。

09.1409 连续电镀锡机组 continuous electrolytic tinning line
又称"连续电镀锡作业线"。采用电解的方法，以连续运行方式对成卷带材表面镀覆纯锡保护层的机组(作业线)。

09.1410 连续电镀锌机组 continuous elec-

trolytic galvanizing line
又称"连续电镀锌作业线"。采用电解的方法，以连续运行方式对成卷带材表面镀覆纯锌保护层的机组(作业线)。

09.1411　连续热镀锌机组　continuous hot galvanizing line
又称"连续热镀锌作业线"。以带材连续通过熔融的锌锅的方法，对成卷带材表面镀覆锌层的机组(作业线)。

09.1412　连续退火机组　continuous annealing line
又称"连续退火作业线"。以带材连续通过退火炉的方式，对成卷带材进行退火处理的机组(作业线)。

09.1413　连续退火酸洗机组　continuous pickling and annealing line
又称"连续退火酸洗作业线"。连续退火作业线上的带材通过活套装置，能直接进入连续酸洗作业线进行酸洗，将退火和酸洗两个工序融合为一体的机组(作业线)。

09.1414　清洗机组　cleaning line, cleaning train
又称"清洗作业线"。带材连续通过浸入热碱溶液、电解清洗，以及刷洗等工序，对成卷带材进行去除冷轧时残留的油脂和污物的机组(作业线)。

09.1415　检查和分类机组作业线　inspection and assorting train line
对板材表面缺陷进行检查并加以分类的机组(作业线)。

09.1416　重卷机组　recoiling train
又称"重卷作业线(recoiling line)"。将小卷的带材并成大卷或将松卷的带材卷成紧卷

的连续机组(作业线)。

09.1417　连续彩色涂层机组　continuous color coating line
又称"连续彩色涂层作业线"。以连续方式运行时，对成卷带材表面涂上非金属的有机保护层，使其带有色彩、表面美观的机组(作业线)。

09.1418　机组纠偏装置　off-tracking rectification device
在连续机组(作业线)中，使带材跑偏程度控制在一定范围内的装置。

09.1419　在线加速冷却　online accelerated cooling, OLAC
为使产品获得一定的组织和性能，轧后常设有快速冷却装置。以加速和控制轧件的冷却，有水冷、空冷等方法。

09.1420　热轧形变热处理工艺　thermo-mechanical controlled process
将在线控制轧制和控制冷却结合在一起的工艺。

09.1421　厚度自动控制　automatic gauge control, AGC
在轧制过程中，通过测量轧件厚度、与所要求厚度的比较、并对轧辊辊缝进行调整，以减小或消除成品轧件厚度偏差的自动控制系统。有压力厚度自动控制、张力厚度自动控制、质量流厚度自动控制和液压厚度自动控制等多种系统。

09.1422　前馈厚度自动控制　feed forward automatic gauge control, FF-AGC
根据轧机入口处测量系统测得轧件入口厚差，以消除可能产生的轧件轧后厚差的厚度自动控制系统。

09.1423 反馈厚度测量系统 feed back automatic gauge control, FB-AGC
根据轧机出口处测量系统测得轧件轧后厚差，以消除后续轧件的轧后厚差的厚度自动控制系统。

09.1424 轧辊偏心控制 roll eccentric control
轧制板带材时，通过信号处理技术（FFT 技术），从轧制力信号中提出偏心信号后，加以反相再反回去进行控制的方法。以消除或减少轧辊偏心对轧件厚差的影响，或在变刚度轧机中，可采用恒压力控制方法进行轧辊偏心的控制。

09.1425 监控厚度测量系统 supervisory control AGC
又称"监控 AGC"。将压力厚度自动控制与反馈厚度自动控制配合在一起，对轧件进行厚度控制的厚度自动控制系统。

09.1426 恒辊缝控制 constant roll gap control
在变刚度轧机中，轧辊辊缝补偿调整量与轧件厚度偏差之比值为 1 时，使轧件轧后厚度与轧辊"有载辊缝"相等的控制方法。能完全补偿轧件的厚度偏差。

09.1427 恒压力控制 constant pressure control
在变刚度轧机中，通过液压系统将轧制力维持在一个恒定值的控制方法。它完全不补偿轧件的厚度偏差，但轧件的板形良好，一般用在平整机上或用在对轧辊偏心控制上。

09.1428 板形自动控制 automatic shape control, ASC
轧制板带材时，通过对其宽度范围内轧辊有载辊缝形状，以及板带材平坦度进行控制，以获得良好板形的板形自动控制系统。

09.1429 板形前馈控制 feed forward automatic shape control
轧制板带材时，当轧制力发生变动，破坏预设定的轧辊有载辊缝，为此需要动用弯辊力进行补偿，使轧辊有载辊缝恢复为设定值的板形自动控制系统。

09.1430 板形反馈控制 feed back automatic shape control
轧制板带材时，根据轧件出口处设置的板形仪测得的板形偏差信号进行反馈控制，使其保证轧制过程中板带材板形目标值的板形自动控制系统。

09.1431 板材平面形状控制 plane shape control of plate
对板带材纵向形状的平直度进行控制的板形自动控制系统。

09.1432 位置自动控制 automatic position control, APC
在给定时间内和允许的精度范围内将被控对象的位置自动调整到所规定的目标值的自动控制系统。

09.1433 宽度自动控制 automatic width control, AWC
在立辊轧机上，根据轧件头部和尾部宽度方向的尺寸，对立辊辊缝进行调节，使其获得所设定的宽度值的自动控制系统。也可根据立辊轧制力的变化，对立辊辊缝加以实时修正，以抵消轧件宽度不均的影响。

09.1434 无张力控制 free tension control
在形成活套困难的热连轧机上，采用张力为零（无张力）或在一定的最小张力值范围内进行轧制的自动控制方法。

09.1435 微张力控制 minimum tension control

在热轧板带材轧机上轧制时，对轧件张力进行微量恒定小张力的控制方法。

09.1436　轧辊分段冷却装置　roll stage cooling device
沿轧辊辊身长度将冷却液喷嘴分成若干段，根据板形仪测得信号，开启有关段的喷嘴并控制其流量，以改变轧辊的热辊型来控制板形的装置。

09.1437　边部减薄控制　edge drop control
在板带材轧机上轧制时，为减小成品轧件边部减薄现象所采用的方法及其控制系统。

09.1438　开环控制　open-loop control
又称"前馈控制(feed forward control)"。控制部分发出信号给被控部分，而被控部分并不将信息传递给控制部分的控制系统。

09.1439　闭环控制　closed-loop control
又称"反馈控制(feed back control)"。将被控对象的输出量作用到控制部分的输入量，信号传递形成一个闭合环路的控制系统。

09.1440　辊缝控制　roll gap control
在板带材轧机上轧制时，根据轧件尺寸和板形的要求，对轧辊辊缝进行调整的控制系统。

09.1441　自适应控制　adaptive control
根据当时的具体环境对原定的数学模型进行自学习和自适应的控制系统。是以提高数学模型在具体环境下预设定精度的方法。

09.1442　活套控制　loop control
在热连轧机组中，对机架间的活套量进行检测，并通过对活套高度及活套角进行调节以保持活套量恒定，以及保持恒定小张力轧制的控制系统。

09.1443　速度控制　speed control
用来满足连轧机组或连续作业机组对轧件运行速度变化要求的控制系统。

09.1444　测量辊　measuring roll
在板带材轧机上，测量板带材宽度方向张应力分布的分段组合辊。

09.1445　连续式加热炉　continuous reheating furnace
加热过程中，被加热的坯料能有节奏地在加热炉炉底或滑轨上连续移动的加热炉。

09.1446　推钢式加热炉　push furnace
通过推钢机完成炉内坯料运送的连续式加热炉。

09.1447　蓄热式均热炉　recuperative soaking pit
炉膛为长方体形，在炉坑两端有蓄热室，用来预热空气和煤气，通过加热和热扩散使竖放在炉内的坯料内部温度均匀，使其适宜于塑性加工的坑式炉。

09.1448　步进式加热炉　walking beam furnace
通过专用的步进机构，按照一定的轨迹(通常是矩形轨迹)，使炉内坯料前进运动的连续式加热炉。

09.1449　环形加热　rotating hearth furnace
由可转动的炉底(每装出坯料一次，炉底转动一个角度)、固定不动的内外 2 层炉墙，以及拱形炉顶构成的加热炉。

09.1450　上传动　top drive
轧辊传动装置配置在轧辊上部的传动系统。

09.1451　下传动　bottom drive
轧辊传动装置配置在轧辊下部的传动系统。

09.1452　顶部传动　over head drive
传动装置配置在机架顶部的传动装置。例如：轧机电动压下的传动装置。

09.1453　机列　train
由原动机、传动机构和工作机座组成的一个完整的机械系统。

09.1454　扁锭铣面机　slab-milling machine
热轧前，对扁锭进行表面处理的一种设备。扁锭铣面机分为单面铣床和双面铣床。

09.1455　地坑式铸坯加热炉　pit slab heating furnace
热轧前，对扁锭进行热处理的一种坑式加热设备。对铸坯加热，可以显著提高金属塑性，大幅降低变形抗力，消除铸造应力，改善合金组织状态与性能。

09.1456　链式双膛铸坯加热炉　chain-type double hearth slab heating furnace
热轧前，对铸坯进行热处理的一种设备。链式双膛铸坯加热炉具有很好的均热功能，电加热，炉膛长，生产率高。

09.1457　立推式铸坯加热炉　pusher-type slab reheating furnace
热轧前，对铸坯进行加热、均热的一种设备。立推式铸坯为此加热炉的特点，具有加热时间短、装炉量大、易于控制、易于保证轧制节奏等优点，目前得到广泛应用。

09.1458　单机架单卷取热轧机　single-stand hot rolling mill with single-coiler
在一台可逆热轧机上，铸坯经过往复轧制，最后一道次实现卷取轧制的轧机。其特点是热粗轧、热精轧共享一台设备，在轧机的一侧设置一台卷取机。

09.1459　单机架双卷取热轧机　single-stand hot rolling mill with twin-coiler
在轧机入口和出口处各带一台卷取机的可逆式热轧机。既可作为热粗轧机，又可作为热精轧机。经加热的扁锭在辊道上通过多道次可逆轧制，然后进行双卷取可逆式精轧。

09.1460　单机架四辊不可逆式铝材冷轧机　four high nonreversing cold mill for Al strip
在再结晶温度以下对铝带进行轧制的一种单机架四辊冷轧设备。单机架四辊不可逆式冷轧机可轧制宽度达 3000mm 以上的带材，加大了带卷质量。厚带冷轧机可轧制厚度为 6~14mm 的带材，薄带冷轧机可生产厚度薄至 0.05mm 的带材。

09.1461　单机架六辊不可逆式铝材冷轧机　six high nonreversing cold mill for Al strip
在再结晶温度以下对铝材进行轧制的一种单机架六辊冷轧设备。六辊轧机是当今的发展趋势，除具有四辊冷轧机的优点外，还广泛采用了多种类型的可变凸度轧辊，正朝着大卷重、高速度、机械化、自动化的方向发展。

09.1462　可逆式轧机　reversing rolling mill
为了实现往复轧制，轧辊可以双向转动进行轧制的轧机。初轧机以及一些带材轧机采用这种轧机。

09.1463　不可逆式轧机　nonreversing rolling mill
轧辊不可以双向转动，仅可以用于单向轧制的轧机。

09.1464　铝箔轧机　aluminum foil rolling mill
用于轧制铝箔的轧机。铝箔轧机的轧制速度

可达到 2500m/min，卷重可达 25t，双零铝箔厚度可达 0.005mm。

09.1465 铝箔合卷机 aluminum foil doubler
用于对铝箔进行合卷的机械。需要叠轧的铝箔首先需要合卷，合卷有两种方式：一种在专用合卷机上进行合卷，切边，然后送入精轧机上叠轧；另一种是直接在精轧机上进行合卷，切边和叠轧。

09.1466 铝箔分卷机 aluminum foil separator
对铝箔进行分卷的机械。根据分切铝箔厚度不同，分为厚规格铝箔分卷和薄规格铝箔分卷机。铝箔分卷机的卷取机配置方式有立式和卧式两种。其主要设备组成为：双锥头开卷机、分切装置、圆盘剪切机、吸边系统、气动轴式双卷取机、电气传动及控制系统。

09.1467 过程控制系统 rolling process control system
以表征生产过程的参量为被控制量使之接近给定值或保持在给定范围内的自动控制系统。在过程控制系统中，通过人机对话可以启动轧机所有的动力、控制和相关系统，能根据轧制计划采取合适的轧制程序，并对轧制中实测的各种工艺和设备参数进行从一元线性关系回归到多变量解析的复杂计算，可通过自学习功能进一步优化各种模型和工艺参数。

09.1468 板带连铸连轧机组 continuous casting and rolling line
由铸造机和多机架热连轧机组成，由铸造机连铸凝固成带，再经多机架热连轧热轧，冷却至室温后供冷轧机进一步加工成各种厚度的板带箔材的机组。

09.1469 铸轧机 casting-rolling mill
依靠两个内部通水冷却的铸轧辊使进入辊缝之间的铝液冷却凝固，并且对于凝固后的铝带坯施加轧制力，使其产生 15% 以上的变形的机械。

09.1470 液压轧边机 hydraulic edger
利用一个铸造宽度的坯料以生产不同宽度产品的立辊轧机。是一种全液压重型轧边机，其主要优点是：减少坯料种类，精确控制宽度，消除头尾的鱼尾状缺陷，减少边部裂纹，降低切边量，提高成品率。

09.1471 盐浴炉 salt-bath furnace
用于铝板材的各种退火及淬火，内填充硝盐，用熔融盐液作为加热介质、通过电加热使硝盐处于熔融状态，铝板材放入熔融的硝盐中进行加热的工业炉。

09.1472 辊底式淬火炉 roller-hearth quenching furnace
炉身固定、炉底转动的淬火炉。主要用于铝合金板材的淬火，特别适用于铝合金中厚板的淬火。辊底式淬火炉一般为空气炉，可采用电加热、燃油加热或燃气加热，可对板材加热、保温，淬火的板材具有金属温度均匀一致，转移时间短等特点。

09.1473 时效炉 ageing furnace
对合金材料在一定加热温度或室温并保持一定时间用于进行时效处理的工业炉。时效和回火具有相同的含义，铝合金习惯用时效，钢习惯用回火，而铜合金和钛合金两者均用。时效炉用于铝合金管、棒、型材和线材淬火后作人工时效处理。

09.1474 箱式退火炉 box annealing furnace
箱体为室状、加热时工件不移动的退火炉。箱式铝板带材退火炉是目前使用最为广泛的一种退火炉。具有结构简单，使用可靠，配置灵活，投资少等特点。

09.1475 光亮退火炉 bright annealing furnace
将需要退火的材料置于带保护气氛的内罩里，以电加热方式对材料按规定工艺曲线升降温，从而达到光亮退火的目的的工业炉。以防止退火制品表面氧化，保持光亮，退火后的材料组织性能一致性好，材料表面光亮。

09.1476 罩式退火炉 bell-type annealing furnace, batch annealing furnace
通常由炉台和内、外罩组成的工业炉。内、外罩是圆形的，内罩常通入保护性气体，炉温较均匀，大多用于卷材退火，可连续工作，一个炉台在加热，另一个炉台可冷却及装料，退火产品灵活性大。

09.1477 气垫式热处理炉 air float heat-treating furnace
炉底为气垫式的连续热处理设备。既能进行各种制度的退火热处理，又能进行淬火热处理，有的气垫式热处理炉还集成了拉弯矫直系统。气垫式热处理炉技术先进，功能完善，热处理时加热速度快，控温准确。

09.1478 挤压机 extrusion press
实现挤压成形过程用的设备。有主机、辅机及辅助设备等。

09.1479 正向挤压机 direct extrusion press
挤压部件的运动方向与挤压制品的流出方向一致的挤压机。多采用预应力张力柱结构。

09.1480 反向挤压机 indirect extrusion press
挤压部件的运动方向与挤压制品的流出方向相反的挤压机。多采用预应力张力柱结构。

09.1481 单动油压挤压机 single-action hy-

draulic extrusion press
不带独立穿孔系统的，由高压油泵直接传动的挤压机。

09.1482 双动油压挤压机 double action hydraulic extrusion press
带独立穿孔系统的，由高压油泵直接传动的挤压机。

09.1483 卧式挤压机 horizontal extrusion press
主要挤压工作部件的运动方向与地面平行的挤压机。可分为带独立穿孔系统和无独立穿孔系统两种。一般分为卧式正向挤压机和卧式反向挤压机。

09.1484 卧式反向挤压机 horizontal indirect extrusion press
在挤压制品时，锭坯与挤压筒之间无相对滑动，金属流动集中在模孔附近，变形较均匀的挤压机。

09.1485 立式挤压机 vertical extrusion press
主要挤压工作部件的运动方向和挤压制品的流出方向与地面垂直的挤压机。一般挤压机安装在地面上，挤压制品挤入地坑中，再用提升机构将制品提升到地面。立式挤压机可分为带独立穿孔系统和无独立穿孔系统两种。

09.1486 静液挤压机 hydrostatic extrusion press
金属锭坯不直接与挤压筒壁产生接触，挤压力通过高压介质传递到锭坯上实现挤压的挤压机。挤压过程中几乎没有摩擦存在，金属流动均匀。静液挤压主要用于各种包覆材料成型，低温超导材料成型，难加工材料成型等。

09.1487 连续挤压机 continuous extrusion

press

利用变形金属与工具之间的摩擦力而实现挤压，即由旋转挤压槽轮上的矩形端面槽和固定模座所组成的环形通道起到普通挤压机中挤压筒的作用，各挤压槽轮旋转时，借助于槽壁上的摩擦力不断将杆状坯料送入而实现连续挤压的挤压机。

09.1488 短行程挤压机 short-stroke extrusion press

挤压轴行程短的挤压机。有两种型式：一种是将铸锭供在挤压筒和模具之间；另一种供锭位置与普通挤压机相同，挤压杆位于供锭位置处，供锭时，挤压杆移开。

09.1489 挤压工具 extrusion tool

挤压模、挤压轴、穿孔针、挤压垫和挤压筒等工具的统称。

09.1490 挤压模 extrusion die

赋予挤压制品外形，决定其几何尺寸、精度和表面质量的挤压工具。

09.1491 桥式模 bridge die

又称"舌模"。将模子与针组合成一整体，用于实心铸锭生产空心制品的组合式模具。

09.1492 组合模 segment die

由几个模块组装成的挤压模。

09.1493 水冷模 water cooling die

带冷却水套的挤压模。

09.1494 穿孔针 piercing mandrel

用于锭坯穿孔和决定制品内孔尺寸的挤压工具。

09.1495 挤压垫 dummy block

挤压时置于挤压杆与锭坯之间的垫片。

09.1496 挤压轴 stem

用于传递挤压机主柱塞压力，使锭坯在挤压筒中产生塑性变形的挤压工具。

09.1497 挤压筒 container

用于容纳锭坯，使其发生塑性变形的挤压工具。

09.1498 固定挤压垫 fixed dummy block

固定在挤压轴上，具有一定的径向膨胀能力，起密封挤压筒作用，防止金属侧流的挤压垫。

09.1499 扁挤压筒 flat container

工作内腔呈扁形的挤压筒。

09.1500 普通拉模 normal drawing die

只在模子上加工出所需形状和尺寸的模孔的拉模。

09.1501 辊式模 roller die

由刻有沟槽的成对辊子所组成的拉模。

09.1502 旋转模 revolving die

拉伸过程中，与模子内套一起旋转的拉模。

09.1503 电阻加热炉 electric resistance-type reheating furnace

通过电阻发热进行加热的炉子。加热组件通常置于炉膛顶部，炉子一侧或炉顶装有循环系统的加热炉。铝合金型、棒材挤压生产中经常采用的一种加热炉。炉温易于调整控制、加热质量好，电阻炉大多采用带强制循环空气的炉型。

09.1504 感应加热炉 induction heating furnace

利用电磁感应原理，通过感应器线圈使电磁场穿过锭坯，在锭坯内部感生电流，引起锭坯自身发热，以达到加热的目的的加热炉。

09.1505 模具加热炉 die oven
对挤压机模具进行加热的加热炉。按加热方式分为电阻加热炉和感应加热炉，装炉方式有上开盖式和台车式两种型式。

09.1506 三辊热轧轧管机 three-high tube hot rolling mill
具有 3 个横置轧辊构成管状孔型的热轧轧管机。横向三辊热轧轧管机用来生产热轧管坯，适合生产一些纯铝或软合金的大直径厚壁管材或拉制管坯。横向三辊热轧轧管机由轧机机头、主传动系统、进管装置、芯头和管子夹持机构组成。

09.1507 二辊式冷轧管机 two-high tube cold rolling mill
利用变断面孔型和锥形芯头在冷状态下轧制管材的轧管机。适合于大规模生产难变形的硬铝合金或壁厚较薄的软铝合金管材。二辊式冷轧管机由机座和工作机架、主传动系统、送进和回转机构、装料机构、卸料机构、液压和润滑系统组成。

09.1508 多辊式冷轧管机 multi-roll tube cold rolling mill
圆周方向均匀布置的带有等断面圆孔型的 3~5 个轧辊随机头往复运动，并沿滑道曲线合拢或张开，配合孔型中间的固定圆柱形芯棒对毛管进行周期性逐段轧制的冷轧管机。尤其适合于脆性较大的金属薄壁管材的生产。

09.1509 热剥皮机 hot scalping machine
用于反向挤压前，将已加热好的铸锭表皮剥去的机械。热剥皮多用于铝加工，铝锭表面能保持最佳状态。

09.1510 预清洗机组 pre-cleaning line
用弱酸、弱碱溶液、溶剂及其蒸汽去除材料表面黏附的油脂、污物和氧化物的机械。该机组就是去除材料表面的工艺残留物的一组工艺设施。

09.1511 酸洗槽 pickling tank
分为上下 2 层，下层储酸，上层进行酸洗，下层的酸液通过酸泵打入上层酸槽，并不停地冲洗带材表面，达到酸洗的目的处理槽。

09.1512 碱洗槽 alkaline cleaning tank
结构同酸洗槽，碱性溶液一般含有碳酸盐、磷酸盐和表面活性剂，不停地冲洗材料(挤压材)的表面，达到碱洗的目的的处理槽。

09.1513 中和槽 neutralizing tank
铝合金挤压材碱洗后，表面挂灰不能溶于碱溶液，也不能水洗干净，用该装置进行清洗铝合金挤压材表面挂灰工序的处理槽。

09.1514 脱脂槽 degreasing tank
用于铜、铝加工工艺中用化学方法清洗表面油脂的处理槽。

09.1515 转化槽 conversion tank
将铝材浸在碱性或酸性的氧化性溶液的中，通过化学反应使其表面生成一层膜(大部分是氧化膜)的处理槽。此膜常用于铝的涂漆底层。

09.1516 钝化槽 passivation tank
循环使用的钝化剂采用喷淋或浸入通过的方式与通过的带材进行反应，表面形成钝化膜的处理槽，达到防锈的效果。

09.1517 着色槽 coloring tank
待着色的物件进行的上色处理槽。通常指电解着色槽。

09.1518 单模拉线机 single block wire-drawing machine

又称"单卷筒拉线机"。只通过一个模子拉制线材的拉线机。

09.1519 多模拉线机 multi-die wire-drawing machine

同时通过几个依次配置的模子控制线材的拉线机。

09.1520 联合拉伸机 combination drawing machine

利用两个拉伸小车交替连续拉伸，从而实现铜管连续拉伸的拉伸机。联合拉伸机由主电机、减速箱、机座、模座、凸轮机构、拉伸小车、柱塞装置、模座机构等组成。

09.1521 链式拉伸机 chain type drawing machine

借助链条带动夹钳，将坯料通过模孔拉制成材的直线式拉伸机。

09.1522 履带式拉伸机 caterpillar drawing machine

靠铜管与夹具之间的摩擦力来实现铜管拉伸的拉伸机。由驱动装置、履带、张紧装置、模座、润滑系统组成。对改善铜管椭圆度、偏心度及保护成品有明显作用。

09.1523 单链式拉伸机 single chain drawing machine

由一根链条带动拉伸小车，用于拉伸管材，送料架上固定有芯杆的拉伸机。单链式拉伸机结构简单，制作成本低廉，操作维护简单，是中、小企业使用最多的管、棒、型材拉伸设备。主要由电动机、减速箱、机体、主链条、拉伸小车、模座机构、储料架、收料架等组成。

09.1524 双链式拉伸机 double chain drawing machine

由双链式结构带动拉伸小车的链式拉伸机。

其工作机架是由许多的C形架组成的。C形架内上方设置有储料台，分料机构及自动送料机构。C形架下方设置落料机构，拉伸模座多采用球形，而穿模机构均在尾端使用长行程的油缸进行推动。

09.1525 液压拉伸机 hydraulic drawing machine

由液压缸直接驱动拉伸小车而实现拉伸的拉伸机。液压拉伸机与链式拉伸机的最大区别在于其动力源来自液压泵，液压拉伸机运动平稳，不会产生链式拉伸时可能出现的跳车环。中、小吨位的拉伸机常用来拉伸波导管等精密异形铜管，大吨位的拉伸机则常用于大口径管材的扩径拉伸。

09.1526 倒立式圆盘拉伸机 inverted block type drawing machine

利用材料自重实现单道次拉伸的一个拉伸模盒的圆盘拉伸机。使材料的拉伸长度不再受到卷筒长度的限制，可在一台倒立式圆盘拉伸机上将多卷管坯进行多道次拉伸至成品规格，材料从拉伸到转运全过程都放置在专用的料篮内，整个生产过程可实现机械化、自动化及作业连续化。

09.1527 厚板拉伸机 plate stretcher

在淬火后的时效处理前的规定时间内，对航空用铝合金厚板纵向进行规范拉伸的拉伸机。厚板拉伸机由机架、活动夹头、活动夹具、固定夹具、导轨、液压系统和电控系统组成，采用多段式液压钳口型夹头，能适应厚板全宽上的厚度与板形的变化，夹紧力设定值与拉伸力设定值成正比，夹器具有机械自锁功能，夹头上设有对中装置。永久变形量约为1.5%~3%。

09.1528 V形槽盘拉机 V-groove block drawing machine

用于生产高效换热内螺纹铜管，主驱动装置带动拉伸圆盘沿垂直轴线旋转，对材料施加拉伸力的机械。圆盘的侧面圆周上带有 V 形槽，铜母管从开卷机构穿过，内螺纹成形旋模机构，同时启动拉伸系统和旋压成形系统，成形后的内螺纹铜管进入收卷机构。

09.1529 内螺纹管成形机 inner spiral tube forming machine

采用行星球模旋压成形技术，即"减径、旋压、定径"的"三级变形"工艺的成形机。减径预拉伸将螺纹芯头保持在钢球的工作区域内；当行星钢球在衬有螺纹芯头的区段内，沿管坯外表面碾过时，压迫金属流动，使芯头的槽隙充满，在管材的内壁上形成槽状的螺纹；旋压后的管材外表面留有较深的钢球压痕，增加一道空拉—定径拉伸。

09.1530 涂层机 coater

对铝带进行涂层的设备。含化学涂层机、初涂机、精涂机。化学涂层机在带材上辊涂化学涂料，使其表面形成一层致密均匀的转化膜。初、精涂层机则将配置好的涂料辊涂到经化学涂层的带材上。化学涂层机和初涂机采用两辊式；精涂机采用三辊式，上下两涂头。

09.1531 固化炉 curing furnace

固化初、精涂层机所涂的底漆和面漆，使其漆膜达到所要求的性能条件的设备。固化炉是涂层机列的重要设备，主要通过炉内热气流平衡加热固化已涂层的带材。

09.1532 焚烧炉 incinerator

将从初、精涂炉抽出的溶剂气体进行高温焚烧的设备。同时，焚烧后产生的热量通过二级热交换器循环回到固化炉，以满足固化炉供气的升温要求。

09.1533 自由锻造液压机 free forging hydr-aulic machine

由泵供应高压液体进入液压缸，推动活塞和上横梁，作上下往复运动，对工件进行塑性加工，以获得所需形状和尺寸的锻件的机械。活塞端面的巨大压力传到上模，压缩坯料发生塑性变形。

09.1534 锻模 forging die

模锻时使坯料成形而获得模件的模具。按照结构可以分为整体模和镶块模两大类。

09.1535 模膛 impression

在锻模上加工成的使锻件形成所需外形和尺寸的空腔。有制坯模腔、预锻模腔、终锻模腔。

09.1536 模锻液压机 hydraulic forging press

用于模锻的液压机。有一个在垂直面内运动的活动横梁，压力通过横梁作用到位于水平分模面模具的变形坯料上。往往做成多缸结构，具有自动平衡偏心载荷的同步平衡系统。

09.1537 多向模锻液压机 hydraulic multiple-ram forging press

可以同时进行垂直和侧向模锻的液压机。采用带侧向水平柱塞和垂直冲孔系统，除装有水平机架和水平工作缸外，还装有中间穿孔缸和垂直冲孔系统。可生产接近成品零件的形状和尺寸的复杂外形的模锻件。

09.1538 铝型材氧化着色机组 profiles anodi-zing line

铝合金型材氧化着色的专用机组。该机组含表面预处理、阳极氧化、电解着色、封孔。在电解着色过程中，电化学还原生成的金属微粒沉积在氧化膜微孔的底部，化学染色是无机或有机染料吸附在氧化膜微孔的顶部，颜色就是燃料本身的颜色，而后进行封孔。

09.1539 立吊式氧化着色机组 vertical profiles anodizing line

一种采用型材立式吊挂方法进行氧化着色的机组。型材垂直于地面，适合于木纹色型材生产。

09.1540 锻造压力机 forging press

对热态金属进行锻造的液压机或机械压力机。

09.1541 锻造自动线 automatic forging line

由自动操作的主机和辅机按锻造工艺流程用自动传送装置连接起来，无须人工操作的锻造生产线。

09.1542 静电粉末喷涂机组 electrostatic powder spraying line

在铝材的化学转化膜上喷涂聚酯粉末的机组。该机组由表面预处理和静电粉末喷涂组成。静电粉末喷涂在化学预处理后进行，带负电荷的粉末均匀喷涂到铝材表面，达到一定厚度，最后进入固化炉加热固化。

09.1543 电泳涂层机组 electrophoretic coating line

由电泳槽和烘烤槽组成，将阳极氧化的铝材放在水溶性丙烯酸漆的电泳槽内，铝材作为阳极，在电泳条件下，使得氧化膜表面沉积一层不溶性漆膜，再在高温下烘烤固化的机组。

09.1544 氟碳喷涂机组 fluorocarbon spraying line

采用静电液体喷涂和加热固化的机组。在铝材的化学转化膜上喷涂溶剂性氟碳涂料喷涂到铝材表面，达到一定厚度，最后加热固化。氟碳材料是耐候性最佳的材料。

09.1545 隔热型材生产线 thermal-insulation section production line

用于生产隔热型材的生产线。隔热型材是在两个铝合金型材中间加入低导热性能的非金属材料。常用的嵌条式、浇注式和灌溉式断桥铝型材可起到断热作用。隔热型材的不同组织可实现铝合金门窗的隔热和保温节能的要求。

09.1546 板料折弯机 panel bender

能将板料折弯成一定角度的机械。

09.1547 板料自动压力机 automatic feed press

带开卷、校平装置与送进装置，可在压力机的一次冲程中，以多种模具同时对多个工件进行落料、冲孔、拉伸、弯曲、切边等工序加工的压力机。

09.1548 单臂式液压机 C-frame hydraulic press

机身是单柱式结构的液压机。

09.1549 单动液压机 single action hydraulic press

只有一个滑块的液压机。

09.1550 弹簧锤 spring power hammer

在传动装置和锤头之间设有板簧的锤。

09.1551 对击锤 counter-blow hammer

又称"无砧座锤"。用活动的下锤头代替砧座，当上锤头下降，下锤头同时上升，产生对击使锻件变形的锻锤。

09.1552 镦锻机 automatic header upset forging machine

用于局部镦锻的机械压力机。

09.1553 电热镦机 electric upset forging machine

金属棒料在局部接触加热下进行镦锻加工

的镦锻机。

09.1554 多向模锻压力机 multi-cored forging press
具有垂直方向和水平方向多滑块的压力机。

09.1555 多柱式液压机 multi-column hydraulic press
由多个立柱与上梁及下梁组成框架的液压机。

09.1556 四柱式液压机 four-column hydraulic press
由4个立柱与上梁及下梁组成框架的液压机。

09.1557 高速热镦机 hot former
对热棒料进行切料、镦锻、成形、修边等多道工序的高速锻造用曲柄压力机。

09.1558 钢带模 steel strip die
采用具有一定预应力的钢带缠绕在模具的外层，起到提高模具的承受内压的能力的一种多层模。

09.1559 机械压力机 mechanical press
采用机械传动作为工作机构的压力机。

09.1560 金属屑压块液压机 metal scrap briquette hydraulic press
把金属屑压缩成块的液压机。

09.1561 精密压力机 precision press
对压力、行程、对中性均能精确控制的压力机。明显地比普通压力机产品精密。

09.1562 精压 coining press, knuckle joint press
采用对压力、行程能精确控制的压力机压制。压制的零件表面光洁度高、尺寸精确、公差小。

09.1563 拉形机 stretching machine, stretching former
实现拉形工艺过程的专用机床。

09.1564 冷镦机 cold header
用作金属在常温下镦锻加工的机器。

09.1565 上传动压力机 top-drive press
传动系统设置在滑块上方，即设置在机身上部的压力机。

09.1566 下传动压力机 under-drive press
传动系统设置在工作台下面的压力机。

09.1567 上料机构 feeding mechanism
能完成加料功能的装置。

09.1568 手动液压机 manual hydraulic press
采用手动操作控制液压系统来完成压机工作的装置。

09.1569 双点压力机 two point press
曲柄作用在滑块上的着力点有两个，即由两个连杆驱动滑块的压力机。

09.1570 双动液压机 double action hydraulic press, double action press
通过传动液压系统带动内、外两个滑块运动的压力机。

09.1571 双柱式锤 double frame hammer
又称"拱式锤"。锤身有两个立柱的锻锤。

09.1572 双作用锤 double action hammer
又称"动力锤"。利用工作介质(如蒸汽、空气或氮气等)既作用于工作缸上腔也作用于工作缸下腔，使锤头向上运动或向下运动进行打击的锻锤。

09.1573 四点压力机 four-point press
作用在活动横梁(滑块)上的着力点(油缸柱塞)有 4 个的压力机。

09.1574 推杆式炉 pusher furnace
又称"半连续炉"。炉膛呈长形,用推钢机把坯料由低温区推向高温区的炉子。

09.1575 无氧化加热炉 anti-oxidation heater
炉腔内具有惰性保护气氛,可使坯料或锻件在加热过程中不氧化的加热炉。

09.1576 旋压机 spinning machine, spinning lathe
用于旋压加工的机器。

09.1577 液压机 hydraulic press
用液体作为介质传递能量的锻压机器。

09.1578 液压螺旋压力机 hydraulic screw press
采用液压为动力的压力机,靠主螺杆的旋转带动滑块上、下运动,向上实现回程,向下进行锻打压力机。

09.1579 压胀形扩孔 hydraulic expanding
直接利用液压使空心件受径向内压应力而进行扩孔的方法。

09.1580 油压机 oil hydraulic press
用油压驱动滑块的液压机。

09.1581 自动搓丝机 automatic flat die thread-rolling machine
用 1 对搓丝板在零件杆部搓制螺纹或沟槽的自动锻压机。

09.1582 自动定长装置 automatic length fixing device
能根据程序进行自动调节剪切长度的装置。

09.1583 自动司锤装置 hammer automatic operating device
能根据设定自动进行锤锻的装置。

09.1584 仿形板 gauge finder
在仿形加工中,作为基准的模板。

09.1585 轧机生产率 productivity of rolling mill
轧机在单位时间内的产量。分别以小时、班、日、月、年为时间单位计算。

09.1586 成材率 finished product ratio, yield ratio
又称"收得率"。合格产品质量与投入原料的质量的比值。是度量轧制生产过程中金属利用程度的指标,与金属消耗系数呈倒数关系。

09.1587 材料消耗 consumption of materials
生产 1t 轧材平均消耗的材料数量。如水耗、耐火材料消耗、润滑油消耗等。

09.1588 金属消耗系数 consumption coefficient of metal, consumption coefficient of materials
投入原料的质量与其合格产品质量的比值。是度量轧制生产过程中金属消耗程度的指标。

09.1589 板管比 plate and tube ratio
热轧材总量中,板管材所占的比例。是表示一个国家轧制技术发展水平的一个指标。

09.1590 轧辊消耗 roll consumption
生产 1t 轧材平均消耗的轧辊公斤数。

09.1591 成品 finished product
企业已经完成全部生产过程并已验收入库,合乎标准规格和技术条件,可以按照合同规定的条件送交订货单位,或者可以作为商品对外销售的产品。

英 汉 索 引

A

ab initio 第一性原理 04.0796

abnormal segregation 反常偏析 07.0222

abnormal structure 反常组织 07.0549

abrasion 磨损 09.0229

abrasion resistance 耐磨性 05.0205

abrasion-resistant steel 耐磨钢 08.0363

abrasion strength of coke 焦炭耐磨强度 05.0046

abrasive corrosion 磨耗腐蚀 08.0090

abrasiveness of rock 岩石磨蚀性 02.0367

absolute entropy 绝对熵, *规定熵 04.0139

absolute error 绝对误差 04.0700

accelerated rolling 升速轧制 09.0411

accidental error 偶然误差 04.0697

accretion 炉结 06.0484

accretion removing practice 洗炉 06.0399

accuracy 准确度 04.0678

acetylene-welded pipe 气焊管 09.0504

Acheson type graphitization furnace 艾奇逊石墨化炉 05.0477

acicular ferrite 针状铁素体 07.0562

acicular ferrite steel 针状铁素体钢 08.0387

acicular martensite *针状马氏体 07.0579

acicular structure 针状组织 07.0547

acid gas 酸气 05.0158

acidic medium 酸性介质 03.0532

acidic oxide 酸性氧化物 04.0540

acidity phosphorous-oxygen type extractant 酸性磷氧型萃取剂 06.1211

acid leaching 酸浸 06.0186

acid open-hearth process 酸性平炉炼钢法 05.1024

acid pickling 酸洗 09.1089

acid pickling cleaning 酸洗清理 09.0598

acid refractory 酸性耐火材料 05.0347

acid sinter 酸性烧结矿 05.0589

acid slag 酸性渣 05.0990

acid soluble aluminum 酸溶铝 05.1015

acid soluble zinc ratio 酸溶锌率 06.0555

AC impedance 交流阻抗法 04.0661

acoustic emission technique 声发射法 02.0276

acoustic emission technology 声发射技术 07.0455

acoustic microscopy 声学显微术 07.0456

activated carbon 活性炭 05.0417

activated carbon fiber 活性炭纤维 05.0387

activated complex 活化络合物 04.0246

activated silica 活性氧化硅 06.0693

activated sintering 活化烧结 08.0237

activation 活化 09.1103

activation energy 活化能 04.0240

activation energy of adsorption 吸附活化能 04.0366

activation enthalpy 活化焓 04.0248

activation entropy 活化熵 04.0247

activation-solution 活化–溶解法, *碎化–溶解法 06.0834

activation stirring 活化搅拌 02.0833

activator 活化剂 03.0572

active lime 活性石灰 05.0987

active passive cell 活态–钝态电池 08.0129

activity 活度 04.0159

activity coefficient 活度系数 04.0172

activity factor *活度因子 04.0172

actual average residence time 实际平均停留时间 05.1393

adaptive control 自适应控制 09.1441

additional friction torque 附加摩擦力矩 09.0315

additional stress 附加应力 09.0072

adhesion 附着力 08.0158

adhesion 轧制黏着 09.0305

adhesion strength 黏合强度, *黏接强度 08.0026

ADI *等温处理延性铁 08.0296

adiabatic calorimeter 绝热量热计 04.0607

adiabatic process 绝热过程 04.0030

adit 平硐 02.0566

adit development system　平硐开拓　02.0717

adobe blasting　裸露爆破　02.0454

adobe charge　糊炮　02.0456

adsorbed film　吸附膜　09.0241

adsorbed molecular water of green pellet　生球分子水　05.0657

adsorbing colloid flotation　吸附胶体浮选　03.0489

adsorption chromatography　吸附色层法　06.0348

adsorption-complex formation method　吸附–配合生成法　06.1259

adsorption density　吸附量　03.0526

adsorption flotation　吸附浮选　03.0477

adsorption isotherm　吸附等温式　04.0368

advanced high strength steel　先进高强度钢　08.0329

advanced support　超前支护　02.0573

advance mining　前进式开采　02.0741

AEM　分析电子显微术　07.0429

aeration　充气　03.0560

aeration rate　充气量　03.0561

aerator　充气器　03.0656

aerial tramway　架空索道　02.1211

aerofall mill　气落式自磨机，＊干式自磨机　03.0331

aerofloat　二烷基二硫代磷酸盐，＊黑药　03.0600

aerosol　气溶胶　04.0593

aerosol flotation　气溶胶浮选　03.0496

AES　原子发射光谱　07.0497

aeschynite-Ce　铈易解石　06.1178

aeschynite-Y　钇易解石　06.1179

AFM　原子力显微术　07.0450

after blow　后吹　05.1052

AGC　厚度自动控制　09.1421

age hardening　时效硬化　07.0417

age hardening alloy steel　时效硬化合金钢　08.0391

ageing furnace　时效炉　09.1473

agglomerant　团聚剂　03.0568

agglomerate　团粒　08.0167

agglomeration　团聚　03.0058，造块　05.0585

agglomeration of nonmetallic inclusion　夹杂物聚结　05.1378

aggregate　骨料　05.0355

aging　陈化　06.1260，时效　07.0237

agitation　搅拌　03.0499

agitation intensity　搅拌强度　03.0501

agitation leaching　搅拌浸出　06.0193

AHSS　先进高强度钢　08.0329

aid-extraction complex agent　助萃络合剂　06.1236

aid-extraction complexation　助萃络合作用　06.1235

air-bearing profile measuring roll　空气轴承板形辊　09.1216

air blast　空气冲击波　02.0490

air brattice　风障　02.0954

air bridge　风桥　02.0952

air chamber　空气室　06.0132

air-charge ratio　风料比　06.0445

air classifier　风力分级机　03.0341

air compressor　空气压缩机　02.1078

air cooled condenser　空气冷凝器　06.0263

air cooler　空气冷凝器　06.0263

air cooling　空冷　09.0757

air-cooling zone　空冷区　05.1511

air deflector　导风板　02.0955

air distribution　风量分配　02.0919

air door　风门　02.0951

air dry basis　空气干燥基　05.0030

air duct　风筒　02.0957

air entrainment into liquid stream　铸流吸气　05.1370

air excess coefficient　空气过剩系数　09.0606

air float heat-treating furnace　气垫式热处理炉　09.1477

airflow frictional resistance　风流摩擦阻力　02.0913

airflow pressure　通风压力　02.0909

air flow pulverize　气流粉碎机　03.0328

airflow regulating　风量调节　02.0930

airflow velocity for eliminating　排尘风速　02.0911

air granulating of slag　钢渣风淬法　05.1164

air hammer　空气锤　09.0935

air inlet　进气口　06.0131

air jig　风动跳汰机　03.0362

air leakage coefficient　漏风系数　02.0949

air leg　气腿　02.1110

air-mist spray cooling　气水喷雾冷却　05.1525

air preheater　空气预热器　06.0133

air quantity　风量　02.0918

air reactivity　炭材空气反应性　06.0722

air regenerator　空气蓄热室　06.0134

air seal　气封　06.0110

air setting mortar　气硬性耐火泥浆　05.0321

air slip casting　气滑铸造　09.0782

air stopping　风墙，＊密闭　02.0953

air-stream drying　气流干燥　06.0237

air-sucking mechanical pump　机械抽气泵　04.0628

air-sucking water ejector　抽气水喷射器　04.0627

air table　风力摇床　03.0377

airtight blast furnace　密闭鼓风炉　06.0081

air valve　空气阀　06.0135

air velocity measuring station　测风站　02.0956

air window　风窗　02.0958

Al-bullet shooting　铝弹射入法　05.1314

Alcan magnesium cell　＊艾尔坎镁电解槽　06.0799

Al-clad plate　包铝厚板　09.0576

ALCOA 469 process　阿尔考 469 法　09.0776

alkaline cleaning tank　碱洗槽　09.1512

alkaline fusion　锆砂碱熔法　06.0947

alkaline fusion process　碱熔法　06.0829

alkaline leaching　碱浸　06.0187

alkaline leach pretreatment　碱浸预处理　06.0839

alkaline medium　碱性介质　03.0533

alkyl dithiocarbonate　黄原酸盐，＊黄药　03.0591

alkyl phosphate ester　烷基磷酸酯　03.0609

alkyl sulfate　烷基硫酸盐　03.0618

alkyl thioalcohol　烷基硫醇　03.0599

allanite　褐帘石　06.1187

allotrophism　同素异构　07.0059

alloy cast iron　合金铸铁，＊特殊性能铸铁　08.0300

alloyed cementite　合金渗碳体　07.0570

alloyed powder　合金粉　08.0177

alloy electroplating　合金镀　04.0493

alloy for thermocouple　热电偶合金　08.0534

alloying of liquid steel　钢液合金化　05.1014

alloy steel　合金钢　01.0047

alloy steel ratio　合金钢比　05.1035

alloy tool steel　合金工具钢　08.0366

alloy with controlled expansion　定膨胀合金，＊封接合金　08.0549

alloy with high expansion　高膨胀合金　08.0550

alluvial deposit　冲积矿床　02.0069

alluvial gold placer　冲积砂金　02.0070

Al-Ni-Co alloy　铝镍钴合金　08.0579

β-Al$_2$O$_3$　β 氧化铝　04.0510

Al$_2$O$_3$-C brick　铝炭砖　05.0301

Alpur process　阿普法　09.0777

alternately rolling　交叉轧制　09.0418

alternative iron-making process　非高炉炼铁法　05.0937

alumel alloy　镍铝硅锰电偶合金　08.0537

alumina-carbon brick　铝炭砖　05.0301

alumina-chrome brick　铝铬砖　05.0313

alumina hopper　槽上料箱　06.0742

alumina hydrate　氧化铝水合物　06.0701

alumina-magnesia-carbon brick　铝镁炭砖　05.0302

alumina silica ratio　铝硅比　06.0692

alumina-silicon carbide-carbon brick　铝碳化硅炭砖，＊Al$_2$O$_3$-SiC-C 砖　05.0304

alumina soda ratio　铝碱比　06.0691

alumina trihydrate seed　氢氧化铝晶种　06.0685

aluminizing　渗铝　07.0353

alumino-silicate refractory　硅酸铝质耐火材料　05.0265

aluminothermics　铝热法，＊铝热还原　05.0544

aluminum and aluminum alloy flat rolled product　铝及铝合金扁平材产品　09.0574

aluminum anodizing　铝阳极氧化　09.1106

aluminum-base composite　铝基复合材料　08.0441

aluminum bronze　铝青铜　08.0421

aluminum coated steel sheet　镀铝薄板　09.0476

aluminum coil coating　铝卷涂层　09.1125

aluminum foil　铝箔　08.0444

aluminum foil doubler　铝箔合卷机　09.1465

aluminum foil rolling mill　铝箔轧机　09.1464

aluminum foil separator　铝箔分卷机　09.1466

aluminum lithium alloy　铝锂合金　08.0435

aluminum pad　铝液　06.0760

aluminum pig casting machine　铝锭铸造机　06.0761

aluminum smelter cell　铝电解槽　06.0725

aluminothermy　铝热法，＊铝热还原　05.0544

alunite　明矾石　03.0223

amalgam　汞齐　06.0840

amalgamation　汞齐法，＊混汞法　06.0841

amalgam electro-winning process　汞齐电解提炼法　06.1275

amalgam process　汞齐法，＊混汞法　06.0841

amalgam refining　汞齐精炼　06.0842

AMC process AMC 法 06.0780

ammonia destruction furnace 氨分解炉 05.0155

ammonia leaching 氨浸 06.0188

ammonia nitriding 氨氮化 06.0363

ammonia scrubber with acid 酸洗塔 05.0144

ammonia stripper 蒸氨塔 05.0154

ammonium chloride method 氯化铵法 06.1202

ammonium fluoro-beryllate 氟铍酸铵，＊氟铍化铵
06.1093

ammonium hydrofluoride fusion method 氟化氢铵熔
融法 06.1200

ammonium molybdate 钼酸铵 06.1076

ammonium nitrate explosive 硝铵炸药 02.0383

ammonium nitrate mix truck 铵油炸药混装车
02.1153

ammonium paratungstate 仲钨酸铵 06.1044

ammonium perrhenate 过铼酸铵，＊高铼酸铵
06.1157

ammonium thiomolybdate 硫代钼酸铵 06.1082

ammonium tungstate 钨酸铵 06.1043

amorphous alloy 非晶[态]合金，＊玻璃态合金
08.0607

amorphous aluminum alloy 非晶铝合金 08.0440

amorphous carbon 无定形炭，＊非晶质炭，＊乱层结
构炭 05.0370

amperostat 恒电流仪 04.0659

amphibole 角闪石 03.0234

ampholyte 两性电解质 06.0299

amphoteric collector 两性捕收剂 03.0585

amphoteric ion exchange resin 两性离子交换树脂
06.0337

amphoteric oxide 两性氧化物 04.0542

AMT 偏钨酸盐 06.1045

anaerobic tank 厌氧池 05.0170

analysis of force acting on roll 辊系受力分析
09.0350

analysis of variance 方差分析 04.0707

analytical electron microscopy 分析电子显微术
07.0429

analytical pure 分析纯 06.0378

anatase 锐钛矿 03.0175

anchor bolt 锚杆 02.0300

ancient Puddling 炒炼法 05.1017

andalusite 红柱石 03.0180

anelasticity 滞弹性 08.0007

angle of friction 摩擦角 09.0278

angle of repose 自然坡度角，＊安息角 08.0188

angle of resultant forces 合力作用角 09.0280

anglesite 铅矾 03.0124

angle steel 角钢 09.0536

anhydrous lithium chloride 无水氯化锂 06.1112

anhydrous magnesium chloride 无水氯化镁 06.0783

anion 阴离子 04.0412

anion exchange resin 阴离子交换树脂 06.1227

anion surfactant 阴离子表面活性剂 03.0580

anisotropy 各向异性 09.0200

anisotropy of rock 岩石各向异性 02.0228

ankerite 铁白云石 03.0230

ANN 人工神经网络 04.0792

annealed steel 退火钢 08.0315

annealing 退火 07.0303

annealing of cold rolled sheet and strip 冷轧板带退火
09.1079

annual mine output 矿山年产量 02.0023

annular baking furnace for carbon materials 环式炭材
料焙烧炉 05.0462

annular cut mining method 环形工作线采矿法
02.0639

annular tuyere 环缝式喷嘴 05.1088

anode 阳极 04.0441

anode block 阳极炭块 06.0711

anode compartment 阳极室 06.0284

anode effect 阳极效应 06.0748

anode effect terminating 熄灭阳极效应 06.0751

anode life 阳极寿命 06.0508

anode mud 阳极泥 06.0285

anode paste 阳极糊 06.0708

anode plate 阳极板 06.0287

anode scrap 残阳极，＊残极 06.0505

anode scrap ratio 残极率 06.0506

anode slime 阳极泥 06.0285

anode slime ratio 阳极泥率 06.0507

anode sludge 阳极泥 06.0285

anode strip ＊阳极片 06.0287

anode stud 阳极棒 06.0740

anodic control 阳极控制 08.0126

anodic dissolution　阳极溶解　04.0465

anodic electrosynthesis　电氧化合成　04.0498

anodic over-voltage　阳极过电压　06.0286

anodic oxide　阳极氧化　08.0149

anodic polarization　阳极极化　04.0462

anodic protection　阳极保护　08.0132

anosovite　安诺石，＊黑钛石　05.0701

Anoxic/Oxic biodenitrogenation process　A/O 生物脱氮工艺　05.0169

anoxic tank　缺氧池　05.0171

antagonistic effect　反协同效应　06.0325

anthracite　无烟煤　05.0427

anti-corrosive soft magnetic alloy　耐蚀软磁合金，＊不锈软磁合金　08.0554

anti-corrosive thermo-bimetal　耐蚀热双金属　08.0595

anti-deflection plate　防挠板　09.0495

anti-explosion fiber　防爆裂纤维　05.0246

anti-freezing explosive　耐冻炸药　02.0387

anti-freezing property of explosive　炸药抗冻性　02.0408

antimonite　辉锑矿　03.0134

antimony crude　生锑　06.0653

antimony trioxide purification process　砷盐净化法　06.0610

anti-oxidant　抗氧化剂　05.0239

anti-oxidation heater　无氧化加热炉　09.1575

antiphase domain　反相畴　07.0603

antiseismic building steel　抗震建筑钢　08.0411

anti-stray-current electric detonator　抗杂散电流电雷管　02.0424

AOD process　＊AOD 法　05.1325

AP　分析纯　06.0378

apatite　磷灰石　03.0227

APC　位置自动控制　09.1432

aperture size　筛孔尺寸　03.0279

apparent activation energy　表观活化能　04.0241

apparent density　松装密度　08.0190

apparent first order reaction　表观一级反应　04.0230

apparent loss rate　视在损失率，＊金属损失率　02.0073

apparent porosity　显气孔率　05.0185

apparent rate constant　表观速率常数　04.0242

approximation steady state　近似稳态　04.0244

apron feeder　板式给矿机　03.0725

APT　仲钨酸铵　06.1044

aqueous leaching　水溶液浸出　06.0190

aquifer　含水层　02.0984

arc bias　偏弧　05.1208

arc current　电弧电流　05.1209

arc fine screen　弧形细筛　03.0299

arch　炉顶　06.0096

Archimedes method　阿基米德法　04.0639

arch support　拱形支架　02.0579

arc power　电弧功率　05.1213

arctic mining　极地采矿　02.0897

area of impingement　冲击面积　05.1085

argentite　辉银矿　03.0145

argon blowing cap　钢包吹氩盖　05.1345

argon-oxygen decarburization process　氩氧脱碳法　05.1325

argon purging stopper　塞棒吹氩　05.1368

arithmetic mean　算术平均值　04.0690

armoured plate　装甲板　09.0485

Arrhenius equation　阿伦尼乌斯方程　04.0238

arrival at mine full capacity　矿山达产　02.0036

arsenic trioxide purification process　锑盐净化法　06.0611

arsenopyrite　毒砂，＊砷黄铁矿　03.0115

artificial aging　人工时效　07.0239

artificial bed　人工床层，＊床底砂　03.0382

artificial graphite　人造石墨　05.0373

artificial neural network　人工神经网络　04.0792

artificial river-bed　人工河床　02.0997

artificial rutile　人造金红石，＊合成金红石　06.0964

ASC　板形自动控制　09.1428

ASM slab mould　ASM 板坯结晶器　09.0794

asymmetrical rolling　不对称轧制　09.0391

asymmetrical rolling mill　异步轧机　09.1278

asynchronous rolling　异步轧制　09.0392

atmospheric corrosion　大气腐蚀　08.0070

atomic emission spectrometry　原子发射光谱　07.0497

atomic force microscope　原子力显微术　07.0450

atomization　雾化　08.0199

atomized powder　雾化粉　08.0171

atom probe　原子探针　07.0445

attrition crushing 挤压破碎 03.0236

attrition mill 碾磨机 03.0322

attritor grinding 搅拌球磨，＊高能球磨 08.0185

attritor milling 搅拌球磨，＊高能球磨 08.0185

Audibert-Arnu dilatation 奥阿膨胀度，＊奥亚膨胀度 05.0026

audiometer of converter 转炉声音检测仪，＊声呐仪，＊声学化渣仪 05.1144

Auger electron spectroscopy 俄歇电子能谱术 07.0446

aurocyanide 氰亚金酸盐 06.0852

ausforming 形变淬火 07.0321

Ausmelt process 澳斯麦特熔炼法 06.0453

austempered ductile iron ＊等温处理延性铁 08.0296

austempering 等温淬火 07.0316

austenite 奥氏体 07.0553

austenite-ferrite transformation 奥氏体–铁素体相变 07.0274

austenitic cast iron 奥氏体铸铁 08.0295

austenitic heat-resistant steel 奥氏体耐热钢 08.0360

austenitic stainless steel 奥氏体不锈钢 08.0346

austenitizing 奥氏体化处理 07.0296

auto-catalysis 自催化 04.0374

autoclave 高压釜，＊压力釜 06.0203

autoclave line 高压浸溶器组 06.0674

autogenous coker 自热焦结炉 06.0560

autogenous mill 自磨机 03.0329

autogenous roasting 自热焙烧 06.0017

autogenous smelting 自热熔炼 06.0385

auto loader 储仓式装运机，＊装运机 02.1137

automatic blending device 自动配煤装置 05.0012

automatic control of mineral processing 选矿过程自动控制 03.0093

automatic feed press 板料自动压力机 09.1547

automatic flat die thread-rolling machine 自动搓丝机 09.1581

automatic forging line 锻造自动线 09.1541

automatic gauge control 厚度自动控制 09.1421

automatic header upset forging machine 镦锻机 09.1552

automatic length fixing device 自动定长装置 09.1582

automatic plug mill 自动轧管机 09.1304

automatic position control 位置自动控制 09.1432

automatic shape control 板形自动控制 09.1428

automatic thread roller 滚丝机 09.1291

automatic tube rolling mill 自动轧管机 09.1304

automatic width control 宽度自动控制 09.1433

automobile steel sheet 汽车板 09.0472

automotive steel sheet 汽车板 09.0472

autoradiography 放射自显影术 07.0523

autothermic steelmaking 自热式炼钢 05.1105

auxiliary agent 辅助原料 05.0985

auxiliary electrode 辅助电极 08.0110

auxiliary fan 辅扇，＊辅助扇风机 02.1082

auxiliary haulage level 辅助运输水平 02.0733

auxiliary shaft 副井 02.0510

available support 速效支护 02.0595

average stripping ratio 平均剥采比 02.0615

AWC 宽度自动控制 09.1433

axial adjustment device 轴向调整装置 09.1355

axial adjustment of roll 轧辊轴向调整 09.0670

axial ratio 轴比 07.0014

axisymmetric deformation 轴对称变形 09.0151

azeotropic distillation 共沸蒸馏 06.0250

azeotropy 共沸 06.0249

azimuth 方位角 02.0163

azurite 蓝铜矿 03.0106

B

back-attack impact phenomenon 气泡后座现象 05.1093

back break 后冲 02.0481

back corona 负效电晕 06.0066

back-drafting 倒流休风 05.0820

back feeding 补浇 05.1596

backhoe shovel 反铲挖掘机 02.1115

back hole 顶眼 02.0353

backing plate 锚杆垫板 02.0603

back mixing 返混 04.0387

back pressure 背压 05.1077

back tension drawing 逆张力拉拔 09.1048

backup roll 支承辊，＊支撑辊 09.1327

backward extrusion 反向挤压 09.0799

backward slip　后滑　09.0328

bacterial leaching　细菌浸出，*微生物浸出　06.0192

baddeleyite　斜锆石　03.0188

baffle in tundish bath　中间包控流隔墙　05.1398

bag dust filter　袋式收尘器，*布袋滤尘器，*袋滤器
　06.0055

bag filter　布袋除尘器　05.0930

bag filtering velocity　滤袋过滤速度　06.0417

bag process　布袋除尘器　05.0930

bainitic cast iron　贝氏体铸铁　08.0296

bainitic steel　贝氏体钢　08.0386

bainitic transformation　贝氏体相变　07.0248

Baiyin copper smelting process　白银炼铜法　06.0464

baked scrap　焙烧碎　05.0461

bake-hardening steel　烘烤硬化钢　08.0338

baking carbon body　焙烧炭制品，*焙烧炭坯
　05.0460

baking of carbon materials　炭材料焙烧　05.0458

balance　衡算　04.0288

balance sheet of metal　金属平衡表　01.0064

balling disc　圆盘造球机　05.0653

balling drum　圆筒造球机　05.0652

balling index　成球性指数　05.0659

ball mill　球磨机　03.0308

ball milling　球磨　08.0184

ball rolling mill　钢球轧机　09.1285

banded structure　带状组织　07.0550

bank of flotation cells　浮选机机组　03.0649

bar and section drawing　棒型材拉伸，*直条拉伸
　09.0845

bar extrusion　棒材挤压　09.0805

barite　重晶石　03.0199

bar mill　棒材轧机　09.1234

barrelling　单鼓形　09.0174

barren solution　贫液　06.0206

barrier pillar　间隔矿柱　02.0752

barrier refractory　防渗料　06.0719

bar screen　条筛　03.0287

bar steel　棒材，*条材　09.0529

base charge　加强药，*副起爆药　02.0379

base metal　普通金属，*贱金属　06.0828

base steel　普通质量钢　08.0307

basicity of sinter　烧结矿碱度　05.0588

basic open-hearth steelmaking　碱性平炉炼钢法，*马丁炉炼钢　05.1023

basic oxide　碱性氧化物　04.0541

basic refining　碱性精炼　06.0403

basic refractory　碱性耐火材料　05.0349

basic reserves　基础储量　02.0126

basic slag　碱性渣　05.0991

bastnaesite　氟碳铈矿　03.0193

Batac jig　巴塔克跳汰机　03.0369

batch annealing furnace　罩式退火炉　09.1476

batch charge　批料　05.0752

batch coke charge　焦批　05.0754

batch leaching　间断浸出，*分批浸出　06.0595

batch method of melting　批式熔炼法　09.0766

batch operation　间歇操作　05.1632

batch ore charge　矿批　05.0753

batch reactor　间歇反应器　04.0380

bath level probe　枪位探头　05.1141

bath sampling probe　取样探头　05.1142

bath smelting　熔池熔炼　06.0072

bath temperature sensor　测温探头　05.1139

Bauschinger effect　包辛格效应　07.0376

bauxite　铝土矿　03.0147

bauxite clinker　高铝矾土熟料　05.0225

bauxite digestion　铝土矿溶出　06.0670

Bayer and sintering combined process　拜耳-烧结联合法　06.0663

Bayer process　拜耳法　06.0661

bearing chock　轧辊轴承座　09.1333

bearing steel　轴承钢，*滚动轴承钢　08.0398

bed　床层　03.0381

bed charge　底料　06.0106

bell clearance　炉喉间隙　05.0893

bell-hopper top　料钟式炉顶　05.0884

bellless top　无料钟炉顶　05.0887

bell-type annealing furnace　罩式退火炉　09.1476

belt caster　带式连铸机　05.1456

belt conveyor charging　高炉皮带机上料　05.0883

belt conveyor　带式输送机　03.0730

belt conveyor development　胶带运输机开拓　02.0669

belt drop hammer　皮带锤　09.0934

belt feeder　带式给矿机　03.0729，带式给料机
　05.0613

belt filter　带式过滤机　03.0689

belt filter press　带式压滤机　03.0696

belt hoisting equipment　胶带提升设备　02.1075

belt reagent feeder　带式给药机　03.0736

belt sluice　皮带溜槽　03.0397

belt transfer　带式转载机　02.1207

belt transportation inclined shaft　胶带运输斜井
　02.0509

bench　台阶　02.0643

bench blasting　台阶爆破　02.0438

bench crest　坡顶线　02.0651

bench face　台阶坡面　02.0649

bench floor　平盘，*工作平盘　02.0648

bench height　台阶高度　02.0653

bench slope angle　台阶坡面角　02.0650

bench stripping ratio　分层剥采比　02.0616

bench toe rim　坡底线　02.0652

bending stress　弯曲应力　09.0064

bend zone　弯曲带　02.0201

beneficiability test　可选性试验　03.0742

bentonite　膨润土　05.0222

benzene soluble organic matter　苯可溶物　05.0163

benzo(a)pyrene　苯并芘　05.0162

benzol refining process　苯精制　05.0133

benzol stripper　脱苯塔　05.0147

berillia　氧化铍　06.1087

berm　平台　02.0644

berm ditch　平台水沟　02.0714

Bernoulli's equation　伯努利方程　04.0301

beryl　绿柱石　03.0178

berylliosis　铍中毒　06.1103

beryllium ammonium fluoride　氟铍酸铵，*氟铍化铵
　06.1093

beryllium bronze　铍青铜　08.0422

beryllium chloride　氯化铍　06.1090

beryllium fluoride　氟化铍　06.1091

beryllium hydroxide　氢氧化铍　06.1088

beryllium oxide　氧化铍　06.1087

beryllium pebble　铍珠　06.1096

beryllium powder　铍粉　06.1098

beryllium sulfate　硫酸铍　06.1089

beryllium toxicity　铍毒性　06.1102

Bessemer steelmaking process　贝塞麦炼钢法
　05.1019

BF　高炉　05.0705

BF belly　高炉炉腰　05.0827

BF bleeder　高炉放散管　05.0877

BF blow off　高炉停炉　05.0806

BF blow on　高炉开炉　05.0805

BF-BOF conventional route　钢铁生产长流程
　01.0054

BF bosh　高炉炉腹　05.0828

BF botting machine　高炉堵渣机　05.0842

BF bottom　高炉炉底　05.0830

BF casting house　高炉出铁场　05.0854

BF central flow　高炉中心气流　05.0744

BF charging cycle　高炉装料制度　05.0746

BF delay rate　高炉休风率　05.0794

BF equalizing valve　高炉均压阀　05.0879

BF filling　高炉装炉　05.0809

BF furnace banking　高炉封炉　05.0807

BF gas uptake　高炉上升管　05.0878

BF hanging　高炉悬料　05.0796

BF hearth　高炉炉缸　05.0829

BF hot blast main　高炉热风总管　05.0904

BF ironmaking　高炉炼铁　05.0704

BF low silicon operation　高炉低硅操作　05.0898

BF peripheral flow　高炉边沿气流　05.0743

BF profile　高炉炉型　05.0824

BF shaft　高炉炉身　05.0826

BF skimmer　高炉撇渣器，*沙口，*小坑　05.0858

BF slag flushing　高炉出渣　05.0819

BF slugging　高炉洗炉　05.0814

BF smooth running　高炉顺行　05.0789

BF snorting valve　高炉放风阀　05.0876

BF stove change-over time　换炉时间　05.0919

BF stove changing　热风炉换炉　05.0918

BF stove gas period　热风炉燃烧期　05.0917

BF tap hole　高炉铁口　05.0836

BF tapping　高炉出铁　05.0818

BF throat　高炉炉喉　05.0825

BF tuyere　高炉风口　05.0837

big-lug anode　大耳阳极　06.0498

billet　小方坯　05.1447，坯　09.0024

billet forging　开坯锻造　09.0976

billet rolling　钢坯轧制　09.0437

bimetal plate　双金属板　09.0493

binary phase diagram　二元相图　04.0070

binder　黏结剂　08.0178

binder phase　黏结相　08.0228

binder pitch　黏结剂沥青　05.0436

binding force　结合力　08.0159

biocarbon　生物炭　05.0381

bio-flotation　生物浮选　03.0484

biological engineering titanium alloy　生物工程钛合金　08.0461

biomedical metal materials　生物医学金属材料，＊外科医用合金　08.0589

biomedical precious metal materials　生物医学贵金属材料　08.0503

biotite　黑云母　03.0213

bipolar electrode　双极性电极　06.0792

bipolar magnesium cell　双极性电极镁电解槽　06.0799

bismuth dross　铋渣　06.0547

bismuthine　辉铋矿　03.0116

bismuthinite　辉铋矿　03.0116

bite　咬入　09.0275

bite angle　咬入角，＊轧入角　09.0276

BK rotor magnetic separator　BK 筒式磁选机　03.0428

black body　黑体　04.0348

black coating　发黑处理，＊发蓝　07.0356

black copper　黑铜　06.0427

black copper powder　黑铜粉　06.0512

blackening　发黑处理，＊发蓝　07.0356

blackness　黑度　04.0349

black powder　黑火药　02.0377，黑粉　06.0949

black sheet　黑铁皮　09.0477

black tin　黑锡　06.0647

Bland equation for cold rolling force　布兰特冷轧轧制力方程　09.0340

blanket sluice　绒布溜槽　03.0394

blanking　冲裁　09.0884

blanking and drawing gang die　落料拉深复合模　09.0961

blanking clearance　冲裁间隙　09.1028

blanking die　落料模　09.0962

blank layout　排样　09.0952

blast conditioning　下部调节，＊鼓风调节　05.0790

blasted pile ventilation　爆堆通风　02.0946

blast furnace　高炉　05.0705，鼓风炉　06.0080

blast furnace blower　高炉鼓风机　05.0875

blast furnace blowing　高炉鼓风　05.0776

blast furnace burden calculation　高炉配料计算　05.0822

blast furnace campaign　高炉寿命，＊高炉炉龄　05.0795

blast furnace condition　高炉炉况　05.0788

blast furnace-converter-double electrical furnace process　高转电电法　06.1012

blast furnace expert system　高炉专家系统　05.0936

blast furnace ferromanganese　高炉锰铁　05.0498

blast furnace gas　高炉煤气　05.0924

blast furnace gas cleaning　高炉煤气净化　05.0763

blast furnace lighting　开炉点火　05.0810

blast furnace operation　高炉操作　05.0787

blast furnace process　高炉炼铁　05.0704

blast furnace productivity　高炉容积利用系数　05.0764

blast furnace relining　高炉大修　05.0932

blast furnace smelting　鼓风炉熔炼　06.0425

blast furnace smelting of top charged wet concentrate　料封密闭鼓风炉熔炼，＊密闭鼓风炉炼钢　06.0426

blast furnace specific capacity　鼓风炉床能率　06.0083

blast furnace top pressure recovery turbine power generation　炉顶煤气余压透平发电装置　05.0874

blast hole　炮孔　02.0345

blast hole dewatering truck　炮孔排水车　02.1156

blast hole stemming machine　炮孔填塞机　02.1157

blast humidity　高炉鼓风湿度　05.0781

blasting blowing　鼓风　06.0103

blasting cap　雷管　02.0412，火雷管　02.0419

blasting flyrock　爆破飞石　02.0495

blasting machine　起爆器　02.0433

blasting-power handling　爆力运搬　02.0737

blasting slurry truck　浆状炸药混装车　02.1154

blasting survey of surface mine　露天矿爆破测量　02.0192

blast pressure　高炉热风压力　05.0778

blast rate　高炉风量　05.0782

blast temperature　高炉风温　05.0779

blending 合批 08.0182

blending coal 配煤 05.0005

blending index 混匀指数 05.0602

blending of ore 矿石混均 05.0598

blind orebody 盲矿体 02.0066

blister 钢锭气泡 09.1135

blister copper 粗铜 06.0486

blistering 烧结件起泡 08.0245

block 砌块，*大砖 05.0252

block caving method 矿块崩落法，*自然崩落法 02.0849

block drawing 盘式拉伸 09.0857

blocked-out ore reserves 备采矿量 02.0130

blocker-die 胎模 09.0947

blocker-type forging 胎模锻 09.1002

block flowsheet 方框流程 03.0021

blocking 预锻 09.1016

block stoping 阶段矿房采矿法 02.0796

bloom 方坯 05.1444，初轧坯 09.0448

bloomery process 直接炼钢法，*一步法 05.1028

blooming 初轧 09.0430

blooming mill 初轧机 09.1226

blow 打击 09.0981

blow hole 气孔 09.1163

blowing down 休风 05.0793

blowing time ratio 送风时率 06.0477

blow-off valve of BF 放散阀 05.0915

blowpipe 风口直吹管 05.0861

blue brittle 蓝脆 09.0212

blue molybdyl 钼蓝 06.1080

blue powder 蓝粉 06.0580

blunder error 疏失误差 04.0699

board drop hammer 夹板锤 09.0933

body-centered cubic structure 体心立方结构 07.0012

body force 体积力 09.0156

boehmite 一水软铝石，*薄水铝矿，*勃姆铝矿 03.0149

BOF slurry 转炉尘泥 05.0611

BOF's share 转炉钢比 05.1036

BOF steelmaking 氧气转炉炼钢法 05.1041

boiler plate 锅炉板 09.0487

boiler steel 锅炉钢 08.0381

boiler with coke dry quenching 干熄焦锅炉 05.0097

boiling of cell 电解质沸腾 06.0806

Boliden-Norzink process 氯气脱汞法 06.0604

bolster plate die forging 垫板模锻 09.0998

bolting and shotcrete lining 喷锚支护 02.0298

Boltzmann constant 玻尔兹曼常数 04.0137

Boltzmann distribution law 玻尔兹曼分布定律 04.0204

Bolzano process 博尔扎诺法 06.0772

bomb calorimeter 弹式量热计 04.0608

Bond crushing work index 邦德破碎功指数 03.0238

bonded Nd-Fe-B alloy 黏结钕铁硼合金 08.0568

Bond grinding work index 邦德磨矿功指数 03.0333

bonding energy 键能 07.0053

bonding gold wire 键合金丝，*球焊金丝 08.0507

bonding strength 黏结强度 05.0195

bonding theory of solid 固体键合理论 04.0403

booster 加强药包 02.0469

booster fan 局扇，*局部扇风机 02.1083

bootleg 炮根 02.0479

borax 硼砂 03.0217

bore down into charge 穿井作业 05.1224

borehole 炮孔 02.0345

borehole dewatering 钻井抽水 02.1010

borehole extensometer 钻孔伸长仪 02.0321

borehole inclinometer 钻孔倾斜仪 02.0320

borehole pressure 孔壁压力 02.0399

borehole strain-meter 钻孔应变计 02.0315

borehole stress-meter 钻孔应力计 02.0314

boride 硼化物 07.0611

boriding 渗硼 07.0350

boring shaft sinking 钻井掘井法 02.0527

Born-Haber cycle 玻恩–哈伯循环 04.0117

bornite 斑铜矿 03.0101

Bose-Einstein statistics 玻色–爱因斯坦分布 04.0205

bosh angle 高炉炉腹角 05.0831

bosh flooding 炉腹液泛现象 05.0731

bosh slag 炉腹渣 05.0733

bottom blow 底吹 05.1044

bottom-blown gas intensity 底吹供气强度 05.1097

bottom drive 下传动 09.1451

bottom-dump car 底卸式矿车 02.1189

bottom electrode 炉底电极 05.1204

bottom gas permeable element 底吹供气组件

05.1087

bottom hole　底眼　02.0352

bottom teeming　下铸　05.1588

bottom voltage drop　槽底电压降　06.0754

boulder blasting　二次爆破　02.0455

bouncing separation　弹跳分离　03.0085

boundary condition　边界条件　04.0778

boundary demarcation of surface mine　露天矿境界圈
　　定　02.0193

boundary friction　边界摩擦　09.0231

boundary layer　边界层　04.0267

boundary value problem　边界值问题，*边值问题
　　09.0140

bow beam steel　弓形钢　09.0533

box annealing furnace　箱式退火炉　09.1474

box-type pass system　箱形孔型系统　09.0654

branch raise　分支天井　02.0572

brass　黄铜　08.0417

brass-lead　铅黄铜，*易切削黄铜　08.0418

Brazilian tensile strength test　巴西拉伸强度试验，*劈
　　裂试验法　02.0255

breakability of orebody　矿体可崩性　02.0853

breakdown by blasting　爆破落矿　02.0782

breaker block　安全臼　09.1359

break-even stripping ratio　经济合理剥采比，*极限剥
　　采比　02.0612

breaking down　开坯　09.0446

breaking hammer　破碎锤　02.1159

breaking strength of coke　焦炭抗碎强度　05.0045

break-out　连铸漏钢　05.1563

break ring　分离环　05.1533

break temperature of mould flux　保护渣转折温度
　　05.1496

breast stoping　全面采矿法　02.0793

breeze activation　矿粒活化　03.0540

bridge die　桥式模，*舌模　09.1491

bridge oxygen　桥氧　04.0527

bridge steel plate　桥梁钢板　09.0489

bridge wire of electric detonator　电雷管桥丝　02.0417

bridging charge　悬料　06.0527

Bridgman-Stockbarger method　*布里奇曼晶体生长法
　　06.0369

bright annealing　光亮退火　09.1085

bright annealing furnace　光亮退火炉　09.1475

bright anodizing　光亮阳极氧化　09.1107

bright heat treatment　光亮热处理　07.0288

bright sheet　光亮板　09.0478

Brinell hardness　布氏硬度　08.0040

briquette　压块矿　05.0649

briquetting　制团　05.0650

brisance　猛度　02.0400

brittle fracture　脆性断裂　07.0397

brittle fracture surface　脆性断口　07.0401

brittleness　脆性　08.0006

bronze　青铜　08.0420

brookite　板钛矿　03.0176

brown fused alumina　棕刚玉　05.0221

Brownian collision　布朗碰撞　05.1379

brucite　水镁石，*氢氧镁石　03.0229

brush electroplating　电刷镀　08.0156

bubble coalescence　气泡兼并　03.0557

bubble elimination agents　消泡剂　03.0575

bubble-particle aggregate　气泡-矿粒集合体　03.0511

bubble-particle attachment　气泡-颗粒粘连　03.0550

bubble-particle deattachment　气泡-颗粒脱落
　　03.0551

bubbles　气泡　04.0257

bubbling　鼓泡　04.0258

bucket-chain excavator　链斗挖掘机　02.1120

bucket elevator　斗式提升机　03.0731

bucket hoist charging　料罐卷扬机上料　05.0882

bucket-wheel excavator　轮斗挖掘机　02.1121

bucket-wheel excavator loading　轮斗挖掘机装载
　　02.0685

bucket-wheel stacker reclaimer　轮斗堆取料机
　　02.1208

buckle　瓢曲　09.1181

buckstay of coke oven　焦炉炉柱　05.0086

buffer blasting　压渣爆破　02.0439

buffer tank　中继矿仓　02.1175

building steel　建筑钢　08.0408

built-up mould　组合式结晶器　05.1469

bulb flat steel　球扁钢　09.0552

bulge coefficient　胀形系数　09.1052

bulging　鼓肚　05.1576，胀形　09.0922

bulging spinning　扩径旋压，*扩旋　09.0896

bulk ceramic fibre 耐火陶瓷纤维棉 05.0334

bulk concentrate 混合精矿 03.0043

bulk concentration 主体浓度 04.0318

bulk density 体积密度 05.0191,散装密度 08.0191

bulk density of granular materials 颗粒体积密度 05.0192

bulk diffusion 体扩散 07.0169

bulk ferroalloy 普通铁合金 05.0485

bulk flotation 混合浮选 03.0470

bulk forming 体积成形 09.0016

bulk modulus 体积模量,*压缩模量 08.0014

bulk-oil flotation 全油浮选 03.0466

bulk strength 体积威力 02.0406

bulk temperature 主体温度 04.0345

bulldozer 推土机 02.1200

bulldozer loading 推土机装载 02.0688

bullion 粗金属锭 06.0094

bunch hole 束状炮孔 02.0358

bundary element method 边界元法 09.0185

bundled scrap 压捆废钢 05.1221

burden column 料柱 05.0725

burden of carbonaceous materials 炭物料配料 05.0449

Burgers circuit 伯格斯回路 07.0081

Burgers vector 伯格斯矢量,*伯氏矢量 07.0080

burn cut 密集平行孔掏槽,*平行空眼掏槽 02.0349

burner blower of BF stove 热风炉助燃风机 05.0910

burner cut-off valve of BF stove 热风炉切断阀 05.0911

burner of BF stove 热风炉燃烧器 05.0906

burn resistant titanium alloy 阻燃钛合金 08.0465

burr 毛刺 09.1139

bursting 爆裂 09.1160

burst landslide 崩塌 02.0334

bus bar [导电]母线 06.0301

bustle pipe 热风围管 05.0903

Butler-Volmer equation 巴特勒–福尔默方程 04.0472

butt anode 残极 05.0429

butterfly pass 蝶式孔型 09.0649

butterfly pass system 蝶式孔型系统 09.0662

butt joint thermo-bimetal 横并热双金属 08.0592

butt-welded pipe 对缝焊管,*直缝焊管 09.0506

butt weld pipe mill 对焊焊管机 09.1319

butyl phosphate *亚磷酸二丁酯 06.1212

butyl xanthate 丁基黄原酸盐,*丁基黄药 03.0595

by-pass valve of BF stove 热风炉旁通阀 05.0912

C

cable anchor 锚索 02.0301

cable belt conveyor 钢绳牵引带式输送机 02.1205

cable bolter 锚索钻装车,*长锚索安装台车 02.1163

cable bolting support 锚索支护 02.0593

CAB process *CAB法 05.1323

CAD for rolling 轧制计算机辅助设计 09.0263

cadmium column 镉塔 06.0573

cadmium-free zinc 脱镉锌,*B号锌 06.0578

CAE 计算机辅助工程 09.0265

cage 罐笼 02.1071

cage guide 罐道 02.0535

cage junction platform 罐笼摇台 02.0555

cage keps 托台,*罐托 02.0554

cage platform 罐笼平台 02.0556

cage raising 天井吊罐法掘进 02.0570

cage shaft 罐笼井 02.0514

caisson shaft sinking 沉井掘井法 02.0525

caking index 黏结指数 05.0024

calaverite 碲金矿 03.0138

calcination 耐材煅烧 05.0350,煅烧,*焙解 06.0031

calcination-hydrogen reduction 煅烧–氢还原 06.0919

calcination of carbonaceous materials 炭物料煅烧 05.0443

calcinator 煅烧炉 06.0033

calcine 焙砂 06.0030

calcined alumina 煅烧氧化铝 06.0700

calcined anthracite 煅后无烟煤,*煅烧无烟煤 05.0428

calcined coke 煅后焦,*煅烧焦 05.0423

calcined dolomite 煅烧白云石,*煅白 06.0786

calcined petroleum coke 煅烧石油焦 06.0707

calcine leaching 焙砂浸出 06.0201

calcine overflow 焙砂溢流 06.0086

calciner 煅烧炉 06.0033

calcine smelting 焙砂熔炼 06.0430

calcining 煅烧，*焙解 06.0031

calcite 方解石 03.0209

calcium carbide slag 电石渣 05.1231

calcium ferrite 铁酸钙 05.0694

calcium molybdate 钼酸钙 06.1072

calcium reduction 钙还原法 06.0936

calcium treatment of liquid steel 钢水的钙处理 05.1339

calcium tungstate 钨酸钙 06.1071

calculation of phase diagram 相图计算 04.0790

calibration of thermocouple 热电偶校准 04.0611

calomel electrode 甘汞电极 04.0455

calorimeter 量热计 04.0606

calorimetry 量热学 04.0604

calorizing 渗铝 07.0353

camber 镰刀弯 09.1180

canned porous plug 多孔砖 05.1092

canning 封装 08.0220

cap 雷管 02.0412，火雷管 02.0419

capillary attraction 毛细引力 08.0247

capillary diffusion 毛细管扩散 04.0310

capillary rise method 毛细管上升法 04.0643

capillary viscometer 毛细管黏度计 04.0640

capillary water of green pellet 生球毛细水 05.0658

capped ingot mould 瓶口钢锭模 05.1594

capping of strand tail 尾坯封顶 05.1561

cap sensitivity 雷管感度 02.0413

capsule extrusion 包套挤压 09.0826

CAQ control for rolling 轧制计算机辅助质量控制 09.0264

carat 开金 06.0882

ε-carbide ε碳化物 07.0571

χ-carbide χ碳化物 07.0572

carbide capacity 碳化物容量 04.0553

carbide-free bainite 无碳化物贝氏体，*超低碳贝氏体 07.0592

carbonaceous mesophase 碳质中间相 05.0432

carbonaceous return scrap 炭质返回料 05.0430

carbon anode for aluminum electrolysis 铝电解用炭阳极，*炭阳极 05.0402

carbonation precipitation 碳分 06.0684

carbon at melting down 熔毕碳 05.1226

carbon black 炭黑 05.0416

carbon block for blast furnace 高炉炭砖 05.0398

carbon brick 炭砖，*炭块 05.0397

carbon brush 炭刷 05.0412

carbon burning rate 燃碳率，*燃碳量 06.0528

carbon-contained refractory 含炭耐火材料 05.0415

carbon-containing pellet 含碳球团 05.0976

carbon content sensor 定碳探头 05.1140

carbon deposition 碳素沉析 05.0721

carbon dioxide reactivity 炭材二氧化碳反应性 06.0721

carbon electrode 炭电极 05.0408

carbon estimation 碳耗率 06.0529

carbon fiber 炭纤维 05.0386

carbon fiber reinforced composite 炭纤维复合材料 05.0393

carbon-hydrogen metallurgy 碳氢冶金 01.0042

carbonification 炭化法 06.0932

carbon-in-column process 炭柱法 06.0847

carbon-in-leach process 炭浸法 06.0845

carbon-in-pulp process 炭浆法 06.0844

carbonitriding 碳氮共渗 07.0349

carbonization 炭化 05.0459

carbon materials 炭材料 05.0368

carbon metallurgy 碳冶金 01.0041

carbon molecular sieve 炭分子筛 05.0418

carbon multiples 碳倍数 06.0562

carbon nanotube 碳纳米管，*纳米碳管 05.0391

carbon-oxygen equilibrium 碳–氧平衡 04.0556

carbon paste 炭糊 05.0406

carbon pick-up practice 增碳法操作 05.1056

carbon potential 碳势 07.0346

carbon product 炭制品 05.0467

carbon refractory 炭质耐火材料 05.0297

carbon resistor block 炭素格子 06.0789

carbon restoration 复碳 07.0345

carbon rod 炭棒 05.0413

carbon stripping 炭解吸 06.0857

carbon-thermal reduction 炭热还原法 06.0938

carbon tool steel 碳素工具钢 08.0365

carbonyl 羰基 06.0617

carbonyl powder 羰基粉 08.0169

carbonyl process 羰基法，＊蒙德法，＊蒙德-兰格法 06.0618

carbonyl volatilizer 羰基物挥发器 06.0620

carbon-zinc ratio 碳锌比 06.0530

carboxymethyl cellulose 羧甲基纤维素 03.0636

carburizing 渗碳 07.0344

carburizing steel 渗碳钢 08.0340

car dumper 翻车机 02.1193

carnallite 光卤石 03.0222

carnallite chlorinator 光卤石氯化器 06.0788

caroused type high intensity magnetic separator 环式强磁场磁选机 03.0431

Carpco high tension separator 卡普科高压电选机 03.0460

car pusher 推车机 02.1194

carrier 载体 03.0549

carrier flotation 载体浮选，＊背负浮选 03.0475

carrying gold carbon 载金炭 06.0855

car safety dog 阻车器 02.1195

car stopper 阻车器 02.1195

car stopper of inclined shaft 斜井卡车器 02.1033

cartridge 药卷 02.0394

cascade mill 瀑落式自磨机，＊湿式自磨机 03.0332

cascade utilization of energy 能的梯级利用 05.1674

casing of electrode 电极壳 05.0563

CAS-OB process ＊CAS-OB 法 05.1324

CAS process ＊CAS 法 05.1323

cassiterite 锡石 03.0135

cast aluminum alloy 铸造铝合金 08.0434

cast anode 浇铸阳极 06.0499

cast copper alloy 铸造铜合金 08.0427

caster 连铸机 05.1437

caster radius 铸机半径 05.1526

casting rate 铸速 05.1530

casting-rolling mill 铸轧机 09.1469

casting-rolling segment 铸轧扇形段 05.1560

casting-rolling technique 铸轧技术 05.1558

casting speed 拉坯速度 05.1528

casting texture 铸造织构 07.0597

casting wheel 圆盘浇铸机 06.0501

cast iron 铸铁 08.0284

cast magnesium alloy 铸造镁合金 08.0447

Castner process 卡斯特纳法 06.0822

cast primer 压铸成型起爆药包 02.0432

cast steel 铸钢 08.0304

cast titanium alloy 铸造钛合金 08.0464

catalysate 催化产物 06.0166

catalysis 催化 04.0371

catalyst 催化剂，＊触媒 04.0373

catalyst materials 触媒材料 08.0620

catalyst poisoning 催化剂中毒 04.0375

catalytical reaction 催化反应 04.0372

catalytic graphitization 催化石墨化 05.0474

catalytic residue 催化残渣 06.0167

catch carbon 拉碳 05.1054

caterpillar drawing machine 履带式拉伸机 09.1522

cathode 阴极 04.0440

cathode bar 阴极棒 06.0739

cathode carbon block 阴极炭块 05.0400

cathode compartment 阴极室 06.0291

cathode deposition period 阴极周期 06.0288

cathode deposition refining 阴极沉积精炼 06.1281

cathode deposit resolution 电极烧板 06.0612

cathode lining 阴极槽内衬 06.0735

cathode paste 阴极糊 06.0709

cathode stripping machine [阴极]剥片机 06.0289

cathode voltage drop 阴极电压降 06.0292

cathodic control 阴极控制 08.0127

cathodic corrosion 阴极腐蚀 04.0466

cathodic deposition 阴极沉积 06.0290

cathodic electrosynthesis 电还原合成 04.0497

cathodic pickling 电解酸洗 09.1090

cathodic polarization 阴极极化 04.0463

cathodic protection 阴极保护 08.0133

cation 阳离子 04.0411

cation exchange resin 阳离子交换树脂 06.1226

cation surfactant 阳离子表面活性剂 03.0581

Cauchy equation 柯西方程 09.0097

Cauchy stress equation 柯西应力公式 09.0074

Cauchy stress tensor ＊柯西应力张量 09.0074

caustic dross 碱渣 06.0541

caustic embrittlement 碱脆 08.0089

caustic starch 苛性淀粉 03.0644

caved angle 陷落角 02.0204

caving method 崩落采矿法 02.0842

caving zone　冒落带　02.0199

cavitation corrosion　空蚀，＊空化腐蚀，＊气蚀　08.0093

cavity　孔腔　09.0707

cavity effect　聚能效应　02.0404

CCC　临界气泡兼并浓度　03.0545

C/C composite　炭/炭复合材料　05.0394

CCM　紧凑式冷轧机　09.1276

$C_6\sim C_8$ mixed base alcohol　六八醇　03.0633

CDQ　干熄焦　05.0095

celestite　天青石　03.0200

cell　电池　04.0480

cell current　槽电流　06.0296

cell lining　电解槽衬里　06.0738

cell resistance　电解槽电阻　06.0752

cell sidelining　电解槽侧衬　06.0737

cell sidewall　电解槽侧壁　06.0736

cell theory　胞腔理论，＊自由体积理论　04.0601

cellular crystal　胞状晶　07.0195

cellular structure　胞状组织　07.0551

cell voltage　槽电压　06.0295

cementation　＊置换[沉淀]　06.0173

cemented carbide hard metal　硬质合金　08.0265

cemented copper　置换沉淀铜　06.0514

cemented filling　胶结充填　02.0821

cementite　渗碳体　07.0564

centering　定心　09.0714

center-of-gravity rule　重心规则　04.0090

center work prebake　中间加工预焙槽　06.0731

central ventilation system　中央式通风系统　02.0932

centre line crack　中心线裂纹　05.1574

centre porosity　铸坯中心疏松　05.1575

centric bottom tapping　中心炉底出钢　05.1197

centrifugal atomization　离心雾化　08.0201

centrifugal classification　离心分级机　03.0344

centrifugal deduster　离心除尘器　06.0059

centrifugal electroslag casting　电渣离心浇铸　05.1257

centrifugal filter　离心过滤机　03.0692

centrifugal filtration　离心过滤　03.0679

centrifugal mill　离心磨机　03.0326

centrifugal sedimentation　离心沉降　03.0668

centrifugal separator　离心选矿机　03.0399

ceramic bond　陶瓷结合　05.0179

ceramic fibre　耐火陶瓷纤维，＊耐火纤维　05.0333

ceramic fibre castable　耐火陶瓷纤维浇注料　05.0329

ceramic filter　陶瓷过滤器　05.0340

ceramic matrix composite　陶瓷基复合材料　08.0273

ceramic pad of BF hearth　高炉陶瓷杯　05.0871

ceria　铈土，＊二氧化铈　06.1172

ceric compound　高铈化合物　06.1171

ceriopyrochlore　铈烧绿石　06.1182

cerite　铈硅石　06.1186

cermet　金属陶瓷　08.0266

cerous compound　正铈化合物　06.1170

cerussite　白铅矿　03.0123

cesium iodide　碘化铯　06.1126

cesium nitrate　硝酸铯　06.1124

CFD methodology　计算流体力学方法　04.0767

C-frame hydraulic press　单臂式液压机　09.1548

chain grate　链箅机　05.0672

chain reaction　链反应，＊连锁反应　04.0233

chain steel　锚链钢　08.0400

chain-type double hearth slab heating furnace　链式双膛铸坯加热炉　09.1456

chain type drawing machine　链式拉伸机　09.1521

chalcanthite　胆矾　03.0108

chalcocite　辉铜矿　03.0099

chalcopyrite　黄铜矿　03.0100

chamber　硐室　02.0499

chamber blasting　硐室爆破　02.0450

chamotte　黏土熟料，＊焦宝石　05.0214

chamotte brick　黏土砖　05.0270

channel effect　管道效应，＊沟槽效应　02.0405

channeling　管道气流，＊沟流　05.0798

channel section　槽钢　09.0539

channel steel　槽钢　09.0539

chap　龟裂　09.1147

characteristic angle　特征角　09.0279

characteristic number　特征数，＊相似准数　04.0358

characteristic oxidation state of platinum group metal　铂族金属特征氧化态　06.0905

characteristic power curve　功率特性曲线　05.1214

charge banks　料坡　06.0431

charge/magnesium ratio　料/镁比　06.0791

charge pulp　生料浆　06.0667

charge seal 料封 06.0526

charge slurry 生料浆 06.0667

charging 装药 02.0457

charging bucket of EAF 电炉料罐，＊料篮 05.1187

charging car 装煤车 05.0074

charging car with dedusting device 除尘装煤车 05.0083

charging dedusting 装煤除尘 05.0098

charging density 装药密度 02.0474

charging factor 装药系数 02.0473

charging-pusher machine 装煤推焦机 05.0076

charging sequence 高炉装料制度 05.0746

check and acceptance by survey on mining and stripping 采剥验收测量 02.0190

checker-board ventilation 棋盘式通风 02.0941

checker brick 格子砖 05.0338

checker of BF stove 热风炉格子砖 05.0923

check sieving 检查筛分 03.0284

chelating agent 螯合剂 06.0321

chelating collector 螯合捕收剂 03.0590

chemical adsorption 化学吸附 03.0524，物质化学吸附 04.0365

chemical bond 化学键 04.0566，化学结合 05.0181

chemical cell 化学电池 04.0499

chemical coloring 化学着色，＊染色法 09.1115

chemical-controlled reaction 化学控制的反应 04.0334

chemical conversion film 化学转化膜 09.1111

chemical coprecipitation 化学共沉淀 06.0177

chemical diffusion 化学扩散 07.0175

chemical equilibrium 化学平衡 04.0056

chemical equilibrium method 化学平衡法 04.0634

chemical filtration aid 化学助滤剂 03.0700

chemical heat of hot metal 铁水化学热 05.1108

chemical metallurgy 化学冶金[学] 01.0017

chemical migration reaction 化学迁移反应 04.0046

chemical mineral processing 化学选矿 03.0088

chemical modified electrode 化学修饰电极 04.0457

chemical oxide 化学氧化 08.0151

chemical potential 化学势，＊偏摩尔吉布斯能 04.0102

chemical potential diagram 化学势图 04.0061

chemical potential equality method 等化学势法 04.0788

chemical process 化学过程 04.0035

chemical pure 化学纯 06.0377

chemical reaction 化学反应 04.0037

chemical reaction isotherm 化学反应等温式 04.0098

chemical sampling 化学取样 02.0139

chemical sensor 化学传感器 04.0511

chemical stripping process 化学剥离法 06.0892

chemical thermodynamics 化学热力学 04.0005

chemical vapor deposition 化学气相沉积 08.0163

chemical vapor transport method 化学气相传输法 06.1247

chemometrics 化学计量学 04.0674

chilled cast iron 冷硬铸铁 08.0290

chilled hearth 炉缸冻结 05.0801

chilling 激冷 09.0761

chimney of shaft furnace 竖炉导风墙 05.0667

chimney valve of BF stove 热风炉烟道阀 05.0908

chlorargyrite 角银矿 03.0144

chloride fused salt electrolysis 氯化物熔盐电解 06.0703

chloride-sublimation 氯化物升华法 06.0037

chloridizing agent 氯化剂 06.0038

chloridizing kiln 氯化窑 06.0044

chloridizing leaching 氯化浸出 06.0189

chloridizing refining 氯化精炼 06.0405

chloridizing roasting 氯化焙烧 06.0010

chloridizing volatilization 氯化挥发 06.0036

chlorination 氯化法 06.0930

chlorination breakdown process 氯化分解法 06.0833

chlorination catalyst 氯化催化剂 06.0042

chlorination decomposition 氯化分解 06.0039

chlorination furnace 氯化炉 06.0043

chlorination furnace gas 氯化炉气 06.0040

chlorination residue 氯化残渣 06.0041

chlorinator 氯化炉 06.0043

chlorine metallurgy 氯化冶金 01.0043

chlorite 绿泥石 03.0225

chloroaquo-complex of platinum group metal 铂族金属水合氯络合物 06.0907

chloroauric acid 氯金酸 06.0854

chloro-complex of platinum group metal 铂族金属氯络合物 06.0906

chloroplatinic acid　氯铂酸　06.0910

choked crushing　阻塞破碎　03.0237

chromate sealing　铬酸盐封孔　09.1121

chromatographic column　色层柱，*色谱柱　06.0350

chrome-corundum brick　铬刚玉砖　05.0283

chromel couple alloy　镍铬电偶合金　08.0535

chrome-magnesia-brick　铬镁砖　05.0310

chromite　铬铁矿　03.0170

chromium metal　金属铬　05.0510

chromizing　渗铬　07.0352

chronoamperometry　计时电流法　04.0667

chronopotentiometric technique　恒电流法　04.0658

chronopotentiometry　计时电势法，*计时电位法　04.0668

chrysocolla　硅孔雀石　03.0109

chunk breaker of shaft furnace　竖炉碎矿辊　05.0668

churn-drill rig　钢绳冲击式钻机，*磕头钻　02.1085

chute　料斗　06.0107

chute feeder　槽式给矿机　03.0728

CIC process　炭柱法　06.0847

CIL process　炭浸法　06.0845

CIMS　计算机集成制造系统　09.0267

cinder ladle　渣罐　05.0859

cinder notch　高炉渣口　05.0860

cine-fluorography　荧光图电影摄影术　07.0516

cine-radiography　射线[活动]电影摄影术　07.0520

cinnabar　辰砂　03.0114

CIP　冷等静压　08.0218

CIP process　炭浆法　06.0844

circle vibrating screen　圆振动筛，*单轴振动筛　03.0276

circular bead of grooves　孔型圆角　09.0633

circular cooler　环式冷却机　05.0646

circular jig　圆形跳汰机　03.0367

circular-shaped landslide　圆弧形滑坡　02.0331

circular sintering machine　环式烧结机　05.0595

circular support　圆形支架　02.0580

circulating load　循环负荷　03.0019，返砂量　03.0346

circulating load inspection　循环负荷检测　03.0754

circulation flow rate of molten steel　钢水循环流率　05.1332

CIS process　光卤石法　06.0776

citric acid　柠檬酸　03.0642

cladding　包覆　09.1098

clad steel plate　复合钢板　09.0492

Clapeyron-Clausius equation　克拉珀龙–克劳修斯方程　04.0054

clarification　澄清　03.0674

clarified overflow　上清液　06.0204

classification　分级　03.0060

classification of rock　岩石分类　02.0267

classifier　分级机　03.0335

classifier tank　分级槽　06.0676

Claus kiln　克劳斯炉　05.0156

Claus reactor　克劳斯反应器　05.0157

cleaning　精选　03.0067，贫化　06.0364，清洗　09.1101

cleaning berm　清扫平台　02.0646

cleaning line　清洗机组，*清洗作业线　09.1414

cleaning train　清洗机组，*清洗作业线　09.1414

clean mining　清洁开采，*绿色开采　02.0024

cleanness of steel　钢的洁净度　05.1284

clean steel　洁净钢，*纯净钢　05.1283

cleavage fracture　解理断裂　07.0392

climber raising　天井爬罐法掘进　02.0571

climbing-film evaporator　升膜蒸发器　06.0221

climb of dislocation　位错攀移　07.0104

CLJ magneto-hydrostatic separator　CLJ 型磁流体静力分选机　03.0447

closed circuit　闭路　03.0018

closed circuit crushing　闭路破碎　03.0244

closed circuit test　闭路试验　03.0744

closed die forging　闭式模锻，*无飞边模锻　09.0977

closed electric furnace　密闭电炉　05.0551

closed hood blast furnace　密闭鼓风炉　06.0081

closed loop　封闭圈　02.0608

closed-loop control　闭环控制　09.1439

closed pass　闭口孔型　09.0646

closed pores　闭气孔　05.0184

closed porosity　闭气孔率　05.0186

closed system　封闭体系　04.0021

close-packed hexagonal structure　密排六方结构，*密排六角结构　07.0013

close-top mill housing　闭合式机架　09.1340

clustering　偏聚　07.0219

CMC 临界胶束浓度 03.0542，羧甲基纤维素 03.0636

coagulation of non-metallic inclusion 夹杂物凝并 05.1377

coagulator 凝聚剂 03.0567，溶胶凝结剂，＊凝集剂 06.0361

coal-based direct reduction process 煤基直接还原法 05.0946

coal blending test 配煤试验 05.0006

coal equivalent 标准煤 01.0074

coalescer 凝并器 06.0053

coal moisture control 煤调湿 05.0014

coal-oxygen combustion for melting 煤氧助熔 05.1225

coal storage yard 贮煤场 05.0004

coal tar 煤焦油 05.0116

coal tar pitch 煤沥青 05.0118

coal tar processing 煤焦油加工 05.0117

coal water 剩余氨水 05.0136

coarse flotation 粗粒浮选 03.0482

coarse fraction 粗粒级 03.0035

coarse grain 晶粒粗大 09.1167

coarse grinding 粗磨 03.0306

coarse ore bin 原矿仓 03.0715

coarse particle 粗颗粒 03.0032

coated powder 包覆粉 08.0174

coated sheet 镀层板 09.0464，涂层板 09.0465

coated steel 涂镀层钢 08.0339

coater 涂层机 09.1530

coating 涂层处理 09.1088

cobalt based high temperature elasticity alloy 钴基高温弹性合金 08.0521

cobalt based magnetic alloy 钴基磁性合金 08.0520

cobalt based superalloy 钴基高温合金 08.0522

cobaltite 辉砷钴矿，＊辉钴矿 03.0119

cobalt-rich crust 富钴结壳 02.0889

CO_2 concentration curve through the throat radius 炉喉二氧化碳曲线 05.0759

co-current contact 顺流接触 04.0395

co-current drum magnetic separator 顺流型圆筒磁选机 03.0412

coded data 编码数据 04.0729

coefficient of rolling force arm 轧制力臂系数 09.0314

coefficient of wet expansion 湿胀系数 04.0571

coherent hardening 共格硬化 07.0414

coherent interface 共格界面 07.0135

coherent jet oxygen lance 聚合射流氧枪，＊集束射流氧枪 05.1234

coherent precipitation 共格沉淀 07.0233

cohesion of rock 岩石黏结力 02.0224

cohesive zone 软熔带 05.0716

cohobation 回流蒸馏 06.0255

coil 卷材 09.0671

coiled rod extrusion 盘卷挤压 09.0825

coiler 卷取机 09.1393

coiling 卷取 09.0672

coinage alloy 钱币合金 08.0618

coining 压印 09.1042

coining die with singlesided 单面压印模 09.1043

coining press 精压 09.1562

coke 焦炭 05.0032

coke breeze 焦粉 05.0605

coke bucket 焦罐 05.0082

coke cake central temperature 焦饼中心温度 05.0105

coke charging equipment 装焦装置 05.0099

coked briquette percent 团矿烧成率 06.0561

coke discharging equipment 排焦装置 05.0100

coke dry quenching 干熄焦 05.0095

coke dry quenching oven 干熄炉 05.0096

coke fine 粉焦 05.0039

coke guide and door extractor 拦焦机 05.0078

coke load 焦炭负荷 05.0786

coke mess from the tap hole 铁口喷焦 05.0804

coke oven 焦炉 05.0053

coke oven gas 焦炉煤气 05.0113

coke oven gas purification 焦炉煤气净化，＊煤气净化 05.0114

coke oven heat balance 焦炉热衡算，＊焦炉热平衡 05.0103

coke oven soaking 焦炉焖炉 05.0112

coke quenching car 熄焦车 05.0079

coker 焦结炉 06.0559

coke rate 焦比 05.0765

coke wet quenching 湿熄焦 05.0094

coke wharf 焦台 05.0052

coke yield　焦炭产率　05.0043

coking　炼焦　05.0001

coking chamber　炭化室　05.0060

coking coal　炼焦煤　05.0002，焦煤　05.0018

1/3 coking coal　1/3 焦煤　05.0020

coking rate　结焦速度　05.0071

coking time　结焦时间　05.0072

coking waste water　焦化废水　05.0167

cold blast regulating valve　热风炉冷风调节阀　05.0914

cold blast valve of BF stove　热风炉冷风阀　05.0909

cold bound pellet　冷固结球团矿　05.0686

cold brittle　冷脆　09.0213

cold charge　冷料　06.0488

cold coining die　冷压印模　09.1026

cold compressive strength　常温耐压强度　05.0193

cold continuous rolling mill　连续式冷轧机，＊冷连轧机　09.1262

cold crack　冷裂纹　05.1429

cold drawing bench　拉拔机　09.1323

cold-drawn bar　冷拉棒材　09.0555

cold-drawn wire　冷拔钢丝　09.0565

cold extrusion　冷挤压　09.0796

cold forging　冷锻　09.1000

cold header　冷镦机　09.1564

cold heading　冷镦　09.1001

cold heading steel　冷墩钢，＊铆螺钢，＊冷顶锻钢　08.0402

cold isostatic press　冷等静压机　05.0363

cold isostatic pressing　冷等静压　08.0218

cold metal working　冷加工　09.0008

cold Pilger mill　冷轧管机　09.1322

cold pressed briquette　冷压团　06.0151

cold pressing　冷压　08.0210

cold ramming paste　冷捣糊　05.0407

cold-rolled sheet　冷轧薄板　09.0462

cold rolled spring steel　冷轧弹簧钢　08.0371

cold rolled steel　冷轧钢　08.0331

cold roll forming mill　冷弯机　09.1279

cold rolling and drawing of tube　管材冷轧冷拔　09.0730

cold rolling-formed sheet-metal　压型金属板　09.0735

cold shearing　冷剪　09.0747

cold shut　冷隔　05.1578

cold spinning　冷旋压　09.1045

cold tandem mill　连续式冷轧机，＊冷连轧机　09.1262

cold tandem rolling　冷连轧　09.0431

cold wall crucible melting　冷坩埚熔炼　05.1247

cold-work die steel　冷作模具钢　08.0374

collar distance　填塞长度　02.0472

collector　捕收剂　03.0563

collectorless flotation　无捕收剂浮选　03.0486

colloidal graphite　胶体石墨，＊胶态石墨，＊石墨乳　05.0379

colloidal graphite mixed with water　水基石墨润滑剂　09.0253

color coated sheet and strip of aluminum alloy　铝合金彩色涂层板带材　09.0575

coloring　着色　09.1112

coloring tank　着色槽　09.1517

color-painted steel strip　彩涂钢带　09.0474

columbite　铌铁矿，＊钶铁矿　03.0184

columnar crystal zone　柱状晶区　07.0196

columnar structure　柱状组织　07.0545

column charge blasting　柱状药包爆破　02.0436

column charging　柱状装药　02.0463

combination drawing machine　联合拉伸机　09.1520

combination reaction　化合反应　04.0038

combined blanking and hole-punching　复合冲裁　09.1025

combined degassing and filtration process　除气过滤复合净化法　09.0772

combined development　联合开拓　02.0672

combined dewatering　联合疏干　02.1004

combined drawing　联合拉伸　09.0843

combined extrusion　联合挤压，＊复合挤压　09.0801

combined pickling and tandem cold rolling mill train　酸洗–冷轧联合机组　09.1266

combined shaft　混合井　02.0515

combined surface and underground mining　露天地下联合开采　02.0056

combined top and bottom blown process　顶底复吹转炉炼钢法　05.1061

combined transportation of open-pit　露天矿联合运输　02.0678

combustion chamber of BF stove　热风炉燃烧室　05.0905

combustion chamber of shaft　竖炉燃烧室　05.0664

combustion intensity　燃烧强度　05.0767

combustion synthesis　*燃烧合成　08.0264

combustion zone in BF　高炉燃烧带，*氧化带　05.0719

combustion zone in sintering　烧结燃烧带　05.0631

Comet process　Comet 法　05.0963

comminute mechanical　粉碎机械　03.0052

comminution　粉碎　03.0051

commodity ore　商品矿石　02.0052

common metal　普通金属，*贱金属　06.0828

compact　压坯　08.0209

compact cold mill　紧凑式冷轧机　09.1276

compacting　压制　08.0207

compaction　压制　08.0207

compactness　紧凑化　05.1634

compact section mill　型材紧凑式轧机　09.1239

compact strip production　紧凑带钢生产工艺　09.0688

compatible condition　兼容性条件　04.0785

compensating space in blasting　爆破补偿空间　02.0852

completely continuous rolling　全连续轧制　09.0395

completely continuous rolling mill　全连续式轧机　09.1265

completely miscible reaction　合晶反应，*同晶反应　04.0085

complete solid solution　连续固溶体，*完全固溶体，*无限固溶体　07.0161

complex alloy　复合铁合金　05.0490

complex collector　络合捕收剂　03.0589

complex leaching　络合浸出　06.0200

complex network　复杂网路　02.0929

complex precipitation method　配合沉淀法　06.1258

complex reaction　复杂反应，*复合反应　04.0223

complex sulfate precipitation method　硫酸复盐沉淀法　06.1245

complicated shape brick　异型耐火砖　05.0250

component　组元，*组分　04.0067

composite-bench mining　组合台阶开采　02.0634

composite electroplating　复合镀　04.0494

composition adjustment by sealed argon bubbling　钢包加罩吹氩精炼　05.1323

composition adjustment by sealed argon bubbling-oxygen blowing　钢包调温 CAS 操作　05.1324

composition trimming　钢水成分微调　05.1331

compound coke oven　复热式焦炉　05.0055

compound database　化合物数据库　04.0783

comprehensive energy consumption unit coking product　单位焦化产品综合能耗　05.0173

comprehensive utilization of mineral resources　矿物资源综合利用　01.0008

compressed-air pipeline　压缩空气管网，*压气管网　02.1079

compressing　压制　08.0207

compression ratio　压缩比　08.0194

compression ratio of vacuum pump　喷射泵压缩比　05.1350

compression straightening　压缩矫直　05.1542

compression strain　压缩应变　09.0112

compression strength of pellet　球团抗压强度　05.0661

compressive deformation　压缩变形　09.0169

compressive strength　抗压强度　08.0021

compressive stress　抗压应力，*压应力　09.0067

computational physical chemistry of metallurgy　计算冶金物理化学　04.0673

computer-aided design for rolling　轧制计算机辅助设计　09.0263

computer aided design in mine　矿山计算机辅助设计，*矿山 CAD　02.0839

computer-aided engineering　计算机辅助工程　09.0265

computer-aided process simulation model　计算机辅助过程仿真模型　09.0266

computer-aided quality control for rolling　轧制计算机辅助质量控制　09.0264

computer integrated manufacturing system　计算机集成制造系统　09.0267

computer tomography　计算机断层扫描术，*CT 技术　07.0527

concentrate　精矿　03.0041

concentrated charging　集中装药　02.0462

concentration　富集　03.0061

concentration boundary layer　浓度边界层，*传质边界层　04.0273

concentration cell　浓差电池　04.0484

concentration of solution　溶液浓度　04.0161

concentration polarization　浓差极化　08.0120

concentration ratio　选矿比　03.0009

concentrator　选矿厂　03.0001

concentrator design　选矿厂设计　03.0003

concentrator transformation　选矿厂改造　03.0004

conchoidal fracture surface　贝壳状断口　07.0405

concrete placer　混凝土浇灌机，*注浆机　02.1166

concrete pump　混凝土泵　02.1167

concurrent drying　顺流干燥　06.0233

concurrent hydrogen flow reduction　顺氢还原　06.1062

condenser　冷凝器　06.0262

conditioning　调浆　03.0070

conditioning annealing　预备退火　09.1072

conditioning treatment　预备热处理　07.0297

conductance　电导　04.0428

conductance pool　电导池　04.0657

conducting hearth　导电炉底　05.1203

conductivity　电导率　04.0429

cone classifier　圆锥分级机　03.0342

cone crusher　圆锥破碎机　03.0261

cone of depression　降落漏斗　02.0995

cone-roll piercing mill　菌式穿孔机　09.1300

cone-roll piercing process　菌式穿孔机穿孔　09.0402

cone separator　圆锥分选机　03.0388

cone-shape sill pillar　漏斗底柱结构　02.0776

confidence coefficient　置信系数　04.0709

confidence interval　置信区间　04.0708

configuration　构形　09.0077

confined compressive strength　限制性压缩强度　02.0252

confined shear strength　限制性剪切强度　02.0256

confining pressure　围压　02.0253

congruent melting point　相合熔点　04.0080

conjugated reaction　共轭反应　04.0234

conjugate pass　共轭孔型　09.0648

conjugate phase　共轭相　07.0142

connector　连接器　02.0428

consecutive reaction　连串反应　04.0232

conservation law of crystal plane　晶面交角守恒定律　07.0028

conservation law of energy　能量守恒定律　09.0136

conservation law of linear momentum　线动量守恒定律　09.0137

conservation law of mass　质量守恒定律　09.0135

conservation of mineral resources　矿产资源保护　02.0053

consistency　稠度　05.0208

consolidation　固结　08.0206

constantan alloy　康铜合金　08.0529

constant elastic alloy　恒弹性合金　08.0599

constant pressure control　恒压力控制　09.1427

constant roll gap control　恒辊缝控制　09.1426

CONSTEEL process　CONSTEEL 电炉炼钢法　05.1173

constitutional supercooling　成分过冷　07.0214

constitutional vacancy　组元空位　07.0071

constitutive equation　本构方程，*本构关系　09.0129

constitutive relation of rock　岩石本构关系　02.0233

constrained optimization method　约束优化法　04.0735

constraint　约束条件　04.0734

constricted tail　缩尾　09.1192

constructional element of ore block　矿块结构要素　02.0745

construction element of open pit　露天采矿场构成要素　02.0604

construction of sill pillar　底柱结构　02.0773

consumable electrode　自耗电极　05.1262

consumption coefficient of materials　金属消耗系数　09.1588

consumption coefficient of metal　金属消耗系数　09.1588

consumption of materials　材料消耗　09.1587

consumption of metallic materials　金属料消耗　01.0063

contact angle　接触角　03.0510

contact arc　接触弧　09.0281

contact area of rolling deformation zone　轧制变形区接触面积　09.0274

contact clamp　铜瓦　05.0569

contact double layer　紧密层　04.0460

contact face between caved ore and waste　崩落矿岩接触面　02.0860

contact fatigue　接触疲劳　08.0052

contact potential　接触电势，*接触电位　04.0449

container　挤压筒　09.1497

continuation　连续化　05.1630

continuous air tank pressure filter　气压罐式连续压滤机　03.0697

continuous annealing line　连续退火机组，*连续退火作业线　09.1412

continuous casting and rolling line　板带连铸连轧机组　09.1468

continuous casting anode　连铸阳极　06.0500

continuous casting-direct rolling　连铸直接轧制　05.1556

continuous casting-hot charge rolling　连铸热装轧制　05.1555

continuous casting of steel　连续铸钢，*连铸　05.1436

continuous charging　连续装药　02.0465

continuous color coating line　连续彩色涂层机组，*连续彩色涂层作业线　09.1417

continuous converting　连续吹炼　06.0473

continuous cooling transformation diagram　连续冷却相变图，*CCT 图　07.0276

continuous electric welding　连续电焊　09.0726

continuous electrolytic galvanizing line　连续电镀锌机组，*连续电镀锌作业线　09.1410

continuous electrolytic tinning line　连续电镀锡机组，*连续电镀锡作业线　09.1409

continuous extrusion　连续挤压　09.0811

continuous extrusion press　连续挤压机　09.1487

continuous furnace welding　连续炉焊　09.0727

continuous hot galvanizing line　连续热镀锌机组，*连续热镀锌作业线　09.1411

continuous leaching　连续浸出　06.0596

continuously cast products　连铸坯　05.1443

continuous method of melting　连续熔炼法　09.0768

continuous mining　连续采矿　02.0841

continuous pickling　连续酸洗　09.1092

continuous pickling and annealing line　连续退火酸洗机组，*连续退火酸洗作业线　09.1413

continuous pickling line　*连续酸洗作业线　09.1408

continuous pickling train　连续酸洗机组　09.1408

continuous precipitation　连续沉淀　07.0234

continuous processing line　*连续精整作业线　09.1406

continuous processing train　连续精整机组　09.1406

continuous reactor　连续反应器　04.0381

continuous reheating furnace　连续式加热炉　09.1445

continuous roll forming　连续辊式成形　09.0742

continuous rolling　连轧　09.0388

continuous rolling mill　连续式轧机　09.1260

continuous sintering　连续烧结　08.0230

continuous steelmaking　连续炼钢法　05.1027

continuous tension leveler　连续拉伸弯曲矫直机组　09.1386

continuous top blowing process　连续顶吹炼铜法　06.0449

continuous transformation　连续相变　07.0260

continuous underground miner　地下连续采矿机　02.1139

continuous variable crown mill　连续可变凸度轧机，*CVC 轧机　09.1268

CONTOP　连续顶吹炼铜法　06.0449

contour blasting　周边爆破　02.0447

contour map of roof and floor　矿体顶底板等高线图　02.0158

contour probe　轮廓仪　09.1208

contrast　衬度　07.0440

controlled blasting　控制爆破　02.0442

controlled rolling and cooling　控轧控冷　09.1080

controlling classification　控制分级　03.0334

control of ground pressure　地压控制　02.0293

control of ground vibration from blasting　爆破地震防治　02.0497

control survey of mine district　矿区控制测量　02.0167

convective heat transfer　对流传热　04.0337

convective mass transfer　对流传质　04.0313

conventional castable　普通水泥浇注料　05.0316

conventional EAF steelmaking　传统电炉炼钢　05.1169

conventional spinning　普通旋压，*擀形　09.0911

conventional stress　名义应力，*条件应力　09.0056

convergence measurement　收敛测量　02.0313

convergence of meridian　子午线收敛角　02.0162

conversion film 转化膜 08.0152

conversion function for roll gap 辊缝转换函数 09.0364

conversion process 转化法 06.0600

conversion tank 转化槽 09.1515

converter 转炉 05.1062

converter fume and dust 转炉烟尘 05.1156

converter gas 转炉煤气 05.1157

converter hood 转炉烟罩 06.0487

converter process with oxygen and lime injection 氧气石灰粉转炉炼钢法，*OLP法，*OCP法 05.1060

converting 熔锍吹炼 06.0469

convex blister 凸泡 09.1136

convex mould 凸透镜型结晶器 05.1471

conveying pipeline 运输管道 02.1216

cooling 冷却 09.0755

cooling agent of metal bath 熔池冷却剂 05.1106

cooling bed 冷床 09.1400

cooling curve 冷却曲线，*步冷曲线 04.0087

cooling duct 冷却烟道 06.0127

cooling of pellet 球团矿冷却 05.0676

cooling on sinter strand 烧结机上冷却 05.0647

cooling plate 冷却水箱，*冷却板 05.0865

cooling stave 冷却壁 05.0866

coordinate precipitation 配位沉淀 06.0178

coordination equation of strain 应变协调方程 09.0106

coordination number 配位数 07.0031

coordination sphere 配位层 07.0032

copper 紫铜，*纯铜 08.0412

copper-cadmium residue 铜镉渣 06.0607

copper liberation cell 脱铜槽 06.0511

copper making period 造铜期 06.0476

copper matte 铜锍，*冰铜 06.0478

copper-nickel 白铜，*铜镍合金 08.0424

copper-nickel high grade matte 铜–镍高锍，*铜–镍冰铜 06.0481

copper-nickel-iron matte 铜–镍–铁锍，*铜镍–铁冰铜 06.0480

copper segregation process 离析炼铜法，*难处理铜矿离析法 06.0468

copper stave 铜冷却壁 05.0867

copper tellurium 碲铜 08.0416

co-precipitation 共沉淀 06.0176

co-precipitation electrolysis 共析电解 06.0271

cordierite 堇青石 03.0205

cored forging 多向模锻 09.0904

cored induction furnace 有芯感应炉 05.1244

cored wire 包覆线，*芯线 05.1313

coreless induction furnace 无芯感应炉 05.1245

Corex process Corex法 05.0959

corona current 电晕电流 06.0065

corona discharge 电晕放电 06.0062

corona resistant 电晕放电电阻 06.0063

corona separator 电晕电选机 03.0453

corona suppression 电晕遏止 06.0067

corona voltage 电晕电压 06.0064

correlation analysis 相关分析 04.0719

correlation coefficient 相关系数 04.0720

corrosion 腐蚀 08.0065

corrosion current 腐蚀电流 08.0114

corrosion fatigue 腐蚀疲劳 08.0092

corrosion potential 腐蚀电位 08.0113

corrosion resistant copper alloy 耐蚀铜合金 08.0429

corrosion resistant high elastic alloy 耐蚀高弹性合金 08.0598

corrosion-resistant magnesium alloy 耐蚀镁合金 08.0451

corrosion-resistant titanium alloy 耐蚀钛合金 08.0460

corrosion resistant zirconium alloy 耐蚀锆合金 08.0494

corrosion resisting cast iron 耐蚀铸铁 08.0303

corrosion resisting steel 耐蚀钢 08.0353

corrosion test 腐蚀试验 08.0098

corrugated steel sheet 瓦垅板，*波纹板 09.0469

corrugation 波浪 09.1188

Corten steel 科尔坦耐大气腐蚀钢 08.0355

corundum 刚玉 03.0207

corundum brick 刚玉砖 05.0277

co-solvent extraction 共萃取 06.0327

Cottrell atmosphere 科氏气团 07.0119

Cottrell dust 电收尘器烟尘 06.0061

Cottrell electrostatic precipitator 科特雷尔静电收尘器，*电收尘器 06.0060

coulomstatic technique 恒库仑法 04.0660

coumarone-indene resin　古马隆–茚树脂，＊苯并呋喃–茚树脂　05.0132

counter-blow hammer　对击锤，＊无砧座锤　09.1551

countercurrent contact　逆流接触　04.0396

countercurrent drum magnetic separator　逆流型圆筒磁选机　03.0411

countercurrent drying　逆流干燥　06.0234

countercurrent extraction　逆流萃取　06.0329

countercurrent flotation column　逆流浮选柱　06.0330

counter-current heat exchange　逆流热交换　05.0710

counter current hydrogen flow reduction　逆氢还原　06.1063

counter-current process　高炉内逆流过程　05.0709

countercurrent reduction　逆流还原　06.0152

countercurrent roasting　逆流焙烧　06.0018

counterflow push-type furnace　逆流推料式连续加热炉　06.0093

counterweight　平衡锤　02.1069

coupling analysis　耦合分析　02.0325

coupling charging　耦合装药　02.0466

covalent bond　共价键　07.0049

covellite　铜蓝　03.0102

Cowper stove　＊考珀式热风炉　05.0920

CP　化学纯　06.0377

CPE mill　斜轧穿孔延伸机　09.1299

crack　裂纹　07.0605

crack free steel　＊CF钢　08.0393

cracking temperature　爆裂温度　05.0662

crack nucleation　裂纹形核　08.0063

crack propagation　裂纹扩展　08.0064

creep　蠕变　07.0380

creep deformation　蠕变变形　07.0381

creep-rupture strength　持久强度　08.0056

creep strength　蠕变强度，＊蠕变极限　08.0055

creosote for preservation　防腐油　05.0126

cresol sulfonic acid electrolysis　甲酚磺酸电解　06.0643

crevice corrosion　缝隙腐蚀　08.0079

cristobalite　方石英＊白硅石，　05.0217

critical coalescence concentration　临界气泡兼并浓度　03.0545

critical condition of slag entrapment　钢水卷渣临界条件　05.1338

critical corona onset voltage　临界始发电晕电压　06.0068

critical deformation　临界变形程度　09.0214

critical diameter　临界直径　02.0398

critical micelle concentration　临界胶束浓度　03.0542

critical nucleus size　临界晶核尺寸　07.0201

critical pressure ratio　临界压力比　05.1078

critical resolved shear stress　临界分切应力　07.0365

critical separation size　临界分选粒度　03.0014

critical shearing strength　极限剪切强度　09.0378

critical shear stress　临界切应力　09.0062

critical value of surface deformation　地表临界变形值　02.0203

crop end of ingot　钢锭切头切尾　05.1608

crop flying shears　切头飞剪机　09.1374

cross bit　十字钎头　02.0343

cross cut　石门　02.0722，横切　09.0764

crosscut　穿脉平巷，＊横巷　02.0724

cross forging　横向锻造　09.0879

crosshead cardan universal joint　十字头式万向接轴　09.1363

cross interaction coefficient of second order　二阶交叉活度相互作用系数　04.0182

cross-linking agent　交联剂　06.1224

cross-linking degree　交联度　06.1225

cross piercing　斜轧穿孔　09.0720

cross rolling　斜轧　09.0385

cross rolling method　横轧法　09.0701

cross roll piercing elongation mill　斜轧穿孔延伸机　09.1299

cross roll-type tube and bar straightener　斜辊式管棒矫直机　09.1388

cross section view of mining and stripping　采剥剖面图　02.0191

cross shear rolling　异步轧制　09.0392

cross slip　交叉滑移　07.0368

cross tie rod of coke oven　焦炉横拉条　05.0088

crowdion　挤列子　07.0077

crown　凸度　09.0679

crown pillar　顶柱　02.0749

crucible assay　坩埚试金法　06.0870

crucible furnace　坩埚炉　06.0087

crucibleless zone melting　＊无坩埚区域熔炼　06.0941

crucible steelmaking　坩埚炼钢法　05.1016

crucible swelling number　坩埚膨胀序数　05.0027

cruciform bit　十字钎头　02.0343

crude anthracene　粗蒽　05.0124

crude benzol　粗苯　05.0127

crude benzol scrubber　洗苯塔　05.0146

crude benzol still　脱苯塔　05.0147

crude gas　荒煤气　05.0089

crude-hafnium tetrachloride　粗四氯化铪　06.0969

crude magnesium　粗镁　06.0809

crude nickel anode　金属镍阳极　06.0626

crude ore　原矿　03.0039

crude ore grade　原矿品位　03.0040

crude steel　粗钢　05.0982

crude-titanium tetrachloride　粗四氯化钛　06.0967

crude-zirconium tetrachloride　粗四氯化锆　06.0968

crusher　破碎机　03.0247

crushing　破碎　03.0053

crushing chamber　破碎室，＊破碎腔　03.0254

crushing of carbonaceous materials　炭物料破碎
　05.0446

crust breaking　打壳　06.0758

cryogenic steel　低温钢　08.0395

cryogenic titanium alloy　低温钛合金　08.0466

cryolite ratio　冰晶石量比　06.0756

crystal　晶体　07.0035

crystal defect　晶体缺陷　07.0060

crystal growth　晶体生长　07.0210

crystalline proportion in flux film　渣膜析晶率
　05.1497

crystallization　结晶　06.0225

crystallization of metals　金属的结晶　07.0186

crystallization temperature of mould flux　保护渣析晶
　温度　05.1495

crystallizer　结晶器　06.0226

crystallographic axis　晶轴　07.0022

crystallographic direction　晶向　07.0023

crystallographic face　晶面　07.0016

crystallographic orientation　晶体取向　07.0015

crystallographic zone　晶带　07.0024

crystallography　晶体学，＊结晶学　07.0001

crystal plasticity　晶体塑性力学　09.0198

crystal pulling method　提拉法　06.0373

crystal seed　晶种　06.0228

crystal system　晶系　07.0008

CSN　坩埚膨胀序数　05.0027

CSP　紧凑带钢生产工艺　09.0688

CT　计算机断层扫描术，＊CT技术　07.0527

cube-on-edge texture　＊立方棱织构　07.0601

cube texture　立方织构，＊立方面织构　07.0602

cup-cone fracture surface　杯锥断口　07.0402

cup drawing　圆筒拉深　09.0892

cupel　骨灰杯，＊灰皿　06.0876

cupellation　灰吹法　06.0874

cupellation protective agent　灰吹保护剂　06.0875

cup reagent feeder　杯式给药机　03.0735

cuprite　赤铜矿　03.0103

curb-extraction complexation　抑萃络合作用　06.1233

curing　固化　09.1128

curing furnace　固化炉　09.1531

curling round the roll　缠辊　09.1196

current density　电流密度　08.0115

current efficiency　电流效率　06.0297

curtain cooling　水幕冷却　09.1082

curvature　弯曲度　09.1175

curved caster　弧形连铸机　05.1440

curved guiding segment　弧形导向段　05.1518

curved mould　弧形结晶器　05.1467

curve fitting　曲线拟合　04.0713

curve line of surface displacement　地表移动曲线
　02.0197

cushion blasting　缓冲爆破　02.0448

cushioned mat of caved rock or ore　崩落矿岩垫层
　02.0851

cuspidine　枪晶石　05.0700

cut and fill stoping　充填采矿法　02.0799

cut diameter　分离界限粒径　06.0411

cut hole　掏槽孔　02.0347

cut-length flying shears　定尺飞剪机　09.1375

cut-off grade　边界品位　02.0084，边际品位　02.0085

cut-off grade of ore drawing　放矿截止品位　02.0861

cut-out　切断［冲压］　09.1041

cutting　切断［冲压］　09.1041

cutting tool steel　刃具钢　08.0368

cutting zone of open pit　露天矿挖掘带　02.0657

cut-to-length　定尺剪切　09.0748

cut-to-length unit　切割定尺装置　05.1539

CWPB　中间加工预焙槽　06.0731

cyanidation　氰化法　06.0843

cyanidation tailing　氰化尾渣　06.0853

cyanide capacity　氰化物容量　04.0555

cyanide-free flotation　无氰浮选　03.0488

cyanide leaching solution　氰化浸出液　06.0851

cyanoethyl diethyl dithiocarbamate　二乙基二硫代氨基
甲酸氰乙酯，*硫氮氰酯　03.0605

cycle time of coke oven　焦炉周转时间　05.0073

cyclicity reverse-current electrolysis　周期性反向电流
电解　06.0279

cyclic voltammetry　循环伏安法　04.0665

cyclo-fine screen　旋流细筛　03.0302

cyclone dust collector　旋风收尘器　06.0056

cyclone furnace smelting　漩涡熔炼　06.0448

cylindrical nozzle　直筒型喷嘴　05.1073

Czochralski method　*司卓克拉斯基法　06.0373

D

damage mechanics of rock　岩石损伤力学　02.0327

damping steel sheet　减震板　09.0479

Darcy law　达西定律　02.0221

database of mine　矿山数据库　02.0838

data fitting　参数拟合　04.0761

data processing　数据处理　04.0712

DBBP　丁基膦酸二丁酯　06.1209

DC graphitization　直流石墨化　05.0472

DCH high intensity magnetic separator　DCH 型强磁场
磁选机　03.0444

DC ore smelting electric furnace　直流矿热炉
05.0556

DC power consumption　直流电耗　06.0509

DC-WRB device　双轴承座工作辊弯辊装置　09.1347

deacidifier　脱酸塔　05.0153

deactivation　失活，*去活　03.0546

deactivator　失活剂，*去活剂　03.0573

dead burning　死烧　05.0353

dead metal region　死区　09.0381

dead roasting　全氧化焙烧　06.0012

dead volume fraction　中间包死区　05.1394

dead zone　死区　09.0381，挤压死区　09.0838

dealloying　贫合金元素腐蚀　08.0086

dearsenization　脱砷　04.0560

Debye-Hückel-Onsager theory of electrical conductance
德拜–休克尔–昂萨格电导理论　04.0435

Debye-Hückel theory of strong electrolyte solution　德
拜–休克尔强电解质溶液理论，*强电解质稀溶液的
离子互吸理论　04.0416

decantation　倾析　06.0212

decanting well　排水井　03.0708

decarbonization　脱碳　09.1143

decarburization in steelmaking　炼钢脱碳反应
05.0994

decay coefficient of jet velocity　射流速度衰减系数，
*动量传递系数　05.1082

deck　床面　03.0383

deck charging　间隔装药　02.0467

decoiling　开卷　09.0693

decomposition of concentrate　精矿分解　06.1189

decomposition of pollucite by hydrochloric acid process
铯榴石盐酸分解　06.1128

decomposition ratio of concentrate　精矿分解率
06.1190

decomposition reaction　分解反应　04.0039

decomposition voltage　分解电压　04.0458

decompression volatilization　减压挥发　06.0035

decoupling ratio　装药不耦合系数　02.0475

deep-bed filtration　深层过滤　03.0681

deep blow　深吹　05.1048

deep cone thickener　深锥浓缩机　03.0667

deep drawing　深拉深　09.1023

deep drawing steel　深冲钢　08.0332

deep drawing steel sheet　深冲钢板　09.0471

deep-hole breakdown　深孔落矿　02.0785

deep mining　深部矿床开采　02.0869

deep open pit　深部露天矿　02.0607

deep sea mining vessel　深海采矿船　02.1172

deep-trough open pit　凹陷露天矿　02.0606

deep working　深加工　09.0022

deflocculant　减水剂　05.0241

deflocculated castable　反絮凝浇注料　05.0323

deformation　形变　09.0143

deformation amount　变形量　09.0284

deformation band 变形带 07.0363

deformation diagram 形变图示 09.0145

deformation efficiency 变形效率 09.0177

deformation extent 形变程度 09.0147

deformation force 变形力 09.0158

deformation heat 形变热 09.0164

deformation index 变形指数 09.0299

deformation induced ferrite transformation 形变诱导铁素体相变 07.0272

deformation induced martensite transformation 形变诱导马氏体相变 07.0273

deformation induced precipitation 形变诱导沉淀 07.0271

deformation induced transformation 形变诱导相变 07.0270

deformation load 变形力 09.0158

deformation mechanics figure 变形力学图 09.0117

deformation mechanism 变形机理 09.0218

deformation of rock mass 岩体变形 02.0249

deformation of rolled-piece end 轧件端部变形 09.0333

deformation rate 变形率,＊相对变形量 09.0286

deformation speed 形变速度 09.0148

deformation speed of rolling 轧制变形速度 09.0292

deformation temperature 形变温度 09.0163

deformation texture 形变织构 07.0598

deformation twin ＊变形孪晶 09.0219

deformation twinning 形变孪生 07.0374

deformation work 变形功,＊变形能 09.0159

deformation work per unit volume 单位体积变形功 09.0375

deformation zone 变形区 09.0153

deformation zone of rolling 轧制变形区 09.0272

defrothing 消泡 03.0553

degassing refining 除气精炼 09.0789

degrease 脱脂 09.1087

degreasing tank 脱脂槽 09.1514

degree of freedom 自由度 04.0065

degree of graphitization 石墨化度 05.0471

degree of order 有序度 07.0282

degree of protection 保护度 08.0135

D2EHP 二(2-乙基己基)磷酸酯 06.1213

dehumidified blast 脱湿鼓风,＊干燥鼓风 05.0785

dehydrated carnallite 脱水光卤石 06.0785

dehydration 脱水 06.0781

dehydrogenation annealing ＊脱氢退火 07.0309

delay 休风 05.0793

delayed aging 延迟时效 07.0241

delayed coke 延迟焦 05.0424

delayed explosion 迟爆 02.0488

delayed filling 嗣后充填 02.0825

delayed fracture 延迟断裂 07.0395

demagnetizer 脱磁器 03.0426

demanganization 脱锰 04.0559

demulsification 破乳 04.0596,有色破乳 06.1242

dendrite growth 枝晶生长 07.0198

dendritic crystal 树枝晶 07.0194

dendritic magnesium crystal 树枝状结晶镁 06.0813

dendritic segregation 枝晶偏析 07.0220

dendritic structure 树枝状组织 07.0543

dense chrome brick 致密铬砖 05.0312

dense medium separation 重介质分选 03.0076

dense medium separator 重介质选矿机 03.0402

dense shaped refractory product 定形致密耐火制品 05.0255

densifying 压密 06.0556

density distribution 密度分布 08.0249

density functional theory 密度泛函理论 04.0799

density segregation 密度偏析 07.0225

dental alloy 牙科合金 08.0587

deoxidation by diffusion 扩散脱氧 05.1002

deoxidation by precipitation 沉淀脱氧 05.1001

deoxidation constant 脱氧常数 04.0544

deoxidation equilibrium 脱氧平衡 04.0543

deoxidation of molten steel 钢液脱氧反应 05.1000

deoxidation with carbon under vacuum 真空下碳脱氧 04.0557

deoxidized copper 脱氧铜 08.0414

depassivation 去钝化 08.0143

depassivator 去钝化剂 08.0147

dephosphorization in iron ladle 铁水罐脱磷 05.1303

dephosphorization in steelmaking 炼钢脱磷反应 05.0996

dephosphorization under oxidizing atmosphere 氧化脱磷 04.0549

dephosphorization under reducing atmosphere 还原脱

磷 04.0550

depleted pulp 贫化矿浆 06.0365

depletion 贫化 06.0364

depolarization 去极化 08.0123

depolymerization 解聚，＊解聚反应 04.0531

deposit grade 矿床品位 02.0081

deposition potential 析出电位 06.0298

deposit model 矿床模型 02.0016

depreciation scrap 折旧废钢 05.1219

depressant 选矿抑制剂 03.0570

depression 抑制 03.0547

depth of electrode penetration 电极插入深度 05.0582

depth of penetration 穿透深度 05.1084

Derjaguin-Landau and Verwey-Overbeek theory
DLVO 理论 04.0598

descaler 除鳞机 09.1405

design of grooves 孔型设计 09.0629

design of passes 孔型设计 09.0629

desilication 铝氧脱硅 06.0668

desiliconization 脱硅 04.0558

desiliconization in iron ladle 铁水罐脱硅 05.1301

desiliconization in runner 铁水沟脱硅 05.1300

desiliconization of hot metal 铁水预脱硅 05.1299

deslag within pretreatment 预处理渣的去除 05.1305

desliming 脱泥 03.0065

desorbent 解吸剂 03.0508

desorption 解吸 03.0507

desulfurization by slag 熔渣脱硫 04.0545

desulfurization in gaseous state 气态脱硫 04.0546

desulfurization in steelmaking 炼钢脱硫反应
05.0998

desulfurization of coke oven gas 焦炉煤气湿法脱硫
05.0149

desulphurization by flux injection 喷粉脱硫法
05.1293

desulphurization in blast furnace 高炉脱硫 05.0730

desulphurization in Kanbara reactor 机械搅拌脱硫法
05.1292

desulphurization in shaking ladle 摇包脱硫法
05.1294

desulphurization of gas 烟气脱硫 06.0048

desulphurization ratio 脱硫率 06.0390

desulphurization with bell-jar inserting 钟罩压入脱硫

法 05.1295

detachable bit 旋转导向钻头，＊活动钻头 02.0344

detailed reconnaissance 详查 02.0106

detecting water by pilot hole 超前探水 02.0991

detonation relay tube 继爆管 02.0420

detonation velocity 爆速 02.0397

detonator 雷管 02.0412

developed ore reserves 开拓矿量 02.0128

development 采准 02.0757

development method of surface mine 露天矿开拓方法
02.0658

development method of underground mine 地下矿开拓
方法 02.0715

development mining 采掘比 02.0043

development openings 开拓巷道 02.0721

deviation 偏差 04.0704

deviatoric stress 偏应力，＊应力偏量 09.0051

deviatoric stress-tensor 偏应力张量 09.0052

deviatoric tensor of stress 偏应力张量 09.0052

device 设备 05.1620

device for tar-residue adding 焦油渣添加装置
05.0013

dewatering bunker 脱水仓 03.0657

dewatering drift 疏干巷道 02.1006

dewatering in ground 地表疏干 02.1002

dewatering of mine 矿井疏干 02.1001

dextrin 糊精 03.0645

dezincification 脱锌 08.0087

DFT 密度泛函理论 04.0799

DH process ＊DH 法 05.1320

diagonal network 角联网路 02.0928

diagonal rolling method 角轧法 09.0702

diagonal ventilation system 对角式通风系统
02.0933

diagram of plasticity 塑性图 09.0207

dialkyl dithiophosphate 二烷基二硫代磷酸盐，＊黑药
03.0600

diametral deformation measurement 孔径变形测量
02.0280

diamine 二胺 03.0628

diamond 金刚石 05.0395

diamond drill 金刚石钻机 02.1094

diamond film 金刚石薄膜 05.0396

diaphragm 隔膜 06.0282

diaphragm cell 隔膜电解 06.0283

diaphragm jig 隔膜跳汰机 03.0357

diaphragmless magnesium electrolyzer 无隔板镁电解槽 06.0796

diaphragm magnesium electrolyzer 有隔板镁电解槽 06.0795

diaspore 一水硬铝石，*硬水铝石 03.0148

diatomaceous earth 硅藻土 05.0215

dibutyl butyl-phosphonate 丁基膦酸二丁酯 06.1209

dicalcium ferrite 铁酸二钙 05.0695

die 模具 09.0967

die casting zinc alloy 压铸锌合金 08.0470

die cavity slope 拔模斜度 09.0894

die clearance 冲裁间隙 09.1028

die drawing 模具图 09.0930

die forging 模锻 09.0871

die forging block 模锻件 09.1059

dielectric constant 介电常数 04.0437

dielectric separation 介电分离 03.0090

die lubricating 模具润滑 09.1040

die oven 模具加热炉 09.1505

die parting face choosing 分模面的选择 09.0931

diesel gas purification 柴油废气净化 02.0978

diesel LHD 地下内燃铲运机，*柴油铲运机 02.1134

diesel locomotive 内燃机车 02.1184

diesel-powered load-haul-dump unit 地下内燃铲运机，*柴油铲运机 02.1134

die service-life 模具寿命 09.0950

die shut height 模具闭合高度 09.1029

die steel 模具钢 08.0373

die steel plate 模具钢板 09.0494

diethyl dithiophosphate 二乙基二硫代磷酸盐 03.0607

di（2-ethylhexyl）phosphate 二（2-乙基己基）磷酸酯 06.1213

differential dilatometry 示差膨胀测量术 07.0482

differential scanning calorimetry 差示扫描量热法，*示差扫描量热法 07.0479

differential thermal analysis 差热分析，*示差热分析 07.0477

differential thermogravimetry 差热重法 04.0617

diffraction contrast 衍射衬度 07.0443

diffused interface 漫散界面 07.0140

diffusion 扩散 07.0167

diffusion activation energy 扩散激活能 07.0182

diffusional transformation 扩散性相变 07.0262

diffusion annealing *扩散退火 07.0304

diffusion bonding 扩散黏结 05.0640

diffusion coefficient 扩散系数 07.0180

diffusion control 扩散控制 08.0128

diffusion-controlled reaction 传质控制的反应 04.0333

diffusion couple method 扩散偶法 04.0669

diffusion creep 扩散蠕变 07.0382

diffusion current 扩散电流 04.0471

diffusionless transformation 非扩散相变 07.0263

diffusion porosity 扩散孔隙 08.0248

diffusion potential 扩散电势，*液体接界电势 04.0450

diffusion sub-layer 扩散内层 04.0276

diffusive mass transfer 扩散传质 04.0312

DIFT 形变诱导铁素体相变 07.0272

digested pulp 溶出矿浆 06.0677

digested slurry 溶出矿浆 06.0677

digestion system 溶出系统 06.0671

digging arm loader 立爪装载机 02.1128

digital mine 数字矿山 02.0026

dilatancy of rock 岩石扩容 02.0262

dilatometer method 膨胀仪法 07.0480

dilatometry 膨胀测量术 07.0481

diluent 稀释剂 06.0339

dimensional analysis 量纲分析，*因次分析 04.0357

dimension of mill 轧机尺寸 09.0307

di（1-methylheptyl）methyl phosphonate 甲基膦酸二甲庚酯 06.1208

dimple fracture surface 韧窝断口 07.0399

di-n-butyl orthopho-sphoric acid（DBP） 二正丁基磷酸 06.1212

diphenyl guanidine 二苯胍 03.0604

diphenyl phenol 二甲酚 03.0634

diphosphonic acid 双膦酸 03.0621

direct bond 直接结合 05.0178

direct calculation method 直接计算法 09.0360

direct charging 直接装炉 09.0611

direct current electric arc furnace 直流电弧炉

05.1171

direct-current plasma arc furnace　直流等离子电弧炉　06.0079

direct electrowinning　直接电解沉积　06.0859

direct extrusion　正向挤压　09.0798

direct extrusion press　正向挤压机　09.1479

direct flotation　正浮选　03.0471

direct hydrofluorination method　直接氢氟化法　06.1201

directional blasting　定向爆破　02.0444

directionally solidified superalloy　定向凝固高温合金　08.0512

directional solidification　定向凝固　07.0192

direction zone axis　晶带轴　07.0026

direct iron ore smelting reducing　DIOS 熔融还原法　05.0978

direct measurement technique　直接测量法　02.0274

direct reduced iron　直接还原铁　05.0940

direct reduction　直接还原　05.0708

direct reduction process　直接还原炼铁法　05.0939

direct reduction zone　高炉内直接还原区　05.0715

direct rolling　直接轧制　09.0408

direct sintering furnace　直接烧结炉　06.1070

direct steelmaking　直接炼钢法，*一步法　05.1028

discard　压余　09.0840

discard-free extrusion　无压余挤压　09.0816

discard slag　弃渣　06.0398

discharge aperture　排料孔　09.1022

disclination　旋错，*向错　07.0082

disconnector　隔离开关　05.1176

discontinuity of rock　岩石非连续性　02.0227

discontinuous precipitation　不连续沉淀　07.0235

discontinuous transformation　不连续相变　07.0261

disc-type piercing mill　盘式穿孔机　09.1301

disk feeder　圆盘给矿机　03.0726

disk filter　盘式过滤机　03.0688

disk vacuum filter　圆盘真空过滤机　03.0684

dislocation　位错　07.0079

dislocation cell　位错胞　07.0101

dislocation core　位错芯　07.0105

dislocation density　位错密度　07.0113

dislocation dipole　位错偶极子　07.0096

dislocation energy　位错能量　07.0115

dislocation etch pit　位错蚀坑　07.0117

dislocation forest　位错林　07.0095

dislocation helix　位错卷线　07.0098

dislocation jog　位错割阶　07.0102

dislocation kink　位错扭折　07.0103

dislocation line tension　位错线张力　07.0114

dislocation locking　位错钉扎　07.0109

dislocation loop　位错环　07.0093

dislocation martensite　*位错马氏体　07.0578

dislocation multiplication　位错增殖　07.0111

dislocation network　位错网　07.0099

dislocation pair　位错对　07.0100

dislocation pile-up　位错塞积　07.0110

dislocation source　位错源　07.0106

dislocation wall　位错墙　07.0097

disordered phase　无序相　07.0146

disordered solid solution　无序固溶体　07.0163

dispersant　分散剂　03.0574

dispersed medium　分散介质　04.0581

dispersed phase　分散相　04.0582

dispersed shrinkage　缩松　05.1414

dispersed system　分散体系　04.0580

dispersion strengthening　弥散强化　07.0410

displaced atom　离位原子　07.0075

displacement angle　移动角　02.0205

displacement chromatography　置换色谱法　06.0349

displacement field　位移场　09.0107

displacement reaction　置换反应　04.0040

displacive transformation　位移型相变　07.0251

disproportionation reaction　歧化反应　04.0041

disseminated grain size　嵌布粒度　03.0030

dissipation rate of the eddy kinetic energy　湍动能耗散率　04.0774

dissipative structure　耗散结构，*非平衡态有序结构　04.0196

dissociation degree　离解度　06.0353

dissociation equilibrium　离解平衡　06.0352

distillation　蒸馏　06.0244

distillation furnace　蒸馏炉　06.0246

distillation residue　蒸馏残渣　06.0247

distillation tray　塔盘　06.0571

distill cleaning　蒸馏净化　06.0051

distilled naphthalene　工业萘　05.0119

distiller 蒸馏炉 06.0246

distorted model 扭形模型 04.0355

distortion energy 畸变能，*形变能 09.0160

distributing bin 分配矿仓 03.0718

distribution coefficient 分配系数 06.0351

distribution equilibrium constant 分配平衡常数 04.0562

distributor 布料器 05.0890

dithiocarbamate collector 二硫代氨基甲酸酯捕收剂，*硫氮捕收剂 03.0606

dithionocarbamate 二硫代氨基甲酸酯 03.0601

divacancy 双空位 07.0063

divider of electrolytic cell 电解槽隔板 06.0793

divorced eutectic 分离共晶体 07.0532

dixanthate 二黄原酸盐，*双黄药 03.0592

dog-bone rolling 狗骨轧制 09.0424

doloma 白云石熟料，*白云石砂 05.0235

doloma refractory 白云石质耐火材料 05.0307

dolomite 白云石 05.0234

dolomite clinker 白云石熟料，*白云石砂 05.0235

dopant 掺杂剂 08.0180

doped molybdenum powder 掺杂钼粉 06.1066

doped tungsten 掺杂钨 08.0476

doped tungsten powder 掺杂钨粉 06.1065

doped tungsten powder after washing with acid 酸洗钨粉 06.1067

Dorè bullion 金银合金锭 06.0866

Dorè metal 金银合金，*金银双金属 06.0864

Dortmund Hörder degassing process 提升式真空脱气法 05.1320

double action hammer 双作用锤，*动力锤 09.1572

double action hydraulic extrusion press 双动油压挤压机 09.1482

double action hydraulic press 双动液压机 09.1570

double action press 双动液压机 09.1570

double-blow heading 双击镦锻 09.1013

double chain drawing machine 双链式拉伸机 09.1524

double chock working roll bending device 双轴承座工作辊弯辊装置 09.1347

double crusher 对辊破碎机 03.0269

double electrode direct current arc furnace 双电极直流电炉 05.1205

double-flow oxygen lance 双流道氧枪 05.1148

double frame hammer 双柱式锤，*拱式锤 09.1571

double heating forging 两次加热锻造 09.1011

double-rotor impact crusher 双转子冲击式破碎机 03.0260

double-sided shears 双边剪切机 09.1372

double skin 重皮 05.1611

double-slag operation 双渣操作 05.1111

double stream process 双流法 06.0665

double teeming 重接 05.1612

double-toggle jaw crusher 简摆颚式破碎机 03.0249

doubling 合卷 09.0696

doubling rolling 双合轧制 09.0409

Dow cell 道屋镁电解槽 06.0802

downcoiler 地下卷取机 09.1394

down cut shears 上切式剪切机 09.1369

down draft kiln 倒焰窑 05.0365

Downs cell 唐斯电解槽 06.0824

Downs process 唐斯法 06.0823

down-the-hole bit 潜孔钻头 02.1091

down-the-hole drill 潜孔钻机 02.1089

down-the-hole drill hammer 潜孔冲击器 02.1090

Dow process 道屋法，*道氏法 06.0775

draft schedule 压下规程 09.0680

drag-bit rotary rig 旋转钻机 02.1092

dragline loading 索斗挖掘机装载 02.0684

dragline shovel 索斗挖掘机 02.1116

drainage vortex 汇流漩涡 05.1399

drained cathode 导流阴极 06.0743

drained cell 导流槽 06.0729

drawability 拉深性能 09.1039

draw cone 漏斗 02.0770

drawing 拉拔 09.0012，拉深 09.0886

drawing coefficient 拉深比，*拉深系数 09.1032

drawing depth 拉深深度 09.1031

drawing die 拉深凹模 09.0953

drawing die orifice 拉伸模孔 09.0868

drawing die without blank-holder 无压边拉深模 09.1027

drawing effect among jets 射流间相互抽引作用 05.1081

drawing force 拉深力 09.1036

drawing gap 拉深间隙 09.1035

drawing lubricant 拉深润滑剂 09.0975

drawing passes 拉深次数 09.1033

drawing punch 拉深凸模 09.0954

drawing ratio 拉深比，*拉深系数 09.1032

drawing speed 拉伸速度 09.0866

drawing stress 拉伸应力 09.0867

drawn-out body of ore 放出体 02.0859

draw raise 溜井 02.0549

draw spinning 拉深旋压，*拉旋 09.0895

dredge 采砂船 02.1171

dredging 采砂船开采 02.0712

drier 干燥器 06.0241

drift 沿脉平巷 02.0725

drift dewatering 巷道排水 02.1011

drift exploration 坑探 02.0112

drift footage survey 巷道验收测量 02.0184

drifting 掘进 02.0567

drifting by tunneling machine 平巷掘进机掘进 02.0568

drifting cycle 掘进循环 02.0529

drifting survey 巷道施工测量 02.0176

drillability of rock 岩石可钻性 02.0366

drill bit 钎头 02.0340

drill columnar section 钻孔柱状图 02.0153

drill-hole 炮孔 02.0345

drill-hole depth 炮孔深度 02.0359

drilling 钻探 02.0113，采矿穿孔 02.0666

drilling chamber 凿岩硐室 02.0762

drilling drift 凿岩巷道 02.0761

drilling pattern 钻孔布置图 02.0152

drilling tool 凿岩工具 02.0338

drill jumbo 钻车 02.1098

drill mounting 钻架 02.1095

drill pattern 炮孔布置 02.0346

drill pipe 钎头 02.0340，钻探管 09.0515

drill rod 钎杆 02.0341

drill shank 钎尾 02.0342

drill steel 钎钢 09.0551

drill stem 钎杆 02.0341

drip melting 滴熔 06.0940

driving roll 驱动辊 05.1521

driving torque 传动力矩 09.0318

droplet 液滴 04.0260

droplet separator 液滴捕集器 06.0423

dropping number 落下强度 05.0660

dross 浮渣 06.0114

drossing kettle 除渣锅 06.0594

dross of fire refining 精炼浮渣 06.0115

drum filter 筒形过滤机 03.0687

drum-in-drum mould 套管式结晶器 05.1468

drum-scoop feeder 联合给矿器 03.0313

drum screen 筒形筛 03.0292

drum vacuum filter 圆筒真空过滤机 03.0683

drum washer 圆筒洗矿机，*带筛擦洗机 03.0408

dry ash free basis 干燥无灰基 05.0031

dry barrier 干式防渗料 05.0341

dry basis 干燥基 05.0029

dry breaking 干法破碎 06.0146

dry cleaning 干法净化 06.0049

dry distillation 干馏 06.0243

dry filling 干式充填 02.0819

dry-fluorination process 干式氟化法 06.1263

dry friction 干摩擦 09.0230

dry gas cleaning 干法除尘 05.0927

dry high intensity magnetic separator 干式强磁场磁选机 03.0419

drying bed of shaft furnace 竖炉烘干床 05.0666

drying intensity 干燥强度 06.0240

dry low intensity magnetic separator 干式弱磁场磁选机 03.0418

dry magnetic separator 干式磁选机 03.0417

dry milling 干法破碎 06.0146

dry mix 干式料 05.0315

dry precipitator 干式除尘器 06.0058

dry purification 干法提纯 06.0170

dry reclamation 干法再生 06.0366

dry screening 干法筛分 06.0147

dry scrubbing 干法净化 06.0049

dry sieving 干法筛分 06.0147

dry strength 干强度 05.0196

dry vibratable refractory 干式料 05.0315

dry zone in sintering 烧结干燥带 05.0633

DSC 差示扫描量热法，*示差扫描量热法 07.0479

DTA 差热分析，*示差热分析 07.0477

dual phase steel 双相钢 08.0335

dual-shell tuyere 双层套管式喷嘴 05.1090

ductile-brittle transition temperature 韧性–脆性转变温度, ＊韧脆转变温度 08.0062

ductile fracture 韧性断裂, ＊延性断裂 07.0396

ductile fracture surface 韧性断口 07.0400

ductile permanent magnet 可变形永磁体 08.0573

ductility 延性 08.0003

ductility-temperature diagram 热塑性曲线 05.1423

dummy bar 引锭杆 05.1500

dummy block 挤压垫 09.1495

dump leaching 废石堆浸出 02.0879

dump truck 自卸汽车 02.1197

dump truck for underground mine 地下矿用自卸汽车, ＊地下汽车 02.1199

duplex metal simultaneous electrolysis 双金属电解 06.0272

duplex reduction 两阶段还原 06.1086

duplex stainless steel 双相不锈钢 08.0349

duplex steelmaking process 双联炼钢法 05.1026

duration of heat 冶炼时间 05.1029

duration of metal tapping 出钢持续时间 05.1150

duration of splashing 溅渣时间 05.1124

dust-catcher 除尘器 05.0928

dust cleaning efficiency 收尘效率 06.0409

dust collection efficiency 收尘效率 06.0409

dust collection for charging coal 装煤烟尘捕集率 05.0160

dust collection for pushing coke 出焦烟尘捕集率 05.0161

dust collector 收尘器 06.0052

dust control by ventilation 通风防尘 02.0972

dust control in open-pit 露天矿防尘 02.0971

dust of blast furnace 高炉炉尘, ＊瓦斯灰 05.0609

dust rate 烟尘率 06.0406

dust resistivity 烟尘比电阻 06.0408

dust sampler 粉尘采样器 02.0976

dust settling chamber 沉尘室 06.0419

dynamic calorimetry 动态量热法 07.0478

dynamic control of converter 转炉动态控制 05.1135

dynamic control of heat transfer at secondary cooling 二冷传热动态控制 05.1549

dynamic disaster of deep mining 深部开采动力灾害 02.1051

dynamic elasticity modulus of rock 岩石动态弹模 02.0370

dynamic hologram simulation 全息动态仿真 04.0780

dynamic-orderly structure 动态有序结构 05.1625

dynamic process of tandem rolling 连轧动态过程 09.0357

dynamic programming 动态规划 04.0746

dynamic recovery 动态回复 09.0222

dynamic recrystallization 动态再结晶 09.0223

dynamic shape roll 动态板形辊, ＊DSR 辊 09.1269

dynamic strain aging 动态应变时效 07.0245

dynamic strength of rock 岩石动态强度 02.0371

dynamic tension curve of tandem rolling 连轧张力动态曲线 09.0365

dynamic torque 动力矩 09.0317

dynamic viscosity 动力学黏度, ＊黏度 04.0261

E

EAF bath stirring 电炉熔池搅拌 05.1235

EAF compact route 钢铁生产短流程 01.0055

EAF oxygen lance 电炉氧枪 05.1232

EAF's share 电炉钢比 05.1037

EAF steelmaking 电弧炉炼钢法 05.1167

ear 耳子 09.1140

earing 制耳 09.1070

EBSD 电子背散射衍射 07.0436

eccentric bottom tapping 偏心炉底出钢 05.1198

eco-effectiveness 生态效用 05.1673

eco-efficiency 生态效率 05.1672

eco-industrial chain 工业生态链 01.0058

ecological recovery 生态修复 02.1053

economic ore grade 工业品位, ＊最低工业品位, ＊最低可采品位 02.0086

eddy current 涡电流, ＊涡流 05.1249

eddy current film gaugemeter 涡流膜厚测厚仪 09.1219

eddy current testing 涡流检测 07.0495

eddy flow 涡流 04.0256

edge crack 裂边 09.1148

edge dislocation 刃型位错 07.0083

edge drop 边部减薄 09.1186

edge drop control 边部减薄控制 09.1437

edge rolling 立轧 09.0386

edge trimming 切边 09.0698

edging draught 侧压下 09.0627

edging mill 立辊轧机 09.1294

EDS 能量色散 X 射线谱 07.0469

EELS 电子能量损失谱 07.0433

effective boundary layer 有效边界层 04.0274

effective CaO in lime 石灰中有效氧化钙 05.0988

effective collision theory 有效碰撞理论 04.0237

effective diffusion coefficient 有效扩散系数 04.0275

effective height 有效高度 05.0833

effective stress 等有效应力，*应力强度 09.0065

effective volume of BF 高炉有效容积 05.0834

effect of strain rate strengthening 应变速率强化效应 09.0204

efficiency of concentration 选矿效率 03.0005

efficiency of grinding 磨矿效率 03.0309

efficiency of space filling 致密度 07.0034

effluent 流出物 06.0355

elastic-chain syntony in operation 弹性谐振运行状态 05.1669

elastic constant 弹性常数 08.0009

elastic constitutive relation 弹性本构关系 02.0234

elastic curve of mill 轧机弹性曲线 09.0354

elastic deformation 弹性变形 07.0359

elastic equation of mill 轧机弹性方程 09.0355

elastic flattening 弹性压扁 09.0331

elasticity 弹性 08.0002

elastic limit 弹性极限 08.0010

elastic modulus of rock 岩石弹性模量 02.0222

elastic niobium alloy 弹性铌合金，*铌基弹性合金 08.0488

elastic-plastic body 弹塑性体 09.0034

elasto-hydrodynamic lubrication 弹性流体动力润滑 09.0245

electrical double layer 双电层 04.0459

electrical heating alloy 电热合金 08.0540

electrical impedance 阻抗 04.0434

electrical resistance alloy 电阻合金 08.0527

electrical steel 电工钢 08.0382

electric arc 电弧 05.1206

electric arc furnace smelting 电弧炉熔炼 06.0075

electric arc furnace steelmaking 电弧炉炼钢法 05.1167

electric calciner for carbonaceous materials 炭物料电煅烧炉 05.0445

electric cap 电雷管 02.0414

electric delay detonator 延期电雷管 02.0422

electric detonator 电雷管 02.0414

electric distribution box of working face 采掘工作面配电点 02.1224

electric field decomposition with alkaline 固碱电场分解 06.1197

electric field freezing method 电场凝固法 06.1274

electric furnace capacity 电炉容量 06.0435

electric high shaft furnace 电高炉 05.0935

electric illumination of mine 矿山电气照明 02.1226

electric initiation circuit 电爆网络 02.0429

electric LHD 地下电动铲运机，*电动铲运机 02.1135

electric power distribution of open-pit mine 露天采场配电 02.1220

electric power distribution of underground mine 地下矿配电，*坑内配电，*井下配电 02.1222

electric-powered load-haul-dump unit 地下电动铲运机，*电动铲运机 02.1135

electric resistance furnace distillation 电阻炉蒸馏 06.0568

electric resistance-type reheating furnace 电阻加热炉 09.1503

electric rock drill 电动凿岩机 02.1106

electric screw down device 电动压下装置 09.1343

electric steel sheet and strip 电工钢板带，*硅钢片 09.0470

electric susceptibility 电极化率 07.0286

electric upset forging machine 电热镦机 09.1553

electric upsetting 电镦锻 09.0997

electric welded pipe 电焊管 09.0502

electric wind 电风 06.0415

electro-carbothermic process 电碳热法 05.0543

electrocatalysis 电催化作用 04.0476

electrocatalysis electrode 电催化电极 04.0456

electrochemical equilibrium 电化学平衡 04.0060

electrochemical equivalent 电化学当量，*法拉第常数

04.0479

electrochemical kinetics ＊电化学动力学 04.0438

electrochemical metallurgy 电化学冶金 01.0039

electrochemical polarization 电化学极化 04.0464

electrochemical protection 电化学保护 08.0130

electrochemical reaction 电化学反应 04.0044

electrochemistry leaching 电化学浸出，＊电解浸出 06.0194

electrochemistry of molten salts 熔盐电化学 04.0398

electrochemistry of solution 溶液电化学 04.0399

electro-codeposition ＊电共沉积 06.0271

electrocrystallization 电结晶 04.0489

electrode 电极 04.0439

electrode distance 电极间距 06.0755

electrode holder 电极把持器 05.0571

electrode length 电极工作长度 05.0581

electrode mast 电极立柱 05.1181

electrode nipple 电极接头 05.0410

electrode paste 电极糊 05.0405

electrode pitch 电极沥青 05.0438

electrode polarization 电极极化 08.0117

electrodeposited copper foil 电解铜箔 08.0431

electrodeposition 电沉积 04.0488

electrode potential 电极电势，＊电极电位 04.0447

electrode process 电极过程 04.0453

electrode sealing ring 电极密封圈 05.1194

electrode slipping system 电极压放装置 05.0574

electrode tip 电极工作端 05.0583

electrodialysis 电渗析 06.0356

electro diffusion 电致扩散 07.0177

electro-extraction 电解提取 06.0267

electroflotation 电浮选，＊电解浮选 03.0493

electroforming 电铸 04.0490

electro-hydraulic screw down device 电液双压下装置 09.1345

electrokinetic phenomena 电动现象 04.0585

electroless plating 化学镀 08.0157

electrolysis dissolution 电解造液 06.0635

electrolyte 电解质 04.0413

electrolyte crust 电解质结壳 06.0757

electrolyte purification 电解液净化 06.0510

electrolyte solution 电解质溶液 04.0401

electrolytic aluminum 电解铝 06.0767

electrolytic cell 电解槽 06.0281

electrolytic cobalt 电解钴 06.0637

electrolytic coloring 电解着色，＊二次电解着色法，＊浅田法 09.1114

electrolytic copper 电解铜 08.0413

electrolytic crystal 电解晶体 06.0266

electrolytic dissolution 电解溶解 06.0265

electrolytic iron 电解铁 08.0282

electrolytic lithium 电解锂 06.1114

electrolytic magnesium 电解镁 06.0812

electrolytic manganese metal 电解锰 05.0502

electrolytic oxidation method 电解氧化法 06.1252

electrolytic powder 电解粉 08.0170

electrolytic reduction-alkalinity method to produce high-purity europium oxide 电解还原–碱度法制备高纯氧化铕 06.1255

electrolytic reduction-solvent extraction method to produce high-purity europium oxide 电解还原–萃取法制备高纯氧化铕 06.1256

electrolyzer 电解槽 06.0281

electromagnetic casting 电磁铸造 09.0780

electromagnetic compatibility 电磁兼容 08.0581

electromagnetic forming 电磁成形 09.0902

electromagnetic furnace smelting 电磁炉熔炼 06.0076

electromagnetic metallurgy 电磁冶金,＊材料电磁处理 01.0040

electromagnetic separator 电磁磁选机 03.0422

electromagnetic slag detector 电磁测渣器 05.1155

electromagnetic stirring in final solidifying zone 凝固末端电磁搅拌 05.1545

electromagnetic stirring in secondary cooling zone 二冷区电磁搅拌 05.1544

electromagnetic stirring of ladle bath 钢包电磁搅拌 05.1336

electrometallurgy 电冶金［学］ 01.0037

electromigration 电迁移 04.0436

electromotive force of a cell 电池电动势 04.0487

electron affinity 电子亲和能，＊电子亲和势 04.0470

electron backscattering diffraction 电子背散射衍射 07.0436

electron beam melting 电子束熔炼 05.1275

electron beam zone melting 电子束区域熔炼

06.0942

electron compound 电子化合物 07.0154

electron diffraction 电子衍射 07.0434

electronegativity 电负性, *相对电负性 04.0468

electron energy loss spectrum 电子能量损失谱
07.0433

electronic conduction 电子导电性 04.0405

electron microprobe 电子探针 07.0444

electron microscopy 电子显微术 07.0426

electron paramagnetic resonance 电子顺磁共振
07.0504

electron spin resonance 电子自旋共振 07.0503

electron tunnelling effect spectroscopy 电子隧道谱法
07.0502

electro-osmosis 电渗 04.0584

electrophoretic separation 电泳分离 03.0087

electrophoresis 电泳 04.0422

electrophoretic coating 电泳涂层 09.1116

electrophoretic coating line 电泳涂层机组 09.1543

electroplating 电镀 04.0491

electroplating in molten salts 熔盐电镀 04.0492

electroplating layer 电镀层 08.0155

electrorefine 电解精炼 06.0268

electro-silicothermic process 电硅热法 05.0542

electroslag casting 电渣熔铸 05.1255

electroslag crucible melting 有衬电渣熔炼 05.1254

electroslag metal 电渣金属 05.1259

electroslag process 电渣过程 05.1260

electroslag remelting 电渣重熔 05.1253

electroslag teeming 电渣浇注 05.1256

electro-slurry process 矿浆电解 06.0270

electrostatic leakage 静电泄漏 02.1026

electrostatic powder spraying 静电粉末喷涂 09.1117

electrostatic powder spraying line 静电粉末喷涂机组
09.1542

electrostatic precipitator 静电除尘器 05.0929

electrostatic protection 静电防护 02.1025

electrostatic separation 电选 03.0081

electrostatic separator 静电选机 03.0452

electrostatic tar precipitator 电捕焦油器 05.0139

electrosynthesis 电合成 04.0496

electrothermal metallurgy 电热冶金 01.0038

electrotransport process *电迁移法 06.0274

elementary reaction 基元反应 04.0224

elevator raise 电梯井 02.0768

Elinvar alloy 埃尔因瓦型合金 08.0602

Ellingham-Richardson diagram 埃林厄姆–理查德森图
04.0096

ellipse-off-round pass system 椭圆–立椭圆孔型系统
09.0659

ellipse-round pass system 椭圆–圆孔型系统 09.0660

ellipse-square pass system 椭圆–方孔型系统
09.0657

ellipsoid 地球椭球体 02.0161

elliptical vibrating screen 椭圆振动筛 03.0275

ELM 乳状液膜 06.1238

elongation after fracture 断后伸长率 08.0028

elongation coefficient 延伸系数 09.0287

elongation pass system 延伸孔型系统 09.0653

eluate 洗出液 06.0314

eluent 洗脱液 06.0313

elute 洗脱 06.0312

elution 洗脱 06.0312

embossed aluminum foil 压花铝箔 09.0594

embryo *晶胚 07.0204

EMF method 电池电动势法 04.0636

emission of magnesium chloride 排氯化镁 06.0946

EMM 电解锰 05.0502

empirical criterion of rock failure 经验强度准则
02.0240

empirical model 经验模型 04.0757

emulsification 乳化作用 04.0597, 乳化现象
06.0315

emulsification of steel droplets into slag 渣–钢乳化现
象 05.1114

emulsify blasting truck 乳化炸药混装车 02.1155

emulsion 乳化液 09.0249

emulsion explosive 乳化炸药 02.0381

emulsion flotation 乳化浮选 03.0491

emulsion liquid membrane 乳状液膜 06.1238

enamel anodizing 瓷质阳极氧化 09.1110

enameling sheet 搪瓷钢板 09.0466

end-bite and reverse rolling 咬入返回轧制 09.0624

endless rolling 无头轧制 09.0394

endless rope haulage 无极绳运输 02.1196

endogenous non-metallic inclusion 内生夹杂物

05.1012

end on shaft station　尽头式井底车场　02.0560

endothermic reaction　吸热反应　04.0112

end point control of converter　转炉终点控制　05.1132

end-point hitting rate　终点命中率　05.1133

end quenching of rail　轨端淬火　09.1076

end quenching test　端淬试验　07.0325

end thickening　端部增厚　09.0667

energizer　催渗剂　07.0347

energy consumption curve of rolling　轧制能耗曲线　09.0322

energy consumption of rolling　轧制能耗　09.0321

energy flow　能量流　05.1649

energy method　能量法　09.0181

engineering plasticity　工程塑性学，＊塑性工程学　09.0003

engineering strain　工程应变　09.0100

engineering stress-strain curve　工程应力–应变曲线　09.0116

enrichment factor　富集因子　06.0856

enrichment ratio　富集比　03.0008

ensemble　系综　04.0795

enthalpy　焓　04.0123

enthalpy function　焓函数　04.0187

enthalpy of combustion　燃烧焓　04.0128

enthalpy of crystallization　结晶焓　04.0131

enthalpy of dissociation　离解焓　04.0134

enthalpy of formation　生成焓　04.0126

enthalpy of fusion　熔化焓　04.0130

enthalpy of mixing　混合焓　04.0125

enthalpy of phase transformation　相变焓　04.0124

enthalpy of reaction　反应焓　04.0127

enthalpy of solution　溶解焓　04.0129

enthalpy of sublimation　升华焓　04.0133

enthalpy of vaporization　气化焓　04.0132

entropy　熵　04.0138

entropy flux　熵流　04.0144

entropy of mixing　混合熵　04.0140

entropy production　熵产生　04.0143

environmental burden　环境负荷　01.0057

environment-friendly steel product　环境友好钢材　01.0059

EPR　电子顺磁共振　07.0504

equal angle steel　等边角钢　09.0537

equal-sided angle steel　等边角钢　09.0537

equation of continuity　连续方程　04.0769

equation of entropy production　熵产生式　04.0145

equation of motion　＊运动方程　04.0770

equation of state of gas　气体状态方程　04.0099

equiaxed ferrite　等轴状铁素体，＊多边形铁素体　07.0561

equiaxial crystal zone　等轴晶区　07.0197

equilibrium　平衡　04.0055

equilibrium constant　平衡常数　04.0157

equilibrium segregation　平衡偏析　07.0223

equilibrium value　平衡值　04.0158

equipment raise　设备井　02.0769

equivalent of effective stress　等有效应力，＊应力强度　09.0065

equivalent shear strain　等效剪应变，＊剪应变强度，＊切应变强度　09.0093

equivalent strain　等效应变，＊应变强度　09.0092

equivalent strain rate　等效应变速率，＊相当应变速率　09.0096

error　误差　04.0694

escape way of underground mine　矿井安全出口　02.1060

eschynite　易解石　06.1176

ESR　电渣重熔　05.1253，电子自旋共振　07.0503

ether amine　醚胺　03.0627

ether frother　醚类起泡剂　03.0632

ethyl xanthate　乙基黄原酸盐，＊乙黄药　03.0593

Euclid solid　＊欧几里得固体　09.0031

Euler's law　欧拉定律　07.0027

eutectic cementite　共晶渗碳体　07.0566

eutectic graphite　共晶石墨　07.0575

eutectic point　共晶点，＊低共熔点　04.0077

eutectic reaction　共晶反应　04.0084

eutectic solidification　共晶凝固　07.0191

eutectic structure　共晶组织　07.0531

eutectic white iron　共晶白口铸铁　08.0297

eutectoid　共析体　07.0537

eutectoid cementite　共析渗碳体　07.0568

eutectoid ferrite　共析铁素体，＊珠光体铁素体　07.0559

eutectoid phase transformation　共析相变　07.0267

eutectoid steel 共析钢 08.0318

euxenite 黑稀金矿 03.0191

Evans diagram 埃文斯图，＊电势–电流图 04.0474

evaporated crystallizer 蒸发结晶器 06.0227

evaporation 蒸发 06.0213

evaporation drying 蒸发干燥 06.0235

evaporative cooling 汽化冷却 05.0869

evaporator tank 蒸发槽 06.0217

EXAFS 扩展X射线吸收精细结构 07.0471

excavator 挖掘机 02.1112

excavator loading 挖掘机装载 02.0682

excess ammonia liquor 剩余氨水 05.0136

excess enthalpy 超额焓 04.0135

excess entropy 超额熵 04.0141

excess function 超额函数 04.0103

excess Gibbs energy 超额吉布斯能 04.0149

exchange current 交换电流 08.0111

exchange reaction 交换反应 06.0332

exergy 㶲 05.1675

exfoliation corrosion 剥蚀 08.0084

exhaust ventilation 抽出式通风 02.0938

exit Mach number 喷嘴出口马赫数 05.1079

exit thickness 轧后厚度 09.0293

exogenous non-metallic inclusion 外来夹杂物 05.1013

exothermic ferroalloy 发热铁合金 05.0530

exothermic flux 发热渣 05.1597

exothermic reaction 放热反应 04.0111

expanded steel sheet 钢板网 09.0497

expanding 扩孔 09.0978

expanding spinning 扩径旋压，＊扩旋 09.0896

expansion shell bolt 胀壳式锚杆 02.0599

expectation value 期望值 04.0684

experimental error 实验误差 04.0695

experimental method in physical chemistry of metallurgy
冶金物理化学研究方法 04.0603

exploration 勘探 02.0107

exploration engineering 勘查工程 02.0110

exploration grid 勘探网 02.0115

exploration line 勘探线 02.0114

exploration type 勘查类型 02.0109

exploratory cross section 勘探线剖面图 02.0147

explosive antimony 爆锑 06.0656

explosive charger 装药器 02.1151

explosive evaporation 沸腾蒸发 06.0216

explosive forming 爆炸成形 09.0899

explosive gas 爆炸性气体 02.0906

explosive loading truck 装药车 02.1152

explosive magazine 炸药库 02.0395

explosive product for mining 矿用炸药 02.0390

explosive slopping 爆破性喷溅 05.1117

extended dislocation 扩展位错 07.0086

extended X-ray absorption fine structure 扩展X射线吸
收精细结构 07.0471

extensive property 广度性质，＊容量性质 04.0023

extent of reaction 化学反应进度 04.0107

external diffusion 外扩散 04.0330

extracted ore 采出矿石 02.0051

extracted species 萃合物 06.0320

extracting 回采 02.0777

extracting drift 回采进路 02.0766

extracting face 回采工作面 02.0778

extraction capacity 萃取容量 06.0316

extraction chromatography 萃取色层分离法 06.1230

extraction efficiency 萃取率 06.0308

extraction eluting resin 萃洗树脂 06.0338

extraction metallurgy 提取冶金[学] 01.0015

extraction of BeO by fluoride process 氟化法制取氧化
铍 06.1095

extraction of BeO by sulfate process 硫酸盐法制取氧
化铍 06.1094

extraction of lithium by chlorination roasting 氯化焙烧
法提锂 06.1108

extraction of lithium by limestone process 石灰法提锂
06.1107

extraction of lithium by sulfuric acid process 硫酸法提
锂 06.1106

extraction of lithium from brine 卤水提锂 06.1109

extraction of niobium from Baotou steel slag 包头含铌
钢渣提铌法 06.1010

extraction of rhenium by lime sintering process 石灰烧
结法提铼 06.1153

extraction replica 提取复型，＊萃取复型 07.0438

extraction unit 回采单元，＊采区 02.0729

extractor 出钢机 09.1404

extra low carbon ferrochromium 微碳铬铁 05.0507

extra low carbon stainless steel　超低碳不锈钢　08.0350

extra pure material　高纯物质　06.0381

extreme pressure lubrication　极压润滑　09.0244

extrinsic stacking fault　插入型层错　07.0125

extruded pipe　挤压管　09.0512

extruded tube of magnesium alloy　镁合金热挤压管材　09.0577

extruding force　挤压力　09.0833

extrusion　挤压　09.0011

extrusion crack　挤压裂纹　09.1190

extrusion die　挤压模　09.1490

extrusion drawing　挤压拉伸　09.0844

extrusion effect　挤压效应　09.0842

extrusion forging　挤压模锻　09.0909

extrusion forming　挤压成形　09.0795

extrusion piercing　挤压穿孔　09.0839

extrusion press　挤压机　09.1478

extrusion ratio　挤压比，＊挤压延伸系数　09.0834

extrusion speed　挤压速度　09.0835

extrusion tool　挤压工具　09.1489

F

face-centered cubic structure　面心立方结构　07.0011

factor of friction force　摩擦力因子　09.0227

falling crucible method　坩埚下降法，＊布里奇曼-斯托克巴杰法　06.0369

falling-film evaporator　降膜蒸发器　06.0222

fan-holes breakdown　扇形孔落矿　02.0786

fan-pattern hole　扇形炮孔　02.0357

fan-shaped advancing cut mining method　扇形工作线采矿法　02.0638

Faraday's law of electrolysis　法拉第电解定律　04.0478

Fastmelt process　转底炉–熔分炉法　05.0960

fat coal　肥煤　05.0017

fatigue　疲劳　08.0045

fatigue failure of rock　岩石疲劳破坏　02.0265

fatigue fracture　疲劳断裂　07.0394

fatigue life　疲劳寿命　08.0048

fatigue limit　疲劳极限，＊条件疲劳极限　08.0046

fatigue strength　疲劳强度　08.0047

fatigue wear　疲劳磨损，＊表面疲劳磨损　08.0054

fatty acid　脂肪酸　03.0611

fatty acid　润滑用脂肪酸　09.0250

fault breccia　断层角砾岩　02.0093

fault gouge　断层泥　02.0092

fayalite　铁橄榄石　05.0688

FB-AGC　反馈厚度测量系统　09.1423

FBE　流态化电解　06.0273

F-distribution　F 分布　04.0693

feed back automatic gauge control　反馈厚度测量系统　09.1423

feed back automatic shape control　板形反馈控制　09.1430

feed back control　＊反馈控制　09.1439

feed chamber　[焙烧炉]前室　06.0552

feed forward automatic gauge control　前馈厚度自动控制　09.1422

feed forward automatic shape control　板形前馈控制　09.1429

feed forward control　＊前馈控制　09.1438

feeding mechanism　上料机构　09.1567

feeding ratio　进给比　09.1053

FEEM　场发射电子显微术　07.0432

feldspar　长石　03.0203

FEM　有限元法　09.0182

fergusonite　褐钇铌矿　03.0186

Fermi-Dirac statistics　费米–狄拉克分布　04.0206

Fermi level　费米能级　04.0467

ferrite　铁素体　07.0557

δ-ferrite　δ-铁素体　07.0558

ferrite-pearlitic steel　铁素体珠光体钢　08.0388

ferrite permanent magnet　铁氧体永磁体　08.0578

ferritic heat-resistant steel　铁素体耐热钢　08.0361

ferritic stainless steel　铁素体不锈钢　08.0347

ferroalloy　铁合金　05.0484

ferroalloy coke　铁合金焦　05.0038

ferroboron　硼铁　05.0515

ferrochromium　铬铁　05.0503

ferrochromium by vacuum refining　真空法微碳铬铁　05.0508

ferroelastic transformation　铁弹相变　07.0254

ferroelectric transformation 铁电相变 07.0264

ferromagnetic transformation 铁磁相变 07.0253

ferromanganese 锰铁 05.0494

ferromolybdenum 钼铁 05.0512

ferronickel 镍铁 05.0518

ferroniobium 铌铁 05.0516

ferrophosphorus 磷铁 05.0517

ferrosilicochromium 硅铬合金 05.0509

ferrosilicomanganese 锰硅合金 05.0500

ferrosilicon 硅铁 05.0491

ferrosilicon aluminum 硅铝合金 05.0529

ferrosilicon barium 硅钡合金 05.0528

ferrosilicon-calcium 硅钙合金 05.0492

ferrotitanium 钛铁 05.0514

ferrotungsten 钨铁 05.0511

ferrous charge consumption 钢铁料消耗 05.1038

ferrous metallurgy 钢铁冶金[学] 01.0027

ferrovanadium 钒铁 05.0513

ferrozirconium 锆铁 05.0520

ferruginous mass flow 铁素物质流 05.1648

FF-AGC 前馈厚度自动控制 09.1422

fiber strengthening 纤维强化 07.0411

fiber texture 纤维织构 07.0599

fibre-glass cloth filtration process 玻璃丝布过滤法 09.0773

fibre reinforced titanium alloy 纤维增强钛合金 08.0468

fibrous fracture surface 纤维状断口 07.0403

Fick's first law of diffusion 菲克第一定律 04.0307

Fick's law 菲克定律 07.0179

Fick's second law of diffusion 菲克第二定律 04.0308

field emission electron microscopy 场发射电子显微术 07.0432

field flashover 电场闪络 06.0414

field-ion microscopy 场离子显微术 07.0447

FILD process *费尔德法 09.0774

filiform corrosion 丝状腐蚀 08.0083

fillet radius 圆角半径 09.1050

fill factor 装填系数 08.0195

filling 充填 02.0812

filling extrusion 填充挤压 09.0827

filling materials 充填材料 02.0810

filling materials preparation 充填材料制备 02.0827

filling raise 充填井 02.0512

filling system 充填系统 02.0809

film concentration 流膜分选 03.0075

film lubrication bearing 油膜轴承, *液体摩擦轴承 09.1331

filter 过滤机 03.0675

filter cake 滤饼 03.0673

filter-cake filtration 滤饼过滤 03.0680

filter medium 过滤介质 03.0671

filter membrane 滤膜 03.0702

filtrate 滤液 03.0672

filtration 过滤 03.0670

filtration aid 助滤剂 03.0698

final annealing 成品退火 09.1074

final concentrate 最终精矿 03.0044

final deoxidation 终脱氧 05.1004

final gas cooler 终冷器 05.0138

final reduction 终还原 05.0972

fine blanking 精密冲裁 09.0891

fine blanking hydraulic press 精密冲裁液压机 09.0958

fine crushing 细碎 03.0241

fine flotation 微细粒浮选 03.0494

fine fraction 细粒级 03.0036

fine grinding 细磨 03.0307

fineness 细度 03.0096

fineness of the charging coal 装炉煤细度 05.0011

fine ore bin 粉矿仓, *磨矿矿仓 03.0719

fine particle 细颗粒 03.0033

fine screen 细筛 03.0296

fine screen with rapping device 击振细筛 03.0301

Finex process Finex法 05.0961

finished product 成品 09.1591

finished product ratio 成材率, *收得率 09.1586

finished steel passivation 钢材钝化 09.1102

finisher 精轧机 09.1259

finish-forging 终锻 09.1018

finishing 精整 09.0743

finishing forging temperature 终锻温度 09.0992

finishing mill 精轧机 09.1259

45°finishing mill train 45°精轧机组 09.1242

15°/75°finishing mill train 15°/75°精轧机组 09.1243

finish rolling 精轧，*终轧 09.0445

finite deformation *有限变形 09.0100

finite difference method 有限差分法 04.0764

finite element method 有限元方法 04.0765，有限元法 09.0182

Finmet process Finmet 法 05.0962

fin tube rolling mill 翅片管轧机 09.1290

fire 起爆 02.0430

fire area monitoring 火区监测 02.1024

fire assay 火试金，*试金学 06.0867

fire assay antimony collection 锑火试金富集 06.0902

fire assay tin collection 锡火试金富集 06.0903

fireclay crucible 耐火黏土坩埚，*试金坩埚 06.0871

fireclay refractory 黏土质耐火材料 05.0269

fire door 防火门 02.1014

fire extinguishing in mine 矿井灭火 02.1018

fire extinguishing with inert gas 惰性气体灭火法 02.1021

fire extinguishing with mud-grouting 黄泥灌浆灭火法 02.1020

fire extinguishing with pressure balancing 均压灭火法 02.1023

fire extinguishing with resistant agent 阻化剂灭火法 02.1022

fire prevention in mine 矿井防火 02.1017

fire refining 火法精炼 06.0401

fire-refining copper 火法精炼铜，*火精铜 06.0497

fire-resistant steel 耐火钢 08.0409

fire stopping 防火墙 02.1015

fire zone 火区 02.1013

firing 起爆 02.0430，烧成 05.0357

firing element of electric detonator 电雷管点火组件 02.0416

firing schedule 烧成制度，*热工制度 05.0358

firmness of rock 岩石坚固性 02.0365

first law of thermodynamics 热力学第一定律 04.0010

first-order coordination displacive transformation 一级配位位移相变 07.0258

first order reaction 一级反应 04.0225

first-order transformation 一级相变 07.0255

first principle 第一性原理 04.0796

first stage tempering 低温回火 07.0337

Fisher sub-sieve size 费氏粒度，*FSSS 粒度 08.0196

fish plate 鱼尾板 09.0547

fissured zone 裂隙带 02.0200

fissure of coke 焦炭裂纹 05.0033

fissure water 裂隙水 02.0985

fixed amount charging 定量装入 05.1102

fixed bath-depth charging 定深装入 05.1103

fixed bed 固定床 04.0390

fixed dummy block 固定挤压垫 09.1498

fixed dummy block extrusion 固定垫片挤压 09.0804

fixed fine screen 固定细筛 03.0297

fixed screen 固定筛 03.0285

flake beryllium 鳞片状铍 06.1097

flakes 白点 05.1616

flame cleaning 火焰清理 09.0597

flame front 烧结火焰前沿 05.0637

flame furnace 火焰炉，*燃料炉 09.0966

flame fusion method 焰熔法 06.0374

flame gunning 火焰喷补 05.1128

flame heating 火焰加热 07.0298

flange with reduction 变薄翻边 09.0893

flanging 翻边 09.0889

flanging coefficient 翻边系数 09.1030

flanging die 翻边模 09.0955

flash 飞边，*毛边 09.1061

flash converting 闪速吹炼 06.0472

flash flotation 闪速浮选 03.0481

flash furnace specific capacity 闪速炉床能率 06.0447

flash gutter 飞边槽，*毛边槽 09.0984

flash land 飞边桥 09.0985

flash plate of coke oven 焦炉保护板 05.0085

flash roaster 闪速焙烧炉 06.0026

flash roasting furnace 闪速焙烧炉 06.0026

flash smelting 闪速熔炼，*悬浮熔炼 06.0440

flash smelting furnace 闪速熔炼炉 06.0090

flash tank 闪蒸 06.0224

flat anvil 平砧 09.0944

flat-bottom sill pillar 平底底柱结构 02.0774

flat container 扁挤压筒 09.1499

flat container extrusion 扁挤压筒挤压 09.0803

flat fine screen 平面细筛 03.0298

flat jack　液压枕　02.0317

flatness　平直度　09.0685

flat product　板材　09.0028

flat rolling　*平轧　09.0404

flat roll rolling　平辊轧制　09.0404

flat steel　扁钢　09.0535

flexible die　柔性模　09.0963

flexible die forming　软模成形　09.0923

flexible dummy bar　挠性引锭杆　05.1502

flexible graphite　柔性石墨，*膨胀石墨　05.0378

flexible hose　扬矿软管　02.1176

flexible magnet　可挠性磁体，*柔性磁体　08.0572

flexible manufacturing system of rolling　轧制柔性制造系统，*轧制过程柔化　09.0259

flexible unit　柔性组元　05.1668

flicker　闪烁，*闪变　05.1217

flint clay　硬质黏土　05.0213

floatability　可浮性　03.0535

floatability test　可浮性检验　03.0740

float and sink test　浮沉试验，*重液分离试验　03.0741

floating mandrel pipe mill　浮动芯棒连轧管机　09.1306

floating plug　挡渣塞　05.1153

floating plug drawing　游动芯棒拉伸　09.0854

flocculant　*絮凝剂　03.0565

flocculation　絮凝　03.0056

flood ditch　防洪沟　02.0996

floor boundary line　底部境界线　02.0627

floor heave　底臌　02.0291

flotation　浮选　03.0082

flotation cell　浮选槽　03.0650

flotation circuit　浮选回路，*浮选循环　03.0505

flotation column　浮选柱　03.0651

flotation kinetics　浮选动力学　03.0502

flotation machine　浮选机　03.0648

flotation model　浮选模型　03.0506

flotation parameter　浮选参数　03.0527

flotation rate　浮选速率　03.0503

flotation rate constant　浮选速率常数　03.0504

flotation reagents　浮选药剂　03.0562

flour alumina　面粉状氧化铝　06.0697

flow control of tundish bath　中间包流动控制 05.1386

flow curve　流变曲线　07.0364

flow forming　筒形变薄旋压，*流动旋压　09.0913

flow line　加工流线　09.0224，流线，*流纹　09.1066

flow pattern　流型[图]　04.0292

flowrate　流率，*流量　04.0277

flowsheet　选矿工艺流程　03.0020

flow stress　流动应力　09.0070

flow through　穿流　09.1063

flow velocity　流出速度　09.0836

flow visualization　流动显示技术　05.1385

flue　烟道　06.0124

flue dust　烟道灰尘　06.0125

fluid-bed drying　流态化干燥　06.0232

fluid bed electrolysis　流态化电解　06.0273

fluid friction　流体摩擦，*液体摩擦　09.0232

fluidity of blast furnace slag　高炉渣流动性　05.0737

fluidization roasting　流态化焙烧　06.0023

fluidized　流态化　06.0022

fluidized bed　流态化床，*沸腾床　04.0392

fluidized bed calcination　流态化煅烧　06.0032

fluidized bed chlorinator without sieve pore plate　无筛板流化床氯化炉　06.0944

fluidized bed classification　流态化床分级　06.0024

fluidized bed combustion　流态化煅烧　06.0032

fluidized bed cooler　流态化床冷却器　06.0261

fluidized-bed direct reduction process　流态化直接还原法　05.0949

fluidized bed furnace　沸腾炉，*流态化床燃烧炉，*流态化床焙烧炉　06.0085

fluidized bed reduction　流态化床还原　08.0203

fluidized chloridizing　流态化氯化，*沸腾氯化　06.0943

fluidized roasting　流态化焙烧　06.0023

fluidizing cementation　流态化置换　06.0633

fluidizing leaching　流态化浸出　06.0195

fluid permeability　流体透过性　08.0254

fluorescent flaw detection　荧光探伤　09.1211

fluorescent magnetic-particle inspection　荧光磁粉检测　07.0490

fluorescent penetrant inspection　荧光液渗透探伤　07.0493

fluoride fused salt electrolysis　氟化物熔盐电解

06.0702

fluorinated graphite　氟化石墨　05.0384

fluorite　萤石　03.0196

fluorocarbon spraying line　氟碳喷涂机组　09.1544

fluorotantalic acid　氟钽酸　06.1027

flushing　出渣　06.0119

flushing liquor　循环氨水　05.0135

flux　流率密度　04.0283，熔剂　06.0165

flux film on strand shell　保护渣渣膜　05.1493

flux free smelting　无熔剂法熔炼　05.0537

flux-grown single crystal salt melting method　晶体生长熔盐法　06.0368

flux method　助熔剂法　06.0372

flux refining　熔剂精炼　06.0807

flux rim in mould　保护渣渣圈，*渣条　05.1492

flying gauge changing of rolling　轧制动态规格变换　09.0362

flying saw　飞锯机　09.1379

flying shears　飞剪机　09.1373

foamed aluminum　泡沫铝　08.0439

foamed ceramic filtration process　泡沫陶瓷过滤法　09.0771

foamed metal　泡沫金属　08.0624

foaming　液体鼓泡　06.0141

foaming agent　发泡剂　05.0243

foamy slag in steelmaking　炼钢泡沫渣　05.1113

foamy slag slopping　炉渣喷溅　05.1116

foil　箔材　09.0463

foil mill　箔材轧机　09.1254

foil rolling　箔材轧制　09.0441

fold　折叠　09.1067，重叠　09.1193

foldover　翻平　09.0176

foot roll　足辊　05.1537

foot wall　下盘　02.0099

forced block caving method　阶段强制崩落法　02.0850

forced convection　强制对流　04.0315

forced cooling　强制冷却，*加速冷却　09.0760

forced lubricating wire drawing　强制润滑拉线　09.0863

forced lubrication　强制润滑　09.0255

forced spread　强迫宽展　09.0325

forced ventilation　压入式通风　02.0937

forcing and exhausting combined ventilation　压抽混合式通风　02.0939

forehearth　前床　06.0097

forgeability　可锻性　09.0989

forge bending　锻造弯曲　09.0872

forge joining　锻接　09.0873

forge out　锻造伸长　09.0869

forging　锻造　09.0013

$\alpha+\beta$ forging　$\alpha+\beta$锻造　09.0993

β forging　β锻造　09.0994

forging die　锻模　09.1534

forging die slope　模锻斜度　09.1007

forging envelope　锻件余量　09.0948

forging force　锻压力　09.0980

forging hammer　锻锤　09.0938

forging-piece drawing　锻件图　09.0929

forging piece knuckle　锻件圆角　09.1019

forging press　锻造压力机　09.1540

forging ratio　锻造比　09.1006

forging residual heat quenching　锻造余热淬火　09.1068

forging self-normalization　锻造自热正火　09.1069

formability　成形性，*压制性　08.0193

formcoke from cold briquetting process　冷压型焦　05.0040

formcoke from hot briquetting process　热压型焦　05.0041

forming　成形　09.0373

forming limit　成形极限　09.0215

forming limit diagram　成形极限图　09.0216

forming of carbon materials　炭材料成型　05.0455

forming ratio　形变压缩比　09.0146

forming speed　形变速度　09.0148

forsterite　镁橄榄石　05.0689

forsterite refractory　镁橄榄石耐火材料　05.0306

forward extrusion　正向挤压　09.0798

forward shovel　正铲挖掘机　02.1114

forward slip　前滑　09.0327

forward spinning　正旋压　09.1049，往程旋压，*顺向旋压　09.1057

foundry　铸造学　01.0032

foundry coke　铸造焦　05.0037

foundry iron　铸造生铁　05.0850

fountain　中注管　05.1601

four-column hydraulic press　四柱式液压机　09.1556

four high nonreversing cold mill for Al strip　单机架四辊不可逆式铝材冷轧机　09.1460

four high roller leveler　四重式多辊矫直机　09.1383

four-high rolling mill　四辊式轧机　09.1224

Fourier's first law　傅里叶第一定律　04.0339

Fourier's second law　傅里叶第二定律　04.0340

four-point press　四点压力机　09.1573

fraction　粒级　03.0031

fractional column　分馏塔　06.0253

fractional crystallization　分步结晶　06.0230

fractional distillation　分级蒸馏，*分馏　06.0251

fractional precipitation　分级沉淀　06.0175，分步沉淀　06.1244

fractionating column　分馏塔　06.0253

fractionating efficiency　分馏效率　06.0252

fractography　断口形貌学　07.0406

fracture　断裂　07.0389

fractured angle　裂隙角　02.0206

fracture mechanics of rock　岩石断裂力学　02.0326

fracture spacing　裂隙间距　02.0095

fracture surface　断口　07.0398

fracture toughness　断裂韧性　08.0058

frame　机架　09.1338

Frank partial dislocation　弗兰克不全位错　07.0090

Frank-Read source　弗兰克–里德源　07.0107

free calcium oxide　钢渣中游离氧化钙，*自由氧化钙　05.1161

free face　自由面　02.0363

free forging　自由锻　09.1004

free forging hydraulic machine　自由锻造液压机　09.1533

free-machining steel　易切削钢　08.0352

free oxygen　自由氧　04.0528

free radical　自由基　04.0377

free radical reaction　自由基反应　04.0378

free settling　自由沉降　03.0355

free space blasting　自由空间爆破　02.0437

free spread　自由宽展　09.0324

free standing BF　自立式高炉　05.0872

free surface　自由面　02.0363，自由表面　04.0776

free tension control　无张力控制　09.1434

freeze lining　冷凝炉衬　05.0578

freezing shaft sinking　冻结掘井法　02.0523

freezing temperature of mould flux　保护渣凝固温度　05.1494

Frenkel vacancy　弗仑克尔空位　07.0065

frequency of anode effect　阳极效应系数　06.0749

frequency of splashing　溅渣频率　05.1125

fretting corrosion　微动腐蚀　08.0095

fretting fatigue　微动疲劳　08.0053

Fretz-Moon pipe mill　连续式炉焊管机组　09.1318

frictional hoister　摩擦式提升机　02.1065

frictional resistance coefficient　摩擦阻力系数　02.0914

frictional rock bolt　摩擦式锚杆　02.0596

friction coefficient　摩擦系数　09.0226

friction factor　*摩擦因数　09.0226

friction hill　摩擦峰　09.0228

friction instability　摩擦失稳　09.0252

friction press　摩擦压砖机　05.0361

frock drill　水力凿岩机　02.1107

frontal resistance of airflow　风流正面阻力　02.0916

front-end cropping　切头　09.0697

front-end loader　前端装载机　02.1122

front-end-loader loading　前端装载机装载　02.0686

frost proof of underground mine　矿井防冻　02.0967

froth　泡沫　03.0554

frother　起泡剂　03.0564

froth flotation　泡沫浮选　03.0468

frothing　起泡　03.0552

froth layer　泡沫层　03.0555

froth merging　气泡兼并　03.0557

froth product　泡沫产品　03.0559

Froude number　弗劳德数　04.0360

fuel burner　燃料喷嘴　06.0102

fuel cell　燃料电池　04.0500

fuel consumption　燃料消耗　01.0068

fuel injection　喷吹燃料　05.0769

fuel rate　燃料比　05.0768

fugacity　逸度　04.0160

full blast operation　全风量操作　05.0791

fullerene　富勒烯　05.0392

full face blasting　全断面爆破　02.0441

full fluid lubrication　全流体润滑　09.0235

full-length quenching of railhead　轨头全长淬火 09.1077

full oxygen blast furnace　全氧高炉 05.0933

full scale model　1∶1模型 04.0354

full-section blind-raise boring machine　全断面式盲天井钻机，＊盲天井钻机 02.1147

fully continuous rolling　全连续轧制 09.0395

fumeless in line degassing process　无烟连续除气法 09.0774

fuming　烟化 06.0045

fuming furnace　烟化炉 06.0046

functional materials　功能材料，＊精密合金 01.0051

functional refractory　功能耐火材料 05.0337

functional titanium alloy　功能钛合金 08.0459

function extension of steel plant　钢铁厂功能拓展 05.1671

function interpolation　函数插值 04.0730

function of energy conversion in metallurgy　冶金能源转化功能 01.0060

function of fill mass　充填体作用 02.0837

function of procedure　工序功能 05.1660

function order　功能序 05.1654

functions of state　状态函数 04.0122

funnel-shaped mould　漏斗型结晶器 05.1470

furnace butt-weld pipe　炉焊管 09.0505

furnace campaign　炼钢炉龄 05.1031

furnace campaign　炉期 06.0400

furnace cooling down of BF running　炉况向凉 05.0816

furnace door of EAF　电炉炉门 05.1190

furnace drying　高炉烘炉 05.0808

furnace drying　烘炉 09.0613

furnace stack　炉子烟囱 06.0126

furnace tilting device　电炉倾动机构 05.1199

furnace transformer　电炉变压器 05.1175

fused alumina　电熔刚玉 05.0227

fused cast brick　熔铸砖 05.0254

fused cast chrome-corundum refractory　熔铸铬刚玉耐火制品 05.0284

fused-cast magnesia-chrome brick　熔铸镁铬砖 05.0294

fused cast mullite brick　熔铸莫来石砖 05.0276

fused cast zirconia alumina brick　熔铸锆刚玉砖 05.0278

fused catalyst　熔融催化剂 06.0164

fused corundum brick　电熔刚玉砖 05.0280

fused electrolyte　熔融电解质 06.0278

fused layer of mould powder　保护渣液渣层 05.1491

fused magnesia　电熔镁砂 05.0230

fused quartz　熔融石英 05.0210

fused-quartz product　熔融石英制品 05.0264

fused salt corrosion　熔盐腐蚀 08.0074

fused salt electrolysis　熔盐电解 06.0275

fused salt extraction　熔盐提取 06.0276

fused salt purification　熔盐净化 06.0277

fused zone　熔融带 06.0163

fusion chlorination　熔融氯化法 06.0863

fusion temperature of BF slag　高炉渣熔化温度 05.0738

fuzzy solvent extraction technology for rare earth　稀土模糊萃取分离 06.1223

G

GA　遗传算法 04.0793

gadding　采矿穿孔 02.0666

gadolinite　硅铍钇矿 06.1188

galena　方铅矿 03.0122

gallium arsenide　砷化镓 06.1135

gallium nitride　氮化镓 06.1138

gallium phosphide　磷化镓 06.1136

galvanic cell　原电池，＊非蓄电池 04.0483

galvanic corrosion　电偶腐蚀，＊异金属腐蚀，＊伽伐尼腐蚀 08.0067

galvanized sheet　镀锌板 09.0467

galvanostat　恒电流仪 04.0659

gang die　复合模，＊整体式模 09.0956

gap distance of sympathetic detonation　殉爆距离 02.0402

gape　排矿口 03.0255

garnet　石榴石 03.0218

gas aperture　排气孔 09.0990

gas-based direct reduction process　气基直接还原法 05.0945

gas-blowing refining　吹气精炼　09.0791

gas chromatographymass spectrometry　气相色谱–质谱　07.0511

gas coal　气煤　05.0016

gas collecting main　集气管　05.0090

gas conditioning　烟气调理　06.0407

gas deck　气体间隔器　02.0468

gas distribution in BF　高炉内煤气流分布　05.0718

gas fat coal　气肥煤　05.0021

gas flow rate of vacuum-pumping　抽气速率　05.1351

gas in steel　钢中气体　05.1005

gas-metal reaction　气–金[属]反应　04.0049

gas pressure sintering　气压烧结，＊烧结/热等静压　08.0240

gas purging nozzle　气洗水口　05.1367

gas reforming　煤气改质　05.0975

gas-slag-metal reaction　气–渣–金[属]反应　04.0051

gas temperature pattern through the throat radius　炉喉温度曲线　05.0758

gas utilization in BF　高炉煤气利用率　05.0717

gas valve steel　＊气阀钢　08.0396

gathering arm loader　蟹爪装载机　02.1127

gauge control equation　厚控方程　09.0366

gauge finder　仿形板　09.1584

gaugemeter　测厚仪　09.1201

gauge rod　探料尺　05.0891

gauge steel　量具钢　08.0369

GC-MS　气相色谱–质谱　07.0511

gear box　齿轮座　09.1364

gear case　齿轮座　09.1364

gear rolling mill　齿轮轧机　09.1286

gear steel　齿轮钢　08.0399

Geiger counter　盖格计数器　04.0652

gel　凝胶　04.0591

gelatine explosive　胶质炸药　02.0386

gelation　胶凝作用　04.0592

general corrosion　全面腐蚀　08.0075

general impurities in steel　钢中常见有害元素　05.1285

generalized similarity　广义相似　04.0356

genetic algorithm　遗传算法　04.0793

gently pitching orebody　缓倾斜矿体　02.0063

geochemical prospecting　化探，＊地球化学勘探　02.0119

geographical coordinates　地理坐标　02.0164

geoid　大地水准面　02.0160

geological logging　地质编录　02.0144

geological map　地质平面图　02.0149

geological mapping　地质测量　02.0118

geological profile　地质剖面图　02.0150

geological reserves　地质储量　02.0122

geologic column　地质柱状图　02.0151

geometrical-face source method　几何面源法　04.0671

geometrical factor　形状因子　09.0173

geometric configuration of orebody　矿体几何形状　02.0059

geometric deformation zone　轧制几何变形区　09.0335

geometric deviation of flat product　板材几何偏差　09.0678

geometric equation　＊几何方程　09.0097

geometric simulation　几何模拟　09.0257

geometric volume of ore bin　矿仓几何容积　03.0721

geometries and meshes　网格结构　04.0766

geophone　地音仪　02.0319

geophysical prospecting　物探，＊地球物理勘探　02.0120

geostatistics　地质统计学法　02.0137

getter　吸气剂　08.0229

getter materials　消气材料　08.0611

giant magnetoresistance materials　巨磁电阻材料　08.0532

giant magnetostrictive materials　巨磁致伸缩材料　08.0585

Gibbs adsorption equation　吉布斯吸附方程　04.0369

Gibbs-Duhem equation　吉布斯–杜安方程　04.0183

Gibbs energy　吉布斯能，＊吉布斯自由能　04.0146

Gibbs energy function　吉布斯能函数　04.0186

Gibbs energy minimization method　吉布斯能最小法　04.0789

Gibbs energy of mixing　混合吉布斯能　04.0147

Gibbs free energy of activation　活化吉布斯自由能　04.0249

gibbsite　三水铝石，＊水铝氧石　03.0150

Gibbs phase rule　吉布斯相律，＊相律　04.0064

glass transition　玻璃化转变　07.0278

glassy phase 玻璃相 05.0702

Gleeble machine 热应力–应变模拟机 05.1422

glissile dislocation 可动位错 07.0087

global optimization 全局最优化 04.0740

globular non-deformable inclusion 点状不变形夹杂物 05.1011

globular structure 球状组织 07.0546

glow discharge heat treatment 离子轰击热处理 07.0291

glow discharge nitriding 离子渗氮 07.0357

goethite process 针铁矿法 06.0601

gold bullion 金锭 06.0865

golden cut method 黄金分割法 04.0748

gold fineness 金的纯度 06.0880

gold panning 淘金 02.0711

gold-silver bead 金银珠 06.0877

gold sponge 海绵金 06.0923

gooseneck 桥管 05.0091

goose neck 风口鹅颈管 05.0862

gossan 铁帽 02.0097

Goss texture 戈斯织构 07.0601

G P zone GP 区 07.0231

GR 优级纯，* 保证试剂 06.0379

grabbing crane 抓斗挖掘机 02.1117

grade analysis 品位分析 03.0752

graded crushing 分级精整 06.0948

grade efficiency 分级收尘效率 06.0410

grade of withdrawal of ore 出矿品位 02.0072

gradient collision 梯度碰撞 05.1381

gradient materials 梯度材料 08.0617

gradient search 梯度寻优 04.0743

grain 晶粒 07.0593

grain boundary 晶界 07.0129

grain boundary diffusion 晶界扩散 07.0171

grain boundary segregation 晶界偏析 07.0218

grain boundary sliding 晶界滑动 07.0372

grain boundary strengthening 晶界强化 07.0412，高温合金的晶界强化 08.0526

grain growth inhibitor 晶粒长大抑制剂 08.0181

grain model 微粒模型 04.0326

grain size 晶粒度 07.0595

granular bainite 粒状贝氏体 07.0591

granular perlite 粒状珠光体 07.0583

granulated blast furnace slag 高炉水渣 05.0895

granulation of sinter feed 烧结造粒 05.0619

graphite anode 石墨阳极 05.0411

graphite anode block 石墨阳极块 06.0712

graphite cathode block 石墨阴极块 06.0713

graphite-clay brick 石墨黏土砖 05.0271

graphite crucible 石墨坩埚 05.0404

graphite electrode 石墨电极，* 人造石墨电极 05.0409

graphite intercalation compound 石墨层间化合物 05.0414

graphite materials 石墨材料 05.0369

graphite product 石墨制品 05.0481

graphite refractory 石墨耐火材料 05.0298

graphite scrap 石墨碎 05.0483

graphite whisker 石墨晶须 05.0380

graphitic cathode carbon block 石墨质阴极炭块 06.0717

graphitic steel 石墨钢 08.0305

graphitization 石墨化 05.0470

graphitization furnace 石墨化炉 05.0476

graphitized cathode 石墨化阴极 05.0401

graphitized cathode carbon block 石墨化阴极炭块 06.0718

graphitized metallurgical coke 石墨化冶金焦 05.0426

graphitizing treatment 石墨化退火 07.0307

grate bar 箅条 05.0625

grate discharge ball mill 格子型球磨机 03.0311

grate-kiln for pellet firing 球团链箅机–回转窑 05.0671

gravel bed dust collection 颗粒层收尘 06.0418

gravel pump 砂泵 02.1170

gravity concentration 重力选矿，* 重选 03.0073

gravity filtration 重力过滤 03.0676

gravity handling 重力运搬 02.0735

gravity mixing 重力混合 02.0834

gravity separation 重力选矿，* 重选 03.0073

gravity stress 自重应力 02.0271

gravity thickening 重力浓缩 03.0663

grease surface concentration 油膏分离 03.0086

grease table 涂脂摇床 03.0379

green anode 生阳极 06.0710

green ball　生球　05.0654

green briquette　生团矿　06.0557

green briquette coking　生团矿焦结　06.0558

green carbon body　生炭坯，＊生炭制品　05.0456

green coke　生焦　05.0422

green compact　压坯　08.0209

green compact　生坯　08.0212

green concentrate smelting　生精矿熔炼　06.0429

green density　生坯密度　08.0213

green liquor　粗液　06.0678

green mine　绿色矿山　02.0027

green scrap　生碎　05.0457

green strength　生坯强度　08.0214

green vitriol　绿矾　06.0515

grey antimony　灰锑　06.0654

grey cast iron　灰口铸铁，＊灰铸铁　08.0286

grey tin　灰锡，＊α-锡　06.0648

grid matrix　网状聚磁介质　03.0437

Griffith criterion of rock failure　格里菲斯强度准则　02.0239

grillage sheet　荫罩板　09.0480

grinding　磨碎　03.0054

grinding after blending process　先配煤后粉碎流程　05.0007

grinding cleaning　研磨清理　09.0599

grinding fineness　磨矿细度　03.0305

grinding media　磨矿介质，＊研磨体　03.0317

grinding mill　磨矿机　03.0304

grinding of carbonaceous materials　炭物料磨粉　05.0447

grinding prior to blending process　先粉碎后配煤流程　05.0008

grizzly　格筛　03.0286

grizzly level　格筛巷道　02.0763

groove　孔型　09.0630，轧槽　09.0631

grooved plate matrix　齿板聚磁介质　03.0436

grooveless rolling　无槽轧制，＊无孔型轧制　09.0652

gross carbon consumption　炭毛耗　06.0764

ground pressure　地压　02.0283

ground pressure of deformation　变形地压　02.0285

ground pressure of dilatancy　膨胀地压　02.0287

ground pressure of discrete materials　散体地压　02.0284

ground pressure of shock bump　冲击地压　02.0286

ground water　地下水　02.0982

group-driven roller table　集体传动辊道　09.1398

group grinding process　分组粉碎流程　05.0010

grouting　注浆　02.0600

grouting rock bolt　砂浆锚杆　02.0598

grouting shaft sinking　注浆掘井法　02.0524

growth step　生长台阶　07.0216

guaranteed reagent　优级纯　06.0379

guard　卫板　09.1353

guard device　导卫装置　09.1351

guar gum　古尔胶　03.0638

guide apron　导板　09.1352

guide trough　导板　09.1352

guiding laser　激光导向仪　02.0212

Guinier-Preston zone　GP 区　07.0231

gunned patching onto vessel lining　喷补炉衬　05.1127

gunning mix　喷射料　05.0325

gypsum　石膏　03.0215

gyradisc cone crusher　旋盘式圆锥破碎机　03.0266

gyral separator　回旋电选机　03.0455

gyratory crusher　回转破碎机　03.0256

gyratory screen　旋回筛　03.0290

gyroscope theodolite　陀螺经纬仪　02.0209

H

habit plane　惯态面　07.0030

hafnium carbide　碳化铪　06.0986

hafnium nitride　氮化铪　06.0989

hafnium sponge　海绵铪　06.0961

hafnium tetraiodide　四碘化铪　06.0978

hair cracks　发纹　05.1615

hairpin flue　双联火道　05.0064

half cell　半电池　04.0485

half-closed pass　半闭口孔型　09.0647

half-divided flue　两分火道　05.0063

half height line of drift　巷道腰线　02.0207

half life　半衰期　04.0218

Hall-Heroult process　霍尔–埃鲁法　06.0704

halogen leak detector　卤素检漏仪　04.0619

hammer automatic operating device　自动司锤装置　09.1583

hammer crusher　锤式破碎机　03.0259

hammer forging　锤锻　09.0932

hammering die　锤锻模　09.0937

hand hammer　手锤　09.0945

handling of mined-out areas　采空区处理　02.0304

hand sorting　手选　03.0072

hanging bridge for inclined shaft　斜井吊桥　02.0739

hanging compass　矿用挂罗盘　02.0211

hanging wall　上盘　02.0098

hard aluminum alloy　硬铝合金，*高强铝合金，*杜拉铝　08.0432

hard anodizing　硬质阳极氧化，*厚膜阳极氧化　09.1109

hard blow　硬吹　05.1047

hard breakage of electrode　电极硬断　05.0568

hardenability　淬透性　07.0326

hardenability band　淬透性带　07.0328

hardenability curve　淬透性曲线　07.0327

hard head　硬头，*乙锡，*乙粗锡　06.0645

hardness　硬度　08.0039

hard pitch　硬质沥青，*高温沥青，*硬沥青　05.0442

hard tin　硬锡　06.0646

hard zinc　硬锌　06.0577

Harris process　钠盐精炼法　06.0548

Hastelloy alloy　哈斯特洛伊合金，*哈氏合金　08.0516

hat section steel　帽型钢　09.0556

haulage berm　运输平台　02.0647

Hazelett continuous casting machine　双带连铸机　06.0502

H-beam rolling mill　H 型钢轧机　09.1233

HBI　热压块　05.0942

HC mill　*HC 轧机　09.1267

headgear　井架　02.0501

heading　顶镦　09.0999

heap leaching　堆浸　02.0876

heap roasting　堆焙烧　06.0021

hearth　炉床　06.0095

hearth accumulation　炉缸堆积　05.0802

hearth column　炉缸支柱　05.0894

hearth layer　铺底料　05.0626

hearth pressure　炉膛压力　09.0605

hearth reactions　炉缸反应　05.0729

hearth slag　高炉终渣　05.0734

heat balance　热量衡算　04.0290

heat capacity　热容，*热容量　04.0118

heat capacity at constant pressure　等压热容，*定压热容　04.0114

heat capacity at constant volume　等容热容，*定容热容　04.0115

heat conduction　传导传热，*热传导　04.0336

heat consumption for coking　炼焦耗热量　05.0106

heat diffusivity　热扩散性　05.1410

heat effect　热效应　04.0110

heat flowrate　热流率　04.0282

heat flux　热流密度　04.0286

heat front　烧结热前沿　05.0638

heating number　火次　09.1010

heating rate　加热速度　09.0604

heating-up cap　钢包加热盖　05.1343

heating-up of coke oven battery　焦炉烘炉　05.0107

heating wall of coke oven　焦炉燃烧室　05.0061

heat of adsorption　吸附热　04.0367

heat resistant aluminum alloy　耐热铝合金　08.0437

heat resistant magnesium alloy　耐热镁合金　08.0450

heat-resistant titanium alloy　耐热钛合金，*热强钛合金，*高温钛合金　08.0457

heat resisting cast iron　耐热铸铁　08.0302

heat-resisting steel　耐热钢　08.0357

heat setting mortar　热硬性耐火泥浆　05.0322

heat source of underground mine　矿井热源　02.0963

heat transfer　热传递，*传热　04.0252

heat transfer coefficient　传热系数　04.0344

heat transfer in solidification　凝固传热　05.1404

heat transfer model of strand solidification　连铸坯凝固传热模型　05.1548

heat treatment　热处理　07.0287

heat treatment in fluidized bed　流态化床热处理　07.0292

heavy and medium plate mill　中厚板轧机　09.1251

heavy benzol　重苯　05.0129

heavy medium cone separator　圆锥型重介质选矿机　03.0403

heavy medium cyclone　重介质旋流器　03.0351

heavy medium drum separator　圆筒型重介质选矿机　03.0404

heavy medium separation　重介质分选　03.0076

heavy medium separator　重介质选矿机　03.0402

heavy medium vibratory sluice　重介质振动溜槽　03.0406

heavy metal　重金属　06.0383，重合金，*高密度合金　08.0267

heavy non-ferrous metals　重有色金属　06.0382

heavy plate　厚板　09.0481

heavy plate mill　厚板轧机　09.1250

heavy plate rolling　厚板轧制　09.0440

heavy rare earth　重稀土　06.1162

heavy section　大型钢材　09.0526

heavy section mill　大型型材轧机　09.1227

heavy-wall pipe　厚壁管　09.0501

hedenbergite　钙铁辉石　05.0691

height diameter ratio　高径比　09.0983

height difference between top of flue and oven　焦炉加热水平高度，*焦炉加热水平　05.0065

helical groove skew rolling　孔型斜轧　09.0737

helium mass spectrograph leak detector　氦质谱检漏仪　04.0625

Helmholtz energy　亥姆霍兹能，*自由能　04.0150

hematite　赤铁矿，*红铁矿　03.0155

hematite process　赤铁矿法　06.0603

hemimorphite　异极矿　03.0131

Hencky's first theorem　亨基第一定理　09.0193

Hencky's second theorem　亨基第二定理　09.0194

Henry's law　亨利定律　04.0171

hessite　碲银矿　03.0143

Hess's law　赫斯定律　04.0116

heterogeneous catalytic reaction kinetics　多相催化反应动力学　04.0376

heterogeneous nucleation　非均匀形核　07.0207

heterogeneous system　非均相体系　04.0019

heteropolar collector　异极性捕收剂　03.0586

heteropolymolybdic acid　杂多钼酸　06.1079

heteropolytungstate　杂多钨酸盐　06.1047

heteropolytungstic acid　杂多钨酸　06.1046

hexagonal bar　六角钢　09.0532

hexagon-square pass system　六角–方孔型系统　09.0658

high alloy steel　高合金钢　08.0321

high-alumina brick　高铝砖　05.0273

high alumina refractory　高铝质耐火材料　05.0272

high capacity thickener　高效浓缩机　03.0665

high carbon ferrochromium　高碳铬铁　05.0504

high carbon ferromanganese　高碳锰铁　05.0495

high carbon steel　高碳钢　08.0313

high-carbon turndown practice　高拉碳操作法　05.1055

high-chrome brick　高铬砖　05.0311

high crown mill　高性能辊型凸度控制轧机　09.1267

high cycle fatigue　高周疲劳　08.0049

high damping titanium alloy　高阻尼钛合金　08.0462

high-density electrolysis　高密度电流电解　06.0280

high-density filling　高浓度充填　02.0816

high density tungsten alloy　高密度钨合金，*高比重合金，*钨基重合金　08.0477

high-effective steel product　高效钢材　09.0528

high efficiency continuous casting　高效连铸　05.1553

high efficient indirect extrusion　高效反向挤压，*有效摩擦反向挤压　09.0832

high elastic alloy　高弹性合金　08.0597

high elastic copper alloy　高弹性铜合金　08.0430

high energy heat treatment　高能束热处理　07.0293

high energy rate forging hammer　高速锤　09.0939

high energy rate forming　高能成形　09.0906

high exergy waste heat　高能级余热　05.1676

high explosive　猛炸药　02.0380

high frequency induction furnace　高频感应炉　05.1243

high frequency spark leak detector　高频火花检漏器，*真空枪　04.0626

high grade nickel matte casting　高镍锍浇铸　06.0615

high gradient electrostatic separator　高梯度电选机　03.0459

high gradient magnetic separator　高梯度磁选机　03.0439

high intensity magnetic separator　强磁场磁选机　03.0414

highly sensitive thermo-bimetal　高敏感热双金属　08.0593

high MnO slag　富锰渣　05.0532

high molecular flocculant　有机絮凝剂　03.0565

high nickel matte　高镍锍　06.0614

high order phase transition　高级相变　07.0257

high pressure boiler tube　高压锅炉管　09.0519

high pressure flushing liquor aspiration system　高压氨水喷射抽吸装置　05.0093

high pressure roller grinding　高压辊磨机　03.0272

high pressure tank dissolution process　高压罐溶解法　06.0831

high pressure tube digester　管道高压浸溶器　06.0673

high purity ferroalloy　纯净铁合金　05.0488

high purity graphite　高纯石墨　05.0377

high purity lithium　高纯锂　06.1115

high purity magnesium　高纯镁　06.0784

high purity material　高纯物质　06.0381

high purity precious metal　高纯贵金属　06.0925

high purity treatment graphitization　高纯石墨化　05.0473

high resolution electron microscopy　高分辨电子显微术　07.0430

high-rise skyscraper building steel　高层建筑钢　08.0410

high-silica magnesite brick　镁硅砖　05.0290

high speed extrusion　高速挤压　09.0821

high speed forging hydraulic press　快速锻造液压机　09.0942

high-speed non-twist wire rod mill　高速无扭线材轧机　09.1235

high speed steel　高速钢　08.0367

high speed tool steel　*高速工具钢　08.0367

high strain-rate brittleness　高速脆性　09.1071

high strength explosive　高威力炸药　02.0375

high-strength low-alloy steel　高强度低合金钢　08.0328

high strength low expansion alloy　高强度低膨胀合金　08.0546

high strength titanium alloy　高强钛合金　08.0456

high temperature carbonization　高温干馏　05.0069

high temperature constant elastic alloy　高温恒弹性合金　08.0601

high temperature ductility test　高温塑性试验　05.1427

high top pressure operation　高压炉顶　05.0873

high-voltage electron microscopy　高压电子显微术　07.0431

high-water rapid-solidification consolidated filling　高水固化胶结充填　02.0824

highway development　公路开拓　02.0668

highway guardrail steel　公路护栏钢　09.0558

high weir spiral classifier　高堰式螺旋分级机　03.0338

hillside open pit　山坡露天矿　02.0605

hindered settling　干涉沉降　03.0354

HIP　热等静压　08.0219

H-iron process　氢–铁法　05.0956

HI smelt process　HI smelt 熔融还原法　05.0977

Hoboken siphon converter　虹吸式卧式转炉　06.0471

hodograph　速端图　09.0195

hoisting　提升　02.0731

hoisting conveyance　提升容器　02.1070

hoisting overwind-proof device　过卷保护装置　02.1032

hoisting rope　提升钢丝绳　02.1066

hoisting safety clamp　提升安全卡　02.1034

hoisting safety installation　提升安全装置　02.1029

hoisting speed limitator　提升限速器　02.1031

hoisting way development　提升机开拓　02.0670

hoist tower　井塔　02.0502

holding　保温　07.0302

hole conduction　空穴导电性　04.0407

hole pattern　炮孔布置　02.0346

hole spacing　孔距　02.0360

hole theory　空腔理论　04.0602

hollow billet　空心坯　09.0450

hollow electrode　空心电极　05.0564

hollow section　空心型材　09.0587

hollow shell　荒管　09.0717

hollow tube rolling　毛管轧制　09.0716

holographic testing　全息检测　07.0525

homogeneous nucleation　均匀形核　07.0206

homogeneous reaction　均相反应　04.0047

homogenization by argon blowing into ladle bath　钢包吹氩搅拌　05.1309

homogenizing　均匀化处理　07.0304

homogenous deformation　均匀变形　09.0149

homogenous system　均相体系　04.0018

hopper　储料漏斗　05.0889，料斗　06.0107

horizontal belt vacuum filter　水平带式真空过滤机　03.0685

horizontal caster　水平连铸机　05.1442

horizontal centrifugal separator　卧式离心选矿机　03.0400

horizontal cut and fill stoping　水平分层充填法　02.0800

horizontal exploration　水平勘探　02.0116

horizontal extrusion press　卧式挤压机　09.1483

horizontal forging machine　平锻机　09.0968

horizontal indirect extrusion press　卧式反向挤压机　09.1484

horizontal mould casting　平模浇铸　06.0583

horizontal projected profile　水平投影图　02.0157

horizontal retort　平罐蒸馏炉　06.0564

horizontal retort distillation　平罐蒸馏　06.0563

horizontal sand bill　卧式砂仓　02.0829

horizontal section　水平段　05.1520

horizontal stud Söderberg　侧插式自焙槽　06.0734

horizontal vertical finishing mill train　平–立交替精轧机组　09.1241

horizontal workings drift　平巷　02.0564

hot-ball-milling　热球磨　06.1058

hot bending section steel　热弯型钢　09.0554

hot blast　高炉热风　05.0780

hot blast lighting　热风点火　05.0811

hot blast stove　热风炉　05.0900

hot blast valve of BF stove　热风炉热风阀　05.0907

hot briquette iron　热压块　05.0942

hot brittle　热脆　09.0211

hot continuous rolling　热连轧　09.0432

hot continuous rolling mill　连续式热轧机，＊热连轧机　09.1261

hot corrosion　热腐蚀　08.0066

hot crack　热裂纹　05.1428

hot cross-section　热断面　09.0663

hot-crown of roll　轧辊热凸度　09.0683

hot dimension　热尺寸　09.0664

hot dipping　热浸镀　08.0162

hot embrittlment　热脆　09.0211

hot extrusion　热挤压　09.0797

hot feeding and charging　热送热装　09.0610

hot flotation　加温浮选　03.0478

hot forging　热锻　09.1012

hot former　高速热镦机　09.1557

hot ingot handling　钢锭热送　05.1604

hot isostatically pressed beryllium　热等静压铍　06.1101

hot isostatic pressing　热等静压　08.0219

hot metal　铁水　05.0845

hot metal ladle　铁水罐　05.0852

hot metal mixer　混铁炉　05.0983

hot metal pretreatment　铁水预处理　05.1279

hot metal working　热加工　09.0007

hot pressing　热压　08.0215

hot pressing briquette　热压团　06.0150

hot re-pressing　热复压　08.0259

hot-rolled sheet　热轧薄板　09.0461

hot rolled spring steel　热轧弹簧钢　08.0372

hot rolled steel　热轧钢　08.0316

hot roll forming　热弯轧制　09.0429

hot sawing　热锯　09.0745

hot scalping　热剥皮　09.0818

hot scalping machine　热剥皮机　09.1509

hot spinning　热旋压　09.1055

hot straightening　热矫直　09.0750

hot strength of coke　焦炭热强度　05.0047

hot tandem mill　连续式热轧机，＊热连轧机　09.1261

hot top　保温帽　05.1590

hot-top casting　热顶铸造　09.0783

hot vibro screen　热振筛　05.0643

hot-work die steel　热作模具钢　08.0375

housing　机架　09.1338

housingless mill　无牌坊轧机　09.1238

HREM　高分辨电子显微术　07.0430

H section　H 型钢，＊宽缘工字钢　09.0541

H section steel　H 型钢，＊宽缘工字钢　09.0541

HSS　侧插式自焙槽　06.0734

H2S scrubber　硫化氢洗涤塔，＊脱硫塔　05.0151

huanghoite　黄河矿　06.1183

hub　轮箍　09.0572

hull plate　船板　09.0486

humic acid　腐殖酸　03.0639

humidified blast　蒸汽鼓风　05.0784

hutch　底箱　03.0370

HVEM　高压电子显微术　07.0431

hybrid pelletizing sinter　小球烧结法　05.0596

hydrated layer　水化层　03.0513

hydrated lime　消石灰　05.0607

hydrated rare earth chloride　水合稀土氯化物　06.1173

hydration　水化　03.0512，水合　06.0208

hydration heat　水合热　06.0209

hydration sealing　水合封孔　09.1122

hydraulic bond　水合结合　05.0182

hydraulic borehole mining　钻孔水力开采　02.0872

hydraulic classifier　水力分级机　03.0340

hydraulic conveying　水力输送　02.0709

hydraulic conveying pipeline　水力运输管道　02.1218

hydraulic drawing machine　液压拉伸机　09.1525

hydraulic edger　液压轧边机　09.1470

hydraulic excavator　液压挖掘机　02.1118

hydraulic excavator loading　液压挖掘机装载　02.0683

hydraulic expanding　压胀形扩孔　09.1579

hydraulic filling　水力充填，*两相流充填　02.0813

hydraulic forging press　模锻液压机　09.1536

hydraulic forming　液压成形　09.0919

hydraulic fracturing　水力压裂　02.0873

hydraulic fracturing technique　水压致裂法　02.0275

hydraulic handling　水力运搬　02.0738

hydraulic lift　扬矿　02.0893

hydraulic multipleram forging press　多向模锻液压机　09.1537

hydraulic piercing　液压穿孔　09.0722

hydraulic press　液压压砖机　05.0362，液压机　09.1577

hydraulic rock drill　液压凿岩机　02.1104

hydraulic roll bending device　液压弯辊装置　09.1346

hydraulic sand filling　水砂充填　02.0820

hydraulic screw down device　液压压下装置　09.1344

hydraulic screw press　液压螺旋压力机　09.1578

hydraulic sluicing　水力冲采　02.0707

hydraulic support　液压支架　02.0587

hydraulic waste disposal site　水力排土场　02.0710

hydride-dehydrided powder　氢化–脱氢粉　08.0175

hydrocarbon oil collector　烃油类捕收剂　03.0588

hydrocarbon-shrouded oxygen nozzle　裂解冷却保护式氧气喷嘴　05.1086

hydro-cone crusher　液压圆锥破碎机　03.0265

hydrocyclone　水力旋流器　03.0347

hydro-desulphurization　湿法脱硫　06.0171

hydrofluoric acid precipitation method　氢氟酸沉淀法　06.1203

hydrofluoric acid precipitation-vacuum dehydration process　氢氟酸沉淀–真空脱水法　06.1262

hydrogarnet　水化石榴子石　06.0687

hydrogen adsorption　氢吸附　08.0103

hydrogen absorption　氢吸收　08.0104

hydrogenation　氢化法　06.0931

hydrogen attack　氢蚀　08.0101

hydrogen blistering　氢鼓泡　08.0102

hydrogen bond　氢键　07.0052

hydrogen concentration　氢浓度　08.0107

hydrogen depolarization　氢去极化　08.0125

hydrogen diffusion　氢扩散　08.0105

hydrogen diffusion coefficient　氢扩散系数，*表观氢扩散系数　08.0106

hydrogen embrittlement　氢脆，*氢损伤　08.0099

hydrogen induced cracking　氢致开裂　08.0100

hydrogen permeating materials　透氢材料　08.0610

hydrogen reduction　氢还原法　06.0937

hydrogen relief annealing　预防白点退火　07.0309

hydrogen relief treatment　去氢处理　09.1078

hydrogen storage materials　储氢材料　08.0609

hydrogeological map　水文地质图　02.0148

hydrogeological map of mine field　矿区水文地质图　02.0980

hydrolysate　水解产物　06.0211

hydrolysis precipitation　水解沉淀　06.0179

hydrolyte　水解质　06.0210

hydrolytic polyacrylamide　水解聚丙烯酰胺　03.0647

hydrometallurgy　湿法冶金[学]　01.0036

hydrophilicity　亲水性　03.0538

hydrophilic mineral　亲水性矿物　03.0025

hydrophobicity　疏水性　03.0539

hydrophobic mineral　疏水性矿物　03.0026

hydro-physical properties of rock　岩石水理性　02.0219

hydropurification　湿法提纯　06.0169

hydro refining of light benzol　苯加氢　05.0134

hydrostatic extrusion　静液挤压　09.0809

hydrostatic-extrusion-drawing 静液挤压拉线 09.0865

hydrostatic extrusion press 静液挤压机 09.1486

hydrostatic stress 流体静应力 09.0075

hydrothermal method 水热法 06.0371

hydrothermal sulfide 多金属硫化物，*海底热液硫化物 02.0894

hydroximic acid 羟肟酸 03.0622

hydroxoaquochloro-complex of platinum group metal 铂族金属羟基水合氯络合物 06.0909

hydroxochloro-complex of platinum group metal 铂族金属羟基氯络合物 06.0908

HYL process 希尔直接还原法 05.0955

hypereutectic 过共晶体 07.0536

hypereutectic white iron 过共晶白口铸铁 08.0299

hypereutectoid 过共析体 07.0540

hypereutectoid steel 过共析钢 08.0320

hyperlinks solvent extraction technology for rare earth 稀土联动萃取分离 06.1222

hypoeutectic 亚共晶体 07.0535

hypoeutectic white iron 亚共晶白口铸铁 08.0298

hypoeutectoid 亚共析体 07.0539

hypoeutectoid steel 亚共析钢 08.0319

hysteresis alloy 磁滞合金 08.0574

I

I-beam steel 工字钢 09.0540

iceland spar 冰洲石 03.0153

iconography 电离射线透照术 07.0522

ideal deformation work 理想变形功 09.0376

ideal elastic-plastic body *理想弹塑性体 09.0034

ideal gas 理想气体，*完全气体 04.0100

ideal liquid mixture 理想液态混合物 04.0166

ideal materials 理想材料 09.0032

ideal plastic body *理想塑性体 09.0036

ideal viscous-plastic body *理想黏塑性体 09.0035

idling torque 空转力矩 09.0316

IEP 等电点 03.0520

IF steel *IF 钢 08.0336

I.G. cell 艾吉镁电解槽 06.0800

ignition temperature of sintering 烧结点火温度 05.0628

ignition vacuum 点火负压 05.0629

I.G. process 艾吉法，*埃奇法 06.0774

ilmenite 钛铁矿 03.0173

image analysis 图像分析 07.0424

image dislocation 像位错 07.0108

immersed arc smelting 浸弧法熔炼 05.0541

immersion heating evaporator 浸没加热蒸发器 06.0218

impact crusher 冲击式破碎机 03.0258

impact extrusion 冲击挤压 09.0810

impact toughness 冲击韧性 08.0057

imperial smelting furnace 炼锌鼓风炉，*铅锌密闭鼓风炉 06.0518

imperial smelting process 铅锌密闭鼓风炉熔炼法，*帝国熔炼法，*鼓风炉炼锌 06.0517

impervious graphite 不透性石墨 05.0376

impingement cavity by jet 冲击凹坑 05.1083

impingement separator 冲击式收尘器 06.0420

impinging corrosion 冲击腐蚀 08.0094

implant alloy 植入合金 08.0588

impregnating pitch 浸渍剂沥青 05.0437

impregnating resin 浸渍剂树脂 05.0435

impregnation 浸渍 08.0262

impregnation of carbon materials 炭材料浸渍 05.0468

impregnation process with electrolyte solution 电解质溶液渗浸法 06.1205

impregnation system for carbon materials 炭材料浸渍系统 05.0469

impressing forging 开式模锻，*有飞边模锻 09.0883

impression 模膛 09.1535

incineration 焚烧 09.1129

incinerator 焚烧炉 09.1532

inclinable press 可倾压力机 09.0959

inclined cut and fill stoping 倾斜分层充填法 02.0807

inclined-plates thickener 倾斜板浓缩机 03.0666

inclined shaft 斜井 02.0508

inclined shaft development system 斜井开拓 02.0719

inclusion 包裹体 03.0027

inclusion 夹杂 07.0607

inclusion cluster 簇状夹杂物 05.1383

inclusion engineering　夹杂物工程　05.1290

inclusion filter　夹杂物过滤器　05.1401

inclusion of spinal type　尖晶石夹杂物　05.1010

INCO flash smelting　国际镍公司闪速熔炼　06.0442

incoherent interface　非共格界面　07.0137

incomplete detonation　熄爆　02.0489

incompressibility　不可压缩性　09.0142

increment type static control　增量法控制　05.1136

independent component　独立组元　04.0068

index of plastic layer　胶质层指数　05.0025

index of selected carbon oxidation　碳优先氧化指标
　05.1099

indices of crystallographic direction　晶向指数
　07.0025

indirect extrusion　反向挤压　09.0799

indirect extrusion press　反向挤压机　09.1480

indirect measurement technique　间接测量法　02.0277

indirect reduction　间接还原　05.0707

indirect reduction zone　热储备区，＊热交换空区，＊间
　接还原区　05.0713

indirect sintering　间接烧结　06.1068

indirect sulfate process　间接法硫铵　05.0142

indium phosphide　磷化铟　06.1137

individually driven roller table　单独驱动辊道
　09.1399

induced roll high intensity magnetic separator　感应辊
　式强磁场磁选机　03.0433

inductance-reactance component　电抗分量　05.1212

induction furnace melting　感应炉熔炼　05.1240

induction hardening　感应淬火　07.0324

induction heating　感应加热　07.0299

induction heating furnace　感应加热炉　09.1504

induction welded pipe　感应焊管　09.0509

induration　球团固结　05.0669

industrial ecology　工业生态学　01.0056

industrial index of deposit　矿床工业指标　02.0083

industrial ore　工业矿石　02.0050

industrial pure iron　工业纯铁　08.0283

inert anode　惰性阳极　06.0747

inert electrode　惰性电极　04.0442

inertial cone crusher　惯性圆锥破碎机　03.0267

inertial dust separation　惯性除尘　06.0054

infiltration　熔浸，＊熔渗　08.0225

infiltration leaching　渗滤浸出　06.0191

infinitely dilute solution　无限稀溶液　04.0167

inflexible coupling　内排土　02.0696

inflow rate of mine water　矿井涌水量　02.0979

influence coefficient method　影响系数法　09.0359

information flow　信息流　05.1650

infrared spectroscopy　红外光谱　07.0499

infrared testing　红外检测　07.0483

infrared thermography　红外热成像术　07.0484

infrared thermometer　红外温度计　04.0614

ingot　钢锭　05.1583

ingot annealing　钢锭退火　05.1607

ingot internal defect　钢锭内部缺陷　05.1568

ingot mould　钢锭模　05.1589

ingot slow cooling　钢锭缓冷　05.1606

ingot teeming　铸锭　05.1584

inhibitor　缓蚀剂　08.0096

initial condition　初值条件　04.0779

initial forging temperature　始锻温度　09.0991

initiation　起爆　02.0430

initiation sequence　起爆顺序，＊起爆计划　02.0477

injection metallurgy　喷射冶金［学］　01.0031

injection mix　压入料　05.0330

injection molding　注射成形　08.0221

injection well　注入井，＊注液井　02.0884

in-line degassing　在线除气　09.0790

in-line refining　在线精炼　09.0770

inner exhaust gas and fume system of EAF　电炉炉内排
　烟　05.1236

inner spiral tube forming　内螺纹管成形　09.0855

inner spiral tube forming machine　内螺纹管成形机
　09.1529

inner spoil dump　内排土　02.0696

inoculated cast iron　孕育铸铁　08.0289

inoculated treatment　铸铁孕育处理　08.0288

inoculation　孕育处理　07.0211

inorganic flocculant　无机絮凝剂　03.0566

input temperature　入炉温度　09.0603

inquartation　增银分离法　06.0879

inside combustion stove　内燃式热风炉　05.0920

inside drum filter　筒形内滤式过滤机　03.0686

inside overlap　内折叠　09.1158

in-situ stress　地应力，＊岩体初始应力，＊原岩应力

02.0270

in-situ stress measurement 地应力测量 02.0273

insoluble anode electrolysis ＊不溶阳极电解 06.0267

inspection and assorting train line 检查和分类机组作业线 09.1415

instantaneous detonator 瞬发雷管 02.0426

instantaneous electric detonator 瞬发电雷管 02.0425

instantaneous slag chill process 钢渣浅盘热拨法 05.1162

insulating board for mould 钢锭模绝热板 05.1602

insulating plate for tundish 中间包绝热板 05.1376

insulating refractory 隔热耐火材料 05.0259

insulation materials for graphitization 石墨化保温料 05.0480

intake air cleaning 入风净化 02.0977

intake airflow 进风风流，＊新鲜风流，＊新风 02.0920

integrated iron and steel plant 钢铁生产长流程 01.0054

integrated measuring system 集成化测量系统 09.1220

integrated thermochemical database 集成热化学数据库 04.0784

integrity 整体性 05.1629

intelligent materials 智能材料，＊机敏材料 08.0590

intensive property 强度性质 04.0024

interaction coefficient at constant activity 同活度法的相互作用系数 04.0179

interaction coefficient at constant concentration 同浓度法的相互作用系数 04.0178

interaction coefficient of second order 二阶活度相互作用系数 04.0181

interaction parameter 相互作用参数 04.0177

interaction theory 共同作用理论 02.0303

interatomic distance 原子间距 07.0047

interatomic potential 原子间作用势 04.0404

interception ditch 截水沟 02.0713

interconnected porosity 连通孔隙 08.0252

intercritical hardening 亚温淬火，＊亚临界淬火，＊临界区淬火 07.0322

interface 界面 07.0134

interface concentration 界面浓度 04.0319

interface state of electron 界面电子态 04.0410

interface technique 界面技术 05.1664

interface temperature 界面温度 04.0346

interface tension 界面张力 04.0568

intergranular corrosion 晶间腐蚀 08.0080

intergranular fracture 晶间断裂，＊沿晶断裂 07.0391

interior screw waviness 内螺旋纹 09.1161

interlock pushing device 推焦联锁装置 05.0110

intermediate alumina 中间状氧化铝 06.0696

intermediate condenser 中间冷凝器 05.1348

intermediate crack 中间裂纹 05.1572

intermediate phase 中间相 07.0144

intermediate rolling 中轧 09.0444

intermetallic compound 金属间化合物 07.0152

intermittence 间断 05.1633

internal crack 内裂 09.1170

internal defect 内部缺陷 09.1162

internal diffusion 内扩散 04.0331

internal energy 内能 04.0136

internal frictional angle of rock 岩石内摩擦角 02.0225

internal oxidation 内氧化 08.0205

internal spinning 内旋压 09.1046

internal stress 内应力 09.0071

interphase boundary 相界面 07.0138

inter planar spacing 晶面间距 07.0017

interpole gap 极间距 03.0449

intersection of dislocation 位错交截，＊位错交割 07.0112

interstice 间隙 07.0043

interstitial atom 间隙原子 07.0074

interstitial compound 间隙化合物 07.0153

interstitial diffusion 间隙扩散 07.0173

interstitial-free steel 无间隙原子钢 08.0336

interstitial phase 间隙相 07.0150

interstitial solid solution 间隙固溶体 07.0160

inter-tuyere space 风口间距 05.0742

intragranular ferrite 晶内铁素体 07.0563

intrinsic diffusion coefficient 本征扩散系数 07.0181

intrinsic pressure 内压力，＊内聚力 04.0586

intrinsic stacking fault 抽出型层错 07.0126

intrinsic viscosity 特性黏度 04.0575

invar alloy 因瓦合金，＊低膨胀合金 08.0542

inverse pole figure 反极图，＊轴向投影图 07.0474

inverse segregation 反偏析，＊负偏析 09.1164

inverted arch 底拱 02.0589

inverted block drawing 倒立式盘式拉伸 09.0858

inverted block type drawing machine 倒立式圆盘拉伸机 09.1526

inverted cone copper precipitator 倒锥式铜沉淀器 06.0513

iodization 碘化法，＊碘化提纯法，＊范阿克尔法 06.0933

ion-adsorption type rare earth ore [离子]吸附型稀土矿，＊淋积型稀土矿 06.1175

ion bombardment 离子轰击热处理 07.0291

ion channelling backscattering spectrometry 离子沟通道背散射谱 07.0507

ion exchange chromatography 离子交换色谱法 06.0346

ion exchange column 离子交换柱 06.0333

ion exchange fiber 离子交换纤维 06.0336

ion exchange membrane 离子交换膜 06.0334

ion exchanger 离子交换剂 06.0335

ion exchange resin adsorption 离子交换树脂吸附 06.0631

ion exchange resin capacity 离子交换树脂交换容量 06.0629

ion exchange resin desorption 离子交换树脂解吸 06.0632

ion exchange resin efficiency 离子交换树脂利用率 06.0630

ion exchange resin regeneration 离子交换树脂再生 06.0628

ion exchange resin selective coefficient 离子交换树脂选择系数 06.0627

ion flotation 离子浮选 03.0083

ionic activity coefficient 离子活度系数 04.0419

ionic association 离子缔合 04.0423

ionic association extract 离子缔合萃取 06.1218

ionic bond 离子键 07.0050

ionic complex 离子配合物 04.0424

ionic conduction 离子导电性 04.0406

ionic hydration 离子水合，＊离子水化 04.0421

ionic mobility 离子迁移率，＊离子淌度 04.0427

ionic polarization 离子极化 07.0055

ionic radius 离子半径 07.0054

ionic strength 离子强度 04.0425

ion implantation 离子注入 08.0160

ionization 电离 04.0402

ionization constant 电离常数，＊离解常数 04.0417

ionization gauge 电离真空规 04.0621

ionization theory of slag 熔渣离子理论 04.0524

ion microprobe analysis 离子微探针分析 07.0451

ion nitriding 离子渗氮 07.0357

ion scattering analysis 离子散射分析 07.0505

ion transference number 离子迁移数 04.0426

iron and steel 钢铁，＊黑色金属 01.0062

iron-bath smelting 铁浴还原 05.0957

iron carbide 碳化铁 05.0943

iron-carbide process 碳化铁工艺 05.0965

ironing 变薄拉深 09.0888

iron loss 铁损 05.1040

ironmaking 炼铁 05.0703

iron-nickel base superalloy 铁镍基高温合金 08.0523

iron notch 高炉铁口 05.0836

iron notch drill 开铁口机 05.0844

iron ore fine 粉矿 05.0604

iron ore reduction 铁矿石还原 05.0706

iron phosphide eutectic 磷共晶 07.0614

iron residue 铁渣 06.0606

iron runner 铁沟 05.0856

iron scale 铁鳞，＊轧钢屑 05.0245

iron shot spinning 钢球旋压，＊钢珠旋压 09.0905

iron taphole gun 铁口泥炮 05.0843

iron to steel ratio 铁钢比 05.1034

irradiation induced transformation 辐照诱发相变 07.0269

irreversible process 不可逆过程 04.0032

irreversible reaction 不可逆反应 04.0043

Isa process 艾萨法 06.0503

Isasmelt process 艾萨熔炼法 06.0452

ISF 炼锌鼓风炉，＊铅锌密闭鼓风炉 06.0518

Ishizuka cell 石冢镁电解槽 06.0803

isoactivity line 等活度线 04.0184

isoamyl xanthate 异戊基黄原酸盐，＊异戊基黄药 03.0596

isobaric process 等压过程 04.0028

isochoric process 等容过程 04.0029

isoelectric point 等电点 03.0520

iso-floatability 等可浮性 03.0537

iso-floatability flotation 等可浮浮选 03.0474

isolated system 孤立体系，＊隔离体系 04.0020

isoline map of grade 品位等值线图 02.0159

isooctyl xanthate 异辛基黄原酸盐，＊异辛基黄药 03.0597

isopiestic equilibrium 等蒸气压平衡 04.0059

isopolytungstic acid 同多钨酸 06.1042

isopropyl xanthate 异丙基黄原酸盐，＊异丙基黄药 03.0594

isostatic pressing 等静压 08.0217

isostatic pressure 等静压力 09.0073

isothermal die forging 等温模锻 09.0875

isothermal extrusion 等温挤压 09.0813

isothermal forging 等温锻 09.0996

isothermal melting 等温熔炼 09.0769

isothermal process 等温过程 04.0027

isothermal section 等温截面 04.0091

isothermal transformation diagram 等温相变图 07.0275

isotope method 同位素法 04.0672

isotope separation of lithium 锂同位素分离 06.1117

isotropic graphite 各向同性石墨 05.0385

isotropic steel 各向同性钢 08.0337

isotropy 各向同性 09.0199

isotropy of rock 岩石各向同性 02.0229

ISP 铅锌密闭鼓风炉熔炼法，＊帝国熔炼法，＊鼓风炉炼锌 06.0517

iterative method 迭代法 04.0763

I type half combined method I型半联合法 06.0983

I-unit I单位 09.0706

J

jamesonite 脆硫锑铅矿 03.0127

jarosite process 黄钾铁矾法 06.0599

jaw crusher 颚式破碎机，＊老虎口 03.0248

jaw-gyratory crusher 颚旋式破碎机，＊颚式旋回破碎机 03.0257

jaw plate 颚板 03.0251

jet cooling 喷射冷却 09.1083

jet flotation cell 射流浮选机 03.0655

jet mill 喷射磨机 03.0324

jet piercer 火力钻机 02.1093

jet stream 射流分级机 03.0345

jetting 射流 04.0259

jewelry scrap 首饰废料 06.0890

jig 跳汰机 03.0356

jigging separation 跳汰选矿 03.0077

jig with moving sieve 动筛跳汰机 03.0358

joint 节理 02.0247

jointing materials 接缝材料 05.0344

joint rose 节理玫瑰图 02.0100

Jollivet process 钾镁除铋法 06.0546

jominy test 端淬试验 07.0325

Jones high intensity magnetic separator 琼斯强磁场磁选机 03.0430

JTS forging 中心压实法，＊硬壳锻造，＊JTS锻造 09.1017

judgment of BF running 炉况判断 05.0815

jumbo 凿岩台车 02.0339

jumbo-loader 钻装车 02.1140

jumbolter 锚杆钻装车，＊锚杆台车 02.1162

K

Kal-Do process 卡尔多转炉炼钢法 05.1022

kaolinite 高岭石 03.0197

Karma alloy 卡玛合金 08.0533

Karman equation 卡尔曼方程 09.0337

karst water 喀斯特水，＊岩溶水 02.0987

Kata degree 卡他度 02.0908

Kelsey centrifugal jig 凯尔西离心跳汰机 03.0368

keshan disease 克山病 06.1152

K gold K金 08.0499

Kidd process 基德法 06.0504

killed ingot 镇静钢钢锭 05.1591

kiln furniture 陶瓷窑具 05.0343

kinematically admissible velocity field 动可容速度场 09.0196

kinematic viscosity 运动黏度，＊动黏度 04.0262

kinetic energy of the blast 鼓风动能 05.0740

kinetic equation　动力学方程　04.0220

kinetics of electrode process　电极过程动力学 04.0438

kinetics of heterogeneous reaction　多相反应动力学 04.0212

kinetics of homogeneous reaction　均相反应动力学 04.0211

kinetics of metallurgical processes　冶金过程动力学 04.0207

kink　边部浪　09.1177

kinking　扭折　07.0375

Kirchhoff's law　基尔霍夫定律　04.0113

Kirchhoff's stress tensor　基尔霍夫应力张量　09.0079

Kirkendall effect　柯肯德尔效应，*科肯达尔效应 07.0178

Kivcet-CS process　基夫采特熔炼法，*基夫赛特熔炼 法　06.0524

Kivcet smelting process　基夫采特熔炼法，*基夫赛特 熔炼法　06.0524

k-ε model　k-ε 模型，*双方程模型　04.0772

kneader　混捏机　05.0452

kneading　混捏　05.0451

knife line corrosion　刀口腐蚀　08.0081

knuckle joint press　精压　09.1562

knuckle radius　圆角半径　09.1050

Knudsen cell-mass spectrometry method　克努森池–质 谱法　04.0637

Knudsen diffusion　克努森扩散　04.0311

kocks mill　Y 型轧机　09.1236

kovar alloy　可伐合金，*铁–镍–钴定膨胀合金，*铁– 镍–钴玻封合金　08.0548

KR desulphurization　*KR 法　05.1292

Kriging method　克里金法，*克立格法　02.0136

Kroll-Betterton process　钙镁除铋法　06.0545

K-white gold　K-白金　08.0500

kyanite　蓝晶石　03.0220

L

labour productivity　劳动生产率　01.0075

labyrinth factor　迷宫度　04.0329

lacquer-coat sealing　漆膜封孔　09.1124

lactic acid　乳酸　03.0643

ladder compartment　梯子间　02.0539

ladder way　梯子间　02.0539

ladle　铁水罐　05.0852，钢包，*盛钢桶　05.1353

ladle cap　钢包盖　05.1342

ladle furnace　钢包炉　05.1315

ladle metallurgy　钢包冶金，*二次冶金　05.1281

ladle refining operation cycle　炉外精炼操作周期 05.1341

ladle turret　钢包回转台　05.1450

lagging plank　背板　02.0584

Lagrange's stress tensor　拉格朗日应力张量　09.0078

lamellar eutectic　层状共晶体　07.0533

lamellar-tear resistant steel　耐层状撕裂钢　08.0405

laminar boundary layer　层流边界层　04.0268

laminar cooling　层流冷却　09.1081

laminar flow　层流　04.0254

laminar flow cooling　层流冷却　09.1081

laminar sub-layer　层流亚层　04.0270

lamination　分层　08.0261，成层　09.0841

lamination fracture surface　层状断口　07.0404

Langmuir adsorption equation　朗缪尔吸附方程 04.0370

lanthanum thermal reduction-vacuum distillation method 镧热还原–真空蒸馏法　06.1271

lap-welded pipe　搭接焊管　09.0507

larnite　硅酸二钙，*斜硅钙石，*钙橄榄石　05.0698

laser gaugemeter　激光测厚仪　09.1218

laser microprobe mass spectrometry　激光微探针质谱 07.0510

latent heat of solidificating　凝固潜热　05.1407

latent profile　潜在板形　09.0674

lateral extrusion　侧向挤压　09.0800

laterite　红土矿　03.0121

lath martensite　板条马氏体　07.0578

lattice constant　点阵常数　07.0020

lattice parameter　点阵参数　07.0019

lattice point　点阵　07.0018

lattice point group　阵点，*格点　07.0002

Laue method　劳厄法　07.0462

lauric acid　月桂酸　03.0612

Laval nozzle　拉瓦尔喷嘴　05.1072

Laves phase　拉弗斯相　07.0617

law of strain strengthening　应变强化规律　09.0132

layer corrosion　层间腐蚀　08.0082

layer horizontal map　分层平面图　02.0187

leaching　浸出，＊浸取，＊溶出　06.0182

leaching efficiency　浸出率　06.0183

leaching mining　溶浸采矿　02.0875

leaching rate　浸出速率　06.0184

leaching reagent　浸出剂　06.0185

leaching residue　浸出渣　06.0897

leaching well　溶浸井　02.0883

lead base Babbitt metal　铅基巴比特合金　08.0472

lead-bath treatment　铅浴处理，＊铅浴淬火　07.0329

lead button　铅扣　06.0869

lead column　铅塔　06.0572

lead cooling launder　铅液冷却溜槽　06.0533

lead fire assay　铅试金　06.0868

lead frame materials　引线框架材料　08.0623

lead matte　铅锍　06.0516

lead oxide　密陀僧，＊氧化铅　06.0537

lead refining kettle　熔铅锅　06.0538

lead splash condenser　铅雨冷凝器　06.0532

lead splash condensing　铅雨冷凝　06.0531

lead starting sheet preparation　铅始极片制备　06.0588

lead white　铅白，＊白铅粉　06.0536

leakage rate　冒烟率　05.0159

leak detection method　检漏技术　04.0624

lean coal　瘦煤　05.0019

lean oil　贫油　05.0123

lean ore　贫矿　02.0031

ledeburite　莱氏体　07.0576

ledeburitic steel　莱氏体钢　08.0385

ledge　槽帮　06.0759

LEED　低能电子衍射　07.0435

leg wire of electric detonator　电雷管脚线　02.0415

length of a pull　进尺　02.0482

length of rolling deformation zone　轧制变形区长度　09.0273

lengthwise graphitization　串接石墨化，＊纵向石墨化，＊内串石墨化　05.0475

lengthwise graphitization furnace　串接石墨化炉　05.0478

lepidocrocite　纤铁矿　03.0219

lepidolite　锂云母，＊鳞云母　03.0182

less baking of electrode　电极欠烧　05.0566

level　阶段，＊中段　02.0730

leveler　矫直机　09.1382

level geological map　中段地质平面图　02.0154

level haulage way　阶段运输巷道　02.0723

levelling　矫直　09.0749，矫平　09.0754

level ventilation system　阶段通风系统　02.0935

lever rule　杠杆规则　04.0089

levextral resin　萃淋树脂　06.1231

levextral resin chromatography　萃淋树脂色层法　06.1232

levitation melting　磁悬浮熔炼　05.1248

LF process　＊LF法　05.1315

LHC process　低液位铸造法　09.0788

LHD　地下铲运机，＊铲运机　02.1133

liberation　解离　03.0055

liberation degree　解离度　03.0245

lifter　底眼　02.0352

lifting pipeline　扬矿管道　02.1173

lifting pump　扬矿泵　02.1174

lift truck　升降台车　02.1181

light benzol　轻苯　05.0128

light-burned magnesia　轻烧氧化镁，＊轻烧镁粉　05.0228

light burning　轻烧　05.0352

light calcining　轻烧　05.0352

light metal　轻金属　06.0660

lightning protection in open pit　露天采场防雷　02.1027

lightning protection of explosive magazine　炸药库防雷　02.1028

light plate　中板　09.0482

light rare earth　轻稀土　06.1160

light section steel　经济断面钢材　09.0527

light weight refractory　轻质耐火材料　05.0261

lignosulfonate　木素磺酸盐　03.0637

lime　石灰　05.0606

lime refractory　石灰质耐火材料　05.0309

limestone　石灰石　03.0210

limited spread　限制宽展　09.0326

limit equilibrium analysis　极限平衡分析　02.0336

limiting current　极限电流　08.0116

limiting vacuum degree 极限真空度 05.1349

limonite 褐铁矿 03.0161

linear compressibility 线压缩系数 08.0025

linear growth rate 线长大速度 07.0199

linear non-equilibrium process 线性非平衡过程，*线性不可逆过程 04.0193

linear programming 线性规划 04.0745

linear regression 线性回归 04.0716

linear shrinkage 线收缩 05.1418

linear strain 线应变 09.0083

linear sweep voltammetry 线性电势扫描法 04.0664

linear vibrating screen 直线振动筛，*双轴惯性振动筛 03.0274

line defect 线缺陷 07.0078

line frequency induction furnace 工频感应炉 05.1241

liner 球磨机衬板 03.0314

liner polarization 线性极化，*弱极化 08.0119

lining brick 衬砖 06.0101

link-up warp 贯通偏差 02.0178

linnaeite 硫钴矿 03.0118

linoleic acid 亚油酸 03.0615

liquating kettle 熔析锅 06.0641

liquation decoppering 熔析除铜 06.0540

liquation refining 熔析精炼 06.0640

liquid cathode electrolysis 液态阴极电解 06.1265

liquid cathode process 液体金属阴极法 06.0825

liquid core 连铸坯液芯 05.1508

liquid core ingot reheating 液芯钢锭加热 09.0608

liquid core ingot rolling 钢锭液芯轧制 05.1605

liquid crystal 液晶 07.0038

liquid explosive 液体炸药 02.0388

liquid iron 铁液 05.0846

liquid-liquid solvent extraction *液–液溶剂萃取 06.0302

liquid membrane extraction 液膜萃取 06.1240

liquid metal corrosion 液态金属腐蚀 08.0073

liquid phase sintering 液相烧结 08.0235

liquid-solid ratio 液固比 03.0531

liquid steel 钢水，*钢液 05.0980

liquid steel level 钢液面 05.1482

liquidus 液相线 04.0074

litharge 密陀僧，*氧化铅 06.0537

lithium battery 锂电池 04.0506

lithium bromide 溴化锂 06.1113

lithium carbonate 碳酸锂 06.1110

lithium hydride 氢化锂 06.1116

lithium hydroxide monohydrate 单水氢氧化锂 06.1111

lithium-ion battery 锂离子电池 04.0507

lithium-magnesium reduction 锂镁还原 06.1269

lithium manganate 锰酸锂 06.1122

lithium modified electrolyte 锂盐修正电解质 06.0706

lithium niobate 铌酸锂 06.1026

lithium nitrite 亚硝酸锂 06.1120

lithium perchlorate 过氯酸锂，*高氯酸锂 06.1119

lithium shot 锂粒，*锂粉 06.1127

lithium sodium phosphate 磷酸锂钠 06.1118

lithium tantalate 钽酸锂 06.1028

lithium thermal reduction process 锂热还原法 06.1268

lithopone 锌钡白，*立德粉 06.0581

live volume of ore bin 矿仓有效容积 03.0722

load-bearing capacity 岩体承载能力 02.0266

load cell 测压仪 09.1200

load diagram of rolling torque 轧制力矩负荷图 09.0319

loaded organic phase 负载有机相 06.0318

load-haul-dump unit 地下铲运机，*铲运机 02.1133

loading 装药 02.0457

loading bridge 栈桥 02.0504

loading drift 装矿巷道 02.0767

load meter 测压仪 09.1200

local die forging 局部模锻 09.0882

local equilibrium state 局域平衡态 04.0191

local fan ventilation 局扇通风 02.0902

local hardening 局部淬火 07.0318

localized corrosion 局部腐蚀 08.0077

localized system 定位体系，*定域子体系 04.0199

local optimization 局部优化 04.0741

local resistance of airflow 风流局部阻力 02.0915

local upsetting 局部镦粗 09.1009

locus of slipping 滑动路程 09.0304

logarithmic deformation 对数变形系数 09.0110

logarithmic deformation coefficient 对数变形系数

09.0110

logarithmic deformation coefficient　对数变形系数
　09.0290

logarithmic strain　＊对数应变　09.0102

log washer　槽式洗矿机　03.0409

Lomer-Cottrell barrier　洛默–科雷特尔势垒　07.0121

long-hole survey　深孔测量　02.0180

longitudinal cut mining method　纵向工作线采矿法
　02.0637

longitudinal facial crack　表面纵裂　05.1569

longitudinal rolling　纵轧　09.0383

longitudinal surface strain　纵向表面应变　09.0734

longitudinal thickness fluctuation　同条差　09.0704

longitudinal tie rod of coke oven　焦炉纵拉条
　05.0087

long product　长材　09.0027

long-range order　长程有序　07.0279

long-term strength of rock　岩石长期强度　02.0243

longwall caving method　长壁式崩落法　02.0844

loop　活套　09.1357

loop control　活套控制　09.1442

looper　活套装置　09.1356

loop laying head　吐丝机　09.1244

loop rolling　活套轧制　09.0415

loop-type shaft station　环行式井底车场　02.0558

loose tooling forging　胎模锻　09.1002

loparite　铈铌钙钛矿　03.0194

low alloy steel　低合金钢　01.0048

low-carbon bainitic steel　低碳贝氏体钢　08.0330

low carbon ferrochromium　低碳铬铁　05.0506

low carbon ferromanganese　低碳锰铁　05.0497

low-carbon magnesia carbon brick　低碳镁炭砖
　05.0300

low carbon steel　低碳钢　08.0311

low cement castable　低水泥浇注料　05.0317

low creep refractory　低蠕变耐火材料　05.0274

low cycle fatigue　低周疲劳　08.0050

low-energy electron diffraction　低能电子衍射
　07.0435

lower bainite　下贝氏体　07.0590

lower bound method　变形力计算下界法，＊下限法
　09.0179

lower loop flow in strand　铸坯下环流　05.1506

low frequency electric arc furnace　低频矿热炉
　05.0557

low grade electronic scrap　低品位电子废料　06.0888

low hardenability steel　低淬透性钢　08.0394

low head composite casting process　低液位铸造法
　09.0788

low hood electric furnace　矮烟罩电炉　05.0553

low intensity magnetic separator　弱磁场磁选机
　03.0415

low shaft electric furnace　矿热炉　05.0549

low shaft electric furnace iron making　电炉炼铁法
　05.0934

low-shaft furnace smelting　矮竖炉熔炼　06.0388

low silicon hot metal　低硅铁水　05.0851

low sodium alumina　低钠氧化铝　06.0699

low temperature annealing　低温退火　09.1073

low temperature coefficient Nd-Fe-B magnet　低温度系
　数钕铁硼磁体　08.0570

low temperature reducting degradation　低温还原粉化
　率　05.0678

low temperature tempering　低温回火　07.0337

low weir spiral classifier　低堰式螺旋分级机　03.0339

low yield point steel　低屈服点钢　08.0333

low yield ratio steel　低屈强比钢　08.0334

LSV　线性电势扫描法　04.0664

lubricant　润滑剂　09.0247

lubricated extrusion　润滑挤压　09.0815

lubrication addition agent　润滑添加剂　09.0248

lubrication carrier　润滑载体涂层　09.0251

Lüders band　吕德斯带　07.0371

ludwigite　硼镁铁矿　03.0179

luminescence sorting　发光拣选　03.0462

luppen　粒铁　05.0944

M

machine breakdown　机械落矿　02.0781

machining of carbon materials　炭材料机械加工
　05.0482

macro inclusion　大型夹杂物　05.1289

macrokinetics　宏观动力学　04.0209

macro segregation　宏观偏析　07.0221

macrostructure 宏观组织 07.0528

MAERZ refining furnace 倾动式精炼炉 06.0495

MagCan process 马格坎法 06.0778

maghemite 磁赤铁矿 03.0158

magnesia 镁砂 05.0229

magnesia-alumina brick 镁铝砖 05.0288

magnesia brick 镁砖 05.0286

magnesia-calcium-carbon brick 镁钙炭砖 05.0303

magnesia-carbon brick 镁炭砖 05.0299

magnesia-chrome brick 镁铬砖 05.0293

magnesia chromite refractory 镁铬质耐火材料 05.0292

magnesia-doloma brick 镁白云石砖 05.0291

magnesia doloma refractory 镁白云石质耐火材料 05.0308

magnesia-dolomite clinker 镁白云石砂,＊镁钙砂 05.0232

magnesia refractory 镁质耐火材料 05.0285

magnesia spinel refractory 镁尖晶石质耐火材料 05.0289

magnesioferrite 镁铁矿 05.0696

magnesite 菱镁矿 03.0198

magnesite brick 镁砖 05.0286

magnesite clinker 镁砂 05.0229

magnesium alloy tube 镁合金管 09.0590

magnesium aluminate spinel 镁铝尖晶石 05.0220

magnesium arsenate 砷酸镁 06.0820

magnesium chloride hexammoniate 氯化镁氨合物 06.0787

magnesium collecting cell 集镁室 06.0794

magnesium collecting chamber 集镁室 06.0794

magnesium electrolytic cell with sidemounted anode 侧插阳极镁电解槽 06.0797

magnesium electrolytic cell with topmounted anode 上插阳极镁电解槽 06.0798

magnesium globule 镁珠 06.0805

magnesium granule 镁粒 06.0815

magnesium lithium alloy 镁锂合金,＊超轻镁合金 08.0449

magnesium pellet 镁丸 06.0814

magnesium phosphate 磷酸镁 06.0821

magnesium powder 镁粉 06.0816

magnesium-rare earth alloy 镁稀土合金 08.0448

magnesium reduction 镁还原法,＊克罗尔法 06.0934

magnesium yield 镁实收率 06.0819

Magnetherm process 熔渣导电半连续硅热法,＊马格尼特姆法 06.0773

magnetic agglomeration 磁团聚 03.0450

magnetic alloy with high hardness and resistance 高硬度高电阻高导磁合金 08.0556

magnetic coagulation 磁团聚 03.0450

magnetic cobbing separator 粗粒磁选机 03.0429

magnetic column 磁选柱 03.0443

magnetic crack detector 磁力探伤仪 09.1203

magnetic dewater cone 磁力脱水槽 03.0424

magnetic domain 磁畴 07.0604

magnetic flaw detector 磁力探伤仪 09.1203

magnetic fluid 磁流体材料 08.0586

magnetic fluid separation 磁流体分离 03.0091

magnetic head materials 磁头材料 08.0559

magnetic liner 磁性衬板 03.0315

magnetic matrix 聚磁介质 03.0435

magnetic-particle inspection 磁粉检测,＊磁粉探伤,＊磁力探伤 07.0489

magnetic permeability inspection 磁导率检测 09.1213

magnetic powder core materials 磁粉芯材料 08.0561

magnetic pulley 磁滑轮 03.0423

magnetic recording media 磁记录介质 08.0582

magnetic refrigerant materials 磁致冷材料,＊磁致冷工质材料 08.0583

magnetic separation 磁选 03.0079

magnetic separator 磁选机 03.0410

magnetic shape memory alloy 磁控形状记忆合金 08.0616

magnetic shielding 磁屏蔽 08.0562

magnetic system 磁系 03.0448

magnetic yoke 磁轭 05.1252

magnetite 磁铁矿 03.0154

magnetite coating 挂炉,＊磁性氧化铁层积 06.0485

magnetizing roasting 磁化焙烧 06.0016

magnetofluid separation 磁流体分选 03.0445

magnetofluid separator 磁流体分选机 03.0446

magnetostriction alloy 磁致伸缩合金 08.0584

Magnola process 马格诺拉法 06.0779

main access 出入沟 02.0630

main fan　主扇，＊主扇风机　02.1081

main fan diffuser　主扇扩散塔　02.0962

main fan tunnel　主扇风硐　02.0960

main haulage level　主要运输水平　02.0732

main ramp　主斜坡道　02.0561

main rope　主绳，＊首绳　02.1067

main shaft　主井　02.0507

maintenance know-how　维修规程　05.1636

malachite　孔雀石　03.0105

malleability　展性　08.0004

malleable cast iron　可锻铸铁，＊玛钢　08.0293

malleablizing　可锻化退火　07.0306

mandrel　芯棒　09.1307

mandrel drawing　长芯杆拉伸　09.0852

mandrel-less drawing　无芯棒拔制　09.0421

mandrel rolling　芯棒轧制　09.0396

manganese metal　金属锰　05.0501

manganese nodule　＊锰结核　02.0887

manganese nodule mining　锰结核开采　02.0890

manganese rich slag　富锰渣　05.0532

manganin alloy　锰加宁合金，＊锰铜，＊锰白铜　08.0528

manganite　水锰矿　03.0167

man-made slope　人工边坡　02.0329

Mannesmann piercing mill　＊曼内斯曼穿孔机　09.1297

Mannesmann piercing process　＊曼内斯曼穿孔　09.0724

manometer　流体压强计　04.0630

manrider　人车　02.1192

manual charging　人工装药　02.0458

manual hydraulic press　手动液压机　09.1568

manufacturing process　流程　05.1618

maraging　马氏体时效处理　07.0342

maraging steel　马氏体时效钢　08.0342

marcasite　白铁矿　03.0164

marginal grade　边界品位　02.0084

marine corrosion　海洋腐蚀　08.0072

marker　打印机　09.1380

marking knife　剁刀　09.0951

marking machine　打印机　09.1380

marmatite　铁闪锌矿　03.0130

marquenching　分级淬火　07.0315

martempering　马氏体等温淬火　07.0317

martensite　马氏体　07.0577

martensite heat-resistant steel　马氏体耐热钢　08.0362

martensitic stainless steel　马氏体不锈钢　08.0348

martensitic steel　马氏体钢　08.0389

martensitic transformation　马氏体相变　07.0249

martite　假象赤铁矿　03.0156

masking agent　掩蔽剂，＊抑萃络合剂　06.1234

mass balance　质量衡算　04.0289

mass density of rock　岩石密度　02.0217

mass flow controlling　物流管制　05.1658

mass flow equation　秒流量方程　09.0367

mass flowrate　质量流率　04.0279

mass flux　质量流密度　04.0284

mass fraction　质量分数　04.0165

massive stone consolidated filling　废石胶结充填　02.0823

massive transformation　块型相变，＊块状转变　07.0246

Masson model　马森模型　04.0532

1 mass percent solution standard　质量1%溶液标准态　04.0175

mass per mole substance　摩尔质量　04.0162

mass spectrometry　质谱法　07.0508

mass transfer　物质传递，＊传质　04.0251

mass transfer coefficient　传质系数　04.0316

master alloy　中间合金　05.0489

Matano surface　俣野面　04.0670

materials flow of rolling process　轧制物流　09.0261

materials purity　物质纯度　06.0375

mathematical model　数学模型　04.0755

mathematical modeling　数学模型方法　04.0756

mathematical modeling of metallurgical processes　冶金过程数学模型方法　04.0754

mathematical simulation of mineral processing　选矿过程数学模拟　03.0092

matrix　基体　07.0530

matrix of refractories　基质　05.0177

matrix phase　基体相　07.0148

matrix steel　基体钢　08.0344

matte grade　锍品位　06.0391

matte rate　锍率　06.0482

matter property controlling　物性控制　05.1656

matte smelting 造锍熔炼 06.0387

maximum bubble-pressure method 最大泡压法 04.0646

maximum safety current 最大安全电流 02.0491

maximum shear strain 最大剪应变 09.0091

maximum shear stress 最大剪应力 09.0048

maximum shear stress criterion 最大剪应力准则 09.0134

maximum shear stress theory *最大切应力理论 09.0127

Maxwell equations 麦克斯韦关系式 04.0151

MBT 巯基苯并噻唑 03.0603

MCFC 熔融盐燃料电池 04.0501

McLeod gauge 麦克劳德真空规 04.0622

MDT 低塑性温度 05.1426

mean deformation extent 平均变形程度 09.0329

mean elongation coefficient 轧制平均延伸系数 09.0298

mean free path of electron 电子平均自由程 04.0408

mean ion activity coefficient 离子的平均活度系数 04.0420

mean max reflectance of vitrinite 镜质组平均最大反射率 05.0028

mean pressure 平均压力 09.0161

mean specific rolling force 平均单位轧制压力 09.0309

mean stress 平均应力，*静水应力 09.0081

measured value 观测值 04.0685

measuring roll 测量辊 09.1444

mechanical alloying 机械合金化 08.0186

mechanical booster pump 机械增压泵 04.0623

mechanical descaling 机械清理，*机械除鳞 09.0596

mechanical entrainment 机械夹杂 03.0015

mechanical filling 机械充填 02.0815

mechanical handling 机械运搬 02.0736

mechanical metallurgy 力学冶金[学] 01.0023

mechanical press 机械压力机 09.1559

mechanical property 力学性能 08.0001

mechanical separation 机械收尘 06.0412

mechanical strength of coke 焦炭机械强度 05.0044

mechanical tube 机械管 09.0522

mechanical ventilation 机械通风 02.0924

mechanics of plastic working 塑性加工力学 09.0005

mechanism of reaction 反应机理 04.0221

median 中位值 04.0691

medium alloy steel 中合金钢 08.0322

medium carbon ferrochromium 中碳铬铁 05.0505

medium carbon ferromanganese 中碳锰铁 05.0496

medium cement castable 普通水泥浇注料 05.0316

medium filtration aid 介质型助滤剂 03.0699

medium frequency induction furnace 中频感应炉 05.1242

medium-length hole breakdown 中深孔落矿 02.0784

medium pitch 中温沥青 05.0439

medium plate 中板 09.0482

medium plate mill 中板轧机 09.1252

medium section mill 中型型材轧机 09.1228

medium steel 中碳钢 08.0312

medium temperature tempering 中温回火 07.0338

medium thick orebody 中厚矿体 02.0062

meltability 熔度 06.1264

melt-flow 熔融流 06.0161

melt gasifier 熔融气化炉 05.0966

melting 熔化 04.0567

melting loss 熔炼损耗 05.1039

melting period of EAF steelmaking 电炉熔化期 05.1223

melting rate of mould powder 保护渣熔化速度 05.1488

melting reaction 熔融反应 06.0162

melting temperature of mould powder 保护渣熔化温度 05.1487

melting zone 熔融带 06.0163

melt in-line treatment process 明特法 09.0778

melt lubricants 熔体润滑剂 09.0236

membrane 隔膜 06.0282

membrane filter 膜过滤器 03.0703

membrane filtration 膜过滤 03.0701

meniscus 弯月面 05.1483

mercaptoacetic acid 巯基乙酸 03.0635

mercaptobenzothiazole 巯基苯并噻唑 03.0603

merchant bar mill 棒材轧机 09.1234

mercurial soot 汞烟 06.0659

merwinite 镁蔷薇辉石 05.0692

mesh 网目，*目 03.0037

mesh of grinding 磨矿细度 03.0305

mesocarbon microbead　中间相炭微球　05.0434

mesophase mechanism of coke formation　中间相成焦机理　05.0068

mesophase pitch　中间相沥青　05.0433

metal bath　金属熔池　05.1042

metal charging regime of converter　转炉装入制度　05.1101

metal coloring　金属着色　08.0150

metal containing refractory　金属复合耐火材料　05.0346

metal displacement method　金属置换法　06.0173

metal forming　金属塑性加工［学］　01.0022，金属压力加工　09.0002

metal infiltrated tungsten　金属熔渗钨　08.0479

metallic bond　金属键　07.0048

metallic charge composition　钢铁料组成　05.0984

metallic film　金属膜　09.0243

metallic flexible hose　金属软管　09.0521

metallic glassy state　玻璃态　04.0563

metallic matte　金属化锍　06.0392

metallic melt　金属熔体　04.0518

metallic ore　金属矿石　03.0011

metallized pellet　金属化球团矿　05.0685

metallographic examination　金相检查　07.0420

metallography　金相学　01.0020

metallo-organic chemical vapor deposition　金属有机气相沉积，＊有机金属化合物气相沉积法　06.0367

metallothermic reduction process　金属热还原法　06.0153

metallurgical coke　冶金焦　05.0036

metallurgical electrochemistry　冶金电化学　04.0397

metallurgical length　冶金长度　05.1527

metallurgical melt　冶金熔体　04.0517

metallurgical mineral raw materials　冶金矿产原料　02.0003

metallurgical process　冶金过程　04.0036

metallurgical process engineering　冶金流程工程学　01.0026

metallurgy　冶金［学］　01.0001

metal net　金属网　02.0601

metal physics　金属物理［学］　01.0021

metal processing　金属压力加工　09.0002

metal product　金属制品　09.0561

metal reductant　金属还原剂　06.0154

metal reduction diffusion　金属还原扩散法　06.1280

metal-salt solution sealing　金属盐封孔，＊沉淀封孔　09.1123

metal scrap briquette hydraulic press　金属屑压块液压机　09.1560

metal sputtering　金属喷溅　05.1118

metal support　金属支架　02.0586

metal working　金属压力加工　09.0002

metastable equilibrium　亚稳平衡，＊介稳平衡　04.0058

metastable phase　亚稳相　07.0141

meta tungstate　偏钨酸盐　06.1045

method of least squares　最小二乘法　04.0677

methyl isobutyl carbinol　甲基异丁基甲醇　03.0631

MgO-C brick　镁炭砖　05.0299

MIBC　甲基异丁基甲醇　03.0631

mica　云母　03.0211

micelle　胶束　03.0541

microalloy carbonitride　微合金碳氮化物　07.0618

micro alloying　微合金化　05.1330

micro alloy steel　微合金钢　01.0049

microbial corrosion　微生物腐蚀　08.0069

microbial oxidation process　微生物氧化法　06.0838

micro flotation　微量浮选　03.0495

microfocus radiography　微焦点射线透照术　07.0517

microfroth flotation　微泡浮选　03.0485

microhardness　显微硬度　08.0044

microkinetics　微观动力学，＊化学反应动力学　04.0208

micromesh sieve　微孔筛　03.0295

microporous carbon brick　微孔炭砖　05.0399

microporous corundum brick　微孔刚玉砖　05.0281

micro segregation　微观偏析　07.0226

micro-seismic monitoring　微震监测　02.0324

microsilica　氧化硅微粉，＊硅灰　05.0237

microsilica　硅尘　05.0531

micro-strength of coke　焦炭显微强度　05.0049

microstructure　显微组织　07.0529

microwave digestion process　微波消解法　06.0832

micro-wave sintering　微波烧结　08.0231

microwave testing　微波检测　07.0526

middle waviness　中部浪　09.1178

middle-weight rare earth　中稀土　06.1161

middling intensity magnetic separator　中磁场磁选机　03.0416

middling product bin　中间矿仓　03.0716

middlings　中矿　03.0045

Midrex process　米德瑞克斯直接还原法　05.0954

migration current　迁移电流　04.0477

migration velocity　驱进速度　06.0416

mild blowing　慢风　05.0792

mild ductility temperature　低塑性温度　05.1426

Miller-Bravais index　米勒–布拉维指数　07.0010

Miller index　米勒指数，＊晶面指数　07.0009

millerite　针镍矿　03.0112

milling　研磨　08.0183

millisecond blasting　毫秒爆破，＊微差爆破　02.0443

millisecond electric delay detonator　毫秒延期电雷管　02.0423

mill trunnion　磨机中空轴　03.0318

mine　矿山　02.0007

mine abandonment　矿井报废　02.0055

mine accident prediction　矿山事故预测　02.1056

mine air conditioning　矿井空气调节　02.0959

mine air leakage　矿井漏风　02.0948

mine air pollution　矿山大气污染　02.1037

mine area　矿区　02.0006

mine capacity　矿山规模　02.0022

mine car　矿车　02.1185

mine construction　矿山基本建设　02.0033

mine construction period　矿山建设期限　02.0034

mine drainage　矿山排水　02.0990

mine dust　矿尘，＊粉尘　02.0968

mine dust protection　矿山防尘　02.0970

mine electric　矿山供电　02.1219

mine engineering of maintaining simple reproduction　矿山维简工程　02.0046

mine environmental engineering　矿山环境工程　02.1036

mine environmental geology　矿山环境地质　02.1035

mine environment assessment　矿山环境评价　02.0019

mine equipment level　矿山装备水平　02.0037

mine equivalent orifice　矿井等积孔　02.0922

mine fan　矿用通风机，＊矿用扇风机　02.1080

mine feasibility study　矿山可行性研究　02.0018

mine fire　矿井火灾　02.1016

mine hoister　矿井提升机　02.1063

mine hosting equipment　矿山提升设备，＊矿井提升设备　02.1062

mine inundation　矿山水灾　02.0993

mine life　矿井服务年限　02.0032

mine noise pollution　矿山噪声污染　02.1045

mine production capacity　矿山生产能力　02.0021

mine pump　矿用水泵　02.1084

mine radioactive protection　矿山放射性防护　02.1047

mineral　矿物　01.0012

mineral deposit　矿床　01.0014

mineral deposit exploration　矿床勘探　02.0015

mineral dressing　选矿学　01.0006

mineral electrode　矿物电极　03.0514

mineral engineering　矿物工程学　01.0007

mineral grain　矿粒　03.0028

mineral identification　矿物鉴定　03.0007

mineralogy　矿物学　01.0009

mineral processing　选矿学　01.0006

mineral processing efficiency　选矿效率　03.0005

mineral processing plant　选矿厂　03.0001

mine reclamation　矿山复垦　02.0054

mine rescue　矿山救护　02.1061

mine safety　矿山安全　02.0898

mine safety assessment　矿山安全评价　02.0020

mine safety management　矿山安全管理　02.1058

mine sewage control　矿山污水控制　02.1041

mine shaft　矿井　02.0008

mine soil pollution　矿山土地污染　02.1044

mine solid waste reduction　矿山固体废料减排　02.1055

mine structure　矿山构筑物　02.0500

mine surveying　矿山测量　02.0166

mine survey map　矿山测量图，＊矿图　02.0185

mine theodolite　矿用经纬仪　02.0208

mine transit　矿用经纬仪　02.0208

mine ventilation　矿山通风　02.0899

mine ventilation network　矿井通风网路，＊风网　02.0925

mine ventilation system　矿井通风系统　02.0931

mine water pollution　矿山水污染　02.1039

mine water prevention　矿山防水　02.0989

mine water treatment　矿井水处理　02.1042

mine with complicated hydrogeological condition　水文地质条件复杂矿床　02.0981

mine workings linkup survey　井巷贯通测量　02.0177

mine yard layout　矿山场地布置　02.0017

mini-mill　钢铁生产短流程　01.0055

minimum allowable thickness of barren rock　最大允许夹石厚度　02.0088

minimum bending radius　最小弯曲半径　09.0733

minimum burden　最小抵抗线　02.0361

minimum firing current　最小准爆电流　02.0492

minimum metergramtonnage　最低米克吨　02.0090

minimum meterpercentage　最低米百分值　02.0089

minimum rolling thickness　最小可轧厚度　09.0342

minimum temperature of reduction　最低还原温度　04.0190

minimum tension control　微张力控制　09.1435

minimum workable thickness　最低可采厚度　02.0087

mining area　采场　02.0728

mining area ramp　采区斜坡道　02.0563

mining by stages　分期开采　02.0632

mining engineering　采矿学　01.0002

mining engineering map　采掘工程图　02.0186

mining in severe cold district　高寒地区矿床开采　02.0867

mining intensity　开采强度　02.0041

mining method　采矿方法　02.0009

mining of continental shelf deposit　大陆架矿床开采　02.0895

mining of heavy-water deposit　大水矿床开采　02.0866

mining of metal and non-metallic ore deposit　硬岩采矿　02.0013

mining of spontaneous combustion deposit　自燃矿床开采　02.0868

mining right　采矿权　02.0028

mining room　矿房　02.0746

mining sequence　开采顺序　02.0038

mining subsidence　开采沉陷　02.0198

mining technology　采矿工艺　02.0001

mining under building　建筑物下矿床开采　02.0863

mining under railway　铁路下矿床开采　02.0864

mining under water body　水体下矿床开采　02.0865

MINT process　明特法　09.0778

mirabilite　芒硝　03.0228

mischmetal　混合稀土金属　06.1276

mischmetal reduction　混合稀土金属还原　06.1267

miscibility gap　溶解度间隙，＊均相间断区　04.0086

Mises cylinder　米泽斯圆柱面　09.0126

Mises yield criteria　米泽斯屈服准则，＊形变能定值理论　09.0125

misfire　拒爆，＊瞎炮，＊哑炮，＊盲炮　02.0486

mismatch　错移　09.1064

misorientation　取向差　07.0132

miss rolling　误轧　09.1199

Mitsubishi process　三菱法　06.0467

mixed-controlled reaction　混合控制的反应　04.0335

mixed dislocation　混合位错　07.0085

mixed filling　同装　05.0750

mixed film　混合膜　09.0242

mixed flow volume fraction　中间包熔池全混流区　05.1396

mixed fluid lubrication　混合流体润滑　09.0234

mixed grain　混晶　09.1168

mixed injection　混合喷吹　05.0773

mixed pass system　混合孔型系统　09.0661

mixer in pelletizing　球团混料机　05.0651

mixer-selector valve of BF stove　热风炉混风阀　05.0913

mixing of carbonaceous materials　炭物料混合　05.0450

mixing of sinter feed　烧结混料　05.0616

mixing process for steel refining　混合炼钢　05.1329

mixing time　混合时间　04.0388

mixing time of metal bath　熔池混合时间　05.1333

MK reactor　顶吹底部搅拌熔炼炉　06.0456

MKW mill　偏八辊轧机　09.1274

MMC　烧结金属基复合材料　08.0272

Mn-Al-C permanent magnet　锰-铝-碳永磁体　08.0580

mobile concentrator　移动选矿厂　03.0002

mobile crushing plant　移动破碎机　02.1160

mobile substation　移动变电所　02.1221

MOCVD　金属有机气相沉积，＊有机金属化合物气相

沉积法　06.0367

modderite　砷钴矿　03.0120

model analysis of stress field in strand shell　坯壳应力
场模型　05.1550

modelling of rolling process　轧制过程模型化
09.0258

model with distributed parameter　分布参数模型
04.0759

model with lumped parameter　集总参数模型
04.0758

modern EAF steelmaking　现代电炉炼钢　05.1168

modification　变质处理　07.0212

modification of nonmetallic inclusion　夹杂物形态控制
05.1288

modified cast iron　＊变性铸铁　08.0289

modified pitch　改质沥青　05.0440

modifier　调整剂　03.0569

modular electrode holder　组合把持器　05.0572

modulus age hardening　模量时效硬化　07.0416

modulus of elasticity　弹性模量　08.0012

modulus of rupture　抗折强度　05.0194

Moebius cell　默比乌斯银电解槽，＊莫布斯银电解槽
06.0861

MOG　磨矿细度　03.0305

Mohr circle　莫尔应力圆　09.0061

Mohr-Coulomb criterion of rock failure　莫尔–库仑强
度准则，＊破坏准则　02.0237

Mohr envelope of rock strength　莫尔强度包络线
02.0238

Mohr stress circle　莫尔应力圆　09.0061

Mohs hardness　莫氏硬度，＊摩氏硬度　03.0038

moiré method　叠栅云纹法　09.0192

molality　物质的量浓度　04.0164

molar conductivity　摩尔电导率　04.0430

molar flowrate　摩尔流率　04.0280

molar flux　摩尔流密度，＊物质流密度　04.0285

molar heat capacity　摩尔热容　04.0119

molecular diffusion　分子扩散，＊正常扩散　04.0309

molecular dynamic simulation　分子动力学模拟
04.0794

molecular recognition ligand　分子识别配体　06.0912

molecular recognition technology　分子识别技术
06.0914

molecular sieve　分子筛　04.0647

molecular theory of slag　熔渣分子理论　04.0523

mole fraction　物质的量分数，＊摩尔分数　04.0163

molten carbonate fuel cell　熔融盐燃料电池　04.0501

molten droplet　熔滴　05.1263

molten matte　熔锍　04.0521

molten pool　液穴　09.0786

molten salt　熔盐　04.0520

molten salt chlorination　熔盐氯化法　06.0945

molten silicate　硅酸盐熔渣，＊硅酸盐熔体　04.0522

molten slag　熔渣　04.0519

molybdate　单钼酸盐　06.1077

molybdenite　辉钼矿　03.0117

molybdenum-bearing slag　钼渣　06.1060

molybdenum dioxide　二氧化钼　06.1084

molybdenum ejector　钼顶头合金　08.0486

molybdenum oxide　氧化钼　06.1073

molybdenum-rare earth metal alloy　钼稀土合金
08.0483

molybdenum silicide　硅化钼　06.1085

molybdenum-titanium-zirconium alloy　钼钛锆合金
08.0485

molybdenum trioxide　三氧化钼　06.1083

molybdic acid　钼酸　06.1074

molybdic oxide　氧化钼　06.1073

moment of converter tilting　转炉倾动力矩　05.1066

momentum balance　动量衡算　04.0291

momentum flowrate　动量流率　04.0281

momentum flux　动量流密度　04.0287

momentum transfer　动量传递　04.0253

Momoda process　＊百田法　06.0426

monazite　独居石，＊磷铈镧矿　03.0192

Monel alloy　莫奈尔合金，＊蒙乃尔合金　08.0426

monitor　水枪　02.1169

monitoring of displacement in rock mass　岩体位移监
测　02.0309

monitoring of ground pressure　地压监测　02.0307

monitoring of stress in rock mass　岩体应力监测
02.0308

monitoring well　测视井　02.0886

mono-（2-ethylhexyl）2-ethylhexyl phosphonate　2-乙基
己基膦酸单 2-乙基己基酯　06.1214

monolithic concrete support　浇灌混凝土支架

02.0590

monolithic refractory 不定形耐火材料 05.0257

monomolecular adsorption 单分子层吸附 03.0522

monotectic point 独晶点，＊偏熔点 04.0079

monotectic reaction 独晶反应，＊偏晶反应 04.0083

monotungstate 单钨酸盐 06.1041

Monte Carlo method 蒙特卡罗方法，＊统计模拟方法 04.0753

moon mining 月球采矿 02.0896

Mössbauer spectroscopy 穆斯堡尔谱术 07.0452

mother blank 始极片 06.0293

motorized wheel dump truck 电动轮自卸汽车，＊电动轮汽车 02.1198

mottled cast iron 麻口铸铁，＊麻口铁斑铸铁 08.0287

mould 连铸结晶器 05.1465

mould electromagnetic brake 结晶器电磁制动 05.1546

mould electromagnetic braking 结晶器电磁搅拌 05.1543

mould facing materials 铸模涂料 06.0587

mould flux 结晶器保护渣 05.1486

mould flux crust 保护渣结团 05.1565

moulding interlayer crack 层裂 05.0367

mould level control 液面控制 05.1484

mould lubricant 结晶器润滑油 05.1485

mould oscillation 结晶器振动 05.1474

mould powder 结晶器保护渣 05.1486

mould stool 底板，＊底盘 05.1599

movable ramp 移动坑线 02.0661

moving bed 移动床 04.0391

moving container extrusion 移动挤压筒挤压 09.0802

MPM 限动芯棒连轧管机 09.1305

MRD 金属还原扩散法 06.1280

MS 质谱法 07.0508

MS connector 连接器 02.0428

mud capped charge 糊炮 02.0456

mud-rock flow 泥石流 02.0998

muffle 马弗炉 06.0091

muffle furnace 马弗炉 06.0091

muffle kiln 马弗炉 06.0091

mullite 莫来石 05.0218

mullite brick 莫来石砖 05.0275

multi-bell system top 多料钟式炉顶 05.0886

multibillet extrusion 多坯料挤压 09.0812

multi-bucket excavator 多斗挖掘机 02.1119

multi-column hydraulic press 多柱式液压机 09.1555

multicomponent eletrolyte 多元电解质 06.0705

multi-component system 多元系 04.0017

multi-cored forging press 多向模锻压力机 09.1554

multi-die wire drawing 多模拉线 09.0861

multi-die wire-drawing machine 多模拉线机 09.1519

multi-effect vacuum evaporator 多效真空蒸发器 06.0220

multi-factor mass flow 多因子物质流 05.1647

multi-fan-station ventilation system 多级机站通风系统 02.0934

multi-gradient magnetic separator 多梯度磁选机 03.0440

multi-high rolling 多辊轧制 09.0390

multi-hole channeled brick 多孔集束管型喷嘴 05.1091

multi-interface kinetic model 多界面反应动力学模型 04.0324

multilayer adsorption 多分子层吸附 03.0523

multilayer composite metal 多层复合金属 08.0596

multi-nozzle lance head 多孔喷头 05.1071

multiphase reaction 多相反应 04.0048

multiple-hearth roaster 多膛焙烧炉，＊多床焙烧炉 06.0027

multiple pressing 多模压制，＊多任务件压制 08.0216

multiple ratio pipe length-to-column in filling 充填倍线 02.0826

multiple slip 多滑移 07.0367

multiple well system 多井系统 02.0874

multipoint displacement meter 多点位移计 02.0318

multi-point leveling 多点矫直 05.1541

multi-ram forging 多向模锻 09.0904

multi-roller feeder 多辊布料机 05.0623

multi-roller screen of green pellet 生球辊筛 05.0655

multi-roll-groove rolling 多辊孔型轧制 09.0665

multi-roll mill 多辊轧机 09.1225

multi-roll tube cold rolling mill 多辊式冷轧管机 09.1508

multi-stage heating system 多段加热系统 05.0104

multi-stage solvent extraction　多级萃取　06.0326

multi-stand pipe mill　限动芯棒连轧管机　09.1305

multitray settling tank　多层沉降槽　06.0675

Muntz metal　孟兹合金　08.0419

muscovite　白云母，*千层纸　03.0214

mushroom formation at nozzle exit　喷嘴蘑菇头　05.1094

mushy zone　固液两相区　07.0188

m-value　*m* 值　09.0203

N

NAA　中子活化分析　07.0512

nano-composite rare earth magnet　纳米复合稀土磁体　08.0575

nanomaterials　纳米材料　08.0605

nano-particle　纳米颗粒　04.0564

nano-powder　纳米粉体　04.0565

narrow strip　窄带　09.0460

narrow-strip mill　窄带轧机　09.1255

native copper　自然铜　03.0098

native gold　自然金　03.0137

native platinum　自然铂　03.0146

native silver　自然银　03.0140

NATM　新奥法　02.0302

natural aging　自然时效　07.0238

natural coloring　自然着色　09.1113

natural convection　自然对流　04.0314

natural cooling　自然冷却　09.0756

natural floatability　天然可浮性　03.0536

natural gas injection　喷吹天然气　05.0772

natural graphite　天然石墨　05.0374

natural rutile　天然金红石　06.0963

natural slope　自然边坡　02.0328

natural ventilation　自然通风　02.0923

naval brass　海军黄铜　08.0423

Navier-Stokes equation　纳维–斯托克斯方程　04.0770

Nd-Fe-B alloy　钕铁硼合金　08.0567

nearby shaft point survey　近井点测量　02.0173

near-net-shape casting　近终形连铸　05.1452

near net shape forming　近净成形　08.0222

necking　颈缩　08.0030

necking　压肩　09.1015

necking　缩口　09.1056

necking coefficient　缩口系数　09.1051

needle coke　针状焦　05.0425

negative-gap blanking　负间隙冲裁　09.1024

negative roll bending　负弯辊　09.1349

negative strip　负滑动　05.1476

negative strip distance　负滑脱量　05.1477

negative strip oscillation　负滑脱振动　05.1479

negative taper of mould　结晶器倒锥度　05.1473

neighborhood cases of berylliosis　铍中毒近邻病　06.1104

neighboring phase field rule　相区邻接规则　04.0095

nepheline　霞石　03.0151

Nernst equation　能斯特方程　04.0473

net carbon consumption　炭净耗　06.0765

net shape forging　精密锻造　09.1005

net-work former　*网络形成子　04.0540

net-work forming oxide　*成网氧化物　04.0540

net-work modifier　*网络修饰子　04.0541

net-work modifying oxide　*变网氧化物　04.0541

network structure　网状组织　07.0544

neutral angle　中性角　09.0277

neutralizing　中和，*除灰，*出光　09.1105

neutralizing agent　中和剂　03.0578

neutralizing tank　中和槽　09.1513

neutral leaching　中性浸出　06.0196

neutral phosphorous-oxygen type extractant　中性磷氧型萃取剂　06.1206

neutral refractory　中性耐火材料　05.0348

neutral type slag　中性炉渣　06.0123

neutron activation analysis　中子活化分析　07.0512

neutron diffraction　中子衍射　07.0453

neutron radiography　中子照相术　07.0513

neutron testing　中子检测　07.0496

new Austrian tunneling method　新奥法　02.0302

Newtonian fluid　牛顿流体　04.0265

Newton's law of viscosity　牛顿黏度定律　04.0264

NH_3 scrubber　氨洗涤塔，*洗氨塔　05.0152

niccolite　红砷镍矿，*红镍矿　03.0113

nickel based cast superalloy　铸造镍基高温合金　08.0510

nickel based expansion alloy　镍基膨胀合金　08.0519

nickel based precision electrical resistance alloy　镍基精密电阻合金　08.0515

nickel based rectangular hysteresis loop alloy　镍基矩磁合金　08.0518

nickel based thermocouple alloy　镍基热电偶合金　08.0517

nickel carbonyl　羰基镍　06.0619

nickel carbonyl atmospheric pressure process　常压羰基法镍精炼　06.0623

nickel carbonyl elevated pressure process　高压羰基法镍精炼　06.0624

nickel matte　镍锍　06.0613

nickel/metal hydride battery　镍氢电池　04.0505

nickel pellet　镍丸　06.0621

nickel pellet decomposer　镍丸分解器　06.0622

nickel pig iron　镍生铁　05.0519

nickel silver　锌白铜，＊德银　08.0425

nickel sulfide button　镍锍扣　06.0901

nickel sulfide fire assay　镍锍火试金，＊硫化镍试金　06.0900

nickel vitriol　镍矾　06.0636

nicrosilal couple alloy　镍铬硅电偶合金　08.0536

niobite　铌铁矿，＊钶铁矿　03.0184

niobium ammonium oxalate　草酸铌铵　06.1024

niobium-bearing hot metal　含铌铁水　06.1009

niobium-bearing steel slag　含铌钢渣，＊铌渣　06.1008

niobium carbide　碳化铌　06.1033

niobium dioxide　二氧化铌　06.1016

niobium extraction by converter blowing　转炉提铌　06.1011

niobium oxalate　草酸铌　06.1023

niobium pentachloride　五氯化铌　06.1019

niobium pentafluoride　五氟化铌　06.1017

niobium pentoxide　五氧化二铌　06.1014

niobium-titanium alloy　铌钛合金　08.0487

nitride　氮化物　07.0610

nitride capacity　氮化物容量　04.0554

nitride inclusion　氮化物夹杂物　05.1009

nitride rare earth permanent magnet materials　氮化物稀土永磁材料　08.0566

nitriding　渗氮，＊氮化　07.0348

nitriding steel　渗氮钢，＊氮化钢　08.0341

nitrogen containing ferrochromium　氮化铬铁　05.0524

nitrogen containing ferromanganese　氮化锰铁　05.0522

nitrogen containing ferrovanadium　钒氮合金　05.0525

nitrogen containing manganese metal　氮化金属锰　05.0523

nitrogen sealing of hood　烟罩氮封　05.1160

nitroglycerine explosive　硝化甘油炸药　02.0384

NMR　核磁共振　07.0524

noble lead　贵铅　06.0534

noble metal　贵金属　06.0826

no cement castable　无水泥浇注料　05.0319

nodular cast iron　球墨铸铁，＊球铁　08.0291

nodule abundance　结核丰度　02.0888

nodule collector　结核集矿机　02.1177

nominal mean residence time　名义平均停留时间　05.1392

nominal strain　＊名义应变　09.0100

nominal stress　名义应力，＊条件应力　09.0056

non-bridge oxygen　非桥氧，＊单键氧　04.0529

non-coke iron-making　非焦炼铁法　05.0938

non-destructive testing　无损检测　07.0487

nonel tube　非电导爆管　02.0421

non-equilibrium segregation　非平衡偏析　07.0224

non-equilibrium thermodynamics　非平衡态热力学，＊不可逆过程热力学　04.0004

non-ferro-magnetic constant elastic alloy　非铁磁性恒弹性合金　08.0600

non-ferrous metal　有色金属　01.0061

non-ferrous metal foil　有色金属箔材　09.0582

nonferrous metallurgy　有色金属冶金[学]　01.0028

non-ferrous metal plate　有色金属板材　09.0580

non-ferrous metal rod/bar　有色金属棒材　09.0584

non-ferrous metal section　有色金属型材　09.0586

non-ferrous metal sheet　有色金属板材　09.0580

non-ferrous metal strip　有色金属带材　09.0581

non-ferrous metal tube　有色金属管材　09.0583

non-ferrous wire　有色金属线材　09.0585

nonfrothing flotation　无泡沫浮选　03.0487

non-homogeneity of rock　岩石不均质性　02.0232

nonhomogenous deformation　不均匀变形　09.0150

nonisothermal flow in tundish bath　中间包非等温流动

05.1389

non-linear regression　非线性回归　04.0717

non-localized system　非定位体系，＊离域子体系　04.0200

non-magnetic case iron　无磁铸铁　08.0301

non-magnetic low expansion alloy　无磁低膨胀合金　08.0547

non-magnetic sealing alloy　无磁封接合金　08.0608

non-magnetic steel　无磁钢，＊非磁性钢　08.0384

non-metallic inclusion　非金属夹杂物　07.0609，非金属夹杂　09.1172

non-metallic inclusion in steel　钢中非金属夹杂物　05.1006

non-metallic ore　非金属矿石　03.0012

non-Newtonian fluid　非牛顿流体　04.0266

non-quenched steel　非调质钢　08.0327

non-recovery coke oven　无回收焦炉　05.0059

non-recrystallization temperature　无再结晶温度，＊未再结晶温度　07.0388

nonreversing rolling mill　不可逆式轧机　09.1463

non-saponification extraction　非皂化萃取　06.1220

non-saponification extraction with mixed extractant　非皂化混合剂萃取　06.1221

non-sinusoidal oscillation　非正弦振动　05.1481

nonsteady deformation process　非稳定变形过程　09.0155

nonsteady state diffusion　非稳态扩散　04.0306

nonstoichiometric compound　非化学计量化合物，＊非整比化合物　04.0106

non-tension rolling　无张力轧制　09.0419

non-uniform wall thickness in tube　管壁厚度不均　09.1156

no-primary-explosive detonator　无起爆药雷管　02.0427

Noranda process　诺兰达法　06.0459

Noranda reactor　诺兰达炉　06.0460

normal distribution　正态分布　04.0692

normal drawing die　普通拉模　09.1500

normal filling　正装　05.0748

normalized steel　正火钢　08.0314

normalizing　正火　07.0311

normal stress　法向应力，＊正应力　09.0057

Norsk Hydro cell　海德鲁镁电解槽　06.0801

Norsk Hydro process　海德鲁法，＊诺尔斯克·希德罗法　06.0777

no-slip angle　中性角　09.0277

notch sensitivity　缺口敏感性　08.0060

no-twist rolling　无扭轧制　09.0420

noxious gas　有毒气体　02.0905

nozzle　浇注水口　05.1360

nozzle blocking　水口结瘤　05.1369

nozzle seating brick　座砖　05.0339

nozzle switching device　滑动水口启闭装置　05.1364

n-th order reaction　n 级反应　04.0228

nuclear fuel　核燃料　08.0613

nuclear grade zirconium　核级锆　06.1004

nuclear graphite　核石墨，＊原子反应堆用石墨　05.0375

nuclear magnetic resonance　核磁共振　07.0524

nuclear zirconium　原子能级锆　08.0491

nucleation　形核，＊成核　07.0203

nucleation rate　形核率　07.0205

nucleus　晶核　07.0204

number of drawing　拉深次数　09.1033

numerical analysis　数值分析　04.0676

numerical solution method　数值解法　04.0762

n-value　＊n 值　09.0202

O

objective function　目标函数　04.0733

observable profile　显性板形　09.0675

oceanic mineral resources　海洋矿产资源　02.0071

octahedral interstice　八面体间隙　07.0045

octahedral normal stress　八面体法向应力　09.0059

octahedral shear stress　八面体剪应力　09.0060

octahedral strain　八面体应变　09.0094

Odda process　氯气脱汞法　06.0604

OES　＊光学发射光谱　07.0497

off-gas cleaning with combustion in hood　转炉燃烧法除尘　05.1158

off-gas cleaning with un-burnt recovery　转炉未燃法除尘，＊OG法　05.1159

offset of roll　轧辊偏移量　09.0351

off-shore platform steel　海洋平台钢　08.0406

off-tracking rectification device　机组纠偏装置　09.1418

oil agglomeration flotation　油团聚浮选　03.0492

oil circuit breaker　油断路器　05.1178

oil diffusion pump　油扩散泵　04.0629

oil hydraulic press　油压机　09.1580

oil injection　高炉喷油　05.0771

oil-retaining bearing　含油轴承　08.0275

oil truck　油料车　02.1179

oil well pipe　油井管　09.0514

OLAC　在线加速冷却　09.1419

oleic acid　油酸　03.0613

olivine　橄榄石　03.0231

one-dimensional isoentropic flow　一维等熵流　05.1074

one half order reaction　1/2 级反应　04.0227

one shaft orientation　一井定向　02.0171

one stage smelting reduction　一步法熔融还原　05.0973

online accelerated cooling　在线加速冷却　09.1419

online express analysis　炉前快速分析　05.1145

online flue gas analyzer　在线炉气分析仪　05.1143

online froth phase analyzer　在线泡沫图像分析仪　03.0755

online roll grinder　在线磨辊装置　09.1330

online variable width of slab mould　板坯在线调宽　05.1504

on-load tap changer　有载调压开关　05.0575

Onsager reciprocal relation　昂萨格倒易关系　04.0194

open arc operation　明弧作业　06.0433

open arc smelting　明弧法熔炼　05.0538

open bench geologic map　平台地质图　02.0155

open circuit　开路　03.0017

open circuit crushing　开路破碎　03.0243

open circuit potential　开路电位　08.0112

open circuit test　开路试验　03.0743

open die forging　开式模锻，＊有飞边模锻　09.0883

open electric furnace　开口电炉　05.0554

open-hearth steelmaking　碱性平炉炼钢法，＊马丁炉炼钢　05.1023

open-loop control　开环控制　09.1438

open pass　开口孔型　09.0645

open pit　露天采场　02.0620

open pit boundary　露天开采境界　02.0619

open pit deepening　露天矿延伸　02.0623

open pit footwall　露天采场底盘　02.0625

open pit hoisting　露天矿提升机运输　02.0677

open pit into underground mining　露天转地下开采　02.0057

open pit mining　露天采矿［学］　01.0004，露天采矿　02.0010

open pit slope　露天采场边帮，＊边坡　02.0621

open pit transportation　露天矿运输　02.0673

open pit transportation by belt conveyor　露天矿带式输送机运输　02.0676

open pit transportation by haulage road　露天矿公路运输　02.0675

open pit transportation by railroad　露天矿铁路运输　02.0674

open pore　开孔　08.0251

open pores　开口气孔　05.0183

open stoping　空场采矿法　02.0792

open system　敞开体系　04.0022

open-top blast furnace　敞开式鼓风炉　06.0082

open-top mill housing　开口式机架　09.1339

open type ring baking furnace　敞开环式焙烧炉　06.0720

operating line of BF　高炉操作线　05.0723

operating load　操作功率　05.0561

operating rate of calendar working　日历作业率　01.0065

operation dynamics　运行动力学　05.1640

operation rate　作业率　01.0072

operation with long arc and foamy slag　长弧泡沫渣操作　05.1207

optical basicity　光学碱度　04.0539

optical emission spectrum　＊光学发射光谱　07.0497

optical microscopy　光学显微术　07.0421

optical pyrometer　光学高温计　04.0612

optical sorter　光照拣选机　03.0463

optical texture of coke　焦炭光学组织　05.0034

optimal estimation　最优估计　04.0736

optimal maintenance strategy　维修优化策略　05.1639

optimal value　最优值　04.0738

optimization method　最优化方法，＊运筹学方法

04.0731，　优选法　04.0747

optimum orientation　最佳取向　09.0210

optimum solution　最优解　04.0737

order-disorder transformation　有序–无序转变　07.0277

ordered phase　有序相　07.0145

ordered solid solution　有序固溶体　07.0162

ordering　有序化　07.0283

ordering domain　有序畴　07.0281

order parameter　序参量　05.1628，有序参量　07.0284

ore　矿石　01.0013

ore and rock sampling　岩矿取样　02.0140

ore beneficiability　矿石可选性　03.0010

ore beneficiation　选矿学　01.0006

ore bin　矿仓　02.0503

ore block　矿块　02.0005

orebody　矿体　02.0058

ore break down　落矿　02.0780

ore collection　集矿　02.0892

ore deposit dewatering　矿床疏干　02.1005

ore deposit evaluation　矿床评价　02.0121

ore dilution ratio　矿石贫化率　02.0049

ore drawing　放矿　02.0788

ore drawing control　放矿管理　02.0790

ore drawing under caved rock　覆盖岩石下放矿　02.0854

ore dumping chamber　卸矿硐室　02.0551

ore feeder　给矿机，＊给料机　03.0723

ore field　矿田　02.0004

ore grade　矿石品位　02.0080

ore handling　矿石运搬　02.0787

ore level inspection　料位检测　03.0753

ore loading　装矿　02.0791

ore loading chamber　装矿硐室　02.0550

ore loss ratio　矿石损失率，＊实际损失率　02.0048

ore mucking　矿石运搬　02.0787

ore pass　溜井　02.0549

orepass transportation　溜井运输　02.0679

ore pillar　矿柱　02.0747

ore pillar recovery　矿柱回收　02.0862

ore recovery ratio　矿石回收率　02.0047

ore sampling　矿产取样　02.0138

ore smelting electric furnace　矿热炉　05.0549

ore structure　矿石构造　02.0079

Orford process　锍分层熔炼法　06.0616

organic burn　有机物污极　06.0300

organic coating　有机涂层　08.0154

orientation contrast　取向衬度　07.0441

orientation magnetic steel　取向磁钢　08.0383

oriented nucleation　取向形核　07.0209

original layer of mould powder　保护渣原渣层　05.1489

Orowan equation　奥罗万方程　09.0338

Orowan process　奥罗万过程　07.0122

orpiment　雌黄　03.0190

orthite　褐帘石　06.1187

orthogonal anisotropy　正交各向异性　02.0230

orthogonal design　正交设计　04.0723

orthogonal table　正交表　04.0724

oscillating feeder　摆式给矿机　03.0724

oscillating viscometer　摆动黏度计　04.0642

oscillation marks　振痕　05.1566

oscillation stroke　结晶器振幅　05.1475

osmium-ruthenium tetraoxide distillation　锇–钌蒸馏分离　06.0916

osmosis　渗透　04.0588

osmotic pressure　渗透压　04.0589

outcrop　露头　02.0096

outcrop mapping　露头填图　02.0145

outer area　轧制外区　09.0330

outer exhaust gas and fume system of EAF　电炉炉外排烟　05.1237

outer fin & inner spiral tube forming　外翅内螺纹管成形　09.0856

outgoing airflow　回风风流，＊污浊风流，＊乏风　02.0921

outlier　异常值　04.0686

out of squareness　脱方　09.1183

out of tolerance　超差　09.1173

Outokumpu flash smelting　奥托昆普闪速熔炼　06.0441

Outotec process　奥图泰烧结工艺　05.0548

outside combustion stove　外燃式热风炉　05.0921

outside overlap　外折叠　09.1159

ovality　不圆度　09.1174

overaging　过时效　07.0240

overall output of ore and waste　剥采总量　02.0045

overall reaction　总反应　04.0235

overall resistance of mine airflow　矿井通风总阻力 02.0917

over baking of electrode　电极过烧　05.0565

over-blow　过吹　05.1053

overburden　覆岩，＊覆土　02.0373

overburden rock stratum　覆盖岩层　02.0077

over-burden spreader　排土机　02.1201

overburn　过烧　09.1169

over casting mining method　倒推采矿法　02.0640

overfill　过充满　09.1184

overflow　溢流　03.0658

overflow ball mill　溢流型球磨机　03.0310

overflow from mould　结晶器溢钢　05.1564

overhand cut and fill stoping　上向分层充填法 02.0802

overhand drift-and-fill mining stoping　上向进路充填 法　02.0804

over head drive　顶部传动　09.1452

overheated structure　过热组织　07.0552

over-oxidation of molten steel　钢水过氧化　05.0995

overpickling　过酸洗　09.1151

overshot loader　后卸铲斗装载机，＊装岩机　02.1123

over sintering　过烧结　06.0139

oversize　筛上料　03.0281

over voltage　超电势，＊过电势　04.0451

oxalate precipitation method　草酸盐沉淀法　06.1246

oxic tank　好氧池　05.0172

oxidation method by air　空气氧化法　06.1249

oxidation period of EAF steelmaking　电炉氧化期 05.1227

oxidation resistant steel　抗氧化钢，＊耐热不起皮钢， ＊高温不起皮钢　08.0358

oxidation-slagging　氧化造渣　06.0474

oxidation state of metal bath　金属熔池氧化性 05.1100

oxide　氧化物　07.0613

oxide chlorination process　氧化物氯化法　06.1261

oxide dispersion strengthened nickel based superalloy 氧化物弥散强化镍基高温合金　08.0514

oxide film　氧化膜　08.0148

oxide film fracture　氧化膜破裂　09.1191

oxide inclusion　氧化物夹杂　05.1007

oxidizability of slag　炉渣氧化性　05.1112

oxidized paraffin wax soap　氧化石蜡皂　03.0619

oxidizer　氧化剂　02.0393

oxidizing and spontaneous combustion of rock and ore 矿岩氧化自燃　02.1019

oxidizing leaching　氧化浸出　06.0197

oxidizing refining　氧化精炼　06.0402

oxidizing roasting　氧化焙烧　06.0007

oxidizing slag　氧化渣　05.0992

oxidizing smelting　氧化熔炼　06.0074

oxygen balance　氧平衡　02.0403

oxygen bottom-blowing lance　底吹炉氧枪　06.0466

oxygen bottomblown converter process　氧气底吹转炉 炼钢　05.1058

oxygen bottom-blown copper smelting process　氧气底 吹炼铜法　06.0465

oxygen bottom-blown smelting process with blast furnace slag reducing　氧气底吹熔炼–鼓风炉还原炼铅法 06.0521

oxygen bottom-blown smelting process with melt slag direct-reducing　氧气底吹熔炼–液态渣直接还原炼 铅法　06.0522

oxygen-charge ratio　氧料比　06.0446

oxygen depolarization　氧去极化　08.0124

oxygen-enriched air　富氧空气　06.0104

oxygen-enriched air smelting　富氧熔炼　06.0073

oxygen-enriched blast　富氧鼓风　05.0783

oxygen-enriched roasting　富氧焙烧　06.0013

oxygen enrichment　富氧鼓风　05.0783

oxygen free copper　无氧铜　08.0415

oxygen-fuel burner　电炉氧–燃料烧嘴　05.1233

oxygen heat-self smelting　＊氧气自热熔炼　06.0454

oxygen index　氧指数　06.1056

oxygen lance　氧枪　05.1069

oxygen lance lighting　氧枪点火　05.0813

oxygen permeability of slag layer　渣池透氧率 05.1265

oxygen potential　氧位　05.1340

oxygen probe　定氧测头　04.0515

oxygen sensor　氧传感器　04.0513

oxygen sideblown converter process　氧气侧吹转炉炼

钢 05.1059

oxygen supply intensity 供氧强度 05.1096

oxygen supply regime 转炉供氧制度 05.1095

oxygen top blowing/nitrogen stirring process 顶吹底部搅拌转炉熔炼法 06.0455

oxygen topblown converter process 氧气顶吹转炉炼钢，＊LD法 05.1057

oxygen top-blown smelting process 氧气顶吹熔炼法 06.0454

P

Pachuca tank 帕丘卡槽 06.0202

package steel strip 包装钢带 09.0475

packed bed 填充床 04.0389

packing density 堆积密度 05.0356

packing machine 打捆机 09.1381

packing-materials 填料 06.0100

packing materials for baking 焙烧填充料 05.0464

pack rolling 叠轧 09.0400

painted sheet 涂层板 09.0465

pair cross mill 成对交叉辊轧机 09.1270

pair of conjugated points 共轭配对点 04.0081

palladium sponge 海绵钯 06.0922

palletizing 制粒 06.0148

PAN-based carbon fiber 聚丙烯腈基炭纤维 05.0388

panel 盘区 02.0744

panel bender 板料折弯机 09.1546

pan mill 轮碾机 05.0360

paper chromatography 分配色谱法 06.0347

para-goethite process 仲针铁矿法 06.0602

parallel hole 平行炮孔 02.0354

parallel hole cut 平行孔掏槽 02.0348

parallel network 并联网路 02.0927

parallel reaction 平行反应 04.0231

parallel wall mould 平行板型结晶器 05.1472

parameter estimation 参数估值 04.0760

parasite 氟碳钙铈矿 06.1177

parent phase 母相 07.0147

Parkes process 加锌除银法 06.0543

partial briquetting process 配型煤工艺 05.0015

partial correlation coefficient 偏相关系数 04.0722

partial dislocation 不全位错，＊偏位错 07.0089

partial fused layer of mould powder 保护渣烧结层 05.1490

partially stabilized zirconium 部分稳定的氧化锆 04.0509

partial molar quantity 偏摩尔量 04.0104

partial oxidizing roasting 半氧化焙烧 06.0014

partial recrystallization 部分再结晶 07.0383

partial roasting ＊部分焙烧 06.0014

partial strain tensor 偏应变张量 09.0089

particle 颗粒 08.0166

particle size 粒度 03.0029

particle size analysis 颗粒粒度分析 03.0749

particle size analysis by sedimentation 水析 03.0751

particle size distribution 颗粒粒度分布 08.0197

particles reinforced titanium alloy 颗粒增强钛合金 08.0467

parting 金银分离法 06.0878

parting die forging 分部模锻 09.0876

parting form line 分模轮廓线 09.0988

parting line 分模线 09.0987

parting of the pass 锁口 09.0644

parting plane 分模面 09.0986

partition function 配分函数，＊粒子的状态和 04.0202

partitioning wall for filling 充填隔墙 02.0835

PAS 正电子湮没技术 07.0454

pass 道次 09.0294，轧制道次 09.0623，孔型 09.0630

pass convexity 孔型凸度 09.0651

passivated magnesium granule 钝化镁粉 05.1296

passivation 钝化 08.0138

passivation current 钝化电流 08.0140

passivation layer 钝化膜 08.0142

passivation potential 钝化电位 08.0141

passivation tank 钝化槽 09.1516

passivator 钝化剂 08.0146

pass schedule 孔型系统 09.0628

paste 糊料 05.0453

paste cooling 凉料 05.0454

paste filling 膏体充填 02.0818

patenting 铅浴处理，＊铅浴淬火 07.0329

Pauli's exclusion principle　泡利不兼容原理　04.0201

payable grade　可采品位　02.0082

PCI　高炉喷煤粉　05.0770

PC mill　＊PC 轧机　09.1270

PDCA cycle for rolling　轧制 PDCA 循环　09.0270

Pearce-Smith converter　卧式转炉　06.0470

pearlite heat-resistant steel　珠光体耐热钢，＊珠光体热强钢　08.0359

pearlitic cementite　＊珠光体渗碳体　07.0568

pearlitic transformation　珠光体相变　07.0247

pebble mill　砾磨机　03.0320

Pechiney furnace　敞开环式焙烧炉　06.0720

Pedersen process　彼德森法　06.0666

peel strength　剥离强度　08.0027

peep hole　窥视孔　05.0838

Peierls-Nabarro force　派–纳力　07.0120

pellet　球团矿　05.0648

pellet fabrication　制粒　06.0148

pellet firing　球团矿焙烧　05.0674

pellet grate　带式焙烧机　06.0028

pelletizing disc　圆盘制粒机　06.0149

pencil pipe blister　笔管形气泡　05.1581

pendant drop method　垂滴法　04.0645

penetrate testing　渗透检测　07.0494

penetration depth of induced current　感应电流透入度　05.1251

penetration theory　渗透理论　04.0321

pen pit slope enlarging　露天采场扩帮　02.0624

pentlandite　镍黄铁矿　03.0110

percentage elongation after fracture　断后伸长率　08.0028

percentage reduction of area　断面收缩率，＊面缩率　08.0031

percentage uniform elongation　均匀伸长率　08.0029

100 percent continuous casting　全连铸　05.1551

percolation　逾渗　04.0574

percolation leaching　渗滤浸出　06.0191

perfectly mixed flow reactor　全混流反应器　04.0383

perfectly plastic body　＊理想塑性体　09.0036

perfect solution model　完全离子溶液模型　04.0535

perfluorocarbon　全氟化碳　06.0763

performance of procedure　工序性能　05.1661

periclase　方镁石　05.0219

perimeter blasting　周边爆破　02.0447

periodical and coordinated maintenance　计划维修　05.1635

periodic rolling　周期轧制　09.0414

periodic rolling mill　周期断面轧机　09.1245

peripheral discharge ball mill　周边排矿球磨机　03.0312

peripheral traction thickener　周边传动浓缩机　03.0661

periphery hole　周边孔　02.0350

peritectic　包晶体　07.0541

peritectic reaction　包晶反应　04.0082

peritectic temperature　包晶点，＊转熔点　04.0078

peritectoid　包析体　07.0542

peritectoid phase transformation　包析相变　07.0268

perlite　珍珠岩　05.0224，珠光体　07.0582

permalloy　坡莫合金，＊高磁导率合金　08.0557

permanent cathode electrolysis　永久阴极电解　06.0269

permanent contact　持久接触　04.0393

permanent deformation　永久变形　09.0152

permanent linear change　加热永久线变化　05.0202

permanent magnetic alloy　永磁合金，＊硬磁合金　08.0563

permanent magnetic separator　永磁磁选机　03.0421

permanent ramp　固定坑线　02.0662

permanent support　永久支护　02.0578

permeability　透气度　05.0189

permeability of bed luger　料层透气性　05.0620

permeability of rock　岩石渗透性　02.0220

permeability of the burden　炉料透气性　05.0724

permeability of the stock column　料柱透气性　05.0726

permittivity　＊电容率　04.0437

perovskite　钙钛矿　03.0177

peroxytungstatic acid　过氧钨酸　06.1048

perrhenic acid　过铼酸，＊高铼酸　06.1155

perrhenic oxide　氧化铼　06.1158

Perrin process　波伦法　05.0546

petrographic microstructure　岩相显微组织　05.0687

petrography　岩相学　01.0011

petroleum coke　石油焦　05.0420

petroleum sulfonate　石油磺酸盐　03.0617

petrology　岩石学　01.0010

petrol-powered rock drill　内燃凿岩机　02.1105

PFPB　点式下料预焙槽　06.0730

phase　相　04.0062

σ phase　西格玛相　07.0616

phase contrast　相衬度，*相位衬度　07.0442

phase diagram　相图　04.0066

phase diagram of reciprocal salt system　互易三元相图，*四角相图　04.0073

phased mining　分期开采　02.0029

phase equilibrium　相平衡　04.0063

phase equilibrium method　相平衡法　04.0635

phase ratio　相比　06.0303

phase-stability area diagram　相稳定区图　04.0097

phase transformation　相变　07.0183

phase transformation induced plasticity　相变诱发塑性　08.0061

phenomenological relation　线性唯象关系　04.0192

phlogopite　金云母　03.0212

phononic crystal　声子晶体　07.0058

Phosam anhydrous ammonia process　弗萨姆法无水氨　05.0145

phosphate capacity　磷酸物容量　04.0552

phosphating　磷化　07.0358

phosphoric pig iron　高磷生铁，*托马斯生铁　05.0849

phosphoric slag fertilizer　钢渣磷肥　05.1166

phosphorous-arsenical slag　磷砷渣　06.1059

phosphor partition ratio　磷分配比　04.0551

photoelasticity method　光弹性法　09.0189

photoelastic strain-meter　光弹应变计　02.0323

photoelastic stress-meter　光弹应力计　02.0322

photoelectrochemical cell　光电化学电池　04.0503

photographic spent solution　照相废液　06.0887

photographic wastewater　照相废液　06.0887

photometric sorter　光照拣选机　03.0463

photonic crystal　光子晶体　07.0057

photoplasticity method　光塑性法　09.0190

physical adsorption　选矿物理吸附　03.0525，物理吸附　04.0364

physical and mechanical properties of rock　岩石物理力学性质　02.0215

physical chemistry isoelectric point　物化等电点　04.0595

physical chemistry of process metallurgy　冶金物理化学　01.0024

physical distribution of rolling process　轧制物流　09.0261

physical metallurgy　物理冶金[学]　01.0018

physical metallurgy of plastic working　塑性加工金属学　09.0006

physical modeling　物理模型方法　04.0353

physical process　物理过程　04.0034

physical sampling　技术取样，*物理取样　02.0141

physical stripping process　物理剥离法　06.0894

physical vapor deposition　物理气相沉积　08.0164

pickle acid　酸洗液，*酸洗剂，*酸洗介质　09.1097

pickling additive　酸洗添加剂　09.1095

pickling agent　酸洗液，*酸洗剂，*酸洗介质　09.1097

pickling cycle　酸洗周期　09.1096

pickling tank　酸洗槽　09.1511

Pidgeon process　皮江法，*皮金法　06.0771

piercer　穿孔机　09.1296

piercing　穿孔　09.0715

piercing extrusion　穿孔挤压　09.0828

piercing mandrel　穿孔针　09.1494

piercing mill　穿孔机　09.1296

piezomagnetic profile meter　压磁式板形仪　09.1215

pig-casting machine　铸铁机　05.0899

pig iron　生铁　01.0044，生铁块　05.0847

pig iron for steelmaking　炼钢生铁　05.0848

pile steel　钢桩　09.0550

Pilger mill　周期式轧管机　09.1308

Pilger rolling　皮尔格周期式轧管　09.0403

piling-up cooling　堆冷　09.0758

pilot shaft sinking　超前小井掘井法　02.0528

pinched sluice　尖缩溜槽　03.0393

pincher　皱折　09.1149

pinch roll　夹辊　05.1512

pine camphor oil　松醇油，*二号油　03.0630

pine oil　松油　03.0629

pinhole　针孔　05.1580

pinning point　钉扎点　07.0118

pioneer cut　开段沟　02.0631

pipe　管材　09.0025

pipe end machining　管端加工　09.0731

pipe joint　管接头　09.0524

pipe line plate　管线用板　09.0491

pipe line steel　管线钢　08.0380

pipelining of filling materials　充填材料管道输送　02.0830

piston-free jig　无活塞跳汰机　03.0361

piston jig　活塞跳汰机　03.0360

pitch　沥青　05.0431

pitch-based carbon fiber　沥青基炭纤维　05.0389

pitch circle　极心圆，＊分布圆　05.1183

pitch coke　沥青焦　05.0421

pitching orebody　倾斜矿体　02.0064

pit limit stripping ratio　境界剥采比　02.0613

Pitot tube　皮托管　04.0632

pit slab heating furnace　地坑式铸坯加热炉　09.1455

pit teeming　坑铸　05.1585

pitting　点蚀　08.0078

pit working line　露天矿工作线　02.0655

pivot alloy　轴尖合金　08.0619

PIXE　质子 X 射线荧光分析，＊粒子 X 射线荧光分析　07.0472

placer gold　砂金矿　06.0835

plagioclase　斜长石　03.0204

plane defect　面缺陷　07.0123

plane shape control of plate　板材平面形状控制　09.1431

plane-shaped landslide　平面形滑坡　02.0330

plane strain　平面应变　09.0101

plane-strain assumption　平面应变假设，＊平截面假设　09.0301

plane strain state　平面应变状态　09.0104

plane stress characteristic line method　平面应力特征线法　09.0188

plane stress characteristic method　应力特征线法　09.0186

plane stress state　平面应力状态　09.0063

planetary tube mill　行星轧管机　09.1309

planning unit of rolling　轧制计划单元　09.0687

plan view of waste disposal site　排土场平面图　02.0195

plasma arc furnace　等离子电弧炉　05.1271

plasma arc remelting　等离子电弧重熔　05.1270

plasma generator　等离子发生器，＊等离子枪　05.1268

plasma heat treatment　离子轰击热处理　07.0291

plasma induction furnace　等离子感应炉　05.1272

plasma melting　等离子熔炼　05.1267

plasma metallurgy　等离子冶金［学］　01.0030

plasma nitriding　离子渗氮　07.0357

plasma smelting reduction process　等离子熔融还原　05.0958

plasma torch　等离子炬　05.1269

plastic anisotropy　塑性各向异性　09.0217

plastic clay　软质黏土，＊结合黏土　05.0212

plastic constitutive relation　塑性本构关系　02.0235

plastic curve of rolled piece　轧件塑性曲线　09.0352

plastic deformation　塑性变形　07.0360

plastic equation of rolled piece　轧件塑性方程　09.0353

plastic flow　塑性流动　09.0382

plastic forming　塑性成形　09.0017

plastic instability　塑性失稳　09.0165

plasticizer　粉末增塑剂　08.0179

plasticizing agent　增塑剂　05.0240

plastic limit　塑性极限，＊塑性指标　09.0033

plastic mass　胶质体　05.0070

plastic mechanism of coke-making　塑性成焦机理　05.0067

plastic potential　塑性势　09.0130

plastic refractory　耐火可塑料　05.0324

plastic region　塑性区　09.0336

plastic strain ratio　塑性应变比，＊r 值厚向异性指数　09.0208

plastic working　塑性加工　09.0001

plastic-working die steel　塑料模具钢　08.0376

plastic zone　塑性区　09.0336

plasto-hydrodynamic lubrication　塑性流体动力润滑　09.0246

plate　厚板　09.0481

plate-and-frame filter press　板框式压滤机　03.0694

plate and tube ratio　板管比　09.1589

plate electrostatic separator　板式电选机　03.0458

plate for automobile frame　汽车大梁用板　09.0490

plate martensite　片状马氏体　07.0579

plate martensite　＊透镜片状马氏体　07.0579

plate stretcher 厚板拉伸机 09.1527

plate stretching 厚板拉伸 09.0847

plate thickness 板厚 09.0677

platinum black 铂黑 06.0920

platinum group metal 铂族金属 06.0827

platinum sponge 海绵铂 06.0921

plug 顶头 09.0708

plug drawing 有芯棒拉伸，＊衬拉 09.0851

plug flow reactor 活塞流反应器，＊平推流反应器 04.0382

plug flow volume fraction 中间包熔池活塞流区 05.1395

plume 气泡柱 05.1355

plume model 全浮力模型 05.1335

P/M gradient materials 粉末梯度材料 08.0281

P/M high speed steel 粉末高速钢 08.0271

P/M stainless steel 粉末不锈钢 08.0270

pneumatic conveying pipeline 气力运输管道 02.1217

pneumatic conveying system of specimen 风动送样系统 05.1146

pneumatic filling 风力充填 02.0814

pneumatic forming 气压成形 09.0912

pneumatic hammer 空气锤 09.0935

pneumatic hoisting equipment 气力提升设备 02.1076

pneumatichydraulic combined action drill 气液联动凿岩机 02.1108

pneumatic jig 风动跳汰机 03.0362

pneumatic loader 压气装药器 02.0460

pneumatic mechanical agitation flotation machine 充气式机械搅拌浮选机 03.0652

pneumatic pick 气镐，＊风镐 02.1109

pneumatic rock drill 气动凿岩机 02.1103

pneumatic slag stopper 气动挡渣器 05.1154

pneumatic table 风力摇床 03.0377

pockmark 麻点，＊麻面 09.1132

point defect 点缺陷 07.0061

pointed prop fill stoping 点柱充填法 02.0805

point feeder 点式下料器 06.0741

point feed prebake 点式下料预焙槽 06.0730

point group 点群 07.0005

point load strength 点荷载强度 02.0254

point of zero charge 零电点 03.0521

Poisson ratio 泊松比，＊横向变形系数 08.0016

Poisson's ratio of rock 岩石泊松比 02.0223

polar collector 极性捕收剂 03.0587

polarization 极化 04.0461

polarization curve 极化曲线 08.0118

polarization resistance 极化电阻 08.0121

polarography 极谱法 07.0501

pole figure 极图 07.0473

poling reaction 插木还原 06.0496

polishing 抛光 09.1104

pollution film 污染膜 09.0240

polycrase 复稀金矿 06.1181

polycrystal 多晶 07.0037

polycrystalline graphite 多晶石墨 05.0372

polygonal ferrite 等轴状铁素体，＊多边形铁素体 07.0561

polygonization 多边形化 07.0379

polymerization 聚合，＊聚合反应 04.0530

polymetallic nodule 多金属结核 02.0887

polymetallic nodule mining 多金属结核开采 02.0891

polymolybdate 多钼酸盐 06.1078

population 总体 04.0687

pore 孔隙 08.0250

pore-forming material 造孔剂 08.0224

pore size distribution 孔径分布 08.0253

porosity 孔隙率，＊气孔率 04.0328

porosity 疏松 07.0606

porosity of rock 岩石孔隙性 02.0218

porous tungsten 多孔钨 08.0480

port of shaft furnace 竖炉喷火口 05.0665

positive roll bending 正弯辊 09.1348

positive sense moment at all position of converter 全正力矩转炉 05.1067

positron annihilation technique 正电子湮没技术 07.0454

post 立柱 02.0588

post combustion of converter gas 炉气二次燃烧 05.1147

post-drying of slag 炉渣返干 05.1115

post-reaction strength of coke 反应后强度 05.0051

potassium fluozirconate 氟锆酸钾 06.0991

potassium fluoniobate 氟铌酸钾 06.1021

potassium fluotantalate 氟钽酸钾 06.1022

potassium niobate 铌酸钾 06.1031

potassium niobium oxyfluoride 氟氧化铌钾 06.1025

potassium perrhenate 过铼酸钾 06.1156

potassium tantalate 钽酸钾 06.1029

ζ potential ζ电势，*ζ电位 04.0594

potential flow 势流 04.0297

potential functions between molecules 分子间势能 04.0600

potential head 位势头 04.0304

potential of zero charge 零电荷电势 04.0662

potential step method 电势阶跃法，*电位阶跃法 04.0655

potentiometric striping analysis 电势溶出分析，*电位溶出分析 04.0656

potentiometry 电势分析法 04.0666

potentiostat 恒电势仪，*恒电位仪 04.0654

potentiostatic method 恒电势法，*恒电位法 04.0653

pot line 电解槽系列 06.0726

potline current 电解槽系列电流 06.0753

pot-type calciner for carbonaceous materials 罐式炭物料煅烧炉 05.0444

powder 粉末 08.0165

powder extrusion 粉末挤压 08.0242

powder factor 炸药单耗 02.0476

powder forging 粉末锻造 08.0257，粉末模锻 09.0878

powder hot extrusion 粉末热挤压 08.0243

powder injecting lance 喷粉枪 05.1354

powder injection refining 喷粉精炼 05.1310

powder metallurgy 粉末冶金[学] 01.0034

powder metallurgy beryllium 粉末冶金铍 06.1099

powder metallurgy nickel based superalloy 粉末冶金镍基高温合金 08.0513

powder rolling 粉末轧制 09.0406

powder rolling mill 粉末轧机 09.1281

powder sintering 粉末烧结 08.0227

power efficiency 电能效率 06.0439

power for initiation 起爆能力 02.0434

power per unit area 电炉单位面积功率 06.0436

power shovel with tilting boom and conveyor 铲插装载机 02.1125

power spinning 强力旋压，*变薄旋压 09.0897

power supply 矿山供电 02.1219

power utilization coefficient 功率利用系数 06.0437

power utilization factor of UHP-EAF 超高功率电炉功率利用率 05.1215

PPM 推轧穿孔机 09.1298

Prandtl number 普朗特数 04.0361

prebaked anode 预焙阳极，*预焙阳极炭块 05.0403

prebaked anode aluminum electrolysis cell 预焙阳极铝电解槽 06.0728

prebaked cell *预焙槽 06.0728

precedent sieving 预先筛分 03.0283

pre-charging 预装药 02.0461

precious-base metal separation 贵-贱金属分离 06.0904

precious metal 贵金属 06.0826

precious metal based three-way catalyst 贵金属三效催化剂 06.0895

precious metal contact materials 贵金属电接触材料，*贵金属电接点材料 08.0496

precious metal dental materials 贵金属牙科材料 08.0504

precious metal drug medicine 贵金属药物 08.0508

precious metal hard-ware materials 贵金属器皿材料 08.0498

precious metal hydrogen purifying materials 贵金属氢气净化材料，*贵金属透氢材料 08.0502

precious metal jewelry materials 贵金属首饰材料 08.0505

precious metal magnetic materials 贵金属磁性材料 08.0501

precious metal paste 贵金属浆料 08.0506

precious metal powder 贵金属粉 06.0924

precious metal resistance materials 贵金属电阻材料 08.0497

precious metal thermocouple materials 贵金属测温材料 08.0495

precipitant 沉淀剂 03.0576

precipitate 沉淀物 06.0174，析出相 07.0151

precipitated powder 沉淀粉 08.0172

precipitation 沉淀，*脱溶 07.0230

precipitation flotation 沉淀浮选 03.0476

precipitation hardening 沉淀硬化 07.0409

precipitation hardening stainless steel　沉淀硬化不锈钢　08.0351

precipitation sequence　脱溶序列　07.0232

precipitation smelting　沉淀熔炼　06.0389

precipitation strengthened superalloy　沉淀强化高温合金　08.0525

precipitation tank　分解槽，*沉淀槽　06.0686

precipitator　分解槽，*沉淀槽　06.0686

precision　精确度　04.0679

precision blanking　精密冲裁　09.0891

precision die forging　精密模锻　09.0880

precision forging　精密锻造　09.1005

precision forging die　精锻模　09.0940

precision press　精密压力机　09.1561

precision stamping die　精冲模　09.0957

pre-cleaning line　预清洗机组　09.1510

preconcentration　预选　03.0063

pre-dephosphorization in converter　转炉预脱磷　05.1304

pre-dephosphorization of hot metal　铁水预脱磷　05.1302

predesilication　预脱硅　06.0669

pre-desulphurization of hot metal　铁水预脱硫　05.1291

prediction of product property　产品性能预报　09.0271

pre-exponential factor　指前因子，*频率因子　04.0239

preferred orientation　择优取向　09.0209

preforging　预锻　09.1016

preform　预成形坯　08.0208

pre-formed rigid refractory fibre　耐火纤维硬制品　05.0336

preforming　预成形　09.0021

preforming　制坯　09.0949

preforming roll forging　制坯辊锻　09.0964

pregnant solution　富液　06.0207

pre-grinding process of gas coal　气煤预粉碎流程　05.0009

preheating　预热　07.0301

preheating of pellet　球团矿预热　05.0673

preheating of sintering mix　烧结混合料预热　05.0618

pre-heating zone in blast furnace　高炉内预热区　05.0714

preheat zone in sintering　烧结预热带　05.0632

preliminary deoxidation　预脱氧　05.1003

preliminary loosening of sediments　土岩预松　02.0708

preliminary roasting　预焙烧　06.0006

preliminary sintering　初步烧结　06.0138

premagnetizer　预磁器　03.0425

premartensitic transformation　预马氏体相变　07.0266

premature　早爆　02.0485

prepared ore reserves　采准矿量　02.0129

pre-reacted magnesia-chrome brick　预反应镁铬砖　05.0296

prereduced pellet　预还原球团矿　05.0684

pre-reduction　预还原　05.0971

preroasting　预焙烧　06.0006

presensitized plate　PS 基板　08.0443

presintering　预烧结　08.0226

pre-split blasting　预裂爆破　02.0446

press filter　压滤机　03.0693

press hardening　加压淬火　07.0320

pressing　压制　08.0207，冲压　09.0014

press tempering　加压回火　07.0334

pressure baking of carbon materials　炭材料加压焙烧　05.0466

pressure bottoms　蒸馏釜残渣　06.0248

pressured electroslag remelting　加压电渣重熔　05.1258

pressure drop in BF　高炉内压差　05.0757

pressure filtration　加压过滤　03.0678

pressure flotation　加压浮选　03.0479

pressure head　压力头　04.0303

pressure hydrogen reduction　加压氢还原　06.0918

pressure joining　压力缝合　09.1126

pressure leaf filter　加压滤机　03.0695

pressure of stock column　料柱压力　05.0755

pressure peak　压力峰值　09.0334

pressure piercing　压力穿孔　09.0723

pressure-relief blasting　卸压爆破　02.0305

pressure ring　压力环　05.0573

pressure sintering　加压烧结　08.0238

pressure-vessel steel　压力容器钢　08.0401

prestressed mill　预应力轧机　09.1240

pre-stretched aluminum alloy plate 预拉伸铝合金厚板 09.0592

pre-support 预支护 02.0574

primary aluminum 原铝 06.0768

primary amine 伯胺 03.0623

primary battery 一次电池 04.0481

primary blasting 生产爆破 02.0435

primary cementite 一次渗碳体，＊初次渗碳体 07.0565

primary cone crusher 粗碎圆锥破碎机，＊旋回破碎机 03.0262

primary cooling 一次冷却 09.0787

primary cooling zone 一次冷却区 05.1509

primary crushing 粗碎 03.0239

primary energy 一次能源 01.0069

primary energy method 初等能量法 09.0183

primary explosive 起爆药，＊正起爆药 02.0378

primary gas cooler 初冷器 05.0137

primary graphite 一次石墨，＊初次石墨 07.0573

primary magnesium 原镁 06.0817

primary metal 初生金属，＊新金属 09.0765

primary metal working 初次成形加工 09.0018

primary ore dilution ratio 矿石一次贫化率 02.0074

primary reconnaissance 预查 02.0104

primary slag 高铅渣 06.0523

primary slag in BF 高炉初渣 05.0732

primary slime 原生矿泥 03.0048

primary solid solution 一次固溶体 07.0157

primer 起爆药包 02.0431

principal crystalline phase 主晶相 05.0175

principal direction 主方向 09.0046

principal plane 主平面 09.0045

principal shearing strain 主剪应变 09.0086

principal shear stress 主剪应力 09.0049

principal strain 主应变 09.0085

principal strain figure 主应变图示 09.0105

principal strain rate 主应变速率 09.0111

principal stress 主应力 09.0043

principal stress figure 主应力图 09.0044

principle of entropy increase 熵增原理 04.0142

principle of metallurgical processes 冶金原理 04.0002

principle of minimum entropy production 最小熵产生原理 04.0195

principle of minimum Gibbs energy 最小吉布斯能原理 04.0185

principle of similarity 相似原理 04.0351

priorite 钇易解石 06.1179

prismatic dislocation loop 棱柱位错环 07.0094

probability 概率，＊机率 04.0675

probability screen 概率筛 03.0289

probable error 概率误差，＊必然误差 04.0698

probe at sublance tip 副枪探头 05.1138

probes through the tuyere 风口检测装置 05.0762

procedure 工序 05.1619

process 过程 04.0025

process annealing 中间退火 07.0305

process energy ratio 工序能耗 01.0071

process engineering 流程工程学 05.1617

processing excess stock 工艺余块 09.1060

processing lubrication 工艺润滑 09.0239

processing procedure 工序 05.1619

processing sampling 技术加工取样 02.0142

process metallurgy 过程冶金[学] 01.0016

process mineralogy 工艺矿物学 03.0006

process network 流程网络 05.1624

process optimization 过程最优化 04.0732

process property testing 工艺性能检验 09.1195

process structure 流程结构 05.1621

product bin 产品矿仓 03.0720

production rate of BF 高炉容积利用系数 05.0764

production stripping ratio 生产剥采比 02.0614

production technology of open pit 露天矿生产工艺 02.0659

productive exploration 生产勘探 02.0108

productive ore reserves 生产矿量 02.0127

productivity 生产率 01.0066

productivity coefficient 利用系数 01.0067

productivity of rolling mill 轧机生产率 09.1585

proeutectoid cementite ＊先共析渗碳体 07.0567

proeutectoid ferrite 先共析铁素体 07.0560

proeutectic cementite ＊先共晶渗碳体 07.0565

profile 型材 09.0026，板形 09.0673

profile control 板形控制 09.0676

profiled bar 异型材 09.0029

profiled section mill 异型材轧机 09.1246

profiled tube 异型钢管 09.0520

profiled tube drawing 型管拉伸 09.0859

profile equation 板形方程，＊板形模型 09.0692

profile extrusion 型材挤压 09.0807

profile of vessel 转炉炉型 05.1063

profiles anodizing line 铝型材氧化着色机组 09.1538

profiling-copy skew rolling 仿形斜轧 09.0738

program controlled reagent feeder 程控加药机 03.0739

program of process running 流程运行程序 05.1655

propellant explosive 发射药，＊火药 02.0374

property testing of product 产品性能检验 09.1194

Properzi process 连续液铝拉丝法 06.0766

proportional counter 正比计数管 04.0651

proportional limit 比例极限 08.0011

proportioning bin 配料矿槽 05.0603

proportioning pump 定量泵 06.0331

prospective reserves 远景储量 02.0133

protection efficiency 保护效率 08.0136

protection from beryllium toxicity 铍毒防护 06.1105

protection of mine water source 矿山水源保护 02.1043

protection potential 保护电位 08.0134

protective coating 防护涂层，＊防护镀层 08.0153

protective potential range 保护电位区 08.0131

protective slag coating 保护性渣皮 05.0870

Protogyakonov's coefficient of rock strength 普氏岩石强度系数 02.0306

proton-induced X-ray emission 质子 X 射线荧光分析，＊粒子 X 射线荧光分析 07.0472

proton radiography 质子照相术 07.0514

proustite 淡红银矿，＊硫砷银矿 03.0142

proved reserves 探明储量 02.0131

proximate analysis 煤焦工业分析 05.0022

pseudo-eutectic 伪共晶体 07.0534

pseudo-eutectoid 伪共析体 07.0538

pseudo-perlite 伪珠光体 07.0584

psilomelane 硬锰矿 03.0165

PS plate ＊PS 板 08.0443

Pt-Co permanent magnet alloy 铂钴永磁合金 08.0565

Pt-Rh alloy 铂铑合金 08.0538

public nuisance from blasting 爆破公害 02.0494

Puddling process 普德林法 05.1018

pull crack 拉裂 09.1134

pulley and scraper reagent feeder 轮式给药机 03.0737

pulling extrusion 牵引挤压 09.0831

pull source to process running 运行拉力源 05.1666

pulp 矿浆 03.0050

pulp density 矿浆浓度 03.0095

pulp distributor 矿浆分配器 03.0748

pulp-feed roasting 湿法焙烧 06.0019

pulp size 矿浆细度 03.0530

pulsating magnetic field magnetic separator 脉动磁场磁选机 03.0434

pulsating mixing process 脉冲搅拌法 05.1322

pulsator jig 鼓动跳汰机 03.0359

pulse electroplating 脉冲电镀 04.0495

pulse heating 脉冲加热 07.0300

pulverized coal injection 高炉喷煤粉 05.0770

pulverizer 粉磨机 03.0270

pump 水泵 02.1000

pumpability of filling materials 充填料可泵性 02.0831

punch 冲子 09.0936

punching 冲孔 09.0885

punching wad 冲孔连皮 09.0979

pure substance standard 纯物质标准态 04.0174

purification 提纯 06.0004

purification of tailings water 尾矿水净化 03.0713

purified coke oven gas 净焦炉煤气，＊净煤气 05.0115

push and pull rate 堆拉率 09.0368

push bench 顶管机 09.1321

pusher 推钢机 09.1403

pusher dedusting 出焦除尘 05.0101

pusher furnace 推杆式炉，＊半连续炉 09.1574

pusher machine 推焦机 05.0075

pusher-type slab reheating furnace 立推式铸坯加热炉 09.1457

push furnace 推钢式加热炉 09.1446

pushing 推焦 05.0111

pushing force of drawing bolster 拉深垫顶出压力 09.1034

pushing piercing 推轧穿孔 09.0721

push piercing mill 推轧穿孔机 09.1298

push-pull pickling 推拉式酸洗 09.1093

push source to process running 运行推力源 05.1665

push type furnace 多管推舟炉 06.1069

pycnometer 比重瓶 04.0638

pyrargyrite 深红银矿，*硫锑银矿 03.0141

pyrite 黄铁矿，*硫铁矿 03.0171

pyritic smelting *自热焙烧熔炼 06.0385

pyrochlore 烧绿石，*黄绿石 03.0185

pyrolusite 软锰矿 03.0166

pyrolytic carbon 热解炭 05.0382

pyrolytic graphite 热解石墨 05.0383

pyrometallurgical processing of electric scrap 电子废

料的火法冶炼 06.0889

pyrometallurgy 火法冶金[学] 01.0035

pyrometric cone equivalent 标准锥相当值 05.0200

pyrometric reference cone 标准测温锥 05.0198

pyrometry [测]高温学 04.0605

pyrophoric alloy 发火合金，*引火合金 08.0612

pyrophyllite 叶蜡石 03.0233

pyrophyllite brick 蜡石砖 05.0267

pyrorefining 火法精炼 06.0401

pyroxene 辉石 03.0152

pyrrhotite 磁黄铁矿 03.0172

PZC 零电点 03.0521，零电荷电势 04.0662

Q

Q-P steel *Q-P钢 08.0404

qualified product rate 产品合格率 01.0073

quality steel 优质钢 08.0308

quantitative metallography 定量金相 07.0423

quantization 量子化 04.0197

quantum statistics 量子统计 04.0198

quarry 采石场 02.0610

quarrying 露天采石 02.0609

quarternary phase diagram 四元相图 04.0072

quarter waviness 四分之一浪 09.1179

quartz 石英 03.0202

quasi-continuation 准连续化 05.1631

quasicrystal 准晶[体] 07.0040

quasi-lattice model of slag 熔渣似点阵模型 04.0534

quaternary ammonium salt 季铵盐 03.0626

quebracho extract 坚木栲胶，*栲胶 03.0640

quench aging 淬冷时效 07.0343

quenched and tempered steel 调质钢 08.0326

quenching 淬火 07.0312

quenching and tempering 调质 07.0330

quenching-partitioning steel 淬火分配钢 08.0404

quenching station 熄焦塔 05.0109

quenching tower 熄焦塔 05.0109

Queneau-Schuhmann-Lurqi process QSL法 06.0519

Queneau-Schuhmann-Lurqi reactor QSL炉 06.0520

quick-change frame 快速更换台 05.1517

quick die-changing device 快速换模装置 09.0960

quick forging manipulator 快锻操作机 09.0941

quick roll-changing device 快速换辊装置 09.1361

quick sand 流沙 02.0988

R

raceway 风口回旋区，*回旋区，*风口循环区
05.0720

rack-type cooling bed 齿条式冷床 09.1402

radial adjustment of roll 轧辊径向调整 09.0669

radial crushing strength 径向压溃强度 08.0255

radial distribution function 径向分布函数 07.0056

radial draft 径向变形量 09.1008

radial forging 径向锻造，*旋转锻造 09.0881

radiation damage 辐照损伤，*辐射损伤 07.0076

radiation hardening 辐照强化 07.0413

radiation pyrometer 辐射高温计 04.0613

radioactive deposit mining 放射性矿床开采 02.0870

radioactive gas 放射性气体 02.0907

radioactive heat transfer 辐射传热 04.0338

radioactive isotope 放射性同位素 04.0649

radioactive waste disposal 放射性废物处理 02.1048

radio frequency cold crucible method 射频感应冷坩埚
法 06.0370

radiometric mineral processing 放射性选矿 03.0089

radiometric sorter 放射性拣选机 03.0464

raffinate 萃余液 06.0317

rail 钢轨 09.0545

rail-and-section mill　轨梁轧机　09.1231

rail steel　钢轨钢　08.0378

railway development　铁路开拓　02.0667

raise　天井　02.0569

raise boring machine　天井钻机　02.1144

raise cage　吊罐　02.1142

raise climber　爬罐　02.1143

raise connecting survey　天井联系测量　02.0182

raising method of shafting　井筒反掘法　02.0526

rake classifier　耙式分级机　03.0343

rake thickener　耙式浓缩机　03.0664

Raman spectroscopy　拉曼光谱　07.0500

ramified flotation　分支浮选　03.0473

rammed lining　打结炉衬　05.0577

ramming paste　扎缝用糊　06.0714

ramming process　捣打成型　05.0332

ram mix　捣打料　05.0331

randomization　随机化　04.0727

random sampling　随机抽样　04.0751

Raoult's law　拉乌尔定律　04.0170

rapidly solidified powder　快速冷凝粉　08.0176

rapid solidification　快速凝固　07.0193

Rapoport effect　拉波波特效应　06.0723

rare earth　稀土元素　06.1159

rare earth alloy disintegration　稀土合金粉化　06.1278

rare earth alloy slag　稀土合金渣　06.1282

rare earth atom cluster compound　稀土原子簇化合物　06.1169

rare earth bioglass inorganic chemistry　稀土生物无机化学　06.1164

rare earth chemistry　稀土化学　06.1163

rare earth coordination compound　稀土配位化合物，*稀土配合物，*稀土络合化合物　06.1166

rare earth ferrosilicon　稀土硅铁　05.0526

rare earth ferrosilicon-magnesium　稀土硅镁铁　05.0527

rare earth halide　卤化稀土　06.1174

rare earth inorganic complexes　稀土无机配合物　06.1168

rare earth master alloy　稀土中间合金　06.1277

rare earth metal organic chemistry　稀土金属有机化学　06.1165

rare earth organic complexes　稀土有机配合物

06.1167

rare earth permanent magnet with radial orientation　辐向取向稀土磁体　08.0571

rare light metal　稀有轻金属　06.0928

rare metal　稀有金属　06.0926

rare-metal alloy　稀有金属合金　09.0579

rare refractory metal　稀有难熔金属，*难熔金属，*稀有高熔点金属　06.0927

rare scattered metal　稀有分散金属，*稀散金属　06.0929

rate　速率　04.0213

rate determining step　速率控制环节　04.0332

rate of coke fines　焦末含量　05.0042

rate phenomena　速率现象　04.0215

ratio of continuously cast steel　连铸比　05.1033

ratio of direct reduction　直接还原度　05.0711

ratio of vessel volume to capacity　转炉炉容比　05.1068

raw data　原始数据　04.0728

raw steel output　粗钢产量　05.1032

β-ray gaugemeter　β射线测厚仪　09.1205

γ-ray gaugemeter　γ射线测厚仪　09.1206

γ-ray radiographic inspection　γ射线探伤　07.0492

RBS　卢瑟福离子背散射谱法　07.0506

RDE　旋转圆盘法　04.0663

RE　稀土元素　06.1159

reactance coil　电抗器　05.1182

reaction engineering in metallurgy　冶金反应工程学　01.0025

reaction in molten state　熔融反应　06.0162

reaction milling　反应研磨　08.0187

reaction path　反应途径　04.0236

reaction rate　反应速率　04.0216

reaction rate constant　反应速率常数　04.0217

reaction rate equation　反应速率方程　04.0219

reaction shaft　反应塔　06.0181

reaction sintering　反应烧结　08.0239

reaction tower　反应塔　06.0181

reaction zone model　区域反应模型　04.0327

reactivation　再活化　08.0144

reactivation potential　再活化电位　08.0145

reactive silica　活性氧化硅　06.0693

reactivity index of coke　焦炭反应性　05.0050

reactor theory　反应器理论　04.0379

reagent desorption　药剂解吸　03.0583

reagent feeder　给药机　03.0734

reagent removal　脱药　03.0582

reagent scheme　药剂制度　03.0584

realgar　雄黄，＊鸡冠石　03.0189

real gas　实际气体　04.0101

real solution　真实溶液，＊非理想液态混合物　04.0168

reaming cutter head　扩孔刀头　02.1146

reaming raise boring machine　扩孔式天井钻机　02.1145

rebaking of carbon materials　炭材料二次焙烧　05.0465

RE-bearing apatite　含稀土的磷灰石　06.1185

re-blow　补吹　05.1051

rebounded magnesia-chrome brick　再结合镁铬砖　05.0295

rechargeable battery　＊充电电池　04.0504

reciprocal lattice　倒易点阵　07.0004

reciprocating screen　往复筛　03.0291

recirculating flow　循环流　04.0298

recirculation air flow　循环风流　02.0947

reclaimer　取料机　05.0601

recleaning　再精选　03.0069

recoiling line　＊重卷作业线　09.1416

recoiling train　重卷机组　09.1416

reconnaissance　普查　02.0105

reconstruction　结构重组　05.1626

reconstructive transformation　重构型相变　07.0250

recoverable reserves　工业储量　02.0123

recovery　回收率　03.0023

recovery　回复　07.0378

recovery of gallium by carbonation　碳酸化法回收镓　06.1130

recovery of gallium by emulsified membrane process　乳状液膜法回收镓　06.1139

recovery of gallium by lime wash　石灰乳法回收镓　06.1129

recovery of germanium by second volatilization from coal　从煤中二次挥发回收锗　06.1149

recovery of germanium by traditional chlorinated distillation　氯化蒸馏法回收锗　06.1148

recovery of indium by jarosite process　黄钾铁矾法回收铟　06.1142

recovery of indium by oxidizing slag process　氧化造渣法回收铟　06.1140

recovery of indium by wet sulfation process　湿式硫酸化法回收铟　06.1141

recovery of low temperature irradiation damage　低温辐照损伤回复　07.0229

recovery of thallium by alkaline leach-sulfide precipitation　碱浸出–硫化沉淀法回收铊　06.1146

recovery of thallium by chromate precipitation-zinc cementation　铬盐沉淀–锌置换回收铊　06.1145

recrystallization diagram　再结晶图　07.0386

recrystallization temperature　再结晶温度，＊完全再结晶温度　07.0387

recrystallization texture　再结晶织构　07.0600

rectangular electric furnace　矩形电炉　05.0559

rectangular plane coordinates system　平面直角坐标系　02.0165

rectangular soft magnetic alloy　矩磁软磁合金　08.0553

rectification　精馏　06.0256

rectification circuit　电炉整流电路　05.1202

rectification column specific capacity　精馏塔生产率　06.0574

rectification tower　精馏塔　06.0258

rectification under vacuum　真空精馏　06.0257

rectifying transformer　整流变压器　05.1201

recuperative soaking pit　蓄热式均热炉　09.1447

recuperative stove　换热式热风炉　05.0902

recycle gallium　再生镓　06.1131

recycle germanium　再生锗　06.1133

recycle indium　再生铟　06.1132

recycle rhenium　再生铼　06.1134

recycle water　回水　03.0528

red mud　赤泥　06.0680

red mud separation　赤泥分离　06.0681

red mud washing　赤泥洗涤　06.0682

redox electrode　氧化还原电极　04.0446

redox-potential　矿石氧化还原电位　03.0518

redox potential　氧化还原电势，＊氧化还原电位　06.0155

redox reaction　氧化还原反应　04.0045

reduced germanium　还原锗　06.1150

reduced powder　还原粉　08.0173

reduced viscosity　比浓黏度　04.0576

reducibility of iron ore　铁矿石的还原性　05.0677

reducing atmosphere　还原气氛　06.0159

reducing bath　还原槽　06.0160

reducing leaching　还原浸出　06.0198

reducing mill　减径机　09.1312

reducing roasting　还原焙烧　06.0008

reducing slag　还原渣　05.0993

reductant　还原剂　06.0157

reduction coefficient　压下系数　09.0289

reduction degradation　还原粉化　06.0158

reduction distillation　还原蒸馏　06.1270

reduction draft　压下量　09.0285

reduction period of EAF steelmaking　电炉还原期　05.1228

reduction rate　还原速度　06.0156

reduction ratio　破碎比　03.0246，减薄率，＊冲薄率　09.0379

reduction smelting　还原熔炼　06.0077

reduction smelting with slag operation　有渣法熔炼　05.0534

reduction with wet hydrogen　湿氢还原　06.1064

reef drift　脉内巷道　02.0726

reeling mill　均整机　09.1314

reference electrode　参比电极　08.0108

reference state of infinitely dilute solution　无限稀溶液参考态　04.0176

reference temperature　标准锥弯倒温度　05.0199

refined anthracene　精蒽　05.0125

refined cobalt oxide　精制氧化钴　06.0638

refined ferroalloy　精炼铁合金　05.0487

refined-grain superplastic forming　细晶超塑成形　09.0915

refined heavy benzol　精重苯　05.0130

refined magnesium　精镁　06.0810

refined naphthalene　精萘　05.0120

refine-hafnium tetrachloride　精四氯化铪　06.0972

refinery sweeping　精炼厂清扫物料　06.0891

refine-titanium tetrachloride　精四氯化钛　06.0970

refine-zirconium tetrachloride　精四氯化锆　06.0971

refining　精炼　05.1277

refining distillation furnace gas　精馏煤气　06.0047

refining electric furnace　精炼电炉　05.0555

reflux　回流　06.0254

refractoriness　耐火度　05.0197

refractoriness under load　荷重软化温度　05.0201

refractory　耐火材料　05.0174

refractory brick　耐火砖　05.0248

refractory bubble　耐火空心球　05.0236

refractory bubble product　耐火空心球制品　05.0260

refractory castable　耐火浇注料　05.0327

refractory ceramic fibre　耐火陶瓷纤维，＊耐火纤维　05.0333

refractory clay　耐火黏土　05.0211

refractory coating　耐火涂料　05.0345

refractory concrete　耐火混凝土　05.0258

refractory fibre product　耐火纤维制品　05.0335

refractory gold ore　难处理金矿　06.0837

refractory hard metal cathode　耐热硬质合金阴极　06.0746

refractory materials　耐火材料　05.0174

refractory metal　稀有难熔金属，＊难熔金属，＊稀有高熔点金属　06.0927

refractory mortar　耐火泥　05.0320

refractory ore　难选矿石　03.0024

refractory product　耐火制品　05.0247

refrigeration of underground mine　矿井制冷　02.0966

regenerative stove　蓄热式热风炉　05.0901

regenerator　再生塔　05.0150

regenerator of coke oven　焦炉蓄热室　05.0062

regional appraisal　区域评价　02.0103

regional heat balance of blast furnace　高炉区域热衡算，＊区域热平衡　05.0823

regional segregation　＊区域偏析　07.0221

regression analysis　回归分析　04.0714

regression coefficient　回归系数　04.0715

regular solution　正规溶液，＊规则溶液　04.0169

regular solution model　正规离子溶液模型　04.0536

regulating air volume in mine　矿井风量调节　02.0901

regulator　调整剂　03.0569

reheating　加热　09.0600

reheating interrupt by rolling mill　待轧　09.0615

reheating oxidation loss　火耗　09.1020

reheating schedule　加热制度　09.0602

reinforced bar 钢筋 09.0557

reinforced bar steel 钢筋钢 08.0377

reinforcement 加固 02.0575

reinforcement of surrounding rock mass 围岩加固 02.0295

relation among procedure 工序关系 05.1662

relative density 相对密度 08.0189

relative error 相对误差 04.0701

relative height of drawing 拉深相对高度 09.1037

relative knuckle radius of drawing 拉深相对转角半径 09.1038

relative viscosity 相对黏度 04.0578

relaxation time 弛豫时间 05.1627

reliever 辅助孔，*扩槽眼 02.0351

remains 残渣 06.0113

remote control LHD 地下遥控铲运机 02.1136

removing calcium by chemical mineral processing 化学选矿除钙，*盐酸浸泡除钙 06.1198

removing vanadium by aluminum powder 铝粉除钒 06.0980

removing vanadium by copper 铜除钒 06.0979

removing vanadium by mineral oil 矿物油除钒 06.0981

reoxidation 钢水二次氧化 05.1374

re-oxidation in race way 风口区金属再氧化 05.0745

repair truck 检修车 02.1180

repeatability 重复性 04.0681

rephosphorization 回磷 05.0997

replacement ratio 置换比 05.0774

replica 复型 07.0437

REP process 旋转电极雾化 08.0202

repressing 复压 08.0256

reproducibility 再现性，*重现性 04.0682

repulping 再调浆 03.0500

repulp tank 浆化槽 06.0598

reserves estimation 储量估算 02.0134

residence time distribution 停留时间分布 04.0386

residual deposit mining 残矿开采，*二次开采 02.0871

residual element 残留元素 05.1287

residual slag 残渣 06.0113

residual strength of rock 岩石残余强度 02.0259

residual stress 残余应力 09.0068

residual sulphur 残硫 06.0553

residue 残渣 06.0113

residue ratio 浸出渣率 06.0597

resilience 回弹性 05.0207

resin affinity 树脂亲和力 06.0341

resin bed 树脂床 06.0340

resin column 树脂柱 06.0343

resin-in-pulp process 树脂矿浆法 06.0849

resin loading 树脂负载 06.0344

resin poisoning 树脂中毒 06.0345

resin regeneration 树脂再生 06.0342

resin rock bolt 树脂胶结锚杆 02.0597

resintering 复烧 08.0260

resistance 电阻 04.0431

resistance alloy for strain gauge 应变片合金 08.0530

resistance component 电阻分量 05.1211

resistance index 耐磨指数 05.0682

resistance materials for graphitization 石墨化电阻料 05.0479

resistance of electric detonator 电雷管电阻，*全电阻 02.0418

resistance sinter 自阻烧结，*垂熔 06.0939

resistance to deformation 变形抗力 09.0133

resistance welded pipe 电阻焊管 09.0503

resistance weld mill 电阻焊管机 09.1315

resistivity 电阻率 04.0432

resistivity thermo-bimetal 电阻系列热双金属 08.0594

resonance screen 共振筛，*弹性连杆式振动筛 03.0288

resources 资源量 02.0124

rest potential 静电位 03.0515

retained austenite 残余奥氏体 07.0554

retained mandrel pipe mill 限动芯棒连轧管机 09.1305

retained reserves 保有储量 02.0132

retained slag amount in vessel 留渣量 05.1123

retaining wall 挡土墙 02.0703

retarder 抑制剂 05.0244

retort 皮江法还原罐 06.0790

retort reduction process 反应罐直接还原法 05.0952

retort residue 蒸馏残渣 06.0247

retreat mining 后退式开采 02.0742

return fine 烧结返矿 05.0608

return mixture operation with oxygen blowing 返回吹氧法 05.1229

return scrap 返回废钢 05.1218

reverberatory furnace 反射炉 06.0089

reverberatory furnace smelting 反射炉熔炼 06.0428

reverberatory furnace specific capacity 反射炉床能率 06.0432

reverberatory refining 反射炉精炼 06.0493

reverse drawing 反拉深 09.0890

reversed solidification 反向凝固 05.1460

reverse filling 倒装 05.0749

reverse flotation 反浮选 03.0472

reverse point method 逆转点法 02.0210

reverse spinning 逆向旋压，*反旋压 09.1047

reverse transformed austenite 逆转变奥氏体 07.0556

reversible cell 可逆电池 04.0482

reversible electrode 可逆电极 04.0444

reversible process 可逆过程 04.0031

reversible reaction 可逆反应 04.0042

reversible temper brittleness 可逆回火脆性 07.0340

reversing installation for mine fan 矿井返风装置 02.0961

reversing machine 焦炉交换机 05.0080

reversing rolling mill 可逆式轧机 09.1462

reversion 回归 07.0242

revolving chute 旋转流槽 05.0888

revolving die 旋转模 09.1502

Reynolds number 雷诺数 04.0359

rhenium powder 铼粉 06.1154

rheological body 流变体 09.0037

rheological model of rock 岩石流变模型 02.0242

rheological properties of rock 岩石流变性 02.0241

rheologic casting 流变铸造 05.1458

rheology of rolling 轧制流变学 09.0038

rheopexy 触变作用 04.0579

RHM cathode 耐热硬质合金阴极 06.0746

rhodium-iridium chemical separation 铑–铱化学分离 06.0915

rhodochrosite 菱锰矿 03.0168

rhomboidity 钢锭脱方，*菱变 05.1577

rhombus-rhombus pass system 菱–菱孔型系统 09.0656

rhombus-square pass system 菱–方孔型系统 09.0655

RH process *RH 法 05.1321

rib pillar 间柱 02.0748

rib plate 带肋板 09.0496

rich oil 富油 05.0122

rich ore 富矿 02.0030

rich slag 富渣 06.0397

riffle 床条 03.0384

rigid body 刚体 09.0031

rigid cage guide 刚性罐道 02.0538

rigid dummy bar 刚性引锭杆 05.1501

rigid end *刚端 09.0330

rigidity coefficient of rolling mill 轧机刚度系数 09.0363

rigid-plastic body 刚塑性体 09.0036

rigid support 刚性支架 02.0582

rigid unit 刚性组元 05.1667

rigorous physical modeling 精确物理模型方法，*完全模拟 05.1387

rimmed ingot 沸腾钢钢锭 05.1592

ring collar 环形件轧制 09.0874

ring hole 环形炮孔 02.0355

ring matrix 环形聚磁介质 03.0438

ring rolling 环轧 09.0397，环形辗轧 09.0739

ring rolling mill 轧环机 09.1287，辗环机 09.1292

ripper 犁松机 02.1111

RIP process 树脂矿浆法 06.0849

riser 扬矿管道 02.1173

Rist diagram 高炉操作线 05.0723

RMR 岩体质量分级 02.0269

road roller 压路机 02.1202

road scraper 平地机，*平路机 02.1203

roadway 巷道 02.0498

roadway collapse 巷道坍塌 02.0288

roadway lining 巷道衬砌 02.0297

roadway support 巷道支护 02.0296

roasted residue 焙烧渣 06.0898

roaster 焙烧炉 06.0025

roaster specific capacity 焙烧炉床能率 06.0029

roasting 焙烧 06.0005

roasting distillation 焙烧蒸馏 06.0658

roasting furnace 焙烧炉 06.0025

roasting oven 焙烧炉 06.0025

roasting oxidation method 焙烧氧化法 06.1251

roasting with sodium carbonate 碳酸钠焙烧法 06.1199

rock blastability 岩石可爆性 02.0368

rock bolt 锚杆 02.0300

rock bolting support 锚杆支护 02.0592

rock breaker unit 碎石机 02.1158

rock breaking 岩石破碎 02.0364

rock burst 岩爆 02.0292

rock drift 脉外巷道 02.0727

rock drill 凿岩机 02.1102

rock drilling 凿岩，*钻孔 02.0337

rock fragmentation 岩石破碎 02.0364

rocking-shaking sluice 振摆溜槽 03.0396

rock mass mechanics 岩体力学 02.0214

rock mass rating 岩体质量分级 02.0269

rock mechanics 岩石力学 02.0213

rock quality designation 岩石质量指标 02.0268

Rockwell hardness 洛氏硬度 08.0041

rod light source inspection 棒状光源检测 09.1214

rod mill 棒磨机 03.0319

rod rolling 线材轧制 09.0435

roll 轧辊 09.1325

roll axial adjusting 轧辊轴向调整 09.0670

roll balancing device 轧辊平衡装置 09.1358

roll barrel 辊身 09.0634

roll bending 滚弯，*辊弯 09.0741

roll bending force 弯辊力 09.0343

roll body 辊身 09.0634

roll body length 轧辊辊身长度 09.1328

roll breakage 断辊 09.1197

roll carriage 轧辊轴承座 09.1333

roll central line 轧辊中心线 09.0640

roll changing 换辊 09.0666

roll coating 辊涂 09.1127

roll collars 辊环 09.0636

roll consumption 轧辊消耗 09.1590

roll crown 轧辊凸度，*轧辊辊身凸度 09.0344

roll crusher 辊式破碎机 03.0268

roll cutting shears 滚切式剪切机 09.1371

roll deflection 轧辊挠度 09.0345

roll dimension 轧辊尺寸 09.0306

roll eccentric control 轧辊偏心控制 09.1424

rolled-in scale 压入氧化铁皮 09.1133

rolled piece 轧件 09.0023

rolled pit 压痕 09.1137

roll equipartition line *轧辊平分线 09.0640

roller bit 牙轮钻头 02.1087

roller-bit rotary rig 牙轮钻机 02.1086

roller die 辊式模 09.1501

roller die wire drawing 辊式模拉线 09.0862

roller-hearth quenching furnace 辊底式淬火炉 09.1472

roller inspection 辊式检测 09.1212

roller straightening 辊式矫直 09.0751

roller table 辊道 09.1397

roller-type profile straightening machine 型材辊式矫直机 09.1390

roller-type tube and bar straightener 辊式管棒矫直机 09.1387

roll feeder 圆筒布料机 05.0622

roll forging 辊锻 09.0907

roll forging die 辊锻模 09.0965

roll forging mill 锻轧机 09.1282

roll-formed section steel 冷弯型钢 09.0553

roll-formed shape 冷弯型材 09.0732

roll forming 辊压成形，*冷弯成形 09.0908

roll gap 开口度 09.0625，辊缝 09.0635

roll gap control 辊缝控制 09.1440

roll gap detector 辊缝检测仪 09.1209

roll-gap shape equation 辊缝形状方程 09.0691

roll grinder 轧辊磨床 09.1329

roll heating 烫辊 09.0700

rolling 轧制 09.0010

45° rolling 45°轧制 09.0387

rolling carrier 索道货车 02.1214

rolling cycle 轧制周期 09.0621

rolling diagram 轧制图表 09.0618

rolling direction 轧制方向 09.0282

rolling draught 轧制压缩率 09.0622

rolling elastic-plastic curve 轧制弹–塑曲线 09.0356

rolling engineering 轧制工程学 09.0004

rolling establishing process 轧制建成过程 09.0332

rolling force 轧制力 09.0311

rolling force arm 轧制力臂 09.0313

rolling line 轧制线 09.0283

rolling load diagram 负荷图 09.0619

rolling load distribution 负荷分配 09.0620

rolling mill 轧机 09.1221，滚轧机 09.1288

rolling mill adjustment 轧机调整 09.0668

rolling mill interrupt by reheating 待热 09.0614

rolling mill stand 轧机机座 09.1334

rolling model 轧制模型 09.0256

rolling on planetary mill 行星轧制 09.0393

rolling pass 轧制道次 09.0623

rolling period 轧制周期 09.0621

rolling piece 轧件 09.0023

rolling plan 轧制图表 09.0618

rolling plane 轧制面 09.0638

rolling power 轧制功率 09.0320

rolling process control system 过程控制系统
09.1467

rolling process optimization 轧制过程优化 09.0260

rolling rhythm 轧制节奏 09.0262

rolling schedule 轧制规程 09.0302，轧制工艺制度
09.0617

rolling-start temperature 开轧温度 09.0601

rolling stock 轧件 09.0023

rolling temperature 轧制变形温度 09.0291

rolling torque 轧制力矩，＊纯轧制力矩 09.0312

rolling training-studying simulator 轧制培训与研究仿
真器 09.0269

rolling unit 轧制单位 09.0686

rolling vibration induced by processing factor 轧制工
艺振动 09.0370

rolling with grooved roll 有槽轧制 09.0433

rolling with liquid core 液芯轧制 09.0422

rolling with negative deviation 负偏差轧制 09.0423

rolling with tolerance ＊负公差轧制 09.0423

rolling with varying section 变断面轧制 09.0398

roll joint 锁口 09.0644

roll leveler 辊式矫直机 09.1385

roll mark 辊印 09.1141

roll mill 辊磨机 03.0271

roll neck 辊颈 09.0637

roll neutral line 轧辊中性线 09.0639

roll nominal diameter 轧辊名义直径 09.0641

roll opening 辊缝 09.0635

roll pass 孔型 09.0630

roll pass positioning 孔型配置 09.0650

roll primary diameter 轧辊原始直径 09.0642

roll radial adjusting 轧辊径向调整 09.0669

roll rebounding 辊跳 09.0626

roll-screw-down device 轧辊压下装置 09.1341

roll screw-up device 轧辊压上装置 09.1342

roll shift device 轧辊轴向移动装置 09.1360

roll stage cooling device 轧辊分段冷却装置 09.1436

roll table 辊道 09.1397

roll working diameter 轧制直径，＊工作直径 09.0643

romanechite 钡硬锰矿 03.0169

Romelt smelter process Romelt炼铁法 05.0968

roof 炉顶 06.0096

roof falling 冒顶 02.0289

roof of EAF 电炉炉盖 05.1191

roof removing equipment 电炉炉盖移开装置
05.1200

roof ring 炉盖圈 05.1193

room and pillar stoping 房柱采矿法 02.0794

Roots vacuum pump ＊罗茨真空泵 04.0623

Roozeboom rule 罗泽博姆规则，＊连结直线规则
04.0093

rotameter 转子流量计 04.0631

rotary cylinder process 辊筒法 05.1165

rotary forging press 摆辗机 09.1289

rotary forming 回转成形 09.0736

rotary hearth 转底炉 05.0950

rotary hearth furnace process 转底炉直接还原法
05.0951

rotary kiln 回转窑 06.0084

rotary kiln direct reduction process 回转窑直接还原法
05.0948

rotary mixer 圆筒混料机 05.0617

rotary refining furnace 回转精炼炉 06.0494

rotary shears 圆盘式剪切机 09.1368

rotary swaging 旋锻 09.0916

rotated-block forging 滚圆 09.0995

rotating-crystal method 周转晶体法 07.0463

rotating disk electrode 旋转圆盘法 04.0663

rotating electric furnace 炉体旋转电炉 05.0560

rotating hearth furnace 环形加热 09.1449

rotating magnetic field magnetic separator 旋转磁场磁
选机 03.0427

rotating spiral sluice　旋转螺旋溜槽　03.0392
rotational viscometer　旋转黏度计　04.0641
rotoblasting　喷丸清理　09.0595
rotor electrostatic separator　筒型电选机　03.0457
rough concentrate　粗精矿　03.0042
roughing　粗选　03.0066
roughing mill　粗轧机　09.1258
rough rolling　粗轧　09.0405
round　连铸圆坯　05.1445
round billet　圆坯　09.0451
round steel　圆钢　09.0530
route survey of surface mine　露天矿线路测量　02.0194
RQD　岩石质量指标　02.0268
rubber die blanking　橡皮冲裁　09.0926

rubber pad blanking　橡皮冲裁　09.0926
rubber pad drawing　橡皮拉深　09.0927
rubber pad forming　橡皮成形　09.0925
rubbing and spring separation　摩擦与弹跳选矿　03.0078
rubidium carbonate　碳酸铷　06.1123
rubidium iodide　碘化铷　06.1125
Ruhrstahl Heraeus refining process　循环式真空脱气法　05.1321
run-around ramp　回返坑线　02.0665
runner brick　流钢砖，＊汤道砖　05.1600
run of mine　原矿　03.0039
Rutherford backscattering spectrometry　卢瑟福离子背散射谱法　07.0506
rutile　金红石　03.0174

S

sacrificed anode　牺牲阳极　08.0137
sacrificial anode magnesium　镁牺牲阳极　08.0452
saddle forging　马杠扩孔，＊芯轴扩孔　09.0943
safety berm　安全平台　02.0645
safety clearance　安全间隙　02.0540
safety device for breaking of hoist rope　提升钢绳保险器　02.1030
safety distance for blasting　爆破安全距离　02.0496
safety door for hoisting　矿井提升安全门　02.1059
safety fuse　导火索　02.0411
safety pillar　保安矿柱　02.0751
safety signal device　安全信号装置　02.1057
sagging zone　弯曲带　02.0201
Saint Venant equation　＊圣维南方程　09.0106
salamander　炉底积铁，＊死铁层　05.0896
salt-bath furnace　盐浴炉　09.1471
salting effect　＊盐效应　06.0322
salting-out effect　盐析效应　06.0322
samarskite　铌钇矿，＊钶钇矿　06.1180
sample　矿样　03.0745，样本　04.0688
sample representativeness　矿样代表性　03.0747
sampling　采样　03.0746
sand inclusion　夹砂　07.0608
sand seal　沙封　06.0111
sandwich　夹层　09.1165
sandwich rolling　复合轧制，＊双金属轧制　09.0410

sandy alumina　砂状氧化铝　06.0695
saponification　皂化　06.0357
saponification agent　皂化剂　06.0358
saponification extraction　皂化萃取　06.1219
saponification number　皂化值　06.0359
saponification rate　皂化率　06.0360
sash-bar steel　窗框钢　09.0549
satellite hole　辅助孔，＊扩槽眼　02.0351
saturated loading capacity　饱和负载容量　06.0319
saturated solid solution　饱和固溶体　07.0155
saturated vapor pressure　饱和蒸气压　04.0052
saturator　饱和器　05.0143
saw　锯机　09.1377
saw cutting　锯切　09.0744
sawing　锯切　09.0744
sawtooth pulsation jig　锯齿波跳汰机　03.0363
scab　结疤　09.1131
scabbing　高炉下部结瘤　05.0799
scaffolding　高炉上部结瘤　05.0800
scaler　松石撬落机，＊撬毛台车，＊撬毛机　02.1161
scaling　撬毛　02.0478
scanning electron microscopy　扫描电子显微术　07.0427
scanning probe microscopy　扫描探针显微术　07.0448
scanning tunnelling microscopy　扫描隧道显微术

07.0449

scavenging 扫选 03.0068

schedule free rolling 自由程序轧制，＊无规程轧制 09.0428

schedule of extraction and development 采掘计划 02.0040

schedule of ore drawing 放矿制度 02.0855

scheelite 白钨矿，＊钙钨矿，＊钨酸钙矿 03.0133

Schmidt number 施密特数 04.0362

Schottky vacancy 肖特基空位 07.0066

Schrödinger equation 薛定谔方程 04.0797

scorification assay 渣化试金法 06.0872

scorifier 渣化皿 06.0873

SCP 捣固装煤推焦机 05.0077

scrap and hot metal EAF charge 电炉加铁水冶炼技术 05.1189

scrap bridge 搭边 09.1065

scraper 露天铲运机 02.1132

scraper chain conveyor 刮板输送机 02.1209

scraper loading 露天铲运机装载 02.0687

scraper-type loader 耙斗装载机 02.1126

scrap picker 除铁器 03.0451

scrap preheating 废钢预热 05.1188

scratch 划伤 09.1145，直道 09.1155

screen analysis 筛析，＊筛分分析 03.0750

screen box 筛箱 03.0280

screen cloth 筛网 03.0277

screening 筛分 03.0059

screening of carbonaceous materials 炭物料筛分 05.0448

screen opening 筛孔 03.0278

screw dislocation 螺型位错 07.0084

screw rolling 螺旋轧制 09.0401

screw-thread steel 螺纹钢 08.0407

scrubber 擦洗机 03.0407

scrubbing tower 高炉洗气塔 05.0931

scuffing 刮伤 09.1138，划伤 09.1145

seabed nodule mining 海洋采矿[学] 01.0005

sealed dust-exhaust system 密闭抽尘系统 02.0975

sealed hood exhaust gas and fume system of EAF 封闭罩排烟 05.1238

sealed-tube dissolution process 封管溶解法 06.0830

sealing 封孔 09.1118

sealing of anodic oxide film 阳极氧化膜封孔 09.1119

sealing-off 封口 09.1044

seam 结疤 09.1131

seamless tube 无缝管 09.0498

seamless tube rolling mill 无缝管轧机 09.1303

sea water corrosion-resistant steel 耐海水腐蚀钢 08.0356

sea-water magnesia 海水镁砂 05.0231

second alumina 二次氧化铝 06.0762

secondary air 二次空气 06.0105

secondary aluminum 再生铝 06.0769

secondary amine 仲胺 03.0624

secondary anode sludge 二次阳极泥 06.0899

secondary blasting 二次爆破 02.0455

secondary blasting level 二次破碎巷道 02.0764

secondary carbon primary amine 仲碳伯胺 06.1217

secondary cell 二次电池 04.0504

secondary cementite 二次渗碳体 07.0567

secondary conductors and terminals 短网 05.1180

secondary cooling zone 二次冷却区，＊二冷区 05.1510

secondary crushing 中碎 03.0240

secondary crystalline phase 次晶相 05.0176

secondary delimitation of orebody 矿体二次圈定 02.0143

secondary energy 二次能源 01.0070

secondary enrichment 二次富集 03.0558

secondary graphite 二次石墨 07.0574

secondary hardening 二次硬化 07.0341

secondary hematite 次生赤铁矿 05.0693

secondary ion mass spectroscopy 二次离子质谱，＊次级离子质谱 07.0509

secondary magnesium 再生镁 06.0818

secondary metal working 二次成形加工 09.0019

secondary nonmetallic inclusion 次生夹杂物 05.1413

secondary ore dilution ratio 矿石二次贫化率 02.0075

secondary phase 第二相 07.0149

secondary precious metal recovery 二次贵金属回收，＊贵金属再生 06.0885

secondary precious metal resource 贵金属二次资源 06.0884

secondary recrystallization 二次再结晶 07.0384

secondary refining 炉外精炼 05.1278，二次精炼 05.1280

secondary slime 次生矿泥 03.0049

secondary solid solution 二次固溶体 07.0158

secondary stress 附加应力 09.0072

second law of thermodynamics 热力学第二定律 04.0011

second-order coordination displacive transformation 二级配位位移相变 07.0259

second order reaction 二级反应 04.0226

second-order transformation 二级相变 07.0256

sectional die forging 分段模锻 09.0877

sectional method 断面法 02.0135

section product 型材 09.0026

section rolling 型材轧制 09.0439

sedimentation 沉积 03.0371，沉降 04.0583

seed precipitation 晶种析出 06.0229

Seger cone 标准测温锥 05.0198

segment 扇形段 05.1515

segment die 组合模 09.1492

segment die extrusion 组合模挤压，*焊合挤压 09.0829

segmented shell 分段式炉壳 05.1184

segregation 偏析，*离析 07.0217

segregation coefficient 偏析系数 05.1432

segregation degree 偏析度 05.1431

segregation in solidification 凝固偏析 05.1430

segregation process 氯化离析法 06.0231

seizing-up of rolled piece 卡钢 09.1198

selective absorption 选择性吸收 06.0917

selective chelating agent 选择性螯合剂 06.0911

selective corrosion 选择性腐蚀 08.0085

selective crystallization 选分结晶 07.0187

selective flocculation 选择性絮凝 03.0057

selective flocculation flotation 选择性絮凝浮选 03.0498

selective flotation 优先浮选 03.0469

selective leaching 选择性浸出 06.0199

selective mining system 选别开采 02.0641

selective oxidation 选择性氧化 04.0188

selective oxidative-reductive method 选择性氧化还原法 06.1248

selective reduction 选择性还原 08.0204

selective roasting 选择性焙烧 06.0015

selective solution 优溶液 06.1194

selective solution slag 优溶渣 06.1195

selenosis 硒中毒 06.1151

self-adaption 自适应 05.1646

self-aeration mechanical agitation flotation machine 自吸气机械搅拌式浮选机 03.0654

self baking anode 自焙阳极 06.0715

self baking carbon lining 自焙炭衬 05.0579

self-baking electrode 自焙电极 05.0562

self-collapse 自坍塌 05.1643

self-color anodizing 自着色阳极氧化 09.1108

self diffusion 自扩散 07.0168

self-flowing castable 自流浇注料 05.0328

self-fluxing ore 自熔矿 06.0384

self-fluxing sinter 自熔性烧结矿 05.0590

self-generation 自创生 05.1642

self-growth 自生长 05.1645

self-interaction coefficient 自身相互作用系数 04.0180

self-lubrication bearing 自润滑轴承 09.1332

self-organization 自组织 05.1641

self-powered carriage 自行矿车 02.1190

self-propagating high temperature synthesis 自蔓延高温合成 08.0264

self quench hardening 自冷淬火 07.0323

self-reproduce 自复制 05.1644

self-tempering 自回火 07.0333

SEM 扫描电子显微术 07.0427

semi-autogenous mill 半自磨机 03.0330

semi-autogenous smelting 半自热熔炼 06.0386

semi-closed electric furnace 半密闭电炉 05.0552

semicoherent interface 半共格界面 07.0136

semiconductor materials 半导体材料 08.0603

semi-continuous casting 半连续铸造 09.0779

semi-continuous method of melting 半连续熔炼法 09.0767

semicontinuous rolling 半连续轧制 09.0389

semi-continuous rolling mill 半连续轧机 09.1264

semi-counter-current drum magnetic separator 半逆流型圆筒磁选机 03.0413

semidirect sulfate process 半直接法硫铵 05.0141

semi-graphitic cathode carbon block　半石墨质阴极炭块　06.0716

semi-hydrate of magnesium chloride　半结晶水氯化镁　06.0782

semi-killed ingot　半镇静钢钢锭　05.1593

semi-malleable cast iron　半可锻铸铁，＊球墨可锻铸铁　08.0294

semi-micelle adsorption　半胶束吸附　03.0543

semi-micelle concentration　半胶束浓度　03.0544

semi-oxidizing roasting　半氧化焙烧　06.0014

semi-permeable membrane　半透膜　06.0354

semi-product　半成品　09.0030

semi-pyritic smelting　＊半自热焙烧熔炼　06.0386

semi-rigorous physical modeling　半精确物理模型方法，＊部分模拟　05.1388

semi-silica brick　半硅砖　05.0266

semisolid extrusion　半固态挤压　09.0823

semi-solid forming　半固态成形　09.0903

semi-solid metal forging　半固态模锻　09.0918

semi-solid process　半固态加工　09.0020

semi-steel　半钢　05.0981

SEN　浸入式水口，＊长水口　05.1365

sendust　铁硅铝合金　08.0576

Sendzimir mill　森吉米尔轧机　09.1273

sensible heat of hot metal　铁水物理热　05.1107

sensible heat of strand　铸钢显热　05.1405

sensitivity　起爆感度　02.0396，灵敏度　04.0680

sensitizer　敏化剂　02.0392

separate filling　分装　05.0751

separating　分卷　09.0695

separation　分选　03.0062

separation circuit　分选回路　03.0016

separation of inclusion particle　夹杂物颗粒的分离　05.1384

separation of niobium and tantalum　铌钽分离　06.1013

separation of zirconium and hafnium　锆铪分离　06.1006

separator　分选机　03.0013

septum valve for pressure controlling　高压调节阀　05.0880

sequence casting　多炉连浇　05.1552

sequence length　连铸炉次数　05.1562

sequential search　序贯寻优　04.0742

series network　串联网路　02.0926

serpentine　蛇纹石　03.0226

service shaft　措施井　02.0511

sessile dislocation　不动位错　07.0088

sessile drop method　卧滴法　04.0644

set of procedure　流程工序集　05.1659

setting accelerator　促凝剂　05.0242

settler　沉淀池，＊沉淀床　06.0180

settling basin　沉淀池，＊沉淀床　06.0180

settling pot　沉淀锅　06.0525

settling velocity　沉降速度　06.0413

shadowed replica　投影复型　07.0439

shadow mask strip　荫罩钢带　08.0622

shaft angle　高炉炉身角　05.0832

shaft annular drill jumbo　竖井环形钻架　02.1096

shaft arc furnace　竖炉–电弧炉　05.1172

shaft body　井筒　02.0518

shaft boring machine　竖井钻机　02.1150

shaft bunton　罐道梁　02.0536

shaft collar　井筒锁口盘　02.0545

shaft compartment　井格　02.0541

shaft conductor　罐道　02.0535

shaft connection survey　矿井联系测量　02.0168

shaft crucible furnace　井式坩埚炉　06.0808

shaft curbing　井筒壁座　02.0533

shaft deepening　井筒延深　02.0530

shaft deepening survey　矿井延伸测量　02.0183

shaft furnace　竖炉　06.0088

shaft furnace direct reduction method　WS竖炉直接还原法　05.0969

shaft furnace direct reduction process　竖炉直接还原法　05.0947

shaft furnace for pellet production　球团竖炉　05.0663

shaft inset　井筒马头门　02.0519

shaft installation　井筒装备　02.0521

shaft landing　出车台　02.0553

shaft layout　井筒布置　02.0534

shaft lining　井筒衬砌　02.0531

shaft location　井筒位置　02.0520

shaft orientation survey　矿井定向测量，＊矿井平面联系测量　02.0169

shaft plumbing　竖井定向　02.0170

shaft-sinking back hoe mucker　竖井反铲装岩机　02.1149

shaft-sinking grab　竖井抓岩机　02.1148

shaft sinking survey　竖井施工测量　02.0175

shaft station　井底车场　02.0557

shaft submergence　淹井　02.0994

shaft sump　井底水窝　02.0546

shaft umbrella drill jumbo　竖井伞形钻架　02.1097

shaft wall　井壁　02.0532

shaking ladle　摇包[炉]　05.0580

shaking ladle furnace　摇包[炉]　05.0580

shaking table　摇床　03.0373

shaking table tall　摇床塔　03.0386

shallow blow　浅吹　05.1049

shallow breakdown　浅孔落矿　02.0783

shape　板形　09.0673

shaped billet　异形坯　09.0453

shaped insulating product　定形隔热制品　05.0256

shaped roll-type tube and bar straightener　型辊式管棒矫直机　09.1389

∧-shaped segregation　∧形偏析　05.1434

shaped semiproduct　异型坯　05.1449

shaped wire　异型钢丝　09.0564

shape memory alloy　形状记忆合金　08.0615

shape memory effect　形状记忆效应　08.0614

shatter strength of coke　焦炭落下强度　05.0048

shatter test　落下试验　05.0683

shear-flocculation flotation　剪切絮凝浮选　03.0490

shear forming　锥形变薄旋压，*剪切旋压　09.0921

shear fracture　剪切断裂　07.0393

shearing　剪切　09.0746

shearing　切断［冲压］　09.1041

shearing defect　剪切缺陷　09.1154

shearing direction　剪切方向　09.0762

shearing forming　剪切成形　09.0380

shearing strain　剪应变，*切应变　09.0084

shear modulus　剪切模量，*切变模量　08.0013

shears　剪切机　09.1365

shear spinning　锥形变薄旋压，*剪切旋压　09.0921

shear strength　抗剪强度　08.0022

shear strength of weakness　弱面剪切强度　02.0258

shear stress　剪切应力　09.0047

shears with inclined blades　斜刀片剪切机　09.1367

shears with parallel blades　平行刀片剪切机　09.1366

sheet　薄板　09.0457

sheet bar　窄薄板坯　09.0452

sheet billet　窄薄板坯　09.0452

sheet blank　板料　09.0887

sheet forming　板成形　09.0015

sheet metal blank　板料　09.0887

sheet metal forming　板成形　09.0015

sheet mill　薄板轧机　09.1253

sheet profile meter　板形测量仪　09.1207

sheet rolling　薄板轧制　09.0442

sheet thickness　板厚　09.0677

shelf life　有效储存期　02.0410

shell finish rolling　荒管轧制　09.0718

sherardizing　渗锌　07.0354

Sherwood number　舍伍德数　04.0363

shielded arc smelting　遮弧法熔炼　05.0540

shifting coiler　浮动式卷取机　09.1396

shifting uncoiler　浮动式开卷机　09.1392

shipbuilding plate　船板　09.0486

ship building steel　船用钢　08.0397

ship plate　船板　09.0486

shock airflow due to caving　冒落冲击气流　02.1050

Shockley partial dislocation　肖克莱不全位错　07.0091

shock wave from mine air　矿山空气冲击波　02.1049

Shore hardness　肖氏硬度　08.0043

short-cone hydrocyclone　短锥水力旋流器　03.0348

short head cone crusher　细碎圆锥破碎机，*短头圆锥破碎机　03.0264

short plug drawing　短芯杆拉伸　09.0853

short-range order　短程有序，*近程有序　07.0280

short rotary furnace smelting　短旋转炉熔炼　06.0639

short-stress-path mill　短应力线轧机　09.1237

short-stroke extrusion press　短行程挤压机　09.1488

shot content　渣球含量　05.0206

shotcrete　喷射混凝土　02.0299

shotcrete lining　喷射混凝土支护　02.0591

shotcrete machine　混凝土喷射机　02.1164

shotcrete-rock bolt-wine mesh support　锚喷网支护　02.0594

shotcreting robot　混凝土喷射机械手　02.1165

shot peening forming　喷丸成形　09.0928

shredded scrap　裂解废钢　05.1222

shrinkage hole　缩孔　05.1415

shrinkage stoping　留矿采矿法　02.0798

shrinkage stress　收缩应力　05.1419

shrink tail　缩尾　09.1192

shrouded casting stream　铸流保护　05.1373

SHS　自蔓延高温合成　08.0264

shuttle car　梭车　02.1191

shuttle distributor　梭式布料机　05.0621

shuttle kiln　梭式窑，*抽屉窑　05.0366

shuttle-rolling　穿梭轧制　09.0416

SiAlON-bonded corundum brick　赛隆结合刚玉砖　05.0279

side blow　侧吹　05.1045

side-blown converter steelmaking process　碱性侧吹转炉炼钢法　05.1021

side compression device　侧压进装置　09.1354

side-discharging car　侧卸式矿车　02.1188

side press　调宽压力机　09.1295

siderite　菱铁矿　03.0162

side tipping bucket loader　侧卸铲斗装载机　02.1124

side-wall inclination　侧壁斜度　09.0632

sideward flue　侧向烟道　06.0129

side work prebake　边部加工预焙槽　06.0732

sieve bend　弧形筛　03.0294

Sievert's law　西韦特定律，*西华特定律　04.0561

significance level　显著性水平，*置信水平　04.0710

significant figure　有效数字　04.0711

silencer of rock drill　凿岩机消声器　02.1046

silica brick　硅砖　05.0263

silica fume　硅尘　05.0531

silicate bond　硅酸盐结合　05.0180

silicate sludge　硅酸盐渣　06.0690

siliceous modulus　硅量指数　06.0688

siliceous refractory　硅质耐火材料　05.0262

silicic-acidity of slag　渣硅酸度　04.0538

silicofluoride electrolysis　硅氟酸电解　06.0644

silicon metal　金属硅，*工业硅，*结晶硅　05.0493

silicon oxygen tetrahedron　硅氧四面体　04.0526

silicon probe　定硅测头　04.0516

silicon sensor　硅传感器　04.0514

siliconzirconium　硅锆合金　05.0521

silicosis　硅沉着病，*硅肺　02.0969

silicothermic process　硅热法　06.0770

sillimanite　夕线石，*硅线石　03.0206

sillimanite brick　硅线石砖　05.0268

sill pillar　底柱　02.0750

silumin alloy　铝硅铸造合金　08.0445

silver base brazing alloy　银基硬钎焊合金　08.0475

silver electrolytic anode slime　银电解阳极泥　06.0862

silver smelting converter　分银炉　06.0860

silver-zinc crust　银锌渣　06.0544

similarity theorem　相似定理　04.0352

simple reaction　简单反应　04.0222

simple section steel　简单断面型钢　09.0525

simplex optimization　单纯形优化　04.0739

simplified rolling process　简化轧制过程　09.0300

SIMS　二次离子质谱，*次级离子质谱　07.0509

Sims equation for hot rolling force　西姆斯热轧轧制力方程　09.0341

simulation of ore drawing　模拟放矿　02.0789

simultaneous elimination of phosphorus with sulfur removal in hot metal　铁水同时脱硫脱磷　05.1297

single-action hydraulic extrusion press　单动油压挤压机　09.1481

single action hydraulic press　单动液压机　09.1549

single block wiredrawing machine　单模拉线机，*单卷筒拉线机　09.1518

single-bucket excavator　单斗挖掘机，*电铲　02.1113

single chain drawing machine　单链式拉伸机　09.1523

single component phase diagram　单元相图，*一元相图　04.0069

single-component system　单元系　04.0014

single crystal　单晶　07.0036

single crystal growing　单晶生长　07.0200

single crystal nickel based superalloy　单晶镍基高温合金　08.0511

single crystal of graphite　石墨单晶，*单晶石墨　05.0371

single-crystal X-ray diffraction　单晶 X 射线衍射　07.0461

single development system　单一开拓　02.0716

single die wire drawing　单模拉线　09.0860

single layer caving method　单层崩落法　02.0843

single roll caster　单辊式连铸机　05.1454

single-slag operation　单渣操作　05.1110

single stage static precipitator　单区电收尘器　06.0421

single-stand hot rolling mill with single-coiler　单机架单卷取热轧机　09.1458

single-stand hot rolling mill with twin-coiler　单机架双卷取热轧机　09.1459

single-toggle jaw crusher　复摆颚式破碎机　03.0250

single waste flue coke oven　单侧烟道焦炉　05.0056

sink drawing　无芯棒拉伸，＊空拉，＊无衬芯拉伸　09.0850

sinking bucket　吊桶　02.0544

sinking mill　减径机　09.1312

sinking platform　吊盘　02.0543

sinter　烧结矿　05.0587

sinter bed depth　烧结料层厚度　05.0627

sinter breaker　单辊破碎机　05.0644

sinter cake　烧结饼　05.0641

sintered alumina　烧结刚玉　05.0226

sintered contact materials　烧[结]电触头材料　08.0278

sintered electrical contact materials　烧结[电]触头材料　08.0278

sintered filter　烧结过滤器　08.0268

sintered friction materials　烧结摩擦材料　08.0277

sintered magnetic materials　烧结磁性材料　08.0276

sintered metal-matrix composite　烧结金属基复合材料　08.0272

sintered Nd-Fe-B alloy　烧结钕铁硼合金　08.0569

sintered neutron poison materials　烧结中子毒物材料，＊烧结可燃毒物材料　08.0280

sintered nuclear fuel　烧结核燃料　08.0279

sintered part　烧结零件　08.0274

sintered steel　烧结钢　08.0263

sinter forging　烧结锻造　08.0258

sintering　烧结　05.0586，有色烧结　06.0136

sintering agent　烧结助剂　05.0238

sintering box　烧结盒　06.0143

sintering furnace　烧结炉　06.0142

sintering line　烧结线　06.0144

sintering machine　烧结机　05.0592

sintering neck　烧结颈　08.0244

sintering pan　盘式烧结机　05.0593

sintering pot　烧结锅　05.0597

sintering roasting　烧结焙烧　06.0020

sintering terminal point　烧结终点　05.0636

sintering vacuum　烧结负压　05.0635

sinter mix　烧结混合料　05.0614

sinter pallet car　烧结台车　05.0624

sinter proportioning　烧结配料　05.0615

sinter-skin　烧结壳　06.0145

sinter zone　烧结矿带　05.0630

sinusoidal jig　正弦跳汰机　03.0365

sinusoidal oscillation　正弦振动　05.1480

siphon reagent feeder　虹吸给药机　03.0738

siphon-type tapping　虹吸出钢　05.1196

SIRO lance　浸没式喷枪　06.0451

SIRO process　＊赛洛熔炼法　06.0450

six high nonreversing cold mill for Al strip　单机架六辊不可逆式铝材冷轧机　09.1461

size classification of the burden　炉料粒度分级　05.0727

size distribution　粒度分布　05.0354

size effect of rock strength　岩石强度尺寸效应　02.0244

size preparation　整粒　05.0728

sizing　定径　09.0713

sizing mill　定径机　09.1311

sizing nozzle　定径水口　05.1366

skew mill　斜轧机　09.1283

skimmer for hot metal pretreatment　扒渣机　05.1306

skimming ball　挡渣球　05.1151

skimming cone　挡渣帽　05.1152

skimming gate　扒渣口　06.0116

skin blowholes　表面气泡　05.1613

skin flotation　表层浮选　03.0467

skinning extrusion　脱皮挤压　09.0817

skip　箕斗　02.1072

skip dumping arrangement　箕斗卸载装置　02.1074

skip hoist charging　料车卷扬机上料　05.0881

skip loading arrangement　箕斗装载装置　02.1073

skip shaft　箕斗井　02.0513

SKM　结构宏观动力学　04.0210

SKS lead smelting　＊水口山炼铅法　06.0521

skutterudite thermo-electric materials　方钴矿热电材料　08.0541

slab　板坯　05.1446，坯　09.0024，大板坯，＊扁坯　09.0449

slab hot charging　连铸坯热送热装　05.1554

slab method　截面法，＊工程近似法　09.0178

slab-milling machine　扁锭铣面机　09.1454

slab off　片帮　02.0290

slag basicity　渣碱度　04.0537

slag bath　电渣渣池　05.1264

slag bonding　渣相黏结　05.0639

slag carryover　下渣　05.1327

slag cleaning　渣贫化　06.0491

slag conditioning agent for splashing　溅渣调渣剂　05.1126

slag cut-off technique　分渣技术　05.1326

slag deposit and water-cooling panel　水冷挂渣炉壁　05.1186

slag entrapment characteristic number　钢水卷渣特征数　05.1311

slag flotation　渣浮选　06.0492

slag forming　渣化　06.0122

slag-forming period　造渣期　06.0475

slag-free reduction smelting　无渣法熔炼　05.0535

slag from ammonia leaching　氨浸渣　06.1061

slag fuming　炉渣烟化　06.0589

slagging　造渣　06.0112

slagging flux　造渣剂　05.0986

slagging regime　造渣制度　05.1109

slagging with dolomite addition　白云石造渣　05.1119

slag iron-silica ratio　炉渣铁硅比　06.0395

slag ladle　渣罐　05.0859

slagless converter　无渣炼钢　05.1120

slag lime-silica ratio　炉渣钙硅比　06.0396

slag line　渣线　05.1130

slag-metal reaction　渣–金[属]反应　04.0050

slag notch　高炉渣口　05.0860

slag notch cooler　渣口水套　05.0840

slag pattern　渣型　06.0393

slag prefusion equipment　化渣炉　05.1266

slag rate　渣率　06.0483

slag ratio　＊渣比　05.0739

slag resistance　抗渣性　05.0204

slag runner　渣沟　05.0857

slag sand　炉渣砂　06.0118

slag screen　渣幕　06.0444

slag silicate degree　炉渣硅酸度　06.0394

slag smelting　炼渣　06.0642

slag splashing for vessel lining protection　溅渣护炉　05.1121

slag suction with vacuum-pumping　真空吸渣法　05.1307

slag sulphurizing volatilization　炉渣硫化挥发　06.0591

slag tap　放出口　06.0117

slag tapping　出渣　06.0119

slag trap　集渣器　06.0120

slag volume　渣量　05.0739

slag washing　渣洗　05.0545

slender proportion　细长比　09.1014

slice　片层　02.0755

slide gate　水口滑板　05.1363

sliding collapse　滑塌，＊崩滑　02.0335

sliding deformation　滑移变形　09.0220

sliding frame saw　滑座锯机　09.1378

sliding nozzle　滑动水口　05.1362

slime　矿泥　03.0047

slime sluice　矿泥溜槽　03.0391

slime table　矿泥摇床　03.0380

sliming　泥化　03.0064

slinger belt stowing machine　抛掷充填机　02.1168

slinger feeder　抛料机　06.0551

slinger mix　投射料　05.0326

SL injection-flowing centrifugal separator　SL 型射流离心选矿机　03.0398

slip　崩料　05.0797，滑移　07.0366，滑移　09.0303

slip casting　粉浆浇铸　08.0223

slip line　滑移线　07.0369

slip line method　滑移线法　09.0187

slip plane　滑移面　07.0370

slitting　纵切　09.0763

slitting and cut-to-length line　纵横联合剪切机组　09.1407

SLM　支撑液膜　06.1239

slope covering　护坡　02.0702

slope dewatering　边坡疏干　02.0699

slope failure mode　边坡破坏模式　02.0698

slope monitoring　边坡监测　02.0704

slope reinforcement　边坡加固　02.0700

slope sliding failure　滑坡　02.0701

slope stability　边坡稳定性　02.0697

slot　切割槽　02.0759

slot raise　切割天井　02.0760

slotting　切割　02.0771

slot-type tuyere　直缝式喷嘴　05.1089

slow cooling　缓冷　09.0759

slow cooling of rail　钢轨缓冷　09.1075

SL/RN process　SL/RN 回转窑炼铁法　05.0967

sluice　溜槽　03.0389

sluice for coarse particles　粗粒溜槽　03.0390

sluicing　溜槽分选　03.0074

slump of filling materials　充填料塌落度　02.0832

slurry　粉浆　08.0168

slurry electrolysis process　矿浆电解　06.0270

slurry explosive　浆状炸药　02.0385

slurry feeding　浆式进料　06.0550

slurry of blast furnace　高炉瓦斯泥　05.0610

slusher　扒矿机，＊电耙　02.1138

slusher drift　耙矿巷道　02.0765

small angel grain boundary　小角晶界　07.0139

small section mill　小型型材轧机　09.1229

Sm-Co permanent magnet　钐钴永磁合金　08.0564

smelter grade alumina　冶炼级氧化铝　06.0694

smelting　熔炼　05.1276

smelting electric furnace distillation　矿热电炉蒸馏　06.0569

smelting intensity　冶炼强度　05.0766

smelting reduction process　熔融还原炼铁法　05.0953

smelting with flux　熔剂法熔炼　05.0536

smelting zone　熔炼带　06.0078

smithsonite　菱锌矿　03.0129

smokeless charging and dedusting car　消烟除尘车　05.0084

smooth blasting　光面爆破　02.0445

snake　亮点　09.1189

SNIF process　＊斯尼福法　09.0775

snorkel　CAS 浸渍罩　05.1346

soaking　均热　09.0609

soaking of pellet　球团矿均热　05.0675

social scrap　社会废钢　05.1220

soda lime sintering process　碱石灰烧结法，＊烧结法　06.0662

soda slag　苏打渣　06.0542

Söderberg cell　自焙槽　06.0727

Söderberg electrode　＊索德伯格电极　05.0562

sodium aluminate solution　铝酸钠溶液　06.0679

sodium aluminate solution precipitation　铝酸钠溶液分解　06.0683

sodium beryllium fluoride　钠氟化铍，＊氟铍酸钠　06.1092

sodium diethyl dithiocarbamate　二乙基二硫代氨基甲基酸钠，＊乙硫氮　03.0610

sodium-free lithium metal　无钠金属锂　06.1121

sodiumizing-oxidizing roasting　钠化氧化焙烧　06.0953

sodium molybdate　钼酸钠　06.1075

sodium niobate　铌酸钠　06.1032

sodium oleate　油酸钠　03.0614

sodium reduction　钠还原法　06.0935

sodium slag　钠渣　06.0549

sodium swelling index　炭块钠膨胀系数　06.0724

sodium tantalate　钽酸钠　06.1030

sodium vanadium　正钒酸钠　06.0956

soft blow　软吹　05.1046

soft breakage of electrode　电极软断　05.0567

soft burnt dolomite　轻烧白云石　05.0989

soft burnt lime　活性石灰　05.0987

soft cage guide　柔性罐道　02.0537

soft clay　软质黏土，＊结合黏土　05.0212

soft contact mould　软接触结晶器　05.1547

softening　粗铅软化　06.0539

softening and dropping properties of iron ore　铁矿石软化性质　05.0680

softening coefficient of rock　岩石软化系数　02.0226

softening zone　软熔带　05.0716

soft ferrite magnet　软磁铁氧体　08.0558

soft magnetic alloy　软磁合金　08.0551

soft magnetic alloy with constant permeability　恒导磁软磁合金　08.0552

soft magnetic alloy with high saturation magnetization　高饱和磁感软磁合金　08.0555

soft pitch　软沥青，＊低温沥青　05.0441

soft-reduction with liquid core　液芯轻压下　05.1559

soft solder　软钎焊合金　08.0473

software of fluid dynamics　流体力学软件　04.0768

soft water tight cooling　软水密闭循环冷却　05.0868

soil corrosion　土壤腐蚀　08.0071

sol　溶胶　04.0590

solar cell　太阳能电池　04.0502

solar evaporation　暴晒蒸发　06.0214

solenoid superconducting magnetic separator　螺旋管超导磁选机　03.0442

sole plate　垫板　09.0546

solid bowl centrifuger　沉降式离心机　03.0669

solid consumable cathode electrolysis　固态自耗阴极电解　06.1266

solid die　整体式凹模　09.0973

solid electrolyte　固体电解质，＊快离子导体　04.0508

solid electrolyte oxygen concentration cell　固体电解质定氧浓差电池　04.0512

solid-end mine car　固定车厢式矿车　02.1186

solid-film lubrication　固体润滑，＊干膜润滑　09.0233

solidificating processing　凝固过程　05.1403

solidificating shrinkage　凝固收缩　05.1416

solidification　凝固　07.0184

solidification constant　凝固常数　07.0190

solidification front　凝固前沿　07.0185

solidified structure　凝固组织　07.0189

solid-liquid ratio　固液比　06.0850

solid phase electrolysis　固相电解　06.0274

solid punch　整体式凸模　09.0974

solid section　实心型材　09.0588

solid self-lubricant materials　固体自润滑材料　08.0269

solid solubility　固溶度　07.0164

solid solution strengthened superalloy　固溶强化高温合金　08.0524

solid state ionics　固态离子学　04.0400

solid state sintering　固相烧结　08.0233

solidus　固相线　04.0075

solid wall　壁面　04.0775

solubility　溶解度　04.0156

solubility product　溶度积　04.0418

soluble anode electrolysis　＊可溶阳极电解　06.0268

soluble electrode　可溶性电极　04.0443

soluble lubricant　水溶性润滑剂　09.0254

solute　溶质　04.0154

solute segregation on dislocation　位错线上偏析　07.0227

solution　溶液，＊溶体　04.0152

solution containing precious metal　贵液　06.0886

solution loss reaction of carbon　碳素溶解损失反应，＊布杜阿尔反应　05.0722

solution strengthening　固溶强化　07.0407

solution treatment　固溶处理　07.0295

solvent　溶剂　04.0153

solvent extraction　溶剂萃取　06.0302

solvent extraction agent　[溶剂]萃取剂　06.0305

solvent extraction modifier　萃取变更剂　06.0307

solvent extraction-transformation　溶剂萃取转型　06.1243

solvent-in-pulp extraction　矿浆溶剂萃取　06.0328

solvent naphtha　萘溶剂油　05.0131

solvus　固溶线　07.0165

sorbite　索氏体　07.0586

sorter　拣选机，＊辐射分选机　03.0461

sorting　拣选　03.0071

sorting machine　拣选机，＊辐射分选机　03.0461

source of mine air pollution　矿山大气污染源　02.1038

source of mine water pollution　矿山水污染源　02.1040

sow　主铁沟　05.0855

space-filling factor　空间填充率　07.0033

space group　空间群　07.0006

space lattice　空间点阵　07.0003

space order　空间序　05.1651

space-time multi-scale　时空多尺度　05.1670

spacing of exploration engineering　勘探工程网度　02.0117

spare parts and units　备品备件　05.1637

spark sintering　火花烧结　08.0232

spatial structure　空间结构　05.1622

spatio-temporal order　时空序　05.1653

special carbon product　特种炭制品　05.0419

special ferroalloy　特种铁合金　05.0486

specialized mining　特殊采矿　02.0012

special melting　特种熔炼　05.1239

special quality steel　特殊质量钢　08.0309

special shaft sinking　特殊掘井法　02.0522

special shape brick　特异型耐火砖　05.0251

specific consumption of mould powder　保护渣消耗量

05.1498

specific elastic modulus 比刚度 08.0037

specific energy for rock breaking 岩石破碎比能 02.0369

specific extrusion pressure 单位挤压力 09.0374

specific flow rate of bottom-blown gas 底吹气体流量比 05.1098

specific friction force 单位摩擦力 09.0310

specific heat capacity 比热容 04.0120

specific rolling force 单位轧制压力 09.0308

specific rolling-pressure 单位变形力 09.0162

specific stirring power input 单位搅拌功率 05.1334

specific strength 比强度 08.0035

specific surface 比表面 08.0198

specific viscosity 增比黏度 04.0577

specific water amount 比水量 05.1523

specified-length shearing 定尺剪切 09.0748

spectrograde 光谱纯 06.0380

spectroscopic pure 光谱纯 06.0380

specularite 镜铁矿 03.0163

speed control 速度控制 09.1443

speiss 黄渣 06.0651

spent catalyst 失效催化剂 06.0896

sphalerite 闪锌矿 03.0128

sphene 榍石 03.0232

sphere of molecular action 分子作用球 04.0587

spherical charge blasting 球状药包爆破 02.0451

spherical strain tensor 球应变张量 09.0088

spherical stress-tensor 球应力张量 09.0053

spheroidizing 球化退火 07.0308

spheroidizing annealing 球化退火 07.0308

spiegel iron 镜铁 05.0499

spigot 沉砂口 03.0353

spill way 溢洪道 03.0709

spin drawing 旋压拉伸 09.0846

spinning 旋压 09.0917

spinning ability 可旋性 09.1054

spinning lathe 旋压机 09.1576

spinning machine 旋压机 09.1576

spinning nozzle inert-gas flotation process 旋转嘴惰性气体浮选净化法 09.0775

spinning roller 旋轮 09.0971

spinning trace 旋压轨迹 09.1058

spinodal decomposition 斯皮诺达分解 07.0236

spin roller 旋轮 09.0971

spin transistor 自旋晶体管 08.0604

spiral angular liner 角螺旋衬板 03.0316

spiral classifier 螺旋分级机 03.0336

spiral concentrator 螺旋分选机 03.0387

spiral conveyor 螺旋输送机 03.0732

spiral forming 螺旋成形 09.0740

spiral ramp 螺旋坑线 02.0660

spiral sluice 螺旋溜槽 03.0395

spiral welded pipe 螺旋焊管 09.0510

spiral welding 螺旋焊 09.0728

spiral welding mill 螺旋焊管机 09.1316

splash 铸锭结疤 05.1609

splashed slag amount 溅渣量 05.1122

splash plate 防溅板，＊阻溅板 06.0259

split body electric furnace 两段炉体电炉 05.0558

split roll 分节辊 05.1514

splitting rolling 切分轧制 09.0412

SPM 扫描探针显微术 07.0448

spodumene 锂辉石 03.0181

sponge iron 海绵铁 05.0941

spongy indium 海绵铟 06.1143

spongy thallium 海绵铊 06.1144

spontaneous explosion 自爆 02.0487

spontaneous nucleation 自发形核 07.0208

spontaneous process 自发过程，＊自然过程 04.0033

SPR 统计模式识别 04.0791

spray casting 雾化铸造 05.1459

spray cooling 喷雾冷却 09.1084

spray deposition 喷射沉积 08.0241

spray drying 喷雾干燥 06.0239

spray film evaporator 薄膜蒸发器 06.0223

spray molybdenum wire 喷镀钼丝 08.0484

spray pyrolytic decomposition 喷雾热分解 06.0172

spray quenching 喷液淬火 07.0314

spray repair of BF 高炉喷补 05.0803

spray-type air cooler 喷淋式空气冷却器 06.0260

spread 宽展 09.0323

spread coefficient 宽展系数 09.0288

spread extrusion 宽展挤压 09.0820

spread rolling 展宽轧制 09.0427

spring back 弹性后效 08.0008，回弹 09.0377

spring power hammer 弹簧锤 09.1550

spring shaking table 弹簧摇床 03.0376

spring steel 弹簧钢 08.0370

sprung blasting 药壶爆破 02.0440

square bar 方钢 09.0531

square-can drawing 方筒拉深 09.1021

square root law of solidification 凝固平方根定律 05.1411

square segregation 方框偏析 05.1435

squeeze blasting 挤压爆破 02.0449

SRC process 铬矿预还原工艺 05.0547

6-s shaking table 6-s摇床，＊衡阳式摇床 03.0374

stabilized zirconia 稳定性二氧化锆 06.0990

stabilizer 稳杆器 02.1088

stabilizing treatment 稳定化热处理 07.0294

stack 高炉炉身 05.0826

stack angle 高炉炉身角 05.0832

stacker 堆料机 05.0600，码垛机 06.0586

stacking fault 堆垛层错，＊层错 07.0124

stacking fault energy 层错能 07.0127

stacking hardening 层错硬化 07.0415

stacking sequence 堆垛层序，＊堆垛次序 07.0042

stack probes 炉身检测装置 05.0760

stage crushing 阶段破碎 03.0235

stage flotation 阶段浮选 03.0480

stage grinding 阶段磨矿 03.0303

stage of mining 开采步骤 02.0039

staggered drill pattern 三角形布孔 02.0356

stagnation point 驻点 04.0299

stagnation point flow 驻点流 04.0300

stagnation pressure 滞止压力 05.1075

stain energy of dislocation 位错应变能 07.0116

stainless invar alloy 不锈因瓦合金 08.0543

stainless steel 不锈钢 08.0345

stainless steel pipe 不锈钢管 09.0513

stamp-charging coke oven 捣固焦炉 05.0057

stamping 冲压 09.0014

stamping-charging-pusher machine 捣固装煤推焦机 05.0077

stamping machine 捣固机 05.0081

standard cell 标准电池 04.0486

standard cone crusher 中碎圆锥破碎机，＊标准圆锥破碎机 03.0263

standard deviation 标准偏差，＊标准差 04.0705

standard error 标准误差，＊均方误差 04.0702

standard Gibbs energy of formation 标准吉布斯生成能 04.0148

standard hydrogen electrode 标准氢电极 04.0445

standard potential 标准电极电势，＊标准电极电位 04.0454

standard size brick 标准型耐火砖 05.0249

standard state of activity 活度标准态 04.0173

stand equivalent rigidity 机座当量刚度 09.1336

stand lateral rigidity 机座横向刚度 09.1337

stand rigidity 机座刚度，＊机座自然刚度 09.1335

stannite 黝锡矿，＊黄锡矿 03.0136

star antimony 精锑 06.0655

star crack 星形裂纹 05.1571

star crack 星裂 09.1146

starring mixture 衣子，＊起星剂 06.0657

start casting 引锭 05.1499

starter head 引锭头 05.1503

starting sheet 始极片 06.0293

start-up of mine production 矿山投产 02.0035

starvation reagent feeding 饥饿给药 03.0733

statically admissible stress field 静可容应力场 09.0197

static breaking agent 静态破碎剂，＊膨胀破碎剂，＊破碎剂 02.0391

static control of converter 转炉静态控制 05.1134

static recovery 静态回复 07.0228

static strain aging 静态应变时效 07.0244

statistical pattern recognition 统计模式识别 04.0791

statistical thermodynamics 统计热力学，＊统计力学 04.0003

statistical weight 统计权重，＊简并度 04.0203

steady casting rate 稳态铸速 05.1531

steady deformation process 稳定变形过程 09.0154

steady state 稳定状态 04.0243

steady state diffusion 稳态扩散 04.0305

steam-air die forging hammer 蒸汽–空气[模]锻锤 09.0972

steam drying 蒸汽干燥 06.0236

steam-jet vacuum pump 蒸汽喷射泵 05.1347

steam sealing 蒸汽封孔 09.1120

Steckel mill 炉卷轧机，＊施特克尔轧机 09.1293

sted for high heat input welding steel　大线能量焊接用钢　08.0392

steel　钢　01.0046

steel adhering　黏钢　09.1144

steel ball　钢球　09.0570

steel ball rolling　钢球轧制　09.0438

steel belt conveyor　钢绳芯带式输送机　02.1204

steel fiber reinforced concrete　钢纤维混凝土　02.0602

steel for bridge construction　桥梁钢　08.0403

steelmaking　炼钢　05.0979

steel manufacturing process　钢铁制造流程　01.0053

steel strip die　钢带模　09.1558

steel tube for drilling　地质钻探用钢管，＊地质管　09.0518

steel tube for petroleum cracking　石油裂化用钢管　09.0517

steel wire product　金属制品　09.0561

steel wire strand　钢绞线　09.0568

steepest ascent method　最速上升法　04.0749

steepest descent method　最速下降法　04.0750

steeply pitching orebody　急倾斜矿体　02.0065

steep-wall mining　陡帮开采　02.0633

Stefan-Boltzmann law　斯特藩–玻尔兹曼定律　04.0347

stem　挤压轴　09.1496

stemming　炮孔填塞　02.0470

stepped ventilation　阶梯式通风　02.0940

stepwise regression　逐步回归　04.0718

stereogram　极射赤面投影图　02.0102

stereographical view of development system　巷道系统立体图　02.0188

stereographic projection　极射赤面投影　07.0475

stereography　极射赤面投影法　02.0101

stereology in materials science　材料体视学　07.0425

stibnite　辉锑矿　03.0134

stiff materials test machine　岩石刚性材料试验机　02.0264

stiffness　刚度　08.0036

stiffness of rolling mill　轧机刚度　09.0346

stimulus-response mechanism　刺激–响应机制　05.1663

stimulus-response technique　刺激–响应实验　05.1391

stirring by stream pouring　吸吐搅拌，＊注流搅拌　05.1337

stirring leaching　搅拌溶浸　02.0882

stirring mill　搅拌磨机　03.0327

STM　扫描隧道显微术　07.0449

stock distribution at blast furnace top　高炉炉顶布料　05.0747

stock line　料线　05.0756

stockpile　矿堆　03.0714

stock profile meter　料面测量仪　05.0892

stockyard　原料场　05.0599

stoichiometric compound　化学计量化合物，＊整比化合物　04.0105

Stokes' collision　斯托克斯碰撞　05.1380

stoking machine　捣炉机　05.0576

stomach　竹节　09.1157

stope　采场　02.0728

stope dewatering　采场脱水　02.0836

stope raise　采场天井　02.0758

stope room　矿房　02.0746

stope space survey　采场空硐测量　02.0181

stope survey　采场测量　02.0179

stope ventilation　采场通风　02.0945

stoping　回采　02.0777

stoping face　回采工作面　02.0778

stoping space　回采步距　02.0779

stopper　塞棒　05.1357

stopper adjusting device　塞棒控制装置　05.1361

stopper head　塞头　05.1359

stopper rod　塞杆　05.1358

straightening　矫直　09.0749

straightening crack　矫直裂纹　05.1573

straightening machine　矫直机　09.1382

straightening section　矫直段　05.1519

straight forward ramp　直进坑线　02.0664

straight grate machine for pellet firing　球团带式焙烧机　05.0670

straight-line casting machine　直线浇铸机　06.0585

straight-line cooler　带式冷却机　05.0645

straight-line sintering machine　带式烧结机　05.0594

straight mould　直结晶器　05.1466

straight welding　直缝焊　09.0729

strain　应变　09.0082

strain aging　应变时效　07.0243

strain diagram　*应变图示　09.0145

strain energy　应变能　09.0099

strainer　粗滤器　06.0205

strain fatigue　*应变疲劳　08.0050

strain hardening　应变硬化　08.0033

strain-hardening curve　应变硬化曲线　09.0205

strain hardening rate　应变硬化率　07.0361

strain increment theory　应变增量理论，*流动理论　09.0166

strain invariant　应变不变量　09.0090

strain measurement at borehole wall　孔壁应变测量　02.0281

strain measurement at hollow inclusion　空心包体应变测量　02.0282

strain paths　应变路径　09.0098

strain rate　应变[速]率，*应变速度，*变形速度　09.0095

strain rate sensitivity exponent　应变速率敏感性指数　09.0203

strain state　应变状态　09.0103

strain tensor　应变张量　09.0087

strand　[连铸]流　05.1461

strand bending roll　弯曲辊　05.1535

strand distance　铸流间距　05.1462

strand shell　连铸坯凝固壳，*坯壳　05.1507

strand straightening roll　矫直辊　05.1536

strata control　岩层控制　02.0311

strata movement　岩层移动　02.0310

stratification　层理，*层面　02.0248

stray current　杂散电流　02.0493

stray current corrosion　杂散电流腐蚀　08.0068

stream alignment control　注流对中控制　05.1463

stream degassing　钢流脱气　05.1317

stream function　流函数　04.0294

stream line　流线　04.0293

stream roughness characteristic number　注流粗糙度特征数　05.1372

strength　强度　08.0017

strengthening mining　强化开采　02.0042

strength of rock mass　岩体强度　02.0250

stress　应力　09.0039

stress at temperature rising-again　回热应力，*回温应力　05.1420

stress concentration　应力集中　09.0080

stress corrosion　应力腐蚀　08.0088

stress corrosion cracking　应力腐蚀开裂　08.0091

stress deviator　偏应力张量　09.0052

stress diagram　应力图示　09.0076

stress fatigue　*应力疲劳　08.0049

stress field　应力场　09.0040

stress field intensity factor　应力[场]强度因子　08.0059

stress gradient　应力梯度　09.0055

stress invariant　应力不变量　09.0050

stress relaxation　应力松弛　07.0377

stress relief annealing　去应力退火　07.0310

stress relief by overcoring technique　套孔应力解除法　02.0279

stress relief technique　应力解除法　02.0278

stress relieving　去应力退火　07.0310

stress-rupture strength　持久强度　08.0056

stress space　主应力空间　09.0054

stress state　应力状态　09.0041

stress-strain curve　应力–应变曲线　09.0114

stress-strain field　应力–应变场　09.0113

stress tensor　应力张量　09.0042

stretcher-straightening　拉伸矫直　09.0752

stretch forming　拉延成形　09.0910

stretching former　拉形机　09.1563

stretching machine　拉形机　09.1563

stretch-reducing mill　张力减径机　09.1313

string discharge filter　绳带式过滤机　03.0691

string loading　线形装药　02.0464

strip　分条　02.0756，反萃　06.0309，带材　09.0458

strip copper for transformer　变压器铜带　09.0593

stripper tank　种板槽　06.0294

stripping　剥离　02.0611

stripping　脱模　05.1603

stripping agent　反萃剂　06.0310

stripping efficiency　反萃率　06.0311

stripping ratio　剥采比　02.0044

stripping solution　剥离液　06.0893

stripping to crude ore ratio　原矿剥采比　02.0618

stripping to reserve ratio　储量剥采比　02.0617

stroke　冲程　03.0385

stroke of electrode　电极行程　05.0584

strong electrolyte　强电解质　04.0414

structural alloy steel　合金结构钢　08.0325

structural carbon steel　碳素结构钢　08.0324

structural flow filling　结构流充填　02.0817

structural kinetic mechanism　结构宏观动力学　04.0210

structural materials　结构材料　01.0052

structural plane of rock mass　岩体结构面　02.0246

structural steel　结构钢　08.0323

structural titanium alloy　结构钛合金　08.0458

structural transformation　结构相变　07.0252

structure and aggregate state transforming　物态转变　05.1657

structure of rock mass　岩体结构　02.0245

stuffing sand in nozzle　水口引流砂　05.1402

styryl phosphonic acid　苯乙烯膦酸　03.0608

subgrain　亚晶[粒]　07.0594

subgrain boundary　亚晶界　07.0133

sublance of converter　转炉副枪　05.1137

sublevel　分段　02.0754

sublevel caving method　分段崩落法　02.0846

sublevel caving method without sill pillar　无底柱分段崩落法　02.0847

sublevel caving method with sill pillar　有底柱分段崩落法　02.0848

sublevel stoping　分段空场采矿法　02.0795

submarine miner　海底采矿机　02.1178

submerged arc furnace　埋弧电炉　05.0550

submerged arc operation　埋弧作业　06.0434

submerged arc phenomenon　渣下电弧现象　05.1261

submerged arc smelting　埋弧法熔炼　05.0539

submerged arc welded pipe　埋弧焊管，＊电弧焊管　09.0508

submerged entry nozzle　浸入式水口，＊长水口　05.1365

submerged lance　浸没式喷枪　06.0451

submerged spiral classifier　沉没式螺旋分级机　03.0337

sub-shaft　盲井　02.0517

subsidence factor　下沉系数　02.0202

subskin blowholes　皮下气泡　05.1614

substitutional atom　代位原子，＊置换原子　07.0073

substitutional solid solution　代位固溶体，＊置换固溶

体　07.0159

substrate　基底　07.0202

sub-zero treatment　深冷处理　07.0331

successive approximation method　逐次近似法　04.0744

successive ore drawing　依次放矿　02.0857

suction coefficient　引射系数　05.1352

sulfate roasting decomposition　硫酸焙烧分解　06.1196

sulfating　硫酸化　06.0362

sulfide capacity　硫化物容量，＊硫容　04.0548

sulfide inclusion　硫化物夹杂物　05.1008

sulfide precipitation method　硫化物沉淀法　06.1257

sulfidizer　硫化剂　03.0571

sulfur balance in iron making　炼铁硫衡算，＊硫平衡　05.0736

sulfurization roasting　硫酸化焙烧　06.0011

sulfurizing　渗硫　07.0351

sulfur load in BF　高炉硫负荷　05.0735

sulfur partition ratio　硫分配比　04.0547

sulfur pick-up　增硫　05.0999

sulfur print　硫印　07.0422

sulphide　硫化物　07.0612

sulphidizing flotation　硫化浮选　03.0483

sulphidizing refining　硫化精炼　06.0404

sulphurization precipitation　硫化沉淀　06.0634

sulphur residue hot filtering　硫渣热滤　06.0608

superalloy　高温合金　01.0050

super-clean steel　超洁净钢　08.0310

superconducting alloy　超导合金　08.0606

superconducting magnetic separation　超导磁选　03.0080

superconducting magnetic separator　超导磁选机　03.0441

supercooled liquid　过冷液体　04.0053

supercooling　过冷度　07.0213

super dislocation　超位错　07.0092

super fluxed sinter　高碱度烧结矿　05.0591

super-hard aluminum alloy　超硬铝合金，＊超强铝合金　08.0433

superheat　过热度　05.1406

superheating　过热　07.0215

super heavy plate　特厚板　09.0483

super heavy plate mill　特厚板轧机　09.1248

super invar alloy　超因瓦合金　08.0545

superlattice　超点阵，＊超晶格，＊超结构　07.0166

SuperLig OR resin　休帕里 OR 树脂　06.0913

supermendur　铁钴钒合金　08.0577

supernatant solution　上清液　06.0204

superplastic forming　超塑成形　09.0901

super plasticity　超塑性　09.0221

supersaturated precipitation during solidification　凝固
过饱和析出　05.1412

supersaturated solid solution　过饱和固溶体　07.0156

super solidus sintering　超固相线烧结　08.0234

supersonic forming　超声成形　09.0900

supersonic jet　超声速射流　05.1080

supervisory control AGC　监控厚度测量系统，＊监控
AGC　09.1425

super wide and heavy plate　特宽厚板　09.0484

super-wide and heavy plate mill　特宽厚板轧机
09.1249

support　支架　02.0576

support and guiding segment　支撑导向段　05.1516

support device of vessel　转炉支承系统　05.1064

supported liquid membrane　支撑液膜　06.1239

supported liquid membrane extraction　有载体液膜萃
取　06.1241

support grid　支撑格栅　05.1538

surface active site　表面活性质点　03.0517

surface as forged　黑皮锻件　09.1062

surface blow　面吹　05.1050

surface boundary line　地表境界线，＊最终境界线
02.0626

surface charge　表面电荷　03.0516

surface-conditioning　表面清理　09.1099

surface damage　表面损伤　09.1100

surface defect　钢坯表面缺陷　05.1567

surface defect of rolled piece　轧件表面缺陷　09.1130

surface diffusion　表面扩散　07.0170

surface drill rig　露天钻车　02.1099

surface electric locomotive　露天电机车　02.1182

surface energy　表面能　04.0572

surface force　表面力　09.0157

surface mine survey　露天矿测量　02.0189

surface mining　露天采矿　02.0010

surface mining method　露天矿采矿方法　02.0635

surface potential　表面电势，＊表面电位　04.0448

surface quenching　表面淬火　07.0319

surface renewal theory　表面更新理论　04.0322

surface roughness　表面粗糙度　09.0238

surface roughness of liquid stream　注流表面粗糙度
05.1371

surface slag inclusion　表面夹渣　05.1579

surface state of electron　表面电子态　04.0409

surface stress　表面应力　08.0038

surface subsidence　地表沉陷　02.0312

surface subsidence in mine　矿山地表沉陷　02.1052

surface tension　表面张力　04.0573

surface thermodynamics　表面热力学　04.0006

surface topography　表面形貌　09.0237

surface treatment　表面处理　09.1086

surface water　地表水　02.0983

surfactant　表面活性剂　03.0579

surge bin　缓冲矿仓　03.0717

surgical alloy　＊手术用合金　08.0589

surrounding rock　围岩　02.0294

suspension mantle of electrode　电极把持筒　05.0570

suspensory shaking table　悬挂摇床　03.0378

Suzuki atmosphere　铃木气团　07.0128

swage hammer　甩子，＊型锤　09.0946

sweating　发汗　08.0246

sweating materials　发汗材料　08.0625

sweetening process　加矿增浓法　06.0664

swell factor　膨胀系数　02.0483

swelling　还原膨胀率　05.0679

swelling pressure on oven wall　炉墙膨胀压力
05.0108

swing feeder of green pellet　生球摆动布料机
05.0656

swinging die forging　摆动碾压法　09.0898

swing jaw　可动颚板　03.0252

swirl heavy-medium cyclone　旋涡重介质旋流器
03.0352

switch back ramp　折返坑线　02.0663

switch-back shaft station　折返式井底车场　02.0559

switching track for inclined shaft　斜井甩车道
02.0740

SWPB　边部加工预焙槽　06.0732

sylvanite 针碲金银矿 03.0139

sylvite 钾盐 03.0221

symmetry of crystal 晶体的对称性 07.0007

sympathetic detonation 殉爆 02.0401

synchronous oscillation 同步振动 05.1478

synchrotron radiation 同步辐射 07.0515

synergism 协同作用 03.0548

synergist 协萃剂 06.0306

synergistic effect 协同效应 06.0323

synergistic solvent extraction 协同萃取 06.0324

synthesized flash smelting furnace 合成炉 06.0443

synthetic characteristic in tandem rolling 连轧综合特性 09.0358

synthetic magnesia-chrome clinker 合成镁铬砂 05.0233

synthetic schedite 人造白钨矿 06.1057

synthetic slag 合成渣 05.1328

system 体系，＊系统，＊系 04.0013

systematic error 系统误差 04.0696

system optimization on sulfur removal operation 脱硫系统优化 05.1298

T

TA 热分析 07.0476

table feeder 圆盘给料机 05.0612

table flotation 台浮 03.0084

tabling 摇床选矿 03.0372

tabular alumina 片状氧化铝 06.0698

tabular orebody 板状矿体 02.0067

taconite 铁燧岩 03.0160

Tafel's equation 塔费尔方程 04.0452

Tafel slope 塔费尔斜率 08.0122

tail-end cropping 切尾 09.0699

tailings 尾矿 03.0046

tailings area 尾矿场 03.0707

tailings dam 尾矿坝 03.0097

tailings disposal 尾矿处理 03.0704

tailings flume and ditch 尾矿槽 03.0712

tailings impoundment 尾矿库 03.0705

tailings pipeline 尾矿管 03.0711

tailings pond 尾矿池 03.0706

tailings pond safety 尾矿库安全 02.1054

tailings recycling water 尾矿回水 03.0710

tail rope 尾绳，＊平衡钢丝绳 02.1068

talc 滑石 03.0216

tall oil 塔尔油 03.0616

tandem mill 连续式轧机 09.1260

tandem rolling 连轧 09.0388

tangent rule 切线规则 04.0094

tank leaching process 槽浸法，＊新型渗滤–槽浸法 06.0846

tank plate 容器板 09.0488

tank reactor 槽型反应器，＊釜形反应器 04.0385

tannin 单宁 03.0646

tantalum-bearing tin slag 含钽锡渣 06.1007

tantalum carbide 碳化钽 06.1034

tantalum pentachloride 五氯化钽 06.1020

tantalum pentafluoride 五氟化钽 06.1018

tantalum pentoxide 五氧化二钽 06.1015

tantalum-tungsten alloy 钽钨合金 08.0489

tantalum wire for capacitor 电容器用钽丝 08.0490

tantalite 钽铁矿 03.0183

tap density 振实密度，＊摇实密度 08.0192

tapered pipe 锥形管 09.0523

taper heating 梯温加热 09.0837

tapering extrusion 变断面挤压 09.0819

tape transverse rolling mill 楔横轧机 09.1284

tap hole 放出口 06.0117

tap-hole mix 炮泥 05.0342

tap-hole plastic 炮泥 05.0342

tapping breast 出铁口泥套 05.0897

tapping by slag skimming 挡渣出钢 05.1149

tapping spout of EAF 电炉出钢槽 05.1195

tap-to-tap time 出钢到出钢时间，＊冶炼周期 05.1030

tar and ammonia liquor decanter 焦油氨水分离器 05.0140

tar residue 焦油渣 05.0166

tartaric acid 酒石酸 03.0641

TBO 工业蓝色氧化钨 06.1055

TBP 磷酸三丁酯 06.1207

TBRC 顶吹旋转转炉 06.0458

TBRC process 顶吹旋转转炉熔炼法 06.0457

TC 特尼恩特转炉 06.0462

technical grade 工业级 06.0376

technical zirconium 工业级锆，＊原生锆 06.1005

Tecnored shaft furnace Tecnored 炼铁竖炉 05.0964

tectonic stress 构造应力 02.0272

teeming lap 翻皮 05.1610

teeming practice 浇注工艺 05.1595

teeming speed 浇注速度 05.1529

teeming truck 铸锭车 05.1598

telescoping 塔形 09.1187

television fluoroscopy 电视X射线荧光检查 07.0518

TEM 透射电子显微术 07.0428

temperability 回火软化性 07.0335

temperature adjustment for coke oven 焦炉调温 05.0102

temperature boundary layer 温度边界层，＊热边界层 04.0272

temperature coefficient of resistivity 电阻温度系数 04.0433

temperature-concentration section 变温截面，＊多温截面 04.0092

temperature lowering of deep well 深井降温 02.0965

temperature of collapse 标准锥弯倒温度 05.0199

temperature profile of gas and solid phases in blast furnace 基他耶夫曲线 05.0712

temperature regime 温度制度 05.1104

temperature sensitive electrical resistance alloy 温度敏感电阻合金，＊热敏合金 08.0531

tempered martensite 回火马氏体 07.0581

tempered sorbite 回火索氏体 07.0588

tempered troostite 回火屈氏体 07.0587

tempering 回火 07.0332

tempering brittleness 回火脆性 07.0339

tempering resistance 回火稳定性，＊耐回火性 07.0336

temper mill 平整机 09.1257

temper rolling [板带材]平整 09.0434，平整 09.0684

temporary support 临时支护 02.0577

Teniente converter 特尼恩特转炉 06.0462

Teniente converter slag cleaning process 特尼恩特转炉贫化法 06.0490

Teniente converter smelting process 特尼恩特转炉熔炼法，＊特尼恩特法 06.0461

tenorite 黑铜矿 03.0107

tensile deformation 拉伸变形 09.0168

tensile strength 抗拉强度，＊拉伸强度 08.0020

tensile stress 抗拉应力，＊拉应力 09.0066

tensile type of deformation 拉伸变形 09.0168

tension 张力 09.0170

tension coefficient of tandem rolling 连轧张力系数 09.0682

tension coiling 张力卷取 09.0681

tension equation of tandem rolling 连轧张力方程 09.0361

tension reducing 张力减径 09.0712

tension-reducing mill 张力减径机 09.1313

tension rolling 张力轧制 09.0413

tension straightening 张力矫直 09.0753

terminal station of tramway 索道端站 02.1215

ternary amine 叔胺 03.0625

ternary phase diagram 三元相图 04.0071

tertiary cementite 三次渗碳体 07.0569

tertiary recrystallization 三次再结晶 07.0385

tetraethyl lead 四乙铅 06.0535

tetragonality 四方度 07.0046

tetrahedral interstice 四面体间隙 07.0044

tetrahedrite 黝铜矿 03.0104

texture 织构 07.0596

TG 热重法 04.0616

thallium poisoning 铊中毒 06.1147

thawing shed 解冻库 05.0003

the law of minimum resistance 最小阻力定律 09.0141

the law of rational index 有理指数定律 07.0029

the law of volume constancy 体积不变定律，＊体积不变条件 09.0139

theoretical air quantity 理论空气量 09.0607

theoretical plate number 理论塔板数，＊理论塔板高度 06.1237

theory of molecule-ion coexistence in slag 熔渣分子、离子共存理论 04.0525

theory of rock strength 岩石强度理论 02.0236

the principle of virtual work 虚功原理 09.0138

thermal analysis 热分析 07.0476

thermal compensation 热补偿 05.0775

thermal conductivity 热导率，*导热系数 04.0341

thermal decomposition by acid with fluoride 加氟化物的酸热分解 06.1204

thermal decomposition of ore 矿石热分解 06.1191

thermal decomposition with acid 酸热分解 06.1192

thermal decomposition with alkali 碱热分解 06.1193

thermal diffusion 热致扩散 07.0176

thermal diffusivity 热扩散系数，*导温系数 04.0342

thermal effect of induced current 电磁感应热效应 05.1250

thermal efficiency of reheating furnace 加热炉热效率 09.0616

thermal environment of mine 矿井热环境 02.0964

thermal fatigue 热疲劳 08.0051

thermal hysteresis 热滞后 07.0285

thermal-insulation section production line 隔热型材生产线 09.1545

thermal resistance at interface 界面热阻 05.1408

thermal resistance of air gap 气隙热阻 05.1409

thermal shock resistance 抗热震性，*热震稳定性 05.0203

thermal spraying 热喷涂 08.0161

thermal stress 热应力 09.0069

thermobalance 热天平 04.0618

thermo-bimetal 热双金属 08.0591

thermochemical equation 热化学方程 04.0109

thermochemistry 热化学 04.0108

thermocouple 热电偶 04.0610

thermodynamic assessment 热力学评估 04.0787

thermodynamic database 热力学数据库 04.0782

thermodynamic database in metallurgy 无机热化学数据库 04.0781

thermodynamic equilibrium 热力学平衡 04.0057

thermodynamic functions 热力学函数，*热力学量 04.0121

thermodynamic process 热力学过程 04.0026

thermodynamic self-consistency 热力学自洽性 04.0786

thermodynamics of alloy 合金热力学 04.0007

thermodynamics of non-metallic materials 非金属材料热力学 04.0008

thermodynamics of process metallurgy 冶金过程热力学 04.0001

thermo-elastic martensite 热弹性马氏体 07.0580

thermoelastic transformation 热弹性相变 07.0265

thermoelectromotive force 温差热电势，*塞贝克电动势 04.0609

thermogram 热谱图 07.0486

thermography infrared 红外热成像术 07.0484

thermogravimetry 热重法 04.0616

thermomagnetic compensation alloy 磁温度补偿合金，*热磁合金，*热磁补偿合金 08.0560

thermomagnetic treatment 磁场热处理 07.0290

thermo-mechanical controlled process 热轧形变热处理工艺 09.1420

thermo-mechanical processed steel 形变热处理钢 08.0317

thermomechanical treatment 形变热处理 07.0289

thickener 浓密机，*浓密大井 03.0660

thickening cone 浓缩斗 03.0662

thick-film lubrication *厚油膜润滑 09.0235

thickness fluctuation on one plate 同板差 09.0703

thick orebody 厚大矿体 02.0060

thick piece rolling 厚件轧制 09.0349

thin orebody 薄矿体 02.0061

thin piece rolling 薄件轧制 09.0348

thin slab 薄板坯 05.1448

thin slab caster 薄板坯连铸机 05.1457

thin slab casting and rolling 薄板坯连铸连轧 05.1557

thin strip casting 薄带连铸 05.1453

thin-wall pipe 薄壁管 09.0500

thiobacillus ferrooxidant 氧代亚铁硫杆菌 02.0881

thiobacillus thiooxidant 氧化硫杆菌 02.0880

thiocarbamate 硫代氨基甲酸酯盐 03.0602

thiocarbanilide 均二苯硫脲，*白药 03.0598

thiomolybdate 硫代钼酸盐 06.1081

thiourea leaching process 硫脲浸出法 06.0848

third law of thermodynamics 热力学第三定律 04.0012

third phase 第三相 06.0304

thixoforming 触变变形 09.0792

thixotropy 触变作用 04.0579

Thomas steelmaking process 托马斯炼钢法 05.1020

thorite 钍石 03.0224

thorium pyrophosphate 焦磷酸钍 06.1279

three-component system 三元系，＊三组分体系 04.0016

three-dimensional extrusion 三维挤压 09.0822

three-high rolling mill 三辊式轧机 09.1223

three-high tube hot rolling mill 三辊热轧轧管机 09.1506

three-phase froth 三相泡沫 03.0556

three-phase site of horizontal continuous casting 水平连铸三相点 05.1534

three points thickness fluctuation 三点差 09.0705

three-quarter continuous rolling mill 3/4 连续式轧机 09.1263

three-skew-roll piercing mill 三辊斜轧穿孔机 09.1302

three-skew-roll piercing process 三辊斜轧穿孔 09.0725

throat armor 炉喉保护板 05.0864

throat pressure 喉口压力 05.1076

throat probes 炉喉检测装置 05.0761

throw blasting 抛掷爆破 02.0452

TiB2 coated cathode 硼化钛涂层阴极 06.0745

tie line 结线 04.0088

tie plate 锚杆垫板 02.0603

tight bottom 根底 02.0480

tighten scar 勒伤 09.1142

tilt boundary 倾斜晶界 07.0130

tilting mechanism of converter 转炉倾动机构 05.1065

time-characteristic order 时间序 05.1652

time-characteristic structure 时间结构，＊运行结构 05.1623

time on blasting of BF stove 热风炉送风期 05.0916

time quenching 控时淬火 07.0313

time-temperature-transformation diagram ＊TTT 图 07.0275

time utilization coefficient 电炉时间利用系数 06.0438

time utilization factor of UHP-EAF 超高功率电炉时间利用率 05.1216

tin free coated steel sheet 无锡镀层钢板 09.0468

tin pest 锡疫 06.0650

tin sheet 镀锡薄板 09.0473

tip of oxygen lance 氧枪喷头 05.1070

tipping-type car 翻斗式矿车 02.1187

tire 轮箍 09.0572

tire bucket-wheel loader 轮胎式轮斗装载机 02.1131

titanate 钛酸盐 06.0975

titania 二氧化钛 06.0973

α titanium alloy α 钛合金 08.0453

α-β titanium alloy α-β 钛合金 08.0454

β titanium alloy β 钛合金，＊全 β 型钛合金 08.0455

titanium alloy plate 钛合金板 09.0591

titanium alloy tube 钛合金管 09.0589

titanium-aluminum intermetallic compound 钛铝金属间化合物 08.0469

titanium carbide 碳化钛 06.0985

titanium dioxide 二氧化钛 06.0973

titanium nitride 氮化钛 06.0988

titanium pigment 钛白粉 06.0974

titanium-rich slag 高钛渣 06.0966

titanium sand 钛砂 06.0962

titanium slag 钛渣 06.0965

titanium sponge 海绵钛 06.0959

titanium tetraiodide 四碘化钛 06.0976

titanium white 钛白粉 06.0974

titanizing 渗钛 07.0355

titanomagnetite 钛磁铁矿 03.0159

toe 根底 02.0480

toe burden 底盘抵抗线 02.0362

toggle 肘板，＊推力板 03.0253

tolerance error 容许误差 04.0703

toluene arsenic acid 甲苯胂酸 03.0620

tongue type die extrusion 舌型模挤压 09.0830

tool steel 工具钢 08.0364

Toop and Samis structure-related model 图普和塞米斯结构相关模型 04.0533

topaz 黄玉，＊黄晶 03.0208

top blow 顶吹 05.1043

top blowing/bottom stirring process 顶吹底部搅拌转炉熔炼法 06.0455

top-blown rotary converter 顶吹旋转转炉 06.0458

top-blown rotary converter smelting process 顶吹旋转转炉熔炼法 06.0457

top-blown submerged lance smelting process 顶吹浸没式喷枪熔炼法 06.0450

top charger 炉顶加料器 06.0098

top charging coke oven 顶装焦炉 05.0058

top combustion stove 顶燃式热风炉 05.0922

top drive 上传动 09.1450

top-drive press 上传动压力机 09.1565

top filler 炉顶加料器 06.0098

top gas pressure 高炉炉顶煤气压力 05.0777

top gas recovery 高炉煤气回收 05.0925

top hole 顶眼 02.0353

topographic-geological map 地形地质图 02.0146

topologically close-packed phase 拓扑密堆相，* TCP 相 07.0615

toppling failure 倾倒破坏 02.0333

top slicing caving method 分层崩落法 02.0845

top teeming 上铸 05.1587

top tight filling 接顶充填 02.0811

torch cutting 火焰切割 05.1540

torch lighting 火焰点火 05.0812

TORCO process * 托尔考法 06.0468

torpedo car 鱼雷罐车 05.0853

torsional modulus 扭转模量 08.0015

torsional strength 抗扭强度 08.0023

torsional vibration of rolling mill 轧机扭转振动 09.0372

total correlation coefficient 全相关系数，*复相关系数 04.0721

total elongation 轧制总延伸量 09.0296

total elongation coefficient 轧制总延伸系数 09.0297

total exchange capacity 全交换容量，*理论交换容量 06.1228

total impedance 操作总阻抗 05.1210

total reduction 轧制总压下量 09.0295

total strain theory 应变全量理论，*形变理论 09.0167

touchstone 试金石 06.0881

toughening 韧化 07.0418

toughness 韧性 08.0005

tower mill 塔式磨机 03.0325

tower pickling 塔式酸洗 09.1094

tracer atom 示踪原子，*标记原子 04.0648

tracer reagent 示踪剂 04.0650

tracking rolling 跟踪轧制 09.0417

tracking time 传搁时间 09.0612

trackless mining 无轨采矿 02.0840

track rope 承载索 02.1212

traction rope 牵引索 02.1213

traction substation 牵引变电所 02.1225

train 机列 09.1453

train hoisting 串车提升 02.1077

tramp element 痕量偶存元素 05.1286

transfer coefficient of electrochemistry 电化学传递系数，* 势垒对称系数 04.0475

transfer platform 转载平台 02.0681

transformation induced plasticity steel 相变诱导塑性钢 08.0390

transformation stress 相变应力 05.1421

transformation superplastic forming 相变超塑性成形 09.0924

transformation toughening 相变韧化 07.0419

transgranular fracture 穿晶断裂 07.0390

transient liquid-phase sintering 短暂液相烧结，* 瞬时液相烧结 08.0236

transition phase 过渡相 07.0143

transition state theory 过渡状态理论，* 绝对反应速度理论 04.0245

transition temperature of oxidation 氧化转化温度 04.0189

transitory contact 短暂接触 04.0394

transmission electron microscopy 透射电子显微术 07.0428

transpassivation 过钝化 08.0139

transport phenomena 传输现象 04.0250

Transval tube mill 特朗斯瓦尔轧管机 09.1310

transverse cut mining method 横向工作线采矿法 02.0636

transverse facial crack 表面横裂 05.1570

transversely isotropy 横观各向同性 02.0231

transverse rolling 横轧 09.0384

trapezoid jig 梯形跳汰机 03.0366

travelling belt conveyor 移置式带式输送机 02.1206

tray high intensity magnetic separator 盘式强磁场磁选机 03.0432

trenching 掘沟 02.0705

trench prospecting 槽探 02.0111

trench-shape sill pillar 堑沟底柱结构 02.0775

Tresca hexagonal prism 特雷斯卡六棱柱面 09.0128

Tresca yield criteria 特雷斯卡屈服准则 09.0127

tri-alkyl methyl ammonium chloride　氯化甲基三烷基铵　06.1216

trialkyphosphine oxide　三烷基氧化膦　06.1210

triangular section steel　三角钢　09.0534

triboelectric separator　摩擦电选机　03.0454

tribology of metal-working　塑性加工摩擦学　09.0225

tri-butyl phosphate　磷酸三丁酯　06.1207

tricalcium silicate　硅酸三钙　05.0699

tridymite　鳞石英　05.0216

tri-flow heavy medium separator　三流重介质选矿机　03.0405

tri-flow hydrocyclone　三流水力旋流器　03.0350

trimming free rolling　无切边轧制　09.0425

triniobium aluminum　铌三铝　06.1036

triniobium gallium　铌三镓　06.1037

triniobium tin　铌三锡　06.1035

trioctylmethyl ammonium chloride　甲基三辛基氯化铵　06.1215

triple-acting hydraulic press　三动液压机　09.0970

triple-acting press　三动压力机　09.0969

triple point　三相点　04.0076

TRIP steel　相变诱导塑性钢　08.0390

trommel　圆筒筛　03.0293

troostite　屈氏体，＊细珠光体　07.0585

trough　运输溜槽　02.0680

troy ounce　金两单位　06.0883

TRPO　三烷基氧化膦　06.1210

TRT equipment　炉顶煤气余压透平发电装置　05.0874

truck charging　装药车装药　02.0459

truck teeming　车铸　05.1586

truck to shovel ratio　车铲比　02.0642

true deformation　真形变　09.0144

true density　真密度　05.0190

true fracture strength　真实断裂强度　08.0032

true porosity　真气孔率　05.0187

true strain　真应变　09.0102

true stress　真应力　09.0058

true stress-strain curve　真应力–应变曲线　09.0115

true value　真值　04.0683

T-section steel　T 字钢　09.0543

Tsilicov rolling-force equation　采利科夫轧制力公式　09.0339

tube　管材　09.0025

tube continuous cold rolling　管材连续冷轧　09.0447

tube diameter expansion　扩径　09.0710

tube digestion　管道化溶出　06.0672

tube drawing　管材拉伸　09.0849

tube drawing bench　拔管机　09.1320

tube end expansion　扩口　09.0709

tube extrusion　管材挤压　09.0806

tube for air-conditioner and refrigerator　空调管，＊空调与制冷用铜管　09.0578

tube lamination　离层　09.1171

tube mill　管磨机　03.0321

tube reducing　减径　09.0711

tube reeling process　管材均整　09.0719

tube rolling　管材轧制　09.0436

tube skelp　焊管坯　09.0456

tube spinning　筒形变薄旋压，＊流动旋压　09.0913

tubing　油管　09.0516

tubular filter　管式过滤机　03.0690

tubular furnace　管式炉　06.0092

tubular reactor　管型反应器　04.0384

tumbling test index　转鼓指数　05.0681

tundish　中间包，＊中间罐　05.1356

tundish carriage　中间包车　05.1451

tundish characteristic number　中间包特征数　05.1390

tundish impact pad　铸流缓冲垫　05.1400

tundish metallurgy　中间包冶金　05.1282

tundish positioning　中间包车定位　05.1464

tundish powder　中间包覆盖剂　05.1375

α-tungsten　α-钨　06.1053

β-tungsten　β-钨　06.1054

tungsten blue oxide　工业蓝色氧化钨　06.1055

tungsten chloride　氯化钨　06.1050

tungsten-copper composite　钨铜假合金　08.0478

tungsten-copper gradient materials　钨铜梯度材料　08.0481

tungsten fluoride　氟化钨　06.1051

tungsten hexacarbonyl　六羰基钨　06.1052

tungsten oxide　氧化钨　06.1038

tungsten sulfide　硫化钨　06.1049

tungsten-thorium cathode materials　钨钍阴极材料，＊钍钨　08.0482

tungsten trioxide monohydrate　挥发性水合氧化钨

06.1040

tungstic acid　钨酸　06.1039

tunnel　隧道　02.0565

tunnel and ore pass development　平硐溜井开拓
02.0671

tunnel baking kiln for carbon materials　炭材料焙烧隧
道窑　05.0463

tunnel boring machine　平巷钻进机　02.1141

tunnel jumbo　掘进钻车　02.1101

tunnel kiln　隧道窑　05.0364

tunnel kiln direct reducting process　隧道窑直接还原法
05.0970

turbulent boundary layer　湍流边界层　04.0269

turbulent collision　湍流碰撞　05.1382

turbulent flow　湍流，＊紊流　04.0255

turbulent kinetic energy　湍动能　04.0773

turbulent thermal diffusivity　湍流热扩散系数
04.0343

turbulent viscosity　湍流黏度　04.0263

tuyere blockage　风口堵塞　05.0821

tuyere cap　风口盖　05.0863

tuyere cooler　风口水套　05.0839

tuyere dimension　风口尺寸　05.0741

tuyere penstock　风口弯头　05.0841

tuyere puncher　捅风口机　06.0489

twin　孪晶　07.0041

twin-barrelling　双鼓形　09.0175

twin-belt type continuous casting　双带式连续铸造
09.0785

twin flue　双联火道　05.0064

twin-hearth furnace　双床平炉　05.1025

twin martensite　＊孪晶马氏体　07.0579

twinning　孪生　07.0373

twinning deformation　孪晶变形　09.0219

twin-roll caster　双辊式连铸机　05.1455

twin shell electric arc furnace steelmaking　双壳电炉炼
钢　05.1174

twin vortex hydrocyclone　母子水力旋流器　03.0349

twist　扭转　09.1182

twist boundary　扭转晶界　07.0131

two-bell system top　双料钟式炉顶　05.0885

two-color thermometer　比色温度计　04.0615

two-component system　二元系，＊二组分体系
04.0015

two-drum flying shears　双滚筒式飞剪机　09.1376

two-film model　双膜模型　04.0320

two-high rolling mill　二辊式轧机　09.1222

two-high skew-rolling piercing-process　二辊斜轧穿孔
09.0724

two-high tube cold rolling mill　二辊式冷轧管机
09.1507

two point press　双点压力机　09.1569

two shaft orientation　两井定向　02.0172

two skew-roll piercing mill　二辊斜轧穿孔机　09.1297

two-stage calcination　二步煅烧　05.0351

two-stage reduction　两阶段还原　06.1086

two stage smelting reduction　二步法熔融还原
05.0974

two stage static precipitator　双区电收尘器　06.0422

type metal　铅字合金，＊印刷合金　08.0471

typical rolling deformation　典型轧制变形　09.0347

tyre　轮箍　09.0572

tyre round　轮箍坯　09.0454

tyre steel　轮箍钢　08.0379

U

UC mill　＊UC轧机　09.1272

UCS　非限制性压缩强度　02.0251

UHP-EAF　超高功率电炉　05.1170

ultimate analysis　煤焦元素分析　05.0023

ultimate pit slope　露天采场最终边帮　02.0622

ultimate pit slope angle　最终边坡角　02.0628

ultrafine crushing　超细碎　03.0242

ultrafine particle　超细颗粒　03.0034

ultra-high power electric arc furnace　超高功率电炉
05.1170

ultra-high strength steel　超高强度钢　08.0343

ultra low cement castable　超低水泥浇注料　05.0318

ultra low temperature invar alloy　超低温因瓦合金
08.0544

ultrasonic flaw detection　超声波探伤　09.1210

ultrasonic forming　超声成形　09.0900

ultrasonic gas-atomizing　超声雾化，＊超声气体雾化
08.0200

ultrasonic pickling 超声波酸洗 09.1091

ultrasonic precipitation 超声凝聚 04.0599

ultrasonic testing 超声检测，＊超声探伤 07.0488

ultrasonic wire drawing 超声波振动拉线 09.0864

ultraviolet photo-electron spectroscopy 紫外光电子能谱 07.0498

unalloyed steel 非合金钢 08.0306

unclamp coil 松卷 09.0694

unclassified tailings consolidated filling 全尾砂胶结充填 02.0822

uncoiler 开卷机 09.1391

unconfined compressive strength 非限制性压缩强度 02.0251

unconfined shear strength 非限制性剪切强度 02.0257

under-break 欠挖 02.0484

undercooling austenite 过冷奥氏体 07.0555

undercutting 拉底 02.0772

under-drive press 下传动压力机 09.1566

underfill 欠充满 09.1185

underflow 底流 03.0659

underground airflow velocity 井巷风速 02.0910

underground atmosphere 矿井大气 02.0904

underground crusher station 井下破碎站 02.0552

underground dewatering 地下疏干 02.1003

underground electric locomotive 地下电机车 02.1183

underground haulage 井下运输 02.0734

underground in-situ boring and mining leaching 地下原地钻孔浸出 02.0878

underground in-situ crushing and leaching mining 原地破碎浸出采矿 02.0877

underground mining 地下采矿[学] 01.0003，地下采矿 02.0011

underground mining jumbo 地下采矿钻车 02.1100

underground mining method 地下矿采矿方法 02.0743

underground ramp 井下斜坡道 02.0562

underground ramp development system 地下斜坡道开拓 02.0720

underground section substation 地下采区变电所 02.1223

underground survey 井下测量 02.0174

underhand cut and fill stoping 下向分层充填法 02.0803

under-jet coke oven 下喷式焦炉 05.0054

underpickling 欠酸洗 09.1152

under sintering 欠烧结 06.0140

undersize 筛下料 03.0282

unequal angle steel 不等边角钢 09.0538

unequal-sided angle steel 不等边角钢 09.0538

unfired brick 不烧砖 05.0253

unfired magnesia brick 不烧镁砖 05.0287

uniaxial compression 单向压缩变形 09.0172

uniaxial tension 单向拉伸 09.0171

uniform corrosion 均匀腐蚀 08.0076

uniform design of test 均匀试验设计 04.0726

uniform elongation 均匀伸长率 08.0029

uniform ore drawing 均匀放矿，＊削高峰放矿制度 02.0856

unitary ventilation system 统一通风系统 02.0900

unit cell 晶胞 07.0021

unit energy consumption curve of rolling ＊单位轧制能耗曲线 09.0322

unit flotation cell 单槽浮选 03.0534

unit process 单元过程 06.0001

universal crown mill 万能凸度轧机 09.1272

universal rolling mill 万能轧机 09.1232

universal spindle 万向接轴 09.1362

universal wide flange H section 万能宽边 H 型钢 09.0542

unloading chamber 卸载硐室 02.0547

unmanned mining 无人采矿 02.0014

unreacted core model 未反应核模型，＊缩核模型 04.0323

unscreened coke 混合焦 05.0035

unshaped refractory 不定形耐火材料 05.0257

unsymmetrical rolling 不对称轧制 09.0391

UOE welded pipe UOE 焊管 09.0511

UOE weld-pipe mill UOE 焊管机 09.1317

up cast process 上引式连铸法 09.0781

up cut shears 下切式剪切机 09.1370

uphill diffusion 上坡扩散 07.0174

upper bainite 上贝氏体 07.0589

upper bound method 变形力计算上界法，＊上限法 09.0180

upper loop flow in strand 铸坯上环流 05.1505

UPS 紫外光电子能谱 07.0498

upsetter 平锻机 09.0968

upsetting 镦粗 09.0870

upsetting ratio 镦粗比 09.0982

upside-shaped U type combined method 倒U形联合法
06.0982

uptake flue 上向烟道 06.0128

uraninite 晶质铀矿 03.0195

USGA 超声雾化, *超声气体雾化 08.0200

U-shaped support 马蹄形支架 02.0581

utility nickel 通用镍 06.0625

V

vacancy 空位 07.0062

vacancy cluster 空位团 07.0064

vacancy condensation 空位凝聚 07.0068

vacancy diffusion 空位扩散 07.0172

vacancy sink 空位阱 07.0067

vacancy-solute complex 空位–溶质原子复合体
07.0070

vacancy wind effect 空位流效应 07.0072

vacuum and seal cap 钢包抽真空盖 05.1344

vacuum arc remelting 真空电弧重熔 05.1273

vacuum breaker 真空断路器 05.1179

vacuum casting 真空铸锭 05.1318

vacuum degassing 真空脱气 05.1316

vacuum dehydration *真空脱水 06.0238

vacuum distillation 真空蒸馏 06.0245

vacuum-distilled magnesium 真空蒸馏镁 06.0811

vacuum drying 真空干燥 06.0238

vacuum evaporation 真空蒸发 06.0215

vacuum extrusion 真空挤压 06.0242

vacuum filter 真空过滤机 03.0682

vacuum filtration 真空过滤 03.0677

vacuum flotation 真空浮选, *减压浮选 03.0497

vacuum flotation machine 真空浮选机 03.0653

vacuum forming 真空成形 09.0920

vacuum gauge 真空规, *真空计 04.0620

vacuum hot pressed beryllium 真空热压铍 06.1100

vacuum impregnating 真空浸渍 05.0359

vacuum induction furnace melting 真空感应炉熔炼
05.1246

vacuum ladle 真空抬包 06.0804

vacuum metallurgy 真空冶金[学] 01.0029

vacuum oxygen decarburization process 真空吹氧脱碳
法 05.1319

vacuum remelting refining 真空重熔精炼 06.1273

vacuum rolling 真空轧制 09.0407

vacuum rolling mill 真空轧机 09.1280

vacuum sintering 真空烧结 06.0137

vacuum skull furnace 真空凝壳炉 05.1274

vacuum smelting 真空熔炼 06.0071

vacuum switch 真空开关 05.1177

vacuum vaporizer 真空蒸发器 06.0219

valence electron 价电子 04.0469

valuable mineral 有用矿物 02.0002

value-added metallurgy 增值冶金 06.0002

valve steel 阀门钢 08.0396

vanadate 钒酸盐 06.0957

vanadic oxide 五氧化二钒 06.0955

vanadinite 钒铅矿 03.0125

vanadium anhydride 五氧化二钒 06.0955

vanadium-bearing hot metal 含钒铁水 06.0950

vanadium extraction by converter blowing 转炉提钒
06.0952

vanadium extraction by spray blowing 雾化提钒
06.0951

vanadium extraction from hot metal 铁水提钒
05.1308

vanadium oxide slag 钒渣 05.0533

vanadium slag 高钒渣 06.0954

vanadium sponge 海绵钒 06.0958

vanadium titano-magnetite 钒钛磁铁矿 03.0157

van der Waals bond 范德瓦耳斯键 07.0051

Vanyukov smelting process 瓦纽科夫熔炼法
06.0463

vapometallurgy 气化冶金, *挥发冶金 06.0003

vapor cooler 汽化冷却器 06.0264

vapor grown carbon fiber 气相生长炭纤维 05.0390

vapor pressure method 蒸气压法 04.0633

vapour drying 蒸汽干燥 06.0236

variable crown mill 可变凸度轧机 09.1271

variable rigidity mill 变刚度轧机 09.1277

variable roll spacing section straightener　变辊距型材矫直机　09.1384

variance　方差　04.0706

variance analysis on orthogonal table　正交表的方差分析　04.0725

variational method　变形力计算变分法　09.0184

VC mill　*VC 轧机　09.1271

VCR stoping　VCR 采矿法　02.0797

VD　真空脱气　05.1316

vein　矿脉　02.0068

vein gold　脉金矿　06.0836

velocity　速度　04.0214

velocity boundary layer　速度边界层　04.0271

velocity break　速度间断　09.0109

velocity distribution　流动速度场　04.0771

velocity field　速度场　09.0108

velocity head　速度头　04.0302

velocity potential　速度势　04.0296

vent　放气口　06.0130

ventilation efficiency　风量有效率　02.0950

ventilation in hot and deep mine　深热矿井通风　02.0903

ventilation resistance　通风阻力　02.0912

ventilation shaft　风井　02.0516

ventilation with comb-shaped entries　梳式通风　02.0944

ventilation with top-and-bottom spaced entries　上下间隔式通风　02.0943

ventilation with two-parallel-tower entries　平行双塔式通风　02.0942

Venturi meter　文丘里流量计　06.0070

Venturi scrubber　文丘里洗涤器，*文丘里管除尘器　06.0069

Venturi tube　*文丘里管　06.0070

vermicular cast iron　蠕墨铸铁　08.0292

vermiculite　蛭石　05.0223

Verneuil method　*维纽尔法　06.0374

vertical-bending type caster　立弯式连铸机　05.1439

vertical caster　立式连铸机　05.1438

vertical centrifugal separator　立式离心选矿机，*离心盘选机　03.0401

vertical coiler　立式卷取机　09.1395

vertical crater retreat stoping　VCR 采矿法　02.0797

vertical curved caster　直弧形连铸机　05.1441

vertical cut and fill stoping　垂直分条充填法，*壁式充填法　02.0801

vertical extrusion press　立式挤压机　09.1485

vertical longitudinal projected profile　垂直纵投影图　02.0156

vertical mill　立辊轧机　09.1294

vertical mould casting　立模浇铸　06.0584

vertical profiles anodizing line　立吊式氧化着色机组　09.1539

vertical retort　竖罐蒸馏炉，*竖罐　06.0566

vertical retort distillation　竖罐蒸馏　06.0565

vertical retort specific capacity　竖罐生产率　06.0567

vertical roll edging　立辊轧边　09.0426

vertical sand bill　立式砂仓　02.0828

vertical shaft　竖井　02.0506

vertical shaft development system　竖井开拓　02.0718

vertical stud Söderberg　上插式自焙槽　06.0733

vertical thermal reserve zone　热储备区，*热交换空区，*间接还原区　05.0713

vertical vibration of rolling mill　轧机垂直振动　09.0371

vessel　转炉　05.1062

V-groove block drawing machine　V 形槽盘拉机　09.1528

vibrating conveyor　振动输送机　02.1210

vibrating drawing lock　振动放矿闸门　02.0548

vibrating feeder　振动给矿机　03.0727

vibrating fine screen　振动细筛　03.0300

vibrating loader　振动装载机　02.1129

vibrating mill　振动磨机　03.0323

vibrating ore drawing　振动放矿　02.0858

vibrating ore-drawing machine　振动放矿机，*振动出矿机　02.1130

vibrating screen　振动筛　03.0273

vibration-absorption alloy　减振合金，*无声合金，*消声合金　08.0621

vibration of rolling mill　轧机振动　09.0369

vibrothermography　振动热成像术　07.0485

Vicalloy　*维加洛合金　08.0577

Vickers hardness　维氏硬度　08.0042

view factor　角系数　04.0350

VIM　真空感应炉熔炼　05.1246

violarite 紫硫镍矿 03.0111

virtual rolling technology 虚拟轧制技术 09.0268

viscous-plastic body 黏塑性体 09.0035

visioplasticity method 直观塑性法，* 视塑性法 09.0191

VOD process * VOD 法 05.1319

void 空洞，* 孔洞 07.0069，气孔 09.1163

volatile corrosion inhibitor 挥发性缓蚀剂 08.0097

volatile phenol 挥发酚 05.0164

volatile tungsten oxide hydrate 挥发性水合氧化钨 06.1040

volatilization 挥发 06.0034，挥发率 06.0592

volatilization kiln 挥发窑 06.0593

volatilization roasting 挥发焙烧 06.0009

volume compressibility 体压缩系数 08.0024

volume diffusion 体扩散 07.0169

volume shrinkage 体积收缩 05.1417

volumetric flowrate 体积流率 04.0278

volumetric mass transfer coefficient 容量传质系数 04.0317

volumetric reaction model 整体反应模型 04.0325

vortex thickness gauge 涡流测厚仪 09.1217

vorticity 涡量 04.0295

VRT 虚拟轧制技术 09.0268

V-shaped segregation V 形偏析 05.1433

VSS 上插式自焙槽 06.0733

W

Waelz process 回转窑烟化法 06.0590

walking beam cooling bed 步进式冷床 09.1401

walking beam furnace 步进式加热炉 09.1448

wall 壁面 04.0775

wall crib 井框 02.0542

wall cutting fill stoping 削壁充填法 02.0806

wall function 壁函数 04.0777

wall rock 围岩 02.0294

wall rock alteration 围岩蚀变 02.0091

warm forging 温锻 09.1003

warm hydrostatic extrusion 温静液挤压 09.0914

warm metal working 温加工 09.0009

warm pressing 温压 08.0211

warm rolling 温轧 09.0443

washing 洗矿 03.0094

washing oil 洗油 05.0121

wash oil regenerator 洗油再生器 05.0148

waste desulfate liquor 脱硫废液 05.0165

waste disposal 排土 02.0689

waste disposal site 排土场 02.0690

waste disposal with belt conveyor 胶带输送机排土 02.0694

waste disposal with bulldozer 推土机排土 02.0691

waste disposal with over-burden spreader 排土机排土 02.0695

waste disposal with plough 排土犁排土 02.0693

waste disposal with shovel 电铲排土 02.0692

waste gas recirculation 焦炉废气循环 05.0066

waste in-ore rate 废石混入率 02.0076

waste-less mining 无废开采 02.0025

waste rock 废石 02.0078

waste rock pile 废石场 02.0505

waste water from ammonia stripper 蒸氨废水 05.0168

water absorption 吸水率 05.0188

water-bearing explosive 含水炸药 02.0376

water bursting in mine 矿井突水 02.0992

water cooled die extrusion 水冷模挤压 09.0814

water cooled month of converter 转炉水冷炉口 05.1131

water cooling die 水冷模 09.1493

water-cooling lining 水冷炉衬 05.1185

water-cooling roof 水冷炉盖 05.1192

water curtain cooling 水幕冷却 09.1082

water dam 防水墙 02.1008

water gel explosive 水胶炸药 02.0382

water granulating of slag 钢渣水淬法 05.1163

water infusion blasting 水封爆破 02.0453

water jacket cooling 水套冷却 06.0108

water jacket of slag hole 渣口冷却套 06.0121

water jet by hydraulic monitor 水枪射流 02.0706

water-membrane scrubber 水膜收尘器 06.0424

water plugged by grouting 注浆堵水 02.1012

waterproof and drainage system map 防排水系统图 02.0196

water protecting curtain 防水帷幕 02.1009

water protecting gate 防水闸门 02.1007

water protecting pillar 防水矿柱 02.0753

water recycling ratio 回水率 03.0529

water resistance of explosive 炸药抗水性 02.0409

water-resistant explosive 抗水炸药 02.0389

water saturated strength of rock 岩石饱水强度 02.0260

water seal 水封 06.0109

water sealed extrusion 水封挤压 09.0824

water sealing valve 焦炉水封阀 05.0092

water seepage 渗入水 02.0986

water solubility 溶水度 04.0155

water soluble zinc ratio 水溶锌率 06.0554

water spray 喷雾 02.0973

water spray cooling 喷水冷却 05.1524

water stemming 水封填塞 02.0471

water sump 水仓 02.0999

wave edge 浪边 09.1153

wave function 波函数 04.0798

wave impedance of rock 岩石波阻抗 02.0372

wavelength dispersion X-ray spectroscopy 波长色散 X 射线谱 07.0470

waviness 不平度, * 浪形 09.1176

WDS 波长色散 X 射线谱 07.0470

weak electrolyte 弱电解质 04.0415

weakness plane 弱面 02.0094

wear 磨损 09.0229

wear-resistant aluminum alloy 耐磨铝合金, * 低膨胀耐磨铝硅合金 08.0438

wear-resistant copper alloy 耐磨铜合金 08.0428

weathering steel 耐候钢, * 耐大气腐蚀钢 08.0354

weathering strength of rock 岩石风化强度 02.0261

wedge roll adjusting device 斜楔调整装置 09.1350

wedge rolling 楔横轧 09.0399

wedge-shaped landslide 楔形滑坡 02.0332

weight density of rock 岩石容重 02.0216

weighted mean 加权平均值, * 加权均值 04.0689

weighted sampling 权重抽样 04.0752

weight strength 质量威力 02.0407

weir and dam 挡墙和坝 05.1397

welded tube 焊接管 09.0499

welding crack free steel 焊接无裂纹钢 08.0393

welding metallurgy 焊接冶金[学] 01.0033

welding pipe 焊接管 09.0499

welding wire 焊丝 09.0566

well block 座砖 05.0339

Wemco-Remen jig 复振跳汰机 03.0364

wet blasting 蒸汽鼓风 05.0784

wet cleaning 湿法净化 06.0050

wet desulphurization 湿法脱硫 06.0171

wet drilling 湿式凿岩 02.0974

wet dust collector 湿法收尘器 06.0057

wet gas cleaning 湿法除尘 05.0926

wet magnetic separator 湿式磁选机 03.0420

wet oxidation method 湿法氧化法 06.1250

wet purification 湿法提纯 06.0169

wet scrubbing 湿法净化 06.0050

wet separation 湿法分离 06.0168

wettability 润湿性 04.0569

wettable cathode 可湿润阴极 06.0744

wetted perimeter 润湿周边 03.0509

wetting agent 润湿剂 03.0577

wetting angle 润湿角 04.0570

wet zone in sintering 烧结湿料带 05.0634

wheel-band type continuous casting 轮带式连续铸造 09.0784

wheel blank 车轮圆坯 09.0455

wheel felly steel 轮辋钢 09.0548

wheel for railway 火车轮 09.0571

wheel-rolling mill 车轮轮箍轧机 09.1247

whisker 晶须 07.0039

whisker reinforced aluminum-base composite 晶须增强铝基复合材料 08.0442

white arsenic 砒霜 06.0652

white band 白亮带 05.1582

white cast iron 白口铸铁 08.0285

white membrane 白膜 09.1150

white metal 白锍, * 白金属, * 白冰铜 06.0479

white mud 硅渣 06.0689

white slag 白渣 05.1230

white spot 白斑 09.1166

white tin 白锡, * β-锡 06.0649

whole stress-strain curve 全应力–应变曲线 02.0263

wide strip 宽带 09.0459

wide-strip mill 宽带轧机 09.1256

Widmanstätten structure 维氏组织, * 维德曼施泰滕组

织，＊魏氏组织 07.0548

width-adjustable mould 可调结晶器 09.0793

width adjusting 调宽 09.0690

width control 宽度控制 09.0689

width gauge 测宽仪 09.1202

wind box 抽风箱 05.0642

winding hoister 缠绕式提升机 02.1064

wire 钢丝 09.0562

wire cable 钢缆绳，＊多股缆 09.0569

wire drawing 线材拉伸 09.0848

wire drawing bench 拉丝机 09.1324

wire feeding technology 喂线技术，＊喂丝技术 05.1312

wire mesh 金属丝网 09.0567

wire netting 金属丝网 09.0567

wire rod 线材 09.0559

wire rod extrusion 线材挤压 09.0808

wire rod mill 线材轧机 09.1230

wire rod product 线材制品 09.0560

wire rolling 线材轧制 09.0435

wire rope 钢丝绳 09.0563

wire steel 钢丝 09.0562

wire stress-meter 钢弦应力计 02.0316

withdrawal and straightening machine 拉坯矫直机 05.1522

withdrawal diagram 拉坯曲线 05.1532

withdrawal roll 拉辊 05.1513

witherite 毒重石 03.0201

wolframite 黑钨矿，＊钨锰铁 03.0132

wollastonite 硅灰石 05.0697

wooden crib 木垛 02.0808

wooden support 木支架 02.0585

Wood metal 伍德合金 08.0474

workability 作业性能，＊施工性能 05.0209，可加工性 09.0206

workable grade 可采品位 02.0082

workable reserves 工业储量 02.0123，可采储量 02.0125

work-hardening 加工硬化 09.0201

work-hardening exponent 加工硬化指数 09.0202

working electrode 工作电极 08.0109

working exchange capacity 操作交换容量 06.1229

working face of open-pit 露天矿工作面 02.0656

working hardening 形变强化 07.0408

working hot in BF running 炉况向热 05.0817

working slope 工作帮 02.0654

working slope angle 工作帮坡角 02.0629

working softening 加工软化 07.0362

working volume of BF 高炉工作容积 05.0835

working well 生产井 02.0885

work roll 工作辊 09.1326

W-Re alloy 钨铼合金 08.0539

wrought aluminum alloy 变形铝合金，＊可压力加工铝合金 08.0436

wrought iron 熟铁 01.0045

wrought magnesium alloy 变形镁合金 08.0446

wrought nickel based superalloy 变形镍基高温合金 08.0509

wrought product 有色加工产品 09.0573

wrought titanium alloy 变形钛合金 08.0463

wulfenite 钼铅矿，＊彩钼铅矿 03.0126

wustite 浮氏体，＊方铁矿 05.0690

X

XANES X 射线吸收近边结构 07.0468

xanthate 黄原酸盐，＊黄药 03.0591

xenotime 磷钇矿 06.1184

xeroradiography 静电射线透照术 07.0521

XPS X 射线光电子能谱 07.0467

X-ray absorption near edge structure X 射线吸收近边结构 07.0468

X-ray absorption spectroscopy X 射线吸收谱 07.0464

X-ray diffraction analysis X 射线衍射分析 07.0457

X-ray diffraction pattern X 射线衍射花样 07.0459

X-ray diffuse scattering X 射线漫散射 07.0466

X-ray energy dispersive spectrum 能量色散 X 射线谱 07.0469

X-ray fluorescence spectroscopy X 射线荧光谱 07.0465

X-ray gaugemeter X 射线测厚仪 09.1204

X-ray photoelectron spectroscopy X 射线光电子能谱 07.0467

X-ray powder diffraction X 射线粉末衍射 07.0460

X-ray radiographic inspection　X 射线探伤　07.0491

X-ray separator　X 射线分选机　03.0465

X-ray tomography　层析 X 射线透照术　07.0519

X-ray topography　X 射线形貌学　07.0458

Y

YD separator　YD 型电选机　03.0456

yield　产率　03.0022

yield criteria　屈服准则，*屈服条件，*塑性条件　09.0118

yield drop　屈服降落　09.0131

yield effect　屈服效应　08.0019

yielding camber　屈服曲面　09.0120

yielding curve　屈服曲线，*屈服轨迹　09.0123

yielding support　柔性支架　02.0583

yield point　屈服点　09.0124

yield ratio　屈强比　08.0034，成材率，*收得率　09.1586

yield strain　屈服应变　09.0121

yield strength　屈服强度　08.0018

yield stress　屈服应力　09.0122

yield terrace　屈服台阶，*屈服平台　09.0119

Y-mill　Y 型轧机　09.1236

Young modulus　*杨氏模量　08.0012

Yunxi shaking table　云锡摇床　03.0375

Z

Zadra desorbing process　扎德拉解吸法　06.0858

Z direction steel　*Z 向钢　08.0405

ZDT　零塑性温度　05.1425

zero anode effect　零阳极效应　06.0750

zero ductility temperature　零塑性温度　05.1425

zero order reaction　零级反应　04.0229

zero strength temperature　零强度温度　05.1424

zeroth law of thermodynamics　热力学第零定律，*热平衡定律　04.0009

zero unplanned downtime　零意外停工率　05.1638

Zeta potential　Zeta 电位，*电动电位，*动电位　03.0519

zigzag ramp　折返坑线　02.0663

zinc amalgam electrolysis process　锌汞齐电解法　06.0605

zinc-cadmium alloy　高镉锌　06.0575

zinc deoxidization method　锌还原法　06.1253

zinc dust precipitation　锌粉置换法　06.0609

zinc electrical furnace smelting process　电炉炼锌，*电热法炼锌　06.0582

zinc powder deoxidization-alkalinity method　锌粉还原–碱度法　06.1254

zinc rectification column　锌精馏塔　06.0570

zinc vitriol　锌矾　06.0576

zinc white　锌白，*锌氧粉　06.0579

zircaloy-2　锆-2 合金　08.0492

zircaloy-4　锆-4 合金　08.0493

zircon　锆石，*镐英石，*锆英石　03.0187

zirconia-carbon brick　锆炭砖　05.0305

zirconia-corundum brick　锆刚玉砖　05.0282

zirconium carbide　碳化锆　06.0984

zirconium carbonate　碳酸锆，*碳酸氧锆　06.0993

zirconium hydride　氢化锆　06.0996

zirconium hydroxide　氢氧化锆　06.0995

zirconium nitride　氮化锆　06.0987

zirconium oxychloride　氧氯化锆，*八水合二氯氧化锆　06.0992

zirconium pigment　锆粉　06.1003

zirconium silicate　硅酸锆　06.1002

zirconium sponge　海绵锆　06.0960

zirconium sulfate　硫酸锆　06.0994

zirconium tetraiodide　四碘化锆　06.0977

zircon powder　锆英石粉　06.1001

zircon refractory　锆英石质耐火材料　05.0314

zirconyl nitrate　硝酸锆，*硝酸氧锆　06.1000

zoned lining of vessel　转炉均衡炉衬　05.1129

zoned ventilation　分区通风　02.0936

zone melting　区域熔炼，*区熔　06.0941

zone melting electrotransport joint method　区熔–电迁移联合法　06.1272

Z-section steel　Z 字钢，*乙字型钢　09.0544

ZST　零强度温度　05.1424

Z-type roll cold mill　Z 型辊冷轧机　09.1275

汉英索引

A

阿尔考 469 法　ALCOA 469 process　09.0776

阿基米德法　Archimedes method　04.0639

阿伦尼乌斯方程　Arrhenius equation　04.0238

阿普法　Alpur process　09.0777

埃尔因瓦型合金　Elinvar alloy　08.0602

埃林厄姆–理查德森图　Ellingham-Richardson diagram　04.0096

* 埃奇法　I.G. process　06.0774

埃文斯图　Evans diagram　04.0474

矮竖炉熔炼　low-shaft furnace smelting　06.0388

矮烟罩电炉　low hood electric furnace　05.0553

* 艾尔坎镁电解槽　Alcan magnesium cell　06.0799

艾吉法　I.G. process　06.0774

艾吉镁电解槽　I.G. cell　06.0800

艾奇逊石墨化炉　Acheson type graphitization furnace　05.0477

艾萨法　Isa process　06.0503

艾萨熔炼法　Isasmelt process　06.0452

安诺石　anosovite　05.0701

安全间隙　safety clearance　02.0540

安全臼　breaker block　09.1359

安全平台　safety berm　02.0645

安全信号装置　safety signal device　02.1057

* 安息角　angle of repose　08.0188

氨氮化　ammonia nitriding　06.0363

氨分解炉　ammonia destruction furnace　05.0155

氨浸　ammonia leaching　06.0188

氨浸渣　slag from ammonia leaching　06.1061

氨洗涤塔　NH₃ scrubber　05.0152

铵油炸药混装车　ammonium nitrate mix truck　02.1153

昂萨格倒易关系　Onsager reciprocal relation　04.0194

凹陷露天矿　deep-trough open pit　02.0606

螯合捕收剂　chelating collector　03.0590

螯合剂　chelating agent　06.0321

奥阿膨胀度　Audibert-Arnu dilatation　05.0026

奥罗万方程　Orowan equation　09.0338

奥罗万过程　Orowan process　07.0122

奥氏体　austenite　07.0553

奥氏体不锈钢　austenitic stainless steel　08.0346

奥氏体化处理　austenitizing　07.0296

奥氏体耐热钢　austenitic heat-resistant steel　08.0360

奥氏体–铁素体相变　austenite-ferrite transformation　07.0274

奥氏体铸铁　austenitic cast iron　08.0295

奥图泰烧结工艺　Outotec process　05.0548

奥托昆普闪速熔炼　Outokumpu flash smelting　06.0441

* 奥亚膨胀度　Audibert-Arnu dilatation　05.0026

澳斯麦特熔炼法　Ausmelt process　06.0453

B

八面体法向应力　octahedral normal stress　09.0059

八面体间隙　octahedral interstice　07.0045

八面体剪应力　octahedral shear stress　09.0060

八面体应变　octahedral strain　09.0094

* 八水合二氯氧化锆　zirconium oxychloride　06.0992

巴塔克跳汰机　Batac jig　03.0369

巴特勒–福尔默方程　Butler-Volmer equation　04.0472

巴西拉伸强度试验　Brazilian tensile strength test　02.0255

扒矿机　slusher　02.1138

扒渣机　skimmer for hot metal pretreatment　05.1306

扒渣口　skimming gate　06.0116

拔管机　tube drawing bench　09.1320

拔模斜度　die cavity slope　09.0894

白斑　white spot　09.1166

* 白冰铜　white metal　06.0479

白点　flakes　05.1616

* 白硅石 cristobalite 05.0217

K-白金 K-white gold 08.0500

* 白金属 white metal 06.0479

白口铸铁 white cast iron 08.0285

白亮带 white band 05.1582

白锍 white metal 06.0479

白膜 white membrane 09.1150

* 白铅粉 lead white 06.0536

白铅矿 cerussite 03.0123

白铁矿 marcasite 03.0164

白铜 copper-nickel 08.0424

白钨矿 scheelite 03.0133

白锡 white tin 06.0649

* 白药 thiocarbanilide 03.0598

白银炼铜法 Baiyin copper smelting process 06.0464

白云母 muscovite 03.0214

白云石 dolomite 05.0234

* 白云石砂 doloma, dolomite clinker 05.0235

白云石熟料 doloma, dolomite clinker 05.0235

白云石造渣 slagging with dolomite addition 05.1119

白云石质耐火材料 doloma refractory 05.0307

白渣 white slag 05.1230

* 百田法 Momoda process 06.0426

摆动黏度计 oscillating viscometer 04.0642

摆动碾压法 swinging die forging 09.0898

摆式给矿机 oscillating feeder 03.0724

摆辗机 rotary forging press 09.1289

拜耳法 Bayer process 06.0661

拜耳–烧结联合法 Bayer and sintering combined process 06.0663

斑铜矿 bornite 03.0101

* PS板 PS plate 08.0443

板材 flat product 09.0028

板材几何偏差 geometric deviation of flat product 09.0678

板材平面形状控制 plane shape control of plate 09.1431

板成形 sheet forming, sheet metal forming 09.0015

[板带材]平整 temper rolling 09.0434

板带连铸连轧机组 continuous casting and rolling line 09.1468

板管比 plate and tube ratio 09.1589

板厚 sheet thickness, plate thickness 09.0677

板框式压滤机 plate-and-frame filter press 03.0694

板料 sheet metal blank, sheet blank 09.0887

板料折弯机 panel bender 09.1546

板料自动压力机 automatic feed press 09.1547

板坯 slab 05.1446

ASM板坯结晶器 ASM slab mould 09.0794

板坯在线调宽 online variable width of slab mould 05.1504

板式电选机 plate electrostatic separator 03.0458

板式给矿机 apron feeder 03.0725

板钛矿 brookite 03.0176

板条马氏体 lath martensite 07.0578

板形 profile, shape 09.0673

板形测量仪 sheet profile meter 09.1207

板形反馈控制 feed back automatic shape control 09.1430

板形方程 profile equation 09.0692

板形控制 profile control 09.0676

* 板形模型 profile equation 09.0692

板形前馈控制 feed forward automatic shape control 09.1429

板形自动控制 automatic shape control, ASC 09.1428

板状矿体 tabular orebody 02.0067

半闭口孔型 half-closed pass 09.0647

半成品 semi-product 09.0030

半导体材料 semiconductor materials 08.0603

半电池 half cell 04.0485

半钢 semi-steel 05.0981

半共格界面 semicoherent interface 07.0136

半固态成形 semi-solid forming 09.0903

半固态挤压 semisolid extrusion 09.0823

半固态加工 semi-solid process 09.0020

半固态模锻 semi-solid metal forging 09.0918

半硅砖 semi-silica brick 05.0266

半胶束浓度 semi-micelle concentration 03.0544

半胶束吸附 semi-micelle adsorption 03.0543

半结晶水氯化镁 semi-hydrate of magnesium chloride 06.0782

半精确物理模型方法 semi-rigorous physical modeling 05.1388

半可锻铸铁 semi-malleable cast iron 08.0294

* 半连续炉 pusher furnace 09.1574

半连续熔炼法 semi-continuous method of melting 09.0767

半连续轧机 semi-continuous rolling mill 09.1264

半连续轧制 semicontinuous rolling 09.0389

半连续铸造 semi-continuous casting 09.0779

半密闭电炉 semi-closed electric furnace 05.0552

半逆流型圆筒磁选机 semi-counter-current drum magnetic separator 03.0413

半石墨质阴极炭块 semi-graphitic cathode carbon block 06.0716

半衰期 half life 04.0218

半透膜 semi-permeable membrane 06.0354

半氧化焙烧 semi-oxidizing roasting, partial oxidizing roasting 06.0014

半镇静钢钢锭 semi-killed ingot 05.1593

半直接法硫铵 semidirect sulfate process 05.0141

半自磨机 semi-autogenous mill 03.0330

* 半自热焙烧熔炼 semi-pyritic smelting 06.0386

半自热熔炼 semi-autogenous smelting 06.0386

邦德磨矿功指数 Bond grinding work index 03.0333

邦德破碎功指数 Bond crushing work index 03.0238

棒材 bar steel 09.0529

棒材挤压 bar extrusion 09.0805

棒材轧机 bar mill, merchant bar mill 09.1234

棒磨机 rod mill 03.0319

棒型材拉伸 bar and section drawing 09.0845

棒状光源检测 rod light source inspection 09.1214

包覆 cladding 09.1098

包覆粉 coated powder 08.0174

包覆线 cored wire 05.1313

包裹体 inclusion 03.0027

包晶点 peritectic temperature 04.0078

包晶反应 peritectic reaction 04.0082

包晶体 peritectic 07.0541

包铝厚板 Al-clad plate 09.0576

包套挤压 capsule extrusion 09.0826

包头含铌钢渣提铌法 extraction of niobium from Baotou steel slag 06.1010

包析体 peritectoid 07.0542

包析相变 peritectoid phase transformation 07.0268

包辛格效应 Bauschinger effect 07.0376

包装钢带 package steel strip 09.0475

胞腔理论 cell theory 04.0601

胞状晶 cellular crystal 07.0195

胞状组织 cellular structure 07.0551

薄板 sheet 09.0457

薄板坯 thin slab 05.1448

薄板坯连铸机 thin slab caster 05.1457

薄板坯连铸连轧 thin slab casting and rolling 05.1557

薄板轧机 sheet mill 09.1253

薄板轧制 sheet rolling 09.0442

薄壁管 thin-wall pipe 09.0500

薄带连铸 thin strip casting 05.1453

薄件轧制 thin piece rolling 09.0348

薄矿体 thin orebody 02.0061

薄膜蒸发器 spray film evaporator 06.0223

* 薄水铝矿 boehmite 03.0149

饱和负载容量 saturated loading capacity 06.0319

饱和固溶体 saturated solid solution 07.0155

饱和器 saturator 05.0143

饱和蒸气压 saturated vapor pressure 04.0052

保安矿柱 safety pillar 02.0751

保护电位 protection potential 08.0134

保护电位区 protective potential range 08.0131

保护度 degree of protection 08.0135

保护效率 protection efficiency 08.0136

保护性渣皮 protective slag coating 05.0870

保护渣结团 mould flux crust 05.1565

保护渣凝固温度 freezing temperature of mould flux 05.1494

保护渣熔化速度 melting rate of mould powder 05.1488

保护渣熔化温度 melting temperature of mould powder 05.1487

保护渣烧结层 partial fused layer of mould powder 05.1490

保护渣析晶温度 crystallization temperature of mould flux 05.1495

保护渣消耗量 specific consumption of mould powder 05.1498

保护渣液渣层 fused layer of mould powder 05.1491

保护渣原渣层 original layer of mould powder 05.1489

保护渣渣膜 flux film on strand shell 05.1493

保护渣渣圈 flux rim in mould 05.1492

保护渣转折温度　break temperature of mould flux 05.1496

保温　holding　07.0302

保温帽　hot top　05.1590

保有储量　retained reserves　02.0132

*保证试剂　guaranteed reagent, GR　06.0379

暴晒蒸发　solar evaporation　06.0214

爆堆通风　blasted pile ventilation　02.0946

爆力运搬　blasting-power handling　02.0737

爆裂　bursting　09.1160

爆裂温度　cracking temperature　05.0662

爆破安全距离　safety distance for blasting　02.0496

爆破补偿空间　compensating space in blasting 02.0852

爆破地震防治　control of ground vibration from blasting　02.0497

爆破飞石　blasting flyrock　02.0495

爆破公害　public nuisance from blasting　02.0494

爆破落矿　breakdown by blasting　02.0782

爆破性喷溅　explosive slopping　05.1117

爆速　detonation velocity　02.0397

爆锑　explosive antimony　06.0656

爆炸成形　explosive forming　09.0899

爆炸性气体　explosive gas　02.0906

杯式给药机　cup reagent feeder　03.0735

杯锥断口　cup-cone fracture surface　07.0402

贝壳状断口　conchoidal fracture surface　07.0405

贝塞麦炼钢法　Bessemer steelmaking process 05.1019

贝氏体钢　bainitic steel　08.0386

贝氏体相变　bainitic transformation　07.0248

贝氏体铸铁　bainitic cast iron　08.0296

备采矿量　blocked-out ore reserves　02.0130

备品备件　spare parts and units　05.1637

背板　lagging plank　02.0584

*背负浮选　carrier flotation　03.0475

背压　back pressure　05.1077

钡硬锰矿　romanechite　03.0169

*焙解　calcining, calcination　06.0031

焙砂　calcine　06.0030

焙砂浸出　calcine leaching　06.0201

焙砂熔炼　calcine smelting　06.0430

焙砂溢流　calcine overflow　06.0086

焙烧　roasting　06.0005

焙烧炉　roasting furnace, roaster, roasting oven 06.0025

焙烧炉床能率　roaster specific capacity　06.0029

[焙烧炉]前室　feed chamber　06.0552

焙烧碎　baked scrap　05.0461

*焙烧炭坯　baking carbon body　05.0460

焙烧炭制品　baking carbon body　05.0460

焙烧填充料　packing materials for baking　05.0464

焙烧氧化法　roasting oxidation method　06.1251

焙烧渣　roasted residue　06.0898

焙烧蒸馏　roasting distillation　06.0658

本构方程　constitutive equation　09.0129

*本构关系　constitutive equation　09.0129

本征扩散系数　intrinsic diffusion coefficient　07.0181

*苯并呋喃–茚树脂　coumarone-indene resin　05.0132

苯并芘　benzo(a)pyrene　05.0162

苯加氢　hydro refining of light benzol　05.0134

苯精制　benzol refining process　05.0133

苯可溶物　benzene soluble organic matter　05.0163

苯乙烯膦酸　styryl phosphonic acid　03.0608

*崩滑　sliding collapse　02.0335

崩料　slip　05.0797

崩落采矿法　caving method　02.0842

崩落矿岩垫层　cushioned mat of caved rock or ore 02.0851

崩落矿岩接触面　contact face between caved ore and waste　02.0860

崩塌　burst landslide　02.0334

比表面　specific surface　08.0198

比刚度　specific elastic modulus　08.0037

比例极限　proportional limit　08.0011

比浓黏度　reduced viscosity　04.0576

比强度　specific strength　08.0035

比热容　specific heat capacity　04.0120

比色温度计　two-color thermometer　04.0615

比水量　specific water amount　05.1523

比重瓶　pycnometer　04.0638

彼德森法　Pedersen process　06.0666

笔管形气泡　pencil pipe blister　05.1581

*必然误差　probable error　04.0698

闭合式机架　close-top mill housing　09.1340

闭环控制　closed-loop control　09.1439

闭口孔型　closed pass　09.0646

闭路　closed circuit　03.0018

闭路破碎　closed circuit crushing　03.0244

闭路试验　closed circuit test　03.0744

闭气孔　closed pores　05.0184

闭气孔率　closed porosity　05.0186

闭式模锻　closed die forging　09.0977

铋渣　bismuth dross　06.0547

箅条　grate bar　05.0625

壁函数　wall function　04.0777

壁面　wall, solid wall　04.0775

*壁式充填法　vertical cut and fill stoping　02.0801

边部加工预焙槽　side work prebake, SWPB　06.0732

边部减薄　edge drop　09.1186

边部减薄控制　edge drop control　09.1437

边部浪　kink　09.1177

边际品位　cut-off grade　02.0085

边界层　boundary layer　04.0267

边界摩擦　boundary friction　09.0231

边界品位　marginal grade, cut-off grade　02.0084

边界条件　boundary condition　04.0778

边界元法　bundary element method　09.0185

边界值问题　boundary value problem　09.0140

*边坡　open pit slope　02.0621

边坡加固　slope reinforcement　02.0700

边坡监测　slope monitoring　02.0704

边坡破坏模式　slope failure mode　02.0698

边坡疏干　slope dewatering　02.0699

边坡稳定性　slope stability　02.0697

*边值问题　boundary value problem　09.0140

编码数据　coded data　04.0729

扁锭铣面机　slab-milling machine　09.1454

扁钢　flat steel　09.0535

扁挤压筒　flat container　09.1499

扁挤压筒挤压　flat container extrusion　09.0803

*扁坯　slab　09.0449

变薄翻边　flange with reduction　09.0893

变薄拉深　ironing　09.0888

*变薄旋压　power spinning　09.0897

变断面挤压　tapering extrusion　09.0819

变断面轧制　rolling with varying section　09.0398

变刚度轧机　variable rigidity mill　09.1277

变辊距型材矫直机　variable roll spacing section

straightener　09.1384

*变网氧化物　net-work modifying oxide　04.0541

变温截面　temperature-concentration section　04.0092

变形带　deformation band　07.0363

变形地压　ground pressure of deformation　02.0285

变形功　deformation work　09.0159

变形机理　deformation mechanism　09.0218

变形抗力　resistance to deformation　09.0133

变形力　deformation load, deformation force　09.0158

变形力计算变分法　variational method　09.0184

变形力计算上界法　upper bound method　09.0180

变形力计算下界法　lower bound method　09.0179

变形力学图　deformation mechanics figure　09.0117

变形量　deformation amount　09.0284

*变形孪晶　deformation twin　09.0219

变形铝合金　wrought aluminum alloy　08.0436

变形率　deformation rate　09.0286

变形镁合金　wrought magnesium alloy　08.0446

*变形能　deformation work　09.0159

变形镍基高温合金　wrought nickel based superalloy
08.0509

变形区　deformation zone　09.0153

*变形速度　strain rate　09.0095

变形钛合金　wrought titanium alloy　08.0463

变形效率　deformation efficiency　09.0177

变形指数　deformation index　09.0299

*变性铸铁　modified cast iron　08.0289

变压器铜带　strip copper for transformer　09.0593

变质处理　modification　07.0212

*标记原子　tracer atom　04.0648

标准测温锥　pyrometric reference cone, Seger cone
05.0198

*标准差　standard deviation　04.0705

标准电池　standard cell　04.0486

标准电极电势　standard potential　04.0454

*标准电极电位　standard potential　04.0454

标准吉布斯生成能　standard Gibbs energy of
formation　04.0148

标准煤　coal equivalent　01.0074

标准偏差　standard deviation　04.0705

标准氢电极　standard hydrogen electrode　04.0445

标准误差　standard error　04.0702

标准型耐火砖　standard size brick　05.0249

箔材轧制　foil rolling　09.0441

补吹　re-blow　05.1051

补浇　back feeding　05.1596

捕收剂　collector　03.0563

不等边角钢　unequal angle steel, unequal-sided angle steel　09.0538

不定形耐火材料　unshaped refractory, monolithic refractory　05.0257

不动位错　sessile dislocation　07.0088

不对称轧制　asymmetrical rolling, unsymmetrical rolling　09.0391

不均匀变形　nonhomogenous deformation　09.0150

不可逆反应　irreversible reaction　04.0043

不可逆过程　irreversible process　04.0032

*不可逆过程热力学　non-equilibrium thermodynamics　04.0004

不可逆式轧机　nonreversing rolling mill　09.1463

不可压缩性　incompressibility　09.0142

不连续沉淀　discontinuous precipitation　07.0235

不连续相变　discontinuous transformation　07.0261

不平度　waviness　09.1176

不全位错　partial dislocation　07.0089

*不溶阳极电解　insoluble anode electrolysis　06.0267

不烧镁砖　unfired magnesia brick　05.0287

不烧砖　unfired brick　05.0253

不透性石墨　impervious graphite　05.0376

不锈钢　stainless steel　08.0345

不锈钢管　stainless steel pipe　09.0513

*不锈软磁合金　anti-corrosive soft magnetic alloy　08.0554

不锈因瓦合金　stainless invar alloy　08.0543

不圆度　ovality　09.1174

布袋除尘器　bag process, bag filter　05.0930

*布袋滤尘器　bag dust filter　06.0055

*布杜阿尔反应　solution loss reaction of carbon　05.0722

布兰特冷轧轧制力方程　Bland equation for cold rolling force　09.0340

布朗碰撞　Brownian collision　05.1379

*布里奇曼晶体生长法　Bridgman-Stockbarger method　06.0369

*布里奇曼–斯托克巴杰法　falling crucible method　06.0369

布料器　distributor　05.0890

布氏硬度　Brinell hardness　08.0040

步进式加热炉　walking beam furnace　09.1448

步进式冷床　walking beam cooling bed　09.1401

*步冷曲线　cooling curve　04.0087

*部分焙烧　partial roasting　06.0014

*部分模拟　semi-rigorous physical modeling　05.1388

部分稳定的氧化锆　partially stabilized zirconium　04.0509

部分再结晶　partial recrystallization　07.0383

C

擦洗机　scrubber　03.0407

*材料电磁处理　electromagnetic metallurgy　01.0040

材料体视学　stereology in materials science　07.0425

材料消耗　consumption of materials　09.1587

采剥剖面图　cross section view of mining and stripping　02.0191

采剥验收测量　check and acceptance by survey on mining and stripping　02.0190

采场　stope, mining area　02.0728

采场测量　stope survey　02.0179

采场空硐测量　stope space survey　02.0181

采场天井　stope raise　02.0758

采场通风　stope ventilation　02.0945

采场脱水　stope dewatering　02.0836

采出矿石　extracted ore　02.0051

采掘比　development mining　02.0043

采掘工程图　mining engineering map　02.0186

采掘工作面配电点　electric distribution box of working face　02.1224

采掘计划　schedule of extraction and development　02.0040

采空区处理　handling of mined-out areas　02.0304

采矿穿孔　drilling, gadding　02.0666

VCR 采矿法　vertical crater retreat stoping, VCR stoping　02.0797

采矿方法　mining method　02.0009

采矿工艺　mining technology　02.0001

采矿权　mining right　02.0028

采矿学　mining engineering　01.0002

采利科夫轧制力公式　Tsilicov rolling-force equation　09.0339

*采区　extraction unit　02.0729

采区斜坡道　mining area ramp　02.0563

采砂船　dredge　02.1171

采砂船开采　dredging　02.0712

采石场　quarry　02.0610

采样　sampling　03.0746

采准　development　02.0757

采准矿量　prepared ore reserves　02.0129

*彩钼铅矿　wulfenite　03.0126

彩涂钢带　color-painted steel strip　09.0474

参比电极　reference electrode　08.0108

参数估值　parameter estimation　04.0760

参数拟合　data fitting　04.0761

残极　butt anode　05.0429

*残极　anode scrap　06.0505

残极率　anode scrap ratio　06.0506

残矿开采　residual deposit mining　02.0871

残留元素　residual element　05.1287

残硫　residual sulphur　06.0553

残阳极　anode scrap　06.0505

残余奥氏体　retained austenite　07.0554

残余应力　residual stress　09.0068

残渣　residual slag , remains , residue　06.0113

操作功率　operating load　05.0561

操作交换容量　working exchange capacity　06.1229

操作总阻抗　total impedance　05.1210

槽帮　ledge　06.0759

槽底电压降　bottom voltage drop　06.0754

槽电流　cell current　06.0296

槽电压　cell voltage　06.0295

槽钢　channel section, channel steel　09.0539

槽浸法　tank leaching process　06.0846

槽上料箱　alumina hopper　06.0742

槽式给矿机　chute feeder　03.0728

槽式洗矿机　log washer　03.0409

槽探　trench prospecting　02.0111

槽型反应器　tank reactor　04.0385

草酸铌　niobium oxalate　06.1023

草酸铌铵　niobium ammonium oxalate　06.1024

草酸盐沉淀法　oxalate precipitation method　06.1246

侧壁斜度　side-wall inclination　09.0632

侧插式自焙槽　horizontal stud Söderberg, HSS　06.0734

侧插阳极镁电解槽　magnesium electrolytic cell with sidemounted anode　06.0797

侧吹　side blow　05.1045

侧向挤压　lateral extrusion　09.0800

侧向烟道　sideward flue　06.0129

侧卸铲斗装载机　side tipping bucket loader　02.1124

侧卸式矿车　side-discharging car　02.1188

侧压进装置　side compression device　09.1354

侧压下　edging draught　09.0627

测风站　air velocity measuring station　02.0956

[测]高温学　pyrometry　04.0605

测厚仪　gaugemeter　09.1201

测宽仪　width gauge　09.1202

测量辊　measuring roll　09.1444

测视井　monitoring well　02.0886

测温探头　bath temperature sensor　05.1139

测压仪　load cell, load meter　09.1200

*层错　stacking fault　07.0124

层错能　stacking fault energy　07.0127

层错硬化　stacking hardening　07.0415

层间腐蚀　layer corrosion　08.0082

层理　stratification　02.0248

层裂　moulding interlayer crack　05.0367

层流　laminar flow　04.0254

层流边界层　laminar boundary layer　04.0268

层流冷却　laminar flow cooling, laminar cooling　09.1081

层流亚层　laminar sub-layer　04.0270

*层面　stratification　02.0248

层析 X 射线透照术　X-ray tomography　07.0519

层状断口　lamination fracture surface　07.0404

层状共晶体　lamellar eutectic　07.0533

插木还原　poling reaction　06.0496

插入型层错　extrinsic stacking fault　07.0125

差热分析　differential thermal analysis, DTA　07.0477

差热重法　differential thermogravimetry　04.0617

差示扫描量热法　differential scanning calorimetry, DSC　07.0479

*柴油铲运机　diesel-powered load-haul-dump unit, diesel LHD　02.1134

柴油废气净化　diesel gas purification　02.0978
掺杂剂　dopant　08.0180
掺杂钼粉　doped molybdenum powder　06.1066
掺杂钨　doped tungsten　08.0476
掺杂钨粉　doped tungsten powder　06.1065
缠辊　curling round the roll　09.1196
缠绕式提升机　winding hoister　02.1064
产率　yield　03.0022
产品合格率　qualified product rate　01.0073
产品矿仓　product bin　03.0720
产品性能检验　property testing of product　09.1194
产品性能预报　prediction of product property　09.0271
铲插装载机　power shovel with tilting boom and conveyor　02.1125
* 铲运机　load-haul-dump unit, LHD　02.1133
长壁式崩落法　longwall caving method　02.0844
长材　long product　09.0027
长程有序　long-range order　07.0279
长弧泡沫渣操作　operation with long arc and foamy slag　05.1207
* 长锚索安装台车　cable bolter　02.1163
长石　feldspar　03.0203
* 长水口　submerged entry nozzle, SEN　05.1365
长芯杆拉伸　mandrel drawing　09.0852
常温耐压强度　cold compressive strength　05.0193
常压羰基法镍精炼　nickel carbonyl atmospheric pressure process　06.0623
场发射电子显微术　field emission electron microscopy, FEEM　07.0432
场离子显微术　field-ion microscopy　07.0447
敞开环式焙烧炉　open type ring baking furnace, Pechiney furnace　06.0720
敞开式鼓风炉　open-top blast furnace　06.0082
敞开体系　open system　04.0022
超差　out of tolerance　09.1173
超导磁选　superconducting magnetic separation　03.0080
超导磁选机　superconducting magnetic separator　03.0441
超导合金　superconducting alloy　08.0606
超低水泥浇注料　ultra low cement castable　05.0318
* 超低碳贝氏体　carbide-free bainite　07.0592

超低碳不锈钢　extra low carbon stainless steel　08.0350
超低温因瓦合金　ultra low temperature invar alloy　08.0544
超点阵　superlattice　07.0166
超电势　over voltage　04.0451
超额函数　excess function　04.0103
超额焓　excess enthalpy　04.0135
超额吉布斯能　excess Gibbs energy　04.0149
超额熵　excess entropy　04.0141
超高功率电炉　ultra-high power electric arc furnace, UHP-EAF　05.1170
超高功率电炉功率利用率　power utilization factor of UHP-EAF　05.1215
超高功率电炉时间利用率　time utilization factor of UHP-EAF　05.1216
超高强度钢　ultra-high strength steel　08.0343
超固相线烧结　super solidus sintering　08.0234
超洁净钢　super-clean steel　08.0310
* 超结构　superlattice　07.0166
* 超晶格　superlattice　07.0166
超前探水　detecting water by pilot hole　02.0991
超前小井掘井法　pilot shaft sinking　02.0528
超前支护　advanced support　02.0573
* 超强铝合金　super-hard aluminum alloy　08.0433
* 超轻镁合金　magnesium lithium alloy　08.0449
超声波酸洗　ultrasonic pickling　09.1091
超声波探伤　ultrasonic flaw detection　09.1210
超声波振动拉线　ultrasonic wire drawing　09.0864
超声成形　supersonic forming, ultrasonic forming　09.0900
超声检测　ultrasonic testing　07.0488
超声凝聚　ultrasonic precipitation　04.0599
* 超声气体雾化　ultrasonic gas-atomizing, USGA　08.0200
超声速射流　supersonic jet　05.1080
* 超声探伤　ultrasonic testing　07.0488
超声雾化　ultrasonic gas-atomizing, USGA　08.0200
超塑成形　superplastic forming　09.0901
超塑性　super plasticity　09.0221
超位错　super dislocation　07.0092
超细颗粒　ultrafine particle　03.0034
超细碎　ultrafine crushing　03.0242

超因瓦合金　super invar alloy　08.0545
超硬铝合金　super-hard aluminum alloy　08.0433
炒炼法　ancient Puddling　05.1017
车铲比　truck to shovel ratio　02.0642
车轮轮箍轧机　wheel-rolling mill　09.1247
车轮圆坯　wheel blank　09.0455
车铸　truck teeming　05.1586
辰砂　cinnabar　03.0114
沉尘室　dust settling chamber　06.0419
沉淀　precipitation　07.0230
*沉淀槽　precipitation tank, precipitator　06.0686
沉淀池　settling basin, settler　06.0180
*沉淀床　settling basin, settler　06.0180
沉淀粉　precipitated powder　08.0172
*沉淀封孔　metal-salt solution sealing　09.1123
沉淀浮选　precipitation flotation　03.0476
沉淀锅　settling pot　06.0525
沉淀剂　precipitant　03.0576
沉淀强化高温合金　precipitation strengthened superalloy　08.0525
沉淀熔炼　precipitation smelting　06.0389
沉淀脱氧　deoxidation by precipitation　05.1001
沉淀物　precipitate　06.0174
沉淀硬化　precipitation hardening　07.0409
沉淀硬化不锈钢　precipitation hardening stainless steel　08.0351
沉积　sedimentation　03.0371
沉降　sedimentation　04.0583
沉降式离心机　solid bowl centrifuger　03.0669
沉降速度　settling velocity　06.0413
沉井掘井法　caisson shaft sinking　02.0525
沉没式螺旋分级机　submerged spiral classifier　03.0337
沉砂口　spigot　03.0353
陈化　aging　06.1260
衬度　contrast　07.0440
*衬拉　plug drawing　09.0851
衬砖　lining brick　06.0101
成材率　finished product ratio, yield ratio　09.1586
成层　lamination　09.0841
成对交叉辊轧机　pair cross mill　09.1270
成分过冷　constitutional supercooling　07.0214
*成核　nucleation　07.0203

成品　finished product　09.1591
成品退火　final annealing　09.1074
成球性指数　balling index　05.0659
*成网氧化物　net-work forming oxide　04.0540
成形　forming　09.0373
成形极限　forming limit　09.0215
成形极限图　forming limit diagram　09.0216
成形性　formability　08.0193
承载索　track rope　02.1212
程控加药机　program controlled reagent feeder　03.0739
澄清　clarification　03.0674
弛豫时间　relaxation time　05.1627
迟爆　delayed explosion　02.0488
持久接触　permanent contact　04.0393
持久强度　stress-rupture strength, creep-rupture strength　08.0056
齿板聚磁介质　grooved plate matrix　03.0436
齿轮钢　gear steel　08.0399
齿轮轧机　gear rolling mill　09.1286
齿轮座　gear box, gear case　09.1364
齿条式冷床　rack-type cooling bed　09.1402
赤泥　red mud　06.0680
赤泥分离　red mud separation　06.0681
赤泥洗涤　red mud washing　06.0682
赤铁矿　hematite　03.0155
赤铁矿法　hematite process　06.0603
赤铜矿　cuprite　03.0103
翅片管轧机　fin tube rolling mill　09.1290
*冲薄率　reduction ratio　09.0379
冲裁　blanking　09.0884
冲裁间隙　blanking clearance, die clearance　09.1028
冲程　stroke　03.0385
冲击凹坑　impingement cavity by jet　05.1083
冲击地压　ground pressure of shock bump　02.0286
冲击腐蚀　impinging corrosion　08.0094
冲击挤压　impact extrusion　09.0810
冲击面积　area of impingement　05.1085
冲击韧性　impact toughness　08.0057
冲击式破碎机　impact crusher　03.0258
冲击式收尘器　impingement separator　06.0420
冲积矿床　alluvial deposit　02.0069
冲积砂金　alluvial gold placer　02.0070

冲孔　punching　09.0885

冲孔连皮　punching wad　09.0979

冲压　stamping, pressing　09.0014

冲子　punch　09.0936

* 充电电池　rechargeable battery　04.0504

充气　aeration　03.0560

充气量　aeration rate　03.0561

充气器　aerator　03.0656

充气式机械搅拌浮选机　pneumatic mechanical
agitation flotation machine　03.0652

充填　filling　02.0812

充填倍线　multiple ratio pipe length-to-column in
filling　02.0826

充填材料　filling materials　02.0810

充填材料管道输送　pipelining of filling materials
02.0830

充填材料制备　filling materials preparation　02.0827

充填采矿法　cut and fill stoping　02.0799

充填隔墙　partitioning wall for filling　02.0835

充填井　filling raise　02.0512

充填料可泵性　pumpability of filling materials
02.0831

充填料塌落度　slump of filling materials　02.0832

充填体作用　function of fill mass　02.0837

充填系统　filling system　02.0809

重叠　fold　09.1193

重复性　repeatability　04.0681

重构型相变　reconstructive transformation　07.0250

重接　double teeming　05.1612

重卷机组　recoiling train　09.1416

* 重卷作业线　recoiling line　09.1416

重皮　double skin　05.1611

* 重现性　reproducibility　04.0682

* 重选　gravity separation, gravity concentration
03.0073

抽出式通风　exhaust ventilation　02.0938

抽出型层错　intrinsic stacking fault　07.0126

抽风箱　wind box　05.0642

抽气水喷射器　air-sucking water ejector　04.0627

抽气速率　gas flow rate of vacuum-pumping　05.1351

* 抽屉窑　shuttle kiln　05.0366

稠度　consistency　05.0208

出车台　shaft landing　02.0553

出钢持续时间　duration of metal tapping　05.1150

出钢到出钢时间　tap-to-tap time　05.1030

出钢机　extractor　09.1404

* 出光　neutralizing　09.1105

出焦除尘　pusher dedusting　05.0101

出焦烟尘捕集率　dust collection for pushing coke
05.0161

出矿品位　grade of withdrawal of ore　02.0072

出入沟　main access　02.0630

出铁口泥套　tapping breast　05.0897

出渣　slag tapping, flushing　06.0119

初步烧结　preliminary sintering　06.0138

初次成形加工　primary metal working　09.0018

* 初次渗碳体　primary cementite　07.0565

* 初次石墨　primary graphite　07.0573

初等能量法　primary energy method　09.0183

初冷器　primary gas cooler　05.0137

初生金属　primary metal　09.0765

初轧　blooming　09.0430

初轧机　blooming mill　09.1226

初轧坯　bloom　09.0448

初值条件　initial condition　04.0779

除尘器　dust-catcher　05.0928

除尘装煤车　charging car with dedusting device
05.0083

* 除灰　neutralizing　09.1105

除鳞机　descaler　09.1405

除气过滤复合净化法　combined degassing and filtra-
tion process　09.0772

除气精炼　degassing refining　09.0789

除铁器　scrap picker　03.0451

除渣锅　drossing kettle　06.0594

储仓式装运机　auto loader　02.1137

储量剥采比　stripping to reserve ratio　02.0617

储量估算　reserves estimation　02.0134

储料漏斗　hopper　05.0889

储氢材料　hydrogen storage materials　08.0609

触变变形　thixoforming　09.0792

触变作用　thixotropy, rheopexy　04.0579

* 触媒　catalyst　04.0373

触媒材料　catalyst materials　08.0620

穿晶断裂　transgranular fracture　07.0390

穿井作业　bore down into charge　05.1224

穿孔　piercing　09.0715

穿孔机　piercing mill, piercer　09.1296

穿孔挤压　piercing extrusion　09.0828

穿孔针　piercing mandrel　09.1494

穿流　flow through　09.1063

穿脉平巷　crosscut　02.0724

穿梭轧制　shuttle-rolling　09.0416

穿透深度　depth of penetration　05.1084

传导传热　heat conduction　04.0336

传动力矩　driving torque　09.0318

传搁时间　tracking time　09.0612

* 传热　heat transfer　04.0252

传热系数　heat transfer coefficient　04.0344

传输现象　transport phenomena　04.0250

传统电炉炼钢　conventional EAF steelmaking
　　05.1169

* 传质　mass transfer　04.0251

* 传质边界层　concentration boundary layer　04.0273

传质控制的反应　diffusion-controlled reaction
　　04.0333

传质系数　mass transfer coefficient　04.0316

船板　ship plate, hull plate, shipbuilding plate　09.0486

船用钢　ship building steel　08.0397

串车提升　train hoisting　02.1077

串接石墨化　lengthwise graphitization　05.0475

串接石墨化炉　lengthwise graphitization furnace
　　05.0478

串联网路　series network　02.0926

窗框钢　sash-bar steel　09.0549

床层　bed　03.0381

* 床底砂　artificial bed　03.0382

床面　deck　03.0383

床条　riffle　03.0384

吹气精炼　gas-blowing refining　09.0791

垂滴法　pendant drop method　04.0645

* 垂熔　resistance sinter　06.0939

垂直分条充填法　vertical cut and fill stoping　02.0801

垂直纵投影图　vertical longitudinal projected profile
　　02.0156

锤锻　hammer forging　09.0932

锤锻模　hammering die　09.0937

锤式破碎机　hammer crusher　03.0259

* 纯净钢　clean steel　05.1283

纯净铁合金　high purity ferroalloy　05.0488

* 纯铜　copper　08.0412

纯物质标准态　pure substance standard　04.0174

* 纯轧制力矩　rolling torque　09.0312

瓷质阳极氧化　enamel anodizing　09.1110

磁场热处理　thermomagnetic treatment　07.0290

磁赤铁矿　maghemite　03.0158

磁畴　magnetic domain　07.0604

磁导率检测　magnetic permeability inspection
　　09.1213

磁轭　magnetic yoke　05.1252

磁粉检测　magnetic-particle inspection　07.0489

* 磁粉探伤　magnetic-particle inspection　07.0489

磁粉芯材料　magnetic powder core materials　08.0561

磁滑轮　magnetic pulley　03.0423

磁化焙烧　magnetizing roasting　06.0016

磁黄铁矿　pyrrhotite　03.0172

磁记录介质　magnetic recording media　08.0582

磁控形状记忆合金　magnetic shape memory alloy
　　08.0616

* 磁力探伤　magnetic-particle inspection　07.0489

磁力探伤仪　magnetic flaw detector, magnetic crack
　　detector　09.1203

磁力脱水槽　magnetic dewater cone　03.0424

磁流体材料　magnetic fluid　08.0586

磁流体分离　magnetic fluid separation　03.0091

磁流体分选　magnetofluid separation　03.0445

磁流体分选机　magnetofluid separator　03.0446

磁屏蔽　magnetic shielding　08.0562

磁铁矿　magnetite　03.0154

磁头材料　magnetic head materials　08.0559

磁团聚　magnetic coagulation, magnetic agglomeration
　　03.0450

磁温度补偿合金　thermomagnetic compensation alloy
　　08.0560

磁系　magnetic system　03.0448

磁性衬板　magnetic liner　03.0315

* 磁性氧化铁层积　magnetite coating　06.0485

磁悬浮熔炼　levitation melting　05.1248

磁选　magnetic separation　03.0079

磁选机　magnetic separator　03.0410

磁选柱　magnetic column　03.0443

磁致冷材料　magnetic refrigerant materials　08.0583

* 磁致冷工质材料　magnetic refrigerant materials　08.0583

磁致伸缩合金　magnetostriction alloy　08.0584

磁滞合金　hysteresis alloy　08.0574

雌黄　orpiment　03.0190

* 次级离子质谱　secondary ion mass spectroscopy, SIMS　07.0509

次晶相　secondary crystalline phase　05.0176

次生赤铁矿　secondary hematite　05.0693

次生夹杂物　secondary nonmetallic inclusion　05.1413

次生矿泥　secondary slime　03.0049

刺激–响应机制　stimulus-response mechanism　05.1663

刺激–响应实验　stimulus-response technique　05.1391

从煤中二次挥发回收锗　recovery of germanium by second volatilization from coal　06.1149

粗苯　crude benzol　05.0127

粗蒽　crude anthracene　05.0124

粗钢　crude steel　05.0982

粗钢产量　raw steel output　05.1032

粗金属锭　bullion　06.0094

粗精矿　rough concentrate　03.0042

粗颗粒　coarse particle　03.0032

粗粒磁选机　magnetic cobbing separator　03.0429

粗粒浮选　coarse flotation　03.0482

粗粒级　coarse fraction　03.0035

粗粒溜槽　sluice for coarse particles　03.0390

粗滤器　strainer　06.0205

粗镁　crude magnesium　06.0809

粗磨　coarse grinding　03.0306

粗铅软化　softening　06.0539

粗四氯化锆　crude-zirconium tetrachloride　06.0968

粗四氯化铪　crude-hafnium tetrachloride　06.0969

粗四氯化钛　crude-titanium tetrachloride　06.0967

粗碎　primary crushing　03.0239

粗碎圆锥破碎机　primary cone crusher　03.0262

粗铜　blister copper　06.0486

粗选　roughing　03.0066

粗液　green liquor　06.0678

粗轧　rough rolling　09.0405

粗轧机　roughing mill　09.1258

促凝剂　setting accelerator　05.0242

簇状夹杂物　inclusion cluster　05.1383

催化　catalysis　04.0371

催化残渣　catalytic residue　06.0167

催化产物　catalysate　06.0166

催化反应　catalytical reaction　04.0372

催化剂　catalyst　04.0373

催化剂中毒　catalyst poisoning　04.0375

催化石墨化　catalytic graphitization　05.0474

催渗剂　energizer　07.0347

脆硫锑铅矿　jamesonite　03.0127

脆性　brittleness　08.0006

脆性断口　brittle fracture surface　07.0401

脆性断裂　brittle fracture　07.0397

萃合物　extracted species　06.0320

萃淋树脂　levextral resin　06.1231

萃淋树脂色层法　levextral resin chromatography　06.1232

萃取变更剂　solvent extraction modifier　06.0307

* 萃取复型　extraction replica　07.0438

萃取率　extraction efficiency　06.0308

萃取容量　extraction capacity　06.0316

萃取色层分离法　extraction chromatography　06.1230

萃洗树脂　extraction eluting resin　06.0338

萃余液　raffinate　06.0317

淬火　quenching　07.0312

淬火分配钢　quenching-partitioning steel　08.0404

淬冷时效　quench aging　07.0343

淬透性　hardenability　07.0326

淬透性带　hardenability band　07.0328

淬透性曲线　hardenability curve　07.0327

措施井　service shaft　02.0511

错移　mismatch　09.1064

D

搭边　scrap bridge　09.1065

搭接焊管　lap-welded pipe　09.0507

达西定律　Darcy law　02.0221

打击　blow　09.0981

打结炉衬　rammed lining　05.0577

打壳　crust breaking　06.0758

打捆机　packing machine　09.1381

打印机　marking machine, marker　09.1380

大板坯　slab　09.0449

大地水准面　geoid　02.0160

大耳阳极　big-lug anode　06.0498

大陆架矿床开采　mining of continental shelf deposit　02.0895

大气腐蚀　atmospheric corrosion　08.0070

大水矿床开采　mining of heavy-water deposit　02.0866

大线能量焊接用钢　sted for high heat input welding steel　08.0392

大型钢材　heavy section　09.0526

大型夹杂物　macro inclusion　05.1289

大型型材轧机　heavy section mill　09.1227

*大砖　block　05.0252

代位固溶体　substitutional solid solution　07.0159

代位原子　substitutional atom　07.0073

带材　strip　09.0458

带肋板　rib plate　09.0496

*带筛擦洗机　drum washer　03.0408

带式焙烧机　pellet grate　06.0028

带式给矿机　belt feeder　03.0729

带式给料机　belt feeder　05.0613

带式给药机　belt reagent feeder　03.0736

带式过滤机　belt filter　03.0689

带式冷却机　straight-line cooler　05.0645

带式连铸机　belt caster　05.1456

带式烧结机　straight-line sintering machine　05.0594

带式输送机　belt conveyor　03.0730

带式压滤机　belt filter press　03.0696

带式转截机　belt transfer　02.1207

带状组织　banded structure　07.0550

待热　rolling mill interrupt by reheating　09.0614

待轧　reheating interrupt by rolling mill　09.0615

*袋滤器　bag dust filter　06.0055

袋式收尘器　bag dust filter　06.0055

单臂式液压机　C-frame hydraulic press　09.1548

单槽浮选　unit flotation cell　03.0534

单侧烟道焦炉　single waste flue coke oven　05.0056

单层崩落法　single layer caving method　02.0843

单纯形优化　simplex optimization　04.0739

单动液压机　single action hydraulic press　09.1549

单动油压挤压机　single-action hydraulic extrusion press　09.1481

单斗挖掘机　single-bucket excavator　02.1113

单独驱动辊道　individually driven roller table　09.1399

单分子层吸附　monomolecular adsorption　03.0522

单鼓形　barrelling　09.0174

单辊破碎机　sinter breaker　05.0644

单辊式连铸机　single roll caster　05.1454

单机架单卷取热轧机　single-stand hot rolling mill with single-coiler　09.1458

单机架六辊不可逆式铝材冷轧机　six high nonreversing cold mill for Al strip　09.1461

单机架双卷取热轧机　single-stand hot rolling mill with twin-coiler　09.1459

单机架四辊不可逆式铝材冷轧机　four high nonreversing cold mill for Al strip　09.1460

*单键氧　non-bridge oxygen　04.0529

单晶　single crystal　07.0036

单晶镍基高温合金　single crystal nickel based superalloy　08.0511

单晶 X 射线衍射　single-crystal X-ray diffraction　07.0461

单晶生长　single crystal growing　07.0200

*单晶石墨　single crystal of graphite　05.0371

*单卷筒拉线机　single block wiredrawing machine　09.1518

单链式拉伸机　single chain drawing machine　09.1523

单面压印模　coining die with singlesided　09.1043

单模拉线　single die wire drawing　09.0860

单模拉线机　single block wiredrawing machine　09.1518

单钼酸盐　molybdate　06.1077

单宁　tannin　03.0646

单区电收尘器　single stage static precipitator　06.0421

单水氢氧化锂　lithium hydroxide monohydrate　06.1111

I 单位　I-unit　09.0706

单位变形力　specific rolling-pressure　09.0162

单位挤压力　specific extrusion pressure　09.0374

单位焦化产品综合能耗　comprehensive energy consumption unit coking product　05.0173

单位搅拌功率　specific stirring power input　05.1334

单位摩擦力　specific friction force　09.0310

单位体积变形功　deformation work per unit volume

09.0375

* 单位轧制能耗曲线　unit energy consumption curve of rolling　09.0322

单位轧制压力　specific rolling force　09.0308

单钨酸盐　monotungstate　06.1041

单向拉伸　uniaxial tension　09.0171

单向压缩变形　uniaxial compression　09.0172

单一开拓　single development system　02.0716

单元过程　unit process　06.0001

单元系　single-component system　04.0014

单元相图　single component phase diagram　04.0069

单渣操作　single-slag operation　05.1110

* 单轴振动筛　circle vibrating screen　03.0276

胆矾　chalcanthite　03.0108

淡红银矿　proustite　03.0142

* 氮化　nitriding　07.0348

* 氮化钢　nitriding steel　08.0341

氮化锆　zirconium nitride　06.0987

氮化铬铁　nitrogen containing ferrochromium　05.0524

氮化铪　hafnium nitride　06.0989

氮化镓　gallium nitride　06.1138

氮化金属锰　nitrogen containing manganese metal　05.0523

氮化锰铁　nitrogen containing ferromanganese　05.0522

氮化钛　titanium nitride　06.0988

氮化物　nitride　07.0610

氮化物夹杂物　nitride inclusion　05.1009

氮化物容量　nitride capacity　04.0554

氮化物稀土永磁材料　nitride rare earth permanent magnet materials　08.0566

挡墙和坝　weir and dam　05.1397

挡土墙　retaining wall　02.0703

挡渣出钢　tapping by slag skimming　05.1149

挡渣帽　skimming cone　05.1152

挡渣球　skimming ball　05.1151

挡渣塞　floating plug　05.1153

刀口腐蚀　knife line corrosion　08.0081

导板　guide apron, guide trough　09.1352

导电炉底　conducting hearth　05.1203

[导电]母线　bus bar　06.0301

导风板　air deflector　02.0955

导火索　safety fuse　02.0411

导流槽　drained cell　06.0729

导流阴极　drained cathode　06.0743

* 导热系数　thermal conductivity　04.0341

导卫装置　guard device　09.1351

* 导温系数　thermal diffusivity　04.0342

捣打成型　ramming process　05.0332

捣打料　ram mix　05.0331

捣固机　stamping machine　05.0081

捣固焦炉　stamp-charging coke oven　05.0057

捣固装煤推焦机　stamping-charging-pusher machine, SCP　05.0077

捣炉机　stoking machine　05.0576

倒立式盘式拉伸　inverted block drawing　09.0858

倒立式圆盘拉伸机　inverted block type drawing machine　09.1526

倒流休风　back-drafting　05.0820

倒推采矿法　over casting mining method　02.0640

倒 U 形联合法　upside-shaped U type combined method　06.0982

倒焰窑　down draft kiln　05.0365

倒易点阵　reciprocal lattice　07.0004

倒装　reverse filling　05.0749

倒锥式铜沉淀器　inverted cone copper precipitator　06.0513

道次　pass　09.0294

* 道氏法　Dow process　06.0775

道屋法　Dow process　06.0775

道屋镁电解槽　Dow cell　06.0802

德拜–休克尔–昂萨格电导理论　Debye-Hückel-Onsager theory of electrical conductance　04.0435

德拜–休克尔强电解质溶液理论　Debye-Hückel theory of strong electrolyte solution　04.0416

* 德银　nickel silver　08.0425

等边角钢　equal angle steel, equal-sided angle steel　09.0537

等电点　isoelectric point, IEP　03.0520

等化学势法　chemical potential equality method　04.0788

等活度线　isoactivity line　04.0184

等静压　isostatic pressing　08.0217

等静压力　isostatic pressure　09.0073

等可浮浮选　iso-floatability flotation　03.0474

等可浮性　iso-floatability　03.0537

等离子电弧炉　plasma arc furnace　05.1271

等离子电弧重熔　plasma arc remelting　05.1270

等离子发生器　plasma generator　05.1268

等离子感应炉　plasma induction furnace　05.1272

等离子炬　plasma torch　05.1269

* 等离子枪　plasma generator　05.1268

等离子熔炼　plasma melting　05.1267

等离子熔融还原　plasma smelting reduction process
05.0958

等离子冶金[学]　plasma metallurgy　01.0030

等容过程　isochoric process　04.0029

等容热容　heat capacity at constant volume　04.0115

* 等温处理延性铁　austempered ductile iron，ADI
08.0296

等温淬火　austempering　07.0316

等温锻　isothermal forging　09.0996

等温过程　isothermal process　04.0027

等温挤压　isothermal extrusion　09.0813

等温截面　isothermal section　04.0091

等温模锻　isothermal die forging　09.0875

等温熔炼　isothermal melting　09.0769

等温相变图　isothermal transformation diagram
07.0275

等效剪应变　equivalent shear strain　09.0093

等效应变　equivalent strain　09.0092

等效应变速率　equivalent strain rate　09.0096

等压过程　isobaric process　04.0028

等压热容　heat capacity at constant pressure　04.0114

等有效应力　effective stress, equivalent of effective
stress　09.0065

等蒸气压平衡　isopiestic equilibrium　04.0059

等轴晶区　equiaxial crystal zone　07.0197

等轴状铁素体　equiaxed ferrite, polygonal ferrite
07.0561

低淬透性钢　low hardenability steel　08.0394

* 低共熔点　eutectic point　04.0077

低硅铁水　low silicon hot metal　05.0851

低合金钢　low alloy steel　01.0048

低钠氧化铝　low sodium alumina　06.0699

低能电子衍射　low-energy electron diffraction, LEED
07.0435

* 低膨胀合金　invar alloy　08.0542

* 低膨胀耐磨铝硅合金　wear-resistant aluminum alloy
08.0438

低频矿热炉　low frequency electric arc furnace
05.0557

低品位电子废料　low grade electronic scrap　06.0888

低屈服点钢　low yield point steel　08.0333

低屈强比钢　low yield ratio steel　08.0334

低蠕变耐火材料　low creep refractory　05.0274

低水泥浇注料　low cement castable　05.0317

低塑性温度　mild ductility temperature, MDT
05.1426

低碳贝氏体钢　low-carbon bainitic steel　08.0330

低碳钢　low carbon steel　08.0311

低碳铬铁　low carbon ferrochromium　05.0506

低碳镁炭砖　low-carbon magnesia carbon brick
05.0300

低碳锰铁　low carbon ferromanganese　05.0497

低温度系数钕铁硼磁体　low temperature coefficient
Nd-Fe-B magnet　08.0570

低温辐照损伤回复　recovery of low temperature irra-
diation damage　07.0229

低温钢　cryogenic steel　08.0395

低温还原粉化率　low temperature reducting degrada-
tion　05.0678

低温回火　low temperature tempering, first stage tem-
pering　07.0337

* 低温沥青　soft pitch　05.0441

低温钛合金　cryogenic titanium alloy　08.0466

低温退火　low temperature annealing　09.1073

低堰式螺旋分级机　low weir spiral classifier　03.0339

低液位铸造法　low head composite casting process,
LHC process　09.0788

低周疲劳　low cycle fatigue　08.0050

滴熔　drip melting　06.0940

底板　mould stool　05.1599

底部境界线　floor boundary line　02.0627

底吹　bottom blow　05.1044

底吹供气强度　bottom-blown gas intensity　05.1097

底吹供气组件　bottom gas permeable element
05.1087

底吹炉氧枪　oxygen bottom-blowing lance　06.0466

底吹气体流量比　specific flow rate of bottom-blown
gas　05.1098

底拱　inverted arch　02.0589

底臌　floor heave　02.0291

底料　bed charge　06.0106

底流　underflow　03.0659

* 底盘　mould stool　05.1599

底盘抵抗线　toe burden　02.0362

底箱　hutch　03.0370

底卸式矿车　bottom-dump car　02.1189

底眼　bottom hole, lifter　02.0352

底柱　sill pillar　02.0750

底柱结构　construction of sill pillar　02.0773

地表沉陷　surface subsidence　02.0312

地表境界线　surface boundary line　02.0626

地表临界变形值　critical value of surface deformation　02.0203

地表疏干　dewatering in ground　02.1002

地表水　surface water　02.0983

地表移动曲线　curve line of surface displacement　02.0197

地坑式铸坯加热炉　pit slab heating furnace　09.1455

地理坐标　geographical coordinates　02.0164

* 地球化学勘探　geochemical prospecting　02.0119

地球椭球体　ellipsoid　02.0161

* 地球物理勘探　geophysical prospecting　02.0120

地下采矿　underground mining　02.0011

地下采矿[学]　underground mining　01.0003

地下采矿钻车　underground mining jumbo　02.1100

地下采区变电所　underground section substation　02.1223

地下铲运机　load-haul-dump unit, LHD　02.1133

地下电动铲运机　electric-powered load-haul-dump unit, electric LHD　02.1135

地下电机车　underground electric locomotive　02.1183

地下卷取机　downcoiler　09.1394

地下矿采矿方法　underground mining method　02.0743

地下矿开拓方法　development method of underground mine　02.0715

地下矿配电　electric power distribution of underground mine　02.1222

地下矿用自卸汽车　dump truck for underground mine　02.1199

地下连续采矿机　continuous underground miner　02.1139

地下内燃铲运机　diesel-powered load-haul-dump unit, diesel LHD　02.1134

* 地下汽车　dump truck for underground mine　02.1199

地下疏干　underground dewatering　02.1003

地下水　ground water　02.0982

地下斜坡道开拓　underground ramp development system　02.0720

地下遥控铲运机　remote control LHD　02.1136

地下原地钻孔浸出　underground in-situ boring and mining leaching　02.0878

地形地质图　topographic-geological map　02.0146

地压　ground pressure　02.0283

地压监测　monitoring of ground pressure　02.0307

地压控制　control of ground pressure　02.0293

地音仪　geophone　02.0319

地应力　in-situ stress　02.0270

地应力测量　in-situ stress measurement　02.0273

地质编录　geological logging　02.0144

地质测量　geological mapping　02.0118

地质储量　geological reserves　02.0122

* 地质管　steel tube for drilling　09.0518

地质平面图　geological map　02.0149

地质剖面图　geological profile　02.0150

地质统计学法　geostatistics　02.0137

地质柱状图　geologic column　02.0151

地质钻探用钢管　steel tube for drilling　09.0518

* 帝国熔炼法　imperial smelting process, ISP　06.0517

第二相　secondary phase　07.0149

第三相　third phase　06.0304

第一性原理　(1) first principle, (2) ab initio　04.0796

碲金矿　calaverite　03.0138

碲铜　copper tellurium　08.0416

碲银矿　hessite　03.0143

典型轧制变形　typical rolling deformation　09.0347

点荷载强度　point load strength　02.0254

点火负压　ignition vacuum　05.0629

点缺陷　point defect　07.0061

点群　point group　07.0005

点蚀　pitting　08.0078

点式下料器　point feeder　06.0741

点式下料预焙槽　point feed prebake, PFPB　06.0730

点阵　lattice point　07.0018

点阵参数　lattice parameter　07.0019

点阵常数　lattice constant　07.0020

点柱充填法　pointed prop fill stoping　02.0805

点状不变形夹杂物　globular non-deformable inclusion　05.1011

碘化法　iodization　06.0933

碘化铷　rubidium iodide　06.1125

碘化铯　cesium iodide　06.1126

* 碘化提纯法　iodization　06.0933

电爆网络　electric initiation circuit　02.0429

电捕焦油器　electrostatic tar precipitator　05.0139

* 电铲　single-bucket excavator　02.1113

电铲排土　waste disposal with shovel　02.0692

电场凝固法　electric field freezing method　06.1274

电场闪络　field flashover　06.0414

电沉积　electrodeposition　04.0488

电池　cell　04.0480

电池电动势　electromotive force of a cell　04.0487

电池电动势法　EMF method　04.0636

电磁测渣器　electromagnetic slag detector　05.1155

电磁成形　electromagnetic forming　09.0902

电磁磁选机　electromagnetic separator　03.0422

电磁感应热效应　thermal effect of induced current　05.1250

电磁兼容　electromagnetic compatibility　08.0581

电磁炉熔炼　electromagnetic furnace smelting　06.0076

电磁冶金　electromagnetic metallurgy　01.0040

电磁铸造　electromagnetic casting　09.0780

电催化电极　electrocatalysis electrode　04.0456

电催化作用　electrocatalysis　04.0476

电导　conductance　04.0428

电导池　conductance pool　04.0657

电导率　conductivity　04.0429

* 电动铲运机　electric-powered load-haul-dump unit, electric LHD　02.1135

* 电动电位　Zeta potential　03.0519

* 电动轮汽车　motorized wheel dump truck　02.1198

电动轮自卸汽车　motorized wheel dump truck　02.1198

电动现象　electrokinetic phenomena　04.0585

电动压下装置　electric screw down device　09.1343

电动凿岩机　electric rock drill　02.1106

电镀　electroplating　04.0491

电镀层　electroplating layer　08.0155

电镦锻　electric upsetting　09.0997

电风　electric wind　06.0415

电浮选　electroflotation　03.0493

电负性　electronegativity　04.0468

电高炉　electric high shaft furnace　05.0935

电工钢　electrical steel　08.0382

电工钢板带　electric steel sheet and strip　09.0470

* 电共沉积　electro-codeposition　06.0271

电硅热法　electro-silicothermic process　05.0542

电还原合成　cathodic electrosynthesis　04.0497

电焊管　electric welded pipe　09.0502

电合成　electrosynthesis　04.0496

电弧　electric arc　05.1206

电弧电流　arc current　05.1209

电弧功率　arc power　05.1213

* 电弧焊管　submerged arc welded pipe　09.0508

电弧炉炼钢法　electric arc furnace steelmaking, EAF steelmaking　05.1167

电弧炉熔炼　electric arc furnace smelting　06.0075

电化学保护　electrochemical protection　08.0130

电化学传递系数　transfer coefficient of electrochemistry　04.0475

电化学当量　electrochemical equivalent　04.0479

* 电化学动力学　electrochemical kinetics　04.0438

电化学反应　electrochemical reaction　04.0044

电化学极化　electrochemical polarization　04.0464

电化学浸出　electrochemistry leaching　06.0194

电化学平衡　electrochemical equilibrium　04.0060

电化学冶金　electrochemical metallurgy　01.0039

电极　electrode　04.0439

电极把持器　electrode holder　05.0571

电极把持筒　suspension mantle of electrode　05.0570

电极插入深度　depth of electrode penetration　05.0582

电极电势　electrode potential　04.0447

* 电极电位　electrode potential　04.0447

电极工作端　electrode tip　05.0583

电极工作长度　electrode length　05.0581

电极过程　electrode process　04.0453

电极过程动力学　kinetics of electrode process　04.0438

电极过烧 over baking of electrode 05.0565

电极行程 stroke of electrode 05.0584

电极糊 electrode paste 05.0405

电极化率 electric susceptibility 07.0286

电极极化 electrode polarization 08.0117

电极间距 electrode distance 06.0755

电极接头 electrode nipple 05.0410

电极壳 casing of electrode 05.0563

电极立柱 electrode mast 05.1181

电极沥青 electrode pitch 05.0438

电极密封圈 electrode sealing ring 05.1194

电极欠烧 less baking of electrode 05.0566

电极软断 soft breakage of electrode 05.0567

电极烧板 cathode deposit resolution 06.0612

电极压放装置 electrode slipping system 05.0574

电极硬断 hard breakage of electrode 05.0568

电结晶 electrocrystallization 04.0489

电解槽 electrolytic cell, electrolyzer 06.0281

电解槽侧壁 cell sidewall 06.0736

电解槽侧衬 cell sidelining 06.0737

电解槽衬里 cell lining 06.0738

电解槽电阻 cell resistance 06.0752

电解槽隔板 divider of electrolytic cell 06.0793

电解槽系列 pot line 06.0726

电解槽系列电流 potline current 06.0753

电解粉 electrolytic powder 08.0170

* 电解浮选 electroflotation 03.0493

电解钴 electrolytic cobalt 06.0637

电解还原–萃取法制备高纯氧化铕 electrolytic reduction-solvent extraction method to produce high-purity europium oxide 06.1256

电解还原–碱度法制备高纯氧化铕 electrolytic reduction-alkalinity method to produce high-purity europium oxide 06.1255

* 电解浸出 electrochemistry leaching 06.0194

电解晶体 electrolytic crystal 06.0266

电解精炼 electrorefine 06.0268

电解锂 electrolytic lithium 06.1114

电解铝 electrolytic aluminum 06.0767

电解镁 electrolytic magnesium 06.0812

电解锰 electrolytic manganese metal, EMM 05.0502

电解溶解 electrolytic dissolution 06.0265

电解酸洗 cathodic pickling 09.1090

电解提取 electro-extraction 06.0267

电解铁 electrolytic iron 08.0282

电解铜 electrolytic copper 08.0413

电解铜箔 electrodeposited copper foil 08.0431

电解氧化法 electrolytic oxidation method 06.1252

电解液净化 electrolyte purification 06.0510

电解造液 electrolysis dissolution 06.0635

电解着色 electrolytic coloring 09.1114

电解质 electrolyte 04.0413

电解质沸腾 boiling of cell 06.0806

电解质结壳 electrolyte crust 06.0757

电解质溶液 electrolyte solution 04.0401

电解质溶液渗浸法 impregnation process with electrolyte solution 06.1205

电抗分量 inductance-reactance component 05.1212

电抗器 reactance coil 05.1182

电雷管 electric cap, electric detonator 02.0414

电雷管点火组件 firing element of electric detonator 02.0416

电雷管电阻 resistance of electric detonator 02.0418

电雷管脚线 leg wire of electric detonator 02.0415

电雷管桥丝 bridge wire of electric detonator 02.0417

电离 ionization 04.0402

电离常数 ionization constant 04.0417

电离射线透照术 iconography 07.0522

电离真空规 ionization gauge 04.0621

电流密度 current density 08.0115

电流效率 current efficiency 06.0297

电炉变压器 furnace transformer 05.1175

电炉出钢槽 tapping spout of EAF 05.1195

电炉单位面积功率 power per unit area 06.0436

电炉钢比 EAF's share 05.1037

电炉还原期 reduction period of EAF steelmaking 05.1228

电炉加铁水冶炼技术 scrap and hot metal EAF charge 05.1189

CONSTEEL 电炉炼钢法 CONSTEEL process 05.1173

电炉炼铁法 low shaft electric furnace iron making 05.0934

电炉炼锌 zinc electrical furnace smelting process 06.0582

电炉料罐 charging bucket of EAF 05.1187

电炉炉盖 roof of EAF 05.1191

电炉炉盖移开装置 roof removing equipment 05.1200

电炉炉门 furnace door of EAF 05.1190

电炉炉内排烟 inner exhaust gas and fume system of EAF 05.1236

电炉炉外排烟 outer exhaust gas and fume system of EAF 05.1237

电炉倾动机构 furnace tilting device 05.1199

电炉容量 electric furnace capacity 06.0435

电炉熔池搅拌 EAF bath stirring 05.1235

电炉熔化期 melting period of EAF steelmaking 05.1223

电炉时间利用系数 time utilization coefficient 06.0438

电炉氧化期 oxidation period of EAF steelmaking 05.1227

电炉氧枪 EAF oxygen lance 05.1232

电炉氧–燃料烧嘴 oxygen-fuel burner 05.1233

电炉整流电路 rectification circuit 05.1202

电能效率 power efficiency 06.0439

电偶腐蚀 galvanic corrosion 08.0067

*电耙 slusher 02.1138

电迁移 electromigration 04.0436

*电迁移法 electrotransport process 06.0274

电热镦机 electric upset forging machine 09.1553

*电热法炼锌 zinc electrical furnace smelting process 06.0582

电热合金 electrical heating alloy 08.0540

电热冶金 electrothermal metallurgy 01.0038

*电容率 permittivity 04.0437

电容器用钽丝 tantalum wire for capacitor 08.0490

电熔刚玉 fused alumina 05.0227

电熔刚玉砖 fused corundum brick 05.0280

电熔镁砂 fused magnesia 05.0230

电渗 electro-osmosis 04.0584

电渗析 electrodialysis 06.0356

电石渣 calcium carbide slag 05.1231

ζ电势 ζ potential 04.0594

*电势–电流图 Evans diagram 04.0474

电势分析法 potentiometry 04.0666

电势阶跃法 potential step method 04.0655

电势溶出分析 potentiometric striping analysis 04.0656

电视X射线荧光检查 television fluoroscopy 07.0518

*电收尘器 Cottrell electrostatic precipitator 06.0060

电收尘器烟尘 Cottrell dust 06.0061

电刷镀 brush electroplating 08.0156

电碳热法 electro-carbothermic process 05.0543

电梯井 elevator raise 02.0768

Zeta电位 Zeta potential 03.0519

*ζ电位 ζ potential 04.0594

*电位阶跃法 potential step method 04.0655

*电位溶出分析 potentiometric striping analysis 04.0656

电选 electrostatic separation 03.0081

电氧化合成 anodic electrosynthesis 04.0498

电冶金[学] electrometallurgy 01.0037

电液双压下装置 electro-hydraulic screw down device 09.1345

电泳 electrophoresis 04.0422

电泳分离 electrophoretic separation 03.0087

电泳涂层 electrophoretic coating 09.1116

电泳涂层机组 electrophoretic coating line 09.1543

电晕电流 corona current 06.0065

电晕电选机 corona separator 03.0453

电晕电压 corona voltage 06.0064

电晕遏止 corona suppression 06.0067

电晕放电 corona discharge 06.0062

电晕放电电阻 corona resistant 06.0063

电渣过程 electroslag process 05.1260

电渣浇注 electroslag teeming 05.1256

电渣金属 electroslag metal 05.1259

电渣离心浇铸 centrifugal electroslag casting 05.1257

电渣熔铸 electroslag casting 05.1255

电渣渣池 slag bath 05.1264

电渣重熔 electroslag remelting, ESR 05.1253

电致扩散 electro diffusion 07.0177

电铸 electroforming 04.0490

电子背散射衍射 electron backscattering diffraction, EBSD 07.0436

电子导电性 electronic conduction 04.0405

电子废料的火法冶炼 pyrometallurgical processing of electric scrap 06.0889

电子化合物 electron compound 07.0154

电子能量损失谱 electron energy loss spectrum, EELS 07.0433

电子平均自由程 mean free path of electron 04.0408

电子亲和能 electron affinity 04.0470

*电子亲和势 electron affinity 04.0470

电子束区域熔炼 electron beam zone melting 06.0942

电子束熔炼 electron beam melting 05.1275

电子顺磁共振 electron paramagnetic resonance, EPR 07.0504

电子隧道谱法 electron tunnelling effect spectroscopy 07.0502

电子探针 electron microprobe 07.0444

电子显微术 electron microscopy 07.0426

电子衍射 electron diffraction 07.0434

电子自旋共振 electron spin resonance, ESR 07.0503

电阻 resistance 04.0431

电阻分量 resistance component 05.1211

电阻焊管 resistance welded pipe 09.0503

电阻焊管机 resistance weld mill 09.1315

电阻合金 electrical resistance alloy 08.0527

电阻加热炉 electric resistance-type reheating furnace 09.1503

电阻炉蒸馏 electric resistance furnace distillation 06.0568

电阻率 resistivity 04.0432

电阻温度系数 temperature coefficient of resistivity 04.0433

电阻系列热双金属 resistivity thermo-bimetal 08.0594

垫板 sole plate 09.0546

垫板模锻 bolster plate die forging 09.0998

吊罐 raise cage 02.1142

吊盘 sinking platform 02.0543

吊桶 sinking bucket 02.0544

迭代法 iterative method 04.0763

叠栅云纹法 moiré method 09.0192

叠轧 pack rolling 09.0400

蝶式孔型 butterfly pass 09.0649

蝶式孔型系统 butterfly pass system 09.0662

*丁基黄药 butyl xanthate 03.0595

丁基黄原酸盐 butyl xanthate 03.0595

丁基膦酸二丁酯 dibutyl butyl-phosphonate, DBBP

06.1209

顶部传动 over head drive 09.1452

顶吹 top blow 05.1043

顶吹底部搅拌熔炼炉 MK reactor 06.0456

顶吹底部搅拌转炉熔炼法 top blowing/bottom stirring process, oxygen top blowing/nitrogen stirring process 06.0455

顶吹浸没式喷枪熔炼法 top-blown submerged lance smelting process 06.0450

顶吹旋转转炉 top-blown rotary converter, TBRC 06.0458

顶吹旋转转炉熔炼法 top-blown rotary converter smelting process, TBRC process 06.0457

顶底复吹转炉炼钢法 combined top and bottom blown process 05.1061

顶镦 heading 09.0999

顶管机 push bench 09.1321

顶燃式热风炉 top combustion stove 05.0922

顶头 plug 09.0708

顶眼 top hole, back hole 02.0353

顶柱 crown pillar 02.0749

顶装焦炉 top charging coke oven 05.0058

钉扎点 pinning point 07.0118

定尺飞剪机 cut-length flying shears 09.1375

定尺剪切 specified-length shearing, cut-to-length 09.0748

定硅测头 silicon probe 04.0516

定径 sizing 09.0713

定径机 sizing mill 09.1311

定径水口 sizing nozzle 05.1366

定量泵 proportioning pump 06.0331

定量金相 quantitative metallography 07.0423

定量装入 fixed amount charging 05.1102

定膨胀合金 alloy with controlled expansion 08.0549

*定容热容 heat capacity at constant volume 04.0115

定深装入 fixed bath-depth charging 05.1103

定碳探头 carbon content sensor 05.1140

定位体系 localized system 04.0199

定向爆破 directional blasting 02.0444

定向凝固 directional solidification 07.0192

定向凝固高温合金 directionally solidified superalloy 08.0512

定心 centering 09.0714

定形隔热制品　shaped insulating product　05.0256

定形致密耐火制品　dense shaped refractory product　05.0255

* 定压热容　heat capacity at constant pressure　04.0114

定氧测头　oxygen probe　04.0515

* 定域子体系　localized system　04.0199

* 动电位　Zeta potential　03.0519

动可容速度场　kinematically admissible velocity field　09.0196

* 动力锤　double action hammer　09.1572

动力矩　dynamic torque　09.0317

动力学方程　kinetic equation　04.0220

动力学黏度　dynamic viscosity　04.0261

动量传递　momentum transfer　04.0253

* 动量传递系数　decay coefficient of jet velocity　05.1082

动量衡算　momentum balance　04.0291

动量流率　momentum flowrate　04.0281

动量流密度　Impulsstromdichte（德），momentum flux　04.0287

* 动黏度　kinematic viscosity　04.0262

动筛跳汰机　jig with moving sieve　03.0358

动态板形辊　dynamic shape roll　09.1269

动态规划　dynamic programming　04.0746

动态回复　dynamic recovery　09.0222

动态量热法　dynamic calorimetry　07.0478

动态应变时效　dynamic strain aging　07.0245

动态有序结构　dynamic-orderly structure　05.1625

动态再结晶　dynamic recrystallization　09.0223

冻结掘井法　freezing shaft sinking　02.0523

硐室　chamber　02.0499

硐室爆破　chamber blasting　02.0450

陡帮开采　steep-wall mining　02.0633

斗式提升机　bucket elevator　03.0731

毒砂　arsenopyrite　03.0115

毒重石　witherite　03.0201

独晶点　monotectic point　04.0079

独晶反应　monotectic reaction　04.0083

独居石　monazite　03.0192

独立组元　independent component　04.0068

* 杜拉铝　hard aluminum alloy　08.0432

镀层板　coated sheet　09.0464

镀铝薄板　aluminum coated steel sheet　09.0476

镀锡薄板　tin sheet　09.0473

镀锌板　galvanized sheet　09.0467

端部增厚　end thickening　09.0667

端淬试验　jominy test, end quenching test　07.0325

短程有序　short-range order　07.0280

短行程挤压机　short-stroke extrusion press　09.1488

* 短头圆锥破碎机　short head cone crusher　03.0264

短网　короткая сеть（俄），secondary conductors and terminals　05.1180

短芯杆拉伸　short plug drawing　09.0853

短旋转炉熔炼　short rotary furnace smelting　06.0639

短应力线轧机　short-stress-path mill　09.1237

短暂接触　transitory contact　04.0394

短暂液相烧结　transient liquid-phase sintering　08.0236

短锥水力旋流器　short-cone hydrocyclone　03.0348

断层角砾岩　fault breccia　02.0093

断层泥　fault gouge　02.0092

断辊　roll breakage　09.1197

断后伸长率　percentage elongation after fracture, elongation after fracture　08.0028

断口　fracture surface　07.0398

断口形貌学　fractography　07.0406

断裂　fracture　07.0389

断裂韧性　fracture toughness　08.0058

断面法　sectional method　02.0135

断面收缩率　percentage reduction of area　08.0031

* 煅白　calcined dolomite　06.0786

煅后焦　calcined coke　05.0423

煅后无烟煤　calcined anthracite　05.0428

煅烧　calcining, calcination　06.0031

煅烧白云石　calcined dolomite　06.0786

* 煅烧焦　calcined coke　05.0423

煅烧炉　calcinator, calciner　06.0033

煅烧–氢还原　calcination-hydrogen reduction　06.0919

煅烧石油焦　calcined petroleum coke　06.0707

* 煅烧无烟煤　calcined anthracite　05.0428

煅烧氧化铝　calcined alumina　06.0700

锻锤　forging hammer　09.0938

锻件图　forging-piece drawing　09.0929

锻件余量　forging envelope　09.0948

多孔砖　canned porous plug　05.1092

多料钟式炉顶　multi-bell system top　05.0886

多炉连浇　sequence casting　05.1552

多模拉线　multi-die wire drawing　09.0861

多模拉线机　multi-die wire-drawing machine　09.1519

多模压制　multiple pressing　08.0216

多钼酸盐　polymolybdate　06.1078

多坯料挤压　multibillet extrusion　09.0812

* 多任务件压制　multiple pressing　08.0216

多膛焙烧炉　multiple-hearth roaster　06.0027

多梯度磁选机　multi-gradient magnetic separator　03.0440

* 多温截面　temperature-concentration section　04.0092

多相催化反应动力学　heterogeneous catalytic reaction kinetics　04.0376

多相反应　multiphase reaction　04.0048

多相反应动力学　kinetics of heterogeneous reaction　04.0212

多向模锻　multi-ram forging, cored forging　09.0904

多向模锻压力机　multi-cored forging press　09.1554

多向模锻液压机　hydraulic multipleram forging press　09.1537

多效真空蒸发器　multi-effect vacuum evaporator　06.0220

多因子物质流　multi-factor mass flow　05.1647

多元电解质　multicomponent eletrolyte　06.0705

多元系　multi-component system　04.0017

多柱式液压机　multi-column hydraulic press　09.1555

剁刀　marking knife　09.0951

惰性电极　inert electrode　04.0442

惰性气体灭火法　fire extinguishing with inert gas　02.1021

惰性阳极　inert anode　06.0747

E

俄歇电子能谱术　Auger electron spectroscopy　07.0446

锇–钌蒸馏分离　osmium-ruthenium tetraoxide distillation　06.0916

颚板　jaw plate　03.0251

颚式破碎机　jaw crusher　03.0248

* 颚式旋回破碎机　jaw-gyratory crusher　03.0257

颚旋式破碎机　jaw-gyratory crusher　03.0257

耳子　ear　09.1140

二胺　diamine　03.0628

二苯胍　diphenyl guanidine　03.0604

二步煅烧　two-stage calcination　05.0351

二步法熔融还原　two stage smelting reduction　05.0974

二次爆破　secondary blasting, boulder blasting　02.0455

二次成形加工　secondary metal working　09.0019

二次电池　secondary cell　04.0504

* 二次电解着色法　electrolytic coloring　09.1114

二次富集　secondary enrichment　03.0558

二次固溶体　secondary solid solution　07.0158

二次贵金属回收　secondary precious metal recovery　06.0885

二次精炼　secondary refining　05.1280

* 二次开采　residual deposit mining　02.0871

二次空气　secondary air　06.0105

二次冷却区　secondary cooling zone　05.1510

二次离子质谱　secondary ion mass spectroscopy, SIMS　07.0509

二次能源　secondary energy　01.0070

二次破碎巷道　secondary blasting level　02.0764

二次渗碳体　secondary cementite　07.0567

二次石墨　secondary graphite　07.0574

二次阳极泥　secondary anode sludge　06.0899

二次氧化铝　second alumina　06.0762

* 二次冶金　ladle metallurgy　05.1281

二次硬化　secondary hardening　07.0341

二次再结晶　secondary recrystallization　07.0384

二辊式冷轧管机　two-high tube cold rolling mill　09.1507

二辊式轧机　two-high rolling mill　09.1222

二辊斜轧穿孔　two-high skew-rolling piercing-process　09.0724

二辊斜轧穿孔机　two skew-roll piercing mill　09.1297

* 二号油　pine camphor oil　03.0630

二黄原酸盐　dixanthate　03.0592

二级反应　second order reaction　04.0226

二级配位位移相变　second-order coordination

displacive transformation 07.0259

二级相变 second-order transformation 07.0256

二甲酚 diphenyl phenol 03.0634

二阶活度相互作用系数 interaction coefficient of second order 04.0181

二阶交叉活度相互作用系数 cross interaction coefficient of second order 04.0182

二冷传热动态控制 dynamic control of heat transfer at secondary cooling 05.1549

* 二冷区 secondary cooling zone 05.1510

二冷区电磁搅拌 electromagnetic stirring in secondary cooling zone 05.1544

二硫代氨基甲酸酯 dithionocarbamate 03.0601

二硫代氨基甲酸酯捕收剂 dithiocarbamate collector 03.0606

二烷基二硫代磷酸盐 dialkyl dithiophosphate, aerofloat 03.0600

二氧化钼 molybdenum dioxide 06.1084

二氧化铌 niobium dioxide 06.1016

* 二氧化铈 ceria 06.1172

二氧化钛 titanium dioxide, titania 06.0973

二乙基二硫代氨基甲基酸钠 sodium diethyl dithiocarbamate 03.0610

二乙基二硫代氨基甲酸氰乙酯 cyanoethyl diethyl dithiocarbamate 03.0605

二乙基二硫代磷酸盐 diethyl dithiophosphate 03.0607

二（2-乙基己基）磷酸酯 di（2-ethylhexyl）phosphate, D2EHP 06.1213

二元系 two-component system 04.0015

二元相图 binary phase diagram 04.0070

二正丁基磷酸 di-n-butyl orthopho-sphoric acid（DBP） 06.1212

* 二组分体系 two-component system 04.0015

F

发光拣选 luminescence sorting 03.0462

发汗 sweating 08.0246

发汗材料 sweating materials 08.0625

发黑处理 blackening, black coating 07.0356

发火合金 pyrophoric alloy 08.0612

* 发蓝 blackening, black coating 07.0356

发泡剂 foaming agent 05.0243

发热铁合金 exothermic ferroalloy 05.0530

发热渣 exothermic flux 05.1597

发射药 propellant explosive 02.0374

发纹 hair cracks 05.1615

阀门钢 valve steel 08.0396

* AOD 法 AOD process 05.1325

AMC 法 AMC process 06.0780

* CAB 法 CAB process 05.1323

* CAS 法 CAS process 05.1323

* CAS-OB 法 CAS-OB process 05.1324

Comet 法 Comet process 05.0963

Corex 法 Corex process 05.0959

* DH 法 DH process 05.1320

Finex 法 Finex process 05.0961

Finmet 法 Finmet process 05.0962

* KR 法 KR desulphurization 05.1292

* LD 法 oxygen topblown converter process 05.1057

* LF 法 LF process 05.1315

* OCP 法 converter process with oxygen and lime injection 05.1060

* OG 法 off-gas cleaning with un-burnt recovery 05.1159

* OLP 法 converter process with oxygen and lime injection 05.1060

QSL 法 Queneau-Schuhmann-Lurqi process 06.0519

* RH 法 RH process 05.1321

* VOD 法 VOD process 05.1319

* 乏风 outgoing airflow 02.0921

* 法拉第常数 electrochemical equivalent 04.0479

法拉第电解定律 Faraday's law of electrolysis 04.0478

法向应力 normal stress 09.0057

翻边 flanging 09.0889

翻边模 flanging die 09.0955

翻边系数 flanging coefficient 09.1030

翻车机 car dumper 02.1193

翻斗式矿车 tipping-type car 02.1187

翻皮 teeming lap 05.1610

翻平 foldover 09.0176

钒氮合金 nitrogen containing ferrovanadium 05.0525

钒铅矿 vanadinite 03.0125

钒酸盐　vanadate　06.0957

钒钛磁铁矿　vanadium titano-magnetite　03.0157

钒铁　ferrovanadium　05.0513

钒渣　vanadium oxide slag　05.0533

反铲挖掘机　backhoe shovel　02.1115

反常偏析　abnormal segregation　07.0222

反常组织　abnormal structure　07.0549

反萃　strip　06.0309

反萃剂　stripping agent　06.0310

反萃率　stripping efficiency　06.0311

反浮选　reverse flotation　03.0472

反极图　inverse pole figure　07.0474

反馈厚度测量系统　feed back automatic gauge control, FB-AGC　09.1423

*反馈控制　feed back control　09.1439

反拉深　reverse drawing　09.0890

反偏析　inverse segregation　09.1164

反射炉　reverberatory furnace　06.0089

反射炉床能率　reverberatory furnace specific capacity　06.0432

反射炉精炼　reverberatory refining　06.0493

反射炉熔炼　reverberatory furnace smelting　06.0428

反相畴　antiphase domain　07.0603

反向挤压　indirect extrusion, backward extrusion　09.0799

反向挤压机　indirect extrusion press　09.1480

反向凝固　reversed solidification　05.1460

反协同效应　antagonistic effect　06.0325

反絮凝浇注料　deflocculated castable　05.0323

*反旋压　reverse spinning　09.1047

反应罐直接还原法　retort reduction process　05.0952

反应焓　enthalpy of reaction　04.0127

反应后强度　post-reaction strength of coke　05.0051

反应机理　mechanism of reaction　04.0221

反应器理论　reactor theory　04.0379

反应烧结　reaction sintering　08.0239

反应速率　reaction rate　04.0216

反应速率常数　reaction rate constant　04.0217

反应速率方程　reaction rate equation　04.0219

反应塔　reaction tower, reaction shaft　06.0181

反应途径　reaction path　04.0236

反应研磨　reaction milling　08.0187

返回吹氧法　return mixture operation with oxygen blowing　05.1229

返回废钢　return scrap　05.1218

返混　back mixing　04.0387

返砂量　circulating load　03.0346

*范阿克尔法　iodization　06.0933

范德瓦耳斯键　van der Waals bond　07.0051

方差　variance　04.0706

方差分析　analysis of variance　04.0707

方钢　square bar　09.0531

方钴矿热电材料　skutterudite thermo-electric materials　08.0541

方解石　calcite　03.0209

方框流程　block flowsheet　03.0021

方框偏析　square segregation　05.1435

方镁石　periclase　05.0219

方坯　bloom　05.1444

方铅矿　galena　03.0122

方石英　cristobalite　05.0217

*方铁矿　wustite　05.0690

方筒拉深　square-can drawing　09.1021

方位角　azimuth　02.0163

防爆裂纤维　anti-explosion fiber　05.0246

防腐油　creosote for preservation　05.0126

防洪沟　flood ditch　02.0996

*防护镀层　protective coating　08.0153

防护涂层　protective coating　08.0153

防火门　fire door　02.1014

防火墙　fire stopping　02.1015

防溅板　splash plate　06.0259

防挠板　anti-deflection plate　09.0495

防排水系统图　waterproof and drainage system map　02.0196

防渗料　barrier refractory　06.0719

防水矿柱　water protecting pillar　02.0753

防水墙　water dam　02.1008

防水帷幕　water protecting curtain　02.1009

防水闸门　water protecting gate　02.1007

房柱采矿法　room and pillar stoping　02.0794

仿形板　gauge finder　09.1584

仿形斜轧　profiling-copy skew rolling　09.0738

放出口　tap hole, slag tap　06.0117

放出体　drawn-out body of ore　02.0859

放矿　ore drawing　02.0788

分布参数模型 model with distributed parameter 04.0759

* 分布圆 pitch circle 05.1183

分步沉淀 fractional precipitation 06.1244

分步结晶 fractional crystallization 06.0230

分部模锻 parting die forging 09.0876

分层 lamination 08.0261

分层崩落法 top slicing caving method 02.0845

分层剥采比 bench stripping ratio 02.0616

分层平面图 layer horizontal map 02.0187

分段 sublevel 02.0754

分段崩落法 sublevel caving method 02.0846

分段空场采矿法 sublevel stoping 02.0795

分段模锻 sectional die forging 09.0877

分段式炉壳 segmented shell 05.1184

分级 classification 03.0060

分级槽 classifier tank 06.0676

分级沉淀 fractional precipitation 06.0175

分级淬火 marquenching 07.0315

分级机 classifier 03.0335

分级精整 graded crushing 06.0948

分级收尘效率 grade efficiency 06.0410

分级蒸馏 fractional distillation 06.0251

分节辊 split roll 05.1514

分解槽 precipitation tank, precipitator 06.0686

分解电压 decomposition voltage 04.0458

分解反应 decomposition reaction 04.0039

分卷 separating 09.0695

分离共晶体 divorced eutectic 07.0532

分离环 break ring 05.1533

分离界限粒径 cut diameter 06.0411

* 分馏 fractional distillation 06.0251

分馏塔 fractional column, fractionating column 06.0253

分馏效率 fractionating efficiency 06.0252

分模轮廓线 parting form line 09.0988

分模面 parting plane 09.0986

分模面的选择 die parting face choosing 09.0931

分模线 parting line 09.0987

分配矿仓 distributing bin 03.0718

分配平衡常数 distribution equilibrium constant 04.0562

分配色谱法 paper chromatography 06.0347

分配系数 distribution coefficient 06.0351

* 分批浸出 batch leaching 06.0595

分期开采 phased mining 02.0029

分期开采 mining by stages 02.0632

分区通风 zoned ventilation 02.0936

分散剂 dispersant 03.0574

分散介质 dispersed medium 04.0581

分散体系 dispersed system 04.0580

分散相 dispersed phase 04.0582

分条 strip 02.0756

分析纯 analytical pure, AP 06.0378

分析电子显微术 analytical electron microscopy, AEM 07.0429

分选 separation 03.0062

分选回路 separation circuit 03.0016

分选机 separator 03.0013

分银炉 silver smelting converter 06.0860

分渣技术 slag cut-off technique 05.1326

分支浮选 ramified flotation 03.0473

分支天井 branch raise 02.0572

分装 separate filling 05.0751

分子动力学模拟 molecular dynamic simulation 04.0794

分子间势能 potential functions between molecules 04.0600

分子扩散 molecular diffusion 04.0309

分子筛 molecular sieve 04.0647

分子识别技术 molecular recognition technology 06.0914

分子识别配体 molecular recognition ligand 06.0912

分子作用球 sphere of molecular action 04.0587

分组粉碎流程 group grinding process 05.0010

焚烧 incineration 09.1129

焚烧炉 incinerator 09.1532

* 粉尘 mine dust 02.0968

粉尘采样器 dust sampler 02.0976

粉浆 slurry 08.0168

粉浆浇铸 slip casting 08.0223

粉焦 coke fine 05.0039

粉矿 iron ore fine 05.0604

粉矿仓 fine ore bin 03.0719

粉磨机 pulverizer 03.0270

粉末 powder 08.0165

粉末不锈钢　P/M stainless steel　08.0270

粉末锻造　powder forging　08.0257

粉末高速钢　P/M high speed steel　08.0271

粉末挤压　powder extrusion　08.0242

粉末模锻　powder forging　09.0878

粉末热挤压　powder hot extrusion　08.0243

粉末烧结　powder sintering　08.0227

粉末梯度材料　P/M gradient materials　08.0281

粉末冶金镍基高温合金　powder metallurgy nickel based superalloy　08.0513

粉末冶金铍　powder metallurgy beryllium　06.1099

粉末冶金[学]　powder metallurgy　01.0034

粉末轧机　powder rolling mill　09.1281

粉末轧制　powder rolling　09.0406

粉末增塑剂　plasticizer　08.0179

粉碎　comminution　03.0051

粉碎机械　comminute mechanical　03.0052

风窗　air window　02.0958

风动送样系统　pneumatic conveying system of specimen　05.1146

风动跳汰机　air jig, pneumatic jig　03.0362

* 风镐　pneumatic pick　02.1109

风井　ventilation shaft　02.0516

风口尺寸　tuyere dimension　05.0741

风口堵塞　tuyere blockage　05.0821

风口鹅颈管　goose neck　05.0862

风口盖　tuyere cap　05.0863

风口回旋区　raceway　05.0720

风口间距　inter-tuyere space　05.0742

风口区金属再氧化　re-oxidation in race way　05.0745

风口水套　tuyere cooler　05.0839

风口弯头　tuyere penstock　05.0841

* 风口循环区　raceway　05.0720

风口直吹管　blowpipe　05.0861

风口检测装置　probes through the tuyere　05.0762

风力充填　pneumatic filling　02.0814

风力分级机　air classifier　03.0341

风力摇床　air table, pneumatic table　03.0377

风量　air quantity　02.0918

风量分配　air distribution　02.0919

风量调节　airflow regulating　02.0930

风量有效率　ventilation efficiency　02.0950

风料比　air-charge ratio　06.0445

风流局部阻力　local resistance of airflow　02.0915

风流摩擦阻力　airflow frictional resistance　02.0913

风流正面阻力　frontal resistance of airflow　02.0916

风门　air door　02.0951

风墙　air stopping　02.0953

风桥　air bridge　02.0952

风筒　air duct　02.0957

* 风网　mine ventilation network　02.0925

风障　air brattice　02.0954

封闭圈　closed loop　02.0608

封闭体系　closed system　04.0021

封闭罩排烟　sealed hood exhaust gas and fume system of EAF　05.1238

封管溶解法　sealed-tube dissolution process　06.0830

* 封接合金　alloy with controlled expansion　08.0549

封孔　sealing　09.1118

封口　sealing-off　09.1044

封装　canning　08.0220

缝隙腐蚀　crevice corrosion　08.0079

弗兰克不全位错　Frank partial dislocation　07.0090

弗兰克-里德源　Frank-Read source　07.0107

弗劳德数　Froude number　04.0360

弗仑克尔空位　Frenkel vacancy　07.0065

弗萨姆法无水氨　Phosam anhydrous ammonia process　05.0145

氟锆酸钾　potassium fluozirconate　06.0991

氟化法制取氧化铍　extraction of BeO by fluoride process　06.1095

氟化铍　beryllium fluoride　06.1091

氟化氢铵熔融法　ammonium hydrofluoride fusion method　06.1200

氟化石墨　fluorinated graphite　05.0384

氟化钨　tungsten fluoride　06.1051

氟化物熔盐电解　fluoride fused salt electrolysis　06.0702

氟铌酸钾　potassium fluoniobate　06.1021

* 氟铍化铵　ammonium fluoro-beryllate, beryllium ammonium fluoride　06.1093

氟铍酸铵　ammonium fluoro-beryllate, beryllium ammonium fluoride　06.1093

* 氟铍酸钠　sodium beryllium fluoride　06.1092

氟钽酸　fluorotantalic acid　06.1027

氟钽酸钾　potassium fluotantalate　06.1022

氟碳钙铈矿　parasite　06.1177

氟碳喷涂机组　fluorocarbon spraying line　09.1544

氟碳铈矿　bastnaesite　03.0193

氟氧化铌钾　potassium niobium oxyfluoride　06.1025

浮沉试验　float and sink test　03.0741

浮动式卷取机　shifting coiler　09.1396

浮动式开卷机　shifting uncoiler　09.1392

浮动芯棒连轧管机　floating mandrel pipe mill
　09.1306

浮氏体　wustite　05.0690

浮选　flotation　03.0082

浮选参数　flotation parameter　03.0527

浮选槽　flotation cell　03.0650

浮选动力学　flotation kinetics　03.0502

浮选回路　flotation circuit　03.0505

浮选机　flotation machine　03.0648

浮选机机组　bank of flotation cells　03.0649

浮选模型　flotation model　03.0506

浮选速率　flotation rate　03.0503

浮选速率常数　flotation rate constant　03.0504

* 浮选循环　flotation circuit　03.0505

浮选药剂　flotation reagents　03.0562

浮选柱　flotation column　03.0651

浮渣　dross　06.0114

辐射传热　radioactive heat transfer　04.0338

* 辐射分选机　sorter, sorting machine　03.0461

辐射高温计　radiation pyrometer　04.0613

* 辐射损伤　radiation damage　07.0076

辐向取向稀土磁体　rare earth permanent magnet with
　radial orientation　08.0571

辐照强化　radiation hardening　07.0413

辐照损伤　radiation damage　07.0076

辐照诱发相变　irradiation induced transformation
　07.0269

* 釜形反应器　tank reactor　04.0385

辅扇　auxiliary fan　02.1082

辅助电极　auxiliary electrode　08.0110

辅助孔　satellite hole, reliever　02.0351

* 辅助扇风机　auxiliary fan　02.1082

辅助原料　auxiliary agent　05.0985

辅助运输水平　auxiliary haulage level　02.0733

腐蚀　corrosion　08.0065

腐蚀电流　corrosion current　08.0114

腐蚀电位　corrosion potential　08.0113

腐蚀疲劳　corrosion fatigue　08.0092

腐蚀试验　corrosion test　08.0098

腐殖酸　humic acid　03.0639

* 负公差轧制　rolling with tolerance　09.0423

负荷分配　rolling load distribution　09.0620

负荷图　rolling load diagram　09.0619

负滑动　negative strip　05.1476

负滑脱量　negative strip distance　05.1477

负滑脱振动　negative strip oscillation　05.1479

负间隙冲裁　negative-gap blanking　09.1024

负偏差轧制　rolling with negative deviation　09.0423

* 负偏析　inverse segregation　09.1164

负弯辊　negative roll bending　09.1349

负效电晕　back corona　06.0066

负载有机相　loaded organic phase　06.0318

附加摩擦力矩　additional friction torque　09.0315

附加应力　additional stress, secondary stress　09.0072

附着力　adhesion　08.0158

复摆颚式破碎机　single-toggle jaw crusher　03.0250

复合冲裁　combined blanking and hole-punching
　09.1025

复合镀　composite electroplating　04.0494

* 复合反应　complex reaction　04.0223

复合钢板　clad steel plate　09.0492

* 复合挤压　combined extrusion　09.0801

复合模　gang die　09.0956

复合铁合金　complex alloy　05.0490

复合轧制　sandwich rolling　09.0410

复热式焦炉　compound coke oven　05.0055

复烧　resintering　08.0260

复碳　carbon restoration　07.0345

复稀金矿　polycrase　06.1181

* 复相关系数　total correlation coefficient　04.0721

复型　replica　07.0437

复压　repressing　08.0256

复杂反应　complex reaction　04.0223

复杂网路　complex network　02.0929

复振跳汰机　Wemco-Remen jig　03.0364

副井　auxiliary shaft　02.0510

* 副起爆药　base charge　02.0379

副枪探头　probe at sublance tip　05.1138

傅里叶第二定律　Fourier's second law　04.0340

傅里叶第一定律　Fourier's first law　04.0339
富钴结壳　cobalt-rich crust　02.0889
富集　concentration　03.0061
富集比　enrichment ratio　03.0008
富集因子　enrichment factor　06.0856
富矿　rich ore　02.0030
富勒烯　fullerene　05.0392
富锰渣　manganese rich slag, high MnO slag　05.0532
富氧焙烧　oxygen-enriched roasting　06.0013
富氧鼓风　oxygen-enriched blast, oxygen enrichment
　05.0783

富氧空气　oxygen-enriched air　06.0104
富氧熔炼　oxygen-enriched air smelting　06.0073
富液　pregnant solution　06.0207
富油　rich oil　05.0122
富渣　rich slag　06.0397
覆盖岩层　overburden rock stratum　02.0077
覆盖岩石下放矿　ore drawing under caved rock
　02.0854
* 覆土　overburden　02.0373
覆岩　overburden　02.0373

G

* 伽伐尼腐蚀　galvanic corrosion　08.0067
改质沥青　modified pitch　05.0440
* 钙橄榄石　larnite　05.0698
钙还原法　calcium reduction　06.0936
钙镁除铋法　Kroll-Betterton process　06.0545
钙钛矿　perovskite　03.0177
钙铁辉石　hedenbergite　05.0691
* 钙钨矿　scheelite　03.0133
盖格计数器　Geiger counter　04.0652
概率　probability　04.0675
概率筛　probability screen　03.0289
概率误差　probable error　04.0698
甘汞电极　calomel electrode　04.0455
坩埚炼钢法　crucible steelmaking　05.1016
坩埚炉　crucible furnace　06.0087
坩埚膨胀序数　crucible swelling number, CSN
　05.0027
坩埚试金法　crucible assay　06.0870
坩埚下降法　falling crucible method　06.0369
感应淬火　induction hardening　07.0324
感应电流透入深度　penetration depth of induced cur-
　rent　05.1251
感应辊式强磁场磁选机　induced roll high intensity
　magnetic separator　03.0433
感应焊管　induction welded pipe　09.0509
感应加热　induction heating　07.0299
感应加热炉　induction heating furnace　09.1504
感应炉熔炼　induction furnace melting　05.1240
橄榄石　olivine　03.0231
* 擀形　conventional spinning　09.0911

干法除尘　dry gas cleaning　05.0927
干法净化　dry cleaning, dry scrubbing　06.0049
干法破碎　dry breaking, dry milling　06.0146
干法筛分　dry screening, dry sieving　06.0147
干法提纯　dry purification　06.0170
干法再生　dry reclamation　06.0366
干馏　dry distillation　06.0243
* 干膜润滑　solid-film lubrication　09.0233
干摩擦　dry friction　09.0230
干强度　dry strength　05.0196
干涉沉降　hindered settling　03.0354
干式充填　dry filling　02.0819
干式除尘器　dry precipitator　06.0058
干式磁选机　dry magnetic separator　03.0417
干式防渗料　dry barrier　05.0341
干式氟化法　dry-fluorination process　06.1263
干式料　dry mix, dry vibratable refractory　05.0315
干式强磁场磁选机　dry high intensity magnetic
　separator　03.0419
干式弱磁场磁选机　dry low intensity magnetic
　separator　03.0418
* 干式自磨机　aerofall mill　03.0331
干熄焦　coke dry quenching, CDQ　05.0095
干熄焦锅炉　boiler with coke dry quenching　05.0097
干熄炉　coke dry quenching oven　05.0096
* 干燥鼓风　dehumidified blast　05.0785
干燥基　dry basis　05.0029
干燥器　drier　06.0241
干燥强度　drying intensity　06.0240
干燥无灰基　dry ash free basis　05.0031

刚度　stiffness　08.0036

*刚端　rigid end　09.0330

刚塑性体　rigid-plastic body　09.0036

刚体　rigid body　09.0031

刚性罐道　rigid cage guide　02.0538

刚性引锭杆　rigid dummy bar　05.1501

刚性支架　rigid support　02.0582

刚性组元　rigid unit　05.1667

刚玉　corundum　03.0207

刚玉砖　corundum brick　05.0277

钢　steel　01.0046

* CF 钢　crack free steel　08.0393

* IF 钢　IF steel　08.0336

* Q-P 钢　Q-P steel　08.0404

钢板网　expanded steel sheet　09.0497

钢包　ladle　05.1353

钢包抽真空盖　vacuum and seal cap　05.1344

钢包吹氩盖　argon blowing cap　05.1345

钢包吹氩搅拌　homogenization by argon blowing into ladle bath　05.1309

钢包电磁搅拌　electromagnetic stirring of ladle bath　05.1336

钢包盖　ladle cap　05.1342

钢包回转台　ladle turret　05.1450

钢包加热盖　heating-up cap　05.1343

钢包加罩吹氩精炼　composition adjustment by sealed argon bubbling　05.1323

钢包炉　ladle furnace　05.1315

钢包调温 CAS 操作　composition adjustment by sealed argon bubbling-oxygen blowing　05.1324

钢包冶金　ladle metallurgy　05.1281

钢材钝化　finished steel passivation　09.1102

钢带模　steel strip die　09.1558

钢的洁净度　cleanness of steel　05.1284

钢锭　ingot　05.1583

钢锭缓冷　ingot slow cooling　05.1606

钢锭模　ingot mould　05.1589

钢锭模绝热板　insulating board for mould　05.1602

钢锭内部缺陷　ingot internal defect　05.1568

钢锭气泡　blister　09.1135

钢锭切头切尾　crop end of ingot　05.1608

钢锭热送　hot ingot handling　05.1604

钢锭退火　ingot annealing　05.1607

钢锭脱方　rhomboidity　05.1577

钢锭液芯轧制　liquid core ingot rolling　05.1605

钢轨　rail　09.0545

钢轨钢　rail steel　08.0378

钢轨缓冷　slow cooling of rail　09.1075

钢绞线　steel wire strand　09.0568

钢筋　reinforced bar　09.0557

钢筋钢　reinforced bar steel　08.0377

钢缆绳　wire cable　09.0569

钢流脱气　stream degassing　05.1317

钢坯表面缺陷　surface defect　05.1567

钢坯轧制　billet rolling　09.0437

钢球　steel ball　09.0570

钢球旋压　iron shot spinning　09.0905

钢球轧机　ball rolling mill　09.1285

钢球轧制　steel ball rolling　09.0438

钢绳冲击式钻机　churn-drill rig　02.1085

钢绳牵引带式输送机　cable belt conveyor　02.1205

钢绳芯带式输送机　steel belt conveyor　02.1204

钢水　liquid steel　05.0980

钢水成分微调　composition trimming　05.1331

钢水的钙处理　calcium treatment of liquid steel　05.1339

钢水二次氧化　reoxidation　05.1374

钢水过氧化　over-oxidation of molten steel　05.0995

钢水卷渣临界条件　critical condition of slag entrapment　05.1338

钢水卷渣特征数　slag entrapment characteristic number　05.1311

钢水循环流率　circulation flow rate of molten steel　05.1332

钢丝　wire steel, wire　09.0562

钢丝绳　wire rope　09.0563

钢铁　iron and steel　01.0062

钢铁厂功能拓展　function extension of steel plant　05.1671

钢铁料消耗　ferrous charge consumption　05.1038

钢铁料组成　metallic charge composition　05.0984

钢铁生产短流程　mini-mill, EAF compact route　01.0055

钢铁生产长流程　integrated iron and steel plant, BF-BOF conventional route　01.0054

钢铁冶金[学]　ferrous metallurgy　01.0027

钢铁制造流程　steel manufacturing process　01.0053

钢纤维混凝土　steel fiber reinforced concrete　02.0602

钢弦应力计　wire stress-meter　02.0316

* 钢液　liquid steel　05.0980

钢液合金化　alloying of liquid steel　05.1014

钢液面　liquid steel level　05.1482

钢液脱氧反应　deoxidation of molten steel　05.1000

钢渣风淬法　air granulating of slag　05.1164

钢渣磷肥　phosphoric slag fertilizer　05.1166

钢渣浅盘热拨法　instantaneous slag chill process　05.1162

钢渣水淬法　water granulating of slag　05.1163

钢渣中游离氧化钙　free calcium oxide　05.1161

钢中常见有害元素　general impurities in steel　05.1285

钢中非金属夹杂物　non-metallic inclusion in steel　05.1006

钢中气体　gas in steel　05.1005

* 钢珠旋压　iron shot spinning　09.0905

钢桩　pile steel　09.0550

杠杆规则　lever rule　04.0089

高饱和磁感软磁合金　soft magnetic alloy with high saturation magnetization　08.0555

* 高比重合金　high density tungsten alloy　08.0477

高层建筑钢　high-rise skyscraper building steel　08.0410

高纯贵金属　high purity precious metal　06.0925

高纯锂　high purity lithium　06.1115

高纯镁　high purity magnesium　06.0784

高纯石墨　high purity graphite　05.0377

高纯石墨化　high purity treatment graphitization　05.0473

高纯物质　high purity material, extra pure material　06.0381

* 高磁导率合金　permalloy　08.0557

高弹性合金　high elastic alloy　08.0597

高弹性铜合金　high elastic copper alloy　08.0430

高钒渣　vanadium slag　06.0954

高分辨电子显微术　high resolution electron microscopy, HREM　07.0430

高镉锌　zinc-cadmium alloy　06.0575

高铬砖　high-chrome brick　05.0311

高寒地区矿床开采　mining in severe cold district　02.0867

高合金钢　high alloy steel　08.0321

高级相变　high order phase transition　07.0257

高碱度烧结矿　super fluxed sinter　05.0591

高径比　height diameter ratio　09.0983

高拉碳操作法　high-carbon turndown practice　05.1055

* 高铼酸　perrhenic acid　06.1155

* 高铼酸铵　ammonium perrhenate　06.1157

高磷生铁　phosphoric pig iron　05.0849

高岭石　kaolinite　03.0197

高炉　blast furnace, BF　05.0705

高炉边沿气流　BF peripheral flow　05.0743

高炉操作　blast furnace operation　05.0787

高炉操作线　operating line of BF, Rist diagram　05.0723

高炉出铁　BF tapping　05.0818

高炉出铁场　BF casting house　05.0854

高炉出渣　BF slag flushing　05.0819

高炉初渣　primary slag in BF　05.0732

高炉大修　blast furnace relining　05.0932

高炉低硅操作　BF low silicon operation　05.0898

高炉堵渣机　BF botting machine　05.0842

高炉放风阀　BF snorting valve　05.0876

高炉放散管　BF bleeder　05.0877

高炉风口　BF tuyere　05.0837

高炉风量　blast rate　05.0782

高炉风温　blast temperature　05.0779

高炉封炉　BF furnace banking　05.0807

高炉工作容积　working volume of BF　05.0835

高炉鼓风　blast furnace blowing　05.0776

高炉鼓风机　blast furnace blower　05.0875

高炉鼓风湿度　blast humidity　05.0781

高炉烘炉　furnace drying　05.0808

高炉均压阀　BF equalizing valve　05.0879

高炉开炉　BF blow on　05.0805

高炉炼铁　blast furnace process, BF ironmaking　05.0704

高炉硫负荷　sulfur load in BF　05.0735

高炉炉尘　dust of blast furnace　05.0609

高炉炉底　BF bottom　05.0830

高炉炉顶布料　stock distribution at blast furnace top　05.0747

高炉炉顶煤气压力　top gas pressure　05.0777

高炉炉腹　BF bosh　05.0828

高炉炉腹角　bosh angle　05.0831

高炉炉缸　BF hearth　05.0829

高炉炉喉　BF throat　05.0825

高炉炉况　blast furnace condition　05.0788

* 高炉炉龄　blast furnace campaign　05.0795

高炉炉身　BF shaft, stack　05.0826

高炉炉身角　stack angle, shaft angle　05.0832

高炉炉型　BF profile　05.0824

高炉炉腰　BF belly　05.0827

高炉煤气　blast furnace gas　05.0924

高炉煤气回收　top gas recovery　05.0925

高炉煤气净化　blast furnace gas cleaning　05.0763

高炉煤气利用率　gas utilization in BF　05.0717

高炉锰铁　blast furnace ferromanganese　05.0498

高炉内煤气流分布　gas distribution in BF　05.0718

高炉内逆流过程　counter-current process　05.0709

高炉内压差　pressure drop in BF　05.0757

高炉内预热区　pre-heating zone in blast furnace　05.0714

高炉内直接还原区　direct reduction zone　05.0715

高炉配料计算　blast furnace burden calculation　05.0822

高炉喷补　spray repair of BF　05.0803

高炉喷煤粉　pulverized coal injection, PCI　05.0770

高炉喷油　oil injection　05.0771

高炉皮带机上料　belt conveyor charging　05.0883

高炉撇渣器　BF skimmer　05.0858

高炉区域热衡算　regional heat balance of blast furnace　05.0823

高炉燃烧带　combustion zone in BF　05.0719

高炉热风　hot blast　05.0780

高炉热风压力　blast pressure　05.0778

高炉热风总管　BF hot blast main　05.0904

高炉容积利用系数　blast furnace productivity, production rate of BF　05.0764

高炉上部结瘤　scaffolding　05.0800

高炉上升管　BF gas uptake　05.0878

高炉寿命　blast furnace campaign　05.0795

高炉水渣　granulated blast furnace slag　05.0895

高炉顺行　BF smooth running　05.0789

高炉炭砖　carbon block for blast furnace　05.0398

高炉陶瓷杯　ceramic pad of BF hearth　05.0871

高炉铁口　BF tap hole, iron notch　05.0836

高炉停炉　BF blow off　05.0806

高炉脱硫　desulphurization in blast furnace　05.0730

高炉瓦斯泥　slurry of blast furnace　05.0610

高炉洗炉　BF slugging　05.0814

高炉洗气塔　scrubbing tower　05.0931

高炉下部结瘤　scabbing　05.0799

高炉休风率　BF delay rate　05.0794

高炉悬料　BF hanging　05.0796

高炉有效容积　effective volume of BF　05.0834

高炉渣口　slag notch, cinder notch　05.0860

高炉渣流动性　fluidity of blast furnace slag　05.0737

高炉渣熔化温度　fusion temperature of BF slag　05.0738

高炉中心气流　BF central flow　05.0744

高炉终渣　hearth slag　05.0734

高炉专家系统　blast furnace expert system　05.0936

高炉装料制度　BF charging cycle, charging sequence　05.0746

高炉装炉　BF filling　05.0809

高铝矾土熟料　bauxite clinker　05.0225

高铝质耐火材料　high alumina refractory　05.0272

高铝砖　high-alumina brick　05.0273

* 高氯酸锂　lithium perchlorate　06.1119

高密度电流电解　high-density electrolysis　06.0280

* 高密度合金　heavy metal　08.0267

高密度钨合金　high density tungsten alloy　08.0477

高敏感热双金属　highly sensitive thermo-bimetal　08.0593

高能成形　high energy rate forming　09.0906

高能级余热　high exergy waste heat　05.1676

* 高能球磨　attritor milling, attritor grinding　08.0185

高能束热处理　high energy heat treatment　07.0293

高镍锍　high nickel matte　06.0614

高镍锍浇铸　high grade nickel matte casting　06.0615

高浓度充填　high-density filling　02.0816

高膨胀合金　alloy with high expansion　08.0550

高频感应炉　high frequency induction furnace　05.1243

高频火花检漏器　high frequency spark leak detector　04.0626

高铅渣　primary slag　06.0523

高强度低合金钢 high-strength low-alloy steel 08.0328

高强度低膨胀合金 high strength low expansion alloy 08.0546

*高强铝合金 hard aluminum alloy 08.0432

高强钛合金 high strength titanium alloy 08.0456

高铈化合物 ceric compound 06.1171

高水固化胶结充填 high-water rapid-solidification consolidated filling 02.0824

高速锤 high energy rate forging hammer 09.0939

高速脆性 high strain-rate brittleness 09.1071

高速钢 high speed steel 08.0367

*高速工具钢 high speed tool steel 08.0367

高速挤压 high speed extrusion 09.0821

高速热镦机 hot former 09.1557

高速无扭线材轧机 high-speed non-twist wire rod mill 09.1235

高钛渣 titanium-rich slag 06.0966

高碳钢 high carbon steel 08.0313

高碳铬铁 high carbon ferrochromium 05.0504

高碳锰铁 high carbon ferromanganese 05.0495

高梯度磁选机 high gradient magnetic separator 03.0439

高梯度电选机 high gradient electrostatic separator 03.0459

高威力炸药 high strength explosive 02.0375

*高温不起皮钢 oxidation resistant steel 08.0358

高温干馏 high temperature carbonization 05.0069

高温合金 superalloy 01.0050

高温合金的晶界强化 grain boundary strengthening 08.0526

高温恒弹性合金 high temperature constant elastic alloy 08.0601

*高温沥青 hard pitch 05.0442

高温塑性试验 high temperature ductility test 05.1427

*高温钛合金 heat-resistant titanium alloy 08.0457

高效反向挤压 high efficient indirect extrusion 09.0832

高效钢材 high-effective steel product 09.0528

高效连铸 high efficiency continuous casting 05.1553

高效浓缩机 high capacity thickener 03.0665

高性能辊型凸度控制轧机 high crown mill 09.1267

高压氨水喷射抽吸装置 high pressure flushing liquor aspiration system 05.0093

高压电子显微术 high-voltage electron microscopy, HVEM 07.0431

高压釜 autoclave 06.0203

高压罐溶解法 high pressure tank dissolution process 06.0831

高压辊磨机 high pressure roller grinding 03.0272

高压锅炉管 high pressure boiler tube 09.0519

高压浸溶器组 autoclave line 06.0674

高压炉顶 high top pressure operation 05.0873

高压羰基法镍精炼 nickel carbonyl elevated pressure process 06.0624

高压调节阀 septum valve for pressure controlling 05.0880

高堰式螺旋分级机 high weir spiral classifier 03.0338

高硬度高电阻高导磁合金 magnetic alloy with high hardness and resistance 08.0556

高周疲劳 high cycle fatigue 08.0049

高转电炉法 blast furnace-converter-double electrical furnace process 06.1012

高阻尼钛合金 high damping titanium alloy 08.0462

膏体充填 paste filling 02.0818

*镐英石 zircon 03.0187

锆粉 zirconium pigment 06.1003

锆刚玉砖 zirconia-corundum brick 05.0282

锆铪分离 separation of zirconium and hafnium 06.1006

锆-2合金 zircaloy-2 08.0492

锆-4合金 zircaloy-4 08.0493

锆砂碱熔法 alkaline fusion 06.0947

锆石 zircon 03.0187

锆炭砖 zirconia-carbon brick 05.0305

锆铁 ferrozirconium 05.0520

*锆英石 zircon 03.0187

锆英石粉 zircon powder 06.1001

锆英石质耐火材料 zircon refractory 05.0314

戈斯织构 Goss texture 07.0601

*格点 lattice point group 07.0002

格里菲斯强度准则 Griffith criterion of rock failure 02.0239

格筛 grizzly 03.0286

格筛巷道 grizzly level 02.0763

格子型球磨机 grate discharge ball mill 03.0311

格子砖 checker brick 05.0338

隔离开关 disconnector 05.1176

*隔离体系 isolated system 04.0020

隔膜 diaphragm, membrane 06.0282

隔膜电解 diaphragm cell 06.0283

隔膜跳汰机 diaphragm jig 03.0357

隔热耐火材料 insulating refractory 05.0259

隔热型材生产线 thermal-insulation section production line 09.1545

镉塔 cadmium column 06.0573

各向同性 isotropy 09.0199

各向同性钢 isotropic steel 08.0337

各向同性石墨 isotropic graphite 05.0385

各向异性 anisotropy 09.0200

铬刚玉砖 chrome-corundum brick 05.0283

铬矿预还原工艺 SRC process 05.0547

铬镁砖 chrome-magnesia-brick 05.0310

铬酸盐封孔 chromate sealing 09.1121

铬铁 ferrochromium 05.0503

铬铁矿 chromite 03.0170

铬盐沉淀-锌置换回收铊 recovery of thallium by chromate precipitation-zinc cementation 06.1145

给矿机 ore feeder 03.0723

*给料机 ore feeder 03.0723

给药机 reagent feeder 03.0734

根底 toe, tight bottom 02.0480

跟踪轧制 tracking rolling 09.0417

*工程近似法 slab method 09.0178

工程塑性学 engineering plasticity 09.0003

工程应变 engineering strain 09.0100

工程应力-应变曲线 engineering stress-strain curve 09.0116

工具钢 tool steel 08.0364

工频感应炉 line frequency induction furnace 05.1241

工序 processing procedure, procedure 05.1619

工序功能 function of procedure 05.1660

工序关系 relation among procedure 05.1662

工序能耗 process energy ratio 01.0071

工序性能 performance of procedure 05.1661

工业储量 recoverable reserves, workable reserves 02.0123

工业纯铁 industrial pure iron 08.0283

*工业硅 silicon metal 05.0493

工业级 technical grade 06.0376

工业级锆 technical zirconium 06.1005

工业矿石 industrial ore 02.0050

工业蓝色氧化钨 tungsten blue oxide, TBO 06.1055

工业萘 distilled naphthalene 05.0119

工业品位 economic ore grade 02.0086

工业生态链 eco-industrial chain 01.0058

工业生态学 industrial ecology 01.0056

工艺矿物学 process mineralogy 03.0006

工艺润滑 processing lubrication 09.0239

工艺性能检验 process property testing 09.1195

工艺余块 processing excess stock 09.1060

工字钢 I-beam steel 09.0540

工作帮 working slope 02.0654

工作帮坡角 working slope angle 02.0629

工作电极 working electrode 08.0109

工作辊 work roll 09.1326

*工作平盘 bench floor 02.0648

*工作直径 roll working diameter 09.0643

弓形钢 bow beam steel 09.0533

公路护栏钢 highway guardrail steel 09.0558

公路开拓 highway development 02.0668

功率利用系数 power utilization coefficient 06.0437

功率特性曲线 characteristic power curve 05.1214

功能材料 functional materials 01.0051

功能耐火材料 functional refractory 05.0337

功能钛合金 functional titanium alloy 08.0459

功能序 function order 05.1654

汞齐 amalgam 06.0840

汞齐电解提炼法 amalgam electro-winning process 06.1275

汞齐法 amalgamation, amalgam process 06.0841

汞齐精炼 amalgam refining 06.0842

汞焦 mercurial soot 06.0659

*拱式锤 double frame hammer 09.1571

拱形支架 arch support 02.0579

共沉淀 co-precipitation 06.0176

共萃取 co-solvent extraction 06.0327

共轭反应 conjugated reaction 04.0234

共轭孔型 conjugate pass 09.0648

共轭配对点　pair of conjugated points　04.0081
共轭相　conjugate phase　07.0142
共沸　azeotropy　06.0249
共沸蒸馏　azeotropic distillation　06.0250
共格沉淀　coherent precipitation　07.0233
共格界面　coherent interface　07.0135
共格硬化　coherent hardening　07.0414
共价键　covalent bond　07.0049
共晶白口铸铁　eutectic white iron　08.0297
共晶点　eutectic point　04.0077
共晶反应　eutectic reaction　04.0084
共晶凝固　eutectic solidification　07.0191
共晶渗碳体　eutectic cementite　07.0566
共晶石墨　eutectic graphite　07.0575
共晶组织　eutectic structure　07.0531
共同作用理论　interaction theory　02.0303
共析电解　co-precipitation electrolysis　06.0271
共析钢　eutectoid steel　08.0318
共析渗碳体　eutectoid cementite　07.0568
共析体　eutectoid　07.0537
共析铁素体　eutectoid ferrite　07.0559
共析相变　eutectoid phase transformation　07.0267
共振筛　resonance screen　03.0288
供氧强度　oxygen supply intensity　05.1096
*沟槽效应　channel effect　02.0405
*沟流　channeling　05.0798
狗骨轧制　dog-bone rolling　09.0424
构形　configuration　09.0077
构造应力　tectonic stress　02.0272
孤立体系　isolated system　04.0020
古尔胶　guar gum　03.0638
古马隆–茚树脂　coumarone-indene resin　05.0132
骨灰杯　cupel　06.0876
骨料　aggregate　05.0355
钴基磁性合金　cobalt based magnetic alloy　08.0520
钴基高温弹性合金　cobalt based high temperature elasticity alloy　08.0521
钴基高温合金　cobalt based superalloy　08.0522
鼓动跳汰机　pulsator jig　03.0359
鼓肚　bulging　05.1576
鼓风　blasting blowing　06.0103
鼓风动能　kinetic energy of the blast　05.0740
鼓风炉　blast furnace　06.0080

鼓风炉床能率　blast furnace specific capacity　06.0083
*鼓风炉炼锌　imperial smelting process, ISP　06.0517
鼓风炉熔炼　blast furnace smelting　06.0425
*鼓风调节　blast conditioning　05.0790
鼓泡　bubbling　04.0258
固定车厢式矿车　solid-end mine car　02.1186
固定床　fixed bed　04.0390
固定垫片挤压　fixed dummy block extrusion　09.0804
固定挤压垫　fixed dummy block　09.1498
固定坑线　permanent ramp　02.0662
固定筛　fixed screen　03.0285
固定细筛　fixed fine screen　03.0297
固化　curing　09.1128
固化炉　curing furnace　09:1531
固碱电场分解　electric field decomposition with alkaline　06.1197
固结　consolidation　08.0206
固溶处理　solution treatment　07.0295
固溶度　solid solubility　07.0164
固溶强化　solution strengthening　07.0407
固溶强化高温合金　solid solution strengthened superalloy　08.0524
固溶线　solvus　07.0165
固态离子学　solid state ionics　04.0400
固态自耗阴极电解　solid consumable cathode electrolysis　06.1266
固体电解质　solid electrolyte　04.0508
固体电解质定氧浓差电池　solid electrolyte oxygen concentration cell　04.0512
固体键合理论　bonding theory of solid　04.0403
固体润滑　solid-film lubrication　09.0233
固体自润滑材料　solid self-lubricant materials　08.0269
固相电解　solid phase electrolysis　06.0274
固相烧结　solid state sintering　08.0233
固相线　solidus　04.0075
固液比　solid-liquid ratio　06.0850
固液两相区　mushy zone　07.0188
刮板输送机　scraper chain conveyor　02.1209
刮伤　scuffing　09.1138
挂炉　magnetite coating　06.0485
观测值　measured value　04.0685

管壁厚度不均 non-uniform wall thickness in tube 09.1156

管材 tube, pipe 09.0025

管材挤压 tube extrusion 09.0806

管材均整 tube reeling process 09.0719

管材拉伸 tube drawing 09.0849

管材冷轧冷拔 cold rolling and drawing of tube 09.0730

管材连续冷轧 tube continuous cold rolling 09.0447

管材轧制 tube rolling 09.0436

管道高压浸溶器 high pressure tube digester 06.0673

管道化溶出 tube digestion 06.0672

管道气流 channeling 05.0798

管道效应 channel effect 02.0405

管端加工 pipe end machining 09.0731

管接头 pipe joint 09.0524

管磨机 tube mill 03.0321

管式过滤机 tubular filter 03.0690

管式炉 tubular furnace 06.0092

管线钢 pipe line steel 08.0380

管线用板 pipe line plate 09.0491

管型反应器 tubular reactor 04.0384

贯通偏差 link-up warp 02.0178

惯态面 habit plane 07.0030

惯性除尘 inertial dust separation 06.0054

惯性圆锥破碎机 inertial cone crusher 03.0267

罐道 cage guide, shaft conductor 02.0535

罐道梁 shaft bunton 02.0536

罐笼 cage 02.1071

罐笼井 cage shaft 02.0514

罐笼平台 cage platform 02.0556

罐笼摇台 cage junction platform 02.0555

罐式炭物料煅烧炉 pot-type calciner for carbonaceous materials 05.0444

* 罐托 cage keps 02.0554

光电化学电池 photoelectrochemical cell 04.0503

光亮板 bright sheet 09.0478

光亮热处理 bright heat treatment 07.0288

光亮退火 bright annealing 09.1085

光亮退火炉 bright annealing furnace 09.1475

光亮阳极氧化 bright anodizing 09.1107

光卤石 carnallite 03.0222

光卤石法 CIS process 06.0776

光卤石氯化器 carnallite chlorinator 06.0788

光面爆破 smooth blasting 02.0445

光谱纯 spectrograde, spectroscopic pure 06.0380

光塑性法 photoplasticity method 09.0190

光弹性法 photoelasticity method 09.0189

光弹应变计 photoelastic strain-meter 02.0323

光弹应力计 photoelastic stress-meter 02.0322

* 光学发射光谱 optical emission spectrum, OES 07.0497

光学高温计 optical pyrometer 04.0612

光学碱度 optical basicity 04.0539

光学显微术 optical microscopy 07.0421

光照拣选机 photometric sorter, optical sorter 03.0463

光子晶体 photonic crystal 07.0057

广度性质 extensive property 04.0023

广义相似 generalized similarity 04.0356

龟裂 chap 09.1147

* 规定熵 absolute entropy 04.0139

* 规则溶液 regular solution 04.0169

硅钡合金 ferrosilicon barium 05.0528

硅尘 silica fume, microsilica 05.0531

硅沉着病 silicosis 02.0969

硅传感器 silicon sensor 04.0514

* 硅肺 silicosis 02.0969

硅氟酸电解 silicofluoride electrolysis 06.0644

硅钙合金 ferrosilicon-calcium 05.0492

* 硅钢片 electric steel sheet and strip 09.0470

硅锆合金 siliconzirconium 05.0521

硅铬合金 ferrosilicochromium 05.0509

硅化钼 molybdenum silicide 06.1085

* 硅灰 microsilica 05.0237

硅灰石 wollastonite 05.0697

硅孔雀石 chrysocolla 03.0109

硅量指数 siliceous modulus 06.0688

硅铝合金 ferrosilicon aluminum 05.0529

硅铍钇矿 gadolinite 06.1188

硅热法 silicothermic process 06.0770

硅酸二钙 larnite 05.0698

硅酸锆 zirconium silicate 06.1002

硅酸铝质耐火材料 alumino-silicate refractory 05.0265

硅酸三钙 tricalcium silicate 05.0699

硅酸盐结合　silicate bond　05.0180

*硅酸盐熔体　molten silicate　04.0522

硅酸盐熔渣　molten silicate　04.0522

硅酸盐渣　silicate sludge　06.0690

硅铁　ferrosilicon　05.0491

*硅线石　sillimanite　03.0206

硅线石砖　sillimanite brick　05.0268

硅氧四面体　silicon oxygen tetrahedron　04.0526

硅藻土　diatomaceous earth　05.0215

硅渣　white mud　06.0689

硅质耐火材料　siliceous refractory　05.0262

硅砖　silica brick　05.0263

轨端淬火　end quenching of rail　09.1076

轨梁轧机　rail-and-section mill　09.1231

轨头全长淬火　full-length quenching of railhead
　09.1077

贵–贱金属分离　precious-base metal separation
　06.0904

贵金属　noble metal, precious metal　06.0826

贵金属测温材料　precious metal thermocouple
　materials　08.0495

贵金属磁性材料　precious metal magnetic materials
　08.0501

贵金属电接触材料　precious metal contact materials
　08.0496

*贵金属电接点材料　precious metal contact materials
　08.0496

贵金属电阻材料　precious metal resistance materials
　08.0497

贵金属二次资源　secondary precious metal resource
　06.0884

贵金属粉　precious metal powder　06.0924

贵金属浆料　precious metal paste　08.0506

贵金属器皿材料　precious metal hard-ware materials
　08.0498

贵金属氢气净化材料　precious metal hydrogen
　purifying materials　08.0502

贵金属三效催化剂　precious metalbased three-way
　catalyst　06.0895

贵金属首饰材料　precious metal jewelry materials
　08.0505

*贵金属透氢材料　precious metal hydrogen purifying
　materials　08.0502

贵金属牙科材料　precious metal dental materials
　08.0504

贵金属药物　precious metal drug medicine　08.0508

*贵金属再生　secondary precious metal recovery
　06.0885

贵铅　noble lead　06.0534

贵液　solution containing precious metal　06.0886

*DSR 辊　dynamic shape roll　09.1269

辊道　roll table, roller table　09.1397

辊底式淬火炉　roller-hearth quenching furnace
　09.1472

辊锻　roll forging　09.0907

辊锻模　roll forging die　09.0965

辊缝　roll gap, roll opening　09.0635

辊缝检测仪　roll gap detector　09.1209

辊缝控制　roll gap control　09.1440

辊缝形状方程　roll-gap shape equation　09.0691

辊缝转换函数　conversion function for roll gap
　09.0364

辊环　roll collars　09.0636

辊颈　roll neck　09.0637

辊磨机　roll mill　03.0271

辊身　roll barrel, roll body　09.0634

辊式管棒矫直机　roller-type tube and bar straightener
　09.1387

辊式检测　roller inspection　09.1212

辊式矫直　roller straightening　09.0751

辊式矫直机　roll leveler　09.1385

辊式模　roller die　09.1501

辊式模拉线　roller die wire drawing　09.0862

辊式破碎机　roll crusher　03.0268

辊跳　roll rebounding　09.0626

辊筒法　rotary cylinder process　05.1165

辊涂　roll coating　09.1127

*辊弯　roll bending　09.0741

辊系受力分析　analysis of force acting on roll
　09.0350

辊压成形　roll forming　09.0908

辊印　roll mark　09.1141

*滚动轴承钢　bearing steel　08.0398

滚切式剪切机　roll cutting shears　09.1371

滚丝机　automatic thread roller　09.1291

滚弯　roll bending　09.0741

滚圆　rotated-block forging　09.0995

滚轧机　rolling mill　09.1288

锅炉板　boiler plate　09.0487

锅炉钢　boiler steel　08.0381

国际镍公司闪速熔炼　INCO flash smelting　06.0442

过饱和固溶体　supersaturated solid solution　07.0156

过程　process　04.0025

过程控制系统　rolling process control system　09.1467

过程冶金[学]　process metallurgy　01.0016

过程最优化　process optimization　04.0732

过充满　overfill　09.1184

过吹　over-blow　05.1053

* 过电势　over voltage　04.0451

过渡相　transition phase　07.0143

过渡状态理论　transition state theory　04.0245

过钝化　transpassivation　08.0139

过共晶白口铸铁　hypereutectic white iron　08.0299

过共晶体　hypereutectic　07.0536

过共析钢　hypereutectoid steel　08.0320

过共析体　hypereutectoid　07.0540

过卷保护装置　hoisting overwind-proof device　02.1032

过铼酸　perrhenic acid　06.1155

过铼酸铵　ammonium perrhenate　06.1157

过铼酸钾　potassium perrhenate　06.1156

过冷奥氏体　undercooling austenite　07.0555

过冷度　supercooling　07.0213

过冷液体　supercooled liquid　04.0053

过氯酸锂　lithium perchlorate　06.1119

过滤　filtration　03.0670

过滤机　filter　03.0675

过滤介质　filter medium　03.0671

过热　superheating　07.0215

过热度　superheat　05.1406

过热组织　overheated structure　07.0552

过烧　overburn　09.1169

过烧结　over sintering　06.0139

过时效　overaging　07.0240

过酸洗　overpickling　09.1151

过氧钨酸　peroxytungstatic acid　06.1048

H

* 哈氏合金　Hastelloy alloy　08.0516

哈斯特洛伊合金　Hastelloy alloy　08.0516

还原焙烧　reducing roasting　06.0008

还原槽　reducing bath　06.0160

还原粉　reduced powder　08.0173

还原粉化　reduction degradation　06.0158

还原剂　reductant　06.0157

还原浸出　reducing leaching　06.0198

还原膨胀率　swelling　05.0679

还原气氛　reducing atmosphere　06.0159

还原熔炼　reduction smelting　06.0077

还原速度　reduction rate　06.0156

还原脱磷　dephosphorization under reducing atmosphere　04.0550

还原渣　reducing slag　05.0993

还原锗　reduced germanium　06.1150

还原蒸馏　reduction distillation　06.1270

海德鲁法　Norsk Hydro process　06.0777

海德鲁镁电解槽　Norsk Hydro cell　06.0801

海底采矿机　submarine miner　02.1178

* 海底热液硫化物　hydrothermal sulfide　02.0894

海军黄铜　naval brass　08.0423

海绵铂　platinum sponge　06.0921

海绵钒　vanadium sponge　06.0958

海绵锆　zirconium sponge　06.0960

海绵铪　hafnium sponge　06.0961

海绵金　gold sponge　06.0923

海绵钯　palladium sponge　06.0922

海绵铊　spongy thallium　06.1144

海绵钛　titanium sponge　06.0959

海绵铁　sponge iron　05.0941

海绵铟　spongy indium　06.1143

海水镁砂　sea-water magnesia　05.0231

海洋采矿[学]　seabed nodule mining　01.0005

海洋腐蚀　marine corrosion　08.0072

海洋矿产资源　oceanic mineral resources　02.0071

海洋平台钢　off-shore platform steel　08.0406

亥姆霍兹能　Helmholtz energy　04.0150

氦质谱检漏仪　helium mass spectrograph leak detector　04.0625

含钒铁水　vanadium-bearing hot metal　06.0950

含铌钢渣　niobium-bearing steel slag　06.1008

含铌铁水　niobium-bearing hot metal　06.1009

含水层　aquifer　02.0984

含水炸药　water-bearing explosive　02.0376

含钽锡渣　tantalum-bearing tin slag　06.1007

含炭耐火材料　carbon-contained refractory　05.0415

含碳球团　carbon-containing pellet　05.0976

含稀土的磷灰石　RE-bearing apatite　06.1185

含油轴承　oil-retaining bearing　08.0275

函数插值　function interpolation　04.0730

焓　enthalpy　04.0123

焓函数　enthalpy function　04.0187

UOE 焊管　UOE welded pipe　09.0511

UOE 焊管机　UOE weld-pipe mill　09.1317

焊管坯　tube skelp　09.0456

*焊合挤压　segment die extrusion　09.0829

焊接管　welding pipe, welded tube　09.0499

焊接无裂纹钢　welding crack free steel　08.0393

焊接冶金[学]　welding metallurgy　01.0033

焊丝　welding wire　09.0566

巷道　roadway　02.0498

巷道衬砌　roadway lining　02.0297

巷道排水　drift dewatering　02.1011

巷道施工测量　drifting survey　02.0176

巷道坍塌　roadway collapse　02.0288

巷道系统立体图　stereographical view of development system　02.0188

巷道验收测量　drift footage survey　02.0184

巷道腰线　half height line of drift　02.0207

巷道支护　roadway support　02.0296

毫秒爆破　millisecond blasting　02.0443

毫秒延期电雷管　millisecond electric delay detonator　02.0423

好氧池　oxic tank　05.0172

*B 号锌　cadmium-free zinc　06.0578

耗散结构　dissipative structure　04.0196

*合成金红石　artificial rutile　06.0964

合成炉　synthesized flash smelting furnace　06.0443

合成镁铬砂　synthetic magnesia-chrome clinker　05.0233

合成渣　synthetic slag　05.1328

合金镀　alloy electroplating　04.0493

合金粉　alloyed powder　08.0177

合金钢　alloy steel　01.0047

合金钢比　alloy steel ratio　05.1035

合金工具钢　alloy tool steel　08.0366

合金结构钢　structural alloy steel　08.0325

合金热力学　thermodynamics of alloy　04.0007

合金渗碳体　alloyed cementite　07.0570

合金铸铁　alloy cast iron　08.0300

合晶反应　completely miscible reaction　04.0085

合卷　doubling　09.0696

合力作用角　angle of resultant forces　09.0280

合批　blending　08.0182

荷重软化温度　refractoriness under load　05.0201

核磁共振　nuclear magnetic resonance, NMR　07.0524

核级锆　nuclear grade zirconium　06.1004

核燃料　nuclear fuel　08.0613

核石墨　nuclear graphite　05.0375

赫斯定律　Hess's law　04.0116

褐帘石　allanite, orthite　06.1187

褐铁矿　limonite　03.0161

褐钇铌矿　fergusonite　03.0186

黑度　blackness　04.0349

黑粉　black powder　06.0949

黑火药　black powder　02.0377

黑皮锻件　surface as forged　09.1062

*黑色金属　iron and steel　01.0062

*黑钛石　anosovite　05.0701

黑体　black body　04.0348

黑铁皮　black sheet　09.0477

黑铜　black copper　06.0427

黑铜粉　black copper powder　06.0512

黑铜矿　tenorite　03.0107

黑钨矿　wolframite　03.0132

黑稀金矿　euxenite　03.0191

黑锡　black tin　06.0647

*黑药　dialkyl dithiophosphate, aerofloat　03.0600

黑云母　biotite　03.0213

痕量偶存元素　tramp element　05.1286

亨基第二定理　Hencky's second theorem　09.0194

亨基第一定理　Hencky's first theorem　09.0193

亨利定律　Henry's law　04.0171

恒导磁软磁合金　soft magnetic alloy with constant permeability　08.0552

恒电流法　chronopotentiometric technique　04.0658

恒电流仪　galvanostat, amperostat　04.0659

恒电势法　potentiostatic method　04.0653

恒电势仪　potentiostat　04.0654

*恒电位法　potentiostatic method　04.0653

*恒电位仪　potentiostat　04.0654

恒辊缝控制　constant roll gap control　09.1426

恒库仑法　coulomstatic technique　04.0660

恒弹性合金　constant elastic alloy　08.0599

恒压力控制　constant pressure control　09.1427

横并热双金属　butt joint thermo-bimetal　08.0592

横观各向同性　transversely isotropy　02.0231

*横巷　crosscut　02.0724

横切　cross cut　09.0764

*横向变形系数　Poisson ratio　08.0016

横向锻造　cross forging　09.0879

横向工作线采矿法　transverse cut mining method
　02.0636

横轧　transverse rolling　09.0384

横轧法　cross rolling method　09.0701

衡算　balance　04.0288

*衡阳式摇床　6-s shaking table　03.0374

烘烤硬化钢　bake-hardening steel　08.0338

烘炉　furnace drying　09.0613

*红镍矿　niccolite　03.0113

红砷镍矿　niccolite　03.0113

*红铁矿　hematite　03.0155

红土矿　laterite　03.0121

红外光谱　infrared spectroscopy　07.0499

红外检测　infrared testing　07.0483

红外热成像术　infrared thermography, thermography
　infrared　07.0484

红外温度计　infrared thermometer　04.0614

红柱石　andalusite　03.0180

宏观动力学　macrokinetics　04.0209

宏观偏析　macro segregation　07.0221

宏观组织　macrostructure　07.0528

虹吸出钢　siphon-type tapping　05.1196

虹吸给药机　siphon reagent feeder　03.0738

虹吸式卧式转炉　Hoboken siphon converter　06.0471

喉口压力　throat pressure　05.1076

后冲　back break　02.0481

后吹　after blow　05.1052

后滑　backward slip　09.0328

后退式开采　retreat mining　02.0742

后卸铲斗装载机　overshot loader　02.1123

厚板　plate, heavy plate　09.0481

厚板拉伸　plate stretching　09.0847

厚板拉伸机　plate stretcher　09.1527

厚板轧机　heavy plate mill　09.1250

厚板轧制　heavy plate rolling　09.0440

厚壁管　heavy-wall pipe　09.0501

厚大矿体　thick orebody　02.0060

厚度自动控制　automatic gauge control, AGC
　09.1421

厚件轧制　thick piece rolling　09.0349

厚控方程　gauge control equation　09.0366

*厚膜阳极氧化　hard anodizing　09.1109

*厚向异性指数　platic strain ratio　09.0208

*厚油膜润滑　thick-film lubrication　09.0235

弧形导向段　curved guiding segment　05.1518

弧形结晶器　curved mould　05.1467

弧形连铸机　curved caster　05.1440

弧形筛　sieve bend　03.0294

弧形细筛　arc fine screen　03.0299

糊精　dextrin　03.0645

糊料　paste　05.0453

糊炮　adobe charge, mud capped charge　02.0456

互易三元相图　phase diagram of reciprocal salt system
　04.0073

护坡　slope covering　02.0702

划伤　scuffing, scratch　09.1145

滑动路程　locus of slipping　09.0304

滑动水口　sliding nozzle　05.1362

滑动水口启闭装置　nozzle switching device　05.1364

滑坡　slope sliding failure　02.0701

滑石　talc　03.0216

滑塌　sliding collapse　02.0335

滑移　slip　07.0366，09.0303

滑移变形　sliding deformation　09.0220

滑移面　slip plane　07.0370

滑移线　slip line　07.0369

滑移线法　slip line method　09.0187

滑座锯机　sliding frame saw　09.1378

化合反应　combination reaction　04.0038

化合物数据库　compound database　04.0783

化探 geochemical prospecting 02.0119

化学剥离法 chemical stripping process 06.0892

化学传感器 chemical sensor 04.0511

化学纯 chemical pure, CP 06.0377

化学电池 chemical cell 04.0499

化学镀 electroless plating 08.0157

化学反应 chemical reaction 04.0037

化学反应等温式 chemical reaction isotherm 04.0098

*化学反应动力学 microkinetics 04.0208

化学反应进度 extent of reaction 04.0107

化学共沉淀 chemical coprecipitation 06.0177

化学过程 chemical process 04.0035

化学计量化合物 stoichiometric compound 04.0105

化学计量学 chemometrics 04.0674

化学键 chemical bond 04.0566

化学结合 chemical bond 05.0181

化学控制的反应 chemical-controlled reaction 04.0334

化学扩散 chemical diffusion 07.0175

化学平衡 chemical equilibrium 04.0056

化学平衡法 chemical equilibrium method 04.0634

化学气相沉积 chemical vapor deposition 08.0163

化学气相传输法 chemical vapor transport method 06.1247

化学迁移反应 chemical migration reaction 04.0046

化学取样 chemical sampling 02.0139

化学热力学 chemical thermodynamics 04.0005

化学势 chemical potential 04.0102

化学势图 chemical potential diagram 04.0061

化学吸附 chemical adsorption 03.0524

化学修饰电极 chemical modified electrode 04.0457

化学选矿 chemical mineral processing 03.0088

化学选矿除钙 removing calcium by chemical mineral processing 06.1198

化学氧化 chemical oxide 08.0151

化学冶金[学] chemical metallurgy 01.0017

化学着色 chemical coloring 09.1115

化学助滤剂 chemical filtration aid 03.0700

化学转化膜 chemical conversion film 09.1111

化渣炉 slag prefusion equipment 05.1266

环缝式喷嘴 annular tuyere 05.1088

环行式井底车场 loop-type shaft station 02.0558

环境负荷 environmental burden 01.0057

环境友好钢材 environment-friendly steel product 01.0059

环式冷却机 circular cooler 05.0646

环式强磁场磁选机 caroused type high intensity magnetic separator 03.0431

环式烧结机 circular sintering machine 05.0595

环式炭材料焙烧炉 annular baking furnace for carbon materials 05.0462

环形工作线采矿法 annular cut mining method 02.0639

环形加热 rotating hearth furnace 09.1449

环形件轧制 ring collar 09.0874

环形聚磁介质 ring matrix 03.0438

环形炮孔 ring hole 02.0355

环形辗轧 ring rolling 09.0739

环轧 ring rolling 09.0397

缓冲爆破 cushion blasting 02.0448

缓冲矿仓 surge bin 03.0717

缓冷 slow cooling 09.0759

缓倾斜矿体 gently pitching orebody 02.0063

缓蚀剂 inhibitor 08.0096

换辊 roll changing 09.0666

换炉时间 BF stove change-over time 05.0919

换热式热风炉 recuperative stove 05.0902

荒管 hollow shell 09.0717

荒管轧制 shell finish rolling 09.0718

荒煤气 crude gas 05.0089

黄河矿 huanghoite 06.1183

黄钾铁矾法 jarosite process 06.0599

黄钾铁矾法回收铟 recovery of indium by jarosite process 06.1142

黄金分割法 golden cut method 04.0748

*黄晶 topaz 03.0208

*黄绿石 pyrochlore 03.0185

黄泥灌浆灭火法 fire extinguishing with mud-grouting 02.1020

黄铁矿 pyrite 03.0171

黄铜 brass 08.0417

黄铜矿 chalcopyrite 03.0100

*黄锡矿 stannite 03.0136

*黄药 xanthate, alkyl dithiocarbonate 03.0591

黄玉 topaz 03.0208

黄原酸盐 xanthate, alkyl dithiocarbonate 03.0591

黄渣 speiss 06.0651

灰吹保护剂 cupellation protective agent 06.0875

灰吹法 cupellation 06.0874

灰口铸铁 grey cast iron 08.0286

*灰皿 cupel 06.0876

灰锑 grey antimony 06.0654

灰锡 grey tin 06.0648

*灰铸铁 grey cast iron 08.0286

挥发 volatilization 06.0034

挥发焙烧 volatilization roasting 06.0009

挥发酚 volatile phenol 05.0164

挥发率 volatilization 06.0592

挥发性缓蚀剂 volatile corrosion inhibitor 08.0097

挥发性水合氧化钨 volatile tungsten oxide hydrate, tungsten trioxide monohydrate 06.1040

挥发窑 volatilization kiln 06.0593

*挥发冶金 vapometallurgy 06.0003

辉铋矿 bismuthinite, bismuthine 03.0116

*辉钴矿 cobaltite 03.0119

辉钼矿 molybdenite 03.0117

辉砷钴矿 cobaltite 03.0119

辉石 pyroxene 03.0152

辉锑矿 stibnite, antimonite 03.0134

辉铜矿 chalcocite 03.0099

辉银矿 argentite 03.0145

回采 extracting, stoping 02.0777

回采步距 stoping space 02.0779

回采单元 extraction unit 02.0729

回采工作面 extracting face, stoping face 02.0778

回采进路 extracting drift 02.0766

回弹 spring back 09.0377

回弹性 resilience 05.0207

回返坑线 run-around ramp 02.0665

回风风流 outgoing airflow 02.0921

回复 recovery 07.0378

回归 reversion 07.0242

回归分析 regression analysis 04.0714

回归系数 regression coefficient 04.0715

回火 tempering 07.0332

回火脆性 tempering brittleness 07.0339

回火马氏体 tempered martensite 07.0581

回火屈氏体 tempered troostite 07.0587

回火软化性 temperability 07.0335

回火索氏体 tempered sorbite 07.0588

回火稳定性 tempering resistance 07.0336

回磷 rephosphorization 05.0997

回流 reflux 06.0254

回流蒸馏 cohobation 06.0255

回热应力 stress at temperature rising-again 05.1420

回收率 recovery 03.0023

回水 recycle water 03.0528

回水率 water recycling ratio 03.0529

*回温应力 stress at temperature rising-again 05.1420

回旋电选机 gyral separator 03.0455

*回旋区 raceway 05.0720

回转成形 rotary forming 09.0736

回转精炼炉 rotary refining furnace 06.0494

回转破碎机 gyratory crusher 03.0256

回转窑 rotary kiln 06.0084

SL/RN 回转窑炼铁法 SL/RN process 05.0967

回转窑烟化法 Waelz process 06.0590

回转窑直接还原法 rotary kiln direct reduction process 05.0948

汇流漩涡 drainage vortex 05.1399

*混汞法 amalgamation, amalgam process 06.0841

混合浮选 bulk flotation 03.0470

混合焓 enthalpy of mixing 04.0125

混合吉布斯能 Gibbs energy of mixing 04.0147

混合焦 unscreened coke 05.0035

混合精矿 bulk concentrate 03.0043

混合井 combined shaft 02.0515

混合孔型系统 mixed pass system 09.0661

混合控制的反应 mixed-controlled reaction 04.0335

混合炼钢 mixing process for steel refining 05.1329

混合流体润滑 mixed fluid lubrication 09.0234

混合膜 mixed film 09.0242

混合喷吹 mixed injection 05.0773

混合熵 entropy of mixing 04.0140

混合时间 mixing time 04.0388

混合位错 mixed dislocation 07.0085

混合稀土金属 mischmetal 06.1276

混合稀土金属还原 mischmetal reduction 06.1267

混晶 mixed grain 09.1168

混捏 kneading 05.0451

混捏机 kneader 05.0452

混凝土泵　concrete pump　02.1167
混凝土浇灌机　concrete placer　02.1166
混凝土喷射机　shotcrete machine　02.1164
混凝土喷射机械手　shotcreting robot　02.1165
混铁炉　hot metal mixer　05.0983
混匀指数　blending index　05.0602
*活动钻头　detachable bit　02.0344
活度　activity　04.0159
活度标准态　standard state of activity　04.0173
活度系数　activity coefficient　04.0172
*活度因子　activity factor　04.0172
活化　activation　09.1103
活化焓　activation enthalpy　04.0248
活化吉布斯自由能　Gibbs free energy of activation　04.0249
活化剂　activator　03.0572
活化搅拌　activation stirring　02.0833
活化络合物　activated complex　04.0246
活化能　activation energy　04.0240
活化–溶解法　activation-solution　06.0834
活化熵　activation entropy　04.0247
活化烧结　activated sintering　08.0237
活塞流反应器　plug flow reactor　04.0382
活塞跳汰机　piston jig　03.0360
活态–钝态电池　active passive cell　08.0129
活套　loop　09.1357
活套控制　loop control　09.1442

活套轧制　loop rolling　09.0415
活套装置　looper　09.1356
活性石灰　active lime, soft burnt lime　05.0987
活性炭　activated carbon　05.0417
活性炭纤维　activated carbon fiber　05.0387
活性氧化硅　activated silica, reactive silica　06.0693
火车轮　wheel for railway　09.0571
火次　heating number　09.1010
火法精炼　fire refining, pyrorefining　06.0401
火法精炼铜　fire-refining copper　06.0497
火法冶金[学]　pyrometallurgy　01.0035
火耗　reheating oxidation loss　09.1020
火花烧结　spark sintering　08.0232
*火精铜　fire-refining copper　06.0497
火雷管　cap, blasting cap　02.0419
火力钻机　jet piercer　02.1093
火区　fire zone　02.1013
火区监测　fire area monitoring　02.1024
火试金　fire assay　06.0867
火焰点火　torch lighting　05.0812
火焰加热　flame heating　07.0298
火焰炉　flame furnace　09.0966
火焰喷补　flame gunning　05.1128
火焰切割　torch cutting　05.1540
火焰清理　flame cleaning　09.0597
*火药　propellant explosive　02.0374
霍尔–埃鲁法　Hall-Heroult process　06.0704

J

击振细筛　fine screen with rapping device　03.0301
饥饿给药　starvation reagent feeding　03.0733
机架　frame, housing　09.1338
机列　train　09.1453
*机率　probability　04.0675
*机敏材料　intelligent materials　08.0590
机械充填　mechanical filling　02.0815
机械抽气泵　air-sucking mechanical pump　04.0628
*机械除鳞　mechanical descaling　09.0596
机械管　mechanical tube　09.0522
机械合金化　mechanical alloying　08.0186
机械夹杂　mechanical entrainment　03.0015
机械搅拌脱硫法　desulphurization in Kanbara reactor　05.1292

机械落矿　machine breakdown　02.0781
机械清理　mechanical descaling　09.0596
机械收尘　mechanical separation　06.0412
机械通风　mechanical ventilation　02.0924
机械压力机　mechanical press　09.1559
机械运搬　mechanical handling　02.0736
机械增压泵　mechanical booster pump　04.0623
机组纠偏装置　off-tracking rectification device　09.1418
机座当量刚度　stand equivalent rigidity　09.1336
机座刚度　stand rigidity　09.1335
机座横向刚度　stand lateral rigidity　09.1337
*机座自然刚度　stand rigidity　09.1335
*鸡冠石　realgar　03.0189

PS 基板　presensitized plate　08.0443

基础储量　basic reserves　02.0126

基德法　Kidd process　06.0504

基底　substrate　07.0202

基尔霍夫定律　Kirchhoff's law　04.0113

基尔霍夫应力张量　Kirchhoff's stress tensor　09.0079

基夫采特熔炼法　Kivcet smelting process, Kivcet-CS process　06.0524

* 基夫赛特熔炼法　Kivcet smelting process, Kivcet-CS process　06.0524

基他耶夫曲线　temperature profile of gas and solid phases in blast furnace　05.0712

基体　matrix　07.0530

基体钢　matrix steel　08.0344

基体相　matrix phase　07.0148

基元反应　elementary reaction　04.0224

基质　matrix of refractories　05.0177

畸变能　distortion energy　09.0160

箕斗　skip　02.1072

箕斗井　skip shaft　02.0513

箕斗卸载装置　skip dumping arrangement　02.1074

箕斗装载装置　skip loading arrangement　02.1073

激光测厚仪　laser gaugemeter　09.1218

激光导向仪　guiding laser　02.0212

激光微探针质谱　laser microprobe mass spectrometry　07.0510

激冷　chilling　09.0761

吉布斯–杜安方程　Gibbs-Duhem equation　04.0183

吉布斯能　Gibbs energy　04.0146

吉布斯能函数　Gibbs energy function　04.0186

吉布斯能最小法　Gibbs energy minimization method　04.0789

吉布斯吸附方程　Gibbs adsorption equation　04.0369

吉布斯相律　Gibbs phase rule　04.0064

* 吉布斯自由能　Gibbs energy　04.0146

1/2 级反应　one half order reaction　04.0227

n 级反应　n-th order reaction　04.0228

极地采矿　arctic mining　02.0897

极化　polarization　04.0461

极化电阻　polarization resistance　08.0121

极化曲线　polarization curve　08.0118

极间距　interpole gap　03.0449

极谱法　polarography　07.0501

极射赤面投影　stereographic projection　07.0475

极射赤面投影法　stereography　02.0101

极射赤面投影图　stereogram　02.0102

极图　pole figure　07.0473

* 极限剥采比　break-even stripping ratio　02.0612

极限电流　limiting current　08.0116

极限剪切强度　critical shearing strength　09.0378

极限平衡分析　limit equilibrium analysis　02.0336

极限真空度　limiting vacuum degree　05.1349

极心圆　pitch circle　05.1183

极性捕收剂　polar collector　03.0587

极压润滑　extreme pressure lubrication　09.0244

急倾斜矿体　steeply pitching orebody　02.0065

集成化测量系统　integrated measuring system　09.1220

集成热化学数据库　integrated thermochemical database　04.0784

集矿　ore collection　02.0892

集镁室　magnesium collecting cell, magnesium collecting chamber　06.0794

集气管　gas collecting main　05.0090

* 集束射流氧枪　coherent jet oxygen lance　05.1234

集体传动辊道　group-driven roller table　09.1398

集渣器　slag trap　06.0120

集中装药　concentrated charging　02.0462

集总参数模型　model with lumped parameter　04.0758

* 几何方程　geometric equation　09.0097

几何面源法　geometrical-face source method　04.0671

几何模拟　geometric simulation　09.0257

挤列子　crowdion　07.0077

挤压　extrusion　09.0011

挤压爆破　squeeze blasting　02.0449

挤压比　extrusion ratio　09.0834

挤压成形　extrusion forming　09.0795

挤压穿孔　extrusion piercing　09.0839

挤压垫　dummy block　09.1495

挤压工具　extrusion tool　09.1489

挤压管　extruded pipe　09.0512

挤压机　extrusion press　09.1478

挤压拉伸　extrusion drawing　09.0844

挤压力　extruding force　09.0833

挤压裂纹　extrusion crack　09.1190

挤压模　extrusion die　09.1490

挤压模锻　extrusion forging　09.0909

挤压破碎　attrition crushing　03.0236

挤压死区　dead zone　09.0838

挤压速度　extrusion speed　09.0835

挤压筒　container　09.1497

挤压效应　extrusion effect　09.0842

＊挤压延伸系数　extrusion ratio　09.0834

挤压轴　stem　09.1496

计划维修　periodical and coordinated maintenance　05.1635

计时电流法　chronoamperometry　04.0667

计时电势法　chronopotentiometry　04.0668

＊计时电位法　chronopotentiometry　04.0668

计算机断层扫描术　computer tomography, CT　07.0527

计算机辅助工程　computer-aided engineering, CAE　09.0265

计算机辅助过程仿真模型　computer-aided process simulation model　09.0266

计算机集成制造系统　computer integrated manufacturing system, CIMS　09.0267

计算流体力学方法　CFD methodology　04.0767

计算冶金物理化学　computational physical chemistry of metallurgy　04.0673

＊CT 技术　computer tomography, CT　07.0527

技术加工取样　processing sampling　02.0142

技术取样　physical sampling　02.0141

季铵盐　quaternary ammonium salt　03.0626

继爆管　detonation relay tube　02.0420

加氟化物的酸热分解　thermal decomposition by acid with fluoride　06.1204

加工流线　flow line　09.0224

加工软化　working softening　07.0362

加工硬化　work-hardening　09.0201

加工硬化指数　work-hardening exponent　09.0202

加固　reinforcement　02.0575

加矿增浓法　sweetening process　06.0664

加强药　base charge　02.0379

加强药包　booster　02.0469

＊加权均值　weighted mean　04.0689

加权平均值　weighted mean　04.0689

加热　reheating　09.0600

加热炉热效率　thermal efficiency of reheating furnace　09.0616

加热速度　heating rate　09.0604

加热永久线变化　permanent linear change　05.0202

加热制度　reheating schedule　09.0602

＊加速冷却　forced cooling　09.0760

加温浮选　hot flotation　03.0478

加锌除银法　Parkes process　06.0543

加压淬火　press hardening　07.0320

加压电渣重熔　pressured electroslag remelting　05.1258

加压浮选　pressure flotation　03.0479

加压过滤　pressure filtration　03.0678

加压回火　press tempering　07.0334

加压滤机　pressure leaf filter　03.0695

加压氢还原　pressure hydrogen reduction　06.0918

加压烧结　pressure sintering　08.0238

夹板锤　board drop hammer　09.0933

夹层　sandwich　09.1165

夹辊　pinch roll　05.1512

夹砂　sand inclusion　07.0608

夹杂　inclusion　07.0607

夹杂物工程　inclusion engineering　05.1290

夹杂物过滤器　inclusion filter　05.1401

夹杂物聚结　agglomeration of nonmetallic inclusion　05.1378

夹杂物颗粒的分离　separation of inclusion particle　05.1384

夹杂物凝并　coagulation of non-metallic inclusion　05.1377

夹杂物形态控制　modification of nonmetallic inclusion　05.1288

甲苯胂酸　toluene arsenic acid　03.0620

甲酚磺酸电解　cresol sulfonic acid electrolysis　06.0643

甲基膦酸二甲庚酯　di（1-methylheptyl）methyl phosphonate　06.1208

甲基三辛基氯化铵　trioctylmethyl ammonium chloride　06.1215

甲基异丁基甲醇　methyl isobutyl carbinol, MIBC　03.0631

钾镁除铋法　Jollivet process　06.0546

钾盐　sylvite　03.0221

假象赤铁矿　martite　03.0156

价电子　valence electron　04.0469

架空索道　aerial tramway　02.1211

尖晶石夹杂物　inclusion of spinal type　05.1010

尖缩溜槽　pinched sluice　03.0393

坚木栲胶　quebracho extract　03.0640

间断　intermittence　05.1633

间断浸出　batch leaching　06.0595

间隔矿柱　barrier pillar　02.0752

间隔装药　deck charging　02.0467

间接测量法　indirect measurement technique　02.0277

间接法硫铵　indirect sulfate process　05.0142

间接还原　indirect reduction　05.0707

* 间接还原区　vertical thermal reserve zone, indirect reduction zone　05.0713

间接烧结　indirect sintering　06.1068

间隙　interstice　07.0043

间隙固溶体　interstitial solid solution　07.0160

间隙化合物　interstitial compound　07.0153

间隙扩散　interstitial diffusion　07.0173

间隙相　interstitial phase　07.0150

间隙原子　interstitial atom　07.0074

间歇操作　batch operation　05.1632

间歇反应器　batch reactor　04.0380

间柱　rib pillar　02.0748

* 监控 AGC　supervisory control AGC　09.1425

监控厚度测量系统　supervisory control AGC　09.1425

兼容性条件　compatible condition　04.0785

拣选　sorting　03.0071

拣选机　sorter, sorting machine　03.0461

检查和分类机组作业线　inspection and assorting train line　09.1415

检查筛分　check sieving　03.0284

检漏技术　leak detection method　04.0624

检修车　repair truck　02.1180

减薄率　reduction ratio　09.0379

减径　tube reducing　09.0711

减径机　reducing mill, sinking mill　09.1312

减水剂　deflocculant　05.0241

* 减压浮选　vacuum flotation　03.0497

减压挥发　decompression volatilization　06.0035

减振合金　vibration-absorption alloy　08.0621

减震板　damping steel sheet　09.0479

剪切　shearing　09.0746

剪切成形　shearing forming　09.0380

剪切断裂　shear fracture　07.0393

剪切方向　shearing direction　09.0762

剪切机　shears　09.1365

剪切模量　shear modulus　08.0013

剪切缺陷　shearing defect　09.1154

剪切絮凝浮选　shear-flocculation flotation　03.0490

* 剪切旋压　shear spinning, shear forming　09.0921

剪切应力　shear stress　09.0047

剪应变　shearing strain　09.0084

* 剪应变强度　equivalent shear strain　09.0093

简摆颚式破碎机　double-toggle jaw crusher　03.0249

* 简并度　statistical weight　04.0203

简单断面型钢　simple section steel　09.0525

简单反应　simple reaction　04.0222

简化轧制过程　simplified rolling process　09.0300

碱脆　caustic embrittlement　08.0089

碱浸　alkaline leaching　06.0187

碱浸–硫化沉淀法回收铊　recovery of thallium by alkaline leach-sulfide precipitation　06.1146

碱浸预处理　alkaline leach pretreatment　06.0839

碱热分解　thermal decomposition with alkali　06.1193

碱熔法　alkaline fusion process　06.0829

碱石灰烧结法　soda lime sintering process　06.0662

碱洗槽　alkaline cleaning tank　09.1512

碱性侧吹转炉炼钢法　side-blown converter steelmaking process　05.1021

碱性介质　alkaline medium　03.0533

碱性精炼　basic refining　06.0403

碱性耐火材料　basic refractory　05.0349

碱性平炉炼钢法　basic open-hearth steelmaking, open-hearth steelmaking　05.1023

碱性氧化物　basic oxide　04.0541

碱性渣　basic slag　05.0991

碱渣　caustic dross　06.0541

建筑钢　building steel　08.0408

建筑物下矿床开采　mining under building　02.0863

* 贱金属　common metal, base metal　06.0828

溅渣护炉　slag splashing for vessel lining protection　05.1121

溅渣量　splashed slag amount　05.1122

溅渣频率 frequency of splashing 05.1125

溅渣时间 duration of splashing 05.1124

溅渣调渣剂 slag conditioning agent for splashing 05.1126

键合金丝 bonding gold wire 08.0507

键能 bonding energy 07.0053

浆化槽 repulp tank 06.0598

浆式进料 slurry feeding 06.0550

浆状炸药 slurry explosive 02.0385

浆状炸药混装车 blasting slurry truck 02.1154

降落漏斗 cone of depression 02.0995

降膜蒸发器 falling-film evaporator 06.0222

交叉滑移 cross slip 07.0368

交叉轧制 alternately rolling 09.0418

交换电流 exchange current 08.0111

交换反应 exchange reaction 06.0332

交联度 cross-linking degree 06.1225

交联剂 cross-linking agent 06.1224

交流阻抗法 AC impedance 04.0661

浇灌混凝土支架 monolithic concrete support 02.0590

浇注工艺 teeming practice 05.1595

浇注水口 nozzle 05.1360

浇注速度 teeming speed 05.1529

浇铸阳极 cast anode 06.0499

胶带输送机排土 waste disposal with belt conveyor 02.0694

胶带提升设备 belt hoisting equipment 02.1075

胶带运输机开拓 belt conveyor development 02.0669

胶带运输斜井 belt transportation inclined shaft 02.0509

胶结充填 cemented filling 02.0821

胶凝作用 gelation 04.0592

胶束 micelle 03.0541

*胶态石墨 colloidal graphite 05.0379

胶体石墨 colloidal graphite 05.0379

胶质层指数 index of plastic layer 05.0025

胶质体 plastic mass 05.0070

胶质炸药 gelatine explosive 02.0386

*焦宝石 chamotte 05.0214

焦比 coke rate 05.0765

焦饼中心温度 coke cake central temperature 05.0105

焦粉 coke breeze 05.0605

焦罐 coke bucket 05.0082

焦化废水 coking waste water 05.0167

焦结炉 coker 06.0559

焦磷酸钍 thorium pyrophosphate 06.1279

焦炉 coke oven 05.0053

焦炉保护板 flash plate of coke oven 05.0085

焦炉废气循环 waste gas recirculation 05.0066

焦炉横拉条 cross tie rod of coke oven 05.0088

焦炉烘炉 heating-up of coke oven battery 05.0107

*焦炉加热水平 height difference between top of flue and oven 05.0065

焦炉加热水平高度 height difference between top of flue and oven 05.0065

焦炉交换机 reversing machine 05.0080

焦炉炉柱 buckstay of coke oven 05.0086

焦炉煤气 coke oven gas 05.0113

焦炉煤气净化 coke oven gas purification 05.0114

焦炉煤气湿法脱硫 desulfurization of coke oven gas 05.0149

焦炉焖炉 coke oven soaking 05.0112

焦炉燃烧室 heating wall of coke oven 05.0061

焦炉热衡算 coke oven heat balance 05.0103

*焦炉热平衡 coke oven heat balance 05.0103

焦炉水封阀 water sealing valve 05.0092

焦炉调温 temperature adjustment for coke oven 05.0102

焦炉蓄热室 regenerator of coke oven 05.0062

焦炉周转时间 cycle time of coke oven 05.0073

焦炉纵拉条 longitudinal tie rod of coke oven 05.0087

焦煤 coking coal 05.0018

1/3 焦煤 1/3 coking coal 05.0020

焦末含量 rate of coke fines 05.0042

焦批 batch coke charge 05.0754

焦台 coke wharf 05.0052

焦炭 coke 05.0032

焦炭产率 coke yield 05.0043

焦炭反应性 reactivity index of coke 05.0050

焦炭负荷 coke load 05.0786

焦炭光学组织 optical texture of coke 05.0034

焦炭机械强度 mechanical strength of coke 05.0044

焦炭抗碎强度 breaking strength of coke 05.0045

焦炭裂纹 fissure of coke 05.0033

焦炭落下强度　shatter strength of coke　05.0048

焦炭耐磨强度　abrasion strength of coke　05.0046

焦炭热强度　hot strength of coke　05.0047

焦炭显微强度　micro-strength of coke　05.0049

焦油氨水分离器　tar and ammonia liquor decanter　05.0140

焦油渣　tar residue　05.0166

焦油渣添加装置　device for tar-residue adding　05.0013

角钢　angle steel　09.0536

角联网路　diagonal network　02.0928

角螺旋衬板　spiral angular liner　03.0316

角闪石　amphibole　03.0234

角系数　view factor　04.0350

角银矿　chlorargyrite　03.0144

角轧法　diagonal rolling method　09.0702

矫平　levelling　09.0754

矫直　straightening, levelling　09.0749

矫直段　straightening section　05.1519

矫直辊　strand straightening roll　05.1536

矫直机　leveler, straightening machine　09.1382

矫直裂纹　straightening crack　05.1573

搅拌　agitation　03.0499

搅拌浸出　agitation leaching　06.0193

搅拌磨机　stirring mill　03.0327

搅拌强度　agitation intensity　03.0501

搅拌球磨　attritor milling, attritor grinding　08.0185

搅拌溶浸　stirring leaching　02.0882

阶段　level　02.0730

阶段浮选　stage flotation　03.0480

阶段矿房采矿法　block stoping　02.0796

阶段磨矿　stage grinding　03.0303

阶段破碎　stage crushing　03.0235

阶段强制崩落法　forced block caving method　02.0850

阶段通风系统　level ventilation system　02.0935

阶段运输巷道　level haulage way　02.0723

阶梯式通风　stepped ventilation　02.0940

接触电势　contact potential　04.0449

*接触电位　contact potential　04.0449

接触弧　contact arc　09.0281

接触角　contact angle　03.0510

接触疲劳　contact fatigue　08.0052

接顶充填　top tight filling　02.0811

接缝材料　jointing materials　05.0344

节理　joint　02.0247

节理玫瑰图　joint rose　02.0100

洁净钢　clean steel　05.1283

结疤　scab, seam　09.1131

结构材料　structural materials　01.0052

结构钢　structural steel　08.0323

结构宏观动力学　structural kinetic mechanism, SKM　04.0210

结构流充填　structural flow filling　02.0817

结构钛合金　structural titanium alloy　08.0458

结构相变　structural transformation　07.0252

结构重组　reconstruction　05.1626

结合力　binding force　08.0159

*结合黏土　soft clay, plastic clay　05.0212

结核丰度　nodule abundance　02.0888

结核集矿机　nodule collector　02.1177

结焦时间　coking time　05.0072

结焦速度　coking rate　05.0071

结晶　crystallization　06.0225

*结晶硅　silicon metal　05.0493

结晶焓　enthalpy of crystallization　04.0131

结晶器　crystallizer　06.0226

结晶器保护渣　mould powder, mould flux　05.1486

结晶器倒锥度　negative taper of mould　05.1473

结晶器电磁搅拌　mould electromagnetic braking　05.1543

结晶器电磁制动　mould electromagnetic brake　05.1546

结晶器润滑油　mould lubricant　05.1485

结晶器溢钢　overflow from mould　05.1564

结晶器振动　mould oscillation　05.1474

结晶器振幅　oscillation stroke　05.1475

*结晶学　crystallography　07.0001

结线　tie line　04.0088

截面法　slab method　09.0178

截水沟　interception ditch　02.0713

解冻库　thawing shed　05.0003

解聚　depolymerization　04.0531

*解聚反应　depolymerization　04.0531

解离　liberation　03.0055

解离度　liberation degree　03.0245

解理断裂 cleavage fracture 07.0392

解吸 desorption 03.0507

解吸剂 desorbent 03.0508

介电常数 dielectric constant 04.0437

介电分离 dielectric separation 03.0090

*介稳平衡 metastable equilibrium 04.0058

介质型助滤剂 medium filtration aid 03.0699

界面 interface 07.0134

界面电子态 interface state of electron 04.0410

界面技术 interface technique 05.1664

界面浓度 interface concentration 04.0319

界面热阻 thermal resistance at interface 05.1408

界面温度 interface temperature 04.0346

界面张力 interface tension 04.0568

K金 K gold 08.0499

金的纯度 gold fineness 06.0880

金锭 gold bullion 06.0865

金刚石 diamond 05.0395

金刚石薄膜 diamond film 05.0396

金刚石钻机 diamond drill 02.1094

金红石 rutile 03.0174

金两单位 troy ounce 06.0883

金属的结晶 crystallization of metals 07.0186

金属复合耐火材料 metal containing refractory 05.0346

金属铬 chromium metal 05.0510

金属硅 silicon metal 05.0493

金属还原剂 metal reductant 06.0154

金属还原扩散法 metal reduction diffusion, MRD 06.1280

金属化锍 metallic matte 06.0392

金属化球团矿 metallized pellet 05.0685

金属间化合物 intermetallic compound 07.0152

金属键 metallic bond 07.0048

金属矿石 metallic ore 03.0011

金属料消耗 consumption of metallic materials 01.0063

金属锰 manganese metal 05.0501

金属膜 metallic film 09.0243

金属镍阳极 crude nickel anode 06.0626

金属喷溅 metal sputtering 05.1118

金属平衡表 balance sheet of metal 01.0064

金属热还原法 metallothermic reduction process 06.0153

金属熔池 metal bath 05.1042

金属熔池氧化性 oxidation state of metal bath 05.1100

金属熔渗钨 metal infiltrated tungsten 08.0479

金属熔体 metallic melt 04.0518

金属软管 metallic flexible hose 09.0521

金属丝网 wire mesh, wire netting 09.0567

金属塑性加工[学] metal forming 01.0022

*金属损失率 apparent loss rate 02.0073

金属陶瓷 cermet 08.0266

金属网 metal net 02.0601

金属物理[学] metal physics 01.0021

金属消耗系数 consumption coefficient of metal, consumption coefficient of materials 09.1588

金属屑压块液压机 metal scrap briquette hydraulic press 09.1560

金属学 Metallkunde(德) 01.0019

金属压力加工 metal working, metal forming, metal processing 09.0002

金属盐封孔 metal-salt solution sealing 09.1123

金属有机气相沉积 metallo-organic chemical vapor deposition, MOCVD 06.0367

金属着色 metal coloring 08.0150

金属支架 metal support 02.0586

金属制品 metal product, steel wire product 09.0561

金属置换法 metal displacement method 06.0173

金相检查 metallographic examination 07.0420

金相学 metallography 01.0020

金银分离法 parting 06.0878

金银合金 Dorè metal 06.0864

金银合金锭 Dorè bullion 06.0866

*金银双金属 Dorè metal 06.0864

金银珠 gold-silver bead 06.0877

金云母 phlogopite 03.0212

紧凑带钢生产工艺 compact strip production, CSP 09.0688

紧凑化 compactness 05.1634

紧凑式冷轧机 compact cold mill, CCM 09.1276

紧密层 contact double layer 04.0460

堇青石 cordierite 03.0205

尽头式井底车场 end on shaft station 02.0560

进尺 length of a pull 02.0482

进风风流　intake airflow　02.0920

进给比　feeding ratio　09.1053

进气口　air inlet　06.0131

* 近程有序　short-range order　07.0280

近井点测量　nearby shaft point survey　02.0173

近净成形　near net shape forming　08.0222

近似稳态　approximation steady state　04.0244

近终形连铸　near-net-shape casting　05.1452

浸出　leaching　06.0182

浸出剂　leaching reagent　06.0185

浸出率　leaching efficiency　06.0183

浸出速率　leaching rate　06.0184

浸出渣　leaching residue　06.0897

浸出渣率　residue ratio　06.0597

浸弧法熔炼　immersed arc smelting　05.0541

浸没加热蒸发器　immersion heating evaporator 06.0218

浸没式喷枪　SIRO lance, submerged lance　06.0451

* 浸取　leaching　06.0182

浸入式水口　submerged entry nozzle, SEN　05.1365

浸渍　impregnation　08.0262

浸渍剂沥青　impregnating pitch　05.0437

浸渍剂树脂　impregnating resin　05.0435

CAS 浸渍罩　snorkel　05.1346

经济断面钢材　light section steel　09.0527

经济合理剥采比　break-even stripping ratio　02.0612

经验模型　empirical model　04.0757

经验强度准则　empirical criterion of rock failure 02.0240

晶胞　unit cell　07.0021

晶带　crystallographic zone　07.0024

晶带轴　direction zone axis　07.0026

晶核　nucleus　07.0204

晶间断裂　intergranular fracture　07.0391

晶间腐蚀　intergranular corrosion　08.0080

晶界　grain boundary　07.0129

晶界滑动　grain boundary sliding　07.0372

晶界扩散　grain boundary diffusion　07.0171

晶界偏析　grain boundary segregation　07.0218

晶界强化　grain boundary strengthening　07.0412

晶粒　grain　07.0593

晶粒粗大　coarse grain　09.1167

晶粒度　grain size　07.0595

晶粒长大抑制剂　grain growth inhibitor　08.0181

晶面　crystallographic face　07.0016

晶面间距　inter planar spacing　07.0017

晶面交角守恒定律　conservation law of crystal plane 07.0028

* 晶面指数　Miller index　07.0009

晶内铁素体　intragranular ferrite　07.0563

* 晶胚　embryo　07.0204

晶体　crystal　07.0035

晶体的对称性　symmetry of crystal　07.0007

晶体取向　crystallographic orientation　07.0015

晶体缺陷　crystal defect　07.0060

晶体生长　crystal growth　07.0210

晶体生长熔盐法　flux-grown single crystal salt melting method　06.0368

晶体塑性力学　crystal plasticity　09.0198

晶体学　crystallography　07.0001

晶系　crystal system　07.0008

晶向　crystallographic direction　07.0023

晶向指数　indices of crystallographic direction 07.0025

晶须　whisker　07.0039

晶须增强铝基复合材料　whisker reinforced aluminum-base composite　08.0442

晶质铀矿　uraninite　03.0195

晶种　crystal seed　06.0228

晶种析出　seed precipitation　06.0229

晶轴　crystallographic axis　07.0022

精冲模　precision stamping die　09.0957

精锻模　precision forging die　09.0940

精蒽　refined anthracene　05.0125

精矿　concentrate　03.0041

精矿分解　decomposition of concentrate　06.1189

精矿分解率　decomposition ratio of concentrate 06.1190

精炼　refining　05.1277

精炼厂清扫物料　refinery sweeping　06.0891

精炼电炉　refining electric furnace　05.0555

精炼浮渣　dross of fire refining　06.0115

精炼铁合金　refined ferroalloy　05.0487

精馏　rectification　06.0256

精馏煤气　refining distillation furnace gas　06.0047

精馏塔　rectification tower　06.0258

精馏塔生产率　rectification column specific capacity　06.0574

精镁　refined magnesium　06.0810

精密冲裁　fine blanking, precision blanking　09.0891

精密冲裁液压机　fine blanking hydraulic press　09.0958

精密锻造　precision forging, net shape forging　09.1005

* 精密合金　functional materials　01.0051

精密模锻　precision die forging　09.0880

精密压力机　precision press　09.1561

精萘　refined naphthalene　05.0120

精确度　precision　04.0679

精确物理模型方法　rigorous physical modeling　05.1387

精四氯化锆　refine-zirconium tetrachloride　06.0971

精四氯化铪　refine-hafnium tetrachloride　06.0972

精四氯化钛　refine-titanium tetrachloride　06.0970

精锑　star antimony　06.0655

精选　cleaning　03.0067

精压　coining press, knuckle joint press　09.1562

精轧　finish rolling　09.0445

精轧机　finishing mill, finisher　09.1259

45°精轧机组　45°finishing mill train　09.1242

15°/75°精轧机组　15°/75°finishing mill train　09.1243

精整　finishing　09.0743

精制氧化钴　refined cobalt oxide　06.0638

精重苯　refined heavy benzol　05.0130

井壁　shaft wall　02.0532

井底车场　shaft station　02.0557

井底水窝　shaft sump　02.0546

井格　shaft compartment　02.0541

井巷风速　underground airflow velocity　02.0910

井巷贯通测量　mine workings linkup survey　02.0177

井架　headgear　02.0501

井框　wall crib　02.0542

井式坩埚炉　shaft crucible furnace　06.0808

井塔　hoist tower　02.0502

井筒　shaft body　02.0518

井筒壁座　shaft curbing　02.0533

井筒布置　shaft layout　02.0534

井筒衬砌　shaft lining　02.0531

井筒反掘法　raising method of shafting　02.0526

井筒马头门　shaft inset　02.0519

井筒锁口盘　shaft collar　02.0545

井筒位置　shaft location　02.0520

井筒延深　shaft deepening　02.0530

井筒装备　shaft installation　02.0521

井下测量　underground survey　02.0174

* 井下配电　electric power distribution of underground mine　02.1222

井下破碎站　underground crusher station　02.0552

井下斜坡道　underground ramp　02.0562

井下运输　underground haulage　02.0734

颈缩　necking　08.0030

径向变形量　radial draft　09.1008

径向锻造　radial forging　09.0881

径向分布函数　radial distribution function　07.0056

径向压溃强度　radial crushing strength　08.0255

净焦炉煤气　purified coke oven gas　05.0115

* 净煤气　purified coke oven gas　05.0115

静电除尘器　electrostatic precipitator　05.0929

静电防护　electrostatic protection　02.1025

静电粉末喷涂　electrostatic powder spraying　09.1117

静电粉末喷涂机组　electrostatic powder spraying line　09.1542

静电射线透照术　xeroradiography　07.0521

静电位　rest potential　03.0515

静电泄漏　electrostatic leakage　02.1026

静电选机　electrostatic separator　03.0452

静可容应力场　statically admissible stress field　09.0197

* 静水应力　mean stress　09.0081

静态回复　static recovery　07.0228

静态破碎剂　static breaking agent　02.0391

静态应变时效　static strain aging　07.0244

静液挤压　hydrostatic extrusion　09.0809

静液挤压机　hydrostatic extrusion press　09.1486

静液挤压拉线　hydrostatic-extrusion-drawing　09.0865

境界剥采比　pit limit stripping ratio　02.0613

镜铁　spiegel iron　05.0499

镜铁矿　specularite　03.0163

镜质组平均最大反射率　mean max reflectance of vitrinite　05.0028

酒石酸　tartaric acid　03.0641

局部淬火　local hardening　07.0318

局部镦粗　local upsetting　09.1009

局部腐蚀　localized corrosion　08.0077

局部模锻　local die forging　09.0882

*局部扇风机　booster fan　02.1083

局部优化　local optimization　04.0741

局扇　booster fan　02.1083

局扇通风　local fan ventilation　02.0902

局域平衡态　local equilibrium state　04.0191

矩磁软磁合金　rectangular soft magnetic alloy
　08.0553

矩形电炉　rectangular electric furnace　05.0559

巨磁电阻材料　giant magnetoresistance materials
　08.0532

巨磁致伸缩材料　giant magnetostrictive materials
　08.0585

拒爆　misfire　02.0486

锯齿波跳汰机　sawtooth pulsation jig　03.0363

锯机　saw　09.1377

锯切　saw cutting, sawing　09.0744

聚丙烯腈基炭纤维　PAN-based carbon fiber　05.0388

聚磁介质　magnetic matrix　03.0435

聚合　polymerization　04.0530

*聚合反应　polymerization　04.0530

聚合射流氧枪　coherent jet oxygen lance　05.1234

聚能效应　cavity effect　02.0404

卷材　coil　09.0671

卷取　coiling　09.0672

卷取机　coiler　09.1393

*绝对反应速度理论　transition state theory　04.0245

绝对熵　absolute entropy　04.0139

绝对误差　absolute error　04.0700

绝热过程　adiabatic process　04.0030

绝热量热计　adiabatic calorimeter　04.0607

掘沟　trenching　02.0705

掘进　drifting　02.0567

掘进循环　drifting cycle　02.0529

掘进钻车　tunnel jumbo　02.1101

均二苯硫脲　thiocarbanilide　03.0598

*均方误差　standard error　04.0702

均热　soaking　09.0609

均相反应　homogeneous reaction　04.0047

均相反应动力学　kinetics of homogeneous reaction
　04.0211

*均相间断区　miscibility gap　04.0086

均相体系　homogenous system　04.0018

均压灭火法　fire extinguishing with pressure balancing
　02.1023

均匀变形　homogenous deformation　09.0149

均匀放矿　uniform ore drawing　02.0856

均匀腐蚀　uniform corrosion　08.0076

均匀化处理　homogenizing　07.0304

均匀伸长率　percentage uniform elongation, uniform
　elongation　08.0029

均匀试验设计　uniform design of test　04.0726

均匀形核　homogeneous nucleation　07.0206

均整机　reeling mill　09.1314

菌式穿孔机　cone-roll piercing mill　09.1300

菌式穿孔机穿孔　cone-roll piercing process　09.0402

K

喀斯特水　karst water　02.0987

卡尔多转炉炼钢法　Kal-Do process　05.1022

卡尔曼方程　Karman equation　09.0337

卡钢　seizing-up of rolled piece　09.1198

卡玛合金　Karma alloy　08.0533

卡普科高压电选机　Carpco high tension separator
　03.0460

卡斯特纳法　Castner process　06.0822

卡他度　Kata degree　02.0908

开采步骤　stage of mining　02.0039

开采沉陷　mining subsidence　02.0198

开采强度　mining intensity　02.0041

开采顺序　mining sequence　02.0038

开段沟　pioneer cut　02.0631

开环控制　open-loop control　09.1438

开金　carat　06.0882

开卷　decoiling　09.0693

开卷机　uncoiler　09.1391

开孔　open pore　08.0251

开口电炉　open electric furnace　05.0554

开口度　roll gap　09.0625

开口孔型　open pass　09.0645

开口气孔　open pores　05.0183

开口式机架　open-top mill housing　09.1339

开炉点火　blast furnace lighting　05.0810

开路　open circuit　03.0017

开路电位　open circuit potential　08.0112

开路破碎　open circuit crushing　03.0243

开路试验　open circuit test　03.0743

开坯　breaking down　09.0446

开坯锻造　billet forging　09.0976

开式模锻　open die forging, impressing forging
　　09.0883

开铁口机　iron notch drill　05.0844

开拓矿量　developed ore reserves　02.0128

开拓巷道　development openings　02.0721

开轧温度　rolling-start temperature　09.0601

凯尔西离心跳汰机　Kelsey centrifugal jig　03.0368

勘查工程　exploration engineering　02.0110

勘查类型　exploration type　02.0109

勘探　exploration　02.0107

勘探工程网度　spacing of exploration engineering
　　02.0117

勘探网　exploration grid　02.0115

勘探线　exploration line　02.0114

勘探线剖面图　exploratory cross section　02.0147

康铜合金　constantan alloy　08.0529

抗剪强度　shear strength　08.0022

抗拉强度　tensile strength　08.0020

抗拉应力　tensile stress　09.0066

抗扭强度　torsional strength　08.0023

抗热震性　thermal shock resistance　05.0203

抗水炸药　water-resistant explosive　02.0389

抗压强度　compressive strength　08.0021

抗压应力　compressive stress　09.0067

抗氧化钢　oxidation resistant steel　08.0358

抗氧化剂　anti-oxidant　05.0239

抗杂散电流电雷管　anti-stray-current electric detonator
　　02.0424

抗渣性　slag resistance　05.0204

抗折强度　modulus of rupture　05.0194

抗震建筑钢　antiseismic building steel　08.0411

*考珀式热风炉　Cowper stove　05.0920

*栲胶　quebracho extract　03.0640

苛性淀粉　caustic starch　03.0644

柯肯德尔效应　Kirkendall effect　07.0178

柯西方程　Cauchy equation　09.0097

柯西应力公式　Cauchy stress equation　09.0074

*柯西应力张量　Cauchy stress tensor　09.0074

科尔坦耐大气腐蚀钢　Corten steel　08.0355

*科肯达尔效应　Kirkendall effect　07.0178

科氏气团　Cottrell atmosphere　07.0119

科特雷尔静电收尘器　Cottrell electrostatic precipitator
　　06.0060

*钶铁矿　niobite, columbite　03.0184

*钶钇矿　samarskite　06.1180

颗粒　particle　08.0166

颗粒层收尘　gravel bed dust collection　06.0418

颗粒粒度分布　particle size distribution　08.0197

颗粒体积密度　bulk density of granular materials
　　05.0192

颗粒增强钛合金　particles reinforced titanium alloy
　　08.0467

*磕头钻　churn-drill rig　02.1085

可变凸度轧机　variable crown mill　09.1271

可变形永磁体　ductile permanent magnet　08.0573

可采储量　workable reserves　02.0125

可采品位　payable grade, workable grade　02.0082

可动颚板　swing jaw　03.0252

可动位错　glissile dislocation　07.0087

可锻化退火　malleablizing　07.0306

可锻性　forgeability　09.0989

可锻铸铁　malleable cast iron　08.0293

可伐合金　kovar alloy　08.0548

可浮性　floatability　03.0535

可浮性检验　floatability test　03.0740

可加工性　workability　09.0206

可挠性磁体　flexible magnet　08.0572

可逆电池　reversible cell　04.0482

可逆电极　reversible electrode　04.0444

可逆反应　reversible reaction　04.0042

可逆过程　reversible process　04.0031

可逆回火脆性　reversible temper brittleness　07.0340

可逆式轧机　reversing rolling mill　09.1462

可倾压力机　inclinable press　09.0959

可溶性电极　soluble electrode　04.0443

*可溶阳极电解　soluble anode electrolysis　06.0268

可湿润阴极　wettable cathode　06.0744

可调结晶器　width-adjustable mould　09.0793

可旋性　spinning ability　09.1054

可选性试验　beneficiability test　03.0742

* 可压力加工铝合金　wrought aluminum alloy　08.0436

克拉珀龙–克劳修斯方程　Clapeyron-Clausius equation　04.0054

克劳斯反应器　Claus reactor　05.0157

克劳斯炉　Claus kiln　05.0156

克里金法　Kriging method　02.0136

* 克立格法　Kriging method　02.0136

* 克罗尔法　magnesium reduction　06.0934

克努森池–质谱法　Knudsen cell-mass spectrometry method　04.0637

克努森扩散　Knudsen diffusion　04.0311

克山病　keshan disease　06.1152

* 坑内配电　electric power distribution of underground mine　02.1222

坑探　drift exploration　02.0112

坑铸　pit teeming　05.1585

空场采矿法　open stoping　02.0792

空洞　void　07.0069

* 空化腐蚀　cavitation corrosion　08.0093

空间点阵　space lattice　07.0003

空间结构　spatial structure　05.1622

空间群　space group　07.0006

空间填充率　space-filling factor　07.0033

空间序　space order　05.1651

* 空拉　sink drawing　09.0850

空冷　air cooling　09.0757

空冷区　air-cooling zone　05.1511

空气冲击波　air blast　02.0490

空气锤　air hammer, pneumatic hammer　09.0935

空气阀　air valve　06.0135

空气干燥基　air dry basis　05.0030

空气过剩系数　air excess coefficient　09.0606

空气冷凝器　air cooled condenser, air cooler　06.0263

空气室　air chamber　06.0132

空气蓄热室　air regenerator　06.0134

空气压缩机　air compressor　02.1078

空气氧化法　oxidation method by air　06.1249

空气预热器　air preheater　06.0133

空气轴承板形辊　air-bearing profile measuring roll　09.1216

空腔理论　hole theory　04.0602

空蚀　cavitation corrosion　08.0093

空调管　tube for air-conditioner and refrigerator　09.0578

* 空调与制冷用铜管　tube for air-conditioner and refrigerator　09.0578

空位　vacancy　07.0062

空位阱　vacancy sink　07.0067

空位扩散　vacancy diffusion　07.0172

空位流效应　vacancy wind effect　07.0072

空位凝聚　vacancy condensation　07.0068

空位–溶质原子复合体　vacancy-solute complex　07.0070

空位团　vacancy cluster　07.0064

空心包体应变测量　strain measurement at hollow inclusion　02.0282

空心电极　hollow electrode　05.0564

空心坯　hollow billet　09.0450

空心型材　hollow section　09.0587

空穴导电性　hole conduction　04.0407

空转力矩　idling torque　09.0316

孔壁压力　borehole pressure　02.0399

孔壁应变测量　strain measurement at borehole wall　02.0281

* 孔洞　void　07.0069

孔径变形测量　diametral deformation measurement　02.0280

孔径分布　pore size distribution　08.0253

孔距　hole spacing　02.0360

孔腔　cavity　09.0707

孔雀石　malachite　03.0105

孔隙　pore　08.0250

孔隙率　porosity　04.0328

孔型　roll pass, groove, pass　09.0630

孔型配置　roll pass positioning　09.0650

孔型设计　design of grooves, design of passes　09.0629

孔型凸度　pass convexity　09.0651

孔型系统　pass schedule　09.0628

孔型斜轧　helical groove skew rolling　09.0737

孔型圆角　circular bead of grooves　09.0633

控时淬火　time quenching　07.0313

控轧控冷　controlled rolling and cooling　09.1080
控制爆破　controlled blasting　02.0442
控制分级　controlling classification　03.0334
块型相变　massive transformation　07.0246
*块状转变　massive transformation　07.0246
快锻操作机　quick forging manipulator　09.0941
*快离子导体　solid electrolyte　04.0508
快速锻造液压机　high speed forging hydraulic press　09.0942
快速更换台　quick-change frame　05.1517
快速换辊装置　quick roll-changing device　09.1361
快速换模装置　quick die-changing device　09.0960
快速冷凝粉　rapidly solidified powder　08.0176
快速凝固　rapid solidification　07.0193
宽带　wide strip　09.0459
宽带轧机　wide-strip mill　09.1256
宽度控制　width control　09.0689
宽度自动控制　automatic width control, AWC　09.1433
*宽缘工字钢　H section steel, H section　09.0541
宽展　spread　09.0323
宽展挤压　spread extrusion　09.0820
宽展系数　spread coefficient　09.0288
矿仓　ore bin　02.0503
矿仓几何容积　geometric volume of ore bin　03.0721
矿仓有效容积　live volume of ore bin　03.0722
矿产取样　ore sampling　02.0138
矿产资源保护　conservation of mineral resources　02.0053
矿车　mine car　02.1185
矿尘　mine dust　02.0968
矿床　mineral deposit　01.0014
矿床工业指标　industrial index of deposit　02.0083
矿床勘探　mineral deposit exploration　02.0015
矿床模型　deposit model　02.0016
矿床品位　deposit grade　02.0081
矿床评价　ore deposit evaluation　02.0121
矿床疏干　ore deposit dewatering　02.1005
矿堆　stockpile　03.0714
矿房　stope room, mining room　02.0746
矿浆　pulp　03.0050
矿浆电解　slurry electrolysis process, electro-slurry process　06.0270

矿浆分配器　pulp distributor　03.0748
矿浆浓度　pulp density　03.0095
矿浆溶剂萃取　solvent-in-pulp extraction　06.0328
矿浆细度　pulp size　03.0530
矿井　mine shaft　02.0008
矿井安全出口　escape way of underground mine　02.1060
矿井报废　mine abandonment　02.0055
矿井大气　underground atmosphere　02.0904
矿井等积孔　mine equivalent orifice　02.0922
矿井定向测量　shaft orientation survey　02.0169
矿井返风装置　reversing installation for mine fan　02.0961
矿井防冻　frost proof of underground mine　02.0967
矿井防火　fire prevention in mine　02.1017
矿井风量调节　regulating air volume in mine　02.0901
矿井服务年限　mine life　02.0032
矿井火灾　mine fire　02.1016
矿井空气调节　mine air conditioning　02.0959
矿井联系测量　shaft connection survey　02.0168
矿井漏风　mine air leakage　02.0948
矿井灭火　fire extinguishing in mine　02.1018
*矿井平面联系测量　shaft orientation survey　02.0169
矿井热环境　thermal environment of mine　02.0964
矿井热源　heat source of underground mine　02.0963
矿井疏干　dewatering of mine　02.1001
矿井水处理　mine water treatment　02.1042
矿井提升安全门　safety door for hoisting　02.1059
矿井提升机　mine hoister　02.1063
*矿井提升设备　mine hosting equipment　02.1062
矿井通风网路　mine ventilation network　02.0925
矿井通风系统　mine ventilation system　02.0931
矿井通风总阻力　overall resistance of mine airflow　02.0917
矿井突水　water bursting in mine　02.0992
矿井延伸测量　shaft deepening survey　02.0183
矿井涌水量　inflow rate of mine water　02.0979
矿井制冷　refrigeration of underground mine　02.0966
矿块　ore block　02.0005
矿块崩落法　block caving method　02.0849
矿块结构要素　constructional element of ore block　02.0745

矿粒　mineral grain　03.0028

矿粒活化　breeze activation　03.0540

矿脉　vein　02.0068

矿泥　slime　03.0047

矿泥溜槽　slime sluice　03.0391

矿泥摇床　slime table　03.0380

矿批　batch ore charge　05.0753

矿区　mine area　02.0006

矿区控制测量　control survey of mine district　02.0167

矿区水文地质图　hydrogeological map of mine field　02.0980

矿热电炉蒸馏　smelting electric furnace distillation　06.0569

矿热炉　ore smelting electric furnace, low shaft electric furnace　05.0549

矿山　mine　02.0007

* 矿山 CAD　computer aided design in mine　02.0839

矿山安全　mine safety　02.0898

矿山安全管理　mine safety management　02.1058

矿山安全评价　mine safety assessment　02.0020

矿山测量　mine surveying　02.0166

矿山测量图　mine survey map　02.0185

矿山场地布置　mine yard layout　02.0017

矿山达产　arrival at mine full capacity　02.0036

矿山大气污染　mine air pollution　02.1037

矿山大气污染源　source of mine air pollution　02.1038

矿山地表沉陷　surface subsidence in mine　02.1052

矿山电气照明　electric illumination of mine　02.1226

矿山防尘　mine dust protection　02.0970

矿山防水　mine water prevention　02.0989

矿山放射性防护　mine radioactive protection　02.1047

矿山复垦　mine reclamation　02.0054

矿山供电　mine electric, power supply　02.1219

矿山构筑物　mine structure　02.0500

矿山固体废料减排　mine solid waste reduction　02.1055

矿山规模　mine capacity　02.0022

矿山环境地质　mine environmental geology　02.1035

矿山环境工程　mine environmental engineering　02.1036

矿山环境评价　mine environment assessment　02.0019

矿山基本建设　mine construction　02.0033

矿山计算机辅助设计　computer aided design in mine　02.0839

矿山建设期限　mine construction period　02.0034

矿山救护　mine rescue　02.1061

矿山可行性研究　minc feasibility study　02.0018

矿山空气冲击波　shock wave from mine air　02.1049

矿山年产量　annual mine output　02.0023

矿山排水　mine drainage　02.0990

矿山生产能力　mine production capacity　02.0021

矿山事故预测　mine accident prediction　02.1056

矿山数据库　database of mine　02.0838

矿山水污染　mine water pollution　02.1039

矿山水污染源　source of mine water pollution　02.1040

矿山水源保护　protection of mine water source　02.1043

矿山水灾　mine inundation　02.0993

矿山提升设备　mine hosting equipment　02.1062

矿山通风　mine ventilation　02.0899

矿山投产　start-up of mine production　02.0035

矿山土地污染　mine soil pollution　02.1044

矿山维简工程　mine engineering of maintaining simple reproduction　02.0046

矿山污水控制　mine sewage control　02.1041

矿山噪声污染　mine noise pollution　02.1045

矿山装备水平　mine equipment level　02.0037

矿石　ore　01.0013

矿石二次贫化率　secondary ore dilution ratio　02.0075

矿石构造　ore structure　02.0079

矿石回收率　ore recovery ratio　02.0047

矿石混均　blending of ore　05.0598

矿石可选性　ore beneficiability　03.0010

矿石贫化率　ore dilution ratio　02.0049

矿石品位　ore grade　02.0080

矿石热分解　thermal decomposition of ore　06.1191

矿石损失率　ore loss ratio　02.0048

矿石氧化还原电位　redox-potential　03.0518

矿石一次贫化率　primary ore dilution ratio　02.0074

矿石运搬　ore handling, ore mucking　02.0787

矿体　orebody　02.0058

矿体顶底板等高线图　contour map of roof and floor 02.0158

矿体二次圈定　secondary delimitation of orebody 02.0143

矿体几何形状　geometric configuration of orebody 02.0059

矿体可崩性　breakability of orebody　02.0853

矿田　ore field　02.0004

*矿图　mine survey map　02.0185

矿物　mineral　01.0012

矿物电极　mineral electrode　03.0514

矿物工程学　mineral engineering　01.0007

矿物鉴定　mineral identification　03.0007

矿物学　mineralogy　01.0009

矿物油除钒　removing vanadium by mineral oil 06.0981

矿物资源综合利用　comprehensive utilization of mineral resources　01.0008

矿岩氧化自燃　oxidizing and spontaneous combustion of rock and ore　02.1019

矿样　sample　03.0745

矿样代表性　sample representativeness　03.0747

矿用挂罗盘　hanging compass　02.0211

矿用经纬仪　mine theodolite, mine transit　02.0208

*矿用扇风机　mine fan　02.1080

矿用水泵　mine pump　02.1084

矿用通风机　mine fan　02.1080

矿用炸药　explosive product for mining　02.0390

矿柱　ore pillar　02.0747

矿柱回收　ore pillar recovery　02.0862

窥视孔　peep hole　05.0838

*扩槽眼　satellite hole, reliever　02.0351

扩径　tube diameter expansion　09.0710

扩径旋压　expanding spinning, bulging spinning 09.0896

扩孔　expanding　09.0978

扩孔刀头　reaming cutter head　02.1146

扩孔式天井钻机　reaming raise boring machine 02.1145

扩口　tube end expansion　09.0709

扩散　diffusion　07.0167

扩散传质　diffusive mass transfer　04.0312

扩散电流　diffusion current　04.0471

扩散电势　diffusion potential　04.0450

扩散激活能　diffusion activation energy　07.0182

扩散孔隙　diffusion porosity　08.0248

扩散控制　diffusion control　08.0128

扩散内层　diffusion sub-layer　04.0276

扩散黏结　diffusion bonding　05.0640

扩散偶法　diffusion couple method　04.0669

扩散蠕变　diffusion creep　07.0382

*扩散退火　diffusion annealing　07.0304

扩散脱氧　deoxidation by diffusion　05.1002

扩散系数　diffusion coefficient　07.0180

扩散性相变　diffusional transformation　07.0262

*扩旋　expanding spinning, bulging spinning　09.0896

扩展 X 射线吸收精细结构　extended X-ray absorption fine structure, EXAFS　07.0471

扩展位错　extended dislocation　07.0086

L

拉拔　drawing　09.0012

拉拔机　cold drawing bench　09.1323

拉波波特效应　Rapoport effect　06.0723

拉底　undercutting　02.0772

拉弗斯相　Laves phase　07.0617

拉格朗日应力张量　Lagrange's stress tensor　09.0078

拉辊　withdrawal roll　05.1513

拉裂　pull crack　09.1134

拉曼光谱　Raman spectroscopy　07.0500

拉坯矫直机　withdrawal and straightening machine 05.1522

拉坯曲线　withdrawal diagram　05.1532

拉坯速度　casting speed　05.1528

拉伸变形　tensile deformation, tensile type of deformation　09.0168

拉伸矫直　stretcher-straightening　09.0752

拉伸模孔　drawing die orifice　09.0868

*拉伸强度　tensile strength　08.0020

拉伸速度　drawing speed　09.0866

拉伸应力　drawing stress　09.0867

拉深　drawing　09.0886

拉深凹模　drawing die　09.0953

拉深比　drawing ratio, drawing coefficient　09.1032

拉深次数　number of drawing, drawing passes　09.1033

拉深垫顶出压力　pushing force of drawing bolster　09.1034

拉深间隙　drawing gap　09.1035

拉深力　drawing force　09.1036

拉深润滑剂　drawing lubricant　09.0975

拉深深度　drawing depth　09.1031

拉深凸模　drawing punch　09.0954

* 拉深系数　drawing ratio, drawing coefficient　09.1032

拉深相对高度　relative height of drawing　09.1037

拉深相对转角半径　relative knuckle radius of drawing　09.1038

拉深性能　drawability　09.1039

拉深旋压　draw spinning　09.0895

拉丝机　wire drawing bench　09.1324

拉碳　catch carbon　05.1054

拉瓦尔喷嘴　Laval nozzle　05.1072

拉乌尔定律　Raoult's law　04.0170

拉形机　stretching machine, stretching former　09.1563

* 拉旋　draw spinning　09.0895

拉延成形　stretch forming　09.0910

* 拉应力　tensile stress　09.0066

蜡石砖　pyrophyllite brick　05.0267

莱氏体　ledeburite　07.0576

莱氏体钢　ledeburitic steel　08.0385

铼粉　rhenium powder　06.1154

拦焦机　coke guide and door extractor　05.0078

蓝脆　blue brittle　09.0212

蓝粉　blue powder　06.0580

蓝晶石　kyanite　03.0220

蓝铜矿　azurite　03.0106

镧热还原–真空蒸馏法　lanthanum thermal reduction-vacuum distillation method　06.1271

朗缪尔吸附方程　Langmuir adsorption equation　04.0370

浪边　wave edge　09.1153

* 浪形　waviness　09.1176

劳动生产率　labour productivity　01.0075

劳厄法　Laue method　07.0462

* 老虎口　jaw crusher　03.0248

铑–铱化学分离　rhodium-iridium chemical separation　06.0915

勒伤　tighten scar　09.1142

雷管　cap, blasting cap, detonator　02.0412

雷管感度　cap sensitivity　02.0413

雷诺数　Reynolds number　04.0359

棱柱位错环　prismatic dislocation loop　07.0094

冷拔钢丝　cold-drawn wire　09.0565

冷床　cooling bed　09.1400

冷脆　cold brittle　09.0213

冷捣糊　cold ramming paste　05.0407

冷等静压　cold isostatic pressing, CIP　08.0218

冷等静压机　cold isostatic press　05.0363

* 冷顶锻钢　cold heading steel　08.0402

冷锻　cold forging　09.1000

冷墩钢　cold heading steel　08.0402

冷镦　cold heading　09.1001

冷镦机　cold header　09.1564

冷坩埚熔炼　cold wall crucible melting　05.1247

冷隔　cold shut　05.1578

冷固结球团矿　cold bound pellet　05.0686

冷挤压　cold extrusion　09.0796

冷加工　cold metal working　09.0008

冷剪　cold shearing　09.0747

冷拉棒材　cold-drawn bar　09.0555

冷连轧　cold tandem rolling　09.0431

* 冷连轧机　cold tandem mill, cold continuous rolling mill　09.1262

冷料　cold charge　06.0488

冷裂纹　cold crack　05.1429

冷凝炉衬　freeze lining　05.0578

冷凝器　condenser　06.0262

冷却　cooling　09.0755

* 冷却板　cooling plate　05.0865

冷却壁　cooling stave　05.0866

冷却曲线　cooling curve　04.0087

冷却水箱　cooling plate　05.0865

冷却烟道　cooling duct　06.0127

* 冷弯成形　roll forming　09.0908

冷弯机　cold roll forming mill　09.1279

冷弯型材　roll-formed shape　09.0732

冷弯型钢　roll-formed section steel　09.0553

冷旋压　cold spinning　09.1045
冷压　cold pressing　08.0210
冷压团　cold pressed briquette　06.0151
冷压型焦　formcoke from cold briquetting process　05.0040
冷压印模　cold coining die　09.1026
冷硬铸铁　chilled cast iron　08.0290
冷轧板带退火　annealing of cold rolled sheet and strip　09.1079
冷轧薄板　cold-rolled sheet　09.0462
冷轧钢　cold rolled steel　08.0331
冷轧管机　cold Pilger mill　09.1322
冷轧弹簧钢　cold rolled spring steel　08.0371
冷作模具钢　cold-work die steel　08.0374
离层　tube lamination　09.1171
*离解常数　ionization constant　04.0417
离解度　dissociation degree　06.0353
离解焓　enthalpy of dissociation　04.0134
离解平衡　dissociation equilibrium　06.0352
离位原子　displaced atom　07.0075
*离析　segregation　07.0217
离析炼铜法　copper segregation process　06.0468
离心沉降　centrifugal sedimentation　03.0668
离心除尘器　centrifugal deduster　06.0059
离心分级机　centrifugal classification　03.0344
离心过滤　centrifugal filtration　03.0679
离心过滤机　centrifugal filter　03.0692
离心磨机　centrifugal mill　03.0326
*离心盘选机　vertical centrifugal separator　03.0401
离心雾化　centrifugal atomization　08.0201
离心选矿机　centrifugal separator　03.0399
*离域子体系　non-localized system　04.0200
离子半径　ionic radius　07.0054
离子导电性　ionic conduction　04.0406
离子的平均活度系数　mean ion activity coefficient　04.0420
离子缔合　ionic association　04.0423
离子缔合萃取　ionic association extract　06.1218
离子浮选　ion flotation　03.0083
离子沟通道背散射谱　ion channelling backscattering spectrometry　07.0507
离子轰击热处理　plasma heat treatment, ion bombardment, glow discharge heat treatment　07.0291

离子活度系数　ionic activity coefficient　04.0419
离子极化　ionic polarization　07.0055
离子键　ionic bond　07.0050
离子交换剂　ion exchanger　06.0335
离子交换膜　ion exchange membrane　06.0334
离子交换色谱法　ion exchange chromatography　06.0346
离子交换树脂交换容量　ion exchange resin capacity　06.0629
离子交换树脂解吸　ion exchange resin desorption　06.0632
离子交换树脂利用率　ion exchange resin efficiency　06.0630
离子交换树脂吸附　ion exchange resin adsorption　06.0631
离子交换树脂选择系数　ion exchange resin selective coefficient　06.0627
离子交换树脂再生　ion exchange resin regeneration　06.0628
离子交换纤维　ion exchange fiber　06.0336
离子交换柱　ion exchange column　06.0333
离子配合物　ionic complex　04.0424
离子迁移率　ionic mobility　04.0427
离子迁移数　ion transference number　04.0426
离子强度　ionic strength　04.0425
离子散射分析　ion scattering analysis　07.0505
离子渗氮　plasma nitriding, ion nitriding, glow discharge nitriding　07.0357
离子水合　ionic hydration　04.0421
*离子水化　ionic hydration　04.0421
*离子淌度　ionic mobility　04.0427
离子微探针分析　ion microprobe analysis　07.0451
[离子]吸附型稀土矿　ion-adsorption type rare earth ore　06.1175
离子注入　ion implantation　08.0160
犁松机　ripper　02.1111
DLVO 理论　Derjaguin-Landau and Verwey-Overbeek theory　04.0598
*理论交换容量　total exchange capacity　06.1228
理论空气量　theoretical air quantity　09.0607
*理论塔板高度　theoretical plate number　06.1237
理论塔板数　theoretical plate number　06.1237
理想变形功　ideal deformation work　09.0376

理想材料　ideal materials　09.0032

* 理想黏塑性体　ideal viscous-plastic body　09.0035

理想气体　ideal gas　04.0100

* 理想塑性体　ideal plastic body, perfectly plastic body　09.0036

* 理想弹塑性体　ideal elastic-plastic body　09.0034

理想液态混合物　ideal liquid mixture　04.0166

锂电池　lithium battery　04.0506

* 锂粉　lithium shot　06.1127

锂辉石　spodumene　03.0181

锂离子电池　lithium-ion battery　04.0507

锂粒　lithium shot　06.1127

锂镁还原　lithium-magnesium reduction　06.1269

锂热还原法　lithium thermal reduction process　06.1268

锂同位素分离　isotope separation of lithium　06.1117

锂盐修正电解质　lithium modified electrolyte　06.0706

锂云母　lepidolite　03.0182

力学性能　mechanical property　08.0001

力学冶金[学]　mechanical metallurgy　01.0023

* 立德粉　lithopone　06.0581

立吊式氧化着色机组　vertical profiles anodizing line　09.1539

* 立方棱织构　cube-on-edge texture　07.0601

* 立方面织构　cube texture　07.0602

立方织构　cube texture　07.0602

立辊轧边　vertical roll edging　09.0426

立辊轧机　edging mill, vertical mill　09.1294

立模浇铸　vertical mould casting　06.0584

立式挤压机　vertical extrusion press　09.1485

立式卷取机　vertical coiler　09.1395

立式离心选矿机　vertical centrifugal separator　03.0401

立式连铸机　vertical caster　05.1438

立式砂仓　vertical sand bill　02.0828

立推式铸坯加热炉　pusher-type slab reheating furnace　09.1457

立弯式连铸机　vertical-bending type caster　05.1439

立轧　edge rolling　09.0386

立爪装载机　digging arm loader　02.1128

立柱　post　02.0588

利用系数　productivity coefficient　01.0067

沥青　pitch　05.0431

沥青基炭纤维　pitch-based carbon fiber　05.0389

沥青焦　pitch coke　05.0421

砾磨机　pebble mill　03.0320

粒度　particle size　03.0029

* FSSS 粒度　Fisher sub-sieve size　08.0196

粒度分布　size distribution　05.0354

粒度分析　particle size analysis　03.0749

粒级　fraction　03.0031

粒铁　luppen　05.0944

粒状贝氏体　granular bainite　07.0591

粒状珠光体　granular perlite　07.0583

* 粒子的状态和　partition function　04.0202

* 粒子X射线荧光分析　proton-induced X-ray emission, PIXE　07.0472

连串反应　consecutive reaction　04.0232

连接器　connector, MS connector　02.0428

* 连结直线规则　Roozeboom rule　04.0093

* 连锁反应　chain reaction　04.0233

连通孔隙　interconnected porosity　08.0252

连续采矿　continuous mining　02.0841

连续彩色涂层机组　continuous color coating line　09.1417

* 连续彩色涂层作业线　continuous color coating line　09.1417

连续沉淀　continuous precipitation　07.0234

连续吹炼　continuous converting　06.0473

连续电镀锡机组　continuous electrolytic tinning line　09.1409

* 连续电镀锡作业线　continuous electrolytic tinning line　09.1409

连续电镀锌机组　continuous electrolytic galvanizing line　09.1410

* 连续电镀锌作业线　continuous electrolytic galvanizing line　09.1410

连续电焊　continuous electric welding　09.0726

连续顶吹炼铜法　continuous top blowing process, CONTOP　06.0449

连续反应器　continuous reactor　04.0381

连续方程　equation of continuity　04.0769

连续固溶体　complete solid solution　07.0161

连续辊式成形　continuous roll forming　09.0742

连续化　continuation　05.1630

连续挤压　continuous extrusion　09.0811

连续挤压机　continuous extrusion press　09.1487

连续浸出　continuous leaching　06.0596

连续精整机组　continuous processing train　09.1406

*连续精整作业线　continuous processing line　09.1406

连续可变凸度轧机　continuous variable crown mill　09.1268

连续拉伸弯曲矫直机组　continuous tension leveler　09.1386

连续冷却相变图　continuous cooling transformation diagram　07.0276

连续炼钢法　continuous steelmaking　05.1027

连续炉焊　continuous furnace welding　09.0727

连续热镀锌机组　continuous hot galvanizing line　09.1411

*连续热镀锌作业线　continuous hot galvanizing line　09.1411

连续熔炼法　continuous method of melting　09.0768

连续烧结　continuous sintering　08.0230

连续式加热炉　continuous reheating furnace　09.1445

连续式冷轧机　cold tandem mill, cold continuous rolling mill　09.1262

连续式炉焊管机组　Fretz-Moon pipe mill　09.1318

连续式热轧机　hot tandem mill, hot continuous rolling mill　09.1261

连续式轧机　tandem mill, continuous rolling mill　09.1260

3/4 连续式轧机　three-quarter continuous rolling mill　09.1263

连续酸洗　continuous pickling　09.1092

连续酸洗机组　continuous pickling train　09.1408

*连续酸洗作业线　continuous pickling line　09.1408

连续退火机组　continuous annealing line　09.1412

连续退火酸洗机组　continuous pickling and annealing line　09.1413

*连续退火酸洗作业线　continuous pickling and annealing line　09.1413

*连续退火作业线　continuous annealing line　09.1412

连续相变　continuous transformation　07.0260

连续液铝拉丝法　Properzi process　06.0766

连续铸钢　continuous casting of steel　05.1436

连续装药　continuous charging　02.0465

连轧　tandem rolling, continuous rolling　09.0388

连轧动态过程　dynamic process of tandem rolling　09.0357

连轧张力动态曲线　dynamic tension curve of tandem rolling　09.0365

连轧张力方程　tension equation of tandem rolling　09.0361

连轧张力系数　tension coefficient of tandem rolling　09.0682

连轧综合特性　synthetic characteristic in tandem rolling　09.0358

*连铸　continuous casting of steel　05.1436

连铸比　ratio of continuously cast steel　05.1033

连铸机　caster　05.1437

连铸结晶器　mould　05.1465

[连铸]流　strand　05.1461

连铸漏钢　break-out　05.1563

连铸炉次数　sequence length　05.1562

连铸坯　continuously cast products　05.1443

连铸坯凝固传热模型　heat transfer model of strand solidification　05.1548

连铸坯凝固壳　strand shell　05.1507

连铸坯热送热装　slab hot charging　05.1554

连铸坯液芯　liquid core　05.1508

连铸热装轧制　continuous casting-hot charge rolling　05.1555

连铸阳极　continuous casting anode　06.0500

连铸圆坯　round　05.1445

连铸直接轧制　continuous casting-direct rolling　05.1556

联合给矿器　drum-scoop feeder　03.0313

联合挤压　combined extrusion　09.0801

联合开拓　combined development　02.0672

联合拉伸　combined drawing　09.0843

联合拉伸机　combination drawing machine　09.1520

联合疏干　combined dewatering　02.1004

镰刀弯　camber　09.1180

炼钢　steelmaking　05.0979

炼钢炉炉龄　furnace campaign　05.1031

炼钢泡沫渣　foamy slag in steelmaking　05.1113

炼钢生铁　pig iron for steelmaking　05.0848

炼钢脱磷反应　dephosphorization in steelmaking

05.0996

炼钢脱硫反应　desulfurization in steelmaking　05.0998

炼钢脱碳反应　decarburization in steelmaking　05.0994

炼焦　coking　05.0001

炼焦耗热量　heat consumption for coking　05.0106

炼焦煤　coking coal　05.0002

炼铁　ironmaking　05.0703

Romelt 炼铁法　Romelt smelter process　05.0968

炼铁硫衡算　sulfur balance in iron making　05.0736

Tecnored 炼铁竖炉　Tecnored shaft furnace　05.0964

炼锌鼓风炉　imperial smelting furnace, ISF　06.0518

炼渣　slag smelting　06.0642

链箅机　chain grate　05.0672

链斗挖掘机　bucket-chain excavator　02.1120

链反应　chain reaction　04.0233

链式拉伸机　chain type drawing machine　09.1521

链式双膛铸坯加热炉　chain-type double hearth slab heating furnace　09.1456

凉料　paste cooling　05.0454

两次加热锻造　double heating forging　09.1011

两段炉体电炉　split body electric furnace　05.0558

两分火道　half-divided flue　05.0063

两阶段还原　duplex reduction, two-stage reduction　06.1086

两井定向　two shaft orientation　02.0172

* 两相流充填　hydraulic filling　02.0813

两性捕收剂　amphoteric collector　03.0585

两性电解质　ampholyte　06.0299

两性离子交换树脂　amphoteric ion exchange resin　06.0337

两性氧化物　amphoteric oxide　04.0542

亮点　snake　09.1189

量纲分析　dimensional analysis　04.0357

量具钢　gauge steel　08.0369

量热计　calorimeter　04.0606

量热学　calorimetry　04.0604

量子化　quantization　04.0197

量子统计　quantum statistics　04.0198

料层透气性　permeability of bed luger　05.0620

料车卷扬机上料　skip hoist charging　05.0881

料斗　hopper, chute　06.0107

料封　charge seal　06.0526

料封密闭鼓风炉熔炼　blast furnace smelting of top charged wet concentrate　06.0426

料罐卷扬机上料　bucket hoist charging　05.0882

* 料篮　charging bucket of EAF　05.1187

料/镁比　charge/magnesium ratio　06.0791

料面测量仪　stock profile meter　05.0892

料批　batch charge　05.0752

料坡　charge banks　06.0431

料位检测　ore level inspection　03.0753

料线　stock line　05.0756

料钟式炉顶　bell-hopper top　05.0884

料柱　burden column　05.0725

料柱透气性　permeability of the stock column　05.0726

料柱压力　pressure of stock column　05.0755

裂边　edge crack　09.1148

裂解废钢　shredded scrap　05.1222

裂解冷却保护式氧气喷嘴　hydrocarbon-shrouded oxygen nozzle　05.1086

裂纹　crack　07.0605

裂纹扩展　crack propagation　08.0064

裂纹形核　crack nucleation　08.0063

裂隙带　fissured zone　02.0200

裂隙间距　fracture spacing　02.0095

裂隙角　fractured angle　02.0206

裂隙水　fissure water　02.0985

临界变形程度　critical deformation　09.0214

临界分切应力　critical resolved shear stress　07.0365

临界分选粒度　critical separation size　03.0014

临界胶束浓度　critical micelle concentration, CMC　03.0542

临界晶核尺寸　critical nucleus size　07.0201

临界气泡兼并浓度　critical coalescence concentration, CCC　03.0545

临界切应力　critical shear stress　09.0062

* 临界区淬火　intercritical hardening　07.0322

临界始发电晕电压　critical corona onset voltage　06.0068

临界压力比　critical pressure ratio　05.1078

临界直径　critical diameter　02.0398

临时支护　temporary support　02.0577

* 淋积型稀土矿　ion-adsorption type rare earth ore

流体摩擦　fluid friction　09.0232

流体透过性　fluid permeability　08.0254

流体压强计　manometer　04.0630

* 流纹　flow line　09.1066

流线　stream line　04.0293，flow line　09.1066

流型[图]　flow pattern　04.0292

硫代氨基甲酸酯盐　thiocarbamate　03.0602

硫代钼酸铵　ammonium thiomolybdate　06.1082

硫代钼酸盐　thiomolybdate　06.1081

* 硫氮捕收剂　dithiocarbamate collector　03.0606

* 硫氮氰酯　cyanoethyl diethyl dithiocarbamate　03.0605

硫分配比　sulfur partition ratio　04.0547

硫钴矿　linnaeite　03.0118

硫化沉淀　sulphurization precipitation　06.0634

硫化浮选　sulphidizing flotation　03.0483

硫化剂　sulfidizer　03.0571

硫化精炼　sulphidizing refining　06.0404

* 硫化镍试金　nickel sulfide fire assay　06.0900

硫化氢洗涤塔　H2S scrubber　05.0151

硫化钨　tungsten sulfide　06.1049

硫化物　sulphide　07.0612

硫化物沉淀法　sulfide precipitation method　06.1257

硫化物夹杂物　sulfide inclusion　05.1008

硫化物容量　sulfide capacity　04.0548

硫脲浸出法　thiourea leaching process　06.0848

* 硫平衡　sulfur balance in iron making　05.0736

* 硫容　sulfide capacity　04.0548

* 硫砷银矿　proustite　03.0142

硫酸焙烧分解　sulfate roasting decomposition　06.1196

硫酸法提锂　extraction of lithium by sulfuric acid process　06.1106

硫酸复盐沉淀法　complex sulfate precipitation method　06.1245

硫酸锆　zirconium sulfate　06.0994

硫酸化　sulfating　06.0362

硫酸化焙烧　sulfurization roasting　06.0011

硫酸铍　beryllium sulfate　06.1089

硫酸盐法制取氧化铍　extraction of BeO by sulfate process　06.1094

* 硫锑银矿　pyrargyrite　03.0141

* 硫铁矿　pyrite　03.0171

硫印　sulfur print　07.0422

硫渣热滤　sulphur residue hot filtering　06.0608

锍分层熔炼法　Orford process　06.0616

锍率　matte rate　06.0482

锍品位　matte grade　06.0391

六八醇　C6~C8 mixed base alcohol　03.0633

六角–方孔型系统　hexagon-square pass system　09.0658

六角钢　hexagonal bar　09.0532

六羰基钨　tungsten hexacarbonyl　06.1052

漏斗　draw cone　02.0770

漏斗底柱结构　cone-shape sill pillar　02.0776

漏斗型结晶器　funnel-shaped mould　05.1470

漏风系数　air leakage coefficient　02.0949

卢瑟福离子背散射谱法　Rutherford backscattering spectrometry, RBS　07.0506

QSL 炉　Queneau-Schuhmann-Lurqi reactor　06.0520

炉床　hearth　06.0095

炉底电极　bottom electrode　05.1204

炉底积铁　salamander　05.0896

炉顶　roof, arch　06.0096

炉顶加料器　top filler, top charger　06.0098

炉顶煤气余压透平发电装置　blast furnace top pressure recovery turbine power generation, TRT equipment　05.0874

炉腹液泛现象　bosh flooding　05.0731

炉腹渣　bosh slag　05.0733

炉盖圈　roof ring　05.1193

炉缸冻结　chilled hearth　05.0801

炉缸堆积　hearth accumulation　05.0802

炉缸反应　hearth reactions　05.0729

炉缸支柱　hearth column　05.0894

炉焊管　furnace butt-weld pipe　09.0505

炉喉保护板　throat armor　05.0864

炉喉二氧化碳曲线　CO2 concentration curve through the throat radius　05.0759

炉喉间隙　bell clearance　05.0893

炉喉检测装置　throat probes　05.0761

炉喉温度曲线　gas temperature pattern through the throat radius　05.0758

炉结　accretion　06.0484

炉卷轧机　Steckel mill　09.1293

炉况判断　judgment of BF running　05.0815

炉况向凉 furnace cooling down of BF running 05.0816

炉况向热 working hot in BF running 05.0817

炉料粒度分级 size classification of the burden 05.0727

炉料透气性 permeability of the burden 05.0724

炉期 furnace campaign 06.0400

炉气二次燃烧 post combustion of converter gas 05.1147

炉前快速分析 online express analysis 05.1145

炉墙膨胀压力 swelling pressure on oven wall 05.0108

炉身检测装置 stack probes 05.0760

炉膛压力 hearth pressure 09.0605

炉体旋转电炉 rotating electric furnace 05.0560

炉外精炼 secondary refining 05.1278

炉外精炼操作周期 ladle refining operation cycle 05.1341

炉渣返干 post-drying of slag 05.1115

炉渣钙硅比 slag lime-silica ratio 06.0396

炉渣硅酸度 slag silicate degree 06.0394

炉渣硫化挥发 slag sulphurizing volatilization 06.0591

炉渣喷溅 foamy slag slopping 05.1116

炉渣砂 slag sand 06.0118

炉渣铁硅比 slag iron-silica ratio 06.0395

炉渣烟化 slag fuming 06.0589

炉渣氧化性 oxidizability of slag 05.1112

炉子烟囱 furnace stack 06.0126

卤化稀土 rare earth halide 06.1174

卤水提锂 extraction of lithium from brine 06.1109

卤素检漏仪 halogen leak detector 04.0619

露天采场 open pit 02.0620

露天采场边帮 open pit slope 02.0621

露天采场底盘 open pit footwall 02.0625

露天采场防雷 lightning protection in open pit 02.1027

露天采场扩帮 pen pit slope enlarging 02.0624

露天采场配电 electric power distribution of open-pit mine 02.1220

露天采场最终边帮 ultimate pit slope 02.0622

露天采矿 surface mining, open pit mining 02.0010

露天采矿场构成要素 construction element of open pit 02.0604

露天采矿[学] open pit mining 01.0004

露天采石 quarrying 02.0609

露天铲运机 scraper 02.1132

露天铲运机装载 scraper loading 02.0687

露天地下联合开采 combined surface and underground mining 02.0056

露天电机车 surface electric locomotive 02.1182

露天开采境界 open pit boundary 02.0619

露天矿爆破测量 blasting survey of surface mine 02.0192

露天矿采矿方法 surface mining method 02.0635

露天矿测量 surface mine survey 02.0189

露天矿带式输送机运输 open pit transportation by belt conveyor 02.0676

露天矿防尘 dust control in open-pit 02.0971

露天矿工作面 working face of open-pit 02.0656

露天矿工作线 pit working line 02.0655

露天矿公路运输 open pit transportation by haulage road 02.0675

露天矿境界圈定 boundary demarcation of surface mine 02.0193

露天矿开拓方法 development method of surface mine 02.0658

露天矿联合运输 combined transportation of open-pit 02.0678

露天矿生产工艺 production technology of open pit 02.0659

露天矿提升机运输 open pit hoisting 02.0677

露天矿铁路运输 open pit transportation by railroad 02.0674

露天矿挖掘带 cutting zone of open pit 02.0657

露天矿线路测量 route survey of surface mine 02.0194

露天矿延伸 open pit deepening 02.0623

露天矿运输 open pit transportation 02.0673

露天转地下开采 open pit into underground mining 02.0057

露天钻车 surface drill rig 02.1099

露头 outcrop 02.0096

露头填图 outcrop mapping 02.0145

吕德斯带 Lüders band 07.0371

铝箔 aluminum foil 08.0444

铝箔分卷机　aluminum foil separator　09.1466

铝箔合卷机　aluminum foil doubler　09.1465

铝箔轧机　aluminum foil rolling mill　09.1464

铝弹射入法　Al-bullet shooting　05.1314

铝电解槽　aluminum smelter cell　06.0725

铝电解用炭阳极　carbon anode for aluminum electrolysis　05.0402

铝锭铸造机　aluminum pig casting machine　06.0761

铝粉除钒　removing vanadium by aluminum powder　06.0980

铝铬砖　alumina-chrome brick　05.0313

铝硅比　alumina silica ratio　06.0692

铝硅铸造合金　silumin alloy　08.0445

铝合金彩色涂层板带材　color coated sheet and strip of aluminum alloy　09.0575

铝基复合材料　aluminum-base composite　08.0441

铝及铝合金扁平材产品　aluminum and aluminum alloy flat rolled product　09.0574

铝碱比　alumina soda ratio　06.0691

铝卷涂层　aluminum coil coating　09.1125

铝锂合金　aluminum lithium alloy　08.0435

铝镁炭砖　alumina-magnesia-carbon brick　05.0302

铝镍钴合金　Al-Ni-Co alloy　08.0579

铝青铜　aluminum bronze　08.0421

铝热法　aluminothermy, aluminothermics　05.0544

*铝热还原　aluminothermy, aluminothermics　05.0544

铝酸钠溶液　sodium aluminate solution　06.0679

铝酸钠溶液分解　sodium aluminate solution precipitation　06.0683

铝炭砖　alumina-carbon brick, Al_2O_3-C brick　05.0301

铝碳化硅炭砖　alumina-silicon carbide-carbon brick　05.0304

铝土矿　bauxite　03.0147

铝土矿溶出　bauxite digestion　06.0670

铝型材氧化着色机组　profiles anodizing line　09.1538

铝阳极氧化　aluminum anodizing　09.1106

铝氧脱硅　desilication　06.0668

铝液　aluminum pad　06.0760

履带式拉伸机　caterpillar drawing machine　09.1522

绿矾　green vitriol　06.0515

绿泥石　chlorite　03.0225

*绿色开采　clean mining　02.0024

绿色矿山　green mine　02.0027

绿柱石　beryl　03.0178

氯铂酸　chloroplatinic acid　06.0910

氯化铵法　ammonium chloride method　06.1202

氯化焙烧　chloridizing roasting　06.0010

氯化焙烧法提锂　extraction of lithium by chlorination roasting　06.1108

氯化残渣　chlorination residue　06.0041

氯化催化剂　chlorination catalyst　06.0042

氯化法　chlorination　06.0930

氯化分解　chlorination decomposition　06.0039

氯化分解法　chlorination breakdown process　06.0833

氯化挥发　chloridizing volatilization　06.0036

氯化剂　chloridizing agent　06.0038

氯化甲基三烷基铵　tri-alkyl methyl ammonium chloride　06.1216

氯化浸出　chloridizing leaching　06.0189

氯化精炼　chloridizing refining　06.0405

氯化离析法　segregation process　06.0231

氯化炉　chlorinator, chlorination furnace　06.0043

氯化炉气　chlorination furnace gas　06.0040

氯化镁氨合物　magnesium chloride hexammoniate　06.0787

氯化铍　beryllium chloride　06.1090

氯化钨　tungsten chloride　06.1050

氯化物熔盐电解　chloride fused salt electrolysis　06.0703

氯化物升华法　chloride-sublimation　06.0037

氯化窑　chloridizing kiln　06.0044

氯化冶金　chlorine metallurgy　01.0043

氯化蒸馏法回收锗　recovery of germanium by traditional chlorinated distillation　06.1148

氯金酸　chloroauric acid　06.0854

氯气脱汞法　Odda process, Boliden-Norzink process　06.0604

滤饼　filter cake　03.0673

滤饼过滤　filter-cake filtration　03.0680

滤袋过滤速度　bag filtering velocity　06.0417

滤膜　filter membrane　03.0702

滤液　filtrate　03.0672

孪晶　twin　07.0041

孪晶变形　twinning deformation　09.0219

*孪晶马氏体　twin martensite　07.0579

孪生　twinning　07.0373

* 乱层结构炭　amorphous carbon　05.0370

轮带式连续铸造　wheel-band type continuous casting　09.0784

轮斗堆取料机　bucket-wheel stacker reclaimer　02.1208

轮斗挖掘机　bucket-wheel excavator　02.1121

轮斗挖掘机装载　bucket-wheel excavator loading　02.0685

轮箍　tyre, tire, hub　09.0572

轮箍钢　tyre steel　08.0379

轮箍坯　tyre round　09.0454

轮廓仪　contour probe　09.1208

轮碾机　pan mill　05.0360

轮式给药机　pulley and scraper reagent feeder　03.0737

轮胎式轮斗装载机　tire bucket-wheel loader　02.1131

轮辋钢　wheel felly steel　09.0548

* 罗茨真空泵　Roots vacuum pump　04.0623

罗泽博姆规则　Roozeboom rule　04.0093

螺纹钢　screw-thread steel　08.0407

螺型位错　screw dislocation　07.0084

螺旋成形　spiral forming　09.0740

螺旋分级机　spiral classifier　03.0336

螺旋分选机　spiral concentrator　03.0387

螺旋管超导磁选机　solenoid superconducting magnetic separator　03.0442

螺旋焊　spiral welding　09.0728

螺旋焊管　spiral welded pipe　09.0510

螺旋焊管机　spiral welding mill　09.1316

螺旋坑线　spiral ramp　02.0660

螺旋溜槽　spiral sluice　03.0395

螺旋输送机　spiral conveyor　03.0732

螺旋轧制　screw rolling　09.0401

裸露爆破　adobe blasting　02.0454

洛默–科雷特尔势垒　Lomer-Cottrell barrier　07.0121

洛氏硬度　Rockwell hardness　08.0041

络合捕收剂　complex collector　03.0589

络合浸出　complex leaching　06.0200

落矿　ore break down　02.0780

落料拉深复合模　blanking and drawing gang die　09.0961

落料模　blanking die　09.0962

落下强度　dropping number　05.0660

落下试验　shatter test　05.0683

M

麻点　pockmark　09.1132

* 麻口铁　mottled cast iron　08.0287

麻口铸铁　mottled cast iron　08.0287

* 麻面　pockmark　09.1132

* 马丁炉炼钢　basic open-hearth steelmaking, open-hearth steelmaking　05.1023

马弗炉　muffle, muffle furnace, muffle kiln　06.0091

马杠扩孔　saddle forging　09.0943

马格坎法　MagCan process　06.0778

* 马格尼特姆法　Magnetherm process　06.0773

马格诺拉法　Magnola process　06.0779

马森模型　Masson model　04.0532

马氏体　martensite　07.0577

马氏体不锈钢　martensitic stainless steel　08.0348

马氏体等温淬火　martempering　07.0317

马氏体钢　martensitic steel　08.0389

马氏体耐热钢　martensite heat-resistant steel　08.0362

马氏体时效处理　maraging　07.0342

马氏体时效钢　maraging steel　08.0342

马氏体相变　martensitic transformation　07.0249

马蹄形支架　U-shaped support　02.0581

* 玛钢　malleable cast iron　08.0293

码垛机　stacker　06.0586

埋弧电炉　submerged arc furnace　05.0550

埋弧法熔炼　submerged arc smelting　05.0539

埋弧焊管　submerged arc welded pipe　09.0508

埋弧作业　submerged arc operation　06.0434

麦克劳德真空规　McLeod gauge　04.0622

麦克斯韦关系式　Maxwell equations　04.0151

脉冲电镀　pulse electroplating　04.0495

脉冲加热　pulse heating　07.0300

脉冲搅拌法　pulsating mixing process　05.1322

脉动磁场磁选机　pulsating magnetic field magnetic separator　03.0434

脉金矿　vein gold　06.0836

脉内巷道　reef drift　02.0726

脉外巷道　rock drift　02.0727

*曼内斯曼穿孔　Mannesmann piercing process　09.0724

*曼内斯曼穿孔机　Mannesmann piercing mill　09.1297

漫散界面　diffused interface　07.0140

慢风　mild blowing　05.0792

芒硝　mirabilite　03.0228

盲井　sub-shaft　02.0517

盲矿体　blind orebody　02.0066

*盲炮　misfire　02.0486

*盲天井钻机　full-section blind-raise boring machine　02.1147

*毛边　flash　09.1061

*毛边槽　flash gutter　09.0984

毛刺　burr　09.1139

毛管轧制　hollow tube rolling　09.0716

毛细管扩散　capillary diffusion　04.0310

毛细管黏度计　capillary viscometer　04.0640

毛细管上升法　capillary rise.method　04.0643

毛细引力　capillary attraction　08.0247

锚杆　rock bolt, anchor bolt　02.0300

锚杆垫板　tie plate, backing plate　02.0603

*锚杆台车　jumbolter　02.1162

锚杆支护　rock bolting support　02.0592

锚杆钻装车　jumbolter　02.1162

锚链钢　chain steel　08.0400

锚喷网支护　shotcrete-rock bolt-wine mesh support　02.0594

锚索　cable anchor　02.0301

锚索支护　cable bolting support　02.0593

锚索钻装车　cable bolter　02.1163

*铆螺钢　cold heading steel　08.0402

冒顶　roof falling　02.0289

冒落冲击气流　shock airflow due to caving　02.1050

冒落带　caving zone　02.0199

冒烟率　leakage rate　05.0159

帽型钢　hat section steel　09.0556

煤基直接还原法　coal-based direct reduction process　05.0946

煤焦工业分析　proximate analysis　05.0022

煤焦油　coal tar　05.0116

煤焦油加工　coal tar processing　05.0117

煤焦元素分析　ultimate analysis　05.0023

煤沥青　coal tar pitch　05.0118

煤气改质　gas reforming　05.0975

*煤气净化　coke oven gas purification　05.0114

煤调湿　coal moisture control　05.0014

煤氧助熔　coal-oxygen combustion for melting　05.1225

镁白云石砂　magnesia-dolomite clinker　05.0232

镁白云石质耐火材料　magnesia doloma refractory　05.0308

镁白云石砖　magnesia-doloma brick　05.0291

镁粉　magnesium powder　06.0816

*镁钙砂　magnesia-dolomite clinker　05.0232

镁钙炭砖　magnesia-calcium-carbon brick　05.0303

镁橄榄石　forsterite　05.0689

镁橄榄石耐火材料　forsterite refractory　05.0306

镁铬质耐火材料　magnesia chromite refractory　05.0292

镁铬砖　magnesia-chrome brick　05.0293

镁硅砖　high-silica magnesite brick　05.0290

镁还原法　magnesium reduction　06.0934

镁合金管　magnesium alloy tube　09.0590

镁合金热挤压管材　extruded tube of magnesium alloy　09.0577

镁尖晶石质耐火材料　magnesia spinel refractory　05.0289

镁锂合金　magnesium lithium alloy　08.0449

镁粒　magnesium granule　06.0815

镁铝尖晶石　magnesium aluminate spinel　05.0220

镁铝砖　magnesia-alumina brick　05.0288

镁蔷薇辉石　merwinite　05.0692

镁砂　magnesia, magnesite clinker　05.0229

镁实收率　magnesium yield　06.0819

镁炭砖　magnesia-carbon brick, MgO-C brick　05.0299

镁铁矿　magnesioferrite　05.0696

镁丸　magnesium pellet　06.0814

镁牺牲阳极　sacrificial anode magnesium　08.0452

镁稀土合金　magnesium-rare earth alloy　08.0448

镁质耐火材料　magnesia refractory　05.0285

镁珠　magnesium globule　06.0805

镁砖　magnesite brick, magnesia brick　05.0286

*蒙德法　carbonyl process　06.0618

* 蒙德–兰格法　carbonyl process　06.0618

* 蒙乃尔合金　Monel alloy　08.0426

蒙特卡罗方法　Monte Carlo method　04.0753

猛度　brisance　02.0400

猛炸药　high explosive　02.0380

* 锰白铜　manganin alloy　08.0528

锰硅合金　ferrosilicomanganese　05.0500

锰加宁合金　manganin alloy　08.0528

* 锰结核　manganese nodule　02.0887

锰结核开采　manganese nodule mining　02.0890

锰–铝–碳永磁体　Mn-Al-C permanent magnet
　08.0580

锰酸锂　lithium manganate　06.1122

锰铁　ferromanganese　05.0494

* 锰铜　manganin alloy　08.0528

孟兹合金　Muntz metal　08.0419

弥散强化　dispersion strengthening　07.0410

迷宫度　labyrinth factor　04.0329

醚胺　ether amine　03.0627

醚类起泡剂　ether frother　03.0632

米德瑞克斯直接还原法　Midrex process　05.0954

米勒–布拉维指数　Miller-Bravais index　07.0010

米勒指数　Miller index　07.0009

米泽斯屈服准则　Mises yield criteria　09.0125

米泽斯圆柱面　Mises cylinder　09.0126

* 密闭　air stopping　02.0953

密闭抽尘系统　sealed dust-exhaust system　02.0975

密闭电炉　closed electric furnace　05.0551

密闭鼓风炉　airtight blast furnace, closed hood blast
　furnace　06.0081

* 密闭鼓风炉炼铜　blast furnace smelting of top
　charged wet concentrate　06.0426

密度泛函理论　density functional theory, DFT
　04.0799

密度分布　density distribution　08.0249

密度偏析　density segregation　07.0225

密集平行孔掏槽　burn cut　02.0349

密排六方结构　close-packed hexagonal structure
　07.0013

* 密排六角结构　close-packed hexagonal structure
　07.0013

密陀僧　litharge, lead oxide　06.0537

面吹　surface blow　05.1050

面粉状氧化铝　flour alumina　06.0697

面缺陷　plane defect　07.0123

* 面缩率　percentage reduction of area　08.0031

面心立方结构　face-centered cubic structure　07.0011

秒流量方程　mass flow equation　09.0367

敏化剂　sensitizer　02.0392

名义平均停留时间　nominal mean residence time
　05.1392

* 名义应变　nominal strain　09.0100

名义应力　nominal stress, conventional stress　09.0056

明矾石　alunite　03.0223

明弧法熔炼　open arc smelting　05.0538

明弧作业　open arc operation　06.0433

明特法　melt in-line treatment process, MINT process
　09.0778

模锻　die forging　09.0871

模锻件　die forging block　09.1059

模锻斜度　forging die slope　09.1007

模锻液压机　hydraulic forging press　09.1536

模拟放矿　simulation of ore drawing　02.0789

模腔　impression　09.1535

1∶1模型　full scale model　04.0354

k-ε模型　k-ε model　04.0772

膜过滤　membrane filtration　03.0701

膜过滤器　membrane filter　03.0703

摩擦电选机　triboelectric separator　03.0454

摩擦峰　friction hill　09.0228

摩擦角　angle of friction　09.0278

摩擦力因子　factor of friction force　09.0227

摩擦失稳　friction instability　09.0252

摩擦式锚杆　frictional rock bolt　02.0596

摩擦式提升机　frictional hoister　02.1065

摩擦系数　friction coefficient　09.0226

摩擦压砖机　friction press　05.0361

* 摩擦因数　friction factor　09.0226

摩擦与弹跳选矿　rubbing and spring separation
　03.0078

摩擦阻力系数　frictional resistance coefficient
　02.0914

摩尔电导率　molar conductivity　04.0430

* 摩尔分数　mole fraction　04.0163

摩尔流率　molar flowrate　04.0280

摩尔流密度　Mengenstromdichte（德）, molar flux

04.0285

摩尔热容　molar heat capacity　04.0119

摩尔质量　mass per mole substance　04.0162

*摩氏硬度　Mohs hardness　03.0038

磨耗腐蚀　abrasive corrosion　08.0090

磨机中空轴　mill trunnion　03.0318

磨矿机　grinding mill　03.0304

磨矿介质　grinding media　03.0317

*磨矿矿仓　fine ore bin　03.0719

磨矿细度　grinding fineness, mesh of grinding, MOG　03.0305

磨矿效率　efficiency of grinding　03.0309

磨碎　grinding　03.0054

磨损　wear, abrasion　09.0229

*莫布斯银电解槽　Moebius cell　06.0861

莫尔–库仑强度准则　Mohr-Coulomb criterion of rock failure　02.0237

莫尔强度包络线　Mohr envelope of rock strength　02.0238

莫尔应力圆　Mohr stress circle, Mohr circle　09.0061

莫来石　mullite　05.0218

莫来石砖　mullite brick　05.0275

莫奈尔合金　Monel alloy　08.0426

莫氏硬度　Mohs hardness　03.0038

默比乌斯银电解槽　Moebius cell　06.0861

模具　die　09.0967

模具闭合高度　die shut height　09.1029

模具钢　die steel　08.0373

模具钢板　die steel plate　09.0494

模具加热炉　die oven　09.1505

模具润滑　die lubricating　09.1040

模具寿命　die service-life　09.0950

模具图　die drawing　09.0930

模量时效硬化　modulus age hardening　07.0416

母相　parent phase　07.0147

母子水力旋流器　twin vortex hydrocyclone　03.0349

木垛　wooden crib　02.0808

木素磺酸盐　lignosulfonate　03.0637

木支架　wooden support　02.0585

*目　mesh　03.0037

目标函数　objective function　04.0733

钼顶头合金　molybdenum ejector　08.0486

钼蓝　blue molybdyl　06.1080

钼铅矿　wulfenite　03.0126

钼酸　molybdic acid　06.1074

钼酸铵　ammonium molybdate　06.1076

钼酸钙　calcium molybdate　06.1072

钼酸钠　sodium molybdate　06.1075

钼钛锆合金　molybdenum-titanium-zirconium alloy　08.0485

钼铁　ferromolybdenum　05.0512

钼稀土合金　molybdenum-rare earth metal alloy　08.0483

钼渣　molybdenum-bearing slag　06.1060

穆斯堡尔谱术　Mössbauer spectroscopy　07.0452

N

纳米材料　nanomaterials　08.0605

纳米粉体　nano-powder　04.0565

纳米复合稀土磁体　nano-composite rare earth magnet　08.0575

纳米颗粒　nano-particle　04.0564

*纳米碳管　carbon nanotube　05.0391

纳维–斯托克斯方程　Navier-Stokes equation　04.0770

钠氟化铍　sodium beryllium fluoride　06.1092

钠还原法　sodium reduction　06.0935

钠化氧化焙烧　sodiumizing-oxidizing roasting　06.0953

钠盐精炼法　Harris process　06.0548

钠渣　sodium slag　06.0549

耐材煅烧　calcination　05.0350

耐层状撕裂钢　lamellar-tear resistant steel　08.0405

*耐大气腐蚀钢　weathering steel　08.0354

耐冻炸药　anti-freezing explosive　02.0387

耐海水腐蚀钢　sea water corrosion-resistant steel　08.0356

耐候钢　weathering steel　08.0354

*耐回火性　tempering resistance　07.0336

耐火材料　refractory, refractory materials　05.0174

耐火度　refractoriness　05.0197

耐火钢　fire-resistant steel　08.0409

耐火混凝土　refractory concrete　05.0258

耐火浇注料　refractory castable　05.0327

耐火可塑料　plastic refractory　05.0324

耐火空心球　refractory bubble　05.0236

耐火空心球制品　refractory bubble product　05.0260

耐火泥　refractory mortar　05.0320

耐火黏土　refractory clay　05.0211

耐火黏土坩埚　fireclay crucible　06.0871

耐火陶瓷纤维　ceramic fibre, refractory ceramic fibre
　　05.0333

耐火陶瓷纤维浇注料　ceramic fibre castable　05.0329

耐火陶瓷纤维棉　bulk ceramic fibre　05.0334

耐火涂料　refractory coating　05.0345

* 耐火纤维　ceramic fibre, refractory ceramic fibre
　　05.0333

耐火纤维硬制品　pre-formed rigid refractory fibre
　　05.0336

耐火纤维制品　refractory fibre product　05.0335

耐火制品　refractory product　05.0247

耐火砖　refractory brick　05.0248

耐磨钢　abrasion-resistant steel　08.0363

耐磨铝合金　wear-resistant aluminum alloy　08.0438

耐磨铜合金　wear-resistant copper alloy　08.0428

耐磨性　abrasion resistance　05.0205

耐磨指数　resistance index　05.0682

* 耐热不起皮钢　oxidation resistant steel　08.0358

耐热钢　heat-resisting steel　08.0357

耐热铝合金　heat resistant aluminum alloy　08.0437

耐热镁合金　heat resistant magnesium alloy　08.0450

耐热钛合金　heat-resistant titanium alloy　08.0457

耐热硬质合金阴极　refractory hard metal cathode,
　　RHM cathode　06.0746

耐热铸铁　heat resisting cast iron　08.0302

耐蚀钢　corrosion resisting steel　08.0353

耐蚀高弹性合金　corrosion resistant high elastic alloy
　　08.0598

耐蚀锆合金　corrosion resistant zirconium alloy
　　08.0494

耐蚀镁合金　corrosion-resistant magnesium alloy
　　08.0451

耐蚀热双金属　anti-corrosive thermo-bimetal　08.0595

耐蚀软磁合金　anti-corrosive soft magnetic alloy
　　08.0554

耐蚀钛合金　corrosion-resistant titanium alloy
　　08.0460

耐蚀铜合金　corrosion resistant copper alloy　08.0429

耐蚀铸铁　corrosion resisting cast iron　08.0303

萘溶剂油　solvent naphtha　05.0131

难处理金矿　refractory gold ore　06.0837

* 难处理铜矿离析法　copper segregation process
　　06.0468

* 难熔金属　rare refractory metal, refractory metal
　　06.0927

难选矿石　refractory ore　03.0024

挠性引锭杆　flexible dummy bar　05.1502

内部缺陷　internal defect　09.1162

* 内串石墨化　lengthwise graphitization　05.0475

* 内聚力　intrinsic pressure　04.0586

内扩散　internal diffusion　04.0331

内裂　internal crack　09.1170

内螺纹管成形　inner spiral tube forming　09.0855

内螺纹管成形机　inner spiral tube forming machine
　　09.1529

内螺旋纹　interior screw waviness　09.1161

内能　internal energy　04.0136

内排土　inner spoil dump, inflexible coupling　02.0696

内燃机车　diesel locomotive　02.1184

内燃式热风炉　inside combustion stove　05.0920

内燃凿岩机　petrol-powered rock drill　02.1105

内生夹杂物　endogenous non-metallic inclusion
　　05.1012

内旋压　internal spinning　09.1046

内压力　intrinsic pressure　04.0586

内氧化　internal oxidation　08.0205

内应力　internal stress　09.0071

内折叠　inside overlap　09.1158

能的梯级利用　cascade utilization of energy　05.1674

能量法　energy method　09.0181

能量流　energy flow　05.1649

能量色散 X 射线谱　X-ray energy dispersive spectrum,
　　EDS　07.0469

能量守恒定律　conservation law of energy　09.0136

能斯特方程　Nernst equation　04.0473

泥化　sliming　03.0064

泥石流　mud-rock flow　02.0998

* 铌基弹性合金　elastic niobium alloy　08.0488

铌三镓　triniobium gallium　06.1037

铌三铝　triniobium aluminum　06.1036

铌三锡 triniobium tin 06.1035

铌酸钾 potassium niobate 06.1031

铌酸锂 lithium niobate 06.1026

铌酸钠 sodium niobate 06.1032

铌钛合金 niobium-titanium alloy 08.0487

铌钽分离 separation of niobium and tantalum 06.1013

铌铁 ferroniobium 05.0516

铌铁矿 niobite, columbite 03.0184

铌钇矿 samarskite 06.1180

* 铌渣 niobium-bearing steel slag 06.1008

逆流焙烧 countercurrent roasting 06.0018

逆流萃取 countercurrent extraction 06.0329

逆流浮选柱 countercurrent flotation column 06.0330

逆流干燥 countercurrent drying 06.0234

逆流还原 countercurrent reduction 06.0152

逆流接触 countercurrent contact 04.0396

逆流热交换 counter-current heat exchange 05.0710

逆流推料式连续加热炉 counterflow push-type furnace 06.0093

逆流型圆筒磁选机 countercurrent drum magnetic separator 03.0411

逆氢还原 counter current hydrogen flow reduction 06.1063

逆向旋压 reverse spinning 09.1047

逆张力拉拔 back tension drawing 09.1048

逆转变奥氏体 reverse transformed austenite 07.0556

逆转点法 reverse point method 02.0210

* 黏度 dynamic viscosity 04.0261

黏钢 steel adhering 09.1144

黏合强度 adhesion strength 08.0026

* 黏接强度 adhesion strength 08.0026

黏结剂 binder 08.0178

黏结剂沥青 binder pitch 05.0436

黏结钕铁硼合金 bonded Nd-Fe-B alloy 08.0568

黏结强度 bonding strength 05.0195

黏结相 binder phase 08.0228

黏结指数 caking index 05.0024

黏塑性体 viscous-plastic body 09.0035

黏土熟料 chamotte 05.0214

黏土质耐火材料 fireclay refractory 05.0269

黏土砖 chamotte brick 05.0270

碾磨机 attrition mill 03.0322

镍矾 nickel vitriol 06.0636

镍铬电偶合金 chromel couple alloy 08.0535

镍铬硅电偶合金 nicrosil couple alloy 08.0536

镍黄铁矿 pentlandite 03.0110

镍基精密电阻合金 nickel based precision electrical resistance alloy 08.0515

镍基矩磁合金 nickel based rectangular hysteresis loop alloy 08.0518

镍基膨胀合金 nickel based expansion alloy 08.0519

镍基热电偶合金 nickel based thermocouple alloy 08.0517

镍锍 nickel matte 06.0613

镍锍火试金 nickel sulfide fire assay 06.0900

镍锍扣 nickel sulfide button 06.0901

镍铝硅锰电偶合金 alumel alloy 08.0537

镍氢电池 nickel/metal hydride battery 04.0505

镍生铁 nickel pig iron 05.0519

镍铁 ferronickel 05.0518

镍丸 nickel pellet 06.0621

镍丸分解器 nickel pellet decomposer 06.0622

柠檬酸 citric acid 03.0642

凝并器 coalescer 06.0053

凝固 solidification 07.0184

凝固常数 solidification constant 07.0190

凝固传热 heat transfer in solidification 05.1404

凝固过饱和析出 supersaturated precipitation during solidification 05.1412

凝固过程 solidificating processing 05.1403

凝固末端电磁搅拌 electromagnetic stirring in final solidifying zone 05.1545

凝固偏析 segregation in solidification 05.1430

凝固平方根定律 square root law of solidification 05.1411

凝固前沿 solidification front 07.0185

凝固潜热 latent heat of solidificating 05.1407

凝固收缩 solidificating shrinkage 05.1416

凝固组织 solidified structure 07.0189

* 凝集剂 coagulator 06.0361

凝胶 gel 04.0591

凝聚剂 coagulator 03.0567

牛顿流体 Newtonian fluid 04.0265

牛顿黏度定律 Newton's law of viscosity 04.0264

扭形模型 distorted model 04.0355

扭折　kinking　07.0375
扭转　twist　09.1182
扭转晶界　twist boundary　07.0131
扭转模量　torsional modulus　08.0015
浓差电池　concentration cell　04.0484
浓差极化　concentration polarization　08.0120
浓度边界层　concentration boundary layer　04.0273

* 浓密大井　thickener　03.0660
浓密机　thickener　03.0660
浓缩斗　thickening cone　03.0662
* 诺尔斯克·希德罗法　Norsk Hydro process　06.0777
诺兰达法　Noranda process　06.0459
诺兰达炉　Noranda reactor　06.0460
钕铁硼合金　Nd-Fe-B alloy　08.0567

O

* 欧几里得固体　Euclid solid　09.0031
欧拉定律　Euler's law　07.0027
偶然误差　accidental error　04.0697

耦合分析　coupling analysis　02.0325
耦合装药　coupling charging　02.0466

P

爬罐　raise climber　02.1143
耙斗装载机　scraper-type loader　02.1126
耙矿巷道　slusher drift　02.0765
耙式分级机　rake classifier　03.0343
耙式浓缩机　rake thickener　03.0664
帕丘卡槽　Pachuca tank　06.0202
排尘风速　airflow velocity for eliminating　02.0911
排焦装置　coke discharging equipment　05.0100
排矿口　gape　03.0255
排料孔　discharge aperture　09.1022
排氯化镁　emission of magnesium chloride　06.0946
排气孔　gas aperture　09.0990
排水井　decanting well　03.0708
排土　waste disposal　02.0689
排土场　waste disposal site　02.0690
排土场平面图　plan view of waste disposal site
　02.0195
排土机　over-burden spreader　02.1201
排土机排土　waste disposal with over-burden spreader
　02.0695
排土犁排土　waste disposal with plough　02.0693
排样　blank layout　09.0952
派－纳力　Peierls-Nabarro force　07.0120
盘卷挤压　coiled rod extrusion　09.0825
盘区　panel　02.0744
盘式穿孔机　disc-type piercing mill　09.1301
盘式过滤机　disk filter　03.0688
盘式拉伸　block drawing　09.0857
盘式强磁场磁选机　tray high intensity magnetic sepa-

rator　03.0432
盘式烧结机　sintering pan　05.0593
抛光　polishing　09.1104
抛料机　slinger feeder　06.0551
抛掷爆破　throw blasting　02.0452
抛掷充填机　slinger belt stowing machine　02.1168
泡利不兼容原理　Pauli's exclusion principle　04.0201
泡沫　froth　03.0554
泡沫层　froth layer　03.0555
泡沫产品　froth product　03.0559
泡沫浮选　froth flotation　03.0468
泡沫金属　foamed metal　08.0624
泡沫铝　foamed aluminum　08.0439
泡沫陶瓷过滤法　foamed ceramic filtration process
　09.0771
炮根　bootleg　02.0479
炮孔　blast hole, drill-hole, borehole　02.0345
炮孔布置　drill pattern, hole pattern　02.0346
炮孔排水车　blast hole dewatering truck　02.1156
炮孔深度　drill-hole depth　02.0359
炮孔填塞　stemming　02.0470
炮孔填塞机　blast hole stemming machine　02.1157
炮泥　tap-hole mix, tap-hole plastic　05.0342
配分函数　partition function　04.0202
配合沉淀法　complex precipitation method　06.1258
配料矿槽　proportioning bin　05.0603
配煤　blending coal　05.0005
配煤试验　coal blending test　05.0006
配位层　coordination sphere　07.0032

配位沉淀　coordinate precipitation　06.0178

配位数　coordination number　07.0031

配型煤工艺　partial briquetting process　05.0015

喷补炉衬　gunned patching onto vessel lining　05.1127

喷吹燃料　fuel injection　05.0769

喷吹天然气　natural gas injection　05.0772

喷镀钼丝　spray molybdenum wire　08.0484

喷粉精炼　powder injection refining　05.1310

喷粉枪　powder injecting lance　05.1354

喷粉脱硫法　desulphurization by flux injection
　　05.1293

喷淋式空气冷却器　spray-type air cooler　06.0260

喷锚支护　bolting and shotcrete lining　02.0298

喷射泵压缩比　compression ratio of vacuum pump
　　05.1350

喷射沉积　spray deposition　08.0241

喷射混凝土　shotcrete　02.0299

喷射混凝土支护　shotcrete lining　02.0591

喷射冷却　jet cooling　09.1083

喷射料　gunning mix　05.0325

喷射磨机　jet mill　03.0324

喷射冶金[学]　injection metallurgy　01.0031

喷水冷却　water spray cooling　05.1524

喷丸成形　shot peening forming　09.0928

喷丸清理　rotoblasting　09.0595

喷雾　water spray　02.0973

喷雾干燥　spray drying　06.0239

喷雾冷却　spray cooling　09.1084

喷雾热分解　spray pyrolytic decomposition　06.0172

喷液淬火　spray quenching　07.0314

喷嘴出口马赫数　exit Mach number　05.1079

喷嘴蘑菇头　mushroom formation at nozzle exit
　　05.1094

硼化钛涂层阴极　TiB₂ coated cathode　06.0745

硼化物　boride　07.0611

硼镁铁矿　ludwigite　03.0179

硼砂　borax　03.0217

硼铁　ferroboron　05.0515

膨润土　bentonite　05.0222

膨胀测量术　dilatometry　07.0481

膨胀地压　ground pressure of dilatancy　02.0287

* 膨胀破碎剂　static breaking agent　02.0391

* 膨胀石墨　flexible graphite　05.0378

膨胀系数　swell factor　02.0483

膨胀仪法　dilatometer method　07.0480

批式熔炼法　batch method of melting　09.0766

坯　billet, slab　09.0024

* 坯壳　strand shell　05.1507

坯壳应力场模型　model analysis of stress field in
　　strand shell　05.1550

砒霜　white arsenic　06.0652

* 劈裂试验法　Brazilian tensile strength test　02.0255

皮带锤　belt drop hammer　09.0934

皮带溜槽　belt sluice　03.0397

皮尔格周期式轧管　Pilger rolling　09.0403

皮江法　Pidgeon process　06.0771

皮江法还原罐　retort　06.0790

* 皮金法　Pidgeon process　06.0771

皮托管　Pitot tube　04.0632

皮下气泡　subskin blowholes　05.1614

铍毒防护　protection from beryllium toxicity　06.1105

铍毒性　beryllium toxicity　06.1102

铍粉　beryllium powder　06.1098

铍青铜　beryllium bronze　08.0422

铍中毒　berylliosis　06.1103

铍中毒近邻病　neighborhood cases of berylliosis
　　06.1104

铍珠　beryllium pebble　06.1096

疲劳　fatigue　08.0045

疲劳断裂　fatigue fracture　07.0394

疲劳极限　fatigue limit　08.0046

疲劳磨损　fatigue wear　08.0054

疲劳强度　fatigue strength　08.0047

疲劳寿命　fatigue life　08.0048

偏八辊轧机　MKW mill　09.1274

偏差　deviation　04.0704

偏弧　arc bias　05.1208

* 偏晶反应　monotectic reaction　04.0083

偏聚　clustering　07.0219

* 偏摩尔吉布斯能　chemical potential　04.0102

偏摩尔量　partial molar quantity　04.0104

* 偏熔点　monotectic point　04.0079

* 偏位错　partial dislocation　07.0089

偏钨酸盐　meta tungstate, AMT　06.1045

偏析　segregation　07.0217

偏析度　segregation degree　05.1431

偏析系数　segregation coefficient　05.1432

偏相关系数　partial correlation coefficient　04.0722

偏心炉底出钢　eccentric bottom tapping　05.1198

偏应变张量　partial strain tensor　09.0089

偏应力　deviatoric stress　09.0051

偏应力张量　deviatoric stress-tensor, deviatoric tensor of stress, stress deviator　09.0052

片帮　slab off　02.0290

片层　slice　02.0755

片状马氏体　plate martensite　07.0579

片状氧化铝　tabular alumina　06.0698

瓢曲　buckle　09.1181

贫合金元素腐蚀　dealloying　08.0086

贫化　depletion, cleaning　06.0364

贫化矿浆　depleted pulp　06.0365

贫矿　lean ore　02.0031

贫液　barren solution　06.0206

贫油　lean oil　05.0123

* 频率因子　pre-exponential factor　04.0239

品位等值线图　isoline map of grade　02.0159

品位分析　grade analysis　03.0752

平底底柱结构　flat-bottom sill pillar　02.0774

平地机　road scraper　02.1203

平硐　adit　02.0566

平硐开拓　adit development system　02.0717

平硐溜井开拓　tunnel and ore pass development　02.0671

平锻机　horizontal forging machine, upsetter　09.0968

平罐蒸馏　horizontal retort distillation　06.0563

平罐蒸馏炉　horizontal retort　06.0564

平辊轧制　flat roll rolling　09.0404

平巷　horizontal workings drift　02.0564

平巷掘进机掘进　drifting by tunneling machine　02.0568

平巷钻进机　tunnel boring machine　02.1141

平衡　equilibrium　04.0055

平衡常数　equilibrium constant　04.0157

平衡锤　counterweight　02.1069

* 平衡钢丝绳　tail rope　02.1068

平衡偏析　equilibrium segregation　07.0223

平衡值　equilibrium value　04.0158

* 平截面假设　plane-strain assumption　09.0301

平均变形程度　mean deformation extent　09.0329

平均剥采比　average stripping ratio　02.0615

平均单位轧制压力　mean specific rolling force　09.0309

平均压力　mean pressure　09.0161

平均应力　mean stress　09.0081

平-立交替精轧机组　horizontal vertical finishing mill train　09.1241

* 平路机　road scraper　02.1203

平面细筛　flat fine screen　03.0298

平面形滑坡　plane-shaped landslide　02.0330

平面应变　plane strain　09.0101

平面应变假设　plane-strain assumption　09.0301

平面应变状态　plane strain state　09.0104

平面应力特征线法　plane stress characteristic line method　09.0188

平面应力状态　plane stress state　09.0063

平面直角坐标系　rectangular plane coordinates system　02.0165

平模浇铸　horizontal mould casting　06.0583

平盘　bench floor　02.0648

平台　berm　02.0644

平台地质图　open bench geologic map　02.0155

平台水沟　berm ditch　02.0714

* 平推流反应器　plug flow reactor　04.0382

平行板型结晶器　parallel wall mould　05.1472

平行刀片剪切机　shears with parallel blades　09.1366

平行反应　parallel reaction　04.0231

* 平行空眼掏槽　burn cut　02.0349

平行孔掏槽　parallel hole cut　02.0348

平行炮孔　parallel hole　02.0354

平行双塔式通风　ventilation with two-parallel-tower entries　02.0942

* 平轧　flat rolling　09.0404

平砧　flat anvil　09.0944

平整　temper rolling　09.0684

平整机　temper mill　09.1257

平直度　flatness　09.0685

瓶口钢锭模　capped ingot mould　05.1594

坡底线　bench toe rim　02.0652

坡顶线　bench crest　02.0651

坡莫合金　permalloy　08.0557

* 破坏准则　Mohr-Coulomb criterion of rock failure　02.0237

破乳 demulsification 04.0596

破碎 crushing 03.0053

破碎比 reduction ratio 03.0246

破碎锤 breaking hammer 02.1159

破碎机 crusher 03.0247

*破碎剂 static breaking agent 02.0391

*破碎腔 crushing chamber 03.0254

破碎室 crushing chamber 03.0254

铺底料 hearth layer 05.0626

普查 reconnaissance 02.0105

普德林法 Puddling process 05.1018

普朗特数 Prandtl number 04.0361

普氏岩石强度系数 Protogyakonov's coefficient of rock strength 02.0306

普通金属 common metal, base metal 06.0828

普通拉模 normal drawing die 09.1500

普通水泥浇注料 conventional castable, medium cement castable 05.0316

普通铁合金 bulk ferroalloy 05.0485

普通旋压 conventional spinning 09.0911

普通质量钢 base steel 08.0307

瀑落式自磨机 cascade mill 03.0332

Q

期望值 expectation value 04.0684

漆膜封孔 lacquer-coat sealing 09.1124

歧化反应 disproportionation reaction 04.0041

棋盘式通风 checker-board ventilation 02.0941

起爆 fire, firing, initiation 02.0430

起爆感度 sensitivity 02.0396

*起爆计划 initiation sequence 02.0477

起爆能力 power for initiation 02.0434

起爆器 blasting machine 02.0433

起爆顺序 initiation sequence 02.0477

起爆药 primary explosive 02.0378

起爆药包 primer 02.0431

起泡 frothing 03.0552

起泡剂 frother 03.0564

*起星剂 starring mixture 06.0657

气垫式热处理炉 air float heat-treating furnace 09.1477

气动挡渣器 pneumatic slag stopper 05.1154

气动凿岩机 pneumatic rock drill 02.1103

*气阀钢 gas valve steel 08.0396

气肥煤 gas fat coal 05.0021

气封 air seal 06.0110

气镐 pneumatic pick 02.1109

气焊管 acetylene-welded pipe 09.0504

气滑铸造 air slip casting 09.0782

气化焓 enthalpy of vaporization 04.0132

气化冶金 vapometallurgy 06.0003

气基直接还原法 gas-based direct reduction process 05.0945

气–金[属]反应 gas-metal reaction 04.0049

气孔 blow hole, void 09.1163

*气孔率 porosity 04.0328

气力提升设备 pneumatic hoisting equipment 02.1076

气力运输管道 pneumatic conveying pipeline 02.1217

气流粉碎机 air flow pulverize 03.0328

气流干燥 air-stream drying 06.0237

气落式自磨机 aerofall mill 03.0331

气煤 gas coal 05.0016

气煤预粉碎流程 pre-grinding process of gas coal 05.0009

气泡 bubbles 04.0257

气泡后座现象 back-attack impact phenomenon 05.1093

气泡兼并 bubble coalescence, froth merging 03.0557

气泡–颗粒粘连 bubble-particle attachment 03.0550

气泡–颗粒脱落 bubble-particle deattachment 03.0551

气泡–矿粒集合体 bubble-particle aggregate 03.0511

气泡柱 plume 05.1355

气溶胶 aerosol 04.0593

气溶胶浮选 aerosol flotation 03.0496

*气蚀 cavitation corrosion 08.0093

气水喷雾冷却 air-mist spray cooling 05.1525

气态脱硫 desulfurization in gaseous state 04.0546

气体间隔器 gas deck 02.0468

气体状态方程 equation of state of gas 04.0099

气腿 air leg 02.1110

气洗水口 gas purging nozzle 05.1367

气隙热阻 thermal resistance of air gap 05.1409

气相色谱–质谱 gas chromatographymass spectrometry, GC-MS 07.0511

气相生长炭纤维 vapor grown carbon fiber 05.0390

气压成形 pneumatic forming 09.0912

气压罐式连续压滤机 continuous air tank pressure filter 03.0697

气压烧结 gas pressure sintering 08.0240

气液联动凿岩机 pneumatichydraulic combined action drill 02.1108

气硬性耐火泥浆 air setting mortar 05.0321

气–渣–金[属]反应 gas-slag-metal reaction 04.0051

弃渣 discard slag 06.0398

汽车板 automobile steel sheet, automotive steel sheet 09.0472

汽车大梁用板 plate for automobile frame 09.0490

汽化冷却 evaporative cooling 05.0869

汽化冷却器 vapor cooler 06.0264

砌块 block 05.0252

* 千层纸 muscovite 03.0214

迁移电流 migration current 04.0477

钎杆 drill stem, drill rod 02.0341

钎钢 drill steel 09.0551

钎头 drill pipe, drill bit 02.0340

钎尾 drill shank 02.0342

牵引变电所 traction substation 02.1225

牵引挤压 pulling extrusion 09.0831

牵引索 traction rope 02.1213

铅白 lead white 06.0536

铅矾 anglesite 03.0124

铅黄铜 brass-lead 08.0418

铅基巴比特合金 lead base Babbitt metal 08.0472

铅扣 lead button 06.0869

铅锍 lead matte 06.0516

铅始极片制备 lead starting sheet preparation 06.0588

铅试金 lead fire assay 06.0868

铅塔 lead column 06.0572

* 铅锌密闭鼓风炉 imperial smelting furnace, ISF 06.0518

铅锌密闭鼓风炉熔炼法 imperial smelting process, ISP 06.0517

铅液冷却溜槽 lead cooling launder 06.0533

铅雨冷凝 lead splash condensing 06.0531

铅雨冷凝器 lead splash condenser 06.0532

铅浴处理 lead-bath treatment, patenting 07.0329

* 铅浴淬火 lead-bath treatment, patenting 07.0329

铅字合金 type metal 08.0471

前床 forehearth 06.0097

前端装载机 front-end loader 02.1122

前端装载机装载 front-end-loader loading 02.0686

前滑 forward slip 09.0327

前进式开采 advance mining 02.0741

前馈厚度自动控制 feed forward automatic gauge control, FF-AGC 09.1422

* 前馈控制 feed forward control 09.1438

钱币合金 coinage alloy 08.0618

潜孔冲击器 down-the-hole drill hammer 02.1090

潜孔钻机 down-the-hole drill 02.1089

潜孔钻头 down-the-hole bit 02.1091

潜在板形 latent profile 09.0674

浅吹 shallow blow 05.1049

浅孔落矿 shallow breakdown 02.0783

* 浅田法 electrolytic coloring 09.1114

欠充满 underfill 09.1185

欠烧结 under sintering 06.0140

欠酸洗 underpickling 09.1152

欠挖 under-break 02.0484

堑沟底柱结构 trench-shape sill pillar 02.0775

嵌布粒度 disseminated grain size 03.0030

枪晶石 cuspidine 05.0700

枪位探头 bath level probe 05.1141

强磁场磁选机 high intensity magnetic separator 03.0414

强电解质 strong electrolyte 04.0414

* 强电解质稀溶液的离子互吸理论 Debye-Hückel theory of strong electrolyte solution 04.0416

强度 strength 08.0017

强度性质 intensive property 04.0024

强化开采 strengthening mining 02.0042

强力旋压 power spinning 09.0897

强迫宽展 forced spread 09.0325

强制对流 forced convection 04.0315

强制冷却 forced cooling 09.0760

强制润滑 forced lubrication 09.0255

强制润滑拉线 forced lubricating wire drawing

09.0863

羟肟酸 hydroximic acid 03.0622

*撬毛台车 scaler 02.1161

桥管 gooseneck 05.0091

桥梁钢 steel for bridge construction 08.0403

桥梁钢板 bridge steel plate 09.0489

桥式模 bridge die 09.1491

桥氧 bridge oxygen 04.0527

撬毛 scaling 02.0478

*撬毛机 scaler 02.1161

切边 edge trimming 09.0698

*切变模量 shear modulus 08.0013

切断［冲压］ cut-out, shearing, cutting 09.1041

切分轧制 splitting rolling 09.0412

切割 slotting 02.0771

切割槽 slot 02.0759

切割定尺装置 cut-to-length unit 05.1539

切割天井 slot raise 02.0760

切头 front-end cropping 09.0697

切头飞剪机 crop flying shears 09.1374

切尾 tail-end cropping 09.0699

切线规则 tangent rule 04.0094

*切应变 shearing strain 09.0084

*切应变强度 equivalent shear strain 09.0093

亲水性 hydrophilicity 03.0538

亲水性矿物 hydrophilic mineral 03.0025

青铜 bronze 08.0420

轻苯 light benzol 05.0128

轻金属 light metal 06.0660

轻烧 light calcining, light burning 05.0352

轻烧白云石 soft burnt dolomite 05.0989

*轻烧镁粉 light-burned magnesia 05.0228

轻烧氧化镁 light-burned magnesia 05.0228

轻稀土 light rare earth 06.1160

轻质耐火材料 light weight refractory 05.0261

氢脆 hydrogen embrittlement 08.0099

氢氟酸沉淀法 hydrofluoric acid precipitation method 06.1203

氢氟酸沉淀–真空脱水法 hydrofluoric acid precipitation-vacuum dehydration process 06.1262

氢鼓泡 hydrogen blistering 08.0102

氢还原法 hydrogen reduction 06.0937

氢化法 hydrogenation 06.0931

氢化锆 zirconium hydride 06.0996

氢化锂 lithium hydride 06.1116

氢化–脱氢粉 hydride-dehydrided powder 08.0175

氢键 hydrogen bond 07.0052

氢扩散 hydrogen diffusion 08.0105

氢扩散系数 hydrogen diffusion coefficient 08.0106

氢浓度 hydrogen concentration 08.0107

氢去极化 hydrogen depolarization 08.0125

氢蚀 hydrogen attack 08.0101

*氢损伤 hydrogen embrittlement 08.0099

氢–铁法 H-iron process 05.0956

氢吸附 hydrogen adsorption 08.0103

氢吸收 hydrogen absorption 08.0104

氢氧化锆 zirconium hydroxide 06.0995

氢氧化铝晶种 alumina trihydrate seed 06.0685

氢氧化铍 beryllium hydroxide 06.1088

*氢氧镁石 brucite 03.0229

氢致开裂 hydrogen induced cracking 08.0100

倾倒破坏 toppling failure 02.0333

倾动式精炼炉 MAERZ refining furnace 06.0495

倾析 decantation 06.0212

倾斜板浓缩机 inclined-plates thickener 03.0666

倾斜分层充填法 inclined cut and fill stoping 02.0807

倾斜晶界 tilt boundary 07.0130

倾斜矿体 pitching orebody 02.0064

清洁开采 clean mining 02.0024

清扫平台 cleaning berm 02.0646

清洗 cleaning 09.1101

清洗机组 cleaning line, cleaning train 09.1414

*清洗作业线 cleaning line, cleaning train 09.1414

氰化法 cyanidation 06.0843

氰化浸出液 cyanide leaching solution 06.0851

氰化尾渣 cyanidation tailing 06.0853

氰化物容量 cyanide capacity 04.0555

氰亚金酸盐 aurocyanide 06.0852

琼斯强磁场磁选机 Jones high intensity magnetic separator 03.0430

球扁钢 bulb flat steel 09.0552

*球焊金丝 bonding gold wire 08.0507

球化退火 spheroidizing annealing, spheroidizing 07.0308

球磨 ball milling 08.0184

球磨机　ball mill　03.0308

球磨机衬板　liner　03.0314

* 球墨可锻铸铁　semi-malleable cast iron　08.0294

球墨铸铁　nodular cast iron　08.0291

* 球铁　nodular cast iron　08.0291

球团带式焙烧机　straight grate machine for pellet firing　05.0670

球团固结　induration　05.0669

球团混料机　mixer in pelletizing　05.0651

球团抗压强度　compression strength of pellet　05.0661

球团矿　pellet　05.0648

球团矿焙烧　pellet firing　05.0674

球团矿均热　soaking of pellet　05.0675

球团矿冷却　cooling of pellet　05.0676

球团矿预热　preheating of pellet　05.0673

球团链算机–回转窑　grate-kiln for pellet firing　05.0671

球团竖炉　shaft furnace for pellet production　05.0663

球应变张量　spherical strain tensor　09.0088

球应力张量　spherical stress-tensor　09.0053

球状药包爆破　spherical charge blasting　02.0451

球状组织　globular structure　07.0546

巯基苯并噻唑　mercaptobenzothiazole, MBT　03.0603

巯基乙酸　mercaptoacetic acid　03.0635

GP 区　Guinier-Preston zone, G P zone　07.0231

区熔–电迁移联合法　zone melting electrotransport joint method　06.1272

* 区熔　zone melting　06.0941

区域反应模型　reaction zone model　04.0327

* 区域偏析　regional segregation　07.0221

区域评价　regional appraisal　02.0103

* 区域热平衡　regional heat balance of blast furnace　05.0823

区域熔炼　zone melting　06.0941

驱动辊　driving roll　05.1521

驱进速度　migration velocity　06.0416

屈服点　yield point　09.0124

* 屈服轨迹　yielding curve　09.0123

屈服降落　yield drop　09.0131

* 屈服平台　yield terrace　09.0119

屈服强度　yield strength　08.0018

屈服曲面　yielding camber　09.0120

屈服曲线　yielding curve　09.0123

屈服台阶　yield terrace　09.0119

* 屈服条件　yield criteria　09.0118

屈服效应　yield effect　08.0019

屈服应变　yield strain　09.0121

屈服应力　yield stress　09.0122

屈服准则　yield criteria　09.0118

屈强比　yield ratio　08.0034

屈氏体　troostite　07.0585

曲线拟合　curve fitting　04.0713

取料机　reclaimer　05.0601

取向差　misorientation　07.0132

取向衬度　orientation contrast　07.0441

取向磁钢　orientation magnetic steel　08.0383

取向形核　oriented nucleation　07.0209

取样探头　bath sampling probe　05.1142

去钝化　depassivation　08.0143

去钝化剂　depassivator　08.0147

* 去活　deactivation　03.0546

* 去活剂　deactivator　03.0573

去极化　depolarization　08.0123

去氢处理　hydrogen relief treatment　09.1078

去应力退火　stress relieving, stress relief annealing　07.0310

权重抽样　weighted sampling　04.0752

* 全电阻　resistance of electric detonator　02.0418

全断面爆破　full face blasting　02.0441

全断面式盲天井钻机　full-section blind-raise boring machine　02.1147

全风量操作　full blast operation　05.0791

全氟化碳　perfluorocarbon　06.0763

全浮力模型　plume model　05.1335

全混流反应器　perfectly mixed flow reactor　04.0383

全交换容量　total exchange capacity　06.1228

全局最优化　global optimization　04.0740

全连续式轧机　completely continuous rolling mill　09.1265

全连续轧制　fully continuous rolling, completely continuous rolling　09.0395

全连铸　100 percent continuous casting　05.1551

全流体润滑　full fluid lubrication　09.0235

全面采矿法　breast stoping　02.0793

全面腐蚀　general corrosion　08.0075

全尾砂胶结充填　unclassified tailings consolidated filling　02.0822

全息动态仿真　dynamic hologram simulation　04.0780

全息检测　holographic testing　07.0525

全相关系数　total correlation coefficient　04.0721

* 全 β 型钛合金　β titanium alloy　08.0455

全氧高炉　full oxygen blast furnace　05.0933

全氧化焙烧　dead roasting　06.0012

全应力–应变曲线　whole stress-strain curve　02.0263

全油浮选　bulk-oil flotation　03.0466

全正力矩转炉　positive sense moment at all position of converter　05.1067

缺口敏感性　notch sensitivity　08.0060

缺氧池　anoxic tank　05.0171

R

燃料比　fuel rate　05.0768

燃料电池　fuel cell　04.0500

* 燃料炉　flame furnace　09.0966

燃料喷嘴　fuel burner　06.0102

燃料消耗　fuel consumption　01.0068

燃烧焓　enthalpy of combustion　04.0128

* 燃烧合成　combustion synthesis　08.0264

燃烧强度　combustion intensity　05.0767

* 燃碳量　carbon burning rate　06.0528

燃碳率　carbon burning rate　06.0528

* 染色法　chemical coloring　09.1115

* 热边界层　temperature boundary layer　04.0272

热剥皮　hot scalping　09.0818

热剥皮机　hot scalping machine　09.1509

热补偿　thermal compensation　05.0775

热尺寸　hot dimension　09.0664

热储备区　vertical thermal reserve zone, indirect reduction zone　05.0713

热处理　heat treatment　07.0287

* 热传导　heat conduction　04.0336

热传递　heat transfer　04.0252

* 热磁补偿合金　thermomagnetic compensation alloy　08.0560

* 热磁合金　thermomagnetic compensation alloy　08.0560

热脆　hot brittle, hot embrittlment　09.0211

热导率　thermal conductivity　04.0341

热等静压　hot isostatic pressing, HIP　08.0219

热等静压铍　hot isostatically pressed beryllium　06.1101

热电偶　thermocouple　04.0610

热电偶合金　alloy for thermocouple　08.0534

热电偶校准　calibration of thermocouple　04.0611

热顶铸造　hot-top casting　09.0783

热断面　hot cross-section　09.0663

热锻　hot forging　09.1012

热分析　thermal analysis, TA　07.0476

热风点火　hot blast lighting　05.0811

热风炉　hot blast stove　05.0900

热风炉格子砖　checker of BF stove　05.0923

热风炉换炉　BF stove changing　05.0918

热风炉混风阀　mixer-selector valve of BF stove　05.0913

热风炉冷风阀　cold blast valve of BF stove　05.0909

热风炉冷风调节阀　cold blast regulating valve　05.0914

热风炉旁通阀　by-pass valve of BF stove　05.0912

热风炉切断阀　burner cut-off valve of BF stove　05.0911

热风炉燃烧期　BF stove gas period　05.0917

热风炉燃烧器　burner of BF stove　05.0906

热风炉燃烧室　combustion chamber of BF stove　05.0905

热风炉热风阀　hot blast valve of BF stove　05.0907

热风炉送风期　time on blasting of BF stove　05.0916

热风炉烟道阀　chimney valve of BF stove　05.0908

热风炉助燃风机　burner blower of BF stove　05.0910

热风围管　bustle pipe　05.0903

热腐蚀　hot corrosion　08.0066

热复压　hot re-pressing　08.0259

* 热工制度　firing schedule　05.0358

热化学　thermochemistry　04.0108

热化学方程　thermochemical equation　04.0109

热挤压　hot extrusion　09.0797

热加工　hot metal working　09.0007

* 热交换空区　vertical thermal reserve zone, indirect

reduction zone   05.0713

热矫直   hot straightening   09.0750

热解石墨   pyrolytic graphite   05.0383

热解炭   pyrolytic carbon   05.0382

热浸镀   hot dipping   08.0162

热锯   hot sawing   09.0745

热扩散系数   thermal diffusivity   04.0342

热扩散性   heat diffusivity   05.1410

热力学第二定律   second law of thermodynamics   04.0011

热力学第零定律   zeroth law of thermodynamics   04.0009

热力学第三定律   third law of thermodynamics   04.0012

热力学第一定律   first law of thermodynamics   04.0010

热力学过程   thermodynamic process   04.0026

热力学函数   thermodynamic functions   04.0121

*热力学量   thermodynamic functions   04.0121

热力学平衡   thermodynamic equilibrium   04.0057

热力学评估   thermodynamic assessment   04.0787

热力学数据库   thermodynamic database   04.0782

热力学自洽性   thermodynamic self-consistency   04.0786

热连轧   hot continuous rolling   09.0432

*热连轧机   hot tandem mill, hot continuous rolling mill   09.1261

热量衡算   heat balance   04.0290

热裂纹   hot crack¯   05.1428

热流率   heat flowrate   04.0282

热流密度   heat flux   04.0286

*热敏合金   temperature sensitive electrical resistance alloy   08.0531

热喷涂   thermal spraying   08.0161

热疲劳   thermal fatigue   08.0051

*热平衡定律   zeroth law of thermodynamics   04.0009

热谱图   thermogram   07.0486

*热强钛合金   heat-resistant titanium alloy   08.0457

热球磨   hot-ball-milling   06.1058

热容   heat capacity   04.0118

*热容量   heat capacity   04.0118

热双金属   thermo-bimetal   08.0591

热送热装   hot feeding and charging   09.0610

热塑性曲线   ductility-temperature diagram   05.1423

热弹性马氏体   thermo-elastic martensite   07.0580

热弹性相变   thermoelastic transformation   07.0265

热天平   thermobalance   04.0618

热弯型钢   hot bending section steel   09.0554

热弯轧制   hot roll forming   09.0429

热效应   heat effect   04.0110

热旋压   hot spinning   09.1055

热压   hot pressing   08.0215

热压块   hot briquette iron, HBI   05.0942

热压团   hot pressing briquette   06.0150

热压型焦   formcoke from hot briquetting process   05.0041

热应力   thermal stress   09.0069

热应力–应变模拟机   Gleeble machine   05.1422

热硬性耐火泥浆   heat setting mortar   05.0322

热轧薄板   hot-rolled sheet   09.0461

热轧钢   hot rolled steel   08.0316

热轧弹簧钢   hot rolled spring steel   08.0372

热轧形变热处理工艺   thermo-mechanical controlled process   09.1420

热振筛   hot vibro screen   05.0643

*热震稳定性   thermal shock resistance   05.0203

热致扩散   thermal diffusion   07.0176

热滞后   thermal hysteresis   07.0285

热重法   thermogravimetry, TG   04.0616

热作模具钢   hot-work die steel   08.0375

人车   manrider   02.1192

人工边坡   man-made slope   02.0329

人工床层   artificial bed   03.0382

人工河床   artificial river-bed   02.0997

人工神经网络   artificial neural network, ANN   04.0792

人工时效   artificial aging   07.0239

人工装药   manual charging   02.0458

人造白钨矿   synthetic schedite   06.1057

人造金红石   artificial rutile   06.0964

人造石墨   artificial graphite   05.0373

*人造石墨电极   graphite electrode   05.0409

刃具钢   cutting tool steel   08.0368

刃型位错   edge dislocation   07.0083

*韧脆转变温度   ductile-brittle transition temperature   08.0062

韧化　toughening　07.0418
韧窝断口　dimple fracture surface　07.0399
韧性　toughness　08.0005
韧性–脆性转变温度　ductile-brittle transition temperature　08.0062
韧性断口　ductile fracture surface　07.0400
韧性断裂　ductile fracture　07.0396
日历作业率　operating rate of calendar working　01.0065
绒布溜槽　blanket sluice　03.0394
容量传质系数　volumetric mass transfer coefficient　04.0317
*容量性质　extensive property　04.0023
容器板　tank plate　09.0488
容许误差　tolerance error　04.0703
*溶出　leaching　06.0182
溶出矿浆　digested pulp, digested slurry　06.0677
溶出系统　digestion system　06.0671
溶度积　solubility product　04.0418
溶剂　solvent　04.0153
溶剂萃取　solvent extraction　06.0302
[溶剂]萃取剂　solvent extraction agent　06.0305
溶剂萃取转型　solvent extraction-transformation　06.1243
溶胶　sol　04.0590
溶胶凝结剂　coagulator　06.0361
溶解度　solubility　04.0156
溶解度间隙　miscibility gap　04.0086
溶解焓　enthalpy of solution　04.0129
溶浸采矿　leaching mining　02.0875
溶浸井　leaching well　02.0883
溶水度　water solubility　04.0155
*溶体　solution　04.0152
溶液　solution　04.0152
溶液电化学　electrochemistry of solution　04.0399
溶液浓度　concentration of solution　04.0161
溶质　solute　04.0154
熔毕碳　carbon at melting down　05.1226
熔池混合时间　mixing time of metal bath　05.1333
熔池冷却剂　cooling agent of metal bath　05.1106
熔池熔炼　bath smelting　06.0072
熔滴　molten droplet　05.1263
熔度　meltability　06.1264

熔化　melting　04.0567
熔化焓　enthalpy of fusion　04.0130
熔剂　flux　06.0165
熔剂法熔炼　smelting with flux　05.0536
熔剂精炼　flux refining　06.0807
熔浸　infiltration　08.0225
熔炼　smelting　05.1276
熔炼带　smelting zone　06.0078
熔炼损耗　melting loss　05.1039
熔锍　molten matte　04.0521
熔锍吹炼　converting　06.0469
熔铅锅　lead refining kettle　06.0538
熔融催化剂　fused catalyst　06.0164
熔融带　fused zone, melting zone　06.0163
熔融电解质　fused electrolyte　06.0278
熔融反应　melting reaction, reaction in molten state　06.0162
HI smelt 熔融还原法　HI smelt process　05.0977
DIOS 熔融还原法　direct iron ore smelting reducting　05.0978
熔融还原炼铁法　smelting reduction process　05.0953
熔融流　melt-flow　06.0161
熔融氯化法　fusion chlorination　06.0863
熔融气化炉　melt gasifier　05.0966
熔融石英　fused quartz　05.0210
熔融石英制品　fused-quartz product　05.0264
熔融盐燃料电池　molten carbonate fuel cell, MCFC　04.0501
*熔渗　infiltration　08.0225
熔体润滑剂　melt lubricants　09.0236
熔析除铜　liquation decoppering　06.0540
熔析锅　liquating kettle　06.0641
熔析精炼　liquation refining　06.0640
熔盐　molten salt　04.0520
熔盐电镀　electroplating in molten salts　04.0492
熔盐电化学　electrochemistry of molten salts　04.0398
熔盐电解　fused salt electrolysis　06.0275
熔盐腐蚀　fused salt corrosion　08.0074
熔盐净化　fused salt purification　06.0277
熔盐氯化法　molten salt chlorination　06.0945
熔盐提取　fused salt extraction　06.0276
熔渣　molten slag　04.0519
熔渣导电半连续硅热法　Magnetherm process

S

三辊式轧机　three-high rolling mill　09.1223

三辊斜轧穿孔　three-skew-roll piercing process　09.0725

三辊斜轧穿孔机　three-skew-roll piercing mill　09.1302

三角钢　triangular section steel　09.0534

三角形布孔　staggered drill pattern　02.0356

三菱法　Mitsubishi process　06.0467

三流水力旋流器　tri-flow hydrocyclone　03.0350

三流重介质选矿机　tri-flow heavy medium separator　03.0405

三水铝石　gibbsite　03.0150

三烷基氧化膦　trialkyphosphine oxide, TRPO　06.1210

三维挤压　three-dimensional extrusion　09.0822

三相点　triple point　04.0076

三相泡沫　three-phase froth　03.0556

三氧化钼　molybdenum trioxide　06.1083

三元系　three-component system　04.0016

三元相图　ternary phase diagram　04.0071

* 三组分体系　three-component system　04.0016

散体地压　ground pressure of discrete materials　02.0284

散装密度　bulk density　08.0191

扫描电子显微术　scanning electron microscopy, SEM　07.0427

扫描隧道显微术　scanning tunnelling microscopy, STM　07.0449

扫描探针显微术　scanning probe microscopy, SPM　07.0448

扫选　scavenging　03.0068

色层柱　chromatographic column　06.0350

* 色谱柱　chromatographic column　06.0350

铯榴石盐酸分解　decomposition of pollucite by hydrochloric acid process　06.1128

森吉米尔轧机　Sendzimir mill　09.1273

沙封　sand seal　06.0111

* 沙口　BF skimmer　05.0858

砂泵　gravel pump　02.1170

砂浆锚杆　grouting rock bolt　02.0598

砂金矿　placer gold　06.0835

砂状氧化铝　sandy alumina　06.0695

筛分　screening　03.0059

* 筛分分析　screen analysis　03.0750

筛孔　screen opening　03.0278

筛孔尺寸　aperture size　03.0279

筛上料　oversize　03.0281

筛网　screen cloth　03.0277

筛析　screen analysis　03.0750

筛下料　undersize　03.0282

筛箱　screen box　03.0280

山坡露天矿　hillside open pit　02.0605

钐钴永磁合金　Sm-Co permanent magnet　08.0564

* 闪变　flicker　05.1217

闪烁　flicker　05.1217

闪速焙烧炉　flash roaster, flash roasting furnace　06.0026

闪速吹炼　flash converting　06.0472

闪速浮选　flash flotation　03.0481

闪速炉床能率　flash furnace specific capacity　06.0447

闪速熔炼　flash smelting　06.0440

闪速熔炼炉　flash smelting furnace　06.0090

闪锌矿　sphalerite　03.0128

闪蒸　flash tank　06.0224

扇形段　segment　05.1515

扇形工作线采矿法　fan-shaped advancing cut mining method　02.0638

扇形孔落矿　fan-holes breakdown　02.0786

扇形炮孔　fan-pattern hole　02.0357

商品矿石　commodity ore　02.0052

熵　entropy　04.0138

熵产生　entropy production　04.0143

熵产生式　equation of entropy production　04.0145

熵流　entropy flux　04.0144

熵增原理　principle of entropy increase　04.0142

上贝氏体　upper bainite　07.0589

上插式自焙槽　vertical stud Söderberg, VSS　06.0733

上插阳极镁电解槽　magnesium electrolytic cell with topmounted anode　06.0798

上传动　top drive　09.1450

上传动压力机　top-drive press　09.1565

上料机构　feeding mechanism　09.1567

上盘　hanging wall　02.0098

上坡扩散　uphill diffusion　07.0174

上切式剪切机　down cut shears　09.1369

上清液 clarified overflow, supernatant solution 06.0204

上下间隔式通风 ventilation with top-and-bottom spaced entries 02.0943

* 上限法 upper bound method 09.0180

上向分层充填法 overhand cut and fill stoping 02.0802

上向进路充填法 overhand drift-and-fill mining stoping 02.0804

上向烟道 uptake flue 06.0128

上引式连铸法 up cast process 09.0781

上铸 top teeming 05.1587

烧成 firing 05.0357

烧成制度 firing schedule 05.0358

烧结 sintering 05.0586

烧结焙烧 sintering roasting 06.0020

烧结饼 sinter cake 05.0641

烧结磁性材料 sintered magnetic materials 08.0276

烧结点火温度 ignition temperature of sintering 05.0628

烧结[电]触头材料 sintered electrical contact materials, sintered contact materials 08.0278

烧结锻造 sinter forging 08.0258

* 烧结法 soda lime sintering process 06.0662

烧结返矿 return fine 05.0608

烧结负压 sintering vacuum 05.0635

烧结干燥带 dry zone in sintering 05.0633

烧结刚玉 sintered alumina 05.0226

烧结钢 sintered steel 08.0263

烧结锅 sintering pot 05.0597

烧结过滤器 sintered filter 08.0268

烧结核燃料 sintered nuclear fuel 08.0279

烧结盒 sintering box 06.0143

烧结混合料 sinter mix 05.0614

烧结混合料预热 preheating of sintering mix 05.0618

烧结混料 mixing of sinter feed 05.0616

烧结火焰前沿 flame front 05.0637

烧结机 sintering machine 05.0592

烧结机上冷却 cooling on sinter strand 05.0647

烧结件起泡 blistering 08.0245

烧结金属基复合材料 sintered metal-matrix composite, MMC 08.0272

烧结颈 sintering neck 08.0244

烧结壳 sinter-skin 06.0145

* 烧结可燃毒物材料 sintered neutron poison materials 08.0280

烧结矿 sinter 05.0587

烧结矿带 sinter zone 05.0630

烧结矿碱度 basicity of sinter 05.0588

烧结料层厚度 sinter bed depth 05.0627

烧结零件 sintered part 08.0274

烧结炉 sintering furnace 06.0142

烧结摩擦材料 sintered friction materials 08.0277

烧结钕铁硼合金 sintered Nd-Fe-B alloy 08.0569

烧结配料 sinter proportioning 05.0615

烧结燃烧带 combustion zone in sintering 05.0631

* 烧结/热等静压 gas pressure sintering 08.0240

烧结热前沿 heat front 05.0638

烧结湿料带 wet zone in sintering 05.0634

烧结台车 sinter pallet car 05.0624

烧结线 sintering line 06.0144

烧结预热带 preheat zone in sintering 05.0632

烧结造粒 granulation of sinter feed 05.0619

烧结中子毒物材料 sintered neutron poison materials 08.0280

烧结终点 sintering terminal point 05.0636

烧结助剂 sintering agent 05.0238

烧绿石 pyrochlore 03.0185

* 舌模 bridge die 09.1491

舌型模挤压 tongue type die extrusion 09.0830

蛇纹石 serpentine 03.0226

舍伍德数 Sherwood number 04.0363

设备 device 05.1620

设备井 equipment raise 02.0769

社会废钢 social scrap 05.1220

射流 jetting 04.0259

射流分级机 jet stream 03.0345

射流浮选机 jet flotation cell 03.0655

射流间相互抽引作用 drawing effect among jets 05.1081

射流速度衰减系数 decay coefficient of jet velocity 05.1082

射频感应冷坩埚法 radio frequency cold crucible method 06.0370

X 射线测厚仪 X-ray gaugemeter 09.1204

β 射线测厚仪 β-ray gaugemeter 09.1205

γ 射线测厚仪　γ-ray gaugemeter　09.1206

X 射线分选机　X-ray separator　03.0465

X 射线粉末衍射　X-ray powder diffraction　07.0460

X 射线光电子能谱　X-ray photoelectron spectroscopy, XPS　07.0467

射线[活动]电影摄影术　cine-radiography　07.0520

X 射线漫散射　X-ray diffuse scattering　07.0466

X 射线探伤　X-ray radiographic inspection　07.0491

γ 射线探伤　γ-ray radiographic inspection　07.0492

X 射线吸收近边结构　X-ray absorption near edge structure, XANES　07.0468

X 射线吸收谱　X-ray absorption spectroscopy　07.0464

X 射线形貌学　X-ray topography　07.0458

X 射线衍射分析　X-ray diffraction analysis　07.0457

X 射线衍射花样　X-ray diffraction pattern　07.0459

X 射线荧光谱　X-ray fluorescence spectroscopy　07.0465

砷钴矿　modderite　03.0120

砷化镓　gallium arsenide　06.1135

* 砷黄铁矿　arsenopyrite　03.0115

砷酸镁　magnesium arsenate　06.0820

砷盐净化法　antimony trioxide purification process　06.0610

深部开采动力灾害　dynamic disaster of deep mining　02.1051

深部矿床开采　deep mining　02.0869

深部露天矿　deep open pit　02.0607

深层过滤　deep-bed filtration　03.0681

深冲钢　deep drawing steel　08.0332

深冲钢板　deep drawing steel sheet　09.0471

深吹　deep blow　05.1048

深海采矿船　deep sea mining vessel　02.1172

深红银矿　pyrargyrite　03.0141

深加工　deep working　09.0022

深井降温　temperature lowering of deep well　02.0965

深孔测量　long-hole survey　02.0180

深孔落矿　deep-hole breakdown　02.0785

深拉深　deep drawing　09.1023

深冷处理　sub-zero treatment　07.0331

深热矿井通风　ventilation in hot and deep mine　02.0903

深锥浓缩机　deep cone thickener　03.0667

渗氮　nitriding　07.0348

渗氮钢　nitriding steel　08.0341

渗铬　chromizing　07.0352

渗硫　sulfurizing　07.0351

渗铝　aluminizing, calorizing　07.0353

渗滤浸出　percolation leaching, infiltration leaching　06.0191

渗硼　boriding　07.0350

渗入水　water seepage　02.0986

渗钛　titanizing　07.0355

渗碳　carburizing　07.0344

渗碳钢　carburizing steel　08.0340

渗碳体　cementite　07.0564

渗透　osmosis　04.0588

渗透检测　penetrate testing　07.0494

渗透理论　penetration theory　04.0321

渗透压　osmotic pressure　04.0589

渗锌　sherardizing　07.0354

升华焓　enthalpy of sublimation　04.0133

升降台车　lift truck　02.1181

升膜蒸发器　climbing-film evaporator　06.0221

升速轧制　accelerated rolling　09.0411

生产爆破　primary blasting　02.0435

生产剥采比　production stripping ratio　02.0614

生产井　working well　02.0885

生产勘探　productive exploration　02.0108

生产矿量　productive ore reserves　02.0127

生产率　productivity　01.0066

生成焓　enthalpy of formation　04.0126

生焦　green coke　05.0422

生精矿熔炼　green concentrate smelting　06.0429

生料浆　charge pulp, charge slurry　06.0667

生坯　green compact　08.0212

生坯密度　green density　08.0213

生坯强度　green strength　08.0214

生球　green ball　05.0654

生球摆动布料机　swing feeder of green pellet　05.0656

生球分子水　adsorbed molecular water of green pellet　05.0657

生球辊筛　multi-roller screen of green pellet　05.0655

生球毛细水　capillary water of green pellet　05.0658

生碎　green scrap　05.0457

生态效率　eco-efficiency　05.1672

生态效用　eco-effectiveness　05.1673

生态修复　ecological recovery　02.1053

生炭坯　green carbon body　05.0456

*生炭制品　green carbon body　05.0456

生锑　antimony crude　06.0653

生铁　pig iron　01.0044

生铁块　pig iron　05.0847

生团矿　green briquette　06.0557

生团矿焦结　green briquette coking　06.0558

生物浮选　bio-flotation　03.0484

生物工程钛合金　biological engineering titanium alloy　08.0461

生物炭　biocarbon　05.0381

A/O 生物脱氮工艺　Anoxic/Oxic biodenitrogenation process　05.0169

生物医学贵金属材料　biomedical precious metal materials　08.0503

生物医学金属材料　biomedical metal materials　08.0589

生阳极　green anode　06.0710

生长台阶　growth step　07.0216

声发射法　acoustic emission technique　02.0276

声发射技术　acoustic emission technology　07.0455

*声呐仪　audiometer of converter　05.1144

*声学化渣仪　audiometer of converter　05.1144

声学显微术　acoustic microscopy　07.0456

声子晶体　phononic crystal　07.0058

绳带式过滤机　string discharge filter　03.0691

*圣维南方程　Saint Venant equation　09.0106

*盛钢桶　ladle　05.1353

剩余氨水　coal water, excess ammonia liquor　05.0136

失活　deactivation　03.0546

失活剂　deactivator　03.0573

失效催化剂　spent catalyst　06.0896

*施工性能　workability　05.0209

施密特数　Schmidt number　04.0362

*施特克尔轧机　Steckel mill　09.1293

湿法焙烧　pulp-feed roasting　06.0019

湿法除尘　wet gas cleaning　05.0926

湿法分离　wet separation　06.0168

湿法净化　wet cleaning, wet scrubbing　06.0050

湿法收尘器　wet dust collector　06.0057

湿法提纯　wet purification, hydropurification　06.0169

湿法脱硫　wet desulphurization, hydro-desulphurization　06.0171

湿法氧化法　wet oxidation method　06.1250

湿法冶金[学]　hydrometallurgy　01.0036

湿氢还原　reduction with wet hydrogen　06.1064

湿式磁选机　wet magnetic separator　03.0420

湿式硫酸化法回收铟　recovery of indium by wet sulfation process　06.1141

湿式凿岩　wet drilling　02.0974

*湿式自磨机　cascade mill　03.0332

湿熄焦　coke wet quenching　05.0094

湿胀系数　coefficient of wet expansion　04.0571

十字钎头　cruciform bit, cross bit　02.0343

十字头式万向接轴　crosshead cardan universal joint　09.1363

石膏　gypsum　03.0215

石灰　lime　05.0606

石灰法提锂　extraction of lithium by limestone process　06.1107

石灰乳法回收镓　recovery of gallium by lime wash　06.1129

石灰烧结法提铼　extraction of rhenium by lime sintering process　06.1153

石灰石　limestone　03.0210

石灰质耐火材料　lime refractory　05.0309

石灰中有效氧化钙　effective CaO in lime　05.0988

石榴石　garnet　03.0218

石门　cross cut　02.0722

石墨材料　graphite materials　05.0369

石墨层间化合物　graphite intercalation compound　05.0414

石墨单晶　single crystal of graphite　05.0371

石墨电极　graphite electrode　05.0409

石墨坩埚　graphite crucible　05.0404

石墨钢　graphitic steel　08.0305

石墨化　graphitization　05.0470

石墨化保温料　insulation materials for graphitization　05.0480

石墨化电阻料　resistance materials for graphitization　05.0479

石墨化度　degree of graphitization　05.0471

石墨化炉　graphitization furnace　05.0476

石墨化退火　graphitizing treatment　07.0307

石墨化冶金焦　graphitized metallurgical coke　05.0426

石墨化阴极　graphitized cathode　05.0401

石墨化阴极炭块　graphitized cathode carbon block　06.0718

石墨晶须　graphite whisker　05.0380

石墨耐火材料　graphite refractory　05.0298

石墨黏土砖　graphite-clay brick　05.0271

* 石墨乳　colloidal graphite　05.0379

石墨碎　graphite scrap　05.0483

石墨阳极　graphite anode　05.0411

石墨阳极块　graphite anode block　06.0712

石墨阴极块　graphite cathode block　06.0713

石墨制品　graphite product　05.0481

石墨质阴极炭块　graphitic cathode carbon block　06.0717

石英　quartz　03.0202

石油磺酸盐　petroleum sulfonate　03.0617

石油焦　petroleum coke　05.0420

石油裂化用钢管　steel tube for petroleum cracking　09.0517

石冢镁电解槽　Ishizuka cell　06.0803

时间结构　time-characteristic structure　05.1623

时间序　time-characteristic order　05.1652

时空多尺度　space-time multi-scale　05.1670

时空序　spatio-temporal order　05.1653

时效　aging　07.0237

时效炉　ageing furnace　09.1473

时效硬化　age hardening　07.0417

时效硬化合金钢　age hardening alloy steel　08.0391

实际平均停留时间　actual average residence time　05.1393

实际气体　real gas　04.0101

* 实际损失率　ore loss ratio　02.0048

实心型材　solid section　09.0588

实验误差　experimental error　04.0695

始锻温度　initial forging temperature　09.0991

始极片　starting sheet, mother blank　06.0293

示差膨胀测量术　differential dilatometry　07.0482

* 示差热分析　differential thermal analysis, DTA　07.0477

* 示差扫描量热法　differential scanning calorimetry, DSC　07.0479

示踪剂　tracer reagent　04.0650

示踪原子　tracer atom　04.0648

* 势垒对称系数　transfer coefficient of electrochemistry　04.0475

势流　potential flow　04.0297

* 试金坩埚　fireclay crucible　06.0871

试金石　touchstone　06.0881

* 试金学　fire assay　06.0867

* 视塑性法　visioplasticity method　09.0191

视在损失率　apparent loss rate　02.0073

铈硅石　cerite　06.1186

铈铌钙钛矿　loparite　03.0194

铈烧绿石　ceriopyrochlore　06.1182

铈土　ceria　06.1172

铈易解石　aeschynite-Ce　06.1178

收尘器　dust collector　06.0052

收尘效率　dust collection efficiency, dust cleaning efficiency　06.0409

* 收得率　finished product ratio, yield ratio　09.1586

收敛测量　convergence measurement　02.0313

收缩应力　shrinkage stress　05.1419

手锤　hand hammer　09.0945

手动液压机　manual hydraulic press　09.1568

* 手术用合金　surgical alloy　08.0589

手选　hand sorting　03.0072

* 首绳　main rope　02.1067

首饰废料　jewelry scrap　06.0890

瘦煤　lean coal　05.0019

叔胺　ternary amine　03.0625

梳式通风　ventilation with comb-shaped entries　02.0944

疏干巷道　dewatering drift　02.1006

疏失误差　blunder error　04.0699

疏水性　hydrophobicity　03.0539

疏水性矿物　hydrophobic mineral　03.0026

疏松　porosity　07.0606

熟铁　wrought iron　01.0045

束状炮孔　bunch hole　02.0358

树枝晶　dendritic crystal　07.0194

树枝状结晶镁　dendritic magnesium crystal　06.0813

树枝状组织　dendritic structure　07.0543

树脂床　resin bed　06.0340

树脂负载　resin loading　06.0344
树脂胶结锚杆　resin rock bolt　02.0597
树脂矿浆法　resin-in-pulp process, RIP process　06.0849
树脂亲和力　resin affinity　06.0341
树脂再生　resin regeneration　06.0342
树脂中毒　resin poisoning　06.0345
树脂柱　resin column　06.0343
* 竖罐　vertical retort　06.0566
竖罐生产率　vertical retort specific capacity　06.0567
竖罐蒸馏　vertical retort distillation　06.0565
竖罐蒸馏炉　vertical retort　06.0566
竖井　vertical shaft　02.0506
竖井定向　shaft plumbing　02.0170
竖井反铲装岩机　shaft-sinking back hoe mucker　02.1149
竖井环形钻架　shaft annular drill jumbo　02.1096
竖井开拓　vertical shaft development system　02.0718
竖井伞形钻架　shaft umbrella drill jumbo　02.1097
竖井施工测量　shaft sinking survey　02.0175
竖井抓岩机　shaft-sinking grab　02.1148
竖井钻机　shaft boring machine　02.1150
竖炉　shaft furnace　06.0088
竖炉导风墙　chimney of shaft furnace　05.0667
竖炉–电弧炉　shaft arc furnace　05.1172
竖炉烘干床　drying bed of shaft furnace　05.0666
竖炉喷火口　port of shaft furnace　05.0665
竖炉燃烧室　combustion chamber of shaft　05.0664
竖炉碎矿辊　chunk breaker of shaft furnace　05.0668
竖炉直接还原法　shaft furnace direct reduction process　05.0947
WS 竖炉直接还原法　shaft furnace direct reduction method　05.0969
数据处理　data processing　04.0712
数学模型　mathematical model　04.0755
数学模型方法　mathematical modeling　04.0756
数值分析　numerical analysis　04.0676
数值解法　numerical solution method　04.0762
数字矿山　digital mine　02.0026
甩子　swage hammer　09.0946
双边剪切机　double-sided shears　09.1372
双层套管式喷嘴　dual-shell tuyere　05.1090
双床平炉　twin-hearth furnace　05.1025

双带连铸机　Hazelett continuous casting machine　06.0502
双带式连续铸造　twin-belt type continuous casting　09.0785
双点压力机　two point press　09.1569
双电层　electrical double layer　04.0459
双电极直流电炉　double electrode direct current arc furnace　05.1205
双动液压机　double action hydraulic press, double action press　09.1570
双动油压挤压机　double-action hydraulic extrusion press　09.1482
* 双方程模型　k-ε model　04.0772
双鼓形　twin-barrelling　09.0175
双辊式连铸机　twin-roll caster　05.1455
双滚筒式飞剪机　two-drum flying shears　09.1376
双合轧制　doubling rolling　09.0409
* 双黄药　dixanthate　03.0592
双击镦锻　double-blow heading　09.1013
双极性电极　bipolar electrode　06.0792
双极性电极镁电解槽　bipolar magnesium cell　06.0799
双金属板　bimetal plate　09.0493
双金属电解　duplex metal simultaneous electrolysis　06.0272
* 双金属轧制　sandwich rolling　09.0410
双壳电炉炼钢　twin shell electric arc furnace steelmaking　05.1174
双空位　divacancy　07.0063
双联火道　hairpin flue, twin flue　05.0064
双联炼钢法　duplex steelmaking process　05.1026
双链式拉伸机　double chain drawing machine　09.1524
双料钟式炉顶　two-bell system top　05.0885
双膦酸　diphosphonic acid　03.0621
双流道氧枪　double-flow oxygen lance　05.1148
双流法　double stream process　06.0665
双膜模型　two-film model　04.0320
双区电收尘器　two stage static precipitator　06.0422
双相不锈钢　duplex stainless steel　08.0349
双相钢　dual phase steel　08.0335
双渣操作　double-slag operation　05.1111
双轴承座工作辊弯辊装置　double chock working roll

bending device, DC-WRB device   09.1347

* 双轴惯性振动筛   linear vibrating screen   03.0274

双柱式锤   double frame hammer   09.1571

双转子冲击式破碎机   double-rotor impact crusher   03.0260

双作用锤   double action hammer   09.1572

水泵   pump   02.1000

水仓   water sump   02.0999

水封   water seal   06.0109

水封爆破   water infusion blasting   02.0453

水封挤压   water sealed extrusion   09.0824

水封填塞   water stemming   02.0471

水合   hydration   06.0208

水合封孔   hydration sealing   09.1122

水合结合   hydraulic bond   05.0182

水合热   hydration heat   06.0209

水合稀土氯化物   hydrated rare earth chloride   06.1173

水化   hydration   03.0512

水化层   hydrated layer   03.0513

水化石榴子石   hydrogarnet   06.0687

水基石墨润滑剂   colloidal graphite mixed with water   09.0253

水胶炸药   water gel explosive   02.0382

水解产物   hydrolysate   06.0211

水解沉淀   hydrolysis precipitation   06.0179

水解聚丙烯酰胺   hydrolytic polyacrylamide   03.0647

水解质   hydrolyte   06.0210

水口滑板   slide gate   05.1363

水口结瘤   nozzle blocking   05.1369

* 水口山炼铅法   SKS lead smelting   06.0521

水口引流砂   stuffing sand in nozzle   05.1402

水冷挂渣炉壁   slag deposit and water-cooling panel   05.1186

水冷炉衬   water-cooling lining   05.1185

水冷炉盖   water-cooling roof   05.1192

水冷模   water cooling die   09.1493

水冷模挤压   water cooled die extrusion   09.0814

水力冲采   hydraulic sluicing   02.0707

水力充填   hydraulic filling   02.0813

水力分级机   hydraulic classifier   03.0340

水力排土场   hydraulic waste disposal site   02.0710

水力输送   hydraulic conveying   02.0709

水力旋流器   hydrocyclone   03.0347

水力压裂   hydraulic fracturing   02.0873

水力运搬   hydraulic handling   02.0738

水力运输管道   hydraulic conveying pipeline   02.1218

水力凿岩机   frock drill   02.1107

* 水铝氧石   gibbsite   03.0150

水镁石   brucite   03.0229

水锰矿   manganite   03.0167

水膜收尘器   water-membrane scrubber   06.0424

水幕冷却   water curtain cooling, curtain cooling   09.1082

水平带式真空过滤机   horizontal belt vacuum filter   03.0685

水平段   horizontal section   05.1520

水平分层充填法   horizontal cut and fill stoping   02.0800

水平勘探   horizontal exploration   02.0116

水平连铸机   horizontal caster   05.1442

水平连铸三相点   three-phase site of horizontal continuous casting   05.1534

水平投影图   horizontal projected profile   02.0157

水枪   monitor   02.1169

水枪射流   water jet by hydraulic monitor   02.0706

水热法   hydrothermal method   06.0371

水溶锌率   water soluble zinc ratio   06.0554

水溶性润滑剂   soluble lubricant   09.0254

水溶液浸出   aqueous leaching   06.0190

水砂充填   hydraulic sand filling   02.0820

水套冷却   water jacket cooling   06.0108

水体下矿床开采   mining under water body   02.0865

水文地质条件复杂矿床   mine with complicated hydrogeological condition   02.0981

水文地质图   hydrogeological map   02.0148

水析   particle size analysis by sedimentation   03.0751

水压致裂法   hydraulic fracturing technique   02.0275

顺流干燥   concurrent drying   06.0233

顺流接触   co-current contact   04.0395

顺流型圆筒磁选机   co-current drum magnetic separator   03.0412

顺氢还原   concurrent hydrogen flow reduction   06.1062

* 顺向旋压   forward spinning   09.1057

瞬发电雷管   instantaneous electric detonator   02.0425

瞬发雷管　instantaneous detonator　02.0426

*瞬时液相烧结　transient liquid-phase sintering　08.0236

*司卓克拉斯基法　Czochralski method　06.0373

丝状腐蚀　filiform corrosion　08.0083

*斯尼福法　SNIF process　09.0775

斯皮诺达分解　spinodal decomposition　07.0236

斯特藩–玻尔兹曼定律　Stefan-Boltzmann law　04.0347

斯托克斯碰撞　Stokes' collision　05.1380

死区　dead metal region, dead zone　09.0381

死烧　dead burning　05.0353

*死铁层　salamander　05.0896

四重式多辊矫直机　four high roller leveler　09.1383

四点压力机　four-point press　09.1573

四碘化锆　zirconium tetraiodide　06.0977

四碘化铪　hafnium tetraiodide　06.0978

四碘化钛　titanium tetraiodide　06.0976

四方度　tetragonality　07.0046

四分之一浪　quarter waviness　09.1179

四辊式轧机　four-high rolling mill　09.1224

*四角相图　phase diagram of reciprocal salt system　04.0073

四面体间隙　tetrahedral interstice　07.0044

四乙铅　tetraethyl lead　06.0535

四元相图　quarternary phase diagram　04.0072

四柱式液压机　four-column hydraulic press　09.1556

嗣后充填　delayed filling　02.0825

松醇油　pine camphor oil　03.0630

松卷　unclamp coil　09.0694

松石撬落机　scaler　02.1161

松油　pine oil　03.0629

松装密度　apparent density　08.0190

送风时率　blowing time ratio　06.0477

苏打渣　soda slag　06.0542

速度　velocity　04.0214

速度边界层　velocity boundary layer　04.0271

速度场　velocity field　09.0108

速度间断　velocity break　09.0109

速度控制　speed control　09.1443

速度势　velocity potential　04.0296

速度头　velocity head　04.0302

速端图　hodograph　09.0195

速率　rate　04.0213

速率控制环节　rate determining step　04.0332

速率现象　rate phenomena　04.0215

速效支护　available support　02.0595

塑料模具钢　plastic-working die steel　08.0376

塑性本构关系　plastic constitutive relation　02.0235

塑性变形　plastic deformation　07.0360

塑性成焦机理　plastic mechanism of coke-making　05.0067

塑性成形　plastic forming　09.0017

塑性各向异性　plastic anisotropy　09.0217

*塑性工程学　engineering plasticity　09.0003

塑性极限　plastic limit　09.0033

塑性加工　plastic working　09.0001

塑性加工金属学　physical metallurgy of plastic working　09.0006

塑性加工力学　mechanics of plastic working　09.0005

塑性加工摩擦学　tribology of metal-working　09.0225

塑性流动　plastic flow　09.0382

塑性流体动力润滑　plasto-hydrodynamic lubrication　09.0246

塑性区　plastic region, plastic zone　09.0336

塑性失稳　plastic instability　09.0165

塑性势　plastic potential　09.0130

*塑性条件　yield criteria　09.0118

塑性图　diagram of plasticity　09.0207

塑性应变比　plastic strain ratio　09.0208

*塑性指标　plastic limit　09.0033

酸浸　acid leaching　06.0186

酸气　acid gas　05.0158

酸热分解　thermal decomposition with acid　06.1192

酸溶铝　acid soluble aluminum　05.1015

酸溶锌率　acid soluble zinc ratio　06.0555

酸洗　acid pickling　09.1089

酸洗槽　pickling tank　09.1511

*酸洗剂　pickle acid, pickling agent　09.1097

*酸洗介质　pickle acid, pickling agent　09.1097

酸洗–冷轧联合机组　combined pickling and tandem cold rolling mill train　09.1266

酸洗清理　acid pickling cleaning　09.0598

酸洗塔　ammonia scrubber with acid　05.0144

酸洗添加剂　pickling additive　09.1095

酸洗钨粉　doped tungsten powder after washing with

acid 06.1067

酸洗液 pickle acid, pickling agent 09.1097

酸洗周期 pickling cycle 09.1096

酸性介质 acidic medium 03.0532

酸性磷氧型萃取剂 acidity phosphorous-oxygen type extractant 06.1211

酸性耐火材料 acid refractory 05.0347

酸性平炉炼钢法 acid open-hearth process 05.1024

酸性烧结矿 acid sinter 05.0589

酸性氧化物 acidic oxide 04.0540

酸性渣 acid slag 05.0990

算术平均值 arithmetic mean 04.0690

随机抽样 random sampling 04.0751

随机化 randomization 04.0727

* 碎化–溶解法 activation-solution 06.0834

碎石机 rock breaker unit 02.1158

隧道 tunnel 02.0565

隧道窑 tunnel kiln 05.0364

隧道窑直接还原法 tunnel kiln direct reducting process

05.0970

梭车 shuttle car 02.1191

梭式布料机 shuttle distributor 05.0621

梭式窑 shuttle kiln 05.0366

羧甲基纤维素 carboxymethyl cellulose, CMC 03.0636

* 缩核模型 unreacted core model 04.0323

缩孔 shrinkage hole 05.1415

缩口 necking 09.1056

缩口系数 necking coefficient 09.1051

缩松 dispersed shrinkage 05.1414

缩尾 constricted tail, shrink tail 09.1192

索道端站 terminal station of tramway 02.1215

索道货车 rolling carrier 02.1214

* 索德伯格电极 Söderberg electrode 05.0562

索斗挖掘机 dragline shovel 02.1116

索斗挖掘机装载 dragline loading 02.0684

索氏体 sorbite 07.0586

锁口 parting of the pass, roll joint 09.0644

T

铊中毒 thallium poisoning 06.1147

塔尔油 tall oil 03.0616

塔费尔方程 Tafel's equation 04.0452

塔费尔斜率 Tafel slope 08.0122

塔盘 distillation tray 06.0571

塔式磨机 tower mill 03.0325

塔式酸洗 tower pickling 09.1094

塔形 telescoping 09.1187

胎模 blocker-die 09.0947

胎模锻 blocker-type forging, loose tooling forging 09.1002

台浮 table flotation 03.0084

台阶 bench 02.0643

台阶爆破 bench blasting 02.0438

台阶高度 bench height 02.0653

台阶坡面 bench face 02.0649

台阶坡面角 bench slope angle 02.0650

太阳能电池 solar cell 04.0502

钛白粉 titanium pigment, titanium white 06.0974

钛磁铁矿 titanomagnetite 03.0159

α 钛合金 α titanium alloy 08.0453

α-β 钛合金 α-β titanium alloy 08.0454

β 钛合金 β titanium alloy 08.0455

钛合金板 titanium alloy plate 09.0591

钛合金管 titanium alloy tube 09.0589

钛铝金属间化合物 titanium-aluminum intermetallic compound 08.0469

钛砂 titanium sand 06.0962

钛酸盐 titanate 06.0975

钛铁 ferrotitanium 05.0514

钛铁矿 ilmenite 03.0173

钛渣 titanium slag 06.0965

弹簧锤 spring power hammer 09.1550

弹簧钢 spring steel 08.0370

弹簧摇床 spring shaking table 03.0376

弹式量热计 bomb calorimeter 04.0608

弹塑性体 elastic-plastic body 09.0034

弹跳分离 bouncing separation 03.0085

弹性 elasticity 08.0002

弹性本构关系 elastic constitutive relation 02.0234

弹性变形 elastic deformation 07.0359

弹性常数 elastic constant 08.0009

弹性后效 spring back 08.0008

弹性极限 elastic limit 08.0010

* 弹性连杆式振动筛　resonance screen　03.0288

弹性流体动力润滑　elasto-hydrodynamic lubrication　09.0245

弹性模量　modulus of elasticity　08.0012

弹性铌合金　elastic niobium alloy　08.0488

弹性谐振运行状态　elastic-chain syntony in operation　05.1669

弹性压扁　elastic flattening　09.0331

钽酸钾　potassium tantalate　06.1029

钽酸锂　lithium tantalate　06.1028

钽酸钠　sodium tantalate　06.1030

钽铁矿　tantalite　03.0183

钽钨合金　tantalum-tungsten alloy　08.0489

炭棒　carbon rod　05.0413

炭材二氧化碳反应性　carbon dioxide reactivity　06.0721

炭材空气反应性　air reactivity　06.0722

炭材料　carbon materials　05.0368

炭材料焙烧　baking of carbon materials　05.0458

炭材料焙烧隧道窑　tunnel baking kiln for carbon materials　05.0463

炭材料成型　forming of carbon materials　05.0455

炭材料二次焙烧　rebaking of carbon materials　05.0465

炭材料机械加工　machining of carbon materials　05.0482

炭材料加压焙烧　pressure baking of carbon materials　05.0466

炭材料浸渍　impregnation of carbon materials　05.0468

炭材料浸渍系统　impregnation system for carbon materials　05.0469

炭电极　carbon electrode　05.0408

炭分子筛　carbon molecular sieve　05.0418

炭黑　carbon black　05.0416

炭糊　carbon paste　05.0406

炭化　carbonization　05.0459

炭化法　carbonification　06.0932

炭化室　coking chamber　05.0060

炭浆法　carbon-in-pulp process, CIP process　06.0844

炭解吸　carbon stripping　06.0857

炭浸法　carbon-in-leach process, CIL process　06.0845

炭净耗　net carbon consumption　06.0765

* 炭块　carbon brick　05.0397

炭块钠膨胀系数　sodium swelling index　06.0724

炭毛耗　gross carbon consumption　06.0764

炭热还原法　carbon-thermal reduction　06.0938

炭刷　carbon brush　05.0412

炭素格子　carbon resistor block　06.0789

炭/炭复合材料　C/C composite　05.0394

炭物料电煅烧炉　electric calciner for carbonaceous materials　05.0445

炭物料煅烧　calcination of carbonaceous materials　05.0443

炭物料混合　mixing of carbonaceous materials　05.0450

炭物料磨粉　grinding of carbonaceous materials　05.0447

炭物料配料　burden of carbonaceous materials　05.0449

炭物料破碎　crushing of carbonaceous materials　05.0446

炭物料筛分　screening of carbonaceous materials　05.0448

炭纤维　carbon fiber　05.0386

炭纤维复合材料　carbon fiber reinforced composite　05.0393

* 炭阳极　carbon anode for aluminum electrolysis　05.0402

炭制品　carbon product　05.0467

炭质返回料　carbonaceous return scrap　05.0430

炭质耐火材料　carbon refractory　05.0297

炭柱法　carbon-in-column process, CIC process　06.0847

炭砖　carbon brick　05.0397

探料尺　gauge rod　05.0891

探明储量　proved reserves　02.0131

碳倍数　carbon multiples　06.0562

碳氮共渗　carbonitriding　07.0349

碳分　carbonation precipitation　06.0684

碳耗率　carbon estimation　06.0529

碳化锆　zirconium carbide　06.0984

碳化铪　hafnium carbide　06.0986

碳化铌　niobium carbide　06.1033

碳化钛　titanium carbide　06.0985

碳化钽　tantalum carbide　06.1034

碳化铁　iron carbide　05.0943

碳化铁工艺　iron-carbide process　05.0965

ε碳化物　ε-carbide　07.0571

χ碳化物　χ-carbide　07.0572

碳化物容量　carbide capacity　04.0553

碳纳米管　carbon nanotube　05.0391

碳氢冶金　carbon-hydrogen metallurgy　01.0042

碳势　carbon potential　07.0346

碳素沉析　carbon deposition　05.0721

碳素工具钢　carbon tool steel　08.0365

碳素结构钢　structural carbon steel　08.0324

碳素溶解损失反应　solution loss reaction of carbon　05.0722

碳酸锆　zirconium carbonate　06.0993

碳酸化法回收镓　recovery of gallium by carbonation　06.1130

碳酸锂　lithium carbonate　06.1110

碳酸钠焙烧法　roasting with sodium carbonate　06.1199

碳酸铷　rubidium carbonate　06.1123

*碳酸氧锆　zirconium carbonate　06.0993

碳锌比　carbon-zinc ratio　06.0530

碳–氧平衡　carbon-oxygen equilibrium　04.0556

碳冶金　carbon metallurgy　01.0041

碳优先氧化指标　index of selected carbon oxidation　05.1099

碳质中间相　carbonaceous mesophase　05.0432

*汤道砖　runner brick　05.1600

羰基　carbonyl　06.0617

羰基法　carbonyl process　06.0618

羰基粉　carbonyl powder　08.0169

羰基镍　nickel carbonyl　06.0619

羰基物挥发器　carbonyl volatilizer　06.0620

唐斯电解槽　Downs cell　06.0824

唐斯法　Downs process　06.0823

搪瓷钢板　enameling sheet　09.0466

烫辊　roll heating　09.0700

掏槽孔　cut hole　02.0347

陶瓷过滤器　ceramic filter　05.0340

陶瓷基复合材料　ceramic matrix composite　08.0273

陶瓷结合　ceramic bond　05.0179

陶瓷窑具　kiln furniture　05.0343

淘金　gold panning　02.0711

套管式结晶器　drum-in-drum mould　05.1468

套孔应力解除法　stress relief by overcoring technique　02.0279

特厚板　super heavy plate　09.0483

特厚板轧机　super heavy plate mill　09.1248

特宽厚板　super wide and heavy plate　09.0484

特宽厚板轧机　super-wide and heavy plate mill　09.1249

特朗斯瓦尔轧管机　Transval tube mill　09.1310

特雷斯卡六棱柱面　Tresca hexagonal prism　09.0128

特雷斯卡屈服准则　Tresca yield criteria　09.0127

*特尼恩特法　Teniente converter smelting process　06.0461

特尼恩特转炉　Teniente converter, TC　06.0462

特尼恩特转炉贫化法　Teniente converter slag cleaning process　06.0490

特尼恩特转炉熔炼法　Teniente converter smelting process　06.0461

特殊采矿　specialized mining　02.0012

特殊掘井法　special shaft sinking　02.0522

*特殊性能铸铁　alloy cast iron　08.0300

特殊质量钢　special quality steel　08.0309

特性黏度　intrinsic viscosity　04.0575

特异型耐火砖　special shape brick　05.0251

特征角　characteristic angle　09.0279

特征数　characteristic number　04.0358

特种熔炼　special melting　05.1239

特种炭制品　special carbon product　05.0419

特种铁合金　special ferroalloy　05.0486

梯度材料　gradient materials　08.0617

梯度碰撞　gradient collision　05.1381

梯度寻优　gradient search　04.0743

梯温加热　taper heating　09.0837

梯形跳汰机　trapezoid jig　03.0366

梯子间　ladder compartment, ladder way　02.0539

锑火试金富集　fire assay antimony collection　06.0902

锑盐净化法　arsenic trioxide purification process　06.0611

提纯　purification　06.0004

提拉法　crystal pulling method　06.0373

提取复型　extraction replica　07.0438

提取冶金[学]　extraction metallurgy　01.0015

提升 hoisting 02.0731

提升安全卡 hoisting safety clamp 02.1034

提升安全装置 hoisting safety installation 02.1029

提升钢绳保险器 safety device for breaking of hoist rope 02.1030

提升钢丝绳 hoisting rope 02.1066

提升机开拓 hoisting way development 02.0670

提升容器 hoisting conveyance 02.1070

提升式真空脱气法 Dortmund Hörder degassing process 05.1320

提升限速器 hoisting speed limitator 02.1031

体积不变定律 the law of volume constancy 09.0139

*体积不变条件 the law of volume constancy 09.0139

体积成形 bulk forming 09.0016

体积力 body force 09.0156

体积流率 volumetric flowrate 04.0278

体积密度 bulk density 05.0191

体积模量 bulk modulus 08.0014

体积收缩 volume shrinkage 05.1417

体积威力 bulk strength 02.0406

体扩散 bulk diffusion, volume diffusion 07.0169

体系 system 04.0013

体心立方结构 body-centered cubic structure 07.0012

体压缩系数 volume compressibility 08.0024

天井 raise 02.0569

天井吊罐法掘进 cage raising 02.0570

天井联系测量 raise connecting survey 02.0182

天井爬罐法掘进 climber raising 02.0571

天井钻机 raise boring machine 02.1144

天青石 celestite 03.0200

天然金红石 natural rutile 06.0963

天然可浮性 natural floatability 03.0536

天然石墨 natural graphite 05.0374

填充床 packed bed 04.0389

填充挤压 filling extrusion 09.0827

填料 packing-materials 06.0100

填塞长度 collar distance 02.0472

*条材 bar steel 09.0529

*条件疲劳极限 fatigue limit 08.0046

*条件应力 nominal stress, conventional stress 09.0056

条筛 bar screen 03.0287

调浆 conditioning 03.0070

调宽 width adjusting 09.0690

调宽压力机 side press 09.1295

调整剂 regulator, modifier 03.0569

调质 quenching and tempering, Vergüten（德） 07.0330

调质钢 quenched and tempered steel 08.0326

跳汰机 jig 03.0356

跳汰选矿 jigging separation 03.0077

铁白云石 ankerite 03.0230

铁磁相变 ferromagnetic transformation 07.0253

铁电相变 ferroelectric transformation 07.0264

铁橄榄石 fayalite 05.0688

铁钢比 iron to steel ratio 05.1034

铁沟 iron runner 05.0856

铁钴钒合金 supermendur 08.0577

铁硅铝合金 sendust 08.0576

铁合金 ferroalloy 05.0484

铁合金焦 ferroalloy coke 05.0038

铁口泥炮 iron taphole gun 05.0843

铁口喷焦 coke mess from the tap hole 05.0804

铁矿石的还原性 reducibility of iron ore 05.0677

铁矿石还原 iron ore reduction 05.0706

铁矿石软化性质 softening and dropping properties of iron ore 05.0680

铁鳞 iron scale 05.0245

铁路开拓 railway development 02.0667

铁路下矿床开采 mining under railway 02.0864

铁帽 gossan 02.0097

*铁–镍–钴玻封合金 kovar alloy 08.0548

*铁–镍–钴定膨胀合金 kovar alloy 08.0548

铁镍基高温合金 iron-nickel base superalloy 08.0523

铁闪锌矿 marmatite 03.0130

铁水 hot metal 05.0845

铁水沟脱硅 desiliconization in runner 05.1300

铁水罐 ladle, hot metal ladle 05.0852

铁水罐脱硅 desiliconization in iron ladle 05.1301

铁水罐脱磷 dephosphorization in iron ladle 05.1303

铁水化学热 chemical heat of hot metal 05.1108

铁水提钒 vanadium extraction from hot metal 05.1308

铁水同时脱硫脱磷 simultaneous elimination of phosphorus with sulfur removal in hot metal 05.1297

铁水物理热　sensible heat of hot metal　05.1107

铁水预处理　hot metal pretreatment　05.1279

铁水预脱硅　desiliconization of hot metal　05.1299

铁水预脱磷　pre-dephosphorization of hot metal　05.1302

铁水预脱硫　pre-desulphurization of hot metal　05.1291

铁素体　ferrite　07.0557

δ-铁素体　δ-ferrite　07.0558

铁素体不锈钢　ferritic stainless steel　08.0347

铁素体耐热钢　ferritic heat-resistant steel　08.0361

铁素体珠光体钢　ferrite-pearlitic steel　08.0388

铁素物质流　ferruginous mass flow　05.1648

铁酸二钙　dicalcium ferrite　05.0695

铁酸钙　calcium ferrite　05.0694

铁燧岩　taconite　03.0160

铁损　iron loss　05.1040

铁弹相变　ferroelastic transformation　07.0254

铁氧体永磁体　ferrite permanent magnet　08.0578

铁液　liquid iron　05.0846

铁浴还原　iron-bath smelting　05.0957

铁渣　iron residue　06.0606

烃油类捕收剂　hydrocarbon oil collector　03.0588

停留时间分布　residence time distribution　04.0386

通风防尘　dust control by ventilation　02.0972

通风压力　airflow pressure　02.0909

通风阻力　ventilation resistance　02.0912

通用镍　utility nickel　06.0625

同板差　thickness fluctuation on one plate　09.0703

同步辐射　synchrotron radiation　07.0515

同步振动　synchronous oscillation　05.1478

同多钨酸　isopolytungstic acid　06.1042

同活度法的相互作用系数　interaction coefficient at constant activity　04.0179

*同晶反应　completely miscible reaction　04.0085

同浓度法的相互作用系数　interaction coefficient at constant concentration　04.0178

同素异构　allotrophism　07.0059

同条差　longitudinal thickness fluctuation　09.0704

同位素法　isotope method　04.0672

同装　mixed filling　05.0750

铜除钒　removing vanadium by copper　06.0979

铜镉渣　copper-cadmium residue　06.0607

铜蓝　covellite　03.0102

铜冷却壁　copper stave　05.0867

铜锍　copper matte　06.0478

*铜–镍冰铜　copper-nickel high grade matte　06.0481

铜–镍高锍　copper-nickel high grade matte　06.0481

*铜镍合金　copper-nickel　08.0424

*铜–镍–铁冰铜　copper-nickel-iron matte　06.0480

铜–镍–铁锍　copper-nickel-iron matte　06.0480

铜瓦　contact clamp　05.0569

*统计力学　statistical thermodynamics　04.0003

*统计模拟方法　Monte Carlo method　04.0753

统计模式识别　statistical pattern recognition, SPR　04.0791

统计权重　statistical weight　04.0203

统计热力学　statistical thermodynamics　04.0003

统一通风系统　unitary ventilation system　02.0900

捅风口机　tuyere puncher　06.0489

BK筒式磁选机　BK rotor magnetic separator　03.0428

筒形变薄旋压　tube spinning, flow forming　09.0913

筒形过滤机　drum filter　03.0687

筒形内滤式过滤机　inside drum filter　03.0686

筒形筛　drum screen　03.0292

筒型电选机　rotor electrostatic separator　03.0457

投射料　slinger mix　05.0326

投影复型　shadowed replica　07.0439

*透镜片状马氏体　plate martensite　07.0579

透气度　permeability　05.0189

透氢材料　hydrogen permeating materials　08.0610

透射电子显微术　transmission electron microscopy, TEM　07.0428

凸度　crown　09.0679

凸泡　convex blister　09.1136

凸透镜型结晶器　convex mould　05.1471

*CCT图　continuous cooling transformation diagram　07.0276

*TTT图　time-temperature-transformation diagram　07.0275

图普和塞米斯结构相关模型　Toop and Samis structure-related model　04.0533

图像分析　image analysis　07.0424

涂层板　painted sheet, coated sheet　09.0465

涂层处理　coating　09.1088

涂层机　coater　09.1530

涂镀层钢　coated steel　08.0339

涂脂摇床　grease table　03.0379

土壤腐蚀　soil corrosion　08.0071

土岩预松　preliminary loosening of sediments　02.0708

吐丝机　loop laying head　09.1244

钍石　thorite　03.0224

*钍钨　tungsten-thorium cathode materials　08.0482

湍动能　turbulent kinetic energy　04.0773

湍动能耗散率　dissipation rate of the eddy kinetic energy　04.0774

湍流　turbulent flow　04.0255

湍流边界层　turbulent boundary layer　04.0269

湍流黏度　turbulent viscosity　04.0263

湍流碰撞　turbulent collision　05.1382

湍流热扩散系数　turbulent thermal diffusivity　04.0343

团聚　agglomeration　03.0058

团聚剂　agglomerant　03.0568

团矿烧成率　coked briquette percent　06.0561

团粒　agglomerate　08.0167

推车机　car pusher　02.1194

推杆式炉　pusher furnace　09.1574

推钢机　pusher　09.1403

推钢式加热炉　push furnace　09.1446

推焦　pushing　05.0111

推焦机　pusher machine　05.0075

推焦联锁装置　interlock pushing device　05.0110

推拉式酸洗　push-pull pickling　09.1093

*推力板　toggle　03.0253

推土机　bulldozer　02.1200

推土机排土　waste disposal with bulldozer　02.0691

推土机装载　bulldozer loading　02.0688

推轧穿孔　pushing piercing　09.0721

推轧穿孔机　push piercing mill, PPM　09.1298

退火　annealing　07.0303

退火钢　annealed steel　08.0315

*托尔考法　TORCO process　06.0468

托马斯炼钢法　Thomas steelmaking process　05.1020

*托马斯生铁　phosphoric pig iron　05.0849

托台　cage keps　02.0554

脱苯塔　benzol stripper, crude benzol still　05.0147

脱磁器　demagnetizer　03.0426

脱方　out of squareness　09.1183

脱镉锌　cadmium-free zinc　06.0578

脱硅　desiliconization　04.0558

脱硫废液　waste desulfate liquor　05.0165

脱硫率　desulphurization ratio　06.0390

*脱硫塔　H_2S scrubber　05.0151

脱硫系统优化　system optimization on sulfur removal operation　05.1298

脱锰　demanganization　04.0559

脱模　stripping　05.1603

脱泥　desliming　03.0065

脱皮挤压　skinning extrusion　09.0817

*脱氢退火　dehydrogenation annealing　07.0309

*脱溶　precipitation　07.0230

脱溶序列　precipitation sequence　07.0232

脱砷　dearsenization　04.0560

脱湿鼓风　dehumidified blast　05.0785

脱水　dehydration　06.0781

脱水仓　dewatering bunker　03.0657

脱水光卤石　dehydrated carnallite　06.0785

脱酸塔　deacidifier　05.0153

脱碳　decarbonization　09.1143

脱铜槽　copper liberation cell　06.0511

脱锌　dezincification　08.0087

脱氧常数　deoxidation constant　04.0544

脱氧平衡　deoxidation equilibrium　04.0543

脱氧铜　deoxidized copper　08.0414

脱药　reagent removal　03.0582

脱脂　degrease　09.1087

脱脂槽　degreasing tank　09.1514

陀螺经纬仪　gyroscope theodolite　02.0209

椭圆–方孔型系统　ellipse-square pass system　09.0657

椭圆–立椭圆孔型系统　ellipse-off-round pass system　09.0659

椭圆–圆孔型系统　ellipse-round pass system　09.0660

椭圆振动筛　elliptical vibrating screen　03.0275

拓扑密堆相　topologically close-packed phase　07.0615

W

挖掘机　excavator　02.1112

挖掘机装载　excavator loading　02.0682

瓦垅板　corrugated steel sheet　09.0469

瓦纽科夫熔炼法　Vanyukov smelting process
　06.0463

*瓦斯灰　dust of blast furnace　05.0609

外翅内螺纹管成形　outer fin & inner spiral tube
　forming　09.0856

*外科医用合金　biomedical metal materials　08.0589

外扩散　external diffusion　04.0330

外来夹杂物　exogenous non-metallic inclusion
　05.1013

外燃式热风炉　outside combustion stove　05.0921

外折叠　outside overlap　09.1159

弯辊力　roll bending force　09.0343

弯曲带　bend zone, sagging zone　02.0201

弯曲度　curvature　09.1175

弯曲辊　strand bending roll　05.1535

弯曲应力　bending stress　09.0064

弯月面　meniscus　05.1483

*完全固溶体　complete solid solution　07.0161

完全离子溶液模型　perfect solution model　04.0535

*完全模拟　rigorous physical modeling　05.1387

*完全气体　ideal gas　04.0100

*完全再结晶温度　recrystallization temperature
　07.0387

烷基磷酸酯　alkyl phosphate ester　03.0609

烷基硫醇　alkyl thioalcohol　03.0599

烷基硫酸盐　alkyl sulfate　03.0618

万能宽边 H 型钢　universal wide flange H section
　09.0542

万能凸度轧机　universal crown mill　09.1272

万能轧机　universal rolling mill　09.1232

万向接轴　universal spindle　09.1362

网格结构　geometries and meshes　04.0766

*网络形成子　net-work former　04.0540

*网络修饰子　net-work modifier　04.0541

网目　mesh　03.0037

网状聚磁介质　grid matrix　03.0437

网状组织　network structure　07.0544

往程旋压　forward spinning　09.1057

往复筛　reciprocating screen　03.0291

微波检测　microwave testing　07.0526

微波烧结　micro-wave sintering　08.0231

微波消解法　microwave digestion process　06.0832

*微差爆破　millisecond blasting　02.0443

微动腐蚀　fretting corrosion　08.0095

微动疲劳　fretting fatigue　08.0053

微观动力学　microkinetics　04.0208

微观偏析　micro segregation　07.0226

微合金钢　micro alloy steel　01.0049

微合金化　micro alloying　05.1330

微合金碳氮化物　microalloy carbonitride　07.0618

微焦点射线透照术　microfocus radiography　07.0517

微孔刚玉砖　microporous corundum brick　05.0281

微孔筛　micromesh sieve　03.0295

微孔炭砖　microporous carbon brick　05.0399

微粒模型　grain model　04.0326

微量浮选　micro flotation　03.0495

微泡浮选　microfroth flotation　03.0485

微生物腐蚀　microbial corrosion　08.0069

*微生物浸出　bacterial leaching　06.0192

微生物氧化法　microbial oxidation process　06.0838

微碳铬铁　extra low carbon ferrochromium　05.0507

微细粒浮选　fine flotation　03.0494

微张力控制　minimum tension control　09.1435

微震监测　micro-seismic monitoring　02.0324

围压　confining pressure　02.0253

围岩　surrounding rock, wall rock　02.0294

围岩加固　reinforcement of surrounding rock mass
　02.0295

围岩蚀变　wall rock alteration　02.0091

*维德曼施泰滕组织　Widmanstätten structure
　07.0548

*维加洛合金　Vicalloy　08.0577

*维纽尔法　Verneuil method　06.0374

维氏硬度　Vickers hardness　08.0042

维氏组织　Widmanstätten structure　07.0548

维修规程　maintenance know-how　05.1636

维修优化策略　optimal maintenance strategy　05.1639

伪共晶体　pseudo-eutectic　07.0534

伪共析体　pseudo-eutectoid　07.0538

卧式挤压机　horizontal extrusion press　09.1483

卧式离心选矿机　horizontal centrifugal separator　03.0400

卧式砂仓　horizontal sand bill　02.0829

卧式转炉　Pearce-Smith converter　06.0470

污染膜　pollution film　09.0240

* 污浊风流　outgoing airflow　02.0921

α-钨　α-tungsten　06.1053

β-钨　β-tungsten　06.1054

* 钨基重合金　high density tungsten alloy　08.0477

钨铼合金　W-Re alloy　08.0539

* 钨锰铁　wolframite　03.0132

钨酸　tungstic acid　06.1039

钨酸铵　ammonium tungstate　06.1043

钨酸钙　calcium tungstate　06.1071

* 钨酸钙矿　scheelite　03.0133

钨铁　ferrotungsten　05.0511

钨铜假合金　tungsten-copper composite　08.0478

钨铜梯度材料　tungsten-copper gradient materials　08.0481

钨钍阴极材料　tungsten-thorium cathode materials　08.0482

无捕收剂浮选　collectorless flotation　03.0486

无槽轧制　grooveless rolling　09.0652

* 无衬芯拉伸　sink drawing　09.0850

无磁低膨胀合金　non-magnetic low expansion alloy　08.0547

无磁封接合金　non-magnetic sealing alloy　08.0608

无磁钢　non-magnetic steel　08.0384

无磁铸铁　non-magnetic case iron　08.0301

无底柱分段崩落法　sublevel caving method without sill pillar　02.0847

无定形炭　amorphous carbon　05.0370

* 无飞边模锻　closed die forging　09.0977

无废开采　waste-less mining　02.0025

无缝管　seamless tube　09.0498

无缝管轧机　seamless tube rolling mill　09.1303

* 无坩埚区域熔炼　crucibleless zone melting　06.0941

无隔板镁电解槽　diaphragmless magnesium electrolyzer　06.0796

* 无规程轧制　schedule free rolling　09.0428

无轨采矿　trackless mining　02.0840

无回收焦炉　non-recovery coke oven　05.0059

无活塞跳汰机　piston-free jig　03.0361

无机热化学数据库　thermodynamic database in metallurgy　04.0781

无机絮凝剂　inorganic flocculant　03.0566

无极绳运输　endless rope haulage　02.1196

无间隙原子钢　interstitial-free steel　08.0336

* 无孔型轧制　grooveless rolling　09.0652

无料钟炉顶　bell-less top　05.0887

无钠金属锂　sodium-free lithium metal　06.1121

无扭轧制　no-twist rolling　09.0420

无牌坊轧机　housingless mill　09.1238

无泡沫浮选　nonfrothing flotation　03.0487

无起爆药雷管　no-primary-explosive detonator　02.0427

无切边轧制　trimming free rolling　09.0425

无氰浮选　cyanide-free flotation　03.0488

无人采矿　unmanned mining　02.0014

无熔剂法熔炼　flux free smelting　05.0537

无筛板流化床氯化炉　fluidized bed chlorinator without sieve pore plate　06.0944

* 无声合金　vibration-absorption alloy　08.0621

无水氯化锂　anhydrous lithium chloride　06.1112

无水氯化镁　anhydrous magnesium chloride　06.0783

无水泥浇注料　no cement castable　05.0319

无损检测　non-destructive testing　07.0487

无碳化物贝氏体　carbide-free bainite　07.0592

无头轧制　endless rolling　09.0394

无锡镀层钢板　tin free coated steel sheet　09.0468

* 无限固溶体　complete solid solution　07.0161

无限稀溶液　infinitely dilute solution　04.0167

无限稀溶液参考态　reference state of infinitely dilute solution　04.0176

无芯棒拔制　mandrel-less drawing　09.0421

无芯棒拉伸　sink drawing　09.0850

无芯感应炉　coreless induction furnace　05.1245

无序固溶体　disordered solid solution　07.0163

无序相　disordered phase　07.0146

无压边拉深模　drawing die without blank-holder　09.1027

无压余挤压　discard-free extrusion　09.0816

无烟连续除气法　fumeless in line degassing process　09.0774

无烟煤　anthracite　05.0427

无氧化加热炉 anti-oxidation heater 09.1575

无氧铜 oxygen free copper 08.0415

无再结晶温度 non-recrystallization temperature 07.0388

无渣法熔炼 slag-free reduction smelting 05.0535

无渣炼钢 slagless converter 05.1120

无张力控制 free tension control 09.1434

无张力轧制 non-tension rolling 09.0419

* 无砧座锤 counter-blow hammer 09.1551

五氟化铌 niobium pentafluoride 06.1017

五氟化钽 tantalum pentafluoride 06.1018

五氯化铌 niobium pentachloride 06.1019

五氯化钽 tantalum pentachloride 06.1020

五氧化二钒 vanadic oxide, vanadium anhydride 06.0955

五氧化二铌 niobium pentoxide 06.1014

五氧化二钽 tantalum pentoxide 06.1015

伍德合金 Wood metal 08.0474

物化等电点 physical chemistry isoelectric point 04.0595

物理剥离法 physical stripping process 06.0894

物理过程 physical process 04.0034

物理模型方法 physical modeling 04.0353

物理气相沉积 physical vapor deposition 08.0164

* 物理取样 physical sampling 02.0141

物理吸附 physical adsorption 04.0364

物理冶金[学] physical metallurgy 01.0018

物流管制 mass flow controlling 05.1658

物态转变 structure and aggregate state transforming 05.1657

物探 geophysical prospecting 02.0120

物性控制 matter property controlling 05.1656

物质传递 mass transfer 04.0251

物质纯度 materials purity 06.0375

物质的量分数 mole fraction 04.0163

物质的量浓度 molality 04.0164

物质化学吸附 chemical adsorption 04.0365

* 物质流密度 Mengenstromdichte（德）, molar flux 04.0285

误差 error 04.0694

误轧 miss rolling 09.1199

雾化 atomization 08.0199

雾化粉 atomized powder 08.0171

雾化提钒 vanadium extraction by spray blowing 06.0951

雾化铸造 spray casting 05.1459

X

夕线石 sillimanite 03.0206

西格玛相 σ phase 07.0616

* 西华特定律 Sievert's law 04.0561

西姆斯热轧轧制力方程 Sims equation for hot rolling force 09.0341

西韦特定律 Sievert's law 04.0561

吸附等温式 adsorption isotherm 04.0368

吸附浮选 adsorption flotation 03.0477

吸附活化能 activation energy of adsorption 04.0366

吸附胶体浮选 adsorbing colloid flotation 03.0489

吸附量 adsorption density 03.0526

吸附膜 adsorbed film 09.0241

吸附–配合生成法 adsorption-complex formation method 06.1259

吸附热 heat of adsorption 04.0367

吸附色层法 adsorption chromatography 06.0348

吸气剂 getter 08.0229

吸热反应 endothermic reaction 04.0112

吸水率 water absorption 05.0188

吸吐搅拌 stirring by stream pouring 05.1337

希尔直接还原法 HYL process 05.0955

析出电位 deposition potential 06.0298

析出相 precipitate 07.0151

牺牲阳极 sacrificed anode 08.0137

硒中毒 selenosis 06.1151

* 稀散金属 rare scattered metal 06.0929

稀释剂 diluent 06.0339

稀土硅镁铁 rare earth ferrosilicon-magnesium 05.0527

稀土硅铁 rare earth ferrosilicon 05.0526

稀土合金粉化 rare earth alloy disintegration 06.1278

稀土合金渣 rare earth alloy slag 06.1282

稀土化学 rare earth chemistry 06.1163

稀土金属有机化学 rare earth metal organic chemistry 06.1165

稀土联动萃取分离 hyperlinks solvent extraction

technology for rare earth 06.1222

*稀土络合化合物 rare earth coordination compound 06.1166

稀土模糊萃取分离 fuzzy solvent extraction technology for rare earth 06.1223

*稀土配合物 rare earth coordination compound 06.1166

稀土配位化合物 rare earth coordination compound 06.1166

稀土生物无机化学 rare earth bioglass inorganic chemistry 06.1164

稀土无机配合物 rare earth inorganic complexes 06.1168

稀土有机配合物 rare earth organic complexes 06.1167

稀土元素 rare earth, RE 06.1159

稀土原子簇化合物 rare earth atom cluster compound 06.1169

稀土中间合金 rare earth master alloy 06.1277

稀有分散金属 rare scattered metal 06.0929

*稀有高熔点金属 rare refractory metal, refractory metal 06.0927

稀有金属 rare metal 06.0926

稀有金属合金 rare-metal alloy 09.0579

稀有难熔金属 rare refractory metal, refractory metal 06.0927

稀有轻金属 rare light metal 06.0928

*α-锡 grey tin 06.0648

*β-锡 white tin 06.0649

锡火试金富集 fire assay tin collection 06.0903

锡石 cassiterite 03.0135

锡疫 tin pest 06.0650

熄爆 incomplete detonation 02.0489

熄焦车 coke quenching car 05.0079

熄焦塔 quenching station, quenching tower 05.0109

熄灭阳极效应 anode effect terminating 06.0751

*洗氨塔 NH$_3$ scrubber 05.0152

洗苯塔 crude benzol scrubber 05.0146

洗出液 eluate 06.0314

洗矿 washing 03.0094

洗炉 accretion removing practice 06.0399

洗脱 elute, elution 06.0312

洗脱液 eluent 06.0313

洗油 washing oil 05.0121

洗油再生器 wash oil regenerator 05.0148

*系 system 04.0013

*系统 system 04.0013

系统误差 systematic error 04.0696

系综 ensemble 04.0795

细度 fineness 03.0096

细晶超塑成形 refined-grain superplastic forming 09.0915

细菌浸出 bacterial leaching 06.0192

细颗粒 fine particle 03.0033

细粒级 fine fraction 03.0036

细磨 fine grinding 03.0307

细筛 fine screen 03.0296

细碎 fine crushing 03.0241

细碎圆锥破碎机 short head cone crusher 03.0264

细长比 slender proportion 09.1014

*细珠光体 troostite 07.0585

*瞎炮 misfire 02.0486

霞石 nepheline 03.0151

下贝氏体 lower bainite 07.0590

下部调节 blast conditioning 05.0790

下沉系数 subsidence factor 02.0202

下传动 bottom drive 09.1451

下传动压力机 under-drive press 09.1566

下盘 foot wall 02.0099

下喷式焦炉 under-jet coke oven 05.0054

下切式剪切机 up cut shears 09.1370

*下限法 lower bound method 09.0179

下向分层充填法 underhand cut and fill stoping 02.0803

下渣 slag carryover 05.1327

下铸 bottom teeming 05.1588

先粉碎后配煤流程 grinding prior to blending process 05.0008

*先共晶渗碳体 proeutectic 07.0565

*先共析渗碳体 proeutectoid cementite 07.0567

先共析铁素体 proeutectoid ferrite 07.0560

先进高强度钢 advanced high strength steel, AHSS 08.0329

先配煤后粉碎流程 grinding after blending process 05.0007

纤铁矿 lepidocrocite 03.0219

纤维强化　fiber strengthening　07.0411

纤维增强钛合金　fibre reinforced titanium alloy　08.0468

纤维织构　fiber texture　07.0599

纤维状断口　fibrous fracture surface　07.0403

显气孔率　apparent porosity　05.0185

显微硬度　microhardness　08.0044

显微组织　microstructure　07.0529

显性板形　observable profile　09.0675

显著性水平　significance level　04.0710

现代电炉炼钢　modern EAF steelmaking　05.1168

限动芯棒连轧管机　multi-stand pipe mill, retained mandrel pipe mill, MPM　09.1305

限制宽展　limited spread　09.0326

限制性剪切强度　confined shear strength　02.0256

限制性压缩强度　confined compressive strength　02.0252

线材　wire rod　09.0559

线材挤压　wire rod extrusion　09.0808

线材拉伸　wire drawing　09.0848

线材轧机　wire rod mill　09.1230

线材轧制　rod rolling, wire rolling　09.0435

线材制品　wire rod product　09.0560

线动量守恒定律　conservation law of linear momentum　09.0137

线缺陷　line defect　07.0078

线收缩　linear shrinkage　05.1418

线形装药　string loading　02.0464

* 线性不可逆过程　linear non-equilibrium process　04.0193

线性电势扫描法　linear sweep voltammetry, LSV　04.0664

线性非平衡过程　linear non-equilibrium process　04.0193

线性规划　linear programming　04.0745

线性回归　linear regression　04.0716

线性极化　liner polarization　08.0119

线性唯象关系　phenomenological relation　04.0192

线压缩系数　linear compressibility　08.0025

线应变　linear strain　09.0083

线长大速度　linear growth rate　07.0199

陷落角　caved angle　02.0204

* 相当应变速率　equivalent strain rate　09.0096

* 相对变形量　deformation rate　09.0286

* 相对电负性　electronegativity　04.0468

相对密度　relative density　08.0189

相对黏度　relative viscosity　04.0578

相对误差　relative error　04.0701

相关分析　correlation analysis　04.0719

相关系数　correlation coefficient　04.0720

相合熔点　congruent melting point　04.0080

相互作用参数　interaction parameter　04.0177

相似定理　similarity theorem　04.0352

相似原理　principle of similarity　04.0351

* 相似准数　characteristic number　04.0358

箱式退火炉　box annealing furnace　09.1474

箱形孔型系统　box-type pass system　09.0654

详查　detailed reconnaissance　02.0106

相　phase　04.0062

* TCP 相　topologically close-packed phase　07.0615

相比　phase ratio　06.0303

相变　phase transformation　07.0183

相变超塑性成形　transformation superplastic forming　09.0924

相变焓　enthalpy of phase transformation　04.0124

相变韧化　transformation toughening　07.0419

相变应力　transformation stress　05.1421

相变诱导塑性钢　transformation induced plasticity steel, TRIP steel　08.0390

相变诱发塑性　phase transformation induced plasticity　08.0061

相衬度　phase contrast　07.0442

相界面　interphase boundary　07.0138

* 相律　Gibbs phase rule　04.0064

相平衡　phase equilibrium　04.0063

相平衡法　phase equilibrium method　04.0635

相区邻接规则　neighboring phase field rule　04.0095

相图　phase diagram　04.0066

相图计算　calculation of phase diagram　04.0790

* 相位衬度　phase contrast　07.0442

相稳定区图　phase-stability area diagram　04.0097

* 向错　disclination　07.0082

* Z 向钢　Z direction steel　08.0405

像位错　image dislocation　07.0108

橡皮成形　rubber pad forming　09.0925

橡皮冲裁　rubber pad blanking, rubber die blanking

09.0926

橡皮拉深　rubber pad drawing　09.0927

肖克莱不全位错　Shockley partial dislocation
　07.0091

肖氏硬度　Shore hardness　08.0043

肖特基空位　Schottky vacancy　07.0066

消泡　defrothing　03.0553

消泡剂　bubble elimination agents　03.0575

消气材料　getter materials　08.0611

* 消声合金　vibration-absorption alloy　08.0621

消石灰　hydrated lime　05.0607

消烟除尘车　smokeless charging and dedusting car
　05.0084

硝铵炸药　ammonium nitrate explosive　02.0383

硝化甘油炸药　nitroglycerine explosive　02.0384

硝酸锆　zirconyl nitrate　06.1000

硝酸铯　cesium nitrate　06.1124

* 硝酸氧锆　zirconyl nitrate　06.1000

小方坯　billet　05.1447

小角晶界　small angel grain boundary　07.0139

* 小坑　BF skimmer　05.0858

小球烧结法　hybrid pelletizing sinter　05.0596

小型型材轧机　small section mill　09.1229

楔横轧　wedge rolling　09.0399

楔横轧机　tape transverse rolling mill　09.1284

楔形滑坡　wedge-shaped landslide　02.0332

协萃剂　synergist　06.0306

协同萃取　synergistic solvent extraction　06.0324

协同效应　synergistic effect　06.0323

协同作用　synergism　03.0548

斜刀片剪切机　shears with inclined blades　09.1367

斜锆石　baddeleyite　03.0188

* 斜硅钙石　larnite　05.0698

斜辊式管棒矫直机　cross roll-type tube and bar
　straightener　09.1388

斜井　inclined shaft　02.0508

斜井吊桥　hanging bridge for inclined shaft　02.0739

斜井卡车器　car stopper of inclined shaft　02.1033

斜井开拓　inclined shaft development system　02.0719

斜井甩车道　switching track for inclined shaft
　02.0740

斜楔调整装置　wedge roll adjusting device　09.1350

斜轧　cross rolling　09.0385

斜轧穿孔　cross piercing　09.0720

斜轧穿孔延伸机　cross roll piercing elongation mill,
　CPE mill　09.1299

斜轧机　skew mill　09.1283

斜长石　plagioclase　03.0204

卸矿硐室　ore dumping chamber　02.0551

卸压爆破　pressure-relief blasting　02.0305

卸载硐室　unloading chamber　02.0547

榍石　sphene　03.0232

蟹爪装载机　gathering arm loader　02.1127

芯棒　mandrel　09.1307

芯棒轧制　mandrel rolling　09.0396

* 芯线　cored wire　05.1313

* 芯轴扩孔　saddle forging　09.0943

锌白　zinc white　06.0579

锌白铜　nickel silver　08.0425

锌钡白　lithopone　06.0581

锌矾　zinc vitriol　06.0576

锌粉还原–碱度法　zinc powder deoxidization-
　alkalinity method　06.1254

锌粉置换法　zinc dust precipitation　06.0609

锌汞齐电解法　zinc amalgam electrolysis process
　06.0605

锌还原法　zinc deoxidization method　06.1253

锌精馏塔　zinc rectification column　06.0570

* 锌氧粉　zinc white　06.0579

新奥法　new Austrian tunneling method, NATM
　02.0302

* 新风　intake airflow　02.0920

* 新金属　primary metal　09.0765

* 新鲜风流　intake airflow　02.0920

* 新型渗滤–槽浸法　tank leaching process　06.0846

信息流　information flow　05.1650

星裂　star crack　09.1146

星形裂纹　star crack　05.1571

行星轧管机　planetary tube mill　09.1309

行星轧制　rolling on planetary mill　09.0393

形变　deformation　09.0143

形变程度　deformation extent　09.0147

形变淬火　ausforming　07.0321

* 形变理论　total strain theory　09.0167

形变孪生　deformation twinning　07.0374

* 形变能　distortion energy　09.0160

* 形变能定值理论 Mises yield criteria 09.0125

形变强化 working hardening 07.0408

形变热 deformation heat 09.0164

形变热处理 thermomechanical treatment 07.0289

形变热处理钢 thermo-mechanical processed steel 08.0317

形变速度 forming speed, deformation speed 09.0148

形变图示 deformation diagram 09.0145

形变温度 deformation temperature 09.0163

形变压缩比 forming ratio 09.0146

形变诱导沉淀 deformation induced precipitation 07.0271

形变诱导马氏体相变 deformation induced martensite transformation 07.0273

形变诱导铁素体相变 deformation induced ferrite transformation, DIFT 07.0272

形变诱导相变 deformation induced transformation 07.0270

形变织构 deformation texture 07.0598

V 形槽盘拉机 V-groove block drawing machine 09.1528

形核 nucleation 07.0203

形核率 nucleation rate 07.0205

V 形偏析 V-shaped segregation 05.1433

∧形偏析 ∧-shaped segregation 05.1434

形状记忆合金 shape memory alloy 08.0615

形状记忆效应 shape memory effect 08.0614

形状因子 geometrical factor 09.0173

I 型半联合法 I type half combined method 06.0983

型材 section product, profile 09.0026

型材辊式矫直机 roller-type profile straightening machine 09.1390

型材挤压 profile extrusion 09.0807

型材紧凑式轧机 compact section mill 09.1239

型材轧制 section rolling 09.0439

* 型锤 swage hammer 09.0946

CLJ 型磁流体静力分选机 CLJ magneto-hydrostatic separator 03.0447

YD 型电选机 YD separator 03.0456

H 型钢 H section steel, H section 09.0541

H 型钢轧机 H-beam rolling mill 09.1233

型管拉伸 profiled tube drawing 09.0859

Z 型辊冷轧机 Z-type roll cold mill 09.1275

型辊式管棒矫直机 shaped roll-type tube and bar straightener 09.1389

DCH 型强磁场磁选机 DCH high intensity magnetic separator 03.0444

SL 型射流离心选矿机 SL injection-flowing centrifugal separator 03.0398

Y 型轧机 Y-mill, kocks mill 09.1236

雄黄 realgar 03.0189

休风 delay, blowing down 05.0793

休帕里 OR 树脂 SuperLig OR resin 06.0913

溴化锂 lithium bromide 06.1113

虚功原理 the principle of virtual work 09.0138

虚拟轧制技术 virtual rolling technology, VRT 09.0268

序参量 order parameter 05.1628

序贯寻优 sequential search 04.0742

絮凝 flocculation 03.0056

* 絮凝剂 flocculant 03.0565

蓄热式均热炉 recuperative soaking pit 09.1447

蓄热式热风炉 regenerative stove 05.0901

* 悬浮熔炼 flash smelting 06.0440

悬挂摇床 suspensory shaking table 03.0378

悬料 bridging charge 06.0527

旋错 disclination 07.0082

旋锻 rotary swaging 09.0916

旋风收尘器 cyclone dust collector 06.0056

* 旋回破碎机 primary cone crusher 03.0262

旋回筛 gyratory screen 03.0290

旋流细筛 cyclo-fine screen 03.0302

旋轮 spinning roller, spin roller 09.0971

旋盘式圆锥破碎机 gyradisc cone crusher 03.0266

旋涡重介质旋流器 swirl heavy-medium cyclone 03.0352

旋压 spinning 09.0917

旋压轨迹 spinning trace 09.1058

旋压机 spinning machine, spinning lathe 09.1576

旋压拉伸 spin drawing 09.0846

旋转磁场磁选机 rotating magnetic field magnetic separator 03.0427

旋转导向钻头 detachable bit 02.0344

旋转电极雾化 REP process 08.0202

* 旋转锻造 radial forging 09.0881

旋转流槽 revolving chute 05.0888

旋转螺旋溜槽 rotating spiral sluice 03.0392

旋转模 revolving die 09.1502

旋转黏度计 rotational viscometer 04.0641

旋转圆盘法 rotating disk electrode, RDE 04.0663

旋转钻机 drag-bit rotary rig 02.1092

旋转嘴惰性气体浮选净化法 spinning nozzle inert-gas flotation process 09.0775

漩涡熔炼 cyclone furnace smelting 06.0448

选别开采 selective mining system 02.0641

选分结晶 selective crystallization 07.0187

选矿比 concentration ratio 03.0009

选矿厂 concentrator, mineral processing plant 03.0001

选矿厂改造 concentrator transformation 03.0004

选矿厂设计 concentrator design 03.0003

选矿工艺流程 flowsheet 03.0020

选矿过程数学模拟 mathematical simulation of mineral processing 03.0092

选矿过程自动控制 automatic control of mineral processing 03.0093

选矿物理吸附 physical adsorption 03.0525

选矿效率 mineral processing efficiency, efficiency of concentration 03.0005

选矿学 mineral dressing, ore beneficiation, mineral processing 01.0006

选矿抑制剂 depressant 03.0570

选择性螯合剂 selective chelating agent 06.0911

选择性焙烧 selective roasting 06.0015

选择性腐蚀 selective corrosion 08.0085

选择性还原 selective reduction 08.0204

选择性浸出 selective leaching 06.0199

选择性吸收 selective absorption 06.0917

选择性絮凝 selective flocculation 03.0057

选择性絮凝浮选 selective flocculation flotation 03.0498

选择性氧化 selective oxidation 04.0188

选择性氧化还原法 selective oxidative-reductive method 06.1248

削壁充填法 wall cutting fill stoping 02.0806

*削高峰放矿制度 uniform ore drawing 02.0856

薛定谔方程 Schrödinger equation 04.0797

循环氨水 flushing liquor 05.0135

循环风流 recirculation air flow 02.0947

循环伏安法 cyclic voltammetry 04.0665

循环负荷 circulating load 03.0019

循环负荷检测 circulating load inspection 03.0754

循环流 recirculating flow 04.0298

循环式真空脱气法 Ruhrstahl Heraeus refining process 05.1321

殉爆 sympathetic detonation 02.0401

殉爆距离 gap distance of sympathetic detonation 02.0402

Y

压抽混合式通风 forcing and exhausting combined ventilation 02.0939

压磁式板形仪 piezomagnetic profile meter 09.1215

压痕 rolled pit 09.1137

压花铝箔 embossed aluminum foil 09.0594

压肩 necking 09.1015

压块矿 briquette 05.0649

压捆废钢 bundled scrap 05.1221

压力穿孔 pressure piercing 09.0723

压力峰值 pressure peak 09.0334

压力缝合 pressure joining 09.1126

*压力釜 autoclave 06.0203

压力环 pressure ring 05.0573

压力容器钢 pressure-vessel steel 08.0401

压力头 pressure head 04.0303

压路机 road roller 02.1202

压滤机 press filter 03.0693

压密 densifying 06.0556

压坯 compact, green compact 08.0209

*压气管网 compressed-air pipeline 02.1079

压气装药器 pneumatic loader 02.0460

压入料 injection mix 05.0330

压入式通风 forced ventilation 02.0937

压入氧化铁皮 rolled-in scale 09.1133

压缩比 compression ratio 08.0194

压缩变形 compressive deformation 09.0169

压缩矫直 compression straightening 05.1542

压缩空气管网 compressed-air pipeline 02.1079

*压缩模量 bulk modulus 08.0014

压缩应变 compression strain 09.0112

压下规程 draft schedule 09.0680

压下量 reduction draft 09.0285

压下系数 reduction coefficient 09.0289

压型金属板 cold rolling-formed sheet-metal 09.0735

压印 coining 09.1042

*压应力 compressive stress 09.0067

压余 discard 09.0840

压渣爆破 buffer blasting 02.0439

压胀形扩孔 hydraulic expanding 09.1579

压制 pressing, compacting, compaction, compressing 08.0207

*压制性 formability 08.0193

压铸成型起爆药包 cast primer 02.0432

压铸锌合金 die casting zinc alloy 08.0470

牙科合金 dental alloy 08.0587

牙轮钻机 roller-bit rotary rig 02.1086

牙轮钻头 roller bit 02.1087

*哑炮 misfire 02.0486

亚共晶白口铸铁 hypoeutectic white iron 08.0298

亚共晶体 hypoeutectic 07.0535

亚共析钢 hypoeutectoid steel 08.0319

亚共析体 hypoeutectoid 07.0539

亚晶界 subgrain boundary 07.0133

亚晶[粒] subgrain 07.0594

*亚临界淬火 intercritical hardening 07.0322

*亚磷酸二丁酯 butyl phosphate 06.1212

亚温淬火 intercritical hardening 07.0322

亚稳平衡 metastable equilibrium 04.0058

亚稳相 metastable phase 07.0141

亚硝酸锂 lithium nitrite 06.1120

亚油酸 linoleic acid 03.0615

氩氧脱碳法 argon-oxygen decarburization process 05.1325

烟尘比电阻 dust resistivity 06.0408

烟尘率 dust rate 06.0406

烟道 flue 06.0124

烟道灰尘 flue dust 06.0125

烟化 fuming 06.0045

烟化炉 fuming furnace 06.0046

烟气调理 gas conditioning 06.0407

烟气脱硫 desulphurization of gas 06.0048

烟罩氮封 nitrogen sealing of hood 05.1160

淹井 shaft submergence 02.0994

延迟断裂 delayed fracture 07.0395

延迟焦 delayed coke 05.0424

延迟时效 delayed aging 07.0241

延期电雷管 electric delay detonator 02.0422

延伸孔型系统 elongation pass system 09.0653

延伸系数 elongation coefficient 09.0287

延性 ductility 08.0003

*延性断裂 ductile fracture 07.0396

岩爆 rock burst 02.0292

岩层控制 strata control 02.0311

岩层移动 strata movement 02.0310

岩矿取样 ore and rock sampling 02.0140

*岩溶水 karst water 02.0987

岩石饱水强度 water saturated strength of rock 02.0260

岩石本构关系 constitutive relation of rock 02.0233

岩石波阻抗 wave impedance of rock 02.0372

岩石泊松比 Poisson's ratio of rock 02.0223

岩石不均质性 non-homogeneity of rock 02.0232

岩石残余强度 residual strength of rock 02.0259

岩石长期强度 long-term strength of rock 02.0243

岩石动态弹模 dynamic elasticity modulus of rock 02.0370

岩石动态强度 dynamic strength of rock 02.0371

岩石断裂力学 fracture mechanics of rock 02.0326

岩石非连续性 discontinuity of rock 02.0227

岩石分类 classification of rock 02.0267

岩石风化强度 weathering strength of rock 02.0261

岩石刚性材料试验机 stiff materials test machine 02.0264

岩石各向同性 isotropy of rock 02.0229

岩石各向异性 anisotropy of rock 02.0228

岩石坚固性 firmness of rock 02.0365

岩石可爆性 rock blastability 02.0368

岩石可钻性 drillability of rock 02.0366

岩石孔隙性 porosity of rock 02.0218

岩石扩容 dilatancy of rock 02.0262

岩石力学 rock mechanics 02.0213

岩石流变模型 rheological model of rock 02.0242

岩石流变性 rheological properties of rock 02.0241

岩石密度 mass density of rock 02.0217

岩石磨蚀性 abrasiveness of rock 02.0367

岩石内摩擦角 internal frictional angle of rock

02.0225

岩石黏结力　cohesion of rock　02.0224

岩石疲劳破坏　fatigue failure of rock　02.0265

岩石破碎　rock breaking, rock fragmentation　02.0364

岩石破碎比能　specific energy for rock breaking
　　02.0369

岩石强度尺寸效应　size effect of rock strength
　　02.0244

岩石强度理论　theory of rock strength　02.0236

岩石容重　weight density of rock　02.0216

岩石软化系数　softening coefficient of rock　02.0226

岩石渗透性　permeability of rock　02.0220

岩石水理性　hydro-physical properties of rock
　　02.0219

岩石损伤力学　damage mechanics of rock　02.0327

岩石弹性模量　elastic modulus of rock　02.0222

岩石物理力学性质　physical and mechanical properties
　　of rock　02.0215

岩石学　petrology　01.0010

岩石质量指标　rock quality designation, RQD
　　02.0268

岩体变形　deformation of rock mass　02.0249

岩体承载能力　load-bearing capacity　02.0266

* 岩体初始应力　*in-situ* stress　02.0270

岩体结构　structure of rock mass　02.0245

岩体结构面　structural plane of rock mass　02.0246

岩体力学　rock mass mechanics　02.0214

岩体强度　strength of rock mass　02.0250

岩体位移监测　monitoring of displacement in rock
　　mass　02.0309

岩体应力监测　monitoring of stress in rock mass
　　02.0308

岩体质量分级　rock mass rating, RMR　02.0269

岩相显微组织　petrographic microstructure　05.0687

岩相学　petrography　01.0011

* 沿晶断裂　intergranular fracture　07.0391

沿脉平巷　drift　02.0725

研磨　milling　08.0183

研磨清理　grinding cleaning　09.0599

* 研磨体　grinding media　03.0317

* 盐酸浸泡除钙　removing calcium by chemical miner-
　　al processing　06.1198

盐析效应　salting-out effect　06.0322

* 盐效应　salting effect　06.0322

盐浴炉　salt-bath furnace　09.1471

衍射衬度　diffraction contrast　07.0443

掩蔽剂　masking agent　06.1234

厌氧池　anaerobic tank　05.0170

焰熔法　flame fusion method　06.0374

扬矿　hydraulic lift　02.0893

扬矿泵　lifting pump　02.1174

扬矿管道　lifting pipeline, riser　02.1173

扬矿软管　flexible hose　02.1176

阳极　anode　04.0441

阳极板　anode plate　06.0287

阳极棒　anode stud　06.0740

阳极保护　anodic protection　08.0132

阳极过电压　anodic over-voltage　06.0286

阳极糊　anode paste　06.0708

阳极极化　anodic polarization　04.0462

阳极控制　anodic control　08.0126

阳极泥　anode slime, anode sludge, anode mud
　　06.0285

阳极泥率　anode slime ratio　06.0507

* 阳极片　anode strip　06.0287

阳极溶解　anodic dissolution　04.0465

阳极室　anode compartment　06.0284

阳极寿命　anode life　06.0508

阳极炭块　anode block　06.0711

阳极效应　anode effect　06.0748

阳极效应系数　frequency of anode effect　06.0749

阳极氧化　anodic oxide　08.0149

阳极氧化膜封孔　sealing of anodic oxide film
　　09.1119

阳离子　cation　04.0411

阳离子表面活性剂　cation surfactant　03.0581

阳离子交换树脂　cation exchange resin　06.1226

* 杨氏模量　Young modulus　08.0012

氧传感器　oxygen sensor　04.0513

氧代亚铁硫杆菌　thiobacillus ferrooxidant　02.0881

氧化焙烧　oxidizing roasting　06.0007

* 氧化带　combustion zone in BF　05.0719

氧化硅微粉　microsilica　05.0237

氧化还原电极　redox electrode　04.0446

氧化还原电势　redox potential　06.0155

* 氧化还原电位　redox potential　06.0155

氧化还原反应　redox reaction　04.0045

氧化剂　oxidizer　02.0393

氧化浸出　oxidizing leaching　06.0197

氧化精炼　oxidizing refining　06.0402

氧化铼　perrhenic oxide　06.1158

氧化硫杆菌　thiobacillus thiooxidant　02.0880

β 氧化铝　β-Al$_2$O$_3$　04.0510

氧化铝水合物　alumina hydrate　06.0701

氧化膜　oxide film　08.0148

氧化膜破裂　oxide film fracture　09.1191

氧化钼　molybdic oxide, molybdenum oxide　06.1073

氧化铍　beryllium oxide, berillia　06.1087

* 氧化铅　litharge, lead oxide　06.0537

氧化熔炼　oxidizing smelting　06.0074

氧化石蜡皂　oxidized paraffin wax soap　03.0619

氧化脱磷　dephosphorization under oxidizing atmosphere　04.0549

氧化钨　tungsten oxide　06.1038

氧化物　oxide　07.0613

氧化物夹杂　oxide inclusion　05.1007

氧化物氯化法　oxide chlorination process　06.1261

氧化物弥散强化镍基高温合金　oxide dispersion strengthened nickel based superalloy　08.0514

氧化造渣　oxidation-slagging　06.0474

氧化造渣法回收铟　recovery of indium by oxidizing slag process　06.1140

氧化渣　oxidizing slag　05.0992

氧化转化温度　transition temperature of oxidation　04.0189

氧料比　oxygen-charge ratio　06.0446

氧氯化锆　zirconium oxychloride　06.0992

氧平衡　oxygen balance　02.0403

氧气侧吹转炉炼钢　oxygen sideblown converter process　05.1059

氧气底吹炼铜法　oxygen bottom-blown copper smelting process　06.0465

氧气底吹熔炼–鼓风炉还原炼铅法　oxygen bottom-blown smelting process with blast furnace slag reducing　06.0521

氧气底吹熔炼–液态渣直接还原炼铅法　oxygen bottom-blown smelting process with melt slag direct-reducing　06.0522

氧气底吹转炉炼钢　oxygen bottomblown converter process　05.1058

氧气顶吹熔炼法　oxygen top-blown smelting process　06.0454

氧气顶吹转炉炼钢　oxygen topblown converter process　05.1057

氧气石灰粉转炉炼钢法　converter process with oxygen and lime injection　05.1060

氧气转炉炼钢法　BOF steelmaking　05.1041

* 氧气自热熔炼　oxygen heat-self smelting　06.0454

氧枪　oxygen lance　05.1069

氧枪点火　oxygen lance lighting　05.0813

氧枪喷头　tip of oxygen lance　05.1070

氧去极化　oxygen depolarization　08.0124

氧位　oxygen potential　05.1340

氧指数　oxygen index　06.1056

样本　sample　04.0688

摇包[炉]　shaking ladle, shaking ladle furnace　05.0580

摇包脱硫法　desulphurization in shaking ladle　05.1294

摇床　shaking table　03.0373

6-s 摇床　6-s shaking table　03.0374

摇床塔　shaking table tall　03.0386

摇床选矿　tabling　03.0372

* 摇实密度　tap density　08.0192

咬入　bite　09.0275

咬入返回轧制　end-bite and reverse rolling　09.0624

咬入角　bite angle　09.0276

药壶爆破　sprung blasting　02.0440

药剂解吸　reagent desorption　03.0583

药剂制度　reagent scheme　03.0584

药卷　cartridge　02.0394

冶金电化学　metallurgical electrochemistry　04.0397

冶金反应工程学　reaction engineering in metallurgy　01.0025

冶金过程　metallurgical process　04.0036

冶金过程动力学　kinetics of metallurgical processes　04.0207

冶金过程热力学　thermodynamics of process metallurgy　04.0001

冶金过程数学模型方法　mathematical modeling of metallurgical processes　04.0754

冶金焦　metallurgical coke　05.0036

冶金矿产原料 metallurgical mineral raw materials 02.0003

冶金流程工程学 metallurgical process engineering 01.0026

冶金能源转化功能 function of energy conversion in metallurgy 01.0060

冶金熔体 metallurgical melt 04.0517

冶金物理化学 physical chemistry of process metallurgy 01.0024

冶金物理化学研究方法 experimental method in physical chemistry of metallurgy 04.0603

冶金[学] metallurgy 01.0001

冶金原理 principle of metallurgical processes 04.0002

冶金长度 metallurgical length 05.1527

冶炼级氧化铝 smelter grade alumina 06.0694

冶炼强度 smelting intensity 05.0766

冶炼时间 duration of heat 05.1029

* 冶炼周期 tap-to-tap time 05.1030

叶蜡石 pyrophyllite 03.0233

液滴 droplet 04.0260

液滴捕集器 droplet separator 06.0423

液固比 liquid-solid ratio 03.0531

液晶 liquid crystal 07.0038

液面控制 mould level control 05.1484

液膜萃取 liquid membrane extraction 06.1240

液态金属腐蚀 liquid metal corrosion 08.0073

液态阴极电解 liquid cathode electrolysis 06.1265

液体鼓泡 foaming 06.0141

* 液体接界电势 diffusion potential 04.0450

液体金属阴极法 liquid cathode process 06.0825

* 液体摩擦 fluid friction 09.0232

* 液体摩擦轴承 film lubrication bearing 09.1331

液体炸药 liquid explosive 02.0388

液相烧结 liquid phase sintering 08.0235

液相线 liquidus 04.0074

液芯钢锭加热 liquid core ingot reheating 09.0608

液芯轻压下 soft-reduction with liquid core 05.1559

液芯轧制 rolling with liquid core 09.0422

液穴 molten pool 09.0786

液压成形 hydraulic forming 09.0919

液压穿孔 hydraulic piercing 09.0722

液压机 hydraulic press 09.1577

液压拉伸机 hydraulic drawing machine 09.1525

液压螺旋压力机 hydraulic screw press 09.1578

液压挖掘机 hydraulic excavator 02.1118

液压挖掘机装载 hydraulic excavator loading 02.0683

液压弯辊装置 hydraulic roll bending device 09.1346

液压压下装置 hydraulic screw down device 09.1344

液压压砖机 hydraulic press 05.0362

液压圆锥破碎机 hydro-cone crusher 03.0265

液压凿岩机 hydraulic rock drill 02.1104

液压轧边机 hydraulic edger 09.1470

液压枕 flat jack 02.0317

液压支架 hydraulic support 02.0587

* 液–液溶剂萃取 liquid-liquid solvent extraction 06.0302

* 一步法 direct steelmaking, bloomery process 05.1028

一步法熔融还原 one stage smelting reduction 05.0973

一次电池 primary battery 04.0481

一次固溶体 primary solid solution 07.0157

一次冷却 primary cooling 09.0787

一次冷却区 primary cooling zone 05.1509

一次能源 primary energy 01.0069

一次渗碳体 primary cementite 07.0565

一次石墨 primary graphite 07.0573

一级反应 first order reaction 04.0225

一级配位位移相变 first-order coordination displacive transformation 07.0258

一级相变 first-order transformation 07.0255

一井定向 one shaft orientation 02.0171

一水软铝石 boehmite 03.0149

一水硬铝石 diaspore 03.0148

一维等熵流 one-dimensional isoentropic flow 05.1074

* 一元相图 single component phase diagram 04.0069

衣子 starring mixture 06.0657

依次放矿 successive ore drawing 02.0857

移动变电所 mobile substation 02.1221

移动床 moving bed 04.0391

移动挤压筒挤压 moving container extrusion 09.0802

移动角 displacement angle 02.0205

移动坑线　movable ramp　02.0661
移动破碎机　mobile crushing plant　02.1160
移动选矿厂　mobile concentrator　03.0002
移置式带式输送机　travelling belt conveyor　02.1206
遗传算法　genetic algorithm, GA　04.0793
* 乙粗锡　hard head　06.0645
* 乙黄药　ethyl xanthate　03.0593
乙基黄原酸盐　ethyl xanthate　03.0593
2-乙基己基膦酸单 2-乙基己基酯　mono-(2-ethylhexyl) 2-ethylhexyl phosphonate　06.1214
* 乙硫氮　sodium diethyl dithiocarbamate　03.0610
* 乙锡　hard head　06.0645
* 乙字型钢　Z-section steel　09.0544
钇易解石　aeschynite-Y, priorite　06.1179
* 异丙基黄药　isopropyl xanthate　03.0594
异丙基黄原酸盐　isopropyl xanthate　03.0594
异步轧机　asymmetrical rolling mill　09.1278
异步轧制　asynchronous rolling, cross shear rolling　09.0392
异常值　outlier　04.0686
异极矿　hemimorphite　03.0131
异极性捕收剂　heteropolar collector　03.0586
* 异金属腐蚀　galvanic corrosion　08.0067
* 异戊基黄药　isoamyl xanthate　03.0596
异戊基黄原酸盐　isoamyl xanthate　03.0596
* 异辛基黄药　isooctyl xanthate　03.0597
异辛基黄原酸盐　isooctyl xanthate　03.0597
异形坯　shaped billet　09.0453
异型材　profiled bar　09.0029
异型材轧机　profiled section mill　09.1246
异型钢管　profiled tube　09.0520
异型钢丝　shaped wire　09.0564
异型耐火砖　complicated shape brick　05.0250
异型坯　shaped semiproduct　05.1449
* 抑萃络合剂　masking agent　06.1234
抑萃络合作用　curb-extraction complexation　06.1233
抑制　depression　03.0547
抑制剂　retarder　05.0244
易解石　eschynite　06.1176
易切削钢　free-machining steel　08.0352
* 易切削黄铜　brass-lead　08.0418
逸度　fugacity　04.0160
溢洪道　spill way　03.0709

溢流　overflow　03.0658
溢流型球磨机　overflow ball mill　03.0310
* 因次分析　dimensional analysis　04.0357
因瓦合金　invar alloy　08.0542
阴极　cathode　04.0440
阴极棒　cathode bar　06.0739
阴极保护　cathodic protection　08.0133
[阴极]剥片机　cathode stripping machine　06.0289
阴极槽内衬　cathode lining　06.0735
阴极沉积　cathodic deposition　06.0290
阴极沉积精炼　cathode deposition refining　06.1281
阴极电压降　cathode voltage drop　06.0292
阴极腐蚀　cathodic corrosion　04.0466
阴极糊　cathode paste　06.0709
阴极极化　cathodic polarization　04.0463
阴极控制　cathodic control　08.0127
阴极室　cathode compartment　06.0291
阴极炭块　cathode carbon block　05.0400
阴极周期　cathode deposition period　06.0288
阴离子　anion　04.0412
阴离子表面活性剂　anion surfactant　03.0580
阴离子交换树脂　anion exchange resin　06.1227
荫罩板　grillage sheet　09.0480
荫罩钢带　shadow mask strip　08.0622
银电解阳极泥　silver electrolytic anode slime　06.0862
银基硬钎焊合金　silver base brazing alloy　08.0475
银锌渣　silver-zinc crust　06.0544
引锭　start casting　05.1499
引锭杆　dummy bar　05.1500
引锭头　starter head　05.1503
* 引火合金　pyrophoric alloy　08.0612
引射系数　suction coefficient　05.1352
引线框架材料　lead frame materials　08.0623
* 印刷合金　type metal　08.0471
荧光磁粉检测　fluorescent magnetic-particle inspection　07.0490
荧光探伤　fluorescent flaw detection　09.1211
荧光图电影摄影术　cine-fluorography　07.0516
荧光液渗透探伤　fluorescent penetrant inspection　07.0493
萤石　fluorite　03.0196
影响系数法　influence coefficient method　09.0359

应变 strain 09.0082

应变不变量 strain invariant 09.0090

应变路径 strain paths 09.0098

应变能 strain energy 09.0099

*应变疲劳 strain fatigue 08.0050

应变片合金 resistance alloy for strain gauge 08.0530

*应变强度 equivalent strain 09.0092

应变强化规律 law of strain streng-thening 09.0132

应变全量理论 total strain theory 09.0167

应变时效 strain aging 07.0243

*应变速度 strain rate 09.0095

应变[速]率 strain rate 09.0095

应变速率敏感性指数 strain rate sensitivity exponent 09.0203

应变速率强化效应 effect of strain rate strengthening 09.0204

*应变图示 strain diagram 09.0145

应变协调方程 coordination equation of strain 09.0106

应变硬化 strain hardening 08.0033

应变硬化率 strain hardening rate 07.0361

应变硬化曲线 strain-hardening curve 09.0205

应变增量理论 strain increment theory 09.0166

应变张量 strain tensor 09.0087

应变状态 strain state 09.0103

应力 stress 09.0039

应力不变量 stress invariant 09.0050

应力场 stress field 09.0040

应力[场]强度因子 stress field intensity factor 08.0059

应力腐蚀 stress corrosion 08.0088

应力腐蚀开裂 stress corrosion cracking 08.0091

应力集中 stress concentration 09.0080

应力解除法 stress relief technique 02.0278

*应力疲劳 stress fatigue 08.0049

*应力偏量 deviatoric stress 09.0051

*应力强度 effective stress, equivalent of effective stress 09.0065

应力松弛 stress relaxation 07.0377

应力特征线法 plane stress characteristic method 09.0186

应力梯度 stress gradient 09.0055

应力图示 stress diagram 09.0076

应力–应变场 stress-strain field 09.0113

应力–应变曲线 stress-strain curve 09.0114

应力张量 stress tensor 09.0042

应力状态 stress state 09.0041

硬吹 hard blow 05.1047

*硬磁合金 permanent magnetic alloy 08.0563

硬度 hardness 08.0039

*硬壳锻造 JTS forging 09.1017

*硬沥青 hard pitch 05.0442

硬铝合金 hard aluminum alloy 08.0432

硬锰矿 psilomelane 03.0165

*硬水铝石 diaspore 03.0148

硬头 hard head 06.0645

硬锡 hard tin 06.0646

硬锌 hard zinc 06.0577

硬岩采矿 mining of metal and non-metallic ore deposit 02.0013

硬质合金 cemented carbide hard metal 08.0265

硬质沥青 hard pitch 05.0442

硬质黏土 flint clay 05.0213

硬质阳极氧化 hard anodizing 09.1109

永磁磁选机 permanent magnetic separator 03.0421

永磁合金 permanent magnetic alloy 08.0563

永久变形 permanent deformation 09.0152

永久阴极电解 permanent cathode electrolysis 06.0269

永久支护 permanent support 02.0578

烟 exergy 05.1675

优级纯 guaranteed reagent, GR 06.0379

优溶液 selective solution 06.1194

优溶渣 selective solution slag 06.1195

优先浮选 selective flotation 03.0469

优选法 optimization method 04.0747

优质钢 quality steel 08.0308

油断路器 oil circuit breaker 05.1178

油膏分离 grease surface concentration 03.0086

油管 tubing 09.0516

油井管 oil well pipe 09.0514

油扩散泵 oil diffusion pump 04.0629

油料车 oil truck 02.1179

油膜轴承 film lubrication bearing 09.1331

油酸 oleic acid 03.0613

油酸钠 sodium oleate 03.0614

油团聚浮选 oil agglomeration flotation 03.0492

油压机 oil hydraulic press 09.1580

游动芯棒拉伸 floating plug drawing 09.0854

有槽轧制 rolling with grooved roll 09.0433

有衬电渣熔炼 electroslag crucible melting 05.1254

有底柱分段崩落法 sublevel caving method with sill pillar 02.0848

有毒气体 noxious gas 02.0905

* 有飞边模锻 open die forging, impressing forging 09.0883

有隔板镁电解槽 diaphragm magnesium electrolyzer 06.0795

* 有机金属化合物气相沉积法 metallo-organic chemical vapor deposition, MOCVD 06.0367

有机涂层 organic coating 08.0154

有机物污极 organic burn 06.0300

有机絮凝剂 high molecular flocculant 03.0565

有理指数定律 the law of rational index 07.0029

有色加工产品 wrought product 09.0573

有色金属 non-ferrous metal 01.0061

有色金属板材 non-ferrous metal plate, non-ferrous metal sheet 09.0580

有色金属棒材 non-ferrous metal rod/bar 09.0584

有色金属箔材 non-ferrous metal foil 09.0582

有色金属带材 non-ferrous metal strip 09.0581

有色金属管材 non-ferrous metal tube 09.0583

有色金属线材 non-ferrous wire 09.0585

有色金属型材 non-ferrous metal section 09.0586

有色金属冶金[学] nonferrous metallurgy 01.0028

有色破乳 demulsification 06.1242

有色烧结 sintering 06.0136

* 有限变形 finite deformation 09.0100

有限差分法 finite difference method 04.0764

有限元法 finite element method, FEM 09.0182

有限元方法 finite element method 04.0765

有效边界层 effective boundary layer 04.0274

有效储存期 shelf life 02.0410

有效高度 effective height 05.0833

有效扩散系数 effective diffusion coefficient 04.0275

* 有效摩擦反向挤压 high efficient indirect extrusion 09.0832

有效碰撞理论 effective collision theory 04.0237

有效数字 significant figure 04.0711

有芯棒拉伸 plug drawing 09.0851

有芯感应炉 cored induction furnace 05.1244

有序参量 order parameter 07.0284

有序畴 ordering domain 07.0281

有序度 degree of order 07.0282

有序固溶体 ordered solid solution 07.0162

有序化 ordering 07.0283

有序–无序转变 order-disorder transformation 07.0277

有序相 ordered phase 07.0145

有用矿物 valuable mineral 02.0002

有载体液膜萃取 supported liquid membrane extraction 06.1241

有载调压开关 on-load tap changer 05.0575

有渣法熔炼 reduction smelting with slag operation 05.0534

黝铜矿 tetrahedrite 03.0104

黝锡矿 stannite 03.0136

鱼雷罐车 torpedo car 05.0853

鱼尾板 fish plate 09.0547

逾渗 percolation 04.0574

俣野面 Matano surface 04.0670

预备热处理 conditioning treatment 07.0297

预备退火 conditioning annealing 09.1072

* 预焙槽 prebaked cell 06.0728

预焙烧 preliminary roasting, preroasting 06.0006

预焙阳极 prebaked anode 05.0403

预焙阳极铝电解槽 prebaked anode aluminum electrolysis cell 06.0728

* 预焙阳极炭块 prebaked anode 05.0403

预查 primary reconnaissance 02.0104

预成形 preforming 09.0021

预成形坯 preform 08.0208

预处理渣的去除 deslag within pretreatment 05.1305

预磁器 premagnetizer 03.0425

预锻 preforging, blocking 09.1016

预反应镁铬砖 pre-reacted magnesia-chrome brick 05.0296

预防白点退火 hydrogen relief annealing 07.0309

预还原 pre-reduction 05.0971

预还原球团矿 prereduced pellet 05.0684

预拉伸铝合金厚板 pre-stretched aluminum alloy plate 09.0592

预裂爆破　pre-split blasting　02.0446
预马氏体相变　premartensitic transformation　07.0266
预清洗机组　pre-cleaning line　09.1510
预热　preheating　07.0301
预烧结　presintering　08.0226
预脱硅　predesilication　06.0669
预脱氧　preliminary deoxidation　05.1003
预先筛分　precedent sieving　03.0283
预选　preconcentration　03.0063
预应力轧机　prestressed mill　09.1240
预支护　pre-support　02.0574
预装药　pre-charging　02.0461
原地破碎浸出采矿　underground *in-situ* crushing and leaching mining　02.0877
原电池　galvanic cell　04.0483
原矿　run of mine, crude ore　03.0039
原矿剥采比　stripping to crude ore ratio　02.0618
原矿仓　coarse ore bin　03.0715
原矿品位　crude ore grade　03.0040
原料场　stockyard　05.0599
原铝　primary aluminum　06.0768
原镁　primary magnesium　06.0817
* 原生锆　technical zirconium　06.1005
原生矿泥　primary slime　03.0048
原始数据　raw data　04.0728
* 原岩应力　*in-situ* stress　02.0270
原子发射光谱　atomic emission spectrometry, AES　07.0497
* 原子反应堆用石墨　nuclear graphite　05.0375
原子间距　interatomic distance　07.0047
原子间作用势　interatomic potential　04.0404
原子力显微术　atomic force microscope, AFM　07.0450
原子能级锆　nuclear zirconium　08.0491
原子探针　atom probe　07.0445
圆钢　round steel　09.0530
圆弧形滑坡　circular-shaped landslide　02.0331
圆角半径　fillet radius, knuckle radius　09.1050
圆盘给矿机　disk feeder　03.0726
圆盘给料机　table feeder　05.0612
圆盘浇铸机　casting wheel　06.0501
圆盘式剪切机　rotary shears　09.1368

圆盘造球机　balling disc　05.0653
圆盘真空过滤机　disk vacuum filter　03.0684
圆盘制粒机　pelletizing disc　06.0149
圆坯　round billet　09.0451
圆筒布料机　roll feeder　05.0622
圆筒混料机　rotary mixer　05.0617
圆筒拉深　cup drawing　09.0892
圆筒筛　trommel　03.0293
圆筒洗矿机　drum washer　03.0408
圆筒型重介质选矿机　heavy medium drum separator　03.0404
圆筒造球机　balling drum　05.0652
圆筒真空过滤机　drum vacuum filter　03.0683
圆形跳汰机　circular jig　03.0367
圆形支架　circular support　02.0580
圆振动筛　circle vibrating screen　03.0276
圆锥分级机　cone classifier　03.0342
圆锥分选机　cone separator　03.0388
圆锥破碎机　cone crusher　03.0261
圆锥型重介质选矿机　heavy medium cone separator　03.0403
远景储量　prospective reserves　02.0133
约束条件　constraint　04.0734
约束优化法　constrained optimization method　04.0735
月桂酸　lauric acid　03.0612
月球采矿　moon mining　02.0896
云母　mica　03.0211
云锡摇床　Yunxi shaking table　03.0375
孕育处理　inoculation　07.0211
孕育铸铁　inoculated cast iron　08.0289
* 运筹学方法　optimization method　04.0731
* 运动方程　equation of motion　04.0770
运动黏度　kinematic viscosity　04.0262
运行动力学　operation dynamics　05.1640
* 运行结构　time-characteristic structure　05.1623
运行拉力源　pull source to process running　05.1666
运行推力源　push source to process running　05.1665
运输管道　conveying pipeline　02.1216
运输溜槽　trough　02.0680
运输平台　haulage berm　02.0647

杂多钼酸　heteropolymolybdic acid　06.1079

杂多钨酸　heteropolytungstic acid　06.1046

杂多钨酸盐　heteropolytungstate　06.1047

杂散电流　stray current　02.0493

杂散电流腐蚀　stray current corrosion　08.0068

载金炭　carrying gold carbon　06.0855

载体　carrier　03.0549

载体浮选　carrier flotation　03.0475

再活化　reactivation　08.0144

再活化电位　reactivation potential　08.0145

再结合镁铬砖　rebounded magnesia-chrome brick　05.0295

再结晶图　recrystallization diagram　07.0386

再结晶温度　recrystallization temperature　07.0387

再结晶织构　recrystallization texture　07.0600

再精选　recleaning　03.0069

再生镓　recycle gallium　06.1131

再生铼　recycle rhenium　06.1134

再生铝　secondary aluminum　06.0769

再生镁　secondary magnesium　06.0818

再生塔　regenerator　05.0150

再生铟　recycle indium　06.1132

再生锗　recycle germanium　06.1133

再调浆　repulping　03.0500

再现性　reproducibility　04.0682

在线除气　in-line degassing　09.0790

在线加速冷却　online accelerated cooling, OLAC　09.1419

在线精炼　in-line refining　09.0770

在线炉气分析仪　online flue gas analyzer　05.1143

在线磨辊装置　online roll grinder　09.1330

在线泡沫图像分析仪　online froth phase analyzer　03.0755

凿岩　rock drilling　02.0337

凿岩硐室　drilling chamber　02.0762

凿岩工具　drilling tool　02.0338

凿岩机　rock drill　02.1102

凿岩机消声器　silencer of rock drill　02.1046

凿岩台车　jumbo　02.0339

凿岩巷道　drilling drift　02.0761

早爆　premature　02.0485

皂化　saponification　06.0357

皂化萃取　saponificition extraction　06.1219

皂化剂　saponification agent　06.0358

皂化率　saponification rate　06.0360

皂化值　saponification number　06.0359

造孔剂　pore-forming material　08.0224

造块　agglomeration　05.0585

造锍熔炼　matte smelting　06.0387

造铜期　copper making period　06.0476

造渣　slagging　06.0112

造渣剂　slagging flux　05.0986

造渣期　slag-forming period　06.0475

造渣制度　slagging regime　05.1109

择优取向　preferred orientation　09.0209

增比黏度　specific viscosity　04.0577

增量法控制　increment type static control　05.1136

增硫　sulfur pick-up　05.0999

增塑剂　plasticizing agent　05.0240

增碳法操作　carbon pick-up practice　05.1056

增银分离法　inquartation　06.0879

增值冶金　value-added metallurgy　06.0002

扎德拉解吸法　Zadra desorbing process　06.0858

扎缝用糊　ramming paste　06.0714

*渣比　slag ratio　05.0739

渣池透氧率　oxygen permeability of slag layer　05.1265

渣浮选　slag flotation　06.0492

渣–钢乳化现象　emulsification of steel droplets into slag　05.1114

渣沟　slag runner　05.0857

渣罐　slag ladle, cinder ladle　05.0859

渣硅酸度　silicic-acidity of slag　04.0538

渣化　slag forming　06.0122

渣化皿　scorifier　06.0873

渣化试金法　scorification assay　06.0872

渣碱度　slag basicity　04.0537

渣–金[属]反应　slag-metal reaction　04.0050

渣口冷却套　water jacket of slag hole　06.0121

渣口水套　slag notch cooler　05.0840

渣量　slag volume　05.0739

渣率　slag rate　06.0483

渣膜析晶率　crystalline proportion in flux film 05.1497

渣幕　slag screen　06.0444

渣贫化　slag cleaning　06.0491

渣球含量　shot content　05.0206

* 渣条　flux rim in mould　05.1492

渣洗　slag washing　05.0545

渣下电弧现象　submerged arc phenomenon　05.1261

渣线　slag line　05.1130

渣相黏结　slag bonding　05.0639

渣型　slag pattern　06.0393

轧槽　groove　09.0631

* 轧钢屑　iron scale　05.0245

轧辊　roll　09.1325

轧辊尺寸　roll dimension　09.0306

轧辊分段冷却装置　roll stage cooling device　09.1436

* 轧辊辊身凸度　roll crown　09.0344

轧辊辊身长度　roll body length　09.1328

轧辊径向调整　radial adjustment of roll, roll radial adjusting　09.0669

轧辊名义直径　roll nominal diameter　09.0641

轧辊磨床　roll grinder　09.1329

轧辊挠度　roll deflection　09.0345

轧辊偏心控制　roll eccentric control　09.1424

轧辊偏移量　offset of roll　09.0351

* 轧辊平分线　roll equipartition line　09.0640

轧辊平衡装置　roll balancing device　09.1358

轧辊热凸度　hot-crown of roll　09.0683

轧辊凸度　roll crown　09.0344

轧辊消耗　roll consumption　09.1590

轧辊压上装置　roll screw-up device　09.1342

轧辊压下装置　roll-screw-down device　09.1341

轧辊原始直径　roll primary diameter　09.0642

轧辊中心线　roll central line　09.0640

轧辊中性线　roll neutral line　09.0639

轧辊轴承座　roll carriage, bearing chock　09.1333

轧辊轴向调整　axial adjustment of roll, roll axial adjusting　09.0670

轧辊轴向移动装置　roll shift device　09.1360

轧后厚度　exit thickness　09.0293

轧环机　ring rolling mill　09.1287

轧机　rolling mill　09.1221

* CVC 轧机　continuous variable crown mill　09.1268

* HC 轧机　HC mill　09.1267

* PC 轧机　PC mill　09.1270

* UC 轧机　UC mill　09.1272

* VC 轧机　VC mill　09.1271

轧机尺寸　dimension of mill　09.0307

轧机垂直振动　vertical vibration of rolling mill　09.0371

轧机刚度　stiffness of rolling mill　09.0346

轧机刚度系数　rigidity coefficient of rolling mill　09.0363

轧机机座　rolling mill stand　09.1334

轧机扭转振动　torsional vibration of rolling mill　09.0372

轧机生产率　productivity of rolling mill　09.1585

轧机弹性方程　elastic equation of mill　09.0355

轧机弹性曲线　elastic curve of mill　09.0354

轧机调整　rolling mill adjustment　09.0668

轧机振动　vibration of rolling mill　09.0369

轧件　rolled piece, rolling stock, rolling piece　09.0023

轧件表面缺陷　surface defect of rolled piece　09.1130

轧件端部变形　deformation of rolled-piece end　09.0333

轧件塑性方程　plastic equation of rolled piece　09.0353

轧件塑性曲线　plastic curve of rolled piece　09.0352

* 轧入角　bite angle　09.0276

轧制　rolling　09.0010

45°轧制　45° rolling　09.0387

轧制变形区　deformation zone of rolling　09.0272

轧制变形区接触面积　contact area of rolling deformation zone　09.0274

轧制变形区长度　length of rolling deformation zone　09.0273

轧制变形速度　deformation speed of rolling　09.0292

轧制变形温度　rolling temperature　09.0291

轧制单位　rolling unit　09.0686

轧制道次　rolling pass, pass　09.0623

轧制动态规格变换　flying gauge changing of rolling　09.0362

轧制方向　rolling direction　09.0282

轧制工程学　rolling engineering　09.0004

轧制工艺振动　rolling vibration induced by processing factor　09.0370

针孔　pinhole　05.1580

针镍矿　millerite　03.0112

针铁矿法　goethite process　06.0601

针状焦　needle coke　05.0425

*针状马氏体　acicular martensite　07.0579

针状铁素体　acicular ferrite　07.0562

针状铁素体钢　acicular ferrite steel　08.0387

针状组织　acicular structure　07.0547

珍珠岩　perlite　05.0224

真空成形　vacuum forming　09.0920

真空重熔精炼　vacuum remelting refining　06.1273

真空吹氧脱碳法　vacuum oxygen decarburization process　05.1319

真空电弧重熔　vacuum arc remelting　05.1273

真空断路器　vacuum breaker　05.1179

真空法微碳铬铁　ferrochromium by vacuum refining　05.0508

真空浮选　vacuum flotation　03.0497

真空浮选机　vacuum flotation machine　03.0653

真空感应炉熔炼　vacuum induction furnace melting, VIM　05.1246

真空干燥　vacuum drying　06.0238

真空规　vacuum gauge　04.0620

真空过滤　vacuum filtration　03.0677

真空过滤机　vacuum filter　03.0682

真空挤压　vacuum extrusion　06.0242

*真空计　vacuum gauge　04.0620

真空浸渍　vacuum impregnating　05.0359

真空精馏　rectification under vacuum　06.0257

真空开关　vacuum switch　05.1177

真空凝壳炉　vacuum skull furnace　05.1274

*真空枪　high frequency spark leak detector　04.0626

真空热压铍　vacuum hot pressed beryllium　06.1100

真空熔炼　vacuum smelting　06.0071

真空烧结　vacuum sintering　06.0137

真空抬包　vacuum ladle　06.0804

真空脱气　vacuum degassing, VD　05.1316

*真空脱水　vacuum dehydration　06.0238

真空吸渣法　slag suction with vacuum-pumping　05.1307

真空下碳脱氧　deoxidation with carbon under vacuum　04.0557

真空冶金[学]　vacuum metallurgy　01.0029

真空轧机　vacuum rolling mill　09.1280

真空轧制　vacuum rolling　09.0407

真空蒸发　vacuum evaporation　06.0215

真空蒸发器　vacuum vaporizer　06.0219

真空蒸馏　vacuum distillation　06.0245

真空蒸馏镁　vacuum-distilled magnesium　06.0811

真空铸锭　vacuum casting　05.1318

真密度　true density　05.0190

真气孔率　true porosity　05.0187

真实断裂强度　true fracture strength　08.0032

真实溶液　real solution　04.0168

真形变　true deformation　09.0144

真应变　true strain　09.0102

真应力　true stress　09.0058

真应力–应变曲线　true stress-strain curve　09.0115

真值　true value　04.0683

阵点　lattice point group　07.0002

振摆溜槽　rocking-shaking sluice　03.0396

*振动出矿机　vibrating ore-drawing machine　02.1130

振动放矿　vibrating ore drawing　02.0858

振动放矿机　vibrating ore-drawing machine　02.1130

振动放矿闸门　vibrating drawing lock　02.0548

振动给矿机　vibrating feeder　03.0727

振动磨机　vibrating mill　03.0323

振动热成像术　vibrothermography　07.0485

振动筛　vibrating screen　03.0273

振动输送机　vibrating conveyor　02.1210

振动细筛　vibrating fine screen　03.0300

振动装载机　vibrating loader　02.1129

振痕　oscillation marks　05.1566

振实密度　tap density　08.0192

镇静钢钢锭　killed ingot　05.1591

蒸氨废水　waste water from ammonia stripper　05.0168

蒸氨塔　ammonia stripper　05.0154

蒸发　evaporation　06.0213

蒸发槽　evaporator tank　06.0217

蒸发干燥　evaporation drying　06.0235

蒸发结晶器　evaporated crystallizer　06.0227

蒸馏　distillation　06.0244

蒸馏残渣　distillation residue, retort residue　06.0247

蒸馏釜残渣　pressure bottoms　06.0248

蒸馏净化　distill cleaning　06.0051

蒸馏炉　distiller, distillation furnace　06.0246

蒸气压法　vapor pressure method　04.0633

蒸汽封孔　steam sealing　09.1120

蒸汽干燥　vapour drying, steam drying　06.0236

蒸汽鼓风　humidified blast, wet blasting　05.0784

蒸汽–空气[模]锻锤　steam-air die forging hammer　09.0972

蒸汽喷射泵　steam-jet vacuum pump　05.1347

* 整比化合物　stoichiometric compound　04.0105

整粒　size preparation　05.0728

整流变压器　rectifying transformer　05.1201

整体反应模型　volumetric reaction model　04.0325

整体式凹模　solid die　09.0973

* 整体式模　gang die　09.0956

整体式凸模　solid punch　09.0974

整体性　integrity　05.1629

正比计数管　proportional counter　04.0651

正铲挖掘机　forward shovel　02.1114

* 正常扩散　molecular diffusion　04.0309

正电子湮没技术　positron annihilation technique, PAS　07.0454

正钒酸钠　sodium vanadium　06.0956

正浮选　direct flotation　03.0471

正规离子溶液模型　regular solution model　04.0536

正规溶液　regular solution　04.0169

正火　normalizing　07.0311

正火钢　normalized steel　08.0314

正交表　orthogonal table　04.0724

正交表的方差分析　variance analysis on orthogonal table　04.0725

正交各向异性　orthogonal anisotropy　02.0230

正交设计　orthogonal design　04.0723

* 正起爆药　primary explosive　02.0378

正铈化合物　cerous compound　06.1170

正态分布　normal distribution　04.0692

正弯辊　positive roll bending　09.1348

正弦跳汰机　sinusoidal jig　03.0365

正弦振动　sinusoidal oscillation　05.1480

正向挤压　direct extrusion, forward extrusion　09.0798

正向挤压机　direct extrusion press　09.1479

正旋压　forward spinning　09.1049

* 正应力　normal stress　09.0057

正装　normal filling　05.0748

支撑导向段　support and guiding segment　05.1516

支撑格栅　support grid　05.1538

* 支撑辊　backup roll　09.1327

支撑液膜　supported liquid membrane, SLM　06.1239

支承辊　backup roll　09.1327

支架　support　02.0576

枝晶偏析　dendritic segregation　07.0220

枝晶生长　dendrite growth　07.0198

织构　texture　07.0596

脂肪酸　fatty acid　03.0611

直道　scratch　09.1155

直缝焊　straight welding　09.0729

* 直缝焊管　butt-welded pipe　09.0506

直缝式喷嘴　slot-type tuyere　05.1089

直观塑性法　visioplasticity method　09.0191

直弧形连铸机　vertical curved caster　05.1441

直接测量法　direct measurement technique　02.0274

直接电解沉积　direct electrowinning　06.0859

直接还原　direct reduction　05.0708

直接还原度　ratio of direct reduction　05.0711

直接还原炼铁法　direct reduction process　05.0939

直接还原铁　direct reduced iron　05.0940

直接计算法　direct calculation method　09.0360

直接结合　direct bond　05.0178

直接炼钢法　direct steelmaking, bloomery process　05.1028

直接氢氟化法　direct hydrofluorination method　06.1201

直接烧结炉　direct sintering furnace　06.1070

直接轧制　direct rolling　09.0408

直接装炉　direct charging　09.0611

直结晶器　straight mould　05.1466

直进坑线　straight forward ramp　02.0664

直流等离子电弧炉　direct-current plasma arc furnace　06.0079

直流电耗　DC power consumption　06.0509

直流电弧炉　direct current electric arc furnace　05.1171

直流矿热炉　DC ore smelting electric furnace　05.0556

直流石墨化　DC graphitization　05.0472

* 直条拉伸　bar and section drawing　09.0845

直筒型喷嘴 cylindrical nozzle 05.1073

直线浇铸机 straight-line casting machine 06.0585

直线振动筛 linear vibrating screen 03.0274

*n 值 n-value 09.0202

*m 值 m-value 09.0203

*r 值 plastic strain ratio 09.0208

植入合金 implant alloy 08.0588

指前因子 pre-exponential factor 04.0239

制耳 earing 09.1070

制粒 palletizing, pellet fabrication 06.0148

制坯 preforming 09.0949

制坯辊锻 preforming roll forging 09.0964

制团 briquetting 05.0650

质量分数 mass fraction 04.0165

质量衡算 mass balance 04.0289

质量流率 mass flowrate 04.0279

质量流密度 Massenstromdichte（德）, mass flux 04.0284

质量 1%溶液标准态 1 mass percent solution standard 04.0175

质量守恒定律 conservation law of mass 09.0135

质量威力 weight strength 02.0407

质谱法 mass spectrometry, MS 07.0508

质子 X 射线荧光分析 proton-induced X-ray emission, PIXE 07.0472

质子照相术 proton radiography 07.0514

致密度 efficiency of space filling 07.0034

致密铬砖 dense chrome brick 05.0312

蛭石 vermiculite 05.0223

智能材料 intelligent materials 08.0590

滞弹性 anelasticity 08.0007

滞止压力 stagnation pressure 05.1075

置换比 replacement ratio 05.0774

* 置换[沉淀] cementation 06.0173

置换沉淀铜 cemented copper 06.0514

置换反应 displacement reaction 04.0040

* 置换固溶体 substitutional solid solution 07.0159

置换色谱法 displacement chromatography 06.0349

* 置换原子 substitutional atom 07.0073

置信区间 confidence interval 04.0708

* 置信水平 significance level 04.0710

置信系数 confidence coefficient 04.0709

中板 medium plate, light plate 09.0482

中板轧机 medium plate mill 09.1252

中部浪 middle waviness 09.1178

中磁场磁选机 middling intensity magnetic separator 03.0416

* 中段 level 02.0730

中段地质平面图 level geological map 02.0154

中合金钢 medium alloy steel 08.0322

中和 neutralizing 09.1105

中和槽 neutralizing tank 09.1513

中和剂 neutralizing agent 03.0578

中厚板轧机 heavy and medium plate mill 09.1251

中厚矿体 medium thick orebody 02.0062

中继矿仓 buffer tank 02.1175

中间包 tundish 05.1356

中间包车 tundish carriage 05.1451

中间包车定位 tundish positioning 05.1464

中间包非等温流动 nonisothermal flow in tundish bath 05.1389

中间包覆盖剂 tundish powder 05.1375

中间包绝热板 insulating plate for tundish 05.1376

中间包控流隔墙 baffle in tundish bath 05.1398

中间包流动控制 flow control of tundish bath 05.1386

中间包熔池活塞流区 plug flow volume fraction 05.1395

中间包熔池全混流区 mixed flow volume fraction 05.1396

中间包死区 dead volume fraction 05.1394

中间包特征数 tundish characteristic number 05.1390

中间包冶金 tundish metallurgy 05.1282

* 中间罐 tundish 05.1356

中间合金 master alloy 05.0489

中间加工预焙槽 center work prebake, CWPB 06.0731

中间矿仓 middling product bin 03.0716

中间冷凝器 intermediate condenser 05.1348

中间裂纹 intermediate crack 05.1572

中间退火 process annealing 07.0305

中间相 intermediate phase 07.0144

中间相成焦机理 mesophase mechanism of coke formation 05.0068

中间相沥青 mesophase pitch 05.0433

中间相炭微球 mesocarbon microbead 05.0434

中间状氧化铝　intermediate alumina　06.0696

中矿　middlings　03.0045

中频感应炉　medium frequency induction furnace　05.1242

中深孔落矿　medium-length hole breakdown　02.0784

中碎　secondary crushing　03.0240

中碎圆锥破碎机　standard cone crusher　03.0263

中碳钢　medium steel　08.0312

中碳铬铁　medium carbon ferrochromium　05.0505

中碳锰铁　medium carbon ferromanganese　05.0496

中位值　median　04.0691

中温回火　medium temperature tempering　07.0338

中温沥青　medium pitch　05.0439

中稀土　middle-weight rare earth　06.1161

中心炉底出钢　centric bottom tapping　05.1197

中心线裂纹　centre line crack　05.1574

中心压实法　JTS forging　09.1017

中型型材轧机　medium section mill　09.1228

中性角　neutral angle, no-slip angle　09.0277

中性浸出　neutral leaching　06.0196

中性磷氧型萃取剂　neutral phosphorous-oxygen type extractant　06.1206

中性炉渣　neutral type slag　06.0123

中性耐火材料　neutral refractory　05.0348

中央式通风系统　central ventilation system　02.0932

中轧　intermediate rolling　09.0444

中注管　fountain　05.1601

中子活化分析　neutron activation analysis, NAA　07.0512

中子检测　neutron testing　07.0496

中子衍射　neutron diffraction　07.0453

中子照相术　neutron radiography　07.0513

终点命中率　end-point hitting rate　05.1133

终锻　finish-forging　09.1018

终锻温度　finishing forging temperature　09.0992

终还原　final reduction　05.0972

终冷器　final gas cooler　05.0138

终脱氧　final deoxidation　05.1004

* 终轧　finish rolling　09.0445

钟罩压入脱硫法　desulphurization with bell-jar inserting　05.1295

种板槽　stripper tank　06.0294

仲胺　secondary amine　03.0624

仲碳伯胺　secondary carbon primary amine　06.1217

仲钨酸铵　ammonium paratungstate, APT　06.1044

仲针铁矿法　para-goethite process　06.0602

重苯　heavy benzol　05.0129

重合金　heavy metal　08.0267

重介质分选　dense medium separation, heavy medium separation　03.0076

重介质旋流器　heavy medium cyclone　03.0351

重介质选矿机　heavy medium separator, dense medium separator　03.0402

重介质振动溜槽　heavy medium vibratory sluice　03.0406

重金属　heavy metal　06.0383

重晶石　barite　03.0199

重力过滤　gravity filtration　03.0676

重力混合　gravity mixing　02.0834

重力浓缩　gravity thickening　03.0663

重力选矿　gravity separation, gravity concentration　03.0073

重力运搬　gravity handling　02.0735

重稀土　heavy rare earth　06.1162

重心规则　center-of-gravity rule　04.0090

* 重液分离试验　float and sink test　03.0741

重有色金属　heavy non-ferrous metals　06.0382

周边爆破　contour blasting, perimeter blasting　02.0447

周边传动浓缩机　peripheral traction thickener　03.0661

周边孔　periphery hole　02.0350

周边排矿球磨机　peripheral discharge ball mill　03.0312

周期断面轧机　periodic rolling mill　09.1245

周期式轧管机　Pilger mill　09.1308

周期性反向电流电解　cyclicity reverse-current electrolysis　06.0279

周期轧制　periodic rolling　09.0414

周转晶体法　rotating-crystal method　07.0463

轴比　axial ratio　07.0014

轴承钢　bearing steel　08.0398

轴对称变形　axisymmetric deformation　09.0151

轴尖合金　pivot alloy　08.0619

轴向调整装置　axial adjustment device　09.1355

* 轴向投影图　inverse pole figure　07.0474

铸轧机　casting-rolling mill　09.1469
铸轧技术　casting-rolling technique　05.1558
铸轧扇形段　casting-rolling segment　05.1560
抓斗挖掘机　grabbing crane　02.1117
* Al₂O₃-SiC-C 砖　alumina-silicon carbide-carbon brick　05.0304
转化槽　conversion tank　09.1515
转化法　conversion process　06.0600
转化膜　conversion film　08.0152
* 转熔点　peritectic temperature　04.0078
转载平台　transfer platform　02.0681
转底炉　rotary hearth　05.0950
转底炉–熔分炉法　Fastmelt process　05.0960
转底炉直接还原法　rotary hearth furnace process　05.0951
转鼓指数　tumbling test index　05.0681
转炉　converter, vessel　05.1062
转炉尘泥　BOF slurry　05.0611
转炉动态控制　dynamic control of converter　05.1135
转炉副枪　sublance of converter　05.1137
转炉钢比　BOF's share　05.1036
转炉供氧制度　oxygen supply regime　05.1095
转炉静态控制　static control of converter　05.1134
转炉均衡炉衬　zoned lining of vessel　05.1129
转炉炉容比　ratio of vessel volume to capacity　05.1068
转炉炉型　profile of vessel　05.1063
转炉煤气　converter gas　05.1157
转炉倾动机构　tilting mechanism of converter　05.1065
转炉倾动力矩　moment of converter tilting　05.1066
转炉燃烧法除尘　off-gas cleaning with combustion in hood　05.1158
转炉声音检测仪　audiometer of converter　05.1144
转炉水冷炉口　water cooled month of converter　05.1131
转炉提钒　vanadium extraction by converter blowing　06.0952
转炉提铌　niobium extraction by converter blowing　06.1011
转炉未燃法除尘　off-gas cleaning with un-burnt recovery　05.1159
转炉烟尘　converter fume and dust　05.1156

转炉烟罩　converter hood　06.0487
转炉预脱磷　pre-dephosphorization in converter　05.1304
转炉支承系统　support device of vessel　05.1064
转炉终点控制　end point control of converter　05.1132
转炉装入制度　metal charging regime of converter　05.1101
转子流量计　rotameter　04.0631
装甲板　armoured plate　09.0485
装焦装置　coke charging equipment　05.0099
装矿　ore loading　02.0791
装矿硐室　ore loading chamber　02.0550
装矿巷道　loading drift　02.0767
装炉煤细度　fineness of the charging coal　05.0011
装煤车　charging car　05.0074
装煤除尘　charging dedusting　05.0098
装煤推焦机　charging-pusher machine　05.0076
装煤烟尘捕集率　dust collection for charging coal　05.0160
装填系数　fill factor　08.0195
* 装岩机　overshot loader　02.1123
装药　charging, loading　02.0457
装药不耦合系数　decoupling ratio　02.0475
装药车　explosive loading truck　02.1152
装药车装药　truck charging　02.0459
装药密度　charging density　02.0474
装药器　explosive charger　02.1151
装药系数　charging factor　02.0473
* 装运机　auto loader　02.1137
状态函数　functions of state　04.0122
锥形变薄旋压　shear spinning, shear forming　09.0921
锥形管　tapered pipe　09.0523
准晶[体]　quasicrystal　07.0040
准连续化　quasi-continuation　05.1631
准确度　accuracy　04.0678
资源量　resources　02.0124
子午线收敛角　convergence of meridian　02.0162
紫硫镍矿　violarite　03.0111
紫铜　copper　08.0412
紫外光电子能谱　ultraviolet photo-electron spectroscopy, UPS　07.0498
自爆　spontaneous explosion　02.0487
自焙槽　Söderberg cell　06.0727

自熔电极　self-baking electrode　05.0562

自熔炭衬　self baking carbon lining　05.0579

自熔阳极　self baking anode　06.0715

自创生　self-generation　05.1642

自催化　auto-catalysis　04.0374

自动搓丝机　automatic flat die thread-rolling machine　09.1581

自动定长装置　automatic length fixing device　09.1582

自动配煤装置　automatic blending device　05.0012

自动司锤装置　hammer automatic operating device　09.1583

自动轧管机　automatic plug mill, automatic tube rolling mill　09.1304

自发过程　spontaneous process　04.0033

自发形核　spontaneous nucleation　07.0208

自复制　self-reproduce　05.1644

自行矿车　self-powered carriage　02.1190

自耗电极　consumable electrode　05.1262

自回火　self-tempering　07.0333

自扩散　self diffusion　07.0168

自冷淬火　self quench hardening　07.0323

自立式高炉　free standing BF　05.0872

自流浇注料　self-flowing castable　05.0328

自蔓延高温合成　self-propagating high temperature synthesis, SHS　08.0264

自磨机　autogenous mill　03.0329

* 自然崩落法　block caving method　02.0849

自然边坡　natural slope　02.0328

自然铂　native platinum　03.0146

自然对流　natural convection　04.0314

* 自然过程　spontaneous process　04.0033

自然金　native gold　03.0137

自然冷却　natural cooling　09.0756

自然坡度角　angle of repose　08.0188

自然时效　natural aging　07.0238

自然通风　natural ventilation　02.0923

自然铜　native copper　03.0098

自然银　native silver　03.0140

自然着色　natural coloring　09.1113

自燃矿床开采　mining of spontaneous combustion deposit　02.0868

自热焙烧　autogenous roasting　06.0017

* 自热焙烧熔炼　pyritic smelting　06.0385

自热焦结炉　autogenous coker　06.0560

自热熔炼　autogenous smelting　06.0385

自热式炼钢　autothermic steelmaking　05.1105

自熔矿　self-fluxing ore　06.0384

自熔性烧结矿　self-fluxing sinter　05.0590

自润滑轴承　self-lubrication bearing　09.1332

自身相互作用系数　self-interaction coefficient　04.0180

自生长　self-growth　05.1645

自适应　self-adaption　05.1646

自适应控制　adaptive control　09.1441

自坍塌　self-collapse　05.1643

自吸气机械搅拌式浮选机　self-aeration mechanical agitation flotation machine　03.0654

自卸汽车　dump truck　02.1197

自旋晶体管　spin transistor　08.0604

自由表面　free surface　04.0776

自由沉降　free settling　03.0355

自由程序轧制　schedule free rolling　09.0428

自由度　degree of freedom　04.0065

自由锻　free forging　09.1004

自由锻造液压机　free forging hydraulic machine　09.1533

自由基　free radical　04.0377

自由基反应　free radical reaction　04.0378

自由空间爆破　free space blasting　02.0437

自由宽展　free spread　09.0324

自由面　free face, free surface　02.0363

* 自由能　Helmholtz energy　04.0150

* 自由体积理论　cell theory　04.0601

自由氧　free oxygen　04.0528

* 自由氧化钙　free calcium oxide　05.1161

自着色阳极氧化　self-color anodizing　09.1108

自重应力　gravity stress　02.0271

自阻烧结　resistance sinter　06.0939

自组织　self-organization　05.1641

T 字钢　T-section steel　09.0543

Z 字钢　Z-section steel　09.0544

棕刚玉　brown fused alumina　05.0221

总反应　overall reaction　04.0235

总体　population　04.0687

纵横联合剪切机组　slitting and cut-to-length line

09.1407

纵切 slitting 09.0763

纵向表面应变 longitudinal surface strain 09.0734

纵向工作线采矿法 longitudinal cut mining method 02.0637

*纵向石墨化 lengthwise graphitization 05.0475

纵轧 longitudinal rolling 09.0383

足辊 foot roll 05.1537

阻车器 car safety dog , car stopper 02.1195

阻化剂灭火法 fire extinguishing with resistant agent 02.1022

*阻溅板 splash plate 06.0259

阻抗 electrical impedance 04.0434

阻燃钛合金 burn resistant titanium alloy 08.0465

阻塞破碎 choked crushing 03.0237

*组分 component 04.0067

组合把持器 modular electrode holder 05.0572

组合模 segment die 09.1492

组合模挤压 segment die extrusion 09.0829

组合式结晶器 built-up mould 05.1469

组合台阶开采 composite-bench mining 02.0634

组元 component 04.0067

组元空位 constitutional vacancy 07.0071

钻车 drill jumbo 02.1098

钻架 drill mounting 02.1095

钻井抽水 borehole dewatering 02.1010

钻井掘井法 boring shaft sinking 02.0527

钻孔布置图 drilling pattern 02.0152

*钻孔 rock drilling 02.0337

钻孔倾斜仪 borehole inclinometer 02.0320

钻孔伸长仪 borehole extensometer 02.0321

钻孔水力开采 hydraulic borehole mining 02.0872

钻孔应变计 borehole strain-meter 02.0315

钻孔应力计 borehole stress-meter 02.0314

钻孔柱状图 drill columnar section 02.0153

钻探 drilling 02.0113

钻探管 drill pipe 09.0515

钻装车 jumbo-loader 02.1140

最大安全电流 maximum safety current 02.0491

最大剪应变 maximum shear strain 09.0091

最大剪应力 maximum shear stress 09.0048

最大剪应力准则 maximum shear stress criterion 09.0134

最大泡压法 maximum bubble-pressure method 04.0646

*最大切应力理论 maximum shear stress theory 09.0127

最大允许夹石厚度 minimum allowable thickness of barren rock 02.0088

*最低工业品位 economic ore grade 02.0086

最低还原温度 minimum temperature of reduction 04.0190

最低可采厚度 minimum workable thickness 02.0087

*最低可采品位 economic ore grade 02.0086

最低米百分值 minimum meterpercentage 02.0089

最低米克吨 minimum metergramtonnage 02.0090

最佳取向 optimum orientation 09.0210

最速上升法 steepest ascent method 04.0749

最速下降法 steepest descent method 04.0750

最小抵抗线 minimum burden 02.0361

最小二乘法 method of least squares 04.0677

最小吉布斯能原理 principle of minimum Gibbs energy 04.0185

最小可轧厚度 minimum rolling thickness 09.0342

最小熵产生原理 principle of minimum entropy production 04.0195

最小弯曲半径 minimum bending radius 09.0733

最小准爆电流 minimum firing current 02.0492

最小阻力定律 the law of minimum resistance 09.0141

最优估计 optimal estimation 04.0736

最优化方法 optimization method 04.0731

最优解 optimum solution 04.0737

最优值 optimal value 04.0738

最终边坡角 ultimate pit slope angle 02.0628

最终精矿 final concentrate 03.0044

*最终境界线 surface boundary line 02.0626

作业率 operation rate 01.0072

作业性能 workability 05.0209

座砖 nozzle seating brick, well block 05.0339

德 汉 索 引

Impulsstromdichte（德） 动量流密度 04.0287

Massenstromdichte（德） 质量流密度 04.0284

Mengenstromdichte（德） 摩尔流密度 04.0285

Metallkunde（德） 金属学 01.0019

Stromdichte（德） 流率密度 04.0283

Vergüten（德） 调质 07.0330

俄 汉 索 引

короткая сеть（俄） 短网 05.1180

附　录

元　素　表

原子序数	元素名称		符号	原子序数	元素名称		符号
	汉文名	英文名			汉文名	英文名	
1	氢	Hydrogen	H	34	硒	Selenium	Se
2	氦	Helium	He	35	溴	Bromine	Br
3	锂	Lithium	Li	36	氪	Krypton	Kr
4	铍	Beryllium	Be	37	铷	Rubidium	Rb
5	硼	Boron	B	38	锶	Strontium	Sr
6	碳	Carbon	C	39	钇	Yttrium	Y
7	氮	Nitrogen	N	40	锆	Zirconium	Zr
8	氧	Oxygen	O	41	铌	Niobium	Nb
9	氟	Fluorine	F	42	钼	Molybdenum	Mo
10	氖	Neon	Ne	43	锝	Technetium	Tc
11	钠	Sodium	Na	44	钌	Ruthenium	Ru
12	镁	Magnesium	Mg	45	铑	Rhodium	Rh
13	铝	Aluminum	Al	46	钯	Palladium	Pd
14	硅	Silicon	Si	47	银	Silver	Ag
15	磷	Phosphorus	P	48	镉	Cadmium	Cd
16	硫	Sulfur	S	49	铟	Indium	In
17	氯	Chlorine	Cl	50	锡	Tin	Sn
18	氩	Argon	Ar	51	锑	Antimony	Sb
19	钾	Potassium	K	52	碲	Tellurium	Te
20	钙	Calcium	Ca	53	碘	Iodine	I
21	钪	Scandium	Sc	54	氙	Xenon	Xe
22	钛	Titanium	Ti	55	铯	Caesium	Cs
23	钒	Vanadium	V	56	钡	Barium	Ba
24	铬	Chromium	Cr	57	镧	Lanthanum	La
25	锰	Manganese	Mn	58	铈	Cerium	Ce
26	铁	Iron	Fe	59	镨	Praseodymium	Pr
27	钴	Cobalt	Co	60	钕	Neodymium	Nd
28	镍	Nickel	Ni	61	钷	Promethium	Pm
29	铜	Copper	Cu	62	钐	Samarium	Sm
30	锌	Zinc	Zn	63	铕	Europium	Eu
31	镓	Gallium	Ga	64	钆	Gadolinium	Gd
32	锗	Germanium	Ge	65	铽	Terbium	Tb
33	砷	Arsenic	As	66	镝	Dysprosium	Dy

原子序数	元素名称		符号	原子序数	元素名称		符号
	汉文名	英文名			汉文名	英文名	
67	钬	Holmium	Ho	93	镎	Neptunium	Np
68	铒	Erbium	Er	94	钚	Plutonium	Pu
69	铥	Thulium	Tm	95	镅	Americium	Am
70	镱	Ytterbium	Yb	96	锔	Curium	Cm
71	镥	Lutetium	Lu	97	锫	Berkelium	Bk
72	铪	Hafnium	Hf	98	锎	Californium	Cf
73	钽	Tantalum	Ta	99	锿	Einsteinium	Es
74	钨	Tungsten	W	100	镄	Fermium	Fm
75	铼	Rhenium	Re	101	钔	Mendelevium	Md
76	锇	Osmium	Os	102	锘	Nobelium	No
77	铱	Iridium	Ir	103	铹	Lawrencium	Lr
78	铂	Platinum	Pt	104	𬬻	Rutherfordium	Rf
79	金	Gold	Au	105	𬭊	Dubnium	Db
80	汞	Mercury	Hg	106	𬭳	Seaborgium	Sg
81	铊	Thallium	Tl	107	𬭛	Bohrium	Bh
82	铅	Lead	Pb	108	𬭶	Hassium	Hs
83	铋	Bismuth	Bi	109	鿏	Meitnerium	Mt
84	钋	Polonium	Po	110	𫟼	Darmstadtium	Ds
85	砹	Astatine	At	111	𬬭	Roentgenium	Rg
86	氡	Radon	Rn	112	鿔	Copernicium	Cn
87	钫	Francium	Fr	113	鿭	Nihonium	Nh
88	镭	Radium	Ra	114	𫓧	Flerovium	Fl
89	锕	Actinium	Ac	115	镆	Moscovium	Mc
90	钍	Thorium	Th	116	𫟷	Livermorium	Lv
91	镤	Protactinium	Pa	117	鿬	Tennessine	Ts
92	铀	Uranium	U	118	鿫	Oganesson	Og

(TF-0145.01)

ISBN 978-7-03-060645-7

9 787030 606457 >

定　价：238.00 元